U0271009

陈 军 陶占良 编著

Chemical Power Sources
Principle Technology & Application

化学电源
—— 原理、技术与应用

第二版

Second Edition

化学工业出版社

·北京·

内 容 简 介

化学电源的研究和应用方兴未艾，并在电子产品、通信基站、电动汽车、无人机、储能电站、国防军工等领域发挥着重要作用。本书全面论述了化学电源的原理、技术与应用，重点介绍了化学电源的更新成果、进展状况及发展趋势。原书第一版在出版后的十余年时间里，化学电源技术发展非常迅速，这些都在本书第二版中得到充分反映，内容主要包括化学电源概论、锌锰电池、锌银电池、铅酸蓄电池、碱性蓄电池、金属空气电池、锂电池、燃料电池、电化学电容器和其他新型电池如液流电池等，许多内容反映了国际、国内的更新研究成果。全书全面系统，概念清晰，说理透彻，图文并茂。

本书可作为化学、化工、材料、能源、环境等专业本科生和研究生的教学参考书或教材，对从事电池研究、开发和生产人员也具有重要的参考价值和现实指导意义。

图书在版编目（CIP）数据

化学电源：原理、技术与应用/陈军，陶占良编著．
—2 版．—北京：化学工业出版社，2021.6
ISBN 978-7-122-38700-4

Ⅰ.①化…　Ⅱ.①陈…②陶…　Ⅲ.①化学电源-高等学校-教材　Ⅳ.①TM911

中国版本图书馆 CIP 数据核字（2021）第 043761 号

责任编辑：朱　彤　　　　　　　　　文字编辑：林　丹　毕梅芳
责任校对：李　爽　　　　　　　　　装帧设计：刘丽华

出版发行：化学工业出版社（北京市东城区青年湖南街 13 号　邮政编码 100011）
印　　装：河北鑫兆源印刷有限公司
787mm×1092mm　1/16　印张 42½　字数 1120 千字　2022 年 8 月北京第 2 版第 1 次印刷

购书咨询：010-64518888　　　　　　售后服务：010-64518899
网　　址：http://www.cip.com.cn
凡购买本书，如有缺损质量问题，本社销售中心负责调换。

定　　价：258.00 元

第二版前言

化学电源又称电池，是将物质的化学能通过电化学氧化还原反应直接转变为电能的装置或系统。化学电源放电时，通过电化学反应，消耗某种化学物质，输出电能。按照其使用性质，化学电源主要包括原电池（也称一次电池）、蓄电池（也称二次电池）和燃料电池等。按电解液种类可分为酸性电池（铅酸电池）、碱性电池（如碱锰电池、镉镍电池、氢镍电池等）、中性电池（海水激活电池）和有机电解液电池（锂离子电池）等。化学电源作为储能技术之一，具有物理、化学、材料、能源动力、电力电气等多学科、多领域交叉融合的特点，是重要的战略性新兴领域，在推动能源革命和能源新业态发展方面发挥着至关重要的作用。教育部、国家发展改革委、国家能源局联合制订了"储能技术专业学科发展行动计划（2020—2024年）"，以加快培养储能领域"高、精、尖、缺"人才，增强产业关键核心技术攻关和自主创新能力，并以产教融合发展推动储能产业的高质量发展。利用电池将电能储存起来并在需要时释放的电化学储能技术，其研究和应用方兴未艾。

化学电源（电池）已经成为当今生活的一种必需品，在电子产品、通信基站、电动汽车、无人机、储能电站、国防军工等领域发挥着重要作用。从早期的锌锰原电池，到铅酸蓄电池、镍镉/镍氢电池再到如今的锂离子电池、燃料电池，化学电源的原理和技术经历了多次迭代。相比于其他种类的电池，尽管锂离子电池出现相对较晚，却一跃成为当今电池市场的王者，锂离子电池产业已经发展成专业化程度高、分工明确的产业链体系。在移动通信领域，随着笔记本式计算机和智能手机、平板计算机的加速普及，以及可穿戴设备和移动电源的迅猛增长，锂离子电池得到空前规模的应用。5G通信时代的到来，使国内外加速推进新基建5G基础设施建设，5G通信用化学电源尤其是锂电池需求和采购量进一步扩大。由于5G使用更大规模的阵列天线、更高的带宽，基站功耗大幅提升，用电量将为运营商带来巨大压力。鉴于一般工商业用电峰谷交替频繁，利用备用电源进行削峰填谷、降低电费成本将成为5G基站的标配功能，预计到2025年基站备用电源（储能电池）需求容量超过160GW·h。

在新能源汽车领域，以锂离子电池和燃料电池为代表的电动汽车，正成为现代社会可持续发展过程中节能减排的重要途径。随着新能源汽车在全球范围掀起新一轮的汽车革命，动力电池成为新的"蓝海"；众多电池厂商投入巨资布局电池领域，动力电池市场前景广阔。

在新能源与可再生能源发电和智能电网领域，储能系统可以提高电力系统的稳定性，解决可再生能源发展的瓶颈问题；同时，也是智能电网和分布式能源系统必需的关键设备。化学电源作为一种储能技术（电化学储能）具有建设周期短、选址简单灵活、调节能力强等优点，与新能源发电消纳的匹配性较好，能够解决风能、太阳能等可再生能源利用过程中的随机性和间歇性问题，以铅碳电池、锂离子电池、钠硫电池、全钒液流电池等为代表的电池储能技术将迎来新的挑战与机遇。随着"碳达峰、碳中和"双碳目标升级为国家战略，电化学储能作为能源和交通领域的关键技术越来越为人们所关注，化学电源必将成为支撑新能源和电动汽车等新兴产业最核心的技术之一。

《化学电源——原理、技术与应用》第一版自 2006 年 1 月出版以来，得到很多业内专家学者和读者的关心与支持。经过多年发展，化学电源逐步形成了上游为各类原材料（包括正极材料、负极材料、电解液、隔膜、导电剂、电芯材料、线束、电池模组、电池管理系统等），中游为不同类型的化学电源（包括铅酸电池、镍氢电池、锂电池及氢燃料电池），下游为消费电子、新能源汽车、储能行业（包括储能电站）、废旧动力电池回收的产业链体系。动力电池回收是将回收的废旧动力电池进行梯级利用及资源化处理，通过拆解、提炼稀有金属的方式进行再次利用。我国报废动力电池规模庞大，加之动力电池原材料价格上涨和供应紧张等因素的叠加，动力电池回收行业前景光明。掌握化学电源的反应原理，将有助于保障回收利用作业的安全，提高回收利用效率，也可降低后续精炼过程中的污染物排放和能源消耗。鉴于该领域的快速发展，修订和再版以适应广大读者的新需求是必要的，也是很有意义的。

本次新修订的《化学电源——原理、技术与应用》在总体上继承了第一版的结构和特点，并结合了化学电源领域近十几年的科技进展和科研成果，此次再版主要做了如下修订工作。

① 在第 4 章铅酸蓄电池中，根据铅酸电池的产业现状及发展趋势，增加超级铅酸蓄电池（铅碳电池）部分；还补充和完善了铅酸蓄电池的发展方向。

② 在第 6 章金属空气电池中，根据金属空气电池的发展趋势，增加锂（钠）空气电池部分和锂（钠）-CO_2 电池部分。

③ 由于锂离子电池技术的快速发展及广泛应用，对该章内容进行了大量修订：如将"其他正极材料"改为"有机正极材料"；将"新型聚合物锂离子电池"改为"其他类型聚合物锂离子电池"；同时，增加和补充了"锂硫电池"部分等。

④ 在第 9 章其他电池中，删除原来的"其他新颖二次电池"部分；重新对钠硫电池、ZEBRA 电池（$Na\text{-}NiCl_2$ 电池）和固体电解质电池等内容进行了调整，还增加和补充了钠离子电池，以及其他离子电池、液流电池和电化学电容器等更多内容；并对储备电池、热电池等部分内容进行了补充和完善。

当前化学电源的发展方兴未艾，特别是随着智能时代的到来，信息技术的深度融合与数字化转型带来了巨大变革，必将催生新一轮科技革命，推动生产力的快速发展。鉴于化学电源的原理、技术与应用仍处于快速发展之中，涉及面广、应用领域宽，加之编著者时间和水平有限，难免有疏漏之处，敬请专家和广大读者批评指正。

编著者
2022 年 2 月于南开大学

目录

第 3 章
锌银电池 / 098

第 4 章
铅酸蓄电池 / 124

第5章
碱性蓄电池 / 187

第6章
金属空气电池 / 244

第7章
锂电池 / 298

第8章
燃料电池 / 452

第9章
其他电池 / 508

第 1 章

化学电源概论

电源是把其他形式的能量转变为电能的装置，在电子设备中有时也把变换电能的装置（如整流器、变压器等）称为电源。一般根据释放能量所采用途径的不同把电源分为化学电源和物理电源。化学电源又称电池，是一种将物质的化学能通过电化学氧化还原反应直接转变成电能的装置或系统。由于化学能一般可以储存，因而化学电源与物理电源相比，具有储存电能的功能。本书主要介绍化学电源。

1.1 化学电源的组成和表示方法

1.1.1 构成电池的必要条件

化学电源都涉及化学反应，但不是所有的化学反应都能产生电流。一个化学反应要转变为能够产生电流的电池，必须具备以下几个条件。

① 该反应是一个氧化还原反应，或者在整个反应过程中经历了氧化还原过程。同时，在组成化学电源的两个电极上所进行的氧化还原反应，必须分别在两个分开的区域进行。

例如，图 1-1 所示的铜锌原电池（丹尼尔电池）中的化学反应为

$$Zn + CuSO_4 == ZnSO_4 + Cu \quad (1-1)$$

或

$$Zn + Cu^{2+} == Zn^{2+} + Cu \quad (1-2)$$

这是一个典型的氧化还原反应，还原剂 Zn 失去电子，发生氧化反应，生成 Zn^{2+} 而进入溶液

$$Zn \longrightarrow Zn^{2+} + 2e^- \quad (1-3)$$

电子沿金属导线流向 Cu 板，溶液中的 Cu^{2+} 在铜板上得到电子，发生还原反应，生成 Cu 单质而沉积下来

$$Cu^{2+} + 2e^- \longrightarrow Cu \quad (1-4)$$

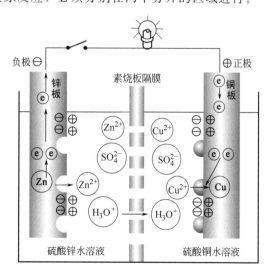

图 1-1 丹尼尔电池

电子经由导线由 Zn 板流向 Cu 板就形成了电子流。

如果直接将锌片浸入硫酸铜水溶液中，反应仍按式(1-2)自发进行，锌被硫酸铜氧化成 Zn^{2+} 而溶解；硫酸铜水溶液中的 Cu^{2+} 得到电子被还原，在锌片上析出铜。在锌置换铜的氧化还原反应中，氧化剂和还原剂相接触，直接进行电子的转移，电子只在体系内部流动，因此化学能只能转变为热能，外部无法获得电能。

可见，不是任何氧化还原反应发生后均能释放出电能。只有把自发进行的氧化还原反应像图 1-1 那样分离开，使其分别在两个电极上反应，才能从外部获得电能。这一点区别于一般的氧化还原反应。实际电池中常用隔膜将两个电极反应分开。

由上看出，铜锌原电池的整个电池反应由两个电极反应构成，即 Zn 失电子的氧化反应和 Cu^{2+} 得电子的还原反应。通常把发生氧化反应的电极称为阳极（anode），把发生还原反应的电极称为阴极（cathode）。电池反应发生时，外电路中电子由阳极经导线向阴极移动，同时在电池内电解质溶液中的阴离子向阳极迁移，阳离子向阴极迁移，这一过程称为放电。根据电学中的规定，电流的方向和电子流动的方向相反。因此，电流是由电势高的阴极流向电势低的阳极。习惯上把电势低的电极称为负极（negative electrode），电势高的电极称为正极（positive electrode）。

在原电池中，负极（阳极）上发生氧化反应，强还原剂（本例中的 Zn）失去电子变成与之共轭的弱氧化剂（Zn^{2+}），它们（Zn 和 Zn^{2+}）构成一个电对；正极（阴极）上发生还原反应，强氧化剂（Cu^{2+}）得到电子变成与之共轭的弱还原剂（Cu），它们（Cu 和 Cu^{2+}）构成另一电对。氧化反应与还原反应同时进行，构成了电池反应。为区别于一般意义上的氧化还原反应，电池中的氧化还原反应称为成流反应。

通过电池反应，物质发生了化学变化，同时释放能量，并把这些能量以电能的形式释放到电池外部。通常把电池中发生化学变化产生能量的物质称为活性物质，或者作用物质。在正极上使用的活性物质为正极活性物质（有时也称为去极剂），在负极上使用的活性物质为负极活性物质。例如，锌锰干电池中的 Zn 是负极活性物质，MnO_2 是正极活性物质；铅酸蓄电池中的 Pb 和 PbO_2 分别为负极和正极活性物质。从氧化还原反应角度来看，正极活性物质是氧化剂，负极活性物质是还原剂。无论是固体、液体还是气体，只要能构成氧化还原电对，理论上都可以作为电池的电极活性物质，若电极活性物质不是导体，则需借助于其他物质的导电作用。

② 两电极的活性物质进行氧化还原反应时，电子只能通过外线路传递，而不能在电池内部进行，否则在电池内将形成闭合回路而变成短路状态，这一点类似于金属电化学腐蚀过程的微电池反应。

③ 反应必须是自发进行。理论上，只要把发生氧化反应的电对设计成电池的负极（阳极），发生还原反应的电对设计成电池正极（阴极），任何一个氧化还原反应都可以设计成电池。但电池反应能否进行，以及进行的趋势如何，还取决于反应体系吉布斯自由能的变化。

根据电化学和热力学知识，在等温等压下，电池工作时体系吉布斯自由能的减少与电动势功之间的关系可表述为

$$\Delta G_{T,p} = -nEF$$

$$E = \frac{-\Delta G_{T,p}}{nF} \tag{1-5}$$

式中，$-\Delta G_{T,p}$ 为化学反应在等温等压下体系的吉布斯自由能降低值，$J \cdot mol^{-1}$；n 为电池反应输出基元电荷的物质的量，mol；E 为电池的可逆电动势，V；F 是法拉第常数，它是 1mol 电子的电量，其值约为 $96500C \cdot mol^{-1}$。

只有反应体系的 ΔG 为负值时，反应才自发进行。减少的吉布斯自由能转变为电能，电

池的电动势为正值，才能产生持续的电流。上述丹尼尔电池的 ΔG 为 $-212550J \cdot mol^{-1}$，电动势 E 约为 1.1V。当接通外电路时，电池对外做电功，电路中的灯泡发光。因此为了提高电池的电动势，电池反应的 $-\Delta G$ 必须是正值，并且其值要大。另外，电池的电动势等于正负电极的电极电势之差。因此，阳极电势越低，阴极电势越高，电池的电动势就越大，电池对外做功也就越多。所以，要选择电子亲和势大的、氧化性强的物质为正极活性物质，电子亲和势小的、还原性强的物质作负极活性物质。

④ 两电极间必须有离子导电性的物质即电解质，提供电池内部离子导电。

只要满足上述条件就能构成电池，但还不是实际使用的电池。实际使用的电池除了具备上述条件外，还应满足：电动势高；放电时的电压降低随时间的变化小；质量比容量或体积比容量大；维护方便、储存性及耐久性优异；价格低廉等条件。如果是充电电池，还要求充放电反应可逆性好，充放电的能量效率高。

实际使用的电池很难同时满足上述各项要求，通常从其用途考虑，或牺牲性能降低成本，或提高费用保证性能。

1.1.2 化学电源的组成

实际中的任何一种化学电源都由五个部分组成，即正极、负极、电解质、隔膜和外壳。其中前三者是最主要的部分，代表了一个电池的基本组成。表 1-1 概括比较了目前常用化学电源的构成。

表 1-1 目前常用化学电源的构成

电池名称		电池构成		
		正极活性物质	电解质溶液	负极活性物质
二次电池	铅酸蓄电池 敞口式	二氧化铅	硫酸	铅
	铅酸蓄电池 密封式	二氧化铅	硫酸	铅
	碱性蓄电池 铁镍	氧化镍	氢氧化钾	铁
	碱性蓄电池 镉镍	氧化镍	氢氧化钾	镉
	碱性蓄电池 镉镍烧结式	氧化镍	氢氧化钾	镉
	碱性蓄电池 镉镍密封式	氧化镍	氢氧化钾	镉
	碱性蓄电池 锌银	氧化银	氢氧化钾	锌
	碱性蓄电池 镉银	氧化银	氢氧化钾	镉
	碱性蓄电池 锌锰	二氧化锰	氢氧化钾	锌
	锂离子电池	钴酸锂	六氟磷酸锂（有机电解液）	石墨
	锂离子电池	磷酸铁锂		
一次电池	锌锰干电池	二氧化锰	氯化铵	锌
	碱性锌锰干电池	二氧化锰	氢氧化钾	锌
	氧化汞电池	氧化汞	氢氧化钾	锌
	氧化银电池	氧化银	氢氧化钾	锌
	氯化银电池	氯化银	海水	镁
	锌空气湿电池	氧气(空气)	氢氧化钾	锌

1.1.2.1 电极

(1)电极的构成　电极（包括正极和负极）是电池的核心部分，它的主要成分是活性物质，其次是导电骨架等辅助成分，也可能含有一些添加剂。

① 活性物质。活性物质是正、负极中参加成流反应的物质，是化学电源产生电能的源泉，是决定化学电源基本性能的重要部分。

电池中作为活性物质的条件是很严格的，对活性物质的要求是：在电解液中的化学稳定性高；组成电池的电动势高；电化学活性高，即自发进行反应的能力强；具有高的电子导电性；质量比容量和体积比容量大；资源丰富，价格便宜等。

以水溶液为电解质的电池中的活性物质，条件尤为严格：从活性物质的稳定性考虑，原则上比氧的氧化性强的物质不能作为正极活性物质，比氢的还原性强的物质不能作为负极活性物质。而在非水溶液电解质中，稳定性条件比较容易满足，因而活性物质选择的范围比较宽。

图 1-2 给出了各种电池活性物质的质量及体积的比容量，以及与电动势、理论能量密度的关系。理论上，图中右上方的电池具有优良的电性能，是一些很有发展前途的高能化学电源。

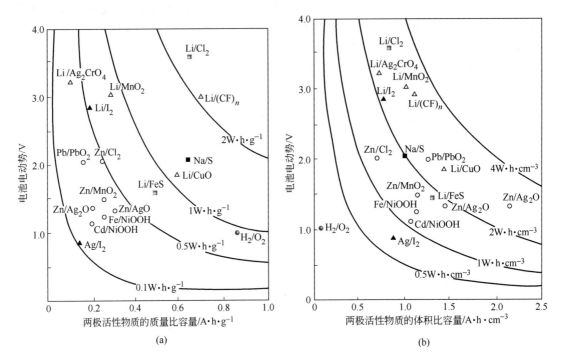

图 1-2 各种电池活性物质质量比容量 (a) 及体积比容量 (b)
与电动势以及理论能量密度的关系

○—常温水溶液系列电池；△—常温非水溶液系列电池；▲—常温固体电解质系列电池；
●—燃料电池；■—高温熔融盐系列电池；■—高温固体电解质系列电池

② 辅助成分。辅助成分是构成电极的必要成分，但不参与电极反应。例如，作为支撑活性物质的导电网、极板栅等，也兼作集流体。

③ 添加剂。这类物质的加入量很少，但有重要的特定作用；主要包括阻化剂、去钝化剂、电催化剂。

阻化剂加在负极活性物质中，能提高氢的超电势，减小电池的自放电或防止氧化，可制成干荷电极板。

去钝化剂加在负极中，防止在充放电过程中比表面积收缩，防止在低温、大电流放电时负极钝化，也称为膨胀剂。

电催化剂的作用是促进电极反应，减轻极化，如气体扩散电极中使用的催化剂铂、钯、氧化物、复合氧化物等。

(2)电极的类型 根据电极反应的性质不同，习惯上把电极分为第一类电极、第二类电极、氧化还原电极、气体电极和某些特殊类型的电极。

① 第一类电极。由金属浸在含有该金属离子的溶液中构成，如 Zn^{2+}/Zn、Cu^{2+}/Cu 等，它们的电极反应为

$$Zn^{2+} + 2e^- \longrightarrow Zn$$
$$Cu^{2+} + 2e^- \longrightarrow Cu$$

电极电势表达式

$$\varphi = \varphi^{\ominus}_{(Zn^{2+}/Zn)} + \frac{RT}{zF} \ln \frac{\alpha_{Zn^{2+}}}{\alpha_{Zn}}$$

$$\varphi = \varphi^{\ominus}_{(Cu^{2+}/Cu)} + \frac{RT}{zF} \ln \frac{\alpha_{Cu^{2+}}}{\alpha_{Cu}} \tag{1-6}$$

若是非金属，则由非金属浸入该非金属负离子的溶液中构成，如 Se^{2-}/Se，电极反应为

$$Se + 2e^- \longrightarrow Se^{2-}$$

电极电势表达式

$$\varphi = \varphi^{\ominus}_{(Se/Se^{2-})} + \frac{RT}{zF} \ln \frac{\alpha_{Se}}{\alpha_{Se^{2-}}} \tag{1-7}$$

纯固体的活度在给定温度下是常数，等于 1，则式(1-6) 和式(1-7) 可简化为

第一类金属电极
$$\varphi = \varphi^{\ominus} + \frac{RT}{zF} \ln \alpha_{M^{z+}} \tag{1-8}$$

第一类非金属电极
$$\varphi = \varphi^{\ominus} - \frac{RT}{zF} \ln \alpha_{N^{z-}} \tag{1-9}$$

可以看出，第一类电极的电势只与相应离子的活度有关。对于金属电极，金属正离子的活度决定电极电势；对于非金属电极，非金属负离子的活度决定电极电势。

② 第二类电极。是由金属上覆盖一薄层该金属的难溶化合物（盐、氧化物和氢氧化物），然后浸在含有该难溶化合物相同阴离子的溶液中所构成的。例如银氯化银电极和甘汞电极，它们的电极反应和电极电势表达式如下

$$AgCl + e^- \longrightarrow Ag + Cl^- \qquad \varphi = \varphi^{\ominus}_{AgCl/Ag} - \frac{RT}{zF} \ln \alpha_{Cl^-} \tag{1-10}$$

$$Hg_2Cl_2 + 2e^- \longrightarrow 2Hg + 2Cl^- \qquad \varphi = \varphi^{\ominus}_{Hg_2Cl_2/Hg} - \frac{RT}{zF} \ln \alpha_{Cl^-} \tag{1-11}$$

可以看出，第二类电极的电极电势与金属难溶盐的阴离子的活度有关。换言之，这类电极的电势相对于难溶化合物的阴离子是可逆的。由于这类电极的电极电势稳定、易于重现，经常代替氢电极作为参比电极。

这类电极还包括金属/难溶金属氧化物电极，即在金属表面覆盖一薄层该金属的氧化物，然后浸在含有 H^+ 或 OH^- 的溶液中构成电极，例如

电极　　$OH^- | Ag + Ag_2O$

$$Ag_2O + H_2O + 2e^- \longrightarrow 2Ag + 2OH^-$$

电极　　$H^+ | Ag + Ag_2O$

$$Ag_2O + 2H^+ + 2e^- \longrightarrow 2Ag + H_2O$$

③ 氧化还原电极。又称第三类电极，由惰性金属（如铂片）插入含有某种离子的不同氧化态的溶液中构成的电极。这里金属只起导电作用，而氧化还原反应在溶液中进行。例

如，Fe^{3+}，$Fe^{2+}|Pt$，其电极反应为

$$Fe^{3+} + e^- \longrightarrow Fe^{2+}$$

电极电势表达式为

$$\varphi = \varphi^{\ominus}_{(氧化/还原)} + \frac{RT}{zF}\ln\frac{\alpha_{氧化态}}{\alpha_{还原态}} \tag{1-12}$$

这类电极的电极电势与该离子不同氧化态的活度有关。类似的还有 Sn^{4+}/Sn^{2+}、Tl^{3+}/Tl^+、$[Fe(CN)_6]^{3-}/[Fe(CN)_6]^{4-}$ 电极等。

④ 气体电极。由气体和含有其离子的溶液构成，由于气体是非导体，需借助于铂、石墨等导体作为气体的载体。该载体不仅提供了气体与含有其离子溶液间的电接触，同时还对电极反应起着催化剂的作用，但是它本身十分稳定，不参加电极反应，并对其他可能发生的反应呈惰性。在燃料电池中经常使用气体电极。

气体电极包括氢电极、氧电极和氯电极等，它们的电极反应分别为

$$2H^+ + 2e^- \longrightarrow H_2$$

$$O_2 + 2H_2O + 4e^- \longrightarrow 4OH^-$$

$$Cl_2 + 2e^- \longrightarrow 2Cl^-$$

电极电势表达式为

$$\varphi_{H_2} = \varphi^{\ominus}_{H^+/H_2} + \frac{RT}{zF}\ln\frac{\alpha^2_{H^+}}{p_{H_2}} \tag{1-13}$$

$$\varphi_{O_2} = \varphi^{\ominus}_{O_2/OH^-} + \frac{RT}{zF}\ln\frac{p_{O_2}}{\alpha^4_{OH^-}} \tag{1-14}$$

$$\varphi_{Cl_2} = \varphi^{\ominus}_{Cl_2/Cl^-} + \frac{RT}{zF}\ln\frac{p_{Cl_2}}{\alpha^2_{Cl^-}} \tag{1-15}$$

从上述表达式看出，这类电极的电势不仅与其离子活度有关，而且还依赖于气体的压力。此外，如果选用的电极载体不具备优良的催化性能，则反应很难达到平衡，实际的气体电极可能达不到它的平衡电极电势值。这一点对于氧电极特别突出，所以选择氧电极的催化剂十分重要。

(3) 电池和电解池中电极的命名　电池和电解池是两种不同的电化学装置。由电极上的物质发生电化学反应而对外电路做电功的装置称为电池。相反，凡是借助外电源（与电池并联）使电极上发生电化学反应的装置称为电解池，电镀槽即属此类装置。也就是说，前者是一种将化学能转变为电能、通过放电对外做电功的装置，后者则是一种将电能转变为化学能的装置。二次电池在放电过程中为电池，而其充电的过程则可以看作是电解池。

无论是电池还是电解池都有两个电极。但是，电极命名的方法存在着两种不同的习惯。一种命名电极的习惯是以电流方向为依据的，把电势较高的电极称为正极，把电势较低的电极称为负极，这样电流总是从正极流向负极。另一种命名电极的习惯是以电极反应的性质来确定电极的名称，在电极上发生氧化反应而放出电子的称为阳极，在电极上获得电子而发生还原反应的称为阴极。通常在电池中采用正负极命名法，而在电解池（电镀槽）中常采用阴阳极命名法。此外，在讨论电极过程或金属腐蚀时往往与电极反应相联系，也经常采用阴阳极命名法。表 1-2 列出了电池和电解池中电极的名称和电极反应。

表 1-2　电池和电解池中电极的名称和电极反应

项　目	电极名称	电子得失	电极反应性质	应　用　实　例
电池（放电）	正极	获得电子	还原反应	$PbO_2 + 3H^+ + HSO_4^- + 2e^- \longrightarrow PbSO_4 + 2H_2O$
	负极	失去电子	氧化反应	$Pb + HSO_4^- \longrightarrow H^+ + PbSO_4 + 2e^-$
电池（充电）	阳极	失去电子	氧化反应	$PbSO_4 + 2H_2O \longrightarrow PbO_2 + 3H^+ + HSO_4^- + 2e^-$
	阴极	获得电子	还原反应	$H^+ + PbSO_4 + 2e^- \longrightarrow Pb + HSO_4^-$
电解池（电镀槽）	阴极	获得电子	还原反应	$ZnO_2^{2-} + 2H_2O + 2e^- \longrightarrow Zn + 4OH^-$
	阳极	失去电子	氧化反应	$Zn + 4OH^- \longrightarrow ZnO_2^{2-} + 2H_2O + 2e^-$

1.1.2.2　电解质

电解质是电池的主要组成之一，在电池内部担负着在正负极之间传递电荷的作用，所以通常选用具有高离子导电性的物质。有的电解质也参加电极反应而被消耗。

电极过程对电解质的要求是稳定性强，因为电解质长期保存在电池内部，所以必须具有稳定的化学性质，使储存期间电解质与活性物质界面的电化学反应速率足够小，从而使电池的自放电容量损失减小。电解质要求电导率高，欧姆压降小，使电池的放电特性得以改善。对于固体电解质，则要求它只具有离子导电性，而不具有电子导电性。

目前使用的电解质大多数为无机水溶液电解质、非质子性电解液、固体电解质和熔融盐电解质。一般电池采用酸、碱、盐的水溶液为电解质；锂电池则采用不含水的溶剂（有机或无机）与无机盐形成的电解质；热电池采用熔融态的无机盐；某些电池也采用电池运行温度下呈离子导电的固体电解质。

(1) 水溶液电解质　现有的化学电源大多采用水溶液电解质，这是因为水与其他溶剂相比具有较大的介电常数，溶解和离解电解质的能力强；且水溶液的黏度小，离子迁移受到的阻力小，因此可以制成电导率高的液体电解质。一般电池中用的水溶液电解质的电导率为$1 \sim 10S \cdot cm^{-1}$。由于不必考虑大气中水的影响，电池可以在非完全密闭、常温下工作，成本较低。

在水溶液中，电解质离解后的离子与水形成水合离子。离子运动快慢可用极限摩尔电导率来衡量，不同离子在水溶液中的极限摩尔电导率列于表 1-3 中。

表 1-3　不同离子在水溶液中的极限摩尔电导率 λ^∞（25℃）　单位：$S \cdot cm^{-1} \cdot mol^{-1}$

阳离子	λ_+^∞ / z_+	阴离子	λ_-^∞ / z_-	阳离子	λ_+^∞ / z_+	阴离子	λ_-^∞ / z_-
H_3O^+	350	OH^-	198	NH_4^+	74	$\frac{1}{2}SO_4^{2-}$	80
Li^+	39	F^-	55	$\frac{1}{2}Ca^{2+}$	60	$\frac{1}{2}CO_3^{2-}$	69
Na^+	50	Cl^-	76	$\frac{1}{2}Zn^{2+}$	54	$\frac{1}{3}PO_4^{3-}$	69
K^+	74	Br^-	78				
Rb^+	78	ClO_4^-	67				

由此可见，上述所有的水合离子中，H_3O^+ 和 OH^- 的运动速度最快，而其他离子的运动速度较慢。这是因为，一般来说在相同外界条件下，离子运动的速度取决于离子半径、离子水合程度、所带电荷数等。离子所带电荷数越多、半径越小，其水合程度越大，运动时的阻力越大，运动速度就越慢。因此，碱金属 Li^+、Na^+、K^+ 的运动速度依次增大。对于 H_3O^+ 和 OH^- 的运动速度特别快这一现象，可用质子传递机理（即格鲁萨斯电导机理，Grotthus mechanism）来解释（图 1-3）。因为质子可以在水分子间转移，所以随着质子从一个水分子传给另一个水分子，电流也很快沿着氢键传导。

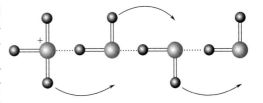

图 1-3　质子传递机理示意图

OH⁻的传导机理与此类似，只是质子从 H_2O 分子上转移到 OH⁻ 上，这个过程与 OH⁻ 在反方向的运动等价。

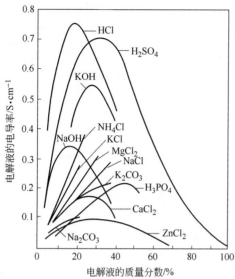

图1-4　各种水溶液电解质中的电导率(18℃)

由于阳离子和阴离子的运动速度快，离子型溶质溶解后，电解液的电导率大；而且溶解的离子数越多（浓度越大），电导率越大。但溶解的离子数非常大时，由于符号相反的离子在其周围集聚形成离子氛，阻碍了离子的运动，使其运动速度反而降低。因此，存在着一个电导率最大时的电解液浓度，如图1-4所示。

氢氧化钾（KOH）水溶液含有摩尔电导率大的 K^+，因而它比氢氧化钠（NaOH）或氢氧化锂（LiOH）水溶液表现出更大的电导率。通常在一次电池、二次电池或燃料电池中，一般使用30%（质量分数）左右浓度的氢氧化钾水溶液作电解液。但 KOH 水溶液对金属浸润，容易沿着金属的表面蔓延，从而泄漏到电池外部。为了抑制外漏，在一次电池中也常用 NaOH 水溶液。

由于水的凝固点为0℃，沸点为100℃，因而以水溶液为电解质的电池不能在极地和宇宙空间等环境下使用。另外，即使在几十度的温度下，水溶液的蒸气压也相当大，这也使得以水溶液为电解质的电池的高温储存性能较差。水溶液电解质最主要的问题是：电池活性物质的选择受到限制，原则上不能采用比氢的还原性强的负极活性物质和比氧的氧化性强的正极活性物质，否则电池在储存期间活性物质将与水发生反应而被消耗，而在蓄电池中则由于充电时只生成氢和氧而不能使活性物质再生。因此，单电池所能提供的电压以氢和氧组成的燃料电池的电压为极限，最高为2.0V。对于储存性能要求高的电池来说，电压只能限定在1.0V。

除了氢以外，实用电池的负极活性物质只限于比氢还原性强、但与水反应生成氢的速度很慢的，即析氢超电势高的 Pb、Cd、Zn 等材料。同样，正极活性物质一般可采用 MnO_2、Ag_2O、NiOOH、PbO_2 等金属氧化物，因为这些材料的析氧超电势较高，在水溶液中稳定，且溶解度小。使用这些材料，可以组成电动势为 $1.0 \sim 2.0$V 的化学电源。常用电解质的电导率和工作温度范围如图1-5所示。

（2）非质子性电解液　随着电池制造技术的进步，使用非水溶液电解质的电池已广泛应用于锂离子电池。采用比水难以进行氧化还原的溶剂来溶解电解质，大大拓宽了活性物质的选择范围，还可以使电池工作时的极化

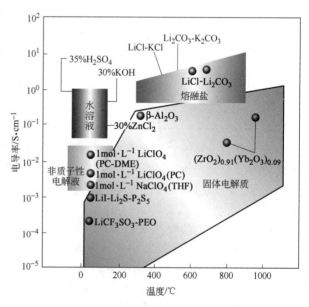

图1-5　常用电解质的电导率和工作温度范围

减小；而且使用非质子性溶剂后，可使用比氢还原性强的负极活性物质，使得其制成电池的电动势更大。

溶质在溶剂中的溶解性与溶剂的介电常数及离解后的阳离子和阴离子的性质有关。如果在相对介电常数为 ε_r 的溶剂中存在有两种符号相反的静电荷 q_+、q_-，其距离为 r，真空介电常数为 ε_0 时，则两者间的库仑力为

$$F = \frac{q_+ q_-}{4\pi\varepsilon_0\varepsilon_r r^2} \tag{1-16}$$

由上式可知，当溶剂的相对介电常数增大时，阳离子和阴离子间的库仑力减小。一般来说，当相对介电常数小于 10 时，电解质难以在该溶剂中离解为离子。水的相对介电常数在 25℃时为 78.3，所以很容易使大多数电解质离解。

溶剂的黏度以黏性阻抗的形式影响溶剂中离子的移动。在黏度低的溶剂中，离子易于运动，电导率较大。所以要使电解质容易离解为离子，离解后的离子容易运动，则要求溶剂的相对介电常数要大，黏度要小。

溶质的溶解度也和溶剂的偶极矩等有关。溶剂对溶解在其中的电解质的作用，可用溶剂给出电子的施主数和接受电子的受主数来表示。施主数与阳离子的溶剂化有关，即与溶剂化阳离子的大小有关。同样地，受主数也与溶剂化阴离子的大小有关；溶剂化离子的大小与离解成离子的难易及离子的运动有关。

非质子性的有机化合物、无机化合物溶剂的种类很多，但可作为电池电解质溶剂使用的、不含水合 H^+ 的稳定溶剂却不多。表 1-4 给出了几种溶剂的物理性质。与水相比，这些有机化合物的熔点低、沸点高，所以可在较宽的温度范围内使用。但是，由于有机溶剂的相对介电常数一般比水小，黏度大，所以溶解电解质盐的能力和调节电解质电导的能力弱。

表 1-4　一些电池电解质溶剂的物理性质（25℃）

项　　目		熔点 /℃	沸点 /℃	相对介电常数	黏度 /mPa·s	密度 /g·cm^{-3}	偶极矩 /D[1]	施主数[2]	受主数[3]
有机溶剂	碳酸乙烯酯（EC）	39～40	248	89.6	1.85	1.31	4.80	16.4	—
	碳酸丙烯酸酯（PC）	−49	241	64.4	2.53	1.19	5.21	15.1	18.3
	二甲亚砜（DMSO）	18.6	189	46.5	1.9	1.10	3.96	29.8	19.3
	γ-丁内酯（γ-BL）	−43	202	39.1	1.75	1.13	4.12	—	—
	N,N-二甲基甲酰胺（DMF）	−61	158	36.7	0.8	0.94	3.86	26.6	16.0
	乙腈（AN）	−45.7	82	36.0	0.34	0.78	3.94	14.1	18.9
	硝基甲烷（NM）	−28.6	101	35.9	0.69	1.13	3.50	2.7	20.5
	N-二甲基吡咯烷酮（NMP）	−24	204	32.0	1.67	1.03	3.75	27.3	13.3
	四氢呋喃（THF）	−109	65	7.4	0.46	0.88	1.71	20.0	8.0
	1,2-甲氧基乙烷（DME）	−58	83～84	7.2	0.46	0.86	1.07	20	—
	1,3-二氧戊环（Diox）	−95	78	7.1	0.59	1.06			
	2-甲基四氢呋喃（2-Me-THF）	—	80	6.6	0.46	0.85			
	乙醚（DEE）	−116	34.6	4.3	0.22	0.71	1.18	19.2	3.0
无机溶剂	水（H_2O）	0	100	78.3	0.89	1.00	1.94	18.0	54.8
	二氧化硫（SO_2）	−75	−10.0	14.1	0.29	1.37	1.60	—	—
	磷酰氯（$POCl_3$）	1	108	13.9	1.15	1.46	2.40	11.7	—
	亚硫酰氯（$SOCl_2$）	−105	75.8	9.3	0.6	1.63	1.38	0.4	—
	硫酰氯（SO_2Cl_2）	−52	69.4	9.2	0.67	1.66	1.78		

① $1D = 3.34 \times 10^{-30}$ C·m。
② 施主数是以溶解在二氯乙醚中的 $SbCl_5$ 和其他溶剂的反应热作为溶剂给出电子的标准。
③ 受主数是以溶剂中所溶解的氧磷三乙酯 $[(C_2H_5)_3PO]$ 的 ^{31}P 化学位移的相对值作为接受电子的标准。

在有机化合物中，EC、PC 或 γ-BL 这类具有羰基（ $\overset{O}{\underset{}{\|}} \atop C$ ）结合的酯类化合物要比 THF、DME 和 Diox 等醚类化合物（ $-C-O-C-$ ）的相对介电常数大，而醚类化合物的黏度要比酯类化合物小。为此将二者按适当比例组成混合溶剂时可得到电导率大的电解液。

酯类化合物 PC 和醚类化合物 DME 混合后的相对介电常数、黏度及电导率如图 1-6(a) 所示。由图可见，随着 PC 浓度的增大，混合溶剂的相对介电常数和黏度都增大，但相对介电常数增加得更快；LiClO$_4$ 电解质溶解于混合溶剂中，溶液的黏度明显增大。由于相对介电常数和黏度对溶液的电导率的影响相反，只有当相对介电常数大而黏度小时，溶液的电导率才最大。由图 1-6(b) 可见，PC 和 DME 的体积比为 1:3 左右时溶液的电导率最大。

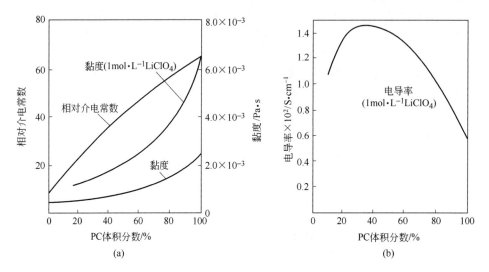

图 1-6 PC、DME 混合溶剂的相对介电常数、黏度及电导率
(a) PC-DME 混合溶剂的相对介电常数、黏度及混合溶剂中溶解 1mol·L^{-1} LiClO$_4$ 时溶液的黏度；
(b) PC-DME 混合溶剂中溶解 1mol·L^{-1} LiClO$_4$ 时溶液的电导率（30℃）

一般地，PC 和 DME、PC 和 THF 的混合溶剂具有高的电导率，γ-BL 为具有中等相对介电常数和黏度的溶剂。PC 和 THF 混合溶剂的熔点较低，适用于在低温下工作。EC 的熔点比 PC 高，故其实际应用有困难。

在非质子性有机溶剂中，电池的负极活性物质主要是采用还原性强且在溶剂中稳定的锂，通常使用锂盐作电解质，要选择溶剂化程度小的阴离子（离子半径大时，离子中的电荷密度较小，溶剂化程度小），常见的阴离子有 ClO$_4^-$、BF$_4^-$、PF$_6^-$ 和 AsF$_6^-$ 等。由此可制得单电池电压为 3.0～4.0V 的锂电池。

无机化合物 SO$_2$ 和 SOCl$_2$ 也可作为电解质溶剂，或正极活性物质。由于在负极活性物质锂上易于生成表面保护膜，所以可以使用具有氧化活性的电解液。如可使用 SO$_2$ 与乙腈（AN）的混合溶剂，电解质使用 LiAlCl$_4$。

非质子性电解液应当具有大的电导率，与电池活性物质不发生反应，并且在较广的电势范围内氧化还原性能稳定。在以锂作负极活性物质的一次电池中，由于在锂的表面上会形成保护膜，故溶剂的选择比较容易。但是在二次电池中，要求溶剂在强的还原氛中也能保持其稳定性。具有羰基结构的 PC 和 γ-丁内酯（γ-BL）与锂的反应性大，所以不能用，必须使用 THF 或 Diox 这些醚类有机化合物。例如在 THF 的 2 位和 Diox 的 4 位上导入甲基化合物成为稳定的溶剂 2-Me-THF 和 4-Me-Diox，此外还可使用 DMSO 或 $[(CH_3CH_2OCH_2)_2O$，二甘醇二甲醚] 等溶剂。在以 $LiAsF_6$ 为电解质时，会在锂上生成保护性吸附膜，能阻止溶剂分解。

(3) **固体电解质**　在水溶液和有机非质子性电解液中，均是离子在液态溶液中迁移，而固体电解质指的是离子在固体中的迁移。一般来说，离子在固体中的运动要比液体中慢得多，所以通常固体电解质中的离子电导率比液体电解质中的小许多，因而很长时间以来，固体电解质难以作为实用电池的电解质使用。

近年来发现了许多只让特定离子选择透过而不显示电子导电性的无机固体电解质，其电导率为 $10^{-3} \sim 10^{-1} S \cdot cm^{-1}$。固体电解质不需要收容液体的容器，也就不必担心漏液的问题，因此电池可以向小型化、微型化发展。高离子导电性固体的开发，使得电池材料的全部固体化成为可能；而且，固体电解质本身可作为防止两极活性物质混合的隔膜。随着耐腐蚀性、离子选择透过性好的固体电解质被发现，直接使用气体和液体作活性物质也成为可能。进一步研究可在高温下利用，使用不与强还原性或强氧化性物质发生反应的电解质，可以开发出直接使用强氧化剂和强还原剂作活性物质的新型化学电源，这类化学电源的输出功率和能量密度都非常高。

目前已开发出的具有代表性的实用电池的高离子导电性固体电解质列于表 1-5。

表 1-5　电池中实用的固体电解质和导电离子

项　　目	固体电解质	导电离子	电导率/$S \cdot cm^{-1}$
固体电池	$RbAg_4I_5$	Ag^+	2.7×10^{-1}(25℃)
	$75AgI \cdot 25Ag_2SeO_4$(玻璃质)	Ag^+	2.2×10^{-2}(20℃)
	$Rb_4Cu_{16}I_7Cl_{13}$	Cu^+	4.7×10^{-1}(25℃)
锂电池	$LiI-Al_2O_3$[40％(质量分数)](混合物)	Li^+	1×10^{-5}(25℃)
	Li_3N(单晶)	Li^+	3×10^{-3}(25℃)
	$Li-\beta-Al_2O_3$(单晶)	Li^+	1.3×10^{-3}(25℃)
	$Li_3N-LiI-LiOH$(多晶)	Li^+	1×10^{-3}(25℃)
	$LiI-Li_2S$[37％(质量分数)]-P_2S_5[18％(质量分数)]	Li^+	1×10^{-3}(25℃)
	$LiCF_3SO_3$-聚乙二醇(有机高分子母体)	Li^+	3×10^{-3}(25℃)
高温电池	$Li_{14}Zn(GeO_4)_4$(LISICON)	Li^+	1.3×10^{-1}(300℃)
	$Na_2O \cdot 11Al_2O_3$(β-氧化锆,单晶)	Na^+	2.2×10^{-1}(300℃)
	$Na_2O \cdot 11Al_2O_3$(β-氧化锆,多晶)	Na^+	5.0×10^{-2}(300℃)
	$Na_2O \cdot MgAl_{10}O_{16}$(β-氧化铝,单晶)	Na^+	7.6×10^{-1}(300℃)
	$Na_2O \cdot MgAl_{10}O_{16}$(β-氧化铝,多晶)	Na^+	2.4×10^{-1}(300℃)
	$Na_3Zr_2Si_2PO_{12}$(NASICON)	Na^+	3.0×10^{-1}(300℃)
燃料电池	$(ZrO_2)_{0.91}(Y_2O_3)_{0.09}$(稳定氧化锆)	O^{2-}	2.0×10^{-2}(800℃)
	$(ZrO_2)_{0.91}(Y_2O_3)_{0.09}$(稳定氧化锆)	O^{2-}	9.0×10^{-2}(1000℃)
	$(ZrO_2)_{0.91}(Yb_2O_3)_{0.09}$(稳定氧化锆)	O^{2-}	1.6×10^{-1}(1000℃)
	$(ZrO_2)_{0.89}(CaO)_{0.11}$(稳定氧化锆)	O^{2-}	4.5×10^{-2}(1000℃)
	氟化碳阳离子交换膜(Nafion)	H_3O^+	3.0×10^{-2}(50℃)
	$H_3W_{12}PO_{40} \cdot 29H_2O$(单晶)	H_3O^+	6.0×10^{-2}(50℃)
	$SrGe_{0.95}Yb_{0.05}O_{3-a}$	H^+	1.0×10^{-2}(1000℃)

(4) **熔融盐电解质**　熔融盐的电导率大，且可在高温下工作，使用熔融盐作为电解质可制成输出功率高、能量转换效率高的电池。采用碱金属卤化物一类稳定的、分解电压大的熔融盐制得的电池电动势大、能量密度高。但由于高温下活性物质或电解质的腐蚀性大，使寻找耐腐蚀的隔膜、电极和容器等电池材料时遇到一定的困难。近年来材料科学的发展为熔融盐电解质在化学电源中的应用开辟了广阔的前景，尤其是在二次电池和燃料电池等固定大型化学电源领域中，保持电池在高温下持续工作已不成问题。

实用电池应选用低熔点、液态稳定、难以气化、不被氧化还原的熔融盐。为此，可选用几种稳定的、难以被还原的碱金属盐或碱土金属盐做成混合熔融盐使用。用碱金属碳酸盐作电解质的燃料电池对二氧化碳具有稳定性。如图 1-7 所示，使用 Li_2CO_3-Na_2CO_3-K_2CO_3 混合物体系可使熔点下降。当它们的摩尔分数比为 43.5：31.5：25.0 时，熔点约为 397℃。实际上，由于 Na^+ 易向金属内渗透，对电池材料造成腐蚀，所以通常不使用含 Na^+ 的熔融盐，而使用摩尔分数比为 62.0：38.0 的 Li_2CO_3-K_2CO_3。Li_2CO_3 熔融盐的电导率虽大，但加入 K_2CO_3 后电导率减小，如图 1-8 所示。为了抑制对电池材料的腐蚀，应使用低熔点的熔融盐，使用上述盐的电池可在约 650℃ 下工作。

碱金属的卤化物是非常稳定的熔融盐，可作为实用电池的电解质。摩尔分数比为 58.8：41.2 的 LiCl-KCl 熔融盐的熔点低于 353℃，电池可在 400～450℃ 左右工作。但如图 1-8 所示，LiCl-KCl 混合体系的电导率比单组分 LiCl 熔融盐小。

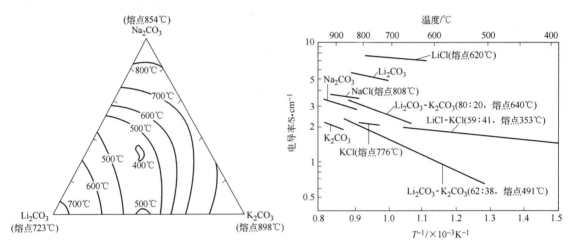

图 1-7　Li_2CO_3-Na_2CO_3-K_2CO_3 三元体系的状态图

图 1-8　碱金属碳酸盐及氯化物电导率与温度的关系
（碱金属碳酸盐处于 1atm 的 CO_2 氛中，括号中的数字为混合熔融盐的摩尔分数比，1atm= 101.325kPa）

作为实用电池电解质的熔融盐，应考虑到它对电池材料的腐蚀性问题，应使其在尽可能低的温度下工作，所以可选用数种盐的混合熔融盐。此时电解质的电导率在 $1～2S \cdot cm^{-1}$ 左右，大概为 35%（质量分数）硫酸电导率的 2～3 倍。

此外，在实用电池中，电解质层要尽可能地薄。为了将电池中电解质做成薄板状，人们进行了各种尝试。如预先将氧化铝（Al_2O_3）或氧化锆（ZrO_2）等的粉末烧结成孔隙率约为 60% 的多孔板，然后与偏铝酸锂（γ-$LiAlO_2$）或钛酸锶（$SrTiO_3$）等粉末以 50%（体积分数）左右相混合，再热压成瓦片状的薄板，在电池的工作温度下使其从熔融状变成糊浆状，这称为糊浆法。因为 γ-Al_2O_3 在电池工作时会与熔融盐中的 Li^+ 反应生成 γ-$LiAlO_2$，体积发生变化，致使片板被损坏，所以从一开始就应添加 γ-$LiAlO_2$。用糊浆法可制成大型的电解质板，将 γ-$LiAlO_2$ 粉末同熔融盐的混合物与有机黏结剂相混合，使成糊浆状，然后用定厚器刮刀（doctor blade）制成薄片，再用热铸带法（tape casting）或在熔融盐中混合以氮化硼等陶瓷纤维增强剂使之薄板化。

1.1.2.3　隔膜

隔膜置于电池两极之间，其作用是防止正负极活性物质直接接触而造成电池内部短路，并使正负极之间尽可能保持小的距离，使电池具有较小内阻。隔膜亦称隔离物，根据实际需要，其形状有薄膜、板材、棒材等。

对隔膜的要求是：a. 在电解液中具有良好的化学稳定性和一定的力学强度，并能耐受电极活性物质的氧化或还原作用；b. 应有足够的孔隙率和吸收电解质溶液的能力，以保证离子通过隔膜的能力强，也就是说隔膜对电解质离子运动的阻力要小，从而相应地减小电池内阻；c. 应是电子的良好绝缘体，以防止正负极间的电子传递，并能阻挡从电极上脱落的活性物质微粒和枝晶的生长；d. 材料来源丰富，价格低廉。

实际中常用的隔膜材料有棉纸、微孔橡胶、微孔塑料、玻璃纤维、接枝膜、尼龙（聚酰胺树脂）、水化纤维素、石棉、聚丙烯、聚氯乙烯等，可根据电池系列的不同要求而选取。

1.1.2.4 外壳

外壳是电池的容器，电池的外壳需要有良好的力学强度，抗振，耐冲击，并能耐高低温变化和电解液的腐蚀等。

在现有化学电源中，除锌锰干电池是锌电极兼作外壳外，其他各类化学电源均不用活性物质作外壳，而是根据情况选择合适的材料作外壳。铅酸蓄电池用硬橡胶作外壳材料，碱性蓄电池用镀镍钢材作为外壳材料。近年来各种工程塑料，如尼龙、丙烯腈-丁二烯-苯乙烯共聚物（ABS）、聚丙烯（PP）、聚苯乙烯（PS）等已成为电池外壳的常用材料。

除上述各主要组成外，还常常需要导电栅、汇流体、端子等零件。

根据实际应用的需要，电池的形状和结构可以是多种多样的，如方（矩）形、圆柱形和扣式等，并用各种不同方式进行密封，以防漏液和干涸。

基本的电化学电池单元称为电池，由两个或多个电池通过串联、并联或串并联组成所需电压和容量的整体称为电池组。

1.1.3　表示方法与命名

为了简明地表示各种电池，习惯上采用下列书写方式来表示一个电池的电化学体系：

$$（-）\text{负极} \mid \text{电解质} \mid \text{正极（＋）}$$

式中，从左到右依次为负极、电解质和正极，两端的符号（－）和（＋）分别表示电池的负极和正极，其中电解质两侧的直线"｜"不仅表示电极与电解质的接触界面，而且还表示正、负极之间必须隔开。

例如，锌锰干电池可表示为

$$（-）\text{Zn} \mid NH_4Cl\text{-}ZnCl_2 \mid MnO_2（C）（＋）$$

MnO_2 后面括号内的 C，表示正极的导电体为炭棒。

锌银电池可表示为

$$（-）\text{Zn} \mid KOH \mid Ag_2O（＋）$$

铅酸蓄电池表示为

$$（-）\text{Pb} \mid H_2SO_4 \mid PbO_2（＋）$$

任何电池均可写成类似形式，在此不一一列举。

化学电源的命名，目前统一的规定是负极放在前面，正极放在后面，如锌锰电池、锌汞电池、锌银电池、镉镍电池、氢镍电池、氢氧燃料电池等。

1.2 化学电源的分类

一般化学电源有两种分类方法：一种是以正负极材料和电解质进行分类，称为电池系列分类法；另一种是以电池的工作性质及使用特征进行分类。

1.2.1 按化学电源系列分类

由于正负极材料和电解质的类型决定了电池的电化学反应，因此电池系列分类法可以表征出该系列电池的基本电性能特征，如电池的理论电压（V）、理论比容量（$A \cdot h \cdot kg^{-1}$）等，典型的电池系列如表 1-6 所示。

表 1-6 典型的电池系列、电池反应和电性能（理论值）

电池系列	负极	正极	电池反应	电性能（理论值）		
				电压/V	比容量/$A \cdot h \cdot kg^{-1}$	比能量/$W \cdot h \cdot kg^{-1}$
锌锰干电池	Zn	MnO_2	$Zn+2MnO_2 \longrightarrow ZnO+Mn_2O_3$	1.5	224	358.40
碱性锌锰电池	Zn	MnO_2	$Zn+2MnO_2 \longrightarrow ZnO+Mn_2O_3$	1.5	224	336.00
镁电池	Mg	MnO_2	$Mg+2MnO_2+H_2O \longrightarrow Mg(OH)_2+Mn_2O_3$	2.8	271	578.80
锂二氧化硫电池	Li	SO_2	$2Li+2SO_2 \longrightarrow Li_2S_2O_4$	3.1	379	1174.0
锂二氧化锰电池	Li	MnO_2	$Li+MnO_2 \longrightarrow LiMnO_2$	3.5	286	1001.0
锂亚硫酰氯电池	Li	$SOCl_2$	$4Li+2SOCl_2 \longrightarrow 4LiCl+SO_2+S$	3.65	402	1470.0
镁氯化亚铜电池	Mg	Cu_2Cl_2	$Mg+Cu_2Cl_2 \longrightarrow 2Cu+MgCl_2$	1.6	241	385.60
锂合金热电池	Li(Al)	FeS_2	$4Li+FeS_2 \longrightarrow 2Li_2S+Fe$	1.33	345	458.85
锌氧化银电池	Zn	AgO	$Zn+AgO+H_2O \Longleftrightarrow Zn(OH)_2+Ag$	1.81	283	512.23
铅酸电池	Pb	PbO_2	$Pb+PbO_2+2H_2SO_4 \Longleftrightarrow 2PbSO_4+2H_2O$	2.1	120	252.00
镉镍电池	Cd	NiOOH	$Cd+2NiOOH+2H_2O \Longleftrightarrow 2Ni(OH)_2+Cd(OH)_2$	1.35	181	244.35
氢镍电池	H_2	NiOOH	$H_2+2NiOOH \Longleftrightarrow 2Ni(OH)_2$	1.5	289	433.50
锂离子电池	C	$LiCoO_2$	$C+LiCoO_2 \Longleftrightarrow Li_xC+Li_{1-x}CoO_2$	3.8	110	418
锌空气电池	Zn	O_2	$2Zn+O_2 \longrightarrow 2ZnO$	1.65	155	800
氢氧燃料电池	H_2	O_2	$2H_2+O_2 \longrightarrow 2H_2O$	1.23	2975	3659.2

1.2.2 按化学电源的工作性质及使用特征分类

按化学电源的工作性质及使用特征，可分为一次电池、二次电池、燃料电池和储备电池四种类型。

1.2.2.1 一次电池

一次电池，即原电池（primary battery），是一种随着化学变化体系的自由能减少，并将这些减少的自由能直接转换成电能输出的装置。电池经过连续放电或间歇放电后，不能用充电的方法使两电极的活性物质恢复到初始状态，即原电池发生的是不可逆反应，电极活性物质只能利用一次，用完即废弃，故称为一次电池。电解液不流动的电池称为"干电池"。

广泛应用的一次电池有：锌锰电池、锌银电池、锌空气电池、锂二氧化锰电池和锂亚硫酰氯电池等。表 1-7 列出了一些主要的实用一次电池及其特征。

表 1-7　主要的实用一次电池及其特征

	名　称	组　成	单电池开路电压/V	特　征
锌锰电池	锌锰干电池	$Zn \mid NH_4Cl \cdot ZnCl_2(H_2O)$ 或 $ZnCl_2(H_2O) \mid MnO_2 \cdot C$	1.5	代表性的干电池,最便宜,使用方便,但电池性能稍差,有圆筒形、方形和叠层式
	碱性锌锰干电池	$Zn(Hg) \mid KOH \cdot ZnO(H_2O)$ 或 $NaOH \cdot ZnO(H_2O) \mid MnO_2 \cdot C$	1.5	工作电压稳定,价格比锌锰干电池高,有圆筒形和扣式
碱性电池	锌汞电池	$Zn(Hg) \mid KOH \cdot ZnO(H_2O)$ 或 $NaOH \cdot ZnO(H_2O) \mid HgO \cdot C$	1.35	工作电压非常稳定,能量密度大,有圆筒形和扣式。但因氧化汞污染环境,近年来已几乎不用
	锌银电池	$Zn(Hg) \mid KOH \cdot ZnO(H_2O)$ 或 $NaOH \cdot ZnO(H_2O) \mid Ag_2O \cdot C$	1.55	比汞电池价格高,电池性能非常好,扣式电池适用于小型精密电子器具
	空气电池	$Zn(Hg) \mid NH_4Cl \cdot ZnO(H_2O)$, $KOH \cdot ZnO(H_2O)$ 或 $NaOH \cdot ZnO(H_2O) \mid O_2 \cdot C$	1.3	用活性炭吸附空气中的氧,能量密度大;可用作电话铃、铁路过道电源;有扣式、方形湿电池
锂电池	锂聚氟化石墨电池	$Li \mid LiBF_4(BL) \mid (CF)_n \cdot C$	3.0	小型体轻、高电压、高能量密度,但在水和氧存在时,自放电大,全密闭电池;有圆筒形、扣式、硬币式、瓶式
	锂二氧化锰电池	$Li \mid LiClO_4(PC \cdot 1,2\text{-}二甲氧基乙烷) \mid MnO_2 \cdot C$	3.0	比锂聚氟化石墨电池输出功率密度大,但是质量比能量小,有圆筒形、扣式和硬币式
	锂氧化铜电池	$Li \mid LiBF_4(BL) \mid CuO \cdot CuFeS_2 \cdot C$	1.5	用以替代汞电池、银电池而开发出的锂电池;有扣式电池
	锂亚硫酰氯电池	$Li \mid LiAlCl_4(亚硫酰氯) \mid C$	3.6	输出功率高,能量密度高,适用于作存储器的支持电源,尚有安全性的问题;有圆形电池
特殊电池	固体电解质电池	$Ag \mid RbAg_4I_5 \mid RbI_3 \cdot C$ $Li \mid LiI \cdot Al_2O_3 \cdot LiOH \mid PbI_2 \cdot PbS \cdot C$	0.66 1.9	超薄型电池,作心脏起搏器用,埋入人体,或用作小型电子器具的电源
	注水电池	$Mg \mid 海水 \mid AgCl$ $Mg \mid 海水 \mid K_2S_2O_8$	1.6 2.4	小型、价格高,在短时间内可放出大电流,使用时可注入海水等电解液。用作海难救助电源;有方形等
	热电池	Ca 或 $Mg \mid LiCl \cdot KCl \mid CaCrO_4 \cdot Ni$	叠层式 20 左右	内存发热剂和点火装置,热激活即用型电池,适合作紧急脱出用的电源
	标准电池	$Cd(10\%Hg) \mid CdSO_4 \cdot 8/3H_2O \mid CdSO_4(H_2O) \mid Hg_2SO_4, Hg$	1.0183 (25℃)	电子器具、实验装置的标准电压校正用电池。电压精度高,但容量小,不作电力用;其代表有韦斯顿电池

　　20 世纪 60 年代以来开发出的锂一次电池,其负极活性物质为锂(Li),正极活性物质可以是二氧化锰、聚氟化石墨 $[(CF)_n]$、氧化铜或亚硫酰氯等,相应电池称为锂二氧化锰电池、锂聚氟化石墨电池、锂氧化铜电池或锂亚硫酰氯电池。此外,使用时注入清水、电解液或海水等作为溶剂的注水电池(也称注液式电池,或水激活电池),以及使用时需将电解质加热至熔融态的热电池也均已获得实用。

　　一次电池的特点是:电动势高、内部阻抗小、单位质量(或体积)能量密度大、价格低;在电池不用时自放电小、活性物质的消耗小、保存性能好;制造简单、形状多样、耐漏液性能高、容器的密封性能好,但放电电流不大。一些常用一

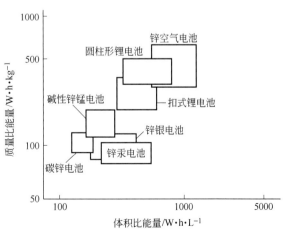

图 1-9　一些常用一次电池比能量比较

次电池比能量比较如图 1-9 所示。

自 19 世纪 60 年代发明一次电池以来，历经改进，迄今为止它仍是生产量最大的一种化学电源，广泛应用于便携式电器、电子仪器和仪表、照相机与照相器材、手表、计算器、无线电话、助听器、电动玩具等许多方面。

1.2.2.2 二次电池

二次电池也称为蓄电池或储能电池。电池在工作时，在两极上进行的反应均为可逆反应。因此可用充电的方法使两极活性物质恢复到初始状态，使电池得以再生，充电和放电能够反复多次，循环使用。

二次电池为电能循环储存装置，故称蓄电池或储能电池。常见的蓄电池有：

铅酸蓄电池 $Pb \mid H_2SO_4 \mid PbO_2$

镉镍蓄电池 $Cd \mid KOH \mid NiOOH$

铁镍蓄电池 $Fe \mid KOH \mid NiOOH$

锌银蓄电池 $Zn \mid KOH \mid Ag_2O$

锂离子电池和锂聚合物电池等。

还有一些称为机械再充电式电池，是通过更换电池中已经放完电的一个电极，达到电池持续使用的目的。通常是更换金属阳极，另一极是能较长期使用的氧（空气）电极。例如，锌空气电池和铝空气电池。

1.2.2.3 燃料电池

燃料电池又称为连续电池，它的特点是正负极本身不包含活性物质，其活性物质储存在电池体系之外，只要将活性物质连续地注入电池，电池就能够持续不断地放电。当它工作时，需要不间断地向电池内输入燃料和氧化剂，同时排出反应产物。因此，从工作方式上看，它类似于常规的汽油或柴油发电机。

由于燃料电池工作时要连续不断地输入燃料和氧化剂，燃料电池使用的燃料和氧化剂均为流体，即气体或液体。最常用的燃料为纯氢、各种富含氢的气体（如重整气）和某些液体（如甲醇水溶液）；而最常用的氧化剂为纯氧、净化空气等气体和某些液体（如过氧化氢和硝酸的水溶液等）。

燃料电池种类繁多，可按温度、电解质、结构特点及燃料进行分类。常见的有：氢氧燃料电池 $H_2 \mid KOH \mid O_2$；肼空气燃料电池 $N_2H_4 \mid KOH \mid O_2$（空气）。

按电解质种类分为：碱性燃料电池、磷酸盐燃料电池、熔融碳酸盐燃料电池、固体氧化物燃料电池和质子交换膜燃料电池。

1.2.2.4 储备电池

储备电池是一类为满足特殊需要而制作的电池，它主要用于在相当短时间内释放高功率的目的，如导弹、鱼雷以及其他武器系统。储备电池的正负极活性物质和电解质在储存期间不直接接触，直到使用时才借助动力源作用于电解质，使正负极与电解质接触（电池"激活"），所以这种电池也称为激活电池。根据激活方式的不同，又有气体激活电池、液体激活电池、热激活电池之分。它们的特点是电池在使用前处于惰性状态，因此可以储存几年甚至十几年。如：

镁银电池 $Mg \mid MgCl_2 \mid AgCl$（海水激活）

锌银电池 $Zn \mid KOH \mid Ag_2O$（宇航系列，KOH 溶液激活）

铅高氯酸电池 $Pb \mid HClO_4 \mid PbO_2$（$HClO_4$ 激活）

在熔融盐电解质热电池中，固态电解质未加热熔化之前，电池也是未活化的，故热电池也属于储备电池。如：

热电池 $Ca|LiCl\text{-}KCl|CaCrO_4(Ni)$（热激活）

上述分类方法都是针对电池的某一特征，或从某一角度对其进行分类，因此都有一定的局限性，均不能单独反映电池的全貌；而且实际使用的电池也不完全固定属于某一类别，如锌氧化银电池既可设计成一次电池、储备电池，也可以设计成蓄电池。又如，碱性锌锰电池、锌空气电池、锂电池等既有一次电池，也有二次电池。

1.3 化学电源的工作原理

化学电源就是一个能量转换的装置。放电时，电池是将化学能转换为电能；充电时则是将电能转换成化学能储存起来。

电池反应可能是不可逆的（如一次电池），也可能是可逆的（如二次电池）。电池对外部所做的功是依靠消耗体系的内能来完成的。电池放电时，负极发生氧化反应，向外电路释放出电子，而正极从外电路获得电子，发生还原反应。电子沿着确定的途径（外电路）从负极向正极迁移，而电池内部，离子借助于电解质在正负极之间移动。如果将某种电器连接在外电路中，电子流（电流）就将通过该电器，电池对外做功。二次电池的放电过程与此一致，但是充电时，在外加反向电流的作用下，正负极上的反应逆向进行（相当于电解池），电能转换为化学能，并储存起来。

下面以铅酸蓄电池为例，来说明化学电源的工作原理。

电池放电时，负极和正极上分别发生氧化反应和还原反应。

负极（阳极） $Pb+HSO_4^- \longrightarrow PbSO_4+H^++2e^-$

正极（阴极） $PbO_2+3H^++HSO_4^-+2e^- \longrightarrow PbSO_4+2H_2O$

电池充电时，负极和正极上分别发生还原反应和氧化反应。

负极（阴极） $PbSO_4+H^++2e^- \longrightarrow Pb+HSO_4^-$

正极（阳极） $PbSO_4+2H_2O \longrightarrow PbO_2+3H^++HSO_4^-+2e^-$

该电池在充放电时总的反应可表示为

$$Pb+PbO_2+2H_2SO_4 \underset{充电}{\overset{放电}{\rightleftharpoons}} 2PbSO_4+2H_2O \qquad (1\text{-}17)$$

蓄电池经过充电，恢复原状，可再次使用。

有些电池的反应（如锂电池），是以"嵌入-脱嵌"方式进行的。锂电池的负极一般是金属锂或含锂物质，正极主要由活性物质和集流体组成。电池在充电时，锂离子从正极活性材料中脱出进入电解质中，通过电解质嵌入负极活性材料中；相反，在放电时，锂离子从负极活性材料中脱出进入电解质中，通过电解质嵌入正极活性材料中。例如，金属锂/二硫化钛电池充放电时发生的反应可表示为

$$x\,Li+TiS_2 \underset{充电}{\overset{放电}{\rightleftharpoons}} Li_x TiS_2 \qquad (1\text{-}18)$$

锂离子电池（以石墨作负极、$LiCoO_2$ 作正极为例）充放电的反应为

正极反应 $\qquad LiCoO_2 \underset{放电}{\overset{充电}{\rightleftharpoons}} Li_{1-x}CoO_2+x\,Li^++x\,e^-$

负极反应 $\qquad 6C+x\,Li^++x\,e^- \underset{放电}{\overset{充电}{\rightleftharpoons}} Li_x C_6$

总反应 $\qquad LiCoO_2+6C \underset{放电}{\overset{充电}{\rightleftharpoons}} Li_{1-x}CoO_2+Li_x C_6 \qquad (1\text{-}19)$

上述讨论仅仅着眼于电极变化的始终态，而实际过程要复杂得多。那么，实际电极过程究竟是如何进行的呢？电子为什么会从负极转移到正极？电池的理论输出电压和能量密度是多少？下面将就这些问题予以讨论。

1.4 电池电动势和电极电势

1.4.1 电池电动势

电池在断路条件下，正负极间的平衡电势之差，即为电池电动势。若电池中所有物质都处于标准状态，则电池电动势就是标准电动势，其值等于正、负极标准电极电势之差。

电池电动势的大小由电池中进行反应的性质和条件决定，与电池的形状、尺寸无关。电动势是电池产生电能的推动力，电动势愈高的电池，理论上输出的能量就愈大。

按照电化学热力学的方法，电池反应确定之后，应用能斯特（Nernst）方程即可计算电池电动势。计算电动势有两条途径。

(1)直接由电池反应计算电池电动势　电池是化学能转变成电能的装置，其电能来源于其中所进行的化学反应。可逆电池体系所做最大功为其反应自由能的减少。在恒温、恒压可逆条件下，电池两极上进行氧化还原总反应的自由能减少与电池所能给出的最大电功，存在如下关系

$$-\Delta G = W_{max} = zEF \tag{1-20}$$

或者

$$E = \frac{-\Delta G}{zF} \tag{1-21}$$

式中，E 为电池电动势，V；F 为法拉第常数（约 $96500C \cdot mol^{-1}$）；z 为电池反应中的电子得失数目。

若电池中所有物质都处于标准状态，则式(1-20) 与式(1-21) 可以写为

$$-\Delta G^{\ominus} = zE^{\ominus}F \tag{1-22}$$

$$E^{\ominus} = \frac{-\Delta G^{\ominus}}{zF} \tag{1-23}$$

式中，$\Delta G^{\ominus}$ 表示电化学反应体系的标准吉布斯自由能变化。

式(1-20) 是联系热力学和电化学的主要桥梁，说明了电化学过程的热力学本质及其所遵循的热力学规律，揭示了化学能转变为电能的最高限度，使人们可以通过可逆电池电动势的测定等电化学方法来解决热力学问题，也为改善电池性能提供了理论依据。

若电池反应的通式为

$$a A + b B \rightleftharpoons c C + d D$$

该反应的自由能变化为 ΔG，根据化学反应等温方程式

$$\Delta G = \Delta G^{\ominus} + RT \ln \frac{\alpha_C^c \alpha_D^d}{\alpha_A^a \alpha_B^b} \tag{1-24}$$

则

$$\Delta G^{\ominus} + RT \ln \frac{\alpha_C^c \alpha_D^d}{\alpha_A^a \alpha_B^b} = -zEF \tag{1-25}$$

由式(1-23) 得

$$E = E^{\ominus} - \frac{RT}{zF} \ln \frac{\alpha_C^c \alpha_D^d}{\alpha_A^a \alpha_B^b} \tag{1-26}$$

式中，A、B 为反应物；C、D 为生成物；a、b、c、d 为反应系数；α_i 为各组分的活

度。对于纯液体和固态纯物质，其活度为1；当涉及气体时，$\alpha = f/p^{\ominus}$，f 为气体的逸度，若气体可看成为理想气体，则 $\alpha = p/p^{\ominus}$。

式(1-26)称为电池反应的能斯特方程（Nernst equation）。由于在给定温度下 $E^{\ominus}$ 为定值，所以此式表明了电动势 E 与参加电池反应的各组分活度之间的关系。

(2) 由电极电势计算电池电动势 首先分别对正、负极用能斯特方程求电极电势

$$\varphi_e = \varphi^{\ominus} + \frac{RT}{nF} \ln \frac{\alpha_{Ox}}{\alpha_{Re}} \tag{1-27}$$

式中，$\varphi^{\ominus}$ 为标准电极电势；α_{Ox} 为电极反应氧化型物质的活度；α_{Re} 为电极反应还原型物质的活度。

然后根据下式计算电动势

$$E = \varphi_{+,e} - \varphi_{-,e} \tag{1-28}$$

式中，$\varphi_{+,e}$ 为正极的平衡电极电势；$\varphi_{-,e}$ 为负极的平衡电极电势。

由上面的推导可知，电池电动势与反应体系的自由能存在着内在的联系，那么，就可以从电化学测量中求得其他的热力学参量。例如，从 ΔG 的温度关系式得到电池反应中熵的变化（ΔS）

$$\Delta S = -\left(\frac{\partial \Delta G}{\partial T}\right)_p \tag{1-29}$$

因此

$$\Delta S = nF\left(\frac{\partial E}{\partial T}\right)_p \tag{1-30}$$

以及

$$\Delta H = \Delta G + T\Delta S = nF\left[T\left(\frac{\partial E}{\partial T}\right)_p - E\right] \tag{1-31}$$

式中，$\left(\frac{\partial E}{\partial T}\right)_p$ 称为电池电动势的温度系数，即电池电动势随温度的变化率。若电池是热力学可逆的，可以导出可逆电池热效应与电池电动势温度系数的关系

$$Q = nFT\left(\frac{\partial E}{\partial T}\right)_p \tag{1-32}$$

式中，$nF\left(\frac{\partial E}{\partial T}\right)_p$ 为电池反应的熵变 ΔS。从热力学函数 ΔS 可求出电池电动势的温度系数。

化学反应的熵变可正可负，因此电动势的温度系数也可正可负。当电池等压可逆工作时：

若 $\left(\frac{\partial E}{\partial T}\right)_p > 0$，表明电池放电时从环境吸收热量；

若 $\left(\frac{\partial E}{\partial T}\right)_p < 0$，表明电池放电时向环境放出热量；

若 $\left(\frac{\partial E}{\partial T}\right)_p = 0$，表明电池与环境无热交换。

电池电动势的温度系数在某些条件下能表明电池的性能。例如，当电池电动势的温度系数小于零且数值很大时，表明成流反应过程中有较多的热生成，同时电池工作时，电阻、极化引起的电压降也以热的形式释放出来。这时，如果电池散热不良，就可能因为过热导致热失控，甚至引起电池燃烧、爆炸。

利用以上关系式，既可以从已知的热力学状态函数求出化学电源的电动势，也可以从测得的电动势计算相关的热力学函数。这些关系式对于由热力学数据预测化学电源的电化学特性也是很

有用的。可以根据热力学原理，计算电池电动势，然后再与实验测得的数值进行比较，进而判断出电池中进行的是什么反应。例如，碱性锌锰电池的正、负极反应

正极 $\qquad 2MnO_2 + H_2O + 2e^- \longrightarrow Mn_2O_3 + 2OH^-$

负极 $\qquad Zn + 2OH^- - 2e^- \longrightarrow ZnO + H_2O$

总反应 $\qquad Zn + 2MnO_2 \longrightarrow ZnO + Mn_2O_3$ $\qquad$ (1-33)

已知反应式(1-33)的标准吉布斯自由能变化 $\Delta G^{\ominus} = -278.369 kJ \cdot mol^{-1}$，则可算得电池的标准电动势为

$$E^{\ominus} = -\frac{\Delta G^{\ominus}}{nF} = -\frac{-278.369 \times 10^3}{2 \times 96500} = 1.44(V)$$

如果反应的最终产物不是 ZnO 与 Mn_2O_3，而是 $ZnMn_2O_4$（黑锌锰矿），则电池反应为

正极 $\qquad 2MnO_2 + H_2O + ZnO + 2e^- \longrightarrow ZnMn_2O_4 + 2OH^-$

负极 $\qquad Zn + 2OH^- - 2e^- \longrightarrow ZnO + H_2O$

总反应 $\qquad Zn + 2MnO_2 \longrightarrow ZnMn_2O_4$ $\qquad$ (1-34)

反应式(1-34)的标准吉布斯自由能变化 $\Delta G^{\ominus} = -304.741 kJ \cdot mol^{-1}$，故

$$E^{\ominus} = -\frac{\Delta G^{\ominus}}{nF} = -\frac{-304.741 \times 10^3}{2 \times 96500} = 1.58(V)$$

上述计算所取的 $\Delta G^{\ominus}$ 值是 $\beta\text{-}MnO_2$ 的数值。一般认为采用 $\beta\text{-}MnO_2$ 的碱性锌锰电池的反应按式(1-33)进行。

1.4.2 电极电势

1.4.2.1 电极电势的产生

将一金属电极置于含有该金属离子的溶液中，由于离子在金属表面与溶液中的化学势不同，因而会发生金属离子在电极与溶液之间的转移。在静电力作用下，这种转移很快达到动态平衡，这时电极表面与电极表面附近溶液层中离子所带的电荷数值相等，符号相反，于是在电极与溶液的界面处形成双电层（图1-10）。对应于双电层的建立，电极和溶液间便产生一定的电势差，称为平衡电极电势，简称电极电势。电极电势的符号和数值取决于金属的种类和溶液中离子的浓度。

电极-溶液界面电势分布情况如图1-11所示。可见，电极电势 φ_e 实际上由两部分组成：紧密层电势，其数值为 $\varphi_M - \varphi_1$；分散层电势，其数值为 $\varphi_1 - \varphi_s$。

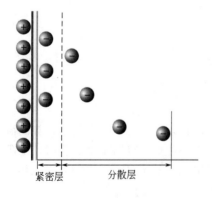

图1-10 双电层结构

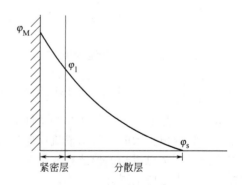

图1-11 电极-溶液界面电势分布

电极电势 φ_e 等于电极导体的电势 φ_M 与溶液的电势 φ_S 之差，即 $\varphi_e = \varphi_M - \varphi_S$。这是绝对电势。

1.4.2.2 标准电极电势

电极电势的绝对值尚无法测定，实际中只能测得相对值，即以某一电极的电势为基准，将待测电极与基准电极组成一个电池，用补偿法测量该电池的电动势。通过比较，得到各电极电势的相对值。

根据国际纯粹与应用化学联合会 (IUPAC) 的规定，以标准氢电极 (NHE 或 SHE) 作为电极电势的基准。标准氢电极条件是：氢离子活度为 1，氢气压力为 100kPa。规定在任何温度下，此电极的电势值为零。

任意待测电极与标准氢电极构成电池的电动势，称为待测电极的氢标电极电势，也称为该电极的平衡电极电势。把待测电极作为该电池的正极，若测得电动势为正，则待测电极的电势为正；若测得电动势为负，则待测电极的电势为负。

若待测电极处于标准状态 (即组成电极的离子活度为 1，气体的分压为 100kPa，液体或固体都是纯净物质)，在 298.15K 条件下达到平衡时，得到的电势值相对于氢标称为该电极的标准电极电势，用 $\varphi^\ominus$ 表示。

标准电极电势按次序排列，称为电化序。表 1-8 列出了各金属电极的标准电极电势。

表 1-8　水溶液中金属相对于氢标的标准电极电势（298K）[1]

电极	$\varphi^\ominus/V$	电极	$\varphi^\ominus/V$	电极	$\varphi^\ominus/V$	电极	$\varphi^\ominus/V$
Li/Li^+	-3.040	Sc/Sc^{3+}	-2.03	Zn/Zn^{2+}	-0.763	Bi/Bi^{3+}	$+0.317$
Cs/Cs^+	-2.923	Pu/Pu^{3+}	-2.00	Ga/Ga^{3+}	-0.530	Cu/Cu^{2+}	$+0.340$
Rb/Rb^+	-2.924	Be/Be^{2+}	-1.99	Ga/Ga^{2+}	-0.45	Cu/Cu^+	$+0.520$
K/K^+	-2.924	Th/Th^{3+}	-1.83	Fe/Fe^{2+}	-0.44	Po/Po^{4+}	$+0.73$
Ra/Ra^{2+}	-2.916	Hf/Hf^{4+}	-1.70	Cd/Cd^{2+}	-0.403	Hg/Hg_2^{2+}	$+0.796$
Ba/Ba^{2+}	-2.92	Al/Al^{3+}	-1.676	In/In^{3+}	-0.338	Ag/Ag^+	$+0.799$
Sr/Sr^{2+}	-2.89	U/U^{3+}	-1.66	Co/Co^{2+}	-0.277	Rh/Rh^{3+}	$+0.76$
Ca/Ca^{2+}	-2.84	Ti/Ti^{2+}	-1.63	Ni/Ni^{2+}	-0.257	Hg/Hg^{2+}	$+0.853$
Na/Na^+	-2.713	Sn/Sn^{2+}	-0.1379	Mo/Mo^{3+}	-0.20	Cr/Cr^{2+}	$+0.90$
La/La^{3+}	-2.38	Ti/Ti^{3+}	-1.21	In/In^+	-0.126	Pd/Pd^{2+}	$+0.915$
Ce/Ce^{3+}	-2.34	V/V^{2+}	-1.13	Pb/Pb^{2+}	-0.126	Ir/Ir^{3+}	$+1.156$
Mg/Mg^{2+}	-2.356	Nb/Nb^{3+}	-1.10	Fe/Fe^{3+}	-0.036	Au/Au^{3+}	$+1.52$
Lu/Lu^{3+}	-2.30	Cr/Cr^{3+}	-0.74	H_2/H^+	0.000		

[1] 表中数据取自 Lange's Handbook of Chemistry（兰氏化学手册）第 15 版，1999 年。过去规定标准氢电极中氢气的压力为 101.325kPa，后因标准压力改为 100kPa，因此除了氢电极外，其他电极的标准电极电势均要发生微小的改变。本书使用新规定的标准电极电势值，即换算成 100kPa 下得到的值。

标准电极电势是定量描述反应推动力相对大小的基本物理量，其值的大小取决于电极的本性，$\varphi^\ominus$ 值愈正，表示该电对中的氧化态物质愈容易得到电子，是较强的氧化剂；而 $\varphi^\ominus$ 值愈负，则表示该电对中的还原态物质愈易失去电子，是较强的还原剂。

影响平衡电极电势的因素主要包括环境温度和电极反应体系中各物质的活度。对一般电极反应

$$氧化态 + ze^- \rightleftharpoons 还原态$$

电极电势可用能斯特方程表示

$$\varphi_e = \varphi^\ominus + \frac{RT}{zF} \ln \frac{\alpha_{氧化态}}{\alpha_{还原态}}$$

式中，φ_e 为氧化态和还原态物质处于平衡状态的电极电势，称平衡电极电势，V；$\varphi^\ominus$ 为标准电极电势，V，反映了电极的本性，在给定温度下为定值；R 为气体常数；T 为热力

学温度，K；F 为法拉第常数；$\alpha_{氧化态}$、$\alpha_{还原态}$ 为氧化态和还原态离子的活度。这个关系式表示了上述三者对电极电势的影响情况。应该注意的是：此处的氧化态与还原态并非专指氧化数有变化的物质，而是包括了参加电极反应的所有物质。在电对中，如果氧化态或还原态物质的系数不是 1，则 $\alpha_{氧化态}$ 和 $\alpha_{还原态}$ 要乘以与系数相同的方次。

由能斯特方程可以看出，$\alpha_{氧化态}=1$、$\alpha_{还原态}=1$ 时的平衡电极电势就是标准电极电势。如果能斯特方程中的活度用浓度代替，在氧化态与还原态浓度均为 1 时，φ 要加上氧化态和还原态物质活度系数的比值，此时的电势称为式量电势或条件电势。此外，离子沉淀剂、络合剂等都会影响离子的活度（或浓度），从而影响电极电势。这种情况下，式量电势包括络合效应、水解效应和 pH 值等的校正。

1.5 实际电极过程

如前所述，电池电动势可用电池反应的热力学函数进行计算，电极电势用 Nernst 方程进行计算。这一讨论的前提都是把电池作为热力学可逆电池，但实际电池并非都是可逆的。

1.5.1 电化学可逆过程

可逆电池是指电池的总反应或每个电极上进行的电极反应可逆、能量转移可逆以及其他过程可逆，其中化学反应可逆和能量转移可逆这两个条件是构成二次电池的前提。

化学反应可逆，是指电池中两极上进行的电化学反应，放电时必须与充电时完全相反。例如镉镍蓄电池放电过程中，正、负极上进行的反应分别为

正极 $\qquad\qquad 2NiOOH+2H_2O+2e^- \longrightarrow 2Ni(OH)_2+2OH^-$

负极 $\qquad\qquad\qquad Cd+2OH^- \longrightarrow Cd(OH)_2+2e^-$

在充电时，即电流以放电电流相反方向通过电池时，在两极上进行的反应必须与上述方向相反，即

正极 $\qquad\qquad 2Ni(OH)_2+2OH^- \longrightarrow 2NiOOH+2H_2O+2e^-$

负极 $\qquad\qquad\qquad Cd(OH)_2+2e^- \longrightarrow Cd+2OH^-$

能量转移可逆，是指将电池放电过程中释放出来的能量全部用来对电池进行充电，电池和环境都能完全恢复到电池放电前的状态。这种能量转移是可逆的。要想实现能量转移可逆，必须使通过电池的电流无限小，这样电极反应才能在接近电化学平衡的条件下进行。

理解其他过程可逆，可举一其他过程不可逆的例子。例如产生液体接界电势的过程，是由于不可逆扩散过程而产生的。但是在实际电池中使用一种电解质溶液，例如酸性蓄电池、碱性蓄电池的正、负极均处于相同的电解质溶液中，因此不存在形成液体接界电势的不可逆过程。

总的来说，可逆电池一方面要求电池的总反应必须是可逆的，另一方面要求电极上的反应（无论是正向或是反向）都是在平衡状态下进行的，即电流应该是无限小的。但实际上，无论是电池的放电过程，还是二次电池的充电过程，总是以一定的速率进行，这时的电极过程为热力学不可逆过程，电极电势偏离其平衡电极电势，电池的电压也将偏离电池电动势。研究这种偏差产生的原因及其规律，无论在理论上，还是实际应用中都是十分必要的。

1.5.2 电极的极化与超电势

电极上无外电流通过时电极处于平衡状态，与之对应的电势是平衡电势 φ_e。当有电流

通过时，电极的电极电势 φ 将偏离平衡值 φ_e。电流越大，电极电势偏离平衡值越大。这种偏离平衡的现象称为电极的极化。

为了定量地表示电极极化的大小，将任一电流密度下的 φ 与平衡电势 φ_e 间的差值表示为超电势 η（或 $\Delta\varphi$，也有文献称为过电势）

$$\eta = |\varphi - \varphi_e| \tag{1-35}$$

超电势始终为正值，但电极电势偏离平衡值的方向，取决于电极上所进行的反应是氧化还是还原反应。

氧化反应是电极（阳极）失去电子的过程，在此过程中带有负电荷的电子离开电极流向外电路，电极电势随着电流的增大向正的方向变化。通过的电流越大，电势变得越正。电极电势表示为

$$\varphi_{阳} = \varphi_e + \eta_{阳} \tag{1-36}$$

式中，$\eta_{阳}$ 为阳极的超电势。

还原反应是电极（阴极）获得电子的过程，电子由外电路流向电极，电极电势随电流的增大向负的方向变化。通过的电流越大，电势变得越负。电极电势表示为

$$\varphi_{阴} = \varphi_e - \eta_{阴} \tag{1-37}$$

式中，$\eta_{阴}$ 为阴极的超电势。

电池放电时，正极上得到电子，发生还原反应；负极上失去电子，发生氧化反应。由于通电，两极电势均偏离平衡值，这时

$$\varphi_+ = \varphi_{e(+)} - \eta_{阴}$$
$$\varphi_- = \varphi_{e(-)} + \eta_{阳}$$

因此，电池的端电压为

$$\begin{aligned}
U &= \varphi_+ - \varphi_- \\
&= \varphi_{e(+)} - \eta_{阴} - [\varphi_{e(-)} + \eta_{阳}] \\
&= \varphi_{e(+)} - \varphi_{e(-)} - (\eta_{阴} + \eta_{阳}) \\
&= E - (\eta_{阴} + \eta_{阳})
\end{aligned} \tag{1-38}$$

所以，电池放电过程中由于两极的极化，其端电压下降，如图 1-12 所示。

二次电池在充电时，正极与外电源的正极相连接，通过电流的方向和进行的反应与放电时相反；负极也类似，迫使两极进行与放电时相反的过程，以使活性物质得以恢复到放电前的状态，两极的电势均偏离平衡值，这时

$$\varphi_+ = \varphi_{e(+)} + \eta_{阳}$$
$$\varphi_- = \varphi_{e(-)} - \eta_{阴}$$

电池的端电压为

$$\begin{aligned}
U &= \varphi_+ - \varphi_- \\
&= \varphi_{e(+)} - \varphi_{e(-)} + (\eta_{阴} + \eta_{阳}) \\
&= E + (\eta_{阴} + \eta_{阳})
\end{aligned} \tag{1-39}$$

二次电池充电时，由于两极的极化，其端电压高于开路电压。二次电池的充电过程中两电极的极化曲线及电池的端电压与可逆电动势的关系如图 1-13 所示。

由上述讨论可知，电池放电时端电压低于开路电压，也就是有一部分电压降损失了；充电时，外加端电压又高于开路电压，多消耗了一部分能量。这种情况是由电极极化引起的，由此可知极化是电化学反应的阻力，要使电化学反应以一定速度进行，必须克服这一阻力。然而，有时也可以利用这一阻力，使两个几乎平行的反应，借助电流的调节得以分离，甚至可以使其中一个反应得到抑制。

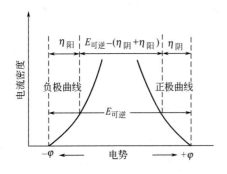

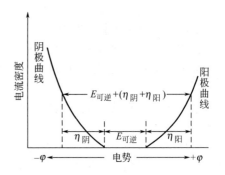

图 1-12　电池放电过程中两电极的极化曲线　　　图 1-13　二次电池的充电过程中两电极的极化曲线
及电池的端电压与可逆电动势的关系

1.5.3　极化作用的分类

根据极化产生的原因，通常将其分为三类。第一类是电极与溶液界面间进行的，由各种类型的电化学反应本身不可逆性引起的极化，称为电化学极化或活化极化。第二类是由于参加电池反应的物质被消耗，在电极表面得不到及时补充，或某种产物在电极表面积累，不能及时疏散，相当于把电极浸在较稀或较浓的溶液中，使其电势偏离了通电前按总体浓度计算的平均值，这种极化称为浓差极化。第三类是电解液、电极材料以及导电材料之间存在的接触电阻引起的极化，称之为欧姆极化。上述三种极化作用是电化学反应的阻力。

1.5.3.1　电化学极化

电化学极化是由于电极上进行电化学反应的速度，落后于电极上电子运动的速度所造成的。例如电池的负极，放电前电极表面带有负电荷，而电极表面附近的溶液带有正电荷，两者处于平衡状态。放电开始时，立即有电子释放给外电路，电极表面负电荷减少，而金属溶解的氧化反应 $Me-ne^{-} \longrightarrow Me^{n+}$ 进行迟缓，不能及时补充电极表面电子的减少，于是电极表面的带电状态发生变化。这种表面负电荷减少的状态可促进金属中电子（e^{-}）离开电极，金属离子（Me^{n+}）转入溶液，也就是加速 $Me-ne^{-} \longrightarrow Me^{n+}$ 反应的进行。反应持续一段时间后，负极向外电路释放电子的速度与金属氧化补充给电极表面电子的速度相等，可以达到新的平衡，建立了新的稳定状态。但是与放电前相比，电极表面所带负电荷数目减少了，相对应的电极电势变正。同理，电池的正极放电时，电极表面所带正电荷数目减少，电极电势变负。

由电化学极化引起的超电势值随电流密度增加而增大，这种关系可用 Tafel 公式描述

$$\eta = a \pm b \lg i \tag{1-40}$$

式中，η 为超电势，V；i 为电流密度，$A \cdot cm^{-2}$；a、b 均为常数。

由式(1-40)看出，a 值是电流密度等于 $1A \cdot cm^{-2}$ 时的电化学超电势，它与电流密度无关，因此可用 a 值来比较不同电极反应的本质。b 值是 η-$\lg i$ 直线的斜率，它反映了电极反应的机理，如得失电子数目等。由 a、b 值可以求出不同电流密度下的超电势。

Tafel 公式在很宽的超电势范围内对许多电化学体系均适用，但在超电势很低的情况下，η 与 $\lg i$ 关系曲线会出现弯曲，如图 1-14 所示。

图 1-14　η 与 $\lg i$ 的关系曲线

超电势可以通过实验测定，测定超电势实际上就是测定有电流流过电极时的电极电势。在电化学中把电极电势和电流密度的关系称为极化曲线。由于被测电极的平衡电势容易知道，因此通过测量电极的极化曲线，就可以得到超电势。

极化曲线的测定可用恒流法得到，即将不同的电流（用电流密度表示）通过所研究的电极体系，测得研究电极相对于参比电极的电势。也可用恒电势法，即用恒电势仪，使研究电极相对参比电极为预定值，然后测定电流值。两种方法均可获得一系列电流和相应的电势值，经整理得到极化曲线。

目前，可用仪器自动进行电流扫描或电势扫描，自动获得连续的极化曲线。

由于影响超电势的因素很多，如电极材料、电极表面状态、电解质的性质和浓度、温度、溶液中的杂质等，超电势的测定通常难以得到完全一致的结果。

1.5.3.2 浓差极化

浓差极化也称浓度极化，是在电极反应过程中产生的，经常与电化学极化重叠在一起。

在电极反应过程中，紧靠电极表面处离子浓度的变化，对于阴极过程来说，依赖于溶液本体离子向电极表面运动以补充消耗的程度；对于阳极过程，则依赖生成物从电极表面附近疏散进入溶液本体的速度。粒子在溶液中从一个位置到另一个位置的运动称为液相中物质的传递，简称液相传质。由于液相传质过程的发生，电解质溶液内部各处离子的浓度偏离了溶液的本体浓度，并出现浓度梯度。因此浓差极化与液相传质过程有着密切的关系。

液相传质有离子的扩散、电迁移和对流三种方式。

(1)扩散 在稳定条件下，i 组分沿垂直于电极表面方向的扩散流量用电流表示时为

$$i = zFj_{x,d} = -zFD_x\left(\frac{c_x^b - c_x^s}{l}\right) \tag{1-41}$$

式中，i 为电流密度，$A \cdot cm^{-2}$；$j_{x,d}$ 为 x 组分扩散流量，$mol \cdot s^{-1} \cdot cm^{-2}$；$D_x$ 为 x 组分的扩散系数，$m^2 \cdot s^{-1}$；c_x^b 为 x 组分在主体溶液中的浓度，$mol \cdot m^{-3}$；c_x^s 为 x 组分在紧靠电极表面处的浓度，$mol \cdot m^{-3}$；l 为 x 组分传递的距离，即扩散层厚度，cm；F 为法拉第常数。

(2)电迁移 当有电场存在时，在电势梯度作用下，溶液中带正、负电荷的离子会分别向两极运动，带正电荷的阳离子向阴极移动，带负电荷的阴离子向阳极移动。这种带电离子在电势梯度作用下的运动称为电迁移。电迁移流量与离子的迁移数有关

$$j_{x,e} = \frac{t_x i}{z_x F} \tag{1-42}$$

式中，$j_{x,e}$ 为 x 组分电迁移的数量，$mol \cdot s^{-1} \cdot cm^{-2}$；$t_x$ 为 x 组分离子的迁移数；i 为通过的总电流，A；z_x 为 x 组分离子所带电荷数；F 是法拉第常数。

(3)对流 反应物粒子（离子）随着流动的溶液一起移动而引起的传质过程，称为对流传质。溶液中局部浓度和温度的差别或电极上有气体形成，均对溶液有一定的搅动，引起自然对流，也可能是机械搅拌产生强制对流。对流流量为

$$j_{x,e} = uc_x \tag{1-43}$$

式中，$j_{x,e}$ 为对流流量，$mol \cdot s^{-1} \cdot cm^{-2}$；$u$ 为与电极垂直方向上的液流速度，$cm \cdot s^{-1}$；c_x 为组分 x 的浓度，$mol \cdot L^{-1}$。

电流通过电极时，三种传质方式总是同时存在。但是在紧靠电极表面处，由于液流的速度很小，主要是扩散和电迁移起主导作用。

式(1-41)是指稳定条件下的扩散，即指主体溶液的浓度 c_x^b 不变。然而主体溶液浓度随时间变化的情况更多，此时为非稳定扩散。在非稳定扩散条件下浓差极化表达式将随电极的

形式、极化的方式而变化。

另一个极端情况是c_x^b不变，但$c_x^s=0$，即电极表面反应离子的浓度降到零。这时浓度梯度最大，达到极限值，扩散电流表示为i_d，称为极限扩散电流。这时浓差极化（超电势）表示为

$$\eta=\frac{RT}{zF}\lg\left(1-\frac{i}{i_d}\right) \tag{1-44}$$

1.5.3.3 欧姆过电势

欧姆过电势是由于电极材料、电解液、活性物质与导电材料的接触等造成的电压降，其规律服从欧姆定律。

电池在放电过程中，极化引起端电压降低，低于开路电压，而充电时又使端电压升高。这里的极化作用，是三种极化的综合，称为总极化，每种极化对总极化的贡献以及在总极化中所占的地位将随条件而变化。哪种极化占主导，该极化就占控制地位。例如铅酸蓄电池在常温放电时，正极的浓度极化占主导，则称正极为浓度极化控制，因液相传质最慢，故也称正极为液相传质控制。

液相传质的三种方式也经常同时存在。为了研究某一种传质方式的影响，可采取措施将其他传质方式的影响降至最低。例如，为了把反应离子的电迁移影响减小，可在电解液中加入足够的局外电解质，它们参加电迁移，但不放电，参加反应的离子的电迁移传质就可大大降低。又如，为了研究扩散传质，可用旋转电极减小对流传质作用的干扰。

1.5.4 交换电流密度

当体系处于平衡状态时，电极处于动态平衡状态，其特点是不发生宏观的物质变化，即电极材料和电解质溶液中所含该电极材料的离子在测量中没有数量变化。但是，从微观上看，其物质交换仍然在进行，只是正、反两个方向的反应速率相等而已，即决定电势的离子在金属与溶液之间仍然进行着交换，只是该离子从溶液返回电极的还原速度，与电极上的离子氧化转移到溶液中的速度相等。这种进行交换的离子用电荷数目表达为交换电流密度，用i_0表示。

用一般化学分析方法不能测出交换电流密度的大小，但是用示踪原子的方法直接证明了交换电流密度确实存在，并测量了它的数值。

交换电流密度是电化学反应的基本动力学参数，各种电极的活化极化与它的交换电流密度有直接关系。

Tafel公式(1-40)中的a与交换电流密度i_0的关系，在阴极过程时为

$$a=\frac{-2.3RT}{\beta F}\lg i_0 \tag{1-45}$$

对于阳极过程

$$a=\frac{-2.3RT}{(1-\beta)F}\lg i_0 \tag{1-46}$$

$\varphi^{\ominus}$与i_0同为描述电极处于平衡状态时的参数，但i_0的含义更深刻。例如，两个$\varphi^{\ominus}$相同的电极，i_0可能相差很大，即两个热力学特性相近的电极，在动力学方面的性质却有很大差异。当两个反应在同一超电势下进行时，i_0大的反应，其通过的电流密度就大，即反应易于进行；反之，若两个反应在同一电流密度下进行，i_0大的反应，其超电势就小。换言之，i_0越大的电极反应，其反应过程就越接近可逆。因此，可以用i_0评估反应的可逆性，例如评估电催化材料的活性就常用i_0。某些电极反应的交换电流密度列于表1-9中。

表 1-9　室温下某些电极反应的交换电流密度 i_0

电极反应	溶液组成 c/mol·dm^{-3}	i_0/A·cm^{-2}
Cd(Ⅱ)——CdO	$c_{KOH}=7$ $c_{Cd(Ⅱ)}=0.0099$	$3.1×10^{-2}$
Cd——CdO	$c_{NaOH}=6.5$	$2.3×10^{-2}$
$Pb^{2+}-2e^-$——Pb	$c_{H_2SO_4}=1$	$5×10^{-8}$
	$c_{H_2SO_4}=5$	$1.5×10^{-6}$
PbO_2-2e^-——Pb^{2+}	$c_{H_2SO_4}=1$	$1.5×10^{-5}$
	$c_{H_2SO_4}=5$	$3.2×10^{-5}$
Ag——AgO	$c_{OH^-}=1$	2.8
$O_2+2H_2O+4e^-$——$4OH^-$	碱性溶液	$10^{-6}\sim10^{-4}$
$Ni^{2+}+2e^-$——Ni	$c_{NiSO_4}=1$	$2×10^{-9}$
$Fe^{2+}+2e^-$——Fe	$c_{FeSO_4}=1$	10^{-8}

交换电流密度 i_0 代表了平衡条件下的电极反应速率，所以凡影响反应速率的因素，例如溶液的组成和浓度、温度、电极材料和表面状态等，均会影响交换电流密度的数值；而且 i_0 是与电解质浓度有关的数值。在使用 i_0 时，必须标明反应体系中各组分的浓度，这显然不利于不同电极反应间的比较，故也常用反应速率常数 k 来表示其可逆性。

反应速率常数 k 的物理意义是，电极电势为式量电势（条件电势）、反应物浓度为单位浓度时的反应速率。

式(1-45)中的 β 称为对称系数，可理解为超电势所产生电功 $zF\eta$ 的一部分。在平衡电势下，金属离子还原的速率等于氧化速率，表示为 $i_{还原}=i_{氧化}$，即为上述的交换电流密度，这时金属表面离子与溶液中离子的能级相等。超电势所产生的电功为 $zF\eta$，使得金属表面和溶液中离子的能级同时发生变化。若为阴极极化，则总电功的 β 部分能量加速还原过程，$i_{还原}$ 增加（溶液中离子能级升高），$(1-\beta)$ 部分的能量抑制 $i_{氧化}$（金属表面离子能级降低），于是引起 $i_{还原}>i_{氧化}$，溶液中离子进行还原过程。若为阳极极化，$i_{氧化}>i_{还原}$，金属将氧化为离子。在有些文献中用传递系数 α 表示对还原过程的影响，用 β 表示对氧化过程的影响。一般近似认为 $\alpha+\beta=1$，$\alpha=\beta=0.5$。

1.5.5　金属的钝化

1.5.5.1　金属阳极钝化的原因

电池在放电时，负极发生氧化过程，即阳极溶解过程。在常温条件下，用很小的电流密度放电时，负极会顺利溶解出金属离子。在此过程中电势的变化甚微，直到通过相当多的电量后负极才停止溶解，电极电势变得很正。当温度降至 0℃ 以下并用高电流密度放电时，仅通过很少的电量，正常溶解过程即停止，同时电极电势变得很正。由于阳极氧化反应受到阻碍，金属的溶解速度急剧下降甚至趋于停止，电极电势急剧变正，这种现象称为金属的阳极钝化。

目前认为金属钝化的原因有两种：一是由于在金属表面上形成了氧化物薄膜或某些盐的薄膜，此薄膜将金属和溶液隔离，从而使金属的氧化反应难以继续进行；另一个原因可能是在电极上形成氧或其他物质的吸附层，使电极表面层上的性质发生很大变化，正常溶解受到阻碍。例如，铅酸蓄电池的负极为海绵状铅，在硫酸溶液中低温启动放电时，生成的绝缘性致密的 $PbSO_4$ 薄膜导致电极钝化。铁镍蓄电池的铁电极在碱性溶液中发生的钝化，原因是氧的吸附。

1.5.5.2　恒电势阳极极化曲线

为了研究金属钝化现象，最方便的方法是采用控制电势的极化方式测量金属阳极溶解的极化曲线，即恒电势法。在每一电势下停留较长的时间，使电流达到基本稳定的极化数值，或者是用很低的电势扫描速度（不大于 $0.1\sim1\mathrm{mV\cdot s^{-1}}$）测定伏安曲线，如图 1-15 所示。

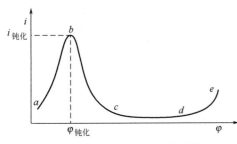

图 1-15　恒电势法阳极极化曲线

曲线 ab 段随着电极电势向正的方向移动，阳极的溶解电流增加，这时电极处于正常溶解阶段，或称为活化阶段；b 点后 bc 段，虽然电极电势继续增大，但阳极溶解电流反而下降，电极开始钝化，bc 段称为过渡阶段；cd 段电极处于比较稳定的钝化状态，这时往往可以观察到很小的、几乎与电极电势无关的电流；在 de 段电流再度随电极电势的增大而增大，这时将会有另一氧化过程发生，或是有氧的析出，或是产生金属更高价态的化合物，此现象称为"超钝化（过钝化）现象"。在某些体系中不存在 de 段，而 cd 段的宽度可以延伸到几十伏以上。

由于极化曲线的形式比较复杂，在曲线上存在上升阶段与下降阶段，故同样的电流密度可以在不同的极化电势下出现。因此，只有采用控制电势的方法，才能测得与电势变化方向基本无关的比较完整的极化曲线。在图 1-15 中可以明显地看到极化曲线上阳极电流有最大值（对应于 b 点的电流密度），通常称之为"临界钝化电流密度"（$i_{钝化}$），表示金属溶解时所允许通过的最大电流密度。达此电流密度后，电极开始钝化，对应于临界钝化电流密度的电势常称为"临界钝化电势"（$\varphi_{钝化}$）。

1.5.6　金属的自溶

1.5.6.1　金属自溶的原因

当电极处于可逆状态时，金属的溶解氧化与金属离子的还原建立动态平衡。这是一种理想状况；事实上，在电解质水溶液中，电极上不仅存在着金属与金属离子的一对氧化还原反应，还同时存在着 H^+ 的还原和 H_2 氧化的另一对电化学反应，即

$$\mathrm{Me}-z\,\mathrm{e}^- \underset{2}{\overset{1}{\rightleftharpoons}} \mathrm{Me}^{z+}$$

$$2\mathrm{H}^+ + 2\mathrm{e}^- \underset{4}{\overset{3}{\rightleftharpoons}} \mathrm{H}_2$$

其中，反应 1 和 4 为氧化过程，反应 2 和 3 为还原过程。当电池处于断路时，与外电路没有电子的交换，此时 1 和 4 两反应所失去的电子必然为反应 2 和 3 所获得，这样就能保持电极上电荷的平衡。如果用 i_1、i_2 和 i_3、i_4 分别表示各反应的速率，根据电平衡，则

$$i_1 + i_4 = i_2 + i_3$$

即阳极反应电流等于阴极反应电流。这与只存在一对电化学反应，即 $i_1=i_2$ 或 $i_3=i_4$ 时不同。两对电化学反应同时存在时，Me 的氧化电流不等于 Me^{z+} 的还原电流。在此情况下，可观察到金属 Me 不断地被氧化而溶解，同时 H_2 不断析出。从电平衡原则不难理解，金属氧化失去的电子，一定为 H^+ 还原而消耗。即金属氧化的电量恒等于 H_2 析出的电量，而且两个过程同时发生，这种反应称为共轭反应。金属不断氧化的自溶解过程，在电池中就是自放电。由于 H_2 的析出是金属自溶解的共轭反应，所以可通过测量 H_2 析出的数量来度量金属自溶解（自放电）的速率。

1.5.6.2　超电势对金属自溶的影响

由于金属的自溶解和氢的析出在金属表面上同时发生，必然处在同一电极电势下。这一

电势不是金属的平衡电势，也不是氢的平衡电势，而是介于它们之间，称为混合电势。这种关系可以用极化曲线表示，如图 1-16 所示。阴极极化曲线表示金属上析出氢，由于超电势较高，所以曲线较陡。阳极极化曲线表示金属自溶解，由于超电势较小，所以曲线较为平缓。两条极化曲线的交点在横轴对应的电流，称为金属自溶电流或氢析出电流，有时也称为腐蚀电流。此交点对应的纵轴电势为混合电势。

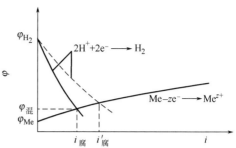

图 1-16　金属自溶解示意图

如果在主体金属中含有氢超电势低的金属杂质，将会加速主体金属的自溶速率。例如，铅酸蓄电池正极板栅中的锑，在电池充电时会被阳极氧化为锑离子，而后又在电池的负极活性物质上电还原为金属锑（称为电沉积）。

氢在锑上析出的超电势比在铅上的低，因此，氢优先在锑上析出。这时阳极区和阴极区在空间上分开，两种金属组成许多微小的短路电池，使活性物质铅自溶加速，即自放电增加。这种短路电池称为腐蚀的微电池模型，如图 1-17 所示。若用极化曲线表示，相当于图 1-16 中氢析出的阴极极化曲线（虚线）变得平缓一些，从而使自溶电流增大。由此可以看出，氢析出的超电势对自溶速率影响很大。

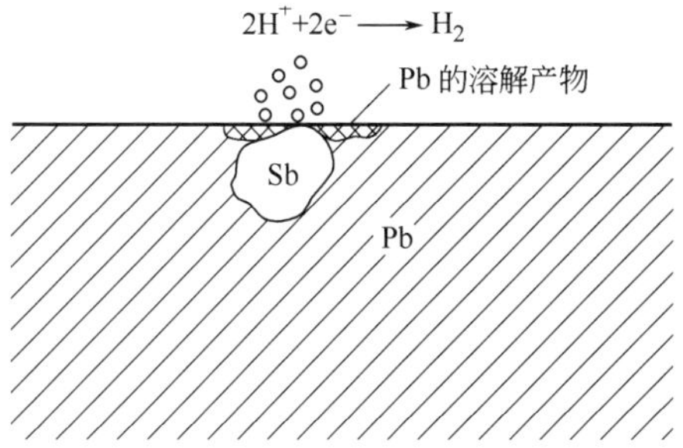

H^+ 在各种不同金属上还原时，超电势的数值差别较大，这表明电极材料对电化学极化有较大影响。氢的超电势可由 Tafel 经验公式来计算：

$$\eta = a \pm b\lg i$$

式中，a 值等于电流密度为 $1A \cdot cm^{-2}$ 时的超电势，a 的数值愈大，超电势愈大。电极材料对氢超电势的影响主要表现在 a 的数值上。b 的数值则变化不大，大多在 $0.1 \sim 0.14$ 范围内。氢在不同金属上析出时，Tafel 公式中的 a、b 值列于表 1-10 中。

图 1-17　腐蚀的微电池模型

表 1-10　氢在不同金属上析出时 Tafel 公式中的 a、b 值

金属	酸性溶液		碱性溶液		金属	酸性溶液		碱性溶液	
	a	b	a	b		a	b	a	b
Ag	0.95	0.10	0.73	0.12	Pb	1.56	0.11	1.36	0.25
Cd	1.40	0.12	1.05	0.16	Pd	0.24	0.03	0.53	0.13
Cu	0.87	0.12	0.96	0.12	Pt	0.10	0.03	0.31	0.10
Fe	0.70	0.12	0.76	0.11	Sb	1.0	0.11	—	—
Hg	0.41	0.114	1.54	0.11	Sn	1.2	0.13	1.28	0.23
Mn	0.80	0.10	0.90	0.12	Zn	1.24	0.12	1.20	0.12
Ni	0.63	0.11	0.65	0.10					

金属材料上氢超电势由小到大依次为：Pt、Pd、W、Fe、Cr、Ag、Cu、Pb、Zn 和 Hg。

温度每升高 1℃，氢的超电势大约降低 $2 \sim 3mV$。

在水溶液中，H^+ 还原的平衡电势比 O_2 还原负 1V 多，表明 O_2 更易于还原。在有 O_2 溶解的电解液中，与金属氧化反应的共轭反应首先应是 O_2 还原。但是在封闭较好电池中，O_2 的供应比较困难，主要是溶液中 H^+ 还原。当电极以潮湿状态暴露于空气

中时，由于只是液膜存在，有利于 O_2 溶解在电极表面，这时 O_2 的还原就成为主要的共轭反应。

1.6 化学电源中的多孔电极

1.6.1 多孔电极的特点

制备实用电极大多采用粉末材料，包括电活性粉末材料（粉末本身参加电化学氧化还原反应）与粉末电催化剂（粉末本身不参加净反应）等，由粉末材料所制成的电极大多有一定孔隙率，因此称为"多孔电极"。有时还直接采用多孔材料（如多孔碳板、泡沫金属片等）作为电极。采用多孔电极结构是化学电源发展过程中的一个重要革新，因为它为研制高比能量、高比功率的电池提供了可能性和现实性。

多孔电极的主要优点如下所述。

① 具有比平板电极大得多的反应表面，有利于电化学反应的进行。由于粉末电极的多孔性提高了参加放电过程的活性物质的量，增加了电极的孔隙率和电极的真实表面积，使电极的真实电流密度大大降低，降低了电化学极化，从而使电池的能量损失（包括电压损失和容量损失）大大减小。

② 由于电极的多孔性，给活性物质在充放电过程中体积的收缩和膨胀留有空间，减少了电极的变形和活性物质的脱落或生成枝晶而引起短路。

③ 采用多孔电极，可改变平板电极的扩散传质情况。例如在三相多孔电极的微孔中，由于在三相界面处形成的弯月面液膜极薄，因此可形成比平板电极薄得多的扩散层（10^{-8} m，而平板电极扩散层厚度约为 $10^{-5} \sim 10^{-4}$ m），这样可使极限电流密度大大增加，减小浓度极化。

④ 采用粉末材料也有利于在活性物质中加入各种添加剂，得到成分均匀、结构稳定的电极。

总之，电极反应是多相反应，增加电极面积可加快反应过程，而且又可以使各种极化降低。因此，在化学电源中广泛采用粉末多孔电极。

多孔电极由高比表面积的粉末状活性物质或与具有导电性的惰性固体微粒混合，通过压制、烧结或化成等方法制成。电极由活性物质的粉末和基板或骨架构成，骨架的作用是支撑活性物质和传导电流，使电流在整个电极上均匀分布。

多孔电极的特点是内部存在着大量的孔隙。为描述这一特点，提出以下参数。

(1) **孔的形态** 孔分为通孔、中通孔和闭孔三种，如图 1-18 所示。

(2) **孔隙率和密度** 一个多孔体的孔隙体积与其表观体积之比叫孔隙率，用 P 表示。即

$$P = \frac{V_孔}{V_表}$$

式中，$V_孔$ 是孔隙的体积；$V_表$ 是多孔体的表观体积。P 是量纲为 1 的量，数值总小于 1。通常所说的孔隙率是对开口孔说的。孔隙率是多孔材料最重要的特性，多孔材料的各种性能都与它密切相关。

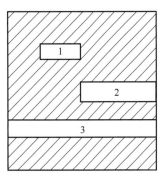

图 1-18 三种孔的形态
1—闭孔；2—中通孔；3—通孔

材料的密度因孔隙的存在而减小，故通常所说多孔体材料的密度为表观密度（或视密度）。

(3) 比表面　多孔材料中存在大量孔隙，若把孔中内表面积都算在内，则其总面积远远大于多孔电极的表观面积，这是使用多孔电极的主要原因。孔隙率、孔的直径不同，孔隙内的内表面积也不同。为了表示多孔材料这一特点，提出了比表面概念。所谓比表面是指单位表观体积或单位质量的多孔体所具有的总表面积。比表面的符号是 S_0，其单位为 m^{-1}。多孔电极的电催化活性与 S_0 的关系很大，一般来说 S_0 越大越有利。

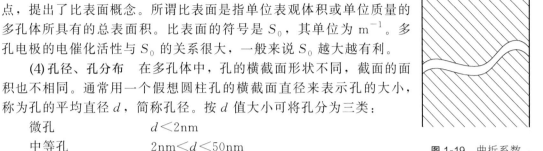

图 1-19　曲折系数的含义

(4) 孔径、孔分布　在多孔体中，孔的横截面形状不同，截面的面积也不相同。通常用一个假想圆柱孔的横截面直径来表示孔的大小，称为孔的平均直径 d，简称孔径。按 d 值大小可将孔分为三类：

微孔	$d < 2nm$
中等孔	$2nm < d < 50nm$
大孔	$d > 50nm$

多孔体中孔的大小总不相同，为了全面了解多孔体的结构，还需了解孔径的分布，即不同直径的孔所占的百分数。

(5) 曲折系数　如图 1-19 所示，多孔体中的孔并不是直的，孔可能是弯曲的。因此，孔的长度（l）并不等于多孔体的厚度（δ），二者之比称为曲折系数（T），即 $T = \dfrac{l}{\delta}$。

1.6.2　多孔电极的行为

多孔电极的动力学与平板电极有很大不同。对于平板电极，原则上可将总的电极过程看成为一系列连续进行的分步步骤，进而找出其中的速度控制步骤，确定电极过程的规律。而多孔电极的反应并不限于电极表面，而是深入到电极内部，各个部位的电流大小、极化大小很可能不一致，因此应建立多孔电极的动力学方程式。

可通过多孔电极模型来描述多孔电极有关的电极过程参数的关系。因为多孔电极远比平板电极复杂，所以多孔电极的模型迄今仍不成熟，先后提出的模型可分为三类。

(1) 细孔模型　将多孔电极视为一些孔径恒定而又相互平行的圆柱形小孔，孔垂直于电极表面。

(2) 相似模型　采用等效电路的方法来描述多孔电极体系，其中包括电极骨架（基底）的电阻、电解液的电阻和极化电阻等。

(3) 宏观均匀模型　不考虑多孔电极的微观结构，而将多孔电极视为一种特殊的宏观均匀的物体，即由两种连续介质（电极的固相和孔中电解液的液相）均匀重叠的体系。电极过程在两相中进行，有关电极过程的参数（如电流、电势等）都是时间与空间的连续函数。在分析问题时，不考虑多孔电极的微观结构，而通过一些可测量的物理量，如孔隙率、比表面、平均体积电阻和曲折系数来求解。

从应用方面说，现在宏观均匀模型应用较广。

实际的多孔电极行为复杂得多，这不仅因为孔径、孔形都是不规则的，建立模型的假设与实际情况不符合数学解法的近似，更因为电池在充放电过程中，电极的真实表面积、电阻以及电解液的电阻均随放电程度而变化。

多孔电极具有比平板电极大得多的表面积，但由于极化的存在，这些表面并不能充分利用，存在着反应深度（渗透深度）问题，即多孔电极的电极反应可深入到电极孔内的距离。

研究和了解反应深度是很必要的。如果电极的厚度小于或接近于反应深度，则表明反应从电极表面到内部都能得到充分利用。如果电极的厚度远远大于反应深度，电极就没有得到充分利用。

可以采用一些表面物理方法，如用 X 射线微探针来测量放电产物沿电极厚度的分布，从而看出不同因素对反应深度的影响，进而确定电极的工艺和设计。

1.6.3　多孔电极的分类

根据电极反应的特点，多孔电极可分为两类。

(1) 两相多孔电极，或全浸式扩散电极　对于液-固两相多孔电极，电极内部的孔隙中充满了电解液，工作时，电化学反应即在液-固两相界面上进行。如锌银电池中的锌电极，铅酸蓄电池中的正、负极等。

(2) 三相多孔电极，或气体扩散电极　对于三相多孔电极，电极的孔隙中既有被电解液充满的液孔，又有被气体充满的气孔，多孔电极的孔隙中有气-液-固三相。在这类电极上进行的是气体电极反应，在气-液界面上进行气体的溶解过程，而在固-液界面上进行电化学反应，反应是在三相界面上进行的。例如金属-空气电极电池中的空气电极，燃料电池中的氢电极和氧电极，都属于三相多孔电极。

气体扩散电极的特点是要形成一层薄液膜，使大量气体既容易达到电极表面又与整体溶液较好地连通。气体扩散电极有以下几种结构。

① 双层孔径电极。是由金属粉末分层压制及烧结而成的。细孔层面向电解液，粗孔层面向气室。电解液可渗入细孔内。当气室的压力增大时，粗孔按孔径大小顺序先后充入气体，在粗、细孔交界面形成薄液膜。在氢氧燃料电池中，曾采用过这种结构的气体电极。

② 憎水型电极。是由催化剂粉末和憎水型颗粒混合后碾压或喷涂并进行适当热处理而制成的。由于电极中含有憎水组分，气室中不加压，电极中也有部分不被电解液润湿的气孔，大大增加了反应界面。而催化剂表面都是亲水的，其表面形成可进行气体反应的薄液膜。因为不需加压，很适合于空气电极。

③ 微孔隔膜电极。是由两个催化剂粉末电极和微孔隔膜层（如石棉纸膜）结合而成的。隔膜的微孔孔径比电极的孔径还要小，所以电解液首先被隔膜吸收，再湿润电极。当调节加入的电液量时，电极的干湿状况就可改变，使电极既有薄液膜层又有一定气孔。这种电极较易制造，催化剂利用率也较高，但电液量难以控制，过多或过少或两电极的气室压力不平衡时，都可能导致电极"干死"或"淹死"。

多孔电极工作时，其内表面往往并不能均匀地用来实现电化学反应，即使全浸式电极也不例外。孔隙内流体中的传质阻力与固、液相电阻能在多孔电极内部引起反应物及产物的浓度极化与固相和电解质相内部的 IR 降，导致电极内部各处"电极/电解质相"界面上极化不均匀，即电极的全部内表面不能同等有效地发挥作用。其后果是部分抵消了多孔电极比表面大的优点。

1.7　化学电源的性能

化学电源性能的主要参数包括：电池的电压、内阻、容量与比容量、能量与比能量、功率与比功率以及电池的储存性能和循环寿命等。

1.7.1 电池的电压

(1) 开路电压 电池的开路电压是指在开路状态下（几乎没有电流通过时），电池两极之间的电势差，一般用 $V_{\text{开}}$ 表示

$$V_{\text{开}} = \varphi_+ - \varphi_- \tag{1-47}$$

电池的开路电压取决于电池正负极材料的本性、电解质和温度条件等，而与电池的几何结构与尺寸大小无关。例如无论锌锰干电池的大小尺寸如何，其开路电压是一定的。

式(1-47) 与电池的电动势定义式相似，但开路电压并不等同于电动势。电池的开路电压等于组成电池的正极混合电势与负极混合电势之差。由于正极活性物质其氧的超电势大，故混合电势接近于平衡电势；负极材料其氢的超电势大，故混合电势接近平衡电势。因此，电池的开路电压在数值上接近电池的电动势。实际上，因为电池的两极在电解质溶液中所建立的电极电势，通常并非平衡电极电势。因此，电池的开路电压一般均小于它的电动势。

某些电极如气体电极，电池的开路电压数值受催化剂影响很大，与电动势不一定很接近。如燃料电池的开路电压常常偏离电动势较大，而且因催化剂的品种和数量而异。

电池的开路电压一般要用高内阻电压表来测量。如果电压表的内阻不大，譬如说只有 $1000\,\Omega \cdot V^{-1}$，这表示电压表上若有 1V 的读数，就有约 1mA 的电流通过被测量的电池。对于微小型电池来说，足以引起电极的极化，因此在实验测量中通常可以观察到电压表上的读数在逐渐下降，得不到正确的结果。

(2) 额定电压 电池的额定电压，也称公称电压或标称电压。它是指某电池开路电压的最低值（保证值），或者说是在规定条件下电池工作的标准电压。它可以简明区分电池的系列（体系），如不同系列的额定电压为：锌锰干电池 1.5V；铅酸蓄电池 2.0V；碱性蓄电池 1.2V；锌银蓄电池 1.5V；氢镍蓄电池 1.2V。锌锰干电池的额定电压为 1.5V，就是说保证它的开路电压不小于 1.5V。实际上锌锰干电池的开路电压总是大于 1.5V，具体的数值视正极二氧化锰（天然锰粉、电解锰粉）而异。

(3) 工作电压 工作电压指电池接通负荷后在放电过程中显示的电压，又称负荷（载）电压或放电电压。在电池放电初始的电压称为初始电压。

电池在接通负荷后，由于欧姆电阻和超电势的存在，电池的工作电压低于开路电压，当然也必定低于电动势

$$V = E - IR_{\text{内}} = E - I(R_\Omega + R_{\text{f}}) \tag{1-48}$$

或 $$V = E - \eta_+ - \eta_- - IR_\Omega = \varphi_+ - \varphi_- - IR_\Omega \tag{1-49}$$

式中，η_+ 和 η_- 分别表示正极极化和负极极化的超电势；I 为电池的工作电流；R_{f} 和 R_Ω 分别表示极化内阻和欧姆内阻；φ_+ 和 φ_- 分别为电流流过时正、负极的电极电势或极化电势。

式(1-48) 可以用图 1-20 表示。图中曲线 a 表示电池电压随放电电流变化的关系曲线，曲线 b、c 分别表示正、负极的极化曲线，直线 d 为欧姆内阻造成的欧姆压降随放电电流的变化。显然，随着放电电流的加大，电极的极化增加，欧姆压降也增大，使电池的工作电压下降。因此，测量极化曲线是研究电池性能的主要手段之一。

电池的放电电压随放电时间的平稳性表示电压精度

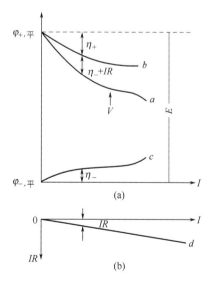

图 1-20 电池的电压-电流特性、电极极化曲线 (a) 和欧姆电压降曲线 (b)

的高低。当反应产物形成新相时电压一般平稳；当电池在放电过程中只是反应物中某一组分连续变化时，则放电电压将连续变化。电压随放电时间变化的曲线，称放电曲线。

如果活性物质可以两种价态进行氧化或还原，则工作电压随时间的变化会出现两个电压平台，如锌银蓄电池小电流放电时的放电曲线。

电池工作电压的数值及平稳程度也依赖于放电条件。高速率、低温条件下放电时，电池的工作电压将降低，平稳程度下降。

1.7.2 电池的内阻

电流通过电池内部时受到阻力，使电池的电压降低，此阻力称为电池的内阻。电池内阻是化学电源的一个极为重要的参数。

电池内阻不是常数，在放电过程中随时间不断变化，因为活性物质的组成、电解液浓度和温度都在不断地改变。电池内阻包括欧姆内阻（R_Ω）和电极在电化学反应时所表现出的极化内阻（R_f）两部分，二者之和称为电池的全内阻（$R_内$）。

$$R_内 = R_\Omega + R_f \tag{1-50}$$

(1) 欧姆内阻　欧姆内阻主要由电极材料、电解液、隔膜的电阻及各部分零件的接触电阻组成。它与电池的尺寸、结构、电极的成型方式（如铅酸蓄电池的涂膏式与管式电极，碱性蓄电池的有极盒式和烧结式电极）以及装配的松紧度有关。欧姆电阻遵循欧姆定律。

需要指出的是，化学电源中的隔膜，均为多孔且不具有电子导电的物质，仅当它浸入电解液后，才具有导电作用。这种导电作用，是靠微孔中电解质溶液中的离子传递的。因此，隔膜电阻实质上是隔膜有效微孔中的那部分电解质溶液所产生的电阻。故它应满足下式

$$R_M = \rho_S J \tag{1-51}$$

式中，R_M 为被测隔膜电阻；ρ_S 为溶液的电阻率；J 为表征隔膜微孔结构的因素。

由式(1-51)可见，隔膜电阻包含两项因素，一是电解质溶液的电阻率，它取决于溶液的组成和温度；二是隔膜的结构因素，对于一种特定的隔膜，J 为定值。对同一种隔膜，在不同电解液中的电阻，主要是随着溶液的电阻率而变化；在同一种电解液中，不同的隔膜，其电阻的变化则反映了隔膜结构因素 J 的变化。结构因素包括膜的厚度、孔隙率、孔径、孔的曲折程度等。

因此，隔膜电阻实际是表征隔膜的孔隙率、孔径和孔的曲折程度对离子迁移产生的阻力，也就是电流通过隔膜时微孔中电解液的电阻。在电池生产中对隔膜材料都有电阻的要求。

(2) 极化内阻　极化内阻 R_f 是指化学电源的正极与负极在电化学反应进行时由于极化所引起的内阻。它包括由于电化学极化和浓差极化所引起的电阻之和。极化内阻与活性物质的本性、电极的结构、电池的制造工艺有关，尤其是与电池的工作条件密切相关，放电电流和温度对其影响也很大。在大电流密度下放电时，电化学极化和浓差极化均增加，甚至可能引起负极的钝化。所以，极化内阻并非是一个常数，而是随放电条件的改变而改变。温度降低对电化学极化、离子的扩散均有不利影响，故在低温条件下电池的全内阻增加。

极化内阻随电流密度增大而增大，但不是直线，常随电流密度的对数增大。

为了减小电极的极化，必须提高电极的活性和降低真实电流密度，而降低真实电流密度可以通过增加电极面积来实现。所以，绝大多数电池中的电极采用多孔电极，它的真实面积比表观面积可能大几十倍至几百倍，甚至更多。

(3) 比内阻　为了比较相同系列不同型号的化学电源的内阻，引入了单位容量电池的内阻，即比内阻（$R_内'$）这一概念

$$R'_{内} = \frac{R_{内}}{C} \tag{1-52}$$

式中，$R_{内}$ 为电池内阻，Ω；C 为电池容量，$A \cdot h$。

总之，内阻是决定电池性能的一个重要指标，它直接影响电池的工作电压、工作电流、输出能量与功率等，对于一个实用的化学电源，其内阻越小越好。

1.7.3 电池的容量和比容量

电池在一定的放电条件下所能给出的电量称为电池的容量，以符号 C 表示。其单位常用 $A \cdot h$ 或 $mA \cdot h$ 表示。

1.7.3.1 容量分类

电池的容量可分为理论容量、额定容量、实际容量和标称容量。

(1) 理论容量 理论容量（C_0）是假设活性物质全部参加电池的成流反应所能提供的电量。它是依据活性物质的质量按照法拉第定律计算求得的。

法拉第定律指出：电流通过电解质溶液时，在电极上发生化学反应的物质的量与通过的电量成正比；当以相同电流通过一系列含有不同电解质溶液的串联电解池时，在各电极上发生化学变化的基本单元物质的量相等。法拉第定律的数学表达式为

$$m = \frac{MQ}{zF} \tag{1-53}$$

式中，m 为电极上发生反应的物质的质量，g；M 为反应物的摩尔质量，$g \cdot mol^{-1}$；Q 为通过的电量，$A \cdot h$；z 为在电极反应式中的电子计量系数；F 为法拉第常数（约 $96500C \cdot mol^{-1}$ 或 $26.8A \cdot h \cdot mol^{-1}$）。式(1-53)也可以理解为，电极上 m 活性物质完全反应后能释放的电量为 Q。由于正、负极上通过的电量相等，电池释放的电量等于任意一个电极上通过的电量（Q）。

根据电池理论容量的定义，此电量 Q 即为电池的理论容量（C_0），所以式(1-53)也可以写成

$$C_0 = Fz\frac{m}{M} = \frac{1}{K}m \tag{1-54}$$

$$K = \frac{M}{Fz}$$

式(1-54)就是电池理论容量的计算公式。

式中，K 称为电化当量，单位为 $g \cdot A^{-1} \cdot h^{-1}$，是指通过 $1A \cdot h$ 电量时电极上析出或溶解物质的质量；或是获得 $1A \cdot h$ 电量所需活性物质的质量；单位为 $A \cdot h \cdot g^{-1}$ 是指每克物质理论上给出的电量（$A \cdot h$），也称为电化当量。对于各种电池，可根据电池的成流反应计算产生单位电量所需的活性物质的质量。表 1-11 列出了常用电极活性物质的电化当量。

表 1-11　常用电极活性物质的电化当量

活性物质	摩尔质量/$g \cdot mol^{-1}$	成流反应中电子的计量系数	电化当量	
			/$g \cdot A^{-1} \cdot h^{-1}$	/$A \cdot h \cdot g^{-1}$
H_2	2.01	2	0.038	26.89
Li	6.94	1	0.259	3.86
Na	23.0	1	0.858	1.16
Mg	24.3	2	0.453	2.20
Al	26.9	3	0.335	2.98
Fe	55.8	2	1.041	0.96

活性物质	摩尔质量/g·mol^{-1}	成流反应中电子的计量系数	电 化 当 量	
			g·A^{-1}·h^{-1}	A·h·g^{-1}
Zn	65.4	2	1.220	0.82
Cd	112.4	2	2.097	0.48
Pb	207.2	2	3.866	0.26
O_2	32	4	0.299	3.35
Cl_2	71.0	2	1.325	0.755
MnO_2	86.9	1	3.243	0.308
NiOOH	91.7	1	3.422	0.292
CuCl	99	1	3.694	0.270
AgO	123.8	2	2.310	0.433
Ag_2O	231.7	2	4.323	0.231
HgO	216.6	2	4.041	0.247
PbO_2	239.2	2	4.463	0.224

从式(1-54)可见，当电池的活性物质的质量确定之后，电池的理论容量与活性物质的电化当量有关。电化当量越小，理论容量就越大。例如锌银电池和铅酸电池相比，负极活性物质分别为锌和铅，如果均取50g的质量，已知锌的电化当量为1.220g·A^{-1}·h^{-1}，铅的电化当量为3.866g·A^{-1}·h^{-1}。那么给出的理论容量分别为

$$C_{0,Zn}=\frac{50g}{1.220g·A^{-1}·h^{-1}}=40.98A·h$$

$$C_{0,Pb}=\frac{50g}{3.866g·A^{-1}·h^{-1}}=12.93A·h$$

分子量越小、电极反应中化合价变化越大的活性物质具有较小的电化当量，即产生相同电量所需的这类活性物质越少。

(2) 额定容量　额定容量（$C_{额}$）也叫保证容量，是指设计和制造电池时，按国家或有关部门颁布的标准，保证电池在一定的放电条件下应该放出的最低限度的电量。

(3) 实际容量　实际容量（C）是指在一定的放电条件下电池实际放出的电量。它等于放电电流与放电时间的乘积，实际容量的计算方法如下。

恒电流放电时

$$C=It \tag{1-55}$$

恒电阻放电时

$$C=\int_0^t I\mathrm{d}t=\frac{1}{R}\int_0^t V\mathrm{d}t \tag{1-56}$$

式(1-56)的近似计算公式为

$$C=\frac{1}{R}V_平 t \tag{1-57}$$

式中，I为放电电流；R为放电电阻；t为放电至终止电压时的时间；$V_平$为电池的平均放电电压，即电池放电刚开始的初始工作电压与终止电压的平均值。严格地讲，$V_平$应该是电池在整个放电过程中，放电电压的平均值。

化学电源的实际容量总是低于理论容量。由于内阻的存在以及其他各种原因，活性物质不可能完全被利用，即活性物质的利用率总是小于1，活性物质的利用率定义为

$$\eta=\frac{m_1}{m}\times100\%$$

或
$$\eta = \frac{C}{C_0} \times 100\% \tag{1-58}$$

式中，m 为活性物质的实际质量；m_1 为放出实际容量时所应消耗的活性物质的质量。

活性物质的利用率取决于电池的结构、制造工艺和放电制度。采用薄型电极和多孔电极，以及减小电池内阻，均可提高活性物质的利用率，从而提高电池实际输出的容量，降低电池成本。

(4) 标称容量　标称容量（或公称容量）是用来鉴别电池适当的近似值（A·h），只标明电池的容量范围而没有确切值。因为在没有指定放电条件下，电池的容量是无法确定的。

为了比较不同系列的电池，常用比容量的概念。比容量是指单位质量或单位体积的电池所能给出的电量，相应地称之为质量比容量或体积比容量 C'

$$C'_{质} = \frac{C}{G} \quad (A \cdot h \cdot kg^{-1}) \tag{1-59}$$

或

$$C'_{体} = \frac{C}{V} \quad (A \cdot h \cdot L^{-1}) \tag{1-60}$$

式中，C 为电池的容量；G 和 V 分别表示电池的质量和体积。

应强调指出，一个电池的容量就是其正极（或负极）的容量，而不是正极容量与负极容量之和，因为电池在工作时，通过正极和负极的电量总是相等的。在实际电池的设计和制造中，正、负极的容量一般是不相等的，电池的容量由其中容量较小的电极来限制。实际电池中多为正极容量限制整个电池的容量，而负极容量过剩。

1.7.3.2　影响实际容量的因素

电池的实际容量主要与电池的正、负极活性物质的量及利用率有关，而活性物质利用率主要受放电制度、电极的结构（包括电极高宽比例、厚度、孔隙率以及导电栅网的形式）和制造工艺等因素的影响。

所谓放电制度，就是电池放电时所规定的各种条件，主要包括放电形式、放电电流（放电率）、终止电压和温度等。

(1) 放电形式　放电形式（方法）主要分恒流放电和恒阻放电两种。恒流放电是指在放电过程中保持放电电流为定值，恒阻放电是指放电过程中保持负载电阻为定值。图 1-21(a) 表示恒流放电曲线，图 1-21(b) 表示恒阻放电曲线。锌锰干电池通常采用恒阻放电方式。

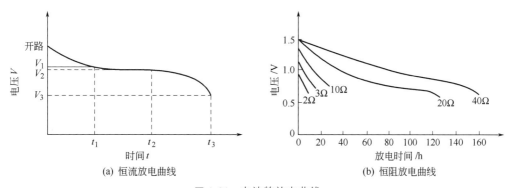

(a) 恒流放电曲线　　　　(b) 恒阻放电曲线

图 1-21　电池的放电曲线

此外，还有连续放电与间歇放电方式。电池在规定的放电条件下，连续放电至终止电压，称为连续放电；电池在规定的放电条件下，放电若干时间后，中断一定的时间，随后再继续放电，这样反复进行多次，一直到所规定的终止电压为止，这样的放电方式称为间歇放电。

(2) 放电电流　指电池放电时的电流大小。放电电流的大小直接影响到电池的各种性能指标，因此，在谈到电池的容量或能量时，必须说明放电电流的大小，指出放电的条件。通常用放电率表示，放电率是指电池放电时的速率，常用时率和倍率表示。

时率是以放电时间（h）表示的放电率，即以一定的放电电流放完额定容量所需的时间（h），常用 C/n 来表示，式中 C 为额定容量，n 为一定的放电电流。时率也叫小时率，例如，电池额定容量为 30A·h，以 2A 电流放电，则时率为 30A·h/2A＝15h，称电池以 15 小时率放电。如果额定容量为 C，则此电池的放电电流为 $C/15$。由此可见，放电率所表示的时间越短，所用的放电电流越大；放电率所表示的时间越长，所用的放电电流越小。

倍率实际上是指电池在规定的时间内放出其额定容量时所输出的电流值。它在数值上等于额定容量的倍数。例如，2 倍率放电，则表示放电电流的数值是额定容量数值的 2 倍。若电池容量为 3A·h，那么放电电流应为 $2×3＝6A$。换算成小时率则是 3A·h/6A＝0.5 小时率。

按照国际规定：放电率在 $1/5C$ 以下的称为低倍率，$1/5C\sim1C$ 称为中倍率，$1C\sim22C$ 称为高倍率。

由上述可见，电池的放电电流、电池的容量、放电时间三者之间有如下关系式：

$$I = \frac{C}{t} \tag{1-61}$$

式中，I 为放电电流；C 为电池的容量；t 为放电时间。

图 1-22 给出了目前生产的电池的容量与放电率的关系曲线。

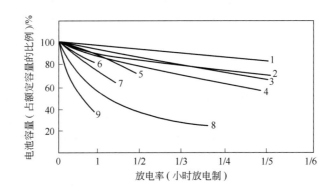

图 1-22　目前生产的电池的容量与放电率(放电电流) 的关系曲线
1—烧结式镉镍电池；2—密封烧结式镉镍电池；3—锌银电池；4—极板盒式镉镍电池；5—镉银电池；
6—铁镍电池；7—密封极板盒式镉镍电池；8—涂膏式铅酸电池；9—管式铅酸电池

(3) 终止电压　电池放电时，电压下降到不宜再继续放电的最低工作电压称为终止电压。

不同的电池类型及不同的放电条件，对电池容量和寿命的要求也不同，因而规定电池放电的终止电压也不同。一般来说，在低温或大电流（高倍率）放电时，终止电压可规定得低些。因为低温大电流放电时，电极的极化大，活性物质不能得到充分利用，电池的电压下降较快。小电流放电时，电极的极化小，活性物质能够得到较充分的利用，终止电压可规定得高些。例如，镉镍蓄电池，当以 1 小时率放电时，终止电压定为 1.0V，而以 10 小时率放电时，终止电压定为 1.10V。表 1-12 列出了几种常用电池放电时的终止电压。

表 1-12　几种常用电池放电时的终止电压（常温）

电池体系	10 小时率($C/10$)	5 小时率($C/5$)	3 小时率($C/3$)	1 小时率(C)
镉镍蓄电池	1.10	1.10	1.00	1.00
铅酸蓄电池	1.80	1.75	1.75	1.60
碱性锌锰电池	1.20	—	—	—
锌银电池	1.20~1.30	1.20~1.30	0.90~1.00	0.90~1.00

1.7.4　电池的能量和比能量

电池的能量是指电池在一定放电制度下，电池所能输出的电能，通常用 W·h 表示。电池的能量可分为理论能量和实际能量。

(1) **理论能量**　假设电池在放电过程中始终处于平衡状态，其放电电压保持电动势（E）的数值，而且活性物质的利用率为 100%，即放电容量为理论容量，则在此条件下电池所输出的能量为理论能量 W_0，即

$$W_0 = C_0 E \tag{1-62}$$

也就是可逆电池在恒温恒压下所做的最大功：

$$W_0 = -\Delta G = nFE$$

(2) **实际能量**　实际能量是电池放电时实际输出的能量。它在数值上等于电池实际容量与电池平均工作电压的乘积，即

$$W = CV_{\text{平}} \tag{1-63}$$

由于活性物质不可能完全被利用，所以电池的工作电压总是小于电动势，即电池的实际能量总是小于理论能量。

(3) **比能量**　是指单位质量或单位体积的电池所能输出的能量，相应地称为质量比能量或体积比能量，也称能量密度，常用 W·h·kg^{-1} 或 W·h·L^{-1} 表示。常用比能量来比较不同的电池系列，比能量也分为理论比能量（W_0'）和实际比能量（W'）。

理论比能量指 1kg 电池反应物质完全放电时理论上所能输出的能量。根据正、负极活性物质的理论质量比容量和电池的电动势，电池的理论质量比能量可以直接计算出来。如果电解质参加电池的成流反应，还需要加上电解质的理论用量。

设正、负极活性物质的电化当量分别为 K_+、K_-（g·A^{-1}·h^{-1}），电池的电动势为 E，则电池的理论质量比能量为

$$W_0' = \frac{1000E}{K_+ + K_-} = \frac{1000E}{\sum K_i} \ (\text{W·h·kg}^{-1}) \tag{1-64}$$

以铅酸蓄电池为例，电池反应为

$$\text{Pb} + \text{PbO}_2 + 2\text{H}_2\text{SO}_4 \longrightarrow 2\text{PbSO}_4 + 2\text{H}_2\text{O}$$

电化当量之和为

$$3.866(\text{Pb}) + 4.463(\text{PbO}_2) + 3.659(\text{H}_2\text{SO}_4) \approx 12 \ (\text{g·A}^{-1}\cdot\text{h}^{-1})$$

电池的标准电动势 $E^{\ominus} = 2.044\text{V}$。所以

$$W_0' = \frac{1000}{12} \times 2.044 = 170.5 \ (\text{W·h·kg}^{-1})$$

表 1-13 列出了一些目前投入工业生产的电池的电动势与理论比能量。

表 1-13　一些电池的电动势与理论比能量

电池体系	电池反应	电动势/V	理论比能量/$W \cdot h \cdot kg^{-1}$
铅酸电池	$Pb + PbO_2 + 2H_2SO_4 \longrightarrow PbSO_4 + 2H_2O$	2.044	170.5
镉镍电池	$Cd + 2NiOOH + 2H_2O \longrightarrow 2Ni(OH)_2 + Cd(OH)_2$	1.326	214.3
铁镍电池	$Fe + 2NiOOH + 2H_2O \longrightarrow 2Ni(OH)_2 + Fe(OH)_2$	1.399	272.5
锌镍电池	$Zn + 2NiOOH + 2H_2O \longrightarrow 2Ni(OH)_2 + Zn(OH)_2$	1.765	354.6
锌银电池	第一阶段:$2AgO + Zn \longrightarrow Ag_2O + ZnO$	1.852	487.5
	第二阶段:$Ag_2O + Zn \longrightarrow 2Ag + ZnO$	1.590	
	$2AgO + 2Zn \longrightarrow 2Ag + 2ZnO$	平均 1.721	
镉银电池	第一阶段:$2AgO + Cd + H_2O \longrightarrow Ag_2O + Cd(OH)_2$	1.413	270.2
	第二阶段:$Ag_2O + Cd + H_2O \longrightarrow 2Ag + Cd(OH)_2$	1.151	
	$2AgO + 2Cd + 2H_2O \longrightarrow 2Ag + 2Cd(OH)_2$	平均 1.282	
锂离子电池	$Li_xC_6 + Li_{1-x}CoO_2 \longrightarrow C_6 + LiCoO_2$	3.7	275
	$LiC_6 + FePO_4 \longrightarrow C_6 + LiFePO_4$	3.4	170
锌汞电池	$Zn + HgO \longrightarrow ZnO + Hg$	1.343	255.4
锌锰干电池	$Zn + 2MnO_2 + 2NH_4Cl \longrightarrow 2MnOOH + Zn(NH_3)_2Cl_2$	1.623①	251.3
	$Zn + 2MnO_2 \longrightarrow ZnO \cdot Mn_2O_3$	1.623①	363.7
碱性锌锰电池	$Zn + 2MnO_2 + H_2O \longrightarrow ZnO + 2MnOOH$	1.52①	274.0
锌空气电池	$Zn + \frac{1}{2}O_2 \longrightarrow ZnO(O_2$ 不计算在内$)$	1.646	1350
锌氧电池	$Zn + \frac{1}{2}O_2 \longrightarrow ZnO(O_2$ 计算在内$)$	1.646	1084

① 为开路电压。

实际比能量是 1kg 电池反应物质所能输出的实际能量，由电池实际输出能量与电池质量（或体积）之比来表征：

$$W' = \frac{CV_{平}}{G} \tag{1-65}$$

或

$$W' = \frac{CV_{平}}{V} \tag{1-66}$$

式中，G 和 V 分别表示电池的质量和体积；W' 的单位为 $W \cdot h \cdot kg^{-1}$ 或 $W \cdot h \cdot L^{-1}$。

由于各种因素的影响，电池的实际比能量远小于理论比能量。实际比能量与理论比能量的关系可表示如下

$$W' = W_0' K_E K_R K_m \tag{1-67}$$

式中，K_E 为电压效率；K_R 为反应效率；K_m 为质量效率。

电压效率是指电池的工作电压与电池电动势的比值。电池放电时，由于存在电化学极化、浓差极化和欧姆压降，使电池的工作电压小于电动势。因此

$$K_E = \frac{V_{工作}}{E} = \frac{E - \eta_+ - \eta_- - IR}{E} = 1 - \frac{\eta_+ + \eta_- + IR}{E}$$

图 1-23 为表示电池电压效率的示意图。当电池处于开路时，负极电势处于 a 点，用 φ_- 表示；正极电势处于 b 点，用 φ_+ 表示。电池的电动势近似为

$$E = \varphi_+ - \varphi_-$$

当接通负载，电池工作时，负极的电势因极化而由 a 点向正移动至 a' 点。aa' 线段表示负

极的总极化，用 η_- 表示。oo' 段表示电解液的电势为零时的位置。在电池内部，电流的方向是由负极流向正极，所以当电流流过电解液时，在电解液内部，电势从负极到正极是逐渐降低的。$o'd$ 段表示电流流过电解液而造成的欧姆压降 IR。如果正极没有发生极化，则电极电势应处于 b'。db' 与 $o'b$ 相平行，正极相对于溶液的电势与开路时相等。但由于正极同样存在各种极化作用，故使其电势由 b' 向负移动至 c 点。$b'c$ 表示正极的总极化，用 η_+ 表示。从图中明显可见，当电池接通负载工作时，电池的工作电压 V 必然小于电动势 E。

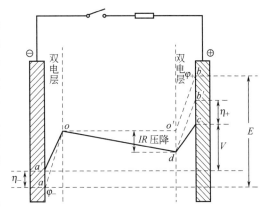

图 1-23 电池电压效率示意图

根据以上分析可知：改进电极结构（包括真实表面积、孔隙率、孔径分布、活性物质粒子的大小等）和加入添加剂（包括导电物质、膨胀剂、催化剂、疏水剂、掺杂等）是提高电池电压效率的两个重要途径。

反应效率即活性物质的利用率，所受影响如前所述。

质量效率是指电池中必然要包含一些不参加成流反应但又必要的物质，因而使实际比能量减小。这些物质主要包括以下几种。

① 过剩的活性物质。设计电池时，不可能使两个电极的活性物质恰好完全反应，总有一个电极的活性物质过剩。这种过剩的活性物质和反应效率中所涉及的未利用的活性物质是不同的。后者是受利用率所限制，但有可能被利用的物质；前者属于不可能利用的过剩物质。有时，这种过剩的活性物质又是必需的。例如，在密封的镉镍电池、锌银电池中，负极活性物质要有 $25\%\sim75\%$ 的过剩量，用以防止充电时在负极上产生 H_2。

② 电解质溶液。有些电池的电解质溶液不参加电池反应，另一些电池的电解质溶液则参加电池反应，但仍需要一定的过剩量。

③ 电极添加剂。例如膨胀剂、导电物质、吸收电解质溶液的纤维素等，其中有些添加剂可能在电极质量中占相当大的比例。

④ 电池的外壳、电极板栅、支撑骨架等。

因此，质量效率为

$$K_m = \frac{m_0}{m_0+m_s} = \frac{m_0}{G}$$

式中，m_0 是假设按电池反应式完全反应时活性物质的质量；m_s 是不参加电池反应的物质质量；G 是电池的总质量。

影响电池实际比能量的这三种效率之间有着密切的联系。例如，在锌电极中添加植物纤维素和氯化汞（或将锌粉汞齐化），虽然降低了电池的质量效率，却提高了电池的反应效率和电压效率。

比能量是电池性能的一个重要的综合指标，它反映了电池的质量水平，也表明了生产厂家的技术和管理水平。提高电池的比能量，始终是化学电源工作者的努力目标。尽管许多体系的理论比能量很高，但电池的实际比能量却远远小于理论比能量。较好的电池，其实际比能量可以达到理论比能量的 $1/5\sim1/3$，这个数值可以作为设计高能电源的依据。例如，在探索新的高能电池时，如果要求比能量为 $100\text{W}\cdot\text{h}\cdot\text{kg}^{-1}$，则电池的理论比能量应大于

$300\sim500W\cdot h\cdot kg^{-1}$。

表1-14和表1-15分别列出了常见的化学电源和一些高能电池的比能量。

表1-14 常见化学电源实际比能量与理论比能量的比值

电 池 体 系	实际比能量(W')/$W\cdot h\cdot kg^{-1}$	理论比能量(W'_0)/$W\cdot h\cdot kg^{-1}$	W'_0/W'
铅酸蓄电池	10~50	170.4	17.0~3.4
镉镍电池	15~40	214.3	14.3~5.4
铁镍电池	10~25	272.5	27.3~10.9
锌银电池	60~160	487.5	8.2~3.1
镉银电池	40~100	270.2	6.8~2.7
锌汞电池	30~100	255.4	8.5~2.6
锌锰干电池	10~50	251.3	25.1~5.0
碱性锌锰电池	30~100	274.0	9.1~2.7
锌空气电池	100~250	1350	13.5~5.4
镁氯化银(储备电池)	40~100	446	11.3~4.5

表1-15 一些高能电池的比能量

电池名称	电池组成			比能量/$W\cdot h\cdot kg^{-1}$		
	负极	电解质	正极	W'_0	W'	W'_0/W'
锂氟化碳电池	Li	PC+LiClO$_4$	(CF)$_n$	3280	320~480	10~7
锂氟化四碳电池	Li	PC+THF+LiAlF$_4$	C$_4$F	2019	154	13
锂硫化铜电池	Li	MF+1,2-DME+LiClO$_4$	CuS	1100	250~300	4.4~3.7
锂氯电池	Li(液)	LiCl(650℃)	Cl$_2$(气)	2200	300~400	7.3~5.5
钠硫电池	Na(液)	Na$_2$O·11β-Al$_2$O$_3$(300℃)	S(液)	7300	150	49
锂硫电池	Li(液)	LiCl-LiI-LiF等(380℃)	S(液)	2680	—	—

1.7.5 电池的功率与比功率

电池的功率是指电池在一定放电制度下,单位时间内电池输出的能量,单位为瓦(W)或千瓦(kW)。单位质量或单位体积电池输出的功率称为比功率,单位为$W\cdot kg^{-1}$或$W\cdot L^{-1}$。

比功率也是化学电源的重要性能参数之一。比功率的大小,表征电池所能承受的工作电流的大小,一个电池比功率大,表示它可以承受大电流放电。例如,锌银电池在中等电流密度下放电时,比功率可达$100W\cdot kg^{-1}$以上,说明这种电池的内阻小,快速放电性能好;而锌锰干电池在小电流密度下工作时,比功率只能达到$10W\cdot kg^{-1}$,说明电池的内阻大,快速放电性能差。

理论上电池的功率可以表示为

$$P_0=\frac{W_0}{t}=\frac{C_0E}{t}=\frac{ItE}{t}=IE \tag{1-68}$$

式中,t是放电时间;C_0是电池的理论容量;I是恒定的放电电流。此时电池的实际功率应当为

$$P=IV=I(E-IR_内)=IE-I^2R_内 \tag{1-69}$$

式中,$I^2R_内$是消耗于电池全内阻上的功率,这部分功率对负载是无用的。

将式(1-69)对I微分,并令其微商等于零,可求出电池输出最大功率的条件

$$\frac{dP}{dI}=E-2IR_内=0 \tag{1-70}$$

因为

$$E=I(R_内+R_外)$$

即

$$IR_外 + IR_内 - 2IR_内 = 0$$

由此得到

$$R_内 = R_外 \tag{1-71}$$

而且 $\dfrac{d^2P}{dI^2} < 0$，所以 $R_内 = R_外$ 是电池功率达到极大的必要条件。也就是说，当负载电阻等于电池的内阻时，电池输出的功率为最大。

比功率和比能量关系密切，比功率随比能量增加而降低。图 1-24 给出各种电池系列的比功率与比能量的关系。从图上可以看出，对于锌银电池、钠硫电池、锂氯电池，当其比功率增大时，其比能量下降很小，说明这些电池适合于大电流工作。碱性锌锰电池是在重负荷下性能最好的一种干电池。而在低放电电流时，锌汞电池的性能较好。随着比功率的增加，锌汞电池和锌锰干电池比能量下降较快，说明这些电池只适用于低倍率工作。

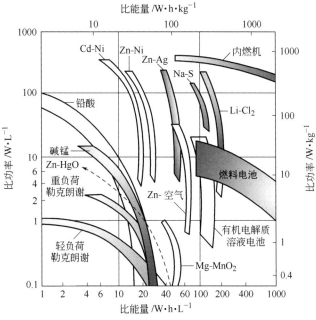

图 1-24　各种电池系列的比功率与比能量的关系

1.7.6　电池的储存性能和循环寿命

储存性能也是电池性能的一个重要指标，而循环寿命则是二次电池的特性之一。

1.7.6.1　电池的储存性能

电池的储存性能主要是对一次电池来说的，是指在一定条件下（如温度、湿度等），电池开路储存时容量下降率的大小。容量下降率小，则电池的储存性能好。化学电源在储存过程中，容量的下降主要是由于电极的自放电引起的。

(1) 负极的自放电 (腐蚀)　自放电主要发生在负极，因为负极活性物质多为活泼金属，在水溶液中它们的标准电极电势通常比氢电极负，在热力学上是不稳定的，特别是当有正电性的金属杂质存在时，这些杂质和负极活性物质形成腐蚀微电池，使负极金属发生溶解，并有氢气析出，从而降低容量。如果电解液中含有杂质，这些杂质又能够被负极金属置换出来沉积在负极表面上，由于 H_2 在这些杂质上的超电势较低，则会加速负极的腐蚀。

(2)正极的自放电 在正极上也会有各种副反应发生，消耗了正极活性物质，而使电池的容量下降。

① 逆歧化反应。例如，铅酸电池正极上 PbO_2 和板栅 Pb 的反应

$$PbO_2 + Pb + 2H_2SO_4 \longrightarrow 2PbSO_4 + 2H_2O$$

这个反应消耗了一部分活性物质 PbO_2。

② 杂质在正极上氧化。溶液中以及从电池部件上溶解下来的杂质，如果它们的氧化还原标准电极电势位于正极与负极的标准电极电势之间，既会被正极氧化，又会在负极上还原，引起自放电，从而消耗了正、负极活性物质。

③ 正极活性物质的溶解。正极活性物质的标准电极电势比负极正，因此如果溶解下来，就会在负极上还原，引起自放电。例如，锂有机电解液电池的 CuF_2 正极和 $CuCl_2$ 正极，虽然在有机电解质溶液中的溶解度很小，但在储存期内或长期充放（电过程）中，自放电仍是一个严重的问题。

常用自放电速率（或自放电率）来衡量电池容量衰减的快慢。自放电率用单位时间内容量降低的分数（%）表示。

$$自放电率 = \frac{C_a - C_b}{C_a t} \times 100\% \tag{1-72}$$

式中，C_a、C_b 为储存前后电池的容量；t 为储存时间，常用天、月或年计算。

对于二次电池，常常在最初循环时出现容量增加的现象。假设第一次放电时容量为 C_a，然后充电；如果不经储存直接进行第二次放电，可得到 C_a' 的容量，而且 $C_a' > C_a$。如果经过 t 时间储存，但时间不够长再放电，可得容量 C_b，可能 $C_b > C_a$。自放电为负值显然不合理，这是由于电池尚处于容量随循环增加的阶段，考虑到这种情况，用式(1-73)计算其自放电率

$$自放电率 = \frac{C_a + C_c - 2C_b}{\frac{1}{2}(C_a + C_c)t} \times 100\% \tag{1-73}$$

式中，C_c 为电池经过储存再完全充电后得到的第三次容量值。

克服电池自放电的措施，一般是采用纯度较高的原材料或将原材料予以处理，除去有害杂质。或是在负极材料中加入氢超电势较高的金属，如镉、汞、铅等。也有在电极或电解液中加入缓蚀剂来抑制氢的析出，减少自放电反应的发生。

1.7.6.2 蓄电池的循环寿命

对于蓄电池来说，循环寿命或使用周期也是衡量电池性能的一个重要参数。蓄电池经历一次充电和放电，称为一次循环，或者一个周期。

在一定放电制度下，二次电池的容量降至某一规定值之前，电池所能耐受的循环次数，称为蓄电池的循环寿命。各种蓄电池的循环寿命都有差异，即使同一系列、同一规格的产品，循环寿命也可能有很大差异。目前常用的蓄电池中，锌银蓄电池的循环寿命最短，一般只有 30～100 次；铅酸蓄电池的循环寿命为 300～500 次；锂离子电池的循环寿命最长，可充放电 1000 次以上。

影响蓄电池循环寿命的因素很多，除正确使用和维护外，主要有以下几点：

① 电极活性表面积在充放电循环过程中不断减小，使工作电流密度上升，极化增大；

② 电极上活性物质脱落或转移；

③ 在电池工作过程中，某些电极材料发生腐蚀；

④ 在循环过程中电极上生成枝晶，造成电池内部短路；

⑤ 隔离物的损坏；

⑥ 活性物质晶型在充放电过程中发生改变，从而使活性降低。

对于启动型铅酸蓄电池，现在已不采用循环次数表示其寿命，而是采用过充电耐久能力和循环耐久能力的单元数来表示。

目前常用的蓄电池中，锌银蓄电池的循环寿命最短，一般只有 30~100 次；铅酸蓄电池的循环寿命为 300~500 次；锂离子电池的循环寿命最长，可充放电 1000 次以上。

1.7.7 化学电源一般特性的表征方法

一个电池或电池组的电性能常常通过放电试验来了解。放电试验包括测量电池的开路电压、工作电压、终止电压和放电时间等项目，将这些试验结果进行整理和处理，作出电池在不同条件下的实际放电曲线，即电池的工作电压随放电时间的变化曲线，以此来确定各项性能指标。有时为了便于在图上比较同一型号的电池以不同的放电电流或是在不同的温度下放电时的电性能，常将放电曲线的横坐标换成电容量，而其纵坐标仍为工作电压。

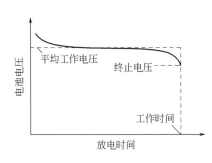

图 1-25 电池或电池组的放电曲线

电池的放电曲线直接反映了放电过程中电池工作电压的变化情况。显然，放电曲线平稳，表示放电过程中工作电压的变化较小，电池性能较好。图 1-25 表示一种电池或电池组的放电曲线。

按照规定的终止电压值，可以从放电曲线上确定电池的有效工作时间（t）和平均工作电压（$\bar{V}$），如果已知放电电流（I），则可得到另外两个重要的技术参数。

电池输出总能量　$W = I\bar{V}t$；

电池的平均输出功率　$\bar{p} = I\bar{V}$；

若知道电池的质量为 m，体积为 V，则电池的质量比能量为 $\dfrac{W}{m}$；

电池的体积比能量为 $\dfrac{W}{V}$；

电池的平均质量比功率为 $\dfrac{\bar{p}}{m}$；

电池的平均体积比功率为 $\dfrac{\bar{p}}{V}$。

应该注意，表征电池技术特性的放电曲线是随着电池本身状态及外部放电条件的变化而改变的。电池本身状态包括电极体系、电池设计及电极制造工艺等；外部放电条件包括工作温度范围、环境力学条件、电池储存期等。

1.8 化学电源的发展与展望

1.8.1 化学电源的发展简史

据认为电池在 2000 多年前就已经有了。电池发展过程中的重要事件如图 1-26 所示。

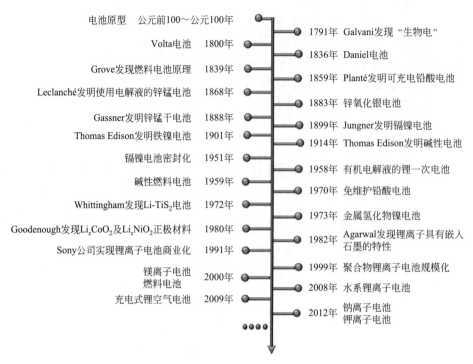

电池原型 公元前100~公元100年		1791年 Galvani发现"生物电"	
Volta电池 1800年		1836年 Daniel电池	
Grove发现燃料电池原理 1839年		1859年 Planté发明可充电铅酸电池	
Leclanché发明使用电解液的锌锰电池 1868年		1883年 锌氧化银电池	
Gassner发明锌锰干电池 1888年		1899年 Jungner发明镉镍电池	
Thomas Edison发明铁镍电池 1901年		1914年 Thomas Edison发明碱性电池	
镉镍电池密封化 1951年		1958年 有机电解液的锂一次电池	
碱性燃料电池 1959年		1970年 免维护铅酸电池	
Whittingham发现Li-TiS$_2$电池 1972年		1973年 金属氢化物镍电池	
Goodenough发现Li$_x$CoO$_2$及Li$_x$NiO$_2$正极材料 1980年		1982年 Agarwal发现锂离子具有嵌入石墨的特性	
Sony公司实现锂离子电池商业化 1991年		1999年 聚合物锂离子电池规模化	
镁离子电池 燃料电池 2000年		2008年 水系锂离子电池	
充电式锂空气电池 2009年		2012年 钠离子电池 钾离子电池	

图 1-26　电池发展简史

1932 年在伊拉克巴格达（Baghdad）的东部，德国考古学者 König 发掘出了如图 1-27 所示的电池。在高 10cm 左右的黏土制的罐子内有个带底的铜圆筒，筒中固定一根铁棒，用沥青封口。铜圆筒中的电解液已经干涸，因此无法知道当时是用什么作电解液了，但若在圆筒中注入酒或醋后，其电压为 0.4~0.8V，并能输出电流。

可以认为，该电池的铁棒为负极，铜圆筒为正极，并按下式反应输出电流。

负极　$Fe \longrightarrow Fe^{2+} + 2e^-$

正极　$2H_3O^+ + 2e^- \longrightarrow H_2 + 2H_2O$

该电池称为巴格达电池。据科学家们推测，2000 年前的古人把这种电池串联起来，用以对装饰品电镀金或银。

在经过很长时间以后，电池在科技史上再度登场已是 19 世纪的事情了。1791 年意大利生理学者伽伐尼（Galvani）用手术刀触及青蛙的筋肉时，发现了青蛙筋肉的收缩现象（图 1-28）。不久，物理学者伏打（Volta）发现，当两种不同金属相对叠放，且其间置以用盐水浸过的纸和草时，也会产生电，从而解释了 Galvani 观察到的现象。

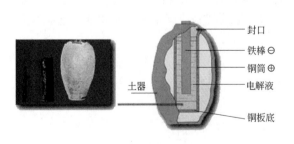

图 1-27　巴格达电池

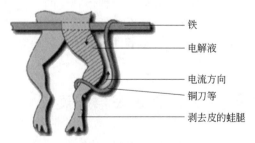

图 1-28　伽伐尼发现青蛙筋肉收缩现象

为了获得一定的电压，Volta 将两种金属与用盐水浸过的草组成了电池的多层重叠，即电堆，进而对金属的组合进行研究，即依次按锌、锡、铅、铁、黄铜（Cu-Zn）、青铜（Cu-Sn）、铜、铂、金、银、石墨（C）的顺序将其两两组合，并浸入稀硫酸这类电解液中组成电池。顺序在前的是负极，在后的是正极，发现相距越远的两种金属的组合，其电动势越大。

利用该现象，1800 年 Volta 发明了如图 1-29 所示的电堆：

$$（-）Zn｜稀硫酸｜Cu（＋）$$

该电池的原理与巴格达电池的原理相同，称为伏打电池，或伽伐尼电池，这是科技史上出现最早的化学电池。

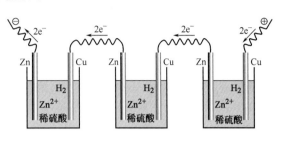

在伏打电池中，氢在正极的铜表面上析出。氢从铜表面的逸散速度较为缓慢，当从外部获得电流时，正极的极化增大，电池的电压也逐渐下降。因此，人们开始寻求长时间使用后，仍能保持电压稳定的电池。

图 1-29　伏打电池

1836 年 Daniel 对伏打电池进行了改良，设计出了丹尼尔电池（图 1-1）。该电池用硫酸锌水溶液与硫酸铜水溶液替代稀硫酸溶液，以硫酸铜作正极的去极化剂，在其间加一个多孔性隔板。丹尼尔电池是最早能进行长时间工作的实用电池，其最大的特点是使用了多孔性的隔板以避免正极与负极的接触。

双液式的丹尼尔电池在长时间使用后，两种液体相互混合，产生自放电。为此正极必须使用固态的去极化剂。此外，为了携带方便，有必要将电解液糊化。1812 年 Zaniboni 使用二氧化锰为正极。1844 年 Jacobi 提出了以中性氯化铵水溶液拌砂作为电解液的方案。法国的勒克朗谢（Leclanché）巧妙地采用了这些方案，于 1868 年以锌为负极活性物质，二氧化锰为正极活性物质，氯化铵水溶液为电解质拌以细砂或木屑做成糊状，制出锌二氧化锰电池，并得到了应用。该电池以发明者的名字命名为勒克朗谢电池，其结构如图 1-30 所示，与今天的干电池的构造相同。

1888 年加斯纳（Gassner）作了进一步的改进，制出了携带方便的锌二氧化锰干电池，其用途更加广泛，至今仍主要生产这种形式的干电池。

伏打电池发明后，人们开始研究能反复使用的二次电池。1854 年 Sinsteden 将两块铅板浸入稀硫酸中，通以直流电，发现该电池能二次发电。法国的普兰特（Planté）对此进行了进一步实验，于 1859 年成功地制出了实用的蓄电池，如图 1-31 所示。

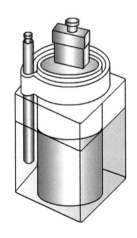

图 1-30　Leclanché 电池结构示意图

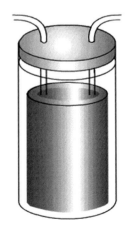

图 1-31　Planté 蓄电池结构示意图

该蓄电池是在两块铅板的中间夹一层布，将其卷起放入容器中，注入 10% 的稀硫酸制成的，可长时间反复充放电。当时通用的是一次电池，因为蓄电池的价格极高。当时还制造出现在常见到的以多块平板状的铅板并列组成的蓄电池。电池内，正极为二氧化铅，负极为海绵状的铅，按下式进行充放电：

$$（-）Pb|Pb \underset{充}{\overset{放}{\rightleftharpoons}} PbSO_4|H_2SO_4 \text{ 水溶液}|PbSO_4 \underset{充}{\overset{放}{\rightleftharpoons}} PbO_2|Pb（+）$$

这种电池在本质上与今天使用的铅酸蓄电池是相同的。

在以碱性水溶液作电解液的二次电池方面，爱迪生（Thomas Edison）于 1901 年发明了铁镍蓄电池，负极是铁粉，正极是氢氧化氧镍（NiOOH）。1902 年 Jungner 发明了镉镍蓄电池（Jungner 电池），其负极是镉，正极也是氢氧化氧镍。与铅酸蓄电池相比，它即使处于放完电的状态，只要一经充电就会恢复电池的机能，且自放电小。在蓄电池中 Jungner 电池的生产量仅次于铅酸蓄电池。这些电池在第二次世界大战之前曾被广泛使用。

进入 20 世纪后，电池理论和技术一度处于停滞时期，但在第二次世界大战之后，随着一些基础理论研究在理论上取得突破和新型电极材料的开发，以及各种用电器具日新月异的发展，电池技术又进入快速发展时期。首先是为了满足重负荷用途的需要，发展了碱性锌锰电池。1951 年实现了镉镍电池的密闭化。1958 年 Harris 提出了采用有机电解液作为锂一次电池的电解质，20 世纪 70 年代初期便实现了军用和民用。随后基于环保考虑，研究重点转向蓄电池。铁镍蓄电池于 20 世纪初进行了商业化，然而由于铁电极易腐蚀，放置时自放电快，再加上充放电效率低，氢的析出超电势低，在充电时易放出氢气，因此后来基本上没有成为商品，后又因其优良的环保效果，经过改进又商业化了。镉镍电池在 20 世纪初实现商业化以后，在 20 世纪 80 年代得到迅速发展。由于镉的毒性和镉镍电池的记忆效应，被随之发展起来的金属氢化物镍（MH-Ni）电池部分取代。

锂电池是一类以金属锂或含锂物质作为负极材料的化学电源的总称，包括一次电池和金属锂二次电池、锂离子二次电池。锂电池的研制始于 20 世纪 60 年代，最先提出锂电池研究计划的目的是发展高比能量的锂蓄电池，然而当时选择的高电势正极活性物质，诸如 CuF_2、NiF_2 和 $AgCl$ 等无机物在有机电解质中会发生溶解，无法构成有长储存寿命和长循环寿命的实用化电池体系。1970 年前后，随着对嵌入化合物的研究，发现锂离子可在 TiS_2 和 MoS_2 等嵌入化合物的晶格中嵌入或脱嵌。1971 年，日本松下电器公司的福田雅太郎首先发明了锂氟化碳电池并获得应用。从此，锂电池逐渐脱离预研阶段，走向实用化和商品化。

1990 年前后发明了锂离子蓄电池，1991 年锂离子电池实现商品化。1995 年发明了聚合物锂离子电池（采用凝胶聚合物电解质为隔膜和电解质），1999 年开始商业化。其中日本索尼能源技术公司发明并推出的高比能量、长寿命锂离子蓄电池，使锂电池工业的发展大为改观，锂离子电池逐渐取代常用的镉镍电池和金属氢化物镍电池。被誉为下一代锂离子电池的聚合物锂离子电池（PLIB）自实现产业化以来，发展迅速，未来聚合物锂离子电池将继续保持快速增长的势头。

直接利用燃料的燃烧反应以获得电能，一直就是人类的梦想，其开发的历史相当悠久，甚至比许多古老的化学电源模式更为久远。1802 年，H.Davy 试验了碳氧电池，以碳和氧为燃料和氧化剂，硝酸为电解质，提出了制造燃料电池的可能性。1839 年，英国格罗夫（W.Grove）通过将水的电解过程逆转而发现了燃料电池的原理，他用镀制的铂作电极，以氢为燃料，氧为氧化剂，从氢气和氧气中获取电能，自此拉开了燃料电池发展的序幕。

1889 年英国人蒙德（L.Mond）和朗格尔（C.Langer）首先提出燃料电池（fuel cell）这个名称，并采用浸有电解质的多孔非传导材料为电池隔膜，以铂黑为电催化剂，以钻孔的铂或金片为电流收集器组装出燃料电池。该电池以氢和氧为燃料和氧化剂，他们研制的电池结构已接近现代的燃料电池了。

20世纪50年代，培根（F. T. Bacon）成功开发了多孔镍电极，并制备了5kW碱性燃料电池系统，这是第一个实用性燃料电池。培根的成就奠定了现代燃料电池的技术基础，正是在此基础上，20世纪60年代普拉特-惠特尼（Pratt & Whitney）公司研制成功阿波罗（Apollo）登月飞船上作为主电源的燃料电池系统，为人类首次登上月球做出了贡献。

20世纪70年代，中东战争后出现了能源危机，迫使人们必须考虑能源的节约和采用代用能源的问题，于是，燃料电池得到了发展。燃料电池的优势使人们更加看好这项发电技术，美、日等国纷纷制定了发展燃料电池的长期计划。1977年，美国首先建成了民用兆瓦级磷酸燃料电池试验电站，开始为工业和民用提供电力。同时，美、日等国也重点研究采用净化煤气和天然气作为燃料的高温燃料电池，现在已有上百台酸性燃料电池的发电站在世界各地运行。自此以后，熔融碳酸盐（MCFC）和固体氧化物（SOFC）燃料电池也都有了较大进展。尤其是在20世纪90年代，质子交换膜燃料电池（PEMFC）采用立体化电极和薄的质子交换膜之后，电池技术取得了一系列突破性进展，极大地加快了燃料电池的实用化进程。

由于信息产业和汽车工业的迫切需求，燃料电池出现了向小型便携和动力型方面发展的趋势，小型化和移动性正是燃料电池相对于传统化学电源的优势所在。燃料电池具有大功率、高比能量和循环寿命长的特点，为了开发"无污染绿色环保汽车"，质子交换膜燃料电池被认为是电动车的理想电源。近年来，质子交换膜燃料电池的开发效果最为明显，现已出现商品化的样品，包括移动通信产品和燃料电池汽车。

1.8.2 电池的发展规律

在200多年的发展过程中，新系列的化学电源不断出现，化学电源的性能得到不断改善。纵观电池的发展，可看出具有如下一些特点和规律。

① 电池的发展与新型电器的开发和应用密切相关。Leclanché电池直到1952年其容量才比1920年提高3倍。20世纪50年代后各种低压电器的普及，特别是半导体收音机的出现带动了干电池的发展。60年代半导体的广泛应用促进了纸板电池的发展。70年代以后，LED、LCD和CMOSIC计算机的出现，促进了电池的微型化。为了适应重负荷用途，碱性锌锰电池得以完善，锂氟化碳和锂二氧化锰电池体系实现了商品化，完成了由单一的水溶液电解液电池向非水溶剂电解液电池的飞跃。90年代以后，随着移动电话的出现，MH-Ni电池逐渐完善和商品化，并出现了高能量密度锂离子电池。日本索尼能源技术公司发明并推出高比能量、长寿命的锂离子电池，这大大促进了锂电池工业的发展，目前锂离子电池已成为发展最快也最受重视的新型蓄电池。

② 材料的开发利用大大促进了电池的进步。碱锰电池的改进得益于电解二氧化锰，而吸氢材料促进了MH-Ni电池的兴起。锂离子电池的开发有赖于碳素的研究，而导电聚合物材料的研究很有可能大大改变固态电解质电池的面貌。

③ 环保问题为电池的发展提出了新的要求。一次电池的大量使用造成了资源的浪费，为了节约资源，20世纪80～90年代研究的重点是可重复使用的二次电池，原有的一次电池也向二次电池转向。为了保护环境及人体的健康，禁止在电池中使用有害元素，尽管Cd-Ni电池性能优异，而且技术不断成熟，却开发了取代它的MH-Ni电池。汽车工业中大量使用的铅酸电池已经实现了密闭化和免维护。

为了应对未来可预料的能源危机和减少汽车尾气污染，新型清洁电动汽车成为全世界科学工作者研究的焦点，目前已取得很大的进展。例如：镍氢动力电池用于混合动力汽车已被实际验证并商业化、规模化，其商业化的代表是丰田的普锐斯（Prius）；随着锂离子电池在安全性能、循环寿命以及倍率性能上有了显著改善，锂离子电池已经在插电式和纯电动汽车广为使用，搭载松下锂离子电池的特斯拉 Model 系列开始实现量产，丰田第 4 代普锐斯已经开始用锂电池；国外已经开发出使用锌-空气电池的微型汽车，一次充电可行驶里程已达 300～400km；2009 年，IBM 启动"Battery500"计划，目标是实现 Li-空气电池驱动的汽车达到 500km 续航；而使用燃料电池，据称驱动 5 座汽车最高时速可达 140km 以上，持续行驶超过 400km；丰田第一款量产的氢燃料电池汽车"Mirai"于 2014 年 12 月正式销售，续航里程达到了 650km，同时完成单次氢燃料补给仅需约 3min。但是，作为动力的化学电源的开发在很大程度上仍然是电动汽车技术的"瓶颈"。因为要真正广泛使用，还要降低成本，解决快充电、循环利用、建立电站等技术或经营问题，这是进入 21 世纪面临的最为迫切而又复杂的课题之一。

④ 随着各种便携式电子设备的广泛应用，电池的需求量正在飞速增长，同时电池的性能也不断地提高和完善。

20 世纪 90 年代，随着 4C 工业（计算机、移动电话、摄像机和无线电动工具）的普及，日常生活对电池的需要已经到了须臾不可分离的地步。现在各种形状、各种规格、性能各异的电池在日常生活和生产的各个领域发挥着不可替代的作用。从 1990 年左右 MH-Ni 电池投放市场，1991 年锂离子二次电池参与市场竞争，到 1999 年聚合物锂离子电池批量生产，高能量密度电池和混合动力汽车的发展，使电池行业聚集了巨大财富。由于需求的扩大，使电池发展成为一个新兴产业，电池技术也因此得以飞速发展。因此有人预测，高性能电池工业将是 21 世纪最有前景的产业之一。

⑤ 智能电网中储能技术对化学电源的技术需求。电力作为最重要的二次能源，是全球能源总消耗的关键组成部分。经济社会的发展需要充足、安全可靠的电力供应。为了满足不断增长的电力需求，应对气候变化和能源安全的挑战，全球发电将持续地向低碳技术转变，并正在从传统发电技术和可再生能源发电技术混合应用，逐渐向提高可再生能源发电比例的趋势转化。"碳达峰、碳中和"战略目标的关键是系统性的能源革命，未来我国能源结构中可再生能源将从补充能源变为主体能源，相应地以集中式为主的电力系统将转化成以集中式和分布式相结合的、以新能源为主体的新型电力系统。在这场变革中能源是主战场，电力是主力军，新能源是关键。但受到可再生能源发电具有较强间歇性、不稳定性的严重影响，导致电网问题不断突出，"弃风""弃光"现象屡屡发生，所以需要科学合理地改善电能实际的输出质量，保证用电的基本需求。

储能技术对于最终实现整个电力系统（包含微型电网和智能电网）具有安全、高效及稳定的特性具有重要意义，是智能电网和可再生能源发展和利用不可或缺的关键环节。以铅酸电池、锂离子电池、液流电池、钠硫电池等为特征的化学储能在电能质量管理、可再生能源系统稳定性、用户侧平滑负荷、备用电源等方面起着关键作用。

综上所述，化学电源的发展和科学技术的发展是分不开的；同时，化学电源的发展也推动了科学技术和生产的发展。例如，第二次世界大战中军事上的需求直接导致了 Cd-Ni 碱性电池的出现以及随后的 $Mg-MnO_2$ 电池、Zn-AgO 电池、$Li-SOCl_2$ 电池的开发和使用。航空航天工业的发展使燃料电池的设想实现实用化。进入 21 世纪，科学技术各个领域的发展更加迅速，人们对化学电源的性能不断提出更高的要求。如集成线路的发展，要求化学电源必须小型化；电子器械、医疗器械和家用电器的普及，不仅要求化学电源体积小，还要求能量密度高、储存性能好、电压精度高。因此，除了对原来的化学电源加以改进之外，科学工作者必须不断开发新的材料，并在新的设想下研制出性能更为优异的化学电源。

1.8.3 21世纪化学电源展望

回顾电池的发展可以知道，自1800年伏打电堆发明起的第一个百年内，电池是当时唯一可以获取电能的电源装置，其间的主要成就是提出了初步的理论，使$Zn-MnO_2$电池和铅酸蓄电池成为20世纪主要的商品化电源；提出燃料电池、空气去极化电池的构想，成为20世纪研究的重点之一。在随后的第二个百年内，虽然发明了发电机，但在移动电源和便携式电源中，电池仍然扮演着主要角色；在理论上进行的许多基础研究，取得了电极过程动力学的突破；开发出数十种化学电源体系。在20世纪80年代以前，由于传统的铅酸蓄电池及镉镍蓄电池比较笨重，原电池一直是各个领域里便携式电源的主要选择。之后，随着电子信息技术的迅猛发展，各种便携式电子设备迫切需要质量轻、体积小、且能在大电流下工作的新型电源。有机电解质锂电池的发明，显著提高了电池的比能量，但仍不能满足大电流工作的要求，而且存在安全问题。随后出现了比能量较高并能大电流工作的小型镍金属氢化物（MH-Ni）蓄电池；20世纪90年代又出现比能量更高的锂离子电池和很有实用前景的质子交换膜燃料电池（PEMFC）。这些小型化绿色蓄电池的出现，使许多现代化便携式电子设备电源的重量和体积明显减小，输出功率明显提高，大大促进了这些电子产品的发展和应用。

在21世纪，电池技术开始进入其发展历史的第三个百年，化学电源技术将会带来怎样的奇迹，我们无法完全预测。可以想象的是，随着新材料的开发和应用，新理论的提出和技术问题的突破，必将开发出更多性能优异的新型电池。

1.8.3.1 从理论能量密度挖掘现有电池系列的潜力

一种电池系列可根据其反应式，并由公式估算出其理论能量密度（$W \cdot h \cdot kg^{-1}$）：

$$-nEF = \Delta G = \Delta H - T \Delta S \approx \Delta H$$

由于数据来源不同，有时计算结果相差颇大，这与反应中物质状态有关，与是否考虑到反应所处条件（如在水溶液与空气中的水与O_2量）有关。

在实用化电池中，实际能量密度最多只有理论值的$1/4.5 \sim 1/3$之间，估计仍然留下大约$1/10 \sim 1/5$的计算值的潜在能量，因此值得去改进提高。

例如锂电池系列，在20世纪90年代初，使用了碳素嵌锂，为此付出了容量损失的代价。在目前锂离子电池的研究中，已出现高平台、高容量的正极材料，预示着有可能实现的前景。

1.8.3.2 从活性材料看电池发展的前景

在自然资源中，Li、Mg、Al、Zn四种元素中，只有Al的开发较慢。从性能看，Al的比能量仅次于Li（$13W \cdot h \cdot g^{-1}$），为$8.1W \cdot h \cdot g^{-1}$，远高于Zn（$1.3W \cdot h \cdot g^{-1}$）；Al是地壳含量最丰富的金属元素，在所有元素中居第3位；目前也是金属中最廉价的。它既有较高的容量（$2.98A \cdot h \cdot g^{-1}$），又有较高的工作电压。铝暴露于水中反应的复杂性，以及可能的危险性均较锂小得多。但铝存在的问题是氧化膜的滞后，以及失去膜保护后迅速自放电的问题。因此，整整一个世纪以来，虽有一次铝电池与二次铝（属于机械置换阳极）的实验电池，但未能商品化。另外，对铝电极使用添加剂合金，尤其是电极表面的修饰，是有可能成功的。从电解液来看，目前有中性、碱性，而近年已有采用有机溶剂电解液二次电池的专利，并引起了人们的重视，因为水溶液铝电池是很难构成二次电池的。此外，铝的熔融盐体系也具有一定潜力。

从根本上说，电池的先进性取决于材料的先进性。自然资源总是有限的，合成材料的广泛应用将是未来电池技术发展的必由之路。今后研究者可运用分子设计的思想，从分子工程出发来合成导电聚合物材料、固体电解质，如聚苯胺、聚吡咯、聚噻吩等。此外，除化学合成外，材料的电化学制备，电化学表面处理，在分子水平上研究各类添加剂的行为，导电聚合物、新型电极材料、新型电解液的开发等都具有广阔的前景。

纳米材料所具有的独特性质和全新的规律，使其成为跨世纪科学研究的热点。以锂离子电池为例，传统锂离子电池通常是基于微米级的电极材料，限制了其反应的动力学、锂离子嵌入容量和结构稳定性。纳米材料能显著减小锂离子的扩散距离，可大幅改善锂离子电池的性能；可快速吸附和储存更多锂离子而不会引起电极恶化；纳米材料可有效增加电极的接触面积，缩短扩散长度，沿着众多的晶界可实现快速扩散，因此在提升锂离子电池的容量、容量保持率和高倍率充放电性能方面，锂离子电池电极材料纳米化将是锂离子电池电极材料的一个发展方向；而且，纳米材料催化性质已被证实，这为燃料电池电极的催化性质提供了新的选择。如果纳米材料能在电池中得到广泛应用，电池的性能有可能达到一个前所未有的高度。

1.8.3.3　非可燃性有机电解液将解决锂离子电池安全问题

锂离子电池虽然使用碳素代替锂，但安全性问题并没有完全解决。锂离子电池采用的液体有机溶剂电解液具有燃烧的可能性，即使是使用聚合物电解质，但掺入可燃性液体也会丧失聚合物电解液的优点。开发非可燃性有机电解液是一个重要的研究方向。

目前研究者对有机电解液性质的了解，远不如对水溶液电解液，而有机电解液要求电极材料与电解液的匹配性、兼容性非常强。对于各种有机溶剂，除了其基本物理性质外，研究者还提出了施主数（donor number，DN）的概念。它并非一个物理常数，在某种意义上是一个与焓变有关的化学常数。为了增大锂盐的溶解度，就需要高 DN 的溶剂，使锂离子能溶剂化，以此来调节电解液的电导率。

另外，采用高离子电导率的固态电解质作为隔膜，制备全固态电池，将大大提高锂离子电池在电动汽车和大容量蓄能电池中的安全性。研究开发新型固态电解质可能是解决一系列问题、开创化学电源新阶段的关键问题。

正是因为锂二次电池性能的改进和发展与有机电解液的关系密切，近年来这方面的研究迅速增多。可以预料，今后一段时间锂电池的发展将很大程度上依赖于非水电解质应用基础研究的突破。

1.8.3.4　环保技术是电动车电池竞争的关键

进入 21 世纪，环保问题已经引起了各方面高度的重视。为此，电动车无疑将成为 21 世纪主要的城市交通工具。电源界开发性能稳定的商用电动车电池的激烈竞争已经开始。而目前的技术问题主要是驱动系统的开发和电池容量效率的提高。充电速率、便携性以及降低成本也都是电动车商业化的关键因素。而影响电动车持续行驶里程的关键是电池。锂离子电池已经取代金属氢化物镍电池在电动车上广泛使用，并且随着理论突破、材料创新，电池的能量密度不断提高。

从环保角度来看，最佳选择应该是燃料电池；与传统能源相比，燃料电池高效、对环境友好、安静且可靠性高，因而被认为是 21 世纪的高效清洁能源。燃料电池的最佳燃料是氢气，但目前面临的困难是氢的储存。高压储存要有自身重的容器，液化储存要有冷却装置。因此，利用太阳能、寻求优良的催化剂来分解水将是一种选择。燃料电池实用化的最大障碍是成本太高，燃料的供应、转化、提纯、储存、运输等技术问题尚未解决，需要进一步研究。目前发达国家各大汽车公司都已投入巨资进行研发。

利用氢作为载体，采用燃料电池技术将氢与大气中的氧转化为各种用途的电能，如汽车动力、家庭用电等，那时的世界即进入氢能时代。可以说燃料电池技术是人类步入氢能时代的一个重要里程碑，通过燃料电池可将氢燃料提供给更广阔的领域。

电子信息产业的飞速发展，其他产品电子化、智能化发展带来的市场需要，以及能源危机和环境危机带来的紧迫感，促进了新型电池的高速发展。电池正在向高能化、高功率、低消耗、无公害、体积小、轻量化、单元化、长寿命、免维护、耐受恶劣环境条件以及系统化和智能化的方向发展。从各电池系列的发展来看，无汞碱性锌锰电池、锂锰原电池、密封免维护阀控铅酸蓄电池、MH-Ni 电池、锂离子电池、液流电池、金属空气电池以及燃料电池将是 21 世纪电池技术发展的热点。本书后续各章节将详细介绍这些电池系列。

参考文献

[1] 查全性, 等. 电极过程动力学导论. 3 版. 北京: 科学出版社, 2004.
[2] 吴浩青, 李永舫. 电化学动力学. 北京: 高等教育出版社, 1998.
[3] 田昭武. 电化学研究方法. 北京: 科学出版社, 1984.
[4] 傅献彩, 沈文霞, 姚天扬. 物理化学. 4 版. 北京: 高等教育出版社, 2001.
[5] 宋世谟, 庄公惠, 王正烈. 物理化学. 3 版. 天津: 天津大学出版社, 1997.
[6] 李景虹. 先进电池材料. 北京: 化学工业出版社, 2004.
[7] 陈景贵. 化学与物理电源: 信息装备的动力之源. 北京: 国防工业出版社, 1999.
[8] 朱松然. 蓄电池手册. 天津: 天津大学出版社, 1998.
[9] 竹原善一郎[日], 著. 陈震, 译. 电池——电池化学及电池材料. 福建: 厦门大学出版社, 1993.
[10] 吕鸣祥, 黄长保, 宋玉瑾. 化学电源. 天津: 天津大学出版社, 1992.
[11] 张文保, 倪生麟. 化学电源导论. 上海: 上海交通大学出版社, 1992.
[12] David Linden, Thomas B Reddy. Handbook of batteries. 3th ed. New York: McGraw-Hill Companies, 2001.
[13] 顾等平, 童汝亭. 化学电源. 北京: 高等教育出版社, 1993.
[14] 李国欣. 新型化学电源导论. 上海: 复旦大学出版社, 1992.
[15] 隋智通, 隋升, 罗冬梅. 燃料电池及其应用. 北京: 冶金工业出版社, 2004.
[16] 衣宝廉. 燃料电池. 北京: 化学工业出版社, 2000.
[17] 储炜, 吴晖, 尤金跨, 等. 纳米科学技术在化学电源领域的新进展. 电源技术, 1998, 22: 256-260.
[18] 夏熙. 迈向 21 世纪的化学电源. 电池, 2000, 30: 95-97.
[19] Noda K, Endo E, Takahashi K. Aluminum non- aqueous electrolyte secondary cell: US5554458, 1996.
[20] Dell R M. Batteries: fifty years of materials development. Solid Sate Ionics, 2000, 134: 139-158.
[21] 王毓明, 王坚. 高能电池——当代化学电源. 大学化学, 2000, 15: 29-32.
[22] 汪继强. 化学电源技术发展和展望. 电源技术, 1994, 5: 4-8.
[23] 王宝辉, 陈颖. 电池新技术的发展与应用. 大庆石油学院学报, 2001, 25: 24-29.
[24] 王金良, 马扣祥. 化学电源科普知识(Ⅰ). 电池工业, 2000, 5: 185-187.
[25] 毕道治. 21 世纪电池技术展望. 电池工业, 2002, 7: 205-210.
[26] LANGE'S Handbook of CHEMISTRY (兰氏化学手册). 15 版. New York: McGraw-Hill Book Co, 1999.

第2章

锌锰电池

锌二氧化锰电池（简称锌锰电池），又称勒克朗谢（Leclanché）电池，是一次电池的代表，它以二氧化锰（MnO_2）作正极，锌（Zn）作负极，并采用适宜的隔膜及电解液组成原电池。因其电解质溶液通常制成凝胶状或吸附在其他载体上而呈现不流动状态，故又称锌锰干电池。

锌锰电池是在1865年法国科学家勒克朗谢（George Leclanché，1839—1882）设计的以氯化铵为电解质的锌二氧化锰湿电池的基础上发展起来的。100多年来，随着科学技术的进步，其电池材料、结构、生产工艺及性能得到了很大改善。从湿电池到干电池，从糊式到纸板型，从 NH_4Cl 型到 $ZnCl_2$ 型，再到碱性 $Zn\text{-}MnO_2$ 电池，锌锰电池至今仍是使用最广、产值产量最大的一次电池。

锌锰电池在电池市场上占有如此巨大的份额与其广泛的用途是分不开的。它既能在军事上用作背负式通信机的电源，又是民用电池的主导产品之一。几乎所有的低压直流电器都可以使用锌锰电池作为电源，最常见的如收音机、录音机、全自动照相机、电子仪器、工程安全灯和电动玩具等。

2.1 锌锰电池的种类、型号及命名方法

2.1.1 锌锰电池的种类

可以从不同角度对锌锰电池进行分类。按电解质酸碱性可分为中性或微酸性锌锰干电池和碱性锌锰干电池；按使用隔离层的不同可分为糊式电池和纸板电池；按使用电解质溶液的不同，纸板电池又分为铵型纸板电池和锌型纸板电池。锌锰电池常按用电器具的要求制成圆筒形、方（矩）形和扣形（图2-1），方形电池是由几个锌锰单体电池串联叠合而成的，称之为积层式电池。

2.1.2 锌锰电池的型号及命名方法

根据一次电池命名方法，采用国际通用的字母代号表示锌锰干电池型号。R 表示圆筒形，S 表示方（矩）形，F 表示扁形（积层式单体电

图 2-1 常用锌锰电池的形状

池）。同一外形、不同规格的电池按大小顺序编成相应的序号，以阿拉伯数字表示，电池的外形尺寸越大，序号越大。如 R20 即表示圆筒形一号电池。为了表达干电池的性能特征，通常在序号后加 S、C 或 P 等。其中 S 表示糊式电池，通常被省略；C 表示高容量电池；P 表示高功率电池，即该电池适合高功率大电流放电场合。

碱性锌锰干电池的表示方法，是在相应型号的锌锰干电池表示方法前加 L，如 LR6 表示五号碱性锌锰电池。积层式电池的表示方法是在单体电池型号前加上数字表示串联的只数。例如，30R20 表示由 30 只 R20 电池串联的组合电池。过去曾把用于加热灯丝的电池称甲电（A 电），用作极板电源的电池称作乙电（B 电）。表 2-1 列出了国际电工委员会（IEC）标准及各国锌锰干电池型号、名称和尺寸标准。

表 2-1　IEC 标准及各国锌锰干电池型号、名称和尺寸标准

IEC	中　国	日　本	美　国	德　国	直径/mm	高度/mm
R40	甲电池	RM-6	No. 6	R40(EMT)	66.5	160
R20	1 号电池	UM-1	D	R20(JaT)	34.2	61.5
R14	2 号电池	UM-2	C	R14(ET)	26.2	50
R10	4 号电池	—	(BR)	R10(CT)	21.8	37
R6	5 号电池	UM-3	AA	R6(AaT)	14.5	50.5
R03	7 号电池	UM-4	AAA	R03	10.5	44.5
R1	8 号电池	UM-5	N		12	19
30R20	1 号乙电		B			
LR03	7 号碱性电池	AM-4	AAA		10.5	44.5
LR6	5 号碱性电池	AM-3	AA		14.5	50.5
LR14	2 号碱性电池	AM-2	C		26.2	50
LR20	1 号碱性电池	AM-1	D		34.2	61.5

2.2　糊式锌锰电池

糊式锌锰电池（pasted Zn-MnO$_2$ battery），又名糨糊电池，也称第一代锌锰干电池，即传统的勒克朗谢电池。其正极活性物质是天然二氧化锰（NDM，MnO$_2$ 含量约为 70%～75%），负极是锌筒，电解质以氯化铵和氯化锌为主要成分，以淀粉糨糊为隔离层，电动势约为 1.5V，电池性能较差。

2.2.1　糊式锌锰电池的结构

圆筒形糊式锌锰电池的结构如图 2-2 所示，电池的中心是作为正极集流体的炭棒，这种炭棒是多孔型的，对电池放电中所产生的气体兼有排气作用。紧贴炭棒周围的是正极去极剂，即电芯。正极去极剂是电解液（NH$_4$Cl 和 ZnCl$_2$ 的混合溶液）混合天然二氧化锰、导电性炭粉（乙炔黑、石墨）和氯化铵粉末并经固化成型，又称正极炭包。在正极与兼作容器的负极锌筒之间，充填了以面粉和

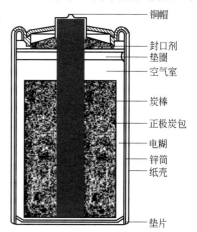

铜帽
封口剂
垫圈
空气室
炭棒
正极炭包
电糊
锌筒
纸壳
垫片

图 2-2　圆筒形糊式锌锰电池
结构示意图

淀粉糊化了的电解液胶状物作为隔离层。电芯的上部留有空气室，作为排出气体和电芯膨胀所留有的空间。为了防止水分的蒸发，在空气室的上部用封口剂进行封口。炭棒顶部有金属（铜）帽作为正极端，负极锌筒的筒底作为负极端。锌筒由于过度放电消耗会出现腐蚀穿孔，造成漏液。为了防止这种漏液，常在锌筒外包裹纸或塑料筒，甚至金属筒，金属筒两端向内弯曲收口形成包装结构。主要规格有 R40S、R20S、R14S、R6S 等。

2.2.2 锌锰干电池的工作原理

一般认为，锌锰干电池放电时，负极锌氧化为 $+2$ 价锌离子；正极二氧化锰中的锰由 $+4$ 价还原为 $+3$ 价，且正极附近 pH 值升高。

$$负极（阳极）\quad Zn+2NH_4Cl \longrightarrow Zn(NH_3)_2Cl_2\downarrow +2H^+ +2e^- \tag{2-1}$$

$$正极（阴极）\quad 2MnO_2+2H_2O+2e^- \longrightarrow 2MnOOH+2OH^- \tag{2-2}$$

$$电池总反应\quad Zn+2MnO_2+2NH_4Cl \longrightarrow 2MnOOH + Zn(NH_3)_2Cl_2\downarrow \tag{2-3}$$

电池可表示为 $\quad (-)\,Zn\,|\,NH_4Cl,\,ZnCl_2\,|\,MnO_2,\,C(+)$

但因放电条件不同，在放电过程中还会发生其他副反应，例如：

$$NH_4^+ +OH^- \longrightarrow NH_3\uparrow +H_2O \tag{2-4}$$

$$Zn^{2+} +2OH^- \longrightarrow Zn(OH)_2 \tag{2-5}$$

$$ZnCl_2+4Zn(OH)_2 \longrightarrow ZnCl_2\cdot 4Zn(OH)_2 \tag{2-6}$$

$$Zn(OH)_2+2MnOOH \longrightarrow ZnO\cdot Mn_2O_3+2H_2O \tag{2-7}$$

由此可见，正负极上实际发生的反应相当复杂。这里仅讨论电池处于工作状态时正负极的部分动力学性质（包括电化学反应和反应速率）以及有关热力学性质（如电池电动势）。

2.2.2.1 MnO₂ 电极反应机理

二氧化锰电极是锌锰电池的正极，在电池放电时被还原。但由于 MnO_2 是一种半导体，它的导电性能不好，因此其阴极还原过程不同于一般金属电极。虽然几十年来人们对 MnO_2 的阴极还原机理做了大量的研究，但迄今为止仍未能得到一致的观点，大多数研究者倾向于电子-质子理论。

(1) MnO₂ 电极还原机理的判断　按照化学热力学的观点，各类化学电源中的阳极与阴极反应可分为两类：均相反应与多相反应。通过放电曲线的形状能够预测该反应是均相反应还是多相反应。在均相反应的情况下，体系的平衡电势或开路电压随着还原量或放电深度的增大而连续地降低；在多相反应的情况下，体系的平衡电势应该保持不变。这是评价反应发生在均相中还是在多相中的依据，图 2-3 为电化学还原的两种类型。

如果平衡电势随放电深度增大而降低，那么反应是在均相中或单个固相中发生的。对于 MnO_2 电极，不论其晶体结构如何，由 MnO_2 转化成 $MnO_{1.5}$ 的开路电压都是逐渐降低的，其放电曲线类似于图 2-3(a) 中所示的线形，因此在这个范围内反应必定是均相反应（放电产物没有形成一个新的独立相）。

如果平衡电势不管放电深度如何都保持恒定，那么反应是在多相中发生的，即它们是多相反应，如 HgO-Hg 体系和 Ag_2O-Ag 体系的放电曲线，如图 2-3(b) 中所示的线形。这是评价反应发生在均相中还是多相中的依据。

根据上述原理，加上其他条件如电势-pH 曲线就可以确定勒克朗谢电池中阴极反应（MnO_2 还原）的放电机理。表 2-2 列出了四种可能机理，以及它们的电势-pH 曲线的斜率和电势-放电深度的关系。

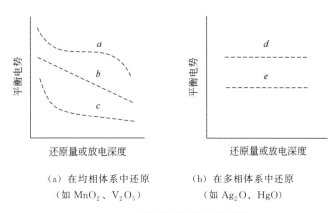

（a）在均相体系中还原　　　　　（b）在多相体系中还原
（如 MnO_2、V_2O_5）　　　　　（如 Ag_2O、HgO）

图 2-3　电化学还原的两种类型

表 2-2　锌锰干电池 MnO_2 阴极还原的可能机理

机 理	主要电化学反应	25℃时 Nernst 方程	随 MnO_x 中 x 减小电势的变化	电势-pH 曲线的斜率/(mV/pH)
电子-质子机理	$MnO_2 + H_2O + e^- \longrightarrow$ $MnOOH + OH^-$（一个固相）	$E = E^{\ominus} - 0.0592\lg\dfrac{[Mn^{3+}]_{固}}{[Mn^{4+}]_{固}} - 0.0592pH$	减小	59
两相机理	$2MnO_2 + H_2O + 2e^- \longrightarrow$ $Mn_2O_3 + 2OH^-$（两个固相）	$E = E^{\ominus} - 0.0592\lg\dfrac{\alpha_{Mn_2O_3}}{\alpha^2_{MnO_2}} - 0.0592pH$	恒定	59
Mn（Ⅱ）离子机理	$MnO_2 + 4H^+ + 2e^- \longrightarrow$ $2H_2O + Mn^{2+}$	$E = E^{\ominus} - 0.0592\lg[Mn^{2+}] + 0.0592\lg\alpha_{MnO_2} - 0.118pH$	减小（因为$[Mn^{2+}]$的变化）	118
锌黑锰矿机理	$2MnO_2 + Zn^{2+} + 2e^- \longrightarrow$ $ZnO \cdot Mn_2O_3$（锌黑锰矿）	$E = E^{\ominus} - 0.0592\lg\dfrac{\alpha_{ZnO \cdot Mn_2O_3}}{\alpha^2_{MnO_2}}$ $- 0.0592\lg[Zn^{2+}]$	恒定（如果$[Zn^{2+}]$恒定）	0

　　根据实验测定，电势-pH 关系曲线的斜率为 59mV/pH，而且无论 γ-MnO_2 电极还是 β-MnO_2 电极其电势随放电深度的增加而连续降低（图 2-4），从而表明该反应是均相反应。从热力学观点看，唯一可能的机理是电子-质子机理。图 2-4 也表明，MnO_2 在 NH_4Cl 与 $ZnCl_2$ 的混合电解质溶液中确实能放电。

　　下面从电子-质子机理出发讨论 MnO_2 电极的阴极还原过程。

　　(2)二氧化锰电极阴极还原的初级过程　在锌锰电池中，MnO_2 正极采用的是粉状电极，因此电极反应在二氧化锰颗粒表面上进行。首先是四价锰还原为低价锰的氧化物，这种有电子参加的电化学反应称为初级反应。电子-质子机理认为 MnO_2 晶格由 Mn^{4+} 与 O^{2-} 交错排列而成。在反应过程中，液相内的质子（H^+）通过两相界面进入 MnO_2 晶格中与 O^{2-} 结合为 OH^-，而电子由外线路进入 Mn^{4+} 的外围将其还原为 Mn^{3+}。原来晶格点阵中的部分 O^{2-} 被 OH^- 代替，部分 Mn^{4+} 被 Mn^{3+} 代替，形成 MnOOH，这就是 MnO_2 还原的初级产物。这种还原产物（水锰石）是直接在 MnO_2 晶格中形成的，它的还原反应为

$$MnO_2 + H^+ + e^- \longrightarrow MnOOH \tag{2-8}$$

在中性和碱性溶液中，或有氯化铵存在时，反应还可写成

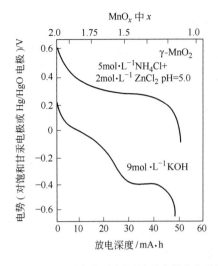

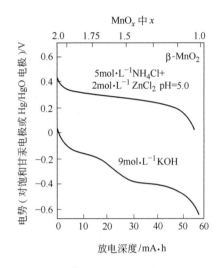

（a）γ-MnO$_2$ 电极的开路电压与放电深度关系曲线　　（b）β-MnO$_2$ 电极的开路电压与放电深度关系曲线

图 2-4　MnO$_2$ 电极的开路电压与放电深度关系曲线

$$MnO_2+H_2O+e^-\longrightarrow MnOOH+OH^- \tag{2-9}$$

$$MnO_2+NH_4Cl+e^-\longrightarrow MnOOH+NH_3\uparrow+Cl^- \tag{2-10}$$

通过 X 射线分析，发现 MnO$_2$ 固相中确实存在 MnOOH。

(3) 二氧化锰电极阴极还原的次级过程　MnO$_2$ 还原的初级反应产物水锰石存在于 MnO$_2$ 颗粒表面上，它与电解液进一步发生化学反应或通过其他方式离开电极表面的过程，称为次级过程。

在初级反应过程中 MnO$_2$ 颗粒表面上生成的水锰石，使液相中质子进一步进入固相受到阻滞，电化学反应若要继续进行，固相表面的水锰石必须转移。通过对二氧化锰电极电势的理论推导和实际测量发现，这层水锰石确实转移了。水锰石的转移有两种方式：歧化反应和固相质子扩散。

① 歧化反应。当 pH 值较低时，水锰石的转移通过下述反应进行

$$2MnOOH+2H^+\longrightarrow MnO_2+Mn^{2+}+2H_2O \tag{2-11}$$

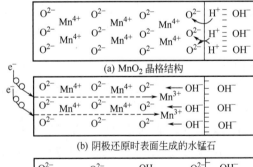

图 2-5　二氧化锰电极放电示意

这个反应是两个水锰石分子发生的自身氧化还原反应，一个分子被氧化为 MnO$_2$，一个分子被还原为 Mn^{2+}，这种反应称为歧化反应。此反应可以使 MnO$_2$ 晶体表面积累的水锰石得以转移。在酸性溶液中，pH 值小，H$^+$ 浓度大，有利于歧化反应的进行。而随着 pH 值的增大，歧化反应进行的速度减慢。实验证明，在酸性溶液（pH 值<2）中，MnO$_2$ 还原的最终产物是 Mn^{2+}；pH 值在 3～7 范围时，溶液中有 Mn^{2+} 存在，但电极表面上仍有 MnOOH 存在，而且随 pH 值增加，Mn^{2+} 的含量逐渐降低。

② 固相质子扩散。对半导体电极而言，

半导体内的自由电子很少，而大部分电子被束缚在正离子的吸引范围内，称为束缚电子。但在电场力的作用下，束缚电子可以从一个正离子的吸引范围跳到邻近另一个正离子的吸引范围。二氧化锰电极就是这样，见图 2-5。

从外线路来的自由电子进入晶格后变为束缚电子，它们能在正离子之间跳跃，依次跳到邻近 OH^- 的 Mn^{4+} 处，使 Mn^{4+} 还原为 Mn^{3+}。与束缚电子的跳跃相类似，质子也能从一个 O^{2-} 位置跳到邻近另一个 O^{2-} 位置上，这种跳跃的方向是从 OH^- 浓度较大的区域到 OH^- 浓度较小的区域。质子在 MnO_2 晶格中的跳跃传递称为固相质子扩散，也称特殊扩散。扩散的推动力是质子的浓度差。

电化学还原反应 $Mn^{4+}+e^- \longrightarrow Mn^{3+}$ 首先在电极表面上发生，生成 MnOOH 分子，所以电极表面上质子浓度很高，O^{2-} 的浓度不断降低。而晶格深处仍有大量 O^{2-}，相当于质子浓度很低。因此，表面层中 H^+ 浓度大于内层 H^+ 浓度，或表面层中 O^{2-} 浓度小于内层 O^{2-} 浓度，引起电极表面层与电极内部 H^+ 和 O^{2-} 的浓度梯度，从而引起表面层中质子不断向内层扩散，并与内层 O^{2-} 结合形成 OH^-。H^+ 和电子不断向 MnO_2 电极内部转移，从而可使 MnO_2 表面上的水锰石不断向固相深处转移，使 MnO_2 表面不断更新。

事实上，上述两种转移方式是同时进行的。不过在酸性溶液中，H^+ 浓度高，歧化反应的速度快；在碱性溶液中，OH^- 浓度高，H^+ 极其缺乏，水锰石的转移主要靠固相质子扩散；在中性溶液中两种转移方式皆存在。

(4) 二氧化锰电极阴极还原的控制步骤　在 MnO_2 阴极还原反应中，电化学反应的速度比较快；电极表面上 MnOOH 转移的次级过程速度较慢，是整个 MnO_2 阴极还原的控制步骤。而后者与电解液的酸碱性有关。研究表明：在酸性溶液中，歧化反应是速度控制步骤；而碱性溶液中固相内的 H^+ 扩散过程是速度控制步骤；在中性电解液中则两过程同时起作用。另外，有人认为微晶界面对固相内 H^+ 扩散也有一定影响。

首先分析酸性电解液和碱性电解液中 MnO_2 放电反应，在此基础上再剖析中性电解液中的放电反应。图 2-6(a) 是二氧化锰电极在酸性、中性、碱性电解液中以恒电流放电时的极化增长及放电终止后极化衰减的关系曲线，图 2-6(b) 是开路稳定电势与放电时间关系曲线。

由图可知，在酸性电解液中，放电的初始阶段 MnO_2 电势下降，不久就达到稳定状态。放电终止后，极化衰减所达到的电势与通电前的电势几乎一致。可以认为，在酸性电解液中，MnO_2 首先还原为低价氧化物，然后低价氧化物通过歧化反应而转移，具体过程可表述如下。

在酸性溶液中 MnO_2 的放电还原过程为

$$MnO_2+H^++e^- \longrightarrow MnOOH \tag{2-12}$$

歧化反应为

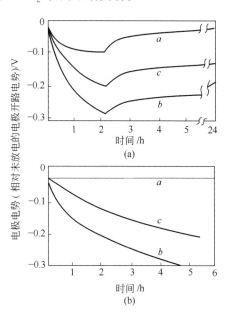

图 2-6　二氧化锰电极在各种电解液中恒电流放电时的极化增长及其极化衰减曲线(a) 和不同放电时间的开路稳定电势(b)

a—$6mol \cdot L^{-1} H_2SO_4$；$b$—$3mol \cdot L^{-1} NH_4Cl$ (pH 值=4.7)；c—$3mol \cdot L^{-1} KOH$；MnO_2 电极：0.5g 电解 MnO_2 加 0.2g 乙炔黑，表观面积 $2cm^2$，电流密度 $5mA \cdot cm^{-2}$，温度 25℃

$$2MnOOH + 2H^+ \longrightarrow MnO_2 + Mn^{2+} + 2H_2O \qquad (2\text{-}13)$$

故电极总反应为上述两式相加，即

$$MnO_2 + 4H^+ + 2e^- \longrightarrow Mn^{2+} + 2H_2O \qquad (2\text{-}14)$$

在 25℃ 时，正极的电极电势为

$$\varphi_{MnO_2} = \varphi_{MnO_2}^{\ominus} + \frac{0.0592}{2}\lg\frac{\alpha_{H^+}^4}{\alpha_{Mn^{2+}}}$$

$$\varphi_{MnO_2} = \varphi_{MnO_2}^{\ominus} - 0.12\text{pH} - 0.031\lg\alpha_{Mn^{2+}}$$

由上看出，在酸性溶液中 MnO_2 放电时，电解液中因 H^+ 被消耗 pH 值增加，随着歧化反应的进行，$\alpha_{Mn^{2+}}$ 也不断增加，这两个因素都使正极电势下降。当电极反应速率较大时，由于歧化反应的速度慢，必然引起 $MnOOH$ 在电极表面的积累，这就造成电极极化，从而也使 MnO_2 电极电势下降。待固液相扩散达到稳态后，电极表面 $MnOOH$ 的生成量与歧化反应所转移的量趋于稳定，电极表面组成达到恒定，因此电势也趋于稳定；断电后电势恢复很快，说明 MnO_2 表面 $MnOOH$ 积累较少，电极表面状态几乎与其初始状态相同。这是因为酸性溶液中歧化反应可以充分进行，电极表面的水锰石浓度可以降到放电初始的浓度，因此断电后稳定电势可以恢复到放电初始的电势值。

在碱性溶液中，MnO_2 放电仍然生成 $MnOOH$，但由于溶液中 H^+ 浓度极低，所以几乎不可能发生歧化反应，$MnOOH$ 的转移是依靠 H^+ 向电极内部的固相质子扩散来完成的，这是整个 MnO_2 放电过程的控制步骤，实验证明确实如此。由图 2-6 可见，在碱性情况下，MnO_2 电极放电电势随放电时间的增长向负方向移动，达不到稳定状态，而且开路稳定电势也随放电时间而降低。放电终止后，电势虽然有所恢复，但恢复不到初始电势。

MnO_2 电极在碱性溶液中的平衡电势不仅受溶液中 OH^- 活度影响，而且与 MnO_2 颗粒表层中 O^{2-} 活度和 H^+ 活度有关。随着放电的进行，由于 H^+ 在固相内部扩散速度较慢，不能很快地离开电极表面扩散到电极内部，使 H^+ 在表面层中活度增大，必然造成 MnO_2 表面层中 O^{2-} 浓度下降。同时，由负极来的电子不能及时地在 MnO_2 电极上将 Mn^{4+} 还原为 Mn^{3+}，使得正极上有负电荷积累，引起正极电势下降。这种由于 H^+（或 O^{2-}）在 MnO_2 电极内固相扩散的迟缓性引起的极化称为"固相浓差极化"，也叫"特殊浓差极化"。显然，MnO_2 阴极还原速度越大，表面层中 O^{2-} 浓度下降越大，$MnOOH$ 积累越多，电极极化越大。随着放电程度的增加，MnO_2 中活性氧的含量持续地减少，反应产物是一种组分可变的化合物，所以 MnO_2 的稳定电势随时间在不断下降，没有出现平稳段，且极化程度比酸性溶液中要大。在放电停止后，电极表面生成的 $MnOOH$ 即使靠固相质子扩散也只能转移一部分，电极表面无法恢复到初始状态，因此断电后稳定电势无法恢复到放电初始的电势值。

MnO_2 电极在中性溶液中的电化学过程也是首先生成 $MnOOH$，之后 $MnOOH$ 的转移是靠溶液中的歧化反应和固相中的质子扩散共同完成的。

在含 NH_4Cl 的中性溶液中，NH_4^+ 是 MnO_2 还原所需 H^+ 的主要提供者，因此 MnO_2 除按反应式

$$MnO_2 + H^+ + e^- \longrightarrow MnOOH$$

进行还原外，还进行如下反应

$$MnO_2 + NH_4^+ + e^- \longrightarrow MnOOH + NH_3\uparrow \qquad (2\text{-}15)$$

和歧化反应

$$2MnOOH + 2NH_4^+ \longrightarrow MnO_2 + Mn^{2+} + 2H_2O + 2NH_3\uparrow \qquad (2\text{-}16)$$

虽然在中性和碱性溶液中，$MnOOH$ 的转移都要靠固相质子扩散来实现，但在中性溶

液中，MnO_2 电极的极化要比在碱性溶液中大得多，图 2-6 的极化曲线也证实了这一点。

关于 MnO_2 电极在碱性溶液中的放电机理至今尚未完全清楚，多数研究者用水化 MnO_2 的两性离解来解释。二氧化锰含有一定量的结合水，它以 OH 基结合在晶格点阵中。实验已经证实，含有结合水的二氧化锰对阳离子及阴离子有吸收和交换能力，氢可从结合水中释放出来。

带有结合水的二氧化锰结构式可写成

$$O\!\!=\!\!Mn\!\!\begin{array}{c} OH \\ \\ OH \end{array}$$

并有下列平衡

$$O\!\!=\!\!Mn\!\!\begin{array}{c} O^- \\ \\ OH \end{array} + H^+ \rightleftharpoons O\!\!=\!\!Mn\!\!\begin{array}{c} OH \\ \\ OH \end{array} \rightleftharpoons O\!\!=\!\!Mn^+\!\!\begin{array}{c} \\ \\ OH \end{array} + OH^- \qquad (2\text{-}17)$$

含有结合水的二氧化锰，在碱性溶液中平衡会向左方移动。在固相中，可能有一部分氢从 OH 基中游离出来，或者使 OH 基中氢原子与氧原子之间结合力减弱，导致碱性溶液中质子在固相中的扩散速度增加，从而有利于水锰石向固相深处转移。所以碱性溶液中，二氧化锰电极的极化比较小，而中性溶液中没有这个有利条件。用红外光谱法测出电解 MnO_2 中含结合水 $3.8\%\sim5\%$，天然锰矿含结合水 $1\%\sim4.7\%$，如果加热处理二氧化锰使其失去结合水，则二氧化锰阴极的极化显著增加。

上面所介绍的二氧化锰反应机理是一种理想情况，即认为二氧化锰晶体中是一个 Mn^{4+} 和两个 O^{2-} 相对应，事实上并非如此。二氧化锰是一种比较复杂的氧化物，其化学配比并不恰好是一个四价锰离子和两个氧离子相结合，其分子式应表示为 MnO_x，x 表示氧的含量，数值小于 2。

2.2.2.2 负极反应机理

相对于 MnO_2 正极，负极锌的反应要简单得多，但电解液的 pH 值变化会影响其产物及电势，从而影响锌锰电池的类型。图 2-7 给出了三种典型锌锰电池（$ZnCl_2$ 电池、勒克朗谢

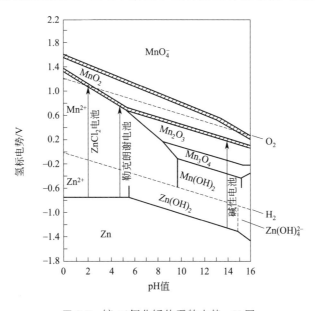

图 2-7　锌-二氧化锰体系的电势-pH 图

电池和碱性电池）的电压和 pH 范围以及稳定的化学物种。

(1) 干电池中锌电极表面产物与 pH 值的关系　干电池中电解质溶液 pH 会影响锌电极表面产物。例如，在勒克朗谢电池中电解质溶液 pH 值在 5.1～5.8 范围内，锌以 Zn^{2+} 形式进入溶液；pH 值在 5.8～7.85 范围内，锌表面形成组成为 $ZnCl_2 \cdot 2NH_3$ 的二氨基氯化锌晶体；pH 值大于 7.85 时，$ZnCl_2 \cdot 2NH_3$ 溶解，形成 $Zn(NH_3)_4^{2+}$。

勒克朗谢电池在放电和储存时，由于氢离子的还原，电解质溶液的 pH 值不断升高，在 5.8～7.85 范围内，锌电极表面生成不溶性晶体沉积，经 X 射线检验证明是 $ZnCl_2 \cdot 2NH_3$。

(2) 锌的阳极反应　锌阳极通常是活泼的，即使在大的阳极电流密度下，也没有显著的过电势。它的阳极反应是

$$Zn \longrightarrow Zn^{2+} + 2e^-$$

生成的 Zn^{2+} 与其他成分发生作用，在中性溶液中：

$$Zn^{2+} + 2H_2O \Longrightarrow Zn(OH)_2 + 2H^+$$

$$\Updownarrow$$

$$ZnO + H_2O \tag{2-18}$$

$$ZnO + 2NH_4Cl \longrightarrow Zn(NH_3)_2Cl_2 \downarrow + H_2O \tag{2-19}$$

反应产物 $Zn(NH_3)_2Cl_2$ 是难溶于水的物质，覆盖在负极表面上，增加了电池的欧姆内阻。当 pH 值在 8～9 时，$Zn(NH_3)_2Cl_2$ 转化成四氨基氯化锌而溶解：

$$Zn(NH_3)_2Cl_2 + 2NH_3 \longrightarrow Zn(NH_3)_4Cl_2 \tag{2-20}$$

此外还有一些副反应：

$$Zn(OH)_2 + ZnCl_2 \longrightarrow 2Zn(OH)Cl \downarrow \tag{2-21}$$

$$4Zn(OH)_2 + ZnCl_2 \longrightarrow ZnCl_2 \cdot 4Zn(OH)_2 \downarrow \tag{2-22}$$

$$2MnOOH + Zn^{2+} + 2OH^- \longrightarrow ZnO \cdot Mn_2O_3 \downarrow + 2H_2O \tag{2-23}$$

这些副反应的产物都不溶于水，沉积在电极表面或夹杂在糊糊层中，增加了电池内阻。

在中性锌锰电池中，锌负极的极化比正极 MnO_2 小得多。由于锌的交换电流比较大，电化学反应速率比其他反应步骤要大，所以锌电极的电化学极化比较小。但由于电解液是糊状物，电解质基本固定在糊糊胶体中，故 Zn^{2+} 在电解液中的扩散受到一定阻力，所以浓差极化较大。不溶性的二氨基氯化锌和副反应产物都沉积在锌电极表面，既增加了电池的内阻，也增加了离子转移的困难程度，同时还减小了电极的活性表面积。

用 X 射线和电子探针研究放电后的锌电极表面发现，在轻负荷放电时锌溶解量比重负荷放电时大，且与放电时间大致成比例增加，并发现阳极产生的锌离子在工作性能较好的电池中能迁移很远，可穿透 MnO_2 阴极内部。同时还观察到轻负荷放电时，锌的溶解十分均匀，而重负荷放电时锌筒内表面则呈现不规则的溶解。说明随着放电负荷增大，锌电极极化加大，使负极锌的溶解受到影响。

在锌锰电池使用后期或大电流、低温放电时，锌电极可能出现钝化，此时其工作性能急剧恶化。

2.2.3　锌锰电池的主要电性能

锌锰电池的电性能主要包括电池的开路电压、工作电压、容量、欧姆内阻和储存性能。

2.2.3.1　开路电压和工作电压

(1) 开路电压　对于锌锰电池，即使在开路情况下，二氧化锰电极和锌电极也达不到热力学平衡状态。因此，它们的平衡电势实际上是无法测到的，只能测得它们的稳定电势。锌

锰电池开路电压是两极稳定电势之差：

$$V_{开} = \varphi_{MnO_2,稳} - \varphi_{Zn,稳} \tag{2-24}$$

式中，$\varphi_{MnO_2,稳}$ 和 $\varphi_{Zn,稳}$ 分别是二氧化锰电极和锌电极的稳定电势，它们与材料的纯度、电化学活性、电极的加工工艺及电解液的组成等有关。对于二氧化锰电极，因其晶型多样，产地来源各异，制造方法不同，其性能也有差异，且电极反应生成物水锰石浓度始终在变化，所以正极没有固定的稳定电势值，一般在 0.7～1.0V 左右。锌电极稳定电势变化小，大约是 −0.80V（相对于标准氢电极），故锌锰电池的开路电压约为 1.5～1.8V。

（2）工作电压 锌锰电池的工作电压 V 可表示为

$$V = \varphi_+ - \varphi_- - IR \tag{2-25}$$

式中，φ_+ 与 φ_- 分别是正极和负极的极化电势；I 为放电电流；R 为电池的欧姆内阻。

电池放电时，正负极会发生电化学极化，溶液内部存在浓差极化，MnO_2 电极内部存在固相浓差极化，这些因素都会影响两极的电势；同时，电流通过会引起电池的欧姆压降，使电池的工作电压小于电池的开路电压。随着放电的进行，两极极化增大，特别是正极极化更大，因此电池的工作电压不断下降。

锌锰电池的放电一般可分三个阶段。第一阶段，溶液中的部分氯化铵被消耗，并产生 $Zn(NH_3)_2Cl_2$。溶液中氯化铵的消耗由电芯中的固体氯化铵溶解来补充，溶液成分保持不变，pH 值也不变。虽然锌电极电势不变，但二氧化锰正极电势因颗粒表面生成 MnOOH 而逐渐下降。这一阶段一直持续到固体 NH_4Cl 全部溶解。第二阶段，溶液中的氯化铵因 $Zn(NH_3)_2Cl_2$ 的继续生成而逐渐消耗，其浓度降低，溶液 pH 值稍有上升，锌负极电势因氯离子的减少而逐渐向正方向变动，正极电势因 MnOOH 的积累而继续下降。这一阶段延续到 NH_4Cl 浓度下降到 7%～10% 以下，$ZnCl_2 \cdot 4Zn(OH)_2$ 开始形成为止。第三阶段，电池消耗氯化锌和水，产生 $ZnCl_2 \cdot 4Zn(OH)_2$ 结晶，这时电池电压的下降速度有所缓和。这一阶段持续到 MnO_2 转变为 $MnO_{1.5}$ 为止。这时 MnO_2 颗粒表面已布满 MnOOH，再放电将按照下式进行

$$MnOOH + H_2O + e^- \longrightarrow Mn^{2+} + 3OH^- \tag{2-26}$$

一个法拉第电量将产生 3mol OH^-，使得电解液 pH 值迅速增加，电池的电压迅速下降，直到电池放电终止。

锌锰干电池常采用恒电阻放电，在放电过程中，放电电流不是定值。放电开始时，电流较大，然后逐渐变小。放电电阻越大，放电电流越小，产生的电压减小，工作电压下降缓慢，放电曲线较平坦，放电容量也大，如图 2-8 所示。

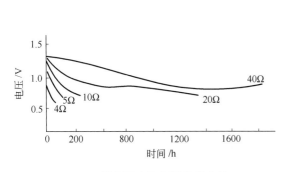

图 2-8 锌锰干电池恒阻连放曲线

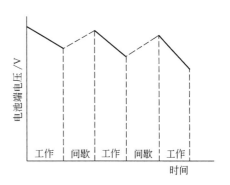

图 2-9 锌锰干电池间歇放电曲线示意

锌锰干电池以间歇方式进行放电时，电压可以得到恢复，这种性质是锌锰干电池特有的，称为锌锰干电池的恢复特性。即电池放电时工作电压下降；停止放电时，电压又有所回

升，如图 2-9 所示。恢复特性产生的原因主要是二氧化锰电极本身有恢复特性。首先，由固相质子扩散机理可知，当电池停止工作时，电极表面由放电产生的水锰石可以有充分时间向 MnO_2 颗粒内部扩散，同时歧化反应也可以充分进行，这样可以使二氧化锰电极表面恢复到接近放电前的状态，使电压得到恢复。其次，在电池停止放电后，无论在电极表面还是溶液深处，电解液的成分有充分时间可以通过液相中的扩散使其浓度一致，减少了液相浓差极化。显然，电池的间歇放电容量比连续放电容量要高得多。

2.2.3.2 容量

在外部电路上，以一定的电流或一定的负荷电阻放电至某一终止电压时的持续放电时间即表示了干电池的容量。恒电流放电过程中，电池的内阻不断增大，为了保持一定的电流，就必须时时调整外部电阻，因此一般采用恒电阻放电。根据负荷放电电压曲线图，即可估算放电容量。一般以单位体积或单位质量的容量进行比较，分别称之为体积比容量和质量比容量。

锌锰干电池的成流反应为

$$Zn + 2MnO_2 + 2NH_4Cl \longrightarrow 2MnOOH + Zn(NH_3)_2Cl_2 \downarrow$$

各种反应物质的电化当量分别为 Zn：$1.22g \cdot A^{-1} \cdot h^{-1}$，$MnO_2$：$3.24g \cdot A^{-1} \cdot h^{-1}$，$NH_4Cl$：$1.99g \cdot A^{-1} \cdot h^{-1}$，产生 $1A \cdot h$ 的电量消耗物质总量为 $6.45g$，其电动势以 $1.5V$ 计，因此理论比能量为

$$\frac{1000}{6.45} \times 1.5 = 232(W \cdot h \cdot kg^{-1})$$

锌锰干电池的实际比能量只有 $55W \cdot h \cdot kg^{-1}$ 左右，相当于理论值的 $1/5 \sim 1/4$，说明电池两极活性物质未能充分利用，而且电池尺寸越小，活性物质的利用率越低。一般正极活性物质的利用率在 $15\% \sim 40\%$，负极活性物质利用率在 $10\% \sim 15\%$。

2.2.3.3 欧姆内阻

相比于其他系列化学电源，锌锰干电池的欧姆内阻要大得多。如未放过电的 R20 锌锰干电池，其内阻为 $0.2 \sim 0.5\Omega$，而中型尺寸的铅酸蓄电池，其欧姆内阻只有 $10^{-3}\Omega$。电池尺寸越小（如 R14、R6 等），其欧姆内阻越大。电池欧姆内阻的大小不仅取决于电池的结构设计、工艺配方、所选原材料，也取决于放电电流。例如阴极混合物组分、比例、糊状电解液及炭棒与阴极的接触情况、电极表面生成的沉淀物［如 $Zn(NH_3)_2Cl_2$，$Zn(OH)Cl$，$ZnO \cdot Mn_2O_3$］等都直接影响电池的欧姆内阻。随着放电程度的加深，欧姆内阻增大。放电温度下降，也会导致欧姆内阻增大。

2.2.3.4 储存性能

锌锰干电池是一次电池，因此它的储存性能是比较重要的指标。经过一段时间的储存，电池容量总是比刚生产出的新电池容量低，这是由于电池的自放电造成的。锌锰干电池的正、负极均有自放电现象，但正极的自放电很小，负极的自放电是主要的。

(1)锌电极自放电　剖开一只储存很久的锌锰干电池，发现与电糊接触的锌筒内表面部分已变黑出现麻点甚至有穿孔现象，这些都是负极自放电造成的。引起自放电的原因很多，主要包括以下几方面。

① 氢与氧还原引起锌电极自放电。由于无数个腐蚀微电池的作用，在腐蚀微电池中锌为阳极易溶解。

在酸性溶液中，锌的溶解反应和电极的平衡电势为

$$Zn - 2e^- \Longleftrightarrow Zn^{2+}$$

$$\varphi_{平} = \varphi_{Zn}^{\ominus} + 0.0295lg\alpha_{Zn^{2+}}，\quad \varphi_{Zn}^{\ominus} = -0.76V（氢标准电势）$$

而氢电极的平衡电势为

$$2H^+ + 2e^- \Longleftrightarrow H_2$$

$$\varphi_{\text{平}} = \varphi_{H_2}^{\ominus} + 0.0295 \lg \alpha_{H^+}^2, \quad \varphi_{H_2}^{\ominus} = 0V$$

在同一酸性溶液中,锌电极电势比氢电极电势低,可组成一对微电池。在微电池中,锌的溶解是阳极过程,氢的析出是阴极过程,二者速度相等。

在碱性溶液中,锌溶解反应和平衡电势为

$$Zn + 2OH^- - 2e^- \longrightarrow ZnO + H_2O \tag{2-27}$$

$$\varphi_{\text{平}} = \varphi_{Zn}^{\ominus} + 0.0295 \lg \frac{\alpha_{ZnO} \alpha_{H_2O}}{\alpha_{OH^-}^2}, \quad \varphi_{Zn}^{\ominus} = -1.245V \text{(氢标准电势)}$$

氢的还原反应为

$$2H_2O + 2e^- \longrightarrow H_2\uparrow + 2OH^- \tag{2-28}$$

$$\varphi_{\text{平}} = \varphi_{H_2}^{\ominus} + 0.0295 \lg \frac{\alpha_{H_2O}^2}{p \, \alpha_{OH^-}^2}, \quad \varphi_{H_2}^{\ominus} = -0.838V \text{(氢标准电势)}$$

在碱性溶液中,锌电极电势仍然比氢电极电势低,同样组成微电池,进行锌的溶解与氢的析出过程,二者速度相等。

由此可见,无论在酸性还是碱性环境中,都可能发生锌的析氢腐蚀。显然凡是有利于氢析出的因素必然加剧锌的溶解;反之,凡是抑制氢还原的因素必然减缓锌的溶解。

当电解液中溶有少量氧气时,在锌筒上除有氢的还原外,还有氧的还原。在碱性溶液中氧还原的电极反应为

$$\frac{1}{2}O_2 + H_2O + 2e^- \longrightarrow 2OH^-, \quad \varphi^{\ominus} = +0.401V$$

可见氧的阴极还原电势比锌更正,特别在酸性溶液中 O_2 的电势更正。因此,锌的腐蚀更为严重。但由于溶液中溶解的氧不多,电池又是密闭的,所以与锌的析氢腐蚀相比,析氧腐蚀是次要的。除了溶液中溶解的氧外,正极 MnO_2 分解放出的氧以及 MnO_2-石墨微电池的作用($2MnO_2 + H_2O + C_x \longrightarrow 2MnOOH + C_x \cdot \frac{1}{2}O_2$)生成并吸附于石墨上的 O_2,在电池储存时就会脱附出来,这些氧扩散到负极表面也会引起负极自放电。若电池封口不严或炭棒处理不佳,空气中的氧也可能进入气室,造成锌的腐蚀,特别是电糊、锌筒、气室交界处容易造成严重的腐蚀。

② 锌极表面不均匀性引起锌自放电。由于锌负极表面远非理想的均匀表面。这种不均匀性造成其表面各点的电化学活性有较大差别,可在局部区域构成阴极和阳极,形成许多微电池系统,使锌被溶解消耗,减少了锌负极的容量。造成锌表面不均匀的因素有:锌结晶时的差别,如细晶、粗晶、晶间夹层、某些缺陷和棱角等;锌电极本身和表面存在杂质,特别是析氢过电势低的金属杂质的存在,或者电解液及正极带入、扩散到锌负极上并被置换到锌负极表面的杂质;锌负极加工过程的影响,如锌筒在冲压时的内应力不均,锌筒上焊缝附近的应力不均等;锌极表面有氧化膜或除油处理不好所造成的不均匀等。随着储存温度的升高,锌腐蚀速度加快。局部锌腐蚀过快还会造成不均匀腐蚀或点腐蚀,严重时会使锌筒穿孔。

(2)二氧化锰正极的自放电 影响锌锰干电池储存性能的因素除负极自放电外,正极也有少量自放电,其原因也是腐蚀微电池作用。

微阳极(石墨等) $\qquad H_2O - 2e^- \longrightarrow \frac{1}{2}O_2\uparrow + 2H^+$ (2-29)

微阴极（锰粉）$2MnO_2 + 2H^+ + 2e^- \longrightarrow 2MnOOH$ (2-30)

总反应 $2MnO_2 + H_2O \longrightarrow 2MnOOH + \dfrac{1}{2}O_2 \uparrow$ (2-31)

正极自放电除消耗活性物质外，产生的氧气还可加速锌极腐蚀，并使电池发生气胀。

(3) 减少自放电的措施 电池的自放电虽然不可避免，但在一定范围内减小自放电速度是可以做到的，特别是应该减少锌负极自放电。目前减少自放电所采取的措施如下。

① 提高析氢过电势，降低 H_2 的析出速度，从而减缓负极锌的腐蚀。这可以从两方面改进，一是在锌极中加入少量析氢过电势高的金属；二是在电解液中加入少量缓蚀剂。

在锌电极中加入少量的铅、镉、汞等金属，可改变锌的晶体结构，提高氢在锌电极上析出的过电势。如加入少于1%的铅可使锌易于碾压成型，且氢在铅上析出过电势也较高。由于锌和铅不能形成固溶体，故铅量过多反而得不到均匀的金属结构。锌中加入镉的含量也要小于1%，其作用有三点：一是提高了锌的力学强度，镉的加入可使锌再结晶温度提高，从而防止常温下锌可能发生的再结晶，这种再结晶会降低锌的力学强度；二是提高锌上的析氢过电势，降低锌的自溶速度；三是加入镉后可使锌的晶粒细化，晶间夹层变薄，改善了锌表面的不均匀性。

在锌中添加少量汞曾经是减小锌负极自放电速度最有效的方法。汞是析氢过电势很高的金属，同时汞与锌可形成锌汞齐，使锌极表面比较均匀，增加了电化学反应的活性面积，降低了电化学极化，从而大大提高了电池的放电性能和储存性能。加入汞的方法是在电解液中加入0.05%～0.5%的升汞，使锌筒与电解液充分接触，在负极锌表面形成锌汞齐。但是，汞是剧毒物质，对人体和环境的危害极大，因此考虑环保的要求，必须淘汰含汞电池。20世纪90年代初，欧美发达国家已经推广使用无汞电池。目前，绝大多数含汞电池都已经停止使用，新开发的无汞电池主要是在锌负极中添加新型缓蚀剂以替代汞的作用。目前使用的新型缓蚀剂主要分为无机缓蚀剂和有机缓蚀剂。无机缓蚀剂主要是在负极锌中添加由多种金属元素组成的含铟合金，添加的方式有直接使用含铟的合金锌粉原料，集流体镀铟或在电解液中添加氢氧化铟、氧化铟等。有机缓蚀剂则是在电解液中添加各种非离子型表面活性剂和具有表面活性的消氢剂等。实际电池中通常同时添加这两类缓蚀剂。到目前为止，寻找新型高效缓蚀剂仍然是锌锰电池的一个重要研究课题。

② 保证原材料质量达到技术工艺的要求，特别是锌粉的纯度，因为原材料存在杂质必然会引起电池自放电。

③ 电池的储存温度应较低。低于25℃储存，电池自放电较小；高于25℃储存，则自放电速度明显增加。

④ 电池要严格密封。密封不良，会造成水分蒸发，更为严重的是空气中的氧会进入电池而加剧自放电。

电池内由于自放电会产生一些气体（如氢、氧、氨），当气体量积累到一定程度时就会发生气胀现象。电液从电池封口不严处，或从锌筒腐烂穿孔处被压出，即所谓漏液。无论是气胀还是漏液都是应当防止的。

2.2.4 影响锌锰电池性能的主要因素

构成电池的原料、电池的生产工艺以及放电制度等都会影响电池的性能。这里主要讨论二氧化锰、电解液和放电制度对电池性能的影响。

2.2.4.1 二氧化锰

MnO_2 是正极活性物质，是决定电池性能的主要原材料之一，其种类、晶型、粒度等对电池性能有很大的影响。

(1) 二氧化锰的种类对电池性能的影响　电池工业上所使用的 MnO_2（常称锰粉）有四种，即天然锰粉、电解锰粉、活化锰粉和化学锰粉。天然锰粉又分为软锰矿和硬锰矿。软锰矿一般主要是 β-MnO_2，含 MnO_2 量达 70％～75％，活性较差。硬锰矿中含有 K^+、Ba^{2+}、Pb^{2+}、Na^+、NH_4^+ 等多种阳离子，水或锰的其他氧化物，在晶体中含有较大的隧道和空穴。这些阳离子或分子都存在于隧道或空穴中，晶型多属 α-MnO_2，活性较差。电解锰粉纯度高，基本上是 γ-MnO_2，有害杂质少，化学活性好。不同锰粉的放电性能比较于表 2-3。

表 2-3　不同锰粉放电性能比较

锰粉种类	新电池 5Ω 连续放电 /min	各终止电压下 新电池 5Ω 连续放电时间/min			存放 6 个月后各终止电压下 5Ω 间歇放电时间/min		
		1.1V	0.9V	0.75V	1.1V	0.9V	0.75V
天然锰粉	650	720	1007	1207	620	910	1100
电解锰粉	1480	930	1230	1312	840	1170	1266
活化锰粉	1272	720	1100	1307	600	1050	1286

由此可见，不同锰粉的活性差异较大；天然锰粉活性最差，但是小电流间歇放电时性能较好；活化锰粉活性较高，尤其是在较低终止电压下间歇放电性能好；电解锰粉和化学锰粉具有特殊活性，电解锰粉的连续放电性能好，特别是高电压部分放电时间长。因此采用电解锰粉是提高锌锰干电池电容量的有效方法，目前高性能电池都普遍采用电解锰粉。

不仅锰粉种类对电池性能有很大影响，而且同一种锰粉用量不同时，电池的性能也会有较大差异，表 2-4 列出了电解锰粉含量与电池性能的关系。表 2-4 中数据说明，随着电解锰粉含量的增加，电池的容量也增大。

表 2-4　不同含量电解锰粉的 R20 电池的放电数据

电解锰粉含量/％	新电池的开路电压/V	短路电流/A	放电时间/min
0	1.66	8.38	961
15	1.71	9.02	1018
20	1.73	9.18	1057
30	1.73	9.58	1153
40	1.78	9.50	1238
100	1.84	9.08	1767

具体评价锰粉性能时，除了常规化学评价和物理评价方法之外，还应做成电池实样进行放电试验，才能判断其优劣。

(2) 二氧化锰的晶型对电池性能的影响　锰粉的来源和种类对电池性能的影响源于二氧化锰的结晶形态和结晶程度。二氧化锰晶体以 [MnO_6] 八面体为基础，与相邻的八面体沿棱或顶点相结合（其模型见图 2-10），形成各种晶型，它们的几何形状和尺寸不同，一些晶型数据列于表 2-5。

二氧化锰晶体中 [MnO_6] 八面体单元彼此连接的方式不同，导致了链状或隧道式结构与层状或片状结构两大

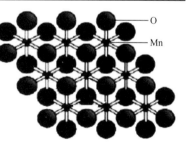

图 2-10　[MnO_6] 八面体单元与相邻的八面体沿棱或顶点相结合的二氧化锰晶体结构模型

类不同类型的晶体结构。链状结构包括 α、β、γ、ε 型，如图 2-11 所示。

表 2-5　MnO$_2$ 变体结晶数据

变体名称	晶系	单位晶胞尺寸(a,b,c)/Å	变体名称	晶系	单位晶胞尺寸(a,b,c)/Å
α-MnO$_2$	四方晶系	9.185,9.185,2.845	γ-MnO$_2$	斜方晶系	9.32,4.45,2.85
β-MnO$_2$	四方晶系	4.388,4.388,2.865	ε-MnO$_2$	六方晶系	2.79,2.79,4.41

注：1Å＝0.1nm。

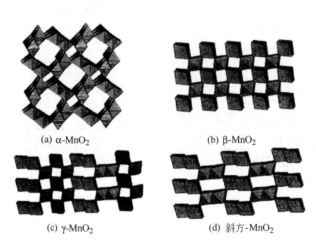

(a) α-MnO$_2$ (b) β-MnO$_2$ (c) γ-MnO$_2$ (d) 斜方-MnO$_2$

图 2-11　不同隧道结构的 MnO$_2$

α-MnO$_2$ 是 [2×2] 隧道结构；β-MnO$_2$ 是单链结构或 [1×1] 隧道结构；γ-MnO$_2$ 是双链和单链互生结构，即由 [1×2] 和 [1×1] 隧道结构互生的；斜方锰矿（ramsdellite）的 γ-MnO$_2$ 则是 [1×2] 隧道结构。当 MnO$_2$ 还原时，电子和氢离子扩散到晶格中，Mn^{4+} 得到电子还原成为 Mn^{3+}，H$^+$ 与氧离子结合成为 OH 基，进而形成 MnOOH。α-MnO$_2$ 的隧道截面面积虽然较大，但因隧道中通常含有 K$^+$、Na$^+$、Pb^{2+}、Ba^{2+} 等离子使其堵塞，氢离子的扩散受到阻碍，所以其活性比较低；β-MnO$_2$ 因为是单链结构，截面面积较小，氢离子扩散比较困难，因而过电势较大；γ-MnO$_2$ 中因含有双链结构，截面面积较大，氢离子扩散比较容易，因而过电势小，反应活性高。因此，三种晶型的 MnO$_2$ 电化学反应能力差别较大，其中以 γ-MnO$_2$ 活性最高，α-MnO$_2$ 次之，β-MnO$_2$ 最差。这就从晶体结构方面解释了 γ-MnO$_2$ 比其他晶型 MnO$_2$ 活性高的原因。

从分子水平来说，确切组成的 MnO$_2$ 是没有的，晶格中常有缺陷，包括隧道和空穴，有的为微晶状态。借助于 X 射线衍射、电子衍射、电子显微技术、差热分析等方法可对锰粉的晶相进行精确分析。例如电解二氧化锰就是一种具有 MnO$_{1.98}$ 近似组成的含水微晶结构，是在其晶格内部缺少一部分氧元素的 n 型半导体。最常见的 α、β、γ 型二氧化锰的 X 射线衍射图（XRD）见图 2-12。

ε 型和 ρ 型、γ 型相近，差别不大。而 δ 型属层状结构，见图 2-13。

此外，一般认为 MnO$_2$ 的结构中含羟基越多，氧化性能越活泼。α 型及 γ 型 MnO$_2$ 都含较多的水分，有离子交换性能。但 α-MnO$_2$ 中含有多种金属杂质，使其实际氧化能力减弱。用 α-MnO$_2$ 制成的电池往往

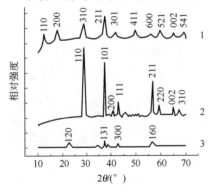

图 2-12　不同晶型 MnO$_2$ 的 XRD 图
1—α-MnO$_2$；2—β-MnO$_2$；3—γ-MnO$_2$

电压高、容量低。β-MnO$_2$ 不含水分，所以氧化性能较差。用 β-MnO$_2$ 制成的电池其电压和短路电流都偏低。实际电池一般都使用 γ-MnO$_2$。

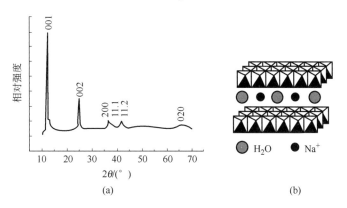

图 2-13　δ-MnO$_2$ 的 XRD (a) 和 δ-MnO$_2$ 的层状结构示意 (b)

实际使用的 γ-MnO$_2$ 粉有天然的、电解的和化学的三种。由于来源不同，它们的性能也有差别，表 2-6 给出了其比表面积、密度、杂质含量等性能方面的差别。

表 2-6　不同来源的 γ-MnO$_2$ 物理性能比较

类　　别	比表面积/m^2·g^{-1}	密度/g·cm^{-3}	松装密度/g·cm^{-3}	杂质含量
天然 MnO$_2$	7~22	4.2~4.7	1.3~1.8	可达 20%，成分复杂
电解 MnO$_2$	28~43	4.3	1.7~1.8	很少
化学 MnO$_2$	30~90	2.8~3.2	0.8~1.3	有的含碱金属

一般来说，比表面积越大，活性越高；松装密度越大，填充性能越好。由它们制造的电池，其性能差别也较大。研究表明，由电解 γ-MnO$_2$ 制成的电池开路电压和工作电压较高、极化值较低，输出容量最大，活性最高，且适用于大电流连续放电。实际中因对各类锌锰电池的性能要求不同，经常将活性较高的电解锰粉与天然锰粉搭配使用。

(3) 锰粉的粒度对电池性能的影响　锰粉的粒度对容量有较大影响。二氧化锰颗粒越细，比表面积越大。同时颗粒细小，则分散度高，与液相接触面积大。这些都使真实电流密度减小，从而使极化降低。但在电芯加工时，要在一定压力下成型，颗粒越细反而使电芯孔隙率降低，造成液相扩散困难及反应生成的沉淀物堵塞微孔，使容量降低。综合考虑两种因素，一般采用 MnO$_2$ 粒度在 20μm 左右。在碱性锌锰电池中也有采用超微粒 MnO$_2$，其活性很高。

2.2.4.2　电解液

理论上，凡是电势比锌负的金属盐类都可作为锌二氧化锰电池的电解质。根据电导率及放电产物的溶解情况，最合适的电解质是氯化物。在锌锰干电池中，电解液的主要组成是呈弱酸性的氯化铵和氯化锌的水溶液。其中，主要组分是氯化铵，它可以提供 H$^+$，参与正极电化学反应和歧化反应，减小 MnO$_2$ 电极的放电过电势。NH$_4$Cl 是强酸弱碱盐，水解后可以对正极反应后 pH 值的升高起到缓冲作用。此外，NH$_4$Cl 是氯化物中电导最大的化合物，且随着浓度的增大，导电能力也增强，所以使用 NH$_4$Cl 可提高电解液的导电能力。但是，NH$_4$Cl 水溶液的凝固点较高，影响电池的低温性能。另外，NH$_4$Cl 水溶液容易沿锌筒上爬而导致电池漏液。

在电解液中加入 ZnCl$_2$，其作用是间接参与正极反应。它和电极反应生成的 NH$_3$ 络合，所以 ZnCl$_2$ 浓度增大会降低溶液的 pH 值，也可减缓正极 pH 的上升。此外，加入 ZnCl$_2$ 可以降低凝固点，防止电糊腐烂。$ZnCl_2$ 具有良好的吸湿性，因此可以降低电解液的风干速度，保持电解液的水分，还可促进淀粉糊化，防止 NH_4Cl 沿锌筒上爬等。尽管 $ZnCl_2$ 有多种作用，但不可加量过多，否则会由于 $ZnCl_2$ 浓度过大而破坏电糊强度，使电糊发生胶溶作用。而且 $ZnCl_2$ 浓度过大也会增加电解液电阻。

由此可见，同时使用 $ZnCl_2$ 和 NH_4Cl，可以取长补短，协同作用。下面分析 NH_4^+、Zn^{2+}、Cl^-、pH 值对正极、负极的电极电势的影响。

(1) NH_4^+、Zn^{2+} 对正极电极电势的影响 MnO_2 阴极还原的初级过程和歧化反应都消耗 H^+。在中性溶液中，H^+ 除由 NH_4Cl 水解产生外，NH_4^+ 也可直接提供 H^+，所以 NH_4^+ 浓度增加有利于上述过程的进行，从而降低 MnO_2 的阴极极化，降低 MnO_2 的放电过电势。表 2-7 列出了 MnO_2 放电过电势与 NH_4Cl 浓度的关系。

表 2-7　MnO_2 放电过电势与 NH_4Cl 浓度的关系

NH_4Cl 浓度/mol·L^{-1}	放电过电势/mV	NH_4Cl 浓度/mol·L^{-1}	放电过电势/mV
0.3	182.0	3	161.6
1	172.5	5	141.5

注：实验条件为 γ-MnO_2 棒状电极、表观面积 $10cm^2$，25℃，0.1mA·cm^{-2}，放电 100min。

由此可见，随着 NH_4^+ 浓度的增加，MnO_2 的放电过电势下降。这是因为在中性溶液中 MnO_2 进行的初级还原过程和歧化反应如下：

$$MnO_2 + NH_4^+ + e^- \longrightarrow MnOOH + NH_3\uparrow \tag{2-32}$$

$$2MnOOH + 2NH_4^+ \longrightarrow MnO_2 + Mn^{2+} + 2H_2O + 2NH_3\uparrow \tag{2-33}$$

在此过程中，NH_4^+ 是 H^+ 的给予体，因此在 NH_4^+ 存在时，即使没有 H^+ 也能发生歧化反应。在 3mol·L^{-1} 的 NH_4Cl 溶液中，pH 值为 4.8，H^+ 活度为 10^{-8} 左右，而 NH_4^+ 活度远远大于 H^+ 的活度，约为 H^+ 活度的 10^4 倍，因此转移 MnOOH 的主要反应很可能是通过 NH_4^+ 进行的。因此 NH_4Cl 浓度越高，上述反应越容易进行。有人测定了放电后溶液中 Mn^{2+} 含量，也得出类似结论。在分别为 4mol·L^{-1}、2mol·L^{-1}、1mol·L^{-1} 的 NH_4Cl 溶液中（pH 值均调整到 7.0）放电，测出 Mn^{2+} 的生成量分别是 0.054mg、0.038mg、0.021mg，这就说明 NH_4^+ 确实加速了 MnOOH 转移的歧化反应，从而降低了 MnO_2 的放电过电势。

Zn^{2+} 在酸碱性不同的溶液中对 MnO_2 电极放电过电势的影响列于表 2-8。

表 2-8　Zn^{2+} 在酸碱性不同的溶液中对 MnO_2 电极放电过电势的影响

溶　　液	放电过电势/mV	
	有 Zn^{2+}	无 Zn^{2+}
H_2SO_4(3mol·L^{-1})	61	70
NH_4Cl(5mol·L^{-1})	62	141
KOH(6mol·L^{-1})	56	56

由表 2-8 中数据可知：在酸性和碱性溶液中，Zn^{2+} 的存在对 MnO_2 电极放电过电势的影响不大，而在中性溶液中 Zn^{2+} 的存在大大降低了 MnO_2 电极的放电过电势，加速了 MnO_2 的还原反应，提高了电池容量。实验也证实，MnO_2 电极的放电容量随着 $ZnCl_2$ 浓度的增加而提高。Zn^{2+} 在 NH_4Cl 溶液中能够降低 MnO_2 电极的放电过电势，是因为 Zn^{2+} 能与歧化反应生成的 NH_3 形成络合离子，及时除去 NH_3，使歧化反应能够持续进行，从而降低了 MnO_2 电极的放电过电势，加速了整个过程的进行。

(2) NH_4^+、Zn^{2+} 对负极电极电势的影响　　在锌锰干电池中锌电极反应为

$$Zn - 2e^- \Longrightarrow Zn^{2+}$$

在 25℃时其电极电势为

$$\varphi_{\Psi} = \varphi^{\ominus} + \frac{RT}{2F}\ln\alpha_{Zn^{2+}} = -0.76 + 0.0295\ln\alpha_{Zn^{2+}} \tag{2-34}$$

式中，$\alpha_{Zn^{2+}}$ 为电解液中 Zn^{2+} 的活度。

在 NH_4Cl-$ZnCl_2$ 电解液中，NH_4^+ 与 Cl^- 的水化程度不大，但 Zn^{2+} 水合能力较强，一般一个 Zn^{2+} 能络合 4 个水分子，形成 $Zn(H_2O)_4^{2+}$。水合锌离子还能进一步与 Cl^- 络合，形成氯合锌络离子：

$$Zn(H_2O)_4^{2+} + Cl^- \Longrightarrow ZnCl(H_2O)_3^+ + H_2O$$
$$ZnCl(H_2O)_3^+ + Cl^- \Longrightarrow ZnCl_2(H_2O)_2 + H_2O$$
$$ZnCl_2(H_2O)_2 + Cl^- \Longrightarrow ZnCl_3(H_2O)^- + H_2O$$
$$ZnCl_3(H_2O)^- + Cl^- \Longrightarrow ZnCl_4^{2-} + H_2O \tag{2-35}$$

根据上述的氯合锌络离子理论，可以分析 NH_4Cl 和 $ZnCl_2$ 的浓度变化时对锌电极电势的影响。当 $ZnCl_2$ 浓度一定时，增加 NH_4Cl 的浓度，则使锌电极的平衡电势降低。因为 NH_4Cl 浓度增加使 Cl^- 浓度增加，上述反应向右移动，降低了 $Zn(H_2O)_4^{2+}$（即 Zn^{2+}）的浓度，因而降低了锌的电极电势；而且当 NH_4Cl 浓度增加时，NH_3 浓度增加，促使锌氨络离子生成，也降低了 Zn^{2+} 的浓度，这进一步使锌电极电势向负移动。

当 NH_4Cl 浓度保持一定时，增加 $ZnCl_2$ 浓度，即增大了 Zn^{2+} 的浓度，将使锌电极电势升高。但增加 $ZnCl_2$ 的浓度也使 Cl^- 浓度增大，形成氯合锌络离子的速度也增加，反而使锌电极电势降低。实验证明，在这两种相反的作用中，Zn^{2+} 的浓度增大对锌电极电势的影响占主导地位，因此增加 $ZnCl_2$ 的浓度最终使锌负极的电极电势增大。

图 2-14 表示了 NH_4Cl 和 $ZnCl_2$ 浓度对锌电极电势的影响情况。由此可见，当 $ZnCl_2$ 浓度为定值时，锌电极电势随氯化铵浓度的增大而降低；当氯化铵浓度一定时，锌电极电势随氯化锌浓度的增大而升高。

(3) 电解液 pH 值对电极电势的影响　　中性锌锰电池的电解液中，NH_4Cl 和 $ZnCl_2$ 的浓度变化对溶液的 pH 值影响不同，如图 2-15 所示。

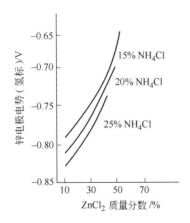

图 2-14　NH_4Cl 和 $ZnCl_2$ 的浓度与锌电极电势的关系

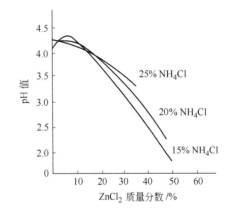

图 2-15　NH_4Cl-$ZnCl_2$ 溶液的 pH 值

由此可见，在 $ZnCl_2$ 的质量分数较低时，增加 NH_4Cl 的量可使 pH 值降低，但总的来

说，改变 $ZnCl_2$ 的质量分数所引起的 pH 值变化要比改变 NH_4Cl 的质量分数所引起的 pH 值变化大得多。原因是 NH_4Cl 和 $ZnCl_2$ 在水溶液中都要发生水解

$$NH_4^+ + H_2O \Longrightarrow NH_3 + H_3O^+$$

$$ZnCl(H_2O)_3^+ \Longrightarrow ZnCl(OH)(H_2O)_2 + H^+ \tag{2-36}$$

溶液中其他氯合锌络离子也有类似水解反应，水解生成的 H^+ 使溶液的 pH 值降低。

混合溶液的 pH 值会随着 NH_4Cl 和 $ZnCl_2$ 浓度的改变而变化，那么由锌锰电池的电极反应可知，电解液 pH 值的高低与电极过程直接相关。在电池放电时，正极附近的 pH 值升高，使 MnO_2 电极的电势下降。在弱酸性电解质溶液中，MnO_2 电极电势与电解液 pH 值呈线性关系

$$\varphi_{MnO_2} = 1.014 - 0.0592pH \tag{2-37}$$

即 pH 值每增加一个单位，正极 MnO_2 的电极电势下降约 60mV。由 Nernst 方程可知，锌电极电势与 pH 值无关。实际上随着电极反应的进行，负极附近的 pH 值降低，这是因为

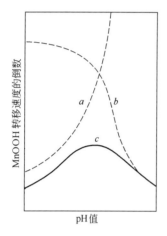

图 2-16 MnOOH 转移速度与电解液 pH 值的关系
a—固相质子扩散；*b*—歧化反应；*c*—总反应

实际电池反应很复杂，锌电极电势由含锌络离子的活度来决定，而这些含锌络离子的形成与溶液的 pH 值有关。在大电流放电的情况下，锌负极附近的 pH 值可降到 2.5 左右，这时糊层淀粉被降解，胶体水化，导致锌筒腐蚀加速，甚至穿孔。

不仅如此，溶液 pH 值对 MnO_2 正极放电过电势也会有较大的影响。实验测得，无论在酸性溶液（如 3mol·L^{-1} H_2SO_4）中，还在碱性溶液（如 3mol·L^{-1} KOH）中，MnO_2 的放电过电势都较低；而在无铵的中性介质（如 3mol·L^{-1} KCl）中其过电势最高，并在 pH 值为 7 时附近有最大值。这是因为 MnO_2 电极表面 MnOOH 的转移是借助于歧化反应和固相质子扩散这两个平行过程进行的，但在中性溶液中这两种过程进行得都比较慢。实际上，pH 值影响了 MnO_2 电极表面上电化学还原产物 MnOOH 的转移速度。如图 2-16，可看出歧化反应速度随 pH 值的增加而增加，而固相质子扩散速度则是随 pH 值的增加而增加，造成 pH 值为 7 时 MnOOH 转移速度最慢。

2.2.4.3 放电制度

放电制度，包括放电电流、放电方式和放电时的环境温度，都会影响电池的容量。

(1) 放电电流的影响 恒电阻放电时，放电容量与电流有如下关系

$$\bar{I}t = \frac{K}{\bar{I}^{n-1}} \tag{2-38}$$

式中，$\bar{I}$ 是平均电流；t 为放电持续时间；K 为常数。此式表明放电容量 $\bar{I}t$ 与 $\bar{I}^{n-1}$ 成反比。这是因为当大电流放电时，两极产生的极化比较大，特别是正极，由于质子在固相中扩散较慢，极化增大显著，电极电势迅速向负方向移动，且电流越大，电势负移越快，以致电池工作电压迅速下降。此外，大电流放电时，一些不溶性产物迅速生成，覆盖在两极表面，大大减少了电极的有效作用表面，使真实电流密度急剧增加，又进一步增大了电化学极化；同时，生成的沉淀物增大了电池的欧姆内阻，这使电池的工作电压急剧下降，电池输出的容量减少。反之，负载阻抗大，放电电流小，则电池的放电容量大。但是，如果放电电流

过小，造成放电时间太长，自放电所造成的容量损失增大，则电池输出的容量也不能达到预期效果。因此，一般来讲，锌锰干电池适用于中、小电流密度放电。

(2) 放电方式的影响　放电方式分连续放电和间歇放电两种。对于锌锰干电池来说，由于 MnO_2 电极具有特殊的恢复性能，所以它的间歇放电容量比连续放电容量高出很多。而对于其他化学电源系列，放电容量与放电方式关系不大。

(3) 放电环境温度的影响　与其他系列化学电源一样，放电温度对锌锰干电池的放电容量有很大影响。放电环境温度较高时，电池输出的容量高。反之，放电环境温度低时，电池输出的容量也低。这是因为温度高使反应活化能降低，质子在固相和液相中扩散加快，溶液黏度减小，电导增大，这些都使反应容易进行，所以电池放电的容量就高。在低温（如 $-20℃$）下放电，由于锌电极钝化和电解液冻结等因素，电池输出的容量很低。

2.2.5　锌锰干电池的主要原材料

制造传统锌锰干电池的主要原料是锌筒、二氧化锰、氯化铵、氯化锌、石墨粉和乙炔黑、炭棒、面粉和淀粉、氯化汞。

(1) 锌筒　锌筒既是电池的负极，又兼作电池的容器和负极的集流体，有焊接锌筒和整体锌筒之分。焊接锌筒是按不同电池规格的尺寸要求，裁好锌皮，用焊锡进行焊接（280～320℃），然后对锌筒进行除油和酸洗。整体锌筒是用小块锌饼在模具中挤压成锌筒，这种锌筒厚度均匀，在电池放电过程中腐蚀均匀，生产效率高。现在采用的都是整体锌筒。在锌筒中加入少量的镉（0.2%～0.3%）能提高其强度，少量的铅（0.3%～0.5%）能改善其延展性。铅和镉均能提高锌电极上的氢过电势，抑制锌电极在电解质中的自放电反应。锌筒中的其他杂质，如镍、铁和铜等能显著地促进锌负极的自放电，使电池内部不断产生氢气，故这些杂质的含量必须严格控制。

(2) 二氧化锰　电池工业上所用的 MnO_2 有 4 种，即天然锰粉、电解锰粉、活化锰粉和化学锰粉。电解锰粉纯度很高，基本上是 $\gamma\text{-}MnO_2$，有害杂质少，化学活性好，是现在使用最多的正极活性物质。它一般由电解硫酸锰溶液制得，工艺很多，在此举一例。

① 将锰矿石用硫酸溶解制得硫酸锰。

$$MnCO_3(菱锰矿)+H_2SO_4 \longrightarrow MnSO_4 \tag{2-39}$$

$$MnO_2(软锰矿)\text{-}MnO+H_2SO_4 \longrightarrow MnSO_4 \tag{2-40}$$

② 净化硫酸锰。向制得的硫酸锰溶液中加入 BaS 和 Na_2S，使重金属离子生成硫化物沉淀而除去，再加入 $CaCO_3$ 和 $NaOH$ 将溶液调至中性，使 $Fe(OH)_3$ 沉淀以除去铁杂质。

③ 电解硫酸锰溶液。以钛板为阳极，炭棒为阴极，控制电流密度为 $8～10mA \cdot cm^{-2}$，于 95℃电解硫酸锰溶液，在阳极上得到二氧化锰。

阳极　　　　　$$Mn^{2+}+2H_2O \longrightarrow MnO_2+4H^++2e^-$$

阴极　　　　　$$2H^++2e^- \longrightarrow H_2 \uparrow$$

④ 粉碎与中和。将阳极上沉积的二氧化锰刮下，研磨到 $10～20\mu m$ 大小的颗粒，并于研磨前后用 $NaOH$ 溶液中和二氧化锰表面及细孔中的酸。

这样得到的电解锰粉中主要成分含量为：$MnO_2 > 91\%$，MnO_x $3\%～4\%$，H_2O $3\%～4\%$。

活化锰粉是把软锰矿在 600～800℃焙烧，使锰矿石部分生成 Mn_2O_3 或 Mn_3O_4，然后用硫酸溶液把这些低价氧化物除去，剩下部分则是多孔、含水、活性较高的二氧化锰，即活化锰粉。

化学锰粉与活化锰粉不同，它不仅是表面处理，而且是全部用化学方法处理制备。将矿石溶解于硫酸溶液中，经沉淀得硫酸锰，然后再用氧化剂将其氧化成二氧化锰。它多属 γ-MnO_2，含水量较高，纯度在 90％以上，具有特殊活性。

不同锰粉的活性差异较大，但为了满足不同的需求，实际中常采用几种锰粉搭配使用，发挥各种锰粉长处，取得较好的放电性能。一般来说，糊式锌锰干电池常以天然锰粉为主，高性能电池则以电解锰粉为主，甚至全部为电解锰粉。

(3) 氯化铵　氯化铵为白色晶体，易溶于水，溶解过程中吸收热量，18.7％的水溶液有最低凝固点（−16℃）。选择氯化铵作为电解质是因为其水溶液具有较好的导电性，表 2-9 列出了几种常见氯化物水溶液的电导率，从中可以看出氯化铵溶液的导电性最好。同时，表 2-10 表明氯化铵溶液的导电性随其浓度增加而增大，但浓度过高，容易析出晶体，一般选择电导率较大，又不会析出结晶的浓度，以 15％～20％为宜。此外，氯化铵易于制得纯品，且价格便宜。

表 2-9　几种常见氯化物水溶液的电导率

氯化物 20％水溶液	NH_4Cl	KCl	NaCl	$MgCl_2$	$CaCl_2$	$ZnCl_2$
18℃时电导率/S·cm^{-1}	0.337	0.268	0.196	0.140	0.173	0.091

表 2-10　氯化铵溶液的密度、黏度和电阻率

NH_4Cl（质量分数）/％	密度/g·cm^{-3}	25℃黏度/×10^{-4}Pa·s	18℃电阻率/Ω·cm	NH_4Cl（质量分数）/％	密度/g·cm^{-3}	25℃黏度/×10^{-4}Pa·s	18℃电阻率/Ω·cm
5	1.0138	8.84	10.89	20	1.0567	9.06	2.97
10	1.0286	8.87	5.63	25	1.0700	9.28	2.48
15	1.0429	8.91	3.86	27.2①	1.0758	9.38	2.24②

① 饱和溶液含量。

② 饱和溶液电阻率。

一般在电池的正极电芯中含有氯化铵固体，其水解产生的氢离子可对放电过程中正极区 pH 值的变化起到缓冲作用，从而减慢正极电势的降低速度。

(4) 氯化锌　与 NH_4Cl 相似，$ZnCl_2$ 也水解产生氢离子，其水溶液呈微酸性，因而在正极电芯中起到调节酸度的作用，减缓了放电过程中正极电势下降的速度。在电解液中加入适量 $ZnCl_2$，可提高锌离子的浓度，减缓储存期间锌筒的腐蚀；而且 $ZnCl_2$ 具有强烈的吸水性，可以防止电池内水分的挥发和电糊的干涸。同时，$ZnCl_2$ 的存在还能减轻 NH_4Cl 沿锌筒上爬防止电池漏液；还能降低电解液的凝固点，防止电糊腐烂变质，改善电池的低温性能。

在电糊中，$ZnCl_2$ 能破坏面粉和淀粉的链状结构，使其形成网状结构，加速电糊的凝固。$ZnCl_2$ 含量较高时，电糊在常温下也能很快地糊化凝固，这种自然糊化的方法称为冷浆法。

在 $ZnCl_2$ 中常含有害杂质，必须经过纯化处理才能使用，通常的做法是在 $ZnCl_2$ 溶液中浸入锌皮的边角料，使重金属离子被锌置换出来。

(5) 石墨粉和乙炔黑　石墨粉与乙炔黑都是碳的同素异形体，它们是组成正极的重要原料。石墨粉具有良好的导电性，它在正极中虽不直接参加反应，但它容易黏附在二氧化锰微粒的表面上，使其具有导电性，因而有助于二氧化锰进行电化学反应。

乙炔黑是由乙炔气热分解制得的炭粉，有害杂质含量很少。乙炔黑的粒子非常小，约在 0.05～0.30μm 之间，比表面积大。它除了和石墨粉一样具有良好的电子导电性能外，还具有

较好的吸附能力。电芯中加入乙炔黑后，具有较好的吸收电解液的性能，使电解液与二氧化锰能更好地接触，提高了二氧化锰的利用率。乙炔黑还能吸收放电过程中正极区产生的氢气。

(6) 炭棒　锌锰电池中的炭棒是以石墨粉、焦炭粉和沥青为原料经高温焙烧制成的，其中沥青含量为 $25\%\sim30\%$。在高温焙烧时，沥青中的一些物质挥发出去，使炭棒中留有很多互相沟通的毛细孔，这些毛细孔约占炭棒体积的 10% 左右，电池内部产生的气体即可通过这些毛细孔逸出。但是，这种炭棒如果不经任何处理就用于电池，那么电芯中的电解液也会通过毛细孔沿炭棒上升，而把炭棒顶端的铜帽腐蚀破坏。通过反复实践发现，采用浸渍憎水性物质的处理方法，可以得到透气不渗液的炭棒。一般使用含 10% 凡士林的汽油浸渍炭棒，当溶剂汽油挥发后，憎水性的凡士林就留在炭棒内部毛细孔的表面，这样就使炭棒具有了透气不渗液的性质。采用这种方法基本上能解决电池的气胀问题。但是，并不是采用了透气炭棒，电池的气胀就彻底解决了。在生产过程中，特别是在炎热的夏季，在灌上沥青封口剂以后，由于温度比较高，产生气体的速度较快，如果来不及从透气炭棒排出，就会在电池内部形成一定的气压，甚至有时可以观察到炭棒和封口剂被内部的气压顶起来的现象。所以在夏天，还要在生产过程中采取降温措施，以降低锌的腐蚀速度，防止发生气胀。

(7) 面粉和淀粉　面粉和淀粉都是具有支链的链状高分子化合物，它们的化学成分相近，分子式为 $(C_6H_{10}O_5)_n$，根据单体之间的连接方式可分为直链淀粉和支链淀粉。直链淀粉中的 n 值为 $600\sim6000$，葡萄糖单体呈链状连接而成。支链淀粉中的 n 值为 $10^5\sim10^6$。直链淀粉溶于热水中，支链淀粉不溶于热水，遇热水成糊状。淀粉黏性差，与锌筒的黏着力弱，保持水分的能力也差；面粉黏性好，与锌筒的黏着力强，保持水分能力强，且面粉中的麸朊（gliadin）和袂搔宁（mesonin，一种麦蛋白）对锌筒具有缓蚀作用。但面粉的胶体强度低，对 $ZnCl_2$ 和 MnO_2 的化学稳定性差，因此电池生产中将淀粉和面粉混合使用，可提高电糊性能。

(8) 氯化汞　即升汞，容易升华，白色针状结晶，在水中溶解度较小，剧毒。电解液中加入升汞后，Hg^{2+} 被锌还原并在其表面形成一薄层锌汞齐。由于氢在锌汞齐上析出的过电势较高，所以汞齐化能抑制锌筒的腐蚀。但是锌筒中若含有某些金属杂质，如铁、铬、锰、镍和铜，特别是铁和铬，即使采取了汞齐化措施也无明显缓蚀效果。升汞还能防止电糊发霉，但用量过多会使锌筒变脆。

随着人们环保意识的增强，很多国家已经禁止生产含汞锌锰电池。

2.2.6　传统糊式锌锰电池的生产工艺

糊式锌锰电池的生产工序较多，其工艺流程如图 2-17 所示。这里介绍正极的生产、电液与电糊的配制及装配等几个主要部分及其对电池性能的影响。

2.2.6.1　正极的生产

在锌锰干电池中，正极通称电芯或炭包，其组成是锰粉、石墨、乙炔黑和固体氯化铵。各组分在电池中具有特定的作用，且它们的配比对电池的性能有很大影响。MnO_2 是正极活性物质，但它的导电性差，所以要加入一些石墨和乙炔黑等含碳导电组分，以增加正极的导电性。石墨导电能力强，乙炔黑则颗粒细、相对密度小、比表面积大、疏松，且吸湿能力强。加入石墨和乙炔黑使电芯中的 MnO_2 颗粒间有良好的电子通道，在孔隙中电解液扩散也比较畅通，从而大大提高 MnO_2 的利用率。作为导电组分，它们不参加成流反应。

在实际生产中，粉料里的 MnO_2 和导电组分的比例要选择合理，这是影响干电池容量

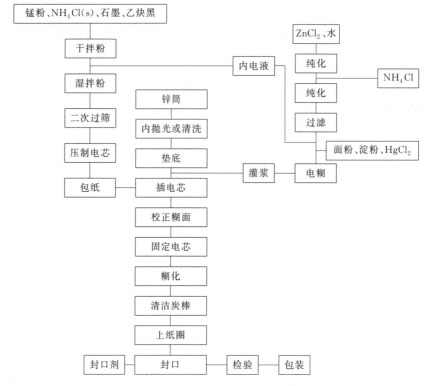

图 2-17 糊式锌锰电池生产工艺流程

的重要因素。图 2-18 是电芯粉料中锰含量对电池比容量和电芯电阻率的影响情况。

由图 2-18 可见，在电芯粉料的电阻率达到一定值之前，电池的放电容量随着电芯粉料

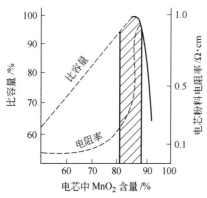

图 2-18 电芯粉料中 MnO_2 含量对电池
比容量和电芯电阻率的影响

中 MnO_2 含量的增加而平稳增大。这说明此时电芯的电阻不是影响电池容量的主要因素。当 MnO_2 用量超过一定量后，电芯的电阻率急剧增大，这时电芯的电阻就成为影响电池容量的主要因素，并随 MnO_2 含量的继续增加而很快达到某一极限值，此时如果 MnO_2 含量再增大，则电池的容量急剧下降。因此，电芯粉料中 MnO_2 含量在某一最佳值时，电池具有最大放电容量。

电芯粉料的具体配方应根据使用要求来确定，一般至少要考虑电池在小电流、中等电流和大电流三种条件下的使用情况。这就要求针对不同使用条件适当地调整电芯粉料的比例。在轻负荷放电时 MnO_2 含量应高一些，而且可选用活性稍低的天然 MnO_2；对于

在大电流下工作的电池，应适当地减少 MnO_2 含量，提高炭和水的比例，但必须用高活性的 MnO_2。根据电池使用条件的不同，一般电芯粉料中 MnO_2 含量在 80%～90%之间。

乙炔黑含碳量高，导电性能好，比表面积大且有害杂质含量少，所以增大乙炔黑含量可提高锰粉的利用率，有利于提高电池的容量和储存寿命。一般乙炔黑含量取 10%以上。

锌锰干电池的成流反应中消耗 NH_4Cl，为保证电液组成恒定，需在粉料中加入一定量的固体氯化铵，其加入量应该同时考虑内、外电液中的要求。由于 NH_4Cl 参加成流反应，

NH_4Cl 含量不足会引起容量下降，加入过多，势必减少正极组分 MnO_2 和乙炔黑的相对含量，同样会使容量下降。实验表明：一般 NH_4Cl 加入量为 $15\%\sim19\%$（占干粉量）为宜。

拌粉就是将原料粉末充分拌和使各组分混合均匀，通常在拌粉机中进行。粉料的均匀性直接影响正、负极活性物质的利用率，从而影响电池的容量。拌粉方式有干混和湿混两种。干混是将粉料的各组分按比例直接加入立式或卧式混粉机内进行混合。一般干混 $8\sim15min$（转速为 $20r/min$），然后加入内电液，再湿混 $8\sim15min$，出料过筛。干混法的主要缺点是粉尘大，需要高大的操作间，粉料各组分相对密度不同，容易出现局部混合不均匀现象。湿法混粉是将原料通过管道加入装有电液的搅拌机内，搅拌后通过隔膜泵打入板筐压滤机，过滤得滤饼，最后粉碎得到电芯粉，此法缺点是设备腐蚀严重。

调粉用的内电液中 NH_4Cl 与 $ZnCl_2$ 的含量与电池的性能也有很大关系。在粉料中加入的 $ZnCl_2$，具有强烈的吸水性，能稳定电芯中的水分，同时它还对电芯的 pH 值起到缓冲作用，这对促进电芯微孔中充分反应具有重要的作用。通常使用电解锰粉比使用天然锰粉时所需 NH_4Cl 和 $ZnCl_2$ 的浓度高一些。这是由于电解锰粉活性高，放电过程中利用率较高，反应时引起电芯 pH 值的变化也较大。电解锰粉可使用密度为 $1.21g\cdot cm^{-3}$ 的 $ZnCl_2$ 加 $400g\cdot L^{-1}$ NH_4Cl，而天然锰粉使用密度为 $1.16g\cdot cm^{-3}$ 的 $ZnCl_2$ 加 $300\sim350g\cdot L^{-1}$ NH_4Cl。

水分是电芯中不可缺少的，它是各种粉料之间的黏结剂，便于电芯成型，保证电芯微孔具有良好的导电能力，对电池容量和储存性能有较大影响。拌粉时正极粉料中水分要适量，水分少，电芯不易成型，而且在储存时可能会发生电糊干涸，造成电池无法放电；水分过多，则电芯强度较差。因此拌粉时，电液的加入量要兼顾电池的容量和强度，一般电芯水分以 $17\%\sim18\%$ 为宜。

拌好的粉料一般要搁置一段时间，使粉料中的水分充分渗透，均匀一致。而且经搁置后，微酸性的电液可使天然锰粉中的碳酸盐杂质充分分解，释放出二氧化碳气体，这对于减轻电池的气胀是有利的。因此在保证足量水分的前提下，放置时间长一些为好。但时间太长，可能会使水分蒸发过多；温度越高，水分蒸发越多。

拌粉之后在专门的打电芯机中完成电芯的成型。成型压力的大小应保证电芯具有一定的孔隙率和强度，这与电池的容量和储存性能密切相关。如果成型压力太小，则电芯孔隙率过大，离子通道畅通，而电子通道会受到影响，使 MnO_2 的利用率降低，而且孔隙率过大也会影响电芯强度，易发生掉粉。成型压力过大，其粉料接触紧密，孔隙率小，电子通道畅通，而离子通道减少，MnO_2 的利用率也会降低，容量下降。一般控制电芯孔隙率在 40% 左右。

压制电芯时还应注意选用合格的透气炭棒，且保持炭棒的清洁，防止电池内电解液沿炭棒的毛细孔渗透，引起金属帽的腐蚀；炭棒必须在电芯的中央，且与电芯接触良好；电芯的直径、高度和质量等也应控制在标准范围之内。

2.2.6.2 电液与电糊的配制

电液与电糊的配制也是锌锰电池生产中很重要的工序。电液与电糊的配方、纯度、酸度及均匀程度等都会直接影响电池的容量和储存性能。

电液配制时，首先将氯化锌加热溶解配成高浓度 $ZnCl_2$ 溶液，加入锌皮边角料将 $ZnCl_2$ 和水中带入的 Fe、Cu、Ni、Co 等重金属杂质置换除去，直至再投入锌皮后其表面上不再出现重金属杂质的斑点和产生氢气为止。

$ZnCl_2$ 溶液中的 Fe^{2+} 不容易被锌置换出来，通常是用 H_2O_2 将其全部氧化成 Fe^{3+}，再用水稀释至所需浓度。在稀释的过程中，溶液的 pH 值升高，可达 5.3，杂质 Fe^{3+} 发生水解作用，生成 $Fe(OH)_3$ 沉淀析出（pH 值为 4 时，Fe^{3+} 就可完全沉淀），反应式为

$$Fe^{3+}+3H_2O \longrightarrow Fe(OH)_3\downarrow+3H^+ \tag{2-41}$$

这样就除去了溶液中的铁杂质。然后再在稀释后的 $ZnCl_2$ 溶液中按量加入固体 NH_4Cl，制成所需的电解质溶液。如果先加 NH_4Cl 再稀释，则溶液 pH 值不易升高，Fe^{3+} 沉淀不完全，甚至不能以 $Fe(OH)_3$ 沉淀析出。配制好的电液 pH 值在 5.0 左右。

干电池的电液是不流动的糊状物，因此还要向上述配制好的电解液中加入面粉和淀粉等稠化剂，制成糊料。糊料中面粉和淀粉的配比在很大程度上带有经验性，不同型号的电池，两者的配比可能相差较大，通常二者的比例为 (1∶1)～(1∶2) 之间。将糊料灌入锌筒和电芯之间，然后进行糊化，糊化温度控制在 65～85℃，时间为 1～4min。

糊化过程比较复杂，一般认为淀粉分子发生了水化，链状分子相互交织而形成一种网状结构，把一定量的水分和电解质溶液包裹起来，降低了溶液的流动性，同时可起到隔膜作用。离子及水分子都能在这个网状结构中移动，而电芯中的固体粒子却不能通过该糨糊层。因此糊状电液可以保持电解液中的水分，固定电芯在锌筒中的位置，并作为正负极间的隔离层，同时对锌筒也有一定的缓蚀作用。

糊化温度不能太高，否则容易造成电糊过熟，产生脱壳现象，以致不能与锌筒表面很好地接触，影响放电性能；温度也不能太低，否则电糊过生可能导致锌筒在放电过程中溶解得不均匀。灌入锌筒的电糊一定要均匀，为此在灌入前要不断搅拌，且从灌浆到糊化等一系列操作要连续进行，否则就会引起上稀下稠，导致不均匀。

电糊的 pH 值一般控制在 5.0 左右。在锌筒中电糊液面应与正极电芯的高度刚好相平。

2.2.6.3 装配电池

糊式锌锰电池的装配要经过锌筒垫底→灌浆→插电芯→校正糊面→糊化→清洁炭棒头→上纸圈→铜帽→封口→检验等一系列工序。其中，清洁炭棒头及封口工序与电池质量关系最为密切。若炭棒头粘有电液或被污染，就会加速铜帽的腐蚀，引起铜帽发绿；封口不严，电液将会沿缝隙外渗到铜帽，既会造成电池内水分散失，又会导致铜帽腐蚀，还可使空气中的氧进入电池而加速锌负极自放电。因此电池工业上要求洗净炭棒头，严格封口。封口剂一般采用沥青 50%～80%，松香 5%～10%，石蜡 5%～35%。封口剂厚度为 1.5～2.0mm，软化点在 60℃以上。封口的操作温度在 180～260℃之间。

2.2.7 特点与用途

糊式锌锰干电池具有以下特点：①开路电压较高，为 1.5～1.75V；②有较好的储存性能；③原材料丰富，制造工艺简单，价格低廉；④可制成多种型号（1～5 号），携带方便；⑤最佳工作温度范围 20～40℃。

但该类电池的缺点是：比功率较小，大电流连续放电性能较差，适用于小电流间歇放电；在使用过程中，电压不断下降，不能提供稳定电压；低温性能差，低于 -20℃ 即不能工作；在电池使用末期极易漏液。

糊式电池是锌锰电池中的低档产品，只适宜于小电流间歇放电的用电设备，如收音机、计算器、钟、玩具、电剃刀、门铃、手电筒等。

2.3 纸板锌锰电池

糊式锌锰干电池已经有 100 多年历史，但它只适用于小电流间歇放电，性能已不能满足日益发展的新型用电设备对电池性能的要求，即具有体积小、容量大、能大电流放电、连续使用时间长等特性。随后发展的纸板电池和碱性锌锰电池，性能已得到大幅度的提高，并在锌锰电池系列中占据了重要地位，特别是在小型干电池中已完全取代了糊式电池。

纸板结构是近年来高性能和超高性能锌锰干电池所普遍使用的结构，它使用涂有糨糊的纸层（称为浆层纸）代替糨糊层作隔离层，而正负极结构和制造工艺与糊式电池相似。

纸板电池之所以成为高性能电池，是因为它比糊式电池具有下列优点。

① 用浆层纸代替糨糊层，使锰粉填充量增多，从而电池放电容量增加。糊式电池中糨糊层厚度至少为 1.5～2mm 厚，局部可达 3mm 左右。而纸板电池中使用的浆层纸厚度仅0.10～0.20mm，从而使锰粉的填充量增加约 30%，相应放电容量提高 30% 左右。浆层纸的含液量比糊式电池低，为了保证电池反应的进行，必须提高电芯的含水量，乙炔黑具有较好的吸水性，可通过增大乙炔黑的含量来增大电池的含水量。乙炔黑用量的增加还可以提高电池的孔隙率，有利于提高二氧化锰的利用率，使电池的比容量更大。

② 电池内阻降低，有利于提高放电电流，延长电池的使用时间。纸板电池的糊层薄，电极间距缩小，因此电池内阻较小；而糊式电池的糊层较厚，电阻大且在灌浆到完成糊化的过程中电芯粉料吸液软化，使粉料与炭棒松动，又增加了电池内阻，所以放电性能不及纸板电池。

③ 纸板电池漏液现象少。糊式电池在放电后由于 Zn^{2+} 浓度增加，使淀粉形成的凝胶破坏而转变为溶胶，造成漏液；而纸板电池中水分少，也没有淀粉凝胶存在，因此漏液现象大大减少。

④ 纸板电池不需要大量使用面粉和淀粉，简化了生产工艺。

基于上述优点，纸板电池发展很快。目前纸板电池和碱性锌锰电池已经取代传统的糊式电池，而占据主导地位。

根据电解液的组成不同，纸板电池可以分成两种：一种是氯化铵型（简称铵型），其电解质与糊式电池相同，主要是氯化铵，加入少量氯化锌；另一种是氯化锌型（简称锌型），其电解质主要是氯化锌，加入少量氯化铵。两种纸板电池的性能也不完全一样，前者的特点是电容量高，放电时间长；后者则可以大电流连续放电。所以铵型纸板电池做成高容量电池，而锌型纸板电池做成高功率电池。

2.3.1 铵型纸板锌锰电池

铵型纸板锌锰电池（ammonium chloride system paper-liner zinc-manganese dioxide systems battery），又称为 C 型电池或高容量电池。它是锌锰电池的第二代产品，始于 20 世纪60 年代末。它与糊式电池的主要区别在于正极活性物质采用了电解二氧化锰，放电时间是糊式电池的 1.5～2.0 倍。因其性能优于糊式电池，所以常被称为高性能电池，通常在电池的型号后加 C 表示，意为高容量。主要规格有 R20C、R14C、R6C 等。

2.3.1.1 结构及工作原理

铵型纸板锌锰电池的结构与糊式锌锰电池基本相似，仍以氯化铵和氯化锌的水溶液作电解液，并加入糊化剂制成干电池。负极活性物质依然是锌筒，但采用外罩铁壳作容器。正极活性物质以天然二氧化锰为主，但掺入了一定比例的电解二氧化锰或化学二氧化锰，以提高电池的容量。电池中间的炭棒作正极集流体，正极材料与锌筒之间被浆层纸，即涂有化学糊料的牛皮纸或电缆纸隔离开，如图 2-19 所示。

该电池的工作原理与糊式锌锰电池相同，即放电时的成流反应为：

$$Zn + 2MnO_2 + 2NH_4Cl \longrightarrow 2MnOOH + Zn(NH_3)_2Cl_2$$

2.3.1.2 生产工艺

与糊式电池相比，纸板电池中最显著的不同在于用很薄的浆层纸取代了糊层，所以对浆层纸的质量要求很高，不仅要求浆层纸能以物理方式将电池的正极与负极分开，防止短路，还应满足下列要求：

① 具有良好的离子透过性，但不能让电芯微粒通过；

② 内阻小，亲液性好，即对电解液的浸润性好；

③ 化学稳定性高，对正负极活性物质（即氧化剂和还原剂）及电解液稳定，能经受电解液 pH 值变化而性能不发生变化；

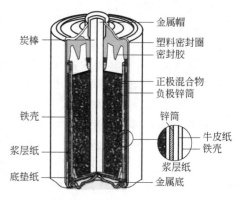

图 2-19　铵型纸板锌锰电池的结构

④ 具有一定的力学强度（包括干强度和湿强度，尤其是湿强度好）和韧性；

⑤ 具有一定的缓蚀能力，能减轻锌负极的自放电。

由于单一材料很难同时满足上述几项要求，所以通常作为隔离层使用的浆层纸由浆层与基体纸组成。一般要求基体纸吸水性强且湿强度好。国外主要采用牛皮纸，国内多采用 K_8 电缆纸。浆层中包含黏结剂、糊料、阻止层材料与缓蚀剂。目前国内外采用的主要黏结剂有醇解度 $85\% \sim 89\%$、聚合度 $1200 \sim 1500$ 的聚乙烯醇（简称 PVA）、聚丙烯酰胺（简称 PAM）、聚氧乙烯、聚乙酸乙烯及合成糊料如甲基纤维素等。黏结剂的作用是将糊料粘接在基体纸上，同时使浆层纸与锌筒和电芯结合紧密。

当前采用的糊料有：①天然淀粉，如玉米淀粉、小麦淀粉或土豆淀粉；②交联淀粉，如醚化淀粉、架桥淀粉、架桥醚化淀粉等；③合成糊料，如甲基纤维素、羧甲基纤维素等，它们兼作黏结剂使用。糊料的作用是吸收保存电解液而湿润膨胀，与基体纸及其他浆层成分共同起隔离层作用。

阻止层的主要作用是防止电芯微粒透过，当前采用的阻止层材料是醇解度大于 90%、聚合度大于 1700 的 PVA。

加入缓蚀剂是为了减缓负极锌的腐蚀。目前铵型纸板电池中使用的缓蚀剂一般是 TX-10（聚氧乙烯对辛烷基苯基醚），其分子式为

$$R-\!\!\!\langle \ \rangle\!\!\!-O(CH_2CH_2O)_n H$$

式中的 R 有 8 个碳原子，n 的平均值为 10。

浆层中各成分的配比是影响纸板电池性能的关键，不同电池其比例也不同。将各组分按配比混合均匀后，涂覆在基体纸上，烘干即成纸板电池所用的浆层纸。

纸板电池与糊式电池的生产工艺相似，主要区别如下。

① 用很薄的浆层纸代替了糊层，其厚度约为糊层的 7% 左右。作为隔离层的浆层纸位于锌筒和电芯之间。生产中一般是先用浆层纸包好电芯，再装入锌筒，也有的先把浆层纸装入锌筒，后放入电芯。无论哪种方法，都必须将涂有阻止层的一面朝向正极，涂有糊层的一面朝向负极。

② 正极电芯中活性物质仍以天然二氧化锰为主，但掺入一定比例的电解二氧化锰或化学二氧化锰，并且增加了锰粉的用量，也增加了乙炔黑的用量。

③ 电芯中不能采用透气炭棒，且炭棒的装配顺序不同。与糊式电池不同，纸板电池要求炭棒不透气。由于纸板电池的电芯含水量多，而浆层纸保液量有一定限度，如果水分通过

炭棒微孔散失，将使电池性能下降，所以不能采用透气炭棒，以防水分散失和大气中的氧进入电池。此外，纸板电池的生产过程中是先装电芯，后置入炭棒，这与糊式电池工序也是不同的。

④ 纸板电池的密封要求更高，特别是锌型纸板电池，放电时要消耗水，密封性的好坏直接影响到电池的容量、储存和防漏等性能。

铵型纸板锌锰电池适用于中、小电流间歇放电的用电器具，如收音机、计算器、电剃刀、手电筒等。

2.3.2 锌型纸板锌锰电池

锌型纸板锌锰电池（zinc chloride system paper-liner zinc-manganese dioxide systems battery），又称为 P 型电池或高功率电池。它使用高浓度的氯化锌溶液作电解质溶液，高活性的电解二氧化锰作正极活性物质，用涂覆改性淀粉的浆层纸作隔离层，并使用封口剂与塑料密封圈双重封口。锌型纸板电池是锌锰电池的第三代产品，始于 20 世纪 70 年代，其放电容量较前两种电池有较大幅度的提高，大电流和连续放电性能得到改善，低温性能较好，所以被称为超高性能电池。主要规格有 R03P、R6P、R14P、R20P 等。

2.3.2.1 锌型纸板电池与铵型纸板电池的比较

锌型纸板电池的结构和生产工艺与铵型纸板电池基本相似，但二者在正极材料的构成、电解液的组成、隔膜和工作原理，以及由此产生的放电特性存在显著差异，对比如下。

(1) 正极材料的构成 锌型纸板电池的正极活性物质以天然二氧化锰为主，仅掺入一定比例的电解二氧化锰或化学二氧化锰，而锌型纸板电池则完全用高活性电解二氧化锰代替天然二氧化锰作正极活性物质，因此后者的放电容量明显增大。

(2) 电解液的组成 铵型纸板电池的电解质以氯化铵为主，掺入少量氯化锌；锌型纸板电池的电解质不再以氯化铵为主，而是以氯化锌为主体，加入少量氯化铵。虽然二者都属于氯化铵-氯化锌-水体系，但它们在相图上位于两个不同的区域，如图 2-20 所示。

由于锌型纸板电池的电解液中 $ZnCl_2$ 含量比铵型纸板电池中的高，所以其电解液的酸性更强（pH 值在 3.5～4.5 之间）。这有利于正极反应生成物的扩散，同时对正极附近的 pH 值变化的缓冲作用也比铵型电池强，使得锌型电池的正极极化降低，从而放电容量比铵型电池更高。但电解液的酸性增强会加速负极锌筒的腐蚀，特别是在有氧的存在下腐蚀尤为严重，从而影响电池的储存性能。因此要求锌型电池的负极锌筒的纯度更高，或者缓蚀性能更好。同时，为防止氧的腐蚀，要求电池的密封性更好。

(3) 隔膜 锌型纸板电池中 $ZnCl_2$ 含量高，会使糨糊发生降解，破坏凝胶，故不能采用糊式隔离层，而采用纸板隔膜。其隔膜除了满足铵型纸板电池的一般要求外，还有以下特殊要求。①锌型电池属高功率电池，往往要求以重负荷连续放电。放电时，靠近锌阳极区域溶液的 pH 值可降低至 0～1，这就要求隔膜层在强酸性介质中也能稳定工作，基体纸和浆层材料不发生降解及胶溶现象。②锌型电池放电时消耗水分，尤其是大电流放电更是如此，所以电芯的水分含量应该在 30% 左右，比铵型电池水分高得多。为使放电反应平稳地进行，隔膜应有良好

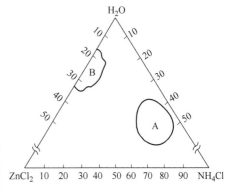

图 2-20 氯化锌-氯化铵-水
体系相图（质量分数/%）
A—铵型电解液组成；B—锌型电解液组成

的吸水性。③锌型电池对水分和氧气很敏感，除了加强电池的密封并改进其密封结构外，还要设法使隔膜有良好的保液性，避免水分向阴极移动或丧失。

目前国内锌型电池生产厂家对浆层涂料的配方不尽相同，但总的来说基体纸 K_8 电缆纸性能和浆层组分配方还达不到锌型电池的要求，致使浆层纸不能同时具备亲液性、保液性、耐储存及耐电解质腐蚀的化学稳定性。这也是当前研制锌型电池的主攻方向。

在锌型电池中，纸板隔膜在酸性溶液中工作，Zn^{2+} 对淀粉与纤维素糊料有溶胀和降解作用，会损坏隔膜，使阳极腐蚀增加，氢气析出量加大，这是纸板隔膜的缺点。为解决这一问题，国外尤其是美国、日本对锌型电池隔离层做了大量工作，研制了聚合物隔膜，其组成是将 β-玻璃纤维用黏结剂（聚乙烯醇或聚丙烯酰胺）粘接在一起的薄玻璃纤维载体，两面涂以浆层。这种隔膜的关键是控制隔膜厚度。因为隔膜太薄易破裂造成短路，同时吸收的电液难以保证充分放电；太厚，离子迁移受阻，电池内阻增大，输出减小。一般在 $0.025\sim$ $0.076mm$ 为宜。

另外，也有使用离子交换树脂隔膜的，所用的离子交换树脂是颗粒直径在 $20\sim70\mu m$ 之间的粉末，分散于丁二烯丙烯腈共聚物的丙酮溶液中。将这种悬浮液涂于锌筒的内侧，干燥即可。

(4) 工作原理与放电特性　由于电液的组成不同，导致锌型纸板电池与铵型纸板电池的工作原理差异很大，其对比情况列于表 2-11。

表 2-11　锌型与铵型纸板电池工作原理的对比

项　　目	锌型纸板电池	铵型纸板电池
阳极	$4Zn \longrightarrow 4Zn^{2+}+8e^-$	$4Zn \longrightarrow 4Zn^{2+}+8e^-$
阴极	$8MnO_2+8H_2O+8e^- \longrightarrow 8MnOOH+8OH^-$	$8MnO_2+8H_2O+8e^- \longrightarrow 8MnOOH+8OH^-$
电液	$4Zn^{2+}+H_2O+8OH^-+ZnCl_2 \longrightarrow$ $ZnCl_2 \cdot 4ZnO \cdot 5H_2O$	$4Zn^{2+}+8NH_4Cl+8OH^- \longrightarrow$ $4Zn(NH_3)_2Cl_2+8H_2O$
总反应	$8MnO_2+4Zn+ZnCl_2+9H_2O \longrightarrow$ $8MnOOH+ZnCl_2 \cdot 4ZnO \cdot 5H_2O$	$8MnO_2+4Zn+8NH_4Cl \longrightarrow$ $8MnOOH+4Zn(NH_3)_2Cl_2 \downarrow$

由表 2-11 可见，两者的阳极反应和阴极反应产物都相同，但由于电液反应不同，致使两种电池的总反应不同，从而导致它们的性能差异。

首先，虽然两者的电液反应都有固体产物生成，但它们的性质不同，从而导致其放电性能的差异。铵型电池中，生成的 $Zn(NH_3)_2Cl_2$ 是一层致密而坚硬的沉淀物，它会增大电池内阻，也减小了电池的活性表面积，从而不但影响连放性能也影响重负荷放电。但是铵型电池的间放性能比连放性能好，因为在放电间歇，固相浓差和液相浓差通过扩散而消失，使表面层的 MnOOH 浓度降低，正极附近和微孔中 OH^- 浓度减小，电压得到恢复，这样间放容量比连放容量就要大得多。因此，铵型纸板电池适用于中小电流放电，尤其是间歇放电性能较优越。锌型纸板电池虽然也存在固相浓差和液相浓差，但它的连放性能比间放性能好。这也可从电池反应机理得到解释。因为锌型电池反应生成物 $ZnCl_2 \cdot 4ZnO \cdot 5H_2O$ 在开始生成时是松软的沉淀，随时间延长而逐渐变硬。当电池连放时，整个工作时间短，反应生成物未来得及变硬，故连放性能好。间歇放电时间越长，虽有利于固相和液相浓差极化的消除，却使沉淀物变硬，正极微孔被堵，电阻剧增，电压迅速下降，故锌型电池的间歇放电性能反而不如连放性能。

图 2-21 是锌型和铵型电池放电曲线的比较。由此可见，铵型电池在 1.1V 左右，电压急剧下降，这是由于氯化铵不足和 $Zn(NH_3)_2Cl_2$ 结晶析出造成的。锌型电池初始电压偏低，但在放电过程中电压没有急剧下降的现象，说明在大电流连放条件下使用时，锌型电池的性

能比铵型电池好。

其次，水分在两种电池中的消耗情况不一样。铵型电池既不生成水，也不消耗水；锌型电池中阴极反应和电液反应中都要消耗水，致使总反应消耗了大量水。因此，锌型电池更能防漏。但是这也给锌型电池提出了更高的要求，即在其正极粉料中需要更多的水分，同时还必须防止水分蒸发。为了防止水分蒸发出去，以及前面谈到的防止空气中的 O_2 进入电池，锌型电池的封口应更严密。为此，可选择适当的密封结构和适宜的密封材料。

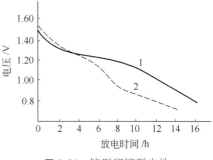

图 2-21　锌型和铵型电池
放电曲线的比较
（纸板 R20 电池 4Ω 连放，20℃）
1—锌型电池；2—铵型电池

2.3.2.2　锌型纸板电池的特点与用途

与普通糊式锌锰电池和铵型纸板电池相比，锌型纸板电池的显著特点是：①电池容量比普通锌锰电池有较大幅度提高；②大电流和连续放电性能得到改善，输出功率大；③防漏性能较好；④低温性能较好。

该类电池适用于中等负荷连续或间断使用的用电器具，特别适用于操作时间长和使用频繁的电动器具，例如闪光灯、电动剃须刀、玩具、收录机等大电流输出的用电器具。

以上几种电池都以锌筒为负极兼作电池的容器，炭棒作正极集流体，故又统称为碳锌（zinc/carbon 或 Zn/C）电池。

2.3.3　积层式锌锰电池

为了作高压电源，可以将多个单体电池上下重叠串联起来，组成一种空间利用率高的电池结构，把具有这种结构的电池称为叠层电池，又名积层式电池。自 1935 年亨特利（Huntley）制作了叠层电池以来，叠层电池获得了迅速发展，1949 年市场上便开始出售用于通信电源的叠层电池。尤其是在电子管收音机过渡到晶体管收音机以后，小型叠层电池（6F22 电池）已成为民用的代表产品，业已大量投产，并实现了生产自动化。在 20 世纪 50 年代初，叠层电池作为战争中特殊通信电源开始大量生产。

用于叠层电池的扁平形单体电池有数种不同的构造，多用塑料薄膜（衬套）包装或者用模型杯成型。目前构成叠层电池的单体电池多为扁平形纸板锌锰电池，故又称为积层式锌锰电池（flat type zinc-manganese dioxide battery），它是一种高电压、高内阻的电池，主要规格有 6F22、4F22 等。

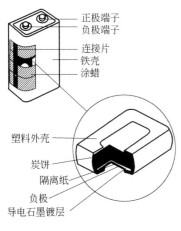

图 2-22　积层式锌锰电池
结构示意

2.3.3.1　结构及工作原理

积层式锌锰电池由若干个纸板式锌锰单体电池重叠堆积串联而成，其结构如图 2-22 所示。单体电池由炭饼、浆层纸、锌片、导电层、塑料衬套等构成。锌片是电池的负极，炭饼是正极，在炭饼和锌片之间是吸有电解液且表面有淀粉层的浆层纸，它作为正负极间的隔离物。锌片的另一面紧贴着一层导电层，它是两只单体电池间的导电体。在整个单体电池外部包覆了塑料衬套或聚氯乙烯热缩管，用作电池的容器。

除了上述基本结构外，目前世界上还生产了其他各种式样的叠层电池,具有代表性的几种结构如下。

(1) Mini-Max型 这是最常见的普通型叠层电池。这种电池的重要问题之一是,要对塑料薄膜进行很好的选择,使电解液不能通过包装单体电池的塑料薄膜或重叠起来的各单体电池之间的间隙,以防止电解液的蒸发而干涸。此外,还要对用带子(纸质或纤维质带子)捆扎的或无带子捆扎的重叠起来的电池组很好地进行蜡封处理,以达到防止炭饼干涸的目的。

(2) 折叠型 这种电池的全部单体电池用软质塑料薄膜包封,以集流体的突出片作为外部接触片,可以作并联或串联折叠。

(3) 正极包封型 这是一种上下为扁平形的炭饼正极,中间夹着锌负极的夹层结构电池。该电池的容量比普通型的容量大50%。

(4) 塑料皿型 在塑料质的无底皿形容器里,放入黏附有导电膜的锌片,然后依次放入浆层、电芯等。电池组组合时,将各个塑料皿的四周用胶黏剂黏结即可,不需用带子捆扎。

从上述各型叠层电池可以看出,它们的结构不像圆筒形电池那样有空气室和炭棒,从而加大了正极混合物的有效空间,提高了比能量。另外,扁平形单体电池在组合时减少了互相连接所需的无用空间,因此,叠层电池组的体积比能量大约比圆筒形电池组大一倍。

叠层电池的工作原理与相应的单体电池相似,其放电反应为

$$Zn + 2MnO_2 + 2NH_4Cl \longrightarrow 2MnOOH + Zn(NH_3)_2Cl_2$$

由于叠层电池是多个单体电池的组合,所以其工作电压为相应单体电池的工作电压的整数倍。

该类电池的特点为:①高电压、高内阻,使用时不得用双手同时接触电池两极,以防止遭受高压电击;②只能用于小电流放电,不可将电流表直接连接于电池的两极上,以免损坏电流表;③具有较高的比能量。

积层式锌锰电池用于高电压、小电流的用电器具,如遥控器、万用电表等仪器仪表。

2.3.3.2 生产工艺

将二氧化锰、乙炔黑、电解液等材料混合成的正极粉压成片状装入敞口的浆层纸杯中,加电解液,装配由锌片与导电膜压制而成的负极,外套PVC收缩管,加热收缩,包紧电池部件即成单体电池。再将单体电池串联组合成电池组,经扎线、浸蜡、套热缩管、焊引电极、套铁壳等工序即成完整的积层式电池。其生产工艺流程如图2-23所示。

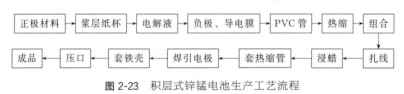

图2-23 积层式锌锰电池生产工艺流程

2.4 碱性锌锰电池

碱性锌锰电池(alkaline zinc-manganese dioxide battery)简称碱锰电池(AM),是锌锰电池系列中的第四代产品,于1882年研制成功,20世纪50年代中期实现商业化,20世纪60~70年代形成了碱锰电池的新时代。美国及欧洲在20世纪60年代已开始规模化生产,而日本到20世纪70年代中期以后才开始快速发展。碱性锌锰电池是普通干电池的升级换代的高性能电池产品,它的比能量和可储存时间均有所提高,适用于大电流和连续放电,是民用电池的升级换代产品之一。目前,碱锰电池在发达国家市场上已占绝对优势,甚至在某些

场合可以取代一次锂电池。近年来，在我国市场上，普通干电池正在被碱性锌锰电池取代。

碱锰电池之所以具有这么好的发展前景，是因为它具有与前几种电池不同的独特结构和优良性能。它采用了与锌锰电池相反的结构——反极结构，并以高纯度、高活性的专用电解二氧化锰作正极活性物质，锌膏作负极，使电化学反应面积成倍增加；同时采用了离子导电性强的氢氧化钾水溶液作电解质溶液，使电池的内阻减小，且在放电中其内阻值变化甚微，所以该电池具有放电电压平稳、放电后电压恢复能力强的特性。正因为如此，碱锰电池的大电流放电性能和连续放电性能优越，容量高，低温性能好，是目前锌锰电池中档次最高的产品，也是目前最具性能价格比的电池之一，有望逐步淘汰普通锌锰电池，成为最具发展前途的民用电池。通常在产品的型号前加 L（意为碱性），主要规格有 LR20、LR14、LR6、LR03、LR61 等。

根据电池的工作性质，可以将碱性锌锰电池分为一次碱性锌锰电池（即通常所说的碱锰电池或碱性电池）和可充碱性锌锰电池；根据电池汞含量的高低又可将其分为含汞电池、低汞电池和无汞电池（含汞电池的含汞量 $0.025\%\sim0.60\%$；低汞电池的含汞量 $\leqslant0.025\%$；无汞电池含汞量 $\leqslant1\times10^{-4}\%$）；根据外观形状可分为圆筒形电池和纽扣形电池。碱性锌锰电池中主要的几类干电池，像市民生活中用量最多的 5 号、7 号一次性干电池，现在都已实现无汞化生产。

2.4.1　一次碱性锌锰电池

2.4.1.1　电池结构

一次碱性锌锰电池有圆筒形和纽扣形两种结构。

(1) 圆筒形碱性锌锰电池的结构　圆筒形碱性锌锰电池（round type alkaline zinc-manganese dioxide battery）的外壳与普通锌锰干电池一样，但内部结构完全不一样，如图 2-24 所示。它的筒体由镀镍的不锈钢制成，钢筒与正极端子（铜帽）连接，只作电池的容器，不参与成流反应。正极粉料压成圆环紧贴在筒体内壁，以保证良好接触。钢筒的中间是压成圆柱体的负极锌膏，其间插入铜钉作阳极集流体。阳极集流体与电池底板（负极端子）连接，在筒体和电池底板间有绝缘垫隔离。在正负极间有环形耐碱棉纸作隔膜。所以，这种电池的外壳为正极，中央部位的锌极为负极，即组成了与普通锌锰电池不同的反极式结构。电池的电解液是 $30\%\sim40\%$ 的 KOH 水溶液。

(2) 纽扣形碱性锌锰电池的结构　纽扣形碱性锌锰电池（button type alkaline zinc-manganese dioxide battery），又名扣式电池或纽扣电池，因其外形与纽扣相近而得名。该电池以氢氧化钾水溶液作电解液，锌粉压成片状作负极，电解二氧化锰与石墨粉混合压成片状正极，正负极间用隔膜隔开。不锈钢正极壳与负极帽之间用绝缘的密封圈隔开，如图 2-25 所示。

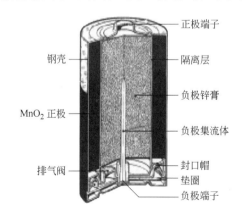

图 2-24　圆筒形碱性锌锰电池的结构

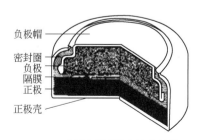

图 2-25　纽扣形碱锰电池的结构

2.4.1.2 构成材料

虽然圆筒形碱锰电池和扣式碱锰电池的结构不同，但它们的电池表示式完全相同。

$$（-）Zn|KOH（30\%\sim40\%）水溶液+ZnO|MnO_2|石墨（+）$$

由此可见，它们的构成材料也基本相同，其主要材料如下。

(1)正极电芯 正极活性物质采用专用的高纯度电解二氧化锰，并加入片状石墨作为导电剂。二者按一定比例混合，再加入少量黏结剂加压成型，其组成如下：

电解 MnO_2 $80\%\sim85\%$；

片状石墨及其他导电物质 $8\%\sim15\%$；

KOH 溶液 $7\sim12mol \cdot L^{-1}$，$30\%\sim40\%$；

黏结剂及其他添加物 $0.3\%\sim4\%$。

在碱锰电池中，用石墨代替体积很大的乙炔黑，使得相同体积的正极材料中 MnO_2 含量增加，从而电池容量大大提高（表2-12）。

表 2-12 R20 型碱性锌锰电池和普通锌锰电池正极粉料组分比较

电池种类	电解 MnO_2 数量及容量	MnO_2 与炭的质量比	主要碳素材料
碱性电池	$37\sim41g$ $10.5\sim11.5A \cdot h$[①]	$6\sim9$	石墨
普通锌锰电池	$22\sim28g$ $5.8\sim7.7A \cdot h$[①]	$5\sim6$	乙炔黑

① 按电池反应式（$MnO_2+H_2O+e^- \longrightarrow MnOOH+OH^-$），每克纯 MnO_2 产生 $0.308A \cdot h$ 计算，通常电解二氧化锰粉中含纯 MnO_2 91%。

放电过程中 Mn^{4+} 被还原到 Mn^{3+}，离子半径增大，使得 MnO_2 晶格空隙难以保持，电芯发生膨胀，粒子松弛，容易引起内阻增加，因此在制造技术上要设法解决这个问题。

(2)负极锌 在化学电源中，用金属锌作为负极活性物质是很有利的，因为锌具有相当负的电极电势，且容易加工成型；锌在电池反应中的利用率很高，即它的实际消耗量与其理论值 $1.22g \cdot A^{-1} \cdot h^{-1}$ 非常接近。与其他锌锰电池的锌负极一样，碱性电池放电时在锌极表面上也会有 ZnO 积聚，即锌极发生钝化，使电阻增加，因此要尽量增大负极表面积。锌负极的成型方式有锌粉成型和胶体成型两种。胶体成型可使锌颗粒间隙内离子易于流通，从而提高锌的利用率，且电池的耐低温性能良好，所以碱性电池中多采用胶体成型方式将锌粉制成锌膏。同时，尽量采用高纯度锌粉，并加入适当的缓蚀剂，防止锌负极在储存和放电过程中自放电。

(3)电解液 电解液可以使用苛性碱的浓溶液。因为 KOH 溶液的凝固点比 NaOH 的低，电导率也高，所以通常用 40% 的 KOH 水溶液作为碱锰电池的电解液。实用电池中还要先用 ZnO 将其饱和，以提高电池的储存性能，即起到防止锌负极腐蚀的作用。

碱性电解液中对锌负极最有害的杂质是 Mo、Sb、As；比较有害的杂质是 Ni、Co、Fe、V、Cu。

为了使电解液胶体化，通常使用 CMC-Na。但其用量过多时，会使电解液的电导率下降。隔膜通常使用耐碱性棉纸、尼龙等。

(4)容器 主要使用镀镍的钢制容器。为了防止放电中气体的排出以及漏液爬碱等，而采用两层筒、塑料包装、安装排气阀等各种加工技术。

2.4.1.3 电池的工作原理

(1)负极工作原理 在碱性溶液中锌负极的阳极溶解反应为

$$Zn+4OH^- \longrightarrow ZnO_2^{2-}+2H_2O+2e^- \tag{2-42}$$

此反应每放出 1mol 电子需要 2mol OH^-，所以碱的消耗量很大，同时可溶性产物锌酸根离子（ZnO_2^{2-}）浓度升高。ZnO_2^{2-} 在碱性介质中的溶解度为 $1\sim2\,mol\cdot L^{-1}$，达到饱和后氢氧化锌开始在锌负极表面沉积，抑制电极反应，因此在大电流下工作，锌负极的容量并不取决于锌的量，而是取决于碱溶液的体积，大约需要 $10\,mL\cdot A^{-1}\cdot h^{-1}$ 碱溶液。

在小电流下工作时，锌负极在饱和的锌酸根溶液中能够继续放电，产生不溶的 $Zn(OH)_2$ 或 ZnO。

$$Zn+2OH^- \longrightarrow Zn(OH)_2+2e^- \tag{2-43}$$

或

$$Zn+2OH^- \longrightarrow ZnO+H_2O+2e^- $$

按式(2-43)反应，则 OH^- 的消耗量为反应式(2-42)的一半。

采用粉状负极，可大大增加实际表面积，使电流减小，这样便符合了反应式(2-43)过程需要小电流的条件。

在碱性溶液中，纯锌的析氢腐蚀并不严重，但当杂质存在时可大大加快锌的腐蚀速率。因此要求锌和电液必须纯净，另外 ZnO_2^{2-} 的累积也能降低锌在碱溶液中的腐蚀速率，所以常用 ZnO 饱和的办法来增加电解液中 ZnO_2^{2-} 的浓度。

式(2-43)中的反应只能在较小的电流下进行，如果电流密度超过了临界值，就会导致锌负极钝化，使电池电压及放电电流很快降到一个很低的值；而在临界值内，即使电池工作很长时间，也不会发生锌负极钝化的现象。

影响锌负极钝化的主要因素有两个：锌电极的电流密度及电极界面-溶液中物质的传递速度。因此为了阻止锌电极钝化，必须控制电流密度和改善物质传递条件，对于后者，必须通过改进电极结构，降低电极表面的实际电流密度才能实现，现在都采用多孔锌电极。

(2) 正极工作原理　在碱性溶液中，MnO_2 正极放电过程分为两步进行，其放电曲线如图 2-26 所示。第一步用 AB 段表示，MnO_2 还原为 $MnO_{1.5}$，电极电势连续降低，放电曲线呈 S 形。其反应为

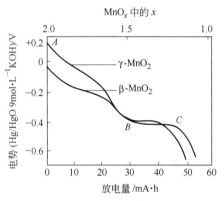

图 2-26　MnO_2 电极在
KOH 溶液中的放电曲线
（x 为 MnO_x 中之 x 值）

$$MnO_2+H_2O+e^- \longrightarrow MnOOH+OH^- \tag{2-44}$$

该反应是一个固态均相过程，即由一种固态结构（MnO_2）转化成另一种固态结构（MnOOH）。实际上固态物质的基本结构骨架并未改变，只是电子与质子进入晶格中，即虽然晶格中 Mn^{3+} 与 OH^- 浓度增加，但仍然保持均相。原有的正极活性物质 MnO_2 逐渐转化成一种低价氧化物，除去水后相当于 $MnO_{1.5}$。可表示为

$$2MnO_2 \longrightarrow 2MnOOH \xrightarrow{-H_2O} Mn_2O_3=2MnO_{1.5} \tag{2-45}$$

此反应最大限度是 MnO_2 全部转变为 MnOOH（水锰石），此时 Mn^{4+} 浓度非常低，几乎全部还原为 Mn^{3+}。这一反应的初级过程是电化学过程，速度很快，而转移反应产物 MnOOH 的歧化反应速度远小于电化学反应速度；而且质子在 MnO_2 晶格中的扩散要比在

液相中的扩散慢得多，即决定反应速度的控制步骤是质子在固相中的扩散。因此，其电极电势可近似用下式表示：

$$\varphi=\varphi^{\ominus}+\frac{RT}{F}\ln\frac{\alpha_{\mathrm{MnO_2(固)}}}{\alpha_{\mathrm{MnOOH(固)}}}+\frac{RT}{F}\ln\frac{\alpha_{\mathrm{H_2O}}}{\alpha_{\mathrm{OH^-}}} \tag{2-46}$$

式中 $\alpha_{\mathrm{MnO_2(固)}}$ ——固相中 MnO_2 的活度；

$\quad\quad\alpha_{\mathrm{MnOOH(固)}}$ ——固相中 MnOOH 的活度；

$\quad\quad\alpha_{\mathrm{H_2O}}$，$\alpha_{\mathrm{OH^-}}$ ——液相中 H_2O 及 OH^- 的活度。

由于碱液很浓，$\alpha_{\mathrm{H_2O}}$ 和 $\alpha_{\mathrm{OH^-}}$ 变化不大，故放电时，二氧化锰电极的电势随着固相中 $\alpha_{\mathrm{MnO_2(固)}}$ 的减少和 $\alpha_{\mathrm{MnOOH(固)}}$ 的增加而降低。

MnO_2 电极在碱性溶液中放电的第二步反应是 MnOOH 进一步还原为 $Mn(OH)_2$，对应于图 2-26 中放电曲线的 *BC* 段，此时正极平衡电势不随放电量的增加而发生变化，由此可知该过程是多相反应过程。这一过程由三个连续步骤组成：

Mn^{3+} 从 MnOOH 中以 $Mn(OH)_4^-$ 络离子形式溶解于电解液中：

$$\mathrm{MnOOH(初始固相)+H_2O+OH^-\longrightarrow Mn(OH)_4^-} \tag{2-47}$$

$Mn(OH)_4^-$ 电化学还原为 $Mn(OH)_4^{2-}$，相当于 $Mn^{3+}+e^-\longrightarrow Mn^{2+}$：

$$\mathrm{Mn(OH)_4^-+e^-\longrightarrow Mn(OH)_4^{2-}} \tag{2-48}$$

$Mn(OH)_2$ 从 $Mn(OH)_4^{2-}$ 的饱和溶液中沉淀出来：

$$\mathrm{Mn(OH)_4^{2-}\longrightarrow Mn(OH)_2\downarrow+2OH^-} \tag{2-49}$$

总反应为：

$$\mathrm{MnOOH+H_2O+e^-\longrightarrow Mn(OH)_2+OH^-} \tag{2-50}$$

不同于第一步均相反应过程，第二步过程是多相反应，包括两个不同的固相，即由初始固相 MnOOH 转化成了最终固相 $Mn(OH)_2$。电化学反应通过溶解了的离子而进行，故又称溶解-沉积机理，动力学测定已证明这一反应机理。

碱性锌锰电池和中性锌锰电池主要是利用第一步反应放电。

2.4.1.4 电池性能

碱性锌锰电池的开路电压约为 1.52V，工作电压约为 1.25V，实际工作电压取决于放电负载和电池的荷电状态，通常取终止电压为 0.9V，大电流放电时其终止电压还可取更低些。与普通锌锰电池相比，它具有以下一些特性。

(1)容量大 与碳锌电池相比，碱性锌锰电池的正负极材料及填充石墨粉体得到了很大的改进，尤其是用高纯度电解 MnO_2 代替了天然 MnO_2，且填充量增加，所以放电容量大大高于碳锌电池。表 2-13 是两种电池在不同放电情况下的容量对比。

表 2-13 碱性锌锰电池与碳锌电池在不同放电情况下的容量对比

电阻/Ω	AA(R6,5 号电池)			电阻/Ω	D(R20,1 号电池)		
	碳锌/h	碱锰/h	比率		碳锌/h	碱锰/h	比率
62	35	140	4	10	43	130	10
24	12	50	4	4.7	6	50	8
3.9	0.9	9	10	2.2	1.5	20	13

注：表中为 21℃ 时放电到 0.8V 时所得的数据。

表中数据表明，在大电流放电条件下，碱性电池性能更为突出；而且大电池（D 型）比小电池（AA 型）的容量更大。

（2）电压、能量及重负荷放电能力高　几种原电池系列的电性能数据列于表 2-14。根据表中数据可知，碱性锌锰电池性能比较好，它的电压和能量比较高，特别是它比普通锌锰电池性能更好。

表 2-14　几种原电池系列电性能数据比较

原电池系列	热力学 $E^{\ominus}$ /V	开路电压 /V	平均负荷电压 /V	理论比能量 /W·h·kg^{-1}	实际比能量	
					/W·h·kg^{-1}	/W·h·L^{-1}
碱性锌锰电池	1.44	1.55	1.25	290	163	398
普通锌锰电池	1.78	1.58	1.20	280	66	120
Zn-HgO 电池	1.35	1.35	1.20	229	88～120	300～500
Zn-空气电池	1.60	1.40	1.20	890	176	180～300

图 2-27 是 R6 型碱性锌锰电池和普通锌锰电池在 22℃下 12.5Ω 的电阻放电曲线。比较二者可知，碱性锌锰电池放电曲线的斜率比普通锌锰电池放电曲线的斜率小，即碱性锌锰电池所能承受的重负荷放电的能力比普通锌锰电池好，其大电流连续放电容量是普通锌锰电池的 5 倍左右。这样优异的性能使得碱性锌锰电池应用极为广泛，尤其是对一些高功率的电器设备更是不可替代。

不同型号的碱性锌锰电池，其容量、比能量不完全一样，表 2-15 比较了常见几种型号圆筒形碱锰电池的性能参数。

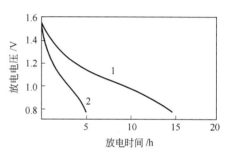

图 2-27　碱性锌锰电池与普通锌锰
电池放电曲线比较
（22℃，12.5Ω）
1—碱性锌锰电池；2—普通锌锰电池

表 2-15　几种型号圆筒形碱锰电池的性能参数对比

型　号	额定容量/A·h	体积/L	质量/g	体积比能量 /W·h·L^{-1}	质量比能量 /W·h·kg^{-1}
LR20	10.0	0.053	125	283	120
LR14	5.0	0.026	65	288	115
LR6	1.9	0.007	23	407	124
LR03	0.9	0.004	13	337	104
LR1	0.7	0.003	9.5	350	110

注：表中额定容量是指 10Ω 连放至 0.9V 的容量，电压按 1.5V 计算。

LR6 电池的体积比能量和质量比能量分别为 407W·h·L^{-1} 和 124W·h·kg^{-1}。可见 LR6 是各型号碱锰电池中体积比能量和质量比能量最高的，评价碱锰电池性能水平常以它为准。

（3）低温性能好　碱性锌锰电池的工作温度在 -20～60℃ 之间，而普通锌锰电池只能在 -10～40℃ 范围内使用，表 2-16 列出了室温和低温下两种电池容量的比较。由表可见，在温度低至 -29℃ 时，碱锰电池的放电时间大约是普通锌锰电池的 18 倍，容量接近 21 倍，即在低温条件下，碱锰电池的放电性能比普通锌锰电池好得多。

表 2-16　不同温度下碱锰电池与普通锌锰电池容量比较（D 型电池）

温度/℃	放电时间/min		容量/A·h	
	碱锰电池	普通锌锰电池	碱锰电池	普通锌锰电池
21	1200	154	6.93	0.89
0	835	100	4.45	0.58
−18	275	50	1.39	0.26
−29	160	9	0.82	0.04

(4) 储存性能好　碱性锌锰电池耐漏液性能好，具有很好的储存性能，20℃时可保存 5 年以上，储存寿命超过普通电池的两倍。在 20℃下储存 1 年容量仅下降约 5%，储存 3 年容量下降 10%～20%；在 45℃存放 3 个月容量损失在 10%～20%之间。

2.4.1.5　碱性锌锰电池的应用

碱性锌锰电池具有容量大、能大电流连续放电、低温性能和防漏性能优异、性价比高等特点，能广泛应用于多种用电设备，并已成为锌锰电池的主导产品。除了普通生活照明（应急灯、便携电灯、信号灯）外，它还特别适用于多种小型低压电动设备（闪光照相机、电动玩具、剃须刀、录放机、报警器、各种仪器仪表等），甚至能部分替代锂电池系列用于现代移动通信系统（对讲机、移动电话）。可以说，碱性锌锰电池在应用方面可以完全替代普通干电池和镉镍电池，并且性能更为优异。

碱性锌锰电池性能优异、便携性好、使用方便、储存期长，因此很长时间以来都是军事装备的配套器材。电池是通信装备的"血液"，尤其是作为军事通信的配套电源，发挥着不可替代的作用。在野战条件下，市电供应和充电都极为困难，军事通信必须依靠电池供电，耗电量很大，且要求长时间连续工作。碱性锌锰电池能满足这些要求，因此国内外战术电台配套的一次电池大量选用的都是碱性锌锰电池。优质的碱性锌锰电池储存期在 5 年以上，这也是其他一次电池难以达到的，所以碱性锌锰电池在军用中的另一个主要用途是作为储备电源。

2.4.1.6　生产工艺

将电解二氧化锰、石墨等正极材料混合、造粒、压环，装入钢壳，然后插入管状隔膜，加入电解液和膏状负极（锌粉与稠化剂混合而成），再插入负极集流体组合件，经扎线、卷边、检验、贴商标等工序即制成成品碱性锌锰电池。典型的生产工艺流程如图 2-28 所示。

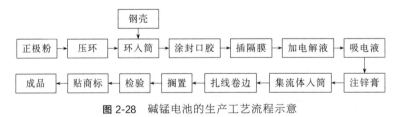

图 2-28　碱锰电池的生产工艺流程示意

2.4.2　可充碱性锌锰电池

可充碱性锌锰电池（rechargeable alkaline zinc-manganese dioxide battery，RAM），也称再生式碱性电池，是在一次碱性锌锰电池的基础上发展起来的新型可充电池。它保持了一次碱性锌锰电池的优异性能，又能重复循环使用，不仅节约资源，还可以减少由于废弃造成对环境的污染，是人类对电池行业可持续发展的要求。经过国内外研究者多年的努力，可充碱性锌锰电池已达到实用水平。

2.4.2.1 电池结构

可充碱性锌锰电池的结构与一次碱性锌锰电池基本相同。为了实现可再充电，主要采取了以下措施：①改善正极结构，提高正极环的强度，并在正极中加入黏结剂，防止在充放电时正极发生溶胀；②通过正极掺杂，提高正极活性物质二氧化锰的可逆性；③控制负极锌的用量，使二氧化锰控制在单电子放电；④采用专用双层隔膜，防止电池充电时发生锌枝晶穿透。

2.4.2.2 碱锰电池的再充电性能

碱性 $Zn\text{-}MnO_2$ 电池的再充电性能比较好，其充放电化学反应式为：

放电 $\qquad Zn+2MnO_2+2H_2O \longrightarrow 2MnOOH+Zn(OH)_2$

充电 $\qquad 2MnOOH+Zn(OH)_2 \longrightarrow Zn+2MnO_2+2H_2O$

由于锌负极在碱性溶液中有良好的可逆性，所以锌锰电池可充性的关键在于二氧化锰正极。实验证明，如果电池放电并未太深，例如放电到大约一个电子反应（$MnO_2+H_2O+e^- \longrightarrow MnOOH+OH^-$）的 25%，则充放电循环可达 40～50 次。

图 2-29 是放电深度与循环寿命的关系，由图可见，当放出的容量小于 25% 时，每一次循环的电压下降是很慢的；当放电深度大于 30% 时，随着循环次数的增多，电压下降相当快。

从结构方面来分析，MnO_2 还原的第一阶段生成 $MnOOH$，它与 $\gamma\text{-}MnO_2$ 具有同样的晶格排列，很容易用电化学的方法重新氧化成原来的 MnO_2。当放电到第二阶段非均相反应后，X 射线分析发现有非 $\gamma\text{-}MnO_2$ 结构生成，如 Mn_3O_4 等。由于放电后 $\gamma\text{-}MnO_2$ 的晶格发生膨胀，晶格的稳定性随着放电深度的增加而减弱，即局部放电的 $\gamma\text{-}MnO_2$ 晶格倾向于转变为另一种更加稳定的晶格结构，这样 MnO_2 就失去了可逆性。理论上，只要保持了 $\gamma\text{-}MnO_2$ 晶格结构，二氧化锰体系即可以再充电。

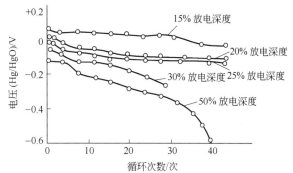

图 2-29 放电深度与循环寿命的关系

在每 1.36g MnO_2 以 30mA 放电条件下，以不同深度放电，然后以 15mA 充电到放出容量的 140%，曲线为每次循环的放电终止电压值

为了保证碱性锌锰电池的可逆循环寿命，一定不能深度放电。一般放电量达到总容量的 1/3 时即予停止。为此，现在一般采用限制负极锌用量的方法，减少阳极容量，从而将电池的放电容量限定在预定的数值。

作为二次电池的可充碱性锌锰电池，除不能过放电外，也不能过充电。过充电会使阴极产生氧气，生成可溶性的 MnO_4^-，它有很强的氧化能力。如果扩散到锌负极上就会腐蚀锌极，造成严重自放电。一般充电电压应限制在 1.7V，最高不能超过 1.75V。可充碱性锌锰电池专用的充电器已经实现商品化。

可充碱性锌锰电池循环寿命，除取决于正极 MnO_2 的可充性外，其锌负极和隔膜的寿命也影响电池的循环寿命。

研究表明，如果限制负极锌的用量而使正极二氧化锰得到保护后，可充碱性锌锰电池的容量衰减主要不再是由二氧化锰电极的深度放电引起的，而在很大程度上是由阳极锌膏造成的，其关键是电解液。因为在放电过程中正极需要消耗大量碱液，当溶液中的锌酸盐的含量达到临界值后，负极锌上就会析出 ZnO 和钝化产物的混合物，造成电池内阻增大，电池的容量逐渐衰减。

2.4.2.3 特点与应用

(1) **优良的荷电保持能力** 与一次碱性锌锰电池一样，可充碱性锌锰电池（RAM）具有十分优良的荷电保持能力。它与镉镍电池、氢镍电池的荷电保持能力比较如图 2-30。

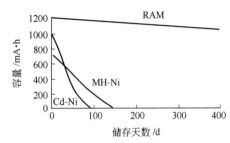

图 2-30 不同系列电池荷电保持能力
R6(AA)电池 300mA 放电，1.0V 终止

由于 RAM 具有良好的荷电保持能力，可以即买即用，使用前不需充电，十分方便。基于此，RAM 电池已成功用于无绳电话，而镉镍电池、氢镍电池用于无绳电话时必须要先充电，否则不能使用；而且 RAM 电池可以储存 3～5 年。RAM 电池优良的荷电保持能力在军事上的应用也是非常重要的。

(2) **浅放勤充，提高 RAM 电池的充放电循环性能** 图 2-31（a）为 R6（AA）型 RAM 电池于 125mA 放电，0.9V 终止，并采用恒流、限压充电，不同循环次数的放电曲线。由图可见，深度放电时，随着放充电循环次数的增加电池的性能衰退很快。图 2-31（b）为 R6（AA）电池于 400mA 以"放电 10min 后，充电，再放电"即浅放勤充的方式进行到 1797～1800 次循环的放充电曲线。图中曲线表明，RAM 电池特别适合于浅放电条件下，浅放勤充会大大提高其循环性能。无绳电话与这种浅放勤充的使用模式相似，当摘机通话时，电池以 20～50mA 的电流放电；挂机插到机座上即可充电。在此情况下，RAM 电池表现出优异的循环性能。

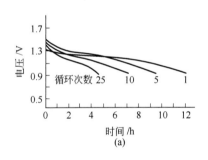
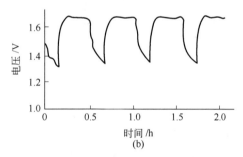

图 2-31 R6（AA）型 RAM 电池的循环性能与充放电方式的关系
（a）125mA 放电，0.9V 终止，恒流、限压充电，不同循环次数的放电曲线；
（b）400mA 放电 10min，然后充电，1797～1800 次循环的放充电曲线

(3) **较好的高温放电特性** 温度对 RAM 电池放电容量的影响如图 2-32 所示。由图可知，RAM 电池具有很好的高温放电特性，这对利用太阳能充电十分有利。在用太阳能充电时，环境温度高达 70℃ 以上，在这样高的温度下，镉镍电池、氢镍电池、铅酸蓄电池的工作性能很差。RAM 电池这种优秀的高温性能，在利用太阳能充电方面具有广阔的前景。

这为未来更高效地利用太阳能开辟了一条新的途径。

此外，相对于其他小型二次电池，RAM 电池还有一些特性，如电压较高，RAM 电池的额定电压为 1.5V，高于镉镍电池和氢镍电池的 1.2V；价格较低，RAM 电池的价格约为氢镍电池的 1/2；无记忆效应，镉镍电池记忆效应严重，氢镍电池也有轻微的记忆效应，在浅充浅放时，容量衰减很快，因此 RAM 电池具有无可比拟的优势。

综上所述，可充碱性锌锰电池更适合低功率、浅放勤充、高温使用场合。基于这样的性能，RAM 电池可用于数字记事本、移动电话、无绳电话、电动玩具、便携式数据终端、实验仪表装置等。也就是说，凡是使用一次锌锰电池的场合，均可使用 RAM 电池。另外，RAM 电池还可在低功率的电器中替代镉镍电池、氢镍电池。

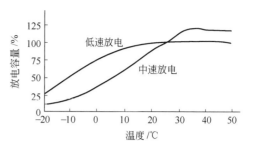

图 2-32　温度对 RAM 电池放电容量的影响

2.5　锌锰电池的现状与展望

2.5.1　现状

在 100 多年的发展历程中，锌锰电池先后经过了 4 次重大的改进换代，形成了技术档次不同的 4 种类型，即糊式、铵型纸板式(高容量)、锌型纸板式(高功率) 和碱性 （包括可充碱锰电池），它们的基本情况对比见表 2-17。

表 2-17　4 种锌锰电池的比较

项　目	糊式电池	高容量纸板电池	高功率纸板电池	碱性电池
内部结构	正极:天然锰粉 隔离物:糊糊层 负极:锌筒 电解液:$NH_4Cl+ZnCl_2$	正极:天然锰粉 隔离物:浆层纸 负极:锌筒 电解液:$NH_4Cl+ZnCl_2$	正极:天然锰粉+电解 MnO_2 隔离物:浆层纸 负极:锌筒 电解液:$ZnCl_2+NH_4Cl$	正极:电解 MnO_2 隔离物:隔膜纸 负极:微粒状锌粉 电解液:KOH
常见型号	1 号、2 号、5 号	1 号、2 号、5 号、9V	1 号、2 号、5 号、7 号、9V	5 号、7 号
质量	较小	5 号 14g 左右 7 号 6～7g	5 号 15g 左右 7 号 7～8g	5 号＞22g 7 号＞10g
包装	简易、粗糙的外包装	包装较好，有采用铁壳、塑壳包装和挂卡包装	包装较好，有采用铁壳、塑壳包装和挂卡包装	包装精良，通常挂卡包装和金属膜标贴
包装标志	R＋数字 如 1 号是 R20，2 号是 R14，5 号是 R6	R＋数字＋C 如 1 号是 R20C，2 号是 R14C，5 号是 R6C	R＋数字＋P 如 1 号是 R20P，2 号是 R14P，5 号是 R6P	LR＋数字 如 5 号是 LR6，7 号是 LR03 并有碱性和 ALKALINE 字样
保质期/a	0.25～0.5	0.5～1	0.5～1	3～5
主要适用对象	手电筒、收音机、石英钟	手电筒、收音机、石英钟、遥控器	手电筒、收音机、石英钟、遥控器、照相机	遥控器、随身听、照相机、剃须刀、电动仪表等

目前上述 4 种电池同时在市场上存在，其总量占据一次电池的绝对主体地位；而且随着技术的不断改进，锌锰电池的性能不断提高，其发展势头在 21 世纪初仍会继续得以保持。

在锌锰电池系列中，糊式电池即将被淘汰，代之而起的纸板电池、碱性电池经过多年的产业化发展，已经在锌锰电池市场上占据了主体地位，特别是碱性电池发展势头更为强劲。

由于不同品种电池的性能和价格差异，锌锰电池系列在全球的发展战略和分布也有很大差别。欧美发达国家的锌锰电池向小型化、高功率化、高能化、无汞化发展，逐渐淘汰糊式电池，以高性能的纸板电池和碱性电池为主，特别是将碱锰电池和可充碱锰电池作为其主要发展目标。而一段时期内，糊式电池仍将在发展中国家电池市场上占主体地位。但是，可以预料的是，糊式电池被淘汰是必然的发展趋势。考虑到环保要求，逐渐淘汰低档的糊式电池，全面推广以碱锰电池为代表的中高档系列是今后电池消费的主要方向。

我国的锌锰干电池总产量一直名列世界榜首，年产量达 200 多亿只，第二代 C 型、第三代 P 型、第四代 LR 型陆续开发应用。国产碱性锌锰电池的质量总体水平有了很大提高，但综合性能与国外名牌电池（特别是欧美的电池）相比，在外观、储存性能、一致性、高电压放电性能等方面仍有一定差距。

2.5.2 展望

自从 100 多年前锌锰电池发明以来，它就一直占据着电池市场中重要的位置，至今仍然难以被其他电池完全取代。这首先是因为锌锰电池本身优异的性能，经过 4 次重大的改进，还在不断地提高。其次，相对于生产其他电池，制造锌锰电池所需要的原材料是锌和二氧化锰，资源丰富且价格低廉，而且生产工艺已经成熟，这使得锌锰电池日用普及化程度非常之高。另外，随着科技的进步，开发和利用锰资源的前景非常乐观。电解制备二氧化锰的技术更加成熟，可利用陆地上的贫矿作原料，也可以充分开发海洋深处的锰资源。现已查明海洋深处蕴藏着极为丰富的锰结核资源，估计仅太平洋的储量就有 1.7×10^{12} t，其中锰含量约 4000 亿吨，比全部陆地储量多 200 倍。伴随着这些资源的开发利用，新型高性能的锌锰电池必然会获得更为广阔的发展空间。

(1) 无汞碱锰电池将成为锌锰电池的主体　锌锰电池系列从糊式电池发展到纸板电池，虽然性能提高很多，但无论是铵型还是锌型纸板电池，都只是对糊式电池的改良，各方面性能都无法和碱性锌锰电池相比，因此高性能碱锰电池将是未来锌锰电池发展的主流。

从性价比方面来看，普通锌锰电池性能提升的空间已很小，且受到材料等因素的制约，市场竞争力会越来越弱；反之，碱锰电池发展至今，不仅成功实现了无汞化，性能仍在不断提升，成本降低还有较大空间，所以未来市场前景会十分可观。

就全球一次电池产业来看，20 世纪 80 年代普通锌锰电池发展最为迅速，到了 20 世纪 90 年代增势趋缓；而碱性锌锰电池则因其性能优异，且以较高的性价比优势而呈现强劲的增长。由于在技术上的持续提升与优异的性价比优势，预计未来一段时间内碱性锌锰电池在一次电池的市场占有率仍然会有较大幅度的提高。从产值来看，目前全球一次电池市场中碱性锌锰电池规模最大，而且已经远远超过了其他锌锰电池的总和。

从节约和保护资源来看，普通锌锰电池和碱性锌锰电池更是不可同比。以一只 5 号电池为例，碱性锌锰电池中填充金属锌粉 3.6～3.8g，10Ω 至 0.9V 放电 18h 左右，3.9Ω 至 0.8V 放电 6.5h 左右；而同型号的锌型纸板电池其锌筒质量为 5g，10Ω 至 0.9V 放电 4h 左右，3.9Ω 至 0.8V 放电 2h 左右。对于金属锌，碱性锌锰电池内的金属锌粉基本被全部消耗，利用率在 90% 以上；而普通锌锰电池的锌筒既要参加电化学反应，又要兼作容器，金属锌的利用率约在 40% 左右，大大低于碱性锌锰电池。此外，在其他如大电流连续放电性能、低温性能、储存性能等方面更是无法相比的。

因此无汞碱性锌锰电池将成为一次电池领域中首要的发展热点。目前，在欧美、日本等发达国家，无汞碱性锌锰电池的市场份额都在 60% 以上，尤其是美国已达到 90%。而在南美、亚洲及中东地区其市场份额只有 10%～30%。无汞碱锰电池正朝着三个方面发展：一是在一次电池市场中的份额将继续扩大；二是性能会继续改进和提高；三是在发展中国家将得到推广并很快普及。

(2) 可充无汞碱锰电池将是发展的重点　碱性锌锰电池，虽然各方面性能都优于糊式电池和纸板电池，但它们毕竟同属一次电池，用完即弃，不仅造成环境污染，而且浪费资源。因此考虑可持续发展的要求，必须大力发展可充电池。相对于其他二次电池，可充碱锰电池具有资源丰富和成本低廉的优势，所以它将是 21 世纪里锌锰电池领域发展的重点。关键是要进一步改善电极的可逆性，提高电池的充放电循环性能，尤其是大电流充放电性能。

目前，可充碱锰电池要满足军用要求，需要解决一些影响其使用性能的"瓶颈"技术，如二氧化锰的可充性、提高锌电极的循环寿命、深度放电（DOD 60%～70%）问题、新型隔膜材料、密封技术等。

(3)纳米科学技术在锌锰电池领域将得到广泛应用 纳米科学技术（nano-scale science & technology）是一门在 0.1～100nm 尺度空间内研究电子、原子和分子运动规律和特性的学科。它是一门基础研究与应用探索紧密结合的新型科学技术，包括纳米物理学、纳米电子学、纳米材料科学、纳米机械学、纳米显微学、纳米计量学、纳米制造技术等，已经在材料科学、微电子技术、信息产业、生物学等领域不断创造出奇迹和新进展。

20 世纪 90 年代以后纳米科学技术扩展到化学电源领域，研究开发出了多种纳米新材料，例如用于镉镍、金属氢化物镍、锌镍电池的纳米相 $Ni(OH)_2$，AB_5 型储氢合金 $LaNi_{3.5}Co_{0.8}Mn_{0.4}Al_{0.3}$；用于锂离子电池阴极材料的锰钡矿型 MnO_2 纳米纤维、聚吡咯（PPy）包覆尖晶石型 $LiMn_2O_4$ 纳米管等以及多种纳米复合材料。在此基础上，对这些材料在镉镍、金属氢化物镍、锌镍电池以及锂离子电池中的电性能进行了广泛而深入的研究。

纳米材料具有特殊的量子限域效应和界面效应，因而纳米材料具有与其他非纳米材料所不同的许多特殊的物理和化学性质。在碱锰电池中将纳米 MnO_2 与 EMD 混配及通过添加剂对纳米 MnO_2 进行掺杂改性，可大大提高电池的放电容量。MnO_2 的电化学性质强烈依赖于其粉末形貌、晶体结构等因素。现已制备出各种形貌的 MnO_2 纳米材料，包括纳米颗粒、纳米带、纳米片、纳米线、纳米棒和纳米管，以及其他一些复杂的纳米结构，图 2-33 和图 2-34 分别给出了一些典型的 MnO_2 纳米材料的 SEM 图和 TEM 图。因此，可以推测二氧化锰的粒径、形貌等都会与锌锰电池的性能有很大关系。

(a) 刺猬状 γ-MnO_2 三维纳米结构

(b) γ-MnO_2 纳米线

图 2-33　γ-MnO_2 的 SEM

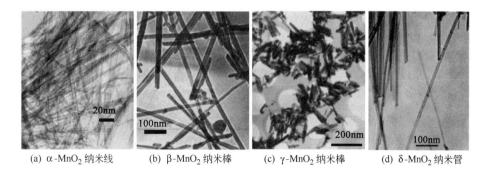

(a) α-MnO_2 纳米线　　(b) β-MnO_2 纳米棒　　(c) γ-MnO_2 纳米棒　　(d) δ-MnO_2 纳米管

图 2-34　一维 MnO_2 纳米材料的 TEM

此外，锌粉、膨胀石墨等材料的纳米化、改变/优化电解液等也可能改变现有锌锰电池的性能。总之，对电极和电解质材料进行详细的化学和结构分析，从纳米尺度上重新认识和开发新型电池材料，一定会成为化学电源领域里最有前景的事情。

近年来，随着电子产品的急速发展与普及，电池的需求量大增，锌锰电池作为所有电池中历史最久远、产业/产品/技术发展最为成熟，预计 21 世纪仍会有较大发展。

参考文献

[1] 顾等平, 童汝亭. 化学电源. 北京: 高等教育出版社, 1993.
[2] 李国欣. 新型化学电源导论. 上海: 复旦大学出版社, 1992.
[3] 吕鸣祥, 黄长保, 宋玉瑾. 化学电源. 天津: 天津大学出版社, 1992.
[4] 张文保, 倪生麟. 化学电源导论. 上海: 上海交通大学出版社, 1992.
[5] Zhang G Q, Zhang X G. A novel alkaline Zn/MnO$_2$ cell with alkaline solid polymer electrolyte. Solid State Ionics, 2003, 160: 155-159.
[6] Dell R M. Batteries: fifty years of materials development. Solid Sate Ionics, 2000, 134: 139-158.
[7] Yang C C, Lin S J. Improvement of high-rate capability of alkaline Zn-MnO$_2$ battery. J Power Sources, 2002, 112: 174-183.
[8] 王金良, 马扣祥. 化学电源科普知识(Ⅰ). 电池工业, 2000, 5: 185-187.
[9] 王金良, 马扣祥. 化学电源科普知识(Ⅱ). 电池工业, 2000, 5: 231-234.
[10] 汪继强. 化学电源技术发展和展望. 电源技术, 1994, 5: 4-8.
[11] Wu C Z, Xie Y, Wang D, et al. Selected-control hydrothermal synthesis of γ-MnO$_2$ 3D nanostructures. J Phys Chem B, 2003, 107: 13583-13587.
[12] Rogulski Z, Czerwiński A. New cathode mixture for the zinc-manganese dioxide cell. J Power Sources, 2003, 114: 176-179.
[13] Rodrigues S, Munichandraiah N, Shukla A K. AC impedance and state-of-charge analysis of alkaline zinc/manganese dioxide primary cells. J Appl Electrochem, 2000, 30: 371-377.
[14] Barbic P A, Binder L, Voss S, et al. Thin-film zinc/manganese dioxide electrodes based on microporous polymer foils. J Power Sources, 1999, 79: 271-276.
[15] Shen Y W, Kordesch K. The mechanism of capacity fade of rechargeable alkaline manganese dioxide zinc cells. J Power Sources, 2000, 87: 162-166.
[16] Hill J R, Freeman C M, Rossouw M H. Understanding γ-MnO$_2$ by molecular modeling. J Solid State Chemistry, 2004, 177: 165-175.
[17] 蒋金芝, 孟凡桂, 唐有根, 等. 碱锰电池有机代汞缓蚀剂的合成与性能. 电池, 2003, 33: 294-296.
[18] 孙烨, 张宝宏, 张娜. 碱性二次锌电极的新进展. 应用科技, 2002, 29: 47-49.
[19] 胡经纬, 高翠琴, 蒋风雷. 氢氧化钙对碱性锌电极可充性的影响. 电池, 2003, 33: 302-304.
[20] 胡经纬, 高翠琴, 赖璐. 稀土元素在碱性锌电极中的应用. 电池, 2003, 33: 212-214.
[21] 夏熙. 中国化学电源 50 年(1)——锌/二氧化锰电池. 电池, 1999, 29: 209-216.
[22] 李娟, 夏熙, 李清文. 纳米 MnO$_2$ 的固相合成及其电化学性能的研究(Ⅰ)——纳米 γ-MnO$_2$ 的合成及表征. 高等学校化学学报, 1999, 20: 1434-1437.
[23] 夏熙, 李娟, 李清文. 纳米 MnO$_2$ 的固相合成及其电化学性能研究(Ⅱ)——纳米 γ-MnO$_2$ 的电化学性能. 高等学校化学学报, 1999, 20: 1584-1588.
[24] 夏熙. 大电流放电碱锰电池的进展. 电池, 2003, 33: 83-86.
[25] 夏熙. 二氧化锰电池的过去、现在和未来. 电源技术, 1996, 20: 78-80.
[26] 姚海军, 张校刚, 夏熙. 纳米 TiO$_2$ 掺杂 MnO$_2$ 电极的电化学行为. 电池, 2003, 33: 6-7.
[27] 李同庆. 提高碱锰电池放电性能的研究进展(上). 电池, 2002, 32: 329-331.
[28] 李同庆. 提高碱锰电池放电性能的研究进展(下). 电池, 2003, 33: 24-26.
[29] 吴涛, 刘志宏, 张多默. 无汞碱锰电池负极材料缓蚀剂的研究. 电池, 2003, 33: 373-374.
[30] 李同庆, 王金良, 王益波. 无汞碱锰电池专用 EMD. 电池, 1998, 28: 263-267.
[31] Wang X, Li Y D. Selected-control hydrothermal synthesis of α-and β-MnO$_2$ single crystal nanowires. J Am Chem Soc, 2002, 124: 2880-2881.
[32] Yuan Z Y, Zhang Z L, Du G H. A simple method to synthesise single-crystalline manganese oxide nanowires. Chem Phys Lett, 2003, 378: 349-353.
[33] Wang X, Li Y D. Synthesis and formation mechanism of manganese dioxide nanowires/nanorods. Chem Eur J, 2003, 9: 300-306.

[34] Wang X, Li Y D. Rational synthetic strategy: From layered structure to MnO_2 nanotubes. Chem Lett, 2004, 33: 48-49.

[35] 李同庆. 现代电解二氧化锰工业发展动向. 电池, 2001, 31: 82-85.

[36] 郭再萍, 刘洪涛, 夏熙. 粘结剂对可充二氧化锰电极性能的影响. 电池, 1998, 28: 195-198.

[37] 李诚芳, 金承和. 碱性锌锰电池的研制和开发(Ⅲ). 无汞碱性锌锰电池. 电池工业, 1999, 4: 85-87.

[38] Nartey V K, Binder L, Huber A. Production and characterisation of titanium doped electrolytic manganese dioxide for use in rechargeable alkaline zinc/manganese dioxide batteries. J Power Source, 2000, 87: 205-211.

[39] 夏熙, 木合塔尔·依米提. γ-MnO_2 结构模型现状与 EMD 的性能. 电池工业, 2002, 7: 169-173.

[40] 储炜, 吴晖, 尤金跨, 等. 纳米科学技术在化学电源领域的新进展. 电源技术, 1998, 22: 256-260.

[41] 毕道治. 21 世纪电池技术展望. 电池工业, 2002, 7: 205-210.

[42] 刘丽英, 郭炳焜, 徐徽, 等. 高效复配有机代汞缓蚀剂的研究. 电源技术, 2001, 25: 257-259.

[43] 张胜利, 张玉军, 韩周祥. 铋盐对二氧化锰化学改性的研究. 电池工业, 1999, 4: 51-53.

[44] 陈明飞, 彭天剑. 代汞缓蚀剂用 In_2O_3 纳米粉体的研究. 电池工业, 2001, 6: 250-252.

[45] 耿世昌, 刘月娟. 环保型碱性锌锰电池生产工艺的研究. 电池, 1998, 28: 278-282.

[46] 王金良. 加快电池无汞化步伐. 电池, 2001, 31: 62-64.

[47] 杨林, 曾祥政. 碱锰电池的技术改进与提高. 电池, 2003, 33: 22-23.

[48] 夏熙, 郭再萍, 高瑞芝. 碱性锌锰电池的技术进步及发展潜力. 电池, 1998, 28: 243-250.

[49] 曹晋, 钱敦勇, 杨华虎. 碱性锌锰电池负极放电行为. 电池, 2000, 30: 27-29.

[50] 白永兰, 李伟善, 黎凤鸣, 等. 碱性锌锰电池负极锌粉缓蚀剂. 电池工业, 2002, 7: 116-120.

[51] 王金良, 黎凤鸣. 碱性锌锰电池内部短路的探讨. 电池工业, 2002, 7: 101.

[52] 戚道铎, 周定, 周德瑞. 碱性锌锰电池中的有机代汞缓蚀剂. 电源技术, 1997, 21: 127-133.

[53] 张翠芬, 贾铮. 可充碱性锌锰电池的性能及其应用. 电池工业, 2000, 5: 109-112.

[54] 王金良, 马扣祥, 俞翠兰, 等. 聚丙烯酸及其钠盐在碱性锌锰电池中的应用. 电池, 2002, 32: 220-222.

[55] 王兴贺, 张俊英, 田新军, 等. 可充碱性锌锰电池的研究. 电池工业, 2000, 5: 93-96.

[56] 郭炳昆, 李新海, 刘丽英, 等. 可充无汞碱性锌锰电池电极制备及性能. 电源技术, 2000, 24: 15-18.

[57] 王金良. 未来最具发展前途的电池产品. 电池工业, 1997, 4: 118-120.

[58] 张永红, 陈明飞, 彭天剑. 纳米氧化铟粉体的制备及其在碱性锌锰电池中的应用. 电池工业, 2002, 7: 193-195.

[59] 舒德春, 卢财鑫, 蓝秀清. 膨胀石墨在碱性 Zn/MnO_2 电池中的应用. 电池, 2003, 33: 361-362.

[60] 张清顺, 常海涛, 黄益福. 浅谈碱性锌锰电池的技术革新. 电池工业, 2002, 7: 106-108.

[61] 杨林. 日本电池工业近年来生产与发展概况. 电池工业, 2003, 8: 86-88.

[62] 厉益云, 王金良. 提高碱性锌锰电池正极成形密度和强度的研究. 电池工业, 2002, 7: 14-17.

[63] 董明光. 无汞含铟浆层纸. 电池工业, 2001, 6: 247-249.

[64] 赵自力, 林刚, 杨克建. 无汞碱性 $Zn-MnO_2$ 电池正极粉的制备. 电池工业, 2003, 8: 110-112.

[65] 魏杰, 周定, 周德瑞. 无汞碱性锌锰电池的研制. 电源技术, 2000, 24: 8-11.

[66] 吕东生, 李伟善, 邱仕洲. 无汞碱性锌锰电池负极缓蚀剂研究方法. 电池工业, 2001, 6: 199-202.

[67] 刘云. 无汞碱性锌锰电池负极集流体的处理方法. 电池工业, 2000, 5: 125-126.

[68] 周凌风, 韦运县, 覃胜先. 无汞可碱性锌锰电池用 EMD 及应用. 电池工业, 2001, 6: 203-206.

[69] 张翠芬, 贾铮, 刘新军, 等. 无汞可充碱性锌锰电池代汞缓蚀剂的研究. 电池工业, 1998, 3: 168-170.

[70] 池克. 无汞锌粉的现状及展望. 电池工业, 2000, 5: 85-87.

[71] 曾祥政, 杨林, 黎学明, 等. 稀土金属对碱性锌锰电池性能的影响. 电池工业, 2002, 7: 113-115.

[72] 李同庆. 现代电解二氧化锰工业发展动向. 电池, 2001, 31: 82-85.

[73] 褚德威, 孔凡涛, 袁国辉, 等. 锌粉形貌对碱性锌锰电池性能的影响. 电池, 2000, 30: 159-160.

[74] 成福时, 陈雪峰, 严海峰. 锌粉特性对无汞碱性电池性能的影响. 电池工业, 2002, 7: 183-185.

[75] 徐保伯, 徐青. 锌锰电池的现状与展望. 电池, 2002, 32: 18-20.

[76] 朱效铭, 忻乾康. 正极中添加氧化银对碱锰电池性能的影响. 电池, 2003, 33: 20-21.

[77] 陈俊元. 中国锌锰干电池工业 50 年发展的成就. 电池, 1999, 29: 189-193.

[78] 刘煦, 宋园园, 邱仕洲. 锌锰电池无害化发展探讨. 电池工业, 2003, 8: 185-188.

第3章

锌银电池

3.1 概述

锌氧化银电池，简称锌银电池，也称银锌电池或银电池。它以氧化银（AgO 或/和 Ag_2O）为正极，锌（Zn）为负极，KOH 的水溶液为电解液，因此它是一种碱性电池。锌银电池有一次电池、二次电池和储备电池三种类型。

锌银电池是 20 世纪 40 年代开始研制的一种实用型高比能量、高比功率电池。其发展可追溯到两个世纪以前，1800 年伏特把锌银电池堆介绍于世，1883 年克拉克（Clarke）的专利中叙述了第一只完整的碱性锌银原电池，1887 年邓恩（Dun）和哈斯莱彻（Hasslacher）的专利中首次提出了锌银蓄电池。但直到 1941 年法国的亨利·安德烈（H. André）提出使用半透膜（如玻璃纸）作隔膜后，才实现了可实用的锌银电池。20 世纪 50 年代 Yardney 设计制造出实用的可充锌银电池，之后，导弹和航天飞行器的研制，促进了锌银电池的发展。在 20 世纪 90 年代的锌银电池生产中，美国每年消耗银约 40 多吨，估计全世界年耗银量在 100t 以上。锌银电池在飞机、潜水艇（图 3-1）、浮标、导弹、空间飞行器和地面电子仪表等特殊用途中，始终保持着长盛不衰的态势。

图 3-1 采用了锌银电池作动力的
美国海军常规动力高速试验艇
"大青花鱼"号（Albacore Agss569）

我国的锌银电池也是随着导弹、宇航事业的发展而发展起来的。自 20 世纪 50 年代末开始研制，60 年代中期即在我国自行设计的导弹中获得应用。目前我国已研制成各种规格的原电池、蓄电池和能瞬间投入使用的自动激活式锌银储备电池，已形成了一定规模的生产能力，满足了各类导弹、鱼雷等武器及卫星的需要。近年来也批量生产了扣式锌银电池和开口式蓄电池，满足了手表和摄影照明的需要。

3.2 锌银电池的电化学原理及类型

3.2.1 电化学原理

锌银电池的电化学表达式可写成

$$(-)Zn|KOH|Ag_2O(AgO)(+)$$

电池放电时，锌电极的氧化产物可能为 $Zn(OH)_2$ 或 ZnO

$$Zn+2OH^--2e^- \longrightarrow Zn(OH)_2 \tag{3-1}$$

或

$$Zn+2OH^--2e^- \longrightarrow ZnO+H_2O \tag{3-2}$$

正极上银的氧化物则还原生成金属银

$$2AgO+H_2O+2e^- \longrightarrow Ag_2O+2OH^- \tag{3-3}$$

$$Ag_2O+H_2O+2e^- \longrightarrow 2Ag+2OH^- \tag{3-4}$$

因此，电池总反应为

$$Zn+2AgO+H_2O \longrightarrow Zn(OH)_2+Ag_2O \tag{3-5}$$

$$Zn+Ag_2O+H_2O \longrightarrow Zn(OH)_2+2Ag \tag{3-6}$$

或

$$Zn+2AgO \longrightarrow ZnO+Ag_2O \tag{3-7}$$

$$Zn+Ag_2O \longrightarrow ZnO+2Ag \tag{3-8}$$

由上述反应式可见，虽然锌电极与氧化银电极的电极电势与溶液中 OH^- 的活度有关，但由于 OH^- 并不参与电池总反应，因此锌银电池的电动势仅取决于正负极的标准电极电势

$$E=\varphi_+^\ominus-\varphi_-^\ominus \tag{3-9}$$

正、负极的标准电极电势随电极反应不同而有所不同。对于负极，当电极反应产物为 $Zn(OH)_2$ 时

$$\varphi_{Zn(OH)_2/Zn}^\ominus=-1.249V$$

当电极反应产物为 ZnO 时

$$\varphi_{ZnO/Zn}^\ominus=-1.260V$$

对于正极，当由 AgO 还原为 Ag_2O 时

$$\varphi_{AgO/Ag_2O}^\ominus=+0.607V$$

当由 Ag_2O 还原为 Ag 时

$$\varphi_{Ag_2O/Ag}^\ominus=+0.345V$$

因此，当负极产物为 $Zn(OH)_2$ 时，相应于不同的正极反应，电池的电动势分别为

$$E_1=+0.607-(-1.249)=1.856V$$

$$E_2=+0.345-(-1.249)=1.594V$$

当负极产物为 ZnO 时

$$E_1=+0.607-(-1.260)=1.867V$$

$$E_2=+0.345-(-1.260)=1.605V$$

式中，E_1 为相应于 AgO 还原为 Ag_2O 时的电池电动势；E_2 为相应于 Ag_2O 还原为 Ag 时的电池电动势。所以锌银电池放电时放电曲线出现两个电压坪阶，E_1（约 1.86V）为高坪阶的电动势，E_2（约 1.60V）为低坪阶的电动势，这是锌银电池所特

有的电压特性。实际锌银电池工作时，随放电率等工作条件的不同，电池的两个坪阶的工作电压分别在 1.70V 和 1.50V 左右波动。在高放电率下，电压的高坪阶部分会减小或消失。

锌银蓄电池的放电过程与上述反应相同，充电时进行上述逆过程。同样地，锌银蓄电池的充放电曲线上表现出两个不同高度的坪阶，较高的电压坪阶所对应的反应是：

$$2AgO + Zn + H_2O \underset{充电}{\overset{放电}{\rightleftharpoons}} Ag_2O + Zn(OH)_2 \tag{3-10}$$

或

$$2AgO + Zn \underset{充电}{\overset{放电}{\rightleftharpoons}} Ag_2O + ZnO \tag{3-11}$$

较低的电压坪阶所对应的反应是：

$$Ag_2O + Zn + H_2O \underset{充电}{\overset{放电}{\rightleftharpoons}} 2Ag + Zn(OH)_2 \tag{3-12}$$

或

$$Ag_2O + Zn \underset{充电}{\overset{放电}{\rightleftharpoons}} 2Ag + ZnO \tag{3-13}$$

3.2.2 类型

根据电池的工作性质可以将锌银电池分为一次电池、二次电池（蓄电池）和储备电池。从其外形来看，一次电池一般为纽扣形；蓄电池则有矩形、圆柱形和纽扣形三种，最普遍的是矩形；储备电池则根据使用要求设计成不同形状。

(1) 锌银一次电池 锌银电池常设计为密封的扣式电池（zinc-silver button cells），体积较小，形状与纽扣相近，结构如图 3-2 所示。其正极活性物质采用热力学上稳定的 Ag_2O，电池的开路电压约为 1.58V。用不锈钢制成一个由正极和负极帽组成的小圆盒，盒内靠正极壳一端填充了由氧化银（Ag_2O）和少量石墨组成的正极材料，负极帽一端填充锌粉，电解液为浓 KOH 溶液；正负极间用隔膜隔开。

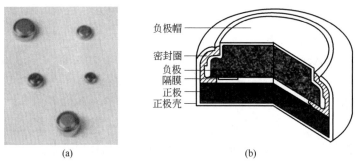

（a）　　　　　　　　　　　　　（b）

图 3-2 锌银扣式电池 (a) 及其结构示意图 (b)

锌银扣式电池用 SR 表示，老型号在 SR 后加编号，新型号在 SR 后加上电池的尺寸，直径在前，由 1~2 位数组成，取整数；高度在后，由两位数组成，取 1 位整数和第一位小数。其主要规格有 SR41、SR43、SR44、SR48、SR54、SR55、SR57、SR59、SR60、SR62、SR63、SR69 等。

一次锌银电池具有非常高的比能量，放电电压十分稳定（开路电压为 1.58V），是高性能电池之一。但由于正极活性物质采用银的化合物，所以电池成本较高，现在只限于生产容量较小（约为 30~175mA·h）的小型电池。其输出电流为微安级，因此主要用于小电流连续放电的微型电器，如石英电子手表、计算器、助听器、照相机和超小型测量仪器等。

常用扣式锌银电池标准初始期的放电性能要求列于表 3-1。

表 3-1 扣式锌银电池标准初始期放电性能要求

型　号	负荷电阻/kΩ	放电方式	终止电压/V	初始期放电时间/h
SR41	22			450
SR42	15			670
SR43	10			620
SR44	6.8			620
SR45	15			570
SR48	15			580
SR54	15			580
SR55	22			450
SR57	22			500
SR58	47	连续	1.20	518
SR59	33			530
SR60	68			685
SR62	82			390
SR63	68			560
SR65	100			810
SR66	47			680
SR67	68			820
SR68	47			680
SR69	33			663

(2) 锌银二次电池　锌银二次电池又名锌银蓄电池（zinc-silver storage battery）。这种电池的质量比能量和体积比能量高（$100 \sim 300 W \cdot h \cdot kg^{-1}$，$180 \sim 220 W \cdot h \cdot L^{-1}$），开路电压约为 1.86V。

锌银蓄电池单体电池结构如图 3-3 所示。单体电池由 n 片正极和 $n+1$ 片负极及包裹电极的隔膜组成。正负极相互啮合，并被隔膜机械隔离。单体电池的电池壳由耐冲击、耐腐蚀、抗氧化的塑料（如尼龙、ABS）等塑压而成。在单体电池盖上装有专门设计的单向阀，它可调节电池内的压力并避免二氧化碳进入电池壳内，单向阀两侧为正负接线柱，它们由镀银的黄铜制成。

电池的电解液是含量为 $30\% \sim 40\%$ 的 KOH 水溶液。为了改善电池性能，在用于蓄电池的电解液中加入一些添加剂，如用氧化锌饱和。注入适量的电解液可使电池活化，但加电解液后锌银蓄电池的储存寿命较短，因此制造厂通常以干荷电状态电池及专用的电解液连同注液工具和使用说明书一起提供给用户。在使用之前，由用户按说明书要求加注适量的电解液，使电池活化，以供使用。在需要长时间带电搁置且用非常低的倍率放电的电池中，可以使用 NaOH 作电解质。与 KOH 相比，NaOH 的爬碱倾向较小，虽然 NaOH 溶液的电导率要比 KOH 溶液的电导率小，但在以极小电流密度放电的电池中，采用 NaOH 还是有利的。

按使用电压的要求再把若干个单体电池串联组成电池组，装入专门设计的外壳中。这种外壳一般由玻璃钢或铝合金制成，因此它既轻又具有必要的力学强度。为了减小外界环境温度对电池性能的影响，在单体电池和电池组外壳之间往往装有适当

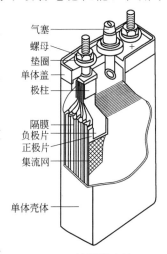

气塞
螺母
垫圈
单体盖
极柱
隔膜
负极片
正极片
集流网
单体壳体

图 3-3 锌银蓄电池
单体结构示意图

的电加热装置、保温层及防震层（后者是为了提高电池的耐震性能）。

锌银蓄电池规格很多，通常是以 XY 表示，其后加数字表示额定容量。如 XY25 表示额定容量为 25A·h、外形尺寸为 40mm×38.5mm×120mm 的锌银蓄电池。

锌银蓄电池的循环寿命较短，高倍率电池仅能循环 7～38 周，低倍率电池也只能循环 100～200 周。此外，其低温性能较差，最佳使用温度为 15～35℃，当工作温度超过 70℃时，会严重影响电池寿命。但电池在低温下储存时，荷电保持能力较好。

循环寿命短、价格高限制了锌银二次电池的使用领域。目前该电池主要用于军事、国防等尖

图 3-4　以高性能锌银电池为动力的鱼四甲型 (YU-4A) 鱼雷

端科技领域，如卫星电源、航天启动电源、军用歼击机随航应急电源、导弹和鱼雷动力电源（图 3-4）等，还用于红外瞄准仪、激光测距仪等仪器。

(3) 激活式储备电池　较大规模的锌银一次电池一般都做成储备式电源。电极以充电状态装配在电池中，不注入电解液，能长期保存，电池性能却不会有很大变化。一旦需要时，可自动注入电解液进行激活，使电池在极短的时间内进入工作状态。

为了能使电池组在极短时间内激活，立即放电，锌银储备电池必须具备一套附加激活装置，如电解液储存器、气体发生器（或压缩空气瓶）以及信号控制系统等。

激活装置有各种类型，它们的特点是：当需要时，能将电解液迅速均匀地分送到各个单体电池中，使电池快速激活。

图 3-5 和图 3-6 为两种不同激活装置的锌银储备电池组的示意图。二者主要区别是储液器不同。图 3-5 为带有盘管式储液器的锌银储备电池组的示意图。盘管储液器的一端与电池组的电解液分配室而相连，另一端与气体发生器相连，盘管两端均用脆性隔膜封闭，以隔离 KOH 电解液。当激活时，由于气体压力，隔膜被冲破，电解液被压入分配室而流入各单体电池中。为满足电池组在低温下工作，上述储液器通常还带有加热装置。

图 3-6 为带有非刚性材料（如软质塑材）储液瓶的锌银储备电池组的示意图。这种结构带有若干储液瓶，分别与各个单体电池相连，并用隔膜隔开电解液。当需要激活时，利用压缩空气瓶或气体发生器产生的气体压力，将电解液压入各单体电池中。这种激活装置结构简单，质量较轻，使用方便，但低温工作时对电解液加热较困难。

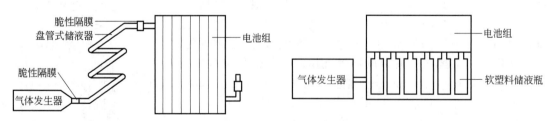

图 3-5　带有盘管式储液器的　　　　　　　图 3-6　带有软塑料储液瓶的
　　　　锌银储备电池组示意图　　　　　　　　　　锌银储备电池组示意图

锌银储备电池可以快速激活（一般可在 0.5s 以内），并以高速率放电。因此，对隔膜的要求主要是有高吸湿性和低电阻率，而没有二次电池中耐氧化、长寿命和抗枝晶穿透等要

求。一般储备电池中使用非编织的耐碱纸作为隔膜；正极用烧结式银电极，经电解化成，或采用化学法制备的氧化银电极；负极用电沉积式锌电极，或采用 0.05～0.10mm 厚度的穿孔锌箔。为了保证高放电率时的性能，要求储备电池的电极孔隙率比较高，锌板也比较薄，通常在极板上压有凹槽，以利于激活时电解液的流通及气体的导出。

锌银激活式储备电池主要用于导弹、鱼雷及其他宇宙空间装置中，作为战备需要的储备能源。为了适应这种特殊用途，要求锌银储备电池能够高倍率放电，并且具有高比能量及高比功率。

3.3 锌电极

金属锌广泛用于一次或二次电池中作为负极活性物质，是因为采用锌电极具有多方面的优势。锌电极具有较高的比能量和比功率，电极电势较负，其阳极溶解反应极化较小，电化当量较低，电极过程可逆。而且锌资源丰富、成本低、无毒性。除锌锰干电池外，几乎所有含锌电池都采用多孔锌电极。

3.3.1 锌的阳极钝化

在大电流密度下工作时，锌负极会发生钝化现象，从而失去电化学活性。

(1) 锌的阳极钝化现象　在浓碱液中，锌的阳极溶解产物为可溶性锌酸盐：

$$Zn+4OH^- \longrightarrow Zn(OH)_4^{2-}+2e^- \tag{3-14}$$

当溶液为锌酸盐所饱和或 OH^- 浓度减小时，锌的阳极产物将为 $Zn(OH)_2$ 或 ZnO：

$$Zn+2OH^- \longrightarrow Zn(OH)_2+2e^- \tag{3-15}$$

或

$$Zn+2OH^- \longrightarrow ZnO+H_2O+2e^- \tag{3-16}$$

锌阳极溶解的产物与电解液的用量及电解液中锌酸盐的溶解度有关。因此在锌氧化银电池中，为了提高电池的比能量，特别是为了满足二次电池循环寿命的要求，必须严格控制电解液的用量；其次，为了减少锌电极自放电，在长寿命的锌银电池的电解液中，常加入 ZnO 饱和。

然而，对于整体锌电极，只有在很小的电流密度下工作时，才可能按反应式(3-15)或式(3-16)进行。电流密度增大时，极化加剧；如果电流密度超过临界值 i_1 时，电极电势向正方向突变，锌的阳极溶解过程受到很大的阻滞，电池不能继续工作。这种现象称为阳极钝化现象。

图 3-7 是锌电极在恒电流放电时，电极电势随时间变化的典型曲线。在放电开始时，锌正常溶解，极化很小，但当时间到达 p 点时，电极电势向正方向剧变，这时锌极发生钝化。实际锌电极的钝化时间，根据电流大小，可以有很大的变化。如果工作电流密度相当大时，锌电极可能立即钝化，而根本输不出电量。

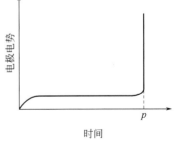

图 3-7　锌恒电流阳极溶解时的典型电势-时间曲线

如果锌电极的工作电流密度小于 i_1 时，无论阳极极化时间多长，锌电极也不会发生钝化（实际电池中，当有固相产物形成时，电极表面的实际电流密度在不断变化），只有当阳

极电流密度大于 i_1 时，锌电极才有可能发生钝化，而且钝化所需的时间 t_p 与阳极电流密度 i 的关系为：

$$(i-i_1)t_p^{1/2}=K \tag{3-17}$$

在一定条件下，式中 K 为常数。

显然，当 $i=i_1$ 时，$t_p \to \infty$，所以 i_1 是不发生钝化的最大允许通过的电流密度。

锌极在不同情况下的钝化时间与电流密度关系如图 3-8 所示，将曲线外推至 $t_p^{-\frac{1}{2}}=0$ 时，纵轴上的截距即为临界电流密度 i_1。

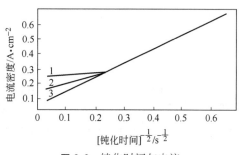

图 3-8 钝化时间与电流
密度的关系 (30% KOH)

1—电极水平放置于电解液顶部；2—电极垂直
放置；3—电极水平放置于电解液底部

图 3-8 表明，阳极溶解电流密度越大，锌电极钝化的速度越快，而且临界电流密度 i_1 与物质传递条件有密切关系：当把锌电极水平放置于电解池底部时，临界电流密度最小。这是由于锌酸盐产物密度较大，沉积于电极表面，不易扩散，因而此种情况下锌电极最易钝化。当把锌电极水平放置于电解池顶部时，则情况相反，除扩散作用外，还由于温度和密度的不同，电极表面溶液发生对流，加速了物质传递过程。因此，锌电极临界电流密度最大，最不易发生钝化；而当锌电极垂直放置在电解池中时，则结果介于二者之间。

对于电极表面的物质传递，由于 $Zn(OH)_4^{2-}$ 的扩散系数比 OH^- 的扩散系数小一个数量级，因此钝化过程主要受 $Zn(OH)_4^{2-}$ 扩散控制。实验发现，锌电极钝化时，其电极表面附近溶液中的锌酸盐是过饱和的。因此，凡是促使电极表面附近电解液中锌酸盐含量过饱和及 OH^- 浓度下降的因素，都将加速锌电极钝化，故锌电极的电流密度和电极界面溶液中的物质传递的速度是影响锌电极钝化的主要因素。

图 3-9 为恒电势法测得的锌电极在 $c_{KOH}=6mol \cdot L^{-1}$ 溶液中，在不同条件下的阳极极化曲线。它比较全面地反映了锌电极的钝化过程及其影响因素。

曲线 ab 段，锌极处于活化状态，阳极溶解过程的极化很小，超电势与电流密度的关系服从塔费尔公式；到达 b 点（临界电流密度）以后，电极开始钝化，随着电极电势正向移动，电流密度迅速减小；到达 c 点时，电极已完全钝化；在 cd 段，锌电极处于钝化状态，此时电流密度很小，而且与电势几乎无关；当阳极极化到达 d 点以后，达到了氧气的析出电势，电极表面开始发生新的反应——氧的析出，电流密度又开始增大。

图 3-9 也表示了不同实验条件下锌电极阳极极化的差异。随着实验条件的变化，锌电极有不同的临界电流密度 i_1。电解液中无 ZnO 且搅拌时，临界电流密度 i_1 最大；而不搅拌，并以 ZnO 饱和时，i_1 最小，即此时的电极最易钝化。在此情况下，由于没有搅拌，不利于物质

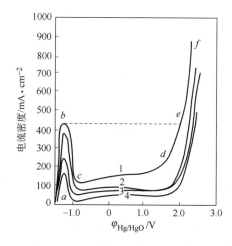

图 3-9 锌在 $6mol \cdot L^{-1}$ KOH 中的
阳极极化曲线

1—$6mol \cdot L^{-1}$KOH，搅拌；2—$6mol \cdot L^{-1}$
KOH，不搅拌；3—$6mol \cdot L^{-1}$KOH，饱和 ZnO，
搅拌；4—$6mol \cdot L^{-1}$KOH，饱和 ZnO，不搅拌

的传递，电极表面的 $Zn(OH)_4^{2-}$ 浓度很容易达到饱和，这与前面讨论结果一致。

如用恒电流法测定锌电极的阳极极化曲线时，所测曲线不能表示钝化过程中的全貌，其曲线为图 3-9 中的 $abef$，它不能将锌电极开始钝化和钝化后的电势-电流密度的关系真实地反映出来。因此，研究具有钝化倾向的阳极过程，通常采用恒电势法来测定极化曲线。

根据以上讨论可知，锌电极表面附近溶液中锌酸盐浓度达到饱和及 OH^- 浓度降低，是锌电极发生钝化的关键。锌酸盐离子浓度达到饱和或过饱和，将使锌电极表面生成固态物质 ZnO 或 $Zn(OH)_2$。因此，必须对锌电极的固态电极反应物进行研究，才能找到锌阳极钝化的根本原因。

(2) 锌的阳极钝化机理 对于锌阳极的钝化机理，过去由于实验条件不同，得到的结果也有所不同，因而难以得到一致的结论。曾经有两种典型的观点，即成相理论和吸附理论。随着近代电子技术的发展，分析手段更为先进，对于在室温下浓碱溶液中锌的阳极钝化的原因，人们已有公认，即锌的阳极钝化不是由于产生疏松的、黏附在电极表面的 ZnO 或 $Zn(OH)_2$ 的成相膜，而是产生在电极表面上紧密的 ZnO 吸附层。

采用动电势扫描法测定锌电极阳极极化曲线，并通过电子显微镜来观察不同电势下锌电极的表面产物，结果发现钝化前，在不同电势下锌电极表面会生成两种性质不同的膜。当锌电极电势正向移动时，首先生成一种白色的自由黏附于电极表面的成相膜，而该产物并不影响锌的正常溶解。随后，当锌电极电势继续极化到一定值时，会生成一种无色的，与电极表面紧密联系的吸附层，此时锌的阳极溶解速度急剧下降，即进入钝化状态。

由此，可以将锌的阳极钝化过程解释为：当锌电极阳极溶解时，电极表面附近溶液中的锌酸盐浓度逐渐增大。当锌酸盐达到过饱和时，电极表面开始生成 ZnO 或 $Zn(OH)_2$［通常认为先生成 $Zn(OH)_2$，然后脱水生成 ZnO］固态沉积物，减小了电极的有效表面积，使真实电流密度增大，极化加剧，电极电势迅速向正向移动。当电极电势增大到生成吸附 ZnO 的电势时，锌电极表面生成紧密的 ZnO 吸附层，大大提高了锌阳极溶解过程的活化能，致使锌的阳极溶解受到很大阻滞而进入钝态。

研究证明，在锌极表面上只要形成单分子 ZnO 吸附层，即可导致锌极发生钝化。因此为了防止锌极钝化的发生，必须控制电流密度或改善物质传递条件，使锌电极不致达到生成 ZnO 吸附层的电势。在电池中，改善物质传递条件是比较困难的。因此，主要采取的措施是改变电极结构，即采用多孔电极的形式，以增加电极的真实表面积，从而降低电极的真实电流密度。

3.3.2 锌的阴极还原

锌的阴极还原，是在锌氧化银电池制造的某些工艺中以及其蓄电池的充电过程中都会遇到的问题，它对电极和电池性能都有重大的影响。

在锌氧化银蓄电池的充电过程中，当负极放电产物（ZnO）全部被还原后，溶液中的锌酸盐离子也将在锌极表面上放电而析出金属锌。但此时的析出物往往呈现为树枝状晶体，这种枝状晶体与极板结合不牢，极易脱落，影响电池容量，甚至引起电池内部正、负极之间的短路，从而缩短电池的循环寿命，这对锌氧化银蓄电池是十分有害的。在锌氧化银蓄电池充电时，必须采取一些有效措施，以防止锌枝晶的生成。对锌银一次电池来说，虽然不存在循环寿命问题，但仍有一些其他的特殊要求。因此，研究锌的阴极还原，掌握其电沉积规律，以适应一次和二次锌银电池的不同要求，非常必要。

根据上述讨论，锌氧化银电池的锌阴极电沉积的主要问题是锌的结晶形态。实验表明：当从碱性锌酸盐溶液中电沉积锌时，锌的结晶形态受超电势的影响很大。例如，在浓度很高的锌酸盐溶液中，以低电流密度进行电沉积时（即超电势较低时），易生成苔藓状或团状的锌结晶；在高电流密度下进行电沉积（即超电势较高时），并且电极表面附近溶液中锌酸盐离子浓度很低的情况下，则易生成树枝状的锌结晶。

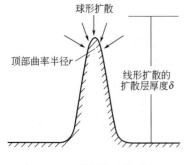

图 3-10　枝晶的生长示意

研究表明，影响电沉积枝晶生长的主要因素有三个方面：

① 电极过程的电化学极化；

② 反应物的物质传递条件；

③ 溶液中表面活性物质的含量。

当电化学超电势比较低时，物质传递比较容易进行，即浓差极化很小，结晶的生长比较均匀，不易形成树枝状结晶。但是，在高电流密度下进行电沉积，或溶液中离子的传递较为困难时，电极表面附近溶液中反应物离子非常贫乏。此时，物质传递的影响变得十分显著，即浓差极化很大，溶液中反应物离子扩散到电极表面突出处，要比扩散到电极表面其他部位更加容易，因而易于形成树枝状结晶。在极端情况下，即在极限扩散的条件下进行电沉积，如图 3-10 所示，假定在晶体基底上有一个螺旋形晶体，它的顶端曲率半径很小（如 $r = 10^{-6}$ cm），这时溶液中反应物离子（如锌酸盐离子）向电极表面呈球形扩散，可以用曲率半径 r 代替扩散方程式中的扩散层厚度 δ。当电化学反应速率足够大，电极过程处于极限扩散控制时，电沉积的极限电流密度为

$$i_d = \frac{D_n F C_0}{r} \tag{3-18}$$

在这里，由于 $r \ll \delta$，所以在螺旋形结晶尖顶处的电流密度要比附近平面上各点大得多，因此在尖顶处结晶生长，形成树枝状结晶。

这种浓差极化的影响，在阴极过程的超电势中常常起主导作用，它可决定电沉积过程的结晶形态。如果在溶液中添加某些表面活性剂或抑制剂，使其吸附在结晶表面的活性部位，可阻滞枝晶的生长。因此，可以通过控制电沉积过程的结晶条件（如电流密度、溶液组成和温度等），获得所要求的锌结晶。

3.4　氧化银电极

锌氧化银电池的正极活性物质是银的氧化物——二价氧化物 AgO 和一价氧化物 Ag_2O（三价氧化物 Ag_2O_3 不稳定）。这些氧化物的特性决定了氧化银电极的充放电特性和锌银电池的某些特点。

3.4.1　充放电特性

在锌银蓄电池中，氧化银电极充放电的电极反应为

$$2Ag + 2OH^- - 2e^- \underset{\text{放电}}{\overset{\text{充电}}{\rightleftharpoons}} Ag_2O + H_2O \tag{3-19}$$

其标准电极电势 $\varphi^{\ominus} = 0.345V$

$$Ag_2O + 2OH^- - 2e^- \underset{\text{放电}}{\overset{\text{充电}}{\rightleftharpoons}} 2AgO + H_2O \tag{3-20}$$

其标准电极电势 $\varphi^{\ominus} = 0.607V$

即在充电过程中，金属银通过一价氧化银（Ag_2O）生成二价氧化银（AgO）；放电时，二价氧化银通过一价氧化银还原成金属银。无论充电还是放电，均有中间产物 Ag_2O 的生成。因此，在氧化银电极的充放电曲线上，可以明显观察到对应于银的两种氧化物的两个电势坪阶。

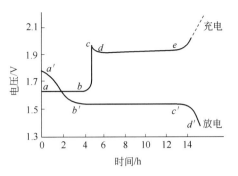

图 3-11 氧化银电极的充放电曲线

图 3-11 为氧化银电极的典型充放电曲线。充电曲线的第一个电势坪阶（ab 段）相当于金属银氧化为 Ag_2O。开始时，反应在金属银和电解液界面上进行。以后，随着 Ag_2O 的生成，电极表面逐渐被 Ag_2O 覆盖。由于 Ag_2O 的电阻率比金属银大得多，所以充电过程中欧姆电阻逐渐增大，可以进行氧化反应的银表面越来越少，实际充电的电流密度逐渐增大。这一阶段有相当数量的 Ag 和 Ag_2O 共存。当到达 b 点时，电极电势向正向急剧上升，发生钝化现象（充电曲线的 bc 段）。当达到 AgO 的生成电势（c 点）时，开始生成 AgO。它除了由 Ag_2O 氧化生成外，也可能由金属 Ag 直接氧化生成

$$Ag + 2OH^- - 2e^- \longrightarrow AgO + H_2O \tag{3-21}$$

由于 AgO 的导电性比 Ag_2O 强，所以生成 AgO 以后，充电曲线上电势稍有回复（d 点）；随后出现第二个电势坪阶（de 段），这一阶段主要形成 AgO。当电极氧化到一定深度以后，反应逐渐变得困难，电极电势不断向正的方向移动，直至达到氧的析出电势（e 点），开始发生析出氧气的反应

$$4OH^- - 4e^- \longrightarrow 2H_2O + O_2 \tag{3-22}$$

充电完毕后，电极上除 Ag_2O 和 AgO 外，还含有少量没有被氧化的金属银。电极充电的总容量，相当于银完全被氧化为 AgO 所需电量的 $60\% \sim 65\%$，或者相当于金属银完全被氧化为 Ag_2O 所需电量的 $120\% \sim 130\%$。

氧化银放电时与充电时类似，在放电曲线上也有两个电势坪阶，第一个坪阶（$a'b'$ 段）相当于 AgO 还原为 Ag_2O 的电极过程。随着放电过程的进行，电极表面逐渐被电阻率大的 Ag_2O 覆盖，反应变得困难，电极电势向负的方向移动；当达到生成金属银的电势时（b' 点），Ag_2O 开始还原为金属银。同时，也可能有 AgO 直接还原为金属银的反应

$$AgO + H_2O + 2e^- \longrightarrow Ag + 2OH^- \tag{3-23}$$

这时，放电曲线进入第二坪阶（$b'c'$ 段），电势十分平稳。这段容量约占总容量的 70%，当电极上活性物质基本消耗完时，电势急剧下降（$c'd'$ 段）。

氧化银电极在放电时出现两个不同电势值坪阶。当高倍率放电时，由于极化的原因，高阶电压不明显，但在小电流长时间放电、对电压精度要求高的场合（如卫星能源，导弹上的测量电池等），高阶电压的存在就成为十分突出的问题。一般高阶电压段占总放电容量的 $15\% \sim 30\%$，如何利用这一部分容量是提高电池实际比能量的一个重要问题。

对于如何消除高阶电压，人们曾进行过许多研究，如采取热分解的方法，使电极表面的氧化银部分分解，或采取预放电的方法，在使用前先用一定的电流放电至平稳电压段，都可以使高阶电压消除，但这样会损失一部分容量。采用不对称交流电充电，可消除高阶电压段并提高电池容量，但这种方法比较复杂，而且当放电电流密度小于 $5mA \cdot cm^{-2}$ 时，仍会出现高阶电压。目前广泛采用的方法是在锌银电池的电解液中添加卤素离子，如 Cl^- 或 Br^- 等，以消除放电的高阶电压。一般在 $40\%KOH$ 溶液中加入 $40g \cdot L^{-1}$ KCl，可使高阶电压明显消除，还可增加电池容量。

对于 Cl^- 抑制高阶电压的机理,目前还不完全清楚。有人认为是 Cl^- 在充电时氧化生成 ClO_3^-,ClO_3^- 在 AgO 上吸附而消除了高阶电压。也有人认为是电解液中添加的 Cl^- 在充电后与 AgO 形成高电阻的表面结合物,对氧化银放电时的高阶电压起到了抑制作用。目前这一问题还需要继续深入研究。

低坪阶时,氧化银电极放电电势十分平稳,这是由于金属银和它的氧化物的电阻率有很大差异(Ag,$1.59×10^{-6}\Omega \cdot cm$;$Ag_2O$,$10^8\Omega \cdot cm$;AgO,$10～15\Omega \cdot cm$),即当 Ag_2O 还原为 Ag 时,由于 Ag_2O 的电阻率为 Ag 的 10^{14} 倍,所以随着金属银的生成,电极的导电性能大大增强,欧姆极化减小。此外,Ag、Ag_2O 和 AgO 的密度也有很大差异(Ag,$10.9g \cdot cm^{-3}$;Ag_2O,$7.15g \cdot cm^{-3}$;AgO,$7.44g \cdot cm^{-3}$)。因此,当 Ag_2O 还原生成 Ag 时,活性物质体积收缩,电极孔隙增大,改善了多孔电极的性能,不但使放电电压平稳,而且使活性物质的利用率提高。锌氧化银电池在低放电率工作时,活性物质的利用率接近 100%。

比较一下氧化银电极的充放电曲线,可以看到:放电时,相当于 AgO 还原反应的高坪阶段 $a'b'$ 与充电时相当于生成 AgO 的高坪阶段 ce 的长度并不相等,放电时的高坪阶段比较短,原因在于以下几个方面。

① 在充电曲线的高坪阶电势段,除进行 Ag_2O 氧化为 AgO 的反应以外,还会进行金属银直接氧化为 AgO 的反应,这时每个银原子有两个电子参加反应,而在放电曲线的高坪阶段,进行 AgO 还原为 Ag_2O 的反应,每个银原子只有一个电子参加反应,所以放电时高坪阶段给出的电量比充电时小一半。

② 高坪阶段放电产物 Ag_2O 的电阻率很大,使继续进行反应变得困难,因此,高坪阶段参加反应的 AgO 比实际含有的量少。

③ 电池充电状态搁置时,由于下列反应,使电极组成发生变化:

$$Ag + AgO \longrightarrow Ag_2O \tag{3-24}$$

$$2AgO \longrightarrow Ag_2O + \frac{1}{2}O_2 \tag{3-25}$$

在充电低坪阶段,Ag 氧化成 Ag_2O,由于 Ag_2O 的电阻率很大,而且密度比 Ag 小得多,因此生成一层绝缘的致密钝化膜,Ag^+ 或 O^{2-} 通过的阻力很大。于是,为使充电完全,必须采用低充电率,即氧化银电极的充电能力很低。当放电时,由 AgO 生成 Ag_2O,由于 Ag_2O 的密度与 AgO 相差不多,所以不致生成致密的钝化膜,虽然 Ag_2O 的电阻率很大,但仍然可以大电流放电。

3.4.2 氧化银电极的自放电

锌氧化银电池中的氧化银电极在湿储存过程中会自放电而逐渐失去容量。这主要包括氧化银电极的化学溶解和它的自分解。Ag_2O 在碱液中有相当大的溶解度,而且溶解度随 KOH 溶液的浓度而变化,如图 3-12 所示。在 c_{KOH} 为 $6mol \cdot L^{-1}$ 溶液中,Ag_2O 溶解度最大,约为 $4.8×10^{-4}mol \cdot L^{-1}$。

AgO 在碱液中的溶解与 Ag_2O 类似,可能由于在碱液中 AgO 分解成 Ag_2O,所以溶液中没有发现 Ag^{2+}。当充电时,溶液中发现有黄色的胶体状 $Ag(OH)_2^-$ 存在,它的溶解度远大于 Ag_2O。如在浓度为 $12mol \cdot L^{-1}$ 的

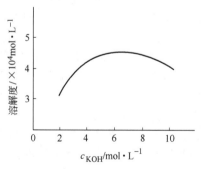

图 3-12 Ag_2O 在 KOH 溶液中的溶解度

KOH 溶液中，$Ag(OH)_2^-$ 的溶解度达到 $3.2\times10^{-3} \text{mol} \cdot \text{L}^{-1}$，而 Ag_2O 的溶解度仅为 $4\times10^{-4} \text{mol} \cdot \text{L}^{-1}$。

另一方面，即使以 $Ag(OH)_2^-$ 的溶解度为 $3.2\times10^{-3} \text{mol} \cdot \text{L}^{-1}$ 来计算，也仅相当于银含量 $0.35 \text{g} \cdot \text{L}^{-1}$，这对于氧化银电极的容量损失是很小的。尽管如此，这种溶解在电解液中的胶体银的迁移却是危害锌氧化银蓄电池寿命的重要因素：胶体银向负极迁移，在隔膜上沉积并被还原为细小的黑色金属银颗粒，随着充放电循环和使用时间的延长，隔膜自正极到负极逐层被氧化破坏，最终导致电池内部短路。这种破坏作用随胶体银浓度的增大而加速。所以，锌氧化银电池最好在低温下以放电态搁置。

Ag_2O 在干燥和室温下是稳定的，$25℃$ 时它的氧的平衡压力仅为 34.58Pa，$180℃$ 时才达到 $1\times10^5 \text{Pa}$。AgO 虽然在室温下是稳定的，但它很容易受热分解。温度升高，分解加快。据估计干燥的 AgO 在室温下需 $5\sim10$ 年才能完全分解，但在 $100℃$ 时大约只需要 $1h$ 就能完全分解。

氧化银的分解，包括固相反应和固-气相反应

$$AgO + Ag \longrightarrow Ag_2O \tag{3-26}$$

$$2AgO \longrightarrow Ag_2O + \frac{1}{2}O_2 \tag{3-27}$$

AgO 分解速度［每克 AgO 每小时产生 O_2 的量（cm^3）］随温度的升高和碱液浓度的增加而加快，如图 3-13 所示。

从图中可以看到，在室温下，AgO 在 KOH 溶液中的分解速度是很缓慢的。

由于 AgO 在碱液中的平衡电势比析氧反应的平衡电势更正，所以 AgO 也会由于 O_2 的析出而进行电化学还原，但由于 O_2 在 AgO 析出超电势很高，所以在室温下，这种自放电的比重是很小的。

总的来说，氧化银电极的自放电并不严重，但是它对锌银蓄电池的搁置寿命却有着很大的影响。因此，在电池设计和隔膜选用时都必须特别注意。

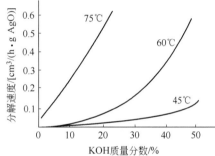

图 3-13 AgO 在 KOH 溶液中的分解速度

3.5 锌银电池的制造方法

根据使用条件及各种不同的要求，锌银电池系列中各类电池的制造工艺也不完全相同。下面介绍几种目前使用较广的锌银电池的制造方法。

3.5.1 锌电极

制备锌电极的原料一般是金属锌粉或氧化锌粉，也可用两者的混合物。由于平板锌易于钝化，一般不用作蓄电池的电极材料。而用锌粉制成的锌电极，具有很大的表面积，其真实电流密度比平板锌电极上的电流密度小得多。为了提高锌电极上的氢超电势，以减少氢气的析出，和其他电池的活性锌电极一样，也在活性物质中加入一定量的缓蚀剂，一般占整个混合物的百分之几。

锌银电池使用的锌电极大致分为四种类型：涂膏式锌电极、粉末压成式锌电极、烧结式

锌电极和电沉积式锌电极。它们的制造方法如下。

(1)涂膏式锌电极　将一定比例的氧化锌粉和金属锌粉混合，并加入适量的黏结剂（如聚乙烯醇水溶液），调成膏状，涂于银网骨架上，模压成型，具体工艺如下。

根据不同产品的具体要求，按氧化锌65％～75％、锌粉25％～35％、氧化汞1％～4％的配比混合均匀（加锌粉的目的是改善电导，提高化成时的充电电流），加入黏结剂聚乙烯醇溶液，调成膏状（100g负极物质加35～40mL 3％的聚乙烯醇溶液），在铺有耐碱棉纸的模具内，以银网（或用银箔冲制成的切拉式导电网）为导电骨架（见图3-14）。

根据电极的容量和活性物质利用率，称取一定量锌膏进行涂片（在锌银电池中，锌负极活性物质多是过量的，一般在中等放电率下，负极活性物质利用率可达80％～85％），将包有棉纸的锌极，在室温下晾干或在40～50℃烘箱中干燥到一定程度，然后根据对极板孔隙率要求（高速率放电的电极孔隙率为80％左右，一般电极孔隙率为40％左右），控制极板厚度，在39200kPa左右加压后，在50～60℃烘箱中烘干。制成的负极片如图3-15所示。

图3-14　一种导电骨架的形状

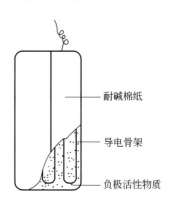

图3-15　锌银蓄电池负极片

所得负极片一般即可直接用于装配电池。但如果用于一次电池或干式荷电电池，尚需进行化成处理。负极片的化成工艺如下。

在5％KOH溶液中，采用镍板为辅助电极，负极片外包经过皂化处理的三醋酸纤维素膜，并采用多孔聚乙烯之类的惰性隔膜。电极在电解液中浸泡1～2h后，以15mA·cm^{-2}的电流密度进行充电，充电时间以全部氧化锌还原为金属锌计算。

化成后的锌极，经洗涤、模压（控制一定厚度）、干燥，密闭储存备用。

(2)粉末压成式锌电极　将干态的氧化锌粉、黏结剂（如聚四氟乙烯或聚乙烯醇）和添加剂等混合粉末直接压在金属导电骨架上模压成型即可。未经化成的粉压电极强度较差，可用隔膜把粉压电极包封住，以增加其强度。

(3)烧结式锌电极　在氧化锌饱和的25％KOH电解液中，以纯锌板为阳极，在阴极上电沉积出锌粉，阴极电流密度约100mA·cm^{-2}，定时刮下电解出的锌粉，经洗涤、干燥、研磨过筛（100目）后，制得锌极原材料电解锌粉。电解锌粉比表面大，活性高，在尚未干燥前若与空气长时间接触，会迅速氧化，甚至燃烧。因此电解锌粉一般都在真空干燥箱中，50～60℃下真空干燥，其氧化度一般控制在2％～4％。

称取所需电解锌粉，在模具内以银网为骨架，铺料，加压成型。压力约9800～14700kPa，但以控制极片厚度为准。压好的极片在高温炉中进行烧结，制成极片。烧结温度与升温速度影响极片质量。若升温太快，极片易被烧裂。一般从室温经3h左右升至340～380℃，然后保持温度烧结0.5h后，停止加热后自然降温。烧结制成的极片不需化成，可直接用于装配电池。

与涂膏式或氧化锌粉压成的锌电极相比，电解锌粉烧结式锌电极具有电化学活性较高、工艺简单、不用化成，且强度好等特点，适用于高速率放电的一次电池。而涂膏式或氧化锌粉末压成的锌电极，活性物质的循环性能较好，常用于二次电池中。

(4) 电沉积式锌电极　电沉积法制造的锌电极强度较好，孔隙率较大（55%～65%），而且可以很薄（约 0.25mm），还具有大的活性表面，特别适用于短时间大电流密度放电的场合，这对于导弹用自动激活式锌银电池是很适合的。

电沉积式锌电极的制造方法是先在专用的电镀槽内，将锌镀到准备好的金属骨架上，再把制得的锌电极干燥、辊压，可制成要求厚度和密度的电极。

制造电沉积式锌电极所需的基本设备是电镀槽、固定网架、辅助电极用的固定框架、适用的电源设备和压机等。电镀槽、网架、框架等均用有机玻璃板制成，它们的大小由极板的尺寸决定，因每只镀槽中一般一次只镀一片，所以往往将镀件设计得大一些。这样，可以在镀成的电沉积式锌电极上冲切得到多片单个电极。

为了在阴极上生成海绵状锌，必须控制电沉积过程在极限电流密度下进行。由于锌阳极在高电流密度下有钝化倾向，故采用不溶性阳极。在阴极上放电的锌离子完全由溶液中的 ZnO 以 $Zn(OH)_4^{2-}$ 的形式供给。

电镀槽的阳极是按一定尺寸将市售镍网（或镍片）裁剪而成的镍网片，并把它固定在辅助电极用框架（该框架与阴极框架相同）中得到。而阴极是按一定尺寸从合适的切拉银网上冲切而成的银网片，并在其上点焊一根银箔导电片，然后将其固定在阴极用网架中制成。

在电镀槽内加入适量的电镀液（含有 $35g \cdot L^{-1}$ ZnO 的 45%KOH 水溶液），装入银网框架和两片镍网框架，使前者位于后二者的中间，并保持一定距离。银网的顶部比液面低 2.5cm，且它的四周不得超出镍网。固定好框架后，将银网和镍网的导电片分别和电源的负端和正端连接，接通电源。电镀温度控制在 20～35℃，电流密度为 120～160mA $\cdot$ cm^{-2}。电沉积锌的质量由串联在线路中的安时计控制。电流强度按电极面积计算，在所设定的电流密度范围内，按每通入 1A $\cdot$ h 的电量可沉积 1.22g 锌计算银网上沉积的锌量。当达到要求的锌量时断开电源，取出银网框架，用自来水冲洗至中性，再用蒸馏水浸洗，然后用乙醇浸泡。最后从框架中取出镀好的电极片，放入压机中加压至要求的厚度。其压力大小根据电极孔隙率要求而定。加压定型的锌极在真空干燥箱中进行干燥，真空度 9.8×10^4 Pa（740mmHg），温度80℃。干燥后的锌极（氧化度约 2%）密封备用。

为了降低锌粉自放电，可在电解液中加入少量铅的化合物（如 1g $\cdot$ L^{-1} 乙酸铅），使 Zn-Pb 共沉积。这使锌电极的自放电速度大为降低。此外，电解液由于铅离子的加入，也变得比较稳定，这使电沉积过程比较容易控制，不易生成发亮的比表面小的锌粉。

制备电沉积式锌电极，需要消耗大量电能，因此，一般只限于高速率放电的一次储备电池。

3.5.2　银电极

锌银电池的银电极有涂膏式银电极、烧结式氧化银电极、烧结式银电极、烧结式树脂黏结银电极和氧化银粉末压成的银电极五种。下面分别简单介绍它们的制造方法。

(1) 涂膏式银电极　将化学法制得的氧化银粉末与蒸馏水按照质量比（8:2）～（7:3）的比例混合制成膏状，然后借助涂片模涂于导电骨架（编织银网或切拉银网）的两面，再进行干燥。将干燥后的极片再放入 400℃ 左右的高温炉内进行热分解，使氧化银热分解为金属银，并使其部分烧结，但还达不到烧结式银电极的程度。

将烧结过的极片，借助模具进行压制，使银粉与骨架结合良好，然后将极片放在 5% KOH 电解液中进行化成。为了使金属银充分地转化为 AgO，必须采用较低的化成率

（1/10C～1/8C）。化成好的极片，经洗涤、干燥后，即可用于装配电池。

(2) 烧结式氧化银电极　把 Ag_2O 粉和水一起（Ag_2O 占 70%～80%）放在混合器中混合均匀，为了控制糊状物的稠度，可在其中加入适量的羧甲基纤维素，把混合均匀的糊状物涂敷于银网骨架上。涂好后，先在 70～85℃ 下干燥，然后放入 400～600℃ 高温炉中进行热分解，使 Ag_2O 还原成金属银，极片烧结后再进行加压，随后在 5%KOH 溶液中电解化成，即成所需要的电极。

(3) 烧结式银电极　烧结式银电极是目前生产锌氧化银电池使用最多的一种正极，其生产工艺主要包括活性银粉制备和银粉烧结两个方面。

制造银电极所用的银粉，既要求活性好，视密度小（1.2～2.4g·cm^{-3}），又要求颗粒度和杂质含量达到一定的要求，所以银粉的制造方法显得尤为重要。目前，国内外普遍采用热还原法。首先，用纯硝酸银配制成 35% 的 $AgNO_3$ 水溶液，在不断搅拌的情况下，把一定量的硝酸银溶液滴加到含有 0.2%KCl 的相对密度为 1.3 的 NaOH 溶液中，使生成 Ag_2O 沉淀。加入 KCl 目的是为了防止生成胶体，易于沉淀及过滤。此外，在 Ag_2O 沉淀的同时，有少量的 AgCl 沉淀产生，AgCl 可消除或缩短放电时的高坪阶电势。过滤分离出沉淀，洗涤至不含 NO_3^- 及 OH^-。再将沉淀物放入 80℃ 烘箱中烘干，研磨后过 40 目筛，而后进行热分解（Ag_2O 还原为单质银）。为加速 Ag_2O 的热分解并防止制得的银粉结块，在每 100g Ag_2O 粉中加入 10mL 相对密度为 1.1 的 KOH 溶液，搅拌均匀后重新过筛，然后把筛下的 Ag_2O 粉平铺在银制的盘上，置于 460～480℃ 高温炉中，加热 15～20min，使氧化银全部还原。其反应如下

$$2Ag_2O \longrightarrow 4Ag + O_2 \uparrow \tag{3-28}$$

冷却后的银粉，再经研磨过 40 目筛。经热还原后的银粉，视密度为 1.3～1.6g·cm^{-3}，Ag 含量>97.0%，AgCl 含量为 0.95%～1.75%，杂质 Fe 及 Cu 的含量应<0.005%。

根据设计要求称取一定量的活性银粉（一般在中等放电率下，正极活性物质利用率达 70%～75%），铺于模具内，以银网为导电骨架，放入压机中加压成型，压力大小根据极片厚度要求而定，通常为（6.65～7.98）×10^4Pa。最后，放入温度为 400～500℃ 高温炉内烧结 15～20min，冷却后即可用于装配电池。

如果用于一次电池或干荷电电池，则需要再进行化成。

银电极的化成，与锌电极的化成相似，也采用镍网作为辅助电极，电解液为 5%KOH 溶液。由于银电极充电能力低，为使金属银充分转变为 AgO，必须采取低充电率（1/8C 或更低），即低电流密度化成，一般化成需要 16～48h。

化成好的极片，经洗涤、干燥后，即可用于装配电池。

(4) 烧结式树脂黏结银电极　这种利用树脂黏结技术制备银电极的方法，是一种比较新的工艺。程序是先将一定量聚乙烯粉末置于温度为 120℃ 的滚压机中，持续 3～5min，以增塑聚乙烯；然后加入一定量银粉［通常聚乙烯和银的质量比为（1∶2）～（1∶10）］，继续滚压混合，持续约 10min 左右，使其混合均匀（也可把适量的银粉和聚乙烯粉先混合均匀，再将混合物滚压或挤压）；最后转入另一台加热温度为 110℃ 左右的滚压机中进行滚压，调节滚筒间距以控制电极带的厚度。

在两层按上述方法制得的电极带之间夹一导电骨架（银网），一并送入具有加热装置的油压机上（温度为 120℃）进行加热加压，压力大小取决于要求电极的厚度。然后，把这种电极带转入燃烧炉中，烧除聚乙烯，再经过滚压机压平以后，转入高温炉（温高为 550℃）进行烧结；最后再送到油压机上压成所需要的厚度。这样的电极，再经化成、洗涤、干燥等步骤，即可用于装配电池，其化成、洗涤、干燥的工艺条件除要求化成电解液的浓度较高外，其余均与涂膏式或烧结式银电极制备工艺相同。

这种工艺的特点是生产连续化、自动化,适于大规模生产。

上述三种烧结式银电极的制造过程都用到了烧结工艺,该工艺始于 20 世纪 50 年代中期,而后不断推广应用。由于烧结过程中,金属接触部位间相互扩散,改善了颗粒之间的接触,使电极强度增加,密度也增大,从而可能出制造薄而坚固的极板。所用的粉末越细,则所需烧结温度越低。分散度一定时,温度提高到 $600\sim700\,^\circ\!C$ 会大大加速烧结过程,若采用较低的烧结温度,则应延长烧结时间。

(5) 氧化银粉末压成的银电极 该电极是用化学法制备的氧化银(AgO)粉末在银网骨架上直接加压成型。

在含有过二硫酸钾的氢氧化钠溶液中,缓慢加入硝酸银溶液,在 $90\,^\circ\!C$ 下不断搅拌,沉淀出 AgO,其反应如下:

$$2AgNO_3+K_2S_2O_8+4NaOH \longrightarrow 2AgO+2Na_2SO_4+2KNO_3+2H_2O \qquad (3\text{-}29)$$

将反应后生成的 AgO 沉淀过滤、洗涤、干燥。在制得的氧化银粉末中,AgO 含量一般可达 95% 左右。

称取一定量的氧化银粉末,以银网为骨架在模具中加压成型。为了便于成型,可加入少量黏结剂(聚乙烯醇、羧甲基纤维素等)。

该法制备的氧化银电极,即使在低放电率时,也不出现高坪阶电势。这可能因为化学法制备的氧化银电极中,活性物质颗粒之间电阻很大,以致电流流过时,欧姆极化很大,自动消除了高坪阶电势的缘故。

这种方法工艺简单,但电极成型比较困难,寿命较差,一般只用于一次电池。

3.5.3 隔膜

由于锌银电池使用强碱作电解液,且银的氧化物具有很强的氧化能力,所以锌氧化银电池对隔膜性能的要求比较特殊,尤其锌氧化银蓄电池,它是目前所有蓄电池中对隔膜的要求最高的。它不仅需要具备一般隔膜的条件,如力学强度好、耐电解液腐蚀等,而且还要满足下列要求。

① 在正、负极间起物理分隔作用,能够阻止银和氧化银的胶体质点进入负极。

② 具有良好的吸储电解液的性能。因为在锌氧化银电池中,极板为紧装配式,自由电解液的量很少,所以不但要求在一般情况下隔膜能吸储一定量的电解液,供电极反应需要,而且由于锌氧化银电池多用于飞机、导弹、卫星等特殊场合,要求其处于很大重力加速度或侧转位置时,仍能维持足够电解液,使电池正常工作。

③ 离子导电性能好,允许水合离子的迁移。

④ 具有良好的化学稳定性。锌氧化银电池正极活性物质 AgO 和它分解析出的 O_2 及 Ag_2O 溶于电解液中生成的 $Ag(OH)_2^-$,对隔膜都具有强的氧化作用,特别是当温度升高时,腐蚀加剧。因此,要求隔膜必须具有很高的化学稳定性。此外,考虑到锌银电池的具体工作条件,隔膜必须能在 $-50\sim+80\,^\circ\!C$ 温度下的浓碱溶液中保持足够的稳定性。

⑤ 具有良好的抗枝晶穿透能力。由于电池在充电终止时负极容易生成锌枝晶,可能穿透隔膜,从而引起电池短路。因此,要求隔膜必须具有一定的抗枝晶穿透能力。

⑥ 具有较小的电阻率。这是锌银电池高速率放电的特性所要求的。

⑦ 要求隔膜在电解液中具有一定的膨胀度,使其厚度增加到原来的 $2\sim3$ 倍,以实现电池的紧装配,阻止负极活性物质脱落。

在现有的隔膜材料中,还没有一种单一材料能完全满足上述全部要求,因此生产上多采用复合隔膜,即由几种不同的隔膜按一定顺序排列成一组来满足各项要求,见图 3-16。

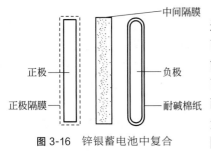

图 3-16 锌银蓄电池中复合
隔膜及其放置位置示意图

目前，一般正极表面采用惰性尼龙布或尼龙毡隔膜，这种多孔隔膜吸储电解液能力比编织物好，抗氧化能力强，而且致密。它紧靠银电极，将正极与中间隔膜隔开，而且能阻止 $Ag(OH)_2^-$ 的迁移，防止中间隔膜氧化。锌电极表面用耐碱棉纸包覆，一般在制造锌电极时即被包在电极上。耐碱棉纸膜薄而柔，具有良好的吸储电解液性能，能保证负极在电解液中有一定强度。中间隔膜多采用水化纤维素隔膜，这是一种致密的有机隔膜，在电解液中可膨胀 2～3 倍。它具有很强的离子导电性，但能阻止 $Ag(OH)_2^-$ 或银的胶体质点向锌负极迁移，同时具有一定的抗枝晶穿透能力。因此，这种水化纤维素隔膜起到了阻止银的迁移和阻止锌枝晶的作用。

水化纤维素膜是经过皂化处理的三乙酸纤维素膜，皂化处理的目的是为了改善其化学稳定性。根据皂化过程中使用的催化剂不同可分为甲醇皂化和乙醇皂化两种工艺。由于甲醇具有毒性，且价格比乙醇高，近年来已被乙醇皂化工艺取代，其具体过程如下。

按每 100g 膜需用皂化液（含有 $120g \cdot L^{-1}$ KOH 的乙醇溶液，乙醇与蒸馏水的体积比为 1:1）1L 的比例，取一定量的三乙酸纤维素膜〔其化学式为 $[C_6H_7O_2(CH_3COO)_3]_n$〕放入皂化液中，用蒸汽间接加热进行皂化反应，控制温度为 30～35℃，时间 45min 左右。

三乙酸纤维素膜经皂化处理后，化学式中的三个羧酸基被羟基取代，其反应可表示为

$$[C_6H_7O_2(CH_3COO)_3]_n + 3nKOH \xrightarrow{C_2H_5OH} [C_6H_7O_2(OH)_3]_n + 3nCH_3COOK \qquad (3-30)$$

经皂化后的膜用温热水（30～65℃）冲洗至中性，称为水化纤维素膜或再生纤维素膜。为了提高再生纤维素膜的抗氧化能力，一般还需采用"银镁盐法"处理，即在再生纤维素膜的表面形成一定的保护层。其方法是把再生纤维素膜放入硝酸银和硝酸镁的混合溶液中，在室温下浸渍 1h 左右，取出后在空气中晾干；再在 30%KOH 水溶液中浸泡 1h 后取出，用去离子水（或蒸馏水）把膜上的碱溶液洗净、晾干，然后将其与尼龙布一起卷绕于有蒸汽加热的滚筒上进行干燥。

一般对水化纤维素膜的性能要求有：

膜厚度 0.021～0.031mm；

电阻率 15%（与标准膜比较）；

抗拉力（湿）纵向 245kPa，横向 190kPa；

膨胀率≥150%；

乙酸根含量＜1%。

3.5.4　电解液浓度与用量的选择

电解液是电池的主要组成之一，它的组成、浓度及用量直接影响电池性能和使用寿命。锌氧化银电池所用电解液为氢氧化钾水溶液。电解液浓度的选择，可以从下列几个方面来考虑。

(1)电解液浓度对溶液的导电性和凝固点的影响　电池内阻是电池性能的主要参数之一，它与电解液的导电性密切相关。图 3-17 为不同温度下 KOH 溶液的电导率与浓度的关系，图 3-18 为 KOH 溶液凝固点与浓度的关系。由此可见，KOH 溶液浓度在 25%～30%时导电性能最好，在 30%～32%时凝固点最低。

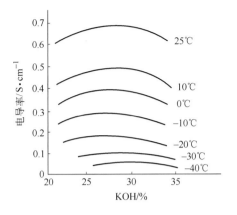
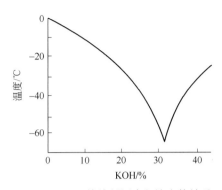

图 3-17 KOH 溶液的电导率与浓度的关系　　　图 3-18 KOH 溶液凝固点与浓度的关系

(2) 电解液浓度对电池容量的影响　　在锌银电池中，电解液的浓度主要影响锌负极的容量。这是因为锌在碱液中自放电比较严重，使电池在湿储存过程中损失部分容量。实验表明，锌在 KOH 溶液中的自放电速度随溶液中锌酸根离子浓度的增加而减小，且在一定浓度范围内也随 KOH 浓度的增大而降低。

(3) 电解液浓度对隔膜寿命的影响　　水化纤维素隔膜在浓度较低的碱液中受到的腐蚀较为严重，因为水化纤维素膜在较稀的碱液中膨胀率较高，即溶胀程度较大，致使膜的湿拉强度变差，耐枝晶穿透能力减弱。此外，正极活性物质 Ag_2O 溶解于电解液所形成的 $Ag(OH)_2^-$ 会氧化隔膜，使隔膜受到破坏。然而，随着碱液浓度的增加，溶液黏度增高，从而使溶液中的 $Ag(OH)_2^-$ 扩散速度减慢，隔膜被氧化破坏的速度也因此降低。

根据电池的使用要求，对于高速率放电的一次锌氧化银电池，其电解液可选用 30% 的 KOH 水溶液；而对于要求长寿命的二次锌氧化银电池，电解液可选用 40% 的 KOH 水溶液。

此外，由于锌银电池中的负极活性物质及其放电产物极易溶解于 KOH 电解液中：

$$Zn+2KOH \longrightarrow K_2ZnO_2+H_2 \uparrow \tag{3-31}$$

$$Zn+4OH^- -2e^- \longrightarrow Zn(OH)_4^{2-} \tag{3-32}$$

因此通常用 ZnO 饱和的 KOH 电解液。

对于长寿命、低放电率的锌银蓄电池来说，在电解液中还常加入一些添加剂，如铬酸钾和氢氧化锂等，以延长电池的循环寿命。

电解液中加入铬酸钾的作用是当电池充电时，电解液中的 CrO_4^{2-} 被负极锌还原为 CrO_2^-。而 CrO_2^- 可迁移到正极区，与正极溶解下来的 $Ag(OH)_2^-$ 进行反应，从而使 $Ag(OH)_2^-$ 在还没有迁移到隔膜之前就被还原成金属银，因而可减少 $Ag(OH)_2^-$ 对隔膜的氧化破坏作用。相关化学反应式如下

$$2CrO_4^{2-}+4OH^- +3Zn \longrightarrow 2CrO_2^- +3ZnO_2^{2-} +2H_2O \tag{3-33}$$

$$3Ag(OH)_2^- +CrO_2^- \longrightarrow 3Ag+CrO_4^{2-} +2OH^- +2H_2O \tag{3-34}$$

电解液中加入氢氧化锂的作用是：被锌酸盐饱和的 KOH 电解液在长期搁置中，会自动析出 ZnO 或 $Zn(OH)_2$ 胶体沉淀。这不仅使电解液中的锌酸盐浓度降低很多，而且这种胶体沉淀物会沉积在锌电极表面上，加速锌极的钝化；同时，由于电解液中锌酸盐离子浓度下降，又促使负极活性物质溶解，致使电池容量下降。实验表明，在电解液中加入一定量 Li^+ 时，可以使这种锌酸盐的"老化过程"大大减缓。

因此，通常在锌银蓄电池的电解液中加入少量铬酸钾和氢氧化锂，以延长蓄电池的使用

寿命。但在较高温度下，这种作用明显减弱，而且由于加入这些添加剂，使电解液的电阻率增大，在高放电率下，电池工作电压明显降低。所以这种电解液仅适用于长寿命、低放电率的锌银蓄电池。

此外，还应注意电解液的纯度。必须严格控制电解液中的杂质含量，如铁和碳酸盐等，杂质的存在会加快电池的自放电速度，从而大大影响电池的使用寿命。

在锌银蓄电池中，电解液的用量也明显地影响电池的容量和寿命。这是因为锌和氧化银电极的反应产物在 KOH 溶液中均具有一定的溶解度，如果使用大量电解液，则会由于电极物质溶解量过多而使容量下降，缩短电池寿命；但若电解液用量过少，则会由于电解液量的不足，而影响电极反应的进行，同样会使电池容量降低，使电池寿命缩短。实际电解液的最佳用量应通过试验来确定。

3.5.5 电池的装配

(1) 单体电池的装配 锌氧化银电池的结构与其他系列电池有明显差别，其特点是紧装配，多层隔膜及少量电解液。

一般单体电池的装配是将一定数量的正、负极片分别包覆隔膜，通常在正极上套封一层尼龙布作为辅助隔膜；负极片外包覆耐碱棉纸，以吸储电解液和保持一定的力学强度。将包有棉纸的负极片成对地用水化纤维素膜包起来，可根据电池工作条件及对电池寿命的要求，来确定包膜的层数（一般包 2～4 层）。然后将包膜折叠起来，负极片的侧面和底部完全被隔膜包住，只有极片顶端是敞开的。为了避免发生短路，隔膜应比极片高出 5～10mm。如图 3-19 所示，在包好隔膜的成对负极片之间，夹入一片有尼龙布包覆的正极片，再在负极片外侧放一片正极片，按此将一定数量的正、负极片相互交叉组成极群。为了充分利用正极活性物质（作为容量控制电极），极群两侧都为负极片。将组成的极群放于专用夹具中（防止极群松散错位），并将正、负

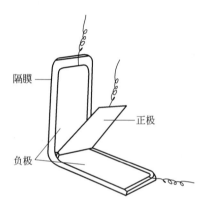

图 3-19 包膜和极片的装配

极组的极耳引线分别与电池盖上的同名极柱焊接相连。然后将极群装入电池外壳，再将盖与外壳封接，要视其壳体材料选择适用的密封胶。电池盖上的注液口用气塞拧紧，气塞的作用是排除电池工作时产生的气体，并防止空气进入电池内部，以避免对电极的氧化和对电解液的碳酸盐化。

对于电池外壳及盖体材料，要求有较好的化学稳定性、足够的力学强度、耐高低温及抗老化性能，并要求壳体呈透明或半透明，以观察电解液面的高度。目前多采用尼龙或改性聚苯乙烯注塑成型。

由于锌银电池中正、负极的电流引线均为银丝，没有其他电池中沉重的导电排等零部件；电池结构为紧装配，体积小，壳体轻且电液量少，这些都为锌银电池提供了高比能量、高比功率性能的有利条件。

通常锌氧化银电池在出厂时不注入电解液，电极为放电态（除干荷电式或一次电池外）。电池在使用前注入电解液，进行预充放电 2～3 次，进行化成。

(2) 电池组的装配 根据使用要求不同，将一定数量的单体电池装在一个整体外壳内组成实用电池。各单体电池用连接板串联起来，或用特制的印刷线路板连接。电池组外壳多用不锈钢或铝合金制成，并根据使用的特殊条件要求，还要加一些附属装置。例如，测量各单

体电池电压的电路插座（或插头）、充放电插座（或插头）、电加热器或化学加热器、电解液储存器、电启动气体发生器以及信号控制系统等。

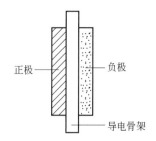

图 3-20　双极性电池结构示意

为了提高电池比能量，特别是体积比能量，常常采用一种堆积式双极性电池结构，这种结构如图 3-20 所示。双极性电池的导电骨架采用薄金属片，金属片的一侧表面为正极活性物质，另一侧表面为负极活性物质。为便于工艺制备，先将银电极与锌电极分别化成，在装配时将它们分别用相应的隔膜包覆后紧压在金属片导电骨架上，整个电池由许多这样的双极性电极叠积组成。

这种电池结构的特点是省去单体电池壳和单体电池之间的串联导电板，减小了电池组的质量，降低了电池间连接的能量消耗，并提高了电池组空间（体积）利用率。但是这种结构比较复杂，电池工作时的温度升高的问题也较严重，工作可靠性不太高，激活时电解液的均匀分布尚存在一定问题，需要改进。

3.6　锌银电池的性能

锌银电池的性能主要包括充放电性能和使用寿命两个方面。

3.6.1　充放电性能

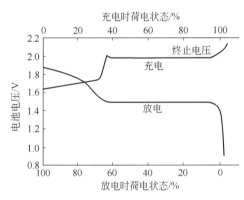

图 3-21　锌银电池充放电
电压与荷电状态的关系
荷电状态以额定容量的
百分数表示

锌银蓄电池典型的充放电曲线如图 3-21 所示。它反映了银的两种氧化物对电池充放电电压的影响。当充电将近结束时，电池电压升高很快，这有利于充电的控制。一般规定锌银蓄电池的充电终止电压为 $2.0\sim2.1V$，这样可避免水的电解。锌银蓄电池一般采用 10 小时率的电流充电，也可以快速充电，充电时间缩短到几个小时。

由图 3-21 也可以看出，锌银电池在低坪阶段的放电电压非常平稳，其放电终点也是很容易控制的，因为在接近放电终点时，其放电电压下降很快。放电终止电压取决于放电电流密度的大小、放电温度等，一般当放电电压降至 $1.0V$ 时，应立即切断负载电流。

锌银蓄电池可分高倍率型和低倍率型，其特性参数列于表 3-2 中。

表 3-2　锌银蓄电池的特性参数

电池类型	公称电压(25℃)/V	最大容许电流/A	深放电循环寿命/圈	可工作寿命/月	内阻/Ω	比能量	
						/W·h·L^{-1}	/W·h·kg^{-1}
低倍率型	1.5	C/10	100～300	12～18	0.20	100～270	70～130
高倍率型	1.5	C	20～60	6～9	0.03	65～170	40～100

锌银蓄电池在不同倍率放电时的放电曲线如图 3-22 所示。由此可见，锌银电池可以在额定容量的若干倍率下进行放电，而且无论在哪种倍率下放电，其工作电压都非常平稳。在高倍率时，锌银电池放电的两个坪阶电压的差别逐渐消失。

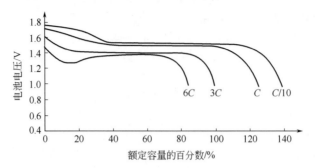

图 3-22　不同倍率下放电电压和输出容量的关系

温度对电池的放电特性有很大的影响。图 3-23 表示 3A·h 锌银蓄电池以 2C 速率放电时环境温度对其放电曲线的影响。由此可见，随温度的降低，电池内阻增大，放电电压降低，放电容量减小；而且低温放电时，电压高坪阶不明显，甚至消失。另一方面，当低温下以中、高放电率放电时，初始电压很低，但随放电的进行，电池内部发热而升温，工作电压也逐渐升高趋于正常。如放电温度过高，则电池寿命缩短，甚至不能正常工作。

锌银电池的放电容量和平均电压由放电电流和工作温度决定，它们间的相互关系可通过实验绘成如图 3-24 所示的列线图。根据此图可以预测锌银蓄电池的平均放电电压和放电容量与额定容量的比率（C/C_n）。例如，某高倍率型电池在 0℃ 时以 1C 率放电的平均放电电压由斜线和平均电压线的交点确定，约为 1.39V，放电有效率即实际放电容量 C 与额定容量之比（C/C_n）为 91%。

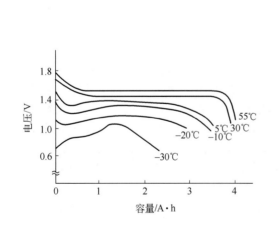

图 3-23　锌银蓄电池在不同温度下的
放电曲线(放电率 2C)

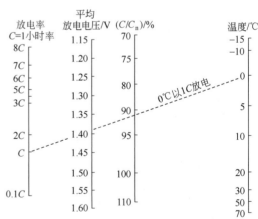

图 3-24　锌银电池性能估计列线图

锌银蓄电池的容量随循环次数的增加而降低，且下降速度较快。一般新电池的电容量为额定容量的 130%～150%。经多次充放电循环后，电极表面活性物质结构发生变化，利用率降低，致使容量下降。

3.6.2 寿命

锌银一次电池干涸状态时的搁置性能相当好，所以它的寿命是指荷电湿态搁置情况下的储存寿命，而锌银二次电池的寿命则通常指工作时的循环寿命。

表 3-3 列出了在室温下几种常用蓄电池的寿命。由于蓄电池的寿命与其内部结构、制造工艺、工作条件等密切相关，所以表中数据为估计值。

表 3-3 室温下几种常用蓄电池的寿命

电 池 种 类		循环次数	使用时间/a	电 池 种 类		循环次数	使用时间/a
铅酸蓄电池	启动型	约 300	约 3	锌银蓄电池	低放电率	200～400	1～2
	牵引型	约 1600	5～10		高放电率	30～50	0.5～1
镉镍蓄电池	有极板盒式	1000～2000	10～20	铁镍蓄电池		1000～2000	10～20
	烧结式	500～1000	10～20	镉银蓄电池		500～1000	2～3

锌银电池湿态搁置时储存寿命降低的主要原因是正、负极活性物质的自放电。前面已经分别讨论过锌电极和氧化银电极在浓碱（KOH）电解液中的自放电过程。在碱性溶液中，氢在锌上析出的过电势较大，因此锌在碱性电解液中本身自溶解的速度并不是很大，但由于锌银电池中采用多孔锌电极，锌的真实表面积非常大，使得整个锌银蓄电池中锌的自放电量达到非常显著的程度。实际上，即使电解液中杂质含量非常低，$25℃$时在碱性电解液中储存一个月后，多孔锌电极中就会有 10% 左右的锌被溶解。温度升高时，这种自溶解还会加剧，如 $35℃$ 时锌的自溶解要比室温下增大 3 倍。

室温下氧化银电极的自溶解是比较缓慢的，但是它的溶解产物对隔膜寿命有很大影响，所以在延长电池寿命方面，需要采取相应的措施。

锌银蓄电池是目前各种常用蓄电池中循环寿命最短的，主要原因在于多次循环后锌负极容量逐渐损失和隔膜的损坏造成电池短路。

(1) 锌负极在充放电循环中的容量损失 经过一定的充放电循环次数以后，锌电极往往会发生变形——顶部和边缘的活性物质逐渐减少或消失，而电极底部增厚。锌极发生变形，使电极表面积减小，实际工作电流密度增大，不仅降低了电池容量，而且由于充电电流密度随之增大，过电势升高，容易生成枝晶，导致电池内部短路。

锌电极变形（或称锌极"下沉"）和锌枝晶的生成，是以锌为负极的二次电池中普遍存在的问题。造成锌电极变形的原因有下列几方面。①溶解在电解液中的氧会使锌电极发生腐蚀。由于溶解的氧比较容易到达锌电极的顶部和侧边，所以这些地方优先被腐蚀。②锌电极的放电反应产物 ZnO 或 $Zn(OH)_2$ 在 KOH 电解液中的溶解度比较大，它们在电解液中会发生扩散或对流。因而充电时，锌就不能在原来溶解的地方进行沉积，特别是锌酸盐在碱液中相对密度较大，沉积在电池底部，使处于锌极顶部电解液中的锌酸盐含量低于底部。于是，锌电极上下两部分形成浓差电池，使锌在顶部溶解，而在电极底部以海绵状析出。

一般随着电池充放电进度的加快，放电深度的加大以及电解液中 ZnO 含量比较低时，锌极的溶解变形更加严重。

为了防止充放电循环时锌电极的溶解和重新分配，采用紧装配电极，即在保证放电容量的前提下，用最少量电解液，且电解液以 ZnO 饱和。这样，锌电极反应产物在电解液中的溶解量减少，同时锌酸盐离子可以扩散的范围减小。采用紧装配，还可以减小电池的体积和质量，增大极板的力学强度等。但是，电解液用量少会使锌电极易发生钝化，相应地降低了电池的容量，因此，必须从电极结构上同时加以改进。

为防止锌极变形，从结构上可采取的措施之一是使锌负极尺寸稍大于正极，将活性物质容易减少的电极顶部和侧边加厚，或将隔膜的周边加厚，以调整电流分布的不均一性。但是，这些措施显然增加了生产上的复杂性。

一种从结构上彻底改变的新型电池负极板的设计，是采用流动层电极，即用许多小的惰性玻璃球，使它们在电解液搅动下呈流态化。当它们与一个永久导体接触时，锌就沉积在它上面或在它上面放电。这时，由于电解液搅动速度很高，充电过程不受锌酸盐离子扩散限制，容易生成光滑且黏附性好的沉积锌；放电时，锌酸盐离子离开电极表面的速度加快，延迟了钝化。由于小球的尺寸很小，所以总的表面积很大。这种电极结构可以避免锌极变形和充电时锌极生成枝晶，但是该电池结构比较复杂，目前处于研究阶段。

还有一些其他原因导致锌电极容量降低，如锌极表面细小的锌粉颗粒自由能比较高，放电时优先溶解，留下颗粒较大的锌粉，成为充电时锌沉积的晶核。经过反复多次充放电循环以后，在锌电极表面逐渐聚集，小颗粒锌粉消失，大颗粒锌粉增加，最终变成比表面小得多的结节状结构，电池容量大为降低。锌粉与极板基底（骨架）结合不牢，使活性物质容易脱落，这也是导致电池容量下降的原因。

高放电率的锌银蓄电池在循环过程中往往容量下降得很快。这一方面是由于电池内阻的增大，另一方面是因为在高放电率的情况下，电池内部温度升高，使锌在碱液中的腐蚀加快，负极活性物质减少，而电解液中锌酸盐浓度增大。当放电完毕，电池内部温度降低时，则会在锌极表面沉积出难溶的 $Zn(OH)_2$ 或 ZnO，使其真实表面积减小，活性降低，容量下降。

实验证明，在锌负极活性物质中添加少量聚四氟乙烯，对减缓容量下降有明显效果。一般认为聚四氟乙烯在其中形成惰性网状骨架，可以有效地防止电极充放电循环时活性物质的脱落和迁移。

(2) 隔膜的损坏　影响锌银蓄电池循环寿命的另一个重要原因是隔膜的损坏。

由于锌银蓄电池采取紧装配结构，正、负极的间距很小，因此隔膜对蓄电池的正常工作起着极其重要的作用。锌银蓄电池对隔膜的要求十分严格，到目前为止尚未找到完全符合要求的理想隔膜材料。现有电池往往由于隔膜损坏，造成内部短路而终止寿命。

目前所使用的再生纤维素膜在循环过程中被损坏的原因主要是被氧化或被锌枝晶穿透。氧化银在碱液中具有相当大的溶解度，尤其是在充电时，在碱液中生成的 $Ag(OH)_2^-$，具有很强的氧化能力，当它从正极区向负极区迁移时，经过隔膜，使再生纤维素膜受到强烈地氧化而解聚损坏，同时 $Ag(OH)_2^-$ 被还原成金属银沉积在隔膜中，会导致电池内部短路。在高温下这种损坏尤其严重。因此以高放电率工作和经常处于充电态储存的锌银蓄电池，常常由于隔膜的破坏而缩短寿命。

当锌银蓄电池充电终止或过充电时，容易生成锌枝晶。因为这时锌极表面的氧化锌基本已全部被还原，同时电解液中锌酸盐浓度降低，于是充电过程开始向隔膜内部延伸。而再生纤维素隔膜，由于遭受碱性锌酸盐溶液和 $Ag(OH)_2^-$ 的化学作用，结构逐渐破坏，失去固有的强度和致密性，抗枝晶穿透能力逐渐降低，最后导致蓄电池内部发生短路。

此外，再生纤维素膜长期浸在浓 KOH 溶液中，也会发生解聚而损坏。

由以上讨论可知，隔膜损坏的主要原因随使用条件而异。如高放电率的电池，隔膜经常在高温下工作，则银的氧化物的腐蚀作用将成为隔膜损坏的主要原因。如果电池经常过充电，则锌枝晶的穿透将成为隔膜损坏的主要原因。

为了延长隔膜寿命，首先应合理使用和维护电池，如控制充电电压不得超过 2.05V，防止过充电，长期不使用时电池应以放电态储存等。

国内外对适合于锌银蓄电池的新型隔膜材料也进行了大量的研究。例如已经获得应用的"接枝膜"——以抗氧化能力强但无导电性的聚合物如聚乙烯为基体，采用原子辐射（γ射线）或用化学引发剂进行引发，使在聚乙烯分子上加上化学特性不同于聚乙烯的侧键，以改进它的导电性。无机隔膜的研究也获得了较大进展，它的种类很多，有烧结的硅酸盐隔膜，直接用电化学方法将 $Ca(OH)_2$ 和 $Mg(OH)_2$ 加在电极极板上的无机薄膜，以及采用由不溶的含水无机物（如含水的锆氧化物）组成的微孔隔膜等。无机隔膜抗氧化性强，在阻止银迁移和锌枝晶穿透、耐高温等方面的性能有明显改进。近来对于锌银蓄电池用隔膜的研究向着有机、无机隔膜相结合的"复合膜"方向发展，它综合两种隔膜的优点，性能显著提高，如用聚丙烯毡作为基体，聚砜作黏合剂及氧化锆作无机填充剂而组成的新型复合膜，大大提高了电池性能，延长了电池寿命。

3.7 锌银电池的特点与用途

锌银电池之所以能在军事、宇航等特殊领域获得广泛应用，主要是因为它具有如下优点。

① 比能量很高。锌银电池理论比能量高（表 3-4），活性物质利用率高，而且电解液用量少，结构紧凑，电池体积小，质量轻，这在某些对电池体积和质量有严格要求的特殊用途中，意义重大。

表 3-4 几种蓄电池的比能量

电池种类	质量比能量 /W·h·kg^{-1}	体积比能量 /W·h·dm^{-3}	电池种类	质量比能量 /W·h·kg^{-1}	体积比能量 /W·h·dm^{-3}
锌银蓄电池	100~150	200~280	镉镍蓄电池	25~35	40~60
铅酸蓄电池	30~50	90~120	铁镍蓄电池	20~30	60~70

与锌银二次电池相比，锌银一次电池具有更高的比能量。这是因为它不需考虑充电和循环寿命问题，所以比二次电池更易组成高能电池。某种用于鱼雷或导弹中的一次锌银电池，比能量可高达 $150W·h·kg^{-1}$ 和 $280W·h·dm^{-3}$。图 3-25 为具有相同额定容量的锌银一次电池与二次电池的高速率放电曲线。可以看出，一次电池的电压及容量均大于二次电池。

② 优异的高速率放电性能。如在常温下，以 1 小时率放电时，可放出额定容量的 90%，以 1/3 小时率放电时，仍能放出额定容量的 70%。通常锌银电池能以几倍于它的额定容量的大电流进行高速率放电。

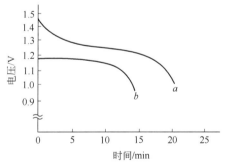

图 3-25 锌银一次电池与相同额定容量的
二次电池的高速率放电曲线
在高速率（4C）下的放电曲线（$I=100A$）
a——一次电池；b——二次电池

③ 内阻小，工作电压平稳（低坪阶段）。平均放电电压为 1.55V。

④ 充电效率高。锌银蓄电池在充电时，如规定一定的充电电压，其充电效率（或称安时效率）$\eta_{A·h}$ 可用下式计算：

$$\eta_{\text{A·h}} = \frac{\int_0^{t_d} I_d \, dt}{\int_0^{t_c} I_c \, dt} \sim 0.95$$

当充电因素为 1.05（即过充电 5%）时，锌银蓄电池的充电效率为 0.90～0.95。

锌银蓄电池在一定的条件（一定的终止电压、温度和电流）下充电，定义其瓦时效率为输出的电能（W·h）和使其再充电至原来状态时所输入的电能（W·h）之比，可以表示为：

$$\eta_{\text{W·h}} = \frac{\int_0^{t_d} I_d E_d \, dt}{\int_0^{t_c} I_c E_c \, dt}$$

上式中的 I_d 和 I_c 分别是放电时间 t_d 内的放电电流和充电时间 t_c 内充电电流，E_c 和 E_d 表示电池的充放电电压。实验表明，锌银蓄电池的瓦时效率约为 0.7～0.8，甚至更高。

⑤ 容量和能量输出效率高。表 3-5 列出了几种常用蓄电池的容量和能量输出效率。由比可见，锌银蓄电池的容量和能量输出效率在常用蓄电池中是最高的。

表 3-5　几种常用蓄电池的容量和能量输出效率

电池种类	容量输出效率/%	能量输出效率/%	电池种类	容量输出效率/%	能量输出效率/%
锌银蓄电池	＞95	80～85	镉镍蓄电池	75～85	55～65
铅酸蓄电池	80～90	65～75	铁镍蓄电池	70～80	50～60

⑥ 具有较小的自放电速率，干态储存寿命长。

⑦ 具有较好的力学性能。

但是，锌银电池也有明显的不足，其缺点主要表现在以下几个方面。

① 寿命较短，不耐过充。低放电率电池的湿搁置寿命最多为 2～3 年，高放电率电池的湿搁置寿命只有 3～18 个月。由于容量衰减，一般锌银蓄电池的循环寿命仅 50～100 周期，比镉镍、氢镍和铅酸蓄电池的寿命要低得多。因此，这种电池改进的主要方向是延长其电池寿命。

② 高、低温性能较差。如温度高于 60℃时，锌电极自放电及隔膜腐蚀加速，大大降低电池寿命；而 −20℃时，中等放电率下，锌氧化银电池只能输出额定容量的 50%。

③ 电池的成本很高。这很大程度上限制了它的应用，它往往只用于某些对电池性能有特殊要求，而对成本不过于限定的场合。

锌银电池由于银电极的高成本使其应用受到限制，仅应用于把高比能量和高比功率作为首要要求的场合，如轻便医疗和电子设备、水下设备、鱼雷和航空航天领域等。在宇航空间技术和武器装备中用作主电源或应急电源，如各种火箭、导弹采用的一次锌银电池，以及人造卫星采用的密封式锌银蓄电池，其与太阳能电池配套使用。星际飞船和宇宙探测器也采用锌银蓄电池组作为主电源或应急电源（图 3-26）。喷气式飞机的启动和应急电源，则采用高放电率的锌银蓄电池。鱼雷推进器的动力电源采用储备式一次锌银电池或高放电率锌银蓄电池（图 3-27）。大容量锌银电池在深海载人潜水器上也得到广泛应用，以"蛟龙号"载人潜水器为例，锌银电池担负着为各种机电设备、仪器仪表提供动力源及电源的任务，电池组在承压性能、析气量、绝缘性能等方面满足潜水器要求，能承受海底高压环境，并能适应载人潜水器上浮及下潜时压力的迅速变化。在"蛟龙号"载人深潜器 1000m、3000m、5000m 及 7000m 海试中，锌银电池性能良好，其可靠性得到进一步验证。便携式通信机、激光器、摄影灯等特殊设备的电源，则采用长寿命，高、中、低放电率的锌氧化银蓄电池。此外，扣式锌银电池可用于助听器、计算器以及电子手表的电源。

图 3-26　采用了太阳能电池和锌银蓄电池的"火星探路者"
（左为着陆器，右为越野车）

图 3-27　采用了 330 块锌银蓄电池作动力的"海豚"号深潜试验潜艇

参考文献

[1]　张文保，倪生麟. 化学电源导论. 上海：上海交通大学出版社，1992.
[2]　吕鸣祥，黄长保，宋玉瑾. 化学电源. 天津：天津大学出版社，1992.
[3]　陈景贵. 化学与物理电源：信息装备的动力之源. 北京：国防工业出版社，1999.
[4]　李国欣. 新型化学电源导论. 上海：复旦大学出版社，1992.
[5]　顾等平，童汝亭. 化学电源. 北京：高等教育出版社，1993.
[6]　文国光. 化学电源工艺学. 北京：电子工业出版社，1994.
[7]　李国欣. 20 世纪上海航天器电源技术的进展. 上海航天，2002，3：42-48.
[8]　Lewis H, Jackson P, Salkind A, et al. Advanced membranes for alkaline primary and rechargeable alkaline cells with zinc anodes. J Power Sources, 2001, 96: 128-132.
[9]　徐冉，李薇，席时权. Ag_2O 胶体粒子的自组装单层膜和多层膜. 光散射学报，1999，11：151-154.
[10]　Lewis H L, Danko T, Himy A, et al. Alternative separation evaluations in model rechargeable silver-zinc cells. J Power Source, 1999, 80: 61-65.
[11]　石建珍，朱纪凌，高翠琴，等. 二次碱性锌电极. 电池工业，1996，1：37-43.
[12]　Hariprakash B, Martha S K, Shukla A K. Galvanostatic non-destructive characterization of alkaline silver-zinc cells. J Power Sources, 2003, 117: 242-248.
[13]　王金良. 国外民用电池生产工艺技术现状与趋势. 电池工业，1996，1：17-20.
[14]　孟宪光，刘淑春. 膨胀石墨在无汞高能电池中的应用. 炭素，1996，2：41-43.
[15]　Jin X B, Lu J T. The potential valleys of silver oxide electrodes during pulse discharge. J Power Sources, 2002, 104: 253-259.
[16]　Smith D F, Brown C. Aging in chemically prepared divalent silver oxide electrodes for silver/zinc reserve batteries. J Power Sources, 2001, 96: 121-127.
[17]　李广森. 锌-氧化银电池恒压充电的性能研究. 电源技术，2000，24：216-217.
[18]　Lewis H, Grun C, Salkind A. Cellulosic separator applications: new and improved separators for alkaline rechargeable cells. J Power Sources, 1997, 65: 29-38.
[19]　宋二虎，范建国. 提高锌银电池容量一致性的途径. 电池，1997，27：120-121.
[20]　Karpinski A P, Russell S J, Serenyi J R, et al. Silver based batteries for high power applications. J Power Sources, 2000, 91: 77-82.
[21]　Karpinski A P, Makovetski B, Russell S J, et al. Silver-zinc: status of technology and applications. J Power Sources, 1999, 80: 53-60.
[22]　Smith D F, Gucinski J A. Synthetic silver oxide and mercury-free zinc electrodes for silver-zinc reserve batteries. J Power Sources, 1999, 80: 66-71.
[23]　刘洪涛，夏熙. 电极用纳米 Ag_2O 的电化学性能研究 Ⅲ. 电极的循环伏安行为. 应用化学，2002，19：441-445.
[24]　张西尧，潘新宇，张琦锋，等. 氧化银纳米粒子的制备及其动态受激荧光. 物理化学学报，2003，19：203-207.
[25]　杨申申，王瑶，张伟，等. 在深海载人潜水器上应用的锌银电池. 船电技术，2016，36：31.

第4章

铅酸蓄电池

将化学能和直流电能相互转换且放电后能够经过充电复原重复使用的装置称为二次电池，也称为蓄电池。二次电池必须满足下面三个条件。

① 电极反应可逆。电池的两极在放电时由化学能转换成电能；放电后，产物可借助于通反向电流的方法，恢复为可放电的活性物质，这是一个由电能转换为化学能的充电过程。

② 只能采用一种电解质溶液，这可以避免由于采用不同电解质而造成电解质之间的不可逆扩散。

③ 放电生成难溶于电解液的固体产物，这就避免充电时过早地生成枝晶和两极产物的相互转移。

正是由于这些条件的限制，目前只有少数的电化学体系是实用的二次电池体系，如铅酸、镉镍、氢镍和锂离子电池。铅酸蓄电池开路电压为 2.0V，镉镍、氢镍电池开路电压为 1.2V，锂离子电池开路电压为 3.6V。

4.1 概述

铅酸蓄电池是化学电源中的一种，其正极活性物质是过氧化铅（PbO_2），负极活性物质是海绵状铅（Pb），电解质是硫酸。除此之外，电池还需要有外壳（容器）、隔板、极柱等部件。

自从法国科学家普兰特（G. Plante）于 1859 年发明铅酸蓄电池以来，已历经 160 多年。铅酸蓄电池有着悠久的历史，是蓄电池的元老家族，它在技术和工艺上也有了很大发展，从开口型、防酸隔爆型、消氢型到阀控密封型等多种类型，它以其较高的性价比、大电流放电性能以及单体容量大等优势而仍然广泛应用，用于工业、经济领域的备用电源和储能电源系统。铅酸蓄电池为人类文明的发展作出了极大的贡献，发挥了不可替代的作用。

在铅酸蓄电池中因制造工艺、技术条件、使用场所、环境要求等不同，可分为多种类型，既有通用型，又有专用型。阀控密封型铅酸蓄电池除通信、电力、信息、金融等行业通用的固定式阀控密封型铅酸蓄电池外，根据不同的使用环境和工作条件又有启动用、牵引用、内燃机车用、铁路客车用、摩托车用、航空用、舰船用等十余种类型。它们的制造工艺、储电容量、充放电特性、放电终止电压、额定容量等均有不同的要求和特定条件。

铅酸蓄电池是目前世界上产量最大、使用范围最广的一种电池。无论产值还是销售额，铅酸蓄电池占所有化学电源（包括铅酸蓄电池、锂离子电池、镉镍电池、碱性锌锰电池等）的 50% 以上。我国目前是全球最大的铅酸蓄电池生产国、消费国和出口国。随着汽车、摩托车、电动自行车、通信、新能源及其他产业的快速发展，我国铅酸蓄电池需求量高速增长，铅酸蓄电池仍然是电池中重要的系列产品。

铅酸蓄电池在电气化工业时代中一直担任二次电池的主角，被誉为一匹重载的马。这主要由于它具有如下优点。

① 工作电压高。除锂离子二次电池外，在常用蓄电池体系中，铅酸蓄电池的电压最高，为 2.0V，比碱性蓄电池的 1.2V 及锌银蓄电池的 $1.1 \sim 1.65V$ 均要高。

② 高倍率放电性能良好。可以大电流脉冲放电，用于发动机启动，能以 $3 \sim 5$ 倍率、$9 \sim 10$ 倍率，甚至高达 $26 \sim 27$ 倍率的电流放电。

③ 原材料易于获得，价格低廉，且可以回收利用。

④ 可在 $-40 \sim 60℃$ 条件下工作，具有广泛的环境温度范围。

⑤ 易于浮充使用，没有"记忆"效应。

⑥ 安全可靠，寿命长。

⑦ 易于识别荷电状态。

但铅酸蓄电池也有其缺点。

① 比能量低。由于铅密度大的固有缺陷，使其比能量低，一般为 $30 \sim 40W \cdot h \cdot kg^{-1}$。

② 放电态长期保存会导致电极的不可逆硫酸盐化。

③ 过充电容易析出气体，在某些结构电池中，由于氢的析出，有爆炸危险。

④ 制成小尺寸比较难。

⑤ 硫酸液溢出时具有腐蚀作用，污染环境。

因此，从 20 世纪 30 年代以来，蓄电池界就开始寻找如何实现铅酸蓄电池密封化的途径，并在 60 年代中期形成技术发展的高潮。铅酸蓄电池密封化技术的基本进程为：

20 世纪 60 年代中期，德国阳光电池公司首先开发出实用性胶体电解液密封铅酸蓄电池并推向民用产品市场。与此同时，美国 Gates 公司也研制出以纯铅为电极、超细玻璃纤维（AGM）为隔膜的圆筒形密封铅酸蓄电池（以下简称为 SLA 电池）。另外，日本汤浅公司也开始生产小型 SLA 电池，并于 1970 年开始采用铅-钙合金板栅，研制出带有气体复合装置的电池，从而确立了阀控式 SLA 电池的基本工艺；随后汤浅公司在小型 SLA 电池的基础上，进一步开发摩托车用以及 $100 \sim 3000A \cdot h$ 的大容量固定型阀控式 SLA 电池，以便扩大应用范围。20 世纪 90 年代，在美国出现了一种新型的被称为水平电池（horizon）的 SLA 电池。这种电池的核心技术为用覆铅玻璃纤维丝织成网状板栅代替传统的热铸式多元合金板栅，从而在减轻电池重量的同时，又改革了传统蓄电池组内的连接桥，以大幅度提高电池的电性能，使其比能量（3 小时率）达到 $50W \cdot h \cdot kg^{-1}$。1997 年，德国专利公开了一种高分子有机合成的固体电解质。同期国内有关研究机构提出有机硅胶体的国际专利（PCT）和中国专利申请，运用功能高分子复合表面活性剂，研发出智能控释胶体。该电化学胶体具备电场控制物理状态转换及硫酸离子浓度智能控释的功能，解决了胶体电解液的工业灌装一致性问题。

在科学日新月异的今天，虽然出现了许许多多的新电源，但铅酸蓄电池未被淘汰，也未降为夕阳工业，仍广泛地在海陆空各个领域中使用。由于铅的资源丰富、价格低、工艺成熟、适用范围广、良好的可逆性，它在 21 世纪仍将为人类服务，并起着极为重要的作用。

4.2 铅酸蓄电池的型号与分类

4.2.1 产品型号的含义

我国铅酸蓄电池产品的型号按机械行业标准 JB/T 2599—2012 进行编制和命名，型号采用汉语拼音的大写字母来表示，阿拉伯数字用来表示容量和极板数目之间的关系。产品型号共分三段，其排列和含义如下。

串联的单体电池数 — 电池的类型和特征 — 额定容量

当电池数为 1 时，称为单体电池，第一段可略去。电池的类型根据主要用途来划分，代号用汉语拼音第一个字母，第二段电池特征为附加部分，仅在同类型用途的产品中具有某种特征而同型号中又必须加以区别时采用。当汉语拼音无法表述时可用英语字头，英语字头为国际电工委员会（IEC）所提及的英文铅酸蓄电池词组。额定容量以阿拉伯数字表示，其单位为 A·h，在型号中单位略去。表 4-1 列出了铅酸蓄电池产品系列中汉语拼音字母的含义。

表 4-1 用于蓄电池汉语拼音字母的意义

	汉语拼音字母	含义		汉语拼音字母	含义
	Q	启(qi)动用		M	密(mi)封式
表	G	固(gu)定用	表	W	免维(wei)护
示	D	牵引电(dian)力机车用	示	A	干(gan)式荷电
电	N	内(nei)燃机车	电	H	湿(shi)式荷电
池	T	铁(tie)路客车	池	WF	微(wei)型阀(fa)控式
用	M	摩(mo)托车用	特	P	排(pai)气式
途	C	船(chuan)舶用	征	J	胶(jiao)体式
的	CN	储(chu)能(neng)用	的	JR	卷(juan)绕(rao)式
字	EV	电动车辆用(electric vehicles,英语)	字	F	阀(fa)控式
母	DZ	电(dian)动助(zhu)力车用	母		
	MT	煤(mei)矿特(te)殊用			

例如：6-QA-120 表示有 6 个单体电池串联（即 12V）的额定容量为 120A·h 的干式荷电启动用型蓄电池。

4.2.2 分类

我国铅酸蓄电池的应用广泛，种类较多，主要按用途分类，但同一用途的蓄电池，可能用不同结构的极板。另外，电解液和充电维护情况也会不同，因此需要更加具体、详细地划分。

(1) 按用途分类 铅酸蓄电池的主要产品已成系列，按用途分类，我国目前铅酸蓄电池产品的系列和品种主要有以下几种。

① 启动用。主要供各种汽车、拖拉机、柴油机、船舶启动和照明用。启动内燃机时要大电流放电，要求电池内阻小，正、负极板要薄，用涂膏式极板。

② 牵引用。用于各种蓄电池车、叉车、铲车、矿用电机车、码头起重车等，作为动力牵引及照明电源。要求厚极板，容量较大，经常以 3～5 小时率充放循环使用。

③ 固定用。用于发电厂、变电所、大会堂、医院、试验室等，作为照明、通信、开关控制、继电保护等设备的直流电源。这类蓄电池的正极板常用管式，极板较厚，电解液较稀，使用寿命较长，可浮充使用。

④ 铁路客车用。供铁路客车车辆照明及电器设备用。由于车辆运行时充电，故用于这方面的蓄电池要耐震，正极板多为管式结构。

⑤ 船舶用。用于小型船只、渔船等的照明和通信。

⑥ 摩托车用。供摩托车启动和照明。这类蓄电池要坚固耐震，不漏电解液。

⑦ 航标用。用于港湾内河航道夜间航标照明。要求连续工作半年以上，无需维护。

⑧ 储能用。用于发电质量有波动的太阳能、风能和潮汐能发电站，以及其他可再生能源的储能用。

⑨ 电动车辆用。为新能源汽车和电动助力车动力提供电源，满足各种电源和能量需求。

⑩ 其他用途。大小容量不等，放电率多样。

(2) 按极板结构分类

① 涂膏式。正、负极板均使用铅合金板栅，将铅氧化物用硫酸水溶液和水调成糊状铅膏，然后将铅膏涂在用铅合金铸成的板栅上，经过干燥，在 H_2SO_4 溶液中通直流电形成能放电的活性物质。这种极板称为涂膏式极板。

② 管式。在蓄电池的正极板铅合金的导电骨架上套以编织的纤维管，管中装入活性物质，在管的保护下活性物质不致脱落。这种结构也称为铠甲式极板。负极板则配以普通涂膏式极板。

③ 形成式。正极板用纯铅制成，其活性物质是靠铅本身在化成液中经反复充放电而形成的薄层。负极板则配以涂膏式极板。形成式也称为普兰特（Plante）式，是一种最原始式的极板，又分为脱特（Tudor）型和曼彻斯特（Manchester）型两种。前者用纯铅铸成带有穿透棱片的极板，后者是把纯铅制成带有凹凸的板条卷成卷，嵌在由耐腐蚀合金制成的支撑板的圆孔中制成，然后在通电时形成活性物质。

(3) 按电解液和充电维护情况分类

① 干放电态。极板处于干燥的放电状态，放在无电解液的蓄电池槽中。用户使用时灌入电解液，并进行较长时间的初充电后方可使用。

② 干荷电态。极板处于干燥的充电状态，放在无电解液的蓄电池槽中，用户使用时灌入电解液，放置短时间后不需初充电即可使用。

③ 带液充电态。已充好电且带电解液，用户拿到即可使用的蓄电池。

④ 免维护、少维护蓄电池。也是带液充电态蓄电池，但它们在规定的工作寿命期间内，在保持正常运行条件下，不需要维护加水或只需要极少次数的维护加水，而且在长期搁置状态下，自放电极小。

⑤ 湿荷电态。电池在工厂充好电后倒出电解液，但还储存少量的电解液，其中大部分吸收在极板和隔板内，极板处于充电状态；在一定储存期间内，灌入电解液不需充电即可使用。储存期限不及干荷电态蓄电池长。

(4) 按电池盖和排气栓结构分类

① 开口式。无永久性的盖子，产生的气体可以自由逸出，只装有与壳体不固定的盖板，以减少酸雾。开口式铅酸蓄电池由于其维护工作繁杂，污染环境，随着技术的进步，现在几乎被淘汰。

② 排气式。电池壳体与盖固定在一起，盖子的注酸口上装有排气栓。

③ 防酸隔爆式。电池盖上装有防酸阻火栓，允许电池排气，防止酸雾逸出。当遇有外界火源时，电池内部不会燃烧和爆炸。防酸隔爆式铅酸蓄电池虽有改进，但仍有酸雾逸出，环保与安全性能仍不能满足要求，也被逐渐淘汰。

④ 防酸消氢式。装有催化栓，可使电池析出的气体重新生成水返回电池，同时具有防酸隔爆性能。

⑤ 阀控密封式。是采用最为广泛的铅酸蓄电池。蓄电池密封，装有单向安全阀，电池

内压力过大时，阀门打开排气，外部气体不进入电池内部。这种蓄电池可以做到免维护或少维护，无环境污染，可与用电设备共用机房而无需分设，是当前较为理想的蓄电池。

4.3 铅酸蓄电池的基本结构

铅酸蓄电池的主要组成是正、负极板及电解液、隔膜（或板）、电池槽和盖，其中正、负极板分别焊成极群。此外，还有一些零件如极柱、连接条、排气栓等。各种铅酸蓄电池根据其用途的不同，对其要求各有不同，从而在结构上也略有差异。数量最多的为汽车用铅酸蓄电池，其结构如图 4-1 所示。

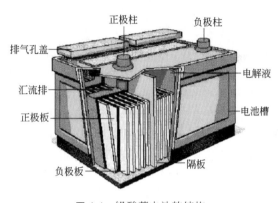

图 4-1　铅酸蓄电池的结构

极群装在绝缘的电池槽内，边极板一般为负极，每种极性的极群其极板都以汇流排的形式焊接在一起，汇流排上有竖直的极柱，在正极板与负极板之间插有隔板。极板下部有板脚，由电池槽底部的鞍子支撑着，这样当电池中后期正极活性物质脱落时，就可沉到电池槽底部，防止正、负极板之间短路。极板上边框距离电池槽盖最少有 20mm，这样当电池充电时电解液不致溢出。

4.3.1　正、负极板

正、负极板由板栅和活性物质构成。板栅除支持活性物质外，还起导电作用。板栅一般使用铅锑合金，有时也使用纯铅或其他铅合金。铅酸蓄电池在充电状态时，正极活性物质为二氧化铅，负极为海绵状铅。在放电状态时，正极和负极的活性物质均为硫酸铅。

负极板结构一般都是平板状的，是把铅膏涂填在板栅上制成的涂膏式极板。

正极板结构根据蓄电池用途不同而不同，汽车启动用铅酸蓄电池采用平板状的涂膏式极板，工业用铅酸蓄电池多为管式正极板。

涂膏式极板是铅酸蓄电池中最普遍的极板，活性物质真实比表面积大，可用大电流放电，活性物质利用率高，质量较轻，制造较简单，价格低廉。但极板的力学强度较差，在充放电过程中活性物质易脱落，寿命较短。

管式正极板一般用玻璃纤维或其他耐酸纤维织成的多孔管子把正极活性物质套住，活性物质不易脱落，寿命大大延长，而且活性物质利用率下降不多，板栅还节约了大量铅。但由于管式正极板电阻稍大，不能大电流放电。

在启动用蓄电池中，使用厚度较薄的极板，一般在 2.5mm 以下，甚至到 1.5mm 或更薄些。工业用铅酸蓄电池极板厚度往往达到 5～6mm，管式极板的管径有 8.0mm 和 9.5mm 两种。因为每安·时电量需要活性物质的量不同，负极板需要相对少些。另外，在蓄电池运行过程中，负极板既不会发生板栅腐蚀，也不会发生活性物质软化脱落，所以负极板厚度一般比正极板薄些，一般负极板厚度控制在正极板厚度的 80％左右。

极板高度也很重要。极板太高，放电时电池内电解液浓度上下相差较大，极板上电流分布不均，特别是在大电流放电时，极板下部起不到多少作用。

4.3.2 电解液

铅酸蓄电池的正、负极板都浸在一定浓度的硫酸电解液中，电解液是铅酸蓄电池的重要组成部分。硫酸电解液除承担正、负极间离子导电作用外，还参加电化学反应。在放电过程中一部分被消耗，从而使其密度降低，在充电过程中又逐渐恢复原状。为此要求电解液纯度要高，以避免引进杂质所带来的副反应而损坏极板，同时又要求电解液有合适的浓度，既可以保证电解液本身的电阻较小，有利于提高极板的电压、容量及寿命，又不利于副反应的发生。根据电池用途的不同，采用20℃密度 $1.200 \sim 1.280 \mathrm{kg \cdot L^{-1}}$ 的硫酸。

4.3.3 隔板和电池槽

隔板的作用是防止正、负极活性物质直接接触而发生短路，保证电解液在正、负极板之间有良好的导电性，防止活性物质脱落、减轻极板弯曲变形。隔板对电池的性能和寿命影响很大，因此应有严格的要求。主要有：

① 材料是电绝缘体，并能阻挡从电极上脱落活性物质微粒和枝晶的成长；

② 电阻要小，这样电池的内阻就相应减小；

③ 耐硫酸腐蚀和抗氧化性强，在电解液中具有化学稳定性，在充放电过程中能耐正极活性物质的氧化作用；

④ 具有足够的孔隙率（约60%）和一定的孔径，同时还要有一定的力学强度；

⑤ 材料来源丰富，价格低廉。

铅酸蓄电池现在大部分使用微孔橡胶隔板，也有使用玻璃纤维隔板及悬浮法PVC烧结式隔板，近年发展起来的有乳液法生产的PVC隔板、PP无纺布聚丙烯隔板、超细玻璃纤维10G隔板、PE隔板及吸液式超细玻璃纤维隔板（AGM）等。

电池槽起容器作用，必须是电绝缘体，耐酸、耐温（−50℃不裂纹，60～70℃不变形），力学强度好，耐振动、抗冲击。

启动用铅酸蓄电池在我国基本上使用传统的硬橡胶电池槽，少数用塑料槽，固定型蓄电池国内外都用透明塑料槽。

4.4　工作原理

铅酸蓄电池的正极活性物质是二氧化铅，负极活性物质是海绵状金属铅，电解液是稀硫酸，在电化学中该体系可表示为

$$(-)Pb \mid H_2SO_4 \mid PbO_2(+)$$

关于铅酸蓄电池的成流反应（图4-2），1882年格拉斯顿（J. H. Gladstone）和特雷伯（A. Tribe）提出了"双硫酸盐化"理论。按照这一理论，铅酸蓄电池的电极反应和电池反应如下。

负极反应
$$Pb + HSO_4^- \underset{充电}{\overset{放电}{\rightleftharpoons}} PbSO_4 + H^+ + 2e^- \tag{4-1}$$

正极反应
$$PbO_2 + 3H^+ + HSO_4^- + 2e^- \underset{充电}{\overset{放电}{\rightleftharpoons}} PbSO_4 + 2H_2O \tag{4-2}$$

电池反应
$$Pb + PbO_2 + 2H^+ + 2HSO_4^- \underset{充电}{\overset{放电}{\rightleftharpoons}} 2PbSO_4 + 2H_2O \tag{4-3}$$

从上述反应式可以看出，放电时，正、负极活性物质都生成了硫酸铅，所以叫"双硫酸

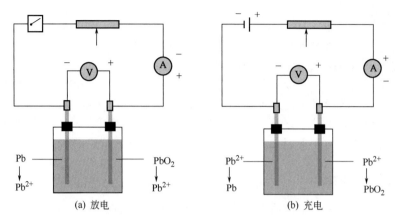

图 4-2　铅酸蓄电池的工作原理示意

盐化"理论。硫酸在电池中不仅传导电流，而且参加电池反应，所以它是反应物。随着放电的进行，硫酸不断减少，同时电池中不断有水生成，这样就使电池中的硫酸浓度不断降低。而在充电时，硫酸不断生成，电解液浓度不断增加。因此，通过用比重计测量硫酸的相对密度就可估计铅酸蓄电池的荷电状态。

必须指出，参加电池反应的是 HSO_4^-，不是 SO_4^{2-}，这是因为 H_2SO_4 的二级离解常数相差甚大，在 25℃时

$$H_2SO_4 \overset{k_1}{\rightleftharpoons} H^+ + HSO_4^- \qquad k_1 = 10^3 \tag{4-4}$$

$$HSO_4^- \overset{k_2}{\rightleftharpoons} H^+ + SO_4^{2-} \qquad k_2 = 1.02 \times 10^{-2} \tag{4-5}$$

$k_1 \gg k_2$，所以 H_2SO_4 离解时主要生成 HSO_4^- 和 H^+。在铅酸蓄电池应用的 H_2SO_4 浓度范围内（5～6mol·L^{-1}），可将其视为 1-1 型电解质，参加电极反应的是 HSO_4^-。

从充放电时通过的电量、实测的硫酸浓度的变化及它对电池电动势的影响，证明了"双硫酸盐化"理论的正确性。从放电后产物的 X 射线分析鉴定，也证明正负极的放电产物的确为硫酸铅。

4.5　电池的电动势及温度系数

4.5.1　电池电动势的计算

电池反应确定以后，按照电化学和热力学的方法，应用能斯特（Nernst）公式即可计算电池的电动势。在恒温恒压下，根据电池反应式(4-3) 和反应的自由能变化，可以写出铅酸蓄电池电动势的能斯特公式为

$$E = E^\ominus - \frac{RT}{nF} \ln \frac{\alpha_{PbSO_4}^2 \alpha_{H_2O}^2}{\alpha_{Pb} \alpha_{PbO_2} \alpha_{H^+}^2 \alpha_{HSO_4^-}^2} \tag{4-6}$$

式中　$E^\ominus$——标准电动势，V；

　　　　n——电池反应中得失的电子数；

　　　　F——法拉第常数，$F = 96487C \cdot mol^{-1}$；

　　　　R——摩尔气体常数，$R = 8.314J \cdot K^{-1} \cdot mol^{-1}$；

　　　　T——热力学温度，K，在 25℃时，$T = (273+25)K = 298K$；

α——物质的活度。

按照热力学规定，$\alpha_{Pb} \approx 1$，$\alpha_{PbO_2} \approx 1$，$\alpha_{PbSO_4} \approx 1$，所以

$$E = E^{\ominus} - \frac{0.059}{2} \lg \frac{\alpha_{H_2O}^2}{\alpha_{H^+}^2 \alpha_{HSO_4^-}^2} \tag{4-7}$$

又因

$$\alpha_{H^+} \alpha_{HSO_4^-} = \alpha_{H_2SO_4}$$

所以

$$E = E^{\ominus} - \frac{0.059}{2} \lg \left(\frac{\alpha_{H_2O}}{\alpha_{H_2SO_4}} \right)^2 \tag{4-8}$$

即

$$E = E^{\ominus} - 0.059 \lg \frac{\alpha_{H_2O}}{\alpha_{H_2SO_4}} \tag{4-9}$$

这就是通常应用的铅酸蓄电池电动势的计算公式，由此看出，电动势取决于 α_{H_2O}、$\alpha_{H_2SO_4}$ 和 $E^{\ominus}$ 的值。

$E^{\ominus}$ 值可由参加电池反应物质的标准自由能变化 $\Delta G^{\ominus}$ 求得：

$$E^{\ominus} = -\frac{\Delta G^{\ominus}}{nF} \tag{4-10}$$

式中，$\Delta G^{\ominus}$ 是电池反应的标准吉布斯自由能的变化，即反应组分均处于标准状态时，每单位反应的吉布斯自由能差。它可由下式计算：

$$\Delta G^{\ominus} = \sum (\nu_i \Delta G_i^{\ominus})_{pr} - \sum (\nu_i \Delta G_i^{\ominus})_{re} \tag{4-11}$$

式中，下标 pr 表示电池反应的产物；re 表示电池反应的反应物；ν_i 为每一种物质的计量系数；$\Delta G_i^{\ominus}$ 为电池反应涉及的各种物质的标准生成吉布斯自由能，其数据可由手册查出。铅酸蓄电池中有关物质的 $\Delta G_i^{\ominus}$ 值及其他一些有关的热力学数据列在表 4-2 中。

表 4-2　25℃铅酸蓄电池中有关物质的热力学数据

物　　质	状　　态	$\Delta H^{\ominus}/kJ \cdot mol^{-1}$	$\Delta G^{\ominus}/kJ \cdot mol^{-1}$	$S^{\ominus}/J \cdot K^{-1} \cdot mol^{-1}$	$C_p^{\ominus}/J \cdot K^{-1} \cdot mol^{-1}$
H_2	气态	0	0	130.57	28.8
H^+	水溶液中	0	0	0	0
O_2	气态	0	0	205.028	29.35
H_2O	气态	-241.82	-228.59	188.73	33.58
H_2O	液态	-285.83	-237.18	69.91	75.29
OH^-	水溶液中	-229.99	-157.29	-10.75	148.53
S	正交晶	0	0	31.86	22.64
SO_4^{2-}	水溶液中	-909.27	-744.04	18.41	292.88
HSO_4^-	水溶液中	-887.34	-755.42	119.03	
H_2SO_4	液态	-814.0	-690.1	156.9	138.9
Pb	立方晶	0	0	64.81	26.44
Pb^{2+}	水溶液中	-1.674	-24.39	16.46	
PbO(红)	四方晶	-219.0	-188.95	66.53	45.81
PbO(黄)	正交晶	-217.3	-187.9	68.7	45.78
$Pb(OH)_2$	正交晶	-514.6	-420.9	87.86	
Pb_3O_4	四方晶	-718.4	-601.24	211.29	147.02
$PbSO_4$	正交晶	-919.73	-813.2	148.56	103.2
$PbCO_3$	正交晶	-699.1	-625.5	130.96	87.4
α-PbO_2	正交晶	-265.77	-217.3	92.47	
β-PbO_2	四方晶	-276.6	-218.9	76.4	64.6

根据表 4-2，铅酸蓄电池的 $\Delta G^{\ominus}$ 为

$$\Delta G^{\ominus} = [2 \times \Delta G_{PbSO_4}^{\ominus} + 2 \times \Delta G_{H_2O}^{\ominus}] - [\Delta G_{Pb}^{\ominus} + \Delta G_{PbO_2,\beta}^{\ominus} + 2 \times \Delta G_{H^+}^{\ominus} + 2 \times \Delta G_{HSO_4^-}^{\ominus}]$$

$$= [2 \times (-813.2) + 2 \times (-237.18)] - [(-218.9) + 2 \times (-755.42)]$$
$$= -371.02(kJ \cdot mol^{-1})$$

所以
$$E^{\ominus} = -\frac{\Delta G^{\ominus}}{nF} = -\frac{-371.02 \times 1000}{2 \times 96487} V \approx 1.923V$$

由于铅酸蓄电池所用的 H_2SO_4 浓度较高，不能认为 $\alpha_{H_2O} \approx 1$ 及 $\alpha_{H_2SO_4} \approx 1$，它们的数值与浓度有关，可由表4-3、表4-4 查出不同浓度 H_2SO_4 溶液中的 α_{H_2O} 和 H_2SO_4 溶液在不同温度时的平均活度系数 $\gamma_{\pm}$，然后计算 $\alpha_{H_2SO_4}$

$$\alpha_{H_2SO_4} = \alpha_{\pm}^{(\nu_+ + \nu_-)} \tag{4-12}$$
$$\alpha_{\pm} = m_{\pm} \gamma_{\pm} \tag{4-13}$$

式中　$\alpha_{H_2SO_4}$——H_2SO_4 的活度；

　　　$\alpha_{\pm}$——H_2SO_4 的平均活度；

　　　$m_{\pm}$——H_2SO_4 的平均质量摩尔浓度，$mol \cdot kg^{-1}$，即 1kg 溶剂中所含溶质的物质的量；

　　　$\gamma_{\pm}$——H_2SO_4 的平均活度系数。

计算平均浓度的公式为：

$$m_{\pm} = m(\nu_+^{\nu_+} \nu_-^{\nu_-})^{\frac{1}{\nu_+ + \nu_-}} \tag{4-14}$$

式中　m——电解质的质量摩尔浓度，$mol \cdot kg^{-1}$；

　　　ν_+——电解质分子中正离子的个数；

　　　ν_-——电解质分子中负离子的个数。

表 4-3　25℃时水在不同浓度硫酸溶液中的活度

硫酸的质量摩尔浓度 /mol·kg^{-1}	0.1	0.2	0.3	0.5	0.7	1.0	1.5	2.0
水的活度 α_w	0.99633	0.99281	0.98923	0.98190	0.97427	0.96176	0.93872	0.91261
硫酸的质量摩尔浓度 /mol·kg^{-1}	2.5	3.0	3.5	4.0	4.5	5.0	5.5	6.0
水的活度 α_w	0.8836	0.8516	0.8166	0.7799	0.7422	0.7032	0.6643	0.6259
硫酸的质量摩尔浓度 /mol·kg^{-1}	6.5	7.0	7.5	8.0	8.5	9.0	9.5	10.0
水的活度 α_w	0.5879	0.5509	0.5152	0.4814	0.4488	0.4180	0.3886	0.3612

表 4-4　硫酸溶液在不同温度时的平均活度系数 $\gamma_{\pm}$

质量摩尔浓度 /mol·kg^{-1}	平 均 活 度 系 数							
	0℃	10℃	20℃	25℃	30℃	40℃	50℃	60℃
0.1	0.341	0.307	0.278	0.265	0.254	0.227	0.214	0.197
0.2	0.271	0.243	0.219	0.209	0.199	0.161	0.166	0.153
0.5	0.202	0.181	0.162	0.154	0.147	0.133	0.122	0.107
1.0	0.173	0.153	0.137	0.130	0.123	0.111	0.101	0.0922
1.5	0.167	0.147	0.131	0.124	0.117	0.106	0.0956	0.0869
2.0	0.170	0.149	0.132	0.124	0.118	0.105	0.0949	0.0859
3.0	0.210	0.173	0.151	0.141	0.132	0.117	0.104	0.0926
4.0	0.254	0.215	0.184	0.171	0.159	0.138	0.121	0.106
5.0	0.330	0.275	0.231	0.212	0.196	0.168	0.145	0.126
6.0	0.427	0.350	0.289	0.264	0.242	0.205	0.174	0.150
7.0	0.546	0.440	0.359	0.326	0.297	0.247	0.208	0.177
8.0	0.686	0.545	0.439	0.397	0.358	0.296	0.246	0.206
9.0	0.843	0.662	0.527	0.470	0.425	0.340	0.285	0.237
10.0	1.012	0.785	0.618	0.553	0.493	0.398	0.325	0.268

对于 H_2SO_4，如视为 1-2 型电解质，则 $m_\pm = 4^{\frac{1}{3}}m$

$$\alpha_{H_2SO_4} = (4^{\frac{1}{3}}m\gamma_\pm)^3 = 4(m\gamma_\pm)^3 \tag{4-15}$$

若视为 1-1 型电解质，则 $m_\pm = m$

$$\alpha_{H_2SO_4} = \alpha_\pm^2 = (m\gamma_\pm)^2 \tag{4-16}$$

各种文献中发表的电动势数据不尽相同，是由于采用的热力学数据不完全相等，或由于电池反应写法不同，例如与式(4-3)相比，如果硫酸视为 1-2 型电解质，那么电池反应将按下式进行

负极 $\qquad\qquad Pb + SO_4^{2-} \longrightarrow PbSO_4 + 2e^- \qquad\qquad\qquad$ (4-17)

正极 $\qquad PbO_2 + SO_4^{2-} + 4H^+ + 2e^- \longrightarrow PbSO_4 + 2H_2O \qquad$ (4-18)

电池反应 $\quad Pb + PbO_2 + 4H^+ + 2SO_4^{2-} \longrightarrow 2PbSO_4 + 2H_2O \qquad$ (4-19)

计算得到 $E^\ominus = 2.04V$。

4.5.2　电池电动势的温度系数

电池电动势的温度系数 $\left(\dfrac{\partial E}{\partial T}\right)_p$ 一方面表示电动势与温度的关系，可以用来计算电动势随温度的变化；另一方面它在理论上可用来计算一些热力学函数值以及分析电池与环境的热交换关系。根据热力学可导出电池反应的熵变（ΔS）与 $\left(\dfrac{\partial E}{\partial T}\right)_p$ 有如下关系

$$nF\left(\frac{\partial E}{\partial T}\right)_p = \Delta S \tag{4-20}$$

这一公式可用于计算电池反应的 ΔS，或者根据 ΔS 计算电动势的温度系数。

熵变与可逆过程的热交换有如下关系

$$Q_{可逆} = T\Delta S = TnF\left(\frac{\partial E}{\partial T}\right)_p \tag{4-21}$$

式中，$Q_{可逆}$ 为电池与环境可逆过程的热交换，可以根据 $Q_{可逆}$ 的正负来判断电池体系在放电时与环境的热交换情况。当 $Q_{可逆} > 0$ 时，表示电池放电时从环境吸热；当 $Q_{可逆} < 0$ 时，表示电池放电时向环境放热。

用式(4-20)计算 $\left(\dfrac{\partial E}{\partial T}\right)_p$ 时，注意 ΔS 值既与反应形式有关，又与参加反应的物质的浓度有关。

上面讨论的电池反应以及热力学理论都是基于正极活性物质的组成完全与 PbO_2 的化学式相符，但实际上正极活性物质并不是严格的化学计量物质 PbO_2，而是一种非化学计量物质 PbO_n，$n \neq 2$，n 的数值与其制备方法、结晶形式及电极所处的环境即溶液的组成及温度都有关系。因此，建立起来的 PbO_2 电极的热力学基础也只能是近似的，由于这一电极本身的复杂性，有关的热力学及动力学理论尚需进一步完善。

4.6　铅-硫酸水溶液的电势-pH 图

电势-pH 图是由比利时腐蚀学家、电化学家 M. Pourbaix 在 1938 年提出的，所以有时也叫 Pourbaix 图。所谓电势-pH 图，是表示在 1atm（101325Pa）及 25℃ 的条件下，一种元

素不同价态的平衡电极电势随溶液 pH 值变化的关系图。

金属的电势-pH 图在电化学和化学电源中有着广泛的应用。在化学电源中，经常用它来研究电池热力学。但应强调指出，电势-pH 图有其局限性，它只能从热力学的角度说明反应的可能性，而不能说明反应的速度及其影响因素，这一类问题属于电化学动力学的范畴。另外，电势-pH 图只适用于较稀溶液中金属的行为，在很浓的电解质中，电势-pH 图并不适用。

4.6.1 电势-pH 图及相关的反应

铅-硫酸水溶液体系的电势-pH 图是在一个大气压下，25℃时，硫酸根离子总活度为 1 $(\alpha_{HSO_4^-} + \alpha_{SO_4^{2-}} = 1)$ 的水溶液中绘制的，如图 4-3 所示。其纵坐标是相对于标准氢电极的电极电势 φ_e，横坐标是电解液的 pH 值（$pH = -\lg\alpha_{H^+}$）。通过对 Pb-PbSO₄-H₂O 体系的电势-pH 图的分析，可以了解铅酸蓄电池制造和使用期间，电极上的一些过程在热力学上是否有进行的可能性及转变条件。

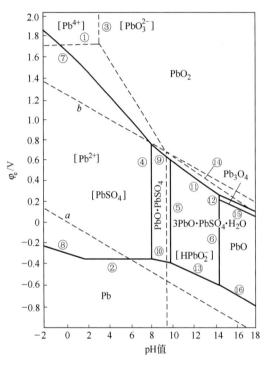

图 4-3 Pb-PbSO₄-H₂O
体系的电势-pH 图

图 4-3 中有三种直线：水平线、垂直线和斜线。水平线表示一个与 pH 值无关的氧化还原反应的平衡电极电势的数值；垂直线表示一个有 H⁺ 参加的非氧化还原反应的平衡状态，因为反应不涉及电子的转移，其平衡与电势无关；图中斜线表示一个与 H⁺ 有关的氧化还原反应的平衡电极电势与 pH 值的关系。

上述三种直线把电势-pH 图的平面分成若干区域，分别表示各组分稳定存在的电势与 pH 区间。由于每一个反应及其对应的平衡电极电势与平衡常数都和离子的活度有关，所以上述三种直线都不是一条线，而是一组平行线。

在硫酸电解质溶液中还含有 H⁺、OH⁻ 和 H₂O，它们可能与某些氧化剂或还原剂作用，组成一对自发进行的电化学反应。因此，在电势-pH 图上也必须把氢电极和氧电极这两类反应的电势-pH 关系表示出来，这是两条斜率相同的平行线。

对于氢电极反应（a 线）

$$2H^+ + 2e^- \longrightarrow H_2$$

$$\varphi_e = \varphi_{H_2}^{\ominus} + \frac{RT}{2F} \ln \frac{\alpha_{H^+}^2}{p_{H_2}} \tag{4-22}$$

$\varphi_{H_2}^{\ominus} = 0$，$\lg\alpha_{H^+} = -pH$。在 25℃时，式 (4-22) 可简化为

$$\varphi_e = -0.059pH - \frac{RT}{2F}\ln p_{H_2} \tag{4-23}$$

当 $p_{H_2} = 1$ 时，$\varphi_e = -0.059pH$，这是一条斜率为 -0.059 的直线，在电势-pH 图上一般称为 a 线。

对于氧电极反应（b 线）：

$$O_2 + 4H^+ + 4e^- \longrightarrow 2H_2O$$

$$\varphi_e = \varphi_{O_2}^{\ominus} + \frac{RT}{4F} \ln \frac{p_{O_2} \alpha_{H^+}^4}{\alpha_{H_2O}^2} \tag{4-24}$$

一般情况下，取 $\alpha_{H_2O} = 1$，上式变为

$$\varphi_e = \varphi_{O_2}^{\ominus} + \frac{RT}{4F} \ln \alpha_{H^+}^4 + \frac{RT}{4F} \ln p_{O_2}$$

因为 $\varphi_{O_2}^{\ominus} = 1.229V$，且 $p_{O_2} = 1$ 时

$$\varphi_e = 1.229 - 0.059pH \tag{4-25}$$

在电势-pH 图上，这也是一条斜率为 -0.059 的直线，标为 b 线。显然它与 a 线平行，a、b 两线把电势-pH 图划分为三个区域：a 线以下为 H_2 区，b 线以上为 O_2 区，a、b 线之间是 H_2O 区。

在 Pb-PbSO$_4$-H$_2$O 体系中各类反应及其电动势如下。

第一类反应：无 H^+ 参加的氧化还原反应，图中为水平线。

① $$Pb^{4+} + 2e^- \rightleftharpoons Pb^{2+}$$

$$\varphi_e = 1.694 + 0.0295 \lg \frac{\alpha_{Pb^{4+}}}{\alpha_{Pb^{2+}}} \tag{4-26}$$

② $$PbSO_4 + 2e^- \rightleftharpoons Pb + SO_4^{2-}$$

$$\varphi_e = -0.3586 - 0.0295 \lg \alpha_{SO_4^{2-}} \tag{4-27}$$

也有写为 $$Pb^{2+} + 2e^- \rightleftharpoons Pb$$

$$\varphi_e = -0.126 + 0.0295 \lg \alpha_{Pb^{2+}} \tag{4-28}$$

第二类反应：有 H^+ 参加的非氧化还原反应，图中为垂直线。

③ $$Pb^{4+} + 3H_2O \rightleftharpoons PbO_3^{2-} + 6H^+$$

$$\lg \frac{\alpha_{PbO_3^{2-}}}{\alpha_{Pb^{4+}}} = -23.06 + 6pH \tag{4-29}$$

④ $$2PbSO_4 + H_2O \rightleftharpoons PbO \cdot PbSO_4 + SO_4^{2-} + 2H^+$$

$$pH = 8.4 + \frac{1}{2} \lg \alpha_{SO_4^{2-}} \tag{4-30}$$

⑤ $$2(PbO \cdot PbSO_4) + 2H_2O \rightleftharpoons 3PbO \cdot PbSO_4 \cdot H_2O + SO_4^{2-} + 2H^+$$

$$pH = 9.6 + \frac{1}{2} \lg \alpha_{SO_4^{2-}} \tag{4-31}$$

⑥ $$3PbO \cdot PbSO_4 \cdot H_2O \rightleftharpoons 4PbO + SO_4^{2-} + 2H^+$$

$$pH = 14.6 + \frac{1}{2} \lg \alpha_{SO_4^{2-}} \tag{4-32}$$

第三类反应：有 H^+ 参加的氧化还原反应，图中为斜线。

⑦ $$PbO_2 + HSO_4^- + 3H^+ + 2e^- \rightleftharpoons PbSO_4 + 2H_2O$$

$$\varphi_e = 1.632 - 0.0886pH + 0.0295 \lg \alpha_{HSO_4^-} \tag{4-33}$$

⑧ $$PbSO_4 + H^+ + 2e^- \rightleftharpoons Pb + HSO_4^-$$

$$\varphi_e = -0.302 - 0.0295pH - 0.0295 \lg \alpha_{HSO_4^-} \tag{4-34}$$

⑨ $$2PbO_2 + SO_4^{2-} + 6H^+ + 4e^- \rightleftharpoons PbO \cdot PbSO_4 + 3H_2O$$

$$\varphi_e = 1.436 - 0.0886\text{pH} + 0.0147\lg\alpha_{SO_4^{2-}} \tag{4-35}$$

⑩ $\qquad$ $PbO \cdot PbSO_4 + 2H^+ + 4e^- \Longleftrightarrow 2Pb + SO_4^{2-} + H_2O$

$$\varphi_e = -0.113 - 0.0295\text{pH} - 0.0148\lg\alpha_{SO_4^{2-}} \tag{4-36}$$

⑪ $\qquad$ $4PbO_2 + 10H^+ + SO_4^{2-} + 8e^- \Longleftrightarrow 3PbO \cdot PbSO_4 \cdot H_2O + 4H_2O$

$$\varphi_e = 1.294 - 0.0739\text{pH} + 0.0074\lg\alpha_{SO_4^{2-}} \tag{4-37}$$

⑫ $\qquad$ $4Pb_3O_4 + 14H^+ + 3SO_4^{2-} + 8e^- \Longleftrightarrow 3(3PbO \cdot PbSO_4 \cdot H_2O) + 4H_2O$

$$\varphi_e = 1.639 - 0.1055\text{pH} + 0.0222\lg\alpha_{SO_4^{2-}} \tag{4-38}$$

⑬ $\qquad$ $3PbO \cdot PbSO_4 \cdot H_2O + 6H^+ + 8e^- \Longleftrightarrow 4Pb + SO_4^{2-} + 4H_2O$

$$\varphi_e = 0.029 - 0.0443\text{pH} - 0.0074\lg\alpha_{SO_4^{2-}} \tag{4-39}$$

⑭ $\qquad$ $3PbO_2 + 4H^+ + 4e^- \Longleftrightarrow Pb_3O_4 + 2H_2O$

$$\varphi_e = 1.122 - 0.0591\text{pH} \tag{4-40}$$

⑮ $\qquad$ $Pb_3O_4 + 2H^+ + 2e^- \Longleftrightarrow 3PbO + H_2O$

$$\varphi_e = 1.076 - 0.0591\text{pH} \tag{4-41}$$

⑯ $\qquad$ $PbO + 2H^+ + 2e^- \Longleftrightarrow Pb + H_2O$

$$\varphi_e = 0.248 - 0.0591\text{pH} \tag{4-42}$$

4.6.2 电势-pH 图的应用

利用 Pb-H₂SO₄-H₂O 溶液体系的电势-pH 图，可以分析铅酸蓄电池自放电的热力学可能性，还可用于分析电池制造过程中的一些问题。

电池在存放时容量的损失叫自放电。电池自放电的原因是电极在存放时发生了金属自溶。负极铅的自溶过程是由于体系中存在着金属铅的阳极氧化反应和氢的还原过程组成的共轭反应。从电势-pH 图可以看出，共轭反应是由 a 线和②或⑧线表示的反应构成的。

a 线 $\qquad\qquad\qquad$ $2H^+ + 2e^- \longrightarrow H_2$

②线 $\qquad\qquad\qquad$ $Pb + SO_4^{2-} \longrightarrow PbSO_4 + 2e^-$

⑧线 $\qquad\qquad\qquad$ $Pb + HSO_4^- \longrightarrow PbSO_4 + H^+ + 2e^-$

在 pH＜5.8 时，②线和⑧线表示的电极电势比 a 线的电极电势低，故电池在储存期间由于两对共轭反应使铅不断溶解，H₂ 不断析出，造成负极自放电，从而使铅酸蓄电池容量损失，这是铅负极自放电的热力学可能性。

铅酸蓄电池的正极 PbO₂，在储存上也发生自放电，这是因为 PbO₂ 转化为 PbSO₄ 之故，使电池容量下降。从电势-pH 图上可以看出，在 pH＜7.9 时，b 线和⑦线表示的反应构成共轭反应。

b 线 $\qquad\qquad\qquad$ $2H_2O \longrightarrow 4H^+ + O_2 + 4e^-$

⑦线 $\quad$ $PbO_2 + HSO_4^- + 3H^+ + 2e^- \longrightarrow PbSO_4 + 2H_2O$

⑦线高于 b 线，因此 PbO₂ 可以使 H₂O 氧化成 O₂ 并还原成二价铅的硫酸盐，所以 PbO₂ 电极在储存时有自放电的可能性，但由于氧在二氧化铅上的过电势较高，故自放电速度很小。

利用电势-pH 图还可分析铅酸蓄电池在制造过程中可能发生的各种物质的转化。铅酸蓄电池的极板是由铅粉、水、稀硫酸混合成膏后，填涂在铅合金制造的板栅上，经过浸酸、干燥和化成而制得的。在和膏时，因为铅粉是由氧化铅和游离铅组成，氧化铅是碱性氧化物，遇到硫酸后，首先生成 PbSO₄

$$PbO + H_2SO_4 \longrightarrow PbSO_4 + H_2O \qquad (4\text{-}43)$$

因为 H_2SO_4 量不足，PbO 过量，铅膏呈碱性，pH 值约为 $9\sim10$，由电势-pH 图可见，与 PbO 平衡的唯一稳定的硫酸盐是 $3PbO \cdot PbSO_4 \cdot H_2O$。开始生成的 $PbSO_4$ 不稳定，将发生转化，即发生式(4-44)及式(4-45)所示的反应。

$$2PbSO_4 + H_2O \longrightarrow PbO \cdot PbSO_4 + SO_4^{2-} + 2H^+ \qquad (4\text{-}44)$$

$$2(PbO \cdot PbSO_4) + 2H_2O \Longleftarrow 3PbO \cdot PbSO_4 \cdot H_2O + SO_4^{2-} + 2H^+ \qquad (4\text{-}45)$$

当 pH 值增大时，平衡向右移动，直到生成稳定的三碱式硫酸铅（$3PbO \cdot PbSO_4 \cdot H_2O$）为止，这已被 X 射线衍射分析所证实。和膏后虽可发现 $PbSO_4$，但经过一段时间，铅膏中主要的物相是 PbO 和 $3PbO \cdot PbSO_4 \cdot H_2O$。

此外，从电势-pH 图中还可看出，在和膏时还要发生铅的继续氧化，铅粉的氧化度约为 $60\%\sim80\%$，故铅粉中尚有 $20\%\sim40\%$ 的铅未被氧化，和膏时这些铅粉可氧化为 PbO，这一反应由 b 线和⑯线所表示的反应构成。

b 线 $\qquad\qquad\qquad O_2 + 4H^+ + 4e^- \longrightarrow 2H_2O$

$2\times$⑯线 $\qquad\qquad 2Pb + 2H_2O \longrightarrow 2PbO + 4H^+ + 4e^-$

两式相加得：$O_2 + 2Pb \longrightarrow 2PbO$，由于和膏后固化干燥中大部分时间内仍有水分存在，故氧化过程一直继续到干燥完成。

还可说明化成时的反向变化。干燥好的极板要进行化成，即将极板浸入稀硫酸中，通过直流电形成活性物质。这时由于 pH 值下降，将发生与和膏时相反的过程，由三碱式硫酸铅转化为硫酸铅

$$3PbO \cdot PbSO_4 \cdot H_2O \longrightarrow PbO \cdot PbSO_4 \longrightarrow PbSO_4$$

4.7 板栅

最初的铅酸蓄电池，是用两块铅板在硫酸溶液中通过反复多次的充放电循环变为正负极，无所谓板栅而言。1880 年，Faure 提出了涂膏式极板，即将铅膏涂在薄铅板上，铅板作为集流体。1881 年，Swan 首先提出板栅的概念，取代以前所用的铅板。这之后，Sellon 发明了铅锑合金板栅，其他各种各样的板栅也相继出现。

4.7.1 板栅的作用

铅酸蓄电池中板栅（图 4-4）是由截面积形状不同的横竖筋条组成的栅栏体，也称格子体或极栅。作为非活性部件的板栅，在电池中的主要作用是支撑活性物质，充当活性物质的载体；传导和汇集电流，使电流均匀分布在活性物质上，以提高活性物质利用率。

在铅酸蓄电池中，正、负极活性物质都是多孔体，尤其是正极二氧化铅，其颗粒微细松软，粘接性很差，不易成型。板栅的横竖筋条作为骨架，使活性物质固定在栅栏中，并与活性物质具有较大的接触面积。

负极(-)：填充有海绵状 Pb 粉的板栅

负极

正极

电解液：H_2SO_4 (30%)

正极(+)：填充有 PbO_2 的板栅

图 4-4　铅酸蓄电池中正负极板栅

在铅酸蓄电池充放电过程中，多孔电极的结构会发生变化，原因是两极活性物质和放电后的产物硫酸铅的密度及摩尔体积发生了变化。从表4-5中它们之间的密度及摩尔体积的差别可以看出，在放电状态下，摩尔体积明显增加，这必然导致多孔物质的孔隙率降低，同时也伴随着整个体积的某种程度的膨胀。充电时，活性物质体积会收缩。如果各部位的活性物质体积变化不均匀，就易引起极板的翘曲变形，甚至活性物质的脱落。而板栅和栅格的机械支撑，可以防止这种现象发生。

表 4-5　PbO_2、Pb 和 $PbSO_4$ 密度及摩尔体积的比较

项　　目	PbO_2	Pb	$PbSO_4$
密度/$g \cdot cm^{-3}$	9.37	11.3	6.3
摩尔体积/$cm^3 \cdot mol^{-1}$	25.51	18.27	48.00

板栅筋条与多孔的活性物质相比，表面积较小，而且常常被活性物质所覆盖，与电解液的接触面积较小，因而它参加电化学反应的能力远远低于活性物质，而导电能力却高于活性物质，尤其是正极。正极活性物质二氧化铅的电阻率为 $2.5 \times 10^{-3} \Omega \cdot m$，含锑质量分数为 $5\% \sim 12\%$ 的铅锑合金的电阻率为 $(2.46 \sim 2.89) \times 10^{-7} \Omega \cdot m$（20℃），二者导电能力相差 4 个数量级，因此在传导电流方面，正极板栅占有更重要的地位。电流总是要通过导电的板栅汇集、分布和输送。电化学反应总是在导电栅附近，与电解液充分接触的那部分活性物质优先进行，因为该处电阻最小。可见导电良好、结构合理的板栅可使电流沿着筋条均匀分布，从而提高活性物质利用率。

4.7.2　对板栅材料的要求

选择适用于铅酸蓄电池的板栅材料，尤其是正极板栅时，要考虑以下诸因素。

① 导电能力。板栅合金本身的电阻要小，以加强极板的导电能力和使电流均匀分布。

② 力学性能。板栅合金必须有足够的硬度和强度，能承受制造过程及随后的电池工作期间的机械作用和所遭受的各种变形。

③ 耐腐蚀性能。板栅合金应具有良好的耐腐蚀性，它的结构和组织应能抵抗充放电或搁置期间电解液的腐蚀。

④ 活性物质和板栅之间的机械接触和电接触。板栅合金应能与活性物质牢固接触，即通过机械、化学或电化学的作用使得板栅和活性物质之间存在良好的"裹附力"。板栅的结构应不妨碍活性物质的膨胀、收缩，否则就容易使板栅变形，从而导致活性物质的脱落或发生龟裂和翘曲。

⑤ 铸造性能。即流动性、充型性要好，因为板栅多是通过浇铸制造的，在采用铸片机高速生产的条件下，当模具温度低于熔融金属的温度时，模腔必须被熔融合金所充满。

⑥ 优良的可焊性。因为在电池装配过程中，正极群和负极群是通过正极板和负极板分别焊接而成的，因此，板栅合金必须具有良好的焊接性能。

⑦ 成本及价格。低含量、价廉的添加剂可用于标准合金生产中，以保证板栅的价格不致过高，同时这些添加剂还必须满足高效率的生产技术的要求。

除此之外，还应该注意到其他的物理和化学性能也会影响到制造板栅的工艺性，如抗蠕变性、结晶结构、韧性以及在合金与二氧化铅界面产生的不良导电膜等，都能导致蓄电池使用期限的缩短。

曾研究用于铅酸蓄电池的板栅材料的分类如图4-5所示，目前主要的板栅用合金体系是各种铅基合金。在铅酸蓄电池的发展过程中，使用铅锑合金制造板栅是一个重大的技术突破。

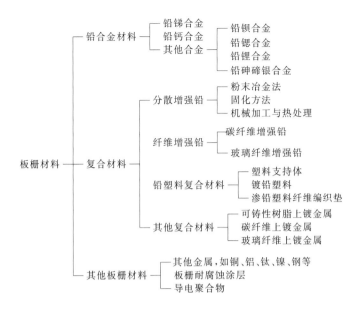

图 4-5　铅酸蓄电池板栅材料的分类

自 1881 年 Sellon 提出使用铅锑合金制造板栅后，一直被蓄电池工业广泛接受。它具有以下优点。

① 流动性好，熔点比纯铅低，具有良好的铸造性能，同时铅锑合金有较小的膨胀系数，保证了用浇铸方法制造板栅时出现少的气孔和缩孔，且尺寸精度高。

② 力学强度高，板栅的硬度和强度明显优于纯铅，制造时不易变形，便于实现机械化批量生产。

③ Sb 是 PbO_2 成核的催化剂，铅锑合金板栅在阳极极化过程中（充电时的正极）Sb 以五价的形式（SbO_3^- 或者 SbO_2^+）溶于电解液中，大部分吸附在正极活性物质上，随着充放电的进行而进行着吸脱附过程，起着类似膨胀剂的作用，促进了 PbO_2 的成核，并防止 PbO_2 晶体的生长；Sb 的存在可促使小晶粒的生长，增大活性物质的比表面，维持循环过程中的容量，从而提高了循环寿命。

④ Sb 的存在还使腐蚀产物与 PbO_2 之间的相互黏结性好，因为铅锑合金板栅中 Sb 和 Pb 形成 $PbSb_2O_6$ 的氧化物与 $\alpha\text{-}PbO_2$ 的晶粒结构相似，氧化物膜与活性物质可较好地黏附，活性物质不易从板栅上脱落，使板栅与活性物质电接触良好，增加了电池的使用寿命。

但铅锑合金铸造板栅存在如下缺点。

① 铅锑合金的电阻比纯铅大。

② 锑会从正极板栅溶解下来迁移到负极上以金属锑的形式沉积，显著降低氢在负极上析出的超电势；一部分锑吸附在正极活性物质上，也降低了氧在正极析出的超电势。因此，锑的存在使水的分解电压下降，充电时水易分解，储存时加大了电池的自放电现象。这些往往是引起铅酸蓄电池损坏的重要原因。

4.7.3　铅合金材料

4.7.3.1　Pb-Sb 合金

(1) Pb-Sb 合金的组成　图 4-6 是具有共晶转变的铅锑二元合金平衡相图。横坐标是合金中的锑含量，纵坐标是温度，合金所处的外界压力为 1atm（101325Pa）。从图 4-6 中可知纯

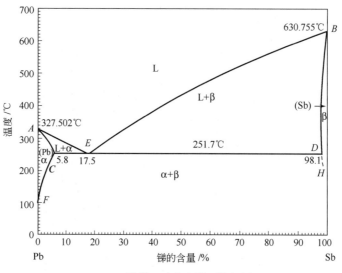

图 4-6　铅锑二元合金的平衡相图

铅的熔点是 327℃，纯锑的熔点是 631℃。当合金中锑含量不同时，凝固点也不相同，在常用的铅锑合金组成范围内（含锑 2％～10％），合金中含锑量增加，使第一凝固点下降，如 AE 线所示。图中 AE、BE 代表液相线，CE、DE 是固相线，它们分别表示液固两相共存的温度与组成关系。AEB 线以上是液相 L 区，表示铅和锑是完全互溶的，各处组成均匀的液态合金相。AEC 区域是液相 L 和 α 固溶体的共存区，BED 区域是液相 L 和 β 固溶体的共存区。α 固溶体是指铅中溶有少量锑的固体，而 β 固溶体是指锑中溶有少量铅的固体。图中 ACF 区域内的组成为 α 固溶体，BDH 区域内的组成为 β 固溶体。C、E、D 三点都对应同一温度（252℃），此温度称共晶温度或低共熔点。在此温度以下合金都呈固态，是两种固溶体的混合物。在此温度时，α 固溶体和 β 固溶体将同时从液相中以（α＋β）共晶体析出，固相线 CED 以下的区域为固相区。

铅锑合金是制造蓄电池板栅的典型材料，锑含量为 3％～7％的 Pb-Sb 合金结构由一个铅锑共晶网围绕着铅基体组成，这个厚的共晶体网提供很高的初期强度，快速的凝固则产生一个较薄的共晶体区围绕着细粒的铅基体，较慢的凝固或较厚的截面就会产生较大的铅结构和较厚的共晶部位。

实际生产中使用的铅锑合金是由锑溶解在铅中的 α 固溶体和铅溶解在锑中的 β 固溶体机械混合物构成，铸造过程中熔融态合金的凝固是在较大的过冷条件下完成的。开始析出的不是对应于平衡状态组分的 α 固溶体，而是呈树枝状的几乎纯铅的 α 固溶体，使液相中锑的含量增加。随着铅晶体的生长，铅逐渐消耗，熔融态合金成为富锑相，直到液态合金中锑含量为共熔体成分，温度降至低共熔合金的凝固温度时，铅枝晶不再长大，其周围的富锑相开始凝结（β 固溶体），形成铅锑共晶网。而铅枝晶周围的富锑相凝结，原来不同取向的铅枝晶之间互相牵连。由于温度下降，凝结的铅枝晶因收缩而可能断裂，形成裂隙。锑的质量分数高于 4.5％，熔融液态合金量多，在凝结的铅枝晶收缩时，会有足够的共熔体流到模具表面填满铅枝晶间的裂隙，从而保持晶体间紧密结合不出现裂纹。但富锑相在铅枝晶析出，形成晶间夹层，导致晶间腐蚀。

锑含量为 1％～3％的低锑铅锑合金提高了板栅合金的耐腐蚀性及析氢超电势，但由于低锑合金凝固温度范围扩大，铅锑合金生成更多的树枝状 α 固溶体，明显地增加了合金液的流动阻力，导致流动性变差，而且在低共熔温度下的共熔体液态合金量少，不足以填满铅枝晶的裂隙，容易造成板栅裂纹。裂纹常在板栅表面形成，并因涂膏而扩大，在电池运行中加深，导致使用期限下降。

为此可采取的措施是有控制地加入铜和硫等成核剂。低锑合金的成核剂应在铅中有一定的溶解，不易被氧化。当温度降低时，在铅凝固之前优先从熔融合金中凝固出来，以作为铅凝固时的晶种。其晶核浮游于整个铅合金中，并在整个铸件区域中进行凝固，这些晶核将产生一个均匀、细粒的圆结构。随着温度降低，成核剂不断地从熔融体中析出，即新的晶种不断形成，而不是原有的那些晶粒的继续长大，晶粒的尺寸明显变小，硬度增加。在凝固过程中，这些圆形粒子相互滚动，使正在凝固的槽道开放，剩余熔体就在晶粒的缝隙内充填，从而使铸造性能得到改善，可获得无裂隙的铸件。

超低锑合金（锑含量 $0.25\%\sim1\%$）的结晶凝固温度范围很小，合金的流动性好，具有优良的铸造性能。其微观结构由十分细小的、分散的圆形晶粒组成，此时共晶体含量很小，可以忽略不计。

因为锑含量降低时，共晶体大为减少，所以低锑、超低锑合金的电阻率随锑含量的降低而降低，采用低锑或超低锑的铅基合金可提高蓄电池的低温启动能力。

采用低锑或超低锑合金铸成的板栅，由于没有或很少有富锑相的晶界，不仅提高了耐腐蚀性能，而且锑从正极板栅向负极活性物质的迁移也很少，使低锑合金板栅蓄电池水分解速率降低，可用于少维护或免维护蓄电池。

(2) Pb-Sb 合金中各元素的作用　铅锑二元合金正极板栅的腐蚀、变形是铅酸蓄电池使用寿命终止的重要原因。为此，在铅锑合金中添加其他元素，可改善铅锑合金的性能。

① 砷（As）。砷作为添加剂，明显提高了板栅的耐腐蚀性。砷使铅锑合金晶粒结构变细，晶间夹层变薄，强烈抑制晶内腐蚀。因而用 Pb-Sb-As 合金板栅组装的电池，其循环寿命增加 $25\%\sim30\%$，同时所形成的阳极膜比无砷合金形成的膜分布更均匀。含砷板栅与活性物质间的黏附力较 Pb-Sb 合金更强，对活性物质脱落有一定抑制作用。砷的加入提高了板栅材料的抗拉强度、抗蠕变强度，提高了硬化速度，从而延缓了板栅的线性长大和变形。砷含量在 $0.1\%\sim0.15\%$ 时，有助于减少甚至消除铸件的过分收缩或收缩开裂。

但是加入砷的铅锑合金，其可铸性下降，合金脆性增大，而且浇铸时（482℃）易于氧化成浮渣而被浪费，铸件易出现裂纹。因此正确设计铸件模具、控制铸造温度和冷却条件尤为重要。

② 硫（S）。低锑合金的高硫含量对形成足够的晶核及使晶粒结构变得坚固精细是十分有利的，硫能与铅反应生成 PbS 晶体，它是优异的成核剂，硫在合金中会与锑生成如下带状结构：

（M 为 Sb 或 Bi）

然后再借助微弱的次级键使这些带状结构固定在晶体的平行窄条中，抑制了 Sb 的离析。但是，硫易氧化烧损，并会使最后的合金板栅产生脆性。

③ 锡（Sn）。锡可在铅锑合金溶液表面生成一层 SnO_2 保护膜，防止铅锑合金的氧化损失。同时这种膜改变了表面张力，从而改善了熔融合金（含 As）的流动性及可铸性，明显地减小了因 Sb、As 的添加而引起的脆性。正常的锡含量范围是 $0.25\%\sim0.5\%$，在此范围内对合金的熔点无影响，但过高的锡含量可能会增加电池的自放电，且增加成本。

④ 银（Ag）。合金中即使仅含 0.1% 的银，也能明显提高铅锑合金的耐蚀性，同时 Ag

的添加还促进了活性物质中 β-PbO₂ 的形成。但是，Ag 降低了氧的超电势，使充电期间 O_2 的析出加速。

⑤ 铜（Cu）。当含量≤0.1％时，铜可增加合金的抗拉强度、流动性及初期硬度，减小板栅的脆性，扩大铸造温度范围；含量＞0.1％时，会使合金模具中流动得更缓慢。铜与锑形成金属互化物 Cu_3Sb，使 Pb-Sb 合金耐腐蚀性提高。铜在铅中的溶解性很好，似乎不宜制成核剂。但当有适当浓度的砷存在时，铜砷能反应生成 Cu_3As 晶核，间接地起成核剂作用；但铜降低了析氢超电势，增加了析气量。

⑥ 硒（Se）。在整个欧洲，目前使用的最普遍的成核剂是硒。硒在金属之中所引起的剩余扩散，往往比硫成核剂要好。铅与硒可直接形成硒化铅晶核，PbSe 是铅-硒体系中唯一的化合物，随着温度的降低，硒化铅不断地从合金液中析出，随之就有新的晶粒生成，使原来晶粒的长大受到限制（即抑制了枝晶的长大）。

⑦ 钴（Co）。作为一种有效的正极板栅防腐添加剂，它既可以离子形式存在于活性物质和电解液中，也可以金属形式存在于板栅中。充电时，Co 将在正极和负极上分别沉积，能有效地抑制 Sb 在正极的溶出及向负极的转移，尤其体现在延长过充电时。

⑧ 铋（Bi）。铋能细化晶粒，使晶粒分布均匀，增强板栅耐腐蚀能力，超低锑合金加入铋，对提高硬度及改善铸造性能有一定的作用。

⑨ 镉（Cd）。为了克服低锑合金易产生裂隙的缺点，还可以在低锑合金中加入镉。镉的加入能消除板栅的裂隙，而且具有很好的结晶结构，从而使板栅腐蚀均匀。铅锑镉合金用于负极板栅时具有较高的析氢超电势，用于正极板栅则能和活性物质很好地结合，故可用于深放电循环，使电性能得到改善。从这方面来看，铅锑镉合金优于铅钙合金，而从析气、失水等方面来看，又与铅钙合金近似，故也称为"超钙合金"，这种合金板栅适用于牵引型蓄电池。在生产中使用铅锑镉合金的主要问题是环保因素及成本较高，所以自 20 世纪 30 年代被提出以来未获得推广。

目前采用的铅锑砷系列合金有 Pb-Sb（3.5％～6.0％）-As（0.1％～0.15％）、Pb-Sb（3.5％～6.0％）-As（0.1％～0.15％）-Sn（0.05％～0.5％）和 Pb-Sb（6％）-As（0.2％）-Cu（0.09％）等。

表 4-6～表 4-8 给出了含有成核剂的常见低锑合金组成。

表 4-6　含银、铋的多元低锑合金（质量分数）　　　　　　单位：％

序　号	Sb	Sn	As	Cu	S	Bi	Ag	Pb
1	2.75	0.35	0.40	0.075	0.005	0.02	0.002	余量
2	1.8～2.1	0.30～0.35	0.09～0.11	0.0005	0.0002	0.03	0.002	余量

表 4-7　含硒、硫的多元低锑合金（质量分数）　　　　　　单位：％

序　号	Sb	Sn	As	Cu	Se	S	Pb
1	2.7～3.0	0.008～0.10	0.10～0.15	0.05	0.015～0.025	$(50～60)×10^{-6}$	余量
2	2.5～2.75	0.10～0.25	0.15～0.20	0.06～0.08	0.025～0.03	$(50～60)×10^{-6}$	余量
3	1.6～1.8	0.08～0.10	0.15～0.20	0.06～0.08	0.03		余量
4	1.5～2.5	0.10～0.20	0.1～0.2		0.02～0.03		余量
5	2.0	0.10～0.20	0.1～0.2	0.05～0.06		$(50～60)×10^{-6}$	余量

表 4-8　超低锑多元合金（质量分数）　　　　　　单位：％

序号	Sb	Sn	As	Cu	S	Se	Ag	Pb
1	0.8	0.25	0.15	0.08～0.10				余量
2	0.8	0.25	0.15～0.20	0.06～0.08	0.0005	0.02～0.03		余量

4.7.3.2 Pb-Ca 合金

在 20 世纪 60 年代中期，美国福特公司提出免维护汽车的主张。与此相应，要求研制免维护蓄电池，其中包括使用低锑合金板栅，无需经常向蓄电池中加水的少维护蓄电池和使用无锑合金板栅，使铅酸蓄电池做到免维护。因而 Pb-Ca 体系被引进到密封铅酸蓄电池中，称为无锑合金，后逐渐改进为 Pb-Ca-Sn-Al，目前是免维护铅酸蓄电池常用的成熟合金。

铅钙合金与铅锑合金相比，有以下优点。

① 电阻率较小，其电阻率为 $22 \times 10^{-6} \Omega \cdot m$，接近纯铅，适于低温启动。

② 在钙上氢析出的超电势较高，比普通铅锑合金高出 200mV，降低了电池的自放电及水的损耗，具有较好的免维护性。

③ 铅钙合金为沉淀硬化型，即在铅基质中形成 Pb_3Ca 金属间化合物的细晶粒沉淀，沉淀在铅基中成为硬化网络，使合金具有一定的力学强度。当钙质量分数在 0.01% 以上时，既不用热处理也无需控制凝固点，就可以产生良好的结晶颗粒，板栅表面的收缩和孔洞可以通过控制模温解决。

但是铅钙合金也有一些缺点。

① 二元铅钙合金不适于作深循环的正极板栅材料。因为在充电时阳极溶解，板栅表面的钙变成 $CaSO_4$，它均匀地沉积在腐蚀产物的微孔中，成为 $PbSO_4$ 结晶的晶核，致使腐蚀膜上形成致密的难于渗透的 $PbSO_4$ 膜，该膜增加了阻抗，使再充电接受能力下降。

② 在熔炼及铸造板栅时钙易氧化损失，影响合金的成分与性能的稳定，氧化渣还降低了合金的可焊性。

③ 新铸出的板栅太软，抗蠕变性能差，铸件易变形，难以加工。

为了保证板栅的力学性能，可以在 Pb-Ca 合金中加入 Sn 和 Al。铅钙锡三元合金及以其为基础的多元合金是比较理想的，但钙含量必须严格控制在 0.07%～0.1% 之间。各元素的主要作用如下。

① 锡可以改善浇铸性和力学强度，影响合金的硬化时效速度，改善合金表面与活性物质结合的微观结构。当合金中锡含量为 0.2%～0.3% 时，能防止与活性物质 PbO_2 临界面上 $PbSO_4$ 阻挡层的形成，改善深放电后的再充电能力。但锡含量的增加，降低了多元合金中硫或硒的晶核活化作用，使晶粒结构易于造成较大的裂缝。

② 铝是 Pb-Ca 合金中一种有效的保护剂，能减小钙氧化物掺入板栅中的概率，较好地保持正极板栅中钙的含量。此外，铝可以减少熔融合金中钙的烧损，具有成核剂和增加合金中沉淀的双重作用。

③ 铋的加入对铅钙合金的电化学性能可产生良好的作用，使其电池深循环能力加强。

4.7.3.3 其他无锑合金

基于钡、锶、钙为同族元素，人们预测铅钡、铅锶也可以成为铅酸蓄电池需要的合金材料，并对此进行了研究。目前研究较多的是铅锶合金。Pb-Sr-Sn-Al 四元合金的电化学性能和铅钙合金相似，铅锶合金的硬化机理类似于铅钙合金，即在铅基质中形成细晶粒沉淀，这种合金具有比铅钙合金时效快的优点。

还有一种砷碲银合金，对这种合金的研究资料甚少，主要是为潜艇电池使用开发的，以消除锑的有害作用，这种合金在瑞典和意大利已有一些应用。

经过多年的发展，铅酸蓄电池板栅的性能有了很大进步。但无论是铅锑合金或铅钙合金，都还存在着不足，还不能完全适应铅酸蓄电池的全密封或免维护的要求，需要进一步的发展完善。

4.7.4 复合材料

在铅酸蓄电池中，研究过的复合板栅材料大致可分为三类：分散增强铅、纤维增强铅及铅塑料复合材料。

4.7.4.1 分散增强铅

在改善合金的力学性能时，有许多方法可使其强度增加。如在铅中加入锑通过形成低共熔物（富锑的 β 相）分散于铅固熔体树枝晶（α 相）间而使强度得到增强；钙则是通过固熔体中 Pb_3Ca 沉淀而增加力学强度等。除此之外，也可通过向合金中加入不溶的分散性微粒而增加机械强度。分散增强铅在 20 世纪 60～70 年代受到高度重视并开展了广泛研究，主要尝试通过非普通合金化技术使铅的物理化学性能得到改善，即将微米级的不溶物（第二相）粉末均匀地分散于铅或铅合金中，成为铅或铅合金中微观组织结构的一部分，从而直接或间接地影响其性能。

4.7.4.2 纤维增强铅

随着技术不断进步，纤维增强复合材料（如塑料、镁合金、铝合金等）已被广泛用于体育用品、人造卫星、航天飞机等各个方面。高强度纤维有玻璃纤维、碳纤维等。碳纤维是直径 30～150nm 的极细纤维，随原料不同，有聚丙烯腈系、沥青系、液晶沥青系几种。鉴于上述优良的性能，人们研究了纤维增强铅。制造时的困难主要是纤维与熔融铅合金之间黏润困难。如果是碳纤维，高温下还会生成金属碳化物，因此至今未见实际应用。

4.7.4.3 铅塑料复合材料

铅塑料复合板栅是蓄电池行业的科学家们为提高铅酸蓄电池比能量而不断努力的结果，由美国江森控制公司于 1980 年开发成功。板栅的结构及形状如图 4-7 所示。这种板栅的基本设计思想是将普通板栅的导电和支撑活性物质两种功能分开，由板栅的两个部分分别去完成。其中发散形的铅合金条起着导电作用，而支撑活性物则由剩余部分质轻网状的塑料去完成，塑料的使用使板栅的质量大大地减小。发散形导电骨架的设计还降低了极板内的电压降，电池具有高倍率放电的能力。使用铅塑料复合板栅是延长电池寿命、提高质量/电学特性比极有希望的途径。

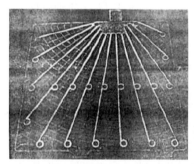

图 4-7　铅塑料板栅的结构及形状

4.7.5 其他板栅材料

为了提高铅酸蓄电池的比能量，改善低温性能，提高输出功率，可以用低密度金属取代铅或铅合金作为板栅材料。铜是其中最有应用前景的金属，铜负极板栅在德国潜艇用电池上已使用了很多年，后来又将这种板栅用于牵引用铅酸蓄电池，在德国和荷兰有使用。这种电池将镀铅的铜板栅用于负极并与管式正极相结合，连接条也用镀铅的铜条代替。这些改进，降低了极板电压降，提高了底部活性物质的利用率。

钛密度很低，硬度极高，在硫酸中极其稳定，耐腐蚀，有中等的导电性，使其能够满足板栅在铸造、涂膏、装配和深度充放电时对其强度的要求，还能够抑制板栅的变形，提高电池的质量比能量。但由于在析氢电势时会发生溶解，因此不能用于负极。钛基板栅最早由 Cotton 和 Bucklow 于 1958 年提出，并在铅酸蓄电池中使用。钛在使用中的困难是当其被阳极氧化时表面会发生钝化，生成具有半导体特性的氧化钛膜，阻止钛与正极活性物质之间的电接触。因此，几十年来，对钛基板栅的研究大多集中在对其表面的处理上，如在钛上覆盖 TiN、TiC、PbO、PbO_2、Pt、RuO_2 或用 TiN 取代金属钛，再镀上 Au 或 Pb，或采用 TiMoZr 合金作为板栅材料。这些处理过程或多或少改善了钛基与活性物之间的电接触，提高了导电性能，有的甚至能维持 $300\sim500$ 个循环。但是总的来说，钛基板栅离实际使用还存在很大的距离。

导电聚合物在铅酸蓄电池中的应用曾有过作为负极活性物质、活性物质添加剂的报道。研究过的导电聚合物有聚苯胺、聚吡咯、聚噻吩、聚乙炔、聚对苯、聚苯乙烯等几种。1992年，日本电池株式会社在铅酸蓄电池中采用一种新的导电聚合物——硅高分子，又称聚硅烷，其结构如下：

$$R-Si=Si+Si=Si-Si=Si)_n Si=Si-R$$

这种聚合物由于具有共轭双键，其电导与金属相似。除此之外，它耐腐蚀性好、密度低，将它成型做成板栅，或将其涂覆在铅合金表面，或与铅合金粉末混合压缩或烧结成型做成板栅，能延长电池的寿命、提高质量比能量。也可将硅高分子粉末与铅粉混合，制成铅膏作为活性物质使用。

4.7.6 板栅的构型

对板栅构型的要求是要能容纳一定质量的活性物质，同时在电流通过时，电压降的损失小。

对板栅的结构有多种设计，其主要部分为：周围边框、极耳、板脚、垂直肋、与垂直肋相交的水平肋。传统的典型蓄电池板栅结构如图 4-8 所示。

图 4-8　传统的典型蓄电池板栅结构

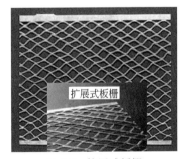

图 4-9　扩展式板栅

周围边框的主要作用是防止板栅在涂膏过程中变形、撕裂。对于正极板栅还要求寿命终止时仍有金属保留，以维持极板的主要形状。水平肋主要功能是与垂直肋连接以支撑活性物质，垂直肋主要是传递电流。极耳用以焊接相同的极板。

这种水平肋、垂直肋均匀分布的设计，使电流的分布极不均衡，在极耳区具有较大的电压降损失，而极板下部的活性物质利用率不高。合理的设计应为竖向横截面积要大，以减少电压降，水平肋的分布应上密下疏，截面积应竖粗横细，这样有利于活性物质充分利用。按照这一思路提出了不少改进结构。如把原来垂直肋改成由极耳区向径向辐射的斜肋，制成辐射型板栅（图 4-7），也可以做成辐射型肋条与中心极耳相结合，目前这种构型使用较多。辐射状的肋条分布特别有利于提高极板在高倍率下的放电性能，尤其在低温启动能力方面十分优越。此外，为了制造超薄型极板及发展小型便携式密封蓄电池，提出用扩展或拉伸的方法生产拉网式板栅、扩展式板栅（图4-9），不仅提高了活性物质利用率，还可以提高生产效率。

4.8 铅酸蓄电池的正极

4.8.1 正极活性物质二氧化铅的晶型结构及其性能

二氧化铅是多晶型化合物，它有四种形态：斜方晶系 α-PbO$_2$（铌铁矿型）、正方晶系 β-PbO$_2$（金红石型）、无定形的 PbO$_2$ 和不稳定的假正方晶系。它们在不同条件下形成和转变，由于晶型结构不同，它们的物理化学性质也不尽相同，α-PbO$_2$、β-PbO$_2$ 与 PbSO$_4$ 晶格参数的差别见表4-9。

表 4-9 α-PbO$_2$、β-PbO$_2$ 与 PbSO$_4$ 的晶格参数

化 学 式	所属晶系	晶格参数/nm		
		a	b	c
α-PbO$_2$	单胞斜方晶系	0.4937	0.5939	0.5486
β-PbO$_2$	单胞正方晶系	0.4945		0.3378
PbSO$_4$	单胞斜方晶系	0.8516	0.5389	0.6989

这两种变体结构均是铅离子位于八面体的中心，但八面体互相接触是有差别的，图4-10给出了 α-PbO$_2$ 的八面体密堆积形状。

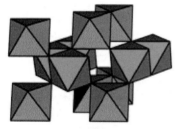

由于晶格结构的不同，使人们可以利用 X 射线结构分析来测定铅酸蓄电池正极活性物质的组分。例如化成结束的活性物质经化学分析含有 90% 的 PbO$_2$，X 射线分析得到结晶成分为 α-PbO$_2$ 占 23%，β-PbO$_2$ 占 43%，其余 34% 认为是无定形的 PbO$_2$。

图 4-10 α-PbO$_2$ 的八面体密堆积

结晶变体的密度也不尽相同，从表4-10中可以看出，α-PbO$_2$ 的密度比 β-PbO$_2$ 略高，α-PbO$_2$ 晶粒间结合紧密，力学强度较好，β-PbO$_2$ 晶粒间结合较疏松，强度较差。此外，α-PbO$_2$ 和 β-PbO$_2$ 的结晶形貌也不同。α-PbO$_2$ 的晶粒尺寸较大，晶粒表面光滑，β-PbO$_2$ 晶粒细小。图4-11给出了 β-PbO$_2$ 在扫描电子显微镜（SEM）下的微观形貌。

表 4-10 α-PbO$_2$ 和 β-PbO$_2$ 的密度 单位：g·cm^{-3}

序号	α-PbO$_2$	β-PbO$_2$	序号	α-PbO$_2$	β-PbO$_2$
1	9.530	9.375	3	9.760	9.648
2	9.876	9.695	4	9.866	9.523

对于 α-PbO$_2$/PbSO$_4$-H$_2$SO$_4$ 和 β-PbO$_2$/PbSO$_4$-H$_2$SO$_4$ 体系的平衡电势（vs. SHE）也略有不同，其数值如下：

$$\alpha\text{-PbO}_2 \quad E_a = 1.697 - 0.118\text{pH} + 0.0295\lg a_{SO_4^{2-}}$$

$$\beta\text{-PbO}_2 \quad E_a = 1.687 - 0.118\text{pH} + 0.0295\lg a_{SO_4^{2-}}$$

从方程式看出，在硫酸溶液中，α-PbO$_2$ 的平衡电势比 β-PbO$_2$ 正 10mV，表明 β-PbO$_2$

的热力学稳定性略高于 α-PbO$_2$。两种晶型电极电势的温度系数也不相同，在 4.62mol·L^{-1} 的 H$_2$SO$_4$ 中

$$\left(\frac{\mathrm{d}E_\beta}{\mathrm{d}T}\right)_p = -0.2\mathrm{mV} \cdot {}^\circ\mathrm{C}^{-1}$$

$$\left(\frac{\mathrm{d}E_\alpha}{\mathrm{d}T}\right)_p = -0.36\mathrm{mV} \cdot {}^\circ\mathrm{C}^{-1}$$

α-PbO$_2$ 电极电势的温度系数比 β-PbO$_2$ 大，所以随着温度的升高，α-PbO$_2$ 电极电势比 β-PbO$_2$ 下降得迅速。

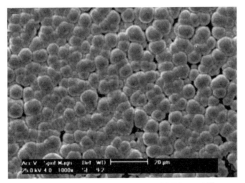

图 4-11　SEM 下 β-PbO$_2$ 的微观形貌

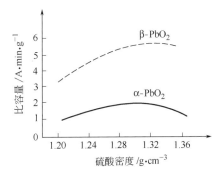

图 4-12　α-PbO$_2$ 和 β-PbO$_2$ 比容量与硫酸密度的关系

尽管 α-PbO$_2$ 和 β-PbO$_2$ 的化学组成相同，但由于其晶型结构不同，使得它们的氧化还原能力不同，即它们的电化学活性不同。α-PbO$_2$ 和 β-PbO$_2$ 的电化学活性的差异可以用放电特性来表征。对于相同数量的 PbO$_2$，β 型较 α 型放电容量高。图 4-12～图 4-14 分别给出了 α-PbO$_2$ 和 β-PbO$_2$ 的比容量与硫酸密度、放电电流密度、放电温度的关系曲线。可以看出：随电解液硫酸密度升高，β-PbO$_2$ 容量增加得比 α-PbO$_2$ 大，且都出现容量最高点。容量最高点对应的硫酸密度正是电导率最高的密度范围。相同数量的 PbO$_2$ 在不同电流密度下放电时，β 型较 α 型具有较高的放电容量，β 型给出的容量超过 α 型给出容量的 1.5～3 倍。随着温度的升高，β 型 PbO$_2$ 的容量增加很快，α 型 PbO$_2$ 容量在 20～30℃ 间出现容量最高点，而且比 β-PbO$_2$ 容量低得多。

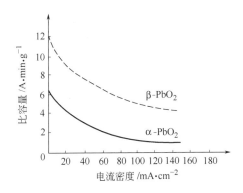

图 4-13　α-PbO$_2$ 和 β-PbO$_2$ 比容量与放电电流密度的关系

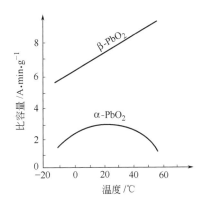

图 4-14　α-PbO$_2$ 和 β-PbO$_2$ 比容量与放电温度的关系

β-PbO$_2$ 比 α-PbO$_2$ 具有较好的电化学活性，是因为以下因素。

α-PbO$_2$ 结晶粗大，而 β-PbO$_2$ 结晶细小，因此 β-PbO$_2$ 结晶要比 α-PbO$_2$ 有更大的真实表面积。例如，用 BET 方法测定的 β-PbO$_2$ 比表面为 9.53m^2 · g^{-1}，而 α-PbO$_2$ 只有 0.48m^2 · g^{-1}。

另外，α-PbO$_2$ 为斜方晶型，与 PbSO$_4$ 的晶格参数近似，二者属于同种晶型。因此，在放电时 α-PbO$_2$ 就可以作为 PbSO$_4$ 的晶种，细小的硫酸铅层沿着 α-PbO$_2$ 生成，于是遮盖住 α-PbO$_2$ 的表面，不利于 H$_2$SO$_4$ 扩散到活性物质的深处，从而使电化学反应仅仅在活性物质的有限深度发生，给出较小的容量。β-PbO$_2$ 为正方晶型，与 PbSO$_4$ 的晶格参数差别较大，因此，放电产物 PbSO$_4$ 就不可能沿着 β-PbO$_2$ 晶格生长，或是形成新的晶种，或是在电极中残存的 PbSO$_4$ 上长大。于是在 PbSO$_4$ 之间留有缝隙，允许 H$_2$SO$_4$ 通过并到达活性物质内部，使 β-PbO$_2$ 的利用率高于 α-PbO$_2$。

4.8.2　两种晶型的形成条件和转变

制备二氧化铅的方法可以分为化学法和电化学法。但实验证明，化学法制备的二氧化铅缺乏电化学活性，不适于在蓄电池中或研究活性物质中使用，因此只能采用电化学法。正极中不同变体的形成和含量因生产厂家的工艺不同而变化，一般认为溶液 pH 值会影响所形成变体的类型。

α-PbO$_2$ 是在碱性或中性溶液中制备的。例如，在饱和乙酸铅的乙酸铵溶液中，以 0.1～10mA · cm^{-2} 的电流密度电解，或在饱和有 PbO 的浓度为 2mol · L^{-1} 过氯酸溶液中，以 1mA · cm^{-2} 的电流密度电解，均可获得纯 α-PbO$_2$。

β-PbO$_2$ 主要在酸性溶液中形成。例如在 0.7mol · L^{-1} 的 Pb(NO$_3$)$_2$ 与 2mol · L^{-1} 的 HNO$_3$ 的混合溶液中，以 5～10mA · cm^{-2} 电流密度电解，或 100g 乙酸铅溶于 0.5mol · L^{-1} 的乙酸中，以 1mA · cm^{-2} 电流密度电解，均可获得纯 β-PbO$_2$。

铅膏中的铅和各种碱式硫酸铅直接氧化时可形成 α-PbO$_2$。高的 pH 值、较高的 Pb^{2+} 浓度和较低的电流密度均是促使生成 α-PbO$_2$ 的条件，而 PbSO$_4$ 的氧化则形成 β-PbO$_2$。

实践经验证明：提高正极铅膏中的 H$_2$SO$_4$ 含量，可以提高正极的初容量。因为 H$_2$SO$_4$ 含量的提高，增加了铅膏中 PbSO$_4$ 的含量，从而增加了化成后正极中 β-PbO$_2$ 的含量。另外，随着铅膏中 H$_2$SO$_4$ 含量的增加，化成后极板孔隙率增加，放电时有利于 H$_2$SO$_4$ 进入活性物质内部，提高了 PbO$_2$ 的利用率。

化成条件对变体含量有直接的影响，特别是 pH 值。在开始化成的 7～8h 内，反应主要在极板内部发生，形成产物主要是 α-PbO$_2$，随后由于 H$_2$SO$_4$ 浓度和化成槽压的增加，PbSO$_4$ 开始氧化，生成的 β-PbO$_2$ 主要在极板的表面。在化成过程中，H$_2$SO$_4$ 浓度的变化是化学反应速率和电化学反应速率相对大小的综合结果。当提高化成的电流密度时，H$_2$SO$_4$ 的生成速度加快，使化成中由于化学反应，H$_2$SO$_4$ 浓度降低的延续时间缩短，从而增加化成后正极中的 β-PbO$_2$ 含量。

正极中 α-PbO$_2$ 和 β-PbO$_2$ 的相对量不是固定不变的，随着蓄电池循环次数的增加，α-PbO$_2$ 逐渐转化为 β-PbO$_2$。β-PbO$_2$ 是在酸性较强的溶液中由 PbSO$_4$ 氧化而生成的，而蓄电池充电时正好符合这个条件。蓄电池放电时正极 α-PbO$_2$ 转化为 PbSO$_4$，充电时 PbSO$_4$ 转化为 β-PbO$_2$。

4.8.3　正极充放电机理

铅酸蓄电池正极活性物质在充电状态下是由二氧化铅组成的。电池在充放电时，正极的氧化、还原反应是比较复杂的过程。充放电反应可以写成：

$$PbO_2 + 3H^+ + HSO_4^- + 2e^- \xrightarrow[\text{充电}]{\text{放电}} PbSO_4 + 2H_2O$$

此反应式仅给出蓄电池正极的充电和放电物质，而不能表示反应所经过的历程。关于反应机理，目前主要有以下三种观点。

4.8.3.1 液相反应机理

液相反应机理认为反应是通过溶液中的 Pb^{2+} 进行氧化还原反应作为中间步骤。放电时，二氧化铅晶体中的 Pb^{4+} 接受外线路来的电子而被还原为 Pb^{2+} 转入溶液，遇到 HSO_4^-，达到 $PbSO_4$ 的溶度积而沉淀出 $PbSO_4$ 固体附着在电极上。PbO_2 中的 O^{2-} 与溶液中的 H^+ 结合为 H_2O，随着放电的进行不断有 $PbSO_4$ 沉积。充电时溶液中的 Pb^{2+} 被氧化，将电子传给外线路，同时溶液中的 H_2O 分子将 H^+ 留在溶液中，O^{2-} 和 Pb^{4+} 进入 PbO_2 晶格。由于溶液中 Pb^{2+} 被消耗，于是 $PbSO_4$ 不断溶解，使 Pb^{2+} 的氧化过程能继续进行。显然，$PbSO_4$ 溶解度的大小，溶解速度的快慢及其结晶过程对正极充放电有直接的影响。液相机理也称为溶解-沉淀机理。

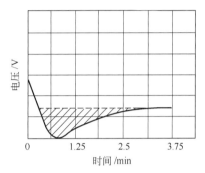

图 4-15　铅酸蓄电池放电电压曲线

从液相反应机理出发，可以解释铅酸蓄电池在放电初期放电曲线的电压值出现最低点的现象（图 4-15）。这是因为放电时，Pb^{2+} 要形成 $PbSO_4$ 结晶，需要有一个 $PbSO_4$ 结晶的晶种形成时间，即所谓诱导时间。因为刚完成充电的正极表面没有足够的残余 $PbSO_4$ 可以作为新生相 $PbSO_4$ 的晶种，因此放电反应生成的 Pb^{2+} 要在电极表面附近液层中累积。当 Pb^{2+} 的浓度与 HSO_4^- 浓度乘积超过 $PbSO_4$ 溶度积常数，且有相当的过饱和度以促进 $PbSO_4$ 晶种的形成时，过饱和的 Pb^{2+} 在电极表面附近液层中的存在，使正极发生很大的浓差极化，又由于反应消耗 H_2SO_4 生成水，更加大了正极的浓差极化，使电势下降，电池端电压降低。一旦有晶种形成，$PbSO_4$ 晶体就开始长大，过饱和度随即下降，浓差极化减小，正极电势有所恢复，电池的端电压回升，这样就形成放电曲线上电压的最低点。

4.8.3.2 固相反应机理

固相反应机理认为二氧化铅的还原是通过固相生成一系列中间氧化物来实现的。在放电过程中，二氧化铅中的含氧量逐渐降低，在每一瞬间均可把电极看成为含有不同比例 Pb^{4+}、Pb^{2+} 及 O^{2-} 的固体物质，而硫酸铅的生成被解释为中间氧化物在电极表面与 H_2SO_4 发生化学反应的结果，溶液中的离子不参加氧化还原过程。

但有些学者认为，对于固相反应，氧离子必须通过扩散跨越过 $PbSO_4$ 层，这似乎是不可能的。

4.8.3.3 非化学计量的二氧化铅充放电机理

该机理认为二氧化铅具有半导体性质，其中铅与氧的比例并非 $1:2$，而是一种缺氧结构，可以表示为 PbO_n，$n \neq 2$。

晶体中氧不足，但晶格中又必须保持电中性，在 PbO_2 的晶体中会出现 O^{2-} 的空位和自由电子。在电场作用下，自由电子可以在晶体内流动，从而使晶体具有电子导电性。同时 O^{2-} 空位旁的 O^{2-} 也可以在电场作用下跳跃到 O^{2-} 空位中，这种 O^{2-} 迁移称空穴导电，也能使晶体导电。但由于电子体积小，易于在电场作用下流动，而 O^{2-} 在空位间迁移要慢得多，则 PbO_2 导电主要靠晶体内自由电子，因此说，PbO_2 是一种 n 型半导体。

由于 PbO_2 具有半导体性质，故可以通过掺杂的途径改变其电导。

4.8.4 正极活性物质的性能变化

在铅酸蓄电池中，正极二氧化铅的性能经常限制电池的容量和寿命。刚制备的正极活性物质的力学强度和反应活性都较高，但随着充放电循环次数的增加，放电容量逐渐降低，正极活性物质性能恶化。主要原因如下。

(1) 活性物质晶态的变化 $\alpha\text{-}PbO_2$ 和 $\beta\text{-}PbO_2$ 两种晶型的放电特性不同。$\alpha\text{-}PbO_2$ 的颗粒较大，比表面较小，这种晶型给出较低的活性物质利用率，只有 16%，但颗粒之间结合较紧密，使用期限比较长，所形成的多晶网络可以作为活性物质的骨架；$\beta\text{-}PbO_2$ 因为具有较小的颗粒尺寸和大的比表面，能给出较高的活性物质利用率，可达 70%～95%，但颗粒之间的结合较差，故容易脱落。

$\alpha\text{-}PbO_2$ 和 $\beta\text{-}PbO_2$ 的相对含量随循环而变化，新制备的正极大多数都含有较多的 $\alpha\text{-}PbO_2$，在循环过程中逐渐转化为 $\beta\text{-}PbO_2$。在最初的循环中，随着正极活性物质中 $\beta\text{-}PbO_2$ 含量和孔隙率增加，有利于硫酸的扩散，导致放电初期容量随循环次数而增加。但随着循环次数的增加，$\beta\text{-}PbO_2$ 比例增大，活性物质之间的结合逐渐减弱。由于循环中 $\alpha\text{-}PbO_2$ 逐渐转变为 $\beta\text{-}PbO_2$，从而使网络受到削弱和破坏，最终导致软化和脱落。

正极中 $\alpha\text{-}PbO_2$ 和 $\beta\text{-}PbO_2$ 的比例影响正极活性物质的完整性，因此就存在一个最优的 $\alpha\text{-}PbO_2/\beta\text{-}PbO_2$ 的质量比，当这个比例为 0.8 时，具有最好的深放电性能。

(2) 颗粒之间结合力降低 蓄电池放电时 PbO_2 转化为 $PbSO_4$，由于 $PbSO_4$ 的比容比 PbO_2 大，所以整个正极物质体积增加。如果容纳活性物质的板栅格子容积不变，则 $PbSO_4$ 的形成只能使极板的孔隙率降低，表观体积则不会变化。但在板栅变形长大时，整个正极的体积也会增加，从而导致正极的膨胀。在下次充电时，$PbSO_4$ 又转化 PbO_2，孔隙率随着循环次数的增加而增加，正极严重膨胀。孔隙率过度增加，颗粒之间结合力降低，电接触被破坏，电阻随之增加。

此外，在每次充电的后期，在正极上有氧析出，在析氧的冲击下，更促进了活性物质之间结合力的减弱，造成活性物质的脱落。

(3) 充放电条件与杂质的影响 正极充电时，PbO_2 的形成是在多孔的 $PbSO_4$ 上进行的，充电的真实电流密度取决于 $PbSO_4$ 的多孔性，即取决于 $PbSO_4$ 的真实面积。实践证明，在较小的真实电流密度下充电，可以获得致密的 PbO_2 层，不易脱落；反之，如果充电的真实电流密度很大，就有可能达到或超过 Pb^{2+} 氧化的极限电流，形成疏松的 PbO_2，易于脱落。颗粒细小致密的 $PbSO_4$ 层将易氧化形成疏松的 PbO_2 层；反之，颗粒粗大、结构多孔的 $PbSO_4$ 充电将会获得结合牢固的 PbO_2 层。$PbSO_4$ 的晶粒大小、孔隙率多少与蓄电池的放电条件有关，放电时的温度、电流密度、电解液的浓度、放电深度都影响 $PbSO_4$ 的结晶。放电时低电流密度、低电解液浓度和较高温度有利于生成多孔的 $PbSO_4$，对延缓正极的脱落有益，而大电流、低温、深度放电的蓄电池，其循环寿命大大缩短。

$PbSO_4$ 的同晶化合物 $BaSO_4$、$SrSO_4$ 是蓄电池正极的有害杂质，它们会极大地促进 PbO_2 的脱落。

4.8.5 正极活性物质添加剂

铅酸蓄电池的功率密度和能量密度低，除由于铅及其化合物密度较大之外，还与活性物质（特别是正极活性物质）利用率低有关。蓄电池的使用寿命也在很大程度上取决于正极，因此对正极的研究、改进就显得格外重要。将适当的添加剂添加在正极活性物质中，可以改善正极活性物质的电导、孔隙率、活性、与板栅的结合力以及 PbO_2 颗粒间的结合力，还能抑制板栅的腐蚀，从而提高活性物质的利用率或寿命。添加剂还影响 O_2 在 PbO_2 电极上的析出电势及 $PbSO_4$ 氧化成 PbO_2 的能力，因此也影响电池的自放电和充放电性能。

电极反应优先在电极表面进行，反应产物 $PbSO_4$ 为不良导体，使电池的内阻随放电而增大，同时 $PbSO_4$ 将 PbO_2 包住，摩尔体积大于 PbO_2 的 $PbSO_4$ 堵塞了多孔电极的孔口，使反应物 H_2SO_4 不能顺利扩散到电极深处，致使残留较多的未反应物质，造成正极活性物质利用率低。

在使用添加剂来提高正极活性物质利用率方面，人们研究了很多，但成功的却很少。一方面是因为难以找到一种既耐正极活性物质的氧化，又耐充电时的阳极过程氧化的稳定添加剂。另一方面，加入添加剂还必须在电池循环过程中对正极活性物质的软化、松散脱落、板栅的腐蚀等没有促进作用，这就限制了正极添加剂的选择范围。

添加剂有各种不同的分类方法，根据添加剂自身的性质可分为如下三类：导电添加剂、无机添加剂、有机和有机高分子添加剂。

4.8.5.1 导电添加剂

铅膏中酸的含量直接影响活性物质的利用率，活性物质的利用率随酸含量的增加而增加，但同时其使用寿命又随铅膏中酸的含量增加而降低。为了克服以上矛盾同时避免放电产物 $PbSO_4$ 的隔离作用，可在正极中加入导电添加剂，它能连接隔离的 PbO_2 区和邻近的反应区以及板栅，使放电反应能继续进行，从而使活性物质利用率提高。

(1) 碳素材料　在各种碳素材料中，石墨具有最佳的耐氧化能力。日本的德永昭夫首先使用各向异性石墨为正极添加剂。将天然的石墨进行热处理，形成各向异性的石墨。将直径为 $250\sim1250\mu m$，质量分数为 $0.1\%\sim10\%$ 的高纯各向异性石墨添加在铅粉中。这种石墨在硫酸中进行阳极氧化时，生成石墨层间化合物，并发生膨胀，在阀控式密封铅酸蓄电池中起到紧装配的作用，并使得正极保持高的孔隙率，从而提高活性物质的利用率。在任何放电倍率下，放电容量随石墨添加量的增加而增加，放电倍率越高，放电容量增加的系数越大，尤其在低温高倍率放电时，效果十分显著。

在正极中加入各向异性石墨的技术在日本已相当成熟，在阀控式密封铅酸蓄电池中应用较为广泛，也有较多的专利报道。

(2) 镀 SnO_2 导电玻璃小片　将厚度为 $0.3\sim0.5\mu m$ 镀有 SnO_2 的玻璃小片以 2% 的量添加在正极铅膏中，可加速化成过程，提高极板中 $\beta\text{-}PbO_2$ 的含量，提高化成活性物质的比表面以及活性物质的利用率。

4.8.5.2 无机添加剂

无机添加剂多为金属氧化物和硫酸盐，在正极添加剂中占有较大比重，有的在和膏时加入，有的加在电解液中，有的加在板栅合金中，或转入溶液或渗入正极活性物质中，从而对正极产生影响。

(1) 铋　由于合金的阳极氧化，铋可以溶解在溶液中或渗透到腐蚀层和活性物质中，从而对活性物质起掺杂作用。已经证明，这种掺杂作用有利于活性物质在充放电过程中的结构恢复。例如，在管式电极中，管芯合金含铋在 $0.2\%\sim0.8\%$ 时，可以改善 PbO_2 颗粒之间的接触，提高电极的循环寿命。同时，由于铋的掺杂，使导电增加，减少了腐蚀层电阻对电极容量的限制作用。但也应注意，含铋合金加速了电解液-铅芯-空气交界处的腐蚀，提高了板栅的腐蚀速率。鉴于板栅合金中铋的综合作用，Pb-Sn 合金中铋含量不能大于 0.1%，而连接条、端子合金中铋含量应小于 0.02%，以防止空气腐蚀。

(2) $CaSO_4$　在正极活性物质中添加 2% 的 $CaSO_4$ 并用硝酸钙处理正极时，可极大地改进电池大电流放电特性，特别是低温大电流放电特性。一般认为 $CaSO_4$ 起成核作用，可以降低结晶超电势和浓差超电势。由于 $CaSO_4$ 与 $PbSO_4$ 不是同晶，所以不像同晶 $BaSO_4$、$SrSO_4$ 那样对电极寿命起严重破坏作用。

(3) $Al_2(SO_4)_3$　在正极活性物质中添加 2% 的 $Al_2(SO_4)_3$ 能够增加电池的初期容量，而对电池的循环寿命没有明显影响。添加 $Al_2(SO_4)_3$ 能起到成孔作用，在极板化成和电池使用过程中，可溶入电解液，因而增加了活性物质的孔隙率。

(4) 沸石　日本专利指出，沸石具有多孔结构，且有吸附 H_2SO_4 的性能，可以对阳离子进行交换，是很好的离子导体。在正极活性物质中添加 0.05% 左右、粒度为 $20\sim75\mu m$ 的沸石能够增加活性物质的利用率，进而提高电池的容量和使用寿命。

(5) 磷酸及磷酸盐　在正极铅膏中添加磷酸及磷酸盐，人们早有研究。德国阳光公司在胶体密封铅酸蓄电池中成功地使用磷酸已有约 40 年历史，国内小型阀控式密封电池生产中也使用磷酸作为正极添加剂。磷酸及磷酸盐的主要作用为：

① 减轻蓄电池的自放电，抑制下面的反应过程

$$PbO_2 + H_2SO_4 \longrightarrow PbSO_4 + H_2O + \frac{1}{2}O_2$$

② 改善板栅材料与腐蚀产物的结合力，减轻板栅合金的腐蚀，阻止 $PbSO_4$ 阻挡层的形成；

③ 降低正极活性物质的软化速度，减少脱落，从而提高电池的循环寿命；

④ 减轻深度放电后搁置时极板的硫酸盐化；

⑤ 在胶体蓄电池中，磷酸盐可使胶体稳定。

当然，该添加剂也有不利影响，如当含量超过 2% 时，会使电池的初期容量下降，蓄电池的低温性能降低等。

4.8.5.3　有机和有机高分子添加剂

在正极中加入聚二氯乙烯、聚酯纤维、聚乙烯醇、聚丙烯酸、聚苯乙烯酸、氟塑料等有机高分子材料作为黏结剂和支持网络的增强剂，可增加活性物质强度，以提高电池寿命。这种类型的添加剂作为提高活性物质利用率的报道较少。

4.8.6　正极板栅的腐蚀

在铅酸蓄电池中，正极板栅比负极板栅厚，原因之一是蓄电池在充电时，特别是过充电时，正极板栅要受到腐蚀，逐渐被氧化成二氧化铅而失去板栅的作用，为补偿其腐蚀量必须加粗加厚正极板栅。

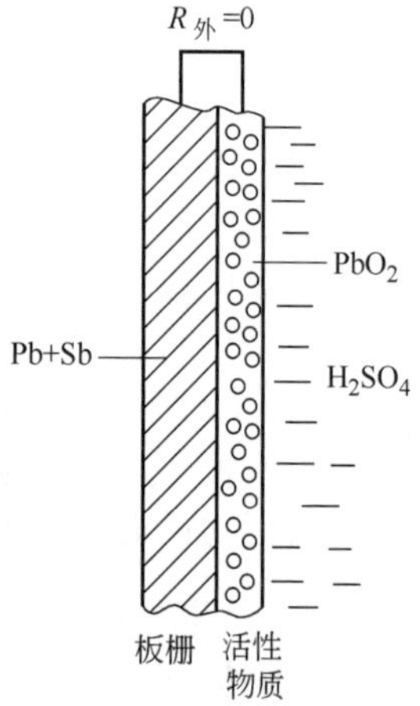

图 4-16　正极板栅腐蚀示意

4.8.6.1　腐蚀的原因

电池在开路时，正极板栅与活性物质 PbO_2 直接接触，而且共同浸在硫酸溶液中，它们各自与溶液建立不同的平衡电极电势。由于电势的差别，从而构成了短路微电池。图 4-16 是这种短路微电池的示意。

正极板栅中的铅在硫酸溶液中按下式保持平衡

$$Pb + HSO_4^- \Longleftrightarrow PbSO_4 + H^+ + 2e^- \tag{4-46}$$

正极板栅中的锑在硫酸溶液中以两种价态存在

$$\text{Sb}+\text{H}_2\text{O} \Longrightarrow \text{SbO}^+ +2\text{H}^+ +3\text{e}^-$$

$$\varphi_e = 0.212 + \frac{RT}{3F}\ln\frac{\alpha_{\text{H}^+}^2\,\alpha_{\text{SbO}^+}}{\alpha_{\text{H}_2\text{O}}} \tag{4-47}$$

以及

$$\text{Sb}+2\text{H}_2\text{O} \Longrightarrow \text{SbO}_2^+ +4\text{H}^+ +5\text{e}^-$$

$$\varphi_e = 0.415 + \frac{RT}{5F}\ln\frac{\alpha_{\text{H}^+}^4\,\alpha_{\text{SbO}_2^+}}{\alpha_{\text{H}_2\text{O}}^2} \tag{4-48}$$

PbO_2 与硫酸接触，反应为

$$\text{PbO}_2+3\text{H}^++\text{HSO}_4^-+2\text{e}^- \Longrightarrow \text{PbSO}_4+2\text{H}_2\text{O}$$

$$\varphi_e = 1.655 + \frac{RT}{2F}\ln\frac{\alpha_{\text{H}^+}^3\,\alpha_{\text{HSO}_4^-}}{\alpha_{\text{H}_2\text{O}}^2} \tag{4-49}$$

正极板栅中 Pb 和 Sb 各自独立存在，它们直接与活性物质 PbO_2 接触，使 $R_{\text{外}}=0$。由于 $\varphi_{\text{PbO}_2/\text{PbSO}_4}$ 远远大于 $\varphi_{\text{PbSO}_4/\text{Pb}}$、$\varphi_{\text{SbO}^+/\text{Sb}}$ 和 $\varphi_{\text{SbO}_2^+/\text{Sb}}$，所以构成活性物质 PbO_2 为正极，铅和锑均为负极的短路微电池。在正极板栅上由于铅锑分布和表面状态的不均匀，这种短路微电池实际上是极其复杂的。但总的结果是导致正极板栅的铅、锑不断地溶解，而正极活性物质 PbO_2 不断地被还原，显然电池开路状态下正极板栅的腐蚀是不可避免的。它既使板栅变薄，又降低了电池的容量。

电池在充放电过程中，正极板栅所能承受的电势值比铅、锑的平衡电势正很多，使得正极板栅上的铅、锑均处于阳极极化状态，而且超电势很大，铅、锑将以很大的电流被腐蚀溶解。所以，正极板栅无论是在搁置时，还是充电时，始终处于不稳定状态，总存在着被氧化的趋势，当充电时，尤其是过充电时，铅锑合金正极板栅腐蚀得更为严重。

4.8.6.2 影响腐蚀速率的因素

在金相显微镜下观察，铅及铅锑合金在阳极极化时，腐蚀基本沿着晶粒的边界进行，晶粒之间的腐蚀速率比晶粒的腐蚀速率大得多，紧靠着晶粒边界就是晶间夹层（晶粒之间的间隙），由于晶间夹层中杂质较多，组织复杂，它的耐蚀能力最差，发生腐蚀的可能性最大。如果晶间夹层较薄，则腐蚀产物容易把晶间夹层覆盖，若腐蚀产物又是致密完整的，板栅就得到腐蚀产物的保护，这种情况使板栅的腐蚀速率大为降低。反之，如果晶间夹层较厚，腐蚀产物就难以把晶间夹层全部覆盖，因此在外电流的阳极极化时，就从没有被覆盖的晶间夹层部位开始，使板栅继续受到腐蚀。这种正极板栅的金相结构、晶粒尺寸对板栅腐蚀速率的影响已经被大量实验所证实。

为了减小板栅的腐蚀，延长蓄电池的寿命，需要制造出金相组织细密的合金：一方面从铸造工艺上要掌握冷却速率，既要保证铸满型，又要使冷却速率尽量快，以获得晶粒细小、致密的合金金相组织；另一方面是采用添加变晶剂的方法来获得细小结晶。变晶剂的加入，可以增加合金晶体结构的分散度，保证晶间夹层形成致密的耐腐蚀的惰性相，从而抑制板栅的腐蚀速率。

常采用的变晶剂有银、砷、碲、钙、钴、钛、硫等，而碱金属钠、锂、钾及镁、锌、铋则加速腐蚀。在铅锑合金中添加银、砷、钴可大大降低腐蚀速率，但银降低了氢和氧的析出超电势，而且也能转移到负极板上去，从而加大自放电，故不能用于密封电池或免维护电池，并且因银价格昂贵，使得应用受到限制。

变晶剂的作用机理还不十分清楚：一种观点认为变晶剂可吸附在铅的晶粒上，阻止铅晶粒的长大，从而形成细小的晶粒；另一种观点认为变晶剂可作为大量的结晶中心，获得细小的晶粒。

4.9 铅酸蓄电池的负极

铅酸蓄电池的负极活性物质在充电状态下是海绵状金属铅。电池的充放电反应可以写成

$$Pb + HSO_4^- \underset{充电}{\overset{放电}{\rightleftharpoons}} PbSO_4 + 2e^- + H^+$$

以上充放电反应式只给出铅酸蓄电池负极放电和充电的活性物质状态，而不能说明其反应机理。

4.9.1 溶解-沉淀机理

目前对负极反应机理认识比较一致，认为溶解-沉淀与固相反应共存。

铅电极放电是铅的阳极氧化并伴随有化学反应生成沉淀的过程。放电时，Pb 在硫酸溶液中发生阳极氧化反应，在电势低于某临界值时，溶解为 Pb^{2+}，它们借助于扩散方式离开电极表面，遇到 HSO_4^-，当超过其溶度积时产生 $PbSO_4$ 沉淀，沉淀过程在扩散层内发生。当电极电势正向移动达到某数值，超过固相成核的超电势时，发生固相反应，硫酸根离子与铅表面碰撞而直接形成固态 $PbSO_4$。

反之，铅负极在充电时，首先 $PbSO_4$ 溶解成 Pb^{2+} 和 SO_4^{2-}，Pb^{2+} 接受外线路的电子发生还原，这是一个伴随有 $PbSO_4$ 溶解的前置反应的还原过程。某些实验证实了这个机理。

铅电极进行阳极氧化时，生成 $PbSO_4$ 沉淀前需要有一定的过饱和度，才能生成 $PbSO_4$ 晶种，即需要一个晶核形成时间。从负极的充放电过程可以看出，$PbSO_4$ 的溶解和结晶在电极过程中占重要地位。

4.9.2 铅电极的钝化

铅在硫酸溶液中的阳极氧化，在一定条件下可能发生钝化。致钝的原因是由于铅电极表面生成硫酸铅层。

与正极活性物质相比，铅电极放电产物 $PbSO_4$ 比 Pb 的比容大得多，放电使得负极板孔隙率大大减小，放电生成一层绝缘压实的硫酸铅盐层，覆盖在海绵状铅电极表面，将电解液与反应物隔离开来。当生成的 $PbSO_4$ 盐层全部覆盖铅表面时，硫酸溶液只能通过盐层小孔到达电极表面，使得电化学反应的电极面积大大下降，电流密度急剧增加，负极的电极电势向正向明显偏移，甚至电极反应几乎停止，使负极钝化。在电极上覆盖的 $PbSO_4$ 盐层通常称为钝化层，钝化层越厚，意味着钝化时需通过的电量越多。

覆盖在铅电极上的 $PbSO_4$ 层的致密程度，决定电极的钝化程度，而致密程度取决于 $PbSO_4$ 沉淀时在硫酸中的过饱和度，过饱和度越大，$PbSO_4$ 沉淀晶粒越细，覆盖层越致密。因此，影响 $PbSO_4$ 在硫酸中过饱和度的因素也是影响钝化的因素。铅负极的钝化与放电电流密度、放电温度、硫酸浓度有关，这可用过饱和度观点来解释。当放电电流密度高，放电温度较低，硫酸电解液浓度较高时，铅负极容易钝化。因为在这些条件下溶液过饱和度较大，这时硫酸铅晶体主要在平行于电极表面生成，而且是形成晶粒小、孔径小、孔隙率低的钝化层。在低温下硫酸铅平衡溶解度下降，所以提高了过饱和程度，形成数量较多、尺寸较小的晶核，造成致密的钝化层。因此，由于铅电极的钝化，启动用铅酸蓄电池在低温条件下的启动放电能力常常受控于负极。

4.9.3 铅负极的自放电

蓄电池在开路状态下，铅的自溶解导致容量损失，与铅溶解的共轭反应通常是溶液中H^+的还原过程，即

$$Pb + H_2SO_4 \longrightarrow PbSO_4 + H_2 \uparrow \tag{4-50}$$

该过程的速度依赖于硫酸的浓度、储存温度、所含杂质和膨胀剂的类型。

溶解于硫酸中的氧也可以引起铅的自溶

$$Pb + \frac{1}{2}O_2 + H_2SO_4 \longrightarrow PbSO_4 + H_2O \tag{4-51}$$

该过程受氧的扩散所控制，一般情况下，自放电以式(4-50)为主要过程。

杂质对于以析氢为主的铅自溶共轭反应有很大的影响。氢在铅上析出的超电势很高，而铅在$4\sim5mol \cdot L^{-1}$的硫酸溶液中是个高度可逆的体系，它的交换电流密度很大，氢在铅上的析出反应是个超电势很高的过程，铅的阳极溶解是个极化很小的过程。因此，在铅的溶解与析氢这一对共轭反应中，铅的自溶速度完全受析氢过程控制，析氢超电势的大小起着决定性的作用。

一些杂质沉积在铅电极表面上，与铅组成微电池。在这个短路电池中铅进行溶解，氢在超电势小的杂质上析出，因而加速了自放电。

无论从减少自放电，还是为满足蓄电池少维护的要求，都希望提高氢析出的超电势，避免加速析氢的杂质存在。氢超电势大小的顺序如下：

锡、铋、银、锑、铜、铁、钴、镍、金、铂

$$\longleftarrow$$

氢超电势增加

4.9.4 负极添加剂

在铅酸蓄电池制造中，要在负极中加入占铅膏千分之几的添加剂。这些添加剂包括纯有机物质、表面活性物质和无机物质，按其作用分为两大类。一类是膨胀剂，用来改善电池循环期限和提高电池输出功率，特别是低温条件下的输出功率。另一类是阻化剂，它可以抑制铅电极在化成后干燥、储存过程中的氧化及氢气析出。添加剂在电极中的质量分数虽小，但对电极过程动力学的影响却相当大。

4.9.4.1 膨胀剂

负极活性物质的比表面积大约为$0.5\sim0.8m^2 \cdot g^{-1}$，50%的孔隙率，故常称为海绵状铅，具有很高的表面能量。在热力学上，这种高能量体系是不稳定的，有向能量减小方向自发变化的趋势。当金属、溶液体系不变时，表面张力是一定的，只能通过颗粒合并以降低表面积来减小体系的能量。当蓄电池充电时$PbSO_4$溶解，是Pb^{2+}还原进行金属电沉积的过程，这就提供了体系向能量减小的方向变化的条件，使得负极真实表面积收缩。膨胀剂的加入，可以防止在循环过程中负极活性物质表面积的收缩。这些物质可吸附在电极表面上，降低表面张力，从而减小体系的能量，活性物质的真实表面积则不收缩。膨胀剂的另一个功能是去钝化作用，即影响负极在放电过程中形成的$PbSO_4$结构或影响铅氧化成硫酸铅的动力学过程。

目前，铅酸蓄电池工业生产中常用的膨胀剂分为无机膨胀剂和有机膨胀剂两大类。前者是某些无机盐等无机物质，后者包括纯有机物质及表面活性物质。

最常使用的无机膨胀剂是硫酸钡、炭黑、木炭粉等。硫酸钡具有和硫酸铅近似的晶格参数，为同晶物质，都是斜方晶体。在负极活性物质中添加高度分散的硫酸钡，放电时可以作为硫酸铅的结晶中心。由于硫酸铅可以在同晶硫酸钡上结晶析出，无需析出硫酸铅核，因而降低

了生成硫酸铅晶核所必需的过饱和度。在过饱和度低的条件下生成的 $PbSO_4$ 疏松多孔，利于 H_2SO_4 的扩散，可减轻浓差极化。此外，当有硫酸钡存在时，生成的硫酸铅是在硫酸钡上而不是在金属铅上析出，这就不易形成覆盖金属铅的致密连续的钝化层，推迟了负极板的钝化。

在蓄电池充电过程中，硫酸钡还有防止铅比表面积收缩的作用。硫酸钡是惰性的，不参加电极的氧化还原过程，它高度分散于活性物质中，把铅或硫酸铅机械地隔离开，使之不易进行颗粒间的合并，从而保持电极物质较大的比表面积，提高负极的含量。

加入分散性好的炭黑可以增加负极活性物质的利用率，提高电极的放电容量。更重要的是，炭黑比海绵状铅粉有较低的析氢超电势，因而在充电过程中，氢气聚在碳晶的周围，保持了海绵状铅的多孔性。炭黑对电极的电化学行为没有影响。

与无机膨胀剂相比，有机膨胀剂的作用更明显，即使在低温条件下，这类膨胀剂仍然具有良好性能。人们首先发现了木材在蓄电池中的有利作用，此后又发现了木质素及其衍生物在铅酸蓄电池中的积极作用。至今，科研工作者已筛选出一大批有效的有机膨胀剂，例如腐殖酸、栲胶、合成鞣剂、甲基橙、生物碱等。

一般来说，有机膨胀剂具有以下作用。

① 产生细晶铅。有机膨胀剂一般都含有活性基团，例如—OH、—COOH、—SO₃等。这些基团吸附在负极表面上，影响了负极板活性物质的孔隙率及表面积。负极板活性物质多孔铅由两种类型的结构组成：一部分是基本骨架——铅板，作为机械支持和电流集流体；另一部分由细晶铅组成，细晶铅在放电过程中被消耗掉，在充电过程中又重新生成。加入负极膨胀剂后，它吸附在铅上，提高了阴极极化作用，使 Pb^{2+} 电沉积为细晶结构的铅。同时这些表面活性物质吸附在铅表面，降低了表面张力，从而防止铅颗粒间的合并，保持了表面发达和多孔结构的海绵状铅。

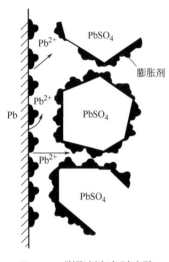

图 4-17 膨胀剂存在时硫酸铅层和铅电极表面模型

② 推迟铅电极的钝化，提高活性物质利用率，提高放电容量。研究表明，膨胀剂的活性基团不仅能吸附在铅电极表面上，也能吸附在生成的硫酸铅的表面上。因为铅上吸附着膨胀剂，硫酸铅晶体的生成继续在吸附层上进行，而不是在铅表面上生成（图 4-17），硫酸铅颗粒间被膨胀剂所隔离，有利于它保持一种多孔、分散的硫酸铅层，从而有利于 Pb^{2+} 和 HSO_4^- 通过硫酸铅层的扩散，这对放电和改善电极容量都是有益的。另一方面，它可抑制硫酸铅层向选择性半透膜转变，所以在放电时膨胀剂起着去钝化作用。

③ 膨胀剂的阻化作用。在充电过程中，氢气析出会减少铅酸蓄电池的寿命。因此，在生产铅酸蓄电池时，为了使电池自放电小，水损耗少，通常加入抑制氢气析出的阻化剂。据报道，膨胀剂对氢气在负极上的析出一般均有一定的阻化作用。有效抑制氢气析出的有机膨胀剂有腐殖酸、木素磺酸盐等。在铅膏中添加 1.5% 的腐殖酸，可使铅自溶速度降低到原来的 1/7；添加 0.5% 木素磺酸盐，可降低到原来的 1/5～1/3。

因此，添加有机膨胀剂能改善负极的循环性能，提高输出电流，在低温条件下提高放电容量。但它对铅酸蓄电池的充电过程有不利的影响。

4.9.4.2 阻化剂

作为膨胀剂加入负极活性物质中的腐殖酸和木素磺酸盐等，在负极中能提高析氢超电势，一般均对氢在铅负极上析出有一定的阻化作用。析氢阻化剂吸附在负极的表面，但主要应优先吸附在析氢超电势低的质点上，如锑、银、铜等，以抑制氢在这些质点上的析出。理想的析氢阻化剂应阻滞氢的析出，而对 $PbSO_4$ 的还原过程及铅的溶解无不利影响。

阻化剂常常是为生产干荷电极板而添加的。因为涂膏后的负极板主要成分为 Pb、$PbSO_4$、PbO 及膨胀剂的混合物，没有电化学活性。经过化成后，这些组分转化为多孔的海绵状铅，具有很高的活性，遇有空气就被氧化。在干燥和组装等工序中，负极板暴露在空气中，由于电极上仅存有一层薄的稀硫酸液膜，极利于氧的扩散，铅氧化过程极为迅速，生成铅的氧化物。当注入 H_2SO_4 后转化为 $PbSO_4$，导致部分铅负极容量的损失，因而必须进行初充电后方可使用。

在铅负极活性物质中加入抗氧化物质后，可以防止铅的氧化过程发生，组装成铅酸蓄电池不必进行初充电，就能给出预定容量，这种蓄电池称为干荷电蓄电池。这种抗氧化物质就是阻化剂。目前生产上采用的阻化剂有松香、α-羟基-β-萘酸（简称 1，2-酸）、硼酸、甘油、木糖醇等。

必须指出，添加膨胀剂和阻化剂，能改善蓄电池的性能，但是负极的充电往往变得更加困难，从而恶化了负极的低温荷电能力。某些膨胀剂的这种影响可以从铅在硫酸溶液中的循环伏安曲线上看出（图 4-18）。图中横坐标表示电势，纵坐标表示电流。横坐标以上为铅阳极氧化时的电流，横坐标以下为硫酸铅的还原电流；上部曲线所包围的面积为铅阳极过程所给出的电量，下部曲线为硫酸铅还原

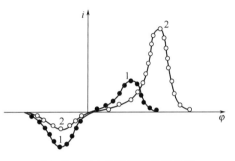

图 4-18　铅电极的循环伏安曲线
1—无膨胀剂；2—有膨胀剂

时的电量。由图看出，添加某些膨胀剂促进了负极活性物质的阳极过程，但阻碍了硫酸铅的阴极还原过程。因此，当膨胀剂和阻化剂联合使用时，要合理选择，以适应不同的生产条件和使用要求，从而达到较理想的结果。

4.9.5　不可逆硫酸盐化及其防止方法

导致蓄电池寿命终止的因素除了正极板栅的腐蚀变形和正极活性物质脱落之外，负极板的硫酸盐化也是一个重要因素。

正常的铅酸蓄电池在放电时形成硫酸铅结晶，充电时能较容易地还原为铅。如果电池的使用和维护不当，经常处于充电不足或过放电的情况下，负极就会逐渐形成一种粗大坚硬的硫酸铅。这种硫酸铅用常规方法充电很难使它转化为活性物质，充电接受能力很差，充电过程中会过早地产生气体，引起电池容量的下降。这种现象称为不可逆硫酸盐化。

目前对极板不可逆硫酸盐化的原因有两种看法。一种看法认为硫酸盐化是由硫酸铅重结晶引起的，硫酸铅重结晶生成大的颗粒后溶解度减小。由于多晶体系总是向减小表面自由能的方向进行，因此重结晶过程会使晶体颗粒变大。而小颗粒的结晶溶解度大于大颗粒晶体的溶解度，当长期充电不足或过放电时，电极上会有大量硫酸铅存在，再加上硫酸浓度和温度的波动，个别的硫酸铅晶体可以依靠附近小晶体的溶解而长大。另一种看法认为不可逆硫酸盐化常常与电解液中存在大量表面活性物质有关，这些表面活性物质作为杂质而存在。当长期充电不足或过放电时，极板上逐渐形成粗大的硫酸铅晶体分布于活性物质表面，使硫酸铅溶解速度下降，导致 Pb^{2+} 还原的极限电流减小，如果它们吸附在铅表面上，则充电时提高了铅析出的超电势，使充电不能正常进行。正极也吸附表面活性物质，但正极充电时进行阳极氧化过程，其电势较正，可使表面活性物质氧化，因而正极不易发生硫酸盐化。

为了防止负极发生不可逆硫酸盐化，必须对蓄电池及时充电和避免过放电。一旦发生了不可逆硫酸盐化，及时处理还可挽救。一般处理方法是：用水或较稀的电解液，在比正常充电电流小一半或更小的电流下进行充电，之后放电，再充电……，如此反复多次，达到应有容量后，重新调整电解液浓度后即可使用。

4.10 隔板和电池槽

4.10.1 隔板

隔板（图 4-19）是铅酸蓄电池的一个重要部件，其主要作用是将正负极板隔开，防止正、负极短路，但又不能使电池欧姆内阻明显增加。因此，隔板应该是多孔质的，允许电解液自由扩散，在电压的作用下其正负离子畅通无阻，便于离子的迁移，并具有较小的电阻。当活性物质有些脱落时，不得通过细孔到达对面极板，即孔径要小，要有高的孔隙率，其间隙的总面积要大。此外，隔板还要求具有耐酸性，耐氧化腐蚀，具有一定的力学强度，以及不会析出对极板有害的物质。

隔板虽然不属于活性物质，但在某些情况下甚至起着决定性的作用。其材料本身为电子绝缘体，而其多孔性使其具有离子导电性。隔板的电阻是隔板的重要性能，它由隔板的厚度、孔隙率、孔的曲折程度决定，对蓄电池高倍率放电的容量和端电压具有重要影响；隔板在硫酸中的稳定性直接影响蓄

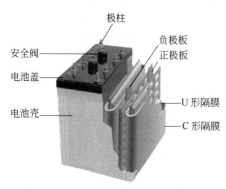

图 4-19 阀控式密封蓄电池中的隔板（膜）

电池的寿命；隔板的弹性可延缓正极活性物质的脱落；隔板孔径大小影响着铅枝晶短路程度。蓄电池近年来有了较多的改进，诸如多元合金、低锑合金的应用，高倍率启动性能的要求，都给隔板的改进提出新的要求，如长寿命、低电阻、有较强的力学强度等，以便于工艺操作。由于隔板对铅酸蓄电池性能多方面的作用，隔板每次性能的提高，都给蓄电池的发展带来了巨大的推动作用。

20 世纪 50 年代启动用蓄电池主要用木隔板，而这种木隔板必须在湿润的条件下使用（因为木隔板干燥后会收缩及弯曲，否则往往容易造成负极板氧化），初充电时间长，也无法用于干荷电蓄电池。尤其是木隔板在硫酸电解液中不耐氧化腐蚀，制约着蓄电池的寿命。

为了提高蓄电池的性能，尤其是寿命，提出木隔板和玻璃丝棉（0.5mm）并用，使蓄电池的寿命成倍地增加，但同时电池的内阻也增加了。这对放电容量及启动放电性能有所影响，但还能满足当时的标准要求。

20 世纪 60 年代中期，出现了微孔橡胶隔板，因其具有较好的耐酸性和耐氧化腐蚀性，较小的内阻（0.003Ω），较理想的孔隙率（58%左右），力学强度较好，易于工艺操作，给蓄电池性能带来了较大的提高。同时也促进了产品结构的改进，缩小了极板中心距离，减小了隔板内阻，使蓄电池启动放电性能和体积比能量有较大的提高。正因为微孔橡胶隔板的优良性能，使它从 20 世纪 70 年代到 90 年代初期在铅酸蓄电池行业中占主导地位。但微孔橡胶隔板也有一些缺点，诸如被电解液浸渍的速度较慢、资源缺乏、制造工艺复杂、成本较高、不易制成较薄的产品等。

在微孔橡胶隔板生产的同时，出现了悬浮法生产的烧结式 PVC 隔板。此种隔板电阻较

橡胶隔板稍大一点，为 $0.0035\sim0.004\Omega$，且有个别孔径较大的现象，造成活性物质的渗透，使电池大电流启动时，会有短路现象发生。针对此情况，又出现了乳液法生产的 PVC 隔板，此种隔板电阻稍小一点，往往在 $0.002\sim0.0025\Omega$ 之间，孔径较小，多在 $25\mu m$ 左右，孔隙率为 $35\%\sim40\%$。乳液法生产的 PVC 隔板，其性能同橡胶隔板相差不大，但由于没有专用于隔板的聚氯乙烯树脂，在 20 世纪 80 年代市场上并不畅销。但在 1993 年，由于微孔橡胶隔板成本提高，形成了 PVC 隔板供不应求的局面。

20 世纪 60 年代出现的纸浆隔板，其电阻同 PVC 相近，孔隙率也较理想，在 65% 左右，孔径多为 $30\mu m$。由于孔径较大，且耐氧化腐蚀性差，易出现活性物质微弱短路的危险，力学强度也较差，因此未能大批量使用。

20 世纪 90 年代研制出的 PP（聚丙烯）隔板，是由熔喷片状聚丙烯无纺布做成的。此种隔板的电阻为 0.0005Ω，孔隙率为 70%，孔径稍大，一般为 $30\mu m$，有的甚至更大些。PP 隔板具有低电阻、价格低、孔隙率高、力学强度较好的特点；但其主要问题是孔径较大，易于造成活性物质渗透而微弱短路，因此推广使用目前尚不普遍。

PE（聚乙烯）隔板具有很低的电阻，约在 0.0007Ω 左右、孔隙率在 63% 以上，孔径极小，且具有较强的耐酸抗氧化腐蚀性，力学强度极好，具有极薄的基底，易于做成袋式隔板，消除底部和侧边的短路。

以超细玻璃纤维为主要原材料的 10-G 隔板，其电阻为 0.0008Ω，孔隙率 85%，孔径大都在 $30\mu m$ 左右，力学强度较差，成本较低。20 世纪 90 年代初阀控式电池已大量投入市场，并有较好的经济效益，这种蓄电池用的就是超细玻璃纤维隔板（AGM）。国产的超细玻璃纤维，其性能基本能满足阀控式电池的需

25kV 0.25k×   40.0μm

图 4-20   SEM 下的 AGM 隔板

要，孔隙率多在 95%，孔径在 $20\mu m$ 左右，电阻在 $0.0001\sim0.0005\Omega$。图 4-20 是 AGM 隔板的扫描电子显微照片（放大倍数：$\times250$）。表 4-11 列出了各种隔板主要性能的测试结果。

表 4-11   各种隔板主要性能测试结果

隔板类型	PVC	橡胶	PP	复合隔板	10-G	PE
厚度/mm（总厚/基底）	1.3/0.4	1.3/0.8	1.3/0.9	1.3	1.3/1.0	1.2/0.3
电阻/Ω	0.0021	0.0025	0.0007	0.0008	0.0005	0.0007
最大孔径/μm	24.80	1.5	32.84	21.57	28.42	微量
孔隙率/%	45.7	59.72	70.27	89.16	88.77	63.67
Fe 含量/%	微量	微量			微量	微量
游出氯含量/%	微量	微量			微量	微量

纵观铅酸蓄电池的发展，隔板是一个非常重要的部件，而每次隔板的改进和提高都对蓄电池性能的发展起了推动作用；反之，隔板的弊端又会制约和束缚蓄电池的性能。蓄电池的干荷电启动性能、低温启动性能、循环耐久能力等都对隔板提出了新的要求，尤其是高倍率启动放电，能满足这个要求的隔板，只能是 PE 隔板及 10-G 隔板。对启动用蓄电池来说，它们是最理想的两种隔板，PE 隔板和 10-G 隔板逐渐为汽车用蓄电池厂家所接受，但 10-G 隔板目前尚有不足，如浸渍用的胶，要保证耐酸抗氧化腐蚀，力学强度还需要提高，应进一步完善。

4.10.2   电池槽及其密封技术

电池槽是铅酸蓄电池的容器。过去移动用蓄电池多为硬橡胶槽，中小容量的固定型蓄电池

多用玻璃槽，大容量的则用铅衬木槽。20 世纪 60 年代以后，塑料工业发展迅速，移动用蓄电池的电池槽逐渐用 PP、PE、PPE 代替，固定型蓄电池的电池槽则用聚苯乙烯（PS）代替。

蓄电池槽及其他零件采用的硬橡胶是硫化橡胶，硫黄含量超过 25％，制造硬橡胶使用的硫黄，通常为粉末状，加入不同种类的填充剂可以改变其性质。一般纯硬橡胶是黑色有弹性的角质物，断口有光泽。20 世纪 60 年代以后，采用合成丁苯橡胶代替天然橡胶，使用较多的煤粉作为填充剂，用液压机硫化成型，可减少胶量，减轻重量，降低成本。目前许多国家除在一部分大型启动用电池中使用以外，硬橡胶槽已很少使用。

塑料槽用注塑机制造，工艺过程简单，成本低，原材料也较丰富，所以发展很快。20 世纪 60 年代开始用塑料电池槽代替硬橡胶槽和玻璃槽。对启动用蓄电池曾使用过 ABS 塑料和聚丙烯（PP）塑料，但由于 PP 耐寒性较差，现在多使用聚丙烯和聚乙烯共聚物（PPE）来改善低温强度。牵引用蓄电池槽多用聚乙烯（PE）电池槽，固定型用聚苯乙烯（PS）代替玻璃槽，制成密封式蓄电池。

使用硬橡胶电池槽的蓄电池，槽壁与盖子的合缝处要很好地密封起来，密封的方法是灌注封口胶。封口胶在蓄电池使用过程中要能耐酸、耐大的温度变化和机械振动。此外，封口胶必须不导电，并具有良好的黏着力，一般硬橡胶槽电池的封口胶用沥青配制。

对三只单体电池使用一个整体槽盖的结构，包括硬橡胶和改性聚苯乙烯树脂的电池槽，一般用环氧树脂或类似的封口剂把电池盖粘到电池槽上。环氧树脂封口剂是由环氧树脂和固化剂配制而成，大约 0.5h 即可硬化。

对于聚丙烯或聚乙烯的电池槽，普遍采用热封法，即不使用封口剂，而是将电池槽顶和盖底边用可控电热器加热，正好加热到塑料软化温度，然后将盖放在电池上，压实后使其冷却。热封好的电池经气密性试验检查是否漏气。

4.10.3　铅酸蓄电池的其他零部件

根据电池类型不同，其零部件也不同，这里介绍一些常见的零部件。

① 极柱。是极群的引出端，它由铅锑合金铸成，其含锑量可低一些。

② 连接条。是为了把各个单体电池串联成电池组而用的金属导体，一般都装在电池盖子的上面，也有装在盖子下面的，可在电池的格板（塑料槽或硬橡胶槽内）上穿孔，用对焊方法把单体电池串联起来，这称为穿壁焊。也有跨过电池中格板的连接条。连接条也用铅锑合金铸成。

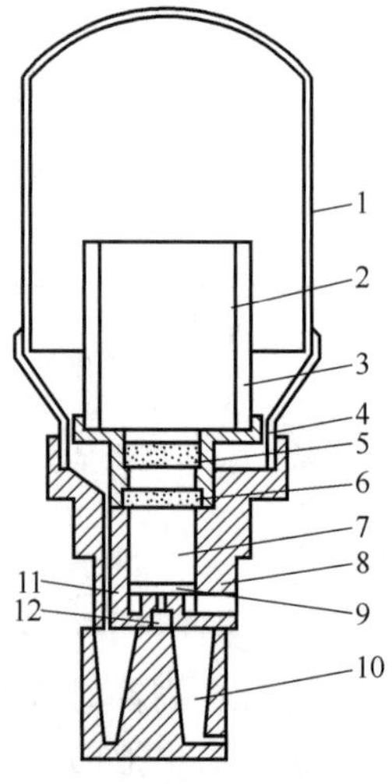

固定型铅酸蓄电池中采用的防酸防爆装置，既可防止充电时出现的酸雾，又可防止因充电析出的 H_2 和 O_2 在电池内发生爆炸。防酸防爆帽是用刚玉材料（Al_2O_3）或聚四氟乙烯塑料加工成一定粒度的粉料，再压制出具有一定孔隙率的圆柱体，多孔质起过滤作用，然后在憎水和憎酸溶液中处理，使孔隙表面形成一层憎水、憎酸薄膜。当电池充电时，被气体带出的酸雾经过曲折的孔隙既不会被带到电池外面，也不会附着在刚玉或聚四氟乙烯上，而是流回到电池中。为了防爆，又在帽内装了一种消氢装置，做成防酸防爆帽，或称为消氢帽，如图 4-21 所示。它采用钯珠（或铂）作为催化剂，使充电时或自放电时析出的氢和氧化合成水。帽中还放一些分子筛，它的功能是增加气体在帽中的接触面，并且吸附一些杂质，

图 4-21　消氢帽

1—外罩；2—钯珠及分子筛；
3—刚玉筒；4—瓷盘；
5—上滤气片；6—下滤
气片；7—滤酸粒；
8—托盘；9—塑料片；
10—回水盆；11—回水管；
12—进气孔

以防止钯（或铂）中毒。

反应生成的水呈气态，可在外罩内壁冷凝后经曲折路径流回电池。气体在帽内之所以要多次过滤，是因为如果接触面小，会有较多的水、杂质吸附在钯表面，减少了氢、氧与钯表面接触的机会，降低了钯的催化作用。一般为了增大钯的表面积，钯的载体要选择好，它应具有较大的表面积、足够的力学强度和良好的憎水性能。试验表明，用天然石墨和人造石墨有较好的效果。

4.11　铅酸蓄电池的生产工艺

尽管铅酸蓄电池品种繁多，用途各异，但所使用的原材料和制造技术大体相近。其生产工艺流程如图 4-22 所示。

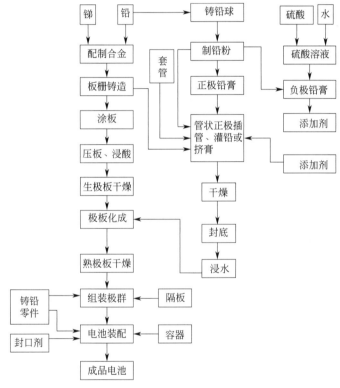

图 4-22　铅酸蓄电池生产工艺流程

4.11.1　板栅铸造

铅酸蓄电池用板栅合金为铅锑（包括多元低锑）和铅钙两大系列，板栅的制造有铸造和拉网两种方式，铸造方法中又分为重力铸造和压力铸造。

目前板栅的制造方法，多以传统的浇铸方法为主。在美、日及欧洲的一些国家也有拉网式板栅生产，但占总产量的比例很小，拉网式板栅只适用铅钙合金。国内铅酸蓄电池板栅的生产，不管采用那种合金系列，多数均用重力铸造，少数大型板栅也有采用压铸的。用铸造方法生产板栅，其生产流程大体相同，如图 4-23 所示。

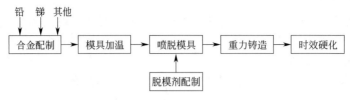

铅　锑　其他

合金配制 → 模具加温 → 喷脱模具 → 重力铸造 → 时效硬化

脱模剂配制

图 4-23　铸造法生产板栅流程

对于免维护铅酸蓄电池所用的板栅合金材料有三种组合方式：

① 正、负极板栅均使用低锑合金；

② 负极板栅为 Pb-Ca-Al 合金或含少量 Sn（质量分数 0.2%），正极使用 Pb-Ca-Al-Sn，但 Sn 含量高于负极（质量分数 > 0.2%）；

③ 负极为 Pb-Ca-Al，正极为多元低锑合金（锑质量分数约在 2.0% ~ 2.5%；甚至为 0.8% ~ 1.6%）。

其中，正极是低锑合金，负极是铅钙合金的混合式发展很快，因为铅钙合金自放电低，低锑合金深放电寿命好，混合式合金板栅兼有两者的优点。

根据产品的要求，配制铅锑合金或铅钙合金，然后进行板栅铸造。在设计产品和模具以及铸造过程中要考虑到金属或合金的流动性和收缩性。

将熔化的合金平稳地、以一定速度注入模具，以便使铸模内的空气能够完全逸出。模具的设计必须留有通气道，以便在浇铸过程中将空腔内的空气赶出，避免其滞留在铸件表面形成气孔等缺陷。

浇铸时必须很好地掌握合金的温度，才能获得良好的铸件。冷却速度的控制主要通过选择控制液态合金的温度（$T_\text{熔}$）和模具温度（$T_\text{模}$）。一般来讲，冷却速度对合金组织影响很大，控制一定的冷却速度能提高晶核生成速度和晶核成长速度，就可得到晶粒较细、组织致密的合金。对一定的 $T_\text{模}$ 来讲，选择的 $T_\text{熔}$ 越高，液态合金冷却越慢，凝固时合金中就会形成颗粒粗大的结晶，使晶间夹层厚，结构疏松，甚至出现裂纹，易于腐蚀。同时，$T_\text{熔}$ 越高，造成的金属氧化损失和挥发损失也多，合金的氧化会使成分发生变化。如果选择 $T_\text{熔}$ 过低，容易出现过早冷却，造成铸不满型。因此，模温既要根据合金熔化温度和冷却速度的要求，也要根据板栅的形状、厚度及大小来确定，$T_\text{模}$ 一般控制在 130 ~ 180℃。

为使铅和铅-锑合金更好地浇铸满铸模，并使铸件易于从模具中脱离，铸造前要在铸模表面涂上脱模剂。脱模剂的配方及使用也是保证板栅质量的重要措施。脱模剂的作用不仅仅是使铸件易于从模具中脱出，还有调节散热速度和合金冷却速度的作用。用喷涂厚度不等的脱模剂来达到均匀的散热速度。此外在合金铸造过程中还需加入少量成核剂，以获得耐腐蚀性能好的细晶粒合金而又不使板栅出现孔裂纹。

铸造板栅使用的脱模剂种类很多，如滑石粉、乙炔烟及各种悬浮液，目前国内大多数蓄电池厂采用软木粉悬浮液。在模具内腔喷涂软木粉悬浮液，可以使内腔形成一层均匀牢固的绝热覆盖层，防止浇铸板栅出现裂纹和收缩。特别是薄型和大型板栅，在浇铸前还需在上述覆盖层再熏一层乙炔不完全燃烧形成的烟黑。

刚刚铸好的板栅较软，易变形，不适合立即进行铅膏的填涂，必须经过一定时间的存放。这是因为任何固溶体，其溶解度可以随温度或其他条件而发生变化。当它从单相区转向两相区时，会析出另外一相，另一相形成和长大的过程称为固溶体的脱溶过程。对于铅锑合金板栅，铸造好的合金板栅在适当温度下，经过一定时间会发生固溶体的脱溶，使合金内部晶体结构趋于稳定，逐渐变硬，称为时效硬化过程。在这个过程中合金的硬度随时间发生变化，其变化曲线称为时效硬化曲线，在该曲线上经常出现硬度的最大值。但放置时间过久，内部结构会存在不均匀的应力，板栅强度反而下降，出现板栅变脆的现象。

4.11.2 生极板的制造

在化成之前的极板称为生极板。生极板由水、硫酸、铅粉以及添加剂混合制成铅膏填涂在板栅上，又经浸酸、固化和干燥而成。在生产中，正负极板分别在两条生产线上进行，必须严格防止负极活性物质混入正极活性物质中，否则蓄电池使用寿命会严重缩短。其生产流程如图 4-24 所示。

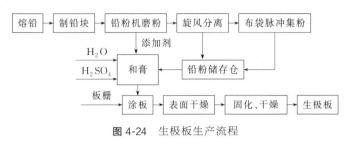

图 4-24　生极板生产流程

4.11.2.1 铅粉

铅粉是制造铅酸蓄电池极板的活性物质，是表面层覆盖有一层 PbO 的金属铅的粉状物。铅粉的制造方法有两种：一是球磨法，即将铅球或铅块装入滚筒内，磨成铅粉；二是气相氧化法，即将铅熔化后用喷雾方法制成。

① 球磨法。球磨法生产铅粉的设备有筛式和岛津式。筛式机械设备结构简单，铅粉颗粒粗，生产能力低，筛网易坏，维修量大，故大多数国家已不采用。岛津式铅粉机制造铅粉，首先是把合乎纯度的铅铸造成一定尺寸的圆柱形或球形，送至滚筒内研磨。滚筒内不装其他研磨体，仅靠铅球自身撞击摩擦而产生铅粉。在铅粉机旋转时，铅球由于受离心力作用，紧贴筒壁的铅球就与滚筒一起旋转，当带到一定高度后，铅球又借助自身的重力作用而落下，撞击筒体中的其他铅球。另外，筒体中的铅球随着滚筒的旋转而产生滑动位移，造成铅球间相互摩擦。由摩擦产生热量使筒体温度升高，在一定温度的空气流作用下铅球表面被氧化，生成一氧化铅，这是一个放热反应，即

$$2Pb+O_2 \longrightarrow 2PbO+217.7kJ \cdot mol^{-1} \tag{4-52}$$

氧化产生的热量使筒内温度更高。由于铅球表面同时遭受撞击和变形位移，氧化的部分与铅球整体之间发生裂缝，随着裂缝的逐步深入，变形位移的结晶层就从球体上脱落下来，形成外层被氧化铅包围的金属铅小颗粒，即通常的铅粉。

在岛津式铅粉机滚筒中心有一个进风管道，送风机将空气均匀地吹到筒内，把铅粉从滚筒中吹出。在系统后面装有抽风机，从滚筒中抽出的铅粉与空气，经过旋风分离器分离出铅粉。为防止铅尘，滚筒要在负压下操作。

岛津式铅粉机通过控制铅球数量、筒体里的温度、湿度和鼓风量，来得到性能稳定的铅粉。此法生产铅粉，操作、维护简便，铅粉质量均匀，铅粉颗粒呈扁平状，比球状铅粉颗粒的吸酸、吸水性能强，其结构主要是四方晶型的 PbO（淡红色）。

② 气相氧化法。气相氧化法制造铅粉，是在熔铅锅中把合乎纯度的铅熔融，然后用气动泵把熔融态铅液送入反应室（巴顿釜），利用叶轮的高速旋转，使铅液与空气充分接触，铅滴表面氧化，同时叶轮将铅滴表面的氧化层打掉，一层一层氧化、打碎，生成氧化度高达70%的铅粉，其结构主要是正交晶型的 PbO（黄色）。打碎下来的颗粒粉末由空气吹至铅粉收集器中，分离出来大的颗粒又被送回反应室，其余送入旋风分离器，通过螺旋送粉器送至

和膏。

气相氧化法制造铅粉的设备称巴顿（Barton）式铅粉机，目前国内尚不能制造此类型铅粉机，从美国引进的林克莱特（Linklater）型巴顿铅粉机已有数台在运转使用。

在生产过程中，进料量固定的条件下，要控制温度、空气流量和反应时间。对温度的要求比较严格，因为温度既决定铅粉的物相组成，又决定铅粉的产量。熔铅温度影响氧化速度，氧化室温度在488℃以下形成四面体晶型的氧化铅，488℃以上形成菱形氧化铅，前者性能良好，因此温度要低于488℃。用空气流量来控制反应时间，即铅滴在空气中暴露达到被氧化所需要的时间。

气相氧化法生产的产品性能稳定，铅粉在微观状态下的晶体为球状颗粒，系统设备灵活，成本低，易操作，所生产的铅粉视密度、氧化度等指标可稳定控制在理想状态。目前美国大多数工厂采用巴顿式铅粉机。

铅粉对铅膏以及极板性能影响很大，其特性主要有氧化度、视密度、吸水率、筛析和吸酸度等。氧化度指铅粉中氧化铅所占的百分数，氧化度高的用于正极板，氧化度低的用于负极板，氧化度高的铅粉可以提高蓄电池初期容量和活性物质利用率，以及蓄电池的使用期限。视密度是指单位体积堆积铅粉的质量，与铅粉颗粒大小和氧化度有密切关系，一般氧化度越高，视密度越低，视密度控制在 $1.5 \sim 1.8\text{g} \cdot \text{cm}^{-3}$。一般铅粉的吸水率约为 $95 \sim 100\text{mL} \cdot \text{kg}^{-1}$，铅粉通过100目筛达93%，不通过42目者小于3%，通过300目者大于55%。

4.11.2.2 铅膏

目前实际应用的铅膏有黏型铅膏、砂型铅膏和其他型如水膏等，我国主要应用黏型铅膏，其特点是黏性大，适用于链式涂板机。砂型在国外应用较广，适用于带式涂板机。

铅膏配方、和膏的工艺条件和生极板的固化条件，对生极板的相组成有重要影响，对电池的容量、寿命性能也起重要作用，通常根据电池的用途、性能要求来决定铅膏的配方。

水、硫酸和铅粉混合成铅膏，铅膏中的主要成分是 $3PbO \cdot PbSO_4 \cdot H_2O$、游离的 PbO、少量未被氧化的 Pb 和 H_2O。一般和膏温度要控制在 $35 \sim 40$℃，铅膏质量主要用铅膏密度来控制。铅膏密度过大，使极板孔隙率过低，影响硫酸的扩散而使活性物质利用率下降，而且极板坚硬结实，在使用中会因活性物质膨胀而使极板翘曲变形，缩短蓄电池的使用寿命；铅膏密度低，则活性物质利用率高，但极板松软，循环过程中活性物质容易脱落。一般正极铅膏的视密度约为 $3.97 \sim 4.03\text{kg} \cdot \text{L}^{-1}$，负极板用的铅膏视密度约为 $4.27 \sim 4.39\text{kg} \cdot \text{L}^{-1}$。

对于涂膏式极板，把铅膏涂在板栅上，称为涂板或涂填，通常在涂板机上进行。对于管式极板，则把铅粉灌到套管中，或把铅膏挤到套管中，淋板后，压实，使铅膏与板栅紧密接触，具有一定强度。

涂膏后极板的浸酸处理目的是防止极板出现裂纹。因为铅膏是胶体多毛细管系统，在干燥过程中会收缩而产生裂纹，经淋酸处理，使表面生成一薄层硫酸铅。硫酸的强酸性使胶体物质凝聚，胶凝过程中，胶体形成网状结构，水分散在网状结构孔隙中，在以后的干燥过程中，水分可以蒸发而不破坏网状结构，也就不会产生裂纹。对于砂型膏涂板，不必经过淋酸或浸酸工序。

淋酸后的生极板要进行固化、干燥，这是一个蒸发水分的传质过程，在失水的同时不能破坏胶体网状结构，还要完成金属铅的氧化和碱式硫酸铅的结晶。固化过程中，生极板中铅继续氧化，含铅量进一步降低，因为铅含量过高的生极板在化成或充放循环中活性物质会开裂、松散甚至脱落，一般情况下，生正极板含金属铅应<2.5%，生负极板含金属铅应

<5%。固化使板栅表面生成氧化铅，增强板栅筋条与活性物质的结合力。经过固化的极板具有良好的力学强度和电性能，即具有良好的容量和寿命。

固化干燥的条件主要应控制温度和湿度，它们决定固化产物和固化速度。固化好的极板孔隙率在 $40\%\sim60\%$ 之间，极板固化干燥后要进行化成。

4.11.3　极板的化成

固化干燥好的极板主要成分是 PbO、$3PbO \cdot PbSO_4 \cdot H_2O$、$4PbO \cdot PbSO_4$、$PbSO_4$、$PbO \cdot PbSO_4$、Pb 等物质。正极不含有可以放电的活性物质 PbO_2，负极少量的 Pb 也不能放电。在稀硫酸电解液中，把正极板与直流电源的正极相接，负极板与直流电源的负极相接，用电化学的方法使正极板上的活性物质发生阳极氧化，生成 PbO_2，同时在负极板上发生阴极还原，生成海绵状铅。这种用直流电电解的方法形成铅酸蓄电池活性物质的过程，称极板的化成。

化成方式主要有两种。一种为槽式化成，即将极板放在专门的化成槽中，多片正、负极相间地连接起来，与直流电源相接，灌入电解液通电；另一种为电池化成，即不需要专门的化成槽，而是用生极板装配成极群组，放在电池壳体中装成电池组后，灌满电解液再通直流电化成。电池化成避免了生极板在化成槽中化成时析出气体携带酸雾造成的污染，并减少了化成后的洗涤干燥等工序，其优越性是明显的。

4.11.3.1　化成时的反应

化成过程中，极板上进行着化学反应和电化学反应。

铅膏主要成分中的氧化铅和碱式硫酸铅都是碱性氧化物，将极板放在硫酸溶液中之后，会与电解液发生化学反应。首先进行水化作用，生成 Pb^{2+} 和 OH^-，然后 Pb^{2+} 与 HSO_4^- 进一步反应生成 $PbSO_4$

$$PbO + H_2O \Longrightarrow 2OH^- + Pb^{2+} \tag{4-53}$$

$$PbO \cdot PbSO_4 + H_2O \Longrightarrow PbSO_4 + Pb^{2+} + 2OH^- \tag{4-54}$$

$$3PbO \cdot PbSO_4 \cdot H_2O + 2H_2O \Longrightarrow PbSO_4 + 3Pb^{2+} + 6OH^- \tag{4-55}$$

$$Pb^{2+} + HSO_4^- \Longrightarrow PbSO_4 + H^+ \tag{4-56}$$

$$H^+ + OH^- \Longrightarrow H_2O \tag{4-57}$$

上述反应的总结果可以写成

$$PbO + H_2SO_4 \Longrightarrow PbSO_4 + H_2O \tag{4-58}$$

$$PbO \cdot PbSO_4 + H_2SO_4 \Longrightarrow 2PbSO_4 + H_2O \tag{4-59}$$

$$3PbO \cdot PbSO_4 \cdot H_2O + 3H_2SO_4 \Longrightarrow 4PbSO_4 + 4H_2O \tag{4-60}$$

从上述反应看出，化学反应的总结果是消耗 H_2SO_4 生成了 H_2O，使化成电解液浓度降低。化学反应从极板与电解液接触时开始，可以持续 $6\sim7h$，时间长短取决于 H_2SO_4 的浓度和温度。随着反应物的消耗，化学反应的速度逐渐减慢，与此同时，正、负极上还分别进行电化学氧化还原反应。

负极进行的电化学反应是

$$3PbO \cdot PbSO_4 \cdot H_2O + 6H^+ + 8e^- \Longrightarrow 4Pb + SO_4^{2-} + 4H_2O \tag{4-61}$$

$$PbO \cdot PbSO_4 + 2H^+ + 4e^- \Longrightarrow 2Pb + SO_4^{2-} + H_2O \tag{4-62}$$

$$PbO + 2H^+ + 2e^- \Longrightarrow Pb + H_2O \tag{4-63}$$

随着各种碱式硫酸铅及氧化铅的还原反应的进行，反应物不断减少，使得 $PbSO_4$ 开始还原

$$PbSO_4 + 2e^- \Longrightarrow Pb + SO_4^{2-} \tag{4-64}$$

通电后负极上进行电化学还原的反应物主要是硫酸铅,随着通电时间的延续,硫酸铅量下降,极化增大,负极电极电势进一步变负,在负极板上将有氢气析出:

$$2H^+ + 2e^- \rightleftharpoons H_2\uparrow \qquad (4-65)$$

到化成的后期,极板上的硫酸铅并未完全转化成活性物质,而大部分电量都将消耗在水的分解,即氢气和氧气的析出上,此时化成效率就很低了。

正极板在化成初期进行的电化学反应如下

$$3PbO\cdot PbSO_4\cdot H_2O + 4H_2O - 8e^- \rightleftharpoons 4PbO_2 + 10H^+ + SO_4^{2-} \qquad (4-66)$$

$$PbO\cdot PbSO_4 + 3H_2O - 4e^- \rightleftharpoons 2PbO_2 + 6H^+ + SO_4^{2-} \qquad (4-67)$$

$$PbO + H_2O - 2e^- \rightleftharpoons PbO_2 + 2H^+ \qquad (4-68)$$

在化成前期,各种碱式硫酸铅的氧化反应在碱性、中性或弱酸性介质中进行,故生成的主要是 $\alpha\text{-}PbO_2$。随着电化学反应和化学反应的进行,氧化铅和碱式硫酸铅不断减少,硫酸铅不断增加,pH 值逐渐下降,使得 $PbSO_4$ 开始氧化

$$PbSO_4 + 2H_2O - 2e^- \rightleftharpoons PbO_2 + 4H^+ + SO_4^{2-} \qquad (4-69)$$

化成后期,主要是硫酸铅在酸性介质中氧化,生成 $\beta\text{-}PbO_2$。在活性物质转化的同时,正极板上还进行析氧反应

$$H_2O - 2e^- \rightleftharpoons \frac{1}{2}O_2 + 2H^+ \qquad (4-70)$$

特别是化成中后期,极化增大,使正极电极电势变得更正,析氧将更加剧烈。

在整个化成过程中,电解槽中的电解液 H_2SO_4 浓度在不断变化。在化成开始时,由于铅膏和硫酸的化学反应,消耗了 H_2SO_4 且生成水,使 H_2SO_4 浓度降低。通电后,电化学反应有 H_2SO_4 生成和水的消耗,化成电解液浓度增加。在经 7~8h 化成后化学反应趋于全部完成, H_2SO_4 浓度就随时间增加而增加;在化成终止时, H_2SO_4 浓度高于化成前 H_2SO_4 的初始浓度。

正负极在化成过程中,活性物质 PbO_2 和铅膏的增长状态的剖面如图 4-25 所示。

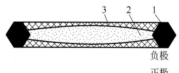

图 4-25　化成中活性物质和
铅膏的增长状态的剖面
1—筋条;2—铅膏;3—活性物质

在正极板处,由铅膏各种组分转化为 PbO_2 从板栅筋条处开始,由极板内部向外扩展。因为内部电阻最小,形成 PbO_2 后更有利于电流通过。PbO_2 一方面向板栅的两个筋条之间的活性物质处扩展,另一方面沿着极板厚度方向向极板表面扩展。因为极板表面硫酸铅结晶颗粒较粗大,转化成 PbO_2 较困难,所以扩展到极板表面时速度减慢。最后完成化成的是两筋条间的极板表面。在化成开始 7~8h 内,反应主要在极板内部,生成 $\alpha\text{-}PbO_2$,最后在极板表面化成的结果是 $PbSO_4$ 转化成 $\beta\text{-}PbO_2$。

负极板化成也是从板栅筋条开始的,但它迅速地沿着极板厚度方向直达极板表面,又迅速沿极板表面扩展。盖住表面后才向铅膏内部进行,结果极板内部最后转化为铅。

4.11.3.2　化成的工艺条件及后处理

(1) 化成电解液的浓度和纯度　化成电解液是硫酸水溶液,采用的浓度过高容易在极板表面生成较厚而紧密的 $PbSO_4$ 盐层,阻碍电解液向极板内部孔隙扩散,造成极板里层化成不透,另外也会促使极板析气增加,降低电流效率,电能消耗增加。浓度太低,内阻增大,极板内部活性物质的转化不完全。在确定电解液浓度时,应考虑极板的厚度及类型。一般化成用的硫酸水溶液的密度应在 1.03~1.15g·cm⁻³ 之间,极板厚度小于 3mm 时可用 1.03~

$1.06g \cdot cm^{-3}$ 的硫酸溶液，超过 3mm 时可以用 $1.10\sim1.15g \cdot cm^{-3}$ 的硫酸溶液。

化成电解液 H_2SO_4 的纯度要求与注入蓄电池中的硫酸一样，电解液中的任何杂质都会带到电池中去，引起电池的自放电或板栅的腐蚀。要求电解液中铁、锰、氯杂质含量要低，电解液中含 1.01% 的铁就会使正极板表面呈浅褐色，活性物质变得又脆又硬，锰、氯易于氧化还原，引起极板的自放电。

(2) 化成电解槽的温度　化成时，铅膏中的氧化铅及碱式硫酸铅与硫酸发生中和反应要放出一定的热量；同时，化成时因内阻形成焦耳热，这两部分热量使槽温升高。温度过高或过低都会给极板的化成带来不好的影响。实践证明，化成时槽温控制在 $15\sim30℃$ 之间最好，电解液温度低于 5℃ 时，负极板发生脱落，正极板发生剥皮现象。电解液温度超过 45℃ 时，析气加剧，板栅与活性物质间、活性物质之间结合力降低。

(3) 化成的电流密度　电流密度是影响极板化成质量的一个重要因素。化成电流密度小时能保证极板深处粉料化成得透些，生成的活性物质均匀一致并结合牢固，但化成延续时间长，生产效率低。化成电流密度过大时，电化学反应过快，造成极化加大，气体析出加剧，铅膏转变为活性物质不彻底，使得电流效率低。电流密度通常为 $2\sim10mA \cdot cm^{-2}$，要保证极板化成完全，生产上经常采用分段化成，即在化成开始采用较大电流密度，经一定时间后改为较小电流，这既可以保证活性物质充分转化又能减少气体析出的副反应。

化成工序一般是根据不同类型的极板，选用合适的化成工艺条件，在专门的化成槽中进行化成。在化成末期进行 $10\sim30min$ 的短时间放电，称为保护性放电，使极板的表面形成一薄层的硫酸铅，它可以增强正极板活性物质的强度，减少在下步装配工序中活性物质的脱落，还能减少负极活性物质与空气接触时的氧化。至此化成完毕。

将极板从化成槽中取出，用水清洗去掉 H_2SO_4，再进行干燥，称为二次干燥。正极 PbO_2 在空气中比较稳定，干燥条件要求不十分严格。而负极板由于含水，在空气中会快速被氧化，应放在与正极板分开的干燥窑内用冷风吹干。化成干燥好的极板称为熟极板。在正极板中大约含 80% 以上的 PbO_2，其余为 $PbSO_4$，负极板约含 90% 的海绵状铅。

化成过程对于蓄电池质量，特别是干荷电极板的初容量具有重要影响，需严格控制化成工艺条件，以保证极板活性物质的充分形成，并使极板具有足够的力学强度，同时尽量节约电能。

4.11.3.3　干荷电极板

用化成好的正、负极板组装成电池，注入 H_2SO_4 电解液后，不能立即使用，必须经过长时间的初充电才能工作。这是因为熟负极板在干燥过程中，海绵状金属铅在空气中被氧化生成氧化铅而导致容量下降。而干荷电蓄电池注入电解液后，不必进行初充电，电池就能输出大部分能量。干荷电蓄电池的生产，关键在于防止第二次干燥、装配和存放期间负极海绵状金属铅的氧化。为此，干荷电蓄电池生产要求较严格。正极板与普通蓄电池的正极板工艺过程相同，但要求第二次干燥的程度更高。而负极板要有憎水性和抗氧化性，需在特殊条件下干燥，以减少海绵状金属铅被氧化。干燥后的负极板中氧化铅含量要求低于 10%。

为防止铅负极的氧化，可在铅负极中加入憎水性物质，使负极不吸水受潮，同时加入抗氧化物质，减小铅的氧化速度。防止经过水洗的化成负极板氧化有下列方法。

① 配方法。在负极铅膏中加入少量抗氧化剂，如松香、羊毛脂、α-羟基-β-萘酸（简称 1,2-酸）等，它们也具有较好的憎水性。由于 1,2-酸是有机物，具有表面活性物质的作用，可以吸附在铅电极表面，提高氧还原的超电势，使氧还原过程受阻，从而减小铅的氧化速度。

② 浸渍法。化成后经洗涤再浸渍于含有阻氧剂的溶液中，使其表面形成一层保护膜。这层保护膜把金属与空气机械地隔离开，可以有效地阻滞氧的溶解或溶解氧的扩散，减轻铅的氧化。在生产中可以采用浸渍硼酸、甘油、木糖醇水溶液等方法。

③ 特殊干燥法。化成后的负极板在与氧气隔绝的特殊干燥窑内进行干燥。外部加热，内部通以惰性气体（N_2、CO_2 等）或真空干燥。这种方法工艺稳定、质量好；但设备复杂，耗能大。

4.11.4　铅酸蓄电池的组装

铅酸蓄电池生产的最后一道工序是组装电池，它是把化成后第二次干燥好的极板、隔板、电池槽和其他零部件按电池结构要求组装成电池，组装工序是在流水生产线上完成的。

首先把相同极板并联起来，焊在一个具有相同距离的汇流排上，汇流排再与极柱相连接。把不同极性的极板对插起来，组成极群组，在正负极板之间放入隔板，目的是防止正负极板短路。隔板尺寸略大于极板，以免极板边缘处发生短路。

将插好隔板的极群组按极性顺序装入电池槽内，加上盖，在盖子与槽体之间用封口胶封好。采用硬橡胶槽可用专门配制的封口胶，封口胶由沥青、机油、再生胶配成，其配方各厂不完全一致，如果用塑料槽，则可以热封。封口后，再对电池进行连接，即焊连接条，大多数厂家采用穿壁焊接方式。

装配好后检查极性和气密性，然后包装出厂。

4.12　铅酸蓄电池的性能

4.12.1　电池的内阻

铅酸蓄电池的内阻较小，特别是在小电流放电时，电压降 $IR_内$ 和 $IR_外$ 相比可以忽略不计。但固定型蓄电池用于短时间冲击电流放电时，对线路上总的电压降有一定要求，这时电池的内阻也起着重要的作用。

电池的内阻是指电流通过电池所受到的阻力，电池内阻有两种含义：一种是指纯欧姆电阻，由这部分电阻引起的电压降遵循欧姆定律；另一种指全内阻，包括欧姆电阻和电化学反应中电极极化电阻，对于极化电阻，不遵循欧姆定律。由于内阻的存在，电池的工作电压总是小于电动势或开路电压。因为放电过程中，活性物质的组成、电解液浓度和温度都在不断地改变，所以电池的内阻不是常数，随时间而不断变化。

电池的欧姆电阻包括电解液、电极材料（活性物质和板栅）、隔板等的电阻，还包括连接部分的接触电阻。

硫酸电解液的欧姆电阻主要与电解液的组成、浓度和温度有关。电解液浓度应选择电导率最高的范围，还必须考虑电解液浓度对电极极化、自放电、电池容量和使用寿命的影响，从而选择最佳浓度范围。硫酸溶液浓度为 30％～35％范围内具有最高电导率，因为硫酸是参与铅酸蓄电池成流反应的物质，实际使用的浓度是 36％～40％。

放电中形成的硫酸铅是不良导体，增加了极板的电阻，在铅酸蓄电池放电开始后其内阻缓慢增加；接近放电终期时，则急剧增加，其值达到放电开始时的 2～3 倍。

电池隔板电阻也是组成电池欧姆内阻的一部分。隔板材料是绝缘体，所谓隔板电阻指的不是隔板本身材料的电阻。隔板的微孔结构中充满电解液，电解液的离子通过孔隙的迁移而导电，隔板的电阻实际上表征着隔板的孔隙率、孔径和孔的曲折程度对离子迁移产生的阻力，也就是电流通过隔板时微孔中电解液的电阻。在铅酸蓄电池中，目前采用的隔板有微孔橡胶隔板、微孔塑料隔板和玻璃纤维隔板等，其中的微孔橡胶隔板电阻较高些。

铅酸蓄电池中活性物质为粉状，具有很大的比表面积。当电池以小电流放电时，极板的真实电流密度很小，极化也就很小，即电池的极化电阻很小。只有当大电流放电或低温状态时，放电负极发生钝化，或发生不可逆硫酸盐化时，极化电阻才具有较大的数值，影响电池的放电容量。

铅酸蓄电池内阻的测定是比较困难的，因为其阻值较低，要求测量仪器具有高灵敏度和较强的抗干扰能力。蓄电池内阻的测量可以根据交流电桥测试原理，利用四线制平衡连接和恒流信号源技术来保证测量的实验精度。

4.12.2 充放电特性

通常，以恒流对蓄电池进行充放电时，都是用曲线来表示电池的端电压、电解液的密度以及电解液的温度随时间的变化，我们把这样一些曲线，称为电池的特性曲线。它可以表示电池的各种特性，一般因电池和极板种类的不同而略有差异。

在充放电过程中，电池端电压的变化可表示如下

充电时 $$U = E + \Delta\varphi_+ + \Delta\varphi_- + IR \tag{4-71}$$

放电时 $$U = E - \Delta\varphi_+ - \Delta\varphi_- - IR \tag{4-72}$$

式中 U——充放电时电池的端电压，V；

    $\Delta\varphi_+$——正极板的超电势，V；

    $\Delta\varphi_-$——负极板的超电势，V；

    I——充放电电流，A；

    R——电池的内阻，Ω。

在充放电过程中，由于活性物质组成变化和活性物质表面硫酸浓度变化引起浓差极化，电池内阻也发生变化，所以铅酸蓄电池充放电曲线形状显得比较复杂。电池充放电特性曲线直接反映了电池的性能，充放电时电池的电压变化曲线如图 4-26 所示。

(1) **放电时电压变化** 最初活性物质微孔中的硫酸浓度 m 与极板外部主体硫酸浓度 m_0 相等，电池的端电压（开路电压）与此硫酸浓度相对应。放电一开始，活性物质表面处的硫酸被消耗，浓度下降，而硫酸由溶液主体向表面的扩散过程缓慢，不能及时补偿所消耗的硫酸，故活性物质表面的硫酸浓度继续下降，活性物质表面处硫酸的浓度决定电极电势的数值，所以开始电压

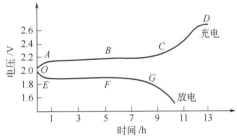

图 4-26 铅酸蓄电池充放电时电压变化

下降较快（OE 段）。随着活性物质表面硫酸浓度 m 的降低，加大了与主体硫酸浓度 m_0 的差别，促进了向表面的扩散过程，于是活性物质表面及微孔内的硫酸得到补充，活性物质表面处的硫酸浓度较稳定，从而端电压也较稳定。由于硫酸的消耗，整体硫酸浓度降低，活性物质表面的硫酸浓度也缓慢下降，故 E 点后电压缓慢下降（EFG 段）。在此期间，正、负极活性物质逐渐转变为硫酸铅，随着放电反应的进行，硫酸铅逐渐向活性物质深处扩散，硫酸铅的生成使活性物质孔隙率降低，硫酸从极板外部向活性物质微孔内部的扩散越来越困难。酸浓度的降低，使电池电动势降低；同时，由于活性物质的不断消耗，反应面积减小，从而极化不断增大，生成物 $PbSO_4$ 的导电性很差，导致电池内阻不断增加，故超过 F 点后在 1.8V 附近（G 点）电压又急剧下降。

(2) **充电时电压变化** 在充电开始时，由于 $PbSO_4$ 转化为 PbO_2 和 Pb，相应有硫酸生

成，因而活性物质表面硫酸浓度迅速增大，因此端电压沿着 OA 急剧上升。当达到 A 点后，由于扩散使活性物质表面及微孔内硫酸浓度不再急剧上升，端电压也就上升缓慢（ABC 段）。随着充电的进行，逐渐接近于电化学反应的终点，即充电曲线的 C 点。当极板上所存硫酸铅不多，通过硫酸铅的溶解，提供电化学氧化和还原所需的 Pb^{2+} 极度缺乏时，电化学反应的极化增大，引起正极的电极电势变得很正，使得氧气大量析出。负极的电极电势变得很负，达到析出氢的电势，结果充电的电池端电压迅速升高，大量气体析出，进行水的电解过程。表现为充电曲线的 CD 段电压急剧上升，D 点电压约为 2.6V。

由于发生水电解的副反应，在负极上要析出氢气。氢在铅上具有很高的超电势，因此充电过程中主要进行 Pb^{2+} 的还原，只有到充电后期才发生析氢过程。如果负极上含有析氢超电势较低的杂质时，会使析氢过程加速，充电效率降低。如正极板栅采用铅锑合金时，锑逐渐积累在负极活性物质上，锑上析氢超电势低，所以负极上的析氢量和析氢速度是随正极板栅合金锑含量的增加和循环次数的增加而增加。

在充电过程中，由于发生水的电解副反应，使电流不能 100% 被利用，一般充电电量为放电电量的 120%～140%，同时使电池电液量下降，且氢气和氧气析出带出酸雾，因而电池必须经常加水维护。

因为正极侧充放电时有水的产生和消耗，其扩散缓慢，使得活性物质的表面硫酸浓度变化幅度较大，一般正极板比负极板的电极电势变化大。通常在组装电池时，隔板带沟槽的一面朝向正极板，使电解液储量多，浓度变化慢些，防止正极电势过早地下降。

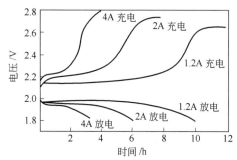

图 4-27　充放电电流与电压的关系

(3) 充放电电流对端电压的影响　以不同电流进行充电或放电时，电池的端电压随时间的变化如图 4-27。

如以大电流充电，则单位时间内生成的硫酸和消耗的水量较多，电压上升较快，最终达到较高的电压值。充电终期能保持较高电压是因为电流增大，两极极化增加及克服内阻的电压降所致。一般用较大电流充电可以加快充电过程，但能量浪费加大，充电终期大部分能量用于产生焦耳热和分解水，硫酸铅不能充分转化为活性物质，所以一般在充电终期要减小电流充电。

大电流放电时，由于硫酸浓度变化大和内阻造成的电压降，放电开始后电压下降明显，曲线的平缓部分短，倾斜较大。急放电时电压倾斜度较大，主要是电解液的扩散不能补充放电的消耗，引起较大的极化所致。放电终期，由于活性物质的消耗，有效作用面积减小，孔隙率下降，电化学极化增加，造成终期电压低。

(4) 温度对特性曲线的影响　电池在不同温度下放电时，其特性曲线也有变化。电解液温度越低，则放电时平均电压也低，而充电电压高；反之电解液温度越高，则放电平均电压也高，而充电电压低。图 4-28 为不同温度下的放电特性曲线。蓄电池在低温放电时电压低，由于硫酸的黏度增加，流动性差，扩散缓慢，两极极化增加，电池内阻也增加。负极性能恶化可能成为限制容量和电池电压下降的主要原因。图 4-29 表示在 25℃ 下充电后，电池在不同平衡温度下放电，环境温度与放电容量的关系。从图中可以看出，应避免温度在 −15℃ 以下或 45℃ 以上使用，以免影响电池的性能。

4.12.3　电池的容量

铅酸蓄电池的容量，是把完全处于充电状态的铅酸蓄电池，按一定的放电条件，放电到

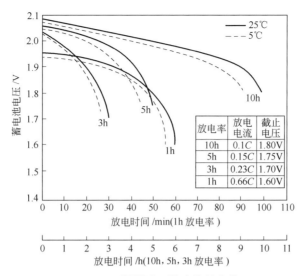

图 4-28 不同温度下放电特性曲线

所规定的终止电压时，所能提供的电量，用安·时（A·h）或瓦·时（W·h）表示。A·h 为电池输出的电量的单位，W·h 为其做功能力的能量的单位，W·h 容量可以用 A·h 容量乘以放电平均电压获得。容量＝单格正极板片数×单片极板的容量。

在活性物质总量不变的条件下，电池容量随放电电流增大而降低。因此，在涉及电池容量时，必须指明放电率。放电率有小时率和电流率两种表示方法。

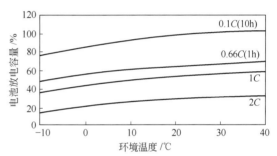

图 4-29 环境温度对放电容量的影响

小时率（时间率）是以一定的电流放完额定容量所需的时间来表示。对于不同的蓄电池分别有其规定的标准放电率。例如，对于汽车用蓄电池，一般用 20 小时率容量；固定型或摩托车用蓄电池用 10 小时率容量；牵引型（动力型）用 5 小时率容量。对于 6-QA-120 型号铅酸蓄电池，即 6 个单体串联的 12V 启动电池，电池容量为 20 小时率，意味着该电池以 $120A·h/20h$ 的电流（6A）放电，能延续 20h 者合格，达不到者不合格。

铅酸蓄电池的实际容量与放电制度（放电率、温度、终止电压）和电池的结构有关。

放电率低，放电电压下降缓慢，给出的实际容量高。为了描述铅酸蓄电池放电容量与给定电流之间的关系，进行了许多研究。最为近似的是 Peukert（皮凯特）公式：放电时间与具有一定次幂（$n>1$）的放电电流成反比。容量 Q 与电流 I 之间的关系为

$$Q=K/I^{n-1} \quad 或 \quad I^n t=K \tag{4-73}$$

式中，K 为经验常数，它与温度、电解液浓度以及蓄电池结构特点有关，并与活性物质质量有关，随活性物质质量的增大而增大；n 与容量无关，仅是表征蓄电池型号的常数；I 为放电电流，A；t 为放电时间，h。

可以用两种放电率放电，求得常数 n、K，进而算出任意放电率下的容量。该公式也有一定的限制，在很长时间率或很短时间率时，常常与实测结果相差较大。

蓄电池的容量及活性物质利用率随温度增加而增加；反之，温度降低，电解液黏度增大，扩散能力降低，结果电池内阻增加，电压降增大，从而容量下降。

从图4-26看出，电池放电至某电压值（如 G 点）之后，电压急剧下降，在 G 点后继续放电实际上能获得的容量很小，相反还会影响电池的使用寿命，所以放电时必须在某一适当的电压值截止放电，该截止电压称为放电终止电压。为了防止电池不过放电而损害极板，也为了不同电池之间的比较，在标准中都明确规定了在各种放电率和温度下放电时的终止电压。放电率不同，终止电压也不同，大电流放电时规定较低的终止电压，小电流放电则规定较高的终止电压。

4.12.4 荷电保持能力

铅酸蓄电池在储存期间容量的下降程度和开路时电池保持充电状态的能力都取决于荷电保持能力，即电池的自放电性能。铅酸蓄电池自放电的原因，从热力学上看是由于电极活性物质在电解液中不稳定引起的。

(1) 铅负极的自放电 在开路状态下，铅在硫酸溶液中的自溶导致电池容量下降，这是腐蚀微电池作用的结果。从电势-pH图上可十分清楚地看出，硫酸溶液中铅的还原电势比氢电极负，铅溶解和氢析出可以组成一对共轭反应的微电池。

$$阳极反应 \qquad Pb + HSO_4^- - 2e^- \longrightarrow PbSO_4 + H^+$$

$$阴极反应 \qquad 2H^+ + 2e^- \longrightarrow H_2$$

$$总反应 \qquad Pb + H_2SO_4 \longrightarrow PbSO_4 + H_2 \tag{4-74}$$

在这个微电池中，氢在铅上析出的超电势很高，铅在 $4 \sim 5 mol \cdot L^{-1}$ 的硫酸中是高度可逆的体系，交换电流密度很大。因此，在这对共轭反应中，铅的自溶速度完全受析氢过程控制，凡是影响氢气析出的因素，也必定影响铅的溶解速度。如铅电极表面或电解液中含有析氢超电势低的金属杂质时，铅的溶解将加速。除杂质以外，铅溶解过程的速度还取决于硫酸浓度、储存温度等。

无论是减少自放电，还是为满足蓄电池少维护的要求，都希望提高氢的超电势，避免引入析氢超电势低的金属杂质。

(2) 二氧化铅正极的自放电 铅酸蓄电池中，正极二氧化铅也存在自放电现象，其共轭反应为

$$阳极反应 \qquad H_2O \longrightarrow \frac{1}{2}O_2 + 2H^+ + 2e^-$$

$$阴极反应 \qquad PbO_2 + 2H^+ + H_2SO_4 + 2e^- \longrightarrow PbSO_4 + 2H_2O$$

$$总反应 \qquad PbO_2 + H_2SO_4 \longrightarrow PbSO_4 + H_2O + \frac{1}{2}O_2 \tag{4-75}$$

二氧化铅在硫酸溶液中自溶速度受控于氧气析出速度，析氧反应超电势的大小直接影响着二氧化铅的溶解速度，比较 α-PbO_2 和 β-PbO_2 两种变体的析氧超电势大小可知 α-PbO_2 的自放电速率将高于 β-PbO_2。

二氧化铅自放电速度还取决于电极和电解液中杂质含量、环境温度、板栅合金组成和电解液浓度等。杂质中的有机物在阳极氧化时会被分解，因此对析氧不会有影响，而无机物质对析氧会有影响。铅酸蓄电池中经常使用的锑及为降低正极板栅腐蚀而经常加入的银，都有降低氧析出超电势的作用，从而加速二氧化铅的自放电。

总之，热力学只分析了电池自放电的可能性，而自放电速度则由动力学因素所决定。这与电极活性物质的本性、表面状态、电解液组成和浓度、电解液纯度、电池密封状态、温度及其存放条件等都有关。

减小自放电的措施，一般是采用纯度较高的原材料，在负极材料中加入析氢超电势较高的金属或电解液中加入缓蚀剂，以阻止氢的析出，但不应降低电池放电时铅的溶解速度。

4.12.5 耐久能力

根据国际电工委员会（IEC）推荐的标准，把启动用蓄电池的循环寿命、过充电寿命和耐振动性能总称为耐久能力。

蓄电池经历一次充电和放电，称为一个周期或一次循环。在一定的充放电制度下，电池容量降至某一规定值之前，电池能耐受多少次充电与放电称为蓄电池的使用周期。蓄电池的使用周期与放电深度、温度、充放电率等条件有关。放电深度是指电池放出的容量占额定容量的百分数，减小放电深度或采取浅放电，可以大大延长蓄电池的使用周期。

影响蓄电池使用寿命的因素很多，提高蓄电池寿命的途径可归结为寻求最佳耐腐蚀合金，设计更适宜的板栅结构以防止非均匀腐蚀。根据活性物质的电化学过程机理，找出延迟正极活性物质变形脱落的方法及添加剂、黏结剂等。

提高启动用蓄电池的耐振动性能，可采用复合隔板，改进单体电池之间的连接方法，采用塑料电池槽与盖热封工艺及极群妥善与电池槽固定等。

4.12.6 失效模式

铅酸蓄电池在使用初期，随着使用时间的增加，其放电容量也增加，逐渐达到最大值，然后，随着充放电次数的增加，放电容量将逐渐减少。由于极板种类、制造条件、使用方式的差异，最终导致电池失效的原因也有所不同。归纳起来主要有以下几种。

(1)正极板栅的腐蚀变形　目前生产上使用的合金有传统的铅锑合金、低锑合金和铅钙合金，上述三种合金铸成的正极板栅，在电池使用的充电过程中会被氧化成硫酸铅和二氧化铅，最后导致丧失支撑活性物质的作用而使电池失效。或者由于二氧化铅腐蚀层的形成，使铅合金产生应力，使板栅线性长大变形，活性物质与板栅接触不良而脱落。另外，随着充放电反复进行，也会引起正极活性物质的软化、脱落。

(2)不可逆硫酸盐化　蓄电池过放电并长期在放电状态下储存时，其负极将形成一种粗大的、难以接受充电的 $PbSO_4$ 结晶，此现象称为不可逆硫酸盐化。轻微的不可逆硫酸盐化尚可恢复，严重时则引起电极失效，无法进行充电。

(3)锑在活性物质上的积累　正极板栅上的锑随着循环，部分地迁移到负极活性物质表面，由于氢在锑上的超电势比铅上的低约 $200mV$，锑的积累使电池充电电压降低，大部分电流用于分解水，电池因不能正常充电而失效。

(4)热失控　如果调压装置失控，充电电压过高，使充电电流过大，使电池电解液温度升高，导致电池内阻下降，内阻的下降又加大了充电电流。电池升温和充电电流过大的相互加强，使电池变形、开裂而失效。

(5)容量过早地损失　当用低锑或铅钙板栅合金时，在蓄电池使用的初期（约 20 个循环）出现容量突然下降的现象，使电池失效。

(6)负极汇流排的腐蚀　在阀控式密封蓄电池中，当建立氧循环时，电池上部空间基本上充满了氧气，电解液沿极耳上爬至汇流排，汇流排的合金氧化进一步形成 $PbSO_4$，腐蚀严重时导致极耳与汇流排脱开，负极板失效。

(7)隔膜穿孔造成短路　个别品种的隔膜，如 PP（聚丙烯）隔膜，孔径较大，在使用过程中 PP 熔丝会发生位移，形成大孔，活性物质在充放电中穿过大孔，造成微短路，使电池失效。

铅酸蓄电池的失效是许多因素综合的结果，既取决于极板的内在因素，如活性物质的组成、晶型、孔隙率、板栅材料和结构等，也取决于一系列外在因素，如放电电流密度、电解液浓度和温度、放电深度、维护状况和储存时间等。

4.13 铅酸蓄电池的使用和维护

一个电池使用寿命的长短，与电池本身的质量和使用方法是分不开的，若使用和维护得当，就能大大延长电池的使用寿命。

(1) 初充电　各种用途的铅酸蓄电池在出厂时都规定灌注的硫酸浓度。该值是制造厂根据极板内含有的硫酸根情况计算的，以便使电池在充电末期的电解液密度达到规定值。灌酸后，负极板中一部分氧化铅开始转变成硫酸铅，生成的反应热使液温升高，极板和隔板吸收一部分酸液，使液面有所下降，补充酸液并待温度降至35℃以下时，才开始进行初充电。

初充电电流一般用 10 小时率或 20 小时率电流，进行定电流充电，充电中如果液温超过 45℃，应减小电流或暂停充电一段时间。初充电开始后约 45h，即将达到终期，大约在 50h 电压达到 2.6V 以上，水开始剧烈分解，表明充电即将结束。其判别方法是每小时测量一次电池端电压和电解液密度，当连续三次其值不再变化时即可结束。充电终期电解液用 $1.400\mathrm{g \cdot cm^{-3}}$ 的酸或纯水进行调整，使之达到规定值。

充电必须用直流电源，所需的最高电压可用充电电池的串联只数乘以 3V 计算。初充电充入的电量约为电池额定容量的 3～5 倍，一般来说电池干保存的时间越长，其初充电量应越多，可视具体情况而定。初充电对电池的使用性能及寿命有重大影响，如果初充电不足，则电池长期容量不高，寿命亦短；初充电过量，则电池的电性能最初尚好，但使用很短的时间后，电池容量就急剧下降，大大缩短了电池的寿命。

(2) 一般充电方法　主要有恒流充电、恒压充电、恒压限流充电、均衡充电和脉冲快速充电等。

① 恒流充电。和初充电方法一样，以一定电流进行充电。在蓄电池进行试验和使用过程中，大部分用恒流方法进行充电。在充电过程中随着电池电压的变化要调整电流使之恒定，一般采用 10 小时率或 20 小时率电流充电。这种方法特别适合于由多只电池串联的电池组，而且有利于容量恢复较慢的蓄电池充电，最好用于小电流长时间的充电模式。低倍率（$C/20 \sim C/10$）充电条件下，在接近充满电时电压的快速升高是恒流充电终止或降低充电率的很好指示。

恒流充电方式的不足是开始充电阶段电流过小，在充电后期充电电流又过大，整个充电时间长（充电时间均在 15h 以上），析出气体多，对极板冲击大，能耗高，充电效率不超过 65％。免维护的电池不宜使用此方法。

② 恒压充电。此法是对每只单体电池以某一恒定电压进行充电。因此充电初期电流相当大，随着充电进行，电流逐渐减小，在充电终期只有很小的电流通过，这样在充电过程中就不必调整电流。此方法较简单，因为充电电流自动减小，所以充电过程中析气量小，充电时间短，能耗低，充电效率可达 80％。如充电电压选择得当，可在 8h 内完成充电。恒压充电一般应用在电池组电压较低的场合。

恒压充电方式的不足是在充电初期，如果蓄电池放电深度过深，充电电流会很大。电池可能因过流而受到损伤；若充电电压选择过低，后期充电电流又过小，充电时间长，不适宜串联数量多的电池充电。

③ 恒压限流充电。为弥补恒压充电的缺点，广泛采用恒压限流的方法。在充电电源与电池之间串联一电阻，称为限流电阻，当电流大时，其上的电压降也大，从而减小了充电电压；当电流小时，用于电阻上的电压降很小，充电设备输出的电压降损失就小，这样就自动调整了充电电流，使之不超过某个限度，充电初期的电流得到控制。

④ 均衡充电。电池在使用过程中，单体电池之间往往会产生密度、容量、电压等不均等的现象，为确保蓄电池组中的所有单体电池在使用过程中都能达到均衡一致的良好状态，可以采用均衡充电的方法。

此方法是将使用过的电池用正常充电的方法进行充电之后，停止 1h，再用比正常充电电流小的电流进行充电。当电池剧烈产生气泡时停止 1h，再充电 1h，这样反复进行，直到每个电池一经充电即剧烈产生气泡，而且电压、电解液密度又都保持不变为止，这时均衡充电就算完毕。

电池在均衡充电时，不宜过多充电，以免因严重过充电而损坏电池。

⑤ 脉冲快速充电。快速充电的特点是采用 1C 以上的大电流，短时间内把电池充好，在这个过程中，既不产生大量气体，又不使电解液温度过高（在 45℃ 以下）。

解决不产生大量气体和不使温升过高的办法是采用脉冲充电，并用反向电流短时间放电的方法消除极化。这样就可以保证不大量产生气体，又不发热，从而可达到大大缩短充电时间的目的。

(3) 铅酸蓄电池的运行制度　根据使用要求所需的电压和电流，可将蓄电池进行串联、并联或串并联组成电池组。蓄电池组一般有三种运行制度：充放电制（循环制）、连续浮充制和定期浮充制、带有循环成分的浮充制（混合制）。

① 充放电制（循环制）。蓄电池的工作方式经常是完全放电，然后充电，再完全放电、再充电，如此循环。这种方式多用于移动型、小容量便携式蓄电池，如蓄电池车、矿灯和手提式工具。由于蓄电池在充放电过程中，活性物质的体积不断收缩和膨胀，致使正极活性物质软化、脱落，蓄电池使用寿命较短，水损耗较多，需注意经常维护。

② 连续浮充制和定期浮充制。连续浮充制也称全浮充制。这种运行制度是蓄电池端子始终接在恒压电源上，以维持电池处于接近完全充电状态。平时用电设备所需电流全部由整流设备供给，蓄电池保持少量的充电电流，并在负载上起平滑作用，当正常供电中断时由蓄电池向电路供电。

定期浮充制也称半浮充制，是一种定期将直流电源设备（如整流设备）和蓄电池并联的供电方式。部分时间由蓄电池供电，部分时间由整流设备供电，并补充蓄电池组已放出的容量及自放电损失的容量。

连续浮充制比定期浮充制优越，蓄电池的使用寿命比充放电制可长 1～2 倍，而且所用蓄电池的容量大为减少，电能效率提高，维护简便，整个供电设备使用效率最高。

对于一组浮充运行的蓄电池，虽然全组电池都处于同样条件下运行，但由于某种原因，有可能造成全组电池不均衡，在这种情况下，应采用均衡充电的方法来消除电池之间的差别。

③ 混合制。有些电池的运行制度不十分典型，如汽车、摩托车、内燃机车用启动型蓄电池，就是带有循环成分的浮充制运行。

(4) 铅酸蓄电池的维护　电池性能的优劣，除了与其本身的质量有关外，和维护也是分不开的。除免维护蓄电池外，其他蓄电池的日常维护应注意以下几点。

① 蓄电池必须经常保持清洁，不要使外来杂质落入蓄电池内。

② 各单体电池内的接触装置以及与导线的连接都必须完全可靠，如果蓄电池有密封盖和通气栓塞，就必须经常检查和清拭通气孔。

③ 必须注意液面，不要让极板和隔板露出液面。将电解液调整到正常密度，而且只能在充电终止时进行。

④ 放电过程中要经常检查电池端电压和电解液密度，注意蓄电池的放电程度，绝不允许电解液密度和端电压低于该型蓄电池规定的放电制度所允许的程度，放电电流不能超过制

造厂规定的最大限度。

⑤ 按照说明书，定期进行均衡充电。如果蓄电池长期搁置，为了避免过度的自放电和严重硫酸盐化，应每月进行一次补充充电。

4.14 阀控式铅酸蓄电池

4.14.1 概述

传统的铅酸蓄电池，在搁置过程中，负极的自放电产生氢气，正极的自放电产生氧气。在电池充电的后期，正极上产生氧气，负极上产生氢气。这些反应导致电池中水分的不断损失，因而要经常对电池补充纯水，使电池能正常工作。由于富液式电池有漏酸的危险，不能以任意方向放置。

图 4-30 阀控式（免维护）铅酸蓄电池

阀控式（免维护）铅酸蓄电池（图 4-30）是一种不需要定期进行注水也能维持电解液体积的铅酸蓄电池，它把传统的定期补加蒸馏水的时间间隔延长到 5 年以上，基本达到了不需添加蒸馏水的目的。它从 20 世纪 70 年代后期进入市场以来，已得到迅猛的发展。目前美国生产的新车已全部装用阀控式蓄电池，日、英、德、法等国也已大量生产，用以取代普通的原有铅酸蓄电池。

MF、SLA、VRLA 都是国内外对免维护蓄电池陆续用过的称谓。MF（maintenance free）是免维护蓄电池的简称；SLA（sealed lead-acid battery）是密封铅酸蓄电池的简称；VRLA（valve regulated lead-acid battery）是阀控式铅酸蓄电池的简称，这是免维护蓄电池当今用的名称。

阀控式密封铅酸蓄电池被称为"免维护电池"，与传统的蓄电池相比，具有以下特点：

① 密封程度高，电解液像凝胶一样被吸收在高孔隙率的隔板内，不会轻易流动，所以电池可以横放。

② 阀控式密封铅酸蓄电池的极板板栅采用铅钙合金系列和低锑合金系列，再加以其他措施，因而电池的自放电系数很小，明显减少了电池的自放电和耗水量，使电池在使用期间不需要加水，从而达到对电池的免维护要求。在使用铅钙合金系列时，加入锡后可改善电池在进行深循环充放电时容量下降很快的问题。低锑合金中少量锑对极板活性物质与板栅结合牢固性有很大益处，使用低锑合金进行电池深循环放电时，容量也不会很快降低。

③ 电池的正负极板完全被隔板包围，活性物质不易脱落，使用寿命长。

④ 阀控式密封铅酸蓄电池的体积比老式电池小，而容量却比老式电池高。电池在长期运行中无需补充任何液体，同时在使用过程中不会产生酸雾、气体，维护工作量极少。

⑤ 电池的内阻较小，大电流放电的特性好。

4.14.2 工作原理

免维护铅酸蓄电池与密封镉镍电池的工作原理基本上是相同的，它是在密封镉镍电池发展成熟后才逐步完善的。

镉镍电池密封技术解决了电池充放电过程中内部产生气体的问题，减少甚至消除了氢气的析出，建立了氧循环过程，达到了消氢灭氧的目的。在镉镍电池中避免析出氢的方法是使用过量的负极活性物质，从而使电池正极先充好电，开始析氧。如果氧能在负极被还原，那么负极就始终有一小部分物质处在放电状态，于是就可以抑制氢的析出，电池则可以被密封。如果电池中使用有限量的电解质，氧被复合的速度就可以显著提高。镉镍电池消氢灭氧技术为铅酸蓄电池的免维护奠定了基础，当今铅酸蓄电池阴极吸附式正是以上技术的应用。

阀控密封式蓄电池采用阴极吸收式密封技术，密封的机理在于消氢灭氧，采用贫液设计，并将隔板改为具有良好吸液能力的多孔玻璃毡，在电池生产时，电池内没有自由电解液，而用于电池反应和导电用的硫酸电解液完全吸附在电极及玻璃毡孔隙中。玻璃毡隔板中仍有部分未充满液体的"空孔"，即气体通道，它使充电后期或过充电时产生的氧气通过玻璃毡中的气体通道扩散到负极表面，与海绵状金属铅进行化学反应或电化学反应，生成水回到电解液中，这就保证了电池内部压力不再增加，电池中的水不再消耗或者很少消耗。同时这种蓄电池还使用了催化剂，可以使氢和氧化合成水又回到电池槽，避免了电解质水的蒸发，实现了"免维护"功能。具体反应为：

正极 $\qquad$ $H_2O - 2e^- \longrightarrow 2H^+ + \frac{1}{2}O_2$ $\qquad$ (4-76)

负极 $\qquad$ $\frac{1}{2}O_2 + Pb \longrightarrow PbO$ $\qquad$ (4-77)

$\qquad$ $PbO + H^+ + HSO_4^- \longrightarrow PbSO_4 + H_2O$ $\qquad$ (4-78)

$\qquad$ $PbSO_4 + H^+ + 2e^- \longrightarrow Pb + HSO_4^-$ $\qquad$ (4-79)

$\qquad$ $\frac{1}{2}O_2 + 2H^+ + 2e^- \longrightarrow H_2O$ $\qquad$ (4-80)

由于铅的平衡电势比氢负 350mV，充电态超过 90% 就有氢气析出的可能，为了安全，不让氢在电池中积累。此外考虑到有机物在正极氧化产生 CO_2，故在密封铅酸蓄电池中装有安全阀，因此，这种铅酸蓄电池称为阀控式密封铅酸蓄电池。当电池中积累的气体使电池内压过高时，阀即打开排出气体，保证电池内部压力不致过大；内压降低时，阀关闭防止空气进入电池中。这样，铅酸蓄电池就可以阀控密封，不再出现传统电池中的析氢现象。

4.14.3　阀控式密封电池的两类技术

阀控式密封电池设计的主要部件之一是隔膜，其重要性与活性物质相当。它能使电解液不流动，从而不溢酸；又具有使正极析出的氧得以在负极重新复合的功能。超细玻璃纤维膜、胶状电解质、颗粒状二氧化硅均具有上述两个功能。在国内外所生产的 VRLA 电池有两类技术：AGM 技术和 GEL 技术。

(1) AGM 技术　图 4-31 为使用 AGM 技术的铅酸蓄电池结构示意。它采用超细玻璃纤维隔板提供气体通道，这种隔板具有 93% 以上的孔隙率，可以吸收电池反应所需要的足够的电解液。因此可使电池内部没有流动的电解液，玻璃纤维隔板在吸收了足够的电解液后，仍保持 10% 左右的孔隙作为 O_2 的复合通道，正极析出的 O_2 到负极复合，以实现氧的循环，即 $H_2O \longrightarrow \frac{1}{2}O_2 \longrightarrow$

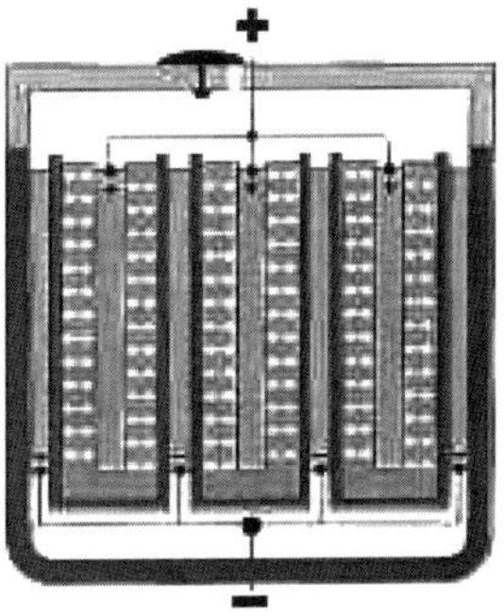

图 4-31　使用 AGM 技术的铅酸蓄电池结构示意

H_2O，电池达到密封的效果。AGM 电池属于贫液设计，与富液式电池相比，电解液的密度较高。

目前国内外的 VRLA 电池以采用 AGM 技术为主，因为 AGM 电池有以下优点：采用无锑 Pb-Ca 合金板栅和高纯度原材料，电池的自放电小，25℃ 下储存 3 个月，自放电率<2.0%；AGM 电池有较好的充电效率；极群采用紧装配，内阻较小（一般为 0.2~0.4mΩ），适合大电流放电。由于其采用贫液式设计，气体复合效率较高，大于 98%，因此无酸雾逸出；初期容量较高，第 3 个循环周期即可达到 100% 以上的额定容量；有较好的低温放电性能。

正由于以上优点，使得采用 AGM 技术的 VRLA 电池发展很快，国内外多数 VRLA 电池的制造厂家都采用 AGM 技术。

(2) GEL 技术（胶体技术）　胶体技术以气相 SiO_2 或硅胶作凝固剂，电解液吸附在极板和胶体内。胶体电池的密封原理与 AGM 技术相似，也是氧的循环过程，但正极的氧气不是通过隔板的孔隙传输到负极的，而是通过胶体的裂纹来实现的，胶体的裂纹是氧的复合通道，它是胶体形成时收缩产生的。胶体电池使用初期，由于胶体的裂纹较少，氧的复合效率较低，因此安全阀较容易开阀而有较多酸雾逸出。随着电池的使用，裂纹增加，氧的复合效率提高。胶体电池的主要生产厂商有德国阳光公司（Sonnenschein）公司，美国 Gromptor Parkinson 公司，意大利的非凡（FIAMM）公司。图 4-32 为德国阳光公司生产的 A506-10S 型胶体电池。

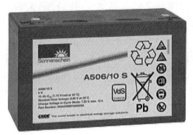

图 4-32　A506-10S 型胶体电池

胶体电解质的制备方法有三种：中和法、硅溶胶法和气相二氧化硅法。其中，气相二氧化硅法在国外较多采用，其胶体电解质的稳定性较好。日本 GS 公司对颗粒状二氧化硅进行了大量的研究和开发。

胶体技术有以下优点：胶体电池采用富液设计，因此深放电的恢复特性较好，较好地防止了电解液的干涸；由于胶体的固定作用，胶体电池几乎不存在电解液的分层现象；在较高的环境温度下，胶体电池比 AGM 电池有更长的使用寿命。

但 GEL 技术比 AGM 技术发展慢，其原因是胶体电池有以下缺点：采用胶体和 PVC 隔板，且胶体易堵塞隔板及活性物质中的孔，使电池内阻较大，因此与 AGM 电池相比，在常温下 20 小时率容量低 15% 左右，−18℃启动放电，负荷电压约低 20%；使用初期，氧的复合效率较低，酸雾排出较多；胶体电池对过充电较为敏感。如果电池倾斜或卧放，则电池内胶体可能会流出来；不适合快充、高倍率放电，特别是在低温环境下，不适合薄型极板设计。

总的来说，AGM 电池的气体复合率高于 GEL 电池，而 GEL 电池的失水率要低于 AGM 电池。

4.14.4　VRLA 电池的新颖结构

国际先进铅酸蓄电池联合会（ALABC）的多个会员单位合作开发了先进铅酸电池，以提高比能量和深循环寿命，一方面从正极活性物质利用率研究，另一方面是电池结构的研究，以减小质量。

(1) 连续铸造辊压板栅结构（con-roll）　由 Wirtz 和 East Penn 联合开发的连续铸造辊压板栅（con-roll plate），如图 4-33 所示。VRLA 电池采用 Pb-Ca 合金板栅后，板栅在电池使用过程中，伸长膨胀是电池失效的一个重要原因。Pb-Ca 合金有低的屈服强度（YS）和高的极限拉伸强度（UTS）。对于 Pb-Ca 合金，YS 是比 UTS 更重要的参数，铸造后的板栅经连续辊压后，YS 显著提高，降低了 UTS，因此极板在运行期间很少伸长膨胀。

(2) 薄片电极　薄片正极比普通的铸造板栅或拉网板栅的正极有更均匀的充放电性能，通过这种电极表面的充放电电流是很均匀的。另外，因为板栅具有很高的表面积，因此比普通板栅有较低的腐蚀电流密度，降低了腐蚀速度。

（3）箔式卷状电极　真正薄如纸的电极是由美国BOLDER 公司开发的，称为 TMF 技术（thin metal film）。箔式卷状电极具有极高的比功率和优良的可再充性能，这种电池的板栅厚度仅为 $0.05\sim0.08$mm，活性物质层的厚度也大致相同，卷成电极。这种电池具有很均匀的充放电性能，电池的正极引出在一端，负极在另一端，类似于碱锰电池，大大改善了电极的高倍率放电性能。BOLDER 电池已广泛应用于电动工具、汽车启动电池、混合电动车等要求高功率、快速充电的场合。

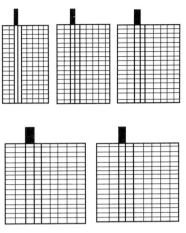

图 4-33　Wirtz 等开发的
连续铸造辊压板栅

（4）平面式管状电极　由汤浅公司制造的平面式管状电极电池已经应用于 EV、HEV 以及其他循环使用的场合。其板栅是用铸造或挤压生产的，采用 Pb-Ca-Sn 合金，如图 4-34 所示。由汤浅制造的板栅，是用 Pb-0.07% Ca-1.5%Sn 合金经辊压制造的，有很高的强度，因其厚度仅为 0.75mm，易折弯，改进后的管状电极重量轻，比能量高。由于活性物质在板栅周围分布均匀，因而电极断面有均匀的充放电性能，这种结构也改善了活性物质利用率。

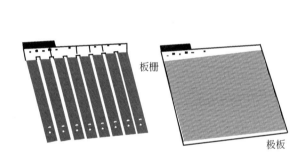

图 4-34　平面式管状电极

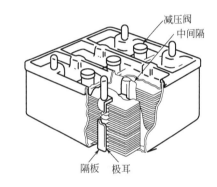

图 4-35　水平密封铅酸蓄电池

（5）水平电池　美国爱达荷大学的 D. B. Edwards 开发了涂膏式电极的水平铅酸蓄电池，应用于 EV 或 HEV，他们设计的电池模型如图 4-35 所示。水平电池具有如下特点：双极耳极板，水平放置；采用多孔 AGM 隔板；正极含 30% 左右的玻璃微珠添加剂；板栅薄并镀 Pb，电池的比功率提高到 $155W\cdot kg^{-1}$，比能量最高为 $53\sim56W\cdot h\cdot kg^{-1}$，EV 时速为 $88km\cdot h^{-1}$，最大行驶距离为 170km。时速提高到 $120km\cdot h^{-1}$ 时最大行驶距离为 110km。

美国 Electrosource 开发了铅布水平电池 Horizon，在玻璃纤维丝上挤压镀覆 Pb-Sn 合金，拉成铅丝，再用铅丝织成铅布，用铅布代替板栅，采用双极结构，铅布的一端涂正极铅膏，另一端涂负极铅膏，中间留有铅丝相连，大大缩短了正负极间电子导电路径，因此电池的内阻很小。为了防止两极中间铅丝被电解液润湿后短路、自放电，表面涂覆了绝缘的高分子涂料。

Horizon 水平电池的结构如图 4-36 所示，其特点是：极高的比功率和比能量，比能量高达 $45\sim50W\cdot h\cdot kg^{-1}$，80% DOD 时的比功率 $>225W\cdot kg^{-1}$；可快速充电，纯 Pb 的高导电性铅布，允许快速充电，在 30min 内即可充足电；比普通铅酸电池重量减轻 $25\%\sim50\%$；水平极板，无电解液分层现象和活性物质脱落。

(6) 密封双极性铅酸蓄电池（SBLA）　美国 Arias 公司开发了双极性极板（bipolarplate）。一块是双面极板，一面是负极活性物质；另一面是正极活性物质，两片双极性极板之间用玻璃棉隔板隔开，电池结构如图 4-37 所示。双极性结构使电流从一个单体到另一个单体的距离减小到最短，消除了普通电池在汇流排的电势消耗。SBLA 电池的优点是比能量高、深循环寿命长、结构简单，特别是组合 100V 以上的高电压电池时比普通结构更为简单。ABC 公司已成功生产了上千只双极性电池，Ebonex 公司也提供双极性电池供客户进行测试。

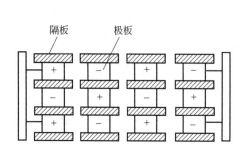
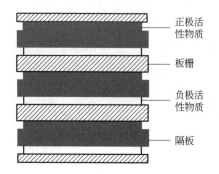

图 4-36　Electrosource 公司研制的
水平电池结构示意图

图 4-37　双极性铅酸蓄电池

SBLA 电池技术尚不完全成熟，除开发同时分别涂正、负铅膏的设备外，在寻找稳定的导电基体，为获得高电压所需的多个单体密封技术，能够在两片电极组成的单体电池中使用的安全阀等方面都存在挑战。目前，能够阻挡极板正负极之间离子迁移、导电、稳定并且与 VRLA 组分兼容的双极性基体材料包括渗铅陶瓷片、高铅酸钡（$BaPbO_3$）、二氧化锡（SnO_2）、碳材料、非化学计量比的钛氧化物（Ti_4O_7 和 Ti_5O_9）制成的固体泡沫等结构或者与聚合物或环氧树脂形成的混合物等。目前还没有同时分别涂正、负铅膏的设备。

(7) 螺旋卷状电极的圆筒式电池　1999 年美国 EXIDE 公司在世界上首次推出了采用螺旋卷状电极的圆筒式汽车启动用新型 VRLA 电池，称为 Orbital Select。这种电池有很大的电极表面积，活性物质用机械挤压到薄板栅上，采用新的连续制造技术，允许有大的压缩比，降低了电极的厚度（1.3～1.4mm），因此电池有较高的比能量（34W·h·kg^{-1}），深循环寿命达 500 次以上。这种电池即使放置几个月，仍可使车立即启动。

(8) 内催化结构　VRLA 电池问世以来，其浮充使用寿命并不像当初预计的那么高。VRLA 电池之所以能密封的关键，在于正极析出的 O_2 到负极复合形成氧的循环过程，但同时又带来一个大的问题是 O_2 对负极的去极化，析氢电势大大向负方向移动。此时整个电池的过电压全部由正极来承担，在浮充电压恒定的情况下，这就使得正极电势升高，O_2 的析出更加严重，正极板栅腐蚀加速，电池失水加速，形成了恶性循环，加速了电池的寿命终止。

为了解决这一难题，美国费城科技公司（Philadelphia Scienfific Co.）的 Will Jones 发明了内催化技术，在 VRLA 电池顶部排气阀上放置一个小的铂催化剂，使负极局部反应产生的 H_2 与正极电解水产生的 O_2 复合成 H_2O 再回到电池中去。这种氢的直接催化复合使失水减少，更重要的是一部分正极析出的氧被直接催化复合。这部分氧不必到负极复合，使负极的去极化减轻，正极的过电势得以下降，减轻了正极的腐蚀和氧的析出。

试验表明，内催化结构（internal catalyst）可以明显改善长时间浮充运行电池的性能，这样从设计、制造和运行环境控制等方面都可以更好地防止大多数 VRLA 电池因正极腐蚀、失水等原因而过早地失效。

VRLA 技术的出现推动了铅酸蓄电池的发展，使铅酸蓄电池进入了在 150 多年的发展过程中从未有过的繁荣时代，巨大的市场潜力吸引着各国不断投入财力物力研究开发新的产品。相信不久的将来，VRLA 必将以更优良的性能、更新的功能、更低的价格服务于人类的数字化、信息化时代。

4.15 超级铅酸蓄电池

超级铅酸蓄电池又称超级电池、铅碳电池，其工作原理和结构示意如图 4-38 所示，是由传统铅酸蓄电池和超级电容器相结合而产生的新型化学电源。该电池正极同铅酸蓄电池（PbO_2），负极的一半为铅酸蓄电池的铅负极（Pb），另一半为超级电容器的炭负极（C）；或者负极全部为炭负极。它将超级电容器的双电层储能机制引入铅酸电池中，因而继承了铅酸蓄电池的高能量及超级电容器的高功率等优点，有效改善了铅酸电池的倍率放电性能、脉冲放电性能与接受电荷的能力。

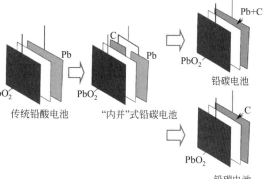

图 4-38　铅碳电池结构示意图

4.15.1 发展历程

储能、电力等新兴市场要求铅酸蓄电池在 $20\%\sim80\%$ 的高倍率部分荷电（high-rate partial state of charge，HRPSoC）模式下工作，以确保该应用场景下的功率输出及良好的充电接受能力。在 HRPSoC 模式下，铅酸蓄电池的失效模式包括正极板栅腐蚀、负极硫酸盐化等，随着大电流充放电循环次数的增加，将加速硫酸铅在负极表面的堆积，最终导致负极板充电接受能力下降，负极硫酸盐化是储能和动力汽车应用场景中电池的主要失效模式。

为了改善富液和 VRLA 在 HRPSoC 模式下的充放电循环性能，放电过程中负极板表面 $PbSO_4$ 不均匀分布和伴随充电时的早期析氢现象需要最小化。防止大电流充放电时负极板表面 $PbSO_4$ 不均匀分布，改善铅酸蓄电池寿命的传统方法是电池组外并联一个超级电容器。澳大利亚联邦科学及工业研究组织（commonwealth scientific and industrial research organization，CSIRO）研发出了一种将电容器碳材料与铅酸蓄电池负极复合的内并式超级电池（ultrabattery），以替代复杂、高成本的超级电容器/铅酸蓄电池系统，由此开始了超级铅酸蓄电池的研发。

铅碳超级电池（lead carbon ultrabattery）概念由 CSIRO 的 Lam 等首先提出。日本古河电池公司（Furukawa Battery Company）于 2005 年获得 CSIRO 的专利授权，开始超级电池的研究和商业化开发工作。同时，清洁技术风险投资公司（Cleantech Ventures）和 CSIRO 共同成立 Ecoult 公司，推进基于 UltraBattery 在可再生能源储能应用的商业化进程。2008 年，CSIRO 和古河电池公司进一步将 UltraBattery 技术授权给东佩恩（East Penn）制造公司。目前，古河电池和东佩恩制造公司可规模生产不同尺寸（$7\sim2000A\cdot h$），商标为"UltraBattery^{TM}"的超级电池用于传统汽车、混合动力汽车和可再生能源储能应用。美国 Axion Power 股份有限公司通过购买加拿大 C&T 公司的专利技术，开始了铅碳电池的研究工作，其研制的 Pb-C 蓄电池由标准的铅蓄电池正电极和采用活性炭制成的超级电容器负电极组合而成，成为超级电池研制的重要参与者之一。国内如浙江南都电源、天能动力、超威动力、双登集团等多家企业与院校合作，在铅碳电池方面开展了积极探索，取得了阶段性成果。山东曲阜圣阳电源有限公司引进日本古河电池公司先进的铅碳技术及产品设计和制造经验，开发了面向深循环、储能应用的新一代、高性能 AGM 阀控式铅酸蓄电池。

4.15.2 铅负极加碳的反应机理

研究表明，碳材料的加入加速了化成过程中活性物质的转化过程。这是由于碳粒子在硫酸铅中形成了导电网络（conductive network），活性炭表面形成新的活性中心，降低了极板充电过程中的极化，并抑制硫酸铅颗粒长大，有利于硫酸铅的还原（图 4-39）。碳材料的加入效果取决于碳颗粒在硫酸铅上形成的导电网络密度。在密封铅酸蓄电池负极活性物质中加入 3～10 倍碳能够有效抑制硫酸铅晶体在负极表面的累积，减缓硫酸盐化的趋势，电池循环寿命显著增加。

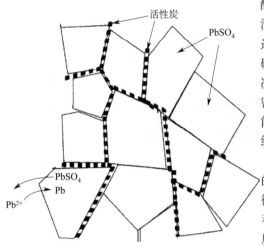

图 4-39　负极板碳导电网络机理示意图

也有研究表明，循环寿命取决于充放电过程的可逆程度，负极的充电接受能力限制了电池的循环寿命。在 HRPSoC 状态下，$PbSO_4$ 的溶解和形成过程中存在可逆和不可逆的过程：活性物质微孔中的 Pb^{2+} 浓度高，由于小的 $PbSO_4$ 晶体易溶解，这个过程是一可逆过程；部分 Pb^{2+} 进入大的 $PbSO_4$ 颗粒中，大的 $PbSO_4$ 颗粒不易溶解并还原成 Pb，这是一个不可逆过程，两种反应的比例决定了电池在 HRPSoC 状态下的循环次数。活性炭的加入改善了负极活性物质充放电反应的可逆性，这可以用"平行机理（parallel mechanism）"来解释（图 4-40）。

放电时，Pb^{2+} 扩散到最邻近的 Pb 和电化学活性炭（electrochemically active carbon，EAC）表面上 $PbSO_4$ 晶体附近，然后在其表面沉积生长，溶液中 Pb^{2+} 的浓度取决于 $PbSO_4$ 产物的溶解度。充电时，Pb^{2+} 还原为 Pb 的反应同时发生在铅表面和碳颗粒表面，Pb^{2+} 在 Pb 表面的还原速率为 V_1，在 EAC 表面的还原速率为 V_2。电化学反应在两个不同性质的表面同时进行，电极电位取决于速率较高的反应，该负极的极化电位由速率 V_2 决定。除扩展的分子层外，因较高的酸浓度，单层 $PbSO_4$ 分子会吸附在 Pb 表面（$PbSO_{4\ ad}$），Pb/H_2SO_4 界面吸附层的电荷转移电阻非常高。而在 EAC/H_2SO_4 界面则没有上述阻挡层的形成，电子通过该界面转移阻

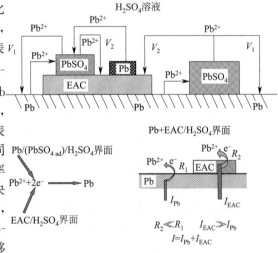

图 4-40　负极板平行机理示意图

力较小（$R_2 \ll R_1$），流经 EAC/H_2SO_4 界面的电流比 Pb/H_2SO_4 界面大很多（$I_{EAC} \gg I_{Pb}$），在碳颗粒表面反应的速度要远快于在铅表面的反应速度。因此，在铅表面吸附的 EAC 颗粒在电子转移方面起着重要作用，加速了 Pb^{2+} 的电化学还原反应。碳添加到负极板可以作为

电荷反应的电催化剂，同时也影响了负极活性物质的微观结构和平均孔径。加碳后，硫酸铅颗粒明显减小，可以形成孔隙，增强离子迁移。

添加碳的类型可以是炭黑、活性炭、石墨、碳纳米管、碳纳米纤维、石墨烯或它们的混合物。碳材料的电导率、比表面积、表面官能团、缺陷类型和外形等都可能影响负极活性材料的微观形貌、电导率、孔径分布和电容性质，从而抑制负极的硫酸盐化。由于碳材料性能存在多样性，在电池中的作用机理也是不同的。

4.15.3 类型

根据其结合方式，铅碳电池可分为不对称电化学电容器型（以 Furukawa、East Penn、Ecoult 为代表）和铅碳电池（以 Axion Power 为代表）。

不对称电化学电容器型 UltraBattery 将铅酸电池和 Pb-C 不对称电容器在内部集成为一个单元，电池负极铅板和超级电容器并联，共用一个 PbO_2 正极，形成"内并式"铅碳电池。采用这种设计，总电流为电容器电流与铅负极板电流之和。因此，电容器电极可以作为铅酸电池负极板的电流缓冲器，分担铅酸电池负极板的充放电电流。由电容器提供高功率（电流），在需要高倍率充放电时对电池加以保护，缓冲部分大电流，防止铅电极表面发生硫酸盐化，从而具有良好的 HRPSoC 循环寿命和较高的功率密度。但 UltraBattery 超级电极需要将碳电极与铅负极板分别制成后，并联在一起集成、封装，技术实现难度大。

East Penn 公司在传统 VRLA 电池基础上，添加碳材料采用"内混"方式，在制作负极板过程中将碳作为附加组分直接添加到负极活性材料中，碳材料与铅产生协同效应，制作成既有电容特性又有电池特性的铅碳复合电极，铅碳复合电极再与 PbO_2 匹配组装成碳修饰改性的 Pb-C 电池，又称之为高级铅酸电池（advanced VRLA 电池）。由于直接将碳材料加入铅负极板，无需改变已成熟的铅酸电池生产工艺，易于实现规模生产，符合储能电池长寿命、高安全、低成本的发展方向，现已发展为铅碳电池的主流方式。

铅碳（Pb-C）电池由 Axion Power 公司生产，其负极是用高比表面积的活性炭（$1500m^2 \cdot g^{-1}$）完全取代铅，正极仍然使用 PbO_2 材料。在充放电过程中，正极仍发生传统铅酸电池的电化学反应，即 PbO_2 和酸、硫酸根离子反应形成 $PbSO_4$ 和 H_2O；其主要区别在于负极储能是通过双电层（非法拉第）储存，以及可能的 H^+ 赝电容（赝电容是一种发生于电极材料表面的法拉第过程）储存，负极储能过程可表示为

$$C_6^{x-}(H^+)_x \underset{充电}{\overset{放电}{\rightleftharpoons}} C_6^{(x-2)-}(H^+)_{x-2} + 2H^+ + 2e^- \tag{4-81}$$

在传统的铅酸电池中，酸浓度会从充电态的较高浓度变为放电状态转换成水时的较低浓度，而铅碳电池在全充电时将 H^+ 储存在碳负极中，放电时移动到正极被中和形成水。其结果是消除了负极 $PbSO_4$ 的成核和生长，减小了从充电到放电状态酸浓度的波动，降低了正极板栅的腐蚀，提高了正极的使用寿命。同时，碳负极也有利于实现氧的再循环，因此可以使用贫液结构形式，组装成阀控式密封装置。

4.16 铅酸蓄电池的发展方向

尽管铅酸蓄电池的质量比能量、体积比能量不能和 Cd-Ni、MH-Ni、Li 离子、Li 聚合物电池相比，但它的性价比仍有很大优势，特别是在备用电源、储能电源和动力电源等应用领域。

随着我国汽车工业、通信电力、铁路交通、信息产业等基础产业以及新能源产业的高速

发展，铅酸蓄电池在汽车、通信、电动自行车、储能等市场仍占主导地位。固定型阀控式铅酸蓄电池进入电力行业和通信行业已长达 20 多年，是较传统的应用。而全球能源互联网、变电站、调度中心和信息中心的后备电源现已普遍采用铅酸蓄电池。目前，太阳能、风能独立系统的储能电池 98％以上使用的都是铅酸蓄电池，太阳能系统要求设计寿命达到至少十年，要求铅酸蓄电池作为独立发电系统，寿命至少要达到五年，因此铅酸蓄电池的寿命直接决定了太阳能储能系统的寿命。铅酸蓄电池总的发展趋势是：提高比能量和比功率，密封化，延长使用寿命，提高可靠性，能适应各种苛刻的环境条件。

板栅合金是合金中最具研究潜力的。改变合金的成分，就会改变电池的性能。通过研究新型板栅合金，改进超低锑多元合金和铅钙合金，提高合金的耐腐蚀性能和氢析出超电势，解决无锑板栅的早期容量损失和耐高温、深循环条件下的寿命。

寻求新型活性物质的配方和添加剂，可以提高活性物质的利用率，减小电池质量。日本 GS 公司在和膏时加入异性石墨，制成正电极，提高了电池的容量和寿命。这一技术已应用于小型密封蓄电池和电动车用密封电池中。而密封蓄电池为提高气体复合效率，必须做到贫液设计，即没有游离电解液。电解液的量少是密封蓄电池寿命短和容量小的主要原因之一，因此，要大力研究特殊隔板和电液吸附物，还要对电极新材料和新结构进行研究开发。

在新型铅酸蓄电池方面，作为传统铅酸电池的改良，卷绕式铅酸蓄电池和铅碳电池也取得了一些初步应用，有望在储能电源领域，成为取代传统铅酸电池的主导产品。

卷绕式铅酸蓄电池，由于极板面积大，具有较高的功率密度，适宜高倍率充放电；采用固态酸作为电解液，难以冻结，且低温性能优异，可在低温地区（－30℃或更低）高倍率放电，低温启动性能良好；采用紧密的卷绕结构和较高的开阀压力，具有良好的高温适应性和较长的使用寿命，可以用于汽车启动电池、电动工具和混合动力汽车等，适于微网中的分布式储能，用于平滑新能源发电的短时出力波动。在分布式储能电站成熟应用后，可以推广至低电压等级的无人值守变电站以及环境恶劣的户外场所。但卷绕式电池的单体容量较小，生产工艺较难控制，需严格工艺管控才能确保质量。卷绕式电池在美国已经大批量生产，如果设备问题能够解决，卷绕式电池在我国很快就能实现产业化。

铅碳电池在延长使用寿命的同时，提高了功率密度，适于直流配电网中的集中式储能，用于调配能源供需，消纳新能源发电。在集中储能电站成熟应用后，可以推广至变电站、调度中心和信息中心。铅碳电池负极添加的碳材料有石墨、炭黑、活性炭、碳纤维、碳纳米管、石墨烯等多种选择，但碳材料理化性能对负极的影响及其作用机制尚待深化研究。碳材料的添加量、电导率、孔径分布、比表面积、微观形貌、表面活性官能团种类等都可能影响铅碳电池性能，导致碳材料的添加具有一定盲目性，不利于铅碳电池性能的进一步提高。而如何使碳材料不结团，在铅膏中均匀分布也是一技术难点。在《中国制造 2025——能源装备实施方案》中，在储能装备方面，明确提出高性能铅碳电池（超级铅酸蓄电池）储能装备是重点技术攻关项目，其目标为研究高电导率、耐腐蚀新型电极材料的设计、合成和改性技术，以及长寿命铅碳复合电极和新型耐腐蚀正极板栅制备技术，掌握铅碳电池本体制备技术，开发长寿命、低成本铅碳电池储能装置。

总之，铅酸蓄电池作为使用了 160 多年的电源体系，已伴随着经济的快速发展而成为人们生活中常见的"消费品"。铅酸蓄电池行业规模庞大，而且铅酸蓄电池用途广泛，短期内没有更好的产品可以替代它。同时，铅酸蓄电池是电池行业中资源循环利用最好的产品，大部分的铅酸蓄电池都可以被收集、循环利用，这也符合我国可持续发展的政策目标。从循环经济的角度来考虑，铅酸蓄电池有着长期的生命力。但由于蓄电池厂家数量过多，很多企业还存在对铅酸蓄电池生产污染重视程度不够、企业环保资金投入不足、回收系统不完善等一系列问题。

事实上，铅酸蓄电池的污染是完全可控的。国外大多国家对铅资源实行的是强制回收制度，法规健全和管理有效可以使铅酸蓄电池生产过程中的铅排放最小化，如欧盟 99％ 的铅酸蓄电池都可被回收与再利用。2008 年美国政府已将铅酸蓄电池生产从主要铅污染源中排除，而国内还没有形成正规的回收渠道，大多数废电池都流入非法回收和处理环节，造成比较严重的铅污染和酸污染。随着国家绿色经济发展方针相关产业政策的调控、各级政府治理环境强有力的措施以及技术工艺和设备的更新换代，大部分铅酸蓄电池企业的生产条件和环保条件都得到了完善和提高，主要生产企业也逐渐转变为集成化、清洁化、环保节能型企业。通过加强科学管理，大力提升技术含量，铅酸蓄电池完全可以成为一种绿色能源，实现铅酸蓄电池产业的可持续发展，在今后很长时期内仍将占有重要地位。

参考文献

[1] 朱松然. 铅酸蓄电池技术. 北京: 机械工业出版社, 2003.
[2] Bartlett P N, Dunford T, Ghanem M A. Templated electrochemical deposition of nanostructured macroporous PbO$_2$. J Mater Chem, 2002, 12: 3130-3135.
[3] 朱松然. 蓄电池手册. 天津: 天津大学出版社, 1998.
[4] 陈清泉, 詹宜巨. 21 世纪的绿色交通工具——电动车. 北京: 清华大学出版社, 广州: 暨南大学出版社, 2000.
[5] Hariprakash B, Bera P, Martha S K, et al. Ceria-supported platinum as hydrogen-oxygen recombinant catalyst for sealed lead-acid batteries. Electrochem Solid State Lett, 2001, 4: A23-A26.
[6] Berndt D. Valve-regulated lead-acid batteries. J Power Sources, 2001, 100: 29-46.
[7] 孙成. 含硅材料与铅酸蓄电池. 电池, 1998, 28: 228-229.
[8] 陈国. 铅酸蓄电池板栅材料综述. 蓄电池, 2001, 1: 34-37.
[9] 孙镇. 铅酸蓄电池板栅合金的现状及发展方向. 有色矿冶, 2000, 16: 37-39.
[10] 刘黎, 杨兰生. 铅酸蓄电池板栅合金研究的进展. 电源技术, 1994, 4: 29-34.
[11] Vermesan H, Hirai N, Shiota M, et al. Effect of barium sulfate and strontium sulfate on charging and discharging of the negative electrode in a lead-acid battery. J Power Sources, 2004, 133: 52-58.
[12] Yan J H, Li W S, Zhan Q Y. Failure mechanism of valve-regulated lead-acid batteries under high-power cycling. J Power Sources, 2004, 133: 135-140.
[13] 伍元鹏, 张新华, 陈红雨. 板栅合金概述. 电源技术, 1994, 1: 32-38.
[14] 袁诵道. 铅酸蓄电池隔板的发展. 蓄电池, 1996, 3: 37-40.
[15] 陈国, 董为毅, 朱松然. 铅酸蓄电池铜负极板栅研究综述. 蓄电池, 1996, 4: 33-35.
[16] Bhardwaj R C, Than J. Lead acid battery with thin metal film(TMF®)technology for high power applications. J Power Sources, 2000, 91: 51-61.
[17] 赵金珠, 戴长松, 王金玉. 铅蓄电池板栅合金概述. 电源技术, 2002, 26: 119-121.
[18] Jullian E, Albert L, Caillerie J L. New lead alloys for high-performance lead-acid batteries. J Power Sources, 2003, 116: 185-192.
[19] 吴寿松. 10 年来我国阀控式铅酸蓄电池的发展. 蓄电池, 1996, 3: 3-9.
[20] 王景川. VRLA 蓄电池的安全阀. 蓄电池, 1999, 1: 9-11.
[21] Das K, Mondal A. Discharge behaviour of electro-deposited lead and lead dioxide electrodes on carbon in aqueous sulfuric acid. J Power Sources, 1995, 55: 251-254.
[22] 唐槿. 安全阀与阀控铅酸蓄电池. 电池, 1999, 29: 81-84.
[23] Wei G L, Wang J R. Electrochemical behaviour of lead electrode in sulfuric acid solution containing citric acid. J Power Sources, 1994, 52: 25.
[24] Masaaki S, Masahiro A, Tohru H, et al. 5521024 Lead acid storage battery. J Power Sources, 1997, 67: 340.
[25] 孙成. 阀控铅酸蓄电池的热失控及其对策. 蓄电池, 2003, 3: 134-136.
[26] Hawkes N. Influences and trends in lead/acid battery demand, lead supply and prices. J Power Sources, 1997, 67: 213-218.
[27] Moseley P T. Lead/acid battery myths. J Power Sources, 1996, 59: 81-86.
[28] 胡信国, 毛贤仙. 阀控式密封铅酸蓄电池的最新进展. 电源技术, 2000, 24: 230-237.
[29] Ball R J, Kurian R, Evans R, et al. Failure mechanisms in valve regulated lead/acid batteries for cyclic applications. J Power Sources, 2002, 109: 189-202.
[30] 张胜永. 阀控式铅酸蓄电池(1). 电池, 1998, 28: 237-240.
[31] 孙成. 硅粉阀控铅酸蓄电池. 电池工业, 2001, 6: 121-124.
[32] Badawy W A, El-Egzmy S S. Improvement of the performance of the positive electrode in the lead/acid battery

by addition of boric acid. J Power Sources, 1995, 55: 11-17.

[33] 细野宽明, 郑凤珠. 阀控式铅蓄电池用隔板. 蓄电池, 1996, 2: 22-26.

[34] 李相哲, 丁干, 石常青. 混合电动车及其蓄电池. 电池工业, 2003, 8: 81-85.

[35] Rand D A J, Holden L S, May G J, et al. Valve-regulated lead/acid batteries. J Power Sources, 1996, 59: 191-197.

[36] Rice D M, Manders J E. A review of soft-lead specifications in the light of the requirements of valve-regulated lead/acid batteries. J Power Sources, 1997, 67: 251-255.

[37] 陈体衔, 钟宝权, 黄志成. 硫酸密度对铅酸蓄电池低温起动性能的影响. 蓄电池, 2003, 2: 51-54.

[38] Pavlov D, Dimitrov M, Rogachev T, et al. Influence of paste composition and curing program used for the production of positive plates with PbSnCa grids on the performance of lead acid batteries. J Power Sources, 2003, 114: 137-159.

[39] Stein N, Bourguignon G, Raboin L, et al. In situ ellipsometric and electrochemical monitoring of the oxidation of a Pb-Ca-Sn alloy used in the lead acid batteries. Thin Solid Films, 2004, 455-456: 735-741.

[40] 余逸, 白南燕, 郭桂荣, 等. 免维护蓄电池壳盖用密封胶的研究. 热固性树脂, 2001, 16: 11-13.

[41] 柴树松. 汽车蓄电池的生产方式. 蓄电池, 2001, 2: 30-32.

[42] Fernández M, Trinidad F. Charging strategies for valve-regulated lead/acid batteries in electric-vehicle applications. J Power Sources, 1997, 67: 125-133.

[43] Slavkov D, Haran B S, Popov B N, et al. Effect of Sn and Ca doping on the corrosion of Pb anodes in lead acid batteries. J Power Sources, 2002, 112: 199-208.

[44] 陈红雨. 铅酸蓄电池的最新研究与发展动态. 电源技术, 2000, 24: 374-376.

[45] 孙成. 铅酸蓄电池电解液添加剂发展概况. 电池, 2002, 32: 55-57.

[46] Kellaway M J, Jennings P, Stone D, et al. Early results from a systems approach to improving the performance and lifetime of lead acid batteries. J Power Sources, 2003, 116: 110-117.

[47] 张纪元. 铅蓄电池工业的进展与展望. 电池, 1999, 29: 200-204.

[48] 吴寿松. 水平铅蓄电池. 电池, 1997, 27: 136-138.

[49] Armenta D C, Donaire T. 97/00532 Determination of an ageing factor for lead/acid batteries. 1. Kinetic aspects. Fuel and Energy Abstracts, 1997, 38: 41.

[50] 胡信国, 毛贤仙. 中国铅酸蓄电池工业发展状况. 蓄电池, 2000, 1: 39-46.

[51] 柴树松. 化成对铅蓄电池性能的影响. 电池工业, 2002, 7: 53-54.

[52] Cleland M J, Maloney J P, Rowe B H. The effects of lead sulfate on new sealed lead acid batteries. J Emergency Medicine, 2000, 18: 305-309.

[53] 包有富. 富液式隔板与普通隔板性能对比. 电源技术, 2003, 27: 5-7.

[54] Catherino H A, Feres F F, Trinidad F. Sulfation in lead-acid batteries. J Power Sources, 2004, 129: 113-120.

[55] Stevenson P R. Advanced separator construction for long life valve-regulated lead-acid batteries. J Power Sources, 2003, 116: 160-168.

[56] 吴玲, 陈红雨, 蒋雄, 等. 铅蓄电池负极膨胀剂的作用及筛选方法. 电池工业, 2000, 5: 159-161.

[57] Dyson I, Griffin P. Development of a valve-regulated lead-acid battery with thin tubular positive plates for improved specific energy and optimization for low charge-factor operation. J Power Sources, 2003, 116: 263-282.

[58] 胡信国. 阀控式密封铅酸蓄电池的最新进展. 电池工业, 2002, 7: 133-141.

[59] Hunt G W. Design and commissioning of a valve-regulated lead/acid battery energy-storage system for backing up critical environmental loads. J Power Sources, 1997, 67: 179-186.

[60] Li Z H, Guo Y L, Wu L Z, et al. Factors influencing oxygen recombination at the negative plate in valve-regulated lead-acid batteries. J Electrochem Soc, 2002, 149: A934-A938.

[61] 赵禹唐, 张明, 郑仲. 铅酸蓄电池的负极添加剂. 电源技术, 1998, 22: 136-138.

[62] 吴三械, 吕国金, 聂旭中, 等. 铅酸电池中的导电无机材料——性质与制备. 电源技术, 1998, 22: 225-227.

[63] Ball R J, Evans R, Deven M, et al. Characterisation of defects observed within the positive grid corrosion layer of the valve regulated lead/acid battery. J Power Sources, 2002, 103: 207-212.

[64] Soria M L, Valenciano J, Ojeda A. Development of ultra high power, valve-regulated lead-acid batteries for industrial applications. J Power Sources, 2004, 136: 376-382.

[65] Kattakayam T A, Srinivasan K. Lead acid batteries in solar refrigeration systems. Renewable Energy, 2004, 29: 1243-1250.

[66] 陶占良, 陈军. 铅碳电池储能技术. 储能科学与技术, 2015, 4: 546-555.

[67] 赵梦欣, 余伟成, 田孝华, 等. 能源互联网背景下标准创新推动铅酸蓄电池产业发展. 智能电网, 2016, 4: 886-893.

第**5**章

碱性蓄电池

在化学电源系列中，凡是采用碱性电解液（如 KOH、NaOH 等）的电池，均属于碱性电池。常见碱性蓄电池包括镉镍电池、金属氢化物镍电池、铁镍电池和锌氧化银电池等，它们都能在碱性溶液中可逆地工作。

5.1 镉镍电池

5.1.1 概述

镉镍电池早在 1899 年由瑞典科学家 W. Jungner 发明，1901 年取得了制造袋式镉镍电池的瑞典专利，比能量达 $22.5\,W \cdot h \cdot kg^{-1}$，很快占据当时欧洲的电池市场。

镉镍电池在发展中，经历了两次重大的变革：一是电极结构由有极板盒（袋式、管式）式发展成无极板盒式多孔烧结电极；二是电池结构由开口式发展成密封或全密封结构。因此，镉镍电池能满足多种使用要求。镉镍电池形状有方形、圆柱形、扁形等，电池结构有开口、密封和全密封等，容量范围从几毫安·时到几千安·时，既能满足地面各种需要，又可适应空间卫星储存电能的要求。

镉镍电池电压稳定，能大电流放电，具有能量高、内阻小、循环寿命长、温度范围宽、耐恶劣环境、使用和维护简单等优点，曾作为使用面最广的电池系列之一，普遍用于航空、宇宙航行、常规武器、火车、电站、车载和移动电台、UPS 电源、家用电器、办公设备、计算机、电动工具、电子仪器等方面。世界上第一颗太阳能电池-蓄电池联合供电的长寿命卫星，用的就是全密封镉镍电池。

5.1.2 分类与命名

5.1.2.1 分类

镉镍电池极板种类繁多，按照活性物质导电载体生产工艺和活性物质载入载体方式的不同，极板有以下几类，如图 5-1 所示。

(1) 有极板盒式极板 有极板盒式极板是将正、负极活性物质用穿孔的钢带包起来，穿孔钢带形成盒状。极板盒的功能是作为极板成型的骨架，用作收集电流的导体，减小活性物质在循环中的膨胀。

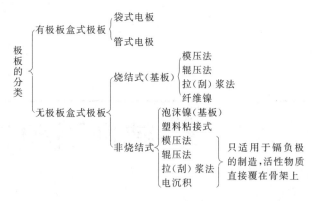

图 5-1 极板的分类

有极板盒式极板的正极厚 3.8～4.0mm，负极厚 2.8～3.0mm。用这种极板组装的电池称为有极板盒式极板镉镍蓄电池，主要用于低倍率放电的场合。

(2) 无极板盒式极板 无极板盒式极板也称为板式极板。这种极板的生产方法较多。对于正极，除塑料粘接式以外，都先制成基板，用微孔镍基板作为载体，基板起着保持活性物质、收集和传导电流的作用。负极的制造，既可以在基板上载入活性物质，也可以直接在导电骨架上压上活性物质，或用拉浆法、电沉积法覆上活性物质。

烧结式中的模压法和辊压法成型的基板较厚，正基板厚度 2.0～3.0mm，负基板厚1.3～1.8mm；拉浆法成型的基板可薄至 0.5～1.0mm。正、负极均用烧结式基板制成的极板组装的电池，叫作全烧结式电池。若使用薄极板，则该电池可在高倍率下放电，这种极板是在我国 20 世纪 60～70 年代发展起来的，并得到广泛应用。纤维镍式电极以纤维镍毡状物作为基体，也需要进行烧结，纤维基体孔隙率高达 93%～99%。这类电池电极强度好，具有可绕性，特别适合于圆柱形电池。由于孔隙率高，载入活性物质较多，所以用这种极板制作的电池比能量高，但寿命性能不及拉浆法烧结式电极。

非烧结式中的泡沫镍电极和塑料粘接电极，是 20 世纪 80 年代末发展起来的。泡沫镍电极以泡沫状镍为基板，孔隙率高，将高密度球形 $Ni(OH)_2$ 填充在泡沫镍的孔体中，活性物质在基板中装载量显著增加，比烧结式有较大的提高，从而提高了电池的比能量。其高倍率放电性能与烧结式极板近似。塑料粘接式电极是将活性物质 $Ni(OH)_2$（或镉粉）导电材料和塑料（作为黏结剂，如 PTFE、PE、CMC、MC 等）混合，经一定工艺制成。这种电极生产工艺简单，在全部镉镍电池中耗镍量最少，成本最低，但内阻大，只适于中、低倍率放电电池使用。

目前，在镉镍电池中烧结式占主导。

各类电极均可制成开口式和密封式两类电池。大容量电池采用的有极板盒式电极，以开口式居多；密封式电池则采用无极板盒式电极居多。其分类如表 5-1 所示。

表 5-1 镉镍电池的分类

分类依据	分 类 名 称	分类依据	分 类 名 称
按电极工艺	极板盒式、烧结式、压成式	按输出功率	高(G)倍率、中(Z)倍率、低倍率
按封口工艺	开口式、密封式、全密封式	按外形	方形(F)、圆柱形(Y)、扣式(B)

5.1.2.2 命名

① 开口电池的命名。国产镉镍蓄电池用汉语拼音字母结合数字来命名。G 代表镉电极，N 代表氢氧化镍电极，G 前的数字代表电池组中串联的单体电池数，N 后面的数字代表电池额定容量，有的在 N 后面还有一个字母表示电池结构、放电率等；D、Z、G、C 分别表示低倍率放电、中倍率放电、高倍率放电、超高倍率放电使用，通常低倍率放电电池的字母 D 可以省略。例如

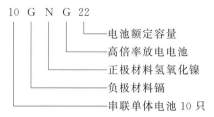

② 密封电池的命名。密封镉镍电池的命名分三段，其内容及排列如下：

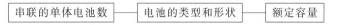

单体电池为 1 时，第一段可省去。

主要的代号及意义如下。

电池类型代号：G——负极材料镉。

　　　　　　　N——正极材料氢氧化镍。

电池形状代号：Y——圆柱密封型。

　　　　　　　B——扁形（扣式）密封型。

　　　　　　　F——方形液密型，矩形。

电池放电倍率代号：C——超高倍率。

　　　　　　　　　G——高倍率。

　　　　　　　　　Z——中倍率。

命名举例如下。10 只镉镍圆柱密封高倍率 4A·h 碱性蓄电池组表示为：

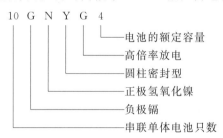

在 IEC 标准中，方形镉镍碱性蓄电池命名与 GB 的命名比较相似，但圆柱、扣式电池命名只显示外形尺寸，无容量标志，其结构及形式举例说明如下：

KR33/62——代表直径 33mm、高度 62mm 的圆柱镉镍密封蓄电池。

KBL116/055——代表直径 11.6mm、高度 5.5mm 的低倍率扣式镉镍密封蓄电池。

KCSH20——代表正极板为烧结式、额定容量为 20A·h、方形密封高倍率镉镍蓄电池。

KRMT33/62——代表直径 33mm、高度 62mm，放电倍率在 $0.5C \sim 3.5C$ 之间，高温系列单体镍镉电池。

IEC 命名常见字母代表意义如下：

KR——圆柱镉镍密封蓄电池。

KB——扣式镉镍密封蓄电池。

KC——方形密封镉镍蓄电池。

L——低倍率，典型最高倍率 $0.5C_5$。

M——中倍率，典型倍率高于 $0.5C_5$，最高 $3.5C_5$。

H——高倍率，典型倍率高于 $3.5C_5$，最高 $7C_5$。

X——超高倍率，典型倍率高于 $7C_5$。

S——烧结式正极板。

P——袋式正极板。

T——高温电池。

电池连接片代号意义:

CF——无连接片。

HH——电池带状串联连接用的连接片。

HB——电池带并排串联连接用连接片。

镉镍蓄电池从地面到空间都有广泛应用。有极板盒式镉镍蓄电池具有强度高、成本低的特点,广泛应用于通信、照明、启动、动力等直流电源。开口式镉镍蓄电池采用烧结式极板,用作飞机、火车、坦克及高压开关的启动电源。圆柱密封镉镍蓄电池力学强度好,不爬碱,使用方便,常用于通信及仪表电源。全密封镉镍电池用于航天及无人中继站等。扣式镉镍蓄电池用于电话载波机及助听器电源。

5.1.3 工作原理

5.1.3.1 电池的成流反应

镉镍电池中以 β-NiOOH 作正极活性物质,海绵镉作负极活性物质,电解液一般选用 KOH 溶液。充电时,正极的氢氧化亚镍氧化成高价的 β-NiOOH,即

$$2Ni(OH)_2 + 2OH^- \longrightarrow 2\beta\text{-}NiOOH + 2H_2O + 2e^- \tag{5-1}$$

负极中的氢氧化镉还原成金属镉

$$Cd(OH)_2 + 2e^- \longrightarrow Cd + 2OH^- \tag{5-2}$$

放电时,反应逆向进行

$$\text{正极} \quad 2\beta\text{-}NiOOH + 2H_2O + 2e^- \longrightarrow 2Ni(OH)_2 + 2OH^- \quad \varphi_1 = 0.49V \tag{5-3}$$

$$\text{负极} \quad Cd + 2OH^- \longrightarrow Cd(OH)_2 + 2e^- \quad \varphi_2 = -0.809V \tag{5-4}$$

电池电动势 $E^\ominus = \varphi_1 - \varphi_2 = 1.3V$

充放电总反应如下:

$$2Ni(OH)_2 + Cd(OH)_2 \underset{\text{放电}}{\overset{\text{充电}}{\rightleftharpoons}} 2\beta\text{-}NiOOH + Cd + 2H_2O \tag{5-5}$$

镉镍电池的工作原理如图 5-2 所示。

5.1.3.2 正极成流反应机理

(1) 充电过程　氧化镍电极在碱性溶液中,充电态为 NiOOH,放电态为 Ni(OH)$_2$。Ni(OH)$_2$ 是不导电物质,阳极氧化后 NiOOH 具有半导体性质,氧化镍电极为 p 型半导体。

Ni(OH)$_2$ 浸于电解液中,在两相界面上产生双电层,如图 5-3 所示。

按半导体理论,晶格中 Ni^{3+} 称为电子缺陷,O^{2-} 称为质子缺陷。电极的电化学过程以及双电层的建立都是通过晶格中的电子缺陷和质子缺陷来完成的。

Ni(OH)$_2$ 与溶液中的 H$^+$ 构成双电层。在充电时,电极要发生阳极极化。此时,Ni^{2+} — e$^-$ $\longrightarrow$ Ni^{3+},电子通过导电骨架迁移至外电路;氧化物中 OH$^-$ 失去 H$^+$ 成为 O^{2-},质子通过界面双电层电场转移至溶液,并与溶液中 OH$^-$ 结合为水,即

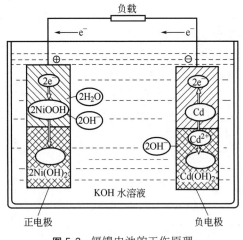

图 5-2　镉镍电池的工作原理

$$H^+_{(\text{固相})} + OH^-_{(\text{液相})} \longrightarrow H_2O \tag{5-6}$$

由于阳极极化，反应在电极表面双电层区域进行，首先产生局部空间电荷内电场，界面上氧化物表面一侧产生新的 O^{2-} 和 Ni^{3+}。阳极极化使得电极表面的质子（OH^- 中的 H^+）浓度降低，而内部仍保持较高浓度的 OH^-，于是形成 OH^- 浓度梯度（图 5-4），H^+ 由高浓度区（电极内部）向低浓度区（电极表面）扩散，相当于 O^{2-} 向晶格内部扩散。

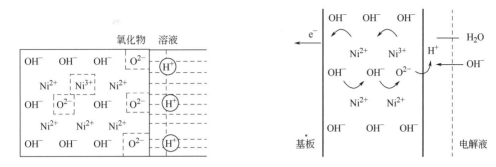

图 5-3　$Ni(OH)_2$-溶液界面上的双电层　　　　图 5-4　氧化镍电极的阳极过程（充电）

由于是在固相中扩散，速度很慢，若充电电流不是很小，则电子的迁移大于质子的扩散时，电极表面 Ni^{3+} 不断增加，H^+ 不断减少。在极限情况下，表面的质子可以降至为零，使得表面层中的 NiOOH 几乎全部变成 NiO_2。电流继续通过，溶液中的 OH^- 进行放电，析出氧气，即

$$NiOOH + OH^- - e^- \longrightarrow NiO_2 + H_2O \tag{5-7}$$

$$4OH^- - 4e^- \longrightarrow O_2\uparrow + 2H_2O \tag{5-8}$$

这一析氧过程在充电后不久就开始，氧化镍电极内部仍有 $Ni(OH)_2$ 存在，并且充电时所形成的 NiO_2 掺杂在 NiOOH 晶格之中。因此，当氧化镍电极进行充电时，虽然电极上已有氧气析出，但并不说明充电已经完全，这是氧化镍电极的一个特性。

在电极停止充电后，电极表面处的 NiO_2 可进行分解而析出氧气

$$2NiO_2 + H_2O \longrightarrow 2NiOOH + \frac{1}{2}O_2\uparrow \tag{5-9}$$

这时电极电势有所下降，电极的容量有所损失。

(2) 放电过程　NiOOH 与溶液接触所建立的双电层如图 5-5 所示。

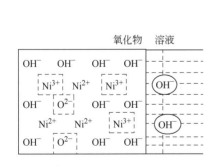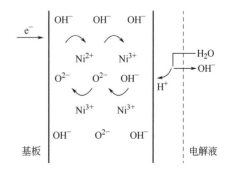

图 5-5　NiOOH-溶液界面上的双电层　　　　图 5-6　氧化镍电极的阴极过程（放电）

当氧化镍电极进行放电，即阴极极化时，其反应为：

$$\beta\text{-}NiOOH + H_2O + e^- \longrightarrow Ni(OH)_2 + OH^- \tag{5-10}$$

放电过程中 Ni^{3+} 与外电路传导来的电子结合为 Ni^{2+}，在电极固相表面层生成 H^+，

O^{2-} 与 H^+ 结合为 OH^-，并向固相内部扩散（图 5-6）。

质子来源于碱性溶液中的 H_2O

$$H_2O \longrightarrow H^+_{(固相)} + OH^-_{(液相)} \tag{5-11}$$

质子在固相中的扩散速度限制了氧化镍电极反应的速度。为了维持反应速度，电极电势必须有相应的变化，这是氧化镍电极的另一特点。

(3) 氧化镍电极的充放电曲线 氧化镍电极的充放电曲线如图 5-7 所示。

根据式(5-6)，充电时的反应速度可用下式表示

$$i_a = zFk\alpha_{OH^-}\alpha_{H^+}\exp\left(\frac{\beta\varphi F}{RT}\right) \tag{5-12}$$

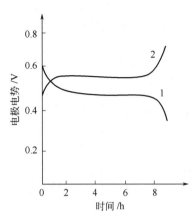

图 5-7 氧化镍电极的充放电曲线
1—放电曲线；2—充电曲线

式中 β——对称系数；

F——法拉第常数；

i_a——阳极过程反应速度，$A \cdot m^{-2}$；

φ——氧化物与溶液界面双电层电势差，V；

k——反应速率常数，$m \cdot s^{-1}$；

α_{H^+}——氧化物表面层中质子活度；

α_{OH^-}——电解液中 OH^- 活度。

充电时由于固相中的扩散较困难，使得质子的扩散速度小于反应速度，造成表面层中 H^+ 的浓度不断下降，空间正电荷数量不断减少。若要保持反应速度不变，电极电势 φ 就必须不断提高，于是氧化镍电极在充电过程中电极电势不断升高，如充电曲线所示。

根据式(5-11)，NiOOH 电极放电，阴极过程反应速度可表示为

$$i_c = zFk\alpha_{H_2O}\alpha_{O^{2-}}\exp\left(\frac{-\alpha\varphi F}{RT}\right) \tag{5-13}$$

$$\alpha = 1 - \beta$$

式中 i_c——阴极过程反应速度，$A \cdot m^{-2}$；

α_{H_2O}——水的活度；

$\alpha_{O^{2-}}$——固体表面层中 O^{2-} 的活度；

φ——氧化物与溶液界面双电层电势差，V。

由于氧化镍电极进行放电（阴极过程）使固相表面层中 O^{2-} 浓度降低，即 NiOOH 不断减少，$Ni(OH)_2$ 不断增加。若进入固相中 H^+ 的扩散速度与反应速度相等，则电极电势和 O^{2-} 浓度将保持不变。由于 H^+ 扩散困难，因而 O^{2-} 浓度在表面层下降，要维持反应速度恒定，电极电势 φ 需不断下降，即阴极极化电势不断向负方向移动。

当电极内部尚有大量 NiOOH 时，电池电压已达到终止电压，活性物质利用率受到放电电流（极化）的影响，并受控于氧化物固相中质子的扩散速度。

5.1.3.3 镉电极

(1) 成流反应机理 镉镍电池中的负极活性物质是海绵状的金属镉，放电时生成物是氢氧化镉，电极反应可表示为

$$Cd + 2OH^- - 2e^- \underset{\text{充电}}{\overset{\text{放电}}{\rightleftharpoons}} Cd(OH)_2 \tag{5-14}$$

对于镉电极的反应机理，有着不同的解释，可以归纳为两种机理，即直接氧化机理和溶解-沉积机理。

① 直接氧化机理。因为氢氧化镉难溶于碱溶液，Cd^{2+} 在碱溶液中的饱和浓度只有 10^{-15} mol·L^{-1}，如此低的离子浓度难以在电极双电层界面上迅速进行氧化还原过程，故提出直接氧化机理，即镉电极在固相中直接进行氧化还原。

② 溶解-沉积机理。放电时金属镉阳极氧化以 $Cd(OH)_3^-$ 形式转入溶液，然后再形成 $Cd(OH)_2$ 沉积在电极上。反应在液相中进行，镉电极放电时在电极表面附近溶液中生成 $Cd(OH)_3^-$ （或 $H_3CdO_3^-$），其离子浓度可达 $9×10^{-5}$ mol·L^{-1}，足以使电化学反应在电极溶液界面上迅速进行。

镉电极放电时的电极过程可以表示为

$$Cd + 3OH^- \longrightarrow Cd(OH)_3^- + 2e^- \tag{5-15}$$

$$Cd(OH)_3^- \longrightarrow Cd(OH)_2 + OH^- \tag{5-16}$$

放电产物 $Cd(OH)_2$ 呈疏松多孔状态，对 OH^- 在液相中的运动并无影响，使电极内部得以继续深入氧化。所以镉电极可较深度地放电，活性物质利用率较高。

电化学反应生成的 Cd^{2+} 通过固相时，由于固相中热平衡产生晶格缺陷，使 Cd^{2+} 在移动方向上产生了位差，Cd^{2+} 按着电场方向沿晶格缝隙移动时，使扩散过程产生了阻力，形成过电势。镉电极在放电过程中，由于中间生成物的积累，其过电势逐渐增大，因而放电电势逐渐变正。

(2)镉电极的钝化与聚结　镉电极进行阳极极化（放电）时，如果电流密度过大、温度过低或电解液浓度过高时，都会引起镉电极钝化。在上述条件下，电极表面的放电产物 $Cd(OH)_2$ 发生脱水，生成的 CdO 覆盖在电极表面而导致钝化。也有学者认为是形成氧吸附层导致钝化。

此外，在镉电极充放电过程中，活性物质镉会发生聚结，使电极的真实表面积收缩，导致放电时真实电流密度增加，增大了电极极化，导致钝化。

为防止电极钝化的发生，常在活性物质中加入一些表面活性剂或其他添加剂。它们可起分散作用，防止电极电化学结晶时发生的聚结和收缩，同时也可以减少杂质铊（Tl）对镉电极的毒化。铊的有害作用表现为促使镉结晶时的晶体长大，减小镉的真实表面积，导致电极迅速钝化。掺入表面活性物质后，可以改变镉电极的结晶结构。目前工业生产中常加入的负极添加剂是苏拉油或变压器油。此外，还有一些其他添加剂，如 Fe、Co、Ni、In 等金属或离子，其主要作用是控制镉电极放电过程中生成物在固相中的积累，从而降低放电时的过电势，同时提高放电电流密度及活性物质利用率。

在非密封镉镍电池中，可加一部分氧化铁在活性物质中作为添加剂，但充电时氢气析出较多，降低了充电效率。在密封镉镍电池中可加氧化镍或氢氧化镍作为镉电极的分散剂。

镉作为电池负极活性物质要比其他负极材料如锌、铁、铅等具有更多的优越性。首先，它与 Zn、Fe、Pb 相比不易钝化，因此，镉电极的低温性能较好。其次，镉电极的充电效率比较高，约 85%，其原因主要是镉电极的标准电极电势比较正（与 H_2，Fe 相比）

$$Cd(OH)_2 + 2e^- \longrightarrow Cd + 2OH^- \qquad \varphi^{\ominus} = -0.809V \tag{5-17}$$

$$2H_2O + 2e^- \longrightarrow H_2\uparrow + 2OH^- \qquad \varphi^{\ominus} = -0.828V \tag{5-18}$$

$$Fe(OH)_2 + 2e^- \longrightarrow Fe + 2OH^- \qquad \varphi^{\ominus} = -0.877V \tag{5-19}$$

可以看出，$Cd(OH)_2$ 还原为 Cd 的电势比氢析出的电势略正，因此，只要严格控制充电时的电流密度不要过高，就可以达到只进行镉的还原而不会发生氢气的析出。

此外，镉电极在进行阴极极化（充电）时的极化很小；镉在碱性溶液中也不发生自溶解，因而自放电极小，而实际所观察到的自放电现象，则是由于氧对金属镉氧化的结果。

镉镍电池由正极、负极、电解液、隔膜、壳、盖等组成。一个电池由一片或几片电极并联成极组，电极至极柱之间由极耳和汇流条连接。正极片与负极片之间由非电子导电材料隔膜（如尼龙毡等）隔开，装入壳体，注入电解液，制成电池。

开口电池有钢壳和塑料壳两种，盖子上均有注液孔，并安装着由螺纹固定好的气塞。圆柱形密封电池一般盖为正极，壳为负极，封口处由绝缘片把壳盖隔离。全密封电池的极柱由陶瓷-金属封接的特殊工艺制成，保证绝缘与密封。

5.1.4　镉镍袋式碱性蓄电池

镉镍袋式碱性蓄电池又称为镉镍有极板盒碱性蓄电池，是镉镍蓄电池中开发最早、最成熟的一种。这类电池结构坚固，使用温度范围宽（－40～50℃），循环寿命和储存寿命长，能以较大电流放电，具有良好的荷电保持能力和储存性能，此外还耐冲击、振动，耐过充电、过放电。

5.1.4.1　结构

镉镍袋式蓄电池正极活性物质由氢氧化镍、石墨和添加剂钡或钴组成；负极活性物质由氧化镉、氧化铁、石墨和变压器油组成。加入氧化铁和变压器油主要是防止镉晶体在循环过程中的长大和结块。

正、负极板制备过程基本相同，都是将活性物质装入由冲孔钢带加工而成的条状金属袋里。所用的冲孔钢带孔隙率为 $10\%\sim30\%$，并应有一定的强度，孔径不能太大，以免脱粉。正极用镀镍穿孔钢带，以防止铁对正极活性物质的毒化，负极用不镀镍钢带。

活性物质为粉状，可直接装入由冲孔钢带制成的极板盒内，也可以先将活性物质加工成条状（俗称填条），然后装入由冲孔钢带制成的极板盒内，做成极板条。若干极板条相互咬合、辊压，冲切成不同规格的毛坯。为了保证力学强度和电流导出，在毛坯两端切口处装 U 形筋，冲压即成极板。为了适应蓄电池的高、中、低倍率放电要求，极板要有 3 种厚度。负极极板一般比正极极板薄。

正、负极板分别用螺栓紧固或焊接成正负极板组。正、负极板组相互交叉在一起，极板组内正负极板用橡胶棍或塑料板栅隔离，装入钢制或塑料电池壳体，加盖封接成蓄电池。

每个蓄电池都有正极柱和负极柱从盖中引出，正、负极柱分别与蓄电池内的正负极板组连接，构成导电体系。容量较小的电池一般由 2 个极柱组成；容量较大的电池均有 2 个正极柱和 2 个负极柱。为了区别电池的极性，在极柱上套有红、蓝套管作标记，红色为正极，蓝色为负极，同时在靠近正极的明显部位标有"＋"号，表示正极。镉镍袋式碱性蓄电池如图 5-8 所示。

极柱与盖之间安放绝缘密封圈并用螺母紧固，以防止电解液渗漏，并保证极柱与金属盖之间的绝缘。蓄电池盖的中央部位有注液口，注液口装有气塞。通过气塞可以排出蓄电池内部产生的气体，同时也阻止空气进入蓄电池内部。图 5-9 为单体碱性蓄电池的剖面图。

5.1.4.2　性能

镉镍袋式碱性蓄电池的标称电压为 1.2V，根据单体电池 0.2C 放电的额定容量和平均放电电压，镉镍袋式碱性蓄电池的质量比能量和体积比能量一般为 $20W\cdot h\cdot kg^{-1}$ 和 $40W\cdot h\cdot L^{-1}$。放电倍率和放电温度对所有化学电源的放电特性都很重要，但对镉镍袋式电池的影响要比对铅酸蓄电池的影响小得多，因此镉镍袋式电池能有效地以较大电流放电而不失去很多容量，能在较宽的温度范围内工作。

电池的寿命既可用充放电循环的次数表示，也可用总的使用时间表示。正常情况下，镉镍袋式低倍率电池循环寿命可达 3000 次，中倍率电池循环寿命可达 2000 次，总的使用寿命一般在 4～30 年，这主要取决于使用环境和工作条件。镉镍袋式电池之所以具有良好的可靠性和较长的使用寿命，是由于袋式结构的极板具有较高的力学强度，而且电解液对电极和电池的其他元件无腐蚀。

图 5-8　镉镍袋式碱性蓄电池

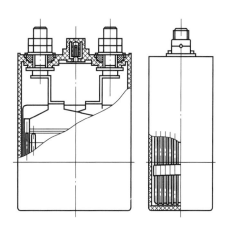

图 5-9　单体碱性蓄电池剖面示意

镉镍袋式电池最大的用途是固定使用，用作储备电源，当电源停电时立即给负载供电。平时电池处于浮充电状态，以保证其全容量。例如发电厂和变电站经常使用袋式中倍率电池，提供短暂的峰值电流，以保证高压开关分合闸安全工作，并能提供较长时间事故照明。另一重要的固定使用是应急照明，如百货商场、医院、旅馆、电影院等公共场所停电时用的照明电池，经常使用中、低倍率的镉镍袋式电池。另外，也用于电话交换机、增音站和太阳能发电等方面。

5.1.5　开口镉镍烧结式碱性蓄电池

开口镉镍烧结式碱性蓄电池是 20 世纪 50 年代开始发展的系列电池，我国于 20 世纪 70 年代初研制成功并投入工业化生产。由于采用了先进的湿法连续生产工艺，不仅提高了生产效率，而且其极板厚度较袋式极板薄得多，电池内阻极低，因而能以 30～40 倍率的超高倍率放电，比能量较袋式结构的镉镍电池高 50% 以上，低温性能良好。烧结式电池电气性能及力学性能非常可靠，能以充电态或放电态长期储存，长期储存后经简单容量恢复即可投入正常使用。烧结式电池主要优缺点见表 5-2。

表 5-2　开口镉镍烧结式碱性蓄电池主要优缺点

优　　点	缺　　点
放电曲线平稳、比能量高	成本高
可超高倍率放电，-40～-10℃ 下仍具有启动能力	有"记忆"效应
维护量小、简单，能以充电态或放电态长期储存	要求防止"热失控"的充电控制系统
能承受一定量过充电与过放电，自放电小	

因此，开口镉镍烧结式碱性蓄电池主要用于需要高功率放电的领域，如电力系统的开关柜分合闸电源，机车系统与自行火炮及装甲车辆启动电源，航空领域的发动机、发电机启动应急供电等（图 5-10）。开口镉镍烧结式碱性蓄电池得以广泛应用是因为与其他系列电池相比，其电池尺寸小、重量轻及维护少，一般不需要专用场地，可以随设备共同运行。在充电结束前，电池充电电压升高提供了控制充电的有益特性。

5.1.5.1　结构

开口镉镍烧结式碱性蓄电池（图 5-11）由氢氧化镍正极板、镉负极、隔膜和运行气塞等组成。气体阻挡层和尼龙布组成的复合隔膜将正负极隔开。电解液一般选用 21%～31% 的氢氧化钾水溶液，并加入 20～30g·L^{-1} 含一个结晶水的氢氧化锂。烧结式电池一般选用富液结构，即电解液完全覆盖极板和隔膜。根据负极板生产工艺的不同，烧结式电池可分为全烧结式及半烧结式。

图 5-10 航空用开口镉镍烧结式碱性蓄电池

图 5-11 开口镉镍烧结式碱性蓄电池

正电极在充电深度达 80% 以前，充电效率较高，充电接受能力强。当接近全充电时，正电极产生氧气

$$4OH^- \longrightarrow 2H_2O + O_2 \uparrow + 4e^- \tag{5-20}$$

氧气产生后，由于隔膜中气体阻挡层的存在，因而不能在负极板被复合，只有随压力增大从气塞处排出，同时带出少许电解液。

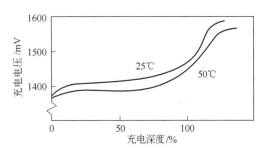

图 5-12 开口烧结式镉镍蓄电池的
恒流充电电压（C/10 充电率）

如图 5-12 所示，以 1/10C 充电，当充电深度从 20% 增加到 80% 时，由于正极电势升高，充电电压增高约 40mV。过充电时全部充电电流被用于在正极产生氧气。

相比而言，负极充电接受能力更强，直至达到 100% 充电时才放出氢

$$4H_2O + 4e^- \longrightarrow 2H_2 \uparrow + 4OH^- \tag{5-21}$$

镉电极上的氢超电势较高，0.1C 充电时约为 110mV，所以在负极进入过充电时，电势急剧上升。利用这一特点，可以控制和终止充电。

过充电时，全部电流用于将水电解成氢和氧，如下述总反应所示

$$2H_2O \longrightarrow 2H_2 \uparrow + O_2 \uparrow \tag{5-22}$$

此种过充电反应消耗水，从而降低了电池中的电解液面，但为了保持烧结电池的良好性能，适当过充电量是必要的。水的损耗可以通过控制过充电量加以限制，也可以通过加大电池上部空间来增加电解液量以尽量延长补加水的间隔时间。

为了最大限度发挥开口镉镍烧结式电池的潜在能力，必须阻止正极在全充电前产生的氧气到达负极化合。这种化合影响了负极的充电效率，并且由于镉电极的去极化而导致电压降低。为了防止氧在负极的再化合，可以通过在正、负极板间采用气体阻挡层隔膜及过量电解液淹没极板来实现。这对一般用途的烧结式电池是有效的，但对于航空电池来讲，由于气室偏小，气体阻挡层隔膜产生的电解液面升高会造成电池充电溢液。有资料表明，使用透气性隔膜可以解决这一问题，关键是控制好隔膜的透气量、内阻及吸液能力等。图 5-13 为开口烧结式镉镍蓄电池结构示意。

（1）极板　对烧结电池而言，根据极板生产工艺不同分为全烧结式（正负极均为烧结式）及半烧结式（正极为烧结式，负极为拉浆式或电沉积镉）。不同生产厂家的生产工艺及

工序基本相同。

① 骨架。骨架是烧结式电池基体或活性物质的导电支撑物，一般为冲孔钢带或编织网（国内普遍为冲孔镀镍钢带），冲孔钢带厚度为 0.08～0.1mm，孔径为 φ1.5～2mm，并具有 40％左右的孔隙率。

② 基板。浸渍之前用于填装活性物质的烧结多孔载体称为基板。一般具有 74％～76％（含骨架）或 80％～85％（不含骨架）的孔隙率，厚度为 0.5～0.95mm，所用镍粉通常为羰基镍粉，生产工艺有拉浆法与干粉法之分。目前普遍选用的是拉浆法。

在拉浆法中，镍粉与胶黏剂及水混合搅拌成镍浆，骨架穿过镍浆并由刮浆板调节基板厚度，拉浆基板经烘干后在 850～1050℃的还原气氛中烧结。烧结前的烘干非常重要，烘干过度，基板会产生大量裂纹；烘干不足会使基板与传动装置粘接。烧结温度与时间则直接影响基板的孔隙率与强度。烧结基板的特征是孔隙率高，表面积大，电导率高，而且力学性能良好。高孔隙率一方面可降低镍消耗，为活性物质和电解液提供较大的空间，另一方面可减轻电极重量。表面积大有利于电极的高倍率放电性能。图 5-14 为烘干和烧结的基本装置。

图 5-13 开口烧结式镉镍蓄电池结构示意
1—极板；2—隔膜；3—电解液；4—极柱；
5—外壳；6—安全孔保护帽

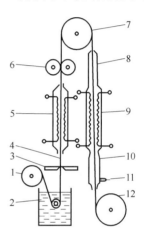

图 5-14 烘干和烧结的基本装置
1—镀镍钢带；2—镍浆容器；3—刮板；4—生基板；
5—烘干炉；6—滚轮；7—导向轮；8—顶热段；9—烧结炉；
10—冷却段；11—保护气体；12—基板

③ 浸渍。将微孔烧结基板填以活性物质的过程称为浸渍，是利用化学、电化学或热处理的方法将活性物质沉积在烧结基板上。一般过程是将基板浸入硝酸盐溶液，结晶、干燥除去水分，用苛性碱沉积成氢氧化物，经洗涤并干燥而成。但是由于硝酸镉浸渍工艺复杂，环境污染大，国内外厂家都在寻求新的烧结负极板生产工艺。乙酸镉热分解生产工艺简便，环境污染小，生产效率高，已被一些厂家采用。极板的增重一般应使孔容积的 40％～60％填入活性物质，保持 30％左右的剩余孔隙率。

④ 极板化成。浸渍结束后，在极板表面和微孔里黏附着加工过程中未清除干净的浮粉微粒及其他杂质离子。电极化成的目的，首先在于清除浸渍过程中在极板表面形成的浮粉和杂质，其次是通过氧化还原过程消除活性物质晶格缺陷，同时使其表面积增加。目前用于大规模生产的电极化成方法有电化学化成和化学化成。传统的电化学极板化成是对极板进行机械刷洗，而后将极板进行连续充电与放电、电化学清洗和烘干。极板化成质量的好坏将直接影响成品电池性能，特别是极板中的杂质含量影响很大，尤以氯离子为甚。电化学化成工艺流程为：

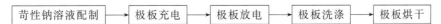

苛性钠溶液配制 → 极板充电 → 极板放电 → 极板洗涤 → 极板烘干

现已成功开发了极板不直接通电的电化学化成工艺。该工艺不仅避免了极板损伤，而且生产效率较传统的电化学化成提高了一倍。

化学法化成工艺是将极板在中性或碱性强氧化剂溶液中进行氧化与还原，以达到化成目的，然后经刷片、水洗、烘干而成。该工艺的最大特点是生产效率高，但由于杂质及其他因素影响，使得该工艺不适于有高启动功率要求和航空电池极板的化成。化学法化成工艺流程为：

$$\boxed{混合溶液配制} \rightarrow \boxed{浸混合溶液} \rightarrow \boxed{洗涤} \rightarrow \boxed{刷片} \rightarrow \boxed{极板烘干}$$

⑤ 负极毛坯。由于全烧结电池较贵，因而在烧结电池发展过程中，先后进行了拉浆镉负极与电沉积镉负极的工艺开发。相比而言，拉浆镉负极具有生产成本低、低温性能好的优点；电沉积镉负极则具有极板薄、容量高的优势。

(2) 隔膜　现行的烧结电池隔膜均为两层尼龙布夹一层聚乙烯接枝膜，其中尼龙布保护接枝膜不受损伤，其多孔性又能保证电解液中的离子导电。聚乙烯接枝膜作为气体阻挡层阻止了正极产生的氧气在负极复合，提高了充电效率。也可以将接枝膜与多孔保护膜机械复合为一个整体，形成复合隔膜，这样可直接按所需隔膜宽度进行连续生产，省掉了传统的裁膜工作。

结构不同、使用要求不同的烧结电池所用隔膜应有所区别，如对航空电池而言，由于气室偏小，加之使用环境特殊，一般应选用半透气性隔膜。由于充电过程中氧在负极复合是一个放热过程，因而透气性隔膜不适用于大容量烧结电池，否则会因电池发热而损坏隔膜，引起电池失效。

(3) 极板组　将正负极板相间装配，两极间夹入隔膜。电池极柱与极板的连接，采用螺栓连接或将极耳（导电片）与极柱焊接在一起。连接用螺栓初期为双头螺栓，需从两边拧上螺母方可紧固极组；而后改为单头螺栓，不仅操作方便，而且节省了费用。为确保连接可靠又不损伤极板，在极板极耳（导电片）间可以适当装入垫圈。

(4) 电解液　由于烧结电池大多用于常温环境，因而常规的电解液为密度 $1.20g \cdot mL^{-1}$ 的氢氧化钾水溶液加入一定量含结晶水的氢氧化锂，电解液中加入氢氧化锂可以增加正极板容量，延长电池循环寿命。航空电池由于应用领域广阔，使用的电解液是密度为 $1.25g \cdot mL^{-1}$ 的氢氧化钾水溶液。对于有低温启动要求的蓄电池，则应根据具体的使用条件，分别选用不同密度的电解液。

(5) 单体电池壳、盖及封口　在开口烧结电池开发初期，为确保使用可靠，一般选用疏水性尼龙（如尼龙610、尼龙1010）材料生产电池壳、盖，而后将壳、盖粘接完成封口。后来陆续选用了 ABS、MBS 作为电池壳、盖材料，封口工艺也实现了超声波焊接及热板焊接，二者均为热熔焊接，焊接质量远远好于胶粘封口。目前，超声波焊接主要用于民用产品（MBS 材料），而热板焊接主要用于航空电池封口（尼龙材料）。对于有强冲击、振动使用要求的电池如航空电池，其外壳材料应选择尼龙以确保力学强度，尤其在低温环境下使用要保证电池的可靠性。

(6) 工作气塞　气塞的作用是及时排出电池充电过程中电解水产生的气体，同时防止空气进入电池污染电解液，移去气塞又可通过注液口向电池补加净化水或电解液。不同使用条件的电池其气塞结构略有不同。电力系统使用的烧结电池，其气塞结构比较简单，电池内部稍有气体便可排出，因此这种电池严禁倒置，否则会流出电解液；而航空电池气塞上有一套管，只有电池内部气压达到某一规定值

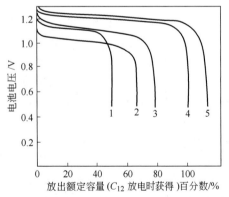

图 5-15　开口镉镍烧结式碱性蓄
电池典型放电曲线
1—1C（−40℃）；2—10C（25℃）；
3—5C（25℃）；4—1C
（25℃）；5—0.1C（25℃）

时，电池内部气体方可打开套管向外排气。

5.1.5.2 性能

(1) 放电特性 开口镉镍烧结式碱性蓄电池由于采用薄极板结构，因而能以高倍率及在较低温度下放电，且放电曲线平稳，其放电曲线见图5-15。

开口镉镍烧结式碱性蓄电池最重要的应用是用于启动领域。烧结电池因为内阻小，能以高达20~40倍率的脉冲电流放电，因此广泛用于要求大电流放电的场合，如电力系统的分合闸电源、飞机发动机及其他军械、内燃机发动机的启动电源。

(2) 比能量和比功率 开口镉镍烧结式碱性蓄电池在常温下的比容量、比能量和比功率的典型平均值如表5-3所示。

表5-3 开口镉镍烧结式电池的比容量、比能量和比功率

项　　目	数　　据
比容量(单体电池,1小时率)	$18\sim26A\cdot h\cdot kg^{-1}$;$30\sim53A\cdot h\cdot L^{-1}$
比能量(单体电池,1小时率)	$21\sim31W\cdot h\cdot kg^{-1}$;$36\sim64W\cdot h\cdot L^{-1}$
比功率(最大功率)	$360\sim600W\cdot kg^{-1}$;$600\sim1100W\cdot L^{-1}$

注：比功率为镉镍航空电池组试验数据。

(3) 蓄电池的失效机制 蓄电池的失效机制包括隔膜损坏、短路、电池壳裂缝和漏液、电池组连接失效、记忆效应、热失控等。

① 隔膜损坏。由于开口镉镍烧结式电池所用隔膜由有机物复合而成，强度较低，受环境影响大，因而是最易损坏的组件。损坏原因一般是过充电电流过大、过充电温度较高或电解液液面低时大电流放电所致。

② 短路。极板毛刺及其他极板不平处刺破隔膜会引起电池内部短路。电池极板内部压力及使用中的振动也会加剧短路的发生。

③ 电池壳裂缝和漏液。由于气塞清洗不净致使排气不畅，或短时大电流放电引起电池内部压力过大，造成电池壳出现裂缝，发生漏液现象。电池壳裂缝、漏液也可能是由于更换和维修电池时的不良操作或电池封口有缺陷而造成的。

④ 电池组连接失效。由于电池组装配时工作失误，电池间连接装配力矩不够，大电流放电时损坏极柱丝扣，或金属零件落到充电态电池组上部，致使单体电池间短路烧坏连接点。

⑤ 记忆效应。记忆效应最早在卫星用镉镍烧结电池中被发现。含有Cd电极和Ni电极的碱性蓄电池，由于某种固定或不规范的充放电制度，引起Cd电极中晶体增大，比表面积减小，或使Cd电极中形成新的合金而钝化，以及造成Ni电极膨胀或生成不导电的$Ni(OH)_2$而引起电池电压下降或容量减少的现象，即电池的记忆效应。由于蓄电池长期处于浮充状态而不放电，致使蓄电池容量及其他电气性能逐渐降低，因而对运行中的电池必须进行定期活化，消除或减少记忆效应。一般是先将蓄电池进行彻底放电（不能过放电），而后再充电进入完全析气状态的过充电。

⑥ 热失控。由于电池隔膜损坏致使电池在恒电压充电至过充电后，充电电流没有下降到较低值，从而引起电池温度升高直到电解液沸腾。这种温度升高主要是由于氧的再化合引起的。

5.1.6 镉镍密封碱性蓄电池

镉镍密封碱性蓄电池采用了特殊设计，以防止充电时由于析气而产生高压，电池可以密封，除再充电外，使用时无需维护和保养。由于这一独特性能，该系列电池广泛应用于各种便携仪器、移动电话、家用电器、电动工具、摄像机、电子计算机及照明、玩具、备用电源等。

镉镍密封碱性蓄电池重要特点如下。

① 无维护工作。除再充电外，无需维护和保养。

② 快速充电。镉镍密封碱性蓄电池在一定控制条件下，可以快速充电。快充型电池可以在 $1\sim1.5h$ 内充足电，普通电池也可以在 $3\sim7h$ 内充足电。所有这种电池都可以在 $14\sim16h$ 内充足电。

③ 高倍率放电。该系列电池内阻小，放电电压平稳，特别适于大电流放电或脉冲放电使用。

④ 适用温度范围宽。镉镍密封碱性蓄电池可在 $-40\sim+50℃$ 范围内工作，特别是低温性能非常好，高温型电池工作温度可放宽至 $70℃$。

⑤ 工作寿命长。循环寿命可达 $500\sim1000$ 次，作备用电源可长达 $5\sim10$ 年。

5.1.6.1 密封的可能性

镉镍电池是首先实现密封的一种电池，因为该电化学体系具有一些优越的特性。

① 镉在碱性溶液中的平衡电极电势比氢正，且氢在镉电极上析出的超电势比较大。这就意味着适当控制充电电流即可抑制氢的产生，充电效率达 100%，而且储存期间也无氢气产生。

② 镉负极是分散性较好的海绵状镉，对氧有很强的化合能力。

20 世纪 40 年代，许多学者对镉镍密封原理，特别是镉镍的"氧循环"机理进行了深入研究，发现镉镍形成的氧循环：充电时正极上形成的氧很容易在负极得到还原；然而在负极析出的氢以极慢的速度在正极得到氧化。镉镍形成氧循环需要一些条件：负极的容量比正极高；无游离电解液，但电极极板及隔膜中吸收有电解液；气态氧从正极向负极转移，负极覆盖有电解液膜。这样，电池内部就可建立氧循环过程：充电后期，正极上析出的气态氧，通过隔膜孔隙传输到负极表面电解液覆盖膜上，气态氧在电解液覆盖膜上溶解并扩散到镉极表面，并可能以以下两种方式中的一种进行反应。

a. 镉与氧相互作用，即以腐蚀反应为基础的化学机理。

$$Cd+1/2O_2+H_2O \longrightarrow Cd(OH)_2 \tag{5-23}$$

b. 包含电子直接转移的电化学机理。

$$1/2O_2+H_2O+2e^- \longrightarrow 2OH^- \tag{5-24}$$

此外，在充放电过程中，$Cd(OH)_2$ 发生还原反应

$$Cd(OH)_2+2e^- \longrightarrow Cd+2OH^- \tag{5-25}$$

随着氧压增加，反应［式(5-24)］作用比反应［式(5-25)］不断增加，在过充电时变为镉电极上唯一的阴极反应。在开路或放电初期，依据腐蚀机理，氧循环继续进行。这可用短路 $Cd\text{-}O_2$ 微电池加以解释。镉镍电池反应是氧的阴极还原反应式(5-24) 和镉的阳极氧化反应

$$Cd+2OH^- \longrightarrow Cd(OH)_2+2e^- \tag{5-26}$$

总反应

$$Cd+1/2O_2+H_2O \longrightarrow Cd(OH)_2 \tag{5-27}$$

负极上氧循环较易实现，因为氧的析出电势至少比反应［式(5-25)］要高 $100mV$，即在氧析出之前，允许氧还原，这样电池就可正常充电及过充电而无气体析出。

5.1.6.2 密封措施

以上两个特性给密封提供了可能性，对于镉镍电池在工艺设计上采取一些必要措施，就可防止充电或过放电时氢气的析出。

① 使负极容量超过正极容量，即负极具有过量的未充电活性物质，通常把这部分物质称为充电储备物质。当正极充电时如果发生过充，负极上还有部分 $Cd(OH)_2$ 未被还原，因此，不致发生氢离子还原而产生氢气。

此外，还可以建立镉氧循环：在充电末期或过充电时，正极产生的氧气扩散到负极表

面，被负极海绵状镉所吸收生成 $Cd(OH)_2$，又成为充电储备物质。这种充电的保护作用称为镉氧循环过程。图 5-16 为镉氧循环过程的示意。

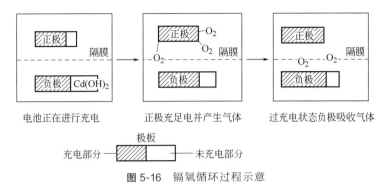

图 5-16　镉氧循环过程示意

一般密封电池正负极活性物的质量应控制在负极容量/正极容量＝1.3～2.0 范围内，对于不同用途、不同要求的电池，其活性物质的比例应做相应调整，但比值不应低于 1.25。

② 限制电解液量。为了保证氧气从正极向负极顺利地迁移，电解液量要适当：太少，内阻增大，会影响电池容量和寿命；太多，电解液易把隔膜气孔全部淹没，不利于氧气迅速向镉电极扩散，减少了氧与镉化合的反应表面，使电池内压升高，易出现溢液等。

③ 采用透气性强的微孔隔膜。隔膜应尽量薄，使电池内阻减至最小，便于气体扩散，给电池提供最大空间。隔膜的结构既要提供离子导电，保持电解液，又要有提供氧气扩散的气相微孔。但孔径应尽量小，以免活性物质的枝晶穿透。

④ 实行反极保护。电池在组合使用时，由于电池组中各单体电池的容量不尽相同，其中容量最小的电池就决定了该电池组的容量。特别是放电深度大时，容量小的电池会处于反极充电状态（俗称过放电），容量小的电池成为接受充电的"用电器"，析出的气体会使电池内部压力迅速增大。

为了避免这种反极充电的危险，主要有两种方法进行反极保护：一种是在正极中加入反极物质；另一种是增加辅助电极，使氢和氧进行再化合反应。目前大多采用反极物质的方法，在正极中添加一部分反极物质 $Cd(OH)_2$。在正常充放电时，这部分物质不起作用，一旦电池深度放电而反极时，正极中的 $Cd(OH)_2$（反极物质）可进行阴极还原

$$Cd(OH)_2 + 2e^- \longrightarrow Cd + 2OH^- \tag{5-28}$$

该反应代替了氢离子的还原，被还原的镉还能吸收反极充电时在负极上析出的氧，构成镉氧循环。这样即使反极充电，也不会有气体的累积而造成内压过大。图 5-17 为充电储备物质和反极物质的示意。

5.1.6.3　结构

镉镍密封碱性蓄电池按结构分为圆柱形电池、扣式电池（包括椭圆形电池）、小矩形电池（或称角形电池）和方形液密电池。

(1) 圆柱形电池　圆柱形电池容量范围在 0.07～10A·h，是镉镍密封蓄电池系列中发展较早、成熟较快的一种，工艺十分成熟。这种电池结构可获得更好的机械和电气性能，因此其品种、数量最多，用途十分广泛。此电池的典型结构如图 5-18 所示。

圆柱形镉镍密封蓄电池采用的正极板有烧结式、泡沫（或纤维）式及黏结式，前两种最为常见。烧结式镍电极是在烧结的多孔镍基体内，采用化学或电化学方法填充氢氧化镍活性物质而制备的。泡沫式镍电极采用泡沫或纤维镍基体，用拉浆法填充活性物质制备而成。黏结式镍电极采用拉浆或滚轧方法经干燥制备而成。

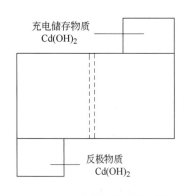

图 5-17　充电储备物质和反极
物质示意

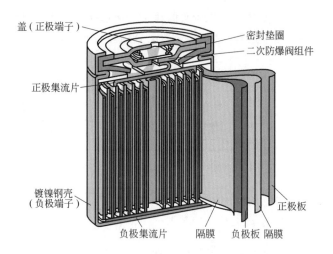

图 5-18　圆柱形密封电池结构示意

镉负极也有多种制备方法，如烧结式、泡沫（或纤维）式、拉浆式、电沉积式等。烧结式和泡沫（或纤维）式镉负极制备方法同镍正极相似，只是填充的活性物质不同而已。拉浆式是将负极活性物质及添加剂与黏结剂溶液混合成浆，直接涂在导电骨架上。电沉积式是采用连续电化学沉积，将负极活性物质电沉积到导电骨架上，这种方法污染小，有利于环境保护。

极板加工处理后，将正负极裁成规定尺寸，再用隔膜将正、负极隔开，连同正、负极一起卷成圆柱形极组。国内通常采用维尼纶复合膜作隔膜，该材料耐碱并可吸收大量氢氧化钾电解液，允许氧气透过。然后把极组放入镀镍钢壳内，负极焊在壳上，加入电解液，正极焊在防爆盖上，封口。这种电池无游离电解液，防爆盖上带有二次防爆装置，可防止过充过放产生大量气体形成壳内高压，引起电池爆炸。

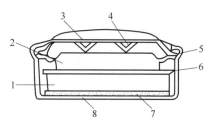

图 5-19　镉镍扣式电池典型结构
1—正电极；2—负电极；3—盖；4—触点；
5—密封垫圈；6—隔膜；7—切拉网；8—壳

（2）扣式电池（包括椭圆形电池）　这种电池是指电池总高度低于横截面直径的一类电池，其容量一般比较低，为 $0.02\sim0.5A\cdot h$。镉镍扣式电池典型结构如图 5-19 所示。

扣式电池正负极板通常由"压模"而成，活性物质在模具内压成圆片或板状。目前，正负极板也较多采用了烧结式极板，然后冲切成圆片或板状。正负极板用隔膜隔开放入镀镍钢壳内，再放入密封垫圈、钢弹簧和盖，冲压密封而成。

在某种情况下，电极以金属切拉网或筛网作载体，以加强导电性和力学强度。扣式电池没有安全装置，其结构允许电池膨胀。膨胀时，不是中断电气连接，就是打开密封，以缓解在异常情况下所引起的高内压。

扣式电池特别适用于小电流充放电。

（3）小矩形电池　小矩形电池又称角形电池或口香糖电池，其容量一般为 $0.4\sim2.4A\cdot h$。由于这种电池组合使用时可充分利用空间，使仪器体积减小，因此得到较快发展。

这种电池的极板组结构与开口电池相似，其密封盖结构与圆柱电池盖相似。这种电池壳、盖是用激光焊机焊在一起的，因此盖板与盖上部防爆结构顶部正极端子之间有一绝缘垫，电池的结构如图 5-20 所示。目前，机械封口结构也得到了应用。

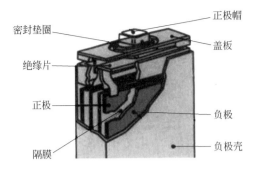

图 5-20　小矩形电池结构示意

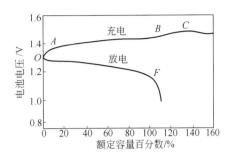

图 5-21　镉镍密封碱性蓄电池典型充放电特性曲线

(4) 方形液密电池　方形液密电池是在开口烧结式电池基础上发展起来的，其结构类似于开口镉镍电池，不同之处是气塞。方形液密电池气塞内部带有当内压在 0.1～0.15MPa 时仍保持不泄气的部件。

这种电池容量一般在 10～40A·h，其极板与开口电池相似。通常采用复合氧气性能更好的拉浆式负极板；正极板采用烧结式镍电极，工艺上适当加大了有效表面积。隔膜采用了透气性好的聚丙烯材料，电池内部无游离电解液。电池气塞内加入了橡胶密封球以防止电池漏液。

这种电池可以取代开口电池应用于各种电力设备上。

5.1.6.4　性能

(1) 充放电特性　镉镍密封碱性蓄电池的典型充放电特性曲线如图 5-21 所示。从图中可以看出，镉镍电池放电电压比较平稳，一般在 1.20～1.28V 之间，到了放电终止时（F 点），由于活性物质被大量消耗，极化明显增大，电池电压急剧下降至终止电压。

充电开始时，由于欧姆内阻和极化电阻作用，电池电压急剧上升（OA 段）；然后电池电压在 1.40～1.45V 之间缓慢上升（AB 段），正负极电极在此电势下，放电态物质转化为充电态物质；当达到 B 点以后，正极大部分活性物质都转化为充电态物质，正极极化上升至发生析氧反应，氧急剧增加。当电池内压达到一定程度时（C 点），氧扩散至负极并开始被负极充电态物质吸收，又转化为放电态物质，负极电势向正方向转化，使电池电压下降，同时电池温度上升，电池充电终止。图 5-22 给出了镉镍圆柱形密封电池不同倍率下充电特性曲线。

恒流充电时，通常采用 0.1C 充电 14～16h，或采用 0.2C 充电 6～7h。在这些条件下，对电池无损坏，用较高充电率充电会导致内压升高而损坏电池。

恒压充电易导致热失控，通常不采用，有时可以采用限流恒压充电。此外，浮充电是以较低的恒电流充电，使电池保持全充电状态，每 6 个月定时放电，随后再充电，以保持电池最佳状态。

对同一电池而言，放电电流越大，则放电电压越低；放电曲线平缓部分越短，其倾斜也越大。对于不同类型电池，扣式电池倍率放电性能最差，方形液密电池最好，圆柱形及角形电池居中。图 5-23 给出了圆柱镉镍密封电池不同倍率下的放电特性曲线。

(2) 温度影响　镉镍密封碱性蓄电池在较宽温度范围内具有良好的工作特性。在−20～30℃ 之间工作状态最佳，在 70℃ 时，仍可获得比较好的工作特性；在低温高倍率放电时，其性能明显好于铅酸蓄电池，略次于开口烧结式电池。

高温时性能下降是由于工作电压下降或自放电所致。为了有针对性地解决这些问题，已有在高温下性能良好的耐高温电池。低温性能下降主要是由于内阻增大，若采用较高浓度电解液，低温下内阻增加较小，因而可获得较好性能，在−20℃ 的环境下能放出电池额定容量的 80% 以上，在−45℃ 仍可放出电池额定容量的 60% 左右。图 5-24 给出了其不同温度下的放电特性曲线。

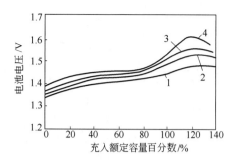

图 5-22 镉镍圆柱形密封电池
不同倍率下充电特性曲线
1—0.1C；2—0.2C；3—0.5C；4—1.0C

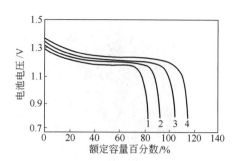

图 5-23 圆柱镉镍密封电池
不同倍率下的放电特性曲线
1—8C；2—4C；3—1C；4—0.2C

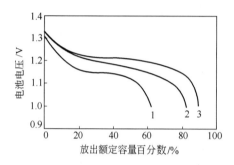

图 5-24 圆柱镉镍密封电池低温放电特性曲线
1——45℃；2——18℃；3—0℃

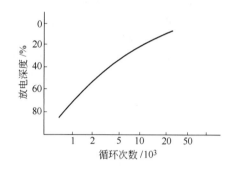

图 5-25 镉镍密封碱性蓄电池放电
深度与循环寿命关系

(3) 循环寿命和电池失效　镉镍密封碱性蓄电池有较长的寿命。全充放寿命可达 500 次以上，如果浅充放，寿命会更长。图 5-25 给出了其放电深度与循环寿命的关系。

电池失效分可逆失效与不可逆失效两种。当电池性能不符合规定要求但通过适当方法能恢复到可用的状态时，称为可逆失效。当电池不能用一般方法恢复其失效状态时，称为不可逆失效。

可逆失效通常表现为电池的"记忆"效应。烧结式电池经受长期搁置或过充、浅放，均会导致容量衰减，但电池经过数次全充放循环后，其性能可以恢复，"记忆"效应得到消除。

密封电池不可逆失效一般是由于短路和电解液损耗引起的。短路是由于隔膜失效或者正负极膨胀造成的。电解液损耗主要是因为高倍率或反复充放引起电池内压增高，通过二次防爆结构电解液外渗而产生损耗；另一个原因是电解液通过密封圈外渗而消耗。容量损耗与电解液量减少成正比。

电池在高温状态更容易产生不可逆失效。高温会使隔膜受损而造成电池短路，同时较高的温度使电解液更容易通过密封圈蒸发而损失，因此温度越高，电池损坏越快。

5.2　氢镍及金属氢化物镍蓄电池

氢是未来最理想的二次能源，将氢作为蓄电池负极活性物质是实现水-氢循环能量体系的重要方法。

在以氢作为活性物质的蓄电池中，碱性水溶液的 H_2-Ni 体系最具代表性。这种电池有两种类型：一种是气体氢为活性物质，因电池内部氢气压力高，俗称高压氢镍电池；另一种是以具有吸、脱氢能力的金属氢化物为活性物质，将氢吸收在金属间化合物电极中，表示为 MH-Ni，称为金属氢化合物镍蓄电池，一般也简称为氢镍电池。从电池两极的活性物质来看，虽属同名，但电池的反应机理、性能和应用各不相同。

5.2.1　氢镍蓄电池

20 世纪 60 年代发展起来的全密封镉镍蓄电池是第一代空间用储能蓄电池，与太阳能电池方阵联用作空间飞行器的电源。空间飞行经验证明，镉镍电池作为长寿命卫星的储能装置，是卫星在轨工作寿命的限制因素之一。例如，用全密封镉镍电池作为储能电源的国际-Ⅳ通信卫星，设计寿命 7 年，实际在轨工作 5 年半，已满足不了卫星电力要求，不得不关闭部分星载设备，以减少蓄电池的供电功率。20 世纪 70 年代初，美国和苏联以及西欧和中国，相继在燃料电池和全密封镉镍蓄电池的技术基础上开发出了氢镍蓄电池。用改进的氢氧燃料电池的氢电极代替镉电极，负极活性物质氢气充满全部电池空间，电池壳体是储存氢气的高压容器，制成第二代空间用蓄电池——氢镍蓄电池，已广泛用于同步轨道（GEO）和低轨道（LEO）卫星。氢镍电池与镉镍电池相比，可以深放电使用，放电深度 DOD $\geqslant 70\% \sim 80\%$；比能量高（$60 \text{W} \cdot \text{h} \cdot \text{kg}^{-1}$），寿命长（LEO，DOD 40%，40000 次；GEO，DOD $60\% \sim 70\%$，15 年），并且耐过充电和过放电，长时间大电流过放电对电池基本无害；电池内部的氢气压力可以直接反映电池的荷电状态，可方便地作为电池的充放电控制信号。这些特点使氢镍电池体系成为目前许多航天器的储能分系统。

氢镍电池的负极按结构不同，可分为憎水性氢电极和亲水性氢电极两类，活性物质氢以气态形式存在。美国、法国、英国、日本及中国开发成功的都是憎水性负极的氢镍电池，俄罗斯研制成功的则是亲水性负极的氢镍蓄电池。无论是憎水负极还是亲水负极，都可以制成下述四种氢镍电池。

(1) IPV (independent pressure vessel) 电池　独立容器电池，电压 1.2V，每个容器里只有一只电池（图 5-26）。

图 5-26　IPV 氢镍电池

(2) CPV (common pressure vessel) 电池　共容器电池，每个容器里有多个极组串联，电压是 1.2V 的倍数（图 5-27）。

图 5-27　CPV 氢镍电池

(3) SPV（single pressure vessel）电池　一个电池组共用一个压力容器，电压为电池组设计电压（图5-28）。

图 5-28　SPV 氢镍电池

(4) DPV（dependent pressure vessel）电池　一个电池一个容器，但容器（电池）的端面相互靠紧、相互支撑组成电池组，电压为电池组设计电压（图5-29）。

美国的四种氢镍电池在空间都有应用，但使用最多的是 IPV 电池；俄罗斯的 IPV、CPV 电池在空间都有使用，但在寿命和比能量方面远不如美国。下面将重点介绍憎水性负极的 IPV 电池。

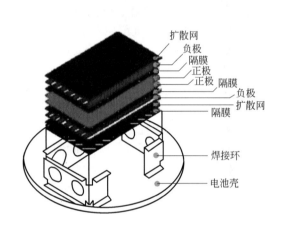

图 5-29　DPV 电池结构示意

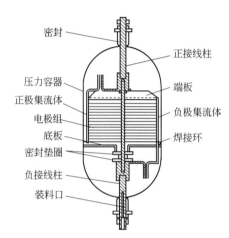

图 5-30　氢镍电池结构

5.2.1.1　结构

氢镍电池结构如图 5-30 所示，电池外壳是个两端呈半球形的压力容器，由高强度镍基合金 Inconel 718 材料制成。两极柱在电池同端或分别在电池两端，极柱密封采用陶瓷金属封接结构或塑料压缩密封结构。正极、隔膜、负极扩散网和负极组成的极组由端板固定，通过焊接环固定在压力容器上。镍电极由多孔烧结镍基板经电化学浸渍而成，氢电极是用活性炭作载体，用聚四氟乙烯（PTFE）黏结的多孔气体扩散电极，它由含铂催化剂的催化层、拉伸镍网导电层、多孔聚四氟乙烯憎水层组成。隔膜使正极、负极隔离，不允许电子通过，但允许隔膜中的离子输送正极和负极反应时产生的电荷，扩散网为负极活性物质氢气提供通道。

将正负极、隔膜、扩散网等按"背靠背"式或"再循环"式堆叠成电极组（图5-31）。"背靠背"式的电极堆叠方式是美国通信卫星实验室采用的结构；"再循环"式的电极堆叠方式是美国休斯公司为空军研制的，这两个单位所研制的氢镍电池还有其他一些不同的结构特征。

电池充电后，根据设计不同，氢气压力可以达到 $4.0\sim11.0MPa$，压力容器的安全系数即爆炸压力是最高工作压力的数倍，一般应不小于 3。KOH 水溶液浓度为 $31\%\sim38\%$，电

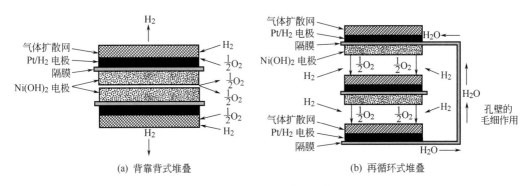

(a) 背靠背式堆叠　　　　　　　　(b) 再循环式堆叠

图 5-31　电极组堆叠方式

解液浓度低时，电池容量小，放电电压高，寿命长；电解液浓度高时，电池容量高，放电电压低，寿命短。空间使用低浓度电解液，以舍弃电池高容量而求得长寿命。

5.2.1.2　工作原理

氢镍电池是个全密封体系，正极为氧化镍电极，活性物质为 NiOOH 和 $Ni(OH)_2$，负极是 Pt 催化电极，活性物质为 H_2，电解液是氢氧化钾水溶液，电池在最后密封前，可以设定负极活性物质 H_2 过量，或者正极活性物质 NiOOH 过量。前者称为正极容量限制设计，后者称为负极容量限制设计，简称正限制或负限制。第一代氢镍电池是正限制电池，电池有很好的过放电保护机制，后来开发出负限制电池，储存性能更好，但没有过放电保护机制，两种设计电池正常工作的电化学反应相同。这里以正限制电池为例，电池正常使用放电、充电和不当使用过放电、过充电时的电极反应如下。

(1) 正常使用　氢镍电池在充电时不断析出氢气，并储存在作为电池壳体的耐压容器里，放电时，氢在铂催化剂的作用下被氧化。电池的充放电过程如下所示。

$$正极反应 \qquad NiOOH + H_2O + e^- \underset{充电}{\overset{放电}{\rightleftharpoons}} Ni(OH)_2 + OH^- \qquad (5\text{-}29)$$

$$负极反应 \qquad \frac{1}{2}H_2 + OH^- \underset{充电}{\overset{放电}{\rightleftharpoons}} H_2O + e^- \qquad (5\text{-}30)$$

$$电池总反应 \qquad NiOOH + \frac{1}{2}H_2 \underset{充电}{\overset{放电}{\rightleftharpoons}} Ni(OH)_2 \qquad (5\text{-}31)$$

电池正常充放电反应表明，放电时，氢气在负极上被氧化为水，充电时水电解生成氢气。总反应表明，在放电时氢把高价氢氧化氧镍还原成低价氢氧化镍，而电池中 KOH 电解质浓度或水的总量没有变化。

(2) 非正常使用　非正常使用有两种：过充电和过放电。给电池充电时，可能由于没有适宜的充电控制方法来严格地控制充电，或者控制失灵，给电池充足电后未及时停止充电，造成过充电。电池在深放电使用中，串联电池组中容量小的电池，可能在其他电池推动下，出现反极的过放电情况。

① 过充电。过充电时正极上的 $Ni(OH)_2$ 全部转化为 NiOOH，正极上发生的充电反应转变为电解水的析氧反应。其反应式为

$$2OH^- \longrightarrow \frac{1}{2}O_2 + H_2O + 2e^- \qquad (5\text{-}32)$$

负极上除了电解水生成氢气的反应继续发生外，还存在另外两个反应

$$\frac{1}{2}O_2 + H_2O + 2e^- \longrightarrow 2OH^- \qquad (5\text{-}33)$$

$$\frac{1}{2}O_2 + H_2 \longrightarrow H_2O \qquad (5\text{-}34)$$

过充电时，正极上产生氧气，负极生成氢气。在铂的催化作用下，氧在氢电极上与氢复合生成水。随着过充电的继续进行，KOH 浓度和水的总量不发生变化。氧在负极上复合的速度很快，即使过充电速度很大，在氢气气氛中氧也不会有明显积累。

氢镍电池本身会通过自身的温度升高来调节反应式(5-31)～式(5-34) 四个反应的速度，在某个电池压力、温度、组分下达到平衡，在一定的过充电电流和外部环境下，电池参数不变。

② 过放电。正极上电化学活性的 NiOOH 全部转化为 $Ni(OH)_2$，电极反应变为生成 H_2 的电解水反应，其反应式为

$$H_2O + e^- \longrightarrow \frac{1}{2}H_2 + OH^- \qquad (5\text{-}35)$$

负极上原放电反应在过放电时继续进行，即

$$\frac{1}{2}H_2 + OH^- \longrightarrow H_2O + e^- \qquad (5\text{-}36)$$

反应式(5-35) 与反应式(5-36) 互为逆反应。这时电池内的物质运动为氢气从正极上生成，在负极上复合，正负极之间电压为 $-0.2V$ 左右，这种现象称为电池反极，$-0.2V$ 为反极电压。过放电时电池会自动达到平衡状态，电池温度较同样电流过充电时低得多，因为过放电时消耗的功率为反极电压 $-0.2V$ 与过放电电流的乘积，是过充电时电压 $1.5V$ 与电流乘积的 $1/7.5$。这就是氢镍电池过放电保护机理，是正限制氢镍电池独有的。

电池中没有压力积累和电解液浓度的变化是该电池的突出特点。

5.2.1.3　性能及应用

氢镍电池一般采用电化学浸渍的镍电极。实践证明，电化学浸渍镍电极比化学浸渍镍电极变形小，因而循环寿命长，而且电化学浸渍镍电极的容量随温度的降低而增加。图 5-32 是 30A·h 氢镍电池以相同速率（$C/5$）在不同环境温度下的充放电特性曲线。

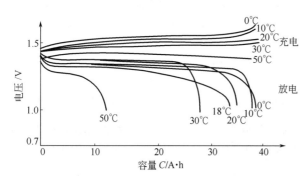

图 5-32　30A·h 氢镍电池在不同环境温度下的充放电特性曲线 （$C/5$）

氢镍电池推荐采用恒流充电，充电速率的范围是 $C/30\sim 1C$。充电效率随环境温度的升高而降低，环境温度在 30℃ 以上时，不宜采用低于 $C/10$ 速率充电。在高温环境中低速率充电的效率低，电池难以达到完全充电状态。与此相反，在环境温度低于 0℃ 时，不宜采用高于 $C/5$ 的速率充电，以防止电压过高。

电池以相同放电速率放电时，其放电电压随环境温度的降低而略有降低。若在同一温度下放电，电池的放电电压随着放电速率的增加而略有下降。

氢镍电池的一个特点是可以用氢气压力表示电池的荷电状态。图 5-33 是氢镍电池在充放电过程中氢气压力的变化情况。

充电时氢气压力随充电的进行而直线上升，直至氧化镍电极接近全充满状态。在过充电时，正极上析出的氧气与负极上的氢化合生成水，因而在过充电时氢气压力几乎不变。在放电时，氢气压力又线性下降直至氧化镍电极完全放电为止，这时所保持的氢气压力为预先灌入电池内部的压力，一般约为 $0.7MPa$。如果电池由于过放电而反极时，在正极上产生的氢

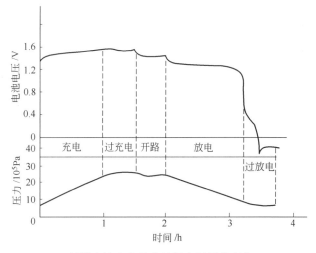

图 5-33 氢镍电池在充放电过程中氢压的变化 (23℃)

气就在负极上被消耗，再次使氢气压力趋于稳定。

氢镍电池的活性物质氢气充满全部电池空间，产生自放电的原因是正极 NiOOH 在氢气环境中还原。自放电率与氢的压力和环境温度有关，电池设计的压力越高，环境温度越高，电池的自放电率也越高。氢镍电池在开路搁置期的自放电较严重，特别是开始搁置的 1~2 天内，自放电速率较快，图 5-34 是导航技术卫星用 35A·h 氢镍电池在环境温度下的自放电情况。

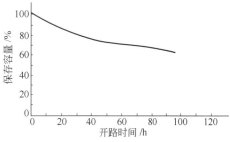

图 5-34 35A·h 氢镍电池在环境温度下的自放电曲线

氢镍电池主要用于空间领域，作长寿命 GEO 通信卫星的储能电源，近年来地面应用计划已开始实施，如长寿命无人值守光伏电站。

(1) 在同步轨道 (GEO) 卫星上的应用 GEO 卫星，在地球赤道上空 36000km，轨道周期 24h，与地球同步，相对定点赤道上空飞行，如图 5-35 所示。美国 1983 年发射的国际-VGEO 通信卫星，其第六颗 F-6 正式使用 27 只串联的 30A·h 氢镍电池组作电源，与太阳能电池方阵联合供电，作为卫星发射、转移轨道和卫星摄像时星载设备的电源。国际-V 氢镍电池采用库仑计充电控制，充电量是放电量的 115%，随后的涓流充电量由地面指令控制。国际-Ⅵ和

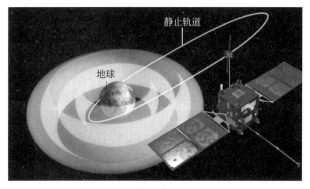

图 5-35 同步轨道 (GEO) 卫星

国际-Ⅶ通信卫星用的都是氢镍电池组，两者电池组容量分别是48A·h和120A·h。

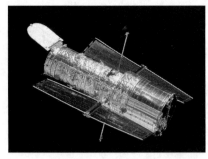

图 5-36　哈勃望远镜

（2）在低轨道（LEO）卫星上的应用　LEO卫星，其轨道高度300km，轨道周期96min，每天光照时间约61min，阴影时间为27～36min。美国在1990年发射的哈勃望远镜上使用了83A·h氢镍电池组，这是氢镍电池在LEO卫星上的典型应用。哈勃望远镜（图5-36）为天文探索做出了卓越的贡献，被人们称为天文学界"皇冠上的明珠"。哈勃望远镜和自由号空间站都属于低轨道卫星，氢镍电池组的设计寿命5～7年，允许用航天飞机在飞行轨道上定期更换电池组。

欧美有近60颗卫星用氢镍电池，在轨最长寿命接近15年，还未发现氢镍电池失效的情况，俄罗斯（包括苏联）称已有200颗卫星采用了氢镍电池组，最长寿命5～7年。在适应卫星大型化和长寿命方面，氢镍蓄电池比镉镍电池更有利。

5.2.2　金属氢化物镍蓄电池

实践证明，氢镍电池是一种性能良好的蓄电池，人们很自然地想到把航天技术转为民用产品。但由于航天用氢镍电池是高压氢镍电池，这对民用是很不适合的，而且它还需要用贵金属作催化剂，使氢镍电池的成本变得很高，这就很难为民用所接受，为此，国外自20世纪70年代中期开始探索民用的低压氢镍电池。

荷兰和美国都对能吸储氢的合金MH（hydrogen storing alloy metal）开展了研究，并试图用于开发蓄电池。荷兰Philips实验室和美国Brookhaven实验室先后发现LaNi$_5$和Mg$_2$Ni等储氢合金具有可逆的吸放氢性能，而且吸放氢过程中伴随着热效应、机械效应、电化学效应、磁性变化和催化作用等。根据它的电化学效应，从1973年开始人们就试图用LaNi$_5$作为二次电池的负极材料，但由于无法解决LaNi$_5$在充放电过程中容量迅速衰减的问题，而以失败告终。直到1984年，荷兰Philips公司解决了LaNi$_5$合金氢电极在充放电过程中的容量衰减问题，从而使利用储氢合金作为负极材料制造MH-Ni电池成为可能。随后日本、美国、中国发表了许多储氢合金制造氢电极的专利，20世纪90年代初日本实现了MH-Ni蓄电池的产业化生产。

在当时的国家"863"计划的支持下，国内多家单位联合攻关，利用国产的原材料和自己开发的工艺技术，研制出我国第一代"AA"型MH-Ni电池，并于1992年在广东省中山市建立了国家高技术新型储能材料工程开发中心和MH-Ni电池中试生产基地，有力地推动了我国储氢材料和MH-Ni电池的研制及其产业化发展进程。目前国内已建起数家年产数百吨储氢合金材料和千万只MH-Ni电池的大型企业，已发展成在国际上具有竞争力的MH-Ni电池生产基地。

MH-Ni电池同Cd-Ni电池相比，具有以下显著优点：①能量密度高，同尺寸电池，容量是Cd-Ni电池的1.5～2倍；②无镉污染，所以MH-Ni电池又被称为绿色电池；③可大电流快速充放电，充放电速率高；④电池工作电压也为1.2V，与Cd-Ni电池有互换性。

5.2.2.1　工作原理

MH-Ni电池的电化学原理与高压氢镍电池相似，区别是负极的活性物质不是氢气而是氢原子（故有人称它为氢原子镍电池），如图5-37所示。由Ni(OH)$_2$正极材料和储氢合金（表示为M）负极材料组成电池的反应式可表述如下

$$MH + NiOOH \underset{充电}{\overset{放电}{\rightleftharpoons}} M + Ni(OH)_2 \tag{5-37}$$

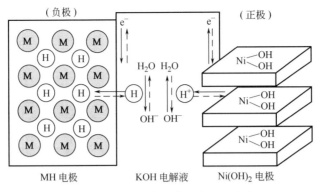

图 5-37　MH-Ni 电池的工作原理示意

从上式看，放电时负极里的氢原子转移到正极成为质子，充电时正极的质子转移到负极成为氢原子，不产生氢气，碱性电解质水溶液并不参加电池反应。实际上注入电池中的 KOH 电解质水溶液不仅起离子迁移电荷作用，而且其中的 OH^- 和 H_2O 在充放电过程中都参与了如下反应

正极 $$NiOOH+H_2O+e^- \underset{\text{充电}}{\overset{\text{放电}}{\rightleftharpoons}} Ni(OH)_2+OH^- \tag{5-38}$$

负极 $$MH+OH^- \underset{\text{充电}}{\overset{\text{放电}}{\rightleftharpoons}} M+H_2O+e^- \tag{5-39}$$

过充电时

正极 $$4OH^- \longrightarrow 2H_2O+O_2+4e^- \tag{5-40}$$

负极 $$2H_2O+O_2+4e^- \longrightarrow 4OH^- \tag{5-41}$$

总反应　0

过放电（反极）时

正极 $$2H_2O+2e^- \longrightarrow H_2+2OH^- \tag{5-42}$$

负极 $$H_2+2OH^- \longrightarrow 2H_2O+2e^- \tag{5-43}$$

总反应　0

从电池反应看出，与高压 H_2-Ni 类似，电池具有长期过放电和过充电保护能力。

在密封 MH-Ni 电池中，电池容量一般均按正极容量限制设计，因此电池负极容量应超过正极容量，将负极容量设计成正极容量的 1.3 倍甚至更高。这样在充电末期，正极先达到全充满状态，而后析出氧气，产生的氧气可以通过隔膜在负极表面还原成水，使负极不会达到完全充电状态而析出氢气，避免或减轻了电池内部压力积累升高的现象。

由于设计时可像 Cd-Ni 蓄电池和高压氢镍电池一样，把负极 MH 的容量制成足够大，当过充电时由正极放出的氧气可被 MH 中的氢气还原，因而可以将蓄电池进行密封。

5.2.2.2　结构

目前商品 MH-Ni 电池的形状有圆柱形、方形和扣式等多种类型。按电池的正极制造工艺分类，则有烧结式和泡沫镍式（含纤维镍式）两大类型。

根据 IEC 标准，MH-Ni 电池用 HF 表示方形 MH-Ni 电池，HR 表示圆柱形 MH-Ni 电池。电池尺寸主要包括圆柱形电池的直径和高度，方形电池的高度、宽度和厚度，数值之间用斜杠隔开，单位 mm。例如 HF18/07/49 表示方形镍氢电池，宽为 18mm，厚度为 7mm，高度为 49mm。

图 5-38 和图 5-39 分别是圆柱形和方形 MH-Ni 电池的结构示意。从外观上看，MH-Ni

电池与 Cd-Ni 电池的正极、隔膜、电解液、壳体、盖子相同，外观无明显区别，只是用金属氢化物电极取代了镉电极作负极。但在电池参数设计（如安全阀动作压力、正负极活性物质的比例等）、材料选择、电极工艺（如连续泡沫镍正极填充工艺等）等方面都有很大不同，这是由 MH-Ni 电池内压的特点和综合性能要求所决定的。

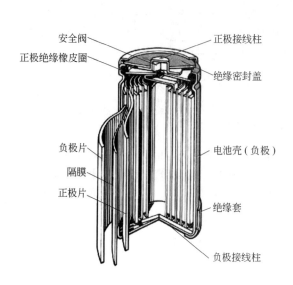 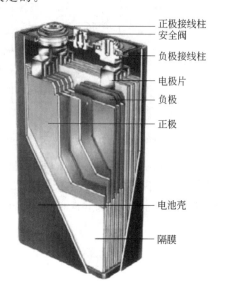

图 5-38　圆柱形 MH-Ni 电池的结构示意　　　　图 5-39　方形 MH-Ni 电池的结构示意

5.2.2.3　正极活性物质

在镍系列电池中，$Ni(OH)_2$ 常被作为正极材料的活性物质，但在高能应用如电动车中，由于其充放电速率不高，应用受到一定的限制。因此制备高容量、高活性的正极活性材料，特别是 $Ni(OH)_2$，成为国内外竞相研究的热点。

与原有的无规则形状的低密度 $Ni(OH)_2$ 相比，高密度球形 $Ni(OH)_2$（图 5-40）因能提高电极单位体积的填充量（＞20％）和放电容量，且有良好的充填流动性，现已成为镍系列电池生产中广泛应用的正极材料。对于高密度球形 $Ni(OH)_2$ 的定义，一般是松装密度大于 $1.5g \cdot cm^{-3}$、振实密度大于 $2.0g \cdot cm^{-3}$ 的球形 $Ni(OH)_2$。

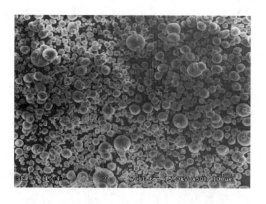 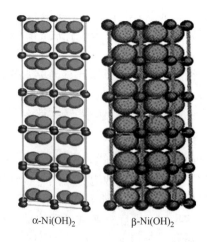

图 5-40　高密度球形 $Ni(OH)_2$ 的扫描电镜图　　图 5-41　α-$Ni(OH)_2$ 和 β-$Ni(OH)_2$ 的晶体结构

MH-Ni 电池的容量为正极所限制。因此，进一步改进正极材料球形氢氧化镍的性质及正极的制备工艺，提高正极材料的充放电容量，对于提高 MH-Ni 电池的综合性能有着重要意义。对于正极材料的研究与开发，重点在于研究材料的制备技术以控制氢氧化镍的形状、化学组成、粒度分布、结构缺陷、表面活性等，同时选择新型添加剂及成型工艺，以显著提高正极的放电容量与循环稳定性。

(1) 氧化镍电极　$Ni(OH)_2$ 存在 α、β 两种晶型（图 5-41），NiOOH 存在 β、γ 两种晶型。

α-$Ni(OH)_2$ 是层间含有靠氢键键合水分子的 $Ni(OH)_2$，一般在碱性溶液中不稳定。结晶度较低的 α-$Ni(OH)_2$ 在碱液中陈化转变为 β-$Ni(OH)_2$。因此可以控制一定的条件（如温度、陈化时间、pH 值等），在碱液中陈化实现 α-$Ni(OH)_2$ 向 β-$Ni(OH)_2$ 的转变。

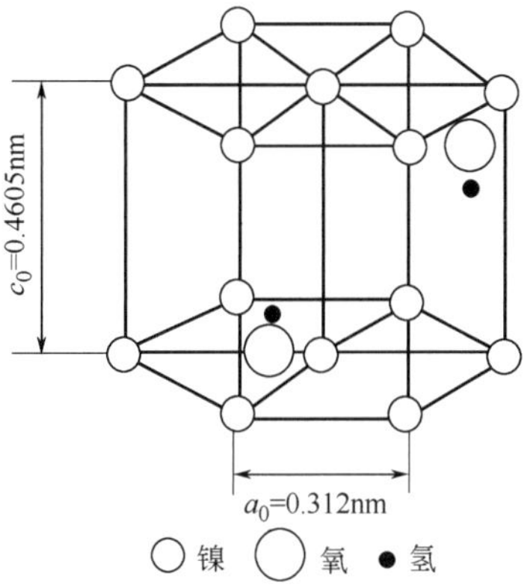

目前电池使用的 $Ni(OH)_2$ 均为 β 晶型。研究表明，结晶完好的 β-$Ni(OH)_2$ 由层状结构的六方单元晶胞（图 5-42）组成，每个晶胞中含有一个镍原子、两个氧原子和两个氢原子。两个镍原子之间的距离 $a_0 = 0.312nm$，两个 NiO_2 层间的距离 $c_0 = 0.4605nm$。NiO_2 层中 Ni^{2+} 与八面体间隙可能成为空穴，也可能被其他金属离子如 Co 和 Zn 等填充而形成 Ni^{2+} 的晶格缺陷。NiO_2 层间的八面体间隙可能填充有 H_2O、CO_3^{2-}、SO_4^{2-}、K^+ 和 Na^+ 等。

图 5-42　β-$Ni(OH)_2$ 六方单元晶胞

○ 镍　◯ 氧　● 氢

$Ni(OH)_2$ 和 NiOOH 各晶型的氧化态、最高密度和晶胞参数等均有差异，如表 5-4 所示。

表 5-4　不同晶型 $Ni(OH)_2$、NiOOH 的氧化态、最高密度和晶胞参数

晶　　型	Ni 的平均氧化态	最高密度/g·cm^{-3}	a_0/nm	c_0/nm
α-$Ni(OH)_2$	+2.25	2.82	0.302	0.76~0.85
β-$Ni(OH)_2$	+2.25	3.97	0.312	0.4605
β-NiOOH	+2.90	4.68	0.281	0.486
γ-NiOOH	+3.67	3.79	0.282	0.69

在充放电过程中，各种晶型的 $Ni(OH)_2$ 和 NiOOH 之间存在一定的对应转变关系，如图 5-43 所示。

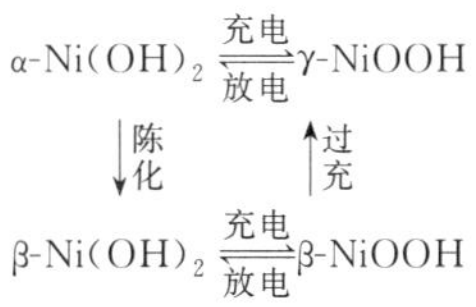

图 5-43　各种晶型的转变关系

研究表明，β-$Ni(OH)_2$ 在正常充放电条件下转变为 β-NiOOH，相变过程中产生质子 H^+ 的转移，NiO_2 层间距 c_0 从 0.4605nm 膨胀至 0.486nm，Ni-Ni 间距 a_0 从 0.312nm 收缩至 0.281nm。由于 a_0 收缩，导致 β-$Ni(OH)_2$ 转变为 β-NiOOH 后，体积缩小 15%。但在过充电条件下，β-NiOOH 将转变为 γ-NiOOH。此时 Ni 的价态从 2.90 升至 3.67，c_0 膨胀至 0.69nm，a_0 膨胀至 0.282nm。由于 c_0 和 a_0 增加，导致 β-$Ni(OH)_2$ 转变为 γ-NiOOH 后，体积膨胀 44%。生成 γ-NiOOH 时的体积膨胀会造成电极开裂、掉粉，影响电池容量和循环寿命。由于 γ-NiOOH 在电极放电过程中不能可逆地变为 β-$Ni(OH)_2$，使电极中活性物质的实际存量减少，导致电极容量下降甚至失效。γ-NiOOH 放电后将转变成 α-$Ni(OH)_2$，此时 c_0 膨胀至 0.76~0.85nm，a_0 膨胀至 0.302nm。γ-NiOOH 转变为 α-$Ni(OH)_2$ 后，体积膨胀 39%。由于 α-$Ni(OH)_2$ 极不稳定，在碱液中很快就转变为 β-$Ni(OH)_2$。因而，实际使用中应控制电极在 β-$Ni(OH)_2$ 和 β-NiOOH 及其他晶

型间的循环。

在整个充放电过程中，如果不考虑各晶型之间的相互转变，而只考虑镍价态的变化，可用下式表示电极所发生的化学反应：

$$Ni(OH)_2 + OH^- \underset{\text{放电}}{\overset{\text{充电}}{\rightleftharpoons}} NiOOH + H_2O + e^- \tag{5-44}$$

也就是说电极在充电时 $Ni(OH)_2$ 转变成 $NiOOH$，Ni^{2+} 被氧化成 Ni^{3+}；而在放电时 $NiOOH$ 逆变成 $Ni(OH)_2$，即 Ni^{3+} 还原成 Ni^{2+}。根据法拉第定律，$Ni(OH)_2$ 在充放电过程中伴随着 Ni^{2+} 与 Ni^{3+} 相互转变所产生的理论放电容量为 $289mA \cdot h \cdot g^{-1}$。

(2) 氧化镍电极添加剂 一般来说，由于氧化镍电极有半导体性质，充放电反应不彻底，活性物质利用率不高。为了改善氧化镍电极的性能，常常要加入某些添加剂。添加剂对氧化镍电极性能影响可概括为 4 个方面：①提高镍电极活性物质的利用率；②提高镍电极的放电电势；③抑制镍电极膨胀，提高镍电极的使用寿命；④改善镍电极在宽温度范围内的充放电性能和大电流充放电能力。添加剂按其载入方式不同可分为以下几种类型：化学共沉积法（如化学共沉积镍钴锌氢氧化物）、电化学共沉积法（如电化学浸渍共沉积镍钴氢氧化物）、表面沉积法（也称化学镀）、机械混合法。添加剂可以是金属，也可以是氧化物或氢氧化物，实际应用较广泛的是钴、锂等的化合物。

① 钴。在正极的 $Ni(OH)_2$ 粒子与粒子间以及粒子与泡沫镍基体之间存在着较大的接触电阻。由于电子的传递受到影响，在充放电过程中 Ni^{2+} 不能充分氧化，放电过程中 Ni^{3+} 不能充分还原，使活性物质不能被充分利用，因而 $Ni(OH)_2$ 的容量难以提高。

在 $Ni(OH)_2$ 中添加 Co 可增加电化学过程中 Ni^{2+}-Ni^{3+} 反应的可逆性，改善传质和导电性能，从而提高 $Ni(OH)_2$ 的利用率。

通过氧化钴在碱性溶液中溶解、析出，形成的 β-$Co(OH)_2$ 均匀覆盖在 $Ni(OH)_2$ 表面上，经过充电，β-$Co(OH)_2$ 被氧化成 $CoOOH$，它具有良好的导电性。$CoOOH$ 在 $Ni(OH)_2$ 表面可以起到微电流收集器的作用，改善 $Ni(OH)_2$ 与导电基体之间的导电性，降低内阻，从而使电极活性物质利用率得以提高。氧化钴添加剂的作用机理如图 5-44 所示。

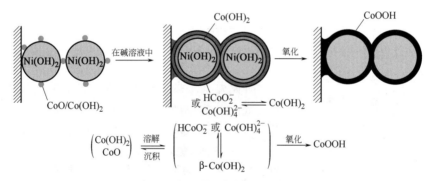

图 5-44 氧化钴添加剂的作用机理

图 5-45 为 $Ni(OH)_2$ 母体颗粒和由 $Co(OH)_2$、$CoOOH$ 包覆的 $Ni(OH)_2$ 的表面状态，在低倍电镜下观察，整体都呈球形，而在高倍电镜下，则能观察到表面孔隙和针状结构。

通过共沉积法在 $Ni(OH)_2$ 中添加钴可形成 $Ni_{1-x}Co_x(OH)_2$ 固溶体，钴取代部分镍的位置后在 $Ni(OH)_2$ 和 $NiOOH$ 晶格中形成阳离子型杂质缺陷，缺陷的存在可增加充放电过程 H^+ 的进出自由度，提高 Ni^{2+}-Ni^{3+} 反应的可逆性。此外，掺钴还能提高析氧电势，降低电池内压，提高 $Ni(OH)_2$ 的利用率。图 5-46 为 Co 添加量和 $Ni(OH)_2$ 利用率的关系，可以看出用化学镀的方法在表面包覆一层 $Co(OH)_2$ 效果更好。

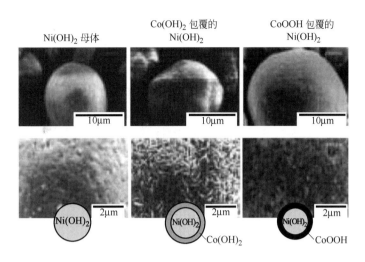

Ni(OH)$_2$ 母体   Co(OH)$_2$ 包覆的 Ni(OH)$_2$ CoOOH 包覆的 Ni(OH)$_2$

图 5-45 Ni(OH)$_2$ 活性材料的扫描电镜 (SEM) 照片

② 锌。共沉积法掺 Zn 的主要作用是提高析氧电势、细化微晶晶粒、抑制过充时 γ-NiOOH 的产生并可减小电极体积膨胀。掺 Zn（＞1.5％）还可提高镍电极工作电压平台的比例。通常 Co、Zn 联用对提高 Ni(OH)$_2$ 电性能可收到更理想的效果。研究发现，Ni、Co、Zn 共沉积制备成 Ni$_{1-x-y}$Co$_x$Zn$_y$(OH)$_2$ 固溶体后，会使 β-Ni(OH)$_2$ 和 NiOOH 晶格出现较理想的无序化，降低结晶度。在充放电过程中，可使 β-Ni(OH)$_2$ 和 β-NiOOH 间的相互转化更加容易，使得镍电极的充放电电压平台加长；并可有效地抑制 γ-NiOOH 的产生，减小电极膨胀，从而防止因其所造成电池微短路的发生。

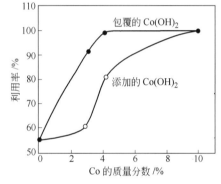

图 5-46 Co 添加量和 Ni(OH)$_2$ 利用率的关系

③ 氢氧化锂。氧化镍电极在长期循环使用中，Ni(OH)$_2$ 晶粒会逐渐聚结变得粗大，使电极充电困难。当温度升高和碱浓度增加时，均会促使 Ni(OH)$_2$ 颗粒变大。加 LiOH 到电解液中，Li$^+$ 可以吸附在电极表面上，有效地阻止了晶粒聚结长大，使 Ni(OH)$_2$ 保持分散状态，防止晶粒变大，提高活性物质利用率。与钴同时存在时，可降低 γ-NiOOH 的生成，防止电极膨胀，延长电极寿命。锂的加入还可提高氧的析出电势，提高 Ni(OH)$_2$ 的充电效率。添加的锂含量以 8～10g·L^{-1} 为宜。

④ 钡、钙、镁。在活性物质中添加 Ba(OH)$_2$ 是为了保持 Ni(OH)$_2$ 的分散性，并提高氧的析出电势。

在制备 Ni(OH)$_2$ 的过程中，加入一定量的 Ca^{2+}、Mg^{2+} 可改变电极的析氧电势，使镍电极的高温工作性能得到改善。Ca、Mg 在 Ni(OH)$_2$ 中主要以氢氧化物或碳酸盐的形式存在。电化学实验表明，钙、镁过高（＞0.02％）会降低 Ni(OH)$_2$ 的活性，阻止 Ni(OH)$_2$ 中质子的传递，从而妨碍 Ni^{2+}-Ni^{3+} 间的相互转变，加速容量和电压平台的衰减和影响电池循环寿命。

⑤ 稀土氧化物。稀土氧化物的加入也可以改善镍电极的高温工作性能，主要原因是这些添加剂改变了电极的析氧电势与氧化电势之间的差值（图 5-47）。而 MH-Ni 动力电池往往需要在相对高温条件下工作，因而在其研制时要充分考虑这一性能。另外，在化学共沉积

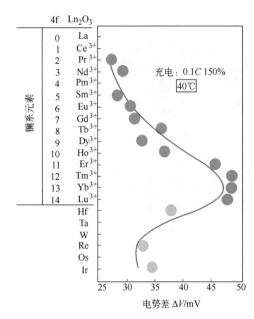

图 5-47 不同稀土添加剂对镍电极氧化
电势与析氧电势差值的影响

制备球形 $Ni(OH)_2$ 时，亦有开发 Mn、Ti、Al 等新型添加剂。

(3) 制备方法 用作电池材料的球形 $Ni(OH)_2$ 制备方法主要有化学沉淀晶体生长法、镍粉高压催化氧化法和金属镍电解沉淀法等。其中化学沉淀晶体生长法制备的 $Ni(OH)_2$ 综合性能相对较好，已得到广泛应用。

化学沉淀晶体生长法是镍盐和碱反应生成微晶晶核，晶核在特定的工艺条件下生长成球形 $Ni(OH)_2$（图 5-48）。目前普遍以硫酸镍、氢氧化钠、氨水和少量添加剂为原料进行制备。化学沉淀反应是在特定结构的反应釜中进行的，主要通过调节反应温度、pH 值、加料量、添加剂、进料速度和搅拌强度等工艺参数来控制晶核产生量、微晶晶粒尺寸、晶粒堆垛方式、晶体生长速度和晶体内部缺陷等晶体生长条件，使 $Ni(OH)_2$ 粒子长成一定的尺寸后流出釜体。出釜产品经混料、表面处理、洗涤、干燥、筛分、检测和包装后，供电池厂家使用。

在化学沉淀反应中，必须严格控制反应条件，否则将影响 $Ni(OH)_2$ 的结构，并可能造成 SO_4^{2-} 和 Na^+ 在 $Ni(OH)_2$ 上的吸附。电化学实验表明，$Ni(OH)_2$ 中硫酸盐等杂质含量的升高会使 $Ni(OH)_2$ 的晶体结构发生变化，放电容量降低，电极极化增加。在具体反应中可将温度控制在 50℃ 左右，并且控制反应物浓度及加料速度。在反应过程中保持碱过量，并将 $NiSO_4$ 溶液以喷淋形式加入不断搅拌的 NaOH 溶液中，以防止由于局部 pH 值较小而生成不溶于水的碱式硫酸镍 $[Ni_2(OH)_2SO_4]$。而碱式硫酸盐的生成会导致平板状 $Ni(OH)_2$ 微晶的生成 [图 5-49(a)]，这样既降低了 $Ni(OH)_2$ 的生成率，又会危害到 $Ni(OH)_2$ 的电化学综合性能。

图 5-48 化学沉淀晶体生长法
生成的球形 $Ni(OH)_2$

在干燥过程中应将温度控制在 110～140℃，并维持一定的蒸气压力。在干燥过程中应特别注意任何质点的加热温度均不得超过 180℃，否则 $Ni(OH)_2$ 将部分分解成电化学活性低、导电性能差的 NiO。另外，如果干燥温度过低，则干燥不透彻，不能很好地破坏 $Ni(OH)_2$ 胶体的吸附能力，而使洗涤工序中杂质离子不易洗去。将干燥后的 $Ni(OH)_2$ 放入软化水槽中，通入蒸汽进行洗涤，而温度则控制在 70～80℃。洗涤过程中应不断搅拌，目的在于除去 $Ni(OH)_2$ 吸附的 SO_4^{2-} 等离子。将洗涤后的 $Ni(OH)_2$ 再进行喷雾干燥，温度保持在 80～120℃，干燥后产物为浅绿色球形 $Ni(OH)_2$ 纳米微晶 [图 5-49(b)]，含水量应不大于 6%。然后再经筛分、检测和包装，可送入下道工序或供电池厂家使用。

由化学沉淀晶体生长法制备的球形 $Ni(OH)_2$ 的粒径一般在 1～50μm 之间，其中平均粒径在 5～12μm 的使用频率最高。粒径大小及粒径分布主要影响 $Ni(OH)_2$ 的活性、比表面积、松装和振实密度。一般粒径小，比表面积就大，活性就高。

不同的 $Ni(OH)_2$ 表面状态，会导致比表面积有较大的差异，从而显著影响电化学性

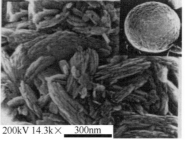

(a) 平板状微晶   (b) 纳米微晶

图 5-49　球形 $Ni(OH)_2$ 的扫描电镜分析

能。一般表面光滑、球形度好的 $Ni(OH)_2$ 振实密度高，流动性好，但活性差；而球形度低、表面粗糙、孔隙发达的产品振实密度相对较低，流动性差，但活性较高。

化学组成和颗粒粒径相同的 $Ni(OH)_2$ 的电化学性能往往也存在相当大的差异，其根本原因是 $Ni(OH)_2$ 晶体内部微晶晶粒尺寸和缺陷不同。在制备 $Ni(OH)_2$ 过程中，不同的反应工艺、反应物后处理方法及添加剂的种类和添加量都会对组成 $Ni(OH)_2$ 晶体的微晶晶粒大小、微晶晶粒排列状态产生影响。微晶晶粒大小和排列状态又会引起 $Ni(OH)_2$ 晶体内部缺陷、孔隙和表面形貌等的差异，最终影响 $Ni(OH)_2$ 的电性能。

实验表明，结晶度差、层错率高、微晶晶粒小、微晶排列无序的 $Ni(OH)_2$，活化速度快，放电容量高，循环寿命长，其他电化学性能也较好。因此，采用共沉淀法将添加物沉积在 $Ni(OH)_2$ 的某一晶面上（如 101 晶面），可增加 $Ni(OH)_2$ 晶体内部的生长缺陷和变形缺陷，提高 $Ni(OH)_2$ 的放电容量，还可以改善其他电化学性能。

目前，正极材料以开发球形 $Ni(OH)_2$、掺杂添加剂和活性物质 $Ni(OH)_2$ 表面包覆为重点。近年来，随着纳米材料科学技术的迅猛发展，纳米材料的研究逐渐扩展到化学电源领域。图 5-50 为制备的 $Ni(OH)_2$ 纳米管电极（实线）和球形 $Ni(OH)_2$ 电极（虚线）在 20℃时的循环伏安图。E_O、E_R 及 E_{OE} 分别代表电极反应过程中的氧化峰、还原峰及析氧峰的电势。

对比 $Ni(OH)_2$ 纳米管和球形 $Ni(OH)_2$ 电极的循环伏安图，可以反映出以下几点。①氧化峰与还原峰电势的差值（$E_O - E_R$）是衡量电极反应可逆程度的一个重要因素。（$E_O -$

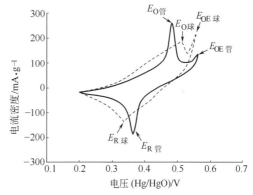

图 5-50　$Ni(OH)_2$ 纳米管电极（实线）和球形 $Ni(OH)_2$ 电极（虚线）的循环伏安图
扫描速度：$0.5mV \cdot s^{-1}$；温度：20℃

E_R）的数值越小，说明电极反应的可逆性越好。如图 5-50 所示，$Ni(OH)_2$ 纳米管电极（$E_{O管} - E_{R管}$）值为 120mV，而球形 $Ni(OH)_2$ 电极（$E_{O球} - E_{R球}$）值为 180mV，说明 $Ni(OH)_2$ 纳米管电极的可逆性要好于球形 $Ni(OH)_2$ 电极。②$Ni(OH)_2$ 纳米管电极的还原峰和氧化峰的峰高都大于相对应的球形 $Ni(OH)_2$ 电极，说明在平衡电极反应电势下 $Ni(OH)_2$ 纳米管电极的电流密度要大于相对应的球形 $Ni(OH)_2$。③析氧峰与氧化峰电势的差值（$E_{OE} - E_O$）是衡量电极材料性能的另一个重要因素，两者的差值越大，电极反应受析氧反应的影响越小，$Ni(OH)_2$ 的充电效率越高（即 $Ni^{2+} \longrightarrow Ni^{3+}$ 的氧化反应进行得越完全），相对应的放电比容量也就越高。如图 5-50 所示，$Ni(OH)_2$ 纳米管电极（$E_{OE管} -$

$E_{O管}$）值为 77mV，而球形 Ni(OH)$_2$ 电极（$E_{OE球}-E_{O球}$）值仅为 25mV。

纳米氢氧化镍材料是一种新型、高效的电池材料，因而纳米氢氧化镍材料的制备及研究受到了许多研究者的关注。目前，纳米 Ni(OH)$_2$ 的制备方法如下。

① 沉淀转化法。沉淀转化法是根据难溶化合物溶度积（K_{sp}）的不同，通过改变沉淀剂或沉淀剂的浓度、转化温度等转化条件，并借助于表面活性剂来控制颗粒的粒径及生长，防止颗粒团聚，从而获得分散性好的纳米微粒。因为表面活性剂吸附在粒子表面，形成微胞状态，表面活性剂的存在使粒子之间产生排斥力，粒子间不能接触，因而减小了团聚。选择合适的表面活性剂浓度及转化温度对制备晶粒尺寸小的纳米 Ni(OH)$_2$ 很重要。该方法成本低、工艺简单、产率高，便于工业化生产。

② 均相沉淀法。此方法是向金属盐溶液中加入某种物质，使之在溶液中发生化学反应，缓慢地释放沉淀剂，这样便可使溶液的过饱和度控制在适当的范围内，从而达到控制颗粒生成速度的目的，获得粒度均匀、纯度高的纳米微粒。由于沉淀剂缓慢释放，克服了由外部向溶液中加入沉淀剂造成不均匀的缺点。

③ 配位沉淀法。此种方法是先在金属盐溶液中加入某种配位剂，使之转化为可溶的配位化合物，再加入沉淀剂并控制沉淀剂的加入方式或滴加速度以获得纳米微粒。在用此方法制备纳米 Ni(OH)$_2$ 过程中，沉淀剂的滴加方式、沉淀温度等因素对氢氧化镍晶粒大小影响较大。

④ 离子交换树脂法。此方法是以离子交换树脂为沉淀剂来合成纳米材料。纳米 Ni(OH)$_2$ 的制备过程是：在恒温搅拌下，将一定浓度的 NiCl$_2$ 溶液加入已处理好的碱性离子交换树脂中，连续搅拌反应后，沉淀经分离、洗涤、干燥，得淡绿色 Ni(OH)$_2$ 超微粒子。该方法不需要有机溶剂和表面活性剂，设备简单，操作方便，后处理容易。

⑤ 微乳液法（反胶团法）。微乳液法是利用金属盐和一定的沉淀剂形成微乳液（微乳液一般是由表面活性剂、助表面活性剂、有机溶剂和水组成的热力学稳定体系），在其水核（称为微反应器）微区内控制胶粒的成核生长，热处理后得到纳米微粒。微乳液法具有易于控制纳米颗粒粒径、单分散性好、设备简单、操作容易等优点。微乳液法制备的纳米 Ni(OH)$_2$ 颗粒的尺寸、结构与溶液的 pH 值、水/表面活性剂的比例、表面活性剂的性质以及反应温度等因素有关。

⑥ 模板合成法。模板合成法是用孔径为纳米级到微米级的多孔材料作为模板，结合电化学沉积、化学沉积、现场聚合、溶胶-凝胶法和化学气相沉积等技术，使物质原子或离子沉积在模板的孔壁上形成所需的纳米结构体或纳米管。用该方法制作的纳米材料具有与模板孔腔相似的结构特征，并且若模板孔径的均匀性较好，所合成的纳米材料的均匀性就好，这是该制作技术的一个优势。图 5-51 为以 Al$_2$O$_3$ 为模板合成的 Ni(OH)$_2$ 纳米线（管）。

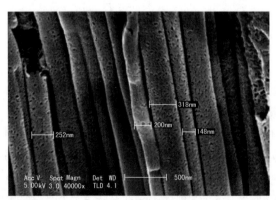

图 5-51 以 Al$_2$O$_3$ 为模板合成的的 Ni(OH)$_2$ 纳米线 （管）

⑦ 高能球磨法。高能球磨法是一个无外部热能供给的高能球磨过程，也是一个由大晶粒变为小晶粒的过程。其原理是把样品在高能球磨机中长时间运转，将回转机械能传递给样品，并在冷态下反复挤压和破碎，使之成为弥散分布的超微粒子。此方法制备纳米 Ni(OH)$_2$ 工艺简单，无需保护气氛，条件

易于控制，容易放大，适合批量生产。

目前制得的纳米 $Ni(OH)_2$ 多为 β 晶型，纳米 $Ni(OH)_2$ 因其制备方法及条件不同，颗粒形状也各异，有针状、薄片状、管状、球形、椭球形和无规则形状等，且微晶粒度大小不一，而 $Ni(OH)_2$ 的晶体结构与其电化学活性有着密切的关系。纳米 $Ni(OH)_2$ 用作电池活性材料的研究和开发，虽处于起步阶段，但展现的前景非常诱人。从纳米尺寸上去重新认识和开发新型电池材料，有利于推动高容量电池的发展，为寻找高性能电池活性材料开辟了新途径。

(4) 电极制造工艺　镍电极的制作工艺主要有烧结式和泡沫镍涂浆式两大类。

烧结式生产镍电极的工艺流程如下：

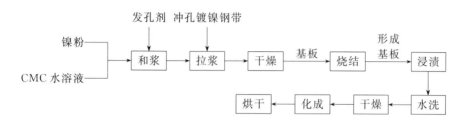

镍电极制作的简要工艺是：把一定比例的镍粉和 CMC（羧甲基纤维素钠）水溶液充分搅拌均匀，之后在冲孔镀镍钢带两面沾上镍浆，经烘干失水处理使基板还保留约 10% 的水分，以保证基板的柔性。将烘干后的基板在氢气气氛中进行烧结使基板的导电性良好，然后将镍基板进行电解浸渍沉积 $Ni(OH)_2$。最后经化成处理，使基板上电解浸渍的 $Ni(OH)_2$ 在碱性介质中进行活化和晶粒细化，以增大活性物质的表面积，同时除去有害物质，如 CO_3^{2-} 和其他盐类，并除去电极表面的浮粉。烧结式镍电极的特点是力学强度高，温度适应性较强，可以高倍率放电。

采用泡沫镍涂浆生产镍电极的工艺流程为：

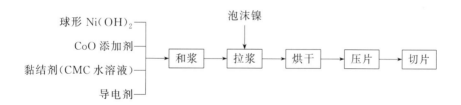

泡沫镍涂浆的简要工艺是把球形 $Ni(OH)_2$、CoO 添加剂、CMC 水溶液和导电剂按比例投料和浆，将和好的浆液加入涂浆机料斗中，在泡沫镍基材上拉浆，并做烘干处理。将烘干后的粗带经滚压机滚轧，压到标准厚度，并剪切成规定尺寸。泡沫镍涂浆电极与烧结式电极相比，孔隙率高，因而可有效填充高密度的球形 $Ni(OH)_2$，使镍电极的体积比容量及电池的能量密度得到显著提高，但其生产成本较高。

5.2.2.4　电解液

从电池反应式看出，碱性蓄电池的电解液在电池反应中不消耗，这与铅酸蓄电池中 H_2SO_4 参加成流反应不同。虽然碱液不参加成流反应，但在两个电极上分别参加电极反应，负极反应消耗 OH^-，正极反应产生 OH^-，因此总碱量不变。另外，放电时水被消耗，充电时生成水，所以充放电过程中，碱浓度要发生变化，电解液的体积也要发生变化。

碱性蓄电池中的电解液主要起导电作用。在电池内部靠 OH^- 和 K^+ 或 Na^+ 的迁移来传递电流，因而要求电解液具有尽可能高的电导率，以降低电池内阻，一般 K^+ 的电导优于 Na^+。

电解液的电导是浓度和温度的函数。电解液中离子的运动主要是电迁移，同时离子的扩散也是重要的运动方式，因此，电解液的黏度不能太高。在选择电解液浓度时，还需考虑是否会破坏电池隔膜材料，以及对电极材料的作用。

5.2.2.5 负极材料——储氢合金

储氢合金是由易生成稳定氢化物的元素 A（如 La、Zr、Mg、V、Ti 等）与其他元素 B（如 Cr、Mn、Fe、Co、Ni、Cu、Zn、Al 等）组成的金属间化合物。A 主要是 I A～V B 族金属，它们容易与氢反应，能大量吸氢，形成稳定的氢化物，并放出大量的热（$\Delta H < 0$）；B 主要是 Ⅵ B～Ⅷ B 族（Pd 除外）过渡金属，它们与氢的亲和力小，但氢很容易在其中移动，氢在这些元素中的溶解度小，通常条件下不生成氢化物。把氢在一定条件下溶解度随温度上升而减小的金属（如 A 金属）称为放热型金属，相反的则称为吸热型金属（如 B 金属）。把前者（A）与氢生成的氢化物称为强键合氢化物，这些元素称为氢稳定元素；氢与后一种金属（B）生成的氢化物称为弱键合氢化物，这些元素称为氢不稳定元素。前者（A）控制着储氢量，是组成储氢合金的关键因素，后者（B）控制着吸放氢的可逆性，起着调节生成热与分解压力的作用。

(1) 储氢合金的性质 在一定温度和压力下，储氢合金与氢接触首先形成含氢固溶体（MH_x）（α 相），其溶解度 $[H]_M$ 与固溶体平衡氢压 P_{H_2} 的平方根成正比，即

$$P_{H_2}^{1/2} \propto [H]_M \tag{5-45}$$

随后，固溶体 MH_x 继续与氢反应，产生相变，生成金属氢化物（β 相），这一反应可写成：

$$\frac{2}{y-x}MH_x + H_2 \longrightarrow \frac{2}{y-x}MH_y + Q \tag{5-46}$$

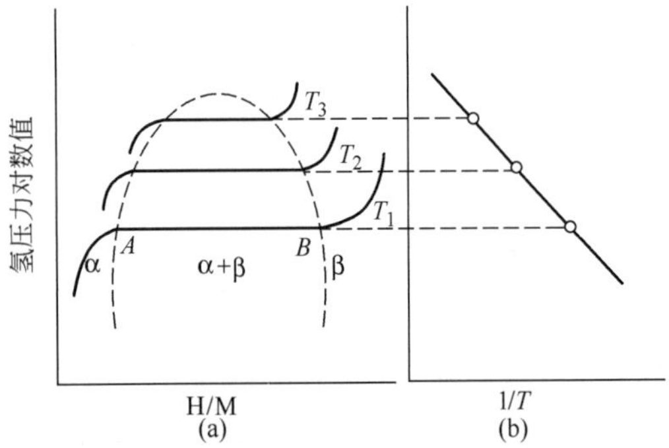

式中，x 为固溶体中的氢平衡浓度；y 为合金氢化物中氢的浓度，一般 $y \geqslant x$。继续提高氢压，金属中的氢含量略有增加。

这个反应是一个可逆反应，正向反应吸氢，放出热量；逆向反应解吸，吸收热量。储氢合金的吸放氢反应与碱金属、碱土金属或稀土金属所进行的氢化反应的主要差别在于其可逆性。不论是吸氢反应，还是放氢反应，都与系统温度、压力及合金组成有关。如果温度一定，上式反应将在一定压力下进行，该压力即为反应平衡压力。金属与氢的反应平衡用压力-组成-温度（PCT）曲线表示 [图 5-52(a)]。

图 5-52 合金储氢的压力-组成-温度 (PCT)
曲线 (a) 和热力学温度倒数与
平台氢压对数图 (b)

图 5-52(a) 表示合金-氢系的等温线形状。横轴表示固相中的氢与金属的原子比；纵轴为氢压，图中 $T_1 < T_2 < T_3$。温度不变时，随着氢压的增加，氢溶于金属的数量逐渐增加，金属吸氢，形成含氢固溶体（α 相）。当到达氢在金属中的极限溶解度（A 点）时，α 相与氢反应，生成氢化物相，即 β 相。继续加氢时，系统压力不变，而氢在恒压下被金属吸收。当所有 α 相都变为 β 相时，组成到达 B 点。AB 段为两相（α+β）互溶的体系，到达 B 点时，α 相最终消失，全部金属都变成金属氢化物。这段曲线呈平直状，故称为平台区，相应的曲线上平台（相变区）压力即为平衡压力。该段氢浓度代表了合金在温度 T 时的有效储

氢容量。在全部组成变成 β 相后，如再提高氢压，则 β 相组成就会逐渐接近化学计量组成，氢化物中的氢仅有少量增加。B 点以后，氢化反应结束，氢压显著增加。

对于 AB 间的平台区，可以根据 Gibbs 相律进行解释。Gibbs 相律：

$$f = C - P + 2$$

式中，C 是组分，为 2，即 H_2 和 M；P 是相数，应为 3，即两个固相和一个气相；f 是自由度，应为 1，这表示在给定温度下，压力是恒定的。平台压力的高低及宽度范围随合金的种类和组成不同而发生变化。

温度升高时，平台向图的上方移动，而当温度升至某一点时，平台消失，即出现拐点（又称临界点）；温度降低时，平台向图的下方移动。因此，温度低有利于吸氢，温度高有利于放氢。这也就是说，一般合金氢化物的生成过程是放热反应，而氢化物的放氢过程则是吸热反应。

PCT 曲线是衡量储氢材料热力学性能的重要特性曲线，通过该曲线可以了解金属氢化物中能含多少氢以及任一温度下的分解压力值。PCT 曲线的特征，如平台压力、平台宽度与倾斜度、平台起始浓度和滞后效应（吸氢曲线与放氢曲线之差别）等，既是常规鉴定储氢合金吸放氢性能的主要指标，又是探索新的储氢合金的依据。同时，将 PCT 曲线中不同温度下的热力学温度倒数与平台氢压对数作图，经线性回归，可得一条直线［图 5-52(b)］。从该直线的斜率即可求出储氢合金的热力学函数，包括（吸氢或放氢）反应焓和反应熵。这不但对储放氢有理论指导意义，而且对储氢材料的研究、开发和利用，也有极重要的实际意义。生成焓就是合金形成氢化物的生成热，负值越大，氢化物越稳定。反应焓的大小，对探索不同目的的金属氢化物具有重要意义。生成熵表示形成氢化物反应进行的趋势，在同类合金中数值越大，其平衡分解压越低，生成的氢化物越稳定。

在 MH-Ni 电池的全反应中，从表面上来看，只是氢原子在正负极间移动，储氢合金本身不作为活性物质进行反应，而是作为活性物质氢的储藏体和电极反应催化剂而起作用的。实际上吸氢电极在碱性介质中的电化学反应可简单表示为：

$$H_a + OH^- \rightleftharpoons H_2O + e^- \tag{5-47}$$

$$H_b \rightleftharpoons H_S \tag{5-48}$$

式中，H_a 表示吸附在合金表面的氢；H_b 表示电极本体（吸收）的氢；H_S 为近表面（吸附）的氢。

反应式(5-47)为电荷转移过程，式(5-48)表示氢扩散过程。氢在吸氢电极中的扩散是电极反应速率的控制步骤，电极反应速率与氢扩散系数和电极有效比表面积大小有关。

氢占据的位置可通过中子衍射实验得知。实验表明，在母体金属为面心立方晶格（FCC）时，氢进入八面体间隙位置（O 位置）；在母体金属为体心立方晶格（BCC）或六方最密堆积（HCP）时，氢进入四面体间隙位置（T 位置）。由于氢的排斥作用，使得氢只能占据上述晶格间隙的部分位置。

氢在储氢合金中以原子状态存在，处于合金八面体或四面体间隙位置上。正是由于氢以原子状态存在于合金中，使得金属氢化物储氢技术具有高储氢体积密度和特有的安全性。图 5-53 为氢在 $LaNi_5$ 合金中的占有位置。在 Z=0 或 Z=1 面上，由 4 个 La 原子和 2 个 Ni 原子构成一层；在 Z=1/2 面上，由 5 个 Ni 原子

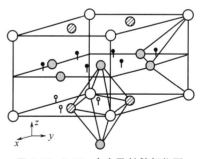

图 5-53 $LaNi_5$ 合金及其储氢位置
○ La；◪ Ni(1)；◐ Ni(2)；
♀ H(1)；♂ H(2)

构成一层。氢原子位于由 2 个 La 原子与 2 个 Ni 原子形成的四面体间隙位置和由 4 个 Ni 原子与 2 个 La 原子形成的八面体间隙位置。当氢原子进入 $LaNi_5$ 的晶格间隙位置后，成为氢化物 $LaNi_5H_6$。由于氢原子的进入，使金属晶格发生膨胀（约 23%）；而在放氢后，金属晶格又收缩。因此，反复的吸氢/放氢导致晶格细化，即表现出合金形成裂纹甚至微粉化。

金属或金属间化合物属于金属晶体，其晶体结构中的原子排列十分紧密，大量的晶格间隙位置可吸收大量的氢，并使氢处于最致密的填充状态。这就是金属或金属间化合物能吸收大量氢的原因。

(2) 储氢合金的分类　将放热型金属与吸热型金属组合在一起，二者合理配合，就能制备出在室温下具有可逆吸放氢能力的储氢材料。

目前研究的储氢合金负极材料主要有 AB_5 型稀土镍系合金、AB_2 型 Laves 相合金、AB 型 Ti-Ni 系合金、A_2B 型镁基合金以及 V 基固溶体型合金等几种类型。它们的主要特征见表 5-5。

表 5-5　典型储氢合金电极的主要特性

合金类型	典型氢化物	合金组成	储氢量（质量分数）/%	电化学容量/mA·h·g^{-1} 理论值	实测值
AB_5 型	$LaNi_5H_6$	$MmNi_a(Mn,Al)_bCo_c$（$a=3.5\sim4.0$，$b=0.3\sim0.8$，$a+b+c=5$）	1.3	348	330
AB_2 型	$Ti_{1.2}Mn_{1.6}H_3$，$ZrMn_2H_3$	$Zr_{1-x}Ti_xNi_a(Mn,V)_b(Co,Fe,Cr)_c$（$a=1.0\sim1.3$，$b=0.5\sim0.8$，$c=0.1\sim0.2$，$a+b+c=2$）	1.8	482	420
AB 型	$TiFeH_2$，$TiCoH_2$	$ZrNi_{1.4}$，TiNi，$Ti_{1-x}Zr_xNi_a$（$a=0.5\sim1.0$）	2.0	536	350
A_2B 型	Mg_2NiH_4	MgNi	3.6	965	500
固溶体型	$V_{0.8}Ti_{0.2}H_{0.8}$	$V_{4-x}(Nb,Ta,Ti,Co)_xNi_{0.5}$	3.8	1018	500

在上述五种类型的储氢合金中，AB_5 型合金最早被用为电极材料，对其研究也最广泛。而 AB_2 型、A_2B 型及固溶体型合金因具有更高的容量正受到更多研究者的关注。研究表明，用于 MH-Ni 电池负极材料的储氢合金应满足下述条件：

① 电化学储氢容量高，在较宽的温度范围内不发生太大的变化，合金氢化物的平衡氢压适当（$0.01\sim0.5MPa$，298K），对氢的阳极极化具有良好的催化作用，同时氢化物的生成热 ΔH 要小于 62.78kJ；

② 在氢的阳极氧化电势范围内，储氢合金具有较强的抗阳极氧化能力；

③ 在碱性电解质溶液中，合金组分的化学性质相对稳定；

④ 反复充放电过程中合金不易粉化，制成的电极能保持形状稳定；

⑤ 合金应具有良好的电和热的传导性；

⑥ 原材料成本低廉。

在上述五大系列储氢合金中有的已成功实现实用化，如 AB_5 型混合稀土多元储氢合金和 Laves 相储氢合金，其他系列也展现了良好的应用前景。

(3) AB_5 型稀土镍系储氢合金　AB_5 型稀土镍系储氢合金为 $CaCu_5$ 型六方结构，典型代表为 $LaNi_5$ 合金，由荷兰飞利浦实验室于 20 世纪 60 年代首先成功研制。该类合金的最大特点是容易活化，平台压力适中且平坦，吸氢/放氢平衡压差小，动力学性能优良以及抗杂质气体中毒性能较好。在 25℃ 及 0.2MPa 压力下，$LaNi_5$ 吸氢形成 $LaNi_5H_6$，储氢量约为 1.4%（质量分数），分解热为 30kJ·$(molH_2)^{-1}$，非常适合于在室温下操作。

虽然 $LaNi_5$ 合金具有很高的电化学储氢容量和良好的吸放氢动力学特性，但因合金吸氢后晶胞体积膨胀较大，$LaNi_5$ 合金的抗粉化、抗氧化性能较差，随着充放电循环的进行，其容量迅速衰减，因此不宜作 MH-Ni 电池的负极材料。其后又开发了多元 $LaNi_5$ 系储氢合金，基本上解决了这一难题，使储氢合金电极的实用化迈出了关键的一步。

AB_5 型混合稀土储氢电极合金具有良好的性价比，是目前国内外 MH-Ni 电池生产中应用最为广泛的电池负极材料。随着 MH-Ni 电池产业的迅速发展，对电池的能量密度和充放电性能的要求不断提高，进一步提高电池负极材料的性能已成为推动 MH-Ni 电池产业持续发展的技术关键。对合金的化学成分（包括合金 A 侧的混合稀土组成和 B 侧的合金元素组成）、表面特性及组织结构进行综合优化，是进一步提高 AB_5 型混合稀土镍系储氢电极合金性能的重要途径。图 5-54 为 AB_5 型稀土镍系储氢合金的发展现状。

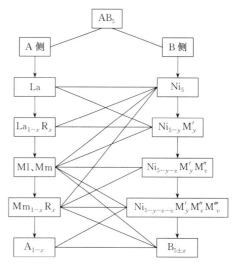

图 5-54　AB_5 型稀土镍系储氢合金发展现状
R—Ce, Pr, Nd, Zr, Ti, Y; Ml—富镧混合稀土金属；Mm—富铈混合稀土金属；
M', M'', M'''—Co, Mn, Al, Fe, Cu, Si, Ta, Nb, W, Mo, B, Zn, Cr, Sn 等

① 合金 A 侧混合稀土组成的优化。在 AB_5 混合稀土系储氢电极合金中，合金化学式的 A 侧是混合稀土金属，主要是 La、Ce、Pr、Nd 四种稀土元素。与 $LaNi_5$ 系合金相比，相当于合金 A 侧的稀土元素 La 为 Ce、Pr、Nd 部分替代。由于四种稀土元素在物理化学性质和吸放氢性能方面的差异，混合稀土的组成（La、Ce、Pr、Nd 的含量及相对比例）必然对储氢电极合金的性能产生重要影响。从目前储氢合金所使用的混合稀土金属原材料来看，大体上可分为富镧混合稀土（Ml）和富铈混合稀土（Mm）两种类型。

在 $RE(NiCoMnTi)_5$ 合金中，当 RE 分别为 La、Ce、Pr、Nd 中的一种时，合金的晶胞体积按 Ce<Nd<Pr<La 的顺序增大，这与稀土元素的离子半径 $Ce^{4+}<Nd^{3+}<Pr^{3+}<La^{3+}$ 变化顺序是一致的。合金的平衡氢压随合金晶胞体积的增大而降低，通过比较四种合金的电化学性能发现，$Nd(NiCoMnTi)_5$ 的活化性能最好，放电容量最高（307mA·h·g^{-1}），但循环稳定性较差；$Pr(NiCoMnTi)_5$ 和 $La(NiCoMnTi)_5$ 的活化性能和放电容量（分别为 299mA·h·g^{-1} 和 289mA·h·g^{-1}），不及 $Nd(NiCoMnTi)_5$，但具有较好的循环稳定性；而 $Ce(NiCoMnTi)_5$ 的活化性能最差、放电容量最低（59mA·h·g^{-1}），但具有良好的循环稳定性，如图 5-55 所示。上述现象反映出了 La、Ce、Pr、Nd 四种稀土元素分别对 $RE(NiCoMnTi)_5$ 储氢合金性能的不同影响。

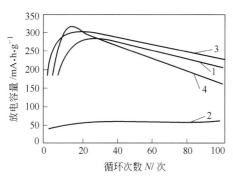

图 5-55　$RE(NiCoMnTi)_5$ (RE= La, Ce, Pr, Nd) 合金的充放电循环曲线
充放电电流 50mA·g^{-1}
1—$La(NiCoMnTi)_5$；2—$Ce(NiCoMnTi)_5$；
3—$Pr(NiCoMnTi)_5$；4—$Nd(NiCoMnTi)_5$

由于 La 是混合稀土中最为重要的吸氢元素，因此着重研究了 La-Ce、La-Pr 及 La-Nd 三种二元混合稀土组成对合金电极性能的影响。

在 La-Ce 二元混合稀土 $La_{1-x}Ce_xNi_{3.55}Co_{0.75}Mn_{0.4}Al_{0.3}$（$x=0\sim1.0$）合金中，随着

含 Ce 量的增加，合金的晶胞体积线性减小，平衡氢压升高，导致合金的放电容量降低，合金的循环稳定性则随含 Ce 量的增大而明显改善。当含 Ce 量 $x=0.2$ 时，合金具有较好的综合性能。由于含 Ce 合金表面生成一层 CeO_2 保护膜，使合金的抗腐蚀性能得到提高，改善了合金的循环稳定性。

在 La-Pr 二元混合稀土 $La_{1-x}Pr_x(NiCoMnTi)_5$（$x=0\sim1.0$）合金中，Pr 对 La 的部分替代具有改善合金活化性能及循环稳定性的作用，但合金放电容量与 Pr 含量的关系没有一定的规律。La-Nd 二元混合稀土 $La_{1-x}Nd_x(NiCoMnTi)_5$（$x=0\sim1.0$）合金中，Nd 对 La 的部分替代可显著改善合金的活化性能。不同含 Nd 量的合金的放电容量均在 $280\sim290$ $mA\cdot h\cdot g^{-1}$ 之间，但合金的循环稳定性随含 Nd 量的增大而降低。

由于 La 和 Ce 是一般市售混合稀土金属中的主要稀土元素，并对合金的电极性能有较大影响，所以对混合稀土组成的优化研究通常集中在调整 La 和 Ce 的相对比例方面。合金电极的充电效率、放电容量及荷电保持能力均随合金平衡氢压的升高而降低，为使合金具有良好的电极性能，可以调整 Mm 中的 La 含量使合金的平衡氢压低于 0.1MPa。因此，为了使 $MmNi_{4.0}Mn_{0.2}Al_{0.2}Co_{0.6}$ 合金获得良好的室温电极性能，Mm 中的 La 含量应高于 30%（原子比例）；而要使合金获得较好的高温（45℃）性能，应将 Mm 中的 La 含量提高到 60%（原子比例）以上。

优化、调整混合稀土中 La 和 Ce 两种主要稀土元素的比例是进一步提高储氢电极合金性能的重要途径。根据不同电池产品对储氢合金性能的要求，采用不同类型的市售混合稀土（或市售混合稀土与部分纯稀土）进行交叉搭配，仍是目前优化调整混合稀土组成最为经济和有效的方法。

② 合金 B 侧元素的优化。在目前商品化的 AB_5 型混合稀土系合金中，B 侧的构成元素大多为 Ni、Co、Mn、Al。此外，比较常见的用以部分取代 Ni 的添加元素还有 Cu、Fe、Sn、Si、Ti 等。现将各主要合金元素的作用分述如下。

a. 钴元素的作用。钴是改善 AB_5 型储氢合金循环寿命最为有效的元素。钴能够降低合金的显微硬度、增强柔韧性、减小合金氢化后的体积膨胀和提高合金的抗粉化能力；同时，在充放电过程中，钴还能够抑制合金表面 Mn、Al 等元素溶出，减小合金的腐蚀速率，从而提高合金的循环寿命。商品合金中的 Co 含量（原子数）一般控制在 $0.5\sim0.75$ 之间。

为了减少合金中价格昂贵的 Co 的用量以降低合金成本，在不降低（或少降低）合金容量及寿命的前提下，发展低钴或无钴合金也已成为当今的研究热点。例如，研究用以替代 Co 的元素有 Cu、Fe、Si 等。

b. 铜、铁元素的作用。在合金中加入适量的 Cu 能降低合金的显微硬度和吸氢体积膨胀，有利于提高合金的抗粉化能力。因此，Cu 是一种可用于替代 Co 的元素。但含 Cu 合金的活化周期较长，在循环过程中合金表面生成了较厚的 Cu 氧化层，导致合金的高倍率放电性能降低。

对 $LaNi_5$ 系和 $MnNi_5$ 系合金的研究表明，Fe 对 Ni 的部分替代能够降低合金的平衡氢压，降低合金吸氢体积膨胀和粉化速率，具有与 Co 相似的特性。但 Fe 的添加使合金的储氢容量有所降低。由于 Fe 资源丰富、价格低廉，因此在发展低成本的无 Co 或低 Co 合金中，Fe 是一种替代 Co 的重要合金元素。添加 Fe 的低 Co 合金 $MlNi_{3.8}Al_{0.4}Mn_{0.3}Co_{0.3}Fe_{0.2}$，即使在 40℃的工作温度下，合金仍具有较高的放电容量（$320mA\cdot h\cdot g^{-1}$）和良好的高倍率放电性能（1C 放电容量 $295mA\cdot h\cdot g^{-1}$）。经 250 次充放电循环后，合金的容量保持率仍可达 88%左右，显示出良好的循环稳定性（图 5-56）。当采用快速凝固法制备上述低 Co 合金时，循环稳定性还能进一步提高。

c. 锰元素的作用。锰对 Ni 的部分替代可以降低储氢合金的平衡氢压，减小吸放氢过程的滞后程度。在 $MmNi_{3.95-x}Mn_xAl_{0.3}Co_{0.75}$ 合金中，当 Mn 对 Ni 的取代量（x）由 0.2 增加到 0.4 时，合金的平衡氢压可由 0.24MPa 降低到 0.083MPa（45℃），并使合金的活化性能、放电容量及高倍率放电性能得到改善，但进一步增加 Mn 对 Ni 的替代量会降低合金的循环稳定性。

在充放电过程中，含 Mn 合金较易吸氢粉化。合金表面的 Mn 易氧化为 $Mn(OH)_2$ 并溶解在碱液中，因而加快了合金的腐蚀，这是导致含 Mn 合金循环稳定性较差的主要原因。通过在合金中同时加入适量的 Co，可以提高合金的抗吸氢粉化能力，并抑制 Mn 的溶出，从而使含 Mn 合金的循环稳定性得到明显改

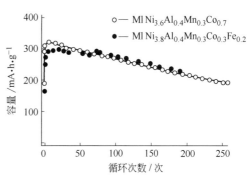

图 5-56　低钴合金的循环寿命曲线
工作温度 40℃，充放电电流 200mA·g^{-1}

善。商品合金中的含锰量（原子数）一般控制在 0.3～0.4 之间。

d. 铝、硅元素的作用。Al 对 Ni 的部分替代可以降低储氢合金的平衡氢压，但随着替代量的增加，合金的储氢容量有所降低。Al 在合金中占据 $CaCu_5$ 型结构的 3g 位置（图 5-57），能够减小合金氢化过程的体积膨胀和粉化速率。此外，在充放电过程中，合金表面的 Al 会形成一层比较致密的氧化膜，可以防止合金的进一步氧化腐蚀，故 Al 对 Ni 的部分替代可以提高合金的循环稳定性。但随着 Al 替代量的增大，会导致合金的放电容量减小，高倍率放电性能降低。为兼顾合金的放电容量和循环稳定性，合金中 Al 对 Ni 的替代量（原子数）一般控制在 0.1～0.3 之间。

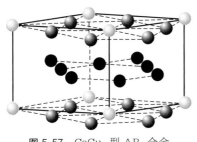

图 5-57　$CaCu_5$ 型 AB_5 合金中原子的位置
　A（1a）；　B（2c）；
　B（3g）

在 AB_5 型合金中，Si 对 Ni 的部分替代作用和 Al 相似。由于 Si 在合金中也占据 $CaCu_5$ 型结构的 3g 位置，能减小合金的吸氢膨胀及粉化速率，在合金表面形成 Si的致密氧化膜具有较好的抗腐蚀性能，Si 对 Ni 的部分替代可使合金的循环稳定性得到改善。但含 Si 合金的放电容量不高，对氢阳极氧化的极化程度较大，使 MH-Ni 电池的输出功率有所降低。

从目前国内外 AB_5 型储氢电极合金的研究状况来看，虽然已发现了若干添加元素可使合金电极的某些性能得到不同程度的改善，但从合金的综合性能及价格等因素考虑，在商品化合金中得到采用的合金元素目前仍主要是 Ni、Co、Mn、Al 等几种。由于多元合金化是提高合金性能的重要途径，而不同合金元素对合金电化学性能的影响关系比较复杂，在进一步优化合金 B 侧元素研究中，应加强对多元合金中不同元素之间协同作用的研究，使合金的综合性能及性价比得到不断提高。

③ 非整比化学计量。稀土镍系储氢电极合金的抗氧化性能可以通过 AB_x 的非整比化学计量来得到明显改善，即 x 偏离整数 5（一般大于 5）。AB_x 合金可以通过真空感应熔炼的快速冷凝浇铸来直接制备，或者将常规铸造合金加热至固溶态后慢慢冷却作退火处理来制备。AB_x 合金最大的特点就是晶格中的 A 侧原子被双哑铃状的 B 侧原子所

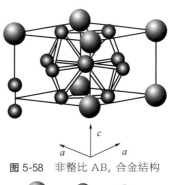

图 5-58　非整比 AB_x 合金结构
　La；　Sn；　Ni

取代（图 5-58）。取代 A 后的双哑铃状 B 原子与 c 轴取向相同，使 a 轴减短。这样一来 c 轴加长，即得到柱状晶组织。这种合金与具有等轴晶组织的合金相比，晶格应变较小，组织结构及化学成分也比较均匀，因而在充放电循环中可以抑制合金的吸氢粉化及腐蚀，故循环稳定性得到明显改善。

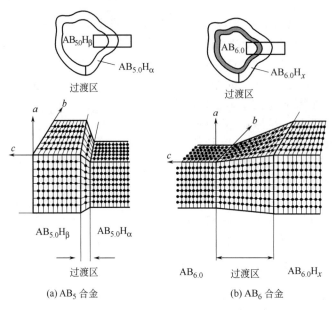

(a) AB₅ 合金　　(b) AB₆ 合金

图 5-59　合金及其氢化物的晶体转变示意

AB_x 的非整比化学计量对储氢电极合金循环寿命的改善可以用如图 5-59 所示的模型来进一步解释。由于在整比的 AB_5 合金中，α 相到 β 相的转变区域很窄，即存在相的突变，使得合金在吸氢后有着很大的晶格膨胀，从而造成了晶格缺陷的增多和循环寿命的衰退。然而在 AB_x 合金中，双哑铃状 B 原子取代了部分 A 原子，即合金结构中存在着很大的缓冲区，因而合金在吸氢时没有明显的 α 相到 β 相的转变，即吸氢后产生的形变很小，使合金具有良好的抗粉化能力和循环寿命。

④ 合金的表面改性。合金的储氢容量、PCT 特性、氢扩散及储氢过程中的相变和体积膨胀等主要与合金的种类、成分和组织结构等体相性质有关，而与电极性能密切相关的电极过程动力学、活化与钝化、腐蚀与氧化、自放电与循环寿命等均与材料的表面性质有很大关系。合金的电化学吸放氢过程将更多涉及电极表面的电化学反应过程和电极-电解液-气体三相界面。因此，合金表面的成分、微观结构及电催化活性等对合金电极和 MH-Ni 电池的性能有重要影响。通过对储氢合金进行适当的表面处理（也称表面改性），可以显著改变合金的表面特性，使合金电极和电池的性能进一步提高。目前常用的表面改性方法有表面包覆、酸/碱处理、表面修饰、氟化处理等。

综上所述，随着科学技术的迅猛发展，稀土在能源、信息和材料领域中的作用日趋重要，被美、日等国称为"21 世纪战略元素"。我国拥有得天独厚的稀土自然资源，已探明储量占世界总储量的 80% 以上，这对我国的 MH-Ni 电池产业化提供了极为有利的条件。如何有效地利用这一资源来发展我国的新型 MH-Ni 电池及其相关产业也一直受到国家的高度重视与支持，今后将会进一步规范混合稀土的技术标准以服务于生产需要。

(4) AB₂ 型 Laves 相储氢合金　Laves 相合金属于拓扑密集结构相，通式为 AB_2。Laves

相合金中 A 原子和 B 原子的原子半径之比（r_A/r_B）接近于 1.2 左右，A 原子与 B 原子相间排列，晶体结构具有很高的对称性及空间充填密度。Laves 相合金的结构有 $MgZn_2$ 型（C14，空间群 $P6_3/mmc$，六方结构）、$MgCu_2$ 型（C15，空间群 $Fd3m$，面心立方结构）、$MgNi_2$ 型（C36，空间群 $P6_3/mmc$，六方结构）三种类型（图 5-60），但 AB_2 型储氢合金只涉及 C14 和 C15 型两种结构。

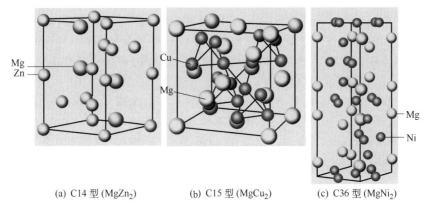

(a) C14 型 ($MgZn_2$)　　　(b) C15 型 ($MgCu_2$)　　　(c) C36 型 ($MgNi_2$)

图 5-60　Laves 相合金的结构

由于原子排列紧密，C14 和 C15 型 Laves 相合金的所有晶胞间隙均为四面体间隙，包括由 1 个 A 原子和 3 个 B 原子组成的 AB_3、由 2 个 A 原子和 2 个 B 原子组成的 A_2B_2 以及由 4 个 B 原子组成的 B_4 三种类型。在 AB_2 晶胞中，包含有 17 个四面体间隙（12 个 A_2B_2、4 个 AB_3 和 1 个 B_4）。由于 Laves 相结构中可供氢原子占据的四面体间隙（A_2B_2 及 AB_3）较多，AB_2 型 Laves 相合金具有储氢量大的特点。如 $ZrMn_2$ 和 $TiMn_2$ 的储氢量为 1.8%（质量分数），其理论容量为 482mA·h·g^{-1}，比已经实用化的 AB_5 型混合稀土系合金（理论容量 348mA·h·g^{-1}）提高约 40% 左右。AB_2 型 Laves 相合金具有储氢容量高、循环寿命长等优点，是目前高容量新型储氢电极合金研究开发的热点。

图 5-61 比较了两种典型化学成分的 AB_2 型（$ZrMn_{0.6}V_{0.2}Cr_{0.1}Ni_{1.2}$）和 AB_5 型（$MmNi_{3.7}Mn_{0.4}Al_{0.3}Co_{0.6}$）合金的气态 PCT 曲线和放电性能。可以看出，AB_2 型合金的气态可逆储氢量大于 AB_5 型合金，但 AB_2 型合金的 PCT 曲线较为倾斜。AB_2 型合金的放电容量比 AB_5 型合金提高了 30% 左右，但 AB_2 型合金的活化性能明显不如 AB_5 型合金。

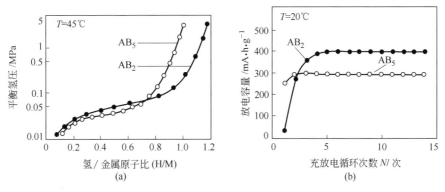

图 5-61　AB_2 型（$ZrMn_{0.6}V_{0.2}Cr_{0.1}Ni_{1.2}$）和
AB_5 型（$MmNi_{3.7}Mn_{0.4}Al_{0.3}Co_{0.6}$）合金的吸放氢性能比较
（a）—气态 PCT 曲线；（b）—放电容量及活化性能

许多 AB_2 型合金通常需要 10 次以上循环才能活化。因此，AB_2 型合金通常必须经过表面改性处理，合金的活化性能才能得到实用化的要求。

通常将合金 A 侧只含有 Zr 的 AB_2 型合金称为 Zr 系合金，只含有 Ti 的 AB_2 型合金称为 Ti 系合金，合金 A 侧同时含有 Zr 和 Ti 的合金称为 Zr-Ti 系合金。与 AB_5 型合金的单相 $CaCu_5$ 型结构相比，多相结构是 AB_2 型合金的重要特征。在 AB_2 型合金中，C14 与 C15 型 Laves 相都是合金的主要吸氢。合金中两种 Laves 相的含量及比例因合金成分不同而异，合金 A 侧含 Ti 量较高的合金通常以 C14 型 Laves 相为主，而含 Zr 量较高的合金则以 C15 型 Laves 相为主。此外，合金 B 侧的元素对两种 Laves 相的含量也有一定影响。由于合金的相结构对电化学性能具有重要影响，因此研究并优化合金的相结构是提高 AB_2 型合金电极性能的重要途径。

由于 ZrM_2 或 TiM_2（M 代表 Mn、V、Cr）等二元合金吸氢生成的氢化物均过于稳定（25℃时的平衡氢压 $p_{H_2} < 10^{-4}$MPa），因而不能满足氢化物电极的工作要求（10^{-2}MPa $< p_{H_2} < 10^{-1}$MPa）。合金成分受生成 Laves 相的要求限制，AB_2 型合金的含 Ni 量一般均比 AB_5 型合金低约 20%（原子比例）。合金中催化元素 Ni 的含量较低，加上合金中的 Zr、Ti 等组元在合金表面形成致密的钝化膜，阻碍电极反应，影响合金电极活化、导电性、交换电流密度以及氢的扩散过程，导致 AB_2 型合金电极初期活化比较困难、高倍率放电性能较差。因此，为满足 MH-Ni 电池的使用要求，在研究开发 AB_2 型 Laves 相储氢电极合金过程中，必须用 Ni 和其他元素替代 ZrM_2 或 TiM_2 合金 B 侧的 M 元素，或用 Ti 等元素部分替代 ZrM_2 合金 A 侧的 Zr，调整合金氢化物的平衡氢压及其他性质，并采用合金表面改性处理的方法（如碱处理、氟化物处理、添加微量稀土元素等），力求使合金表面形成富 Ni 的表面层，增大合金的反应比表面积，使合金具备良好的电极性能，以改善 AB_2 型合金电极的活化及高倍率放电性能。在对大量三元或四元合金研究的基础上，目前开发中的 AB_2 型合金均已逐渐发展成为五组元或更多组元的合金（图 5-62）。

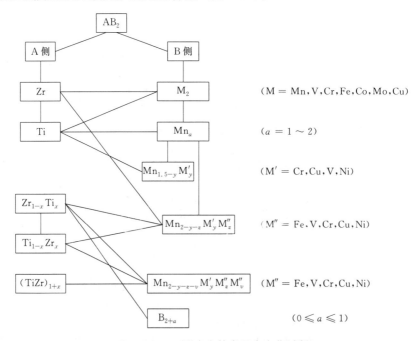

图 5-62 AB_2 型合金的多元合金化过程

为使 AB_2 型合金具有较好的电极活性，合金中的 Ni 含量应保持在 40%（原子比例）左右。由于在 ZrM_2（或 TiM_2）中添加 Ni 后使合金的晶胞体积减小，在增大合金氢化物平衡氢压的同时，也使合金的储氢量有所降低。因此，在进一步进行合金化时，为确保合金具有较高的储氢量，应优先选择能使合金晶胞体积增大的元素（如 Mn、V、Cr 等）对合金 B 侧进行部分替代。含有 Mn 和 V 的合金具有较高的放电容量及高倍率放电性能，但循环稳定性较差；含 Cr 合金具有较好的循环稳定性，但合金较难活化，放电容量也有所降低。采用 Ti 对 ZrM_2 合金 A 侧进行适量替代时，可以降低合金氢化物的稳定性，使合金保持较高的放电容量。

除了合金元素替代之外，改变合金 A、B 两侧的化学计量比（原子比）对于改善合金电极性能也有重要作用，研究开发中的 AB_2 型多元合金包含有标准化学计量比（AB_2）和超化学计量比（AB_{2+a}）两种类型。

由于在多元合金中各种元素的作用机制比较复杂，至今还没有实用的合金设计理论，对 AB_2 型合金成分的研究仍主要通过实验方法进行优化筛选。

研究开发的 AB_2 型多元合金容量可达 $380\sim420\rm mA\cdot h\cdot g^{-1}$，已在美国 Ovonic 公司 MH-Ni 电池生产中得到应用。该公司研制的 Ti-Zr-V-Cr-Ni 合金为多相结构，电化学容量高于 $360\rm mA\cdot h\cdot g^{-1}$，且循环寿命较长。与一般的 Zr-Ti 系 AB_2 型合金相比，Ti 和 V 的含量较高以及在合金中包含有固溶体型非 Laves 相是 Ovonic 合金的主要特征。在 Ovonic 合金中，除 C14 型 Laves 相（主相）外，还包含有体心立方（bcc）结构的 Ti-Cr-Ni 固溶体等非 Laves 相以及少量的 C15 型 Laves 相。在这种多组元和多相共存的合金中，存在着原子尺度的结构和成分无序，对合金的电极性能具有重要影响。而充分利用合金中的结构和成分无序以及多相结构的协同作用，是 Ovonic 合金具有良好电极性能的重要原因。Ti、Zr 和 V 三种吸氢元素中，Ti 和 Zr 在碱性溶液中易氧化生成致密的钝化膜，有阻碍合金电极反应的作用。利用 V 在碱性溶液中较易氧化而溶出的特点，通过控制 V 的适量溶出可使合金表面的钝化膜形成微小的孔洞，从而使合金的反应比表面积增大，加快电极反应的速度。另一方面，通过 bcc 固溶体相周围的 C14 型 Laves 相的催化作用，可使储氢量大的 bcc 相具有良好的充放电性能，从而使合金的放电容量及高倍率放电性能进一步提高。

以这种合金作为负极材料，Ovonic 公司研制出各种型号的圆柱形和方形 MH-Ni 电池，所研制的方形 MH-Ni 电池的能量密度可达 $70\rm W\cdot h\cdot kg^{-1}$，已在电动汽车中试运行。虽然 AB_2 型合金目前还存在初期活化困难、高倍率放电性能较差以及合金的原材料价格相对偏高等问题，但由于 AB_2 型合金具有储氢量高和循环寿命长等优势，被看成是 MH-Ni 电池的下一代高容量负极材料，其综合性能有待进一步研究和改进。

(5) 其他新型高容量储氢电极合金　AB_5 型混合稀土镍系储氢合金的储氢容量较低，并已接近理论极限（约 $370\rm mA\cdot h\cdot g^{-1}$）。为了进一步提高氢镍电池的能量密度，迫切需要开发出新型高容量的储氢电极合金。

以 Mg_2Ni 为代表的镁基储氢合金具有储氢容量高（按 Mg_2NiH_4 计算，理论容量近 $1000\rm mA\cdot h\cdot g^{-1}$）、资源丰富以及价格低廉等突出优点，其电化学应用的可能性问题一直受到广泛关注，各国纷纷致力于新型镁基合金的开发。但常规冶金方法制备的晶态 Mg_2Ni 吸氢生成的氢化物过于稳定（需要在 $250\sim300\,^\circ\!C$ 才能放氢），并存在反应动力学性能较差的问题，不能满足 MH-Ni 电池负极材料的工作要求。研究发现通过使晶态 Mg-Ni 合金非晶化，利用非晶合金表面的高催化性，可以显著改善 Mg 基合金吸放氢的热力学和动力学性能。

采用溅射法制备的非晶 $Mg_{52}Ni_{48}$ 薄膜在 $50\rm mA\cdot g^{-1}$ 电流密度下的电化学容量为

$500 \text{mA} \cdot \text{h} \cdot \text{g}^{-1}$。采用机械合金化方法也可以使性能得到明显改善，这主要是因为机械合金化使合金在球磨过程中形成了均一的非晶结构，使合金的比表面及缺陷增多，加之 Ni 的催化作用，提高了合金的电化学活性，使 Mg-Ni 合金在室温下的充放电过程顺利实现。研究表明，非晶态 $Mg_{50}Ni_{50}$ 系合金电极在第一次充放电循环即能完全活化，放电容量可达 $500 \text{mA} \cdot \text{h} \cdot \text{g}^{-1}$ 左右。但非晶态 Mg-Ni 系二元合金电极存在容量衰减迅速的问题，在循环稳定性方面不能满足 MH-Ni 电池的工作要求。当采用 Co、Al 和 Si 等元素部分取代 $Mg_{50}Ni_{50}$ 中的 Ni 时，三元合金 $Mg_{50}Ni_{50-x}M_x$（M 代表 Co、Al、Si 等，$x=5\sim$10）的起始放电容量较 $Mg_{50}Ni_{50}$ 合金有所降低（约为 $210\sim320 \text{mA} \cdot \text{h} \cdot \text{g}^{-1}$），但可使合金的抗腐蚀性能得到提高，因而在较大程度上改善了非晶态合金的循环稳定性。通过合金的表面改性处理，也可以提高非晶态 Mg-Ni 合金的放电容量和电极的循环稳定性。

现有的研究表明，通过机械合金化的方法使 Mg-Ni 系合金非晶化，已使 Mg-Ni 系合金在室温下充放电过程得以实现，目前非晶态 Mg-Ni 系合金的放电容量已达 $500\sim800$ $\text{mA} \cdot \text{h} \cdot \text{g}^{-1}$ 左右，显示出诱人的应用开发前景。另外，由于 Mg-Ni 系合金比较活泼，在碱液中易被氧化腐蚀，合金表面生成的非致密的 $Mg(OH)_2$ 不能阻止体相中活性物质进一步腐蚀，导致合金电极容量和循环寿命迅速衰减。因此，通过对合金制备方法、多元合金元素替代及合金的表面改性处理等方面的研究，进一步提高合金的抗腐蚀性和循环稳定性，现已成为非晶态 Mg-Ni 系合金实用化的重要研究方向。

V 及 V 基固溶体合金（V-Ti 及 V-Ti-Cr 等）具有可逆储氢量大、氢在氢化物中的扩散速度较快等优点，已在氢的储存、净化、压缩以及氢的同位素分离等领域较早得到应用。但是由于 V 基固溶体本身在碱性溶液中没有电极活性，不具备充放电能力，一直未能在电化学体系中得到应用。为了开发高容量的储氢电极合金，进一步研究 V 基固溶体型合金的电极性能并取得了重要进展。研究表明，通过在 V_3Ti 合金中添加适量的催化元素 Ni 并优化控制合金的相结构，利用在合金中形成的一种三维网状分布的第二相的导电和催化作用，可使以 V-Ti-Ni 为主要成分的 V 基固溶体型合金具备良好的充放电能力。

在研究的 V_3TiNi_x（$x=0\sim0.75$）合金中，当在 V_3Ti 中添加 Ni 至形成 $V_3TiNi_{0.25}$ 合金时，即开始有 TiNi 基第二相（含有少量 V）沿着 V 基固溶体主相（含有少量 Ni）的晶界析出，使合金具有一定的充放电能力。当 V_3TiNi_x 合金中的 Ni 含量进一步增加至 $x>0.5$ 时，由于大量析出的 TiNi 基第二相覆盖了 V 基的晶界，使合金形成了由 V 基固溶体主相和呈三维网状分布的 TiNi 基第二相组成的组织结构［图 5-63（a）］，使合金具有良好的充放电

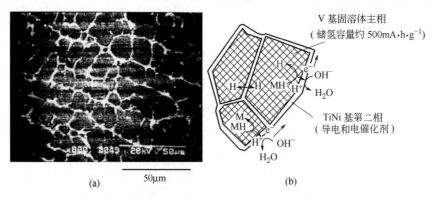

图 5-63　V_3TiNi_x 合金的组织结构与电极性能

（a）由 V 基固溶体主相（暗灰色）和 TiNi 基第二相（亮灰色）组成的 $V_3TiNi_{0.56}$

合金的显微组织；（b）V 基固溶体型合金的电极反应机制示意

能力。在上述合金中，V 基固溶体主相是合金的主要吸氢相（可逆储氢容量约为 $500mA \cdot h \cdot g^{-1}$），而由 TiNi 基第二相形成的三维网状组织在充放电过程中起着导电集流体和电催化的作用，构成了进行电极反应所需的氢原子和电子的进出通道［图 5-63(b)］，是促使 V 基固溶体主相能够实现电化学吸放氢反应的必要条件。因此，在 V_3TiNi_x 合金中，TiNi 基第二相的组成、结构及析出量（第二相与主相的比例）对合金的电极性能具有重要的作用。

在不同放电电流密度下，V_3TiNi_x（$x = 0 \sim 0.75$）合金的放电容量与合金含 Ni 量（x）的关系如图 5-64 所示。可以看出，在 $x \leqslant 0.56$ 的组成范围内，合金的低倍率放电容量随 x 值的增加而增大，并在 $x = 0.56$ 时达最大值。在放电电流密度为 $25mA \cdot g^{-1}$ 的条件下，$V_3TiNi_{0.56}$ 合金的放电容量可达 $420mA \cdot h \cdot g^{-1}$。此数值与合金按气态 PCT 测量所得的可逆储氢容量（图 5-64 中虚线所示）基本一致，说明在 Ni 含量 $x = 0.56$ 的合金中 TiNi 基第二相的析出量与主相的比例比较适当，对合金的低倍率放电容量最为有利。但随着 x 值进一步增大，由于

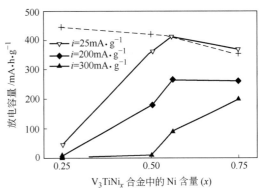

图 5-64　在不同放电电流密度条件下，V_3TiNi_x（$x = 0 \sim 0.75$）合金的放电容量与合金 Ni 含量（x）的关系

第二相的析出量增多使固溶体主相在合金中所占比例减少，导致容量降低。在 $x < 0.56$ 时，合金的放电容量较低并与合金的 PCT 容量有较大偏离。这是由于合金的 Ni 含量偏低使 TiNi 基第二相的析出量相对不足，从而在不同程度上降低了合金的电极反应能力所致。由图还可以看出，当放电电流密度增大到 $300mA \cdot g^{-1}$ 时，合金的放电容量随合金 Ni 含量的增加而增大。由此说明，在 V_3TiNi_x 合金中，随着合金 Ni 含量增大而析出的 TiNi 基第二相组织增多，可使合金的高倍率放电性能得到改善。

尽管 $V_3TiNi_{0.56}$ 合金的放电容量可达 $420mA \cdot h \cdot g^{-1}$，但存在循环容量衰减较快的问题。通过对 $V_3TiNi_{0.56}$ 合金进行热处理及进一步多元合金化，优化控制 V 基固溶体主相（吸氢相）和三维网状分布的第二相（导电集流体及催化相）的协同作用，可使合金的循环稳定性及高倍率放电性能显著提高，从而使 V 基固溶体型合金发展成为一种新型的高容量储氢电极材料，显示出良好的产业化应用前景。

一些新的合金系列由于其高放电容量（$360 \sim 410mA \cdot h \cdot g^{-1}$）和低成本优势而受到关注，主要包括 $PuNi_3$ 型（$AB_5 + 2AB_2 \Longrightarrow 3AB_3$）、$Ce_2Ni_7$ 型（$AB_5 + AB_2 \Longrightarrow A_2B_7$）或 Pr_5Co_{19} 型（$3AB_5 + 2AB_2 \Longrightarrow A_5B_{19}$）。$AB_3$ 型合金结构如

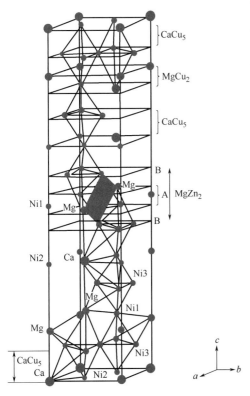

图 5-65　AB_3 型合金的晶体结构

图 5-65 所示。由于 AB_3 合金晶格的 c 轴较长，在 A 侧可包含 Ca、Mg、Ti、Mn 等元素，因而理论储氢容量可达 $500mA \cdot h \cdot g^{-1}$，但在实际测量时一般只达到 $300 \sim 360mA \cdot h \cdot g^{-1}$，而且循环寿命有待进一步提高。因此在新型储氢电极合金的研究方面，合金成分与结构的优化、合金的制备技术及表面改性处理仍将是进一步提高电极合金性能的主要研究方向。

5.2.2.6 性能及应用

MH-Ni 电池以氢氧化镍为正极，高能储氢合金材料为负极，这使得镍氢电池具有更大的能量。MH-Ni 电池具有较高的比能量、可快速充放电、低温性能好、耐过充放能力强、无明显的记忆效应和环境相容性好等优点，被称为环保绿色电池。MH-Ni 电池是镉镍电池的换代产品，电池的物理参数，如尺寸、质量和外观完全可与镉镍电池互换，电性能也基本一致，充放电曲线相似，放电曲线非常平滑，电快要消耗完时，电压才会突然下降。故使用时可完全替代镍镉电池，而不需要对设备进行任何改造。

MH-Ni 电池的缺点是自放电与寿命不如镉镍电池，但也能达到 500 次循环寿命和国际电工委员会的推荐标准。吸氢电极自放电包括可逆自放电和不可逆自放电。可逆自放电的主要原因在于环境压力低于电极中金属氢化物的平衡氢压时，氢气会从电极中脱附出来。当吸氢电极与氧化镍正极组成 MH-Ni 电池时，这些逸出的氢气与正极活性物质 NiOOH 反应生成 $Ni(OH)_2$，失去了电池的容量，可以通过再充电复原。不可逆自放电主要由负极的化学或电化学因素所引起。如合金表面电势较负的稀土元素与电解液反应形成氢氧化物等，例如含 La 稀土在表面偏析，并生成 $La(OH)_3$，使合金组成发生变化，吸氢能力下降，无法用充电方法复原。

密封电池最基本的充电方法是恒电流定时充电，为了使电池达到完全充电状态，一般需要有一定的过充电量，常用的充电制度有 $C/10$ 充电 $15 \sim 17h$；$C/5$ 充电 $6 \sim 7h$；$1C$ 充电 $1.1 \sim 1.2h$ 等。

MH-Ni 电池的端电压在充电过程中，先是增加，后又下降，会出现一个最大值。这个最大值随充电电流的增加而移动，充电速率高，最大值出现早，回落显著；充电速率低，最大值出现迟，回落少，这是由氧化镍电极本身性质、氢气和氧气复合放出热量使电池温度升高等因素的影响使电池电压下降造成的。因为正极反应速度受氧化镍电极中固相质子扩散太慢的影响，为了维持较大的充电电流，只有提高正极电势，而负极产生的 OH^- 还来不及扩散到正极，这就使得电池的充电电流越大，充电曲线上电压极大值出现得越早。当电池达到完全充电后继续充电，正极上就会析出氧气，析出的氧扩散到负极与氢反应时，不仅消耗掉一部分氢，影响负极的电极电势，还因氢与氧的反应，释放出大量的热，使电池内温度显著升高，从而加速了电极反应。在恒电流充电的条件下，上述两种效应导致电池充电电压降低，在大电流充电时，上述现象更为明显。

因此，通常利用充电电压达到最大值后开始下降，在充电控制上设定电压下降 10mV，即 $\Delta V = -10mV$ 作为判定充电的终点，这样可使电池的充电效率接近 85%，即使 $1C$ 充电，内压也不会大于 $0.5MPa$，外壁升温不会高于 30℃。而当 $\Delta V = -10mV$ 以后再继续充电，则充入的电量全部用于电解水，不仅充电效率低，而且会造成电池内压剧升，温度也会升高。现在许多自动充电装置就是根据这一原理设计制造的。

对 MH-Ni 电池来说，充电时间、充电电流和电压以及电池温度是充电时的几个要素，良好的充电器应具备对电池充电过程完善的监测和控制手段。首先，充电电池要求用恒定电流方式，并对充电电流的大小有一定的限制；其次，充电器必须能监测充电电池的温度并加以控制；最后，充电电池充满电后电压上升到正常电压状态，充电器应能监测并终止充电。

小型密封 MH-Ni 电池在许多方面可替代镉镍电池，由于连续使用时间更长，减少了充电次数，深受用户欢迎。环保的要求带动了电动车辆及其使用电池的发展，因此发展动力电池一直是国际上研究的热点。动力电池一般是指具有较高的容量和输出功率，可用作电动车辆、电动工具等的驱动电源。综合考虑电池的比能量、比功率、寿命、价格、工作温度、自放电、环保性能等因素，方形密封 MH-Ni 电池是一种适合作电动车的动力电源，以减少汽车尾气的污染。

图 5-66　电动自行车及其所用镍氢电池与充电器

取代 Cd-Ni 电池并用作电动工具的 Sub-C 型、D 型、F 型 MH-Ni 电池已逐步商品化。应用于电动自行车上的 D 型 24V/7A·h MH-Ni 电池（图5-66）采用 24V 智能型力矩传感助力控制（电池盒安装在车框内），可根据骑行者的用力大小和车速来控制电力输出，实现了电力和人力的有机配合，人机系统协调性好，具有省力、节电、安全等特点。

在 MH-Ni 动力电池的电动自行车中，充电器采用微控芯片，采取脉冲控制方式充电，并利用数字控制充电电流，以达到高效充电（图 5-67）。这种具有智能判断能力的充电装置在工作中随时控制电池的状态，如最高电压、最长时间、最高温度、相对温度、温度变化率等，模糊控制负电压特性，确保电池的最大工作容量，而不影响电池寿命。

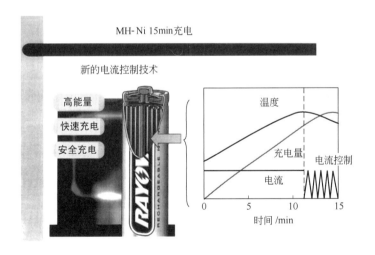

图 5-67　具有智能充电功能的 MH-Ni 动力电池体系

另外，D 型 MH-Ni 动力电池也已在混合动力汽车上得到应用（图 5-68）。日本丰田汽车公司设计的 Prius 混合动力汽车于 1997 年成功投放市场，并已批量生产。该车采用 240 只 D 型高功率 MH-Ni 电池串联，总电压为 288V，标称容量虽只有 6.5A·h，但脉冲放电倍率可达 30C，整个电池组的寿命预期可达 10 万公里。

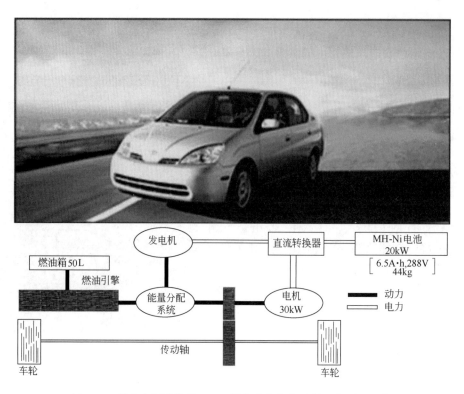

图 5-68 日本丰田开发的 Prius 混合动力汽车及其工作原理示意

　　丰田汽车公司设计的 Prius 混合动力汽车的特点之一是：采用一台小型燃油发动机作为车辆的主动力源来控制发动机在最佳工作状态下恒速工作，并使燃油得到充分燃烧，以降低废气中有害气体的排放量。而该车的另一个特点是还配备一套超大功率型可充电的 MH-Ni 电池组及电动机/发动机构成的辅助动力系统，其电池的充电状态控制在一定范围以便随时对电池进行充电及放电操作。当车辆要求功率值大于发动机实际输出功率时，其差值可通过电池组放电，由电动机转变为机械动力而得到补充。而当车辆要求的功率值小于发动机实际输出功率时，发动机富余的动力部分即可通过带动发动机将机械能转变为电能对电池充电。另外，智能化的再生式刹车系统还可以将车辆刹车时的机械能转变为电能对电池充电。由于电池系统起辅助调节作用，在使用过程中不断地充电和放电，使充电状态在一定的范围内变化而不是全充全放，所以不需要从外电网进行充电。这使得车辆的操作相应简化，而且电池组采用容量相对较小的 D 型电池，所以在重量及成本上增加都不高，易于被用户接受。该混合车的废气排放量降低了 50% 以上，能源利用率则提高了 75%，车辆获得最大功率是发动机输出功率的 175%。因此混合电动汽车是由纯燃油车到纯电动汽车的过渡阶段，已在环保、节能和实用化方面取得了十分显著的效果。

　　MH-Ni 电池可以和太阳能电池板、双电层电容器 EDLC、便携式风力发电机等构成复合系统，用于电动汽车不间断电源和部分储能领域。

　　MH-Ni 动力电池的关键材料与技术，主要有以下几个方面。

　　① 在正极材料方面，研究制备高密度、高利用率球形 $Ni(OH)_2$，选择新型添加剂使电极材料导电性能优良、耐高温工作，并抑制电极材料在充放电过程中的膨胀，增大高温工作时的析氧电势，使得活性物质利用率明显提高。

　　② 在负极材料方面，研究开发具有高容量、稳定吸放氢平台、抗氧化腐蚀的新型储氢材

料，特别是研究元素取代对材料的晶格、微观结构、吸放氢热力学和动力学性能的影响，以期获得吸氢容量高、吸氢膨胀小、抗氧化能力强、氢扩散系数大、价格适中的储氢电极材料。

③ 在电极基材方面，研究开发导电性能优良，填充空隙大，价格低廉的新型基材。

④ 在电极制作方面，选择合适的催化添加剂和导电黏结剂，采用表面处理技术对正、负极片进行物理与化学修饰，从而改善电极的充放电动力学性能，使得它们拥有优良的扩散通道和快速充放电的电极特性。

⑤ 在电池的设计方面，对单体电池作优化设计，如电池壳薄形化、矮形化、隔膜薄形化、电池内阻降低等，并对电池组的匹配及充放电制度做系统研究，使电流分布合理、充放电效率高、内压低、自放电低、耐高温工作、寿命长。

总之，MH-Ni 电池作为一种可充电电池，具有高性能和无污染等优点，随着储氢合金的发展，吸氢电极的比能量和寿命会进一步提高，发展高功率和大容量的 MH-Ni 动力电池已成为高能电池领域的新亮点。

5.3 其他碱性蓄电池

5.3.1 铁镍蓄电池

铁镍蓄电池（图 5-69）与镉镍蓄电池在电池结构、生产工艺以及电池性能等方面均有很多相似之处，正极与镉镍蓄电池完全相同，只是它们的负极不同，铁镍蓄电池中负极为铁电极。铁镍蓄电池适合于要求电池在反复深度放电的情况下仍具有长循环寿命的应用（如牵引电源）以及可再生能源和备用电源，现投入使用的是有极板盒式结构的铁镍蓄电池。在电池设计时，采用铁电极容量过量，图 5-70 为铁镍单体蓄电池结构。

图 5-69　铁镍蓄电池

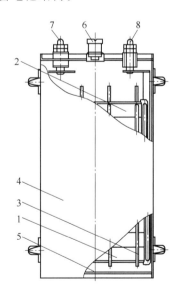

图 5-70　铁镍单体蓄电池结构图

1—正极板；2—负极板；3—硬橡胶棍；4—电槽；
5—底；6—气塞；7—负极柱；8—正极柱

在正常的充放电过程中，其电池的成流反应为

正极
$$2Ni(OH)_2 + 2OH^- \underset{放电}{\overset{充电}{\rightleftharpoons}} 2NiOOH + 2H_2O + 2e^- \qquad (5\text{-}49)$$

负极
$$Fe(OH)_2 + 2e^- \underset{放电}{\overset{充电}{\rightleftharpoons}} Fe + 2OH^- \qquad (5\text{-}50)$$

电池反应为
$$2Ni(OH)_2^* + Fe(OH)_2 \underset{放电}{\overset{充电}{\rightleftharpoons}} 2NiOOH^* + Fe + 2H_2O \qquad (5\text{-}51)$$

式中，* 代表含有被吸附的 H_2O 及 KOH。

铁电极的成流反应与镉电极类似，可以表示为溶解-沉积机理。但确切的反应机理非常复杂，并且涉及许多反应中间体。

铁的氧化物以 $HFeO_2^-$ 的形式转入溶液中
$$Fe + 3OH^- \underset{充电}{\overset{放电}{\rightleftharpoons}} HFeO_2^- + H_2O + 2e^- \qquad (5\text{-}52)$$

然后，$HFeO_2^-$ 再与水反应生成 $Fe(OH)_2$，沉积在电极上
$$HFeO_2^- + H_2O \underset{充电}{\overset{放电}{\rightleftharpoons}} Fe(OH)_2 + OH^- \qquad (5\text{-}53)$$

如果负极继续氧化时（过放电时），铁电极将进行下列反应
$$3Fe(OH)_2 + 2OH^- \longrightarrow Fe_3O_4 + 4H_2O + 2e^- \qquad (5\text{-}54)$$

则铁电极的完全放电反应为
$$3Fe + 8OH^- \longrightarrow Fe_3O_4 + 4H_2O + 8e^- \qquad (5\text{-}55)$$

电池反应为
$$8NiOOH^* + 3Fe + 4H_2O = 8Ni(OH)_2^* + Fe_3O_4 \qquad (5\text{-}56)$$

铁电极在溶液中进行阳极氧化时，容易形成钝化膜，大大降低电极活性表面，电极容量急剧下降，使电池寿命很快终止。为了提高铁电极的活性，必须把铁电极中的有害杂质含量降到最低，如铝在活性物质中含量大于 0.02%（相对于 Fe），在 KOH 电解液中大于 0.01%（相对于 KOH）时，将使活性物质利用率下降，并增大电极的自放电。

镍对铁电极具有一定的活化作用，以 $Ni(OH)_2$ 形式存在于铁电极中，可明显降低氧化铁阴极还原的过电势，提高负极充电效率，使铁电极的容量显著增加。这是因为铁电极在放电时，$Ni(OH)_2$ 使 $Fe(OH)_2$ 晶格形成得较为分散，充电时易于还原；$Ni(OH)_2$ 对于放电时阳极过程也产生某种有利影响，使阳极氧化深度增加。随着纳米材料的开发，将铁分散在碳纳米材料中表现出具有提高活性材料利用率和循环效率的潜力。

铁镍蓄电池电解液使用质量分数为 25%～30% 的 KOH 溶液，其中含 LiOH $50g \cdot L^{-1}$，电解质中锂的加入非常重要，可以改善电池的容量和循环寿命，但机理还不完全确定。

铁镍蓄电池在充电开始时的电压约为 1.60V，充电终止电压为 1.80V。充电电压与充电电流、温度等条件有关。图 5-71（a）为 Fe-Ni 电池充电特性曲线，其充电效率为 80% 左右，低于 Cd-Ni 电池的充电效率。图 5-71（b）为 Fe-Ni 电池放电特性曲线，可以看出，Fe-Ni 电池不适合大电流放电，这是因为铁负极阳极过程极化较大，反应中间物和氧化物的溶解度低。

由于铁电极在碱性溶液中的稳定电势比氢的平衡电极电势负 40～50mV，所以铁电极在碱液中自发溶解反应比较严重，氢易析出，因而自放电较大，充电效率降低。铁电极在低温下容易发生钝化，反应中间物溶解度降低，负极容量显著减小，低温性能差。Fe-Ni 电池用 $1/5C$ 电流放电，将 25℃ 时放电容量作为 100%，则在 0℃ 时容量为 75%，－20℃ 时约为 10%。低温下电池容量显著下降，难以使用，铁镍电池的电性能不及镉镍电池。图 5-72 为温度对 Fe-Ni 电池放电性能的影响。

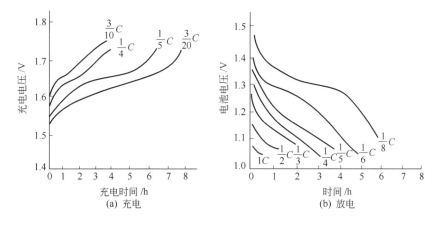

图 5-71　Fe-Ni 电池充电特性曲线和放电特性曲线

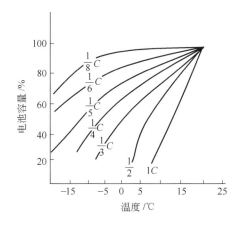

图 5-72　温度对不同倍率下 Fe-Ni 电池容量影响

5.3.2　锌镍蓄电池

图 5-73　锌镍蓄电池

　　与镉镍电池、铅酸蓄电池相比，锌镍蓄电池（图 5-73）的研究开发具有极大的吸引力。锌资源丰富、价格低廉，具有电极电势较负、析氢过电势较高、可逆性好、能量密度高、阳极溶解较均匀等优异的性质，因而被广泛用作化学电源的负极材料。特别是碱性锌镍电池，由于其理论比能量高（345A·h·kg⁻¹）、理论电压高（1.75V）、输出电流大、工作温度范围宽（－20～60℃）、低温性能好、成本低廉以及不污染环境等特点，应用于消费类电子设备，如电动工具、儿童玩具、照明等并成为电动车的一种候选动力电源。在 20 世纪 60 年代，特别是石油危机发生之后，在美国、日本等国家得到了迅猛发展。

　　锌镍电池有开口式和密封式两种结构，开口式又包括振动电极型和流动电解液型。振动电极和流动电解液的设计，改善了电池内部传质方式，使浓度分布均匀，减小形变和枝晶的发生，有利于电池寿命的提高，这两种电池的循环寿命一般在 1000 次以上，但存在着配件多、比能量不高的缺点。

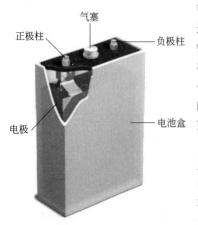

密封式锌镍电池由美国 Energy Company 首先研制成功，这种电池已取得了长足发展，并成为目前研究的重点。锌镍电池沿用了 Cd-Ni 和 MH-Ni 的方形和圆柱形结构，结构的选择取决于应用，低于 20A·h 的小容量电池比较适合采用圆柱形结构；当需要较低的放电倍率以及高容量时，方形电池比较适合。锌镍电池型号主要包括 AA、C、D、F 型等，图 5-74 为方形密封式锌镍电池的结构。

密封电池可做到少维护或免维护。为了使密封电池可正常工作，充电时产生的气体需在电池内部进行复合。充电时，析氧过程与镍电极充电过程相互竞争，而锌电极可有效地充电，直到全部活性物质被充电后，才开始析氢。电池采用锌电极过量，在正常情况下，不会析氢，而产生的氧气又可透过隔膜，与锌电极复合。由于隔膜会限制氧气的迁移，为加快复合过程，通常采用减少电解液的用量

图 5-74　方形密封式锌镍电池的结构

来设计密封电池，但这对活性物质的利用率和电池的热传递不利。锌电极本身的腐蚀，还可能产生少量氢气，汞齐化则可提高锌电极的析氢过电势。

锌镍电池是由活性物质锌、氢氧化镍和 $3.8\sim4.0$ mol·L^{-1}（贫液电池采用 $4\sim6$ mol·L^{-1}）KOH 溶液组成的碱性电池。贫液密封电池正、负极设计容量比为 $1:3$，负极容量远大于正极容量。锌电极由氧化锌（金属锌粉）、添加剂（如 PbO）和聚四氟乙烯乳液滚制而成（70%孔隙率）。烧结式镍电极由羰基镍粉烧结成多孔基板（80%孔隙率），发泡式镍电极是将氢氧化镍、导电石墨和聚四氟乙烯乳液滚压于发泡镍基底上。隔膜为三层聚丙烯膜，可为电极储存电解液，阻止锌枝晶短路，电解液为含有 LiOH 和 ZnO 的 KOH 溶液。电池在充放电过程中，Zn 电极无严重变形，几乎没有由锌枝晶造成的短路。

锌镍电池的反应为

正极

$$2Ni(OH)_2 + 2OH^- \underset{\text{放电}}{\overset{\text{充电}}{\rightleftharpoons}} 2NiOOH + 2H_2O + 2e^- \tag{5-57}$$

负极

$$ZnO + H_2O + 2e^- \underset{\text{放电}}{\overset{\text{充电}}{\rightleftharpoons}} Zn + 2OH^- \tag{5-58}$$

总反应

$$2Ni(OH)_2 + ZnO \underset{\text{放电}}{\overset{\text{充电}}{\rightleftharpoons}} 2NiOOH + Zn + H_2O \tag{5-59}$$

当电池过充电时，可以发生如下反应

正极

$$2OH^- \longrightarrow \frac{1}{2}O_2 + H_2O + 2e^- \tag{5-60}$$

负极

$$2H_2O + 2e^- \longrightarrow H_2 + 2OH^- \tag{5-61}$$

锌电极在阳极溶液进入钝化区后，发生的主要电化学反应为

$$Zn + 2OH^- \longrightarrow ZnO + H_2O + 2e^- \tag{5-62}$$

KOH 溶液中形成的 $Zn(OH)_4^{2-}$ 也会部分沉积到 Zn 电极上形成 ZnO

$$Zn(OH)_4^{2-} \longrightarrow ZnO + H_2O + 2OH^- \tag{5-63}$$

锌电极的腐蚀曲线有时会出现第二溶解峰，其反应式为

$$Zn + 3OH^- \longrightarrow Zn(OH)_3^- + 2e^- \tag{5-64}$$

$$ZnO + H_2O + OH^- \longrightarrow Zn(OH)_3^- \tag{5-65}$$

采用 CV 曲线研究二次锌电极的氧化还原时，发现锌电极的放电反应机理与固体电极相似

图中标注：气塞　正极柱　负极柱　电极　电池盒

$$Zn + 2OH^- \longrightarrow ZnO + H_2O + 2e^- \tag{5-66}$$

在含 2.5%HgO 添加剂的锌电极中还存在如下反应

$$ZnO + H_2O \longrightarrow [Zn(OH)_2]_{ad} \tag{5-67}$$

$$[Zn(OH)_2]_{ad} + 2OH^- \longrightarrow [Zn(OH)_4]_{ad}^{2-} \tag{5-68}$$

$$[Zn(OH)_4]_{ad}^{2-} \longrightarrow [Zn(OH)_4]_{diss}^{2-} \tag{5-69}$$

反应[式(5-67)～式(5-69)]使 CV 曲线在电位由正向负扫过程中产生三个氧化峰 A_1、A_2、A_3（图 5-75）。锌镍电池反应的电化学机理相当复杂，随着条件的不同，在放电的负极区出现的产物会有所不同，但在充电过程中，所有这些锌的化合物可能都将转化为锌。

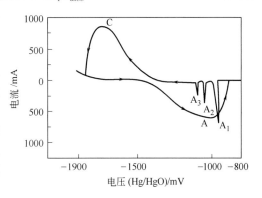

图 5-75 含 2.5%Hg/HgO 锌电极在 $6mol \cdot L^{-1}$KOH 溶液中的 CV 曲线
扫描速度：$1mV \cdot s^{-1}$

锌镍电池兼有锌银电极中锌负极高容量和镉镍电池中镍正极长寿命的优越性能。但锌电极存在着形变、枝晶、腐蚀和钝化等问题，使锌电极循环寿命缩短，其寿命问题一直是商品化的重大障碍。因此延长锌镍电池的寿命是解决问题的关键。影响锌镍电池寿命有三个方面：锌电极的循环寿命，隔膜的氧化和穿透，镍电极的毒化。

(1) 锌电极的形变 所谓锌电极形变是指在充放电过程中活性物质在电极表面重新分布，电极中下部变厚，而边缘及上部变薄。形变的结果导致锌电极的有效面积减小，容量降低，使电池使用寿命缩短。

目前一般认为，在碱性二次电池中锌电极的形变与充放电过程中锌酸盐的浓度变化、电流密度分布的均匀与否、极化度大小、电极表面的对流等传质过程以及电池相对于重力场的方向等因素有关。对形变产生的原因，长期以来人们进行了大量研究，提出了各种各样的模型，其中比较典型的有隔膜传输模型（也称电渗效应）和浓差电池模型。

隔膜传输模型认为电解液组分通过隔膜的渗透和电渗透力产生平行于电极表面的对流传质，在充放电过程中对流方向正好相反。充电时电解液从电极中央流向边缘，电解液中锌酸根离子浓度较小；放电时电解液从电极边缘流向中央，电解液锌酸根离子浓度较大，因此使活性物质形成从边缘到中央的净迁移，产生形变。但该模型无法解释无隔膜体系中锌电极出现的形变。

浓差电池模型认为在充放电过程中电流密度的非均匀分布和不同的极化度，导致含有锌酸盐的电解液有分层现象，电极的边缘和上部锌酸盐浓度较小，电势较负，中部和下部较大，电势较正，在锌电极表面形成浓差电池。放电时，边缘和上部锌酸盐浓度较低，锌的溶解易于进行；充电时，中部和下部锌酸盐较高，锌离子易于还原为锌，即沉积较多的锌。随着充放电循环的继续，锌就从电极的上端不断地向下端转移，边缘和上部逐渐变薄，中部和下部逐渐加厚，产生形变，最终导致下端隔膜胀破，使电池短路，缩短电池寿命。

减小锌电极形变的方法主要有通过锌电极合金化、控制电极的制备和电解液的组成、优化隔膜和改变充电方式等方法来降低锌酸盐的溶解度，使电流密度在电极表面分布均匀，并减小电池中的对流传质等。例如向电极中加入一定量聚四氟乙烯作为黏结剂，并加入一定量的铝、镉可以改善电极变形情况，延长电极使用寿命。

(2) 锌电极的枝晶 碱性溶液中锌电极在充电时会产生树枝状结晶，称为锌枝晶。

放电时，锌电极生成的 $Zn(OH)_2$ 和 ZnO，以 $Zn(OH)_4^{2-}$ 的形式大量溶解在强碱性溶液中。充电时，电极上的 ZnO 或 $Zn(OH)_2$ 基本上完全还原成 Zn 后，电极电势向负的方向移动，这时溶液中的锌酸盐离子进行还原，其反应为

$$Zn(OH)_4^{2-} + 2e^- \longrightarrow Zn + 4OH^- \tag{5-70}$$

随着充电的继续，电极微孔中的锌酸盐离子很快被还原而耗尽，这时电极微孔外电解液中的锌酸盐离子要进行扩散到达电极表面进行还原。该过程受扩散控制，充电过程中电极表面附近薄液层中 $Zn(OH)_4^{2-}$ 非常贫乏，导致浓差极化很大，与其他部位相比，$Zn(OH)_4^{2-}$ 更容易扩散到电极表面突出部位，因而在突出处锌沉积速度存在加速趋势，结果形成锌枝晶。枝晶与电极基体之间附着力很小，容易从锌电极表面脱落，从而造成活性物质损失，容量下降。此外，锌枝晶尖端的电流密度比其他部分高，因而枝晶尖端不断生长，形成针状晶体，会穿透隔膜，使电池短路而失效。枝晶问题是造成锌镍电池寿命短的一个重要原因。

为了抑制锌枝晶的生长，最根本的是要解决锌酸盐在碱性溶液中溶解度过大的问题，同时还要提高锌电极表面电流密度的均匀性，因而采用的方法与抑制锌电极形变的方法相类似，主要有锌电极合金化、加入电极添加剂和电解液添加剂、优化隔膜及改进充电方式等。另外，密封电池也有助于消除锌枝晶。

(3) 锌电极钝化　锌电极在大电流放电时很容易产生钝化，尤其是电解液被锌酸盐饱和时，更容易产生钝化。这时锌电极不能正常溶解，电极失去活性。钝化现象使锌电极利用率降低，电池容量下降，这对于锌镍电池的使用，尤其是作为动力电池的使用，会造成很大的影响。

锌电极钝化主要是因为锌电极阳极溶解时，电极表面附近溶液中的锌酸盐浓度逐渐增大。当锌酸盐达到饱和后，开始在电极表面生成 ZnO 或 $Zn(OH)_2$ 固态沉积物，因而减小了电极的有效表面积，使真实电流密度增大，极化加剧，电极电势迅速向正方向移动。当达到生成吸附 ZnO 的电势时，则锌电极表面生成致密的 ZnO 吸附层，因此，大大提高了锌的阳极溶解过程的活化能，致使锌的阳极过程受到很大阻滞而进入钝态。

固相呈疏松多孔状时，锌电极正常工作不发生钝化；若放电条件促使生成致密的 ZnO 或 $Zn(OH)_2$，则锌电极将发生钝化，例如在低温、高电流密度、高锌酸盐浓度下，就易于钝化。当锌电极钝化时，电极表面的锌酸盐是过饱和的，液相传质和电流密度是影响钝化的主要因素，因为 $Zn(OH)_4^{2-}$ 的扩散系数比 OH^- 小一个数量级，因而传质过程主要受 $Zn(OH)_4^{2-}$ 的扩散控制。

大电流放电性能好是锌镍电池的一个优点，因此必须防止钝化，基本方法是改进锌电极制备工艺以增大锌电极真实表面积，减小锌酸盐溶解度，通过电解液添加剂等来控制电流密度和传质条件，以达到防止锌电极钝化目的。

(4) 锌的腐蚀　由于锌的化学性质活泼，因而锌电极在碱性溶液中是热力学不稳定的，会发生自溶解和析氢，产生腐蚀问题，这是电池自放电的主要原因。

由于锌电极表面的不均匀性，各点的电化学活性有较大的差别，电势较低的区域成为腐蚀微电池的阳极，另外一些区域则作为其阴极，从而形成数目繁多的微电池系统，造成锌的自腐蚀，腐蚀反应为

$$Zn + 4OH^- \longrightarrow ZnO_2^{2-} + 2H_2O + 2e^- \tag{5-71}$$

$$2H_2O + 2e^- \longrightarrow H_2 + 2OH^- \tag{5-72}$$

锌负极通过下述总反应自放电并且析出氢气

$$Zn + 2OH^- \longrightarrow ZnO_2^{2-} + H_2 \tag{5-73}$$

由于锌镍电池中采用多孔锌电极，真实表面积很大，因而电池自腐蚀非常显著。自腐蚀不仅消耗了活性物质锌，减小了负极容量，而且气体的产生增加了电池内压，造成锌镍电池"气胀"现象，有可能引起电解液泄漏、电池膨胀及使用寿命降低等问题。因此应尽可能减

小电池中锌负极的腐蚀。

传统的方法是在锌电极中加入少量的汞，使其汞齐化，此方法对抑制锌电极的腐蚀非常有效。但由于汞是剧毒物质，在环保意识越来越强的今天，应该尽量避免使用含汞物质。为解决此问题，目前主要是加入高析氢过电势的金属氧化物或氢氧化物，如 PbO、Cd(OH)$_2$、In(OH)$_3$ 以及 Bi$_2$O$_3$ 等。这些金属在碱性溶液中的平衡电势一般比锌要正，在电极充电时优先沉积，电极放电时也不溶解，主要发生锌的阳极溶解反应。由于这些金属具有较高析氢过电势，抑制了阴极析氢反应的进行，因而有效地减缓了锌在碱性溶液中的腐蚀。向溶液中添加各种有机添加剂，降低致钝电流密度，也可以达到较好的缓蚀效果。

(5) 隔膜的氧化和穿透　隔膜在强碱性电解液中易发生氧化或降解，生成的锌枝晶会刺穿隔膜，造成电池短路。同时，为利于氧气的复合，还要求隔膜有好的氧渗透性。

(6) 镍电极的毒化　锌电极的放电产物锌酸盐大量溶解在电解液中，它可以透过隔膜进入氢氧化镍正极。充电时，锌酸盐沉淀为 ZnO；放电时，ZnO 溶解。由于 ZnO 的过饱和作用和陈化作用，导致氢氧化镍正极微孔中生成难溶的 ZnO 而阻塞液相传质的通道，减小电化学活性面积，导致氢氧化镍正极毒化，电池失效。解决氢氧化镍正极毒化问题的主要方法包括改进电极工艺、减少锌酸盐溶解度、优化隔膜等。

俄、美、日等国对锌镍电池进行了较深入的研究，其关键是抑制锌酸盐在电解液中的溶解度，研究抗氧化性强的可透氧隔膜，采用低膨胀的镍电极。因此，提高锌镍电池循环寿命的研究工作主要包括锌电极、镍电极、电解液、隔膜及有关技术。

对锌电极的研究主要有以下几个方面：①由 Zn 活性物质、Ca(OH)$_2$ 和金属氧化物（如 PbO、Bi$_2$O$_3$、CdO、In$_2$O$_3$、Ga$_2$O$_3$ 和 TiO$_2$ 等）组成负极，并附有防水多孔隔膜；②在 Zn 电极活性物质中添加适量的 Ca(OH)$_2$ 以形成锌酸钙 [CaZn$_2$(OH)$_6$·2H$_2$O]，并在电解液中加入 In(OH)$_3$ 和 Na$_2$SiO$_3$，其对锌电极的变形与枝晶有明显的抑制作用；③在 Zn 电极中加入 Pb^{2+} 添加剂，或采用基于 Zn 的层状双氢氧化物结构（layered double hydroxides，LDHs）、3D 海绵结构等，改变电极表面结构；④添加 In、Ta 和 Cd，减少 Zn 电极的变形；⑤选择其他电解液体系，如中性水溶液、非水电解液（有机、离子液体、固态）等，以减少或跳过水系碱性电解液体系中锌电极伴随的难题。

对镍电极的研究主要有以下几个方面：①正极组分含有 Ni(OH)$_2$、Ca(OH)$_2$ 和 Zn(OH)$_2$ 固体的活性物质粒子，可延长电极循环寿命；②由镍盐和 0.1～0.4μm 氧化锌与苛性碱反应得到的球状氢氧化镍，再与 0.5%～2.0%（质量分数）氢氧化镍混合，由活性物质混合物组成镍电极；③采用 Ni(OH)$_2$ 粉为基底的活性物质，填充于阻挡碱液的多孔骨架上，Ni(OH)$_2$ 颗粒中含有 3%～10%（质量分数）的 Zn，并用 1%～10%（质量分数）的 Cd 覆盖，这种电极有低膨胀率，在高温下也可高速率充电；④正极由覆盖有平均直径为 1.0～1.5nm 的Ⅱ族元素（Cd、Zn 和 Mg 等）的 Ni(OH)$_2$ 颗粒制备；⑤采用在还原气氛中经高温烧结的镀镍石墨纤维基底，再填充活性物质，可制得高容量的电极。

在电解液方面改进，主要有以下几方面：①在 KOH 和 LiOH 电解液中，提高碱浓度（34% 以上）可延缓锌电极的钝化；②在电解液中添加硼酸盐和磷酸盐，可使锌电极相对稳定；③在电解液中加入 Li$^+$ 和 SiO$_3^{2-}$，或使用 3.2mol·L^{-1} KOH＋1.8mol·L^{-1} KF＋1.8mol·L^{-1} K$_2$CO$_3$ 混合电解液，可延缓锌酸盐的溶解与沉积；④在碱或碱土金属氢氧化物溶液中加入适量的硼酸、磷酸或砷酸，使氢氧化物过量 0.02～3.0mol·L^{-1}，溶液 pH 值保持在 9～14。这种电解液大大地减小了锌电极放电产物的溶解度，基本上了消除枝晶和变形。

对锌镍电池高能量、高功率需求，促使人们使用较薄的薄膜，但前提是不能降低安全性。在隔膜选择上，可选用以下几种材料：①无规则共聚物树脂纤维无纺布；②氢氧化铈无机膜；③含 ZrO_2 的石棉膜；④聚丙烯辐射接枝膜；⑤无纺尼龙布；⑥无纺聚乙烯纤维膜；⑦无纺尼龙布和微孔聚丙烯膜。

在其他技术上包括：①脉冲充电可改变锌电极表面结构；②充电时振动锌电极；③增加催化复合装置；④电极间有一高孔薄镍膜，可以消除枝晶的发生；⑤采用碱性固态聚合物电解质。

新型密封锌镍电池具有高比能量、高功率和大电流放电的优势。这种优势使得锌镍电池能够满足电动车辆在一次充电后对行程、爬坡和加速等方面的能量需求。长寿命密封锌镍电池的试用，将给蓄电池的市场带来繁荣与竞争。

参考文献

[1] 吕鸣祥，等. 化学电源. 天津：天津大学出版社，1992.
[2] 雷永泉. 新能源材料. 天津：天津大学出版社，2000.
[3] 陈军，陶占良. 能源化学. 北京：化学工业出版社，2004.
[4] 董保光，李长锁，史鹏飞. 化学电源工艺学. 哈尔滨：哈尔滨工业大学出版社，1998.
[5] 陈军，袁华堂. 新能源材料. 北京：化学工业出版社，2003.
[6] Ovshinsky S R, Fetcenko M A, Ross J. A nickel metal hydride battery for electric vehicles. Science, 1993, 260: 176-181.
[7] Singh D. Characteristics and effects of γ-NiOOH on cell performance and a method to quantify it in nickel electrodes. J Electrochem Soc, 1998, 145: 116-120.
[8] 任小华，蒋文全，李莉，等. 部分杂质对球形氢氧化镍结构及电性能的影响. 电源技术，1998，22: 43-46.
[9] Yang C C. Synthesis and characterization of active materials of Ni(OH)$_2$ powders. Int J Hydrogen Energ, 2002, 27: 1071-1081.
[10] Nam K W, Kim K B. Abs 164, 204th Meeting, The Electrochemical Society, Inc, 2003.
[11] 朱光明. 稀土成分对 RE(NiCoMnTi)$_5$ 储氢合金电化学性能影响的研究. 杭州：浙江大学，1997.
[12] Adzic G D, Johnson J R, Reilly J J, et al. Cerium Content and Cycle Life of Multicomponent AB$_5$ Hydride Electrodes. J Electrochem Soc, 1995, 142: 3429-3433.
[13] Suzuki K, Yanagihara N, Kawano H, et al. Effect of rare earth composition on the electrochemical properties of Mm(NiMnAlCo)$_5$ alloys. J Alloys and Comp, 1993, 192: 173-175.
[14] 余国华，王正伟. 我国镉镍蓄电池的技术发展与现状. 电池工业，1999，4: 106-109.
[15] 杨德智，黄金盘. 吸氧辅助电极的应用——用于低轨道卫星全密封镉镍蓄电池. 电源技术，2001，25: 195-197.
[16] Ogawa H, Ikoma M, Kawano H, et al. Metal hydride electrode for high density sealed nickel-metal hydride battery. J Power Sources, 1988, 12: 393-410.
[17] 丁万春，袁安保，张鉴清，等. Co(OH)$_2$ 包覆的 Ni(OH)$_2$ 电化学性能研究. 电源技术，2000，24: 204-206.
[18] Züttel A, Chartouni D, Gross K, et al. Relationship between composition, volume expansion and cyclic stability of AB5-type metalhydride electrodes. J Alloys and Comp, 1997, 253-254: 626-628.
[19] 刘小虹，余兰. 碱性电池用纳米氢氧化镍研究进展. 电源技术，2003，27: 475-478.
[20] Dirkse T P, Hampson N A. The anodic behaviour of zinc in aqueous KOH solution—Ⅱ. passivation experiments using linear sweep voltammetry. Electrochim Acta, 1972, 17: 387-394.
[21] Powers R W, Breiter M W. The anodic dissolution and passivation of zinc in concentrated potassium hydroxide solutions. J Electrochem Soc, 1969, 116: 719-729.
[22] 阎杰，高学平，宋德英. 镍-金属氢化物(Ni-MH)二次电池. 化学通报，1994，4: 25-30.
[23] 夏熙. 中国化学电源 50 年(3)——镍系列电池. 电池，2000，30: 191-197.
[24] Shivkumar R, Kalaignan P G, Vasudevan T. Studies with porous zinc electrodes with additives for secondary alkaline batteries. J Power Sources, 1998, 75: 90-100.
[25] 王金国，叶德龙，陶明大，等. 电动汽车用镍氢蓄电池的技术发展动向. 汽车电器，2000，4: 4-7.
[26] 高俊丽. 镉镍蓄电池中氢氧化镍电极的研究进展. 上海航天，2001，4: 54-59.
[27] Chio K W, Bennion D N, Newman J. Engineering analysis of shape change in zinc secondary electrodes Ⅰ. Theoretical. J Electrochem Soc, 1976, 123: 1616-1627.
[28] McBreen J. Zinc electrode shape change in secondary cells. J Electrochem Soc, 1972, 119: 1620-1628.
[29] Plivelich R F, McLarnon F R, Cairns E J. Degradation mechanisms of nickel oxide electrodes in zinc/nickel oxide cells with low-zinc-solubility electrolytes. J Appl Electrochem, 1995, 25: 433-440.
[30] 白志海，于新武，吕风聪. 圆柱形碱性蓄电池的封口技术. 电源技术，2001，27: 381-384.

[31] Chartouni D, Kuriyama N, Kiyobayashi T, et al. Air-metal hydride secondary battery with long cycle life. J Alloys and comp, 2002, 330-332: 766-770.

[32] Caldwell D B, Fox C L, Miller L E. Advanced nickel/hydrogen dependent pressure vessel (DPV) cell and battery concepts. J Power Sources, 1997, 65: 23-28.

[33] Cai F S, Zhang G Y, Chen J, et al. Ni(OH)$_2$ tubes with mesoscale dimensions as positive-electrode materials of alkaline rechargeable batteries. Angew Chem Int Ed, 2004, 43: 4212-4216.

[34] Lei Y Q, Wu Y M, Yang Q M, et al. Electrochemical behaviour of some mechanically alloyed Mg—Ni-based a-morphous hydrogen storage alloys. Z Phys Chem, 1994, 183: 379-384.

[35] 余国华, 张士杰, 陈帮华, 等. 我国镉镍电池的电极制造技术及发展. 电源技术, 1998, 22: 79-85.

[36] Sun D L, Lei Y Q, Liu W H, et al. The relation between the discharge capacity and cycling number of mechanically alloyed Mg$_x$Ni$_{100-x}$ amorphous electrode alloys. J Alloys and Comp, 1995, 231: 621-624.

[37] Licht S, Wang B H, Xu G, et al. Solid phase modifiers of the Fe(Ⅵ) cathode: effects on the super-iron battery. Electrchem Commu, 1999, 1: 527-531.

[38] 王家捷, 王永红, 穆举国, 等. 航空镉镍蓄电池的应用前景. 电池工业, 2002, 7: 264-265.

[39] Nohara S, Fujita N, Zhang S G, et al. Electrochemical characteristics of a homogeneous amorphous alloy prepared by ball-milling Mg$_2$Ni with Ni. J Alloys and Comp, 1998, 267: 76-78.

[40] Ghiurcan G A, Liu C C, Webber A, et al. Development and characterization of a thick-film printed zinc-alkaline battery. J Electrochem Soc, 2003, 150: A922-A927.

[41] Chen J, Bradhurst D H, Dou S X, et al. Mg$_2$Ni alloy for metal hydride electrodes. J Materials Science, 1998, 33: 4671-4675.

[42] 张文保. 密封锌镍电池发展评述. 电源技术, 2000, 24: 178-180.

[43] 黄振谦, 陈湘平. 锌镍电池. 电池, 1998, 28: 39-40.

[44] Tsukahara M, Takahashi K, Mishima T, et al. The TiV$_3$Ni$_{0.56}$ hydride electrode: its electrochemical and cycle life characterization. J Alloys and Comp, 1995, 231: 616-620.

[45] 邓润荣, 方春, 刘勇标, 等. 锌镍电池的研制与开发. 电池, 2004, 34: 50-52.

[46] Mcbreen J. Nickel/zinc batteries. J Power Sources, 1994, 51: 37-44.

[47] 高自明, 武彩霞. 锌-镍电池研究的进展. 电源技术, 1997, 21: 83-85.

[48] Tsukahara M, Takahashi K, Mishima T, et al. Vanadium-based solid solution alloys with three-dimensional network structure for high capacity metal hydride electrodes. J Alloys and Comp, 1997, 253-254: 583-586.

[49] Tsukahara M, Takahashi K, Mishima T, et al. The TiV$_3$Ni$_{0.56}$ hydride electrode: its electrochemical and cycle life characterization. J Alloys and Comp, 1995, 231: 616-620.

[50] 费锡明, 汪继红. 锌镍电池研究进展. 电池, 2002, 32: 361-363.

[51] 何国荣, 吴锋. 金属氢化物镍电池的研究进展. 电池工业, 2002, 7: 74-77.

[52] Ohms D, Kohlhase M, Benczur-Urmossy G, et al. New developments on high power alkaline batteries for industrial applications. J Power Sources, 2002, 105: 127-133.

[53] 穆举国, 韩连发, 张文宽. 金属氢化物镍蓄电池的应用. 电池工业, 2003, 8: 28-30.

[54] 张允什, 林荫浓, 汪根时. 镍-金属氢化物电池中的几个物理问题. 物理, 2000, 29: 86-90.

[55] Ohms D, Kohlhase M, Benczur-Urmossy G, et al. High performance nickel-metal hydride battery in bipolar stack design. J Power Sources, 2002, 105: 120-126.

[56] 程菊, 徐德明. 镍氢电池用储氢合金现状与发展. 金属功能材料, 2000, 7: 13-15.

[57] 余成洲, 赖为华. 氢镍电池的现状与发展方向. 电池, 2001, 31: 58-61.

[58] 陈衍珍. 锌镍电池新进展. 电源技术, 2000 24: 120-123.

[59] 夏熙. 中国 MH/Ni 电池的现状与发展方向. 电池, 2002, 32: 76-79.

第**6**章

金属空气电池

以空气（氧）作为正极活性物质，金属作为负极活性物质的电池统称为金属空气电池。所研究的金属一般是锂、钠、镁、铝、锌、镉、铁等。因金属空气电池巨大的性能潜力而受到人们的广泛关注，其中锌空气电池和铝空气电池已经开始规模化生产，镁空气电池也有了小规模生产。

6.1 锌空气电池

6.1.1 概述

锌空气电池（简称锌空电池）是以空气中的氧作为正极活性物质，锌作为负极活性物质，氢氧化钾溶液作为电解液的高能化学电源。其中，以纯氧为正极活性物质的电池称为锌氧电池。

图 6-1 锌空气电池

一般电池的能量是储藏在正负两个电极内的，而锌空气电池则不同，只有负极即锌电极储存能量，空气电极则作为能量转换的工具。与其他原电池系统比较，它具有一个长寿命的多孔阴极，阴极活性物质来自周围的空气。因此，锌空气电池既是储能工具，又是一种燃料电池；既可以作为一次电池使用，又可以用作可充电池，只要不断提供燃料锌，就能连续地输出电能，从而显示了其比能量高的特点（理论质量比能量为 1350 $W \cdot h \cdot kg^{-1}$），所以很早就引起了人们的关注。

锌空气电池（图 6-1）具有很高的瞬时输出功率和稳定的放电电压，连续放电性能良好，不但能够大电流放电，而且适合大电流脉冲式放电，因而被广泛应用于助听器（人工耳蜗电池）、航海中的航标灯、无线电中继站、电动车等许多领域。此外，锌空气电池还具有一次性使用寿命长的特点。

锌空气电池的发展可分为如下三个阶段。

(1)早期的锌空气电池 虽然早在伏打电池发明（1800 年前后）后不久就发现了空

气中的氧可以作为活性物质使用，但直到 1897 年才由麦歇尔制成了第一个微酸性的锌空气电池。他将含有铂的蒸馏炭粉碎后填装在多孔性容器内作为正极，汞齐化的锌作为负极，15％的氯化铵水溶液作为电解液制成空气湿电池。电池的表达式和成流反应如下：

$$(-)Zn(s)|NH_4Cl(l)|O_2(g)(C)(+)$$

$$Zn(s)+2NH_4Cl(l)+\frac{1}{2}O_2(g)\longrightarrow Zn(NH_3)_2Cl_2(l)+H_2O(l) \tag{6-1}$$

这种电池的外形和结构都与锌锰干电池相似，但容量要高出一倍以上。该电池在第一次世界大战时已开始生产，法国曾将它用作铁路及邮电通讯电源，但当时由于受到炭电极负载小的限制，其放电电流密度只能达到 $0.3mA \cdot cm^{-2}$，还未充分显示出优越性，发展较为缓慢。

(2)碱性锌空气电池的出现与发展　20 世纪 20 年代以后，人们对锌空气电池进行了大量研究与改进。1924 年奈伯格发表了使用苛性钠电解液的空气湿电池，此后研究工作的方向主要是碱性电池。1932 年，海斯（Heise）和舒梅歇尔（Schurmicher）制成了碱性锌空气电池。它使用汞齐化的锌作为负极，经过石蜡防水处理的多孔炭作为正极，20％的 NaOH 水溶液作为电解液。该电池的放电电流密度可达 $0.5\sim3.5mA \cdot cm^{-2}$，后来又提高到 $7\sim10mA \cdot cm^{-2}$，锌电极也被做成可更换的。到了 20 世纪 40 年代，锌银电池研制成功。人们发现在碱性溶液中，粉状锌电极能在大电流条件下放电，这为锌空气电池的进一步发展提供了条件。

(3)锌空气电池在性能上的突破　在 20 世纪 60 年代燃料电池研究的基础上，高性能氧电极的成功研制，使锌空气电池在技术上实现了实质性的突破。1965 年，美国发展了用聚四氟乙烯作黏结剂的薄型气体扩散电极新工艺，取代了其他类型的气体电极。这种电极厚度为 $0.12\sim0.5mm$，最大放电电流密度达到 $1000mA \cdot cm^{-2}$（氧气中）。将该电极改进，加上一层由聚四氟乙烯制成的防水透气膜，则构成固定反应层气体扩散电极，该电极能在常压下工作。此时电极在空气中以 $50mA \cdot cm^{-2}$ 的电流密度放电（电解液使用 $3mol \cdot L^{-1}KOH$ 溶液），工作寿命近 5000h。性能可靠的氧电极的开发成为锌空气电池实用化的基础。20 世纪 60 年代末，高比能量锌空气电池的研究受到了广泛重视。随后实用化电池进入市场，在许多重要的应用领域，发挥了不可替代的作用。

目前，实际使用的锌空气电池主要有方形和纽扣形两种类型。

6.1.2　锌空气电池的分类

从不同角度可以将锌空气电池作如下分类。

① 按电解液的酸碱性可分为微酸性电池和碱性电池。前者使用氯化铵溶液作电解液，后者多用 KOH 溶液。

② 按空气的供应形式可分为内氧式电池和外氧式电池。

内氧式：电池的负极板在正极气体电极两侧或周围，电池有完整的外壳，如图 6-2 所示。

外氧式：负极板在正极气体电极中间，气体电极兼作电池的部分外壳，如图 6-3 所示。

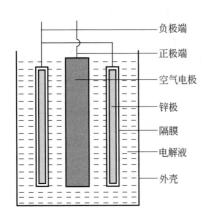

图 6-2 内氧式锌空气电池示意

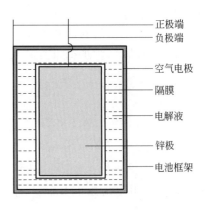

图 6-3 外氧式锌空气电池示意

③ 按负极的充电方式可分为原电池、机械充电式、外部再充式和电化学再充式。

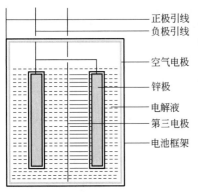

图 6-4 带有第三电极的
锌空气电池示意

锌空气原电池，一次使用后即废弃。机械充电式锌空气电池使用后，保留正极继续使用，通过更换锌负极，换下的负极被废弃。外部再充式锌空气电池将放完电的负极取出来，在电池外另行充电，充足电后再装入继续使用。电化学再充式锌空气电池是利用第三电极（图 6-4）或双功能气体电极进行充电。

④ 按电解液的处理方法可分为静止式电池和循环式电池。

⑤ 按电池的外观形状可分为方（矩）形、扣式和圆柱形电池。

6.1.3　电池的型号及命名

碱性锌空气电池的命名由四部分组成：电池化学体系代号、形状代号、额定容量或尺寸标号、结构特征（工作特性）代号。各组成部分的符号列于表 6-1 和表 6-2。

表 6-1　碱性锌空气电池形状代号

电池化学体系代号	形 状 代 号			阿拉伯数字	
	圆柱形	扁形	方形（矩形）		
P	R	F	S	圆柱形用尺寸标号表示	方形用额定容量表示

表 6-2　碱性锌空气电池结构特征代号

内氧式结构	外氧式结构	储备式	放 电 倍 率		
			低	中	高
不表示	U	不表示	不表示	M	H

单体碱性锌空气电池命名原则：

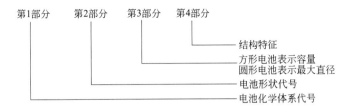

示例 1

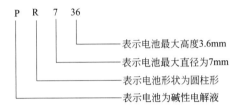

示例 2

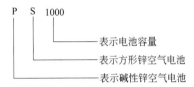

当表示电池组由两个以上单体电池串联组成时，则在电池符号前标出单体电池的个数；如果是并联，则在电池符号后标出并联电池个数，并在并联电池个数与电池符号之间用短横线"-"连接。

示例 1

示例 2

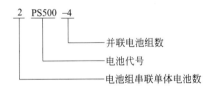

示例 2 表示的是先由 2 个 500A·h 的碱性方形锌空气电池串联，再将 4 个同样的串联电池组并联而成的混联电池组。

6.1.4 电化学原理

一般的碱性锌空气电池以锌（Zn）为负极，吸附于炭电极上的氧（O_2）为正极，氢氧化钾（KOH）为电解质。电池体系可表示为

$$(-)Zn|KOH|O_2(空气)(C)(+)$$

锌空气电池中的化学反应与普通碱性电池类似，电池的负极锌与电解液中的 OH^- 发生电化学反应（阳极反应），释放出电子；同时，空气中的氧经由电解液扩散到空气电极或气

体扩散电极上，在催化剂的作用下得到电子，发生阴极反应，如图6-5所示。

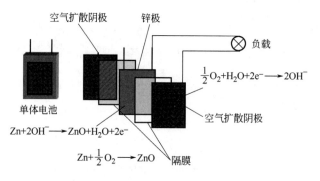

图6-5　锌空气电池基本原理

正、负极上的电极反应和电池的总反应表示如下

$$负极\qquad Zn+2OH^- \longrightarrow ZnO+H_2O+2e^- \tag{6-2}$$

$$正极\qquad \frac{1}{2}O_2+H_2O+2e^- \longrightarrow 2OH^- \tag{6-3}$$

$$电池反应\qquad Zn+\frac{1}{2}O_2 \longrightarrow ZnO \tag{6-4}$$

电池的电动势为

$$E=\varphi_{O_2/OH^-}^{\ominus}-\varphi_{ZnO/Zn}^{\ominus}+\frac{0.059}{2}\lg\{p_{O_2}^{1/2}\} \tag{6-5}$$

$$=1.646V+\frac{0.059}{2}\lg\{p_{O_2}^{1/2}\}$$

式中，$\varphi_{O_2/OH^-}^{\ominus}$ 为氧电极的标准电极电势，其值为 $+0.401V$；$\varphi_{ZnO/Zn}^{\ominus}$ 为锌电极的标准电极电势，其值为 $-1.245V$。

由上式可见，电池的电动势与氧的分压有关。在通常情况下，空气中氧的分压 p_{O_2} 约为大气压力的 20%，即 $0.2atm$（$20265Pa$）。

$$则\qquad E=1.646+\frac{0.059}{2}\lg\{p_{O_2}^{1/2}\}$$

$$=1.636(V)$$

当正极活性物质为纯氧，且 $p_{O_2}=101.325kPa$（$1atm$）时，$E=1.646V$。

而实际测量得到的电池开路电压多在 $1.40\sim1.45V$ 之间，主要原因是氧电极的反应很难达到标准状态下的热力学平衡。随着放电条件的不同，电池的工作电压在 $1.0\sim1.2V$ 之间。

通常，作为锌空气电池负极的锌板或锌粒，在放电过程中由于被氧化成氧化锌而失效；可采用直接更换锌板或锌粒和电解质的办法，使电池完全更新。

6.1.5　锌空气电池的结构

碱性锌空气电池按外形分为方形、扁形（扣式）、圆柱形三种，方形电池又分为内氧式结构和外氧式结构。

(1) 方形碱性锌空气电池　方形锌空气电池的单体电池由正极（空气电极）、负极（锌电极）、隔膜和电解液组成，如图6-6所示。其中正极，即空气电极有两种成型工艺。一种为嵌塑成型工艺，在注塑壳体时将空气电极嵌注在壳体内形成一个完整的带壳空气电极，这种电极力学强度好，加工简单，成品率高，电池的密封和防漏性能好，不易爬碱，适宜于商品化生产。另一种为黏结式工艺，空气电极自身较薄、力学强度差，不能嵌塑，只能粘贴在壳体上，并且在空气电极的外面必须有一层保护层，防止机械冲击导致破裂。这种电极制造工艺相对简单，生产周期短，但不利于商品化生产。内氧式结构的空气电极，空气从电池上部的空气室进入，外氧式空气电极在壳体外侧直接与空气接触。电池的负极经隔膜包覆后直接装于带壳正极内，负极引出线从壳体内一侧引出，正极引出线从另一侧引出，电池塑料盖经热熔或黏结与带壳正极结合成为一体，盖上有注液孔、透气孔和气塞。

(2) 扁形 (扣式)锌空气电池　扁形锌空气电池，形体扁平像纽扣（图6-7），所以称为扣式电池。此电池用导电良好的金属制成壳体，一般采用不锈钢冲压成碗形，底部有一圆形小孔，作为电池工作时的进气孔。孔径大小与电池的放电电流有关，需要较大电流放电时，孔径开得大些或采用多孔；放电电流较小时，孔径开得小些。电池封盖的材料一般与壳体相同，通常在盖子上镀一层镍。为了防止漏液，密封很重要，一般采用尼龙塑料制成密封圈，将正、负两极隔离并密封电池。尼龙力学强度大、弹性好、收缩率小，可将电池盖和外壳紧密接合，达到密封的效果。

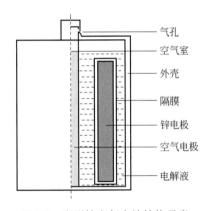

图6-6　方形锌空气电池结构示意

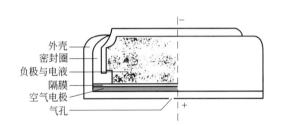

图6-7　扣式锌空气电池结构示意

(3) 圆柱形锌空气电池　这种锌空气电池的带壳正极做成圆柱形（图6-8），内部采用镀银铜网作骨架和集流体，铜网与上盖相连，作为引出正极。锌负极压制成圆柱形，用铜片作集流导体，并与底盖片相连，作为引出负极。锌负极包上隔膜置于带壳正极内，带壳正极外面套有一防护层外壳，一般用塑料制成多孔的圆柱形。固定电池的上、下盖即为正、负引出极。

6.1.6　空气电极

锌空气（氧）电池的正极活性物质是空气中的氧，但空气中的氧不能做成电极，通常是采用活性炭作为载体制成电极。氧溶解在电解液中，扩散到炭电极并吸附于该电极表面，然后在催化剂的作用下进行电化学还原。作为载体的活性炭不参加电极反应，仅仅是提供了一个氧进行阴极还原的场所。

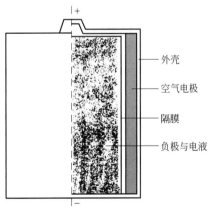

图6-8　圆柱形锌空气电池结构示意

常温常压下，氧在水溶液中溶解度很小，约为 $10^{-4}\,\mathrm{mol \cdot L^{-1}}$；氧在水溶液中的扩散速度也不大，因此靠溶解的"$O_2$"吸附在炭电极表面进行电化学反应，$O_2$ 消耗完后反应就不能按预期的速度进行。在电解液不搅拌的条件下，假设扩散层厚度 $\delta = 5 \times 10^{-4}\,\mathrm{m}$，扩散系数 $D = 10^{-9}\,\mathrm{m^2 \cdot s^{-1}}$ 时，则计算得其极限电流密度 $i_1 \approx 7.7 \times 10^{-3}\,\mathrm{mA \cdot cm^{-2}}$，已无实际意义。因此，为了在炭电极上获得较大的电流密度，必须加快氧的输送速度。简单的全浸式多孔电极显然不能满足要求，"气体扩散电极"就是适应这种需求提出的。

6.1.6.1 气体扩散电极的结构

气体扩散电极的理论基础是"薄液膜理论"。根据扩散动力学

$$i_1 = \frac{nFDC_0}{\delta} \tag{6-6}$$

式中，i_1 为极限电流密度；n 为反应电子数；F 为法拉第常数；D 为扩散系数；C_0 为反应物的初始浓度；δ 为扩散层厚度。

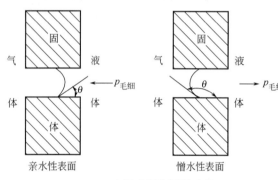

图 6-9 电极毛细孔润湿示意

当液膜很薄时，扩散层厚度 δ 大大降低，溶液中的气体经过薄膜向电极表面扩散的途径大大缩短，加速了气体的传递过程，从而使电极的工作电流迅速上升，相应的极限电流密度比全浸式电极大为增加。

因此，理想的"气体扩散电极"表面应该具有大量的高效反应区域——薄液膜层。这种电极通常具有一定孔隙率和很大的比表面积，并能形成稳定的气-液-固三相界面系统。

为了保证一个稳定的气-液-固三相界面，既要求电极的毛细管内不被电解液完全充满，又要防止电解液被阻挡而不能进入毛细管。电极毛细孔润湿示意如图 6-9 所示。

根据界面化学理论，将毛细管插入液体中，由于表面张力作用，液体表面就在毛细管内上升（或下降）到一定的高度。这时毛细管内液体弯月面的附加压强为

$$p_{毛细} = \frac{2\sigma\cos\theta}{r} \tag{6-7}$$

式中，σ 为液体的表面张力；r 为毛细管的半径；θ 为电解液与毛细管壁的接触角。θ 与气-液、固-液、气-固等的界面张力关系为：

$$\cos\theta = \frac{\sigma_{固,气} - \sigma_{固,液}}{\sigma_{液,气}} \tag{6-8}$$

式中，$\sigma_{固,气}$ 为固-气的界面张力；$\sigma_{固,液}$ 为固-液的界面张力；$\sigma_{液,气}$ 为液-气的界面张力。

对于亲水性物质，$\theta < 90°$，$p_{毛细}$ 指向气相，则表面被电解液所润湿；对于憎水性物质，$\theta > 90°$，$p_{毛细}$ 指向液相，则表面不被电解液所润湿。

对于气体扩散电极，构成电极的材料不能是单一的亲水性物质，否则电极的毛细孔就会"淹死"；也不能是单一的憎水性物质，否则电极的毛细孔就会"干死"。一般的电极材料和催化剂都是亲水性的。为了在电极上建立稳定的气-液-固三相界面区，还必须在电极中加入防水剂来改变表面的接触角。由此可见，气体扩散电极中至少由三种物质组成：载体、催化剂和防水剂，这就是选择气体扩散电极构成材料的依据。

空气电极中采用的载体主要是活性炭、石墨等。活性炭具有很大的真实表面积，可用作

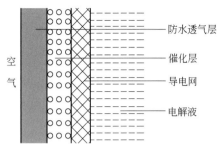

图 6-10　气体扩散电极结构示意

防水透气层
催化层
导电网
电解液

空气

碱液中氧还原的催化剂。为了增加活性，还要另添加一些金属或非金属的催化剂。为了增加透气性，需加入防水添加剂。

薄型空气电极一般由三层组成：疏水多孔层（或称防水透气层），含有催化剂的催化层，以及用来增加电极力学强度的金属基体导电网，如图 6-10 所示。

防水透气层一般用憎水性很强的多孔聚四氟乙烯或聚乙烯、聚丙烯等。它能透过气体而阻止电解液外漏，即空气可以通过防水层源源不断地输入到电极内部，而电解液却不能从透气膜中渗漏出来。因此，防水层不仅能将电极反应区限制在催化层中，还能起到电池外壳（或气室壁）的作用。

靠近电解液一侧是由亲水的催化剂与憎水剂聚四氟乙烯均匀混合组成的多孔催化层。根据电子显微照片和孔径分布的测量，催化层中催化剂大部分以团粒形状存在，团粒大小在 $0.5 \sim 10 \mu m$ 之间；而防水剂的聚四氟乙烯颗粒大小约在 $0.2 \sim 1 \mu m$ 之间，呈颗粒或纤维状。催化剂和防水剂颗粒之间互相联系，交织成具有很多孔隙的连续网络。

催化层中的孔隙，粗略地可分为三类。

① 防水剂颗粒之间的粗孔。由于聚四氟乙烯的憎水性，这些粗孔构成一种"干区"，始终保持干燥，成为气体的通道。

② 催化剂颗粒的内孔。一般在 $10 nm \sim 0.1 \mu m$，工作时它完全被电解液充满，构成一种"湿区"。

③ 防水剂和催化剂之间的粗孔。这些粗孔的孔径约为十分之几至几微米，有的可达几十微米。在电极工作时它们部分润湿，部分干燥，形成液膜或弯月面。由于这些孔隙相互交叉重叠，形成大量的三相界面，从而建立了电极的反应区。氧的还原反应就在这些覆盖有液膜的催化剂表面上进行（图 6-11）。

通常电极的一侧面向气体，另一侧面向电解液。三相界面的液体在毛细管里形成弯月面，黏附在电极表面呈极薄的薄膜，气体在液体中的可溶性和扩散性虽然很弱，但由于薄膜极薄，

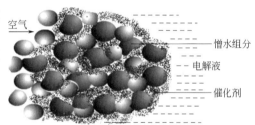

空气

憎水组分
电解液
催化剂

图 6-11　憎水空气电极孔隙结构示意

所以氧可以穿过薄膜到达电极，在电极内部气-液-固三相界面区发生反应。反应得失的电子通过电极中的导电网与外线路进行传递。

聚四氟乙烯在空气电极中非常重要，作为多孔的防水透气层，它防止了电解液的渗漏，透气不漏液，并使催化层中形成大量的液膜。显然，催化层中聚四氟乙烯含量越高，气孔的总截面积越大，电极表面的扩散层厚度越薄，气体扩散的阻力越小，越有利于氧向电极表面传递。但是，聚四氟乙烯的含量提高，必然会引起电池内阻的增大，所以其用量有一个最佳值。不同工作条件下的最佳值有所不同，因为在交换电流密度较大的条件下工作时，物质的传递及欧姆极化的影响占主要地位；而在小的电流密度下工作时，电极的电化学极化决定电极的极化特性，催化剂将起主要作用。

6.1.6.2　氧在电极上的反应机理

在一些具有催化活性的电极（Pt、Ag、C 等）上，氧的电化学还原按下列反应式进行。

酸性溶液中

$$O_2 + 4H^+ + 4e^- \longrightarrow 2H_2O \qquad \varphi^{\ominus} = +1.229V \qquad (6-9)$$

碱性溶液中

$$O_2 + 2H_2O + 4e^- \longrightarrow 4OH^- \qquad \varphi^{\ominus} = +0.401V \qquad (6-10)$$

上述各反应是氧在酸性或碱性溶液中阴极还原反应的总表达式，由于每个氧分子的还原需要消耗 4 个电子，所以又称为"四电子反应途径"。实际上气相的氧必须先溶解在溶液中，然后在电极表面化学吸附后，电极反应才能进行。简单地表示为

$$O_2 \xrightarrow{\text{溶解}} O_2(溶) \xrightarrow{\text{化学吸附}} O_2(吸) \xrightarrow{\text{电化学还原}} 4OH^-$$

由此可见，氧在空气电极上的还原反应机理是相当复杂的，随着电极材料和反应条件的不同，氧的电化学还原反应历程也不尽相同。

(1) 生成过氧化氢中间产物的反应历程　在酸性溶液中，氧分子首先接受两个电子还原为过氧化氢，然后再进一步还原为水

$$O_2 + 2H^+ + 2e^- \longrightarrow H_2O_2 \qquad \varphi^{\ominus} = +0.68V \qquad (6-11)$$

$$H_2O_2 + 2H^+ + 2e^- \longrightarrow 2H_2O \qquad \varphi^{\ominus} = +1.77V \qquad (6-12)$$

$$H_2O_2 \longrightarrow \frac{1}{2}O_2 + H_2O \qquad (6-13)$$

在碱性溶液中，中间产物为 HO_2^-。一般情况下，氧在有银催化剂的活性炭等电极上的还原过程可以为两步

$$O_2 + H_2O + 2e^- \longrightarrow HO_2^- + OH^- \qquad \varphi^{\ominus} = -0.076V \qquad (6-14)$$

$$HO_2^- + H_2O + 2e^- \longrightarrow 3OH^- \qquad \varphi^{\ominus} = +0.88V \qquad (6-15)$$

过氧化氢离子不仅可能在电极上按式(6-15)反应，还可能在电极表面催化分解。

$$HO_2^- \longrightarrow OH^- + \frac{1}{2}O_2 \qquad (6-16)$$

在反应式(6-11)或式(6-14)中每个氧分子只能消耗 2 个电子，又称为"二电子反应途径"。

在某些反应条件下，中间产物过氧化氢可以十分稳定，甚至成为反应的最终产物，这种结果是不希望发生的。因为 HO_2^- 存在的危害性很大，主要表现在以下四个方面：①若 HO_2^- 未分解掉，就会在空气电极的周围积累起来，使空气电极电势向负移动；②过氧化氢的积累会降低活性物质的利用率，在反应式(6-11)或式(6-14)中每个氧分子只能消耗 2 个电子，而不像反应式(6-10)那样有 4 个电子参加反应，而且还有一部分 HO_2^- 按反应式(6-16)被催化分解释放出氧气；③HO_2^- 在电解液中可能向负极移动，使锌电极直接氧化造成电池容量的损失和热量的增加；④由于 HO_2^- 具有强烈的氧化作用，会损坏隔膜而影响电池的循环寿命。

因此，为了防止 HO_2^- 的积累，应选择高性能的催化剂加速其分解。所选择的催化剂应满足以下几方面的要求：①催化活性较高；②工作寿命较长；③电解液中的化学稳定性好；④资源丰富，成本低廉。

氧在碱性溶液中的标准还原电势为 $+0.401V$。在该电势下，绝大多数金属会被溶解或被钝化。所以在碱性溶液中，可作为氧电极催化剂的金属并不多，除了铂外，还有银、镍、锰、CoO、活性炭和 Al_2O_3 等。其中由于银在碱性溶液中对氧还原具有良好的催化活性而获得广泛应用，Ag-Hg 复合催化剂能提高催化活性；活性炭便宜、来源丰富，除了可作载体外，对氧的还原有一定催化作用，适用于小负载使用的电池。

(2) 不生成过氧化氢中间产物的反应历程　氧分子通过电极表面吸附或生成氧化物（或氢氧化物），再分解为原子，吸附在表面的氧原子直接还原为 OH^- 或水分子，即—O—O—键裂开而不生成过氧化氢。反应历程可表示如下

$$O_2 + 2M \longrightarrow 2MO_{\text{吸}} \tag{6-17}$$

$$MO_{\text{吸}} + 2H^+ + 2e^- \longrightarrow H_2O(\text{酸性溶液}) + M \tag{6-18}$$

$$MO_{\text{吸}} + H_2O + 2e^- \longrightarrow 2OH^-(\text{碱性溶液}) + M \tag{6-19}$$

或

$$M + H_2O + \frac{1}{2}O_2 \longrightarrow M(OH)_2 \tag{6-20}$$

$$M(OH)_2 + 2e^- \longrightarrow M + 2OH^- \tag{6-21}$$

同位素实验已经证明，O_2 分子接受 2 个电子转变为过氧化物时，双键 O—O 并不断裂，这一步是可逆的。但过氧化物进一步还原却受到很大的阻力，必须在高过电势下才能进行，因为氧分子双键的断裂需要很高的能量。因此，人们认为氧的阴极还原过程的速度控制步骤是氧双键的断裂。对于不产生过氧化物中间物的反应机理，近年来随着半导体催化剂的研究而取得较大的进展，在某些活性炭上也发现类似机理。

从上面的讨论可以看出，一般情况下，氧电极无法建立其平衡电势，其稳定电势一般要比平衡电极电势负 0.2V 左右，从而降低了电池的开路电压（锌空气电池的开路电压一般在 1.4~1.5V），也降低了电池的能量转换效率。

6.1.7 锌电极

实验证明，多孔锌电极的阳极反应除了形成锌酸盐外，最终产物主要为固相的氧化锌。

$$Zn + 2OH^- \longrightarrow Zn(OH)_2 + 2e^- \tag{6-22}$$

$$Zn(OH)_2 + 2OH^- \longrightarrow Zn(OH)_4^{2-} \tag{6-23}$$

$$Zn(OH)_4^{2-} \longrightarrow ZnO + H_2O + 2OH^- \tag{6-24}$$

总反应
$$Zn + 2OH^- \longrightarrow ZnO + H_2O + 2e^- \tag{6-25}$$

在反应中 ZnO 比 $Zn(OH)_2$ 稳定，原因如下：①$Zn(OH)_2$ 在较低的温度下稳定，但温度高于 35℃时，$Zn(OH)_2$ 稳定性大大降低；②在碱性溶液中反应产物随 OH^- 浓度不同而不同，OH^- 浓度低时（4~6.5mol·L^{-1}）沉淀物为 $Zn(OH)_2$ 结晶，OH^- 浓度较高时（大于 7.5mol·L^{-1}）沉淀物为 ZnO；③在碱性溶液中 $Zn(OH)_2$ 的溶解度比 ZnO 大，所以认为阳极电荷迁移的载体是 $Zn(OH)_2$。

在 KOH 电解液中，锌电极的极限钝化电流为 100mA·cm^{-2}。因此，为了获得高放电率，可将锌电极做成多孔结构。

充电过程是将锌电极的阳极反应产物还原成金属锌的反应。此时不仅 ZnO 被还原为 Zn，锌酸盐离子也被还原。

$$ZnO + H_2O + 2e^- \longrightarrow Zn + 2OH^- \tag{6-26}$$

$$Zn(OH)_4^{2-} \longrightarrow Zn(OH)_2 + 2OH^- \tag{6-27}$$

$$Zn(OH)_2 + 2e^- \longrightarrow Zn + 2OH^- \tag{6-28}$$

充电后期，由于锌极电势逐渐变负，电极上还会发生析出 H_2 的副反应。

$$2H_2O + 2e^- \longrightarrow H_2\uparrow + 2OH^- \tag{6-29}$$

影响锌电极循环寿命的因素很多，主要包括两个方面，即锌电极在充放电过程中的形变，以及锌电极在充放电过程中形成锌枝晶而造成的电池短路。

实验证明：锌穿透隔膜是由于穿过隔膜生长而不是机械穿刺，所以不能只考虑提高隔膜强度来解决锌枝晶穿透的问题。

锌电极的循环寿命问题比较复杂，至今还没有完全解决，需要进一步的研究探讨。

6.1.8 电池生产工艺

和其他系列电池一样，锌空气（氧）电池由正极、负极、隔膜、电解液和外壳五大部分组成。在此重点讨论正极和负极的制造，简要介绍电解液的配方、隔膜及其他零部件，以及锌空气电池的组装、使用和维护。

6.1.8.1 气体扩散电极

作为正极的气体扩散电极应满足如下要求。

① 催化性能好。即催化剂的比表面积大，催化活性好，能加速氧的电化学还原过程，提高电极的工作电流密度。

② 防水性强。电极长期在碱性溶液中浸泡不发生"冒汗"等现象。

③ 导电性能好。

④ 透气性要好，以保证供氧通道畅通。

⑤ 具有良好的力学强度，以满足电极兼作电池外壳或作气室壁的要求。

按所用防水材料的不同，锌空气电池的正极分成聚乙烯型和聚四氟乙烯型两种，它们的制造工艺分别如下。

(1) 聚乙烯型电极 这种类型的电极一般较厚，在 1mm 以上，适用于中、小电流密度放电的电池，在制造单体电池时可作为嵌件，与电池框架一起注塑成为一个整体。聚乙烯型电极的制造工艺流程如图 6-12 所示。

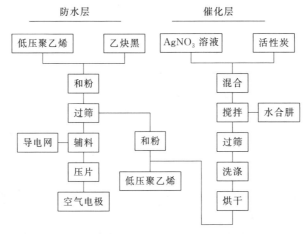

图 6-12 聚乙烯型电极制造工艺流程框图

(2) 聚四氟乙烯型电极 该类电极可以做成薄形电极，满足大电流密度放电的性能要求。按其制造工艺的不同，又可以分为三种：①全喷涂烧结式电极，此种工艺制造的电极，催化层厚度仅 $0.10\sim0.15mm$，防水层仅 $0.04\sim0.06mm$；②烧结式电极；③滚压式电极。

下面介绍目前普遍采用的滚压式聚四氟乙烯电极制造工艺，主要包括防水层、催化层、导电骨架及电极的装配等流程。

防水层典型的配方为乙炔黑：聚四氟乙烯＝1：1（质量比），按所需的量称取乙炔黑，加入适量蒸馏水和无水乙醇使其润湿。按工艺比例称取 60％的聚四氟乙烯悬浮液，加入一定量无水乙醇，搅拌均匀后倒入已润湿的乙炔黑中，水浴加热，并不断搅拌，直至纤维化呈团状。将上述团状物抽滤，用无水乙醇洗涤两次后抽滤至半干。将抽滤后的团状物反复捏练至有弹性的胶体状，然后在已经预热到 $(65\pm5)℃$ 的滚筒上反复滚压成所需厚度的膜，晾干，裁剪成所需的极片。其防水层制造工艺流程如图 6-13 所示。

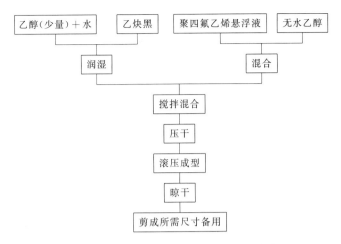

图 6-13　聚四氟乙烯型防水层制造工艺流程框图

催化层典型的配方为活性炭：聚四氟乙烯＝8：1（质量比），按所需量称取活性炭，加入一定量的无水乙醇和蒸馏水搅拌使活性炭润湿。按工艺比例称取 60％的聚四氟乙烯悬浮液，加入适量的无水乙醇，在搅拌的情况下，将上述悬浮液倒入已润湿的活性炭中搅匀，在水浴上将其加热搅拌至纤维化呈团状。然后将上述团状物抽滤，用无水乙醇洗涤两次后抽滤至半干。将洗涤后的团状物反复捏练制成有弹性的胶体状。然后于室温下在滚筒上多次滚压成所需厚度的膜。晾干，裁剪成所需尺寸，称重，用 $[AgNO_3 + Hg(NO_3)_2]$ 混合液在上述制得的膜上刷涂两遍，晾 24h。在晾干后的膜上涂刷 40％的水合肼，至无气泡出现为止（此工序在 0℃下进行）。晾干，再称重，计算催化剂量 （mg·cm^{-2}）。聚四氟乙烯型催化层制造工艺流程如图 6-14 所示。

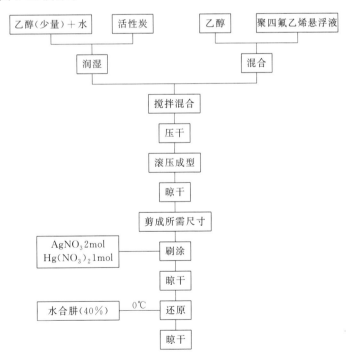

图 6-14　聚四氟乙烯型催化层制造工艺流程框图

导电骨架制备的主要步骤是先将 0.1mm 厚的铜箔在氢气炉中于规定的温度下退火，

然后在专用的设备上将退火后的铜箔冲切成菱形的网格；将 0.2mm 厚的银箔在专用的设备上裁剪成所要求宽度的银带，在点焊机上将裁剪好的银带极耳按图纸要求点焊，焊牢在铜网上，再在冲床上压平。将上述银带极耳的导电网送电镀车间进行除油、清洗、镀银。镀银后的导电网按技术要求修整，整齐叠放，备用。导电骨架工艺流程如图 6-15 所示。

图 6-15 导电骨架制造工艺流程框图

气体扩散电极制造工艺流程如图 6-16 所示。

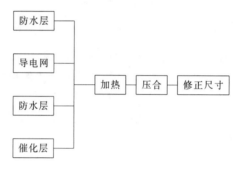

图 6-16 气体扩散电极制造工艺流程框图

打开压片模的盖，将一半玻璃纸置于模框内，随后按图纸的次序叠齐放入防水膜、导电骨架、防水膜、催化膜，另一半玻璃纸覆盖在催化膜上，合上模盖。再将带有电极的模具移到电炉架上加热，数分钟后，用点温计测量压片模上下温度应达到 50～60℃。然后将模具移入压机，加压（8～10MPa）一次，转向 90°角度，再压一次。打开模盖，取出极片，剥去玻璃纸，置于干燥洁净的有盖盘内。测定极片的催化面和防水面，定距离电阻（Ω/50mm）应达到技术要求。检验合格的极片置于干燥洁净的有盖盘内备用。气体扩散电极加压成型如图 6-17 所示。

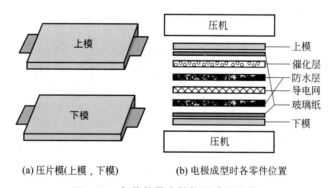

(a) 压片模(上模，下模)　　　(b) 电极成型时各零件位置

图 6-17 气体扩散电极加压成型示意

6.1.8.2　锌电极

作为锌空气电池的负极，锌电极应该满足如下要求：

① 电极的孔隙率和活性比表面积要大；

② 自放电要小；

③ 有一定的力学强度，形变要小。

上述要求对不同使用要求的电池各有侧重。例如对于大功率放电的一次电池，重点在于电极要有大的孔隙率和活性比表面；对于扣式锌氧手表电池，自放电小就成了一个不可忽视的重要条件；而对锌空气蓄电池，则要求锌电极在充放电过程中形变尽可能小。所以应按不同的使用要求区别对待，选择不同类型的锌粉以满足电池性能的要求。

6.1.8.3 电解液、隔膜及其他零部件

碱性锌空气电池的电解液主要采用两种方法配制。一种是用蒸馏水和化学纯 KOH 直接配制成所需浓度的 KOH 水溶液。另一种是电渗析法，将工业用 KOH 配成高浓度的水溶液，再通过电渗析方法制取高纯度、低浓度的 KOH 水溶液，浓度偏低时再用化学试剂调节。

隔膜采用耐碱纸和尼龙毡，耐碱纸包在负极片上，用聚乙烯醇粘接。再将尼龙毡裁好后，热封成袋状套在耐碱纸外面，封口。

其他零部件如电池引出线，裁成一定长度一端上紧接线螺母。而透气塞、塞体、塞盖则分别注塑成型，中间加入聚四氟乙烯透气膜，再用环氧树脂粘接。

6.1.8.4 电池的组装

一次锌空气电池的类型很多，组装方法也各有差异。这里简要介绍方形电池的装配过程。

将负极放进带壳正极中，接好电池引出钱，盖好盖子封好口，经过气密性检验合格即为电池成品，如图 6-18 所示。电池包装时应同时配装存放电解液的碱液瓶，以便在使用电池时加入碱液。

成品锌空气电池一般由一组单体电池串联而成，车载锌空气动力电池组还包括空气流通保障系统和电池组热管理系统两个子系统，以确保动力电池组能够长期、稳定地运转。其中空气流通保障系统负责调节进入电池负极的空气量，当不使用电池时，可以自动切断空气。热管理系统则保证电池组能够稳定可靠地工作。

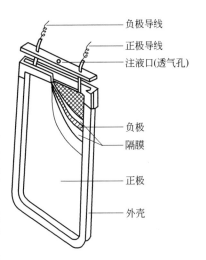

负极导线
正极导线
注液口(透气孔)
负极
隔膜
正极
外壳

图 6-18 组装好的方形锌空气电池结构简图

6.1.8.5 使用和维护

与其他系列电池有所不同，锌空气电池是半个电池，半个"能量转换器"，所以在使用过程中应按其特点进行维护。

目前已经商品化的锌空气电池，大多数是一次电池，或机械再充电式电池，所以使用和维护比较简单，只需掌握以下几条原则即可。

① 在储存期间不要拆开封装，储存在阴凉干燥处；

② 使用时才拆开封装（对机械充电式电池的备用锌电极暂时不要拆封装，到充电时用多少启封多少）；

③ 方形电池按要求注入一定量的专用电解液，浸泡一定时间即可使用。对扣式电池，将电池上的胶带剥离，露出空气孔，放置数分钟后即可使用；

④ 电池应在有空气流通的环境下使用；

⑤ 电池不要充电，使用时严防短路，注意正负极柱，不要接错；

⑥ 对兼作外壳壁的气体电极要注意保护，不要用尖硬物去碰或压。

6.1.9 主要性能及其影响因素

碱性锌空气电池的主要性能包括放电性能、高低温性能、储存寿命和充电特性等方面。

6.1.9.1 放电性能

目前国内外实际生产的一次碱性锌空气电池有容量为 $3\sim1000A\cdot h$ 之间的多种产品，不同规格的电池有其自身的特点，表6-3为一次锌空气电池的一般特性。

表6-3 一次锌空气电池的一般特性

项　　目	数　　值	项　　目	数　　值
开路电压/V	1.45	每月自放电率/%	0.2~1
工作电压/V	0.90~1.30	比能量/W·h·kg^{-1}	150~350
适用温度/℃	−20~40		

锌空气电池的开路电压主要受组成电池的正、负极极化、电解液及隔膜内阻的影响。在一个大气压下，环境温度为（20±2）℃且工作电流密度较小时，电池放电过程中空气电极的极化基本保持不变，所以锌空气电池的工作电压是恒定的，放电曲线比较平稳。图6-19是不同放电电流条件下，$20A\cdot h$ 锌空气电池的放电曲线。由图6-19可见，当工作电流较大时，由于受气体扩散速率和氧的电化学反应速率的限制，工作电压随放电电流的增大而下降，且电流越大，工作电压下降的幅度也越大。当电池的放出容量（锌的质量决定电池的容量）接近设计容量时，工作电压迅速下降。

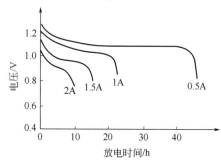

图6-19 不同放电电流下，$20A\cdot h$ 锌空气电池的放电曲线

从图6-19中还可以看出，锌空气电池具有大电流持续放电的能力，这可以满足电动车辆快速加速和连续爬坡的要求。当要求电池以大电流密度输出时（$60mA\cdot cm^{-2}$ 以上），必须有高性能的空气电极和锌负极，因为此时电池用氧量加大，要求加快空气的补充，而且内部的温度高于环境温度。为此，将空气电极设计在电池的外侧，并增大串联电池组单体电池之间的距离，以保证有足够的空气流通空间。当工作电流密度小于 $35mA\cdot cm^{-2}$ 时，空气电极应设计在电池内侧，并限制空气的流量，防止电池在长时间使用过程中，电解液过早碳酸化而降低电池容量。

6.1.9.2 高低温性能

电池在高温（≥40℃）下长时间工作，可能导致电池内的水分散失，使电解液的液面低于负极锌，露出液面的锌电极部分很快被氧化，电池容量达不到设计容量。同样，在低温−40~−20℃，相对湿度45%以下时，也会发生电池容量下降较快的现象，这主要是因为电化学反应速度减慢，锌电极发生钝化，电解液和隔膜的电阻加大，增大了电池的内阻，从而加速了电压的下降。图6-20为 $20A\cdot h$ 锌空气电池在不同温度下的放电曲线。可以看出，锌空气电池的低温性能不很理想。尽管如此，它的低温性能在常用的电池中

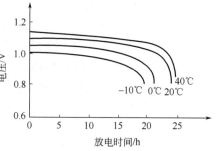

图6-20 $20A\cdot h$ 锌空气电池在不同温度下的放电曲线（放电电流为1A）

仍是较好的；尤其是在较大的电流密度下工作时，电池内部的温度升高可以使电池的性能得到很大改善。

6.1.9.3 储存寿命

锌空气电池的储存分为干储存和湿储存两种形式。其中方形电池多以干储存形式存放，而圆柱形和扣式电池一般为湿储存，这主要由电池的制造工艺和结构所限制。

从锌空气电池的电化学反应过程来看，只要阻隔空气进入电池，即可使电化学反应无法进行，从而使电池长时期保持活性。所以，锌空气电池在密封条件下干储存的自放电率很低，接近于零，具有长期保持容量的能力。实验证实，方形电池干储存 1 年后的容量与新电池的容量基本相等，储存 2～3 年后容量仍然能达到新电池容量的 90%。容量的损失主要是因为空气进入电池内将锌负极部分氧化，形成了一层氧化膜。因此，只要电池存放的空间湿度得到控制，锌的氧化就会变得很缓慢，如果处理得好可以干储存 5 年以上。

但由于锌空气电池本身的特点，使得其湿储存寿命成为一个突出问题。影响锌空气电池湿储存寿命的主要因素如下。

① 锌在碱液中的自放电

$$Zn + 2OH^- \longrightarrow ZnO + H_2O + 2e^- \tag{6-30}$$

$$2H_2O + 2e^- \longrightarrow H_2 + 2OH^- \tag{6-31}$$

总反应
$$Zn + H_2O \longrightarrow ZnO + H_2 \tag{6-32}$$

② 空气中的氧通过透气膜溶解进入电解液并扩散到锌极表面，发生氧的去极化反应，促使锌极按下列反应加速腐蚀

$$Zn + 2OH^- - 2e^- \longrightarrow ZnO + H_2O \tag{6-33}$$

$$\frac{1}{2}O_2 + H_2O + 2e^- \longrightarrow 2OH^- \tag{6-34}$$

总反应
$$Zn + \frac{1}{2}O_2 \longrightarrow ZnO \tag{6-35}$$

③ 当大气相对湿度较低时，电池内部碱液中的水分通过透气膜大量蒸发，使锌电极暴露于空气中，受到严重的氧化；当大气相对湿度比较高时，碱液吸潮上涨，导致电池渗漏，电池也不能正常工作。

④ 大气中约含 0.04% 的 CO_2，它可通过透气膜与氢氧化钾电解液作用，生成碳酸钾或碳酸氢钾。当温度降低时，碳酸钾在透气层与催化层之间结晶析出，失去离子导电作用，增加电池内阻，甚至破坏电极结构。

上述②～④三种情况都是由于电池封装不好，致使锌极暴露于大气中，或由于空气进入电池而被激活造成的，因此锌空气电池在不使用时应该与空气隔绝。对某些特殊场合还需做成激活式电池，使电池在干态下储存，使用时再注入电解液。

⑤ 随着电池工作时间的延长，可能出现另一个影响电池寿命的问题——空气电极的溢流，即透气孔逐渐被电解液所充满，阻碍氧的输送，这是一种很复杂的效应。各种材料的憎水性变差可归因于与碱性电解质的接触，使得它们能被电解液更好的润湿。但开始时，憎水材料并没有被电解液润湿，也没有失去憎水性，这很可能是由于憎水孔经过水的蒸发与凝聚过程而被逐渐填满。另外，电渗透作用使电极的溢流更加严重，即电池放电时空气电极的溢流比储存时快，这是电极电势影响电解质溶液对孔壁的润湿性造成的。使用厚的炭电极时，溢流就发生得很慢。因此，为了延长电池的寿命，还需要进一步研究空气电极的结构、组成和加工工艺。

6.1.9.4 充电特性

锌空气电池的充电，打破了普通蓄电池的常规模式，采用了直接更换锌负极和电解液的"机械式充电"模式。整体更换电池的活性物质，方便快捷，只需几分钟即可完成"充电"全过程。设想只要在公路沿线设置锌板或锌粒以及电解质的机械式整体更换站，直接"充

电"，效果如同现在的燃油汽车的加油站，那么使用电动汽车就可以像燃油汽车一样便利。更换下来的氧化锌在专门的工厂进行回收处理，以实现锌的循环再生。

6.1.10 特点与用途

与其他类型的电池相比，锌空气电池具有下列优点。

① 正极容量大。由于空气电极的活性物质氧来自周围的空气，而空气是大量存在的，因此对于正极来说其容量是无限大的。

② 能量密度高。碱性锌空气电池的正极活性物质来自空气中的氧，其正极采用一种透气不漏液、导电、有催化活性的薄膜，它在整个电池中所占的比例较小，余下的空间可以用来充填更多的负极材料。因此，电池的比能量主要决定于负极金属锌及电解液，锌空气电池的比能量是目前实际生产的电池中最高的。其理论比能量可达 $1350W \cdot h \cdot kg^{-1}$，实际比能量已达到 $220\sim350W \cdot h \cdot kg^{-1}$。表 6-4 是几种常见电池比能量的比较。可以看出，锌空气电池的比能量是铅酸蓄电池的 10 倍，甚至超过了锂锰电池。采用锌空气电池的电动车辆连续行驶里程数大大提高。

表 6-4 几种常见电池比能量的比较

电 池 种 类		质量比能量/$W \cdot h \cdot kg^{-1}$	体积比能量/$W \cdot h \cdot L^{-1}$
原电池	碱锰电池	125	330
	锌空气电池	340	1050
	锂锰电池	320	700
可充电池	铅酸蓄电池	35	79
	镉镍电池	35	80
	MH-Ni 电池	50	160
	锂离子电池	120	250

③ 工作电压稳定，放电曲线平稳。锌空气电池的正极孔隙率大，放电时阴极催化剂本身不发生变化，极化较小，而且锌电极电压稳定，电池的内阻小，所以电池的工作电压平稳。由图 6-21 中几种碱性电池放电曲线的比较可知，锌空气电池的电压性能比碱性锌锰电池好得多，几乎可与碱性锌银电池相当。

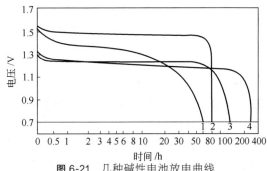

图 6-21 几种碱性电池放电曲线
1—碱性锌锰电池；2—碱性锌银电池；
3—碱性锌汞电池；4—碱性锌空气电池

④ 性能稳定，能在较大的负载区间和温度范围内工作。由于在电池内部可建立一个氧的储存腔，所以锌空气电池的大电流放电和脉冲放电性能都相当好。成组的锌空气电池具有良好的一致性，不存在其他类型电池中所出现的充放电不均匀现象。该电池允许深度放电，工作电流范围很宽，且能在 $-20\sim80℃$ 的温度范围内正常工作。

⑤ 原料丰富，成本低廉，回收方便，污染小。由于利用空气中的氧作为正极活性物质，锌空气电池内省去了沉重的氧化剂部分，从而使电池的有效体积大大降低；而且负极材料锌，资源丰富、成本低廉、回收再生方便，再生成本较低。电池本身不含毒性物质，也不使用有害的反应剂，因此不会污染环境。

⑥ 安全性好。锌空气电池没有极强的活性，也不具可燃性，因此可有效防止因泄漏、短路而引起的起火或爆炸；而且锌没有腐蚀性，可以实现密封免维护，对人体不会造成危险和伤害。

尽管锌空气电池具有上述优点，但它也有一些固有的缺点，主要表现在以下几个方面。

① 放电时需要不断地供应空气，因此不能在密封状态下使用，也不能应用于缺乏空气的环境中，如水下等。

② 锌空气电池的湿储存性能不好。碱性电解液会吸收空气中的 CO_2，发生碳酸盐化，从而导致电池性能下降，甚至失效；同时，电解液也会透过空气电极失去水分（空气过分干燥），或从空气中吸收水分（空气过分潮湿），使电池过早失效。此外，空气中的氧也会透过空气电极扩散到金属电极，形成腐蚀电池而引发自放电，所以湿储存期间必须把空气电极覆盖，以隔绝空气，或者灌液后尽快使用。

③ 和其他碱性电池一样，锌空气电池在使用中仍然不能杜绝爬碱问题，给维护保养带来一定的麻烦。

④ 在大电流下使用时电池的发热问题还需认真对待，否则难以达到预期效果。

目前实际生产的锌空气电池有扣式、方形和圆柱形等。其中扣式电池主要用作助听器、袖珍计算器、电子手表的电源，也可应用于通信领域，如美国航天飞机的宇航员间无线电通信就采用了哥尔德公司生产的大号扣式电池作为电源。方形电池多用作航标灯、铁路信号、通信和测试仪器、移动电话的电源（图 6-22）。圆柱形电池可用作电动玩具、电子仪器、无线电及一些仪器仪表的电源。

图 6-22　用于手机的锌空气电池

图 6-23　锌空气电池用于电动（助动)车

图 6-24　用于其他电子产品

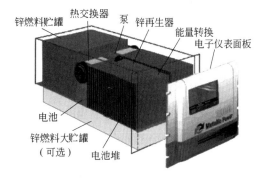

图 6-25　锌空气储备电源（包括锌的再生模块)

大容量锌空气电池可以用作动力电源和电动车（图 6-23），如汽车动力电源和鱼雷、导弹等武器电源；或者用于油田、军事或其他电子消费品（图6-24）；也可以作为储备电源（图6-25）。

此外，以锌阳极、纯氧阴极和氢氧化钾电解液组成的封闭式电池组可用于"海洋气象卫星"（即海洋气象资源测定浮标），而且在宇宙飞船上也很有应用前途。

6.1.11 几种典型的锌空气电池

6.1.11.1 Edison Carbonaire ST 型电池

Edison Carbonaire ST 型电池是一种工业型的锌空气电池，也是比较经典的锌空气电池，其容量在 $1000\sim4000A\cdot h$ 之间。由于它的比能量高，所以至今在不少设备中仍被广泛选用。该电池的外形如图6-26所示，内部结构剖视如图6-27所示。

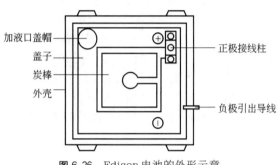

图6-26 Edison电池的外形示意

Edison 电池的外壳和封盖用浅色透明的聚丙烯塑料注塑而成，正极采用浸蜡的炭电极，负极为坚固的锌电极，电解液为氢氧化钾。通常还有一层干态的石灰薄片，用以在长期开口放电期间吸收二氧化碳。电池和电池组以密封状态提供，使用时打开密封，加入适量的蒸馏水来溶解氢氧化钾，形成电解液而使电池活化。定期检查及加水维持正常的电解液面，是唯一需要的维护。由于采用了透明的外壳，使日常维护与保养更为简易，只需肉眼检查就可判断电解液面和电池的荷电状态。

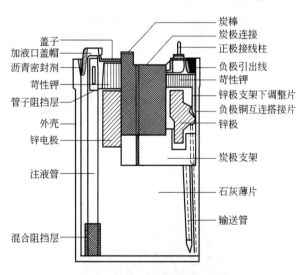

图6-27 Edison电池的内部结构剖视示意

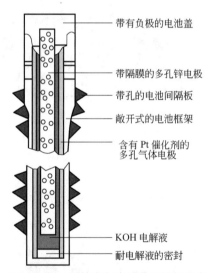

图6-28 JQ型锌空气电池典型结构示意

Edison Carbonaire ST 型电池出现较早，但由于其结构和工艺简单，成本低廉，所以在一般中、小型负载的设备中仍被广泛地选用，尤其在通信设备、助航设备中具有广泛的市场。

6.1.11.2 JQ型电池

JQ 型电池采用燃料电池技术，正极采用低极化、稳定而长寿命的气体扩散电极；负极采用具有大比表面积特性的海绵状锌粉电极。其气体扩散电极与外壳框架粘接成一体，所以该电极兼作单体的壁部分。为了增加其强度，在其外侧伴有加强筋。JQ型锌空气电池典型结构如图6-28所示。

此类电池在江河航道的航标灯上被广泛选用，同时还可用作铁路信号、通信装置、导航机、理化仪器、野战医疗照明等电源。

6.1.11.3　扣式电池

扣式锌空气电池的结构和其他锌空气电池完全不同，装有正、负极活性物质的外壳作为电池的正、负极端子，上下两个壳体之间用绝缘密封圈绝缘密封，如图6-29所示。

扣式电池的负极用电解液（或胶凝剂）混合海绵状锌粉制成。由于该电池的正极很薄，负极空间允许锌的用量可比同尺寸其他系列电池大两倍左右，因而电池的容量和比能量至少增加一倍。在设计锌负极结构时应考虑以下两个要素：①锌电极放电后，锌转变成氧化锌时体积膨胀；②要容纳在工作条件下产生的水量，需占一定体积。此二者所需的体积称为负极自由体积，一般是负极空间体积的15%～20%。组装电池时必须考虑这一体积，否则容易引起电池膨胀，影响电池的正常使用。

扣式电池的正极结构包括隔膜、催化层、金属网、防水膜、扩散膜、空气分散层和带孔的正极外壳，其剖视图如图6-30所示。

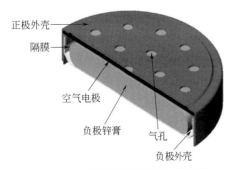

图6-29　扣式锌空气电池的结构示意

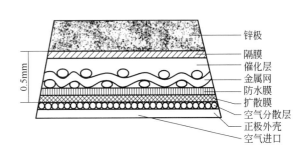

图6-30　锌空气扣式电池正极剖视图

催化层中含有锰的氧化物，在碳导电介质中作为催化剂，并加入了疏水性的细聚四氟乙烯微粒，以确保气-液-固三相界面处于最佳状态。金属网构成结构支架并作为集流体。防水膜保持空气和电解液之间的分界，起到透气不透液的作用。扩散膜为调节气体扩散速度而设，如果在设计中采用气孔调节气体扩散速度，则可以不用扩散膜。空气分散层把氧气均匀地分散到气体电极表面。带孔的正极外壳既是正极端子，又为氧进入电池和扩散到电极催化层提供通路。氧和其他气体转移进入电池或从电池里转移出去的速度可以通过气孔面积或正极层表面膜的孔隙率进行调节。

正极结构的好坏决定了整个电池的主要技术性能，所以在设计正极结构时必须考虑下列几个因素。

① 工作电流与氧的消耗量成正比，因此电流值随气孔面积或膜的孔隙率的增大而增大，直到反应速度在气体电极上受到限制。但如果仅仅是氧的转移速度起作用，而扣式电池中的气体扩散速度不加限制时，电池的工作电流较大。

② 由于扣式电池不是密封状态，而是与外界相通，因此会有其他气体的进出，其中水蒸气的进出对电池性能的影响最大。所以必须对气体扩散加以调节，以控制水蒸气的进出基本平衡。如果调节不当，水蒸气的进入或蒸发过多都会引起电池功率和使用寿命的下降。

电池的电解液和环境之间的水蒸气转移是锌空气电池中气体转移性能下降的主要因素。对于扣式电池，水蒸气转移也是气体转移恶化的主要形式。

扣式电池的电解液采用30%氢氧化钾水溶液，它具有特定的水蒸气压力。在室温下，当相对湿度约为60%时，该压力与环境相平衡。当相对湿度偏低时，电解液中的水分就会蒸发减少；而在相对湿度较高时，电解液会吸收大气中的水分，如图6-31所示。水分增加或减少得过多，都将使电池过早失效。

正极采用较小的孔径或较低的扩散膜孔隙率能适应较大的环境变化差异，由于水分转移速度减小，从而可获得较长的有效使用寿命。上述三方面之间的相互关系，可简单表示为图6-32。

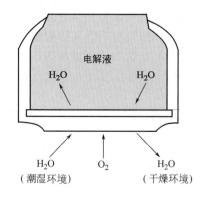

图6-31　锌空气扣式电池水蒸气转移途径

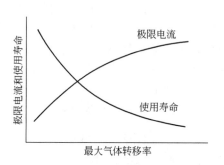

图6-32　扣式锌空气电池的气体转移调节
与极限电流和使用寿命的关系

扣式电池有不同规格和不同尺寸，并有高倍率和低倍率的不同要求，容量范围为80～400mA·h。通常，高倍率电池适合于较大电流和较短使用寿命的场合，如助听器；而低倍率电池是为小电流长寿命要求而设计的，如电子手表。

从A675H高倍率扣式锌空气电池的放电曲线（图6-33）可知，由于在放电过程中气体

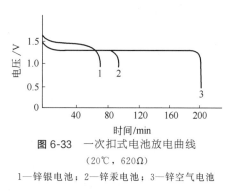

图6-33　一次扣式电池放电曲线
（20℃，620Ω）

1—锌银电池；2—锌汞电池；3—锌空气电池

电极的化学性质不变，电压非常平稳。图中也将相同尺寸（11.6mm×5.4mm）的锌银电池、锌汞电池在相同负载下的放电曲线进行了对比。显然，锌空气电池的放电时间超出了它们的两倍。

锌空气电池的最大连续工作电流称为"极限电流"，该电流由气体扩散调节决定，随气体电极的表面积而变化，与电池的直径成正比。当电池在大于极限电流的条件下持续放电时，电压就会迅速下降，这是因为氧的消耗速度比氧进入电池的速度快，电池内部已变得缺氧而造成的。

扣式电池能经受比极限电流大得多的脉冲电流，电流值取决于脉冲种类，这为它开辟了一个广阔的应用领域。扣式电池之所以具有这种脉冲负荷能力是因为当负荷低于极限电流时电池内部形成了氧气储存库。扣式锌空气电池这种突出的脉冲性能，在作为石英电子表中的特种电池方面，发挥了不可替代的作用。

扣式电池最适宜的放电温度在10～40℃之间，在低倍率放电时温度的影响很小。在储存期间，扣式锌空气电池的气孔可以用聚酯胶带密封起来，把气体隔离在电池以外。

电池的使用寿命取决于自放电和气体转移衰降的综合影响。对于大部分使用场合来说，水分的转移是最主要的因素。而在有些情况下，电解液碳酸盐化和直接氧化作用对电池性能的不利影响则十分显著。

6.1.11.4 密封锌氧二次电池

这种电池能把充电时生成的氧气储存在电池内，放电时把这些氧气重新消耗于氧电极。其氧电极的充放电反应如下

充电
$$4OH^- \longrightarrow 2H_2O + O_2 + 4e^- \tag{6-36}$$

放电
$$\frac{1}{2}O_2 + H_2O + 2e^- \longrightarrow 2OH^- \tag{6-37}$$

因此，这种电池是一种密封二次电池，其正极是氧电极，负极是锌，电解质溶液采用 KOH 溶液，也是一种碱性蓄电池。密封锌氧二次电池的结构如图 6-34 所示。

图 6-34 所示的电池，设计容量为 25A·h，有 8 个锌氧电极对，它的充放电情况（60%深度放电）示于图 6-35。可见该电池充放电可达 200 周，每隔 25 周进行一次 100%的深度放电。

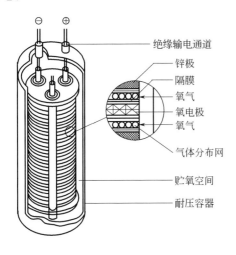

图 6-34 密封锌氧二次电池结构示意

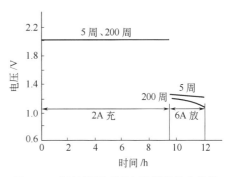

图 6-35 密封锌氧二次电池的充放电曲线

密封锌氧二次电池的比能量达到 $133W·h·kg^{-1}$。由于制成密封状，所以它没有锌空气一次电池中水分透过气体电极散失的缺点，也克服了空气中的 CO_2 所引起的电解液碳酸盐化问题。另外，电池内氧气的压力随充放电而变化，所以可用压力表来显示电池的充电状态，利用压力开关来自动控制充放电，做到无需维护，这在一般电池中是无法办到的。

尽管密封锌氧二次电池具有上述优点，但它同时也具有以下缺点。

① 由于充电后压力可达 7MPa，放电后压力在 0.35～0.7MPa，一般塑料容器已无法承受这样大的压力，而必须采用耐压金属容器（一般采用不锈钢或镍铬合金薄板加工而成），使电池的比能量下降。

② 由于电池外壳成为压力容器，所以为了防止爆炸等危险的发生，必须装有安全阀。当压力达到 10MPa 时自动开启，这样就使电池的成本增加。

6.1.12 锌空气电池的研究进展与前景

6.1.12.1 空气（氧）电极的电催化剂研究

作为电池的正极，氧电极过程可逆性小，还原困难，成为电池反应的主要障碍。如何提高氧电极的活性，降低正极反应过程的电化学极化，一直是燃料电池和金属空气电池领域研究的重点之一。为此人们对氧电极的电催化剂进行了广泛研究。目前大量研究的催化剂主要包括以下几类：贵金属及其合金、金属有机配合物、单一金属氧化物和复合金属氧化物（尖

晶石型、烧绿石型和钙钛矿型），如图 6-36 所示。

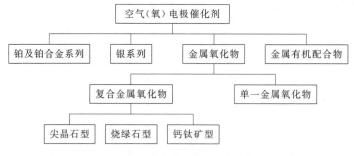

图 6-36 空气电极催化剂种类

（1）贵金属及其合金催化剂 到目前为止，金属铂是催化活性和稳定性最好的电催化剂。这可能是由于铂原子结构中存在着 d 轨道空穴的缘故。早期的空气电极都以纯铂黑为催化剂，铂负载量超过 $4mg \cdot cm^{-2}$，后来采用炭黑负载铂的技术使铂负载量降至 $0.5mg \cdot cm^{-2}$ 以下。铂十分昂贵，难以实现大规模应用，因此进一步降低铂的负载量以及开发其他高性能的廉价催化剂是制成实用化空气扩散电极的前提。

研究表明，采用高比表面积的载体材料或者特殊的催化剂沉积技术使铂微晶高度分散，

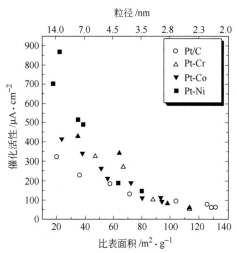

图 6-37 铂及铂合金的催化活性与粒径及比表面积之间的关系

是既保持催化剂的活性，又可减少铂用量的有效手段。人们发现，铂与一些过渡金属形成的二元、三元合金也具有较高的催化活性，有的甚至超过纯铂。因此，为了降低电极成本，提高铂的利用率，铂合金催化剂成为今后研究的主要方向。在相同的表面积下，铂合金催化剂的催化活性比纯铂更高（图 6-37），这是因为铂合金中相邻 Pt-Pt 间的距离减小，有利于氧的吸附。

但是，铂会加速碳基体的腐蚀和氧化，影响电极寿命。因此将铂分散于不同的载体中，制成复合型电极材料，是延长电极寿命、提高铂催化剂利用率的有效途径。如将碳化聚丙烯腈（PAN）气凝胶作为基体与铂盐混合制成高孔隙率、高分散的纳米级 PAN/Pt 电催化剂（20nm），具有更高的电催化活性。

银是典型的对氧还原过程有催化作用的材料之一，而且具有良好的导电性和稳定的物理化学性能。早期的氧电极使用银替代铂催化剂较为普遍。银催化剂制备的关键是要尽可能地提高银的比表面积，使银均匀地散布在载体上。采用合适的方法可使银结晶趋向于无定形化，从而在银晶粒上产生更多的晶格缺陷，这些晶格缺陷很容易成为催化反应的活性点，同时也使银晶粒尺寸减小，催化剂的比表面积增大，催化活性显著提高。相反，由于银的堆垛层错能较高，容易引起重结晶，银微粒之间发生聚结和长大，致使催化剂稳定性变差，添加适当的助催化剂可以消除或缓解银的聚集。

银催化剂较早的制法是银盐还原法，即将可还原的银盐溶液与还原剂混合，沉淀出银的微小颗粒。能够用作还原的银盐有硝酸银、乙酸银、柠檬酸银、乳酸银等，还原剂用碱金属、硼氢化物、甲醛、肼或还原糖等。一般还原法所制取的银催化剂中的银呈结晶状态，比表面积小，催化活性和稳定性都不十分理想。在活性炭载体中添加适量的 Ni、Bi、Hg 的硝

酸盐与硝酸银一同还原，有利于催化剂活性和稳定性的提高。这些特定的助催化剂高度分散在整个催化剂体系中，把银颗粒从相互接触中分隔开来，防止或延缓催化剂微晶的聚结，有利于提高催化剂的性能。在还原剂的选用上，用甲醛还原剂比用硼氢化钾、葡萄糖能得到更好的催化剂活性。

(2) 金属有机配合物催化剂　过渡金属大环化合物在燃料电池与空气电池中的应用，为寻找性能更好的氧电极开辟了新的途径。长期以来，含有 4 个 N 原子的大环有机物的过渡金属螯合物被认为有希望取代铂而成为空气电极的催化剂，如卟啉、酞菁及其衍生物等。常用的过渡金属有 Cr、Mn、Fe、Ni、Co 等。以过渡金属螯合物为催化剂的空气电极具有良好的放电特性、储存性能及较高的工作电压，如以四苯基卟啉络钴（CoTPP，图 6-38）为催化剂制成的空气电极在 20℃以 $50mA \cdot cm^{-2}$ 放电时的过电势约为 100mV，工作寿命可达 7000h。这种催化剂适用于要求长期储存、小电流长期放电的电池，如助听器的扣式电池等。

酞菁金属螯合物（MPc）及四偶氮轮烯金属螯合物（MTAA）的结构与催化酶相似（图 6-39），可以催化氧的还原。美国电技术公司认为它们能够克服铂对碳基体的腐蚀和氧化的问题，因此具有良好的活性。

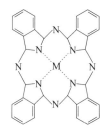

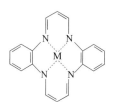

(a) 酞菁金属螯合物MPc　　(b) 四偶氮轮烯金属螯合物MTAA

图 6-38　四苯基卟啉络钴（CoTPP）的结构　　　图 6-39　酞菁和四偶氮轮烯金属螯合物的结构

(3) 金属氧化物　金属氧化物也是很有前途的氧还原电催化剂，包括单一金属氧化物和复合金属氧化物。

锰氧化物是研究最多的单一金属氧化物催化剂。与上述其他催化剂相比，MnO_2 最大的优势在于原料丰富，成本低廉。将炭黑和硝酸锰溶液混合后在不同温度下加热焙烧，制得了碳载 MnO_2 的空气电极。结果显示，在 340℃时制得的 MnO_2 催化剂活性最好（图 6-40）。X 射线衍射表明在 340℃热解产生的 MnO_2 在 $2\theta = 33.3°$ 时的衍射峰显著增强，由此认为该晶面（$d = 0.272nm$）有利于氧的还原。但是以锰氧化物为催化剂制成的锌空气电池，放电电流密度仅 $30 \sim 60mA \cdot cm^{-2}$，所以此类催化剂只适用于小功率的锌空气电池，如扣式电池和小型圆柱形电池。

通过 CoO/碳纳米管复合作为氧还原催化剂，Ni-Fe 层状双氢氧化物（NiFe LDH）和碳纳米管复合作为氧析出催化剂，这些新型催化剂在浓的碱性电解液中表现出比贵金属 Pt 和 Ir 更高的催化活性和耐久性。将这些催化剂用于空气阴极，显著降低了 ORR（氧还原反应）和 OER（氧析出反应）的过电势，一次锌空气电池在 1V 下的放电功率密度约为 $265mW \cdot cm^{-2}$，电流密度约为 $200mA \cdot cm^{-2}$，能量密度大于 $700W \cdot h \cdot kg^{-1}$。在三电极装置的可充电锌空气电池中，$20mA \cdot cm^{-2}$ 充放电时极化压差约为 0.70V，在长时间的充放电循环中表现出高的可逆性和稳定性。

除单一金属氧化物外，许多尖晶石型、烧绿石型和钙钛矿型复合金属氧化物也都具有较高的催化活性，而且成本低廉，因此受到了广泛关注，成为最有希望替代贵金属的一类催化剂。这类氧化物的另一优点在于它们对 OER 和 ORR 均具有较高的催化活性，因此可以用

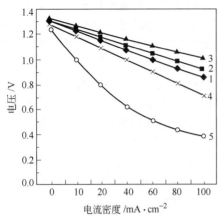

图 6-40 由含 6.7% MnO_2 的碳载空气
电极组成的锌空气电池的电压与电流密度
关系曲线 (7mol·L^{-1}KOH)
1，2，3—分别代表焙烧温度为 300℃、
280℃、340℃时炭黑与硝酸锰分解后的
混合物；4—电解 MnO_2 与炭黑的混合物；
5—不含有 MnO_2

作双功能氧电极的催化剂。

尖晶石型催化剂通式为 AB_2O_4，目前作为催化剂研究的主要有 $Cu_{1.4}Mn_{1.6}O_4$、$Mn_xCo_{3-x}O_4$（$0<x<1$）、$Ni_xAl_{1-x}Mn_2O_4$（$0<x<1$）等。研究发现：在碱性介质中，一定过电势下，$Mn_xCo_{3-x}O_4$ 电极上的电催化电流密度随着 x 增加而增大。$Mn_xCo_{3-x}O_4$ 电极上存在着 Co^{3+}/Co^{2+} 和 Mn^{4+}/Mn^{3+} 固态氧化-还原对时，其催化活性随着 Co^{3+}/Co^{2+} 的比重的增加而增强。可以通过"还原-氧化-转化结晶"合成化学新路线，实现 AB_2O_4（A：钴、镍、锌等二价金属；B：锰、钴等三价金属）系列尖晶石结构、组成与价态的调控，获得晶化程度和稳定性高的立方和四方相尖晶石。尖晶石空气电极氧还原/析出电催化是氧缺陷诱导的电荷转移过程，立方尖晶石相对氧还原反应的本征催化活性优于四方相，而四方相对氧析出反应的本征催化性能优于立方相。将具备立方钴锰氧尖晶石与碳纳米管的复合物 c-$CoMn_2O_4$@CNT 作为可充锌空气电池正极催化

剂，以锌片为负极，氧气饱和的 6mol·L^{-1} KOH 和 0.2mol·L^{-1} ZnO 水溶液为电解液，c-$CoMn_2O_4$@CNT 的催化性能优于 Pt/C。由 c-$CoMn_2O_4$@CNT 组装的可充锌空气电池在第 1 周和第 200 周充放电循环的过电势是 0.63V 和 0.73V，而 Pt/C 相应的过电势分别为 0.67V 和 0.96V。

钙钛矿型氧化物的结构为 ABO_3（A＝La、Pr、Ca、Sr、Ba；B＝Co、Fe、Mn、Ni），理想的 ABO_3 钙钛矿结构具有立方晶格（图 6-41）。离子半径大的稀土金属离子占据 A 位置，周围有 12 个氧离子配位，A 与 O 形成最密堆积。B 离子（主要是过渡金属离子）的周围有 6 个氧离子，而氧离子又属于 8 个共角的 BO_6 八面体。根据基于分子轨道理论研究，钙钛矿型氧化物在金属空气电池电催化剂中非常具有竞争力，其性能很大程度上取决于过渡金属 3d 与氧 2p 轨道的杂化。研究表明：当 A＝La 和 Pr 时，其催化活性最高；若以 Ca、Sr、Ba 对 A 进行部分取代，其催化活性和稳定性都有所提高。对于组分 B，在碱性介质中对氧的催化活性顺序为 Co＞Mn＞Fe，而其稳定性顺序为 Fe＞Mn＞Co，因此只有当 B＝Mn 时氧化物才兼具较好的催化活性和化学稳定性；研究表明，Mn 为 4 价时的催化活性最高。

近些年来有关钙钛矿型氧化物的研究已经取得了很大的进展，也得到了许多有价值的结果。大部分催化剂粒径都能达到纳米级，电化学性质良好，但作为双功能氧电极的电催化剂仍然需要进一步深入研究。例如，虽然很多钙钛矿型氧化物催化剂都已制成纳米级，但如何使其在载体上分布得更均匀，使催化剂的载量和活性都达到最优化仍有待继续研究。此外，目前研制的钙钛矿型双功能氧电极基本上都应用于碱性介质，但碱性电解质存在着碳酸盐化的隐忧，因而开发高效且在酸性环境中对氧还原和氧析出反应具有催化活性的钙钛矿型电催化剂成为其研究方向之一。

（4）新型催化剂 过渡金属羰基化合物也是一种新型的氧电极催化剂。用化学热解的方法，以 $Ru_3(CO)_{12}$＋$Mo(CO)_6$＋Se 的混合物为原料合成的 $Mo_xRu_ySe_z$-$(CO)_n$ 催化剂，其结构接近于非晶态，为多孔状（图 6-42），在聚合物燃料电池中对氧化还原反应有较高的催化活性和稳定性。杂原子（N，S，B，P）掺杂碳催化剂通过增加结构的无序性或形成杂原子官能团，可使其具有良好的 ORR 催化活性。进一步通过碳/金属氧化物复合，可以改善

碳材料的 OER 性能。利用具有明确 π 共轭和可控氮原子掺杂的石墨（高定向热解石墨）模型催化剂，模拟潜在的竞争位点并分析反应过程，表明在氮掺杂的碳材料中吡啶型氮（氮原子连接到两个碳原子上）创建了路易斯碱位点，氮掺杂碳材料的氧还原活性位点位于邻近吡啶型氮的那些具有路易斯碱性的碳原子上。

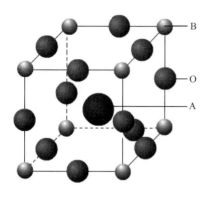

图 6-41　ABO₃ 复合氧化物的立方单胞结构示意

图 6-42　Mo$_x$Ru$_y$Se$_z$-(CO)$_n$ 的 SEM

一些适当的助剂可以影响主催化剂的物理化学性质，提高主催化剂的催化活性。研究表明，V、Ce、Zr 的氧化物具有较高的储氧能力，在其特定部位上结合的氧原子可以随着氧分压的变化自由进出，从而使主催化剂周围保持一定的氧浓度，使氧电极的过电势降低。另外，这类氧化物还能促进贵金属催化剂的分散，提高有效催化活性表面。因此选择具有较高氧吸附和交换能力的物质作为助剂，可对氧起到富集和活化作用，从而强化氧的电还原过程，这是氧还原电催化剂中一个非常值得重视的研究方向。

6.1.12.2　空气电极结构的改进及空气的供排处理

空气电极反应是在气-固-液三相界面上进行的，电极内部能否形成尽可能多的有效三相界面将极大地影响催化剂的利用效率和电极的传质过程。为了制成具有均匀微孔结构的空气电极，通常在催化层中加入适量造孔剂，如 Na_2SO_4、NH_4HCO_3 等。

以镍纤维（直径 2～8μm，长度 3mm）、纤维素（长度 100～1000μm，宽 30～60μm）和活性碳纤维为原料，采用造纸技术制备了纤维质的金属-碳复合电极。经加压（400kN·m^{-2}）、干燥、烧结后，将烧结产物依次在 $Mn(NO_3)_2$ 和 KOH 溶液中浸泡 2～4 次，在活性炭上均匀沉积适量的 $Mn(OH)_2$ 催化剂，经过干燥、PTFE 乳液浸泡处理、加热去除表面活性剂等过程，最后在电极的一侧表面压覆一层聚四氟乙烯薄膜，即得到厚度小于 0.15mm 的复合材料空气电极，其结构示意图 6-43。

这种薄型复合电极与目前实用空气电极和厚型复合电极相比，在结构上有很大的不同（图 6-44），主要表现在：①薄型复合电极具有高度开口的多孔结构，因此能提供更多的三相反应区和更大的比表面，有利于气体的扩散传质，从而加快氧的还原反应；②聚四氟乙烯胶黏剂用量更少，减小了电阻，镍纤维则提高了电极的导电性；③纤维质增强了电极的柔韧性和强度，从而使电极非常薄，其厚度比目前的实用空气电极减少 30%～75%，进而减小了电极的体积和重量；④电极非常薄，从而有利于传质和加速氧的还原反应，有利于大电流放电反应。

将复合材料空气电极用于碱性锌空气电池，测试电极的电化学性能。实验表明，相对于目前的实用空气电极来说，这种薄型复合材料空气电极能经受大电流高功率放电，当电流密度达到 200mA·cm^{-2} 时，其电压仍高于 1.0V；而商用锌空气电池电流密度达到 100～200mA·cm^{-2} 时，电压急剧下降。另外，这种薄型复合电极具有更好的脉冲放电性能。

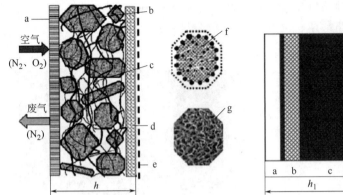

图 6-43　基于微纤维复合材料的
空气电极结构示意
a—聚四氟乙烯薄膜；b，c—催化层（b 为碳载锰催化剂
颗粒，c 为混合纤维）；d—多孔纤维基质的集流层；
e—电解液；f，g—被多孔聚四氟乙烯薄膜包覆的碳载
催化剂颗粒（f 为亲水性碳及催化剂颗粒，g 为多孔
性憎水 PTFE 薄膜）；h—空气电极的厚度

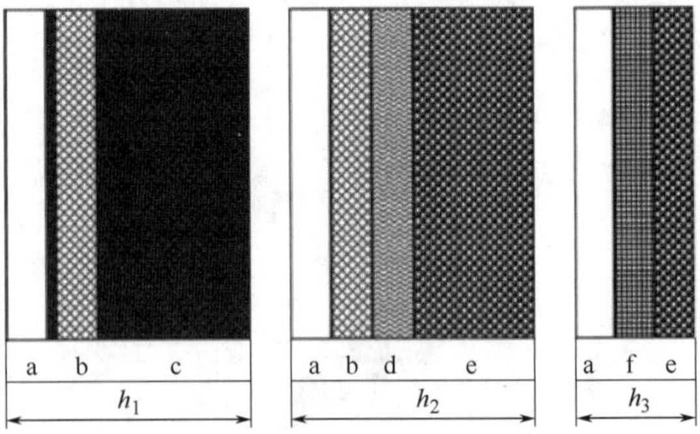

图 6-44　不同空气电极的层状结构比较
h_1—实用空气电极，厚度 0.40mm；
h_2—厚型复合电极，厚度 0.25～0.50mm；
h_3—薄型复合电极，厚度 0.15mm
a—憎水性 PTFE 薄膜；b—膨胀镍筛网；
c—涂膏式活化催化层；d—惰性连接层；
e—微纤维质复合催化层；f—小直径镍纤维基质

　　减少锌空气电池外壳中气孔的数量和直径，是降低外界环境对电池性能影响的一种有效
途径。如在扣式电池中气孔面积仅占正极外壳的 1％左右，但这也限制了正极活性物质的供
应。空气扩散控制器（diffusion air manager，DAM）在很大程度上解决了这一问题，其工
作原理如图 6-45 所示。DAM 由密封外壳、两根细长的扩散管、微型风扇和控制电路组成，
锌空气电池置于密封外壳内。当风扇关闭时，空气按 Fick 扩散定律进出密封外壳，通过对
扩散管长径比进行优化，可以在确保电池工作性能的情况下使密封壳体内外的物质交换最小
化。电池工作时，由于密封壳内氧浓度随电池反应进行而降低，导致电池电压下降，当达到
某一设定值时，控制电路打开风扇，驱动空气通过扩散管从密封外壳进入和排出。当电池电
压回升到一定值后，风扇自动关闭，如此反复进行。

　　AER 公司将这种空气扩散控制装置内置在电池内，制成 4V04 型移动电话电池（图 6-46）。
当电池处于工作状态时，控制器就会开启，微型风扇将氧气通过小孔径的管子送入电池内，
使空气电极发生反应；当电池停止使用时，风扇随即关闭，空气入口封闭，阻止了二氧化碳
和水蒸气的扩散，并减缓了由氧去极化引起的锌电极的腐蚀（自放电），有效地阻止了大气
对电池的有害影响。采用控制器后，激活态的新型电池在相对湿度为 30％～70％的环境中
存放两年后，还能放出 80％的容量。

6.1.12.3　固态聚合物电解质和固态锌空气一次电池

　　近年来，固态聚合物电解质（solid polymer electrolytes，SPEs）引起了人们的普遍关
注，用 SPEs 制成的电池可以用于多种小型用电设备，例如移动电话、信用卡和膝上型电脑
等。虽然聚合物易于成型，适合于制备成薄膜，但一般来说其电导率偏低（10^{-8}～10^{-7}S·
cm^{-1}），必须采取一些措施增强其导电性。向聚合物中添加增塑剂或混合溶剂及凝胶聚合物
等都是提高其电导的有效方法，其中添加锂盐的聚氧乙烯（PEO）体系可应用于高能电池
中，因而得到了最广泛的研究。

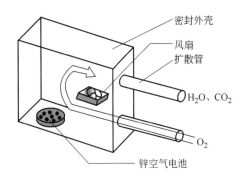

图 6-45　DAM 工作原理示意

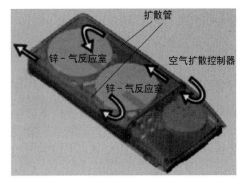

图 6-46　采用"空气扩散控制装置"的新型电池

PEO-PVA-玻璃纤维基质固态电解质（PEO-PVA-glass-fibre-mat polymer electrolyte）表面具有微孔结构（图 6-47），孔分布比较均匀，孔径为 $0.1\sim0.2\mu m$。在玻璃纤维基质的支撑下，这种膜形成了三维网状结构，既可以储存 KOH 电解质，又增强了薄膜的强度和稳定性。这种膜通常用于碱性电池，尤其是应用于镍-金属氢化物可充电池中，显示出优良的电化学性能。将这种固态电解质应用于一次锌空气电池，也取得了很好的效果。

(a) 俯视图　　　　　　(b) 侧视图

图 6-47　PEO-PVA-玻璃纤维基质固态电解质薄膜的 SEM

PEO-PVA 复合聚合物电解质薄膜既可以用作电池的电解质，也可作为隔膜，由此制成的固态一次锌空气电池的放电曲线如图 6-48 所示，图中还对比了由 PE-PP 隔膜和纤维素隔膜分别制成的电池的放电曲线。由此可见，由固态复合聚合物电解质制成的电池具有更高的容量和材料利用率。这是因为这种材料具有很多很小很均匀的微孔，其孔径只有 $0.1\sim0.2\mu m$；而后二者的孔径大得多，约为 $10\sim20\mu m$，而且分布也不均匀，因此，在高放电率下工作时很容易造成电池断路。

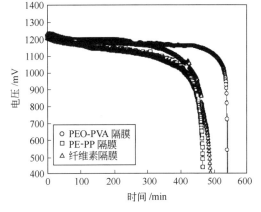

图 6-48　不同隔膜组成的电池的放电曲线

（放电率为 $C/10$，25℃）

6.1.12.4　可再充锌空气电池

在机械再充式锌空气电池中，所开发的金属板更换式电池在多项关键技术上获得了长足进展。金属板更换式电池（可更换负极电池）在电池放电完毕后，返回电池燃料服务工厂，把电池卸装，拆出锌板、打碎、电解还原为锌粉、压板、重新装入电池壳后返回到电池换电站。这样就将用过的金属电极更换成一个新的金属电极，实现了电池的"快速充电"，整个过程如图 6-49 所示。

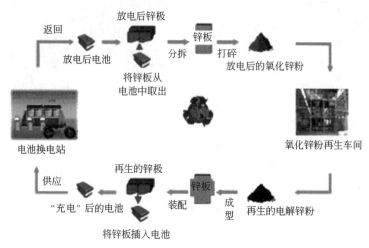

图 6-49　锌空气电池的锌板消耗与再生循环过程

以色列电燃料公司（electric fuel ltd.，EFL）对电动车用机械再充式锌空气电池进行了深入的研究，提出了一种插卡式更换金属电极的方法；即将电池的锌极连同集流体一起插入隔膜封套中，做成插卡式负极，然后置入电池中，如图 6-50 所示。电池放电完毕（锌负极被消耗完）后，被送到专门的锌"燃料"更换站（如同加油站），由一个自动更换燃料的机器取出用过的负极卡，插入新的锌极卡，完成机械再充过程。整个过程与普通汽车加油所耗时间差不多，保证了电池的实际使用。更换下来的负极卡在回收站经过电化学处理，电解回收锌，并重新制成负极卡供电动车使用，实现燃料锌的消耗与再生循环。

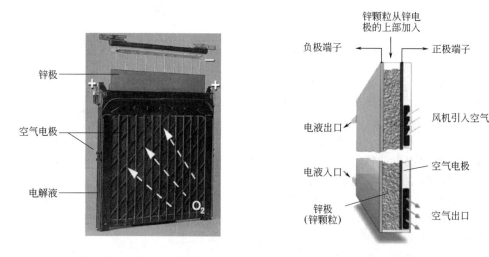

图 6-50　EFL 公司的机械再充式锌空气电池结构示意　　图 6-51　锌粒更换式锌空气燃料电池结构示意

除了更换金属板机械再充式电池外，人们还研制出了金属粒更换式电池。其工作方式为：自动添加金属颗粒→放电→用泵输送电解液→更新电解液并排出废料，如此循环进行，源源不断地释放出电能。

基于固定颗粒填充床（fixed particle bed）技术，Metallic Power 公司设计了锌粒更换式锌空气燃料电池，其结构如图 6-51 所示。这种电池的燃料是锌粒，它既可以存放于外部储罐，也可以直接加入储料室（每个单体电池都有一个储料室），并在需要的时候从锌电极上部加入。电池通过电解液管理系统用泵控制电解液的输送，将废电解液从电池中抽出，把新电解液（浓 KOH 溶液）泵入，使电解液循环再生。这样电池中锌电极的基体不断地被流动的电解液清洗，可除去电液中锌的放电产物（锌酸盐和氧化锌），从而防止放电产物在负极区域的沉积。否则，随着放电反应的进行，锌及其放电产物将阻塞电极表面，使电池的放电电阻增大、放电时间缩短和电压降低，同时也阻碍了储料室中锌粒的补充，导致电池无法再充。

Metallic Power 还为这种锌空气燃料电池配备了一个电解槽，用以再生锌。电解槽可以与电池装配成一体，借助于外电路实现再充；也可以单独作为一个器件，再生锌燃料。

美国设计出一种以锌粒填充床为阳极的机械再充式锌空气电池，其结构如图 6-52 所示。在这种电池中，锌电极的四周设有电解液通道。放电时，锌的溶解使锌粒填充床内部电解液的密度高于通道中的电解液，在密度差的作用下电解液发生自然对流，从而提高了电极内部的传质速度。在此种电池中，无需外加动力驱动电解液，从而简化了电池的结构，降低了电池辅助系统的能耗，提高了能量效率。按此方法设计的电动汽车用 55kW 锌空气电池，比功率为 $132W \cdot kg^{-1}$，比能量达到 $333W \cdot h \cdot kg^{-1}$。

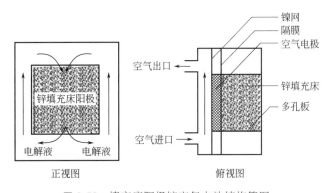

图 6-52 填充床阳极锌空气电池结构简图

劳伦斯-莱佛莫国家实验室（lawrence livermore national laboratory，LLNL）设计出一种循环活性物质锌粒和电解液的锌空气可再充电池，如图 6-53 所示。

该电池由多个制成标准组件的单体电池组成，每个单体电池都有一个很轻的塑料框架、电路板、加料口、加料室、电池反应区、薄如纸形的空气电极和空气出入口等组件（图 6-54）。根据实际需要，多个（如 12 个或 6 个）单体电池相互连接构成一个电池模块，此模块与一个电解液储罐相连。空气电极是其中最贵的组件，大约占电池成本的一半。加料室起缓冲作用，有助于保护空气电极，以免在加料等操作过程中或者在车辆行驶中由于振动而造成损坏。

该电池最显著的特点是具有楔形的阳极室自动填充床（图 6-55）。在重力作用下，锌粒随着电解液自动从电池上部的加料室进入楔形阳极室。这种结构尤其能适应车辆实际运行的情况，即颠簸和加速所产生的振动。

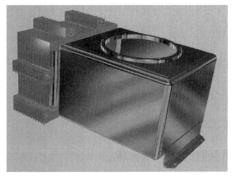

图 6-53 LLNL 锌空气可再充电池

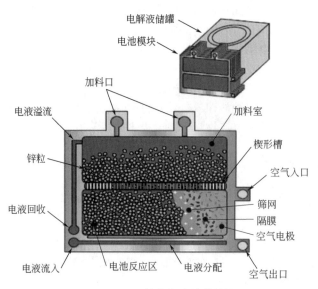

图 6-54　LLNL 锌空气电池的端视图

电池工作时，锌粒随电解液一起被泵入加料室，经过楔形槽进入反应区。由于进入锌粒的大小只有 1mm，而楔形槽的槽口宽度不超过 3mm，这就限制了锌粒的加入速度，使锌粒可以均匀地进入反应区，形成一个疏松而开放的锌粒电极结构，有利于电解液的流动。锌的放电产物被流动的电解液经溢流口带出，从而防止电极的活性表面被阻塞，保证锌粒完全被氧化。电解液流动和空气输送所消耗的电能小于电池输出电能的 0.5%，几乎可以忽略不计。

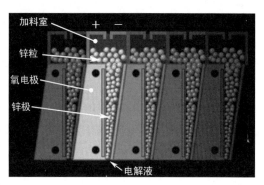

图 6-55　锌粒随电解液进入楔形阳极室自动填充床

这种独特的模块化设计使得电池组的功率和能量容量相互独立，电池模块决定了电池组的功率，储罐则决定了电池组的重量和能量容量。LLNL 将锌空气电池技术授权给蒙大拿公司（Montana Company），为电动汽车提供电力。

使用机械再充式锌空气电池驱动电动车可以采用锌空气电池和高功率的可充电电池混合结构，锌空气电池作为能量来源，高功率的可充电电池满足最高功率需要，使每种电池的性能都得到优化。我国也成功研制了新型"液体循环式锌空气电池"。该产品的特点为容量大、成本低、放电电压平稳、持续放电时间长。实验表明，用 15 组该电池装在面包车上，时速可达 40～60km，一次投料可行驶 500km。

6.1.12.5　发展前景

锌空气电池具有容量大、能量高、工作电压平稳、原料丰富、价格低廉和无环境污染等优点，被称为"面向 21 世纪的绿色能源"，也是传统电池较为理想的替代产品。因此，其再次引起了国内外研究者和能源企业的关注。碱性锌空气电池的实用化研究已取得了巨大进展，适用于便携电器的小型锌空气电池已进入市场；用锌空气电池制成的移动电话电池块已经出现（图 6-56），其能量密度达到 185W·h·kg^{-1}，在 470mA 恒流放电模式下，通话时间比镍氢电池、锂离子电池长约 5 倍，待机时间长达 45 天以上，因此具有良好的发展前景；在中小功率用电器具和场所，圆柱形锌空气电池有着其他类型电池无可比拟的优势。随着柔性和可穿戴电子设备的发展，柔性储能器件吸引了科研界及工业界的广泛关注。目前，柔性锌空气电池中广泛采用的电池结构是将柔性正极、电解质膜和负极叠加组成的三明治结构，或者采用线状的金属电极，在表面依次包裹电解质层和空气电极层组成的管状（缆状）结构。鉴于当前用电器具正在向小型化、小功耗方向发展，锌空气电池的应用范围必然会越来越广泛，并在 21 世纪的电池领域中占有一席之地。

此外，便携式电器的大量涌现和世界范围内人们对环保电动汽车的普遍关注，为高比能量锌空气电池的实用化研究提供了契机。碱性锌空气牵引电池的研制也取得了很大进展，许多国家的研究机构对这一课题开展了广泛而深入的研究。

1995 年，以色列电燃料公司（Electric Fuel Ltd.）首次将锌空气电池用于电动汽车（electric vehicles，EV），使电动汽车用锌空气电池进入实用化阶段（图 6-57）。美国、德国、法国、瑞典、荷兰、芬兰、西班牙和南非等国家也都已经在电动汽车上积极推广使用锌空气电池。德国奔驰汽车公司的 MB410 型电动厢式车，标准总质量为 4000kg，采用 150kW·h 的锌空气电池，从法国的 Chambery 城出发，越过阿尔卑斯山（连续爬坡 150km，山的最高处 2083m），到达意大利的都灵，全程 244km，仅消耗了 65% 的电量（97.5kW·h）。该车从德国的布莱梅到波恩，最高车速达到 120km/h，一次充电后走完全程 425km 的路程。美国 EOS 储能公司声称开发的锌空气电池可实现 2700 次循环充放电。仅从充放电次数来看，这一技术远超其竞争对手，大大延长了电池寿命。该技术显示了在电网储能和电动车方面的应用前景。博信（PowerZinc）已研制出锌能源驱动的电动公交车，其示范车在美国拉斯维加斯运行 5 年，情况良好。

图 6-56 手机使用的 6V 锌空气电池

图 6-57 以 EFL 锌空气电池为牵引动力的德国邮政车

可再充锌空气电池是一个较为复杂的体系，经过世界各国研究者数十年的努力，至今已取得了很大的进展，但要将它实际应用于电动车辆，还需要在空气湿度的控制和热管理方面作进一步研究。

6.2 其他金属空气电池

金属空气电池系列中除了锌空气电池外，根据所用负极金属的不同，还有 MH 空气电池、镁空气电池、铝空气电池、镉空气电池、铁空气电池和锂（钠）空气电池等。几种金属空气电池的电化学性能列于表 6-5，下面分别对这些电池作简要介绍。

表 6-5 　金属空气电池常用的阳极材料及其电化学性能

阳极材料	电化学当量/A·h·g^{-1}	理论电压(对氧阴极)/V	理论比能量/kW·h·kg^{-1}	实测电压/V
锂	3.86	3.4	13.0	2.4
铝	2.98	2.7	8.1	1.2~1.6
镁	2.20	3.1	6.8	1.2~1.4
钙	1.34	3.4	4.6	2.0
铁	0.96	1.3	1.2	1.0
锌	0.82	1.6	1.3	1.0~1.1

6.2.1　MH 空气二次电池

移动电源要求 MH-Ni 电池向重量轻、比能量高的方向发展，用轻质的空气电极取代金属 Ni 电极可以达到这一目的；而且，反应原料为来源充足的空气，其发展前景较为广阔。MH 空气电池的充放电反应为

空气电极
$$4OH^- \underset{放电}{\overset{充电}{\rightleftharpoons}} 2H_2O + O_2 + 4e^- \tag{6-38}$$

MH 电极
$$4M + 4H_2O + 4e^- \underset{放电}{\overset{充电}{\rightleftharpoons}} 4MH + 4OH^- \tag{6-39}$$

总反应
$$2H_2O + 4M \underset{放电}{\overset{充电}{\rightleftharpoons}} 4MH + O_2 \tag{6-40}$$

MH 空气二次电池负极采用储氢合金，为了提高容量，可以使用 A_2B_7 型等合金。空气电极可以用碳/催化剂复合材料（催化剂为氧化镍或氧化钴），但充电过程中容易造成碳的氧化，从而降低电池寿命。

采用 $La_{0.6}Ca_{0.4}CoO_3$ 钙钛矿作催化剂的双功能空气电极，由空气扩散层和镍片两层组成，空气扩散层为碳、PTFE（聚四氟乙烯）和催化剂的复合材料，多孔镍片作为电流的集流体与扩散层压制在一起，起到空气扩散和电流收集的作用。MH 电极由 $MmNi_{3.5}Co_{0.7}Al_{0.7}-Mn_{0.1}$ 粉末表面化学镀铜后，与 5%（质量分数）PTFE 混合、压片，然后夹在两片薄的多孔镍之间形成电极。电解质为 KOH，MH 电极浸入电解液中。图 6-58 为该电池的结构。

这种电池具有较长的循环使用寿命，以 1C 充放电各 1h，在经过 250 次循环后金属氢化物的容量从 268mA·h·g^{-1} 下降到 242mA·h·g^{-1}，仅有 10% 的容量损失（图 6-59）。

6.2.2　镁空气电池

镁空气电池的电池反应是

正极　　　　$\frac{1}{2}O_2 + H_2O + 2e^- \longrightarrow 2OH^-$ 　　　　　　$\varphi^\ominus = 0.401V$ 　　　(6-41)

负极　　　　$Mg + 2OH^- \longrightarrow Mg(OH)_2 + 2e^-$ 　　　　　　$\varphi^\ominus = -2.690V$ 　　(6-42)

总反应　　　$Mg + \frac{1}{2}O_2 + H_2O \longrightarrow Mg(OH)_2$ 　　　　　　　　　　　　　(6-43)

标准电动势　　　$E^\ominus = 0.401V + 2.690V = 3.091V$

电池的理论比能量为 3910W·h·kg^{-1}，比锌空气电池（1350W·h·kg^{-1}）还高两倍。但是，由于镁电极为片状电极，在同样的表观电流密度下，其真实电流密度比多孔锌电极大得多，电极极化较大。所以，镁空气电池的性能比锌空气电池差一些，而且镁负极容易与电解质反应生成氢氧化镁和氢气，在电极表面形成一层钝化膜而阻止反应的继续发生，因此需要对镁负极进行处理，如采用纳米化和镁合金负极等。

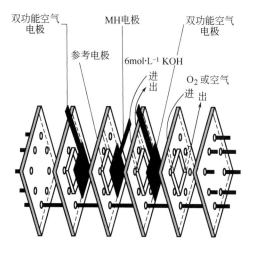

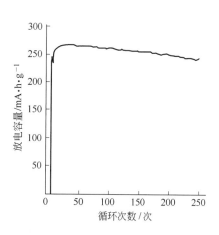

图 6-58 MH 空气二次电池的装置示意

图 6-59 MH 空气电池的放电容量与
循环次数的关系

5 次活化循环之后，电流密度 $300mA \cdot g^{-1}$，
使用氧气充放电各 1h

镁空气电池的电池反应比锌空气电池需要更多的水，生成的 $Mg(OH)_2$ 的体积又比 ZnO 大得多，所以镁空气电池需要较多的电解质溶液。一般来说，镁空气电池的电解质质量等于活性物质质量的 $80\%\sim85\%$，而锌空气电池则仅为 $30\%\sim35\%$。镁空气电池的结构如图 6-60 所示，一个合金镁片电极夹在两个空气电极之间。电解质溶液为中性，例如采用 $8mol \cdot L^{-1}$ 的 $Mg(ClO_4)_2$ 和 7% 的 NaCl 溶液。电压与电流密度的关系如图 6-61 所示。

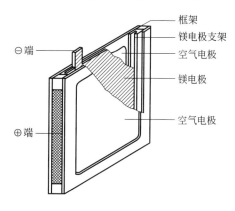

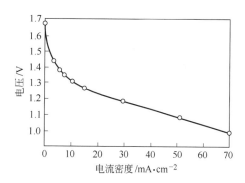

图 6-60 镁空气电池的结构

图 6-61 镁空气电池的电压-电流密度关系曲线

该种电池的工作温度范围为 $-26\sim85℃$。但在高温时腐蚀严重，如在 $52℃$ 时只能放出标称容量的 40%。因此，当电流密度大于 $40\sim50mA \cdot cm^{-2}$ 时需要冷却。

镁空气电池也可制成机械充电式储备电池。电池工作 $2\sim3$ 天后，更换新的镁极，并将空气电极洗净，于干燥状态下储存。再次使用前用海水或加水（这时 NaCl 预先放在电池内）激活。镁空气电池目前还没有成功实现商业化，人们正努力将镁空气电池应用于水下系统。该电池采用镁合金负极，海水中的溶解氧作为反应物，用海水来激活，这种系统的优点主要是除镁以外所有的反应物均由海水提供。

除了水系电解液外，也有采用有机电解液研究镁空气电池的报道。但由于 O_2 在有机溶剂（如 THF）中的低溶解度和传质速率，以及 MgO 的稳定性（需要较高的充电电压），初始的充放电容量和库仑效率是很低的，需要寻找具有更好溶解性、快速扩散能力的新型电解质体系和能够增加 MgO 反应活性的高效催化剂。

6.2.3 铝空气电池

铝空气电池的负极采用铝合金，在电池放电时被不断消耗，并生成 $Al(OH)_3$；正极采用多孔氧电极，与氢氧燃料电池中的氧电极相同，电池放电时，从外界进入电极的氧（空气）发生电化学反应，生成 OH^-。该电池的工作原理示意于图 6-62。

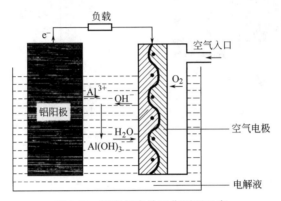

图 6-62　铝空气电池工作原理示意

可以认为铝空气电池是半个燃料电池，其电池反应如下。

正极	$3O_2+6H_2O+12e^- \longrightarrow 12OH^-$	$\varphi^{\ominus}=+0.401V$ (6-44)
负极	$4Al+16OH^- \longrightarrow 4Al(OH)_4^-+12e^-$ （碱性）	$\varphi^{\ominus}=-2.35V$ (6-45)
	$4Al+12OH^- \longrightarrow 4Al(OH)_3+12e^-$ （中性）	$\varphi^{\ominus}=-2.299V$ (6-46)
电池反应	$4Al+3O_2+6H_2O+4OH^- \longrightarrow 4Al(OH)_4^-$ （碱性）	(6-47)
	$4Al+3O_2+6H_2O \longrightarrow 4Al(OH)_3$ （中性）	(6-48)

标准电动势 $E^{\ominus}=0.401V+2.35V=2.751V$ （碱性）
$E^{\ominus}=0.401V+2.299V=2.700V$ （中性）

铝空气电池的理论比能量为 $8100W \cdot h \cdot kg^{-1}$，因此，铝空气电池也具备高能电池的条件。

但是，铝在碱性溶液中会发生如下腐蚀反应

$$2Al+6H_2O+2OH^- \longrightarrow 2Al(OH)_4^-+3H_2 \tag{6-49}$$

由于腐蚀反应的发生，负极电势向正方向移动，再加上正负极极化，使电池的工作电压比标准电动势低得多。一般来说，单电池的电压只有 1.2V 左右。如何制备出活性高、腐蚀速率低的铝阳极，是铝空气电池能否广泛应用的关键。目前主要通过对铝阳极合金化（如添加 Ga，In，Sn，Zn，Bi，Mn，Mg 等）、改变阳极金属加工工艺（微合金化、控制合金微观组织、超细晶材料等）以及往电解液中添加缓蚀剂来提高铝阳极活性，抑制其腐蚀。

铝空气电池的电解液，可采用中性电解液（NaCl、NH_4Cl 水溶液或海水），也可采用碱性电解液。正极使用的氧化剂，因电池工作环境的不同而有差异。在陆地上工作时主要使用空气；而在水下工作时可使用液氧、压缩氧、过氧化氢或海水中溶解的氧。

从可充电性来看，该电池可分为一次电池和机械可充的二次电池（即更换铝负极）。

铝空气电池具有如下特点。

① 比能量高。理论比能量可达 $8100W \cdot h \cdot kg^{-1}$，目前实际比能量已达 $300 \sim 400$

$W\cdot h\cdot kg^{-1}$，这一数值高于当前已实际使用的各种电池。虽然 $Li\text{-}SOCl_2$ 电池的比能量与此相当，但其安全性不好，无法用于动力电池。

② 比功率中等，达到 $50\sim200W\cdot kg^{-1}$。这一特性显然是由氧电极所决定的。氧电极的工作电位远离其热力学平衡电势，因此交换电流密度很小，电池放电时极化很大。

③ 使用寿命达到 $3\sim4$ 年。这也主要取决于氧电极的工作寿命，因为铝电极是可以不断更换的。

④ 无毒、无有害气体，无污染。电池反应消耗铝、氧和水，生成 $Al(OH)_3$。后者是用于污水处理的一种良好的沉淀剂。

⑤ 可设计成电解液循环和不循环两种结构形式，而且可随使用场合的差异而进行不同的设计。

⑥ 铝资源丰富，原料充足。

图 6-63 表示 5 个单电池串联而成的电池组，负极是纯铝，正极为多孔烧结炭，电解质溶液采用 $5mol\cdot L^{-1}$ KOH 和 $0.05mol\cdot L^{-1}$ Na_2SnO_3（Na_2SnO_3 的作用之一是减慢铝的腐蚀）的混合溶液。电解质溶液由 A 处加入，沿连接管把各个单电池充满，负极上产生的 H_2 将连接管中的溶液排到多余溶液储器中。

还有采用海水中溶解的氧作为正极反应物的水下电池（图 6-64）。为了增大反应面积，电池做成电缆形状，铝芯为阳极，从内到外依次为隔离层、氧阴极和多孔透水的外保护层。据报道，一种直径 3cm 的电缆电池可长达数百米，每米质量为 1kg，比能量为 640 $W\cdot h\cdot kg^{-1}$，将其置于海水中可使用半年之久。

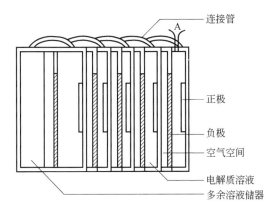

图 6-63　铝空气电池组结构示意

图 6-64　电缆状铝空气电池

铝阳极的结构对铝空气电池的容量有很大的影响。目前，关于铝阳极结构的设计有三种方案。最普通的一种是采用定期更换阳极；另一种为采用楔形阳极，即在倾斜放置的两片阴极之间，通过重力来实现自动进料；第三种方案是采用铝屑、铝珠或铝颗粒作阳极，自动进料。随着电解质中 $Al(OH)_3$ 的生成，电导率下降，且累积的 $Al(OH)_3$ 由于形成过饱和溶液，而使电解质变成糊状甚至半固体状，因此需要采取措施对 $Al(OH)_3$ 进行处理。常用的方法有定期更换电解质、循环电解质或向电解质中添加晶种来沉淀 $Al(OH)_3$ 等。相应的电池设计也应该包括沉淀和过滤装置等。此外，还应考虑到电池的干式储放、启动和散热等问题。

铝空气电池采用的电解质主要有碱液和盐水两种。在碱性电解质中空气阴极和铝阳极的极化都比较小，因而电池的能量密度较高。常用 KOH 溶液作为电解液，也可采用 NaOH 溶液。采用 NaOH 溶液时，浓度通常为 $3\sim5mol\cdot L^{-1}$，以便于氢氧化铝的沉淀。盐水电解质一般为 12%（质量分数）的氯化钠溶液或直接用海水。虽然盐水电解质的腐蚀性较小，但一个主要问题是产物 $Al(OH)_3$ 的富集会导致电解质的胶体化。为了促使 $Al(OH)_3$ 沉淀，常引入电解质添加剂，如 NaF、Na_2SO_4、$NaHCO_3$ 和 Na_3PO_4 等。此外，除了常用的 Zn^{2+}、In^{3+} 等添加剂之外，人们发现微酸性溶液、在溶液中添加有机胺类和吡咯等对电池行为有益。向电解液中添加 Na_2SnO_3，既可以减慢铝的腐蚀，又可以延迟负极的钝化。另外，Na_2SnO_3 存在一个最佳浓度，大约在 $0.05 \sim 0.1 mol \cdot L^{-1}$。

碱性铝空气电池的能量密度高，除用作备用电源外，尤其适用于水下装置和机动车辆的

图 6-65　HUGIN 3000 水下机器人

驱动。作为备用电源，在欧美已用于通信网站等野外电源的即时充电装置；作为水下电源，用于舰艇、监视器、远距鱼雷和潜水设施的能源；作为电动汽车的动力能源则是开发这种电池的一个主要兴趣点。

挪威的 HUGIN 3000 水下机器人（图 6-65）采用铝过氧化氢电池（aluminium hydrogen peroxide semi-fuel cell，Al-HP）作动力。该电池的氧电极使用过氧化氢分解得到的氧。每千克过氧化氢可以生成 $0.471kg$ 的氧，用于电池工作时，可以产生 $2 \sim 2.4kW \cdot h$ 的电能。电池放完电后，铝负极和电解液都要更换，同时补充过氧化氢，这些工作仅在几分钟内就可完成。HUGIN 3000 水下机器人的排水量为 $2.4m^3$，下潜深度达到 $600 \sim 3000m$，在 $900W$ 额定负荷下可以连续工作 $48h$。即电池输出能量为 $43.2kW \cdot h$ 时，只需携带过氧化氢 $18 \sim 20kg$ 即可。

Voltek 公司研制的 Voltek Fuel pak 型铝空气燃料电池系统（图 6-66），将电池寿命延长了近 10 倍，"充电"次数由 200 次提高到 3000 次以上，加上氧电极催化剂成本下降，铝电极利用率提高，使电池的成本大幅度下降。

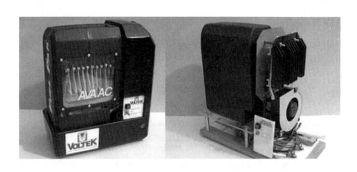

图 6-66　Voltek Fuel pak 型铝空气燃料电池系统

以色列 Phinergy 公司开发出配备有专用银基催化剂的铝空气电池阴极，其采用独特的创新结构，可以使氧气顺利通过而将二氧化碳阻隔在外。美铝加拿大公司和以色列 Phinergy 公司曾展示出 100kg 重的铝空气电池，电池采用包含了电解质可溶解表面氧化铝层的新技术，储存的电量可行驶 3000km。

云南云铝慧创绿能电池有限公司"20MW 铝空气电池生产线（产业化一期）项目"利用云南冶金集团股份有限公司实验车间将建设一条年产 15 万台盐水灯、5 万台随身发电机组装生产线及一条年产 3 万个标准电池组组装线，主要产品包括随身电源、中型备用电源、大型备用电源、动力电源、辅助材料。

总之，铝空气电池具有比能量高、重量轻、体积小、使用寿命长以及对环境友好等特

点，电池结构以及使用的原材料可根据不同使用环境和要求而变动。该类电池有很大的适应性，既能用于陆地，也能用于深海；既能作长寿命、高比能量的信号电池，又能作动力电池，具有很广阔的应用前景。目前，限制铝空气电池发展的瓶颈是铝阳极自腐蚀和空气阴极催化剂催化效率不高。近年来开发的多种新型铝电极及相应的电解质添加剂，使铝空气电池技术取得了突破性进展。中国科学院宁波材料技术与工程研究所成功研制出新型石墨烯基高效空气阴极，基于石墨烯空气阴极的千瓦级铝空气电池发电系统的比能量高达 510W·h·kg^{-1}、容量 20kW·h、输出功率 1000W。新近的研究不仅使电池性能大大提高，而且还大幅度降低了生产成本和简化了使用维护程序，使电池向实用化方向迈进了一大步。特别是采用水溶液电解质的铝空气电池，已经广泛用作应急电源、备用电源、机动车辆和水下设施的驱动电源，构成了铝的应用电化学的一个重要方面。

6.2.4　镉空气电池

镉在 KOH 溶液中能经受长时间多次充放电，因此镉空气电池常用作二次电池，该电池的电化学反应为

正极 $$\frac{1}{2}O_2 + H_2O + 2e^- \longrightarrow 2OH^- \tag{6-50}$$

负极 $$Cd + 2OH^- \longrightarrow Cd(OH)_2 + 2e^- \tag{6-51}$$

电池反应 $$Cd + \frac{1}{2}O_2 + H_2O \longrightarrow Cd(OH)_2 \tag{6-52}$$

标准电动势 $E^\ominus = 0.401V + 0.806V = 1.207V$

镉空气电池的理论比能量只有 $496W·h·kg^{-1}$，不属于高能电池，但仍然比锌银电池略高。目前实际达到的比能量（$69\sim97W·h·kg^{-1}$）并不低，稍加改进，有可能达到 $110W·h·kg^{-1}$。

图 6-67 是镉空气电池的结构示意。负极的制作过程是将 CdO 与 5% 的羰基镍粉与 $5\%\sim10\%$ 的 Fe_2O_3 膨胀剂粉（或 TiO_2 粉）混合，在镍网上加压成型，充电后形成海绵镉电极。将该电极放入厚度仅约 0.15mm 的聚酰胺袋中，袋外有 $1\sim2$ 层无机膜，外边再包一层聚酰胺膜。

由于空气的来源无限，所以在充放周期中，镉电极是深度充放的。由此镉晶体逐渐变大而使真实电极面积减少，同时会堵塞一部分细孔，最终导致镉电极容量逐渐下降。添加 $4\%\sim14\%$ 的 α-Fe_2O_3 或 $5\%\sim10\%$ 的 TiO_2，可以显著延缓容量的下降。在这里，α-Fe_2O_3 或 TiO_2 起到了膨胀剂的作用，类似于铅酸电池的负极。

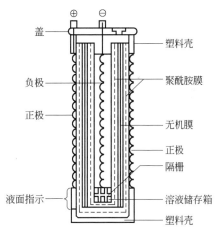

图 6-67　镉空气电池结构示意

在充放循环中，水分能通过空气电极的细孔向外逸散。为了弥补这个损失，电池内备有可储存 5mL 电解液的储存箱，由聚酰胺膜通过毛细管作用把电解质溶液输送至正极与负极。正极活性随着充放电周期的增加而降低，在充放初期是负极控制，不久就变成正极控制。

6.2.5　铁空气电池

铁电极有很长的充放寿命，充电时不形成枝晶，这在铁镍蓄电池中已经实现。铁空气电

池的理论比能量为 $1220W \cdot h \cdot kg^{-1}$（二价铁的数据），与锌空气电池相差不多。在体积比能量方面，铁空气电池为 $9700W \cdot h \cdot L^{-1}$，几乎是当今锂离子电池（$2000W \cdot h \cdot L^{-1}$）的 5 倍。即使是锂空气电池，也只有 $6000W \cdot h \cdot L^{-1}$，对应用于储能空间需求迫切的用电设备上优势较为明显。因此，它也具有作为高能二次电池的潜在条件。

对于铁电极的充放电机理，一种观点认为是溶解-沉积机理。即在 Fe→Fe（Ⅱ）阶段，Fe 先溶解成 $HFeO_2^-$；再沉积成 $Fe(OH)_2$，即

$$Fe + 3OH^- \longrightarrow HFeO_2^- + H_2O + 2e^- \tag{6-53}$$

$$HFeO_2^- + H_2O \longrightarrow Fe(OH)_2 \downarrow + OH^- \tag{6-54}$$

在 Fe（Ⅱ）→Fe（Ⅲ）阶段，$HFeO_2^-$ 氧化成 FeO_2^-，再沉积成 Fe_3O_4，即

$$HFeO_2^- + OH^- \longrightarrow FeO_2^- + H_2O + e^- \tag{6-55}$$

$$HFeO_2^- + 2FeO_2^- + H_2O \longrightarrow Fe_3O_4 + 3OH^- \tag{6-56}$$

电势更正时，还可能直接发生反应

$$3Fe(OH)_2 + 2OH^- \longrightarrow Fe_3O_4 + 4H_2O + 2e^- \tag{6-57}$$

另一种观点认为，碱性电池中铁负极在充放电时的电极反应为

$$Fe + 2OH^- \underset{充电}{\overset{放电}{\rightleftharpoons}} Fe(OH)_2 + 2e^- \tag{6-58}$$

$$2Fe(OH)_2 + 2OH^- \underset{充电}{\overset{放电}{\rightleftharpoons}} 2FeOOH + 2H_2O + 2e^- \tag{6-59}$$

可见反应是比较复杂的，电化学反应与铁电极行为之间的联系还需要做进一步的探讨。通过原位电化学原子力显微镜，模拟充电和放电过程，可以观察到在铁电极上 $Fe(OH)_2$ 的形成。

目前铁空气电池的研制，主要包括高效和成本适中的双功能氧电极、能够减少腐蚀和析氢的低成本铁电极，以及新型制造技术和数学模型的电池设计，其中有相当一部分工作是改进铁电极的结构。烧结铁电极的制备有多种方法，因工艺条件不同，电极性能也会有所差异。一般将活性物质及发孔剂调成稠液状，均匀地涂在镀镍的钢网或铁网上，加压成型后于氢气流中烧结还原而成。此外，也可以用羰基铁粉烧结来制成电极，其中的一部分铁成为活性物质，在充放电过程中发生化学变化；另一部分铁不发生反应，只起到电极骨架的作用，它保持电极形状，并提供力学强度及导电性。烧结过程很重要，应烧结均匀。过度烧结，则初始容量低；烧结不足时，虽然初始容量较高，但充放循环过程中易分解。

铁氧化成氧化铁时，体积增大。因此可以把铁设计成两层，一层只有铁纤维，为粗孔层；另一层为铁粉、乙炔黑和树脂黏结剂的混合物，填在铁纤维上，为细孔层。这样，既可容纳体积的膨胀，又可使反应比较均匀。还可以将多个电极重叠起来，如图 6-68 所示。

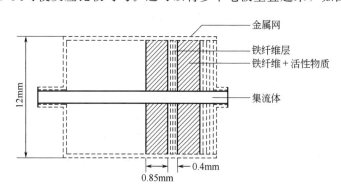

图 6-68　双层铁电极的铁空气电池结构示意

为了增加铁电极中活性物质的充填量，可在铁电极中添加木素磺酸钠作分散剂、羧甲基纤维素或羟乙基纤维素等作稠化剂，这样虽然固体含量有所增加，但易于填涂。也可将电解铁粉表面氧化后，再在氢气气氛中还原以增大表面积。

KOH 溶液吸收 CO_2 后，对铁电极及空气电极都有影响。吸收 CO_2 后，溶液 pH 值减小，铁电极的电势向正方向移动，空气电极电势向负方向移动，因此电池的开路电压降低；同时，铁电极容量也显著下降，因此铁空气电池在使用时必须除去空气中的 CO_2。一种有效的方法是采用波纹形多孔（孔隙率为 30%）聚氯乙烯烧结板。该烧结板吸有 $10mol \cdot L^{-1}$ 的 KOH 溶液，多片板平行排列，空气垂直于波纹方向通过，CO_2 将被 KOH 溶液吸收。若 KOH 溶液太稀，则吸收能力差；浓度太高，则会从空气中吸收水分，导致体积膨胀，有可能从多孔板溢出。

为了增加铁电极的利用率，可以采用纳米化的方法，以增加固态电极和电解液的接触面积。铁电极在碱液中容易发生钝化，尤其当阳极极化较大时，电极表面会形成一层钝化膜，大大减小了电极的活性表面，使电极容量急剧下降，电池寿命缩短。在低温条件下，更容易形成与铁电极牢固结合的致密覆盖层，阻止铁电极的阳极反应，导致负极容量显著减小。

在碱性溶液中，氢析出反应为

$$2H_2O + 2e^- \Longrightarrow H_2 + 2OH^- \tag{6-60}$$

其标准电极电势为 $\varphi^\ominus = -0.828V$，比铁在碱液中的电极反应

$$Fe + 2OH^- \Longrightarrow Fe(OH)_2 + 2e^-$$

的电极电势（$\varphi^\ominus = -0.877V$）要正 50mV 左右。所以，铁电极在碱液中很容易形成腐蚀电池，析出 H_2，生成 $Fe(OH)_2$，造成铁电极的自放电，从而降低电极活性物质的利用率。

在电解液中加入适当的添加剂，可有效防止铁电极钝化，抑制自放电，同时提高电极的充电效率，改善电极性能。目前，电解液添加剂主要有以下 3 种类型。

① 延长电池使用寿命的添加剂，如 EDTA、LiOH 等，尤其是后者。在电解液中加入少量的 LiOH，可以抑制铁的溶解，从而抑制铁向正极活性物质中的迁移。同时，LiOH 能够阻止电极活性物质的表面收缩，防止电极板结，使活性物质保持高度的分散状态，保持电极原有的真实表面积，从而提高电池的使用寿命。

② 提高铁电极放电容量的添加剂。这类添加剂主要为硫化物和氧化亚镍。镍以氢氧化亚镍的形式存在于铁电极中，能使铁电极在放电时，形成较为分散的 $Fe(OH)_2$ 晶格，充电时易于还原；同时，氢氧化亚镍对于阳极过程也会产生某种有利影响，使阳极氧化深度增加。这都会使铁电极容量增加。硫化物能够显著提高铁电极在低温和大电流密度下的放电性能，因此是目前研究最多的添加剂之一。广泛研究的硫化物有 Na_2S、K_2S、FeS、Bi_2S_3、硫脲、五硫化二磷等，其中 Na_2S、K_2S 以及 Bi_2S_3 在提高铁电极性能方面，效果尤为显著。

③ 抑制氢气析出的添加剂。主要是 TeO_2、Sb_2O_5、K_2SnO_3、硫酸肼和一些硫化物等。这些化合物加入后，能够提高氢的析出过电势，降低铁电极的自放电，提高铁电极的充电效率。

在电解液或电极中加入适当的添加剂能够有效改善铁电极的性能，将多种添加剂复配使用，充分发挥各种添加剂的独特功能，通过协同效应，有望大幅度提高碱性电池中铁电极的性能。

6.2.6 锂（钠）空气电池

不同于锌空气电池、镁空气电池、铝空气电池和铁空气电池，锂（钠）空气电池由于负极（锂、钠）和水反应强烈，一般这两种类型多基于非质子电解质溶液（有机溶液），如酯

类、醚类电解液，离子液体等。

锂具有最低的氧化还原电位（$-3.04V$ vs. SHE）和金属元素中最小的电化学当量（$0.259g \cdot A^{-1} \cdot h^{-1}$）。与其他金属空气电池相比，锂空气电池具有最高的理论比能量（约$11680W \cdot h \cdot kg^{-1}$，当不计入氧气时，不同的学者给出的数值并不一致），几乎与汽油（$13000W \cdot h \cdot kg^{-1}$）相当，成为电池储能界的"圣杯"。根据《2016—2022年锂空气电池市场研究报告》显示，2017～2022年期间，全球锂空气电池市场份额将以12.3%的年复合增长率增长，具有很好的市场增长空间。

6.2.6.1 有机锂空气电池

在有机电解液体系中，针对锂空气电池放电过程，研究人员提出如下反应历程：

负极
$$2Li^+ + 2e^- + O_2 \longrightarrow Li_2O_2 \qquad E^{\ominus} = 2.96V(vs.\ Li/Li^+) \qquad (6\text{-}61)$$
$$4Li^+ + 4e^- + O_2 \longrightarrow 2Li_2O \qquad E^{\ominus} = 2.91V(vs.\ Li/Li^+) \qquad (6\text{-}62)$$

其中，$E^{\ominus}$根据公开发表的标准吉布斯自由能数据计算得出。

该反应也称为氧还原反应（oxygen reduction reaction，ORR）。

锂空气充电时将发生析氧反应（oxygen evolution reaction，OER）。在催化剂存在时，在较高充电电压下，生成Li_2O_2的这一反应将是可逆的，即：

$$Li_2O_2 \longrightarrow 2Li^+ + 2e^- + O_2 \qquad (6\text{-}63)$$

而生成Li_2O的这一反应发生可逆较为困难。有机体系中锂空气电池工作原理如图6-69所示。

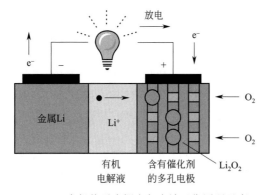

图6-69 有机体系中锂空气电池工作原理示意

虽然有机体系可以实现锂空气电池的再充电，但电池充放电电压压差较大（大约1.5～1.6V），说明动力学速度非常慢，能量转化效率非常低。从动力学角度看，有机体系中的复杂ORR/OER反应机理和其中的动力学制约步骤，导致了空气电极在有机电解液中表现出巨大的能量损失，表观上的直接行为就是充放电平台的巨大差异。

结合循环伏安和旋转圆盘电极（RDE）技术，有人提出了下面可能的反应机理。

首先形成弱的吸附物种——超氧化物中间体：

$$O_2 + e^- \longrightarrow O_2^- \qquad (6\text{-}64)$$

随后，超氧化物中间体与阳离子盐或溶剂等形成溶剂化物，并扩散到电解液体相中。超氧化物中间体和Li^+反应形成表面吸附物种LiO_2：

$$O_2^- + Li^+ \longrightarrow LiO_2 \qquad (6\text{-}65)$$

表面吸附物种LiO_2进一步还原为固体Li_2O_2，并受氧在催化剂表面的吸附状态的强烈影响：

$$LiO_2 + e^- + Li^+ \longrightarrow Li_2O_2 \qquad (6\text{-}66)$$
$$Li_2O_2 + e^- + 2Li^+ \longrightarrow 2Li_2O \qquad (6\text{-}67)$$

或

$$2LiO_2 \longrightarrow Li_2O_2 + O_2 \qquad (6\text{-}68)$$

阴离子对氧还原过程的影响几乎可以忽略，而阳离子对氧的单电子转移反应可逆性有重要影响。给体数（DN）较高的溶剂（如DMSO）能增强Li^+与O_2^-之间结合的稳定性。

氧还原反应的产物也依赖于催化剂种类，较低氧吸附能力（例如 C）的催化剂易于形成 Li_2O_2，而高氧吸附能力（例如 Pt）的催化剂则偏向形成 Li_2O。上述氧还原过程生成的 LiO_2 通过 X 射线粉末衍射、傅里叶红外光谱和核磁共振谱得到了验证。

另外，研究发现主要的放电产物依赖于电解液成分，特别是基于碳酸盐的电解液中。IBM 公司用碳纸电极作空气电极，氧同位素标记 $^{18}O_2$，检测采用商用锂离子电池碳酸酯类溶剂为电解液时的空气电池充放电产物，电池放电后空气电极上的主要产物是 Li_2CO_3、烷基碳酸锂 $[C_3H_6(OCO_2Li)_2、HCO_2Li、CH_3CO_2Li]$。这些产物主要是碳酸酯的分解物，同时伴随少量 Li_2O_2 生成。而在充电过程中产物主要是 CO_2 和 H_2O，可以归因于烷基碳酸锂的氧化。充电和放电经历不同的路径，这一结论也得到了其他研究者的证实。采用 $LiPF_6$＋EC/DMC 电解液，利用显微拉曼光谱、FTIR 和 X 射线光电子能谱，发现含有 MnO_2 催化剂时空气电极放电产物的不溶物中并没有 Li_2O_2，而是一种带有高度电离 Li^+、F^- 的醚类化合物。因此，相比于碳酸酯类溶剂，醚类溶剂（如 DME）或其他大分子、低挥发性的溶剂可能是比较好的选择。

而基于密度泛函理论（DFT）计算，研究人员认为阴极反应生成 Li_2O_2 的机理如下：

$$O_2 + e^- + Li^+ + {}^* \longrightarrow LiO_2^* \tag{6-69}$$

$$Li^+ + e^- + LiO_2 \longrightarrow Li_2O_2 \tag{6-70}$$

其中，* 为生成 Li_2O_2 的表面位置，LiO_2^* 为锂空位。Li_2O_2 的绝缘性是充电和放电过程中极化的主要来源，而锂空位的存在为正极的电子传导提供了途径。

在线光谱数据表明，在 O_2 还原时，能够检测到中间产物 LiO_2，然后再转换成最终产物 Li_2O_2。而在研究氧化过程时发现 Li_2O_2 并没有生成中间产物 LiO_2，即氧化过程没有经历还原的逆过程。

目前，有关在有机锂空气电池体系中 O_2 的反应机理还不大明确，存在着许多争议。基于电解液（电解质、溶剂）、催化剂、电极材料的选择，有时甚至是电池操作环境的不同，根据电化学测量的结果，O_2 在含有锂离子电解液中的反应，至今已有不少于五种不同的反应机理。对于锂空气电池的反应机理仍存在诸多争议，其中大多数学者倾向于接受 Li_2O_2 的可逆生成与分解是锂空气电池实现可循环充放电关键的观点。因此，澄清阴极的反应机理是非常迫切和具有挑战性的。

很多因素限制着锂空气电池的实际比能量，使它远达不到理论值，其中正极（空气电极）的性能对整个电池影响较大。空气电极决定电池的能量密度，也直接影响电池的输出电压/输出功率。在非水电解液体系中，电池放电时负极的锂离子迁移到空气电极与氧离子形成锂的氧化物，而这些放电产物（Li_2O_2 或 Li_2O）在非水电解液中不溶解，会堆积在正极的孔道中，堵塞正极中氧气扩散通道而使放电提前终止。因此，对于非水电解质体系，其放电容量与空气电极材料的孔隙率和孔容积有很大关系。通常的解决办法是寻找合适孔径的碳以提供足够容纳电极反应的空间，或使用能促进空气电极反应产物溶解的添加剂。除了通过选取不同碳材料（如炭黑、碳气凝胶、多孔碳、碳纳米管、石墨烯等）来增强电池性能外，很多学者还通过向碳材料中掺杂其他元素（如氮掺杂碳纳米管、氮掺杂石墨烯等），或直接选取活性高完全非碳的材料（如锰/钴氧化物、钌氧化物、多元氧化物等）作为锂空气电池的正极材料。近年来，大部分关于催化剂的研究主要集中在过渡金属氧化物、贵金属/氧化物等复合催化剂上，以促进氧还原反应（ORR）和氧析出反应（OER），提高锂空气电池的容量和循环性能。一般来说，空气电极由碳、黏结剂、非碳类催化剂、溶剂混合均匀后涂覆在金属网上制成。制备好的空气电极应具备良好的电子导电性（$>1S\cdot cm^{-1}$）、离子导电性（$>10^{-2} S\cdot cm^{-1}$）和氧气扩散系数。

此外，也有关于可溶性催化剂的研究。可溶性催化剂作为氧化还原媒介，在放电产物和阴极表面间起到电子-空穴转移剂的作用。例如，将四硫富瓦烯（tetrathiafulvalene，TTF）、二茂铁（ferrocene，FC）和 N,N,N',N'-四甲基对苯二胺（tetramethyl-p-phenylenediamine，TMPD）作为氧化还原媒介分别溶解在 $1\,mol \cdot L^{-1}$ 的 $LiClO_4$ 二甲基亚砜溶液（dimethylsulfoxide，DMSO）中，氧气和氩气环境下循环伏安测试表明，TTF 表现出优异的电化学性能，e^-/O_2 的比为 2.01，接近理想的 $Li-O_2$ 电池的充放电行为，实际电池体系也证明添加 TTF 的电解液具有高的可逆充放电性能。将 $10 \times 10^{-3}\,mol \cdot L^{-1}$ 的 2,2,6,6-四甲基哌啶-1-氧自由基（2,2,6,6-tetramethylpiperidinyloxyl，TEMPO）均匀溶解在电解液中，充电过电位明显减小，循环寿命显著增加。更重要的是，并行的监测系统排除了 TEMPO 在循环过程中大量转移到阳极的现象。以 LiI 为氧化还原介质，充电时 I_n^- 在电极表面氧化为 I_3^- 或 I_2，随后与 Li_2O_2 发生化学反应，形成 Li^+ 和 O_2。LiI 在电解液中解离形成 I_3^- 或 I_2，溶解的 I_2 或 I_3^- 与锂反应，在锂金属表面形成稳定 LiI 层。LiI 层能抑制枝晶的生成，但也降低了电化学性能。也有研究认为，I^- 的充电氧化与放电产物分解具有相似的平台，因此同时发生的反应可能不是 OER 过程。电解质中氧化还原介质的电离能是选择可溶性催化剂最重要的因素之一。

传统电解液一般由高纯度的有机溶剂和锂盐按一定比例配制而成。有机溶剂包括碳酸酯类、醚类、腈类、酰胺类、砜类等，锂盐如 $LiPF_6$、LiTFSI 等，传统电解液是现阶段大多数学者应用最广泛的一种。由于放电产物依赖于电解液成分，常用的碳酸酯类溶剂被证实在电池工作过程中存在分解问题，会影响电池的循环性能，因此需要注意对溶剂的选择。开发新型有机溶剂及电解液添加剂，使其具有较低挥发性、较低黏度、良好氧气溶解/扩散能力以及较优传导性，应通过锂盐来改变锂离子与氧反应的途径，使产物能够溶于有机溶剂中。此外，离子液体、凝胶聚合物电解质、全固态电解质也用于锂空气电池的研究之中。

目前，有关锂空气电池的研究基本上都是在密闭的氧气环境中进行的，严格来说应该称为锂氧电池。要想实现在开放环境中工作，必须保证金属锂不与来自空气中的 O_2、H_2O 等发生副反应，因此对金属锂的保护是制作负极材料的关键。在金属锂片表面镶嵌一层保护层（如 Al_2O_3 和 PVDF-HFP 的复合膜、含有 Li_2O 的铝掺杂镧钛酸锂等）或金属锂掺杂或合金化，可以使锂空气电池的循环稳定性得到很大的提升。同时，在环境条件下，除了开发能阻隔水分（及 CO_2）的氧气选择性透过膜外，在空气电极前安置能净化过滤会腐蚀金属锂气体的装置，也成为负极锂金属保护的研发方向。

6.2.6.2　水系锂空气电池

水系锂空气电池是将多孔催化空气电极作为正极置于锂盐的水溶液中，而将金属锂作为负极置于有机电解液中，正负极之间由锂离子传导膜（锂离子固体电解质陶瓷片，LISICON 膜）隔开，其结构如图 6-70 所示。

水系锂空气电池设计综合了锂电池与燃料电池的特点。在该电池中，水系电解液和非水系电解液通过锂离子传导陶瓷膜结合起来。其中，水系电解液作为空气电极的电解液，非水电解质作为金属锂的电解液。放电时，金属锂转化为锂离子，并通过有机电解液和 LISICON 膜迁移至水溶液端；同时，空气中的氧分子在催化剂、水溶液及空气的三相界面被催化还原为氢氧根离子，氢氧根离子在水溶液中与前者的锂离子结合成电池的反应产物氢氧化锂。放电时发生的电极反应过程如下：

负极：

$$Li \longrightarrow Li^+ + e^- \qquad (6-71)$$

正极：

$$O_2 + 2H_2O + 4e^- \longrightarrow 4OH^- \qquad (6-72)$$

电池反应：

$$4Li + O_2 + 2H_2O \longrightarrow 4LiOH \qquad (6-73)$$

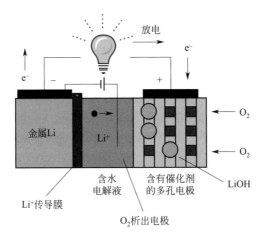

图 6-70 水系锂空气电池体系工作原理示意图

通过陶瓷膜的保护，避免了氧气跟有机电解液的直接接触，也防止了氧气和金属锂的反应。氧气在水溶液中的还原产物可以溶解，不会在空气电极处堆积。水性电解质中没有正极孔洞堵塞的问题，使得电池放电过程能持续进行，且氧在水系电解液中溶解度和扩散速率较高，有利于高倍率放电。

随着放电的进行，正极生成氢氧离子的浓度增大，电解液的 pH 值变大。因此，对于使用 $Li_{1+x+y}Al_xTi_{2-x}Si_yP_{3-y}O_{12}$（$x=0.3$，$y=0.2$）（LTAP）组成的 LISICON 结构的陶瓷膜作保护时，需要在电解液及电池系统上采取改进措施，抑制 pH 值的增大，如在电解液中加入 HOAc/LiOAc 酸性溶液，将充足的锂盐溶解到电解液中并呈中性，抑制保护膜被腐蚀。

水系电解液体系的锂空气电池减轻了正极的负担，充放电过程的低极化为获得高能量转换效率提供了保证。但电化学可充性不好，放电时消耗电解质，电解质的含量控制和补充麻烦，实际的总放电容量将低于非水电解质体系；而且在电池操作温度下，LiOH 在水中的溶解度较小，深度放电会有 LiOH 固体析出，这也是该体系的不足之处。

6.2.6.3　全固态锂空气电池

全固态锂空气电池也是人们研究的一个方向，使用的固态电解质包括陶瓷膜［如 $Li_{1.5}Al_{0.5}Ge_{1.5}(PO_4)_3$（LAGP）］和 PEO 聚合物膜等。例如，可以由金属锂作为负极，玻璃陶瓷（GC）与聚合物-陶瓷材料碾压制备的高锂离子导通的固态电解液膜［PC(Li_2O)＋GC＋PC(BN)］作为隔膜，高比表面积碳与离子导通的 GC 粉末混合所制备的固态复合材料作为空气电极组成全固态锂空气电池，电池在 30～105℃温度范围内表现出良好的热稳定性与可充电性。在 0.05～0.25mA·cm^{-2} 的电流密度范围内，可以进行 40 次的充放电循环。GC 固体膜由 18.5Li_2O：6.07Al_2O_3：37.05GeO_2：37.05P_2O_5（物质的量比）（LAGP）混合并经过一定的高温热处理制备而成，具有很好的锂离子电导率（30℃ 时大约为 10^{-2}S·cm^{-1}）。根据反应前后电池的质量差和能斯特方程算出的电子转移数计算得出，放电产物除了 Li_2O_2 外还存在 LiO_2，并和 LAGP 能吸附氧分子有关。这说明 LAGP 在全固态锂空气电池中有两种作用：一是作为锂离子传输介质；二是提高空气电极反应速率。PC 膜可以降低电池的阻抗，增强负极上的电荷传输能力，并且可以将负极与 GC 膜进行很好的电化学连接。利用 Al 箔包覆在金属锂的表面可以保护锂，还可以保证电池的阻抗稳定。氮掺杂碳具有比碳更好的催化 ORR 性能，对高比表面积的碳进行氮掺杂，可提高全固态锂空气电池的放电容量。

全固态锂空气电池不存在漏液问题，安全性有所提高，但固态电解质与锂负极、空气电极，包括固态电解质内部的接触不会像液体电解质那样紧密，这会造成电池内阻增大。相对有机体系锂空气电池，该体系构造也比较复杂。

6.2.6.4　钠空气电池

钠的电化学氧化还原电势为 $-2.714V$（Na/Na^+，vs. SHE），钠空气电池也可以提供较高的理论电化学窗口（2.3V）和理论比能量（$1600W \cdot h \cdot kg^{-1}$）。过电势是电池能量效率的限制因素，钠空气电池充放电过电势仅约 200mV，是报道的锂空气电池充放电过电势的 $\frac{1}{5} \sim \frac{1}{4}$。典型的钠空气电池是以多孔电极作为空气电极，金属钠片作为负极，非水有机溶剂作为电解液。虽然锂与钠有类似的物理化学性质，但室温钠空气电池的运行机理，尤其是稳定放电产物的可逆生成等方面与锂空气电池却有所不同。

采用 TEM、FTIR 和拉曼光谱等技术手段证实，室温钠空气电池可以通过类似于锂空气电池的机理运行，即可逆生成 Na_2O_2，发生如下反应：

$$2Na^+ + 2e^- + O_2 \longrightarrow Na_2O_2 \quad (\Delta G = -449.6kJ \cdot mol^{-1}) \tag{6-74}$$

根据法拉第定律算出电池的理论电压为 2.33V 左右，实验过程中实际的放电电压也近似维持在 2.3V。以 Na_2O_2 为放电产物的电池反应机理具有高的理论比容量，且实际放电平台高，但也面临充电电压高、能量效率低的问题。

也有证据表明，钠空气电池以 NaO_2 为主要放电产物，电池反应机理可以表示为：

$$Na^+ + e^- + O_2 \longrightarrow NaO_2 \quad (\Delta G = -218.76kJ \cdot mol^{-1}) \tag{6-75}$$

不像 LiO_2，NaO_2 是一种稳定的超氧化物，而且电导率较高。

该反应的理论放电电压为 2.26V 左右，电池实际运行中的放电电压平台约为 2.2V。值得注意的是电池的充电电压平台大约为 2.3V，并未出现高极化电压的现象。EDS、拉曼光谱、XRD 和微分电化学质谱（DEMS）等技术也充分证实了生成 NaO_2 放电产物的稳定性。根据充放电前后电池所处环境氧压的变化也验证了电池的可逆性。NaO_2 以立方体的形式沉积在空气电极表面，在 O_2/Ar 混合气体的密闭体系中能够稳定地可逆生成，且电池有良好的循环性能。

理论计算表明，在标准条件下（300K，1atm；$1atm = 1.013 \times 10^5 Pa$）$Na-O_2$ 电池稳定的放电产物为 NaO_2。基于 $T-p_{O_2}$ 平衡相图，NaO_2 仅在氧压高于 8.5atm（室温）条件下是热力学稳定的（图 6-71）。理论上，对于稳定形成 NaO_2 放电产物是在高氧压气氛条件下得到的，但目前报道的以 NaO_2 为放电产物的电池大多是在密闭的非高氧压的条件下运行，这与 NaO_2 和 Na_2O_2 之间的转化反应原理不符。此外，现阶段通过理论的热动力学计算证明 NaO_2 在更小纳米尺度上容易稳定存在（1atm 氧压下，粒子尺寸在 6nm 以下），但实验工作中电池深度放电后的大尺寸放电产物仍然是 NaO_2。因此，对于放电产物的稳定生成和分解还有待进一步研究和分析。

现阶段的研究成果证实，$Na-O_2$ 电池中 NaO_2 和 Na_2O_2 两种放电产物均存在且能够可逆地生成和分解，放电电流密度会影响产物的化学组成，提高电流密度有利于 NaO_2 的形成。Na_2O_2 是热力学有利的，而 NaO_2 在动力学上更有利，因为其每分子单元仅仅需要一个电子。在 2p 分子轨道中，O_2^- 有 9 个电子，电子排布方式为 $\sigma_g^2 \pi_u^4 \pi_g^3$（图 6-72），剩余的未成对电子使超氧化物表现出顺磁性。该电子构型也使两个氧原子间的共价键键级增加到 1.5（O_2^{2-} 的键级为 1），O-O 原子间距离从 O_2^{2-} 的 1.60Å（$1Å = 0.1nm$）减小到 O_2^- 的 1.35Å。而 O_2^{2-} 由共价单键组成，和 F_2 具有等电子结构。在没有氧气和其他氧化剂存在的条件下，675℃以下 Na_2O_2 对热分解反应是稳定的。一些研究表明，形成 NaO_2 会导致低的

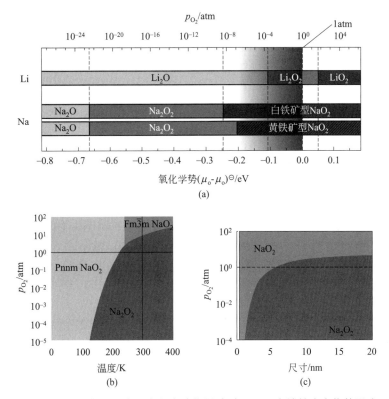

图 6-71　O_2 压力、反应温度与生成物尺寸对 Na-O_2 电池放电产物的影响

过电势，如何稳定地得到 NaO_2 而非 Na_2O_2 的放电产物还有待进一步研究。在密闭的容器中电解液的挥发影响可以忽略，电池并没有表现出长期、可逆的稳定循环性能。对于 NaO_2 为放电产物的电池反应机理的认识仍然不够深入，需要进一步确定 NaO_2 与电解液之间的稳定性问题。

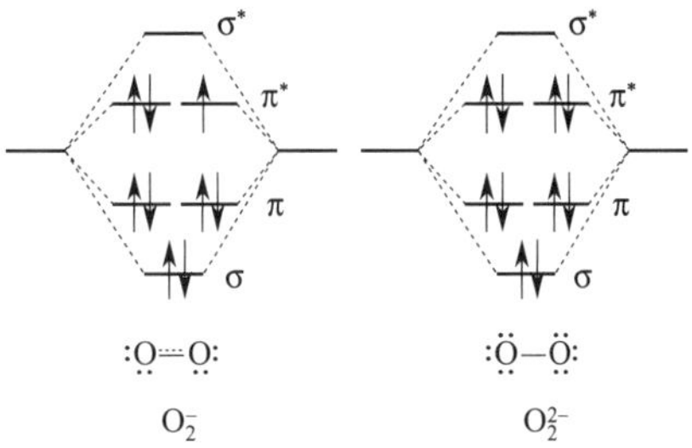

图 6-72　O_2^- 和 O_2^{2-} 的
电子结构示意图

　　与所有金属空气电池类似，钠空气电池在放电过程中，不溶于电解液的钠氧化物（NaO_2/Na_2O_2）主要沉积在空气电极的微孔中。为保证良好的气体运输性能并提供放电产物沉积的空间，钠空气电池的空气电极多采用多孔结构，并且具有适当的孔体积和孔尺寸分布。钠空气电池的主要研究难点是电池的循环寿命，而其与电池空气电极材料及其微观结构均密切相关。为使放电产物更有效地可逆生成和分解，大量的研究工作都围绕空气电极材料的催化活性而展开。理想的空气电极是能够提供孔道结构的、大比表面积的高活性材料。碳类材料（活性炭、介孔碳、碳纳米管、石墨烯、氮掺杂碳纳米管/石墨烯等）由于具有高比表面积和易于改性而常被作为空气电极。碳类材料能为放电产物的沉积提供较大的比表面积，但对放电产物还原能力较差，对于充电过程的催化效果并不明显，导致电池的充电电压极化较大。同时，以贵金属及其合金、非贵金属氧化物/氮化物/碳化物负载在高比表面积碳材料作为空气电极的催化剂，通过控制尺寸、密度、表面组成/结构等，改变中间体的移动和扩散速率，可以提高空气电极侧电极材料的催化性能。

　　金属空气电池是一种复杂的气液固三相体系，电解液暴露于高活性的氧气气氛中非常容易分解。因此，金属空气电池的电化学性能与电解液的稳定性密切相关。在钠空气电池中，电解液的类型不仅决定了电池的放电产物，也决定了电池的电化学性能。与锂空气电池类似，钠空气电池的电解液目前也主要包括碳酸酯类和醚类两类。碳酸酯类电解液体系的钠空气电池运行方式与锂空气电池类似，碳酸酯类溶剂由于受到超氧化物（O_2^-）中间体的亲核攻击很不稳定，导致酯类溶剂开环形成过氧阴离子（ROO^-），其比初级的超氧化物更具反应性。电池的放电产物主要是碳酸钠，且使用的电解质类型对放电产物的形成没有直接影响。钠空气电池研究中当前使用较多的仍是相对稳定的醚类电解液（如二甘醇二甲醚 DEGDME，四甘醇二甲醚 TEGDME 等）。但在醚类电解液中，电池的放电产物与电池充放电过程中的气体氛围有紧密关系。在醚类电解液中加入可溶添加剂［如 NaI、$Fe(C_5H_5)_2$ 和痕量 H^+（来自 H_2O 或其他酸媒介）等］可大幅提升电池循环性能，在电池循环过程中电解液添加剂不仅能够作为一种电子-空位转移介质参与放电过程中放电产物的生成，而且在充电过程中对放电产物的分解还能起到明显的催化作用。基于这种机理，电解液添加剂能够明显改善电池的循环性能，这为进一步提升电池电化学性能提供了新的思路。此外，也有采用复合电解液体系的 Na-O_2 电池研究的报道，即阴极侧采用水系电解液、阳极侧采用有机电解液体系。

钠金属电极在连续的沉积-溶解过程中，易于形成枝晶。由于 SEI 的连续生成，高比表面积的枝晶结构导致电池电解液和金属钠电极的消耗，而且钠极活泼，易与空气中的水分和氧气反应。因此，在实验室阶段和将来的实用化阶段都面临金属钠负极保护的问题。根据目前已经市场化的钠基电池体系，对钠负极保护主要是通过密封和材料替代的方法进行保护，如钠离子导体的导电聚合物、陶瓷或玻璃组成的界面/保护层（也称为非原位或人工 SEI膜）；或者使用各种有机溶剂、钠盐和/或功能添加剂原位形成稳定的 SEI 层等。

金属空气电池具有较高的理论比容量与比能量，具备成为下一代电源的潜力。但是，金属空气电池发展仍然面临诸多技术瓶颈：一是当前研发应用的氧还原催化剂催化活性不够高，电极功率密度有待提高；二是常规结构的空气阴极极化电阻较大，难以满足高功率输出；三是金属阳极自腐蚀情况严重，导致阳极利用率不高，锂/钠金属空气电池还涉及金属负极保护问题；四是电池系统热失控问题，导致电池系统无法长时间工作。目前，金属空气电池距离市场大规模实用化还有较大距离。

6.2.7 锂(钠)-CO_2 电池

金属-CO_2 电池，尤其是 Li(Na)-CO_2 电池，可以捕捉 CO_2 并实现能量储存，不仅能实现对 CO_2 的吸收，缓解全球变暖的趋势，甚至还可用于潜艇操作或火星探索。Li(Na)-CO_2电池还同时具备高的理论能量密度，因此受到广泛关注。

6.2.7.1 工作原理

通常金属-CO_2 电池包含金属负极、电解质、隔膜以及可以吸入 CO_2 的多孔正极。在放电过程中，Li(Na)-CO_2 电池通过正极活性物质（CO_2）、负极金属 Li(Na)，以及电解质中的 Li^+（Na^+）作为有效载流子，将电池内部氧化还原反应产生的化学能转化成外电路的电能。反之，在充电过程中，将外电路输入的电能转化为化学能储存起来。以 Na-CO_2 电池为例，正极为多壁碳纳米管（MWCNTs），集流体为泡沫镍，电解液为 $1mol \cdot L^{-1}$ $NaClO_4$/TEGDME，负极为金属钠。在电池放电过程中，活性物质 CO_2 进入多孔正极中，与电解液和正极碳材料形成三相界面，在碳材料表面得到电子被还原，并与电解液中的钠离子反应生成 Na_2CO_3 和 C，同时负极侧钠失去电子形成钠离子进入电解液中。在充电过程中，正极上的 C 失去电子并与 Na_2CO_3 一起生成 CO_2 从正极释放出来，Na_2CO_3 中的钠离子进入电解液中，同时负极侧钠离子得到电子生成金属 Na 单质沉积到负极（图 6-73）。

2013 年，Archer 等在高温条件下首次实现了纯 CO_2 气氛的 $Li-CO_2$ 电池的放电行为（一次电池），基于热力学计算和微分电化学质谱（DEMS）测试，其最可能的放电路径为：

$$4Li + 3CO_2 \longrightarrow 2Li_2CO_3 + C$$

电池的放电容量和电压均随温度升高而升高，100℃ 时放电容量接近 $4000mA \cdot h \cdot g^{-1}$。这是因为放电产物 Li_2CO_3 在电解液中的溶解度增加，其在电极上的沉积厚度以及正极/电解质界面处传输阻挡层减少。

随后，中国科学院物理研究所李泓课题组首次报道了可充的 $Li-CO_2$ 电池，并通过 XRD、表面增强拉曼光谱（SERS）和电子能量损失谱（EELS）证明了上述反应机理。使用科琴黑（KB）正极和四乙二醇二甲醚（TEGDME）电解质构建的电池，在室温下显示出 $1032mA \cdot h \cdot g^{-1}$ 的放电容量，实现

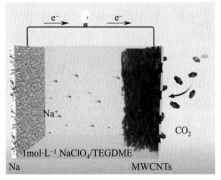

负极：$4Na \rightleftharpoons 4Na^+ + 4e^-$
正极：$4Na^+ + 3CO_2 + 4e^- \rightleftharpoons 2Na_2CO_3 + C$
电池反应：$4Na + 3CO_2 \rightleftharpoons 2Na_2CO_3 + C$

图 6-73　金属-CO_2 电池的结构示意图及工作原理（以 Na-CO_2 电池为例）

了 $Li-CO_2$ 电池的可逆循环。南开大学周震课题组首次将石墨烯作为正极用于 $Li-CO_2$ 电池，该电池在 $50mA \cdot g^{-1}$ 电流下，首次放电容量达到 $14722mA \cdot h \cdot g^{-1}$，在 $1000mA \cdot h \cdot g^{-1}$ 的截容量条件下循环了 20 圈。后来，又利用多壁碳纳米管作为正极，将 $Li-CO_2$ 电池的循环寿命提升到 29 圈。但由于上述电池充电电压高于 4.2V，达到了 TEGDME 的分解电压，有电解液分解的风险。

南京大学周豪慎等利用原位 SERS 研究了 $Li-CO_2$ 电池在金正极上的放电机理，观察到在 2.5V 放电平台 Li_2CO_3（$1085cm^{-1}$）和 C（$1319cm^{-1}$ 和 $1587cm^{-1}$）的峰强度增强。特别是当 Li^+ 浓度较低（$50 \times 10^{-3} mol \cdot L^{-1}$）和 CO_2 分压较低（$CO_2 : Ar = 1 : 5$，体积比）时，放电开始时可以检测到草酸盐（$C_2O_4^{2-}$）作为反应中间体，随着放电的进行，草酸盐中间体迅速被 Li_2CO_3 和碳取代。由此推测其可能的放电过程为：

$$2CO_2 + 2e^- \longrightarrow C_2O_4^{2-}$$
$$C_2O_4^{2-} \longrightarrow CO_2^{2-} + CO_2$$
$$CO_2^{2-} + C_2O_4^{2-} \longrightarrow 2CO_3^{2-} + C$$
$$2Li^+ + CO_3^{2-} \longrightarrow Li_2CO_3$$

深度放电时，在 1.8V 出现新的电压平台，显示 Li_2O 的生长。因此深度放电时，$Li-CO_2$ 电池能发生如下反应：

$$4Li^+ + CO_2 + 4e^- \longrightarrow 2Li_2O + C \qquad E^\ominus = 1.89V \text{ (vs. } Li/Li^+\text{)}$$

通过控制 CO_2 的消耗速率（电流密度）和供应速率（CO_2 分压、CO_2 扩散速率等），可以调节 Li_2O 的形成。

不同于 O_2 参与的 $Li-CO_2$ 系统，纯 $Li-CO_2$ 电池的运行是基于 CO_2 的电化学还原，通常放电产物由 Li_2CO_3 和 C 组成。同时，依赖于 CO_2 的消耗速率（电流密度）和供应速率（CO_2 分压、CO_2 扩散速率等）、放电深度、电解液和催化剂等，其反应路径可进行调整。

$Li-CO_2$ 电池的充电过程主要涉及两个方面：如果放电产物 Li_2CO_3 和 C 完全分解，则 $Li-CO_2$ 电池可逆；否则，它们可充电但不完全可逆。使用合适的催化剂（Ru、Ni、MnO 等）可以实现 $Li-CO_2$ 电池的可逆反应：

$$2Li_2CO_3 + C \longrightarrow 4Li^+ + 3CO_2 + 4e^-$$

通过原位 SERS 跟踪 Au 和 Au-Ru 电极的充放电过程，结果表明，Ru 可显著促进 Li_2CO_3 与 C 之间的相互作用（图 6-74），而 Au 不能。特定晶面的 Ru 能降低反应势垒，促进了充电过程中的可逆性，电催化活性高。另外，Ni 纳米粒子高度分散在 N 掺杂石墨烯（Ni-NG）的复合材料，也被证实可以促进 Li_2CO_3 和碳的分解。

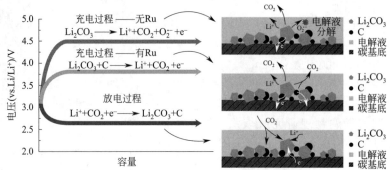

图 6-74　$LiCF_3SO_3$-TEGDME 电解液中分别使用和不使用 Ru 催化剂的 Li-CO_2 电池充电过程的反应机理示意

虽然在适当催化剂的辅助下，可在较低充电电压下实现可逆的反应途径，但目前尚不清楚具体的催化机理；而且，通常充电超电势超过 1.2V 时，无法用于实际的 Li-CO_2 电池，因此需要发展高效的正极催化剂。

南开大学陈军团队于 2016 年首次开发了室温可充的纯 Na-CO_2 电池。该电池由钠金属负极、玻璃纤维隔膜、$1mol \cdot L^{-1}$ $NaClO_4$/TEGDME 电解液、电解液处理过的多壁碳纳米管（MWCNTs）以及无黏结剂参与的镍网集流体组成。Na-CO_2 电池在 $1A \cdot g^{-1}$ 的电流密度下可逆容量为 $60000mA \cdot h \cdot g^{-1}$，可稳定运行 200 个周期，充电电压低于 3.7V。原位拉曼光谱、XRD、XPS 和 EELS 等测试表明 Na_2CO_3 和无定形碳能可逆地形成和分解。电池的反应机制可以描述为：

$$4Na + 3CO_2 \Longleftrightarrow 2Na_2CO_3 + C$$

该优异的电化学性能源于正极的三维多孔结构、高电子电导率和良好的电解液浸润性，以及有利于放电产物的沉积而不堵塞气体的传输路径。

此外，Na_2CO_3/C 和纯 Na_2CO_3 的充电对比实验表明，前者的充电电压比后者低 0.5V，碳的参与会降低反应势垒。

与 Li-CO_2 电池相比，Na-CO_2 电池的相关研究还只是冰山一角。考虑到 Li-CO_2 电池和 Na-CO_2 电池之间相似的电化学行为，可以从 Li-CO_2 体系中获取更多的经验来开发具有成本效益的 Na-CO_2 电池。Li-CO_2 电池和 Na-CO_2 电池比较如表 6-6 所示。

表 6-6　Li-CO_2 电池和 Na-CO_2 电池比较

性能参数	Li-CO_2 电池	Na-CO_2 电池
放电电压/V	约 2.8	约 2.35
理论比能量/$W \cdot h \cdot kg^{-1}$	1876	1125
放电产物	Li_2CO_3	Na_2CO_3

6.2.7.2　CO_2 气体电极催化剂设计

CO_2 气体电极是金属-CO_2 电池的核心部件之一，负责气体的传输和提供反应场所：一方面，放电/充电过程涉及多相界面电荷转移反应；另一方面，放电产物碳酸盐是绝缘的，且不溶于电解液，具有高的热力学稳定性，由此造成 CO_2 的还原/析出反应（CRR/CER）动力学缓慢。CO_2 气体电极催化剂可以改善反应动力学并增加反应速率，因此催化剂的设计和制备一直是金属-CO_2 电池的研究热点。

目前研究的催化剂主要包括固体（非均质）催化剂和可溶性催化剂（氧化还原介质，RMs）。通常，固体催化剂包含碳材料（KB、石墨烯、碳纳米管等），过渡金属（Ni、Cu、Zn 等）及其相应的氧化物（NiO、MnO、TiO_2 等），碳化物（Mo_2C 和 MoC）以及贵金属催化剂（Ru、Ir、RuO_2 等）。最近，金属有机骨架（MOFs）和聚合物电极也被用于制备 Li(Na)-CO_2 电池。

碳材料具有电子传导性高、重量轻和孔隙率高等优点，被用作正极催化剂或其他催化剂的载体。由褶皱的 Ir 纳米片覆盖在多孔碳纳米纤维上（Ir NSs-CNF）的气体电极构成的 Li-CO_2 电池，在限制容量为 $1000\,mA \cdot h \cdot g^{-1}$、电流密度为 $100\,mA \cdot g^{-1}$ 条件下，其充电电压低于 3.8V。Ir NSs-CNF 可以稳定无定形颗粒状的中间体（可能是 $Li_2C_2O_4$）并延迟片状 Li_2CO_3 的沉积，使 Li_2CO_3 更易于分解。Mo_2C/碳纳米管（Mo_2C/CNT）用作 Li-CO_2 电池正极时，其放电产物为无定形 $Li_2C_2O_4$-Mo_2C 而非 Li_2CO_3。Mo_2C 可以稳定放电过程中的中间产物，并最终形成 $Li_2C_2O_4$-Mo_2C，能够使充电电压的超电势显著降低。但值得注意的是，$Li_2C_2O_4$ 的存在缺乏直接和有力的证明，还需更充分的关于 Mo_2C 的催化机理证据。

碳纳米管具有极好的电子导电性、大的比表面积、多孔的 3D 网络和丰富的通道，用于 Na-CO_2 电池正极催化剂可以确保电极反应中快速的电荷转移和传质过程，促进了反应动力学，使 CRR/CER 过电势降低。使用 TEGDME 之类的溶剂处理 MWCNTs，可以改善 CO_2/正极/电解质的界面。理论计算表明，处理后 MWCNTs 的 CO_2 吸附能力更高。使用 MWCNTs 作正极的高温全固态 Na-CO_2 电池，在 $500\,mA \cdot h \cdot g^{-1}$ 的截止容量下，充电-放电电压差仅 0.6V，即使循环 240 圈后，仍低于 1.0V。

可溶性催化剂可确保 RMs 与不溶产物之间更好的接触，促进充电时电池的可逆性。RMs 的高迁移率也确保了扩散速率和倍率性能。受氧化还原介质在 Li-O_2 中电池的应用启发，最近研究人员将 LiBr、双核钴酞菁（bi-CoPc）、2,5-二叔丁基-1,4-苯醌（DBBQ）和 2-乙氧基乙胺（EEA）引入 Li-CO_2 电池体系。在放电/充电过程中，正极周围的氧化还原介质优先获得/失去电子，并以还原/氧化态存在，可快速捕获 CO_2 和 Li^+ 形成 Li_2CO_3 和 C，或与 Li_2CO_3 和 C 产物相互作用，促进 Li_2CO_3 的形成或分解。

通过对三种醌类衍生物 9,10-蒽醌（AQ）、9,10-菲醌（PAQ）和 DBBQ 参与 CRR 过程的研究，发现醌的氧化还原电势取决于其分子结构和电解液中的溶剂，而 Li_2CO_3 仅在 DBBQ/CH_3CN 体系中形成，受到分子结构和电解液性质的限制。尽管存在 DBBQ 和电解液分解、穿梭效应等问题，但初步尝试表明，在 Li-CO_2 电池体系中添加 CRR RMs 可以降低 CRR 极化并提高放电容量。将 EEA 加到 Li-CO_2 电池体系，可以形成 EEA-CO_2 加合物（图 6-75），放电电压取决于胺加合物的还原电势，电池显示出更高的放电电压（2.9V）和放电容量（超过 $1000\,mA \cdot h \cdot g^{-1}$）。

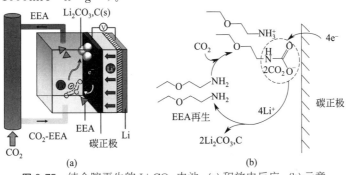

图 6-75 结合胺再生的 Li-CO_2 电池 (a) 和放电反应 (b) 示意

将 LiBr 用作 Li-CO_2 电池的 CER RMs 时，充电期间 Br^- 优先失去电子形成 Br_3^-，然后形成 Br_2。Br_2 可以与 Li_2CO_3 和碳相互作用，回到初始的 Br^- 并释放 CO_2。得益于 Br_3^-/Br_2 中等的氧化还原电位（4.0V，vs. Li/Li^+），含有 LiBr 的 Li-CO_2 电池表现出快的扩散动力学，改善了电池的能量效率、倍率容量和循环稳定性。双核钴酞菁能加速 Li_2CO_3 的分解，有望用作 Li-CO_2 或其他金属-CO_2 电池中的可溶性催化剂。

总之，将可溶性催化剂引入 Li(Na)-CO_2 电池可以降低 CRR/CER 过电位、提高能量效率和充电可逆性。但从正极侧迁移的 RMs 可能会与活性金属负极发生反应，从而导致电池性能下降，必须对隔膜加以改良或用固态电解质来提高循环性能。

6.2.7.3 准固态及固态 Li(Na)-CO_2 电池

Li(Na)-CO_2 电池具有开放的电池结构，使用液态电解液往往存在漏液、电解液挥发和电化学不稳定等问题。为了解决液态电解液的问题，研究人员发展了准固态及固态 Li(Na)-CO_2 电池。

负极：$4Li \rightleftharpoons 4Li^+ + 4e^-$

正极：$4Li^+ + 3CO_2 + 4e^- \rightleftharpoons 2Li_2CO_3 + C$

电池反应：$4Li + 3CO_2 \rightleftharpoons 2Li_2CO_3 + C$

图 6-76　柔性全固态 Li-CO_2 电池结构示意图

通过将聚合物基质与 TEGDME 混合制成凝胶聚合物电解质，室温下电解质的离子电导率高达 $1.0mS \cdot cm^{-1}$，由此组装的 Li-CO_2 电池具有良好的倍率性能，但存在充电过电位高（1.65V）和循环寿命差（60 个循环）的问题。借助于双核钴酞菁（bi-CoPc）催化剂的作用，含有双核钴酞菁凝胶聚合物电解质（bi-CoPc-GPE）的 Li-CO_2 电池表现出超高放电容量（27196mA $\cdot$ h $\cdot$ g^{-1}），过电位降到约 1.14V，稳定循环 120 圈。

2017 年，陈军团队开发了一种柔性全固态 Li-CO_2 电池。该电池采用聚甲基丙烯酸酯/聚乙二醇-$LiClO_4$-3%（质量分数）SiO_2 复合聚合物电解质（CPE）和 MWCNTs 一体化正极（CPE@MWCNTs），如图 6-76 所示。由于 CPE 高离子电导率（7.14×10^{-2} mS $\cdot$ cm^{-1}，55℃），以及 Li｜CPE@MWCNTs 间低的界面电阻和电池结构的稳定性，柔性全固态 Li-CO_2 电池在 55℃ 可实现近 100 次稳定的充放电循环，过电位低于 0.7V。同时，一体化电极的制备工艺，大大简化了 Li-CO_2 电池的组装工艺。柔性全固态袋式电池可逆容量达到 993.3mA $\cdot$ h，比能量达到 521W $\cdot$ h $\cdot$ kg^{-1}，可在不同弯曲度（0°～360°）下长时间操作。

同年，该团队又以聚偏氟乙烯-六氟丙烯（PVDF-HFP）、纳米二氧化硅及有机电解液 $NaClO_4$/TEGDME 为原料，制备了准固态复合聚合物电解质（CPE）：PVDF-HFP-4% SiO_2/$NaClO_4$-TEGDME。CPE 抑制了电解液的挥发，室温下钠离子电导率高达 1.0mS $\cdot$ cm^{-1}，不易燃，具有强的电解质锁定能力，合适的韧性和粗糙度也有利于聚合物膜与电极之间的贴合。以还原石墨烯-钠（rGO-Na）复合材料为负极，TEGDME 活化的多壁碳纳米管（a-MCNTs）为正极，与 CPE 组装成的准固态 Na-CO_2 电池，可在较宽的 CO_2 分压范围内工作，尤其是在纯 CO_2 气氛中可以循环 400 次。组装的 1.1A $\cdot$ h 容量的大电池相应的比能量达到 232W $\cdot$ h $\cdot$ kg^{-1}，固定 20% 的充放电深度（200mA $\cdot$ h）能循环 50 圈。但 CPE 中残留的溶剂仍存在一定的安全隐患。其后，该小组又制备了聚环氧乙烷（PEO）/$NaClO_4$/SiO_2 的全固态聚合物电解质，配合 MCNTs 组装的全固态 Na-CO_2 电池显示出更高的安全性和良好的循环性能，运行 240 圈后极化仅有少量增加（约 0.4V），按比例制作的袋式电池显示出 450mA·h 的放电容量和 173W·h·kg^{-1} 的高比能量。此外，集成的软包电池表现出出色的可弯曲性、可折叠性和形状适应性，为柔性 Na-CO$_2$ 电池在可穿戴电子设备中的开发提供了方向。

构建坚固的金属负极是获得稳定的金属-CO$_2$ 电池的关键。由于负极与溶解的 CO$_2$、扩散到负极的 RMs 分子或电解质分解产生的副产物之间相互作用，负极形成枝晶和表面钝化，使 CRR/CER 极化增加并导致电池失效。可采用金属-O$_2$ 电池和金属-离子电池中保护金属负极的方法，如人工 SEI 膜、固态电解质膜、高浓度电解液和添加剂等，对金属-CO$_2$ 电池中的金属负极加以保护。

与 Li$^+$(4.8Å)和 Na$^+$(4.6Å)相比，K$^+$ 在碳酸亚丙酯（PC）溶剂中具有最小的斯托克斯半径（3.6Å），因而具有最高的离子迁移率和离子电导率。考虑到丰富的钾储量，继 Li(Na)-CO$_2$ 电池后，K-CO$_2$ 电池也可作候选电池。以三维网络结构的氮掺杂的碳纳米管和还原氧化石墨烯复合物（N-CNT/rGO）电催化剂构造的 K-CO$_2$ 电池，在 500mA·h·g^{-1} 和 300mA·h·g^{-1}容量限制下可分别达到 40 个循环和 250 个循环（长达 1500h）。N-CNT 不仅有效地防止rGO 纳米片重新堆叠，最大化地暴露氮掺杂的活性位点，还提供了力学性能稳定的多孔结构和良好的三维导电路径，可有效进行电子/电解质/CO$_2$ 气体传输，并具有足够的比表面积有效容纳放电产物 K$_2$CO$_3$。此外，Al-CO$_2$、Mg-CO$_2$ 和 Zn-CO$_2$ 电池等也被相继报道。

金属-CO$_2$ 电池为二氧化碳捕获提供了新的策略，并实现了能量的储存。目前，对于金属-CO$_2$ 电池，还需进一步深入研究和探索基本反应机理，以优化电池系统的选择和设计。金属-CO$_2$ 电池电化学反应比较复杂，涉及气体(CO$_2$)-液体(电解质)-固体(催化剂)-固体(产物)多相界面电荷转移过程，CRR/CER 过程动力学缓慢、充电过电位大、循环可逆性差，有效催化剂的设计和应用一直是金属-CO$_2$ 电池重要的研究课题。无液电解质的发展，例如固态或准固态电解质等，可以避免液体电解质泄漏和挥发的风险，将是未来的重要研究方向。金属负极的稳定性是金属-CO$_2$ 电池的另一个关键部分，仍然需要进一步探索其反应机制和解决办法。金属-CO$_2$ 电池存在的科学问题和挑战，还限制着其实际应用。

参考文献

[1] 顾等平，童汝亭. 化学电源. 北京：高等教育出版社，1993.

[2] 李国欣. 新型化学电源导论. 上海：复旦大学出版社，1992.

[3] 文国光. 化学电源工艺学. 北京：电子工业出版社，1994.

[4] 张文保，倪生麟. 化学电源导论. 上海：上海交通大学出版社，1992.

[5] 李国欣. 20 世纪上海航天器电源技术的进展. 上海航天，2002，3: 42-48.

[6] Wei Z D, Huang W Z, Zhang S T, et al. Carbon-based air electrodes carrying MnO$_2$ in zinc-air batteries. J Power Sources, 2000, 91: 83.

[7] Rodriguez F J, Sebastian P J. Mo$_x$Se$_y$-(CO)$_n$ electrocatalyst prepared by screen-printing and sintering. Int J Hydrogen Energy, 2000, 25: 243-247.

[8] Beck F, Rüetschi P. Rechargeable batteries with aqueous electrolytes. Electrochim Acta, 2000, 45: 2467-2482.

[9] Montenegro M J, Lippert T, Müller S, et al. Pulsed laser deposition of electrochemically active perovskite films. Appl Surface Science, 2002, 197-198: 505-511.

[10] Yang C C. Preparation and characterization of electrochemical properties of air cathode electrode. Int J Hydrogen Energy, 2004, 29: 135-143.

[11] Hasvold O, Johansen K H, Mollestad O, et al. The alkaline aluminium/hydrogen peroxide power source in the Hugin Ⅱ unmanned underwater vehicle. J Power Sources, 1999, 80: 254-260.

[12] Hermann V, Dutriat D, Muller S, et al. Mechanistic studies of oxygen reduction at La$_{0.6}$Ca$_{0.4}$CoO$_3$-activated carbon electrodes in a channel flow cell. Electrochim Acta, 2000, 46: 365-372.

[13] Hasvold O, Henriksen H, Melvaer E, et al. Sea-water battery for subsea control systems. J Power Sources, 1997, 65: 253-261.

[14] Deiss E, Holzer F, Haas O. Modeling of an electrically rechargeable alkaline Zn-air battery. Electrochim Acta, 2002, 47: 3995-4010.

[15] Müller S, Holzer F, Haas O. Optimized zinc electrode for the rechargeable zinc-air battery. J Appl electrochem, 1998, 28: 895-898.

[16] Yang S H, Knickle H. Design and analysis of aluminum/air battery system for electric vehicles. J Power Sources, 2002, 112: 162-173.

[17] Dewi E L, Oyaizu K, Nishide H, et al. Cationic polysulfonium membrane as separator in zinc-air cell. J Power Sources, 2003, 115: 149-152.

[18] Wang X Y, Sebastian P J, Smit M A, et al. Studies on the oxygen reduction catalyst for zinc-air battery electrode. J Power Sources, 2003, 124: 278-284.

[19] Yang C C, Lin S J, Hsu S T. Synthesis and characterization of alkaline polyvinyl alcohol and poly(epichlorohydrin) blend polymer electrolytes and performance in electrochemical cells. J Power Sources, 2003, 122: 210-218.

[20] Zhang X, Yang S H, Knickle H. Novel operation and control of an electric vehicle aluminum/air battery system. J Power Sources, 2004, 128: 331-342.

[21] Li N, Yan X M, Zhang W J, et al. Electrocatalytic activity of spinel-type oxides $LiMn_{2-x}Co_xO_4$ with large specific surface areas for metal-air battery. J Power Sources, 1998, 74: 255-258.

[22] Sebastian P J. Chemical synthesis and characterization of $Mo_xRu_ySe_z$-$(CO)_n$ electrocatalysts. Int J Hydrogen Energy, 2000, 25: 255-259.

[23] Jiricny V, Siu S, Roy A, et al. Regeneration of zinc particles for zinc-air fuel cells in a spouted-bed electrode. J Appl Electrochem, 2000, 30: 647-656.

[24] Hasvold Ø, Størkersen N. Electrochemical power sources for unmanned underwater vehicles used in deep sea survey operations. J Power Sources, 2001, 96: 252-258.

[25] 褚有群, 马淳安, 张文魁. 碱性锌空气电池的研究进展. 电池. 2002, 32: 294-297.

[26] 张文保. 可再充锌空气电池的发展. 电源技术, 2002, 26: 448-451.

[27] 周震涛, 周晓斌. 锌空气电池空气电极催化材料的研究. 稀有金属材料与工程, 2002, 31: 437-439.

[28] 唐致远, 宋世栋, 潘丽珠, 等. 新型纳米晶双功能氧电极的研究. 电池, 2002, 32: 67-68.

[29] 李升宪, 朱绍山. 用于移动电话的锌空气电池研究. 电池, 2002, 32: 264-265.

[30] Wu N L, Liu W R, Su S J. Effect of oxygenation on electrocatalysis of $La_{0.6}Ca_{0.4}CoO_{3-x}$ in bifunctional air electrode. Electrochim Acta, 2003, 48: 1567.

[31] 唐致远, 宋世栋, 刘建华, 等. $La_{1-x}Sr_xNi_{1-y}Co_yO_3$ 双功能氧电极的电化学性能. 物理化学学报, 2003, 19: 785-790.

[32] 宋世栋, 唐致远, 刘建华, 等. 掺杂 $LaNiO_3$ 型双功能氧电极的电化学性能. 电源技术, 2003, 27: 154-156.

[33] Yang J S, Xu J J. Nanoporous amorphous manganese oxide as electrocatalyst for oxygen reduction in alkaline solutions. Electrochem Commun, 2003, 5: 306-311.

[34] 唐致远, 宋世栋, 刘建华. 钙钛矿型双功能氧电极催化剂的研究进展. 电源技术, 2003, 27: 233-237.

[35] 黄庆华, 李振亚, 王为. 电池用氧电极催化剂的研究现状. 电源技术, 2003, 27: 241-244.

[36] Yang Y F, Zhou Y H, Cha C S. Electrochemical reduction of oxygen on small palladium particles supported on carbon in alkaline solution. Electrochim Acta, 1995, 40: 2579-2586.

[37] Tsionsky M, Lev O. Investigation of the kinetics and mechanism of Co-porphyrin catalyzed oxygen reduction by hydrophobic carbon-ceramic electrodes. J Electrochem Soc, 1995, 142: 2132-2138.

[38] Heller-Ling N, Prestat M, Gautier J L, et al. Oxygen electroreduction mechanism at thin $Ni_xCo_{3-x}O_4$ spinel films in a double channel electrode flow cell (DCEFC). Electrochim Acta, 1997, 42: 197-202.

[39] Prakash J, Tryk D A, Yeager E B. Kinetic investigations of oxygen reduction and evolution reactions on lead ruthenate catalysts. J Electrochem Soc, 1999, 146: 4145-4151.

[40] Suresh K, Panchapagesan T S, Patil K C. Synthesis and properties of $La_{1-x}Sr_xFeO_3$. Solid State Ionics, 1999, 126: 299-305.

[41] Lee C K, Striebel K A, Mclarnon F R, et al. Thermal treatment of $La_{0.6}Ca_{0.4}CoO_3$ perovskites for bifunctional air electrodes. J Electrochem Soc, 1997, 144: 3801-3806.

[42] Singh R N, Lal B. High surface area lanthanum cobaltate and its A and B sites substituted derivatives for electrocatalysis of O_2 evolution in alkaline solution. Int J Hydrogen Energy, 2002, 27: 45-55.

[43] 彭成红, 朱敏. 镁电池研究进展. 电池, 2003, 33: 121-123.

[44] 钟文健, 董新法, 陈胜洲, 等. 一种新型非贵金属氧还原电催化剂. 电池, 2003, 33: 245-248.

[45] 魏子栋, 李莉, 李兰兰, 等. 氧电极催化材料的研究现状. 电源技术, 2004, 28: 116-120.

[46] 顾军, 隋升, 李光强, 等. $La_{1-x}Ca_xFe_{1-y}Co_yO_3$ 对氧气还原的催化活性. 无机材料学报, 1999, 14: 618-622.

[47] 池玉娟, 王占良, 景晓燕, 等. 钙钛矿型 $La_{1-x}Sr_xFeO_3$ 和 $LaNiO_3$ 纳米晶在双功能氧电极上的应用. 电源技术, 1999, 23: 275-278.

[48] Min M K, Cho J, Cho K, et al. Particle size and alloying effects of Pt-based alloy catalysts for fuel cell applications. Electrochim Acta, 2000, 45: 4211-4217.

[49] Zhu W H, Poole B A, Cahela D R, et al. New structures of thin air cathodes for zinc-air batteries. J Appl Electrochem, 2003, 33: 29-36.

[50] Yang C C, Lin S J. Alkaline composite PEO-PVA-glass-fibre-mat polymer electrolyte for Zn-air battery. J Power Sources, 2002, 112: 497-503.

[51] Goldstein J, Brown I, Koretz B. New developments in the electric fuel Ltdzinc/air system. J Power Sources, 1999, 80: 171-179.

[52] Drillet J F, Holzer F, Kallis T, et al. Influence of CO_2 on the stability of bifunctional oxygen electrodes for rechargeable zinc/air batteries and study of different CO_2 filter materials. Phys Chem Chem Phys, 2001, 3: 368-371.

[53] 叶红齐, 李艳红, 赖延清. 碱性锌-空气电池的研究发展现状. 电源技术, 2003, 27: 118-120.

[54] 唐有根, 黄伯云, 卢凌彬, 等. 金属燃料电池. 物理, 2004, 33: 85-89.

[55] 孙法炯, 王昉. 高比特性实用化锌空气电池. 电源技术, 2000, 24: 63-66.

[56] 俞翠兰, 吴家生. 实用圆柱形锌空气电池的开发. 电池工业, 2000, 5: 261-266.

[57] Chartouni D, Kuriyama N, Kiyobayashi T, et al. Air-metal hydride secondary battery with long cycle life. J Alloys and compounds, 2002, 330-332: 766-770.

[58] 李升宪, 周贵茂, 艾新平, 等. 圆柱型锌空气电池研究. 电化学, 2000, 6: 341-344.

[59] 王兆文, 李延祥, 李庆峰, 等. 铝电池阳极材料的开发与应用. 有色金属, 2002, 54: 19-22.

[60] 桂长清. 铝空气电池的前景. 电池, 2002, 32: 305-307.

[61] 汪振道, 王晓黎, 田芸. 海水铝-空气燃料电池. 电源技术, 1997, 21: 106-110.

[62] 许文江, 王向东, 阚素荣, 等. 铝空气电池用铝阳极的研究. 稀有金属, 1999, 23: 366-369.

[63] Beck F, Rüetschi P. Rechargeable batteries with aqueous electrolytes. Electrochim Acta, 2000, 45: 2467-2482.

[64] 项民, 王力臻. 碱性电池中铁负极的研究现状. 电池工业, 2000, 5: 170-174.

[65] 王华清, 周上祺, 陈昌国, 等. 锌-空气电池阳极材料的研究(Ⅰ). 电源技术, 2002, 26: 221-224.

[66] 叶红齐, 杨鹰. 氧电极催化剂研究. 电源技术, 2002, 26: 110-113.

[67] 房振乾, 刘文西, 陈玉如, 等. 金属空气燃料电池氧电极催化剂. 电池, 2003, 33: 152-154.

[68] 杨红平, 王先友, 汪形艳, 等. 锌空电池及其材料的研究. 电池, 2003, 33: 80-82.

[69] Bursell M, Pirjamali M, Kiros Y. $La_{0.6}Ca_{0.4}CoO_3$, $La_{0.1}Ca_{0.9}MnO_3$ and $LaNiO_3$ as bifunctional oxygen electrodes. Electrochim Acta, 2002, 47: 1651-1660.

[70] 徐国宪, 章庆权. 新型化学电源. 北京: 国防工业出版社, 1984.

[71] Mainar A R, Iruin E, Colmenares L C, et al. An overview of progress in electrolytes for secondary zinc-air batteries and other storage systems based on zinc. J Energy Storage, 2018, 15: 304-328.

[72] Liu Y, Sun Q, Li W, et al. A comprehensive review on recent progress in aluminum-air batteries. Green Energy Environment, 2017: 246-277.

[73] Figueredo-Rodríguez H A, McKerracher R D, Insausti M, et al. A rechargeable, aqueous iron air battery with nanostructured electrodes capable of high energy density operation. J Electrochem Soc, 2017, 164: A1148-A1157.

[74] Tan P, Chen B, Zhang H, et al. Flexible Zn- and Li-air batteries: recent advances, challenges, and future perspectives. Energy Environ Sci, 2017, 10: 2056-2080.

[75] Hartmann P, Bender C L, Vracar M, et al. A rechargeable room-temperature sodium superoxide (NaO_2) battery. Nature Mat, 2013, 12: 228-232.

[76] Song K, Agyeman D A, Park M, et al. High-energy-density metal-oxygen batteries: lithium-oxygen batteries vs sodium-oxygen batteries. Adv Mater, 2017, 29: 1606572.

[77] Das S K, Lau S, Archer L A. Sodium-oxygen batteries: a new class of metal-air batteries. J Mater Chem A, 2014, 2: 12623-12629.

[78] Yadegari H, Sun Q, Sun X L. Sodium-oxygen batteries: A comparative review from chemical and electrochemical fundamentals to future perspective. Adv Mater, 2016, 28: 7065-7093.

[79] 张三佩, 温兆银, 靳俊, 等. 二次钠-空气电池的研究进展. 电化学, 2015, 21: 425-432.

[80] Mu X W, Pan H, He P, Zhou H S. Li-CO_2 and Na-CO_2 batteries: toward greener and sustainable electrical energy storage. Adv Mater, 2019, 32(27): 1903790.

[81] Xu S, Das S K, Archer L A. The Li-CO_2 battery: a novel method for CO_2 capture and utilization. RSC Adv, 2013, 3: 6656-6660.

[82] Liu Y, Wang R, Lyu Y, et al. Rechargeable Li/CO_2-O_2(2∶1) battery and Li/CO_2 battery. Energy Environ Sci, 2014, 7: 677-681.

[83] Zhang Z, Wang X G, Zhang X, et al. Verifying the rechargeability of Li-CO_2 batteries on working cathodes of Ni nanoparticles highly dispersed on N-doped graphene. Adv Sci, 2018, 5: 1700567.

[84] Qiao Y, Yi J, Wu S, et al. Li-CO_2 electrochemistry: a new strategy for CO_2 fixation and energy storage. Joule, 2017, 1: 359-370.

[85] Khurram A, He M, Gallant B M. Tailoring the discharge reaction in Li-CO_2 batteries through incorporation of CO_2 capture chemistry. Joule, 2018, 2: 2649-2666.

[86] Hu X, Sun J, Li Z, et al. Rechargeable room-temperature Na-CO_2 batteries. Angew Chem Int Ed, 2016, 55: 6482-6486.

[87] Hu X, Li Z, Chen J. Flexible Li-CO_2 batteries with liquid-free electrolyte. Angew Chem Int Ed, 2017, 56: 5785-5789.

[88] Zhang W, Hu C, Guo Z, Dai L. High-performance K-CO_2 batteries based on metal-free bifunctional carbon electrocatalysts, Angew Chem Int Ed, 2020, 59: 3470-3474.

第**7**章

锂电池

7.1 概述

锂电池是一类以金属锂或含锂物质作为负极材料的化学电源的总称。锂电池的研制始于20 世纪 60 年代，由于空间探索、武器研制以及民用部门对重量轻、性能好的电池的迫切需要，使得以锂作负极的各种高比能量电池相继出现，并获得迅速发展。

锂是金属中最轻的元素，标准电极电势为 $-3.045V$，是金属元素中电势最负的一种元素（表 7-1），且质量能量密度最大，因而长期以来受到化学电源科学工作者的极大关注。由于锂金属在室温下与水反应，如果让锂金属用于电池体系中，非水电解质的引入非常关键。1958 年，Harris 提出采用有机电解质作为锂金属原电池的电解质。1962 年，美国军方人员提出"锂非水电解质体系"的设想。然而由于当时选择的高电势正极活性物质，诸如 CuF_2、NiF_2 和 $AgCl$ 等无机物会在有机电解质中发生溶解，无法构成长储存寿命和长循环寿命的实用化电池体系，未能实现商品化。20 世纪 70 年代是高能量密度的锂一次电池产业化应用和锂电池理论的一个爆发期，对锂电池的发展产生了深远的影响。1970 年，日本松下电器公司与美国军方几乎同时独立合成出新型正极材料——碳氟化物。松下电器成功制备了分子表达式为 $(CF_x)_n$ $(0.5 \leqslant x \leqslant 1)$ 的结晶碳氟化物，将它作为锂原电池正极。美国军方研究人员设计了 $(C_xF)_n$ $(x=3.5 \sim 7.5)$、无机锂盐＋有机溶剂电化学体系。碳氟化物原电池的发明是锂电池发展史上的重要里程碑，原因在于第一次将"嵌入化合物"引入锂电池设计中。1975 年，三洋公司在过渡金属氧化物电极材料方面取得突破，$Li-MnO_2$ 电池开发成功，1978 年锂二氧化锰电池实现量产，三洋公司第一代锂电池进入市场。1976 年，锂碘原电池出现。接着许多用于医药领域的专用锂电池应运而生，其中锂银钒氧化物（$Li/Ag_2V_4O_{11}$）电池最为畅销，它占据植入式心脏设备用电池的大部分市场份额。

随着对嵌入化合物的深入研究，M. S. Whittingham、Armand 等发现锂离子可在 TiS_2 和 MoS_2 等层状二硫化物的层间结构中嵌入或脱嵌。1972 年，Exxon 公司设计了一种以 TiS_2 为正极、金属锂为负极、$LiCiO_4$/二氧戊烷（dioxolane，DOL）为电解液的电池体系。实验表明，该电池的性能良好，深度循环接近 1000 次，每次循环损失低于 0.05%。但在充电过程中，由于金属锂电极表面凹凸不平，电沉积速率的差异造成不均匀沉积，导致在负极生成锂枝晶。当枝晶生长到一定程度会折断，产生"死锂"，造成锂的不可逆脱嵌，从而降低电池充放电容量。同时，锂枝晶也有可能刺穿隔膜，造成电池短路甚至引发火灾。出于安全问题，Exxon 公司未能将该锂二次电池体系实现商品化。20 世纪 80 年代末期，加拿大 Moli

表 7-1　主要电池负极材料的物理化学性能

材料名称	原子量	标准电极电势(25℃)/V	密度/g·cm^{-3}	熔点/℃	化合价变化	电化学当量		
						/A·h·g^{-1}	/g·A^{-1}·h^{-1}	/A·h·cm^{-3}
Li	6.94	−3.05	0.534	180.5	1	3.86	0.259	2.08
Na	23.0	−2.7	0.97	97.8	1	1.16	0.858	1.12
Mg	24.3	−2.4	1.74	650	2	2.20	0.454	3.80
Al	26.9	−1.70	2.7	659	3	2.98	0.335	8.10
Ca	40.1	−2.87	1.54	851	2	1.34	0.748	2.06
Fe	55.8	−0.44	7.85	1528	2	0.96	1.04	7.50
Zn	65.4	−0.76	7.13	419	2	0.82	1.22	5.80
Cd	112	−0.40	8.65	321	2	0.48	2.08	4.10
Pb	207	−0.13	11.35	327	2	0.26	3.85	2.90

能源公司研发的 Li-MoS$_2$ 二次电池推向市场，第一块商品化锂二次电池诞生。1989 年，因为以锂金属为负极的 Li-MoS$_2$ 二次电池发生起火事故，导致 Moli 公司破产。因此，除少数公司外，大部分企业都退出了锂金属二次电池的开发。锂金属二次电池研发基本停顿，关键原因还是没有从根本上解决安全问题。

20 世纪 90 年代可以认为是锂离子电池安全深受关注的时期。在 Armand 提出摇椅式电池概念基础上，以 Goodenough 等提出的过渡金属氧化物（Li$_x$CoO$_2$ 或 Li$_x$NiO$_2$ 等）为代表的锂离子电池正极材料的发展进入新的阶段。1992 年，日本 SONY 公司推出钴酸锂/碳体系的锂离子电池，有效提高了电芯的安全性能，使锂电池工业的发展大为改观。此类以钴酸锂作为正极材料的电池，至今仍是便携电子器件的主要电源。1999 年，取代液体电解质并兼有液体锂离子电池隔膜作用的聚合物型锂离子电池正式投入商业化生产，凝胶聚合物电解质的快速商业化进一步提升了电芯安全性能。2019 年，诺贝尔化学奖颁发给 3 位科学家，即约翰·B·古迪纳夫（John B·Goodenough）、斯坦利·威廷汉（M. Stanley Whittingham）和吉野彰（Akira Yoshino），以表彰他们在锂离子电池方面的研究贡献，再次引起人们对锂电池的关注和讨论。

近年来，随着锂离子电池在电动汽车、3C（computer、communication、consumer electronics，合称"信息家电"）等领域的应用快速增长，全球锂离子电池的总体产量和市场规模得到快速提高。锂离子电池中的聚合物锂离子电池以其安全性、可充电、薄型化等独特优势，将逐步取代液体电解质锂离子电池，成为锂离子电池的主流。聚合物锂离子电池被誉为"21 世纪的电池"，将开辟蓄电池的新时代，发展前景十分乐观。

与传统电池相比，锂电池具有如下优异性能。

① 电压高。与 1.5V 的传统电池相比，其单体电池的电压可高出一倍以上。

② 比能量大。其比能量与传统的锌负极电池相比，高 2～4 倍，甚至更多。

③ 比功率大。有些锂电池可以大电流放电，如 Li-SOCl$_2$ 电池，可制成短时间大电流放电的自动激活式电池。

④ 工作温度范围宽。许多锂电池能在−40～70℃的温度范围内工作，有些甚至更宽。由于采用非水电解质，其冰点一般都较水溶液低，且大多数锂电池的低温工作性能优异。

⑤ 平稳的放电电压。大多数锂电池具有平稳的放电曲线。

⑥ 自放电率低，储存寿命长。锂电极在非水电解质中常形成表面钝化膜，阻止了锂电极进一步在电解液中的溶解，因此具有较长的储存寿命。某些锂电池即使在较高的温度下，也能储存较长的时间，预计其室温下的储存寿命可长达十年。

但是，由于锂电池的特殊要求，也存在下列几方面的不足。

首先，由于采用非水电解质，其电导率仅为水溶液的 1%，导致电池的工作电流密度一般只有 $1\sim5mA\cdot cm^{-2}$，故若要设计成大功率输出的电池，必须采用薄型电极，尽可能扩大电极面积。在圆柱形电池中，采用工作面积大的卷式电极结构时，电池可以大、中电流工作；采用工作面积小的包式结构时，电池则只能以微小电流工作。

其次，锂电极表面常常生成一层钝化膜，有的比较致密。当电池在高温下储存后，在低温下以较大电流放电时，常常出现输出电压的跌落现象，随着放电过程的进行，电压才缓缓恢复，这一现象称为电压滞后，需要进一步研究和克服。

此外，大功率输出的锂电池在短路、过放电、反极及高温等条件下的滥用可能出现放气甚至爆炸，故必须采取预防措施。另外，因锂易与水汽发生作用，故电池组装等工序必须在干燥空气中进行。这种特殊的操作系统比较复杂，投资大，增加了电池的制作成本，造成锂电池的目前市场售价高于其他常用电池。

7.2　锂电池的分类

迄今为止，正在研究或生产中的锂电池约有 20 多种。锂电池有多种分类方法。通常按所用的电解质分类可分为以下几类。

① 锂有机电解质电池。它是指由有机溶剂和锂盐组成电解质的锂电池，如有机电解质为含有高氯酸锂（$LiClO_4$）的碳酸丙烯酯（PC）溶液。

② 锂无机电解质电池，它是指由非水无机溶剂和锂盐组成电解质的锂电池，如无机电解质为含有四氯铝酸锂（$LiAlCl_4$）的亚硫酰氯（$SOCl_2$）溶液。

③ 锂固体电解质电池。它是指以能传导 Li^+ 的固态物质作电解质的锂电池，如固态电解质为碘化锂（LiI）。

④ 锂熔盐电池。它是指以熔盐作电解质的锂电池，如熔盐电解质为氯化锂（LiCl）和氯化钾（KCl）的低共熔体。

以上四类中，前三类统称为常温锂电池，后一类则称为高温锂电池。

此外，还可以按照锂电池的工作方式来分类。

① 锂一次电池，又称锂原电池。它只能将化学能一次性地转化为电能，可做成各种形状，随时处于供电状态，一旦放电结束，电池只能弃置。

② 锂离子二次电池，又称为锂蓄电池。该类电池可以反复充放电，既降低了使用成本，又减少了处理一次电池的困难。

③ 锂激活式电池。闲置时电解液储存于电解液室内，极组处于干态；使用时启动激活装置，迫使电解液挤进电池室，电池即可使用。

④ 锂热电池。使用时启动点火装置，加热片速燃，使电解质熔化，电池即可大功率输出。

商品化的锂电池按形状分类有圆柱形、方形和扣式（或钱币形）三种，聚合物锂离子电池除制成上述形状外，还可根据需要制成任意形状（图 7-1）。

根据 IEC61960 标准，二次锂电池的标识如下。

① 电池标识由三个字母后跟若干个数字组成。

② 第一个字母表示电池的负极材料。I 表示锂离子电池，L 表示锂金属电极或锂合金电极。

③ 第二个字母表示电池的正极材料。C 表示基于钴的电极，N 表示基于镍的电极，M

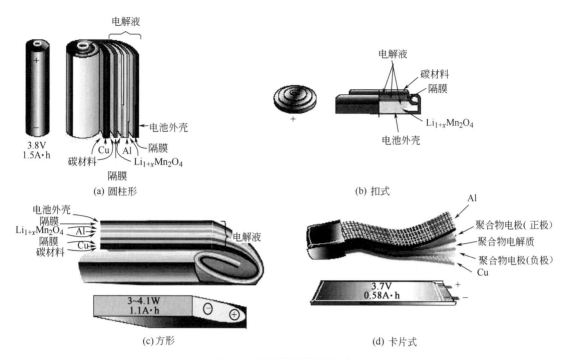

图 7-1　不同形状的锂电池

表示基于锰的电极，V 表示基于钒的电极。

④ 第三个字母表示电池的形状。R 表示圆柱形电池，P 表示方形电池。

⑤ 数字。圆柱形电池的型号用 5 位数表示，分别表示电池的直径和高度。前两位表示直径，后三位表示高度，直径的单位为 mm，高度的单位为 0.1mm。直径或高度任一尺寸≥100mm 时两个尺寸之间应加一条斜线。

方形电池的型号用 6 位数表示，前两位表示电池厚度，中间二位数表示宽度，最后两位数表示高度，单位为 mm。三个尺寸任一个≥100mm 时，尺寸之间应加斜线。三个尺寸中若有任一个小于 1mm，则在此尺寸前加字母 t，尺寸单位为 0.1mm。

扣式电池的型号用 4 位数表示，前两位为直径，后两位为高度，直径的单位为 mm，高度的单位为 0.1mm。

例如：

ICR18650 表示一个圆柱形二次锂离子电池，正极材料为钴，其直径约为 18mm，高约为 65mm。

ICP083448 表示一个方形二次锂离子电池，正极材料为钴，其厚度约为 8mm，宽度约为 34mm，高约为 48mm。

ICP08/34/150 表示一个方形二次锂离子电池，正极材料为钴，其厚度约为 8mm，宽度约为 34mm，高约为 150mm。

ICPt73448 表示一个方形二次锂离子电池，正极材料为钴，其厚度约为 0.7mm，宽度约为 34mm，高约为 48mm。

LIR2025 表示一个扣式二次锂离子电池，其直径为 20mm，高度为 2.5mm。

7.2.1　锂一次电池

锂一次电池的种类很多，其电化学体系也不尽相同。除均采用金属锂作负极材料外，其他如正极材料、电解质、隔膜和壳盖材料都不一样。

锂具有良好的延展性，易于挤压成薄带，是良好的导电体。由于锂电极的化学活性高，与水反应生成氢气并放热，因此任何含有活泼氢的溶剂（如 H_2O，NH_3，C_2H_5OH）都不能作为锂电池的电解质溶剂，而必须采用非水的有机或无机溶剂或固体电解质，且其中的水分应小于万分之一。只要严格控制电解质中的水分，锂电池内部便无气体生成，电池就可以设计成全密封结构，采用玻璃-金属绝缘子引出电极，而电池壳体与盖子可用氩弧焊接或激光焊接。研制锂电池的关键在于正极材料的选用，经过多年的研究、生产和应用，目前常见的锂一次电池有锂二氧化锰电池系列（C 系列）、锂二氧化硫电池系列（W 系列）、锂亚硫酰氯电池系列（E 系列）、锂聚氟化碳系列（B 系列）、锂碘电池和锂二硫化铁电池等。

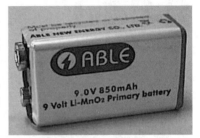

图 7-2　锂二氧化锰电池

7.2.1.1　锂二氧化锰电池（Li/MnO$_2$ 电池）

锂二氧化锰电池简称锂锰电池（图 7-2），是一种典型的有机电解质电池，它以锂为负极（阳极）、二氧化锰为正极（阴极）。

锂二氧化锰电池在含锂离子的有机电解液中的电池反应为

正极（阴极）反应　　　　　$MnO_2 + Li^+ + e^- \rightleftharpoons MnOOLi$　　　　　(7-1)

负极（阳极）反应　　　　　　　　　$Li \longrightarrow Li^+ + e^-$　　　　　(7-2)

电池反应　　　　　　　　　$MnO_2 + Li \longrightarrow MnOOLi$　　　　　(7-3)

放电时，锂负极发生氧化反应，锂离子（Li^+）脱离金属锂进入电解质，在电场的作用下，Li^+ 穿过电解质，扩散到正极。正极发生的不是一般的还原反应，而是锂离子的嵌入过程，即 Li^+ 嵌入到二氧化锰的晶格之中，生成二氧化锰锂（MnOOLi）。

锂锰电池的主要特点是电压高，理论电压约为 3.5V，标称电压为 3.0V，放电期间电池的工作电压在 2.0～3.1V 之间，放电终止电压为 2.0V；比能量大，质量比能量可达 280W·h·kg^{-1}，体积比能量可达 580W·h·L^{-1}，约为普通干电池比能量的 5 倍；放电电压稳定可靠；储存寿命较好（储存时间 3 年以上）、自放电率低（年自放电率≤2%）；工作温度范围宽，为 -20～60℃。

Li/MnO$_2$ 电池的负极是锂片，正极活性物质是二氧化锰粉。二氧化锰的晶体结构比较多，随晶型的不同其放电性能相差很大，其中 γ-MnO$_2$ 性能较差，α-MnO$_2$ 性能最差，而 (γ+β)-MnO$_2$ 性能最好，β-MnO$_2$ 次之。二氧化锰晶型与热处理温度有很大关系，热处理温度直接影响 MnO$_2$ 粉的晶相以及水分。室温到 250℃ 之间为 γ-MnO$_2$，250～350℃ 之间热处理后成为 γ 和 β 的混合相[(γ+β)-MnO$_2$]，350℃ 以上则变为 β-MnO$_2$。因此，原材料电解二氧化锰（EMD）和化学二氧化锰（CMD）在使用前，需经 350℃ 左右煅烧，以得到 γ+β 相材料。另外，有时为了提高原材料的纯度，可用酸洗法除去杂质。

二氧化锰粉可以采用粉末式和涂膏式制成电极。粉末式是把 MnO$_2$ 粉、炭粉以及合成树脂胶黏剂的混合物加压成型；涂膏式是把 MnO$_2$ 粉、炭粉及胶黏剂调成膏状，涂于集电体上，随后进行热处理形成薄式电极。

电解质通常采用 LiClO$_4$，溶于体积比为 1∶1 的碳酸丙烯酯（PC）和乙二醇二甲醚（也称二甲氧基乙烷，DME）中，制成浓度为 1mol·L^{-1} 的溶液。

Li/MnO$_2$ 电池可制成纽扣形（扣式）、圆柱形和方形三种外形结构，如图 7-3 和图 7-4 所示。扣式电池是一种小容量的电池，圆柱形和方形电池多采用碳包式或卷绕式电极结构，因此可制成大容量的 Li/MnO$_2$ 电池。碳包式电池采用厚的电极和最大量的活性物质，使电极具有最大的比能量（能量型电池）。但由于电极表面积限制，内阻较大，仅能以小电流放电；而卷绕式电池采用薄型设计，锂负极、正极与两电极间的聚丙烯隔膜一起卷绕成"胶卷"状结构，电极表面积大，内阻小，适于较大电流放电，专门用于高电流脉冲应用和连续适中电流放电的场合（功率型电池）。但其安全性较差，需在内部设排气阀，组合电池还要安装PTC元件（正温度系数热敏开关）以保证电池温度过高时能自动切断放电电路。方形电池的容量一般可达几十乃至几百安·时，可用中等电流作长时间放电。

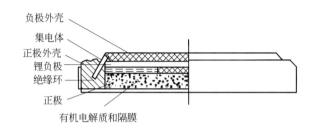

图7-3　扣式锂电池结构

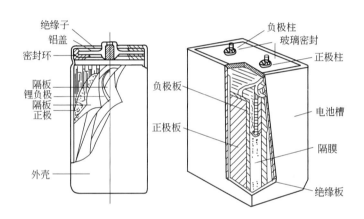

图7-4　圆柱形和方形锂电池结构

　　圆柱形有不同尺寸的直径及高度，较熟悉的有1号（尺寸代码D）、2号（尺寸代码C）及5号（尺寸代码AA）电池。

　　型号中CR表示圆柱形锂二氧化锰电池。五位数字中，前两位表示电池的直径，后三位表示带一位小数的高度，单位mm。例如，CR14505，其直径为14.5mm（不包括小数点后的数字），高度为50.5mm（这种型号是通用的），这里要指出的是不同工厂生产的同型号的电池其参数可能有些差别。四位数字中前两位为电池的直径尺寸，后两位为带小数点的高度尺寸，单位mm。例如，CR1220的直径为12.5mm（不包括小数点后的数字），其高度为2.0mm，这种型号表示方法是国际通用的。

　　锂锰电池由于采用廉价无公害的二氧化锰材料，热处理工艺简单，价格相对便宜，小容量电池安全可靠，且品种多样，容量跨度大，故有利于大量生产推广和应用。近年来，锂锰电池已获得越来越多的应用，是目前产量最高、产值最大、用途最广的锂一次电池，已广泛用于液晶显示计算器、计算机支持电源、电子表、电子打火机、助听器、照相机、收录音机、复费率电能表、无线电设备和电子通信装置等。此外，大容量的锂锰电池，适用于要求电池尺寸小、使用时间长的场合，也因此成为军事方面的理想电源。

7.2.1.2 锂二氧化硫电池（Li/SO₂电池）

图7-5 锂二氧化硫电池

自1971年发表了第一个Li/SO₂电池专利以来，Li/SO₂电池（图7-5）发展得很快，现在已有许多国家生产。

Li/SO₂电池也是一种有机电解质锂电池，负极为锂，正极为多孔炭电极，其活性物质为溶解在电解液中的SO₂液体，电解液为在碳酸丙烯酯（PC）和乙腈（AN）的混合溶剂中溶解的浓度为$1.8\,mol\cdot L^{-1}$的溴化锂（LiBr）溶液。在电解质溶液中，液态SO₂、乙腈和碳酸丙烯酯的体积比为23:10:3。Li/SO₂电池反应为

负极反应
$$2Li \longrightarrow 2Li^+ + 2e^- \tag{7-4}$$

正极反应
$$2SO_2 + 2Li^+ + 2e^- \longrightarrow Li_2S_2O_4 \tag{7-5}$$

总反应
$$2Li + 2SO_2 \longrightarrow Li_2S_2O_4 \tag{7-6}$$

放电时，锂负极氧化，锂离子（Li^+）进入电解液，而电子由外电路转移到正极，与多孔炭中的二氧化硫分子反应生成$S_2O_4^{2-}$，该离子再与电解液中的锂离子结合，生成不溶性产物连二亚硫酸锂（$Li_2S_2O_4$）。这种反应产物在放电时逐渐沉积在正极表面与内孔之中，导致炭电极表面钝化，失去活性，最终电池失效。

Li/SO₂电池负极为0.38mm的锂片，滚压在铜网上。正极是将聚四氟乙烯和炭黑的混合物压在铝网骨架上，炭层厚0.9mm，孔隙率80%。正极的活性物质SO₂以液体形式加入电解液中。正负极以多孔聚丙烯隔膜隔开，卷在一起插入镀镍的钢筒中；负极接钢壳，正极接铝盖，二者用橡胶圈绝缘。电解质溶液由电池底部的临时注入孔加入，然后将孔焊接封闭。锂电池的生产环境必须严格控制，温度通常为21℃，湿度不得超过2%。空气可用氧化铝、硅胶、LiCl或分子筛干燥，以分子筛的干燥效果最佳，但费用最贵。

Li/SO₂电池大多制成圆柱形，容量从1～20A·h不等，电极组结构有卷绕式和碳包式两种，前者能以较大电流放电，但安全性稍差，电池壳壁或底部分别设有线状或马蹄状刻痕作为排气口。为了防止电解液的泄漏，电池盖常用金属-玻璃绝缘子，电池制成熔接密封结构。圆筒卷式熔接密封Li/SO₂电池结构如图7-6所示。

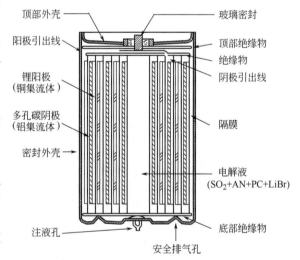

图7-6 圆筒卷式熔接密封Li/SO₂电池结构

Li/SO₂电池具有质量比能量、体积比能量及电压精度和储存性能优良等特点。

(1)电池电压高且放电电压平稳，电压精度高　Li/SO₂电池的开路电压为2.95V，其工作电压视放电率、环境温度而定，终止电压为2.0V。放电电压高且放电曲线平坦是Li/SO₂电池的独特性能之一，放电时可一直保持平稳的工作电压。

(2)比能量高　Li/SO₂电池的质量比能量达$330\,W\cdot h\cdot kg^{-1}$，体积比能量高达$525\,W\cdot h$·

$\mathrm{L^{-1}}$。其性能比普通锌和镁电池要高 2～4 倍。

(3)比功率高，可以大电流放电　$\mathrm{Li/SO_2}$ 电池能在较宽范围的电流或功率下工作，从高至 2 小时率到低输出连续放电长至 1～2 年的期间，都具有有效的放电性能，甚至在极端的放电负荷下，也有良好的电压调节性能。

(4)工作温度范围宽，低温性能特别好　$\mathrm{Li/SO_2}$ 电池由于采用了特殊的电解液，具有良好的低温放电性能，为锂电池之首。这是因为电池中采用了四元电解液（$\mathrm{LiBr+AN+PC+SO_2}$），有机电解质溶液的电导率较高，且随温度的变化电导率下降不大，即使在 $-50\,℃$ 的低温下，其电导率仍为 $2.4\times10^{-2}\ \mathrm{S\cdot cm^{-1}}$，为 $25\,℃$ 时电导率的一半，所以放电性能并不因温度下降了 $75\,℃$ 而大幅度下降，这是其他有机电解质电池所无法比拟的。普通一次电池组在低于 $-18\,℃$ 时均不能工作，而 $\mathrm{Li/SO_2}$ 电池在 $-40\,℃$ 时仍能输出室温容量的 60% 左右。

(5)储存寿命长　$\mathrm{Li/SO_2}$ 电池素以优良的储存性能而著称。大多数一次电池在搁置时，由于阳极腐蚀、电池副反应或水分散失使得电池容量大大下降，且在搁置时温度不能超过 $50\,℃$，如果长期搁置还需制冷。而 $\mathrm{Li/SO_2}$ 电池可以在 $21\,℃$ 下储存 5 年，其容量下降仅 $5\%～10\%$，而且随着储存期的延长，容量下降率大大降低。

$\mathrm{Li/SO_2}$ 电池储存性能优异的原因，一方面是 $\mathrm{Li/SO_2}$ 电池是密闭结构，另一方面是在储存期间锂电极表面生成了一层薄膜而使其得到保护。

但是，$\mathrm{Li/SO_2}$ 电池也有若干缺点。首先，由于锂电极与电解液接触生成了结构致密的连二亚硫酸锂膜，放电初期常常出现电压滞后现象。其次，二氧化硫在 $25\,℃$ 时呈气态，气相压力为 $0.4\mathrm{MPa}$，$100\,℃$ 时为 $3\mathrm{MPa}$，$200\,℃$ 时为 $15\mathrm{MPa}$，因此，凡能使电池温度升高的因素都会引起内压增加而造成危害。所以壳体上应设有放气阀，当压力升高到 $3.8\mathrm{MPa}$ 时，阀门自动排气，放电时，电池由于节流效应而冷却。

总之，$\mathrm{Li/SO_2}$ 电池是一种性能优良的一次电池，在军事、工业和民用方面均获得了较多应用，但由于电池价格较高，主要用于军事电台（尤其在高寒地带）、夜视仪、导弹点火、各式武器、传感器、声呐浮标、飞机急救指示、无线电定位器、空间试验、工业监控、遥测等。近年来，$\mathrm{Li/SO_2}$ 电池在生产研制的同时，努力解决在滥用条件下使用的安全性问题，并不断完善电池的密封性和改善电压的滞后现象，使 $\mathrm{Li/SO_2}$ 电池得到了进一步发展。

图 7-7　锂亚硫酰氯电池

7.2.1.3　锂亚硫酰氯电池 (Li/SOCl₂ 电池)

锂亚硫酰氯电池（图 7-7）是一种典型的非水无机电解质电池，负极为金属锂，正极为多孔炭电极，其活性物质为亚硫酰氯。放电时，负极锂原子被氧化失去电子，生成锂离子进入电解液，电子由外电路转移到正极炭上，与炭密切接触的亚硫酰氯分子获得电子而还原，生成氯化锂、二氧化硫和硫。电池反应为

$$4\mathrm{Li}+2\mathrm{SOCl_2}\longrightarrow 4\mathrm{LiCl}+\mathrm{SO_2}+\mathrm{S} \tag{7-7}$$

由于生成了不溶解的固体产物氯化锂和硫，在放电后期，炭的表面和内孔逐渐被这种绝缘性产物覆盖堵塞，使正极钝化，电池寿命终止。

锂亚硫酰氯电池的负极是在充氩气的手套箱中将锂箔压制在拉伸的镍网上制成，正极是由炭、石墨粉和聚四氟乙烯乳状液混合，然后滚压到拉伸的镍网上，并在真空恒温炉中干燥制成。正极活性物质亚硫酰氯加入锂后在氩气中回流，然后进行蒸馏提纯以除去杂质和水。电解质是 $\mathrm{LiAlCl_4}$，它是由氯化锂加入等化学计量的氯化铝中，或直接由其熔融盐制成。激

活式 $Li/SOCl_2$ 电池常用无水 $AlCl_3$ 作为电解质。

锂亚硫酰氯电池有下列特点。

① 放电电压高且放电曲线平稳。$Li/SOCl_2$ 电池的开路电压为 3.65V，是目前锂一次电池中放电电压最高的一种电池。在常温条件下以中等电流密度放电时，具有极其平坦的 3.4V 放电曲线（可在 90% 以上的电池容量范围内平稳地放电，电压保持不大的变化）。

② 高比能量和中等比功率。$Li/SOCl_2$ 电池是比能量最高的一种，目前可达到 $500W \cdot h \cdot kg^{-1}$ 或 $1000W \cdot h \cdot L^{-1}$ 的水平。比功率大，可以 $10 \sim 50mA \cdot cm^{-2}$ 放电，大功率鱼雷电池可达 $140W \cdot kg^{-1}$。

③ 温度特性优越，但低温时比能量下降较快。$Li/SOCl_2$ 电池工作温度范围宽，可在 $-50 \sim +85℃$ 工作，但低温时容量下降较大，$-40℃$ 的容量仅为常温容量的 50% 左右。

④ 电池无内压，电压精度高，几乎与锌银电池相同。

⑤ 电池自放电率低（年自放电率 $\leq 2\%$），储存寿命可长达 $10 \sim 15$ 年，适合作应急电源。

⑥ 电池成本低廉。每 $1W \cdot h$ $Li/SOCl_2$ 电池比碱性锌锰电池便宜 40%，作为鱼雷推进用电池，其价格仅为锌氧化银电池的 1/5 左右，且不消耗贵金属银。

一般认为，电极的正、负极活性物质不允许直接接触，否则会使电池短路。然而，在 $Li/SOCl_2$ 电池中，正极活性物质还充当电解液的溶剂。亚硫酰氯紧紧包围着锂电极，使其表面生成致密的氯化锂结晶膜，阻挡了膜外的亚硫酰氯进一步与锂反应，这相当于给锂电极穿上了一件防护外衣，使锂电极在亚硫酰氯电解液中变得十分稳定。随着储存时间的延长，膜厚还有一定程度的增长，此时，对电池寿命固然有利，但放电时会发生电压滞后。储存时间越长，储存温度越高，电池的电压滞后也就越明显。

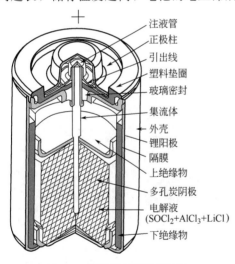

图 7-8　熔接密封锂亚硫酰氯电池碳包式电池结构

锂亚硫酰氯电池品种相当多，但主要有圆柱形、方形和扁圆形。从放电电流看，有低速率电池和高速率电池两类。前者的设计着重电池的安全性，内阻大，输出电流小；而后者有较大的电流输出，为安全起见，电池设有放气阀。从电极的结构来看，有碳包式结构，正极做成圆柱形，负极锂包在外部，正、负极的反应面积较小，即使发生短路，电流也有限，不会出现热失控现象，适合于微小电流放电，这种电池属高比能量型。此外，还有卷绕式电极结构，其正、负极为带状，故反应面积比碳包式电池大得多，电流输出可以很大。另外，还有一种方形电池，容量可以做得很大，能以中、低速率放电，电池有过流保护、安全排气阀和散热设计等以保证安全运行。图 7-8 示出一只碳包式锂亚硫酰氯电池结构。

锂亚硫酰氯电池的发展仅次于锂锰电池，目前与锂锰电池分占锂一次电池的两大市场。近年来，在军事、工业及民用方面有广泛应用，主要用于记忆电路、电台干扰仪、导弹发射、夜视仪、示位标、全球定位仪、导航设备、声呐、工业仪表、水下检测、反坦克电子设备、石油钻井、应急电源和鱼雷动力源等。在公路自动收费系统（ETC）中，通过安装在车辆挡风玻璃上的 OBU 车载电子标签，与在收费站 ETC 车道上的微波天线之间的微波专用短程通信，利用计算机联网技术与银行进行后台结算处理，可达到车辆通过路桥收费站不需停车就能交纳路桥费的目的（图 7-9）。根据 ETC

中 OBU 电源的使用特点，不仅需满足东北地区冬季（-40℃）、西南地区夏季（+85℃）和东南沿海地区高湿度（85%RH）等极端户外天气的放电要求；同时还要满足长寿命、高安全可靠性及环保的要求。此外，对电源还有瞬时大电流脉冲的要求。在这样的环境中，只有锂亚硫酰氯电池才满足上述要求，OBU 车载电子标签制造商可以采取电池并联电容的方案来解决锂亚硫酰氯电池所固有的电压滞后问题。

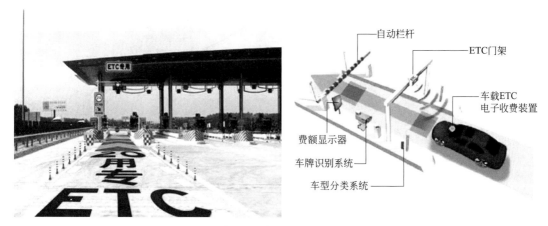

图 7-9　公路收费系统（ETC）及原理示意图

7.2.2　锂离子二次电池

锂离子电池是 1990 年由日本 SONY 公司研制出并首先实现商品化的，它的出现称得上是二次电池历史上的一次飞跃，是公认的高端、新型电池产品。锂离子二次电池已在可充电池领域占据了领先地位。

锂离子电池以碳材料为负极，以含锂的化合物作正极。以商品化的锂离子电池为例（正极是 $LiCoO_2$，负极是层状石墨），电池的电化学表达式为

$$(-)C \,|\, 1mol \cdot L^{-1} LiPF_6\text{-}EC+DEC \,|\, LiCoO_2(+)$$

EC 为碳酸乙烯酯；DEC 为二乙基碳酸酯。

锂离子电池反应为

正极反应 $\qquad LiCoO_2 \xrightleftharpoons[\text{放电}]{\text{充电}} Li_{1-x}CoO_2+xLi^++xe^-$ 　　　　　　　(7-8)

负极反应 $\qquad 6C+xLi^++xe^- \xrightleftharpoons[\text{放电}]{\text{充电}} Li_xC_6$ 　　　　　　　　　(7-9)

总反应 $\qquad LiCoO_2+6C \xrightleftharpoons[\text{放电}]{\text{充电}} Li_{1-x}CoO_2+Li_xC_6$ 　　　　　(7-10)

与其他二次电池相比，锂离子电池的工作原理比较简单，在工作（充电或放电）过程中，锂离子在正、负极及电解质隔膜中定向运动。锂离子电池的充放电原理示意如图 7-10 所示。

之所以被称为锂离子电池，是因为在这种电池的正、负极和隔膜中，锂都是以离子形式存在的。组装完毕的锂离子电池需先经过充电处理，电池在充电过程中，受外电场的驱动，电池内部将形成锂离子的浓度梯度，正极活性物质中部分 Li^+ 脱离 $LiCoO_2$ 晶格进入电解液，通过隔膜嵌入负极活性物质炭的晶格中，同时得到电子生成 Li_xC 化合物（一般 $x<$ 0.17），使锂离子电池的端电压上升。而电池放电时，在高自由能的驱动下，Li_xC 化合物中的 Li^+ 脱嵌，通过隔膜进入电解液，电子由外电路到达正极，与嵌入正极的 Li^+ 生成 $LiCoO_2$，这一过程中电压逐渐下降。再充电时，又重复上述过程。这种在充放电过程中锂

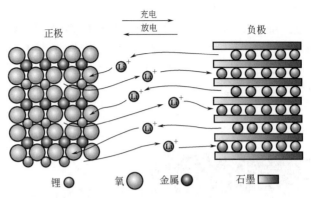

图 7-10　锂离子电池充放电原理示意

离子往返于正负极之间的嵌入与脱嵌的电池称为摇椅电池（rocking chair battery），意指电池工作时，锂离子在正负极之间摇来摇去。在碳负极中，锂究竟是以离子形式还是以金属形式存在，一直存在争议，核磁共振测试表明，锂部分以离子形式存在。

正常充放电情况下，锂离子在层状结构的碳材料和氧化物层状结构的层间嵌入和脱出，一般只引起层面间距的变化，不破坏晶体结构。锂离子在正、负极中有相对固定的空间和位置，在充放电过程中，正负极材料的化学结构基本不变。因此，从充放电反应的可逆性看，锂离子电池反应是一种理想的可逆反应。

锂离子电池的工作电压与构成电极的锂离子嵌入化合物和锂离子浓度有关。目前，用作锂离子电池的正极材料是含锂的过渡金属氧化物，如氧化钴锂（$LiCoO_2$）、氧化镍锂（$LiNiO_2$）和氧化锰锂（$LiMn_2O_4$）等。负极材料是锂离子嵌入碳化合物，常用的碳材料有石油焦（PC）、中间相炭微球（MCMB）、碳纤维（CF）和石墨（G）等。电解质是含锂盐的有机溶液，一般用六氟磷酸锂（$LiPF_6$）的碳酸乙烯酯（EC）和碳酸二乙酯（DEC）混合溶液。隔膜通常使用微孔聚丙烯（PP）和微孔聚乙烯（PE）或二者的复合膜（PE-PP-PE）。为提高电池的输出电流，采用薄电极设计，将正极材料涂覆在铝箔两面，负极材料涂覆在铜箔两面。柱式电池用卷绕机将包上隔膜的正、负极螺旋式卷紧，再将极芯装壳，经滚槽、注液、封口等工序便制成电池。在电极制作的后期，需要在干燥空气中操作，以防止外界水汽侵入电池体系。

7.3　锂离子电池正极材料

锂离子电池的电化学性能主要取决于所用电极材料和电解质材料的结构和性能，尤其是电极材料的选择和质量，因此，廉价高性能正负极材料的开发一直是锂离子电池研究的重点。近几年来，碳负极性能的改善和电解质的选择都取得了很大进展，相对而言，锂离子电池正极材料的研究较为滞后，成为制约锂离子电池整体性能进一步提高的重要因素。因此，正极材料的研究正受到越来越多的重视。

作为理想的正极材料，锂嵌入化合物应具有以下性能：

① 正极材料应具有较高的电极电势，从而使电池的输出电压高；

② 嵌入化合物 $Li_x M_y X_z$ 应能允许大量的锂进行可逆嵌入和脱嵌，即 x 值尽可能大，以得到较高的容量；

③ 锂离子的嵌入和脱嵌可逆性好，主体结构没有或很少发生变化，氧化还原电势随 x

的变化较小，电池的电压不会发生显著变化；

④ 正极材料应有较好的电子电导率（σ_e）和离子电导率（σ_{Li^+}），这样可减少极化，降低电池内阻，满足大电流充放电的需求；

⑤ 从实用角度而言，正极材料应价廉无污染，重量较轻。

锂离子电池的正极材料不仅是电极材料，而且也是锂离子源。相对于 Li/Li$^+$，部分正极活性材料的平衡电极电势以及金属锂和嵌锂碳的放电电势如图 7-11 所示。

由图可见，锂离子电池用正极材料主要是锂与过渡金属元素形成的嵌入式化合物，而且以氧化物为主，主要有层状 Li$_x$MO$_2$ 结构和尖晶石型 Li$_x$M$_2$O$_4$ 结构的氧化物（其中 M＝Co、Ni、Mn、V、Cr、Fe 等过渡族金属）。

正极材料一般选用 3d^n 过渡金属，一方面过渡金属存在混合价态，电子导电性比较理想；另一方面，不易发生歧化反应。对于给定的负极而言，由于氧化物中阳离子的价态比硫化物中的高，因此以过渡金属氧化物为正极所得的电池开路电压（OCV）比以硫化物为正极的要高些。过渡金属氧化物的电势（vs. Li/Li$^+$）与充放电过程中 d 电子层变化的关系如表 7-2 所示。

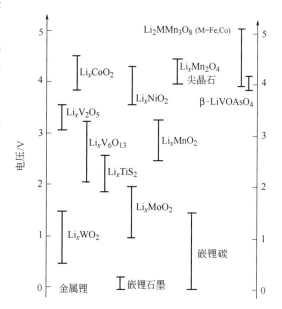

图 7-11 二次锂电池（锂离子电池）正极材料的平衡电势（vs. Li/Li$^+$）及金属锂和嵌锂碳的放电电势

表 7-2 过渡金属氧化物的 d 电子层与可逆充放电电势

化 合 物	电压范围/V	化 合 物	电压范围/V
TiO$_2$(3d^0/3d^1)	1.5～2.0	MnO$_2$（Ⅱ）(3d^3/3d^4)	3.8～4.4
VO(3d^1/3d^2)	2.0～2.6	CoO$_2$(3d^5/3d^6)	3.7～4.3
CrO$_2$(3d^2/3d^3)	2.0～3.0	NiO$_2$(3d^6/3d^7)	3.5～4.3
MnO$_2$（Ⅰ）(3d^3/3d^4)	2.5～3.3		

过渡金属 LiMO$_2$ 氧化物正极材料的晶体结构有层状岩盐结构和尖晶石结构两种。其中 LiCoO$_2$、LiNiO$_2$ 为层状岩盐结构（α-NaFeO$_2$ 结构），LiMn$_2$O$_4$ 为尖晶石结构，如图 7-12 所示，它们都具有氧离子按 ABC 叠层立方紧密堆积排列的基本骨架。

层状岩盐的基本结构，是由紧密排列的氧离子与处于八面体位置的过渡金属（M）离子形成稳定的 MO$_2$ 层（或框架），嵌入的锂离子进入 MO$_2$ 层间，处于八面体位置。过渡金属离子为电子受主，材料容量受电子受主的数量限制。对于 LiMO$_2$ 型材料，锂离子占据的八面体格点数量等于在八面体位置上的过渡金属离子受主的数量，其中所有的八面体位置被正离子占满，所以 LiMO$_2$ 具有较大的质量和体积比容量，即

$$\underset{\text{(oct)}}{Li^+} + e^- + \underset{\text{(oct)}}{\square} \underset{\text{(cp)}}{MO_2} \Longrightarrow \underset{\text{(oct)}}{Li} \underset{\text{(oct)}}{M} \underset{\text{(cp)}}{O_2} \qquad (7\text{-}11)$$

式中，oct 表示八面体；cp 表示紧密排列的氧点阵；□ 表示八面体位置。

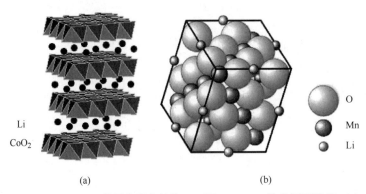

图 7-12 $LiCoO_2$ 的层状岩盐结构 (a) 和 $LiMn_2O_4$ 的尖晶石结构 (b)

尖晶石结构中的过渡金属原子位置与 $LiMO_2$ 结构相同，即位于八面体的六配位点。但锂离子占据位置是四面体空隙，而不是八面体空隙，所以，尖晶石结构体系中，有位于八面体空隙的锰单层，却不存在锂单层。

无论锂离子还是锂原子的半径都稍大于三价或四价过渡金属离子的半径。通过充电将这两种宿主晶体中的锂离子引出系统之外，要求半径较小的过渡金属离子在八面体位置上不移动，而较大的锂离子进行移动，只有过渡金属离子与氧形成共价键，固定在八面体位置上。Li^+ 从八面体的一个位置向另一个位置移动，借助于晶格振动和氧离子摆动而完成；其中的晶格振动是过渡金属离子与锂交换电子引起的。晶格结构的另一特征是在 $\square MO_2$ 中锂离子所占据的八面体位置互相连成一维隧道或二维、三维空间（图 7-13），以便于锂的传输。一般认为在氧层之间具有锂二维扩散层的层状岩盐体系，对锂的扩散有利，即层状岩盐结构正极的扩散系数比尖晶石体系大。

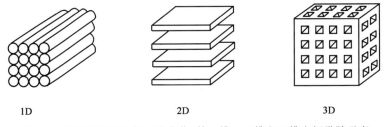

图 7-13 过渡金属氧化物 (硫化物) 的一维、二维和三维空间孔隙示意

在层状岩盐结构体系中，锂离子和电负性较大的氧层彼此直接相邻，由于电子密度高的氧原子层间的静电斥力大于化学键力，随着充电的进行，层间的锂减少，层间距增大，结构向 $CdCl_2$ 结构变化。相反，对于尖晶石结构体系，因锰离子存在于氧层间，屏蔽氧层间的静电斥力，从而维持了其立方晶体的基本晶格，随着充电的进行，层间的锂减少，层间距减小。

在锂离子电池中，$LiMO_2$（M 为 Cr、Fe、Co、Ni）为还原态产物，充电时被氧化成 $\square MO_2$。它们在非水环境中有很高的电极电势（vs. Li/Li^+），但在水溶液中不稳定，与水发生如下反应

$$4\square MO_2 + 2H_2O \Longrightarrow 4MOOH + O_2 \tag{7-12}$$

因此，锂离子电池目前所用的电解质均为含有锂盐的非水有机电解质。

正极材料的电导率较低，为了减少大电流时由欧姆电阻造成的极化，电池的正极中还应加入导电剂和黏结剂，构成复合电极。

目前对电极材料的研究主要集中在锂钴氧化物、锂镍氧化物和锂锰氧化物上，已经用于锂离子电池规模生产的正极材料为 $LiCoO_2$。廉价的电极材料 $LiNiO_2$ 和 $LiMn_2O_4$ 正在被广泛研究并已在电池中试用。这三种正极活性材料的比容量及综合性能列于表 7-3。

表 7-3　锂离子电池正极活性材料性能比较

材　料	理论比容量 /$mA \cdot h \cdot g^{-1}$	实际比容量 /$mA \cdot h \cdot g^{-1}$	密度 /$g \cdot cm^{-3}$	特　　点
$LiCoO_2$	275	130～140	5.00	性能稳定，体积比能量高，放电平台平稳，价格高
$LiNiO_2$	274	170～180	4.78	比容量高，热稳定性较差，价格适中
$LiMn_2O_4$	148	100～120	4.28	安全性好，比容量较低，高温循环和存放性能较差，价格低

除上述三种材料系列以外，其他多种新型无机化合物材料和有机化合物正极材料也正受到广泛关注，例如无机非晶材料、导电聚合物材料和有机硫化物材料等。最近人们对 5V 正极材料以及聚阴离子正极材料表现出浓厚的兴趣。此外，纳米电极材料和其他一些新电极材料的研究方兴未艾。

正极材料的制备方法有高温固相合成法和低温合成法。

高温固相合成法是将含有钴、镍、锰的化合物与锂盐按一定配比混匀，在给定温度下，空气氛围下焙烧一定时间，冷至室温，粉碎，筛分制得产品。

低温合成法包括低温固相合成法、共沉淀法、溶胶-凝胶法和 Pechini 法。低温固相合成法与高温固相合成法类似，只是焙烧温度低一些。共沉淀法是将锂盐与含钴或镍、锰的溶液混合，调节 pH 值至生成沉淀，经过滤、洗涤、烘干得前驱体，再在一定温度下焙烧而成产品。溶胶-凝胶法实际上是共沉淀法的一个分支，是基于金属离子水解和凝聚作用，沉淀成胶体颗粒，经干燥成干凝胶，把干凝胶于给定的温度下焙烧得产品。Pechini 法是将配体（如柠檬酸等）和乙二醇溶于水，加入锂盐和含钴、镍、锰的化合物溶解，则配体与金属离子发生配位作用，然后加热到 100℃ 以上，使配合物与乙二醇发生酯化作用，除去多余的乙二醇成黏稠液，经干燥形成聚合物前驱体。最后，在给定温度下焙烧，得粉状产品。

7.3.1　锂钴氧化物

$LiCoO_2$ 有两种结构：低温条件下的尖晶石结构 $LT\text{-}LiCoO_2$（空间群 $Fd3m$）和高温条件下理想的二维 $\alpha\text{-}NaFeO_2$ 层状结构 $HT\text{-}LiCoO_2$（空间群 $R3m$）。由于 CoO_2 层间的斥力，HT 型晶格参数 c 轴随锂的减少而增加，LT 型则几乎保持不变。两种不同晶型 $LiCoO_2$ 的电化学行为、XRD 参数、FTIR 吸收光谱及锂的扩散系数也不尽相同。

作为锂离子电池正极材料的锂钴氧化物具有电压高、放电平稳、适合大电流放电、比能量高、循环性好等优点。其二维层状结构属于 $\alpha\text{-}NaFeO_2$ 型，适合锂离子的嵌入和脱出。其理论容量为 $275mA \cdot h \cdot g^{-1}$，实际容量约为 $140mA \cdot h \cdot g^{-1}$。因其具有生产工艺简单和电化学性质稳定等优势，所以率先占领市场。

层状 $LiCoO_2$ 的研究始于 1980 年，研究得比较详细。$LiCoO_2$ 的层状结构如图 7-14 所示，在理想层状 $LiCoO_2$ 结构中，Li^+ 和 Co^{3+} 各自位于立方紧密堆积氧层中交替的八面体位置，c/a 比为 4.899，但实际上由于 Li^+ 和 Co^{3+} 与氧原子层的作用力不一样，氧原子的分布并非理想的密堆积结构，而是发生偏离，呈三方对称性（空间群 $R3m$）。在充电和放电过程中，锂离子可以从所在的平面发生可逆脱嵌/嵌入反应。由于锂离子在键合强的 CoO_2 层间进行二维运动，故电导率高，扩散系数为 $10^{-9}\sim10^{-7}cm^2 \cdot s^{-1}$；此外，共棱的 CoO_6 八面体分布使 Co 与 Co 之间以 Co—O—Co 形式发生相互作用，电子电导率也比较高。

由高分辨透射电子显微镜（HRTEM）可以观察到 $LiCoO_2$ 中的三种原子。TEM 图像显示，Li 层排列在 Co 和 O 原子形成的八面体层之间，O 原子是明亮的，Co 原子有些模糊，Li 原子比较小、弱，稍微有些伸展。图 7-15 为 TEM 下 $LiCoO_2$ 中三种原子的图像模拟。

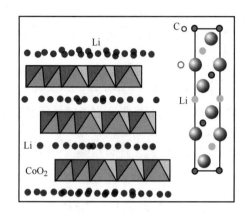

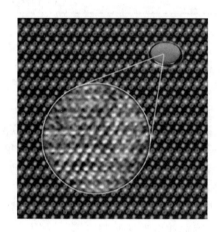

图 7-14　$LiCoO_2$ 的层状结构　　　　　　　图 7-15　$LiCoO_2$ 的 TEM 图像模拟

$LiCoO_2$ 的理论组成（质量分数）为锂含量 7.09%，钴含量 60.2%，而商品 $LiCoO_2$ 中锂和钴的含量会有少许变化。化学计量的 $LiCoO_2$ 充放电曲线在 3.94V 有一充电主平台，在 4.05V 和 4.17V 各有一小平台。3.94V 的主平台是由缺锂的 α 相和富锂的 β 相共存所致，而 4.05V 和 4.17V 处的平台是由于发生了三方晶型与单斜晶型间相的转变。当充电电压高于 4.3V 时，晶格参数 c 轴急剧下降，基本结构会发生变化，故可逆充放电的上限电压为 4.3V。锂离子从 $LiCoO_2$ 中可逆脱嵌量最多为 0.5 单元，$Li_{1-x}CoO_2$ 在 $x=0.5$ 附近发生可逆相变，从三方晶型转变为单斜晶型。当 x 大于 0.5 单元时，$Li_{1-x}CoO_2$ 在有机溶剂中不稳定，会发生失去氧的反应。因此 x 的范围为 $0 \leqslant x \leqslant 0.5$，理论容量为 156mA·h·$g^{-1}$，在此范围内电压表现为 4V 左右的平台。

合成 $LiCoO_2$ 的方法主要有高温固相合成法和低温固相合成法，还有草酸沉淀法、溶胶-凝胶法、水热法、有机混合法等软化学方法。比较成熟的方法是钴的碳酸盐、碱式碳酸盐或钴的氧化物等与碳酸锂在高温下的固相合成。

热重曲线和 XRD 物相分析表明，在 200℃ 以上 $CoCO_3$ 开始分解生成 Co_3O_4、Co_2O_3，300℃ 时其主体仍为 Co_3O_4，高于此温度，钴的氧化物开始与 Li_2CO_3 进行固相反应生成 $LiCoO_2$。反应式为

$$Li_2CO_3 + 2CoCO_3 + \frac{1}{2}O_2 \longequal 2LiCoO_2 + 3CO_2 \tag{7-13}$$

在富氧条件下或低温下得到细的 Co_3O_4 颗粒，而在 CO 气氛中或在高温条件下则生成大颗粒的 CoO，高氧化气氛还能促进 Li_2CO_3 的分解。原料中碳酸锂的比表面积会影响合成反应的有效进行，磨细的 Li_2CO_3 合成反应在 600℃ 就基本完成，而未预先磨细的原料在 800℃ 才完成合成反应。原材料的粒度及合成温度对产物的粒度也有明显影响。实验表明，在 650℃ 以上的高温下粒度明显增加，原因是 Li_2O-Li_2CO_3 的低温共熔体或碳酸锂熔融增加了合成产物的烧结度，从而使粒度增加。化学分析表明，随着锂盐加入量的增加，合成产品中锂含量增加，过量的锂会影响产物的性能和粒度。锂和钴的碳酸盐或草酸盐溶于载体溶液中并形成气流悬浮体，进行高温反应，可快速制备 $LiCoO_2$。热合成时虽然反应在较低的温

度下就可进行并基本完成，但低于 900℃ 时很难得到纯的 LiCoO₂ 相。

为了克服固相反应的缺点，可采用溶胶-凝胶法、喷雾分解法、沉降法、冷冻干燥旋转蒸发法、超临界干燥法和喷雾干燥法等方法，这些方法的优点是 Li⁺、Co³⁺ 离子间的接触充分，基本上实现了原子级水平的反应。低温制备的 LiCoO₂ 介于层状结构与尖晶石 Li₂[Co₂]O₄ 结构之间，由于阳离子的无序度大，电化学性能差，因此层状 LiCoO₂ 的制备还应在较高的温度下进行热处理。为了加快合成过程，已经研究出了微波加热方式。

水热法制备 LiCoO₂ 是将 $0.5 \text{mol} \cdot \text{L}^{-1}$ 的 Co(NO₃)₂ 溶液逐滴加入搅拌着的 LiOH 溶液中，然后，用 H₂O₂（50%）溶液氧化 Co(OH)₂ 的悬浮液，通过改变 Li/Co 的物质的量比及 LiOH 溶液的浓度来控制生成的产物，在 150～250℃ 的反应釜中水热处理 0.5～24h。结果表明，随着 LiOH 浓度的增加及时间的延长，可得到更加完美的晶体结构（图 7-16）。但在低温条件下（150～250℃），于 $3 \sim 6 \text{mol} \cdot \text{L}^{-1}$ 的 LiOH 溶液中水热处理 0.5～24h 后也能得到典型的 HT-Li-

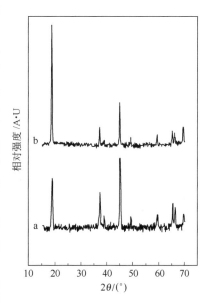

图 7-16　水热法制备（250℃，6h）的 LiCoO₂ 的 XRD 图
a—$3 \text{mol} \cdot \text{L}^{-1}$ 的 LiOH 溶液；
b—$6 \text{mol} \cdot \text{L}^{-1}$ 的 LiOH 溶液

CoO₂。其晶胞参数 $a = 0.2816 \text{nm}$，$c = 1.405 \text{nm}$，$c/a = 4.99$，为典型的 HT-LiCoO₂，平均粒径为 70～200nm（图 7-17）。经过退火处理以后，在较慢的放电速率下（C/20），有较高的放电容量（图 7-18）。

图 7-17　水热法制备（230℃）LiCoO₂ 的 TEM 图像

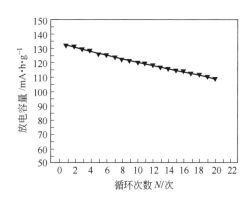

图 7-18　在 550℃ 退火后 LiCoO₂ 的循环性能

溶胶-凝胶法制备 LiCoO₂，一般是先将钴盐溶解，然后用 LiOH 和氨水逐渐调节 pH 值，形成凝胶。在该过程中，pH 值的控制比较重要，为了更好地控制粒子大小及结构的均匀性，可加入有机酸作为载体，如草酸、酒石酸、丙烯酸、柠檬酸、聚丙烯酸、腐殖酸等。在所形成的凝胶中，由于酸中的氧与钴离子和锂离子结合，使锂与钴在原子级水平发生均匀混合，因此在较低的合成温度下就可以得到结晶性良好的 LiCoO₂，也不用像固相反应那样需要长时间加

热。该方法所得的 LiCoO₂ 无论是可逆容量还是循环性能均较固相反应优越，可逆容量可达 150mA·h·g⁻¹ 以上，而固相反应的可逆容量一般仅为 120mA·h·g⁻¹ 左右。

使用溶胶-凝胶方法，将锂和钴的乙酸盐按化学计量比溶解在蒸馏水中，然后与丙烯酸的水溶液混合，溶液在 70~80℃ 下磁力搅拌几个小时后得到凝胶，将凝胶 LiCoO₂ 样品在 600℃ 或更高温度焙烧即可得到 HT-LiCoO₂（图 7-19）。其循环伏安图中（图 7-20，扫描速度 0.01mV·s⁻¹）主要的锂嵌入/脱嵌峰出现在 3.91V 和 3.92V，表明制得的 LiCoO₂ 对锂离子的嵌入/脱嵌行为具有热力学可逆性。超过 4V 的较高峰，归因为锂离子排列在 CoO₂ 结构中由有序到无序的相转变。

图 7-19　LiCoO₂ 在 600℃ 焙烧后的 SEM 图像

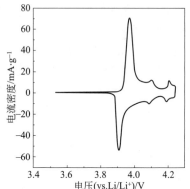

图 7-20　LiCoO₂ 在 600℃ 焙烧后的循环伏安图
（扫描速度 0.01mV·s⁻¹）

喷雾干燥法是先将锂盐与钴盐混合，然后加入聚合物支撑体如聚乙二醇（polyethylene glycol，PEG）进行喷雾干燥。这样制备的锂和钴混合比较均匀，但前驱体材料结晶度低，不能直接作为锂离子电池的正极材料，需在高温如 800℃ 下进行热处理。该方法可以在较短的时间内和较简单的工艺条件下获得均匀无杂相的 LiCoO₂ 超细粉末，并且所得的 LiCoO₂ 电化学活性优良，所以该法有利于工业化生产。

纳米材料具有量子尺寸效应、表面效应和量子隧道效应等特性，使得锂离子在纳米活性材料中嵌入/脱嵌深度小，行程短，也使得电极在大电流充放电下极化程度小，可逆容量高，循环寿命长。此外，纳米材料的高孔隙率为有机溶剂分子的迁移提供了大量空间，从而进一步提高嵌锂容量及比能量。纳米 LiCoO₂ 的研究前景是诱人的，但在实际应用中有着不可忽视的问题，必须加以解决，例如怎样简化纳米材料的合成方法，降低成本，如何使获得的纳米材料分散均匀、团聚小、粒径可控等。另外，对此领域寻求微观理论上的解释也是一个不可忽视的环节。

在反复的充放电过程中，由于锂离子的反复嵌入与脱嵌，使活性物质的结构在多次收缩和膨胀后发生改变，从而导致 LiCoO₂ 发生粒间松动而脱落，内阻增大，容量减小。为了提高容量、改善循环性能和降低成本，可以对 LiCoO₂ 进行多种掺杂改性。例如：①掺入 Al、Ni、Cu、Mg、Sn、In、Mn 等元素或 LiF，可改善其稳定性，延长循环寿命；②通过引入磷、钒等杂原子以及一些非晶物（如 H₃BO₃、SiO₂、锑的化合物等），使 LiCoO₂ 的晶体结构部分变化，提高电极结构变化的可逆性，使材料的可逆容量几乎不随循环次数的增加而减少；③在电极材料中引入 Ca²⁺ 化合物或 H⁺ 后，有利于提高电极导电性、电极活性物利用率和快速充放电的性能；④通过引入过量的锂，增加电极的可逆容量。另外，用高压氧来处理 LiCoO₂ 可减少晶体中的氧缺陷数，增大层间距，从而改善其循环性能。

由于 LiCoO₂ 合成所需的钴存在资源匮乏、价格高、毒性较大等问题，世界上许多国家都在积极开发能够替代 $LiCoO_2$ 的新型正极材料。

7.3.2 锂镍氧化物

锂镍氧化物主要是指 $LiNiO_2$。从结构上看，$LiNiO_2$ 与 $LiCoO_2$ 同属 α-$NaFeO_2$ 型三方层状结构，具有 $R\bar{3}m$ 空间群，其中 $6c$ 位上的 O 为立方密堆积，Li 和 Ni 分别处于 $3a$ 位和 $3b$ 位，并且交替占据其八面体空隙，在 [111] 晶面方向上呈层状排列，如图 7-21 所示。

$LiNiO_2$ 中低自旋的 Ni^{3+}（$d^7 = t_{2g}^6 e_g^1$）占据一半 $LiNiO_2$ 八面体的位置，t_{2g} 轨道已全充满，在反键的 e_g 二重简并轨道上有一个 3d 电子。反键的 e_g 轨道与氧原子中具有 σ 对称性的 2p 轨道重叠成键形成 e_g^*（$σ^*$）反键轨道，导致电子的离域性较差，键相对较弱，使层状结构的 $LiNiO_2$ 具有高的脱嵌锂容量。由于合成过程中，二价镍氧化为三价镍存在较大势垒，其氧化难以完全，残余的 Ni^{2+} 会进

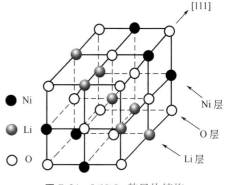

图 7-21 $LiNiO_2$ 的晶体结构

入 $3a$ 位占据 Li^+ 的位置。Li^+ 脱嵌后，迁入锂层的 Ni^{2+} 氧化为 Ni^{3+} 或 Ni^{4+}。当放电至 3V 时，这些高价镍又不能还原，阻止了 Li^+ 嵌入，导致首次循环出现较大的不可逆容量，这与在高压区生成 NiO_2 非活性区有关，因此 $LiNiO_2$ 在充电时应限制充电上限。

采用准开路电压（quasi open circuit voltage，QOCV）技术及 XRD 结构分析表明，$LiNiO_2$ 在首次充电（脱锂）过程中有三个充放电平台。其中，充电电压平台分别为 3.66V、4.03V 和 4.20V，放电电压平台分别为 3.63V、3.98V 和 4.15V，对应于 3 个明显的相转变，即三方晶型向单斜晶型的转变，单斜晶型向三方晶型的转变，以及三方晶型之间的转变。$LiNiO_2$ 的首次充放电效率较低，一般为 80%～90%，但经多次可逆充放电循环后容量可达 180mA·h·g^{-1}。

从 $LiNiO_2$ 移走一半的锂会使其转变成亚稳态的层状结构 $Li_{0.5}NiO_2$，当加热到 300℃ 时转变成尖晶石型 $LiNi_2O_4$。在尖晶石结构中，氧离子保持立方密堆积，锂离子占据四面体位置形成近似金刚石结构，$[Ni_2]O_4$ 是密堆积的主体骨架结构。二维的 O—Ni—O 层状结构的夹层间作用较弱，锂离子在夹层间移动；三维的 $[Ni_2]O_4$ 骨架结构允许锂离子三维移动，但限制了空隙的体积。这个限制使尖晶石结构允许离子三维嵌入，同时却降低了锂离子的移动性，导致锂离子的电导率降低。

与 $LiCoO_2$ 相比，$LiNiO_2$ 具有一定的优势。$LiNiO_2$ 的价格低廉，理论容量为 274mA·h·g^{-1}，实际容量可达 190～210mA·h·g^{-1}，比 $LiCoO_2$ 容量高，工作电压范围为 2.5～4.1V。其自放电率低，没有环境污染，对电解液的要求较低，和多种电解液有良好的相容性，具有较好的高温稳定性，而且 $LiNiO_2$ 与 $LiCoO_2$ 结构相似，取代容易。

$LiNiO_2$ 作为锂离子电池正极材料也存在不足之处。

① 在电极反应中，$LiNiO_2$ 可分解为电化学活性较差的 $Li_{1-x}Ni_{1+x}O_2$。Ni^{3+} 与 Co^{3+} 相比，Ni^{3+} 易还原成 Ni^{2+}，或者认为 Ni^{2+} 很难完全氧化为 Ni^{3+}，又由于在高温烧结时，原料 Li_2O 或锂盐容易蒸发，产生锂缺陷，因此在空气氛围中很难得到化学计量比的 $LiNiO_2$。假若反应物按化学计量比来制备 $LiNiO_2$，通常只能得到存在锂缺陷的 $Li_{1-x}Ni_{1+x}O_2$（$0<x<1$），锂缺陷的 x 是由 $2x$ Ni^{3+} 还原为 $2x$ Ni^{2+} 时补偿电荷产生的，使过量的镍离子 x 进入锂层，扰乱了锂层中锂离子的二维固相扩散；加上 Li^+ 和 Ni^{2+} 的离子半径相近，Ni^{2+} 的极

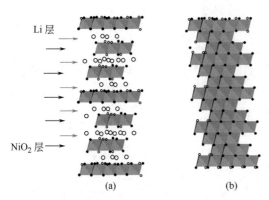

Li 层

NiO₂ 层→

(a)　　　　(b)

图 7-22　有序 LiNiO₂ (a) 和无序 LiNiO₂ (b) 的结构示意

化较小，易形成高对称性的无序岩盐结构（图 7-22），这都阻碍原来具有活性的层状岩盐相的电池反应，恶化了 LiNiO₂ 的电化学性能。

② 充电时由于 e_g^*（σ^*）反键轨道失去电子，键强度增强，而离子半径又小，当充电深度达一定程度时，层间距会突然紧缩，造成结构崩塌，电化学性能变差，因此不能过充电。

③ 由于 Ni^{4+} 不稳定，氧化性强，能与电解液发生析氧反应，导致其热安全性差。另外，LiNiO₂ 的工作电压为 3.3V 左右，与 LiCoO₂ 的 3.6V 相比较低。为此在对电池设计工艺改进的同时，有必要对 LiNiO₂ 电极材料进行改性。

LiNiO₂ 通常以 LiOH、LiNO₃、Li₂O、Li₂CO₃ 等锂盐和 Ni(OH)₂、Ni(NO₃)₂、NiO 等镍盐为原料，在富氧气氛下高温固相反应合成，工艺条件控制要求较高，而且容易生成非计量比产物。原因是在 200～600℃ 之间，Ni(OH)₂ 先分解为 NiO，NiO 再被氧化为 Ni₂O₃，当温度超过 600℃ 时，Ni₂O₃ 又分解为 NiO，不利于反应的进行，而氧气氛围能抑制 LiNiO₂ 的分解。当氧气氛围下采用 Li₂CO₃ 和 Ni(OH)₂ 作原料时，合成的 LiNiO₂ 中常含有杂质 Li₂Ni₈O₁₀。为了防止产生锂缺陷，宜选用在较低温度下反应性高的过氧化锂、氢氧化锂、硝酸锂或有机锂盐（如乙酸锂、柠檬酸锂等）和 Ni(OH)₂ 为原料合成。在此条件下，反应温度较高，反应时间较长时，产物的晶型会更加完美。其最佳反应条件为：按 $n(Ni)/n(Li)=(1/1.1)\sim(1/1.5)$ 混合，在 600～750℃ 下，于富氧气氛中焙烧 5～16h，生成的 LiNiO₂ 具有很好的循环性能，放电容量可达 180mA·h·g^{-1}。

要改善 LiNiO₂ 的电化学性能，必须改变它的键结构，一般可通过掺杂实现。LiNiO₂ 改性主要有以下几个方面：提高脱嵌相的稳定性，从而提高安全性；抑制容量衰减；降低不可逆容量，与负极材料达到较好的平衡。

(1)掺杂元素　可以在 LiNiO₂ 正极材料中掺杂 Co、Mn、Ga、F、Al 等元素制成复合氧化物正极材料，以增强其稳定性，提高充放电容量和循环寿命。也可以通过添加石墨插层化合物（GICs）制成 LiNiO₂ 电极，提高其充放电可逆性和工作电压平稳性。用氟取代部分氧，可抑制相转变，提高循环性能，例如固相反应合成掺杂有 Co、F 的 $Li_{1+x}Ni_{1-x}Co_yO_{2-z}F_z$，可逆容量达 182mA·h·g^{-1}，在前 100 次循环中仅衰减 2.8%，而随后的循环中衰减更少。

通常采用电喷射沉积法在 700℃ 的氧气流下制备掺杂 $LiAl_{0.25}Ni_{0.75}O_2$ 和 $LiCo_{0.5}Ni_{0.5}O_2$。在 LiNiO₂ 中掺入 Co，可减少迁入到 Li 层的 Ni^{2+}，制得完全有序的 2D 层状结构，并改善 LiNiO₂ 的循环性能。$LiNi_{1-x}Co_xO_2$ 中钴的加入量最好为 $x\geq0.3$，但为了降低成本，一般取 $x=0.2$，即合成 $LiNi_{0.8}Co_{0.2}O_2$。添加钴的锂镍氧化物热稳定性和安全性大大提高。

Al 可均匀掺杂到 LiNiO₂ 中，在氧气气氛下（750℃）形成层状结构，可逆容量及循环性能均有提高。Al^{3+} 具有与 Ni^{3+} 相近的离子半径，价态稳定，引入约 25% 的 Al^{3+} 可控制高电压区脱嵌的容量，防止过充电对 LiNiO₂ 结构的破坏，从而提高耐过充电性能，降低电荷传递阻抗，提高 Li$^+$ 的扩散系数，使充电时放热峰明显得到抑制，且电解质的稳定性也有了明显增加。氧化还原电势也表明，掺杂 Al 后，电势升高约 0.1V，因而在 4.3V 以下不会有对应于锂嵌入的第 3 个平台的出现，只出现第 1 个和第 2 个平台电压。

镓掺杂的 $LiNiO_2$ 为单一的三方结构，没有其他化合物如 $LiGaO_2$ 等的存在。在充电过程中，仍保持三方结构，因此晶格参数连续缓慢地发生变化，在 3.0～4.3V 范围内充放电容量大于 190mA·h·g^{-1}，100 次循环后容量保持率在 95% 以上。当充电电压更高（4.4V 或 4.5V）时，可逆容量在 200mA·h·g^{-1} 以上，而循环性能并没有衰减，具有良好的耐过充电性。

$LiNi_{1-x}Ti_{x/2}Mg_{x/2}O_2$ 具有与 $LiCoO_2$ 和 $LiNiO_2$ 相同的 α-$NaFeO_2$ 层状结构，可逆比容量为 190mA·h·g^{-1}，全充电后加热至 400℃ 或与电解液接触没有放热反应，具有很好的循环性和安全性。

此外，同时掺入多种元素如 Co、Al、Mn、Mg 等，有利于提高 $LiNiO_2$ 的综合性能，是 $LiNiO_2$ 改性的发展方向。

(2) 溶胶-凝胶法 为了防止 $LiNiO_2$ 因热处理温度过高而发生分解，同氧化钴锂一样，也可以用溶胶-凝胶法制备氧化镍锂。常用的有机载体有柠檬酸、聚乙烯醇、聚乙烯醇缩丁醛、己二酸等。以聚乙烯醇缩丁醛为例，在 750℃ 热处理 5h 就可以合成结晶性很好的 $LiNiO_2$，比固相反应、喷雾干燥等方法均优越，其原因是锂、镍之间为原子级水平的混合。此外，有机物在热处理时发生氧化，产生大量的热，可加速 $LiNiO_2$ 晶体的形成。

溶胶-凝胶法制备的 $LiNiO_2$ 热稳定可到 400℃ 以上，初始容量为 150mA·h·g^{-1}。用球形 $Ni_{1-x}Co_x(OH)_2$ 粉末为原料（$x=0.1$、0.2 和 0.3）制备的 $LiNi_{1-x}Co_xO_2$，因阳离子无序度降低，使晶格参数 c/a 之比增加，电化学稳定性提高。为了抑制 Ni^{3+} 的还原，也可以在溶胶-凝胶法的基础上进行掺杂后，在较高温度下（如 600℃）热处理得到很好的结晶，其大电流放电也比固相法得到的要好。以聚乙烯醇为载体用溶胶-凝胶法制备的 $LiNi_{0.75}$-$Co_{0.25}O_2$ 的可逆容量达 182mA·h·g^{-1}。

溶胶-凝胶法制备掺杂有 Zn、Al 的氧化锂镍，可逆容量高达 245mA·h·g^{-1}，而且 10 次循环后容量基本上没有衰减。从上述结果来看，由溶胶-凝胶法来制备氧化锂镍大有可为。

日本 SONY 公司曾生产正极使用锂镍系的锂离子充电电池"US14500N"，与锂钴系电池相比提高了约 20% 的功率。这种电池的容量为 720mA·h，充放电循环次数为 500 次，输出电压为 3.6V，充电电压为 4.2V，充电时间为 2.5h。

通过 Al 离子掺杂改性制备的镍钴铝酸锂 $LiNi_xCo_yAl_zO_2$ 三元正极材料（$x+y+z=1$，NCA 电池材料）已经产业化应用于纯电动汽车特斯拉（Tesla）中，电池为日本松下公司制造的 $LiNi_{0.8}Co_{0.15}Al_{0.05}O_2$（NCA）圆柱形电池体系。特斯拉公司与松下公司联合研发的新型 21700 电池系统的能量密度在 300W·h·kg^{-1} 左右，续航里程可达到 640km 以上。由于 Al 为两性金属，不易沉淀，相对于其他材料只需注液工序对湿度进行严格控制，NCA 电池要求在电池生产全过程均要控制湿度在 10% 以下，在制作工艺及电池生产上难度很大；而且电池充放电过程存在严重的产气，导致电池鼓胀变形和循环及搁置寿命下降，存在安全隐患。高镍材料荷电状态下的热稳定性较差，导致电池的安全性下降，使得电池生产企业和终端产品用户对 NCA 电池的安全性心存顾虑，所以需要从电芯设计、电源系统设计、电源使用等环节进行可靠的安全设计。

7.3.3　锂锰氧化物

与锂钴氧化物和锂镍氧化物相比，锂锰氧化物具有安全性好、耐过充性好、工作电压高，原料锰的资源丰富、价格低廉及无毒等优点。锂锰氧化物主要有层状结构 Li_xMnO_2 和

尖晶石结构 $Li_xMn_2O_4$，近年来国内外学者对其进行了广泛研究。

7.3.3.1 Li-Mn-O 系化合物相图

图 7-23 是 Li-Mn-O 三元体系相图在 25℃的等温截面曲线。$MnO-Li_2MnO_3$ 连接线表示化学计量岩盐组分；$Mn_3O_4-Li_4Mn_5O_{12}$ 连接线表示化学计量尖晶石组分；$LiMn_2O_4-Li_4Mn_5O_{12}-\lambda-MnO_2$ 连接线所围成的三角形区域表示有缺陷的尖晶石组分，有缺陷的尖晶石 $Li_2O \cdot yMnO_2$（$y>2.5$）存在于 $Li_4Mn_5O_{12}-\lambda-MnO_2$ 的连接线上，可由化学计量尖晶石 $Li_{1+x}Mn_{2-x}O_4$ 通过锂的脱嵌得到。沿连接线 $x=0$（$LiMn_2O_4$）到 $x=0.33$（$Li_4Mn_5O_{12}$）能形成完全互溶的固溶体。$LiMnO_2-LiMn_2O_4-\lambda-MnO_2$ 连接线表示尖晶石 $LiMn_2O_4$ 的电化学嵌/脱锂的整个电极相变。

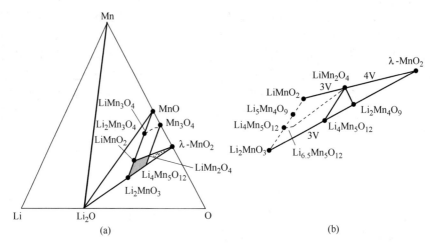

图 7-23 Li-Mn-O 三元体系的相图在 25℃的等温截面曲线 (a) 和 (a)中阴影部分的放大图 (b)

Li 从尖晶石结构的四面体位置嵌入（脱嵌）发生在 4V，从八面体位置嵌入（脱嵌）发生在 3V。也就是说，4V 区位于 $\lambda-MnO_2-LiMn_2O_4-Li_4Mn_5O_{12}$ 相区内。$\lambda-MnO_2$ 具有[Mn_2]O_4 尖晶石网络结构，虽然它能提供很高的容量，但由于在 $0 \leqslant x \leqslant 1$（$Li_x$[$Mn_2$]$O_4$）的组成范围内具有高度的氧化性，限制了其应用。从电极材料的制备来讲，$LiMn_2O_4-Li_2Mn_4O_9-Li_4Mn_5O_{12}$ 限定的锂锰氧化物尖晶石相区是人们最感兴趣的，它们的结构性质和理论电极容量列于表 7-4。

表 7-4　尖晶石型锰氧化物的结构参数和容量

尖晶石相	尖晶石中的占位表示	Mn 平均价态	晶体对称性	理论电极容量/mA·h·g^{-1}
Mn_3O_4	Mn[Mn_2]O_4	2.67	四方（I_{41}/amd） $a=0.5762nm$ $c=0.9470nm$	117
$\lambda-MnO_2$	（$\square_{1.0}$）[Mn_2]O_4	4.00	立方（$Fd3m$） $a=0.8029nm$	308
Li[Mn_2]O_4	Li[Mn_2]O_4	3.50	立方（$Fd3m$） $a=0.8247nm$	148
$Li_2Mn_4O_9$	（$Li_{0.89}\square_{0.11}$）[$Mn_{1.78}\square_{0.22}$]O_4	4.00	立方（$Fd3m$） $a=0.8162nm$	213
$Li_4Mn_5O_{12}$	Li[$Li_{0.33}Mn_{1.47}$]O_4	4.00	立方（$Fd3m$） $a=0.8137nm$	163

注：（）表示四面体位；[ ]表示八面体位；$\square$ 表示空位。

原则上讲，这些尖晶石相都可以作为锂电池插入电极材料。$Li_2Mn_4O_9$ 和 $Li_4Mn_5O_{12}$

与 $LiMn_2O_4$ 有同样的立方结构，在 XRD 图上很难分辨，只是晶胞参数有所不同。它们在 3V 电压区表现出很好的保留容量，因此可以作为 3V 电压区的正极材料来研究。

7.3.3.2　$LiMnO_2$

三价锰化合物 $LiMnO_2$ 具有价格低、容量高（$LiMnO_2$ 的理论容量为 $LiMn_2O_4$ 的 2 倍）、在空气中稳定等特点，是一种很有吸引力的锂离子电池用正极材料。层状结构的 $LiMnO_2$ 随合成方法和组分的不同，结构也存在差异，有正交（o-$LiMnO_2$）和单斜（m-$LiMnO_2$）两种晶体结构。

正交 $LiMnO_2$（空间群为 $Pmmn$）为岩盐结构，但是它与层状的 $LiCoO_2$ 等有明显不同。氧原子为扭曲的立方密堆积排列，锂离子和锰离子占据八面体的空隙形成交替的[LiO_6]和[MnO_6]褶皱层，阳离子层并不与密堆积氧平面平行（图 7-24）。正交晶系的 $LiMnO_2$ 在脱锂后不稳定，慢慢向尖晶石型结构转变。

单斜 $LiMnO_2$（空间群为 $C2/m$）的阴离子排列为 α-$NaFeO_2$ 结构，锂离子处于[MO_6]层的八面体位置（图 7-25）。尽管所有的锂均可以从 $LiMnO_2$ 中发生脱嵌，可逆容量达 $270mA \cdot h \cdot g^{-1}$，但在电化学循环过程中，结构变得不稳定，会从原来的层状 α-$NaFeO_2$ 结构向尖晶石结构转化。在 4V 和 3V 生成两个明显的平台，表明充放电过程中发生了层状结构与尖晶石结构之间的相转变，该转变导致锰离子迁移到锂离子层中。

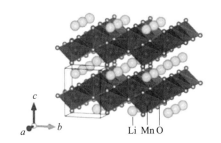

图 7-24　正交 $LiMnO_2$ 的结构

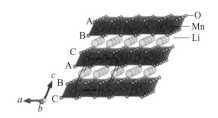

图 7-25　单斜 $LiMnO_2$ 结构

$LiMnO_2$ 的合成方法有高温固相反应法、溶胶-凝胶法、水热法、离子交换法、化学还原法等。高温固相反应制备的 $LiMnO_2$ 具有正交结构，在充放电过程中 $LiMnO_2$ 的结构容易转变成尖晶石结构，在充放电曲线上出现 3V 和 4V 两个不同的平台，可逆容量很差，因此人们在积极探索其他的合成方法。用化学计量的 γ-$MnOOH$ 和 $LiOH \cdot H_2O$ 低温制备的 $LiMnO_2$，可逆容量高（几乎为 $200mA \cdot h \cdot g^{-1}$），循环性能好，X 射线衍射表明其在第一次脱锂时变成尖晶石型 $Li_xMn_2O_4$。

在正己醇或甲醇中将层状结构的 α-$NaMnO_2$ 与 $LiCl$ 或 $LiBr$ 进行离子交换得到无水 $LiMnO_2$，其结构为单斜晶系，充电容量高达 $270mA \cdot h \cdot g^{-1}$，而且循环稳定性好，在 3V 左右并不转变为尖晶石型 $Li_xMn_2O_4$。在 220℃时，用含水混合碱溶液（如 $LiOH \cdot H_2O$ 或 $LiCl$-KOH）经水热反应，从 Mn_2O_3 直接合成 α-$NaMnO_2$ 型的 $LiMnO_2$ 亚稳形式，只经一步过程就能获得相对晶化度高的材料，充电容量约达 $210mA \cdot h \cdot g^{-1}$。

在 300~350℃时用氢或 600℃时用炭还原锂锰氧化物和锰氧前驱体时，合成的正极材料具有与 $LiMnO_2$ 相近的组成，其中含有类似尖晶石型 $Li_2[Mn_2]O_4$ 和正交晶系 $LiMnO_2$ 的结构，在电池循环中正交晶系逐渐变成尖晶石结构。这种正极材料比标准 $Li_x[Mn_2]O_4$ 尖晶石电极更能耐受锂的嵌入和嵌出，循环性能得到了改善。

层状结构的 $LiMnO_2$ 用作锂离子电池正极材料虽然容量很高，但在高温下不稳定，而且在充放电过程中容易向尖晶石结构转变，导致容量衰减较快。通过掺杂其他金属离子（Co、Ni、Al、Cr 等）可以稳定其结构，改善循环性能。当材料组分为 $LiNi_xCo_yMn_zO_2$ （$x+y+z=1$）时，称为三元材料（NCM）。其中，Ni 主要以 +2 价形式存在，Co 主要为 +3 价，Mn 主要为 +4 价，各过渡金属元素的平均价态为 +3 价。在脱锂过程中，Ni^{2+} 可以氧化为 Ni^{3+}/Ni^{4+}，Co^{3+} 氧化为 Co^{4+}，而 Mn^{4+} 被认为是非电化学活性的，脱锂过程中主要通过 Ni 和 Co 的价态变化来达到电荷平衡。因此在三元材料中，Ni 是材料的主要活性物质之一，能提高材料的容量；Co 也是材料的主要活性物质之一，能抑制相变，提高材料的放电容量和高倍率放电性能；Mn 良好的电化学惰性，使材料保持稳定的结构。Ni^{2+}（0.069nm）与 Li^+（0.076nm）的半径接近，Ni^{2+} 很容易占据 Li^+ 的 $3a$ 位置，Li^+ 则占据 $3b$ 位置，发生阳离子混排现象。离子混排程度可用 c/a 值和 $I_{(003)}/I_{(104)}$ 表征；当 $c/a>4.9$ 以及 $I_{(003)}/I_{(104)}>1.2$ 时，混排程度低。另外，(006)/(102)晶面和(108)/(110)晶面两对衍射峰的劈裂程度，反映了材料层状结构的完整性，对材料的电化学性能有较大的影响：两对衍射峰的劈裂程度越大，α-NaFeO₂ 型层状结构将越完整，电化学性能也越优良。因此，在制备过程中，保持合适的 Li^+/Ni^{2+} 比例，即低的混排度以及完整的层状结构，是提高高镍 NCM 材料电化学性能的关键。

由于 Ni、Co、Mn 原子结构相似，在保持结构不变的前提下，能以任意比例配比，得到一系列性能不同的镍钴锰三元材料。常用的三元材料牌号有 $LiNi_{1/3}Co_{1/3}Mn_{1/3}O_2$（111 型）、$LiNi_{0.4}Co_{0.4}Mn_{0.2}O_2$（442 型）、$LiNi_{0.4}Co_{0.2}Mn_{0.4}O_2$（424 型）、$LiNi_{0.5}Co_{0.2}Mn_{0.3}O_2$（523 型）、$LiNi_{0.6}Co_{0.2}Mn_{0.2}O_2$（622 型）、$LiNi_{0.8}Co_{0.1}Mn_{0.1}O_2$（811 型）等。Ni 含量越高，比容量越高，Ni 含量达到 60% 以上时材料的重要性逐渐显现。典型 NCM 材料的放电容量、热稳定性和容量保持率关系如图 7-26 所示。

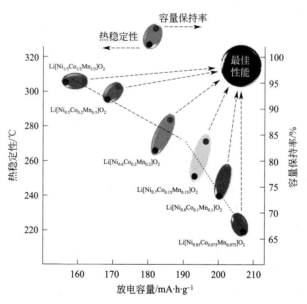

图 7-26 Li [$Ni_xCo_yMn_z$] O_2(NCM，$x=$ 1/3,0.5,0.6,0.7,0.8,0.85)的放电容量、热稳定性和容量保持率关系

根据 NCM 材料特点及优势可以进行市场细分，使其各自优点得以最大限度发挥，从而满足不同用途的市场客户要求。111 型三元材料兼具能量、倍率、循环性能和安全性能优势，但材料的首次充放电效率低，锂层中阳离子的混排影响材料的稳定性，材料的放电电压平台也较低。因此，提高 111 型材料的振实密度、高低温和高电压下的循环稳定

性以及倍率性能成为研究的热点。523 型是目前用量最大的三元材料，它具有较高的比容量和热稳定性，且工艺的成熟度和稳定性不断提升，国内市场占有率迅速扩大。523 型三元材料追求大体积、高比容量（大压实密度）是首选目标，其次是循环性能、倍率性能、热稳定性和自放电等之间的平衡。811 型高镍系材料因镍含量高、钴含量低，具备高容量、低价格等优势，但镍含量过高在循环过程中容量损失大，而且烧结条件比较苛刻，产品在储存、使用时容易吸潮，易成果冻状，不易调浆和极片涂布。另外，811 型高镍系材料对制作电池的环境要求也较高，需要配合高电压电解液。因此，在提高比容量的同时还要注意不断优化、提升产品的使用加工性能，并解决这类材料在电池上的应用问题是目前研究的重点。NCM 三元材料常见的制备法包括：高温固相法、共沉淀法、溶胶-凝胶法、喷雾干燥法和燃烧法等，制备方法对高镍 NCM 层状材料的微观结构和电化学性能有着较大影响。

在充放电过程中，高镍 NCM 层状材料的层状结构易发生 Jahn-Teller 畸变，导致容量严重衰减。掺杂其他元素可以提高材料的导电性，抑制极化，使晶格无序化程度增加，从而提高结构稳定性。所掺元素应不存在 Jahn-Teller 效应，与氧的作用力要大于过渡金属。分布在晶格内的掺杂元素起支撑的作用，从而降低循环过程中晶格体积缩小的风险。常见的如 Mg、Al 掺杂等，Mg^{2+} 半径（0.072nm）接近 Li^+ 半径（0.076nm），在充电过程中将进入 Li 层取代部分 Li^+，起到支撑晶格结构和防止锂层坍塌的作用，从而提高 Ni 系正极材料稳定性。表面包覆可以抑制材料在充放电过程中晶型的转变和过渡金属的溶解，改变材料表面化学特性，从而提高其电化学性能，避免或者减少材料与电解液的直接接触，减少电解液与正极材料副反应的发生；同时，包覆层作为导电介质可以促进颗粒表面的 Li^+ 扩散，是改善容量保持性能、倍率性能和热稳定性的有效手段。用于包覆的材料通常有无机盐、氧化物和氟化物等。一些包覆层不仅自身结构稳定，还具有一定的电化学活性，有利于提高材料比容量。此外，高镍 NCM 正极材料存储条件要求较高，包覆改性可以在大规模生产时减少正极材料与空气的接触，延长存储寿命。

镍钴锰三元材料综合了 $LiCoO_2$、$LiNiO_2$、$LiMnO_2$ 三种材料的优点，成本比 $LiCoO_2$ 大大降低，循环性能良好。其综合性能优于以上任一单一正极材料，具有比容量高、电压稳定、振实密度较大、能量密度大等优点，其发展一是朝更高能量密度方向发展，主要用于便携式小型电子设备，如手机、笔记本电脑、蓝牙、降噪耳机等；二是朝更大的功率密度方向发展，可用于各种手持、便携式电动工具，以及电动自行车、电动汽车等，在电池正极材料的市场份额逐年扩大。

7.3.3.3 Li_2MnO_3

Li_2MnO_3 属于单斜晶系，具有结晶性良好的层状结构。如果按 $LiMnO_2$ 定义，Li_2MnO_3 可表示为 $Li(Li_{0.33}Mn_{0.67})O_2$，即阳离子交换层由单纯的锂离子层和 Li/Mn 比为 1:2 的混合层组成[图 7-27(a)]。与层状 $LiMO_2$（M＝Co、Ni、V）的结构非常相似[图 7-27(b)]。

作为锂离子电池的电极材料，它没有活性，因为所有八面体的位置均被占据，锂不能嵌入，同时锰离子全部被氧化为＋4 价，锂离子也不易发生脱嵌。但是，在硫酸溶液中经水热处理，将部分 Li_2O 浸出来，就可以得到具有电化学活性的层状 Li-Mn-O 材料（图 7-28）。该材料具有很高的充放电容量和循环稳定性。

此外，通过配置过量的锂，可以合成高容量的富锂锰基层状材料。该类材料可表示为 $xLi_2MnO_3 \cdot (1-x)LiMO_2$（M＝Ni，Co，Mn，Fe 等；$0<x<1$），或者 $Li_{1+y}M_{1-y}O_2$（M＝Ni，Co，Mn，Fe 等；$0<y\leqslant 0.33$）。富锂锰基材料有较高的放电比容量（可达

$250\text{mA}\cdot\text{h}\cdot\text{g}^{-1}$），平均放电电压高于 3.5V，是实现单体电池能量密度达到 $300\text{W}\cdot\text{h}\cdot\text{kg}^{-1}$ 指标极具潜力的正极材料。

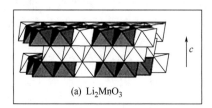

(a) Li_2MnO_3

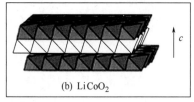

(b) $LiCoO_2$

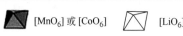

$[MnO_6]$ 或 $[CoO_6]$　　$[LiO_6]$

图 7-27　Li_2MnO_3 和 $LiCoO_2$ 的结构比较

图 7-28　层状的 Li_2MnO_3 用酸水热处理后生成物的 SEM 图像

由于富锂正极材料组成的复杂性，对于其结构和脱嵌锂机制的认识还存在分歧。一种观点认为它是两相结构，利用 XRD、HRTEM、MAS NMR 和 XAS 等研究手段分析认为，$Li[Li_x(MnM)_{1-x}]O_2$ 是由六方晶系 $LiMO_2$ 和单斜晶系 Li_2MnO_3 两种层状结构组成的复合材料，存在类 Li_2MnO_3 和 $LiMO_2$ 结构微区，过渡金属层中 Li 和过渡金属离子的排布倾向于短程有序，是具有短程有序的伪二元纳米复合结构，不是无序随机排列或者均匀分布形成固溶体材料。根据材料的 XRD 数据分析，超晶格峰和晶格参数随着组成的变化呈线性关系。根据 HAADF-STEM 和纳米光束选区衍射等分析手段，也有观点认为 $Li[Li_x(MnM)_{1-x}]O_2$ 是由 Li_2MnO_3 和 $LiMO_2$ 形成的固溶体材料。目前，对富锂锰基正极材料的结构还未形成统一结论，还需对材料结构进行深入研究。

富锂锰基正极材料首次充电曲线分成两段（图 7-29），在 4.4V 以下充电电压呈上升状态，对应于 $LiMO_2$ 中 Li^+ 的脱嵌及过渡金属离子（Ni^{2+}，Co^{3+}）的氧化，这与传统层状正极材料的脱嵌锂机理一致，理论容量为 $126\text{mA}\cdot\text{h}\cdot\text{g}^{-1}$，实际容量约 $116\text{mA}\cdot\text{h}\cdot\text{g}^{-1}$（依赖于电流密度）。同时，$Li_2MnO_3$ 过渡金属层中位于八面体位置的 Li 扩散到 $LiMO_2$ 中 Li 层的四面体位置以补充嵌出的 Li 离子。从这个角度讲，Li_2MnO_3 可以作为低锂状态时的锂源，同时还具有保持结构稳定的作用。当充电电位高于 4.4V（$4.4\sim4.8\text{V}$）时，富锂材料中的 Li_2MnO_3 组分被活化，Li_2MnO_3 中的 Li 继续脱嵌，在 4.45V 左右形成长的充电平台。脱嵌后得到的 MnO_2 和 MO_2 都具有强氧化能力，如同高氧化态的 Ni^{4+} 会导致颗粒表面氧原子缺失一样，富锂正极材料的电极表面也会有部分 O_2 释出，首次充电结束后净脱嵌为 Li_2O 及可能剩余的 O_2。基于该转化反应，考虑全部 Li^+ 从 Li_2MnO_3 中脱嵌，理论容量为 $251\text{mA}\cdot\text{h}\cdot\text{g}^{-1}$（依赖于反应路径）。在没有可逆氧物种存在的情况下，放电过程发生的反应为：

$$MnO_2\cdot MO_2 + Li^+ + e^- \xrightarrow{\text{放电到约 } 3.6\text{V}} MnO_2\cdot LiMO_2 \tag{7-14}$$

$$MnO_2\cdot LiMO_2 + Li^+ + e^- \xrightarrow{\text{放电到 } 3.6\text{V 以下}} LiMnO_2\cdot LiMO_2$$

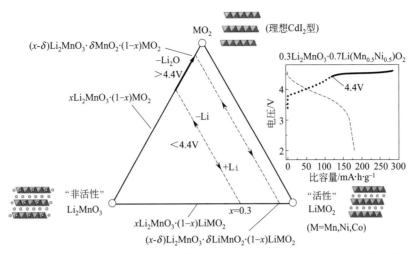

图 7-29 $x\mathrm{Li_2MnO_3} \cdot (1-x)\mathrm{LiMO_2}$ 电化学反应路径组成相图及首次充放电电压-容量曲线

基于上述反应，$\mathrm{LiMnO_2} \cdot \mathrm{LiNi_{0.33}Co_{0.33}Mn_{0.33}O_2}$ 理论放电容量为 $251\mathrm{mA \cdot h \cdot g^{-1}}$。可是，富锂锰基电极材料多有超过理论放电容量的报道，甚至放电容量超过 $300\mathrm{mA \cdot h \cdot g^{-1}}$。最近，根据富锂锰基和 $\mathrm{Li_2RuO_3}$ 材料的电化学反应，研究人员又提出了可逆氧的氧化还原机理（图 7-30）。

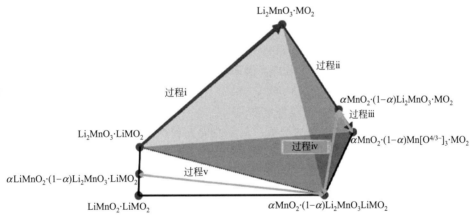

图 7-30 $x\mathrm{Li_2MnO_3} \cdot (1-x)\,\mathrm{LiMO_2}$ 电化学反应路径组成相图

充放电过程可以描述为：

ⅰ. 当 $\mathrm{Li_2MnO_3} \cdot \mathrm{LiMO_2}$（$\mathrm{M = Ni_{0.33}Co_{0.33}Mn_{0.33}}$）首次充电到约 4.45V 时，$\mathrm{Li^+}$ 从 $\mathrm{LiMO_2}$ 中脱嵌并伴随过渡金属离子的氧化：

$$\mathrm{Li_2MnO_3 \cdot LiMO_2} \xrightarrow{\text{充电到 4.45V}} \mathrm{Li_2MnO_3 \cdot MO_2} + \mathrm{Li^+} + \mathrm{e^-}$$

ⅱ. $\mathrm{Li_2MnO_3 \cdot LiMO_2}$ 充电到 4.45V 以上时，$\mathrm{Li^+}$ 进一步从 $\mathrm{Li_2MnO_3}$ 脱嵌，同时释放氧和锂，$\mathrm{O^{2-}}$ 氧化为 $\mathrm{O^-}$：

$$\mathrm{Li_2MnO_3 \cdot MO_2} \xrightarrow{\text{充电到 4.45V 以上}} \alpha\,\mathrm{MnO_2} \cdot (1-\alpha)\mathrm{Mn[O^{4/3-}]_3 \cdot MO_2} + 2\mathrm{Li^+} + \alpha[\mathrm{O^{2-}}] + 2(1-\alpha)\mathrm{e^-}$$

这里 $[\mathrm{O^{2-}}]$ 表示形成的氧物种，如 $\mathrm{Li_2O}$ 或 $\mathrm{O_2}$；$[\mathrm{O^{4/3-}}]$ 表示保留在晶格结构中的氧物种。

ⅲ. 放电时，在高电压范围，约 4.4V 的还原峰对应于氧的可逆反应（$\mathrm{O^{2-}/O^-}$）而非

Co^{4+} 还原：

$$\alpha MnO_2 \cdot (1-\alpha) Mn[O^{4/3-}]_3 \cdot MO_2 + 2(1-\alpha)Li^+ + 2(1-\alpha)e^- \xrightarrow{\text{放电到约}4.4V} \alpha MnO_2 \cdot$$
$(1-\alpha)Li_2MnO_3 \cdot MO_2$

ⅳ．在首次放电后，Li^+ 从 MO_2 中可逆脱嵌：

$$\alpha MnO_2 \cdot (1-\alpha)Li_2MnO_3 \cdot MO_2 + Li^+ + e^- \xrightarrow{\text{放电到约}3.6V} \alpha MnO_2 \cdot (1-\alpha)$$
$Li_2MnO_3 \cdot LiMO_2$

ⅴ．在首次放电后，Li^+ 从 MnO_2 中可逆脱嵌：

$$\alpha MnO_2 \cdot (1-\alpha)Li_2MnO_3 \cdot LiMO_2 + \alpha Li^+ + \alpha e^- \xrightarrow{\text{放电到}3.6V\text{以下}} \alpha LiMnO_2 \cdot (1-\alpha)$$
$Li_2MnO_3 \cdot LiMO_2$

过程 ⅱ 是不可逆的，导致富锂锰基氧化物结构改变；过程 ⅲ、ⅳ、ⅴ 在随后的循环过程中是可逆的，提供了富锂锰基氧化物的高容量。高容量依赖于阳离子和晶格氧阴离子的同时氧化还原反应，且过程 ⅴ 仅在高电压平台（≥4.45V）循环时提供额外的容量。

放电过程中，Li_2O 释出后在体相留下的空位被表面金属离子占据，导致 Li^+ 无法完全回嵌至晶格，导致第一次循环效率较低。同时，氧流失/损失使过渡金属离子从表面向体相迁移占据锂、氧空位，引发材料表面结构重组，晶体结构发生由层状结构向尖晶石结构的不可逆转化，Li^+ 迁移阻力增大，导致极化增加、倍率性能下降、电压衰退以及容量衰减、循环性能变差。在高电压下，过渡金属离子易溶于电解液，电极表面易被电解液分解生成的 HF 腐蚀，生成不稳定的固体电解质界面（SEI）膜，还会造成界面阻抗增大，并伴随容量衰减。

富锂锰基正极材料在小倍率（0.1C 或 0.05C）时放电比容量高于 $250mA \cdot h \cdot g^{-1}$。由于 Li_2MnO_3 的活性不高，离子电导率低，倍率性能不理想，不适合大电流充放电。该材料在 0.5C 条件下放电比容量约 $200mA \cdot h \cdot g^{-1}$，1C 时放电比容量仅为 $180mA \cdot h \cdot g^{-1}$，3C 放电比容量为 $150mA \cdot h \cdot g^{-1}$ 或者更低。

富锂材料中首次不可逆容量衰减严重、倍率性能差和循环寿命短等问题，制约着富锂材料的进一步产业化发展。为解决容量衰减、电压衰退等问题，需要通过表面包覆改性（金属氧化物、磷酸盐、氟化物、碳材料、金属单质、导电聚合物、尖晶石相异质结构等）、表面酸处理、预循环处理、离子掺杂（Co^{2+}、Mg^{2+}、Al^{3+}、Cr^{3+}、Mo^{6+}、Ti^{4+}、Na^+ 和 F^- 等）、微观结构设计（分级微纳结构、多层核/壳复合结构等）、晶面调控、改进电解液体系/电解液添加剂以及黏结剂等手段，以保持材料结构、容量、电压的稳定性，抑制材料与电解液之间的副反应以及提高材料的电子/离子电导率；同时，可以提高其倍率性能，改善富锂锰基电极材料的电化学性能。

7.3.3.4 $LiMn_2O_4$

$LiMn_2O_4$ 具有尖晶石结构，属于立方晶系，空间群为 $Fd3m$。如图 7-31 所示，在立方晶格中，单位晶格有 32 个氧原子，8 个四面体位置（8d）和 16 个八面体位置（16d）。O 原子构成面心立方紧密堆积（CCP）形式，锂和锰分别占据 CCP 堆积的四面体位置（8a）和八面体位置（16d）。16d 位置的锰被 Mn^{3+} 和 Mn^{4+} 按 1∶1 的比例占据，八面体的 16c 位置全部是空位，四面体晶格 8a、48f 和八面体晶格 16c 共面构成互通的三维［1×1］离子通道。

$LiMn_2O_4$ 中立方对称的$[Mn_2]O_4$ 框架，为锂离子扩散提供了一个由共面四面体和八面体框架构成的三维网络；比层间化合物更有利于锂离子的自由嵌入和嵌出（图 7-32），在锂嵌入和嵌出的过程中尖晶石各向同性地膨胀和收缩。

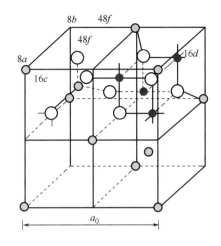

图 7-31　$LiMn_2O_4$ 的结构
（阴影线、实心和空心圆圈分别表示 $LiMn_2O_4$
中的 Li^+、Mn^{3+}/Mn^{4+} 和 O^{2-}，
数字指尖晶石结构中的晶体位置）

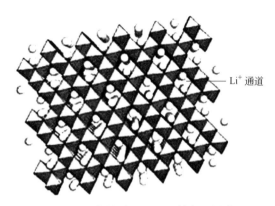

图 7-32　尖晶石 $LiMn_2O_4$ 的离子通道

$LiMn_2O_4$ 的理论容量为 $148mA \cdot h \cdot g^{-1}$，实际放电容量可达 $140mA \cdot h \cdot g^{-1}$。在 $Li_xMn_2O_4$ 中，x 值的大小会对结构产生影响，$Li_xMn_2O_4$ 在 4V 电压范围内（$x \leq 1$）的充放电过程分为 4 个区域（图 7-33）。当 $0 \leq x \leq 1$ 时，在 4V 左右放电，$1 < x \leq 2$ 时，在 3V 左右放电，4V 电极比 3V 电极更稳定。

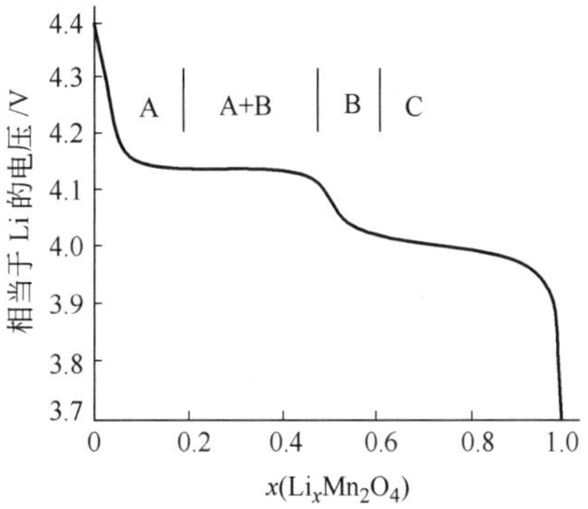

当 $x < 0.2$ 时，嵌入 Li^+ 进入八面体位置；当 $0.2 \leq x \leq 0.5$ 时，富锂的 B 相和贫锂的 A 相两相共存，贫锂相中的锂进入八面体位置，富锂相中的锂进入四面体位置，锂离子的化学势在结构中与锂离子浓度无关，故形成电势平台，平台电压为 4.14V；当 $0.5 \leq x \leq 1$ 时，$U_{OC} \approx 4.03V$（vs. Li/Li^+），电势平台按下式变化：

$$U_{OC}(x) = U_{OC}^0 \ln[(1-x)/x] \qquad (7-15)$$

图 7-33　锂嵌入 $Li_xMn_2O_4$（$x \leq 1$）过程的电压变化及相区

在整个 $0 \leq x \leq 1$ 的 4V 组成范围内，当 Li^+ 嵌入/脱嵌时，电极各向同性膨胀/收缩，因而尖晶石立方网络 $[Mn_2]O_4$ 稳定不变，充放电是可逆的。

过度嵌锂（即 $x > 1$）时，$8a$ 位置全充满，电势迅速降至 3.0V（vs. Li/Li^+）平台，容量衰减。由于发生 Jahn-Teller 效应，$Li_xMn_2O_4$ 转变为四方晶型，降低了尖晶石结构的对称性。尖晶石结构对称性由立方变为四方，晶胞各向异性变化，c/a 比增加 16%，这就导致表面的尖晶石粒子发生破裂。当大电流充放电或电流密度不均匀时，这种晶型结构的转变往往发生在粉末颗粒表面或局部，这样既破坏了结构的对称性，又造成颗粒间接触不良，破坏了活性物质的电子或离子通道，致使锂离子的扩散和电极的导电性下降。因此，在 $1 < x \leq 2$ 范围内，$Li_xMn_2O_4$ 不能作为理想的 3V 锂二次电池的正极材料，只可以作为一次锂电池的正极材料。

锰尖晶石发生 Jahn-Teller 变形的临界点是 Mn^{3+} 的比例为 50%，即相当于在锂尖晶石中嵌入一个锂形成 $Li^+[Mn^{3+}Mn^{4+}]O_4$。超过这个临界点放电，锂再嵌入 $LiMn_2O_4$ 时，将产生协同位移，锂离子从四面体位置（$8a$）移到邻近的八面体位置（$16c$），嵌入的锂离子填充在余下的八面体位置（$16c$），得到岩盐组合物 $Li_2Mn_2O_4$。从 $LiMn_2O_4$ 到 $Li_2Mn_2O_4$，锰从 3.5 价还原为 3.0 价，使位于八面体位置（$16d$）的 Mn^{3+}（d^4）离子数增加，发生立方晶系向四方晶系的转变。

总之，在锰尖晶石中，只有从 γ-MnO_2（金红石型和斜方型的共生结构）（$[Mn_2^{4+}]O_4$）到 $Li_xMn_2O_4$（$Li[Mn^{4+}Mn^{3+}]O_4$）的立方晶相才可以发生 4V 放电，即在立方尖晶石结构中，MnO_2 的 4V 放电仅限于锂嵌入四面体位置的场合。γ-MnO_2 放电时，开始锂嵌入 $8a$ 位置，形成立方尖晶石结构。随着放电的进行，占有八面体位置的 Mn^{4+} 被还原成在 e_g 轨道上具有一个电子的 Mn^{3+}（$d^4 = t_{2g}^3 e_g^1$），同时晶格的 Jahn-Teller 不稳定性增大。超过锰尖晶石 Jahn-Teller 正方晶体转移的临界点再继续放电，则发生从立方晶体向四方晶体的 Jahn-Teller 转移。

尽管 4V 的 $Li_xMn_2O_4$ 电极比较稳定，但随着电池充放电循环的进行，其容量慢慢衰减的现象还是很明显的，这除了与电极结构界面的不均匀性有关外，还与下列因素有关。

① 由于歧化反应，电极在电解液中慢慢溶解。放电末期 Mn^{3+} 的浓度最高，在粒子表面的 Mn^{3+} 发生如下歧化反应

$$2Mn^{3+}(s) \longrightarrow Mn^{4+}(s) + Mn^{2+}(l) \qquad (7\text{-}16)$$

产生的 Mn^{2+} 溶于电解液中，限制了 Li^+ 通过电极-电解液界面的迁移。

② Jahn-Teller 效应。在深度放电过程中，会在尖晶石表面生成四面体结构的 $Li_2Mn_2O_4$，引起 Jahn-Teller 扭曲，使尖晶石晶格在体积上发生变化，最终影响电池的可逆性能。

③ 电池充电到高压时有机电解液的分解。

④ 充电时 $LiMn_2O_4$ 会由单一立方相过渡到两种立方相共存的不稳定结构。同时，电解液中的 H^+ 会与电极中的 Li^+ 互换，生成非电化学活性的 $H_xMn_2O_4$。

锰的嵌锂氧化物在进行脱锂反应时，Li^+ 从尖晶石结构中脱出，锰的化合价也相应从 Mn^{3+} 变为 Mn^{4+}，Li^+ 的脱出总量应由化合物中 Mn^{3+} 的量来决定。因此，控制缺陷和相变的发生，合成纯的尖晶石型 $LiMn_2O_4$ 是保证合成产物具有优良电化学性能的首要条件。

图 7-34　$LiMn_2O_4$ 的 SEM 图像

尖晶石 $Li_xMn_2O_4$ 的制备方法有高温固相法、熔盐浸渍法、共沉淀法、Pechini 法、电化学法、喷雾干燥法、溶胶-凝胶法、模板法等。高温固相合成 $LiMn_2O_4$ 一般是将 $LiOH \cdot H_2O$、$LiNO_3$ 或 Li_2CO_3 和电解 MnO_2 或 Mn_2O_3 均匀混合，在富氧气氛中于 $600 \sim 850\,^\circ\!C$ 下煅烧 $8 \sim 15h$ 制得。固相反应所得的 $LiMn_2O_4$ 正极材料的比容量一般都不太高。Pechini 法制备 $LiMn_2O_4$ 是以 $LiNO_3$、$Mn(NO_3)_2$ 和柠檬酸为原料，其中 $n(Li):n(Mn) = 1:2$，经配位反应→真空干燥→800 $^\circ\!C$ 煅烧→球磨粉碎等工艺制得。该法合成的 $LiMn_2O_4$ 为完整的尖晶石结构，作为 AA 型锂离子电池的正极，电池容量可达 $400mA \cdot h$，平均工作电压达 3.8V。图 7-34 为 Pechini 法制备的 $LiMn_2O_4$ 的 SEM 图像。

在充放电过程中，$LiMn_2O_4$ 会发生由立方晶系向四方晶系的相变，致使容量衰减严重，循环寿命低。为抑制 Jahn-Teller 转移，可通过掺杂改性使八面体 $16d$ 位置中的 Mn^{3+} 减少

到 50％以下。用离子半径和价态相近的其他离子，如 Co、Ni、Cr、Fe、Mg、Zn 等取代尖晶石结构中的 Mn（取代量小于 Mn 总量的 10％），制得 $LiMn_{2-x}M_xO_4$ 尖晶石，使其中的 Mn 平均氧化价态提高到稍大于 3.5。这样可以抑制深度放电时的 Jahn-Teller 效应，稳定尖晶石八面体骨架结构，改善循环性能；而且这种掺杂使电极充电时，Li 不能完全从结构中脱出，剩余 Li 的存在也将大大增强电极的可逆稳定性。

为改善尖晶石型锰酸锂（$LiMn_2O_4$）材料因 Mn^{3+} 的副作用（歧化分解、Jahn-Teller 效应）而引起的电化学性能衰减，可通过低价离子的掺杂从而使锰的平均氧化态升高。通过掺杂半径与 Mn 相近的金属离子 M（V、Co、Ni、Fe、Cr、Zn、Mg 等）来改善其电化学性能的效果非常明显。当 $LiM_xMn_{2-x}O_4$ 中 $x=0.5$ 左右时，这类尖晶石材料都有一个更高的工作电压（均在 5V 左右），其中 $LiNi_{0.5}Mn_{1.5}O_4$ 对应于 Ni^{2+}/Ni^{3+} 和 Ni^{3+}/Ni^{4+} 的两个电压平台都处于 4.7V 左右，电压差别很小，其理论放电比容量为 $146.7mA \cdot h \cdot g^{-1}$，比能量可以达到 $650W \cdot h \cdot kg^{-1}$，高于 $LiMn_2O_4$ 和 $LiCoO_2$。如果能找到与之匹配的电解液，这类材料有着很好的应用前景。

$LiNi_{0.5}Mn_{1.5}O_4$ 为立方尖晶石结构，有两种空间构型（图 7-35）。完全按化学计量比（stoichiometric）生成的尖晶石 $LiNi_{0.5}Mn_{1.5}O_4$ 空间群为 $P4_332$，氧原子为立方密堆积，其中 Li 离子位于四面体 $8c$ 位置，O 位于 $8c$ 和 $24e$ 位置，Ni^{2+} 和 Mn^{4+} 分别位于八面体 $4a$ 和 $12d$ 位置。由于 Ni 与 Mn 各自占位特定，清晰有序（也称为阳离子有序排列，cation-ordered），简称为有序相或 P 相。八面体空位 $16c$ 被分裂成有序的 $4a$ 和 $12d$ 位置，比例为 $1:3$，锂离子沿两个路径扩散，扩散路径为 $8c \rightarrow 4a$ 和 $8c \rightarrow 12d$。非化学计量比（nonstoichiometric）生成的尖晶石 $LiNi_{0.5}Mn_{1.5}O_4$ 空间群为 $Fd3m$，过渡金属离子（Ni^{2+} 与 Mn^{4+}）随机分布在八面体 $16d$ 位置（即阳离子无序排列，cation-disordered），简称为无序相或 F 相。氧原子占据立方堆积四面体的 $32e$ 位置，锂离子占据四面体 $8a$ 位置。锂离子在四面体 $8a$ 位置移动，经过一个空置的八面体位置（$16c$），Li 的扩散路径为 $8a \rightarrow 16c$。

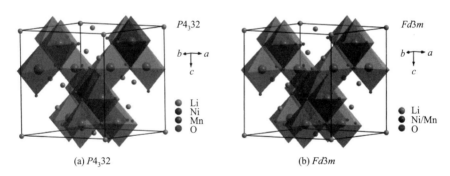

(a) $P4_332$　　　　　　　　　　(b) $Fd3m$

图 7-35　$LiNi_{0.5}Mn_{1.5}O_4$ 的晶体结构示意图

在一定条件下，P 相与 F 相可以相互转变，具体属于 P 相还是 F 相取决于热处理过程中温度和气氛等条件。实际上，由于合成方法中一般都存在高温煅烧，Ni_xO_y、$LiNi_xO_y$ 等杂质相的产生不可避免，同时高温失氧反应也使得 $LiNi_{0.5}Mn_{1.5}O_4$ 中或多或少都存在氧缺陷，故无序相更真实的写法为 $LiNi_{0.5}Mn_{1.5}O_{4-x}$。为维持化合物的电中性（化合价正负和为零），其中部分 Mn^{4+} 被还原为 Mn^{3+}。当氧缺陷（或者 Mn^{3+}）含量较少时，其结构仍能保持有序相结构，但当含量达到一定程度时，就会发生结构的相转变（P 相向 F 相转变）。同时，将 F 相 $LiNi_{0.5}Mn_{1.5}O_4$ 置于 700℃ 左右进行后处理时（如在 700℃ 保温 20h 等），高温下材料也会吸收空气中游离的氧填补氧缺陷（氧化 Mn^{3+} 为 Mn^{4+}），同时岩盐相（$LiNi_xO_y$ 等）重新变为尖晶石相，材料从 F 相变为 P 相。表 7-5 给出了有序 P 相 $LiNi_{0.5}Mn_{1.5}O_4$ 与无序 F 相 $LiNi_{0.5}Mn_{1.5}O_4$ 的晶胞结构信息。可以看出，除原子占位不同外，两相尖晶石最大的区别体现在晶胞参数 a 值上，F 相的晶胞参数值比 P 相的大，这是由于 F 相中含有更多量大半径的 Mn^{3+}，这也是两相在电化学性能上差异的主要原因。

表 7-5　$LiNi_{0.5}Mn_{1.5}O_4$ 的晶胞结构参数

材料	原子	Wyckoff 占位	x	y	z	晶胞参数 $a/\text{Å}$
有序相 $LiNi_{0.5}Mn_{1.5}O_4$ ($P4_332$)	Li	8c	0.01290(7)	0.01290(7)	0.01290(7)	8.166(3)
	Ni	4b	5/8	5/8	5/8	
	Mn	12d	1/8	0.3791(4)	$-0.1291(4)$	
	O_1	8c	0.3863(24)	0.3863(24)	0.3863(24)	
	O_2	24e	0.1492(26)	$-0.1467(33)$	0.1313(38)	
无序相 $LiNi_{0.5}Mn_{1.5}O_4$ ($Fd3m$)	Li	8a	1/8	1/8	1/8	8.172(4)
	Ni	16d	1/2	1/2	1/2	
	Mn	16d	1/2	1/2	1/2	
	O	32e	0.263(11)	0.263(11)	0.263(11)	

1. $1\text{Å}=0.1\text{nm}$。

$LiNi_{0.5}Mn_{1.5}O_4$ 相结构的不同也会引起其电化学反应的差异。有序 P 相在充电过程中（脱锂）晶胞参数的变化是突变的，而无序 F 相则是类似固溶体的渐变过程［图 7-36 (a)］。结构不同、脱锂反应机理的差异也体现在特征充放电曲线上［图 7-36 (b)］：F 相不仅在 4.0V 附近有一个源自 Mn^{3+}/Mn^{4+} 的小平台，其 4.7V 区域主平台（$Ni^{2+}/Ni^{3+}/Ni^{4+}$）可以明显地一分为二（Ni^{2+}/Ni^{3+}、Ni^{3+}/Ni^{4+}），这是由其类固溶体脱锂机理决定的；而 P 相充电曲线上不仅 4.0V 小平台几乎不可见，4.7V 区域几乎就一个主平台，看不出一分为二的趋势，这是由其两相脱锂机制决定的。

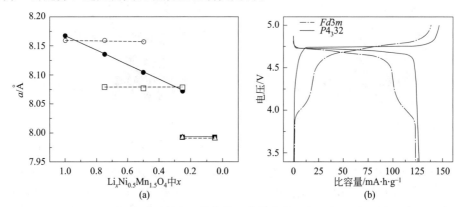

图 7-36　$Li_xNi_{0.5}Mn_{1.5}O_4$ 充电过程中晶胞参数 a 值的变化（实心点：F 相；空心点：P 相）
(a) 和 F 相与 P 相的特征充放电曲线　(b)

结构对 $LiNi_{0.5}Mn_{1.5}O_4$ 电化学性能的影响主要如下。其中，一方面集中在材料中 Mn^{3+} 的含量（氧缺陷）。在锰酸锂（$LiMn_2O_4$）材料的电化学性能中，Mn^{3+} 因与电解液的歧化反应以及 Jahn-Teller 效应，成为引起锰酸锂容量衰减的首要原因，为此采用 Ni^{2+} 掺杂形成 $LiNi_{0.5}Mn_{1.5}O_4$ 从而大大降低了 Mn^{3+} 的含量，但 Mn^{3+} 在 $LiNi_{0.5}Mn_{1.5}O_4$ 中仍然存在，并对其电化学性能继续产生影响。但不同于其在锰酸锂 $LiMn_2O_4$ 中单纯的副作用，大多数文献认为适量 Mn^{3+} 的存在可以提高 $LiNi_{0.5}Mn_{1.5}O_4$ 的性能。原因在于：首先 Mn^{3+}（氧缺陷）的存在可以使材料得到更高的电子导电性；其次 Mn^{3+} 的离子半径比 Mn^{4+} 大，从而使得晶胞参数 a 值增大，大大加快了锂离子在体相中的扩散，使得材料拥有更佳的倍率性能。通过阳离子掺杂，改变尖晶石的一些特性（如阳离子占位顺序、表面特性、结构稳定性等），可以得到电化学倍率放电佳、循环更稳定的材料（$LiMn_{1.5-x}Ni_{0.5-y}M_{x+y}O_4$，$M = Cr、Fe、Al、Zn$ 等）。材料的性能不仅取决于其内部本征结构，还取决于其外在的形貌特征。形貌的设计与修饰也是材料改性的一种手段。人们相继设计了纳米棒、多孔球、立方块等一维、二维甚至三维维度的电极材料，这些结构不仅可以提高材料的倍率性能（源于材料的纳米化），还使材料具有良好的循环稳定性（微纳二级结构、孔结构）。

由于电化学反应发生在电极与电解质界面，尖晶石 $LiNi_{0.5}Mn_{1.5}O_4$ 材料的充放电窗口一般为 $3.5 \sim 4.95V$（vs. Li/Li^+）。在这一窗口下，常用的电解液大多不太稳定，尤其是当材料表面较易与电解液发生反应时，这会极大地影响电池的循环稳定性。现行的改善方法包括：从材料方面考虑，在材料表面包覆一层不与电解液反应的物质，如 ZnO、Al_2O_3、Bi_2O_3、Li_3PO_4、SiO_2 等，以降低副反应发生的概率；从电解液方面考虑，可通过添加剂增加电解液的稳定性。因为 $LiNi_{0.5}Mn_{1.5}O_4$ 材料电压平台高，还可以改换负极材料，如选用倍率性能极佳、循环性能极好的 $Li_4Ti_5O_{12}$ 材料，组合后的全电池仍有 3V 左右的平台。

7.3.4　Li-V-O 系化合物

除上述 Li-Co-O 系、Li-Ni-O 系、Li-Mn-O 系外，还有 Li-V-O 系、Li-Cr-O 系、Li-Ti-O 系、Li-Fe-O 系等。

Li-V-O 化合物与 Li-Co-O 化合物一样，存在层状和尖晶石两种结构。层状 Li-V-O 化合物包括 $LiVO_2$、α-V_2O_5 及其锂化衍生物。

$LiVO_2$ 的结构与层状 $LiCoO_2$ 相同，c/a 为 5.20，空间群为 $R3m$。但是与 $LiCoO_2$ 和 $LiNiO_2$ 所不同的是，脱锂时 $LiVO_2$ 不稳定。当 Li_xVO_2 中 $x = 0.3$ 时，钒离子就可以移动，从钒层的八面体位置（$3b$）扩散到脱出锂留下来的空八面体 $3a$ 位置。该扩散通过与交替层中八面体共面的四面体进行，这个过程破坏了层状结构和锂离子扩散的二维通道，形成缺陷岩盐结构。当 Li_xVO_2 从层状结构转化为缺陷岩盐结构后，发生不可逆的结构相变，锂离子扩散系数明显降低，电化学活性很小，可逆容量差。将部分脱锂化合物 $Li_{0.5}VO_2$ 在 300℃ 热处理可转变为尖晶石型 LiV_2O_4。

受循环稳定性的限制，目前钒的氧化物中 α-V_2O_5 和 V_6O_{13} 作为可充电的 3V 电极材料得到了较多研究。α-V_2O_5 在钒的氧化物体系中，理论容量最高，为 $442mA \cdot h \cdot g^{-1}$，可以嵌入 3mol 锂离子，达到组分为 $Li_3V_2O_5$ 的岩盐计量化合物，钒的氧化态从 +5 价变到 +3.5 价。在层状 V_2O_5 结构中，氧为扭变密堆分布，钒离子与 5 个氧原子的键合较强，形成 $[VO_5]$ 四方棱锥，如图 7-37 所示。

锂嵌入 α-V_2O_5 中随 x 的增加形成几种 $Li_xV_2O_5$ 相。在 $Li_xV_2O_5$ 中，$x < 0.01$ 和 $0.35 < x < 0.7$ 时分别得到 α 相和 ε 相，具有典型的 α-V_2O_5 母体结构；当 $x = 1$ 时，得到 δ-LiV_2O_5。在 $0 \leqslant x \leqslant 1$ 范围内，嵌入、脱嵌反应是可逆的。当 $x > 1$ 时，δ 相不可逆地转变为 γ 相，尽管锂从 γ-$Li_xV_2O_5$ 中发生脱嵌并不能再生为初始的 α-V_2O_5 结构，但是当充到较高电压时，所有的锂均能发生脱嵌。进一步嵌入第三个锂时，结构发生明显变化，钒离子从原来的位置迁移到邻近的空八面体位置，得到岩盐结构的 ω-$Li_xV_2O_5$。钒离子在八面体位置呈无规分布，此时锂离子没有较好的迁移通道，其脱嵌为单相反应，需要在较高电压下才能把大部分锂脱出来。但是，ω-$Li_{3-x}V_2O_5$ 缺陷岩盐结构比较牢固，当 x 在较大范围内变化时均稳定，多次循环后没有明显的容量衰减。

此外，将 V_2O_5 制成干凝胶和气凝胶等无定形或低结晶性材料时，具有较大的电化学活性表面积、较低的密度和较小的颗粒尺寸。由于形态上的优势，锂嵌入时具有扩散系数高、体积膨胀率低等特点。

V_6O_{13} 属于单斜晶系（图 7-38），能可逆地嵌入 6mol 锂离子，原位 X 射线衍射分析表明 Li^+ 嵌入存在四相，即 $Li_{0.5}V_6O_{13}$，$Li_{1.5}V_6O_{13}$，$Li_3V_6O_{13}$ 和 $Li_6V_6O_{13}$，锂的扩散系数为 $8\times10^{-14}\sim3\times10^{-13}$ $m^2\cdot s^{-1}$。但循环中存在容量损失较大，嵌锂后的 V_6O_{13} 有高的电阻率和较高的晶格膨胀率（约15%）等缺点，需通过制成薄的电极材料及在 V_6O_{13} 中掺入稳定的、导电性好的物质来克服上述问题。

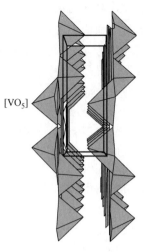

图 7-37　α-V_2O_5 的结构

钒酸盐 $Li_{1+x}V_3O_8$ 也具有单斜对称性（图 7-39），可以认为是稳定的锂化 V_2O_5，其中 1 单元锂离子位于八面体位置，剩下的 x 单元锂离子位于四面体位置。在锂嵌入/脱嵌过程中结构比较稳定，同时存在锂离子发生迁移的二维间隙，不但增加了锂嵌入的数量，而且还提高了其扩散速度，使 $Li_{1+x}V_3O_8$ 具有较高的电化学性能，成为锂二次电池中很有吸引力的一种正极材料。

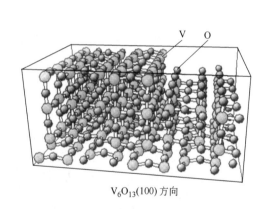

图 7-38　单斜晶体 V_6O_{13} 的结构

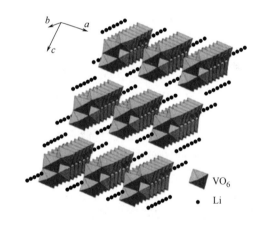

图 7-39　层状结构的 $Li_{1+x}V_3O_8$

层状结构的 Li_xTiO_2 不易合成，尖晶石结构的 $Li_xTi_2O_4$ 标准电极电势太低，只有 1.4V；而 Li_xCrO_2 的锂离子很难脱嵌，容量很低，Li_xFeO_2 很难形成有序排列的结构材料，因此，这些化合物的应用都受到了限制。

7.3.5　5V 正极材料及聚阴离子正极材料

为了进一步提高二次锂电池的比能量，新型正极材料被广泛探索，例如电压为 5V 的 $Li_2MMn_3O_8$（M 代表 Fe、Co、Cu）。$Li_2FeMn_3O_8$ 和 $Li_2CuMn_3O_8$ 的第一平台电压为 4.9V，$Li_2CoMn_3O_8$ 在 4V 左右平台的容量为 62mA·h·g^{-1}，5.2V 平台的容量为 77mA·h·g^{-1}。这种材料在 3.9~5.1V 范围内的可逆循环容量总计为 139mA·h·g^{-1}。

Li-Co-Mn-O 系列正极材料 LiCoMnO$_4$ 的 5V 平台电压区的容量可达 95mA·h·g^{-1}，与 LiMn$_2$O$_4$ 相比，有较高的能量密度和工作电压。

反尖晶石结构 V[LiM]O$_4$ 是聚阴离子 VO$_4^{3-}$ 取代氧后所得的结构。在 V[LiM]O$_4$（M=Ni、Co）中，V^{5+} 占据四面体位置，而 Li$^+$、Ni^{2+} 和 Co^{2+} 占据 16d 八面体位置，因此锂的脱嵌不像正常尖晶石结构一样从四面体 8a 和八面体 16c 位置发生脱嵌，而是从八面体 16d 位置发生脱嵌，同时二价镍和钴发生氧化，电压一般在 4～5V。此外，在三维框架结构中，引入含氧多的阴离子如 SO$_4^{2-}$ 和 PO$_4^{3-}$ 等来取代 O^{2-}，除了能得到与氧化物一致的高电压外，还能提供较大的自由体积，有利于锂离子迁移，加上过渡金属磷酸盐一般熔点都很高，超过 1000℃，不会导致结构的崩溃，所以具有很好的电化学性质和热力学稳定性。

(1) 橄榄石结构　用 PO$_4$ 取代 VO$_4$，得到有序的 LiMPO$_4$（M=Mn、Co、Ni 或 Fe）结构，M 离子位于八面体的 Z 字链上，锂离子位于交替平面八面体位置的直线链上。所有的锂均可发生脱嵌，得到层状 FePO$_4$ 型结构，为 $Pnmb$ 正交空间群。

PO$_4$ 四面体的共价作用比 VO$_4$ 四面体强，不仅能防止橄榄石结构转化为尖晶石结构，还可稳定八面体位置的氧化还原电对，有效提高了电池的安全性能。

Li$_x$FePO$_4$ 属于橄榄石结构（图 7-40），作为锂离子电池用正极材料具有良好的电化学性能，充放电平台十分平稳，且充放电过程中结构稳定。同时，该类材料还具有无毒、无污染、安全性能好、可在高温环境下使用、原材料来源广泛、价格便宜等优点。

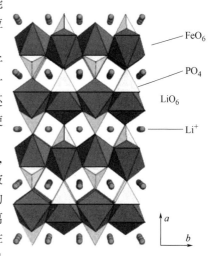

图 7-40　Li$_x$FePO$_4$ 的结构

充放电反应在 LiFePO$_4$ 和 FePO$_4$ 两相之间进行，由晶格常数的变化可以算出，在充电过程中 LiFePO$_4$ 被氧化为 FePO$_4$ 时，体积减小了 6.81%，充电过程中的体积收缩恰好可以弥补碳负极的膨胀，有助于提高锂离子电池的体积利用率。图 7-41 为 Li$_x$FePO$_4$ 的电化学性能曲线，Li$_x$FePO$_4$ 表现出很好的充放电行为，开路电压在 3.0～4.0V，其容量可以达到理论容量的 90%（超过 160mA·h·g^{-1}），而且高温放电容量高于常温容量，循环性能好。

但由于其结构中氧原子的分布近乎密堆六方形，锂离子移动的自由体积小，室温下电流密度不能大。如电流密度变大，容量降低；一旦减小电流密度，容量又恢复到以前的水平。锂嵌入后，产生 Li$_x$PO$_4$/Li$_{1-x}$FePO$_4$ 两相界面，随着锂的不断嵌入，界面面积逐渐减小，通过此界面的锂不足以维持电流，导致了高电流时可逆容量的损失。因此，其电化学行为受锂离子在晶粒内的扩散控制。

由于 LiFePO$_4$ 电阻率较大，电化学过程为扩散控制，使之在大电流放电时容量衰减较大，故研究工作集中在解决它的电导率问题上。克服上述动力学限制的方法之一是使它在适当的高温下工作，另一方法是通过适当的合成工艺来提高 LiFePO$_4$ 的电导率，如镀碳、加碳制成复合材料、掺杂金属离子或加入金属粉末诱导成核等手段改变导电机制，降低电荷传递活化能，提高材料大电流充放电能力。碳包覆或金属包覆是从外观上改变粒子的大小以及粒子间的紧密结合程度，减小锂离子在固相中的扩散路径，使锂离子的传导率提高；而金属离子掺杂不仅改变了粒子的大小，而且通过掺杂造成了材料的晶格缺陷，从而有效提高了材

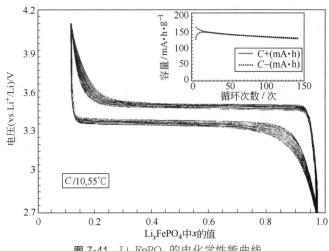

图 7-41 $Li_x FePO_4$ 的电化学性能曲线

料自身的离子导电性。掺杂金属离子（Mg，Al，Ti，Nb，W）的磷酸铁锂电导率可提高 8 个数量级，达到 10^{-2} S·cm^{-1}，明显优于其他材料。合成的材料在低倍率下几乎达到理论容量，在 40C（6000mA·g^{-1}）的高倍率下仍有明显的 3V 放电电压平台。

目前，人们主要采用固相反应合成法制备 $LiFePO_4$ 粉体，但固相法所得产物的电化学性能较差。如果在烧结过程中，使原料充分研磨，并且在烧结结束后的降温过程中严格控制淬火速度，则能获得电化学性能良好的粉体。除此之外，还有溶胶-凝胶法、水热法等软化学方法。这些方法都能得到颗粒细、纯度高的 $LiFePO_4$ 粉体。

此外，$LiFePO_4$ 真实密度相对其他电极材料较低（$LiFePO_4$：3.6g·cm^{-3}；$LiMn_2O_4$：4.2g·cm^{-3}；$LiNiO_2$：4.8g·cm^{-3}；$LiCoO_2$：5.1g·cm^{-3}），因而材料振实密度低，从而影响材料的体积比能量。对于 $LiFePO_4$ 真实密度较小这一问题，可从工艺上增加材料的振实密度。

相对于 $LiFePO_4$，其他橄榄石型 $LiMPO_4$（M＝Mn，Co，Ni）材料由于 Mn^{2+}/Mn^{3+}、Co^{2+}/Co^{3+}、Ni^{2+}/Ni^{3+} 氧化还原电对的电压较 Fe^{2+}/Fe^{3+} 高，具有较高的脱嵌锂电位，$LiMnPO_4$、$LiCoPO_4$ 和 $LiNiPO_4$ 放电平台分别达到 4.1V、4.8V 和 5.1V（vs. Li/Li^+），从而可提高正极材料的能量密度。但这些材料除了离子导电性很低外，电子导电性也低于 $LiFePO_4$，电化学活性较差，因此，需要通过粒子尺寸纳米化、换位掺杂、增强粒子之间的电子接触等来改善这些问题。由于 Mn^{2+}（0.80Å）半径略大于 Fe^{2+}（0.74Å），可以形成晶格缺陷，扩大锂离子的传输通道；同时，Fe^{3+}-O-Mn^{2+} 离子间具有相互作用，可以降低 Mn^{2+}/Mn^{3+} 的氧化还原反应能级，从而增加离子电导率，提高材料的倍率性能。人们常将 $LiFePO_4$ 和 $LiMnPO_4$ 复合形成 $LiFe_{1-x}Mn_xPO_4$（$0<x<1$）固溶体，来提高 $LiFePO_4$ 的氧化还原电势，使 $LiFe_{1-x}Mn_xPO_4$ 工作电压在 3.4～4.1V（vs. Li/Li^+），提高电池的能量密度。$LiMnPO_4$ 和 $LiCoPO_4$ 在高电压、高能量密度锂离子电池方面具有较强的竞争力，但离实际应用还有很长距离。

(2) NASICON 结构　菱形 NASICON 结构源于 $NaZr_2(PO_4)_3$，锂的硫酸盐和磷酸盐如 $Li_xFe_2(SO_4)_3$、$Li_3Fe_2(PO_4)_3$、$Li_3V_2(PO_4)_3$、$Li_3FeV(PO_4)_3$ 和 $Li_2FeTi(PO_4)_3$ 及类似的化合物也具有开放的 NASICON 结构。NASICON 结构具有一定的弹性，选择合适的过渡金属可以使工作电压从 2.1V 变化到 5V（vs. Li/Li^+），使电池能量的变化范围很大，能更有效地进行能量储存，如 $Li_3V_2(PO_4)_3$ 在操作电压范围内有较高的容量。$Li_3V_2(PO_4)_3$ 有

菱形 NASICON 和单斜两种不同的网络结构，其菱形 NASICON 结构如图 7-42 所示，三维网络结构中每单元包含两个 VO_6 八面体，两个八面体通过共角 PO_4 四面体进行桥接，并通过单元中共角 PO_4 四面体与邻近的 VO_6 八面体发生桥接，由此形成三维框架结构。这样每个四面体只与一个八面体共角，而每个八面体也只与一个四面体共角。由于 PO_4 四面体和 VO_6 八面体的连通性，锂离子嵌入三维网络结构中。三个锂原子占据不同的空隙，Li1 由四个氧原子包围形成四面体位置，另外两个 Li（Li2 和 Li3）处在高度变形的四面体环境中，占据"伪四面体"位置，也可以描述为五配位的 Li-O 位，第五个 Li—O 键较长（0.26nm）。

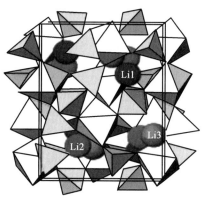

图 7-42　$Li_3V_2(PO_4)_3$ 的菱形 NASICON 结构

由于 $Li_3V_2(PO_4)_3$ 具有开放的 NASICON 框架结构，有利于锂离子的扩散和传输，显示出很高的容量。图 7-43 为 $Li_3V_2(PO_4)_3$ 充放电的电压与锂的脱嵌之间的关系图。在 3～4.3V 电压范围，$Li_3V_2(PO_4)_3$ 中两个锂可以完全脱嵌，达到 132mA·h·g^{-1} 的理论容量[图 7-43(a)]，对应着 V^{3+}/V^{4+} 氧化还原电对。当充放电范围在 3.0～4.8V 时[图 7-43(b)]，$Li_3V_2(PO_4)_3$ 中三个锂离子可以全部脱出，充电曲线中在 3.6V、3.7V、4.1V 和 4.6V 左右出现四个平台，对应于 $Li_xV_2(PO_4)_3$（$x=3.0$，2.5，2.0，1.0 和 0）的系列相转变过程。第三个锂离子的脱出，对应着 V^{4+}/V^{5+} 氧化还原电对，理论容量为 197mA·h·g^{-1}。全部的锂脱出后，$V_2(PO_4)_3$ 保持单斜对称性，整个体积收缩率为 7.8%，与 $LiFePO_4$ 脱锂形成 $FePO_4$ 的 6.6% 的体积减小量是相当的。$Li_3V_2(PO_4)_3$ 和 $V_2(PO_4)_3$ 结构的相似性避免了充放电过程中由于严重的体积变化导致的容量快速降低。在 $V_2(PO_4)_3$ 相中，V(1)—O 和 V(2)—O 键的平均键长非常接近，钒的平均价态为 +4.5，表明形成了价态无序的 V^{4+}/V^{5+} 混合态。上述现象导致放电时锂无序嵌入 $V_2(PO_4)_3$ 中，表现为固溶体行为（单相反应），放电曲线为 S 形。随着第二个锂的嵌入，又恢复到与脱锂相相同的 $Li_2V_2(PO_4)_3$。而后第三个锂的嵌入（两个电压平台）才表现出两相转变机制，即 $Li_xV_2(PO_4)_3$（$x=2.0→2.5→3.0$）。整个电化学反应可以表示如下。

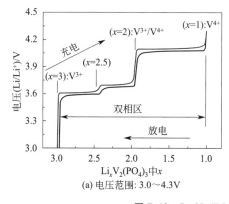

(a) 电压范围：3.0～4.3V

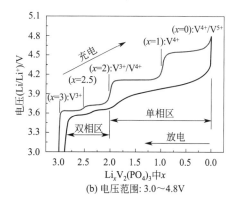

(b) 电压范围：3.0～4.8V

图 7-43　$Li_3V_2(PO_4)_3$ 的电压-组成曲线

充电：

$$Li_3V_2^{3+}(PO_4)_3 - 0.5Li^+ - 0.5e^- \longrightarrow Li_{2.5}V^{3+}V_{0.5}^{4+}(PO_4)_3$$

$$Li_{2.5}V^{3+}V^{4+}_{0.5}(PO_4)_3 - 0.5Li^+ - 0.5e^- \longrightarrow Li_2V^{3+}V^{4+}(PO_4)_3$$
$$Li_2V^{3+}V^{4+}(PO_4)_3 - Li^+ - e^- \longrightarrow LiV^{4+}_2(PO_4)_3$$
$$LiV^{4+}_2(PO_4)_3 - Li^+ - e^- \longrightarrow V^{4.5+}_2(PO_4)_3$$

放电：

$$V^{4.5+}_2(PO_4)_3 + 2Li^+ + 2e^- \longrightarrow Li_2V^{3+}V^{4+}(PO_4)_3$$
$$Li_2V^{3+}V^{4+}(PO_4)_3 + 0.5Li^+ + 0.5e^- \longrightarrow Li_{2.5}V^{3+}V^{4+}_{0.5}(PO_4)_3$$
$$Li_{2.5}V^{3+}V^{4+}_{0.5}(PO_4)_3 + 0.5Li^+ + 0.5e^- \longrightarrow Li_3V^{3+}_2(PO_4)_3$$

根据其电化学反应机制，可以选择不同的电化学窗口来控制脱嵌锂的数目。

目前，$Li_3V_2(PO_4)_3$ 常用的合成方法主要有高温固相法、溶胶-凝胶法、水热法、喷雾沉积法、微波固相合成法等。$Li_3V_2(PO_4)_3$ 的电导率低，高倍率充放电性能较差。通常采用碳包覆和金属阳离子（Mg^{2+}、Al^{3+}、Ce^{3+}、Ti^{4+} 和 Nb^{5+} 等）掺杂来提高 $Li_3V_2(PO_4)_3$ 的导电性能，以期改善其电化学性能。

氟代磷酸盐聚阴离子材料中 M—F 键离子性原则上要比 M—O 强，结合 PO_4^{3-} 的诱导效应和氟离子强的电负性，氧化还原电位有望得到提高。此外，由于氟引入了一个负电荷，考虑到电荷平衡，在氟代磷酸盐中有望通过 M^{2+}/M^{4+} 氧化还原对实现超过一个锂的可逆交换，从而获得高的可逆比容量。

$LiVPO_4F$ 是第一个被报道作为锂离子电池正极材料的氟磷酸盐化合物。该正极材料属于三斜晶系，其结构是建立在 PO_4 四面体和 VO_4F_2 八面体构建的三维框架网络。在三维结构中，PO_4 四面体和 VO_4F_2 八面体共用一个氧顶点，而 VO_4F_2 八面体间由氟顶点相连接，该结构中有两个晶体位置可使 Li^+ 嵌入。电化学测试表明，$LiVPO_4F$ 的放电平台约为 4.20V（vs. Li/Li^+）。在首次充电过程中，Li^+ 从 $LiVPO_4F$ 框架中的两个不同晶格位置脱出，对应于两个不同的脱锂电位（4.29V 和 4.25V）；对于随后的放电过程，Li^+ 的嵌入以两相反应机理进行，相应电位在 4.19V 附近。

$LiVPO_4F$ 的平均工作电压为 4.2V，比 $Li_3V_2(PO_4)_3$ 的工作电压略高（约 0.3V），这得益于氟原子的诱导效应。通过对合成条件优化，$LiVPO_4F$ 的放电比容量达 155mA·h·g^{-1}，非常接近于理论比容量 156mA·h·g^{-1}。纯 $LiVPO_4F$ 的本征电子电导率很低，导致材料在充放电时具有一定的极化。首次循环充电效率较低，循环性能较差。为了改善 $LiVPO_4F$ 的电化学性能和提高材料的结构稳定性，多采用掺杂改性的方法，如将阳离子（Al^{3+}、Cr^{3+}、Y^{3+} 和 Ti^{4+}）和阴离子（Cl^-）分别替代结构中 V 和 F，以期获得性能优良的锂离子正极材料。

除 $LiVPO_4F$ 外，研究的氟代磷酸盐聚阴离子材料还有 A_2MPO_4F（A＝Li，Na；M＝Fe，Ni，Mn 等）、$Li_5V(PO_4)_2F_2$ 等。在 $Na_2Fe_{1-x}Mn_xPO_4F$（x＝0，0.1，0.3，0.7，1）材料中，Na_2FePO_4F 材料的首次放电比容量高达 182mA·h·g^{-1}（相当于每分子有 1.46 个 Li^+ 脱嵌），表明材料在充放过程中部分利用了 Fe^{3+}/Fe^{4+} 的氧化还原对。随着锰含量的增加，材料的放电电压呈现升高趋势，特别是当 x＝0.7 时，在 4V 左右出现一个明显的放电平台，对应于 Mn^{2+}/Mn^{3+} 的氧化还原对。$Li_5V(PO_4)_2F_2$ 为层状单斜晶格结构，空间构型为 $P2_1/c$，锂离子传输路径为沿 a 轴方向的一维路径与沿 (100) 晶面的二维路径。这两种传输路径交叉形成三维的传输通道，有利于 Li^+ 脱嵌与再嵌入。该材料的理论比容量为 170mA·h·g^{-1}。

氟代硫酸盐 $LiFeSO_4F$ 属于三斜晶系，其晶胞参数分别为：a＝5.1747（3）Å，b＝5.4943（3）Å，c＝7.2224（3）Å，α＝106.522（3），β＝107.210（3），γ＝97.791（3），

材料密度（3.23g·cm^{-3}）与 LiFePO$_4$（3.5g·cm^{-3}）相当。在晶体结构中，轻微变形的 FeO$_4$F$_2$ 八面体与相邻的八面体共用两个顶点（F 位置）沿 c 轴方向形成链，不同的 SO$_4$ 四面体通过与四个不同的 FeO$_4$F$_2$ 八面体共用顶点，交叉连接三条 FeO$_4$F$_2$ 八面体链。在沿 [100]、[010] 和 [101] 方向形成了三个锂离子通道（图 7-44），其电导率约为 4×10^{-6}S·cm^{-1}。对于 LiFeSO$_4$F 来说，无需纳米化或碳包覆即可获得较好的电化学性能。用作 3.6V 的锂离子电池正极材料时，表现出极好的电化学性能（图 7-45），以 C/10 倍率、在 2.5～4.2V 充放电时，可逆比容量约 130～140mA·h·g^{-1}，而且充放电极化（ΔV）小，循环容量效率接近 100%。采用离子热法和固相法制备的 AMSO$_4$F（A＝Na、Li；M＝Fe、Co、Ni、Mn）相及（Na$_{1-x}$Li$_x$）（Fe$_{1-x}$M$_x$）SO$_4$F（M＝Fe、Co、Ni）固溶相的电化学性能也相继有研究报道。研究发现，对于 Li（Fe$_{1-x}$M$_x$）SO$_4$F（M＝Fe、Co、Mn、Ni）材料，仅在 3.6V 处发生 Fe^{2+}/Fe^{3+} 氧化还原反应，材料结构中的 Co、Mn 和 Ni 元素均表现出电化学惰性。

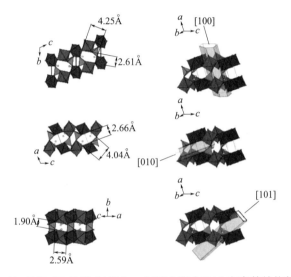

图 7-44 LiFeSO$_4$F 沿 [100]、[010] 和 [101] 方向的结构特征

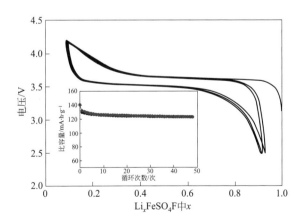

图 7-45 Li$_x$FeSO$_4$F 的充放电电压曲线及循环性能 （C/10 倍率，电压窗口为 2.5～4.2V)

（3）正硅酸盐正极材料 正硅酸盐材料，即 Li$_2$MSiO$_4$（M＝Fe，Mn，Mn/Fe，Co，Ni 等）是一类新兴的聚阴离子型正极材料。与磷酸盐 LiMPO$_4$ 材料相比，正硅酸盐材料具有

稳定的 SiO_4 四面体骨架、丰富的自然资源、环境友好等优点，更重要的是其理论上可以允许 2 个 Li^+ 的可逆脱嵌，理论容量可以达到 $330mA \cdot h \cdot g^{-1}$。正硅酸盐材料高比容量、热稳定性、安全性和低成本的优势，使其成为一种潜在的锂离子电池正极材料。

Li_2MSiO_4 具有与 Li_3PO_4 类似的晶体结构（图 7-46），所有阳离子均以四面体方式与氧配位，氧离子以微扭曲的六方密堆积方式排列，Li^+、M^{2+}、Si^{4+} 选择性地占据氧四面体的一半空隙，避免了四面体之间通过不稳定的共面方式连接。由于阳离子在四面体位置上存在多种不同的排列方式以及可能产生的不同结构形变，依据合成方法和条件（温度、气氛、碳包覆技术等）及电化学循环行为，Li_2MSiO_4 可以形成 β 相（低温相）和 γ（高温相）相等结构。在 β 相中，所有四面体都指向与密堆积面相互垂直的方向，不同四面体之间通过共用顶点连接，LiO_4 链沿着 a 轴与交替的 MO_4 和 SiO_4 链平行。在 γ 相中，四面体采用交替反平行方式排列，不同四面体之间除了共用顶点之外，反平行四面体也共边连接。β 和 γ 相结构又可根据结构排列和形变的不同，细分为 $β_{II}$、$β_I$、$γ_{II}$、$γ_s$ 和 $γ_0$ 等结构（图 7-46）。不同 Li_2MSiO_4 多形体之间的形成能差异较小，通常情况下合成的 Li_2MSiO_4 为多种多形体的混合物。β 相比 γ 相更稳定，由于后者具有较大的体积，并且需要较高的温度进行制备和淬火。准确地确定 Li_2MSiO_4 的结构往往需要结合 XRD、中子衍射、核磁共振、质谱、磁性测量等对材料进行详细表征。

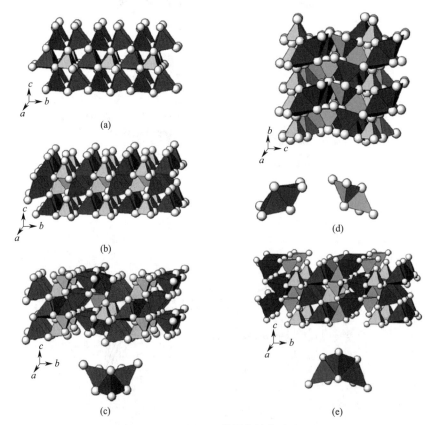

图 7-46 Li_2MSiO_4 的晶体结构示意图

（a）正交晶系 $β_{II}$（$Pmn2_1$）；（b）正交晶系 $β_I$（$Pbn2_1$，$Pna2_1$）；（c）正交晶系 $γ_{II}$（$Pmna$，$Pmnb$，$Cmma$）；

（d）单斜晶系 $γ_s$（$P2_1/n$，$P2_1$）；（e）单斜晶系 $γ_0$（$P2_1/n$）

锂离子在 Li_2MSiO_4 中的脱嵌反应可以表示为：

$$\mathrm{Li_2 M^{2+} SiO_4 \longrightarrow LiM^{3+} SiO_4 + Li^+}$$

$$\mathrm{LiM^{3+} SiO_4 \longrightarrow M^{4+} SiO_4 + Li^+}$$

依赖于过渡金属 TM 类型，$\mathrm{Li_2MSiO_4}$ 脱出第一个 Li 离子的电位在 3.1V（Fe）到 4.1~4.6V（Mn、Co 和 Ni）之间；脱出第二个 Li 离子的电压范围在 4.5~5.1V。

合成 $\mathrm{Li_2MSiO_4}$ 材料可以采用高温固相反应法、溶胶-凝胶法、喷雾热解、水热和微波合成等方法。以 $\mathrm{Li_2SiO_3}$ 和 $\mathrm{FeC_2O_4 \cdot H_2O}$ 为原料，通过传统的高温固相反应和原位包碳法可以制备碳包覆的 $\mathrm{Li_2FeSiO_4}$ 材料，在 $0.0625C$（$1C=160\mathrm{mA \cdot g^{-1}}$）、60℃ 下充放电，其首次充电比容量为 $165\mathrm{mA \cdot h \cdot g^{-1}}$，放电比容量约为 $130\mathrm{mA \cdot h \cdot g^{-1}}$。该材料在首次充放电过程发生了结构重组，部分占据 $4b$ 位锂离子与占据 $2a$ 位的铁离子发生了互换，造成首次循环后其充电平台由 3.10V 降为 2.80V。这种结构的变化通常会导致材料结构稳定性的提高，这对于后续循环性能是有利的。密度泛函研究表明，$\mathrm{Li_2FeSiO_4}$ 材料具有半导体属性，其带隙宽度为 0.15eV；而其脱锂态化合物 $\mathrm{LiFeSiO_4}$ 的带隙宽度为 1.10eV，态密度数据说明材料为绝缘体，导致材料在室温下首次循环后性能变差。同时，$\mathrm{FeO_4}$ 的位置、大小以及变形会影响 $\mathrm{Fe^{2+}}$ 首次氧化为 $\mathrm{Fe^{3+}}$ 的平衡电位，Fe—O 键越短，成键与反键态间的分裂能就越大，$\mathrm{Fe^{2+}/Fe^{3+}}$（vs. $\mathrm{Li/Li^+}$）的氧化还原电势就会越低，这对解释不同结构的 $\mathrm{Li_2FeSiO_4}$ 材料的首次充放电曲线的平台电压以及离子掺杂对 $\mathrm{Fe^{2+}/Fe^{3+}}$ 电位的调控具有指导意义。

$\mathrm{Li_2FeSiO_4}$ 材料的电化学活性受颗粒粒度影响很大。颗粒粒度越小，电化学活性越高。采用水热辅助溶胶-凝胶法合成的碳包覆 $\mathrm{Li_2FeSiO_4}$ 材料，材料颗粒的粒度为 40~80nm，电化学测试表明，循环 50 次后其放电比容量未衰减，循环稳定性较好。此外，该材料还表现出优异的倍率性能，$10C$ 倍率下放电比容量可达到 $80\mathrm{mA \cdot h \cdot g^{-1}}$。

$\mathrm{Li_2FeSiO_4}$ 理论上可发生两步锂离子脱嵌反应，但从 $\mathrm{Li_2FeSiO_4}$ 中脱出剩下的一个锂是非常困难的。通过微波-溶剂热法制得 $\mathrm{Li_2FeSiO_4/C}$ 纳米结构材料，一次颗粒尺寸约为 20nm。该材料在 25℃ 下充放电，比容量仅有约 $150\mathrm{mA \cdot h \cdot g^{-1}}$；然而，当在 55℃ 下充放电时，可逆比容量达 $200\mathrm{mA \cdot h \cdot g^{-1}}$，循环 20 周后容量基本无衰减。从图 7-47 中可以看出，首次充电时，分别在 3.1V 和 4.7V 处出现两个氧化峰。随着充放电的进行，第一段氧化峰位由 3.1V 降至 2.8V，第二个氧化峰位置不变，表明 $\mathrm{Li_2FeSiO_4/C}$ 在较高温度下可实现大于一个 $\mathrm{Li^+}$ 的脱嵌，两个锂脱出之间高的电位差来源于 $\mathrm{Fe^{3+}}$ 稳定的 $3d^5$ 半充满电子结构。

新型合成方法制备的 $\mathrm{Li_2FeSiO_4}$ 材料可以提高其电化学性能。采用溶液聚合的方法制备的 $\mathrm{Li_2FeSiO_4/C}$ 纳米材料中，原位形成的相互连接的

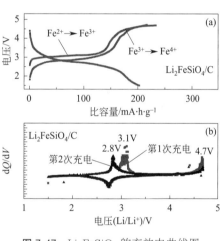

图 7-47 $\mathrm{Li_2FeSiO_4}$ 的充放电曲线图
(a) 以及其微分曲线图 (b)
（充放电电压范围：1.5~4.7V；
温度：55℃；电流密度：$8\mathrm{mA \cdot g^{-1}}$）

碳包覆在 $\mathrm{Li_2FeSiO_4}$ 表面，极大地增强了电化学过程中电子和 $\mathrm{Li^+}$ 传输的动力学，并抑制了 $\mathrm{Li_2FeSiO_4}$ 在高温下的晶体生长。在 30℃、电压范围为 1.5~4.8V 时，以 $10\mathrm{mA \cdot g^{-1}}$ 电流密度充放电，在 3.2V 和 4.3V 出现充电平台，意味着第 2 个锂的脱出，首次放电比容量为 $220\mathrm{mA \cdot h \cdot g^{-1}}$（相当于每 $\mathrm{Li_2FeSiO_4}$ 分子单元嵌入/脱出 1.3mol 锂），循环 30 次后比容量也能达到 $170\mathrm{mA \cdot h \cdot g^{-1}}$，即使在 $10C$ 倍率下充放电仍能获得近 $100\mathrm{mA \cdot h \cdot g^{-1}}$ 的可逆比容量。原位 X 射线吸收谱（XAS）及非原位 Mössbauer 谱分析表明，在整个充电区间

（OCP 约 4.8V）伴随锂离子的脱出，铁离子的价态逐渐升高，发生从 Fe^{2+} 经历 Fe^{3+} 到 Fe^{4+} 的变化过程。虽然在实验中证明 Fe（Ⅳ）的存在，但它的存在形式还有待进一步研究。

Li_2MnSiO_4 材料理论比容量可高达 $333mA \cdot h \cdot g^{-1}$。与 Fe 相比，Mn 更容易进行两电子交换，配合正硅酸盐允许两个 Li^+ 交换的特性，理论上更容易实现制备高比容量正极材料的目的。以蔗糖为碳源，采用结合液相过程的高温固相反应法制备 Li_2MnSiO_4/C 纳米复合材料，该材料在 $5mA \cdot g^{-1}$ 的电流密度下在 $1.50 \sim 4.80V$ 电位区间进行充放电，其首次充电比容量为 $309mA \cdot h \cdot g^{-1}$，首次放电比容量为 $209mA \cdot h \cdot g^{-1}$（相当于可逆脱嵌 1.25 个锂）。但该材料循环性能较差，其放电比容量在 10 次循环后即衰减到 $140mA \cdot h \cdot g^{-1}$。XRD 测试结果证明 Li_2MnSiO_4 材料在首次充电过程中向非晶态转变，随后结构塌陷，加上 Mn^{3+} 的 Jahn-Teller 畸变、歧化和溶解、较低的电子导电性及较差的热稳定性，导致其不可逆比容量较大，充放电循环性能较差。

为提高材料的循环性能，研究人员尝试采用溶胶-凝胶法制备 Li_2MnSiO_4/C 复合材料，通过控制烧结温度、调节溶胶-凝胶反应速率，来控制溶胶-凝胶产物颗粒的比表面积，实现对制备的 Li_2MnSiO_4/C 复合材料的粒度、形貌及电化学性能的控制。溶胶-凝胶法制备的 Li_2MnSiO_4/C 纳米复合材料在 $0.03C$ 和 $1C$ 倍率下，放电容量可以分别达到 $253.4mA \cdot h \cdot g^{-1}$（相当于可逆脱嵌 1.53 个锂）和 $149.9mA \cdot h \cdot g^{-1}$。$Li_2FeSiO_4$ 与 Li_2MnSiO_4 具有相同的结构，易形成固溶体，为了更好地利用 Li_2FeSiO_4 的高稳定性和 Li_2MnSiO_4 的高容量性能，因而 $Li_2Mn_{1-x}Fe_xSiO_4$ 材料受到了关注。采用溶胶-凝胶法合成的 $Li_2Mn_{0.5}Fe_{0.5}SiO_4$ 在 $10mA \cdot g^{-1}$ 的电流密度下，$1.5 \sim 4.8V$ 间充放电，首次充放电比容量分别为 $235mA \cdot h \cdot g^{-1}$ 和 $214mA \cdot h \cdot g^{-1}$。与 Li_2MnSiO_4 材料相比，Mn 的电子交换数目大大提高，表明锰铁混合可以改善 Li_2MnSiO_4 材料的结构可逆性，防止脱锂过程中相分离的发生，同时改善材料的电化学活性。

Li_2CoSiO_4 和 Li_2NiSiO_4 第二个锂离子脱出的电压平台在 5.0V 左右。由于电解液体系的限制不易实现，并且钴、镍的价格高等问题也限制这种材料的商业化，因此对这两种材料的研究相对较少。

与磷酸盐 $LiMPO_4$ 材料相比，正硅酸盐 Li_2MSiO_4 材料在形式上可以允许 2 个 Li^+ 的交换，因而具有较高理论比容量，但在真正实现可逆脱嵌 2 个 Li^+ 方面仍有待于结合实验和理论进一步研究。从材料循环稳定性方面考虑，Li_2MSiO_4 中过渡金属离子和氧的配位多面体环境对材料充放电过程中的结构稳定性有着重要影响，进而决定着材料的循环性能。根据配位场理论，Fe^{2+}、Fe^{3+}，甚至 Fe^{4+} 在与氧四面体配位时都是稳定的，因此 Li_2FeSiO_4 具有高的循环稳定性和热稳定性。而 Mn^{4+} 和 Co^{4+} 在氧的八面体配位场中具有很高的晶体场稳定能，因而 Mn^{4+} 和 Co^{4+} 在氧的四面体场中很不稳定；与四面体配位相比，Mn^{3+} 也倾向于和氧采用八面体配位形式。所以，在材料充电过程中，由于 Mn 和 Co 离子氧化到高价态将引起它们与氧离子配位结构的重排，导致不可逆的相变过程发生，这可能是造成 Li_2MnSiO_4 和 Li_2CoSiO_4 材料循环性能差的一个主要原因。表面包覆、优化粒径和离子掺杂仍是该系列材料改性研究的热点，也是提高其电化学性能的关键。在材料表面包覆碳可以提高其导电性能，促进电子/离子的转移，而且碳源在热处理过程中还可以抑制活性颗粒的生长，从而获得纳微级、粒径均匀的电极材料。通过掺杂改性可以稳定结构，改善活性材料晶格内的锂离子扩散动力学，以及调节过渡金属离子的氧化还原电位。

7.3.6 有机正极材料

与无机正极材料相比，有机正极材料具有理论比容量高、原料丰富、环境友好、结构可设计性强和体系安全等优点。某些有机电极材料可以直接从植物中提取，实现绿色合成，是一类具有应用前景的储能物质。有机正极材料可分为导电聚合物、含硫化合物、氮氧自由基化合物和含氧共轭化合物等，其中导电聚合物、有机硫化物和氮氧自由基化合物可作为聚合物正极材料。

有机含氧共轭化合物（共轭羰基化合物）典型特征是具有大的共轭体系，同时含有多个羰基官能团（羰基个数≥2，个数一般为偶数），能够实现双电子以上反应，本质上决定了该类材料具有结构多样性、大的比容量和快速的电化学反应动力学。普遍认为共轭羰基化合物电化学反应机制是两电子氧化还原反应，过程如图 7-48 所示。羰基碳氧双键（C＝O）首先得一个电子生成带一个单电子自由基的氧负离子；同时，带正电荷的 Li^+ 和氧负离子中和成盐，然后第二羰基碳氧双键（C＝O）继续得到一个电子和一个锂离子，生成带有两个锂氧键的二锂盐；其逆过程是相应失去两电子和两个锂离子，恢复原来的羰基结构。对于不同的共轭羰基化合物体系来说，有时可能两个电子的得失同步进行。在电化学反应过程中，仅涉及共轭羰基化合物羰基碳氧双键的 π 键断裂和重建，而参与共轭的大芳香体系结构不发生变化，仅共轭大π键发生电子云重排。

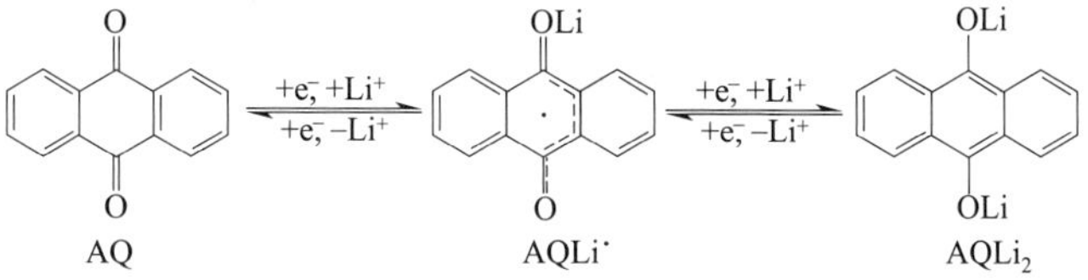

图 7-48　典型共轭羰基化合物（以蒽醌为例)的电化学反应机理

可通过理论计算对有机电极材料活性位点的利用率和平均放电电压进行预测，利用化合物的放电产物（还原态）的最高占据分子轨道（HOMO）的电子云图是否能够稳定对称分布，来判断对应的羰基是否能被利用（图 7-49）；利用化合物的最低未占据分子轨道（LUMO）的能量与平均放电电压所成线性关系，来预测结构类似羰基化合物的平均放电电压。通过该方法设计出了高比容量和高放电电压的芘-4,5,9,10-四酮（PTO 或 PYT），这为高性能有机电极材料在分子水平上进行结构设计提供了理论依据。

早期曾将羰基化合物作为一次锂电池的正极，但由于存在在电解液中严重溶解等问题，限制了有机电极材料的进一步发展。首次显示具有循环性能的羰基化合物是壬苯并六醌

（NBHQ，），大平面结构有效避免了 NBHQ 和部分还原态

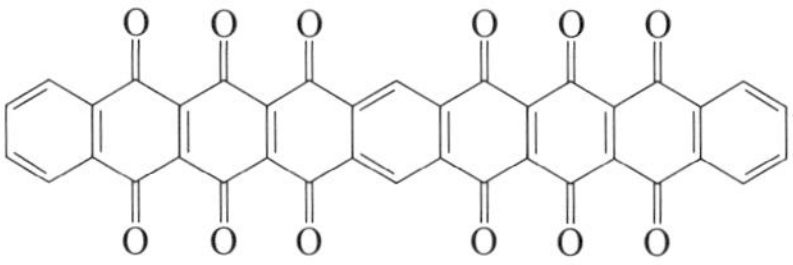

的溶解，理论比容量可达 $489mA \cdot h \cdot g^{-1}$，首次放电比容量可达 $377mA \cdot h \cdot g^{-1}$，150 次循环后平均能量密度为 $127W \cdot h \cdot kg^{-1}$。图 7-50 列出了一些典型的小分子共轭羰基化合物的结构式和理论比容量，主要分为九类。①简单的醌类：苯醌（BQ），蒽醌（AQ），菲醌（PQ）。②含取代基的醌：2,3,5,6-四氯-1,4-苯醌（chloranil），2,5-二甲氧基苯醌（DMBQ），1,3,4-三羟基蒽醌（purpurin），1,5-二甲氧基蒽醌（$Li_2C_{14}H_6O_4$）。③并入杂环的醌：二吡啶并苯醌（PID 或 PhenQ），二噻吩并苯醌（BDTD 或 BDTQ），二呋喃并苯醌（BFFD）。④多羰基醌或酮：壬苯并六醌（NBHQ），5,7,12,14-并五苯四酮（PT）。⑤简单的二酐：均苯四甲酸酐（PMDA），萘四甲酸二酐（NTCDA），苝四甲酸二酐（PTCDA）。⑥其他共轭羰基化合物：二氯异氰尿酸（DCA），哌嗪四酮衍生物（PRP，AP，PHP）。⑦ "oxocarbon" 类盐：2,5-二羟基苯醌二锂盐（$Li_2C_6H_2O_4$），玫棕酸二锂盐（$Li_2C_6O_6$），

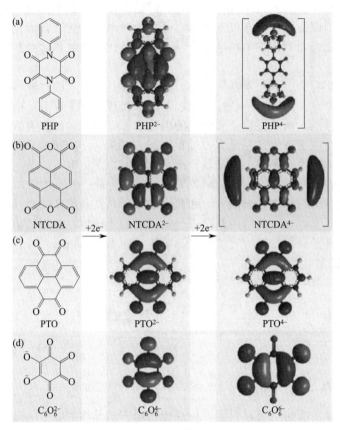

图 7-49　四种代表性分子和各自对应不同还原态阴离子的 HOMO 电子云图

玫棕酸四锂盐（$Li_4C_6O_6$）。⑧简单共轭羧酸锂盐：对苯二甲酸锂盐（$Li_2C_8H_4O_4$），2,4-二烯基己二酸锂盐（$Li_2C_6H_4O_4$），乙烯基二苯甲酸锂盐（$Li_2C_{16}H_{10}O_4$）。⑨简单的二酰亚胺锂盐：均苯四甲酸二酰亚胺二锂盐（$Li_2C_{10}H_2N_2O_4$），萘四甲酸二酰亚胺二锂盐（$Li_2C_{14}H_4N_2O_4$）。

尽管这些小分子共轭羰基化合物能够获得高的放电比容量，但大都呈现出较差的循环寿命和低的倍率性能，这主要归结为两方面原因：一是有机电极材料及其放电产物在有机电解液中溶解；二是固有的低导电性。有机化合物属于电绝缘材料，导电性很差，使用时需要加入大量导电剂，大大降低了电极材料的能量密度。此外，部分化合物（图 7-50 中⑤类、⑥类、⑧类和⑨类化合物）的羰基活性位点利用率较低，仅达到理论的 50%，使得实际比容量远远低于理论比容量。

为了解决小分子共轭羰基化合物在非质子性有机电解液中溶解性这一关键问题，研究人员提出了多种解决方法。常用的方法是在电极制备过程中增加导电碳含量或者使用大比表面积碳材料（例如介孔碳）来负载，加固活性物质，抑制其溶解，同时提高电极材料导电性。还有一种方法是改变电池的结构组成，主要涉及利用固体和聚合物电解液来阻止电极活性物质的溶解。最近，利用小分子共轭羰基化合物和石墨烯之间 π-π 相互作用原理，制备的柔性复合电极材料具有优异的倍率性能。

此外，解决溶解性的其他办法是利用"极性反转"策略使小极性的共轭羰基化合物成盐，从而有效降低小分子共轭羰基化合物在电解液中的溶解，循环性能得到很好的改善。图 7-50 中的⑦类、⑧类和⑨类代表着一些典型的小分子共轭羰基化合物锂盐的结构和理论比

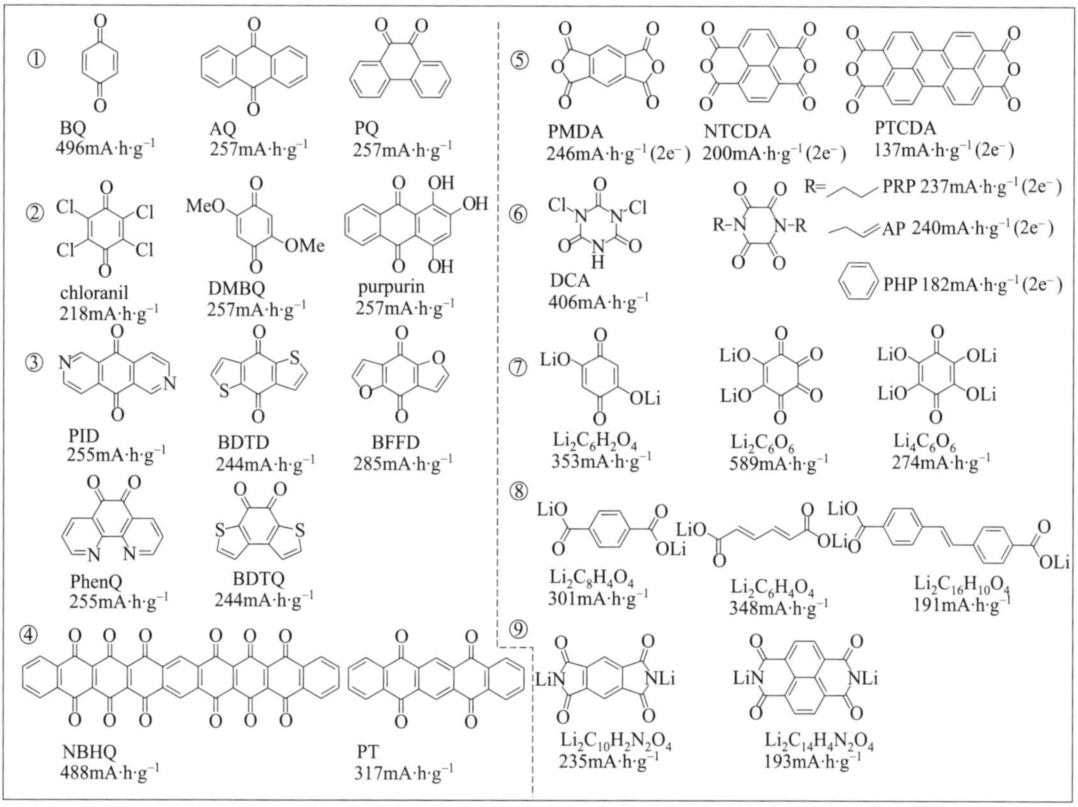

图 7-50　典型的小分子共轭羰基化合物的结构式和理论比容量

容量。这些小分子共轭羰基化合物锂盐大部分是由羟基醌、共轭二羧酸及二酐的衍生物转化而来。以来自天然植酸（phytic acid）的肌醇（myo-inositol）为原料合成的玫棕酸二锂盐

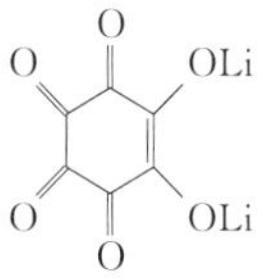

，其理论容量为 $589mA \cdot h \cdot g^{-1}$，首次放电比容量高达 $580mA \cdot h \cdot g^{-1}$，循

环 10 次后比容量为 $300mA \cdot h \cdot g^{-1}$。不同电压窗口下电池的循环性能表明，容量衰减的原因是活性物质溶于电解液中造成的，且二锂盐比相应的放电产物四锂盐和六锂盐更容易溶解。受这一启发，通过玫棕酸二锂盐受热发生歧化反应合成出碳包覆的玫棕酸四锂盐，其首次比容量为 $200mA \cdot h \cdot g^{-1}$，50 次循环后容量仅衰减 10%。值得注意的是，玫棕酸四锂盐 $Li_4C_6O_6$，可以还原为 $Li_2C_6O_6$，也可以氧化为 $Li_6C_6O_6$。以四锂盐的放电产物玫棕酸六锂盐为负极，以其充电产物玫棕酸二锂盐为正极可以构建成输出电压约为 1V 的全有机锂离子电池，这为构建全有机材料的锂离子电池提供了思路。

通过对 2,5-二羟基对苯二甲酸锂盐化，降低其在电解液中的溶解度，能够顺利发生两对二电子（$2 \times 2e^-$）氧化还原反应，其中高电位下（平均电压为 2.6V）适合作锂离子电池的正极材料，低电位下（平均电压为 0.8V）适合作锂离子电池的负极材料（图 7-51）。通过球磨和原位超声剥离处理，使层状块体 $Li_4C_8H_2O_6$ 四锂盐分别转化成无规则纳米颗粒和纳米片，纳米尺寸的 $Li_4C_8H_2O_6$ 能够和导电碳及电解液更好地接触，有利于电子和离子的传输，从而提高了材料的利用率；使正负极的实际比容量均接近理论比容量（$241mA \cdot h \cdot g^{-1}$），分别为 $227mA \cdot h \cdot g^{-1}$ 和 $254mA \cdot h \cdot g^{-1}$，同时也获得了较好的倍率性能。应用

四锂盐 $Li_4C_8H_2O_6$ 的"储锂"特性，使用性能最好的 $Li_4C_8H_2O_6$ 纳米片作正负电极的初始活性物质，可以构建出输出电压为 1.8V 全有机锂离子电池，比能量达 $130W \cdot h \cdot kg^{-1}$（基于正负极活性物质总质量）。

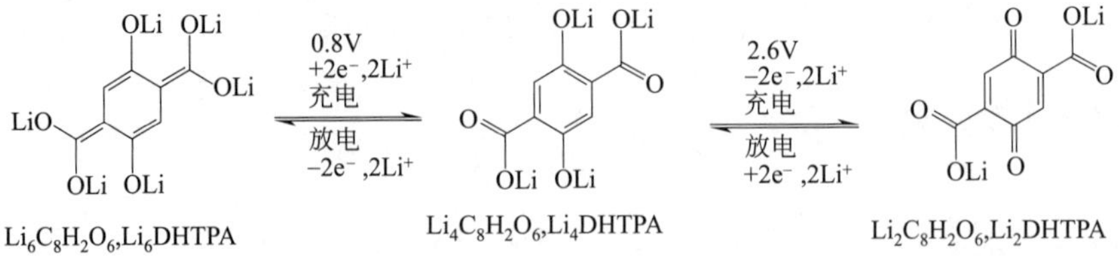

图 7-51 有机四锂盐 $Li_4C_8H_2O_6$ 电极材料的分子结构及其电化学氧化还原反应机理

尽管小分子共轭羰基化合物锂盐通过 $O^- — Li^+ \cdots O^-$ 螯合键相互偶联，一定程度上降低了其溶解性，改善了循环性能。但是，引入额外多个 $Li^+ \cdots O^-$ 键是非电化学活性的，导致比容量降低，而且 $Li^+ \cdots O^-$ 的供电子效应使相应的小分子共轭羰基化合物的氧化还原电位下降。例如，2,5-二羟基苯醌二锂盐（$Li_2C_6H_2O_4$）和均苯二酰亚胺二锂盐（$Li_2C_{10}H_2N_2O_4$）的氧化还原电位比苯醌和均苯二酰亚胺要低，这对作为正极的共轭羰基化合物是不利的。

解决小分子共轭羰基化合物在电解液中的溶解性问题的另一种有效策略，就是把小分子共轭羰基化合物聚合成大分子量聚合物。共轭羰基化合物的聚合物主要包括由烷基链、氮原子和硫原子连接起来的醌类聚合物及二酐和二胺的缩合物等。图 7-52 列出了一些典型聚合物的结构式和理论比容量，主要分为四类。①烷基链偶联的聚合物：聚 2,5-二羟基苯醌（PDBM），聚乙烯基蒽醌（PVAQ），聚芘-4,5,9,10-四酮（PPYT）。②氮原子偶联的聚合物：聚氨基萘醌（PANQ），聚氨基蒽醌（PAAQ），聚-1,8-二氨基蒽醌（PDAAQ）。③硫原子偶联的聚合物：聚硫化苊（P500），聚硫化蒽醌（PAQS），聚硫化冉酸钠盐（PDBS）。④烃基二胺偶联的二酰亚胺：聚均苯四甲酸二酰亚胺（PI-1，PI-2），聚萘四甲酸二酰亚胺（PI-3，PI-4）。

一些聚合物展示出高达接近理论容量的比容量，并且具有长循环寿命、高库仑效率和倍率性能，这些优异的综合性电化学性能在小分子共轭羰基化合物上一般是很难实现的。例如，聚芘-4,5,9,10-四酮的聚合物 PPYT 展示出 500 次循环后比容量仍然维持在初始比容量的 83%（图 7-53），30C 的比容量能够维持在 1C 下的 90%。聚合醌类化合物如

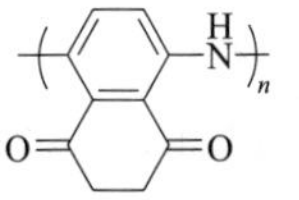

结合了醌类结构和聚苯胺的结构。由于聚苯胺导电骨架与醌活性基团存在于同一个重复单元中，可以确保在充放电循环过程中具有氧化还原活性的醌基团不会离开电极，在增加导电性的同时又降低了材料的溶解，初始放电比容量达到 $300mA \cdot h \cdot g^{-1}$，接近于其理论容量，循环过程中的平均比容量约 $200mA \cdot h \cdot g^{-1}$，放电电压从 2.5V 升高到 2.7V。大的多环醌类结构可以提高小分子的 π 体系，从而提高其理论容量。同时，用 S 替代—NH—基，可以形成另一类含硫的羰基聚合物电极材料，所得材料显示了很好的循环稳定性和导电性。

共轭羰基化合物的聚合物电极材料也存在一些不可忽视的缺点，主要包括为了聚合而额外引入没有电化学活性（"死质量"）的组分（如偶联单元）所导致的理论比容量降低，聚合物低的导电性和单体间大的电荷排斥力引起大的电极极化以及较慢的离子/电子传输速率。羰基聚合物在充放电过程中的溶胀性及其本身的凝聚态结构，也会对锂离子的扩散迁移速率产生影响。例如聚合物 PAQS 与蒽醌相比，循环性能大大改善，但放电电压稍微降低，放电平台也变成斜坡状，比容量也没单体蒽醌高。这主要是由聚合物导电性低和分子间电荷排

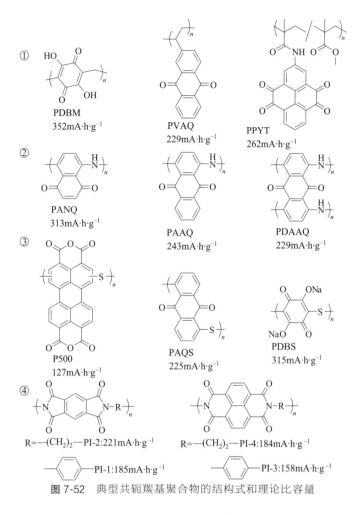

图 7-52 典型共轭羰基聚合物的结构式和理论比容量

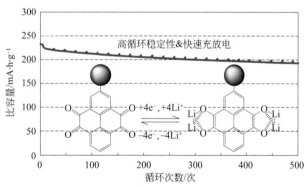

图 7-53 PPYT 电化学反应机制及循环寿命

斥力大引起的。有时聚合物的放电比容量随着循环次数的增加而增大，其原因可能是聚合物和电解液没有有效接触，随着循环的增加逐渐被活化。还存在一个重要问题是低的导电性，因为大多数共轭羰基聚合物都是绝缘体。为了充分利用活性材料，在电极制备过程中也往往需要通过物理混合加入大量的导电碳添加剂，却大大降低了电极材料的能量密度。通过设计一些特殊官能团结构的有机化合物，可将含氧共轭基团取代到大环共轭结构体系中达到多取代活性位点。大环共轭体系一方面降低在电解液中的溶解性能，进一步提高锂离子电池放电容量和循环稳定性能；另一方面，还能提高导电性能，有可能既实现锂离子的脱嵌，又实现较高的理论比容量。有机化合物正极材料目前还处于探索阶段，离实用化还有相当距离。

7.4 锂离子电池负极材料

目前，提高负极材料对锂离子的嵌入和脱出能力是提高锂离子电池容量的主要途径。二次锂电池负极材料经历了由金属锂到锂合金、碳材料、氧化物再回到纳米合金的演变过程，见表 7-6。

表 7-6 锂离子电池负极材料演变过程

项　　目	金属锂	锂合金（如 LiAl）	碳材料（石墨）	氧化物（如 SnO）	纳米合金（如纳米硅）
容量/mA·h·g^{-1}	3860	790	372	700	2000
年份	1965	1971	1980	1995	1998

7.4.1 金属锂负极材料

二次锂电池的发展经历了曲折的过程。初期锂离子电池的负极材料是金属锂，它是比容量最高的负极材料（mA·h·g^{-1}），比其他负极材料的理论容量要高很多，如石墨的理论比容量仅为 372mA·h·g^{-1}。由于金属锂非常活泼，所以能与很多无机物和有机物反应。在锂电池中，锂电极易与非水有机电解质反应，在表面形成一层钝化膜——固态电解质界面膜（solid electrolyte interface，SEI）。根据固态电解质界面膜（SEI）模型，锂与电解质的反应产物在金属锂表面形成一薄层保护膜，该保护膜为多孔性结构，是离子导体而不是电子导体，电解质溶液填充在这些孔结构中，因此锂离子能发生迁入和迁出。SEI 膜的形成阻止了锂与电解质的进一步反应，使金属锂在电解质中稳定存在，这是锂电池得以商品化的基础。

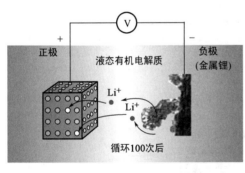

图 7-54 金属锂为负极的二次锂电池工作原理示意

如图 7-54 所示，在充放电过程中，金属锂反复沉积（充电）和溶解（放电）。在充电过程中，锂将重新回到负极，新沉积的锂表面由于没有钝化膜保护，非常活泼，部分锂将与电解质反应并被反应物包覆，形成游离态的锂，在晶粒长大的过程中负极表面会形成枝晶。当积累到一定程度时，便刺穿隔膜而造成电池的局部短路，使电池局部温度升高，熔化隔膜，进而造成电池的内短路，使得电池失效甚至起火爆炸，所以锂金属电池一直未实现商品化。随着锂硫电池和锂空气电池的研究取得有益进展，在当代理论、表征与新材料科学迅速发展的大环境下，有关通过金属锂表面改性等方法抑制锂枝晶的生长，并提高金属锂负极循环性能的研究，再次成为国际科学与工程界广泛关注的课题。

为了解决这一问题，主要从三个方面展开研究：

① 寻找替代金属锂的负极材料；

② 采用聚合物电解质来避免金属锂与有机溶剂反应；

③ 改进有机电解液的配方，使金属锂在充放电循环中保持光滑均一的表面。

有机添加剂如 4-甲基二氧杂环环戊二烯酮、苯、氟化表面活性添加剂、聚乙烯醇二甲醚等，均可以改善金属锂的循环性能，添加 CO_2 可以使金属锂在 PVDF-HFP 凝胶电解质中的充放电效率达 95%。

寻找替代金属锂的负极材料应满足以下要求：

① 在锂嵌入的过程中电极电势变化较小，并接近金属锂；

② 有较高的比容量和较高的充放电效率；

③ 在电极材料内部和表面，具有较好的锂离子扩散通道和较高的扩散速率；

④ 具有较高的结构稳定性、化学稳定性和热稳定性；

⑤ 价格低廉，容易制备。

实际开发中需要综合考虑上述因素。在满足其他条件的基础上，目前研究的主要方向是开发高容量的负极材料，主要有碳材料、氮化物、硅基材料、锡基材料、新型合金及纳米材料等。

7.4.2 碳负极材料

7.4.2.1 概述

锂离子电池正负极反应是一种典型的嵌入反应，$LiCoO_2$ 和 LiC_6 被称为嵌入化合物（intercalation compound）。由于锂与石墨化的碳材料形成嵌入化合物 LiC_6 的电势与金属锂相差不到 0.5V，因此可以用来代替金属锂作为锂二次电池的负极材料。在充电过程中，锂嵌入石墨的层状结构中，放电时则从层状结构中脱嵌。该过程的可逆性很好，因此所组成的锂二次电池循环性能非常优越。

发现碳材料可以嵌入金属的研究始于 1926 年，当时，Fredshagen 和 Cadengach 合成了 K、Pb、Cs 等碱金属嵌入的石墨层间化合物（graphite intercalated compounds，GICs）（图 7-55）。20 世纪 50 年代中期，Herold 合成了 Li-GICs；70 年代，Besenhard 等研究了石墨在芳香族溶剂碱金

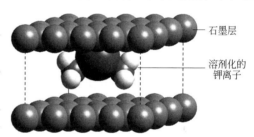

图 7-55　石墨层间化合物 GICs 示意

属盐溶液中的还原性，发现金属锂可电化学嵌入石墨中。1991 年，日本 SONY 公司用聚糠醇树脂（polyfurfury alcohol，PFA）热解碳（硬碳）作负极制成了锂离子电池，随着 SONY 公司用碳负极材料的锂离子电池的商业化，对碳负极材料的研究开始蓬勃发展。

碳材料很便宜，没有毒性，且处于放电状态时在空气中比较稳定，一方面可避免使用活泼的金属锂，电池的安全性大大提高；另一方面，避免了枝晶的产生，防止电池内部短路，大大延长了电池的使用寿命。

性能优良的碳材料有充放电可逆性好、容量大和放电平台低等特征。近年来研究的碳材料包括石墨、碳纤维、石油焦、无序碳和有机裂解碳。不同碳材料在结晶度、粒度、孔隙度、微观形态、比表面积、表面官能团、杂质等多方面存在差异，众多类型的碳材料可以满足不同的工业要求。如日本 SONY 公司使用的是硬碳，三洋公司使用的是天然石墨，松下公司使用的则是中间相炭微球。

7.4.2.2 碳材料的结构

碳材料负极的充放电反应实际上是锂在固相内的嵌入-脱嵌反应

$$6C + xLi^+ + xe^- \underset{放电}{\overset{充电}{\rightleftharpoons}} Li_xC_6 \tag{7-17}$$

由于碳材料的结构差异，充放电反应机理也不相同，并且碳材料的结构受碳原料和加工条件的影响很大。

碳原子自身可以通过sp、sp^2、sp^3杂化轨道成键，形成许多种类型的化合物。在碳材料中，C—C单键的键长一般为0.154nm，双键为0.142nm。碳的同素异形体包括金刚石、石墨、无定形碳、富勒烯、碳纳米管、石墨烯和石墨炔等。石墨是典型的层状结构，层内的每个碳原子以sp^2杂化轨道与其余三个碳原子相连，形成三个共平面的σ键，碳原子之间通过连续的sp^2杂化轨道形成大的六环网络结构，由六方形结构所在的平面构成石墨烯平面薄膜，并形成二维石墨层。未参与杂化的电子在层的两面形成电子共轭大π键，层与层之间靠范德瓦耳斯力结合在一起形成层状结构，如图7-56所示。石墨层内的结合力和层间的结合力差别很大，使石墨具有各向异性。由于沿平面的π电子的共轭作用，石墨表现出良好的导电性，沿a轴（平面方向）的电导率为20000S·cm^{-1}，而沿c轴（垂直方向）的电导率仅为200S·cm^{-1}。层间的相互作用比化学键作用弱，因此，石墨容易解离，显得柔软并具有润滑性。

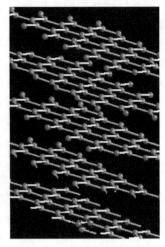

图7-56　石墨的层状结构

石墨有六方石墨和菱形石墨（三方）两种结构（图7-57）。六方结构（2H）具有六面体对称，空间群为$P6_3/mmc$，层面间以ABAB…形式堆垛。菱形结构（3R）具有菱形六面体对称，空间群为$R3m$，层面间叠合呈ABCABC…形式，其中C面分别和A、B面错开六角形对角线的一半。根据错开的方向，可以划分成六方晶胞和菱形晶胞。理想石墨晶体层间距d_{002}为0.3354nm，理论密度为2.266g·cm^{-3}。由于菱形石墨层上碳原子间距和层面间距与六方石墨相同，故二者理论密度相同。天然石墨中一般含有17%的菱形石墨，通过机械研磨，可以增加到22%。石墨的晶体参数（图7-58）主要有L_a、L_c、D_{002}和g，L_a为石墨晶体沿a轴方向的平均大小，L_c为c轴方向堆积的厚度，D_{002}为石墨烯片层间的距离（理想石墨晶体层间距为0.3354nm，无定形碳≥0.344nm），g为石墨化程度，即碳原子形成密排六方石墨晶体结构（标准石墨结构）的程度；晶格尺寸越接近理想石墨的点阵参数，g值就愈高。天然石墨与人工石墨主要为2H+3R晶面排列，无定形碳材料石墨纯度低，主要为2H晶面排列结构。

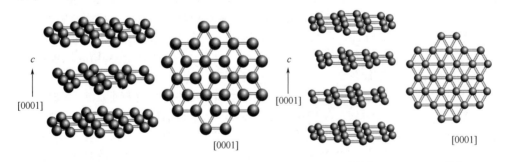

(a) 六方结构(2H)(ABAB…形式)　　　　(b) 三方结构(3R)(ABCABC…形式)

图7-57　石墨的两种晶体结构

碳材料的结构可以从堆积方式、晶体学和对称性等多个角度来划分。从晶体学角度可划分为晶体和无定形；从堆积方式可以分为石墨、玻璃碳、高取向裂解石墨（highly oriented pyrolytic graphite；HOPG）、碳纤维和炭黑等（图7-59）；从对称性角度可以分为非对称、

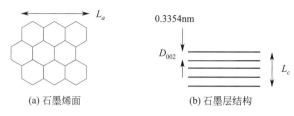

(a) 石墨烯面　　　　　　　(b) 石墨层结构

图7-58　六方形石墨层结构及微晶参数

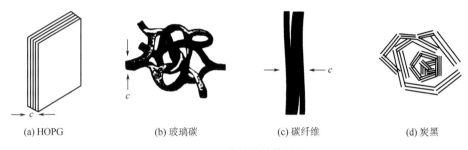

(a) HOPG　　　　(b) 玻璃碳　　　　(c) 碳纤维　　　　(d) 炭黑

图7-59　一些碳材料的种类

点对称、轴对称和面对称等。

7.4.2.3　碳材料的结构缺陷

从无定形到晶体，是一个石墨化过程。根据原材料形态的变化，石墨化过程有气相、液相和固相三种方式。由于碳原子成键时的多种杂化形式及碳材料结构层次的多样性，导致碳材料存在各种结构缺陷，常见的结构缺陷有平面位移、螺旋位错、堆积缺陷等。

(1) 碳层面内的结构缺陷　在实际的碳材料中，碳原子除通过 sp^2 杂化轨道成键构成六环网络结构外，还可能存在通过 sp 或 sp^3 杂化轨道成键的碳原子。杂化形式不同，电子云分布密度也不同，导致碳平面层内电子密度发生变化，使碳平面层变形，引起碳平面层内的结构缺陷。此外，当碳平面结构中存在其他杂原子时，由于杂原子的大小和所带电荷与碳原子不同，也会引起碳层面内的结构缺陷。如以有机化合物作前驱体，通过热解方法制备的碳材料，在碳平面生长过程中，边沿的碳原子可能仍与一些官能团如—OH、＝O、—O—或—CH₃ 等连接，引起碳层平面结构变形。

(2) 碳层面堆积缺陷　这是一种碳平面不规则排列而形成碳材料中的层面堆积缺陷。

(3) 孔隙缺陷　这是在石墨化过程中，因气相物质挥发留下的孔隙引起的。随着石墨化程度的提高，碳材料的密度逐渐增加，孔隙结构先是增加，达到 800℃ 左右以后逐渐下降。孔隙结构有开孔和闭孔两种，随着石墨化程度增加，闭孔的相对含量降低，而开孔的相对含量升高。依据孔大小分为大孔（＞100nm）、中孔（2～100nm）和微孔（＜2nm）。微孔周围被微晶平面所包围，可以用小角X射线散射来测量。

由于各向异性，在石墨化过程中，碳材料形成不同的表面结构：一种是本征石墨层平面结构，这种结构的化学性能稳定；另一种结构相对于基本平面，在边界表面上存在许多化学基团，如—OH、—COOH 和—C＝O 等官能团。碳材料的表面结构可用超高真空技术（俄歇电子能谱、光电子能谱）、拉曼光谱、红外光谱、隧道扫描电镜和热解吸质谱等进行表征。

7.4.2.4　锂-石墨层间化合物

对于锂嵌入石墨形成石墨层间化合物（graphite intercalated compounds，GICs）的研究早在 20 世纪 50 年代中期就开始了。用作锂离子电池负极的碳材料，都与锂形成锂-石墨层间化合物（Li-GICs）有关。

由于石墨中的层间结合力远比层内小，且层间距大，故在石墨层间易嵌入一些其他原子、基团或离子，形成石墨层间化合物。如果平面存在缺陷结构诸如前述的微孔，也可以经平面进行嵌入。电子从外来层向石墨层转移称为施主型嵌入化合物；电子从石墨层转移到外来层称为受主型嵌入化合物。锂嵌入石墨层属于施主型嵌入化合物，随着锂嵌入量的变化，形成不同阶的化合物。例如平均四层中插有一层称为Ⅳ阶GICs，每三层中插有一层称为Ⅲ阶GICs，依此类推；最高程度达到每层都插入一些其他原子、基团或离子，形成Ⅰ阶GICs，如图7-60所示。

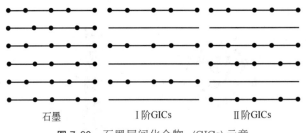

图7-60　石墨层间化合物（GICs）示意

在XRD图上，石墨基平面（002）峰的衍射角$2\theta = 26.40°$，对应的石墨层间距$d_{002} = 0.3354nm$。在最高的Ⅰ阶化合物中，Li-GICs相对于石墨晶体取石墨格子的（$\sqrt{3} \times \sqrt{3}$）超格子构造，锂位于石墨层面内碳六角环的中央，晶格指数$a = b = 0.430nm$，锂插入石墨层间后，引起层间距适度的膨胀（约10.3%），增大到0.370nm，如图7-61所示。

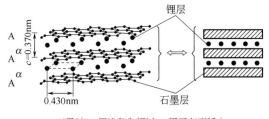
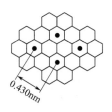

(a) 石墨以AA层堆积和锂以αα层间有序插入　　　　(b) 垂直于层面的LiC_6

图7-61　LiC_6的结构

石墨是带隙为零的准金属，嵌入外来原子或分子后，由于电荷转移使载流子浓度大大增加，因而提高了电导率。石墨的Ⅰ阶嵌锂化合物LiC_6，在室温下具有$\alpha\alpha$有序结构，升温到某一温度后，锂在层间呈无序分布，称为二维熔化。由于一价锂2s带在整个布里渊区都处于费米能级之上，锂是完全离子化的，即一个锂原子转移一个电子到石墨层，垂直于层面的电导率升高约2~3个数量级，达$1.8 \times 10^4 S \cdot cm^{-1}$，且各向异性变小。

锂离子在石墨中嵌入-脱出时发生可逆相变，在锂的嵌入量未达到LiC_6时，该成阶现象是一个热力学过程，表现为：①需要能量使锂原子嵌入以范德华力结合的层中；②锂原子之间有相互排斥力，但主要取决于前者。随着锂在石墨中嵌入量的增加，逐渐生成Ⅳ阶（stage）、Ⅲ阶、ⅡL阶、Ⅱ阶和Ⅰ阶等不同相的嵌锂化合物。一般而言，成阶现象或嵌入程度可以通过电化学还原的方法来监测和控制，主要有恒电流法和动电势法（线性扫描伏安法）。图7-62（a）为恒电流法将石墨进行电化学还原嵌入锂过程中电势与组成的变化关系，明显的电势平台表明两相区的存在。图7-62（b）为动电势法的结果，电流峰的出现也表明两相区域的存在。X射线衍射法和拉曼光谱测量都证实了阶现象的产生及多阶化合物的存在。

Li-GICs组成通常用$Li_xC（0 < x < 1）$表示，对完整晶态石墨而言$x = 1$，理论容量为$372mA \cdot h \cdot g^{-1}$。但多数碳材料，可逆锂离子嵌入量仅在$x = 0~0.5$之间，$x$的大小与碳

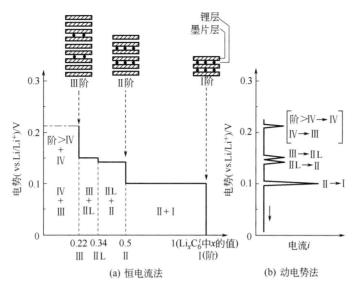

图 7-62 锂以电化学还原嵌入石墨中形成不同阶的化合物

材料种类和结构、电解质组成、电极结构以及锂离子嵌入速率等因素有关。

图 7-63 为锂离子嵌入石墨过程中电势与组分的关系曲线。两相之间没有明显的分界区，这是由于：①Li_xC 堆积密度在一定范围内变化（即相存在一定的宽度）；②多种类型的超电势引起恒电流测量时电压平台倾斜或导致动电势测量时峰变宽。理论上，锂离子嵌入石墨是完全可逆的，但实际上，在充放电过程中，电极的充放电效率低于 100%。在第一次循环时，容量超过一阶 Li-GICs(LiC_6)372mA·h·g^{-1} 的理论容量，随后脱嵌只能达到上述容量的 80%～95%。锂的嵌入量大于可逆脱出量，即放电的电化学容量低于充电，损失的部分被称为不可逆容量损失，一般在随后的循环中两者基本上相等。

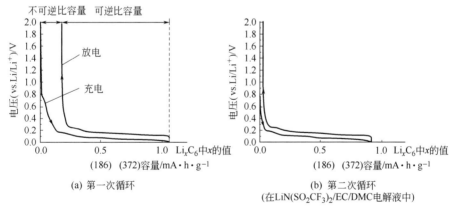

图 7-63 石墨（Timrex KS44）的恒电流充放电曲线

不可逆容量损失通常由电极表面发生的不可逆副反应引起，包括 SEI 膜的形成和 Li_xC_6 的自放电反应。与金属锂和富锂合金一样，对于所有的碳材料，锂嵌入石墨层间形成层间化合物 Li-GICs，表面暴露于电解液，在电解液中是热力学不稳定体系。电解质溶液中的有机溶剂和锂盐均有可能从电极得到电子，发生还原反应，结果在电极表面形成对电子绝缘而对离子导电的固体电解质层（SEI），其主要组成为 Li_2CO_3、$ROCO_2Li$。当 SEI 层的厚度增长到能够阻止溶剂从电极上得到电子时，还原反应自行终止，相当于在电极表面形成了一层钝化膜。SEI 层主要在第一次充放电时生成，是不可逆容量损失的主要来源。另外，由于 Li_xC_6 与有机电解液的反应，Li_xC_6 电极自放电速率也是相当可观的。

SEI 层除了与不可逆容量损失有关外，还影响电极的自放电、循环性能、低温性能、安全性和功率密度。SEI 层的组成、微观结构、致密度、厚度、反应消耗的电量与碳材料微观结构、表面官能团、比表面积以及电解质溶液的组成和添加剂有密切关系。例如天然石墨在含有丙烯碳酸酯（PC）溶剂的电解质溶液中，电极表面的 SEI 层不能形成一个有效的钝化膜，PC 随 Li^+ 共同嵌入石墨层，在石墨电极上分解生成 Li_2CO_3 和 C_2H_4 气体，逐渐导致碳负极解体，电池循环效率下降，直至电极完全失效。但在含有乙烯碳酸酯（EC）的体系中，表面膜的主要成分是 Li_2CO_3 及 $(CH_2OCO_2Li)_2$。与 PC 中的情况相反，这层膜非常规则地覆盖于表面，将石墨和电解液完全隔离开，阻止了电解液的进一步分解；且该层膜是良好的锂离子导体，锂离子能顺利通过而不带溶剂分子，使石墨成为稳定可逆的负极，即在 EC 体系中 SEI 层形成了有效的钝化膜，充放电效率达到 85%。研究表明，在电解液中添加 CO_2、有机添加剂冠醚类（以 12 冠 4 醚最佳），对石墨表面进行中度氧化以及用热解碳修饰，均可以优化 SEI 层的结构，降低不可逆容量损失。

目前已研究开发的锂离子电池碳负极材料主要有石墨、石油焦、碳纤维、热解碳、中间相炭微球（MCMB）、炭黑、玻璃碳等。它们的性质取决于其结构。

7.4.2.5 石墨

石墨材料导电性好，结晶度高，具有良好的层状结构，适合锂的嵌入和脱嵌，形成锂-石墨层间化合物 Li-GICs，嵌锂电势低且平坦，大部分嵌锂容量分布在 $0 \sim 0.20V$ 左右（vs. Li^+/Li）。石墨材料具有良好的充放电电势平台，充放电比容量可达 $300mA \cdot h \cdot g^{-1}$ 以上，充放电效率高于 90%，不可逆比容量低于 $50mA \cdot h \cdot g^{-1}$。可与提供锂源的正极材料 $LiCoO_2$、$LiNiO_2$、$LiMn_2O_4$ 等匹配，组成的电池平均输出电压高，是目前锂离子电池应用最多的负极材料。

石墨包括天然石墨和人造石墨两大类。

天然石墨由于其石墨化程度高，具有高度取向的层状结构，特别适合于锂离子的嵌入和脱嵌。天然石墨可分为鳞片石墨、致密结晶状石墨和隐晶质石墨三类。石墨在反复嵌入-脱嵌锂的过程中能保持电极尺寸稳定，使电极有良好的循环性能。天然鳞片石墨充放电电压平坦、成本低，在合适的电解质中首周库仑效率达 90% ~ 93%，可逆比容量可达 $350mA \cdot h \cdot g^{-1}$ 以上，是最主流的锂离子电池负极材料之一。日本 SONY 公司采用优质天然石墨为原料，通过表面修饰，提高了其充放电循环性能，已成功用于锂离子电池的生产。

然而，天然石墨规则的层状结构导致了其较高的各向异性，造成锂离子嵌入迟缓和石墨微粒与集流体接触不充分，这也是天然石墨倍率性能低的主要原因，采用机械研磨法可以增加天然石墨的各向同性。与低温性能良好的碳酸丙烯酯（PC）基电解质不相容也是天然石墨的主要缺点，通常采用电解质中增加添加剂及石墨表面包覆进行改性。

人造石墨是将易石墨化的碳（石油焦、针状焦、沥青等）在惰性气氛中经高温石墨化处理制得。作为锂离子电池负极材料的人造石墨类材料主要有中间相炭微球（MCMB）、石墨纤维以及其他各种石墨化的碳等。经过不断的改性研究，人造石墨在容量、首周效率、循环寿命等方面已接近甚至超越天然石墨。目前市场上负极材料主要以人造石墨与天然石墨为主，受益于动力电池的强劲需求，人造石墨以其可靠性和安全性成为负极材料的市场主流。新能源汽车动力电池市场的蓬勃发展是推动人造石墨需求和产量大幅上升的主要动力。

MCMB（mesocarbon microbeads）的整体外观呈球形，为高度有序的层面堆积结构，具有密度高、强度大、表面光滑等特点。图 7-64（a）为 MCMB 的 SEM 图像，图 7-64（b）

为其 TEM 图像。它是由日本大阪煤气公司最先开发、生产并用于锂离子电池负极材料。MCMB 因其特殊结构具有能量密度高、首周效率高以及倍率性能优异等优点。另外，小球具有片层状结构，有利于锂离子从球的各个方向嵌入和脱嵌，解决了石墨类材料由于各向异性过高引起的石墨片溶胀、塌陷和不能快速大电流放电的问题。中间相炭微球负极在锂电池中具有电极压实密度高及可大电流快速充放电的性能优势，商品化的高度石墨化 MCMB 是目前长寿命小型锂离子电池及动力电池所使用的主要负极材料之一。

(a) SEM   (b) TEM

图 7-64   MCMB 的 SEM 和 TEM 图像

MCMB 可由煤焦油（沥青）或石油渣等前驱物在惰性气氛中加热制得。在 350℃ 以上时，组分中的分子发生分解和聚合，在 400~430℃ 保温 1~30h，聚合的稠环芳烃分子增大到 20 多个。这些分子借助分子热运动相互接近，分子间由于范德瓦耳斯力而使分子平行叠合，并在表面张力作用下形成球形。持续保温，有利于小球的长大，得到 MCMB。因此，MCMB 具有良好的球形结构。

通过对 MCMB 粒度分布的研究发现：当粒度从 $11.12\mu m$ 增大到 $24.81\mu m$ 时，电池的第一次充放电效率由 86.2% 增大到 90.5%，即粒度大，放电容量高；但粒度增大，则锂离子扩散路径增长，且大颗粒之间是点接触，电阻大，因而电池容量变差。此外，MCMB 的性能还受处理温度的影响。在 700℃ 以下热解炭化处理时，锂的嵌入容量可达 $600mA \cdot h \cdot g^{-1}$ 以上，但不可逆容量较高；热处理温度在 1000℃ 以上时，随着温度升高，MCMB 的石墨化程度提高，可逆容量增大。通常石墨化温度控制在 2800℃ 以上，其可逆比容量可达 $300mA \cdot h \cdot g^{-1}$，不可逆容量小于 10%，且循环性能优良。目前将中间相沥青炭微球作为锂离子电池电极材料使用时，需要进行 2800℃ 石墨化处理，这无疑大大增加了 MCMB 的成本。

气相沉积石墨纤维，也称为气相生长碳纤维（vapor-grow carbon fiber，VGCF），是以烃类为原料，用气相法制备的石墨化纤维材料，具有管状中空结构（图 7-65）。作为锂离子电池的负极材料，具有 $320mA \cdot h \cdot g^{-1}$ 以上的放电比容量和 93% 的首次充放电效率。与其他碳或石墨类负极材料相比，气相沉积石墨纤维的表面与电解液之间的浸润性较好。采用气相沉积石墨纤维作为负极的锂离子电池可大电流放电，电池以 4C 倍率放电时，仍可放出电池额定容量的 90% 左右，而且循环寿命长。但由于制备工艺复杂，成本较高，在一定程度上限制了其在锂离子电池中的大量应用。

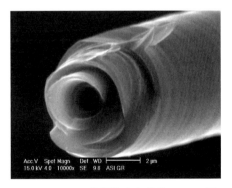

图 7-65   VGCF 的管状中空结构（SEM 图）

总之，石墨材料对电解液较为敏感，与有机溶剂相容能力差。当在某些有机电解液如 PC、BC、PC/DEC、BC/DEC 溶剂中进行充放电时，易发生锂与有机溶剂的共嵌入及有机溶剂的进一步分解问题，影响电池的循环性能。此外，石墨间距（$d_{002} \leqslant 0.34nm$）小于锂-石墨层间化合物 Li-GICs 的晶面间距（$d_{002} = 0.37nm$），在充放电过程中，石墨层间距改变，易引起石墨层剥落、石墨颗粒崩溃和粉化，导致嵌锂性能降低。能用于石墨电极的电解液体系有：1mol·L^{-1} LiPF$_6$-EC+DEC+DMC（1:1:1）、EC+DEC（1:1）、EC+DMC（1:1）等。

7.4.2.6 无定形碳

与石墨不同，无定形碳的碳原子之间的排列是任意旋转或平移，常称为涡轮式无序结构。其结晶度（或石墨化度）低，晶粒尺寸小，晶面间距（d_{002}）较大，与电解液的相容性较好，可以在碳酸丙烯酯（PC）有机电解液体系中正常工作。但其首次充放电不可逆容量较高，输出电压较低，无明显的充放电平台电压。

无定形碳根据其结构特征可分为两类：易石墨化碳及难石墨化碳，也就是通常所说的软碳和硬碳。图 7-66 是这两种碳的结构模型。这两种无定形碳的结构都包括两部分：一部分是规则的层状结构；另一部分则是各种缺陷。无定形碳的容量一部分与层状结构有关，另一部分与各种缺陷有关。

(a) 易石墨化碳   (b) 难石墨化碳

图 7-66 无定形碳材料结构模型

(1) 软碳（soft carbon） 软碳即易石墨化碳，是指在 2500℃ 以上的高温下能石墨化的无定形碳。常见的软碳主要有石油焦、针状焦、碳纤维、焦炭、炭微球等。由于避免了石墨化处理，软碳材料成本较低，常被考虑作为动力电池的负极材料。

石油焦是一种乱层石墨结构堆积型材料（图 7-67）。这类材料层平面的堆积有序性差，其法线与 c 轴有一定角度，择优取向性差，碳原子之间的排列是任意旋转或平移的，即乱层无序结构，这使其具有较大的层间距（0.336~0.344nm）和较小的层平面。Li$^+$ 在其中扩散速度较快，使电池能进行快速充放电。层平面上存在空穴、位错、杂原子等缺陷。晶粒尺寸小，比表面积大，表面含有较多的极性基团，与电解液有较好的相容性。碳层的间距取决于碳的有序度，即结构的有序性。结构的有

图 7-67 石油焦结构（乱层石墨结构）

序度越大，则 Li$^+$ 的扩散活化能越低，越有利于 Li$^+$ 的扩散，并影响电池的最大工作电流。将石油焦加热，其结构会向石墨结构转化。普通石油焦的比容量较低，约为 $160mA·h·g^{-1}$，循环性能较差，这主要是由于嵌锂时，石油焦会发生体积膨胀，降低电池寿命。石油焦平均对锂电位较高，为 1V 左右，限制了电池的容量和能量密度，已逐渐被其他材料所取代。

中间相沥青碳纤维（mesophase-pitch-based carbon fiber，MCF）与石油焦一样属于乱层石墨结构，颗粒直径在 $10\mu m$ 左右，为中心具有层状组织的辐射状晶体结构（图 7-68）。

纤维的机械结构坚固，即使经过 1000 次循环，结构也不会被破坏。碳纤维的嵌锂性能与热处理温度关系密切，随着热处理温度的升高，d_{002} 减小，容量增大。经 3000℃ 处理的碳纤维在 $1mol \cdot L^{-1} LiClO_4/EC$ 体系中的可逆嵌锂比容量达 $240mA \cdot h \cdot g^{-1}$。碳纤维的结构不同，嵌锂性能也不同，其中具有径向结构碳纤维的充放电性能最好，同心结构的碳纤维易发生与溶剂分子共嵌入的现象。石墨化的沥青基碳纤维的嵌锂性能优于天然鳞片石墨。

(2) **硬碳 (hard carbon)** 硬碳指难石墨化碳，是高分子聚合物的热解碳。这类无定形碳即使在 2500℃ 以上的高温条件下也难以石墨化。它没有宏观的晶体学性质，但在微细区域内，存在不同程度的有序结构，称为"微晶体"。从内部整体结构看，它是尺寸不同的二维乱层微晶堆积的镶嵌体结构，如图 7-69 所示。

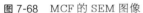

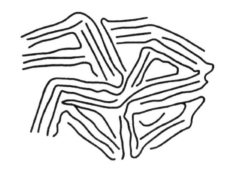

图 7-68　MCF 的 SEM 图像　　　　图 7-69　二维乱层微晶堆积的镶嵌体结构

与软碳相比，通常硬碳的晶粒较小，晶粒取向更为不规则，晶面间距较大，一般为 $0.35 \sim 0.40nm$，而软碳则为 0.35nm 左右。另外，硬碳通常密度较小，且表面多孔。与石墨相比，硬碳不会发生溶剂共嵌入和显著的晶格膨胀收缩现象，具有良好的循环性能。硬碳具有相互交错的层状结构，Li^+ 可以从各个角度嵌入和脱出，大大提高了充放电的速度。其低温性能也较石墨材料有明显改善，其在高功率型锂电池上得到了较多应用。

常见的硬碳主要有树脂碳（如酚醛树脂、环氧树脂、聚糠醇 PFA-C 等）、有机聚合物热解碳（PVA，PVC，PVDF，PAN 等）以及炭黑（如乙炔黑）等。

其中，最为典型的是聚糠醇树脂碳 PFA-C，由日本 SONY 公司成功开发并最早用作锂离子电池负极材料。PFA-C 晶面间距（d_{002}）为 $0.37 \sim 0.38nm$，与 LiC_6 的晶面间距（d_{002}）相当，有利于锂嵌入而不会引起结构的显著膨胀，具有很好的充放电循环性能。

另一种硬碳材料是由酚醛树脂在 800℃ 以下热解得到的非晶态半导体材料聚并苯（PAS），其比容量高达 $800mA \cdot h \cdot g^{-1}$，晶面间距为 $0.37 \sim 0.40nm$，有利于锂在其中嵌入/脱嵌，循环性能好，安全性较高。

乙炔黑也具有较大的嵌锂量，其比容量可达 $680mA \cdot h \cdot g^{-1}$ 左右。但它的不可逆比容量也很高（$500mA \cdot h \cdot g^{-1}$ 左右），同时密度很小，所以一般用作电极导电剂而不作为电极材料。

锂在聚合物热解碳中的嵌入/脱嵌比容量除了与聚合物热解碳的结构种类有关外，还与热解温度密切相关。通常在 800℃ 以下热解时得到的碳的比容量较高（$500 \sim 900mA \cdot h \cdot g^{-1}$），但其中所含的非碳成分氢等较高，同时不可逆容量也较大。

在碳负极材料的研究过程中，曾认为 LiC_6 是锂嵌入化合物的最高组成。现已发现，硬碳材料都具有很高的比容量，有的甚至可高达 $900mA \cdot h \cdot g^{-1}$ 以上。但是，其循环性能不理想，可逆储锂容量一般随循环的进行衰减得比较快。另外，存在电极电势过高、电压滞后等现象（即嵌锂电压小于脱锂电压）。锂嵌入时，主要在 0.3V 以下进行；而在锂脱出时，则有相当大一部分在 0.8V 以上。硬碳材料的电压曲线中存在斜坡式的储锂段。此外，硬碳材料也存在着压实密度低、首效低、低电位下倍率性能差等问题。图 7-70 为在 700℃ 热处理聚苯所得高比容量碳材料在 $LiPF_6/EC/DMC$ 中的恒电流充放电曲线，其中（a）为第一次循环，（b）为第二次循环。

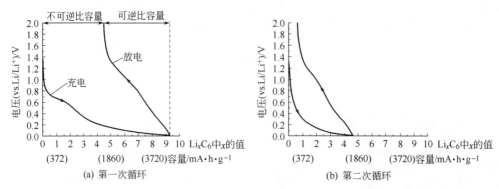

图 7-70 高比容量碳材料的恒电流充放电曲线（表示电压滞后现象）

对于这类碳材料的嵌锂比容量远远大于 LiC_6 的理论比容量 $372mA \cdot h \cdot g^{-1}$ 的现象，目前有多种看法。

7.4.2.7 碳材料的储锂机理

对于锂在碳材料中的储存机理，除了公认的石墨与锂形成层间化合物 Li-GICs 外，在别的碳材料如无定形碳中的储存则有多种说法。为了解释高比容量，曾提出许多模型。

(1) 锂分子 Li_2 机理 在 800℃ 裂解聚苯得到一种无定形碳，从其 X 射线粉末衍射图看不出明显的 (002) 峰，而且其 H/C 比例较高（为 0.24）。该材料的可逆比容量可高达 $680mA \cdot h \cdot g^{-1}$。[7]Li 核磁共振谱研究表明，800℃ 裂解聚苯所得到的无定形碳在嵌锂后，存在锂离子 Li^+ 和锂分子 Li_2 两种形态。锂离子 Li^+ 的存在是由于锂嵌入石墨微晶中形成嵌入化合物的结果，其分布如图 7-71 所示。锂离子占据位置 A，而锂原子占据位置 B，B 位置的 2 个锂原子形成锂分子 Li_2，因此该机理称为锂分子 Li_2 机理。在锂嵌入的过程中，锂先占据位置 A。当容量达 $300mA \cdot h \cdot g^{-1}$ 以上时，锂开始占据位置 B。而在脱出过程中，先是位置 A 的锂离子发生脱嵌，然后位置 B 的锂分子离解为锂离子，并分别填充锂离子在位置 A 脱嵌后留下的空位，这样位置 B 的锂分子成为锂离子的"源"。据此，碳材料的可逆容量可高达 $1116mA \cdot h \cdot g^{-1}$，相当于高饱和的锂石墨嵌入化合物 LiC_2，体积容量比金属锂还大。

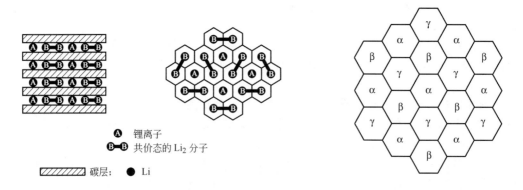

图 7-71 锂分子 Li_2 储锂机理   图 7-72 多层锂结构模型

(2) **多层锂机理** 中间相微球热处理后所得碳材料的可逆容量达 $410mA \cdot h \cdot g^{-1}$，超过石墨的理论容量 $372mA \cdot h \cdot g^{-1}$。其多出的可逆容量是由于多层锂的形成所致，因此称为多层锂机理，其结构如图 7-72 所示。锂占有不同的位置，第一层锂占据 α 位置，实际上该层锂就是石墨嵌入化合物，其在动力学和热力学上都是稳定的。为了使锂原子之间的距离小于共价锂之间的距离（0.268nm），需在 β 位置上再形成另外一层锂。β 层与石墨层之间的作用明显低于 α 层。为了降低 α、β 层间的静电排斥作用，它们之间还存在一定的共价作用。同样，在 γ 位置上还可以形成第三层锂，该种取向多层锂与双层锂的形成相似。

较低电势有助于多层锂的形成，但同时会导致枝晶的形成，降低循环寿命，这与实验现象是相符的。

该机理与锂分子 Li_2 机理的储锂位置基本上一致，只是相互间的作用不一样。

(3) **微孔储锂机理** 为了解释充放电曲线上的滞后及容量衰减现象，提出了微孔储锂机理，其原理如图 7-73 所示。许多具有高可逆储锂容量的碳材料均具有几十个埃大小的微孔，锂在碳材料中的高可逆储存与这些微孔有很大的关系。锂离子在孔隙中以簇的形式储存。充电时，锂同时嵌入石墨层间及微孔中；放电时，锂首先从石墨层间脱出，然后从微孔经碳层脱锂。

初期提出的微孔机理并不完善，特别是不能对容量衰减进行很好的解释。依据锂在无定形碳嵌入和脱嵌过程中电子自旋共振谱强度的变化，在上述微孔机理概念的基础上发展了新的微孔机理。该机理示意如图 7-74 所示。

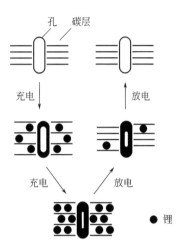

图 7-73　微孔储锂机理（初期）

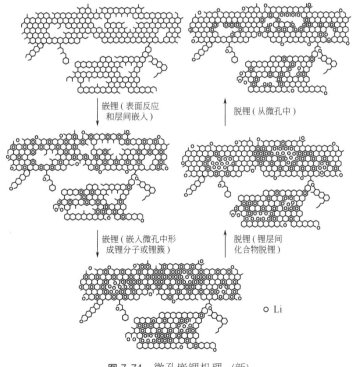

图 7-74　微孔嵌锂机理（新）

该微孔机理认为微孔绝大多数位于碳层内，而非碳层间。这些微孔主要是在碳化过程中由小分子逸出造成的缺陷而形成的。锂在嵌入过程中，首先嵌入石墨微晶中，然后再嵌入位于石墨微晶中间的微孔中，形成锂簇和锂分子 Li_x ($x \geq 2$)。在脱嵌过程中，锂先在位于外围的石墨微晶发生脱嵌，然后位于微孔中的锂簇或锂分子通过石墨微晶发生脱嵌。由于微孔周围为石墨微晶，因此微孔中锂的嵌入在石墨微晶之后，电压位于 0V 左右；微孔周围为缺陷结构，存在着自由基碳原子，与锂的作用力比较强，因此锂从微孔中脱嵌需要一定的作用力，这样就产生了电压滞后现象。这与锂在嵌入和脱嵌过程中，层间距 d_{002} 的变化相一致。锂嵌入时，d_{002} 增加，并达到 0.37nm；此后并不随锂的嵌入而发生变化。而在脱嵌过程中，先是 d_{002} 从 0.37nm 开始减小，达到一定值时，d_{002} 也不再随锂的脱嵌而有所变化。

在无定形碳材料的前驱体中加入一些致孔剂如 $ZnCl_2$、层状黏土、交联剂二乙烯基苯等能使微孔数目增加，相应地可逆储锂容量也增加，进一步证明了上述机理。

在循环过程中，由于微孔周围为不稳定的缺陷结构，锂在嵌入和脱嵌过程中导致这些结构的破坏。由于结构的破坏，可逆容量也发生衰减，其衰减机理示意于图 7-75。这可以从扫描电镜对不同循环次数碳材料的观察得到证实，另外电子自旋共振的测量结果也证明了这一点。在拉曼光谱 $1580cm^{-1}$ 附近发生的变化表明，充放电过程中存在键的断裂和复原，即产生化学反应而导致结构的破坏。

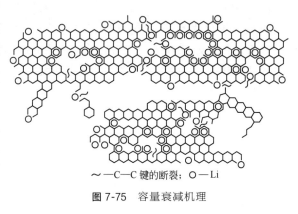

～—C—C 键的断裂；○—Li

图 7-75　容量衰减机理

(4) 层-边端-表面储锂机理　从带状碳膜（ribbon-like carbon film，RCF）制得的无定形碳材料，其可逆储锂比容量可达 440mA·h·g^{-1}，而且晶体有一定的大小。碳材料的晶体结构对可逆容量有较大影响，不同的晶体结构导致锂和碳材料的作用机理不尽相同。碳材料可逆储锂有 3 种方式（图 7-76）：①由于存在部分石墨结构，锂可以嵌入层中，形成传统的石墨嵌入化合物；②无定形碳材料存在许多缺陷，锂可以与边端的碳原子发生反应，该种相互作用与聚乙炔掺杂锂的作用相似，后者可达 C_3Li 的水平；③锂可以与表面上的碳原子发生反应。该种反应类似于上述边端反应，但是这种反应并不导致石墨层间距离的增加。

由方式①可逆储存的锂称为嵌入锂，后两种方式可逆储存的锂则称为掺杂锂。随着层间距 d_{002} 的减小，碳材料的可逆储锂容量降低，这与表面积的下降和边端数目的减少相吻合。

(5) 单层墨片分子储锂机理　该机理主要针对硬碳，认为无定形碳由单层墨片分子组成，因此锂可以在墨片分子的两面进行吸附，从而与一般的石墨嵌入化合物相比，容量要提高 1 倍，理论容量可达 724mA·h·g^{-1}。其机理示意于图 7-77。实际上，该机理是在层-边端-表面上吸取其表面吸附锂而产生的。

(6) 纳米级石墨储锂机理　将酚醛树脂热处理得到 PAS 碳材料，可逆容量达 438mA·h·g^{-1}。通过拉曼光谱研究，发现在 $1350cm^{-1}$ 附近和 $1580cm^{-1}$ 附近有两组峰。前者可归因于纳米级石墨晶体的形成，而后者则是石墨晶体。纳米级石墨较石墨晶体小很多，分别称之为 D 峰和 G 峰。D 峰和 G 峰的相对强度随温度的变化而变化，首先随热处理温度的增加而增加，在 700℃ 附近有一个大的峰值，随后减小，这与所得碳材料的容量变化是一致的。因此认为所得碳材料在 700℃ 以前主要为纳米级石墨相的不断生成，700℃ 以后则主要为石墨相的不断生成，即纳米级石墨相和其他相向石墨相的转化。纳米级石墨不仅能像石墨一样可逆储锂，而且也能在表面和边缘部分储锂，因此其储锂容量较石墨更大一些。而在 700℃ 所得的碳材料中纳米级石墨的含量最多，因而其可逆储锂容量在该温度时最大。

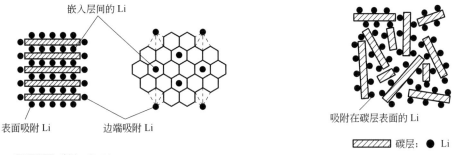

图 7-76　层-边端-表面储锂机理　　　　　图 7-77　单层墨片分子储锂机理

(7) 碳-锂-氢机理　在 700℃ 附近裂解多种材料如石油焦、聚氯乙烯、聚偏氟乙烯等，发现所得碳材料的可逆储锂容量都与 H/C 比值有关。随 H/C 值的增加而增加，即使 H/C 值高达 0.2 也同样如此。根据有关石墨-碱金属-氢三元化合物的研究，认为锂可以与这些含氢碳材料中的氢原子发生键合。这种键合是由嵌入的锂以共价形式转移部分 2s 轨道上的电子到邻近的氢原子而形成的，与此同时 C—H 键发生部分改变。对于这种键合，可以认为是一活化过程，从而导致了锂脱出时所产生的电势明显滞后现象。在锂脱出时，原来的 C—H 键复原，如果不能全部复原就会导致循环容量的不断下降。

锂可能与 C—H 键发生如下反应：

$$C—H+2Li \Longrightarrow C—Li+LiH \tag{7-18}$$

$$C—H+Li \Longrightarrow C—Li+\frac{1}{2}H_2 \tag{7-19}$$

从而使碳材料的可逆容量超过石墨的理论容量。从酚醛树脂得到的无定形碳也表现出相同的线性关系。

从上述各种机理来看，有些在本质上是一样的，只是阐述的角度不同而已，如锂分子 Li_2 机理和多层锂机理，其结果是每一个六元环均能储存一个锂原子；有些在一定程度上是可以相互包容的，如层-边端-表面储锂机理与纳米级石墨储锂机理。

7.4.2.8　碳材料改性

为了改善碳材料作为锂离子电池负极材料时的电化学性能，可以对碳材料进行改性处理。

(1) 表面处理　由于碳材料表面存在着一些不规则结构，而这些不规则结构容易与锂发生不可逆反应，造成碳材料电化学性能恶化。因此可将表面进行处理，改善表面结构，以提高电化学性能。

① 表面氧化。石墨材料的氧化剂可选择 HNO_3、O_3、O_2、H_2O_2、NO^+、NO_2^+ 等。氧化以后，可以将一些不规则结构（如 sp^3 杂化碳原子、碳链等）除去。因为它们属于不稳定结构，反应活性高，在充放电过程中与锂发生反应，产生不可逆容量，同时也部分抑制了锂的可逆嵌入。氧化作用是将边界表面上的 C—H 转化为 COOH，石墨表面的羧酸基团与锂结合形成羧酸盐及其他不同类型的官能团。在锂嵌入过程中，这些官能团在石墨材料表面形成化学键合的 SEI 膜，减少了溶剂分子的共嵌入，抑制了电解液的分解，同时还改善了表面和溶剂的润湿性，使得有效表面增大。

通过石墨表面氧化，可以降低 Li-LiC$_6$ 电池的不可逆容量，使可逆容量达到 446mA·h·g^{-1}，同时还提高了电池的循环寿命。

在上述氧化处理的基础上，也可以引入催化剂（如镍、钴、铁等）加速氧化过程。这样不仅产生了上述氧化处理的效果，还因催化剂的存在，增加了纳米级微孔和通道数目，更有利于锂的嵌入和脱嵌；同时催化剂也能与锂形成合金，对可逆锂容量的提高起着一定的作用。

② 氟化。石墨可在高温下用氟蒸气与石墨直接反应，得到 (CF)$_n$ 和 (C$_2$F)$_n$；也可以在 Lewis 酸（如 HF）存在时，于 100℃进行氟化得到 C$_x$F$_n$。在这些氟化物中，C—F 键从离子键向共价键过渡。C—F 键分子间作用力较大，表面氟化后，天然石墨表面形成的 C—F 键可以增加石墨的结构稳定性，防止循环过程中石墨片层的脱落。

氟化石墨和氧化石墨都是共价键化合物，但氧化石墨是亲水性的，而氟化石墨是憎水性的。天然石墨表面氟化还可以降低内阻，提高容量，改善充放电性能。碳材料经氧化或氟化处理后的充放电试验表明，氧化或氟化后碳材料的容量都有所提高。

(2) 碳材料掺杂　有目的性地在石墨材料中掺入某些金属元素或非金属元素可以改变石墨微观结构和电子状态，进而影响到石墨负极的电化学行为。根据掺杂元素的作用不同，可以将元素掺杂分为三类：①掺杂 B、N、P、K、S 等元素，这类元素可以改变石墨材料的结构；②掺杂 Si、Sn 等元素，这类元素是储锂活性物质，可与石墨类材料形成复合活性物质，发挥二者协同效应；③掺杂 Cu、Ni、Ag 等元素。这类元素无储锂活性，但能够提高材料的导电性，使电子更均匀地分布在石墨颗粒表面，减小极化，从而改善其大电流充放电性能。

① 掺杂非金属元素。可以原子形式和以化合物形式两种方式引入硼。原子形式的引入主要是在用气相化学沉积法（CVD）制备碳材料时，引入含硼的烷烃或其他硼化合物进行裂解，从而得到硼原子与碳原子一起沉积的碳材料；化合物形式的引入则是直接将硼化合物如 B$_2$O$_3$、H$_3$BO$_3$ 等加入碳材料的前驱体中，然后进行热处理。硼的引入之所以能提高可逆容量是由于硼的缺电子性，作为电子受体，能增加锂与碳材料的结合能。

在较低温度下（<1200℃），用 CVD 法或直接裂解含硅聚合物（如聚甲基苯基硅氧烷），可以将硅引入碳材料中。硅的引入能促进锂在碳材料内部的扩散，有效防止枝晶的产生。硅在其中的分散水平可认为是纳米级的。硅的引入量在 0～6% 的范围内时，可逆容量从未掺硅时的 300mA·h·g^{-1} 增加到 500mA·h·g^{-1}，而且其容量在多次循环后没有衰减。

磷元素引入碳材料中主要是影响碳材料的表面结构。磷原子与碳材料的端面相结合，由于磷原子的半径（0.155nm）比碳原子（0.077nm）大，这种结合使碳材料的层间距增加，有利于锂的嵌入和脱嵌。

② 掺杂金属元素。碳材料中引入的金属元素有主族和过渡金属元素。主族元素有ⅠA 族的钾、ⅡA 族的镁、ⅢA 族的 Al、Ga，过渡金属元素有钒、镍、钴、铜、铁等。

钾引入碳材料中首先形成嵌入化合物 KC$_8$。由于钾脱嵌后可逆嵌入的是锂而不是钾，再加之钾脱嵌后碳材料的层间距（0.341nm）比纯石墨的层间距（0.3354nm）要大，有利于锂的快速嵌入，并形成 LiC$_6$ 的嵌入化合物，可逆容量达 372mA·h·g^{-1}。

Al 和 Ga 与碳原子可形成固溶体。在组成的平面结构中，Al 和 Ga 的 p$_z$ 轨道为空轨道，可以储存更多的锂，提高碳材料的可逆容量。

过渡金属钒、镍和钴以氧化物形式加入前驱体中进行热处理。在热处理过程中，它们起着催化剂的作用，有利于石墨化结构的生成以及层间距的提高，因而增加了碳材料的可逆容量，改善了碳材料的循环性能。铜和铁的掺入提高了层间距，改善了石墨的端面位置，使碳材料的电化学性能提高。另外，在负极材料中添加一些金属与碳形成的化合物 M-C 或 Li-

M-C 化合物（M 包括 Zn、Ag、Mg、Cd、In、Pb、Sn 等），也会使电化学性能有明显改善，这主要是由于金属元素的引入有利于锂的扩散。

(3) 复合碳材料　通过镀铜、包覆聚合物热解碳或锡的氧化物等非碳材料在石墨表面包覆，形成具有核-壳结构的复合石墨。一般是以高锂离子嵌入量的石墨类材料为核材料，而以具有可生成较致密钝化膜的无定形碳材料为壳材料。这种材料在保持石墨比容量高、充放电电压平坦等基本特征的同时，改善了石墨材料的粒型结构和粒度分布，减少了石墨的膨胀与粉化，提高了充放电循环性能，增大了首次充放电效率，还降低了材料的比表面积，改善了对电极工艺的适应性。用无定形碳对石墨表面包覆，无定形碳包覆层的存在减少了石墨与溶剂的直接接触，有效避免了因溶剂分子的共嵌入导致的石墨层状剥离现象，扩大了电解液体系的选择范围，并提高了电极材料的循环稳定性。同时，无定形碳的层间距比石墨的层间距大，可改善锂离子在其中的扩散性能，在石墨外表面形成一层锂离子的缓冲层，有效提高材料的倍率性能。研究表明，这种经复合后的石墨材料，其可逆比容量达 $350\mathrm{mA \cdot h \cdot g^{-1}}$ 左右，不可逆比容量小于 $40\mathrm{mA \cdot h \cdot g^{-1}}$。

对易石墨化碳（如石油焦等）采取掺杂、结构调整或表面修饰，并经高温石墨化处理等方法制得的人工石墨，比容量可以达到 $330\sim350\mathrm{mA \cdot h \cdot g^{-1}}$ 左右，具有良好的循环性能和低于 MCMB 的价格优势。

7.4.2.9　碳纳米管和石墨烯

碳纳米管（图 7-78）是一种直径在几纳米至几十纳米，长度为几十纳米至几十微米的中空管。这种管由单层石墨六角网面以某一方向为轴卷曲形成，一般几个到几十个管同轴套在一起，相邻纳米管的层间距约为 0.34nm。石墨烯作为最前沿的碳材料，拥有极高的比表面积、优异的导电性能以及独特的储锂机制：锂离子不仅可以存储在石墨烯片层的两侧，还可存储于石墨烯片层的边缘位与缺陷位，从而获得更高的储锂容量。

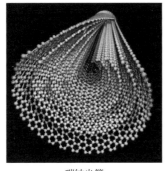
碳纳米管

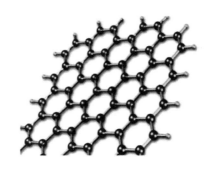
石墨烯

图 7-78　碳纳米管和石墨烯结构示意

碳纳米管按层数分为单壁碳纳米管（single wall carbon nanotubes，SWNT）和多壁碳纳米管（multi wall carbon nanotubes，MWNT），有关电化学嵌锂的研究主要针对多壁碳纳米管。碳纳米管的制备主要有直流电弧法和催化热解法，采用不同的合成方法和合成条件可以制备不同层数的碳纳米管。图 7-79 为 SWNT 和 MWNT 的 TEM 图像。

这种特殊的微观结构，具有优越的嵌锂特性，为锂离子提供了大量的嵌入空间位置，锂离子不仅可嵌入管内而且可嵌入管间的缝隙之中。此外，碳纳米管化学稳定性好、力学强度高、弹性模量大、宏观体积密度小；而且以相互交织的网状结构存在于电极中，能吸收在充放电过程中电极因体积变化而产生的应力。因而电极的稳定性好，不易破损，其循环性能优于一般碳电极；另外，碳纳米管有良好的宏观导电、导热性能，可以避免由于电板材料导电

(a) SWNT   (b) MWNT

图 7-79   碳纳米管的 TEM 图像

性差而导致的欧姆极化对电池性能的不利影响。因此，采用碳纳米管作为负极材料有利于提高锂离子电池的充放电容量，改善电池的动力学性能。图 7-80 中（a）和（b）分别为 SWNT 和 MWNT 用恒电流法（$50mA \cdot g^{-1}$）得到的放电曲线，其中 SWNT 的可逆容量（第二次放电显示的容量）是 $600mA \cdot h \cdot g^{-1}$。

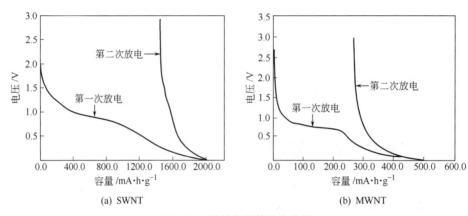

(a) SWNT   (b) MWNT

图 7-80   碳纳米管的放电曲线

热处理温度影响碳纳米管的电化学嵌锂容量和循环稳定性。对碳纳米管进行高温热处理后，其比表面积及孔体积均随热处理温度的升高而降低，其不可逆容量和可逆容量相应降低。经高温热处理后，石墨化程度高的碳纳米管的电化学嵌锂容量较低，而石墨化程度低的碳纳米管由于结构中存在大量的微观缺陷，电化学嵌锂容量高。但也存在较大的电压滞后，即锂在 0.25V 时以下嵌入，在高于 1.0V 时脱嵌，循环稳定性差。电压滞后与碳纳米管的微观结构和表面的含氧基团有关。如果能较好地控制碳纳米管的微观结构，消除间隙碳原子和表面基团的影响，就可以消除嵌锂过程中的电压滞后现象。碳纳米管的纤维状结构与石墨烯独特的平面结构可以为电极活性物质颗粒提供大量的导电接触位点。与乙炔黑和炭黑相比，碳纳米管与石墨烯作为导电添加剂，能更有效地降低电极材料颗粒间的接触阻抗，并提升整体电极的导电性能，使得碳纳米管与石墨烯可以作为电极的导电添加剂和增强剂使用。

7.4.3   合金类负极材料

锂合金负极材料基本上包括了常见的各种锂合金，如 LiAlFe、LiPb、LiAl、LiSn、Li-In、LiBi、LiZn、LiCd、LiAlB、LiSi 等。

相对于金属锂，锂合金负极避免了枝晶的生长，提高了安全性。然而，在反复循环过程中，锂合金将经历较大的体积变化，导致合金结构逐渐遭到破坏，电极材料粉化失效。

为了解决维度不稳定的缺点，采用了多种复合体系：①采用混合导体全固态复合体系，如将活性物质（如 Li_xSi）均匀分散在非活性的锂合金中，其中活性物质与锂反应，非活性物质提供反应通道；②将锂合金与相应金属的金属间化合物混合，如将 Li_xAl 合金与 Al_3Ni 混合；③将锂合金分散在导电聚合物中，如将 Li_xAl、Li_xPb 分散在聚乙炔或聚并苯中，其中导电聚合物提供了一个弹性、多孔、有较高电子和离子电导率的支撑体；④将小颗粒的锂合金嵌入一个稳定的网络支撑体中。这些措施在一定程度上提高了锂合金体系的维度稳定性，但仍未达到实用化的程度。

目前商业化锂离子电池正极是含锂材料，如 $LiMO_2$（M＝Co、Ni、Mn），负极材料可以不含金属锂。因而，在合金类材料的制备上有了更多选择。目前研究的主要有：锡基合金、硅基合金、锗基合金等。

锡基合金由于 Sn 能与 Li 形成高达 $Li_{22}Sn_5$ 的合金，理论容量高。研究得比较深入的是铜与锡形成的负极材料 $Li_xCu_6Sn_{(5\pm1)}$（$0<x<13$）。研究认为铜在 0～2V 电压范围内并不与锂形成合金，因此可作为惰性材料，一方面提供导电性能，另一方面提供稳定的框架结构。从结构来看，Cu_6Sn_5 为 NiAs 型结构（空间点群为 $P6_3/mmc$），如图 7-81 所示，锡原子呈层排列，夹在铜原子片之间。锡原子与邻近的 6 个铜原子形成三棱柱结构，而铜原子与 5 个锡原子形成四棱锥结构或与 6 个锡原子形成八面体结构。

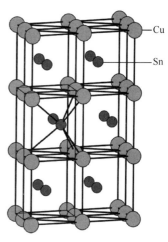

图 7-81　Cu_6Sn_5 结构示意

将球磨法制备的 η-Cu_6Sn_5 纳米晶合金与化学烧结法制备的常粒径 η-Cu_6Sn_5 晶相合金的储锂性质进行对比研究发现，前者的初始放电容量达 $688mA\cdot h\cdot g^{-1}$，相应于 1mol η-Cu_6Sn_5 嵌入 25mol Li。根据合金化机理，1mol η-Cu_6Sn_5 能嵌入 22mol Li 形成 $Li_{4.4}Sn$，理论容量达 $608mA\cdot h\cdot g^{-1}$。与理论值相比，多出了 $80mA\cdot h\cdot g^{-1}$ 的嵌入量。这是由于前者长时间球磨使 Cu 或 Sn 与痕量 O_2 形成了氧化物，部分嵌入 Li 参与还原金属氧化物形成 Li_2O 所致，这部分锂不能脱嵌，类似于锡基氧化物的首次不可逆容量损失。烧结法制备的常粒径 Cu_6Sn_5 的初始放电容量只有 $284mA\cdot h\cdot g^{-1}$，理论嵌锂产物为 $Li_{13}Cu_6Sn_5$，相应的理论容量为 $358mA\cdot h\cdot g^{-1}$。

球磨 η-Cu_6Sn_5 纳米晶和烧结 η-Cu_6Sn_5 常粒径晶体的嵌锂过程分别遵循下面不同的机理

$$22Li+Cu_6Sn_5（球磨）\longrightarrow 5Li_{4.4}Sn+6Cu \qquad (7\text{-}20)$$

$$13Li+Cu_6Sn_5（烧结）\longrightarrow Li_{13}Cu_6Sn_5 \qquad (7\text{-}21)$$

这由非原位 XRD 测试结果得到证实。但由这两种方法制备的材料，容量衰减都较快，离实用化还有很大距离。

采用机械球磨、气相原子化和熔体溅射法制备了片状、球形和无规则的 Cu_6Sn_5 合金粉体，其初始容量均为 $550mA\cdot h\cdot g^{-1}$，处于形成 $Li_{13}Cu_6Sn_5$（$358mA\cdot h\cdot g^{-1}$）和 $Li_{4.4}Sn$（$608mA\cdot h\cdot g^{-1}$）的容量之间，该材料有可能按式(7-20)和式(7-21)两种机理进行脱嵌锂反应。所得 Cu_6Sn_5 粉体的电化学性能取决于不同方法所制备产物的微观形貌，其中机械球磨 Cu_6Sn_5 合金负极的电池性能最优。Cu 是非电活性物质，Cu 单质的充分分散缓解了 Li-

Sn 合金化所导致的体积膨胀，使循环性能得到较大改善，但却减小了容量。图 7-82 为 Li/Cu_6Sn_5 电池的第一次充放电循环曲线，（a）为球磨的 Cu_6Sn_5 合金电极（球磨时间 110h），（b）为烧结的 Cu_6Sn_5 合金电极。

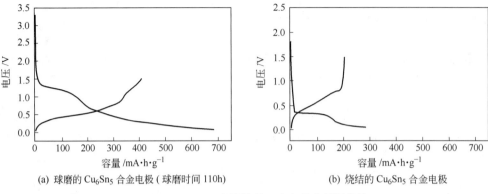

(a) 球磨的 Cu_6Sn_5 合金电极（球磨时间 110h）　　(b) 烧结的 Cu_6Sn_5 合金电极

图 7-82　Li/Cu_6Sn_5 电池的第一次充放电循环曲线

Sn 的体积膨胀率较高，过量的 Sn 会导致脱嵌锂时体积膨胀较大，致使循环性能降低。通过用膨胀率不同的元素以纳米尺寸与其复合，由于纳米合金颗粒在反复充放电过程中绝对体积变化较小，非活性材料的存在缓冲了脱嵌锂过程中的体积变化，使循环寿命延长。用电沉积法制备纳米级的 Sn 及 SnSb、SnAg 金属间化合物，其循环性能得到明显改善。通过化学沉积方法制备尺寸为 300nm 的 $Sn_{0.88}Sb$ 合金，循环 200 次仍可保持 95% 的初始容量。在集流体 Cu 上镀 Sn 合金，经后处理可梯度地生成 Cu_3Sn 和 Cu_6Sn_5 等储锂量不同的金属间化合物，也可延长循环寿命。目前开发的纳米复合合金可将循环寿命延长至 300 次。

此外，富士胶卷公司制备的锡基氧化物成功解决循环寿命的原因可以归结为：一是有分散良好的锡区，能可逆地与锂反应；二是氧化锂和其他氧化物充当惰性物质维持体系。从中得到启示：以 Sn-Fe-C 中的锡作为活性中心，生成的铁作为导电剂和不活泼基体来维持锂锡合金晶粒，采用如图 7-83 所示的三条途径。

途径 I：Sn_2Fe-C。机械合金方法制备 Sn_2Fe-C，但测试结果表明循环寿命很差，材料中的 Fe并非完全惰性，当锂脱出时与 Sn 形成小晶粒 Sn_2Fe。

途径 II：$Sn_2Fe \rightarrow Sn_3Fe_5$。原位 X 射线图谱显示小晶粒 Sn 与 Fe 包覆的 Sn_2Fe 和 Sn_3Fe_5 粒子共存，表明小晶粒的活性锡植入只具有电子导电性的不活泼基体上。由于惰性基体数量的增加，使得容量降低。

途径 III：Sn_2Fe/$SnFe_3C$ 活性物质/惰性基体物质的材料。原位 X 射线图谱表明在嵌锂时，Sn_2Fe 峰消失，$SnFe_3C$ 峰基本不变，说明在此材料中 Sn_2Fe 是活性相，它完全反应形成 $Li_{4.4}Sn$ 和 Fe；

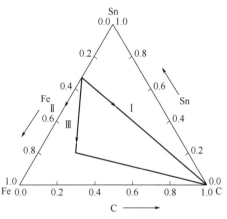

图 7-83　Sn-Fe-C 吉布斯相图

$SnFe_3C$ 是惰性相，几乎不与 Li 反应。材料在循环 80 次后容量仍能保持在 200mA · h · g^{-1}（1600mA · h · cm^{-3}）。

硅在嵌入锂时会形成含锂量很高的合金 $Li_{4.4}Si$。其理论容量为 4200mA · h · g^{-1}，是目前研究的各种合金中理论容量最高的。硅负极材料大幅度提高了锂离子电池的能量密度，这正是便携式电子产品、无人机、新能源汽车和储能电池系统等一系列新技术领域发展的迫切需要。但是，在硅和锂进行合金化反应时，硅会发生 0～300％ 的体积膨胀，这种膨胀会产生相应的应力，巨大的应力可能导致硅材料块体出现裂纹并粉化。在去合金化反应时，原本膨胀的材料会发生一定程度的收缩，这时候往往导致光整的电极表面出现裂纹（图 7-84），严重时会破坏电极材料与集流体的接触性能，甚至使得活性材料从极片上脱离，引起容量的快速衰减。同时，由于硅基负极材料的体积效应问题，生成在材料表面的 SEI 膜常常会在体积膨胀收缩之后被破坏。这样会暴露出新的表面，又将消耗更多的锂来生成新的 SEI 膜，甚至引起电池失效。硅基负极材料低的循环寿命严重阻碍了其商业化应用。

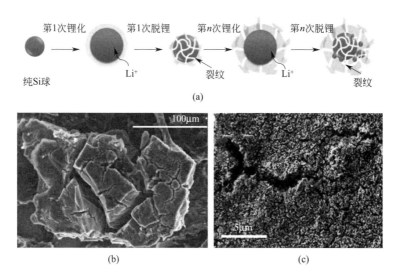

图 7-84　硅体积膨胀引起粉化示意图（a），块体硅材料的破碎（b）及电极片表面产生裂纹（c）

为了解决硅负极所存在的问题，目前相对成熟的方法是将纳米化、惰性缓冲以及表面包覆技术相结合，以及新型黏结剂、新型电解液/电解液添加剂和预锂化等。

通过原位透射电子显微镜技术研究颗粒尺寸大小与颗粒破碎之间的关系表明，当颗粒尺寸小于 150nm 时，合金化之后的颗粒并不会产生裂纹。只有当颗粒的直径大于 150nm 时，体积膨胀才足以引起材料的破碎。此外，纳米化还能缩短锂离子的扩散距离，提高离子迁移率，有利于提升倍率性能。相比于微米材料，纳米化可以明显提高材料的性能。但纳米化带来的较大比表面积也会导致产生大量的 SEI，既降低了首次库仑效率，又会增加电极的阻抗，造成负面效应。

为了改善硅基负极材料的循环稳定性，通常将纳米化的硅材料，如硅纳米颗粒、硅纳米线/管、硅薄膜和 3D 多孔硅等，与石墨、碳纳米管、石墨烯等碳材料复合。纳米硅具有较小的颗粒尺寸，储锂容量较高，碳材料具有较高的电子电导，为复合材料提供较好的电子通道；将碳与硅材料复合后能缓和硅材料体积形变带来的应力变化。此外，碳作为包覆材料能有效稳定电极材料与电解液的界面，使 SEI 膜稳定生长，硅碳复合材料有望替代石墨成为下一代高能量密度锂离子电池负极。

通过调整碳基体的结构和形态，可以显著提高硅基负极的性能。如类似于鸡蛋黄和蛋壳模型的 Yolk-Shell 结构具有内部的空隙空间，能够允许硅纳米颗粒进行较大的体积变化；而且，SEI 只会在外部的碳壳上生成，不会受到硅体积变化的影响，能保持较好的稳定性（图 7-85）。通过溶胶-凝胶法，可在硅纳米颗粒表面均匀生长一层无定形的 TiO_2 外壳。该外壳不仅能满足锂离子的快速传输，还能在硅体积变化时体现出弹性的特征，保护内部硅的完整性。相比于纯的硅纳米颗粒，该复合材料体现出了更好的循环稳定性。此外，适量的 SiO_2 也能起到稳定结构的作用，这主要得益于 SiO_2 在锂化后会生成 $Li_2Si_2O_5$ 相，而该物质能减缓硅的体积膨胀。

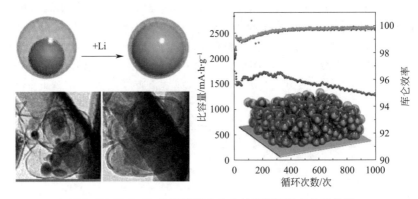

图 7-85　Yolk-Shell 结构的 Si@C 纳米颗粒及电化学性能

　　三维结构设计的结果往往具有较丰富的空隙空间和三维的导电网络，因此能较好地适应硅基负极的体积膨胀，并具备较好的倍率性能。使用 CVD 的方法制备了一种微米级的 Si-C 复合球。如图 7-86 所示，该微球以三维导电碳骨架为基底，气相生长的硅纳米颗粒均匀地吸附在碳骨架上，随后外部又被另一层碳包覆。这样的三维设计除了提高导电性和缓冲体积之外，还能避免电解液与硅颗粒的直接接触，提高 SEI 的稳定性。从商业化应用的角度出发，以天然石墨球（PG）为基底，将硅纳米层沉积其上形成硅纳米层嵌入石墨结构（SG），并进行碳的再包

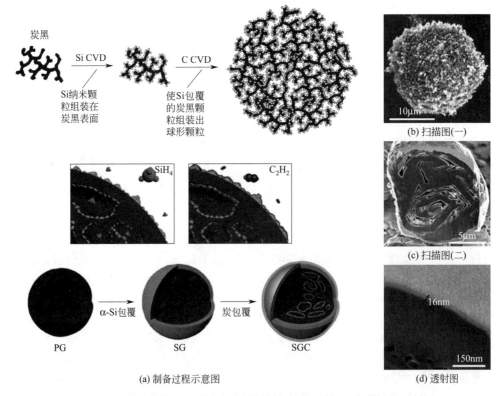

图 7-86　三维结构的 Si-C 纳米复合材料制备过程示意图、扫描图和透射图

覆，得到了一种硅纳米层嵌入石墨-碳的复合材料（SGC），如图 7-86 所示。该材料能得到较高的电极材料密度（>1.6g·cm^{-3}）和面比容量（>3.3mA·h·cm^{-2}）。由 SGC 复合材料组成的电极克服了由体积变化引起的有害影响，与石墨相比，仅表现出 23% 的体积膨胀，完全保留了形态完整性和导电网络的连通性，没有出现裂缝和接触损失。与 LiCoO$_2$ 组装的全电池循环 100 次之后，其容量保持率仍能达到 92%，具有很好的商业化前景。

在硅中加入金属元素也可以有效改善硅基负极的循环性能。金属与硅形成合金，一方面金属可以减缓体积膨胀；另一方面，电子富集程度增加使锂的嵌入更加容易。

黏结剂是组成电极浆料的重要部分，具有较好黏性的黏结剂能在电极材料间形成较强的范德瓦耳斯力，增强颗粒之间的力学强度，并将其黏结于集流体上，使得电极整体更加稳定，进而提高电池性能。对于硅基负极材料而言，传统的聚偏氟乙烯（PVDF）黏结剂所能提供的黏附能力不足以适应巨大的体积变化，因而开发高黏性的新型黏结剂成为硅基负极材料研究领域的热点。目前比较成熟的新型黏结剂有羧甲基纤维素基（CMC）聚合物、海藻酸钠（ALG）、聚丙烯酸（PAA）以及复合型黏结剂等，它们具有的羧基基团，与硅基负极材料能形成较强黏合力，较好地维持了电极的结构完整性。此外，还有自愈合能力黏结剂及将机械原理应用在黏结剂的研究。自愈合黏结剂在电池循环过程中能将产生的裂纹进行自我修复，避免了严重的电极粉化；应用机械原理的黏结剂，是将一种具有"分子滑轮"结构的聚轮烷（polyrotaxane，PR）添加到 PAA 黏结剂中。该"分子滑轮"具有较强胶黏能力，能缓冲硅材料（Si microparticle，SiMP）体积效应产生的应力，使得电极材料即便发生破裂，也能黏合在一起，保持完整的形状，不会引起整体电极的破坏，从而极大提高了硅负极在充放电过程中的稳定性（图 7-87）。

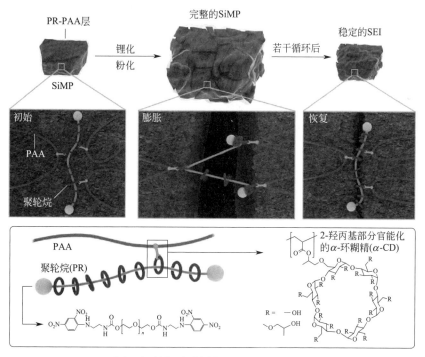

图 7-87　"分子滑轮"黏结剂的分子结构和作用机制示意图

电解液添加剂在 SEI 膜的形成过程中扮演着重要角色。为了促使形成更加稳定的 SEI，研究者开发了各种添加剂，如氟代碳酸乙烯酯（FEC）、碳酸丙烯酯（PC）、碳酸亚乙烯酯（VC）、二草酸硼酸锂（LiBOB）等。FEC 的还原电势比较高，会在电解液还原之前先生成

SEI 膜，该膜包含了 LiF 和其他有机物质（如—CHF—OCO$_2$—型化合物）。这层覆盖在硅表面的膜不仅能保护内部的活性硅，还能进一步限制其他电解液的还原，能一定程度上减少总体 SEI 膜的生成量，提高库仑效率，在众多添加剂中显示出较好的应用前景。

预锂化是目前提高首次库仑效率最直接也是效果最明显的方法，其作用机制是在电极正式充放电循环之前，预先嵌入少量的锂来增加额外的锂源，补充副反应和 SEI 膜生成对正极的锂消耗，提高首次库仑效率。硅基负极材料的预锂化，主要有 2 种路径：一种是电化学预锂化，即将制备好的电极片与锂金属对接，使用电解液浸润，在对电压的作用下自发形成 Li$_x$Si 合金相；另一种是物理预锂化，即预先制备锂硅合金相，将该物质作为添加剂混合在常规负极材料中，从而起到补充锂的作用。

纳米材料的比表面积很大，存在大量的晶界，有利于改善电极反应动力学性能，纳米合金复合材料可以发挥不同材料间的协同作用，在充放电过程中绝对体积变化较小，电极结构有较高的稳定性。因此，纳米合金复合材料将是合金类负极材料的最佳选择。目前国内外不少负极材料生产企业均已开始布局硅基负极的开发与商业化。

7.4.4 氮化物负极材料

氮化物的研究主要源于作为固体电解质的 Li$_3$N。Li$_3$N 具有很好的离子导电性（离子电导率为 10^{-3} S·cm^{-1}），但其分解电压很低（0.44V），不宜直接作为电极材料。而过渡金属氮化物则有高的化学稳定性和电子导电性，具有低而平的充放电电位平台、可逆性能好与容量大等特点，作为新型非碳基负极材料而受到关注。

锂-过渡金属氮化物从结构上可分为两大类：一类是反萤石结构；另一类是 Li$_3$N 中部分锂被置换后的结构。

反萤石结构主要有 Li$_{2n-1}$MN$_n$（M 为 Sc、Ti、V、Cr 等），在元素周期表中，从 Ti 至 Fe 中形成的 Li$_{2n-1}$MN$_n$ 化合物中能稳定存在的有 Li$_5$TiN$_3$、Li$_7$VN$_4$、Li$_{15}$Cr$_2$N$_9$、Li$_7$MnN$_4$ 和 Li$_3$FeN$_2$。这些氮

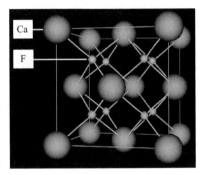

图 7-88　CaF$_2$ 晶体结构

化物对应于 CaF$_2$ 晶体结构（图 7-88），N 位于 Ca 的位置，锂和金属原子（M）处于 F 的位置，阴、阳离子排布恰好与 CaF$_2$ 相反，因此称为反萤石结构。上述氮化物中 Ti、V、Cr 已达到最高氧化状态，在锂脱嵌时无法提高价态来保持体系内的电中性，因此只有 Li$_7$MnN$_4$ 和 Li$_3$FeN$_2$ 有可能作为电极材料。

Li$_7$MnN$_4$ 中锰的价态为 +5，而其最高价态为 +7，因此 Li$^+$ 的最大脱嵌量为 2。结构上 MnN$_4$ 呈四面体独立存在，而锂的占据点形成三维网状，由此推断该物质似应为导电性极差的绝缘体，而实际上却具有一定程度的导电性，容量约为 200mA·h·g^{-1}，放电电压约为 1.2V（vs. Li/Li$^+$），且 20 次循环后未见衰减。好的可逆性是它的一个突出特征。

Li$_3$FeN$_2$ 中铁的价态为 +3，可变为 +4，对应一个 Li$^+$ 的脱嵌。结构上以铁为中心，以氮为顶点构成四面体（FeN$_4$），但相邻的四面体共用一个棱形成一维链状，同时锂占据点处于一维链间并形成三维网状。由于 FeN$_4$ 四面体构成链状，与 MnN$_4$ 不同，因而 Li$_3$FeN$_2$ 导电性好于 Li$_7$MnN$_4$（前者的电导率为 $5×10^{-2}$ S·cm^{-1}，后者为 $5×10^{-3}$ S·cm^{-1}）。充放电曲线平坦为其主要特征，电极材料容量约为 150mA·h·g^{-1}，但循环过程中容量有明显衰减。

Li_3N 晶体为层状结构，由 Li_2N 层与锂层相间构成（图 7-89）。具有 Li_3N 结构的氮化物有 $Li_{3-x}Co_xN$、$Li_{3-x}Ni_xN$ 和 $Li_{3-x}Cu_xN$。钴、镍、铜可进入锂层中的锂位，$Li_{3-x}M_xN$ 固溶体的组成范围：Co，$0<x<0.5$；Ni，$0<x<0.6$；Cu，$0<x<0.4$。这三种氮化物与 Li_7MnN_4 和 Li_3FeN_2 具有完全不同的结构和电化学行为。

氮化物 $Li_{3-x}M_xN$（M＝Co、Ni、Cu）中，$Li_{2.6}Co_{0.4}N$ 可逆嵌锂容量可达 $480\sim760mA \cdot h \cdot g^{-1}$，甚至更高（图 7-90）。该物质的层状结构有利于 Li^+ 的脱嵌，是快离子导体，且过渡金属处于较低的氧化态，能给出较低的电势，放电电压约为 1.0V，比反萤石氮化物稍低。通过对 $Li_{2.6}Co_{0.4}N$ 负极材料的反应机理进行研究，认为 $Li_{2.6}Co_{0.4}N$ 中唯一可移动的是 Li^+。其容量大小取决于首次脱嵌锂时形成无定形相的多少，无定形相可储存大量的 Li^+。$Li_{2.7}Fe_{0.3}N$ 的可逆容量达 $550mA \cdot h \cdot g^{-1}$，具有较低的平均氧化还原电势 0.6V（vs. Li/Li^+），作为锂离子电池的负极材料是值得关注的。

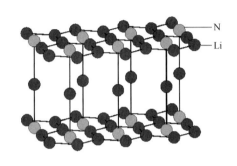

图 7-89 Li_3N 的晶体结构

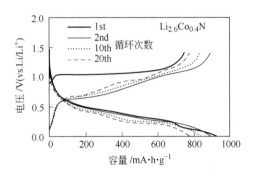

图 7-90 氮化物 $Li_{2.6}Co_{0.4}N$ 的充放电曲线
（vs. Li/Li^+，电流密度恒定为 $0.5mA \cdot cm^{-2}$）

过渡金属氮化物虽然表现出很高的首次充放电容量，但大多数过渡金属氮化物在充放电过程中具有较大的体积变化，从而导致活性成分随着循环的进行发生团聚、粉化、开裂和剥落，从而大大降低锂离子电池的性能。为此，常将过渡金属氮化物与其他材料复合，制备出过渡金属氮化物复合材料，以期改善其性能。

7.4.5 氧化物负极材料

在摇椅式电池刚提出时，可充放锂电池负极材料首先考虑的是一些可作为 Li 源的含锂氧化物。当碳负极材料逐渐发展为主流方向后，仍有研究小组未放弃对氧化物负极材料的研究。氧化物负极材料主要是过渡金属如锡、铁、钼、钛等的氧化物。

7.4.5.1 锡的氧化物

1996 年，日本富士（Fuji）胶片公司宣布了一项以锡基氧化物作负极材料的锂离子电池（STALION 电池）。这种电池与以碳材料作负极的电池相比，具有更高的体积比容量和质量比容量。

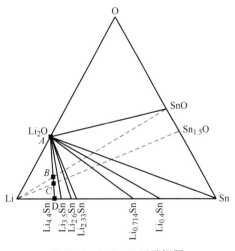

图 7-91 Li-Sn-O 三元相图

在过渡金属元素中，锡的价格较钴、钛便宜，能形成 SnO、SnO$_2$ 两种化合物，而且氧化锡和氧化亚锡与有机电解液相容性也较好。锡的这两种氧化物都能嵌入少量的锂，Li-Sn-O 三元相图如图 7-91 所示。

由于不同制备方法所得的 SnO、SnO$_2$ 的结构不同（如晶状、非晶状、纳米孔状等），其相应的比容量、循环性能等电化学行为也有很大差别，表 7-7 列出了用不同制备方法得到的锡氧化物的结构和电化学性能。采用低压化学气相沉积法制备的 SnO$_2$ 晶体，其可逆容量高达 500mA·h·g^{-1} 以上，循环性能比较理想，充放电效率除第 1 次外，其余均可达 90% 以上；而由溶胶-凝胶法及简单加热法制备的氧化锡的可逆容量虽然也可达 500mA·h·g^{-1} 以上，但循环性能却并不理想。

表 7-7 不同制备方法得到的锡氧化物的结构和电化学性能

电极材料	制备方法	形态结构	可逆比容量	循环性能	不可逆容量损失/%	Li$^+$ 扩散系数/cm^2·s^{-1}
SnO$_2$	低压化学气相沉积	晶状薄膜	0.05~1.15V 间循环 100 周 500mA·h·g^{-1}	一般	>50%	(6.58~19.1) ×10^{-5}
SnO/SnO$_2$	高温热解喷镀	非晶态膜	—	良好	>50%	—
SnO$_2$	静电热喷镀	非晶态膜	0~1.0V 间循环 100 周 600mA·h·g^{-1}	较差	>50%	(3~5)×10^{-4}
SnO$_2$	溶胶-凝胶法	晶态	0~2.0V 600mA·h·g^{-1}	一般	>50%	7.76×10^{-5}
SnO	液晶模板法	纳米微孔结构	0.05~0.95V 700mA·h·g^{-1}	较差	>50%	

关于锡氧化物的脱嵌机理，存在过合金型和离子型两种观点。合金型的脱嵌机理认为 Li 和氧化锡或氧化亚锡在充放电过程中分两步进行：

$$2Li + SnO_2/SnO \longrightarrow Sn + Li_2O \tag{7-22}$$

$$xLi + Sn \Longleftrightarrow Li_xSn \ (x \leqslant 4.4) \tag{7-23}$$

在相对于 Li/Li$^+$ 电极的较低电势下，锡氧化物首先和锂发生一个不可逆的置换反应，生成金属 Sn 和非晶态 Li$_2$O，如式(7-22) 所示。然后锡与锂形成锂锡合金，这种合金的形成过程是可逆的，如式(7-23) 所示。在充放电过程中，第一步的不可逆能量损失源于 Li$_2$O 的生成，可逆容量来源于第二步反应，锂锡比最高可达到 4.4。

离子型机理认为 Li 的脱嵌过程是

$$xLi + SnO_2/SnO \longrightarrow Li_xSnO_2/Li_xSnO \tag{7-24}$$

Li 和氧化锡或氧化亚锡一步反应生成锡酸锂，即锂在其中以离子形式存在，没有生成单独的 Li$_2$O 相。

电子顺磁共振谱（EPR、ESR）和 X 射线能谱（XPS）分析只观察到了分离的金属 Sn 和 Li$_2$O，而没有观察到均一的 Li$_x$SnO$_2$/Li$_x$SnO 相。中国科学院物理研究所对以 SnO 为代表的氧化物负极材料做了 XRD、拉曼、电化学阻抗谱（EIS）和高分辨电镜（HRTEM）研究，进一步证实了两步反应机理，并详细论述了反应的具体历程，如图 7-92 所示。在置换反应和合金化反应进行之前，颗粒表面发生有机电解液的分解，有机溶剂的还原产物和 Li$^+$ 反应，在 SnO 颗粒表面形成一层壳状钝化膜（SEI 膜），钝化膜的厚度达几个纳米，膜成分经 FTIR 分析为 Li$_2$CO$_3$、

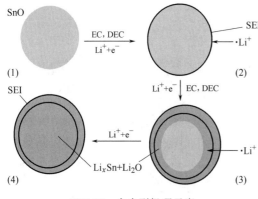

图 7-92 合金型机理示意

ROCO$_2$Li 等。然后 Li$^+$ 穿过这层膜还原后与 SnO 发生置换反应，生成的微细 Sn 颗粒以纳米尺寸存在，高度弥散于氧化锂中，在中心区域形成 Li$_x$Sn 合金。该合金化反应产物 Li$_x$Sn 也具有纳米尺寸，分散在 Li$_2$O 非晶态结构中。

现在，人们普遍认为锡氧化物的脱嵌机理为合金型机理。如上所述，合金型脱嵌机理认为，首次不可逆容量是由于第一步反应生成 Li$_2$O，以及 Sn 的氧化物与有机电解液的分解和缩合等反应产生的，可逆容量是金属 Sn 和 Li 形成合金而产生的。以 Sn 氧化物为负极材料具有很高的容量，这是由于反应产物中有纳米尺寸的 Li 颗粒，同时无电化学活性的非晶相 Li$_2$O 在 Li$_x$Sn 合金的可逆形成过程中起了很重要的作用。因此，很多改善和提高锡氧化物性能的方法和措施都是从这个基本机理出发进行设计的。

锡氧化物材料第一周不可逆能量损失都在 50% 以上，且在锂的嵌入/脱嵌过程中，材料本身的体积变化（SnO$_2$、Sn、Li$_{4.4}$Sn 的密度分别为 6.99g·cm^{-3}、7.29g·cm^{-3}、2.56g·cm^{-3}）较大，容易引起电极粉化或团聚，从而造成材料的比容量衰减，循环性能下降。为此，常采用复合、掺杂、包覆等措施来改善锡氧化物材料的电化学性能。

在 Sn 的氧化物中加入一些金属或非金属氧化物，如 Fe、Ti、Ge、Si、Al、P、B 等元素的氧化物，然后通过热处理生成锡基复合氧化物。该系列化合物主要是无定形锡基复合氧化物（amorphous tin-based composite oxide，ATCO），可用通式 SnM$_x$O$_y$（$x \geq 1$）表示，其中 M 表示形成玻璃体的元素（可以为 1~3 种），主要是 B、P、Al 等的混合物。XRD 分析表明锡基复合氧化物具有非晶结构，在充放电过程中没有遭到破坏。在结构上，锡基复合氧化物由活性中心 Sn—O 键和周围的无规网格组成，无规网格由加入的金属或非金属氧化物组成，它们将活性中心相互隔离，使混合物形成一种无定形的玻璃体。B、P、Al 等具有促进非晶体结构形成的作用，从而使得 Sn—O 框架各相异性拓展，提高了锂离子在玻璃结构中的流动性，有利于锂离子的扩散和释放，因此可以有效储锂。非晶态锡基复合氧化物 SnB$_x$P$_y$Al$_z$O 的容量大小与活性中心有关，当 $x=0.56$、$y=0.4$、$z=0.42$ 以及 $n(\text{Li}):n(\text{Sn})=1:8$ 时，初始放电容量为 1030mA·h·g^{-1}，充电容量为 650mA·h·g^{-1}（5mol Li 脱出），初始容量损失率为 37%，在以后的循环中保持 100% 的库仑效率。总之，该复合氧化物不管是不可逆容量损失还是循环性能都比纯的 SnO 有很大的改善。

核磁共振 ^{7}Li-NMR 表明了锂在 TCO 中的状态。^{7}Li-NMR 研究表明（图 7-93）。当 1mol TCO 嵌入 8mol Li（充电容量 1000mA·h·g^{-1}，开路电压相对于锂为 0.06V）时，由于锂插入引起的化学位移只有 10，说明锂在 TCO 基体中仍以较高的离子态存在。其充放电机理与传统的锡氧化物两步机理不同，这种复合氧化物的可逆充放电反应发生在 Sn—O 键轨道上，嵌入的 Li$^+$ 与玻璃体的 Sn^{2+}—O 活性中心相互作用，伴随着 Sn^{2+} 的部分还原和电子转移，但并不形成金属锂。

硅的掺杂可降低锡的价态，从而降低不可逆容量。以 SnCl$_4$、SnCl$_2$ 和适量 Si(OMe)$_4$ 为原料合成 Sn$_{1-x}$Si$_x$O$_2$。电化学实验结果表明，Si 的掺入降低了 Sn 的氧化态，进而减少第 1 周充放电过程中的不可逆能量损失。当第 1 周不可逆步骤完成后，在电极上形成了高度分散的 Li$_2$O、Li$_2$SiO$_3$、SiO$_2$ 非晶态相，Sn 与 Li 反应形成 Li$_{0.4}$Sn、LiSn、

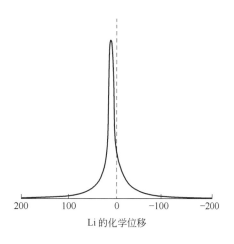

图 7-93　TCO 嵌锂后（Li/Sn=8）的 ^{7}Li-NMR 谱

$Li_{2.3}Sn$、$Li_{3.5}Sn$ 和 $Li_{4.4}Sn$ 几种不同 Li/Sn 比例的合金。在 Li_3Sn_7 形成前，电极极化随 Li^+ 扩散系数的增加而减少。通过掺入适量的 Si，可逆比容量明显提高，达 $900mA \cdot h \cdot g^{-1}$ 以上，比理论值（按 $Li_{4.4}Sn$ 计算）还要高。容量的增加可能是因为形成了只有在 400℃ 才能稳定存在的 Li_6Sn，高度分散的 Si 如 SiO_2、Li_2SiO_3 在晶格中起到稳定 Li_6Sn 的作用。

除氧化物外，锡硅氧氮化物、锡的羟氧化物、硫化锡、纳米金属锡和锡盐也可以作为锂离子二次电池的负极材料。

7.4.5.2　钛的氧化物

钛的氧化物包括氧化钛及其与锂的复合氧化物。作为锂二次电池负极材料，研究较多的是具有尖晶石结构的 $Li_{4/3}Ti_{5/3}O_4$，常写为 $Li_4Ti_5O_{12}$，一般式 $Li_{1+x}Ti_{2-x}O_4$。$Li_4Ti_5O_{12}$ 的嵌锂电位在 1.55V，每个分子单元的 $Li_4Ti_5O_{12}$ 可以嵌入 3 个 Li^+，对应的理论比容量为 $175mA \cdot h \cdot g^{-1}$。在 $Li_4Ti_5O_{12}$ 晶胞中，3 个 Li 占据 $8a$ 位，Ti 和剩余的 1 个 Li（原子比为 5:1）随机占据 $16d$ 位，O 占据 $32e$ 位，可以写为 $Li(8a)[Li_{1/3}Ti_{5/3}](16d)O_4(32e)$（图 7-94）。放电时，要嵌入的 3 个 Li 处于尖晶石结构的 $16c$ 位置。原位于 $8a$ 位置的 3 个 Li 由于静电排斥作用也转移到邻近的 $16c$ 位置，从 $Li_4Ti_5O_{12}$ 到 $Li_7Ti_5O_{12}$，可以写为 $Li_2(16c)[Li_{1/3}Ti_{5/3}](16d)O_4(32e)$，对应晶胞体积变化仅 0.2%。因此，可以说 $Li_4Ti_5O_{12}$ 是一种"零应变"材料，具有优异的循环稳定性。另外，$Li_4Ti_5O_{12}$ 有较高的电位 [1.55V（vs. Li/Li^+），碳 0.1～0.2V（vs. Li/Li^+）]，不易析出枝晶，避免了电池短路，在充放电过程中安全性比较高。

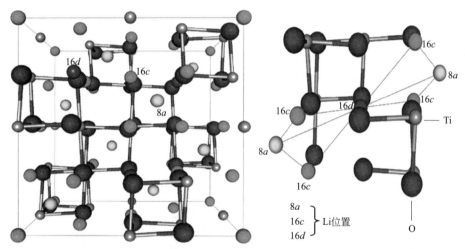

图 7-94　$Li_4Ti_5O_{12}$ 晶体结构示意图

$Li_4Ti_5O_{12}$ 是一种嵌入式化合物，可以嵌入 Li^+。在作为负极材料时，骨架结构基本上是稳定的，体积变化很小，锂的嵌入和脱嵌不产生应变，结构几乎不发生收缩或膨胀，因而有很好的循环寿命，且充放电效率非常高。

$Li_4Ti_5O_{12}$ 脱嵌锂（充放电）过程类似于 $LiFePO_4$ 的两相反应机理，但在充放电开始和接近结束时，电极反应仍存在单相反应过程，其反应机理可以由核壳结构模型来描述。如图 7-95 所示，当锂离子嵌入（放电）时，尖晶石结构的 $Li_4Ti_5O_{12}$ 表面颗粒被还原，形成单相固溶体 $Li_{4+\alpha}Ti_5O_{12}$（$Li_4Ti_5O_{12} + \alpha Li^+ + \alpha e^- \longrightarrow Li_{4+\alpha}Ti_5O_{12}$），具有和 $Li_4Ti_5O_{12}$ 相同的相结构。随着锂嵌入量增加，电压平滑下降，直到单相浓度饱和。可进一步增加锂嵌入量，转化成岩盐结构的 $Li_{7-\beta}Ti_5O_{12}$[$Li_4Ti_5O_{12} + (3-\gamma)Li^+ + (3-\gamma)e^- \longrightarrow Li_{7-\gamma}Ti_5O_{12}$]。基于吉布斯相律，锂嵌入为 $Li_{4+\alpha}Ti_5O_{12}$-$Li_{7-\gamma}Ti_5O_{12}$ 两相平衡过程，放电电压约为 1.55V。这个过程中形

成的岩盐结构的壳随着锂离子嵌入深度的增加而变厚，同时尖晶石结构的核在逐渐缩小。接近放电结束时，再次出现单相嵌入过程（$Li_{7-\gamma}Ti_5O_{12}$）。放电结束后，整个颗粒变成岩盐结构的 $Li_7Ti_5O_{12}$，电压从 1.55V 降到 1.0V。充电过程与之相反，岩盐结构中的锂离子逐渐脱出进入尖晶石相，完成脱锂过程。总的脱嵌机理可以用下述反应式表示：

$$3Li^+ + 3e^- + Li_4Ti_5O_{12} \longrightarrow Li_7Ti_5O_{12} \tag{7-25}$$

充放电开始/结束时单相范围与 $Li_4Ti_5O_{12}$ 的颗粒尺寸和包覆结构紧密相关。

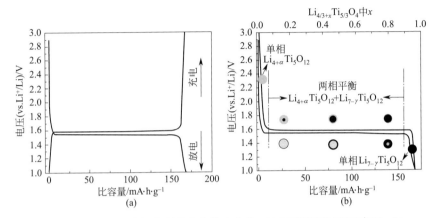

图 7-95　$Li_4Ti_5O_{12}$ 电极典型首次充放电曲线　(a) 及脱嵌锂过程示意图　(b)

制备 $Li_4Ti_5O_{12}$ 的方法主要有固相法、溶胶-凝胶法、水热法、喷雾热解法、熔盐法、微波法和静电纺丝法等。不同的制备方法对合成材料的形貌和性能影响非常大，同一物料采用不同工艺制备，会得到不同形貌结构、不同粒度、不同电化学性能的产品。同时，即使同一种制备工艺合成材料的性能又受锂源和钛源的配比、反应温度、反应时间、反应气体气氛环境等诸多因素的影响。

$Li_4Ti_5O_{12}$ 由于八面体位置的空缺，为 Li^+ 良导体。同时，Ti 为最高的化合价 +4 价，3d 电子层没有电子，使其成为电子的不良导体。其电子和离子电导率分别为 $10^{-13}S\cdot cm^{-1}$ 和 $10^{-13}\sim10^{-9}S\cdot cm^{-1}$。这种绝缘属性严重影响了其在大电流充放电条件下的倍率性能。$Li_4Ti_5O_{12}$ 充放电过程主要分为三步：电解液中的 Li 离子扩散；$Li_4Ti_5O_{12}$ 与电解液之间发生电荷转移；Li 离子在固体 $Li_4Ti_5O_{12}$ 中的脱嵌。因此，通常采用两种方法提高 $Li_4Ti_5O_{12}$ 的倍率性能：一种方法是通过离子掺杂或表面改性；另一种方法是采用纳米化的方法。

离子掺杂是在 Li^+ 的 8a 位置或者 Ti^{4+} 的 16d 位置引入高价阳离子，或者在 O^{2-} 的 32e 位置引入低价阴离子，促使部分 Ti^{4+} 转变为 Ti^{3+}，以产生电荷补偿的混合物（Ti^{3+}/Ti^{4+}），并增加电子浓度。同时，掺杂会产生晶格扭曲，在晶格中产生新的缺陷或空隙。因此，会使离子传递的阻力发生变化，锂离子扩散系数也随之改变。掺杂能够提高晶格电导率和锂离子扩散系数，提高大倍率放电性能以及循环稳定性。

通过导电性高、结构多样的碳材料改善 $Li_4Ti_5O_{12}$ 材料的电化学性能是最为常见的一种有效方法。在 $Li_4Ti_5O_{12}$ 材料中添加不同形式的碳（无定形碳、碳纳米管、石墨烯等），能够促进相互连接的 $Li_4Ti_5O_{12}$ 颗粒之间的电子传输，从而提高倍率性能、储锂能力和容量保持率。可以钛酸四丁酯和石墨烯为原料，通过微波照射加热、煅烧形成 $Li_4Ti_5O_{12}@G$，$Li_4Ti_5O_{12}@G$ 进一步与石墨烯片混合制备 $G@Li_4Ti_5O_{12}@G$。所制备的 $G@Li_4Ti_5O_{12}@G$ 具有三维结构和分层多孔分布。这种独特的结构提供了巨大的振实密度、快速电子转移和电解质运输的通道。该材料在 5C 倍率下的初始放电容量为 168.6mA·h·g^{-1}，1000 次循环后容量仍然保持在 163.8mA·h·g^{-1}，容量保持率达到 97.2%。

纳米结构能够缩短电子和锂离子在 $Li_4Ti_5O_{12}$ 颗粒内的运输路径，并且提供更大的电极/电解液接触面积，有利于改善锂离子嵌入的动力学。$Li_4Ti_5O_{12}$ 结构的纳米化，如一维、二维或三维结构，可以有效改善其电化学性能。纳米尺寸与孔洞结构提高了 $Li_4Ti_5O_{12}$ 的倍率性能，但随着表面积的增加，振实密度降低且不可逆容量增加，导致电池的体积比能量降低。为改善这一特点，利用微米、纳米两种尺寸的特点制备微纳材料，是获得高性能 $Li_4Ti_5O_{12}$ 电池的一种思路。

$Li_4Ti_5O_{12}$ 由于具有体积变化小、循环寿命长和安全性好等显著优势，在电动汽车等大型储能领域有较大的发展潜力。微纳结构 $Li_4Ti_5O_{12}$ 已经是商品化的一种负极材料，有一系列的供应商。以碳包覆的 $LiFePO_4$ 为正极，$Li_4Ti_5O_{12}$ 为负极组装的容量为 800mA·h 的 18650 型电池，在 10C（6min）充电倍率、5C（12min）放电倍率下循环 20000 次后仍具有优异的循环稳定性，甚至在 15C（4min）充电倍率、5C 放电倍率下循环 30000 次后容量保持率仍可达到 95%（图 7-96）。测试的最高温度达到 72℃，测试期间无火焰、无烟雾，具有高安全性。

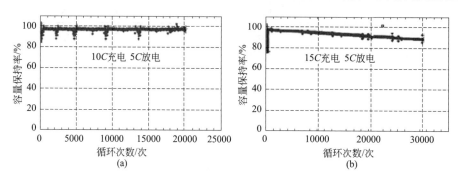

图 7-96 $Li_4Ti_5O_{12}$｜EC-DEC-1mol·L^{-1} $LiPF_6$｜$LiFePO_4$ 18650 型电池循环寿命
(a) 10C 充电（6min，100% SOC），5C 放电（12min，100% DOD）;
(b) 15C 充电（4min，100% SOC），5C 放电（12min，100% DOD）

国际上能够批量生产 $Li_4Ti_5O_{12}$ 电池的厂家并不多，主要以美国奥钛与日本东芝集团为代表。美国奥钛在 $Li_4Ti_5O_{12}$ 制造方面有其独特的核心技术，在国际上大规格 $Li_4Ti_5O_{12}$ 电池制造方面仍处于领先地位，并已解决了"胀气"问题。其第 4 代 65A·h 单体 $Li_4Ti_5O_{12}$ 电池已用于储能系统，在 65℃ 循环上万次仍无明显的容量衰减。奥钛的 1MW 大容量高功率储能机组是目前在美国电网中唯一得到 2 年多实地商业运作和性能质量检验通过的大容量 $Li_4Ti_5O_{12}$ 电池产品。该储能系统循环次数超过 500000 次，充放电总电量超过 3300MW·h，系统容量损失小于 2%，且功率并没有明显的衰减。日本东芝批量生产以"SCiB"为品牌的 $Li_4Ti_5O_{12}$ 电池，其中 3.2A·h、10A·h 及 20A·h 铝壳方形电池主要用于电动摩托、电动汽车及汽车启停电池。SCiB 电池有着快速充电和长寿命的优势，10min 即可充电 90% 以上，反复充放电 3000 次电量容量衰减不足 10%，已经批量应用于"EV-neo"电动摩托车和"Fit EV"电动滑板车上。国内在 $Li_4Ti_5O_{12}$ 电池生产方面已有多家。由于其能量密度较低，可开发高容量高电压正极材料，与高电压正极材料如 $LiMn_{1.5}Ni_{0.5}O_4$ 等匹配使用，将是未来高安全动力电池的发展方向。

7.4.6 过渡金属磷族化合物负极材料

N、P、Sb 属于第ⅤA 族元素，与金属氧化物相比，过渡金属与第ⅤA 族元素形成的化合物处于低的氧化态，能给出较低的嵌锂电势。

MnP_4 的结构是以共用棱的八面体 MnP_6 为基础，通过 P—P 键形成无限长的 Zig-Zag

(a) 8-MnP₄ 　　　　　　　　(b) Li₇MnP₄

图 7-97　8-MnP₄ 和 Li₇MnP₄ 的结构

链，也可以看成为一个堆积成垛的均匀二维 P 网。该结构有许多变体，不同之处在于其网络堆积形式有差异。Li 嵌入 MnP_4 中可形成具有反萤石结构的 Li_7MnP_4，其中 MnP_4 和 LiP_4 四面体共用一个棱。图 7-97 为 8-MnP_4 和 Li_7MnP_4 的结构。

MnP_4 具有简单的层状结构和良好的电导率（约为 $10^{-2}S \cdot cm^{-1}$），将其作为负极材料组装成锂离子电池，在室温下 MnP_4 和 Li_7MnP_4 可发生一级规整转变，其晶相间的可逆转变受电化学氧化还原过程控制。当嵌锂还原时，MnP_4 结构中的 P—P 键断裂形成 Li_7MnP_4，脱锂氧化时又可逆形成 MnP_4。采用恒流间歇滴定技术确定了 MnP_4-Li_7MnP_4 正、逆反应的平衡电势，其充电（1.06V）和放电（1.03V）的平衡电势相差不大，说明氧化和还原过程是可逆的，进一步证明了该晶相转变的可逆性。

MnP_4-Li_7MnP_4 晶相转变的机理可解释为：Li 最初还原（嵌入）MnP_4 时诱发 P—P 键断裂，从而为 Li 的进一步嵌入提供了位置，P 原子形成了未变形的立方密堆积 P 层。伴随着斜方体中的 Mn 从八面体向四面体的晶格位置迁移，多余的 Li 则占据四面体的邻位，形成 Li_7MnP_4，氧化（脱锂）时又可逆地形成 MnP_4 晶体的层状结构（图 7-98）。从嵌锂机理而言，与所知的大多数插层化合物所不同的是，后者氧化还原的中心都是在阳离子上进行，而 MnP_4 的嵌锂过程是阴离子起重要作用。

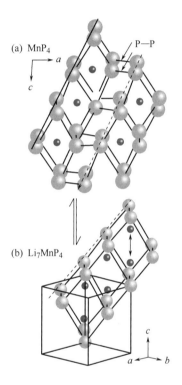

图 7-98　层状结构的 MnP_4 和反尖晶石结构的 Li_7MnP_4 转变机理

CoP_3 是具有 Skutterudite 结构（图 7-99）的化合物，由 CoP_6 八面体共用角形成 P_4 环结构。

作为锂离子电池负极材料，CoP_3 的可逆容量达 $1000mA \cdot h \cdot g^{-1}$，经过 10 次循环后降到 $600mA \cdot h \cdot g^{-1}$，稳定后可逆容量大于 $400mA \cdot h \cdot g^{-1}$。图 7-100 为 CoP_3-Li/Li⁺ 电池在恒流条件下的电压/组成曲线，通过对其充放电特性、非原位 XRD 图谱及 XPS 分析认为，首次充放电平台嵌入 9 个 Li⁺，相应的反应为

$$CoP_3 + 9Li^+ + 9e^- \Longleftrightarrow 3Li_3P + Co \tag{7-26}$$

随后的循环充放电过程中脱嵌 6 个 Li⁺，对应的反应为

$$3Li_3P \Longleftrightarrow 3LiP + 6Li^+ + 6e^- \tag{7-27}$$

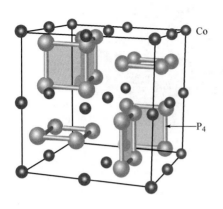

图 7-99　Skutterudite 结构

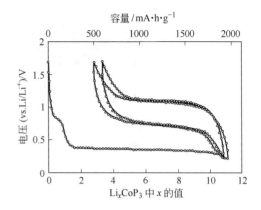

图 7-100　CoP_3-Li/Li^+ 电池的电压/组成曲线
（电压 0.2～1.7V；速率 C/10）

若采用 LiP 或 Li_3P 作为负极材料，即可实现锂离子蓄电池的循环充放电，而且 Li_3P 的高电导率（约 $10^{-3}S \cdot cm^{-1}$）有利于 Li^+ 在复合介质中的传输。

综上所述，氧化还原活性中心不一定是过渡金属化合物中的阳离子，阴离子也可起重要作用。特别是 MPn_x 化合物（M 为过渡金属元素，Pn 为磷族元素），其脱嵌锂过程几乎完全取决于阴离子所形成的网络结构。

尽管目前研究的锂二次电池负极材料多种多样，但市场上还是以石墨基碳材料作为主要负极材料。从今后的发展趋势来看，除了对现有材料进行改良外，随着固体电解质的发展，锂合金负极的应用将是不可阻挡的，最终有可能实现储锂合金的实用化。

7.5　电解质

7.5.1　概述

电解质的作用是在电池内部正负极之间形成良好的离子导电通道。凡是能够成为离子导体的材料，如水溶液、有机溶液、聚合物、熔盐或固体材料，均可作为电解质。

水对许多离子具有很强的溶解能力，水溶液电解质具有离子状态稳定、黏度小、电导率高等优点，是目前应用最广泛的电解质。然而，受到水的分解电压（1.23V）的限制，水溶液电解质电池的最高电压通常在 2.0V 以内。锂离子电池电压高达 3～4V，传统的水溶液体系已不能满足电池的需要，因此必须采用非水电解质体系。

锂离子电池采用的电解质是在有机溶剂中溶有电解质锂盐的离子型导体，作为实用锂二次电池体系的有机电解质应该具备以下性能：

① 离子电导率高，一般应达到 $(1～2) \times 10^{-3}S \cdot cm^{-1}$，锂离子的迁移数应接近于 1；

② 电化学窗口大，即电化学性能稳定的电势范围宽（0～5V）；

③ 热性能稳定，在较宽的温度范围内不发生分解；

④ 化学性能稳定，和电池体系的电极材料相容性好，与正负极、集流体、隔膜、黏结剂等基本不发生反应；

⑤ 安全低毒，最好能够生物降解；

⑥ 尽量能促进电极可逆反应的进行。对于商品锂二次电池，成本也是一个重要因素。

锂离子电池电解质可以分为液体、固体和熔盐电解质三类：

表 7-8 列出了一些常用锂二次电池的电解质例子。

表 7-8　常用的锂二次电池体系中使用的电解质

负极/正极	电解质（盐/溶剂）	使 用 公 司
Li/MoS$_2$	LiAsF$_6$/(PC+共溶剂)	Moblie Energy(加拿大)
Li-Al/TiS$_2$	LiPF$_6$/(MeDOL+DME+添加剂)	Hitachi Maxell(日本)
Li 合金/C	LiClO$_4$/PC	Matsushita(日本)
Li-Al/聚苯胺	LiClO$_4$/PC	Bridgestone-Seiko(日本)
Li-C/LiCoO$_2$	LiPF$_6$/(PC+DEC)	Sony Energytec(日本)
Li-C/LiCoO$_2$	LiPF$_6$/(PC+EC+BL)	A&T Battery(日本)
Li-C/LiCoO$_2$	LiPF$_6$/(EC+DEC+共溶剂)	Matsushita(日本)
Li-C/LiCoO$_2$	LiPF$_6$/(PC+DEC+共溶剂)	Sanyo(日本)
Li-C/Li$_{1+x}$Mn$_2$O$_4$	LiPF$_6$/(PC+DMC)	Bellcore(美国)
Li-C/LiNiO$_2$	LiPF$_6$ 或 LiN(CF$_3$SO$_2$)$_2$/(EC+共溶剂)	Rayovac(美国)
Li-C/Li$_x$Mn$_2$O$_4$	有机溶剂	Tadiran(以色列)
Li/TiS$_2$	LiI-Li$_3$PO$_4$-P$_2$S$_5$	Everready(美国)
Li/V$_6$O$_{13}$	Li$_x$/PEO 基聚合物	Valence Technology(美国)

注：PC—碳酸丙烯酯（propylene carbonate）；EC—碳酸乙烯酯（ethylene carbonate）；DME—二甲氧基乙烷（1,2-dimethoxyethane）；BL—γ-丁内酯（γ-butyrolactone）；DOL—二氧戊烷（1,3-dioxolane）；MeDOL—4-甲基二氧戊烷（4-methyl-1,3-dioxolane）；DMC—二甲基碳酸酯（dimethyl carbonate）；DEC—二乙基碳酸酯（diethyl carbonate）。

7.5.2　液体电解质

7.5.2.1　电解液的有机溶剂

能溶解锂盐的有机溶剂很多。如图 7-101 所示，在高比能量锂电池体系中，正极为强氧化剂，工作状态处于高氧化电势区（大于 3.6V）；负极具有很负的电极电势（大于 0.1V，vs. Li/Li$^+$），使负极界面附近成为强还原区。在这两种界面之间的有机溶剂，首先要有高度的化学和电化学稳定性，即要求有机溶剂既不会同正负极材料直接发生化学反应，又能够保证在电池工作状态下不会在正负极发生氧化与还原反应。因此，锂电池体系所用的有机溶剂为不与锂反应的非质子溶剂，含有活泼氢原子的有机酸、醇、醛、酮、胺、酰胺等有机溶剂均不适于用来溶解锂电池的电解质。常见的 4V 锂二次电池在充电时必须补偿过电势，因此电解液的稳定电化学窗口要求能达到 5V 左右。DME 与酯类溶剂相比，氧化电势低，一般多用于一次电池。

其次，锂电池要求有机溶剂具有高电导率。为满足这一要求，有机溶剂应具有能够溶解足量电解质盐并保证离子快速迁移的能力，这样，只能选用具有较高相对介电常数及较小黏度的有机溶剂。电解质盐的溶解与溶剂的相对介电常数及正负离子的性质有关，在相对介电常数为 ε_r 的溶剂中，相距 r 的两个静电荷（q_1，q_2）间的库仑力为

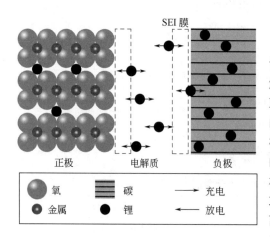

图 7-101　锂离子电池体系中锂的转移

$$F = \frac{q_1 q_2}{4\pi\varepsilon_0\varepsilon_r r^2} \qquad (7\text{-}28)$$

式中，ε_0 是真空介电常数。当溶剂的介电常数增大时，离子间的作用力减小，离子容易解离和迁移，因而可获得较高的电导率。EC、PC 的相对介电常数分别为 89.6 和 64.4，与水的相对介电常数 78.3 相当，同时也具备溶解无机锂盐的能力。实际上并非相对介电常数较小的有机溶剂都不能被采用，虽然某些有机溶剂相对介电常数很小，但它们能与锂离子溶剂化或发生络合作用（如 THF），使电解质盐产生离解，同样也能形成导电性良好的有机电解液。此外，有机溶剂的黏度 η_∞ 直接影响电解质的迁移速率。黏度越小，离子迁移受到的黏性阻力就越小，电导率也就越高。由于介电常数与溶解度或自由离子数成正比，黏度与离子迁移率成反比，因此常用介电常数与黏度的比值 ε/η_∞ 作为选择有机溶剂的参数。

对于电解液的有机溶剂另一要求是具有较高的沸点和较低的熔点，以使锂电池能够在较宽的温度范围内工作。

采用有机溶剂后，由于使用强还原性活泼金属及其化合物作为负极材料，电池的工作电压得以大幅提高。但因有机溶液的电导率通常较水溶液低得多，有机电解液电池的输出功率比较低。为了得到综合性能最佳的有机溶剂电解质，一般需要将不同性能的有机溶剂进行搭配组成混合溶剂。通常是把高介电常数、高黏度的酯类化合物如 PC、EC 和低介电常数、低黏度的醚类如 1,2-二甲氧基乙烷（1,2-DME）、二甲基碳酸酯（DMC）混合使用，其性能优于单一溶剂。

通过开发新型有机溶剂，合成介电常数高、电化学稳定性好以及安全性好的有机溶剂，可以改善电池的性能，提高电解质的溶解度和电解液的电导率。有机溶剂分子中的氢原子被其他基团（如烷基）取代，将导致溶剂分子的不对称性增加，从而提高有机溶剂的介电常数，增加电解液的电导率。对同一类的有机溶剂，随着分子量的增加，其闪点、耐氧化能力都会得到提高，因而溶剂的电化学稳定性和电池的安全性也相应提高。有机溶剂的卤代物具有较低的黏度和较高的稳定性，一般不易分解和燃烧，使电池具有较好的安全性。碳酸酯类化合物是在实用化的锂离子电池中使用的有机溶剂，人们对它的同系物和衍生物进行了很多研究，如在 EC 分子中引入单卤代、二卤代或三卤代甲基后，得到的化合物具有非常好的物理和化学稳定性，而且还具有较高的介电常数，可显著改善电池性能；结构式为 $R^1 CH_2—O—CO—OCH_2 R^2$（R^1、R^2 可为氢或烷基、卤代烷基，但 R^1 和 R^2 不相同）和 $R^3—O—CO—OR^4$（R^3、R^4 可为烷基或卤代烷基，但 R^3 和 R^4 不相同）的链状碳酸酯，具有较高的介电常数和较好的物理化学稳定性，不易燃烧，可作为不燃溶剂用于锂离子电池中。

7.5.2.2　电解液的溶质

为了保证有机溶剂电解液的导电性，通常采用无机锂盐作电解液的溶质。锂盐在溶剂中的溶解度要大，溶解度与其晶格能和溶剂化程度有关。由于晶格能与正负离子的半径总和成反比，且晶格能越小越容易电离，因此电解质锂盐多选用具有较大体积的氧或氟的复式盐。

高氯酸根离子的半径较大，因此其锂盐在有机溶剂中的溶解度要大得多，可以提供足够高的电导率，但是由于氧化性强，阳极氧化时不稳定易发生燃烧，在二次电池体系中基本上已经不再采用。在一价的无机阴离子盐中，适合作锂离子电池的锂盐仅有 $LiBF_4$、$LiPF_6$、$LiAsF_6$ 等几种。在 EC 或 DMC 中，它们的电导率、热稳定性、耐氧化性和分解电压（$\geqslant 5.0V$，vs. Li/Li^+）次序如下：

电导率　　$LiAsF_6 \geqslant LiPF_6 > LiBF_4$；

热稳定性　$LiAsF_6 > LiBF_4 > LiPF_6$；

耐氧化性　$LiAsF_6 \geqslant LiPF_6 > LiBF_4$；

分解电压　$LiPF_6 > LiBF_4 > LiAsF_6$。

虽然 $LiAsF_6$ 有非常高的电导率、稳定性和电池充放电效率，但砷的毒性限制了其应用，因而常用 $LiPF_6$。当今使用的大多数锂离子电解质都采用 $LiPF_6$ 作为锂盐，其配制的溶液具有高的电导率（$10^{-2}S \cdot cm^{-1}$）、高的离子迁移数（约 0.35）和可以接受的安全性。

与无机电解质锂盐相比，有机电解质锂盐在较低介电常数的溶剂中，仍具有较高的解离常数，且强吸电子基能够促进该类锂盐在非水溶剂中的溶解。有机电解质锂盐通常包括全氟代烷基磺酸锂和氟代烷基磺酰基锂。三氟甲基磺酸锂（$LiCF_3SO_3$，LiTf）、二(三氟甲基磺酸)亚胺锂 $[Li(CF_3SO_2)_2N$，LiTFSI] 等具有良好的电化学稳定性和适当的电导率，在锂一次电池中得到应用。双(氟磺酰)亚胺锂 $[Li(SO_2F)_2N$，LiFSI]、二(三氟甲基磺酸)亚胺锂 $[Li(CF_3SO_2)_2N$，LiTFSI] 和三(三氟甲基磺酰)甲基锂 $[Li(CF_3SO_2)_3C]$ 的电化学稳定性好，且由于其阴离子电荷的非局域化，使电荷分散程度高，离子半径大，在有机溶剂中易溶解，电导率高，有可能成为新的电解质。但 $LiCF_3SO_3$ 和 $Li(CF_3SO_2)_2N$ 在电解液中对正极铝集流体有腐蚀，而且价格高，尚未实现实用化。$Li(C_4F_9SO_2)(CF_3SO_2)N$ 和 $Li[(CF_3)_2CHOSO_2]_2N$ 具有高的电化学稳定性和电导率，而且在电压达 4.8V 的情况下，对铝集流体也没有腐蚀作用。

有机硼酸锂多以硼为中心原子，与含氧的配体相结合，形成一个大 π 共轭体系，分散了中心离子的负电荷，使阴离子更加稳定的同时又减小了阴、阳离子的相互引力，为该类盐在有机溶剂中具有高溶解度、电导率和热稳定性提供了保证。有机硼酸锂的热稳定性高，热分解温度均在 250℃ 以上，甚至高于 320℃。另外，配合物阴离子中一般不含有—OH、—Cl 和—Br 等强极性基团，避免这些基团在负极表面的还原。根据硼原子上的取代基不同，可以将硼酸锂分为芳基硼酸锂和烷基硼酸锂两类。其中，烷基硼酸锂的取代基体积较小，具有较高的离子电导率和氧化稳定性。有机硼酸锂易溶于具有中等介电常数的介质中，其离子电导率略低于目前应用的电解液。这类锂盐离子电导率与锂盐浓度的关系和 $LiPF_6$ 或 $LiBF_4$ 溶液中的抛物线关系不同：在锂盐浓度 $0.5 \sim 1.0mol \cdot L^{-1}$ 范围内，硼酸锂溶液的离子电导率几乎保持不变，这种离子电导率与浓度无关的现象有利于该类物质的实际应用。有机硼酸锂的代表是二草酸硼酸锂（LiBOB）。LiBOB 与碳酸酯混合溶剂组成的电解液能够满足锂离子电池要求：①它在复合正极材料表面的氧化稳定性高达 4.3V，过充电情况下 LiBOB 电解液所产生的热量低于 $LiPF_6$ 电解液；②在石墨负极材料表面能够形成 SEI 保护膜，支持锂离子的可逆嵌入/脱嵌；③使 Al 箔集流体的稳定电位高达 6.0V，不腐蚀铝箔集流体。锂离子全电池的长期循环测试表明，电解液稳定性良好，在约 200 周的循环中锂电池容量没有衰减。

工业界对其他盐类如 $LiBF_4$、$LiN(CF_3SO_2)_2$ 以及二草酸硼酸锂（LiBOB）给予了关注，作为传统电解质的添加剂，希望改善电池的高温性能、减少气体产生等。

7.5.2.3 电解液组成对电极性能的影响

电解液在电极界面上的化学或电化学反应，对电池的容量及充放电特性有重要影响。

(1)电解液组成对负极性能的影响 对于电解液与电极的反应，主要是负极，如金属锂、石墨化碳等。锂的析出-溶解反应速率（对应的电流大小）一般与电解液的组成有关。离子的解离、结合随电解液组成的变化而变化，因此也影响电极反应速度。在大多数情况下，析出-溶解过程中伴随着副反应如电解液的分解，从而影响锂的表面形态和充放电效率。

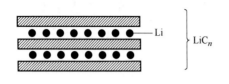
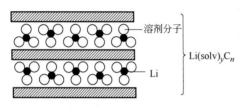

图 7-102 二元（LiC_n）和三元 [$Li(solv)_y C_n$] 的锂-石墨嵌入化合物 Li-GICs 示意

对于碳材料而言，其种类繁多、结构复杂，电解液体系的组成也是多种多样，因此关于电解液组成对碳负极材料性能影响的研究就显得很复杂。早在 1970 年就发现在石墨电极上发生 PC 的分解（对应于 0.8V 的电势平台），同时溶剂化的锂离子 $Li^+(solv)_y$ 在石墨中发生可逆的嵌入反应（对应于 0.1V 或更负的电势平台），经常形成三元溶剂化的石墨嵌入复合物 $Li(solv)_y C_n$（图 7-102）。

锂层（Li^+）和石墨层（C_n^-）之间有较大的溶剂分子，其相互作用力很弱。"溶剂化嵌入"使石墨层极度膨胀，常常导致石墨结构的剥离，减少电荷的储存容量，致使电化学性能下降。溶剂化的嵌入复合物比相应的二元复合物更具热力学稳定性，其电势平台也比相应的二元 GICs 更正。

将 PC 换成 EC 后，可以防止 $Li(solv)_y C_n$ 形成，石墨结构的剥离现象得到明显抑制。这是因为在第一次还原过程中，石墨表面形成了有效的钝化膜，这层膜可以防止溶剂的共嵌入。膜的形成不是一个简单的表面反应，而是一个相当复杂的过程。在第一次循环过程中引起的不可逆容量损失也可发生在石墨层内表面，溶剂化的锂-石墨嵌入化合物穿透石墨体相，通过还原反应形成一个"额外"的膜（图 7-103）。

由于纯 EC 的黏性非常大，一般使用低黏性的醚［如二甲氧基乙烷（DME）、二乙氧基乙烷（DEE）］或有机碳酸酯（如 DMC 和 DEC）和 EC 的混合物作溶剂。在 EC/DEC 或 EC/DMC 的二组分混合溶剂中，只有 EC 分解，DEC 和 DMC 均不发生分解，它们的作用主要是降低黏度，提高电导率，并不参与形成 SEI 膜。

(2)电解液组成对正极性能的影响 电解液的离子电导率对放电容量有重要影响，但并不和电导率的顺序完全一致，而且电解液组成对不同电极的影响也不同。

电解液组成对 $LiMn_2O_4$ 循环性能的影响如图 7-104 所示。从图中可以看到，在含 $1mol \cdot L^{-1} LiClO_4$ 不同电解液中，PC＋DMC 的阳极电流明显被抑制，而 EC＋DEC 和 EC＋DMC 则比较接近；在 EC＋DMC 混合溶剂中加入不同的锂盐，

图 7-103 石墨层内表面膜的形成过程
（a）反应前；（b）形成三元溶剂化的锂-石墨嵌入化合物 $Li_x(solv)_y C_6$；（c）$Li_x(solv)_y C_6$ 分解形成膜

图例：
RX（溶剂）
R（分解的溶剂）
Li
LiX

石墨层

$LiCF_3SO_3$ 的电流响应和可逆性明显比 $LiPF_6$ 和 $LiClO_4$ 差。

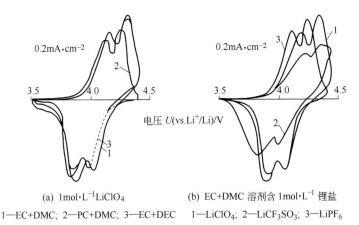

(a) $1mol \cdot L^{-1} LiClO_4$　　　　　(b) EC+DMC 溶剂含 $1mol \cdot L^{-1}$ 锂盐

1—EC+DMC；2—PC+DMC；3—EC+DEC　　1—$LiClO_4$；2—$LiCF_3SO_3$；3—$LiPF_6$

图 7-104　不同电解液中 $LiMn_2O_4$ 的循环伏安曲线

（电势扫描速率：$5 \times 10^{-3} V \cdot s^{-1}$）

图 7-105（a）是 $LiNiO_2$ 在 $1mol \cdot L^{-1}$ $LiClO_4$ 中，采用不同溶剂体系电解液的典型充放电曲线（第 2 次循环）。一般在评价 $LiNiO_2$ 的最大可逆容量时采用低电流密度（$0.1 \sim 0.5mA \cdot cm^{-2}$），在此为了评价氧化物的倍率特性和电解液组成的关系，采用高的电流密度（$1mA \cdot cm^{-2}$）。从图中可以看出，对于溶剂中的高介电常数组分，在 EC 基电解液中的放电容量比 PC 基中要大，在 $LiClO_4/EC + DMC$ 溶剂体系中，$LiNiO_2$ 的放电容量达到 $140mA \cdot h \cdot g^{-1}$，充放电库仑效率接近 100%。

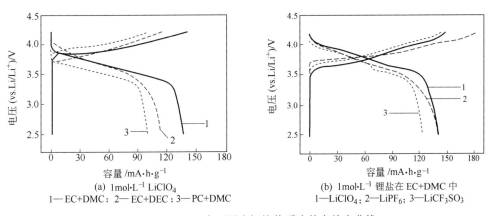

(a) $1mol \cdot L^{-1}$ $LiClO_4$　　　　　(b) $1mol \cdot L^{-1}$ 锂盐在 EC+DMC 中

1—EC+DMC；2—EC+DEC；3—PC+DMC　　1—$LiClO_4$；2—$LiPF_6$；3—$LiCF_3SO_3$

图 7-105　$LiNiO_2$ 在不同电解液体系中的充放电曲线

（充放电电流密度：$1mA \cdot cm^{-2}$）

图 7-105（b）是 $LiNiO_2$ 在不同导电锂盐电解液体系中的充放电曲线（第 2 次循环），在 $LiPF_6$ 和 $LiClO_4$ 中的放电容量接近，而在 $LiCF_3SO_3$ 中的放电容量较低；在 $LiPF_6$ 和 $LiCF_3SO_3$ 溶液中放电容量比相应的充电容量低，库仑效率在这些溶液中仅有 $80\% \sim 85\%$，说明在充电过程中存在副反应(电解液的阳极分解)，导致较低的库仑效率。

7.5.2.4　电解液中的添加剂

在锂离子电池电解液研究中，曾经有许多添加剂被研究过，许多有机溶剂本身就是添加剂。添加剂的用量一般（体积分数）不超过 5%，添加剂按其在电解液中的作用可分为以下几种类型：①用以改善电极 SEI 膜的形成电势和化学组成；②用以控制电解液中酸和水的含量；③用以提高电解液的电导率；④具有过充电保护作用，改善电池的安全性；⑤阻燃添加剂，改善电解液的稳定性和电池安全性。

(1) 改善电极 SEI 膜的形成电势和化学组成的添加剂　用石墨作锂离子电池负极时，由于溶剂分解，会在石墨电极的表面形成一层保护膜。如果在电解液中加入合适的添加剂，可以改善表面膜的特性，并能使表面膜变得薄且致密。成膜添加剂的工作机制可以分为成膜机制和饰膜机制。成膜机制是指添加剂在电极表面优先发生与锂离子的还原反应，并在电极表面建立优良的 SEI 膜。这种 SEI 膜具有很好的电子绝缘性，使随后的溶剂化锂离子的嵌入与还原过程无法进行，从而保护电极结构。这类成膜添加剂的种类和数量最多，相关研究也最深入。Li_2SO_3 和 Li_2CO_3 是构成性能优良的 SEI 膜的重要成分，它们化学性质稳定，不溶于有机溶剂，具有良好的导 Li^+ 性能，同时还能抑制溶剂分子的共嵌入和还原分解，因此向电解液中添加用以生成 Li_2SO_3 和 Li_2CO_3 的原料 SO_2 和 CO_2，将能改善碳负极的电化学性能。其他无机添加剂有 N_2O 和 S_x^{2-} 等。代表性的有机添加剂包括亚硫酸乙烯酯（ES）、亚硫丙烯酯（PS）、卤代有机酯、氟代碳酸乙烯酯（FEC）、碳酸亚乙烯酯（VC）等。FEC 是一种极性分子，能够促进 Li^+ 的溶剂化，从而增加电解液中的载流子浓度，提升电解液的电导率。VC 是目前报道的最佳成膜添加剂之一，它的还原电位高，在碳负极上可优先被还原，成为烯烃自由基，在负极表面发生聚合反应，形成一层致密的 SEI 膜，从而阻止电解液在负极表面发生进一步的还原分解，较好地抑制循环过程中的容量衰减。饰膜机制是添加剂（如冠醚、四乙醇二甲醚等）在电解液中不发生还原分解，但这些添加剂具有很强的与锂离子螯合的性质，可以优先溶剂化电解液中的锂离子，有效隔离电解液中的锂离子与溶剂分子，从而抑制溶剂化锂离子嵌入石墨层间的现象，使电极界面 SEI 膜在更加温和的条件下形成，达到优化 SEI 膜结构，改善电解液/碳负极相容性的目的。近年来，有机硼酸锂，尤其是二草酸硼酸锂（LiBOB），作为锂离子电池电解液的添加剂，在改善循环性能方面开始受到关注。

(2) 控制电解液中酸和水含量的添加剂　目前用的锂盐多是 $LiPF_6$，从 EC、PC 等溶剂在电极界面的反应中看出，有机电解液中存在痕量的水和酸（HF）对 SEI 膜的形成具有重要作用。但水和酸（HF）的含量过高，不仅导致 $LiPF_6$ 分解，而且还会破坏 SEI 膜。将锂或钙的碳酸盐、氧化铝、氧化镁和氧化钡等作为添加剂加入电解液中，它们将与电解液中微量的 HF 发生反应，阻止其对电极的破坏和对 $LiPF_6$ 分解的催化作用，提高电解液的稳定性，从而可以改善电池性能。电解液中添加有机胺或亚胺类物质，能与水形成较弱的氢键，添加六甲基二硅烷（HMDS）等吸水性较强的化合物，可阻止水与锂盐反应生成 HF。

(3) 提高电解液电导率的添加剂　此类添加剂的作用主要是提高锂盐的溶解和电离能力，减少溶剂化锂离子的溶剂化半径。这些添加剂可分为阳离子配体、阴离子配体和中性配体。阳离子配体包括小分子胺类、冠醚和穴状化合物等。NH_3 和一些低分子量胺类化合物能够与 Li^+ 发生强烈的配位作用，减少了 Li^+ 的溶剂化半径，从而能够显著提高电解液的电导率，但这类添加剂在电极充电过程中，往往发生与 Li^+ 的共嵌入，对电极的破坏很大。冠醚和穴状化合物能与锂离子形成包覆式配合物，提高锂盐在有机溶剂中的溶解度，从而提高电解液的电导率，而且有可能降低充电过程中溶剂的共嵌入和分解。阴离子配体能够与锂盐阴离子（如 F^-、PF_6^- 等）形成配合物，减小 Li^+ 与阴离子间的相互作用。硼基化合物，如 TPFPB［tris(pentafluophenyl)borane，$(C_6F_5)_3B$］是阴离子接受体，能够加速电解液中离子对的解离，提高自由移动阳离子的数量。用这类物质作为添加剂可以和 F^- 形成配合物，甚至可以将原来有机溶剂中不溶解的 LiF 溶解在有机溶剂中，如在 DMF 中溶解 LiF，可以

形成浓度达 $1.0mol \cdot L^{-1}$ 的溶液，电导率为 $6.8 \times 10^{-3}S \cdot cm^{-1}$。中性配体主要是一些富电子基团键合缺电子原子 N 或 B 形成的化合物，如氮杂醚类和烷基硼类，电解液中使用这类添加剂可以通过对电解质离子的配位作用来提高电解液中阴、阳离子的导电性。

(4) 过充电保护添加剂　目前过充电保护是通过集成电路控制充电电压实现的，当充电电压达到 4.1V 或 4.2V 时，电压不再上升。通过添加剂来实现电池的过充电保护，对简化电池制造工艺，降低生产成本具有重要意义。目前所用的过充电保护添加剂主要有电聚合、氧化还原电对和气体发生添加剂，其中氧化还原电对添加剂最为常见。在电解液中添加合适的氧化还原电对，在正常充电时，这个氧化还原电对不参加任何形式的化学或电化学反应。当充电电压超过电池的正常充电截止电压时，添加剂开始在正极上发生氧化反应，氧化产物扩散到负极被还原，还原产物再扩散回到正极被氧化，整个过程循环进行，直到电池的过充电结束。这样氧化还原电对在正极和负极之间穿梭，吸收过量的电荷，形成内部防过充电机制，从而大大改善了电池的安全性能和循环性能，因此这类添加剂形象地称为"氧化还原飞梭（redox shuttle）"。

电解液中的这类添加剂，应具备以下要求：①添加剂在有机电解液中有良好的溶解性和足够快的扩散速度，能在大电流范围内提供保护作用；②在电池使用的温度范围内性能稳定；③有合适的氧化还原电势；④添加剂不影响电池的性能。目前研究的过充电添加剂有LiI、二茂铁化合物和其他金属配合物〔如 Fe、Ru、Ir 或 Ce 与菲咯啉（phenanthroline）或联吡啶〕2,5-二叔丁基、1,4-二甲氧基苯、金刚烷等。

电聚合添加剂的原理是当电池充电到一定电压时，聚合物单体分子在阴极表面发生电聚合反应，生成的导电聚合物膜与阳极发生一定程度的电接触，造成电池内部微短路，使电池缓慢自放电至安全状态。电聚合添加剂主要包括联苯、环己基苯、噻吩、呋喃及其衍生物等。

(5) 阻燃添加剂　锂离子电池在过度充放电、短路和大电流长时间工作的情况下会放出大量的热，这些热量成为易燃电解质的安全隐患。应用领域的迅速拓展对锂离子电池的性能提出了更高要求，尤其是电动汽车和储能用锂离子电池，其容量需求远远大于便携式电子设备，使用条件也更为复杂，因此其安全性能更为关键。阻燃添加剂的加入可以使易燃有机电解液变成难燃或不燃电解液，降低电池放热值和电池自热率，增加电解液自身的热稳定性，从而避免电池在过热条件下的燃烧或爆炸。

电解液中的有机溶剂在受热情况下发生链式反应而引发燃烧，而阻燃剂就是基于催化反应去除具有高反应活性、引发燃烧反应的自由基（如 $H \cdot$ 或 $\cdot OH$）的工作原理，抑制这些链式反应的发生，可有效提高锂离子电池的安全性。阻燃剂通过以下两种可能的机理终止这种燃烧反应：①化学过程，阻燃剂在高温时分解形成自由基（如 $PO_2 \cdot$ 或 $HPO_2 \cdot$），通过清除 $H \cdot$ 或 $HO \cdot$ 自由基来终止链式反应；②物理过程，阻燃剂在凝聚态和气相间形成绝热层，阻止燃烧反应的进行。目前，大家普遍所接受的阻燃机理是氢自由基捕获机理。根据阻燃元素的不同，阻燃添加剂包括有机磷系、含氮化合物、卤代碳酸酯类、硅系以及复合阻燃添加剂等。

磷酸酯类阻燃剂主要包括一些烷基磷酸酯、苯基磷酸酯化合物等。这些化合物常温下是液体，与有机介质有一定的互溶性，是锂离子电池电解液重要的阻燃添加剂。磷酸三甲酯（TMP）和磷酸三乙酯（TEP）是其中最早被研究的阻燃剂，捕捉燃烧自由基能力强，阻燃效果良好。由于 TMP 中磷的含量更高，因此，TMP 比 TEP 的阻燃效果更好。但是，这些烷基磷酸酯（TMP 和 TEP）与石墨负极的兼容性差，在低还原电位下于石墨负极上并不稳定，这就意味着要在阻燃效果和还原稳定性两者之间寻求平衡关系。由于阻燃剂的加入，电解液的可燃性降低，但这是以牺牲电池的其他性能（如电解液的离子导电性和电池的可逆性）为代价得到的。改善磷酸酯还原稳定性的方法有：①增加烷基上的碳原子（如磷酸三辛酯，TOP）；②用苯基代替部分烷基（如磷酸三苯酯，TPP）；③构造环状磷酸酯结构（如乙烯乙基磷酸酯，EEP）。有研究指出亚磷酸酯类化合物也具有非常好的阻燃效果。亚磷酸酯类阻燃剂与磷酸酯类阻燃剂相比，优势在于：①有利于形成稳定性高的SEI膜；②能够使PF_5失去活性而稳定锂盐（$LiPF_6$），阻止它对SEI膜的破坏，也能消除电解液中游离的HF，使电极保持稳定。

一些高沸点、高闪点、不可燃碳酸酯类或醚类作为共溶剂也可以改善电解质的热稳定性，抑制电解液的燃烧。卤代有机阻燃化合物主要是有机氟化物，包括氟代环状碳酸酯、氟代链状碳酸酯以及烷基全氟代烷基醚。在碳酸酯类分子中引入氟，能够抑制有机溶剂的可燃性，降低溶剂的沸点和黏度。氟代环状碳酸酯能够很好地溶解锂盐并与其他有机溶剂互溶，电解液中添加这类有机溶剂不仅具有一定的阻燃效果，还利于提高溶剂分子在碳负极界面的还原电位，优化负极界面SEI膜的性质。这类溶剂与阻燃添加剂的工作原理不同，只有添加的氟代溶剂成为主溶剂（＞70％，体积分数）时，才能获得无闪点电解液。

复合阻燃剂是利用不同的阻燃元素间的协同作用，提高阻燃效果，并可降低阻燃剂的用量。常用于锂离子电池电解液的复合阻燃剂主要是P-N类和P-F类阻燃剂。环磷腈化合物就是比较理想的阻燃剂。由于环状结构的存在，使得阻燃剂中磷的含量较高，阻燃效果提高；而且在较低电位下，在正极和石墨负极上均具有优异的稳定性。

用于电解液阻燃的磷腈类阻燃添加剂主要分为以下几类：六烷氧基环三磷腈，如六甲氧基环三磷腈（HMOPN）；单烷氧基五氟环三磷腈，如乙氧基五氟环三磷腈（PFPN）；线型聚磷腈，如聚［双(甲氧基双乙氧基)磷腈］（MEEP）；磷腈小分子（PNP）等。以六甲氧基环三磷腈（HMOPN）作为添加剂，在添加量小于10％（质量分数）的条件下，采用差式扫描量热仪（DSC）、加速量热仪（ARC）对电解液LPF_6/EC/DMC的热稳定性分析表明，当HMOPN浓度小于2‰时，产生的热量减少，放热反应温度提高，表明电解液在石墨负极上的热反应性急剧降低。在金属锂存在下，在电解液的自加热反应中电解液稳定性也有所提

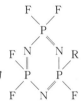

升。在含有组成为 的氟代磷腈阻燃剂（R为烷基或芳基）的电解液中，当阻燃添加剂含量达到15％（质量分数）时，即表现出完全不燃性（图7-106），通过了电流和

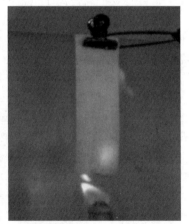

(a) 未加阻燃剂　　　　　　　　　(b) 阻燃剂添加量为15%(质量分数)

图7-106　阻燃试验

电压分别达到 1C 和 10V 的过充测试以及耐热试验（加热至 200℃）。但由于阻燃剂黏度较高，电解液的电导率随阻燃剂含量的增大而降低。

最近，高浓度有机溶液作为一种新型的液体电解液得到了高度关注。一般来说，考虑到电解液的离子电导率、黏度和锂盐的溶解性等因素，电解液浓度增大，随之而来的是电导率的降低和黏度的增大，这些对电池倍率性能的发挥不利。因此，电解液中锂盐浓度不超过 $1.2mol \cdot L^{-1}$，如常规电解液的浓度为 $1mol \cdot L^{-1}$。然而，高浓度电解液与常规电解液及传统不燃性电解液相比，具有以下优势：高氧化/还原稳定性，正负极 SEI 膜主要来自锂盐分解形成的无机成分为主体，与以往的有机-无机复合 SEI 膜相比更加稳定，而且更厚；高浓度电解液下特殊的溶剂结构，可以防止溶剂挥发。高浓度电解液锂盐的用量较大，会导致电解液成本较高，因此需要在保证电解液的阻燃效果和电池的电化学性能的同时降低成本。

通过调控锂盐和磷酸酯溶剂的摩尔比来提升电解液的电化学兼容性，将盐与溶剂的摩尔比控制在溶剂电化学稳定阈值内 [>(1∶2)]，配制双氟磺酰亚胺锂（LiFSI）与磷酸三乙酯（TEP）摩尔比为 1∶2 的电解液显示出非燃特性。该体系具有低的摩尔浓度（约 $2.2mol \cdot L^{-1}$）、较低黏度、较高电导率。在这种高摩尔比（盐与溶剂比）体系中，大多数 TEP 分子与 Li^+ 络合，几乎无自由的溶剂分子存在，造成溶剂还原电位负移，抑制了溶剂分子在负极表面的不可逆分解，实现石墨和金属锂负极的可逆电化学循环。以石墨为负极，钴酸锂为正极，以 1∶2 LiFSI-TEP＋5%（体积分数）FEC＋$0.05mol \cdot L^{-1}$ LiBOB 为电解液组装了 18650 软包实际电池。该 18650 电池给出了 1982mA·h 的可逆容量（电池的设计容量为 2000mA·h）和 92.6% 的首周库仑效率，表现出与在常规碳酸酯电解液中相似的电化学性能。在针刺试验中，使用碳酸酯电解液的电池发生了剧烈燃烧和爆炸，而非燃磷酸酯电解液的电池未发生燃烧和爆炸，表现出优异的安全性能。

开发利用混合电解液也是解决锂离子电池安全性问题的新途径。所谓混合电解液，就是电解液中同时含有固体和液体电解质的溶液。固液电解液中的固体填料能够抑制电解液的氧化分解，改善电极/电解液的界面，在不损害电池电化学性能的基础上，降低电池的可燃性，同时在正负极中间起到一个物理阻隔的作用。

解决电池安全性的关键是如何防止电池的热失控，在正负极之间构建热稳定的物理阻隔可能是解决高比能动力电池安全性最直接、最有效的方式。从这点考虑，采用无机固体电解质无疑是最安全的途径，目前无机固态电池成为全球研发的热点。

7.5.2.5　离子液体电解质

离子液体（ionic liquids，IL）是指完全由阴、阳离子所构成的在室温条件下呈液态的物质。由于其独特的物化属性，如热稳定性好、液程宽、溶解能力强、电导率高、电化学窗口宽等，特别是离子液体的不挥发性和不燃烧性为改善和提高电池的安全性能提供了新的选择；既适合应用于高电压电解液，又适合制备阻燃型电解液，可提高锂离子电池安全性。

组成离子液体的阴离子通常有 PF_6^-、BF_4^-、$TFSI^-$、FSI^- 等；阳离子通常有咪唑类、吡咯类、哌啶类和季铵盐类等（图 7-107）。目前应用于锂二次电池中的离子液体主要有咪唑类、季铵盐类、吡咯类和哌啶类等。

咪唑类离子液体黏度小、电导率高，是目前研究最多的电解质，包括 1-甲基-3-乙基咪唑氯化物（EMICl-AlCl₃）、1-乙基-3-甲基咪唑-六氟磷酸盐（EMI-PF₆）、1-乙基-3-甲基咪唑-四氟硼酸盐（EMI-BF₄）、1-乙基-3-甲基咪唑-二（三氟甲基磺酰）亚胺盐（EMI-TFSI）等。但是，咪唑类离子液体存在电化学窗口较窄、对金属锂的稳定性较差等不足，限制了咪唑类离子液体在锂离子电池体系中的应用。

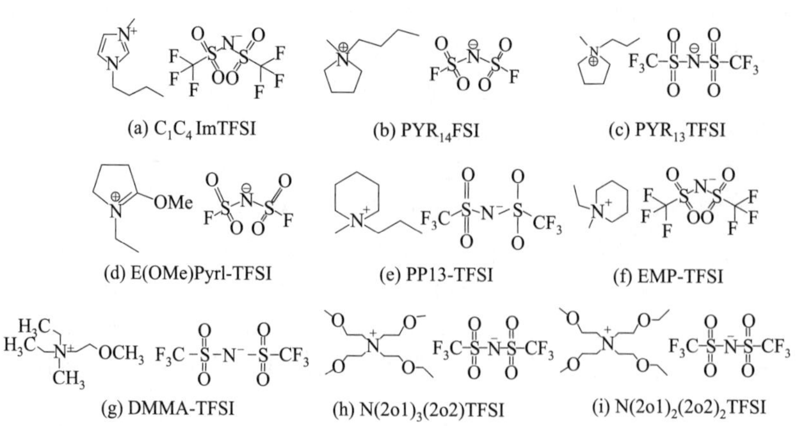

图 7-107　一些离子液体阳离子和阴离子的结构式

　　季铵盐类离子液体与咪唑类离子液体相比，具有更好的电化学稳定性，氧化电位一般可高达 5V（vs. Li^+/Li）；阳离子耐还原性能好，金属锂在季铵盐类离子液体中可以稳定存在，但其黏度高、电导率低。研究发现，通过引入极性基团到阳离子结构中（如腈基、醚键、酯基等），可以增大锂盐的溶解度，同时降低电解液的结晶温度。主要研究体系包括基于二乙基甲胺、三己胺衍生出的季铵盐，$TFSI^-$ 阴离子结合形成的季铵盐等。

　　五元环结构的吡咯烷类和六元环结构的哌啶类离子液体具有与季铵盐类离子液体相似的化学与电化学稳定性，尤其是哌啶类的离子液体具有最强的耐还原性能，主要研究体系包括 $Py_{12}BF_4$、$Py_{12}TFSI$、$Py_{13}TFSI$、$Py_{14}BF_4$、$Py_{14}TFSI$、$PP_{12}TFSI$、$PP_{13}TFSI$、$PP_{14}TFSI$ 等。在以石墨为负极的锂离子电池中，需要克服电解质中有机阳离子在石墨中的嵌入问题。$[N(SO_2F)_2]^-$（FSI^-）型离子液体的黏度仅为同类 TFSI 离子液体的一半，它的出现对于纯离子液体电解液应用于锂离子电池体系是一个较为重要的进展。对于含 FSI^- 阴离子的吡咯类和哌啶类离子液体与有机溶剂共混电解质，已经有报道可用于石墨为负极的锂二次电池中。此外，也有关于季𫫇类、吡唑类、𬭩类等离子液体用于锂离子电池的报道。

　　由于纯离子液体黏度大，且与隔膜、电极材料的浸润性差，锂离子的迁移受到极大限制；另外，大多数离子液体与碳基负极的兼容性差，以及离子液体目前价格较高。因而纯离子液体较难作为电解液直接用于锂离子电池。实际上，离子液体通常与碳酸酯类、砜类或氟代醚类等溶剂混合使用来制备阻燃型高性能电解液。与碳酸酯混合使用配制阻燃型电解液的吡咯类离子液体有 $Py_{14}TFSI$ 或 BMP-TFSI、$Py_{13}TFSI$、E（OMe）Pyrl-FSI。与碳酸酯混合的代表性哌啶类离子液体有 $PP_{13}TFSI$、EMP-TFSI。季铵盐类离子液体，如 DMMA-TFSI 与环丁砜混合用于 NCM/石墨体系，季铵盐类离子液体与阻燃溶剂 MFE 混合用于 LiFePO$_4$/Li 体系。

7.5.3　固体电解质及熔融盐电解质

　　固体电解质包括无机固体电解质和有机固体电解质（聚合物电解质）两大类。无机固体或聚合物作为电解质的主要优点是无漏液，电池的尺寸形状容易设计，电池的可靠性大为增加，但能够满足实用电池要求的无机固体电解质或聚合物十分有限。聚合物电解质将在后面加以说明。

7.5.3.1　无机固体电解质

　　无机固体电解质是指在熔点以下具有可观离子导电性的无机固体化合物。其导电机制可简单看成是在外电场作用下，离子在晶格间隙或空穴中的跃迁运动。作为固体电解质，一方面要有高的离子电导率，另一方面还得有稳定的电化学性能和较宽的电化学窗口，同时其电子电导率也应该很低。原则上，固体电解质较液体电解质具有更多优点，只是目前已发现的固体电解质种类很少，导电性能大多达不到电池的应用要求。即使如此，由于这类材料所具有的特殊物理化学性质以及潜在的应用前景，近年来无机固体电解质的研究受到重视。目前发现的无机固体电解质已有几十种，下面简要介绍与锂离子电池有关的锂离子导体。

(1) 晶体电解质　又称陶瓷电解质。从结构上看，主要包括以 Li_4SiO_4 为母体的电解质，Li_3N 型、LISICON 型、NASICON 型、钙钛矿型电解质、石榴石型等。在 Li_4SiO_4 中，由于氧原子采用四方堆积，形成开放的离子迁移通道，使其晶体具有一定的锂离子导电性。通过掺杂（如将 Si^{4+} 用部分 3 价或 2 价的离子置换）以制造 Li^+ 空位和间隙来提高电导率，如组成为 $Li_{4.2}(Si_{1-x}M_x)O_4$ 的晶体在 300℃时电导率可达 $10^{-3}S \cdot cm^{-1}$，用部分 Al^{3+} 掺杂所得的 $Li_{4-3x}Al_xSiO_4$ 在 100℃时的电导率可达 $4.8 \times 10^{-5}S \cdot cm^{-1}$。

Li-β-Al_2O_3 的室温电导率为 $3 \times 10^{-3}S \cdot cm^{-1}$，电导活化能 $E_a = 36.7kJ \cdot mol^{-1}$，可能是室温下电导率最高的锂离子导体之一。但由于 Li-β-Al_2O_3 在制备、纯化和去水方面存在技术困难，目前尚难应用。

层状结构的 Li_3N（图 7-108）是另一种室温下高电导率的锂离子导体。在其层状结构中有两种锂离子，一层为由锂离子和 N 原子形成的六方形结构的 Li_2N 层；另一层为锂离子夹在 Li_2N 层之间。由于锂离子层所剩的空间很多，因此锂离子迁移性强，电导率高（$10^{-3}S \cdot cm^{-1}$）。

由于 Li_3N 的分解电压太低（0.45V），难烧结，在电池上的应用受到限制。为此可加入其他盐形成二元或三元体系，改变 Li_3N 的烧结性，提高总电导率。由于 I^- 的变形性好，与电极的相容性高，可在 Li_3N 中加入 MI，得到的化合物 Li_3N-

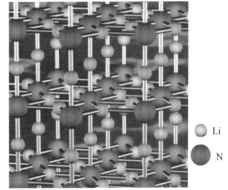

图 7-108　Li_3N 结构示意

Li
N

MI 在 25℃时电导率为 $9.5 \times 10^{-2}S \cdot cm^{-1}$，活化能 $E_a = 24.6kJ \cdot mol^{-1}$，分解电压提高到 1.6V。但总体而言，分解电压还不能达到较高程度，只能用在电压较低的锂二次电池体系中。

LISICON 结构是在四方堆积氧化物 γ-Li_2ZnGeO_4 或 γ-$Li_3(P, As, V)O_4$ 的基础上形成的固溶体。LISICON 是 lithium＋super＋ionic＋conductor 的缩写，它实际是含有间隙锂离子（interstitial lithium ions）的固溶体，锂离子部分占据四面体和八面体间隙，形成三维导电通道。在 300℃时，LISICON 的电导率可高达 $0.1S \cdot cm^{-1}$，比 Li-β-Al_2O_3 还高许多，锂离子迁移数接近 1，分解电压大于 4.5V：一方面是因为在 LISICON 中 Li^+ 通道相互贯通，而 Li-β-Al_2O_3 中的 Li^+ 只能在平面导电层内移动；另一方面，LISICON 骨架中每一个 O^{2-} 与四个阳离子结合成共价键，降低了 Li^+ 的迁移活化能（$E_a = 23.1kJ \cdot mol^{-1}$），使得 Li^+ 可在三维方向迁移，显然比一维或二维传导的迁移通道更多，因此具有高电导率。

用硫替代 LISICON 中的氧可以得到 thio-LISICON 结构晶态固态电解质。硫化物晶态电解质 $Li_{10}GeP_2S_{12}$（LGPS）室温电导率达到 $1.2 \times 10^{-2}S \cdot cm^{-1}$。图 7-109 为 LGPS 的晶格结构，$LiS_6$ 八面体和 $(Ge_{0.5}P_{0.5})S_4$ 四面体形成一维链，链与链之间由 PS_4 四面体连接，一维锂离子传输通道由 LiS_4 四面体的 $8f$ 和 $16h$ 位构成，锂离子从 $8f$ 和 $16h$ 位移向 2 个 $16h$ 位以及 $8f$ 和 $16h$ 位的间隙，沿 c 轴方向形成一维传输通道。通过 Sn 取代 Ge 合成的

$Li_{10}SnP_2S_{12}$ 材料，27℃ 时晶界的离子电导率达到 $7 \times 10^{-3} S \cdot cm^{-1}$，总离子电导率达 $4 \times 10^{-3} S \cdot cm^{-1}$，成本仅为 LGPS 的 1/3。$Li_{9.54}Si_{1.74}P_{1.44}S_{11.7}Cl_{0.3}$ 硫化物晶态电解质材料具有三维传导途径（1D 沿 c 轴 + 2D 在 ab 平面），在 27℃ 时离子电导率达到 $2.5 \times 10^{-2} S \cdot cm^{-1}$，是 LGPS 的 2 倍。

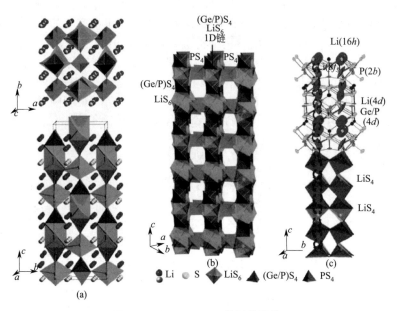

图 7-109 $Li_{10}GeP_2S_{12}$ 的晶体结构

通式为 $LiM_2(PO_4)_3$（M 为 Zr、Ti、Ge、Hf）的固体具有 NASICON 结构。NASI-CON 的意思是 Na+super+ionic+conductor，它们由 MO_6 八面体和 PO_4 四面体共用一个角而形成 $[M_2(PO_4)_3]$ 刚性结构，锂离子在三维结构隧道中移动。NASICON 结构中原本适合 Na^+ 迁移的传输通道对于 Li^+ 来说显得过大，用半径较小的 Ti^{4+} 取代 Zr^{4+} 制备的 $LiTi_2(PO_4)_3$ 可以减小传输通道，从而提高其电导率。$LiTi_2(PO_4)_3$ 的室温电导率达 $10^{-3} S \cdot cm^{-1}$，但是 Ti^{4+} 易被 Li 还原，用 Ge 代替 Ti 可以提高稳定性。此外，使用价态较低的阳离子（Al^{3+}、Sc^{3+}、La^{3+}、Cr^{3+}、Fe^{3+}、In^{3+}、Eu^{3+} 等）部分取代 $LiM_2(PO_4)_3$（M 为 Zr、Ti、Ge、Hf）中的 M^{4+} 和 P^{5+} 可增加间隙 Li^+ 浓度，或者用少量价态较高的阳离子（V^{5+}、Ta^{5+}、Nb^{5+}、S^{6+}）部分取代 M^{4+} 和 P^{5+} 可增加 Li^+ 空位浓度，达到提高离子电导率的效果，其中 Al 掺杂的 $Li_{1+x}Al_xTi_{2-x}(PO_4)_3$（LATP）电导率最高。另外，晶粒边界电阻高是 NASI-CON 结构陶瓷电导率低的主要原因，掺杂可以提高陶瓷的烧结性能，降低材料的孔隙率和晶粒边界电阻，提高材料的导电性能。NASICON 结构的陶瓷电解质大多数对空气稳定。

钙钛矿型化合物的通式为 ABO_3。这些物质一般具有很多的 A 位置空缺，因而锂离子较容易在其中移动，钙钛矿型固溶体中锂离子移动的自由空间以及 A 位置的锂空位浓度对锂离子电导率有重要影响。在钙钛矿型系列中，研究最多的是 La^{3+} 和 Li^+ 共同取代碱土离子的 $Li_{3x}La_{2/3-x}TiO_3$（LLTO），半径较大的 La^{3+} 稳定钙钛矿结构，半径较小的 Li^+ 通过 La^{3+} 周围的通道在空位间迁移。用 Sr^{2+} 部分取代 La^{3+}，由于晶胞体积增加，锂离子的迁移空间扩大，25℃ 时的块体锂离子电导率达 $1.5 \times 10^{-3} S \cdot cm^{-1}$，而其总电导率也达 $5.5 \times 10^{-4} S \cdot cm^{-1}$，该值比纯 $LiLaTiO_3$（LLTO）要高。LLTO 的总电导率主要由晶界电导率控制，通过对 Li/La 位和 Ti 位掺杂，可以提高颗粒电导率，但对晶界电导率影响较小，晶界修饰对材料电导率提高更为有效。

石榴石型固态电解质的通式可表示为 $Li_{3+x}A_3B_2O_{12}$，其中 A 为八配位阳离子，B 为六配位阳离子。AO_8 和 BO_6 通过共面的方式交错连接构成三维骨架，骨架间隙则由 O 构成的八面体空位和四面体空位填充。当 $x=0$ 时，Li^+ 被严格束缚在作用较强的四面体空位（24d），难以自由移动，相应的电解质体系电导率较低。当 $x>0$ 时，随 x 增加，Li^+ 逐渐占据束缚能力较弱的八面体空位（48g/96h），四面体空位出现空缺，离子电导率逐渐上升。固态电解质 $Li_7La_3Zr_2O_{12}$（LLZO）具有高离子电导率和宽电压窗口。根据合成条件不同，LLZO 具有立方相和四方相 2 种晶体结构，其中立方相为高温稳定相，图 7-110 为立方相 LLZO 的晶体结构。在该晶体结构中，ZrO_6 八面体与 LaO_8 十二面体相连形成三维骨架结构，而 Li 原子和 Li 空位在等能量的四面体间隙和扭曲的八面体间隙中随机分布，构成三维网络。这两种结构交织在一起，共同构成了石榴石型复合氧化物的晶体结构。

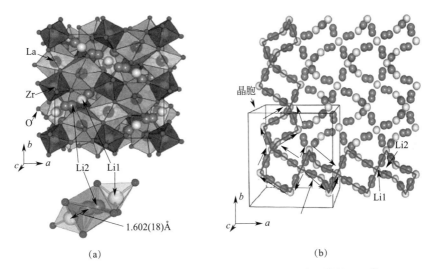

图 7-110　立方 $Li_7La_3Zr_2O_{12}$ 的晶体结构和锂离子的三维传导网络

根据 Li 原子所占据的空隙类型不同，可以把 Li 原子分为两种类型：占据四面体空隙即 24d 位点的 Li 原子（记为 Li1）；占据扭曲的八面体空隙即 96h 位点的 Li 原子（记为 Li2）。锂原子在 Li2 位置的无序化和部分占据对于锂离子的传导起着重要作用。立方相结构 LLZO 的离子电导率达到 $10^{-4}S\cdot cm^{-1}$，较四方相结构高出 2 个数量级，并且其颗粒电导率和颗粒边界电导率大小相当。传统制备 LLZO 的方法主要为固相法和溶胶-凝胶法。固相法得到的 LLZO 室温离子电导率较高，而溶胶-凝胶法易于得到纳米级 LLZO 粉体。采用场辅助烧结或氧气氛烧结也可以得到性能较好的 LLZO。目前，获得室温稳定立方相 LLZO 主要通过掺杂 Al 或 Ta 元素，Al 取代 Li 的位置，得到两个 Li 空位；Ta 取代 Zr 的位置，得到一个 Li 空位。Al 占据 LLZO 晶体结构的 24d 位置时，会严重影响锂离子的传导，因此 Al 掺杂的 LLZO 电导率一般要略低于 Ta 掺杂的 LLZO。采用阳离子 Ba^{2+} 和 Ta^{5+} 取代制备的 $Li_{6.5}La_{3-x}Ba_xZr_{1.5-x}Ta_{0.5+x}O_{12}$（LLBZTO），当 Ba 和 Ta 的取代含量分别为 0.1 和 1.6 时，室温下电导率达到 $0.83mS\cdot cm^{-1}$。LLBZTO 的活化能随着 Ba 取代量的增加而降低，但 Ba 和 Ta 取代量过多时，LLBZTO 的导电性下降。此外，LLZO 具有宽的带隙（大于 $4.31eV$），有利于制备薄膜固态电解质；LLZO 对空气有相对较好的稳定性，不与金属锂反应；烧结体具有优良的力学强度，有望成为全固态锂电池理想的固态电解质材料。

表 7-9 列出了一些晶态锂离子固体电解质的室温电导率。

表 7-9　一些晶态锂离子固体电解质的室温电导率

固体电解质组成	离子电导率 /S·cm^{-1}	固体电解质组成	离子电导率 /S·cm^{-1}
Li_3N	10^{-3}	$Li_{1.3}Al_{0.3}Ti_{1.7}(PO_4)_3$	7×10^{-4}（晶界）
$Li_{1.3}Al_{0.3}Ti_{1.7}(PO_4)_3$	3×10^{-3}（晶粒）	$Li_{0.25}La_{0.57}TiO_3$	2×10^{-5}（晶界）
$Li_{0.25}La_{0.57}TiO_3$	1×10^{-3}（晶粒）	$Li_{10}GeP_2S_{12}$	1.2×10^{-2}
$Li_{3.21}Ge_{0.21}P_{0.49}S_4$	2.2×10^{-3}	$Li_{9.54}Si_{1.74}P_{1.44}S_{11.7}Cl_{0.3}$	2.5×10^{-2}
$Li_{3.6}Ge_{0.6}V_{0.4}O_4$	4×10^{-5}	$Li_7La_3Zr_2O_{12}$	5×10^{-4}

（2）非晶态电解质　又称玻璃态电解质。大多数无机固体电解质只有在较高温度下才表现出可观的电导率，因此大多数固体电解质化学电源仅适用于高温条件。发展室温下工作的高性能无机固体电解质一直是研究的重点。非晶态玻璃电解质与晶态固体电解质相比，具有组成范围宽、材料基本上为各向同性等优点。Li_3N 为各向异性传导的二维结构，必须通过烧结过程来连接粒子区间的扩散通道，从而提高总电导率。而对于玻璃态材料而言，离子扩散的通道也是各向同性的，粒子区间扩散通道的连接比晶态材料容易，界面电阻很小，总电阻只受堆积密度和本体电阻的影响。因此使用玻璃态材料作为固体电解质，粒子区间电阻小，不需要进行烧结加工，仅需压实就可以成为电解质。玻璃态电解质主要分为氧化物和硫化物两类。氧化物玻璃态电解质的电化学稳定性和热稳定性好，但离子电导率低；硫化物玻璃态电解质虽具有较高的离子电导率，但电化学稳定性差，制备困难。

氧化物玻璃体由形成网络的氧化物（如 SiO_2、B_2O_3、P_2O_5 等）和网络改性氧化物（如 Li_2O）组成。氧离子固定在玻璃体网络中并以共价键连接，不能移动，只有锂离子可以移动，从而形成锂离子导体。氧化物玻璃体的离子电导率一般为 10^{-6} S·cm^{-1} 左右。提高玻璃态氧化物电解质电导率的方法有适量增加网络改性物（Li_2O）的含量、添加锂盐（如 LiX、Li_2SO_4、Li_3PO_4 等）、使用混合网络形成物、掺杂氮（形成 LiPON 玻璃）或形成玻璃-陶瓷复合电解质等。增加 Li_2O 的含量可增加迁移 Li^+ 浓度，一般导致电导率提高，但 Li_2O 含量的增加也会导致非桥合（nonbridging）氧原子增加，它可以捕获锂离子，降低电导率。

可将氧离子用硫离子代替。由于硫离子半径比氧离子大，有较大的极化能力，因此离子电导率提高；如果再往硫化物中掺卤化锂，特别是 LiI 还能使离子电导率大大提高。B_2S_3、P_2S_5、SiS_2 基玻璃，在室温下可呈现 $10^{-4}\sim10^{-3}$ S·cm^{-1} 的电导率。$0.28B_2S_3$-$0.33Li_2S$-$0.39LiI$ 三元玻璃电解质，在 25℃ 时，最好的疏松态玻璃电解质的电导率可高达 10^{-3} S·cm^{-1}。循环伏安法测得其对锂电极的电化学稳定窗口在 4.5V 左右，允许锂金属作负极，高电势的插层化合物作正极，不会导致电解质的分解，可作为常温全固态锂二次电池的电解质。P_2S_5 基玻璃态对金属锂的电化学稳定性好，与石墨负极的相容性也很好，在全固态锂离子电池中有很好的应用前景。改善 P_2S_5 基玻璃电解质导电性的方法主要有适量增加网络改性物的含量、添加锂盐、使用混合网络形成物、掺杂氧化物或形成玻璃-陶瓷复合电解质等。

氧化物与硫化物混合型锂离子固体电解质研究较多的是 Li_3PO_4-Li_2S-SiS_2 玻璃体。其结构与 Li_2S-SiS_2 不同，核磁共振表明在 Li_3PO_4-Li_2S-SiS_2 中 Si 原子不仅被硫原子配位而且被氧原子配位，磷原子不仅被氧原子配位而且被硫原子配位，这就意味着 Li_3PO_4 的引入能使 Li_2S-SiS_2 玻璃体网状结构中的硫部分被氧取代。这种氧部分取代硫在进一步稳定该玻璃体结构的同时也提高了离子电导率。表 7-10 列出了硫化物基玻璃体的电导率。反钙钛矿结构锂离子导体可表示为 $Li_{3-2x}M_xHalO$，其中 M 为 Mg^{2+}、Ca^{2+}、Sr^{2+} 或 Ba^{2+} 等高价阳离子，Hal 为元素 Cl 或 I。$Li_{3-2x}M_xHalO$ 的高温相为反钙钛矿结构立方相，不同组分的相变温度也不同。目前研究的反钙钛矿型固态电解质为 Li_3ClO。在 Li_3ClO 中，Cl 原子占据立方体的体心、O 原子占据八面体的中心，Li^+ 占据八面体的顶点，形成一种富 Li 结构。通过高价阳离子（如 Mg^{2+}、Sr^{2+}、Ca^{2+}、Ba^{2+}）掺杂，使得晶格中产生大量空位，增加了锂离子的传输通道，降低了 Li^+ 扩散的活化能，提高了电解质的离子导电能力。反钙钛矿结构固态电解质室温离子电导率可达 $2.5 \times 10^{-2}\ S \cdot cm^{-1}$，具有优良的电化学窗口和热稳定性以及与金属 Li 稳定等特性。

表 7-10 硫化物基玻璃体的电导率

玻璃态电解质组成	离子电导率 /$S \cdot cm^{-1}$	玻璃态电解质组成	离子电导率 /$S \cdot cm^{-1}$
$0.44LiI\text{-}0.30Li_2S\text{-}0.26B_2S_3$	1.7×10^{-3}	$0.30LiBr\text{-}0.35Li_2S\text{-}0.35SiS_2$	0.32×10^{-3}
$0.20LiI\text{-}0.40Li_2S\text{-}0.40SiS_2$	1.8×10^{-3}	$Li_2O\text{-}Al_2O_3\text{-}TiO_2\text{-}P_2O_5$（非晶态、晶态混合物）	1×10^{-3}
$0.75Li_2S\text{-}0.25P_2S_5$（球磨 20h）	2×10^{-4}		
$(100-x)(0.6Li_2S\text{-}0.4SiS_2)\text{-}xLi_4SiO_4$ ($0 \leqslant x \leqslant 5$)	10^{-4}	$0.02Li_3PO_4\text{-}0.60Li_2S\text{-}0.38SiS_2$（液氮淬火）	7.6×10^{-4}

采用磁控溅射方法溅射高纯 Li_3PO_4 靶可以得到锂磷氧氮（LiPON）薄膜。该电解质材料具有良好的综合性能，室温离子电导率为 $2.3 \times 10^{-6}\ S \cdot cm^{-1}$，电化学窗口达 5.5V，热稳定性高，且与 $LiMn_2O_4$、$LiCoO_2$ 等常用正极和金属 Li 负极相容性良好。该薄膜电解质厚度在 $1\mu m$ 以下，电阻较小，适用于薄膜锂离子电池。提高 LiPON 电解质的离子电导率，主要通过增加薄膜材料中 N 含量来实现。随着 N 含量的增加，N 原子部分取代 Li_3PO_4 结构中的 O 原子，形成氮的二共价键或三共价键结构，从而可与锂离子形成离子键的氧含量降低，使得薄膜电解质中的自由锂离子含量升高，离子电导率增大。此外，在 LiPON 中引入过渡金属元素（Ti、Al、W 等）和非金属元素（Si、S、B 等），也可以提高电解质的离子电导率。

虽然玻璃态电解质相对于液体电解质具有不易漏液、安全、易安装等优点，但在固体中低的离子迁移率和较差的机械形变限制了它们在实际生产中的应用。为了改善力学性能，可在玻璃电解质中添加一些导电聚合物。当玻璃和聚合物加热到超过玻璃化转变温度时，玻璃粒子中的空隙被聚合物填满，添加的聚合物在改善玻璃电解质力学性能的同时也提高了离子的电导率。

现在已经初步合成出能够传导 Na^+、K^+、Cs^+、Rb^+、Ag^+ 和 F^- 的玻璃。可以相信，通过对非晶态无机固体离子导电性的研究，更多、更好的快离子导体将会不断脱颖而出。从研究情况来看，无论是晶态还是玻璃态，锂离子固体电解质的室温离子电导率都已达到或超过 $10^{-3}\ S \cdot cm^{-1}$，与有机液态电解质离子电导率不相上下，且合成工艺已大为简化。根据电解质的种类，研究的全固态电池包括锂磷氧氮（LiPON）电解质基、硫化物玻璃固体电解质基、NASICON 型 LAGP/LATP 电解质基、钙钛矿型 LLTO 电解质基、石榴石型 $Li_7La_3Zr_2O_{12}$ 电解质基、聚合物电解质基全固态锂电池等。目前固体电解质在室温下的离子电导率、力学性能和化学相容性、固体电解质与电极材料的良好接触、正负极与固态电解质之间的固-固界面（空间电荷层、界面层、界面应力等）及降低界面电阻、材料在空气中的稳定性等方面还存在诸多问题，需要更为深入的研究。全固态电池的制备工艺、固体电解质成本和电池制作成本等也都严重制约了其产业化发展。但从安全性和高能量密度方面考虑，全固态电池将来会在便携式电子器件、医疗器件、玩具、电动车辆等领域有巨大的市场。

7.5.3.2 熔融盐电解质

使用熔融无机盐作为电解质具有高电导率和高电压的优点，但仅能在高温下工作。将有机盐和无机盐混合后，熔点明显降低，电导率较高，有可能在常温下成为液体，用作熔融盐电解质，如 $AlCl_3$ 与镓盐在室温下为液体。目前发现的熔融盐电解质必须有有机盐的参与，如溴化-N-乙基吡啶、吡啶盐和咪唑盐。其离子电导率与阴阳离子的种类有很大关系，离子半径大，电导率一般会降低。

无机固体电解质无论是制备方法还是成本均具有很大的吸引力。目前的问题在于电导率不高或电化学窗口不宽，因此只能应用于小电流放电的场合或电压低的锂二次电池体系。

7.6 聚合物锂离子电池

随着通信技术的飞速发展，对电池的容量、体积、质量及电化学性能等指标提出了更高的要求，传统的液态锂离子电池已越来越不能适应新的需求。聚合物锂离子电池的出现，迎合了这一需求。

聚合物锂离子电池（polymer lithium ion battery，PLIB）或塑料锂离子电池（plastic lithium ion battery，PLIB）以聚合物固体电解质代替液体电解质，具有优良的安全性能和加工性能。1999 年，聚合物锂离子电池实现了商业化生产，是 21 世纪的绿色高能蓄电池。

7.6.1 聚合物锂离子电池的分类

一般认为，只要是正极、负极、电解质三者中有一种使用聚合物材料的电池便称为聚合物电池。目前所开发的聚合物锂离子电池系列中，聚合物材料主要是被用作电解质和正极。聚合物电解质可以使用固体或凝胶高分子电解质材料代替液态电解质，同时还兼有液态锂离子电池中隔膜的作用。聚合物正极材料包括有机导电性高分子、有机硫化合物；负极则通常采用锂金属或锂碳层间化合物。

7.6.2 聚合物锂离子电池的性能

目前商品化的聚合物锂离子电池正、负极活性物质与液态锂离子电池相同。一般负极为碳材料，正极为 $LiCoO_2$、$LiNiO_2$、$LiMn_2O_4$ 等，只是用固态聚合物电解质代替液态有机电解质，其工作原理与液态锂离子电池相同（图 7-111）。电池充电时，锂离子从正极过渡金属氧化物中脱嵌，经聚合物电解质嵌入石墨负极，放电时则发生相反的过程。

图 7-111 聚合物锂离子电池工作原理示意

聚合物锂离子电池由正极集流体、正极膜、聚合物电解质膜、负极膜、负极集流体紧压复合成型，外包封铝塑复合薄膜，并将其边缘热熔封合。由于电解质膜是固态的，不存在漏液问题，在电池设计上自由度较大，可根据需要实施串联、并联或采用双极结构。

聚合物锂离子电池具有以下显著特点。

① 安全性能好。聚合物锂离子电池在结构上采用铝塑软包装，有别于液态电芯的金属外壳，一旦发生安全隐患，液态电芯容易爆炸，而聚合物电芯最多只会气鼓。

② 形状可定制。聚合物锂离子电池可制成任意形状和尺寸（图 7-112），根据客户需求增加或减少电芯厚度，开发新的电芯型号，价格便宜，开发周期短，可以根据所需形状量身定做，以充分利用电池的外壳空间，提高电池容量。

③ 比能量高。聚合物锂离子电池较同等尺寸规格的钢壳电池容量高 $10\%\sim15\%$，较铝壳电池高 $5\%\sim10\%$，成为手机等便携式电子设备电芯的首选。

④ 电性能优良。聚合物锂离子电池采用胶体电解质，相比于液态电解质，胶体电解质具有平稳的放电特性和更高的放电平台（可达 5V）。

⑤ 厚度薄，重量轻。液态电解质锂离子电池采用先定制外壳，后塞正负极材料的方法。厚度做到 3.6mm 以下时存在技术瓶颈，聚合物电芯则不存在这一问题，厚度可做到 1mm 以下，一只 12V 的电池组可以只有 3mm 厚，超薄型电池（图 7-113）符合时下手机的需求。聚合物锂离子电池质量较同等容量规格的钢壳锂电池轻 40%，较铝壳电池轻 20%。

图 7-112　不同形状的聚合物锂离子电池

图 7-113　超薄型聚合物锂离子电池

⑥ 容量损失少。聚合物电芯的内阻较一般液态电芯小，聚合物电芯的内阻可以做到 $35m\Omega$ 以下，极大地降低了电池的自耗电，延长使用时间，支持大电流放电。

⑦ 保护设计简单。由于采用聚合物材料，不存在游离电解质，消除了漏液问题。电芯不起火、不爆炸，电芯本身具有足够的安全性，因此电池结构可大大简化；不需要金属外壳和高压排气装置，保护线路设计可以简化，甚至省略 PTC 和保险丝，从而节约电池成本。

聚合物锂离子电池在安全性、体积、质量、容量、放电性能方面均具有极大优势，更适合用于微型电器的电源，应用范围更广。

聚合物锂离子电池的工作性能指标列于表 7-11 中。

表 7-11　聚合物锂离子电池的工作性能指标

工作电压	比能量	循环圈数	自放电	工作温度/℃	充电速度	环境因素
3.7V	$130W\cdot h\cdot kg^{-1}$，$246W\cdot h\cdot L^{-1}$	＞300	＜0.1%/月	$-20\sim60$	1h 达到 80% 容量；3h 达到 100% 容量	无毒

图 7-114 为 A.K.E 12V/1300mA·h 聚合物锂离子电池工程样板，安装有全自动保护板，能对短路、过充电、过放电进行有效保护。该电池能使用普通充电器进行可靠充电，而不必担心过充或充不饱的情况发生。聚合物锂离子电池的单体电压通常为 3.7V，最高电压为 4.2V。

7.6.3　聚合物锂离子电池的发展

聚合物锂离子电池是在原有钢壳、铝壳电池的基础上发展起来的第三代锂离子电池，以其更轻、更薄、能量密度更高等特点，受到国内外通信终端厂商及设计公司的青睐。

1994 年，美国 Bellcore 研究所成功开发出聚合物电池。1999 年，日本率先实现了聚合物锂离子电池的商品化，因此 1999 年又被称为"锂聚合物电池元年"。

聚合物锂离子电池的目前状态为薄型电池组，各公司推出的 PLIB 都为一种卡式结构的电池（图 7-115）。

图 7-114　A. K. E 12V/1300mA·h
聚合物锂电池工程样板

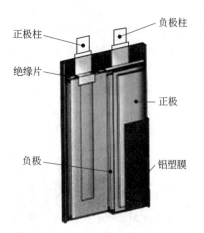

图 7-115　卡式 PLIB 电池结构

聚合物锂离子电池的能量密度一般约为 $270W·h·L^{-1}$，比能量约为 $150\sim200W·h·kg^{-1}$。这些数值虽然比相应的圆柱形液体电解质锂离子电池低，但是聚合物锂离子电池制造灵活和尺寸薄的特点使其在电子设备应用方面具有独特优势，从而弥补了其能量较低的缺陷。

目前聚合物锂离子电池的负极为石墨，很多厂家正在研究开发具有高比能量的其他负极材料。如使用金属锂为负极，理论上可以获得 $3860mA·h·g^{-1}$ 的质量比能量，是目前碳负极（LiC_6，$370mA·h·g^{-1}$）的 10 倍以上，但是以金属锂为负极的锂电池，存在充放电过程中形成锂枝晶的问题。采用凝胶聚合物电解质可以有效防止枝晶的生成，从而使金属锂作为负极成为可能，极大地提高了电池容量。聚合物锂离子电池还可以采用高分子作正极材料，其质量比能量将会较目前的锂离子电池提高 50% 以上。各种二次电池的比能量比较见图 7-116，聚合物锂离子电池的比能量比液态锂离子电池高，大约是 Cd-Ni 电池的 $3\sim4$ 倍，MH-Ni 电池的 $2\sim3$ 倍。

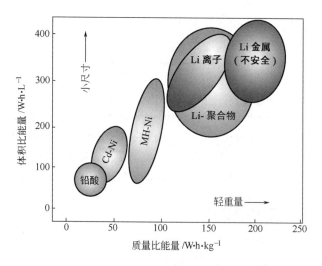

图 7-116　各种二次电池的比能量比较

锂离子电池已经占据了消费型电子产品（主要为智能手机、便携设备及笔记本电脑）的主要市场。随着新能源汽车的大力推广、数码电子产品的加速普及，以及新能源和智能电网对配套储能系统的需求，锂离子电池市场也随之快速发展。锂离子电池按照应用领域主要分为消费型锂离子电池、动力型锂离子电池和储能型锂离子电池。2015 年前我国锂电池市场主要以消费型锂离子电池为主，并占据绝对主导地位。2015 年开始，我国锂电池产业结构出现显著变化，动力型锂离子电池需求迅猛增长，储能型锂离子电池在光伏分布式应用和移动通信基站储能电池领域的应用不断扩大。车用动力锂电池，除需提高能量密度来满足长续航里程外，安全性也尤为重要。目前商用的锂离子电池，在发生短路情况时释放大量热量，会引燃有机电解液，产生爆炸隐患。即使目前被认为更安全的特斯拉汽车，虽然使用了复杂的电池管理系统和防护措施，仍在问世短短的几年内发生多次着火爆炸事故。目前市场上的锂离子电池采用的有机溶剂液体电解质，今后将逐步为聚合物固体电解质所取代，聚合物锂离子电池将成为锂离子电池的主流。通过研制开发出真正意义上的固态锂电池，可彻底摒弃锂离子电池中的有机液体，从而使锂电池成为安全可靠的电池。

7.6.4　聚合物电解质

聚合物电解质是一类处于固体状态，但能像液体那样溶解支持电解质，并能发生离子迁移现象的高分子材料。

7.6.4.1　聚合物电解质的发展

20 世纪 20～70 年代，聚合物科学处于迅速发展阶段，无论理论还是应用都取得了新的突破，诞生了塑料、纤维、橡胶以及具有电活性、光活性等的聚合物材料。1973 年，Wright 等发现聚环氧乙烷与钠盐的复合物（PEO/Na$^+$）具有很好的离子导电性；1975 年又发现 PAN、PVDF 等聚合物的碱金属盐配合物具有离子导电性，并制成了 PAN 和 PM-MA 基的离子导电膜；1978 年 Armand 等证实了 Wright 的发现，并提议将其用于全固态电池的电解质材料。从那时起，在世界范围内展开了聚合物电解质的开发研究。

从实用的观点来看，用于可充电锂离子电池的聚合物电解质至少要满足以下要求。

(1) 具有较高的离子电导率　为了达到液态电解质体系所具有的 $10^{-3} A \cdot cm^{-2}$ 的放电电流密度水平，聚合物电解质的室温电导率必须达到或接近 $10^{-3} S \cdot cm^{-1}$。

(2) 化学、热及电化学稳定性　聚合物电解质与电极之间应该有较好的化学稳定性，不发生副反应。为了使聚合物电解质有一定的操作温度范围，聚合物电解质必须有好的热稳定性。它们还必须有足够宽的电化学稳定窗口，在 0～5V（vs. Li/Li$^+$）范围内，与电极材料（如 Li、TiS$_2$、V$_6$O$_{13}$、LiCoO$_2$、LiMn$_2$O$_4$ 等）的相容性好。

(3) 具有一定的力学强度　可加工性能是从实验室转向实际生产要考虑的重要因素。虽然有很多电解质可以做成支撑膜，而且也具有很好的电化学性能，但它们的力学强度还有待提高，以适应传统的大规模涂层加工过程。

(4) 具有较高的锂离子迁移数　高的锂离子迁移数可以降低充放电过程中的浓度极化，从而使锂离子电池具有更高的能量密度。

最早应用于锂二次电池的聚合物电解质为 PEO 与锂盐形成的配合物体系。由于该体系在室温下的电导率仅为 $10^{-9} S \cdot cm^{-1}$，因此未能得到工业应用。后来发现采用共混合并在聚合物电解质中加入增塑剂的措施可以显著提高聚合物电解质的电导率，通过加入增塑剂的方法合成的聚合物电解质，电导率可以达到 $10^{-4} S \cdot cm^{-1}$ 以上。在 PAN 或 PVC 等聚合物中加入高比例液体增塑剂合成的凝胶聚合物电解质，电导率可以达到 $10^{-3} S \cdot cm^{-1}$，接近液态锂离子电池用的有机电解质的电导率，已在聚合物锂离子电池中得到工业应用。

目前已开发的聚合物电解质有聚醚（主要为 PEO）系、聚甲基丙烯酸酯（PMMA）系、聚丙烯腈（PAN）系、聚偏氟乙烯（PVDF）系、聚氯乙烯（PVC）系和聚膦嗪（PPP）系等。在这类聚合物基础上形成的共聚物电解质有 P（VDF-HFP）、P（AN-MMA-ST）、P(VC-VAC) 等。

7.6.4.2 聚合物电解质的性能表征

表征电解质性能的主要参数有离子电导率、锂离子迁移数和电化学稳定窗口等。

(1) 离子电导率 聚合物电解质结构中存在着结晶区和无定形区。一般认为，聚合物电解质的导电机制是通过迁移离子同高分子链上的极性基团络合，在电场的作用下，随着无定形区分子链段的热运动，迁移离子与极性基团不断络合-解络合，从而实现离子迁移。聚合物的电导率计算公式为

$$\sigma = \sum q_i n_i \mu_i \tag{7-29}$$

式中，σ 为聚合物的电导率，单位为 $S \cdot cm^{-1}$；q_i 为参与导电的载流子所带的电荷数；n_i 为载流子的浓度；μ_i 为载流子的迁移速度。

从上式可以看出，要提高聚合物电解质的离子电导率，可以通过提高聚合物中载流子所带电荷数、载流子浓度和载流子的迁移速度来实现。用介电常数高的聚合物和离解能小的锂盐［如 $LiClO_4$、$LiBF_4$、$LiSCN$、$Li(CF_3SO_2)_2N$、$LiCF_3SO_3$ 等］，可以提高载流子浓度，从而提高聚合物电解质的电导率。此外，在聚合物介电常数不变的情况下，增加载流子迁移速度也可以提高聚合物的离子电导率。

电导率的测量可以采用阻抗法。该方法是将待测的电解质膜置于两个惰性电极（如不锈钢电极）之间，测定电池的阻抗特性曲线，即用电解质膜的电导率表示

$$\sigma = \frac{l}{RS}$$

式中，l 为聚合物电解质膜厚度；R 为电解质膜本体电阻，可从交流阻抗谱中读出；S 为测试电池电极面积。

聚合物电解质电导率的高低与所用的溶剂或增塑剂的种类有关。

(2) 锂离子迁移数 通常在聚合物碱金属盐复合物内，阴阳两种离子可以同时运动，在电场的作用下其内部将形成载流子浓度梯度，产生与外电场反向的极化电势，结果导致材料的离子电导率随极化时间迅速衰减。锂二次电池中，阳离子迁移时阴离子也在迁移，并且迁移将引起浓差极化现象。在电池的充放电过程中，它们集结在电极和电解质界面，阻碍了锂离子的迁移，降低了电池的能量效率和使用寿命。大多数聚合物碱金属盐的阳离子迁移数在 0.2～0.5 之间，有的甚至小于 0.1，这大大限制了聚合物电解质的应用。制备单阳离子导体，使其中锂离子的迁移数达到 1，是一个很重要的工作。这可以通过增加阴离子体积或电荷来抑制阴离子的移动，从而增加阳离子的迁移数；也可以把阴离子作为聚合物的一部分，在导电时只有阳离子发生移动而提高阳离子的迁移数。锂离子迁移数越大，电池在充放电过程中的电极反应浓度极化越小，电池的比能量和比功率越高。锂离子迁移数一般用阻抗法测定，理想的锂离子迁移数应该接近 1。

(3) 电化学稳定窗口 无论液态有机电解质还是聚合物电解质，一个重要的性质是它的电化学稳定窗口，即电解质能够稳定存在的电压极限。特别是在锂可充电电池中，宽的电化学窗口对保证电池稳定工作是相当重要的。不同正负极材料对电解质电化学窗口的要求不一样，对于 $LiMn_2O_4$ 正极材料来说，就要求电解质的电化学窗口要比 $LiCoO_2$ 正极材料高，因为 $LiMn_2O_4$ 正极材料的充放电电压要比 $LiCoO_2$ 正极材料的充放电电压高。聚合物电解质电化学窗口一般高于 4.0V，有的甚至达到 5.5V。聚合物电解质电化学窗口的测定方法有

伏安法和阻抗法。

伏安法的惰性电极一般采用不锈钢电极，以测定聚合物电解质分解时所产生的响应电流；电势扫描从电流密度为零时的电压开始，扫至引起电解质开始分解的电压为止，即电解质电压稳定范围的上限。由于受电极动力学条件的影响，伏安法只能测得电压稳定范围的近似值。

阻抗法是在被测电池的两个不锈钢电极之间放置一个 PEO 基电解质膜，测定时采用低交流电压（10mV）。当阻抗曲线上开始出现弧形时，表明发生了电荷转移过程，即电解质已发生分解，由此可确定电解质的稳定电压上限。

7.6.4.3 聚合物电解质的分类

聚合物电解质种类繁多，随所用分类标准不同，得到的类别也不一样。例如，按导电离子来分，可分为双离子聚合物电解质和单离子聚合物电解质；按聚合物的形态来分，可分为固体聚合物电解质和凝胶聚合物电解质；按聚合物基体材料的不同可以再进一步进行分类，具体见图 7-117。凝胶聚合物电解质有交联和非交联两种。一般而言，非交联型凝胶聚合物电解质力学稳定性差，基本上不能应用于锂二次电池。交联型凝胶聚合物电解质有物理交联和化学交联两种形式，结构示意如图 7-118。物理交联是由于分子间存在相互作用力而形成的。当温度升高或长时间放置后，作用力减弱而发生溶胀、溶解，导致增塑剂析出；化学交联则是通过化学键的形成而产生的交联，不受温度和时间的影响，热稳定性好。

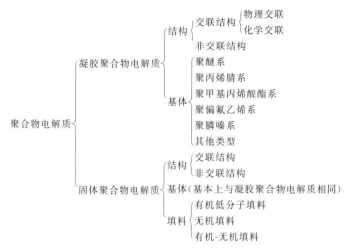

图 7-117　聚合物电解质的分类

7.6.4.4 固体聚合物电解质

将电解质盐溶解在聚合物中可得固体聚合物电解质（solid polymer electrolyte, SPE），它可以看成是无机离子溶于聚合物这种特殊的溶剂中。与一般溶剂相比，聚合物溶剂是干态的，不具有流动性。要使盐溶于聚合物中并形成均匀溶液，聚合物链与盐之间必须存在相互作用。若聚合物链中含有电子施主（如氧原子、硫原子或氮原子等），它们能同盐中的阳离子相互作用形成晶态聚合物-无机盐络合物。

(1) SPE 的导电机理　人们研究过的固体聚合物电解质以含氧聚合物为主，最早报道的聚氧化乙烯（polyethylene oxide，PEO）是这类材料的最典型代表。PEO 是结晶度高的（70%～85%）线型化合物，具有螺旋构型（图 7-119）。20 世纪 70 年代末期的研究普遍认为，PEO-盐络合物的聚合物长链包裹住阳离子形成螺旋形隧道结构，阳离子在螺旋环内部空位间跃迁实现离子导电。后来的研究证实，PEO 的导电主要由非晶相的链段运动所引起，

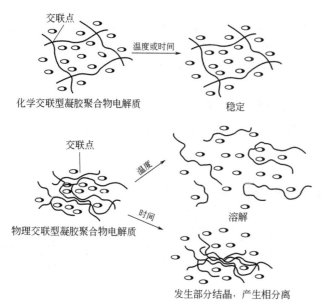

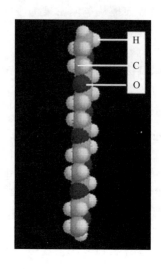

图 7-118　交联型凝胶聚合物电解质的两种交联结构模型　　　　图 7-119　PEO 结构示意

PEO 在此体系中作为离子传导基质，Li$^+$ 作为电荷载流子源。其离子导电机理是在分子链的醚氧原子作用下，金属盐解离为电荷载流子，聚合物中非晶部分的近程短链段运动导致阳离子-聚合物配位键松弛断裂，阳离子在局部电场作用下扩散跃迁。迁移的离子有离子和离子簇两种。这种阳离子运动可以在一条链上不同的配位点之间进行，也可以在不同链的配位点之间进行（图 7-120）。聚合物的链段运动导致 Li$^+$ 的"解络合-再络合"过程反复进行，促使离子载流子的快速迁移而表现出离子导电性能。对于同一聚合物基体材料，其导电性随聚合物的黏度降低而升高，而且聚合物结晶度越低，导电性能越好。这主要是因为聚合物的黏度低，结晶度减小，相对在非晶区的导电离子含量高，从而改善导电性。

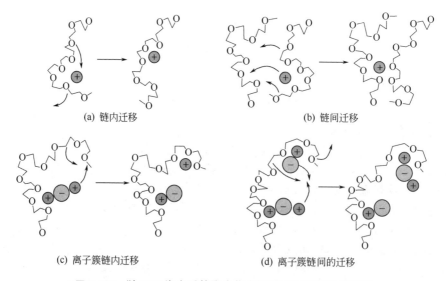

图 7-120　以 PEO 为介质的聚合物电解质中阳离子传导机理

　　研究最多的简单聚合物电解质主要是聚氧化乙烯（polyethylene oxide，PEO）、聚氧化丙烯（polypropylene oxide，PPO）和聚 1,2-亚乙基亚胺（polyethylenimine，PEI）三类，

其结构式分别为：$\left.+CH_2CH_2O\right\rfloor_n$、$\left.+CH_2CH(CH_3)O\right\rfloor_n$、$\left.+CH_2CH_2NH\right\rfloor_n$。

高结晶度的 PEO 类锂离子聚合物电解质体系，其室温电导率（$\sigma < 10^{-8} \text{S} \cdot \text{cm}^{-1}$）始终没有大幅度改善，虽然在高温（100℃）下可能达到 $10^{-5} \text{S} \cdot \text{cm}^{-1}$ 左右，但力学强度很差。为克服高结晶度带来的上述问题，部分研究工作转向低温下保持非晶型的无规聚氧化丙烯（PPO）。

PPO 有类似于 PEO 的电化学稳定性，同时沿主链上的甲基呈随机排列，阻止了结晶化，原则上能够提供理想的离子电导率。但实际上，PPO-盐络合物系列的电导率并不比 PEO 系列高，这可归因为 PPO 链上的甲基基团在空间阻碍了聚合物的链段运动，并降低了聚合物-阳离子间的配位作用。

(2) 提高 SPE 离子电导率的方法　尽管 PEO 的研究未获实际应用，但引起了人们对聚合物电解质结构的探索。人们认识到要形成高电导率的聚合物-盐配合物，聚合物必须具有充足的有电子施主性质的原子或基团（配位点）与阳离子形成配位化合物，以抵消盐的晶格能。其次，配位点之间距离要适当，能够与每个阳离子形成多重键，达到良好的溶解度。此外，聚合物上功能键的旋转阻力应尽可能低，以有利于阳离子移动。通过抑制聚合物结晶、降低玻璃化转变温度、提高链段的活动能力等来提高离子载流子的迁移率。具体措施有交联、共聚、接枝、共混或添加无机陶瓷粉末等。也可以增加离子载流子浓度，如选用离解能较低的锂盐、适当增加锂盐的用量等。由此可见，提高固体聚合物电解质离子电导率的方法主要有以下几种。

① 交联聚合物电解质。通过加入交联剂进行交联可以抑制结晶度，并提高电解质的力学强度，交联的方法包括辐射交联、化学交联和物理交联（热交联）三种。采用辐射交联法制备交联网络固体电解质，在保证低交联度或采用柔性交联的条件下，链段活性不会被明显削弱，而电导率却可以得到提高。然而，采用交联的方法难以得到室温电导率和阳离子迁移数均较高的聚合物电解质。

② 共聚物电解质。通过共聚也可以降低聚合物的结晶度，改变聚合物电解质无定形区的动力学性质，增加聚合物链段的运动能力，从而达到提高离子电导率的目的。可共聚且能提高电导率的聚合物必须满足下列条件：a. 共聚物与盐的相容性好；b. 为防止捕获阳离子，共聚物与锂离子的作用不能太强；c. 共聚物优先选用极性区，这样既可以保证力学性能，又能提高导电性。另外，通过共聚引入与固体聚合物电解质相容的化学组分，可以抑制相分离。

形成的共聚物包括无规共聚物、嵌段共聚物、梳状共聚物等。

非晶态无规聚合物具有氧化乙烯-甲醛结构，即

$$\left.+(OCH_2CH_2)_m OCH_2\right\rfloor_n \qquad (m = 5 \sim 10)$$

形成共聚物后，氧化亚甲基基团打乱了结晶度，PEO 的规整螺旋结构受到破坏。这种材料在室温下为橡胶，在室温以上完全非晶化，室温电导率可达 $10^{-5} \text{S} \cdot \text{cm}^{-1}$ 左右。无规氧化乙烯-氧化丙烯聚合物、聚二甲氧硅烷等体系属于这一类。

嵌段共聚物就是把简单的聚合物组分直接插入 PEO 分子链以降低其规整性，使其成为非晶态结构。插入组分的结构单元包括氧丙烷、氧亚甲基、氯甲基氧乙基等，插入的方式有嵌段共聚和无规共聚两种。经修饰后的 PEO 成为非晶态结构，其相应的碱金属盐配合物的离子电导率在 25℃ 达到 $1.4 \times 10^{-5} \text{S} \cdot \text{cm}^{-1}$。

在嵌段共聚物中，如果中间部分为 PEO 链段，两头为烷基部分，通过自组装将形成液晶结构的高分子（图 7-121）。该结构的高分子材料也具有良好的离子导电功能。

采用具有单羟基的聚乙二醇单甲醚和乙烯基甲醚/马来酸酐交替共聚物在丁酮溶液中进

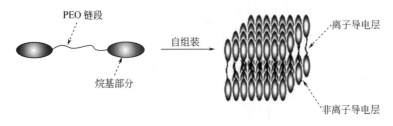

$m=5$ 或 8 $n=9$ 或 13

(a) 含烷氧链段的嵌段共聚物结构(m 和 n 分别为 EO 和烷基的单元数)

PEO 链段

烷基部分

→ 自组装 →

离子导电层

非离子导电层

(b) 共聚物组装成层列相

图 7-121   具有液晶结构的嵌段共聚物

行酯化反应，制备出聚醚侧链长度不同的可溶性非晶态梳状共聚物，结构如下：

$$\text{---(CH}_2\text{---CH---CH---CH)}_m\text{---}$$
$$\text{OCH}_3 \quad \text{C=O} \quad \text{C=O}$$
$$\text{OCH}_3 \quad \text{O(CH}_2\text{CH}_2\text{O})_n\text{CH}_3$$

$n = 7,12,17$

然后用 $LiClO_4$、$LiBF_4$、$LiCF_3SO_3$ 等盐掺杂后，可得到完全非晶化的聚合物电解质。由此制得的电解质薄膜均匀透明且富有弹性，室温电导率可达 $10^{-5}\,S\cdot cm^{-1}$。

用磷酸酯作为连接剂与聚乙二醇（PEG）和聚四亚甲基乙二醇（PTMG）共聚得到线型的聚磷酸酯无规共聚物（LPC），通过增加高分子链段的局部运动能力来提高电导率。反应过程可表示为

$$\begin{array}{c} O \\ \parallel \\ Cl\text{---}P\text{---}Cl \\ \mid \\ OCH_3 \\ MPC \end{array} + HO(CH_2CH_2O)_n H/HO(CH_2CH_2CH_2CH_2O)_m H \xrightarrow[\substack{① \text{ 氮气气氛} \\ ② \text{ 室温,回流 48h}}]{CH_3CN/醚}$$

PEG/PTMG

$$\left[\begin{array}{c} O \\ \parallel \\ P\text{---}O(CH_2CH_2O)_n \\ \mid \\ OCH_3 \end{array}\right]_x \left[\begin{array}{c} O \\ \parallel \\ P\text{---}O(CH_2CH_2CH_2CH_2O)_m \\ \mid \\ OCH_3 \end{array}\right]_y$$

PEG70/PTMG30/$LiCF_3SO_3$ 电解质在 25℃ 时的电导率为 $8.04\times10^{-5}\,S\cdot cm^{-1}$。

所选用的共聚组分应该对聚合物的结晶有很好的抑制作用，而且分子中要含有较高比例的 O、F 或 N 原子。

③ 接枝聚合物电解质。通常是将分子量较低的齐聚醚短链连接到柔性聚合物主链上，生成非晶态结构的聚醚，齐聚醚链的长度一般在 3～7 之间不会结晶，因此可以得到较高的电导率。

将含有 4～6 个醚氧原子或醚硫原子的冠醚引入聚合物的侧链，冠醚可以选择性地包容锂离子，从而使聚合物电解质具有很高的锂离子迁移数。这类聚合物电解质的电导率为 1×10^{-4}～$5\times10^{-3}\,S\cdot cm^{-1}$，是目前电导率非常高的一种固体聚合物电解质。主体聚合物可以是聚丙烯酸、聚甲基丙烯酸、聚氧化乙烯和聚氧化丙烯或它们的共聚物等。

通过氢化硅烷化反应，将不同数量的具有不同分子量的齐聚醚侧链引入网络中作为内部增塑剂，合成出基于聚硅氧烷体系的网络聚合物电解质。由于降低了电解质的玻璃化转变温度，锂盐很容易溶解并且可以加速自由锂离子的迁移。该体系在室温下的最高电导率为 $7.94 \times 10^{-5} \mathrm{S \cdot cm^{-1}}$，在 80℃ 时的电导率为 $10^{-3} \mathrm{S \cdot cm^{-1}}$。

选择玻璃化转变温度较低的高分子为主链，将低分子量的聚醚链段接入聚甲基丙烯酸或聚亚甲基丁二酸主链上，可获得力学性能好、电导率高的电解质。典型代表是聚膦氨基为主链的聚合物（MEEP），其结构为

$$\begin{array}{c} O \!\!-\!\!(CH_2CH_2O)_n\!\!-\!\!CH_3 \\ | \\ -\!\!(N\!\!=\!\!P)_m \\ | \\ O \!\!-\!\!(CH_2CH_2O)_n\!\!-\!\!CH_3 \end{array}$$

这种梳状聚合物基质可以同许多一价、二价或三价盐形成均相非晶态电解质。在 20～100℃ 范围内，溶有锂盐的 MEEP 电解质的电导率要比 PEO 体系高出 1～3 个数量级。MEEP 同 I_2 蒸气反应形成的金属配合物电解质 $MEEP_x MI_n$（$x = 2 \sim 16$，$n = 1 \sim 9$，M 为 Li、Na），在碘含量较高时室温电导率可达 $5 \times 10^{-3} \mathrm{S \cdot cm^{-1}}$。

由此可见，采用适当的聚合物主链和接枝侧链，所得接枝聚合物电解质的离子电导率可以达到较高的水平。

④ 超支化聚合物电解质。超支化聚合物电解质的超支化聚合物不结晶，离子的迁移不会受到结晶区的干扰，是聚合物电解质研究的一个崭新方向。由苯甲酸连接的超支化聚醚结构为

这种超支化聚醚与锂盐复合后室温电导率可以达到 $10^{-5} \mathrm{S \cdot cm^{-1}}$。α-LiAlO$_2$ 的加入可使其电导率进一步提高，而且与锂电极之间界面的稳定性也得到进一步改善。

目前超支化聚合物电解质研究得还比较少，合成工艺比较复杂。另外，超支化聚合物本身的力学性能不是很好，应考虑与其他聚合物进行共混。

⑤ 共混聚合物电解质。共混是利用聚合物分子链之间的相互作用来破坏分子链排列的规整性，从而可以抑制聚合物结晶，提高离子电导率或聚合物电解质的力学强度。共混的两种或多种聚合物之间应该有很好的相容性，且其组分应该具有较好的力学性能和较强的溶解锂盐、配合 Li$^+$ 的能力。将聚醚氨酯类电解质通过与聚硅氧烷（KF50）或与经聚醚修饰的聚硅氧烷（KF615A）共混以后，室温电导率可以提高到 $10^{-5} \mathrm{S \cdot cm^{-1}}$。

⑥ 复合聚合物电解质。复合聚合物电解质（CPE）由聚合物电解质与无机陶瓷粉末复合而成。通过向聚合物电解质中加入无机陶瓷粉末，可以抑制聚合物的结晶，提高离子电导率。另外，还可以提高聚合物电解质与电极之间界面的稳定性以及聚合物电解质的强度。

将煅烧的二氧化硅用甲基丙烯酸酯之类的基团修饰，与低分子量 PEG、锂盐、AIBN、

甲基丙烯酸丁酯（作为连接分子）混合，然后进行热交联，形成煅烧二氧化硅交联网络。所得 CPE 的力学性能取决于煅烧二氧化硅的表面基团，其离子传输性能取决于低分子量 PEG 和所加的锂盐。这种 CPE 具有较高的室温电导率（$>1\times10^{-3}$ S·cm^{-1}）和力学强度。

通过降低无机陶瓷粉末的粒径、对无机陶瓷粉末进行表面修饰、改善无机陶瓷粉末在复合聚合物电解质中的分散状况等，也可以提高复合聚合物电解质的离子电导率。研究的纳米级陶瓷材料有 TiO_2、SiO_2、Al_2O_3、MgO、$LiAlO_2$、ZrO_2 等。纳米复合聚合物电解质（NCPE）是添加了一些纳米级陶瓷材料的聚合物电解质，它的电导率和力学性能都有了明显提高，并且电导率的增加与所加纳米材料的数量有关。对于（PEO）$_8$LiBO$_4$-Al$_2$O$_3$ 体系，当纳米级的 Al_2O_3 含量为 10% 时，电导率为最大值，导电性能的改善是由于 PEO 基质的玻璃化转变温度降低和纳米微粒周边环境中 Li$^+$ 迁移率提高的结果。

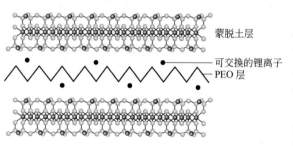

蒙脱土层

可交换的锂离子
PEO 层

图 7-122　PEO 与锂蒙脱土形成嵌入的层状结构

将 PEO 与锂蒙脱土进行复合时，形成嵌入的层状结构（图 7-122）。蒙脱土层作为负电荷的载体，促进锂盐的解离，组成为 1:1 时，室温下锂离子的电导率达 4.3×10^{-3} S·cm^{-1}。

⑦ 单离子导体聚合物电解质。通常的聚合物电解质都是阴阳离子同时导电，锂离子迁移数比较低。在充放电过程中，阴离子会聚集在电极/电解质界面，发生浓差极化现象，阻碍锂离子的迁移，降低了电池的能量效率和使用寿命，解决聚合物电解质内部极化问题的有效途径是制备单离子导体。

单离子导体是指只有一种离子（阴离子或阳离子）能迅速传导的一类离子导体，将阴离子固定在高分子链上，可获得阳离子导体，反之则得到阴离子导体。要获得良好充放电性能的锂电池，关键之一就是要求具有阳离子迁移数接近 1 的单离子导体。采用的方法是把阴离子以共价键方式键合到大分子主链上，使阴离子固定不动，从而获得只有阳离子可动的单离子导体。

聚［锂-N-（磺苯基）马来酰胺-co-甲氧基齐聚（氧化乙烯）甲基丙烯酸］，简称 P［LiSMOEn］，是一种梳状的、近似交替的共聚物电解质，其结构式为

这里 $m\geq1$，氧化乙烯侧链的长度 n 分别为 7、12、16。不同 n 值的 P［LiSMOEn］离子电导率与温度的关系如图 7-123 所示。曲线显示这些共聚物电解质的离子导电性具有非阿伦尼乌斯行为；30℃时，侧链上氧化乙烯单元数 $n=16$ 的共聚物电导率达到最大值 1.5×10^{-7} S·cm^{-1}，阳离子迁移数接近 1，在加入 54.5% 的增塑剂 PC 后，室温离子电导率可达 1.8×10^{-5} S·cm^{-1}。

单离子导体聚合物电解质中锂离子的迁移数很高，但总的离子电导率都不是很高，所以

应该降低聚合物电解质体系的玻璃化转变温度，增加锂离子的解离能力，从而提高离子的导电性。

⑧ 使用增塑盐的聚合物电解质体系。由于锂离子半径很小，如果阴离子半径很大，则所形成的盐解离能小，容易电离。目前所用增塑盐的共同特点是具有较低的解离能，较大的柔性阴离子。柔性阴离子能对聚合物起到增塑作用，提高链段的活动能力，从而使电导率得到提高。通常采用的锂盐有 $LiClO_4$、$LiBF_4$、$LiAsF_6$、$LiCF_3SO_3$ 和 $Li(CF_3SO_2)_2N$ 等，其中 $Li(CF_3SO_2)_2N$ 的解离能最小。

目前增塑盐的种类还比较少，可以将增塑剂（如碳酸乙烯酯等）通过磺化等手段制备成锂盐，使增塑剂和锂盐结合为一体，从而得到具有较高室温电导率的固体聚合物电解质。

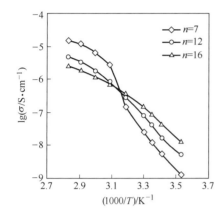

图 7-123　P［LiSMOEn］ 的离子电导率与温度的关系

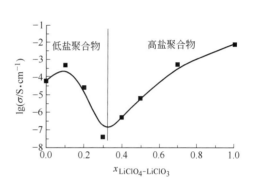

图 7-124　有机-无机电解质离子电导率与盐浓度的关系（温度：40℃）

⑨ 高盐（polymer in salt）聚合物电解质。Angell 等跳出传统的"salt in polymer"的概念限制，在 1993 年首先制备了"polymer in salt"聚合物电解质。其基本方法是在由几种锂盐组成的低温共熔盐中加入少量高分子，使之既具有较高的室温电导率，又具有高分子的黏弹性。当无机盐的含量逐渐增加，体系越过聚合物电解质（salt in polymer）区进入"polymer in salt"区，金属离子和醚氧原子之间的配合受到限制，无机离子更多地和无机盐之间发生作用，降低了离子解离能，提高了离子电导率，使其远远超过其他值，达到 $10^{-3}S \cdot cm^{-1}$（图 7-124）。

但"polymer in salt"聚合物电解质的热稳定性不是很好，故以后应从提高其热稳定性、降低低温共熔盐的熔点等方面进行研究。

⑩ Lewis 酸型聚合物电解质。锂离子电池所使用的聚合物电解质中的聚合物主体（包括 PEO、PVDF 等）和增塑剂通常都是 Lewis 碱，因此它们只容纳阳离子，这是在此类电解质中产生离子对的一个重要原因。受其启发，可以设计一种新型的电解质，将阴离子与 Lewis 酸结合在一起。

Brookhaven 国家实验室合成的两大类中性离子复合剂，都含有 Lewis 酸基团。一种是基于缺电子的氮杂醚的氮原子部位，其中氮原子上的氢原子被吸电子基团 CF_3SO_2 取代（图7-125）。另一种是基于缺电子的含有不同氟化烷基（或芳基）的硼烷（或硼酸）的硼原子部位。

Lewis 酸基团能够与阴离子相互作用，导致阴离子的迁移数减少，同时减弱了锂离子和不移动阴离子的离子对效应，从而大大促进了离子的解离度。故锂离子具有相对较高的迁移数，从而使电导率得到很大提高。

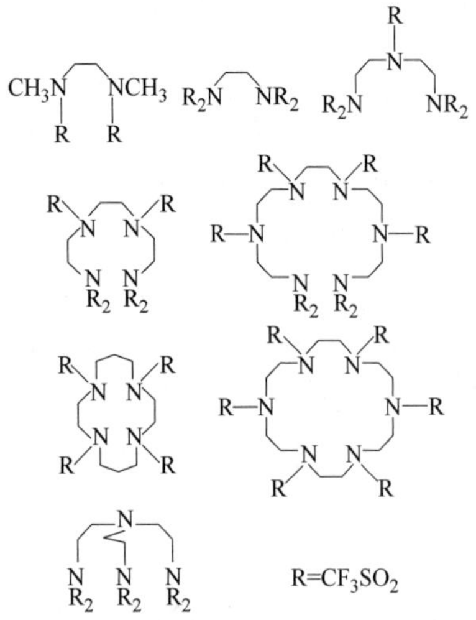

图 7-125 含有氮原子的 Lewis 酸结构

也可以在聚合物主体中嵌入硼环和齐聚醚侧链来捕获阴离子，使用这种聚合物作为主体的电解质具有较高的锂离子迁移数和离子电导率。

到目前为止绝大部分固体聚合物电解质的离子电导率都还比较低，但电化学稳定性和对电极的稳定性较好。

7.6.4.5 凝胶聚合物电解质

全固态聚合物电解质在一般锂离子电池以及大型锂离子电池方面还不能得到应用。在这样的背景下，作为液态电解质与全固态电解质的过渡产物，产生了凝胶聚合物电解质（gel polymer electrolyte，GPE）。

固体聚合物电解质的离子导电性低，但人们发现，当多余的有机溶剂作为增塑剂而添加到固体聚合物电解质中时，原来的固体聚合物电解质变成了凝胶状电解质。凝胶聚合物电解质最早由 Feillade 和 Perche 提出，他们用聚丙烯腈（polyacrylonitrile，PAN）、偏氟乙烯（vinylidene fluoride，VDF）与六氟丙烯（hexafluoride propylene，HFP）形成的交联共聚物与 PC 和电解质盐（NH_4ClO_4）制备了物理交联和化学交联凝胶。凝胶聚合物电解质不仅具有更高的电导率，同时也提高了低温工作性能。在室温下的电导率比原来的固体电解质高 2 个数量级，可以达到 $10^{-3}S \cdot cm^{-1}$ 左右，接近液态有机电解质的电导率，由它组成的锂二次电池可以在室温下工作。凝胶聚合物具有足够宽的电化学窗口，能耐受各种具有高充放电电压的正极材料，具有很好的电化学性能。

(1) 凝胶聚合物电解质的组成　凝胶聚合物电解质主要包括锂盐、聚合物和增塑剂等部分，溶质为金属盐，溶剂由高分子基材和极性有机化合物组成。聚合物交联形成网状结构，这样，溶剂分子就被固定在聚合物的链间。在凝胶介质中液态电解质承担离子导电功能，而聚合物起支撑作用，使凝胶维持一定的几何形状。聚合物溶液、聚合物凝胶以及聚合物固体三者之间随着温度、压力、pH 值等的变化可以互相转化。

锂盐是由无机阴离子或有机阴离子与锂离子形成的电解质盐。在锂离子电池中作为电解质盐使用的主要有 $LiClO_4$、$LiBF_4$、$LiAsF_6$、$LiCF_3SO_3$、$LiN(CF_3SO_2)_2$ 和 $LiC(CF_3SO_2)_3$ 等，锂盐对电解质的导电性影响很大。表 7-12 列出了常用锂盐与有机溶剂组合的离子电导率。

表 7-12　常用锂盐与有机溶剂组合的离子电导率　　单位：$10^{-3}S \cdot cm^{-1}$

锂　　盐	PC	PC/DME	PC/MP	PC/EMC	锂　　盐	PC	PC/DME	PC/MP	PC/EMC
$LiBF_4$	3.4	9.7	5.0	3.3	$LiCF_3SO_3$	1.7	6.5	2.8	1.7
$LiClO_4$	5.6	13.9	8.5	5.7	$LiN(CF_3SO_2)_2$	5.1	13.4	10.3	7.1
$LiPF_6$	5.8	15.9	12.8	8.8	$LiC(CF_3SO_2)_3$	1.1	5.1	2.3	1.3
$LiAsF_6$	5.7	15.6	13.3	9.2					

注：混合溶剂为 1:1（摩尔比），离子电导率的测定温度为 25℃。

PC—碳酸丙烯酯；DME—1,2-二甲氧乙烷；MP—甲基丙酸酯；EMC—乙基甲基碳酸酯。

聚合物在 GPE 中主要起骨架支撑作用。固体 SPE 中的聚合物都可以用作 GPE 的聚合物。用作骨架材料的聚合物要求具有成膜性能好、膜强度高、电化学稳定窗口宽、在有机电解液中不分解等特点。聚合物骨架材料包括聚丙烯腈 PAN、聚氧乙烯（polyethylene oxide，PEO）、聚氧丙烯（polypropylene oxide，PPO）、聚氯乙烯（polyvinyl chloride，PVC）、聚甲基丙烯酸甲酯（polymethylmethacrylate，PMMA）、聚乙烯吡咯烷酮（polyvinylpyrrolidone，PVP）和聚偏氟乙烯（polyvinylidene fluoride，PVDF）等高分子。其中 PAN 体系受到特别的重视与研究，PAN-EC/PC 凝胶聚合物电解质的电导率在室温下约为 10^{-3} S·cm^{-1}，在 60℃时达到 10^{-2} S·cm^{-1}。此外，PAN 体系表现出很宽的电化学稳定范围，分解电压一般在 4.3～5.0V，使得这一系列的高分子电解质特别适宜于高电压正极材料，如尖晶石型 $LiMn_2O_4$ 等。

GPE 中的聚合物是极性聚合物，其极性基团一般与锂盐有偶极-离子的相互作用。聚合物的介电常数越大，其络合并离解锂盐的作用就越大。

聚合物的结晶性也是影响 GPE 性能的重要因素。结晶度较高的聚偏氟乙烯吸液能力差，与 PC/EC-Li 盐形成尺寸稳定的 GPE 组成范围窄，而偏氟乙烯（VDF）与六氟丙烯（HFP）形成的共聚物 P（VDF-HFP）结晶度较低，提高了聚合物的吸液性能，使形成稳定 GPE 的组成范围更广。

通常采用共聚、接枝等方法生成交联聚合物来提高凝胶聚合物的力学性能及导电能力，如 PAN 可与甲基丙烯酸甲酯（methyl methacrylate，MMA）交联形成共聚物 P（AN-MMA）。在 PEO 的共聚物结构中，氧乙烯基（OCH_2CH_2）与氧亚甲基（OCH_2）相互交错，由于氧亚甲基的插入抑制了聚合物 PEO 的结晶性，从而可以提高聚合物的导电性。

GPE 中存在的大量增塑剂，通常是一些介电常数大的低分子量聚合物或液态有机溶剂，其扩散速度较大分子量的聚合物要大得多。因此，当增塑剂的含量较高时，聚合物与锂盐之间的相互作用对整个体系导电性能的影响相对较小。但增塑剂分子、聚合物与锂盐之间相互作用的竞争还是会影响 GPE 的阳离子迁移数（t^+）。对含有不同链长的多缩乙二醇二甲基丙烯酸酯-多缩乙二醇二甲醚-$LiCF_3SO_3$ GPE 体系的研究结果表明，GPE 的阳离子迁移数（t^+）取决于聚合物或增塑剂与阳离子间络合能力的相对大小，即随着网状聚合物结构中氧化乙烯单元数的减少或者增塑剂分子中氧化乙烯单元数的增加，t^+ 值增大。用含强极性基团的丙烯腈单体与上述体系的单体共聚后，GPE 的 t^+ 值也明显增大，说明聚合物主链上的极性基团会增加对锂盐的络合和离解作用，使电导率增大。

增塑剂混溶于聚合物溶液中，成膜后可以除去，留下微孔用以吸附电解液，GPE 中锂盐的离解、传递功能主要由增塑剂承担。增塑剂与高聚物分子链之间相互作用，阻碍聚合物链段的规整排列，降低聚合物的结晶度，抑制其结晶的生成。增塑剂的加入还引起体系构型熵增加，有效地降低了聚合物的玻璃化温度，增加了离子的流动性和聚合物链段的活动能力，从而达到提高聚合物电导率的目的。引入合适的有机溶剂小分子可以将电导率提高至 10^{-2}～10^{-3} S·cm^{-1}，且保持聚合物橡胶状特性。总之，添加增塑剂被认为是改进聚合物电导率的最直接方法之一。

选择增塑剂时，要求与聚合物的相容性良好，增塑效率高，介电常数大，挥发性小且无毒，电化学性能稳定，不与电极材料发生反应。凝胶聚合物电解质的增塑剂类似于液态电解质体系中的溶剂。表 7-13 列出了通常使用的增塑剂。

表 7-13　凝胶聚合物电解质常用的增塑剂

环状碳酸酯	链状碳酸酯	环状羧酸酯	链状羧酸酯	环状醚	链状醚
碳酸乙烯酯（EC） 碳酸丙烯酯（PC）	碳酸二甲酯（DMC） 碳酸二乙酯（DEC） 碳酸甲乙酯（EMC）	γ-丁内酯（BL）	甲酸甲酯（MF） 乙酸甲酯（MA）	四氢呋喃（THF）	1,2-二甲氧基乙烷（DME）

含增塑剂的聚合物电解质一般有两种常用的制备方法：一种是将可溶聚合物（如 PEO、PAN 等）加入液态电解质中以增大黏度形成凝胶电解质；另一种是将溶有电解质盐的小分

子溶剂加入聚合物微网络结构中成为增塑化聚合物电解质。这两种方法均能大幅度提高离子电导率。

但是增塑剂容易与锂电极发生反应，对锂电极的化学稳定性较差，导致电解液易渗漏。加入较多的增塑剂虽然可使凝胶聚合物电解质达到一定的离子电导率，但往往会导致聚合物电解质的强度降低，特别是当基体为线型聚合物时，GPE 的尺寸稳定性变差。为此人们研究了一些方法来改善 GPE 的性能。

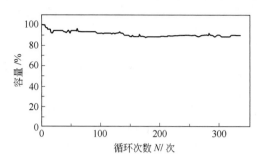

图 7-126　20℃、30mA 恒电流条件下的循环性能曲线

(2)凝胶聚合物电解质强度的改进　为了保证 GPE 的力学强度，通常将线型聚合物交联使其形成网状结构。交联可以是热交联、化学交联和辐射交联。将含有 PC、EC 的共聚物预聚体溶于电解质中，利用光交联反应进行共聚，用 LiBF$_4$ 作锂盐，其 20℃ 时的电导率为 1.5×10^{-3} S·cm^{-1}。由于具有牢固的交联网络，聚合物电解质的热稳定性很好。用这种电解质组装的锂离子电池在 20℃、30mA 恒电流充放电时，经过 300 个循环仍能保持 90% 的初始容量（图 7-126）。

用共混或共聚聚合物体系也可以保证 GPE 的力学性能。这类 GPE 一般是两相结构：一相中增塑剂含量较多，形成连续的导电相，提供离子导电通道，此相中聚合物与增塑剂的相容性好，如表 7-14 中的丁腈橡胶（NBR）、聚吡咯烷酮（PVP）、聚甲基丙烯酸甲酯（PMMA）以及聚丙烯腈链段（AN）等；另一相中增塑剂含量较少，主要起力学支撑体作用，此相中聚合物与增塑剂的相容性不好，如表 7-14 中的丁苯橡胶（SBR）、聚丁二烯（PB）、聚氯乙烯（PVC）、聚苯乙烯链段（ST）等。该体系中两相的相对比例和所制电解质薄膜的微观形态等，对 GPE 的导电性能和力学性能影响都很大。如果该体系的两相结构为热力学不稳定或形成的相区尺寸较大时，则会存在 GPE 的性能不稳定问题。此外，与增塑剂相容性不好的一相对离子导电没有贡献，所占体积不能太大，否则就会导致整个体系的导电性能下降。

表 7-14　共混或共聚聚合物两相 GPE 体系

GPE 组成	导电相	支撑体相	共混或共聚
NBR-SBR-γ-BL-LiClO$_4$	NBR	SBR	
PVP-PB-γ-BL-LiClO$_4$	PVP	PB	共混
PMMA-PVC-EC-PC-LiCF$_3$SO$_3$	PMMA	PVC	
P(AN-MMA-ST)-EC-PC-LiClO$_4$	MMA/AN	ST	共聚

用 P(VDF-HFP)/聚甲基丙烯酸（PMMA）-co-聚乙酸乙烯（PVAC）共混物合成了两种聚合物电解质，一种是普通的凝胶电解质，另一种是微孔型凝胶电解质。它们都以 P(VDF-HFP) 作为基体聚合物，其主要作用是维持电解质的力学强度，PMMA-co-PVAC 的主要作用则是吸收电解质溶液。普通的以及微孔型凝胶电解质都具有很高的锂离子导电性，室温下高于 1×10^{-3} S·cm^{-1}，并有足够高的电化学稳定性（高于 4.9V），如图 7-127 所示。

① 复合的 GPE。凝胶聚合物电解质与无机陶瓷粉末复合后称为"复合凝胶聚合物电解质"。与无机陶瓷粉末复合是提高凝胶聚合物电解质力学强度的一种有效方法，而且无机粒子可以吸收凝胶聚合物电解质中的杂质，增加体系黏度，阻止增塑剂和杂质向电极迁移，因而可以改善聚合物电解质与电极之间界面的稳定性。无机陶瓷粉末常用的有 Al$_2$O$_3$、分子

筛、SiO_2 等。将 SiO_2 粉末分散于含有 PAN-*co*-MMA、EC/PC 和 $LiClO_4$ 的复合凝胶聚合物电解质中，GPE 的电导率随 SiO_2 粉末的含量而变化。当 SiO_2 粉末的含量为 10%（质量分数）时电导率达到极大值，在 $-15℃$ 时为 $1.7×10^{-4}S·cm^{-1}$，$25℃$ 时为 $1.9×10^{-3}S·cm^{-1}$。高比表面积、高吸附性能的 SiO_2 使 GPE 保持电解液的能力增强，从而提高了体系的电导率，同时 SiO_2 形成了支撑电解液的三维网状结构，使力学性能也有大幅度改善。

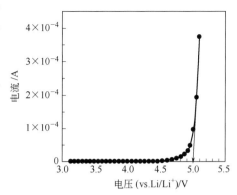

图 7-127　GPE 的电化学稳定窗口

② 使用新型增塑剂的 GPE 体系。凝胶聚合物电解质体系常用的增塑剂是碳酸丙烯酯（PC）、碳酸乙烯酯（EC）、γ-丁内酯（BL）及低分子量的聚乙二醇等。通过改变增塑剂的性质或合成新型增塑剂，可以提高聚合物电解质的导电性。

将 PC 环上的 4 位甲基用 3 个氧化乙烯单元取代，合成了一种称为 MC 的增塑剂。这种增塑剂兼有 PC 的高介电常数以及与 PEO 较好的相容性。在 $PEO/LiCF_3SO_3$ 体系中加入 50%（质量分数）MC，可使电导率比用 PC 时提高一个数量级，比不用增塑剂时提高两个数量级。拉曼、FTIR 和 NEXAFS 谱研究证明 MC 具有很强的溶解离子对的能力，使自由离子的浓度显著增加，进而提高了电导率。

使用修饰的碳酸酯作为 GPE 增塑剂的结构为

$$R^1-CH_2-O-\overset{\overset{\displaystyle O}{\|}}{C}-O-CH_2-R^2$$

其中，R^1 和 R^2 为卤素取代或未取代的含 1～4 个碳原子的烷基，R^1 和 R^2 中至少有一个为卤素所取代。使用这种增塑剂，可以使凝胶电解质的离子电导率、弹性模量、溶剂的保持能力以及低温电导率得到改善，并且可制得阻燃的凝胶电解质。

制备和选择新型增塑剂需要考虑增塑剂的介电常数、增塑剂与聚合物的相容性以及增塑剂的沸点等。

③ 使用新型聚合物主体的 GPE。凝胶聚合物电解质常用的聚合物主体为 PEO、PVDF、P(VDF-HFP)、PAN 等，目前又发展了许多以其他聚合物为主体的凝胶聚合物电解质，如聚乙烯基吡咯烷酮、聚砜和聚（三亚甲基碳酸酯）等。其他类型的凝胶聚合物电解质主要在于聚合物本体结构和增塑剂（主要是采用离子液体）的改变。

将多孔聚砜作为聚合物载体，加入增塑剂后可大大提高离子电导率及其力学性能，室温下离子电导率达到 $3.93×10^{-3}S·cm^{-1}$。在聚三亚甲基碳酸酯中加入液体电解质，由于聚合物具有与液体电解质相类似的结构，吸液性能得到明显提高。

用氟烷基封端的、含有聚氧化乙烯单元的 2-丙烯氨基-2-甲基丙烷磺酸共聚物的结构为

$$R_F-(CH_2-CH)_x-(CH_2-C(CH_3))_y-R_F$$
$$SO_3^-CH_2C(CH_3)_2NH_2^+-C=O \qquad O=C-O(CH_2CH_2O)_9CH_3$$

这种氟化共聚物在 DMSO 中，非交联条件下能够形成凝胶。这些含锂盐的氟化凝胶聚合物电解质的室温电导率可以达到 $10^{-3}S·cm^{-1}$。

(3) 微孔型聚合物电解质 微孔型聚合物电解质的离子电导率较接近液体电解质。另外，使用微孔型聚合物电解质也使锂电池的装配过程变得相对简单，这种技术提供了低成本设计和制造新型电池形状的可能性。

微孔型聚合物电解质主要以偏氟乙烯（VDF）与六氟丙烯（HFP）的共聚物 P(VDF-HFP) 为基质。相对于 PVDF，共聚物 P(VDF-HFP) 的结晶度下降，在制备凝胶电解质时有比 PVDF 更好地形成凝胶的倾向性。同时，共聚物 P(VDF-HFP) 比 PVDF 凝胶的离子电导率高（可达 10^{-3}S·cm^{-1})，而且力学强度好。在共聚物 P(VDF-HFP) 中，随 HFP 含量的增加，结晶性下降，熔点降低，溶剂的膨胀性增加，产品的柔软性也增加。通过控制共聚物中 HFP 的添加量可以控制共聚物的结晶度，既保证电解质膜具有优异的力学性能，又保证膜对溶剂的吸收。HFP 最佳添加量为共聚物的 8%～25%（质量分数）。

将 PVDF 共聚物与溶剂配成溶液后通过缓慢的蒸发得到微孔膜，再经电解质溶液浸泡之后得到微孔型聚合物电解质。若溶剂的溶解性较差、聚合物的结晶性较好，则有助于产生相分离，制得孔隙率较高的膜，并吸取较多的电解液，从而使微孔型电解质的电导率提高。聚合物微孔膜应该具有较高的孔隙率、较强的液体保持能力及一定的力学强度。此外，对聚合物微孔膜的孔径、形态结构以及微孔膜聚合物基体在液体电解质中的溶胀能力等也有一定的要求。

美国 Bellcore 公司将 P(VDF-HFP) 与一定比例的增塑剂共溶于有机溶剂中，制成薄膜后再用有机溶剂将该增塑剂萃取出来，制备出具有一定微孔的薄膜；然后浸取电解质溶液，利用膜中微孔固定电解质溶液分子，形成外观近似橡胶的聚合物电解质薄膜。用这种方法可以制作隔膜，也可制作正负极膜。制备正负极膜时，可以直接在集流体上涂覆，也可在某种基体上铸膜，然后将膜从基体上取下备用。隔膜可直接涂覆于正极膜或负极膜上，也可单独成膜，然后复合成不同形状的塑料锂离子电池。

凝胶聚合物电解质锂离子电池的技术关键在于开发一种综合性能良好的凝胶聚合物电解质。随着 GPE 性能的优化，聚合物锂离子电池以其独有的形状灵活设计、安全性好、对环境友好、成型加工方便以及高比能量等优点，在便携式设备、电子器件等领域得到了广泛应用。

尽管凝胶聚合物电解质已用于商品化生产，但是并没有一种真正意义上的全固态电解质能满足实用要求。因此，有待于设计和合成新的聚合物电解质体系，通过设计新型聚合物，来提高聚合物电解质的电化学性能和力学性能。近年来在计算模型、超分子化学和生物分子材料等领域取得了一定进展。超分子结构认为，阳离子的络合层基本不变。如果能设计通道型或界面型的阳离子传导方式，离子可以自由离子方式迁移，这样比采用传统跃迁机理的传导要快几十倍，将大大促进聚合物电解质的发展。可以相信，随着计算模型、超分子化学等研究的不断进步，人们将设计并合成出高电导率的有机-无机电解质和有机-有机聚合物电解质，并做到可以控制结构，调节性能。

7.6.5 聚合物正极材料

7.6.5.1 概述

目前聚合物锂离子电池主要采用石墨作负极，其理论容量为 372mA·h·g^{-1}（LiC_6），正极 LiMO_2 的理论容量为 $100～150\text{mA·h·g}^{-1}$。由于正极容量低，从而限制了整个电池容量的提高。聚合物正极材料的能量密度普遍超过常规正极材料，而且环境污染小、材料来源广泛、合成条件相对简单，是一类具有广泛应用前景的储能物质，发展十分迅速。

从锂-聚合物二次电池的发展历史来看，聚合物正极材料与导电聚合物的研究是分不开的。导电聚合物的历史源于聚乙炔的发现，聚乙炔用 AsF_5 掺杂后电导率可高达 500S·cm^{-1}，而且掺杂过程与脱掺杂过程互为可逆，并可用电化学方法实现。随着化学电源的发展，人们逐渐尝试将导电聚合物应用于二次电池。以聚合物作为电极活性物质的二次电池的构成，从原理上主要有如图 7-128 所示的几种。

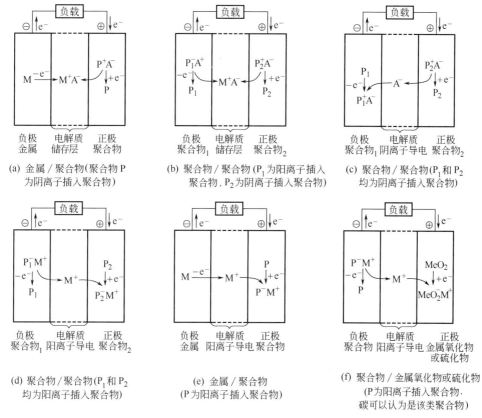

图 7-128　聚合物二次电池的构成原理

锂离子电池广义上可看成为图 7-128 中的(f)型聚合物二次电池。在锂-聚合物二次电池体系中，常用的正极材料有聚乙炔、聚苯、聚苯胺(PAN)、聚吡咯(PPy)、聚噻吩(PTh)、活性硫聚合物以及它们的复合材料。它们通过掺杂与脱掺杂实现充电与放电，电极反应表示为：

$$P+A^- \xrightleftharpoons[\text{放电}]{\text{充电}} P^+A^- +e^- \tag{7-30}$$

式中，P 为聚合物；A^- 为掺杂的阴离子，主要有 ClO_4^-、BF_4^-、PF_6^- 和 AsF_6^- 等。

活性硫聚合物则是锂与硫发生氧化还原反应，以聚(2,5-二巯基-1,3,4-噻二唑)为例，电极反应表示为：

$$\left\{ \underset{N-N}{\overset{S}{\bigcirc}} \right\}_n +2ne^- +2nH^+ \xrightleftharpoons[\text{充电}]{\text{放电}} \underset{N-N}{\overset{HS\ S\ SH}{\bigcirc}} \tag{7-31}$$

在充放电方面，不论是导电聚合物电极还是氧化还原聚合物电极，因为电势较高，材料本身又缺少锂源，所以该类材料一般选用金属锂作为对电极。其能量密度比目前市场上的锂离子电池高 50% 以上。

由于导电高分子、电极活性材料的开发成功，如聚乙炔、聚苯胺、聚吡咯、聚并苯等一系列导电聚合物的实用化开发，使制成容量更大、质量更轻的聚合物电池成为可能。1987年硬币形（纽扣形）聚苯胺电池问世，1989 年两极为聚并苯(PAS)聚合物的硬币形电池由钟纺（株）开发成功。该公司与日本电池公司共同开发出圆柱形的 PAS 电池（电容器型）

在-20~60℃的温度范围内有良好的特性,充放电寿命达1万次以上,容量为同体积活性炭电池(电容器型)的2~3倍,其最大特征是可在30s内快速充放电;同时,也不会泄漏出有害电解液。聚合物电池的特性如表7-15所示。

表7-15 聚合物电池的特性

类　　别	构　　成	特　　性
正极由聚合物制成	有机硫化物构成正极	具有较高能量密度
负极由聚合物制成	聚并苯(PAS)构成负极	高能量密度($450W \cdot h \cdot L^{-1}$)
正负两极由聚合物制成	正极两极均用PAS制成	高可靠性、30s快速充电、寿命1万次
电解质由聚合物制成(凝胶聚合物)	聚偏氟乙烯(PVDF)、聚氧化乙烯(PEO)	能量密度200~300$W \cdot h \cdot L^{-1}$,工作安全,可制成薄型电池

7.6.5.2 聚乙炔

聚乙炔(polyacetylene)一般采用Ziegler型催化剂如$Ti(OC_4H_9)_4$-$Al(C_2H_5)_3$在小于$1.013 \times 10^5 Pa$下将乙炔催化聚合制备,形成$(CH)_x$膜或粉。合成温度可以变化很大,如-78~100℃。所合成聚乙炔本身的导电性并不好,但是它可以进行p型(阴离子)和n型(阳离子)掺杂。如

阴离子掺杂 $\qquad x(CH)_x + xyA^- \longrightarrow [(CH)_x^{y+} \cdot yA^-]_x + xye^-$ (7-32)

阳离子掺杂 $\quad x(CH)_x + xyM^+ + xye^- \longrightarrow [(CH)_x^{y-} \cdot yM^+]_x$ (7-33)

因此,组装成电池后,就可以通过电化学方法进行可逆掺杂和脱掺杂。但是采用聚乙炔为电池的正极材料,很容易与氧等发生反应,再加上杂质的存在对电化学性能有明显影响,因此循环性能的结果并不一致,影响了电池工作的可靠性。

7.6.5.3 聚苯

聚苯(polyphenylene)是含苯环聚合物中能掺杂离子的有机电池材料。聚苯的合成条件比较温和,如35℃下以$AlCl_3$为路易斯酸催化剂、氯化铜为氧化剂和少量水存在下,30min就可以得到比表面积大的聚苯粉末。它难溶、难熔,空气中可稳定到400℃,惰性气氛中达550℃。苯环几乎全部共面,取向度高,结晶性好,因此电化学掺杂行为与石墨相似。如果在苯环上引入取代基,就会大大降低结晶性,导致电化学性能下降。

聚苯的掺杂过程与聚乙炔相似,既可以阴离子掺杂,也可以阳离子掺杂。发生阴离子掺杂的电压约为4.0V,开路电压(10%掺杂)一般为4.4~4.5V,具体大小与掺杂程度有关。充放电效率与聚乙炔相似,随着掺杂程度的提高,充放电效率下降。由于良好的稳定性,自放电很小,循环性能在非水电解质中比较理想。

7.6.5.4 聚苯胺

聚苯胺(polyaniline,PAN)的合成方法有化学氧化法和电化学聚合法。前者一般是在酸性水溶液中加入氧化剂(如过硫酸铵),得到绿色的质子化聚苯胺。一般而言,化学氧化法得到的质子化聚苯胺在许多溶剂中的溶解度低,不易进行电化学性能的评价,也不易得到工业上常用的薄膜,所以常用电化学聚合法。

电化学聚合法有恒电势法、恒电流法或循环法,电解质一般为酸性水溶液。用电化学方法制备的聚苯胺粉末能溶于N-甲基吡咯烷酮,可制成几十微米厚的薄膜电极材料。通过模板聚合,可得到比表面积大、取向性好、电导率高的聚苯胺。图7-129为过

图7-129 PAN/NSA多孔微球结构的SEM图

硫酸铵（APS）作氧化剂，β-磺酸萘（NSA）作掺杂剂，由模板法制备的聚苯胺扫描电子显微镜（SEM）图。由该图可以看出，聚苯胺具有多孔的微球结构，直径分布在 $450\sim1370nm$。

聚苯胺具有约 $130mA\cdot h\cdot g^{-1}$ 的理论容量，并且分子骨架上连续的大 π 键结构能够提供良好的导电性，其与金属 Li 组成电池后在 $2.0\sim3.8V$ 的电势区间内均可发生电化学反应，因此对聚苯胺正极材料的研究最为广泛。在水溶液中聚合的聚苯胺一般均含有一定量的水。当应用于锂二次电池时，为减少水的影响，可在加有酸的有机电解液（如碳酸丙烯酯和乙腈）中进行聚合。一般聚苯胺材料存在两组氧化-还原电对，氧化还原反应示意如图 7-130。制备的聚苯胺有一部分处于充电状态，因此在初期充放电效率一般大于 100%。在随后的循环中，因为可逆的掺杂和脱掺杂过程，充放电效率一般可稳定在 100%，循环性能比较理想，可达 500 次以上。但是，过充电会导致聚合物的结构破坏，同时大电流充放电会导致电解质发生分解，引起效率下降。

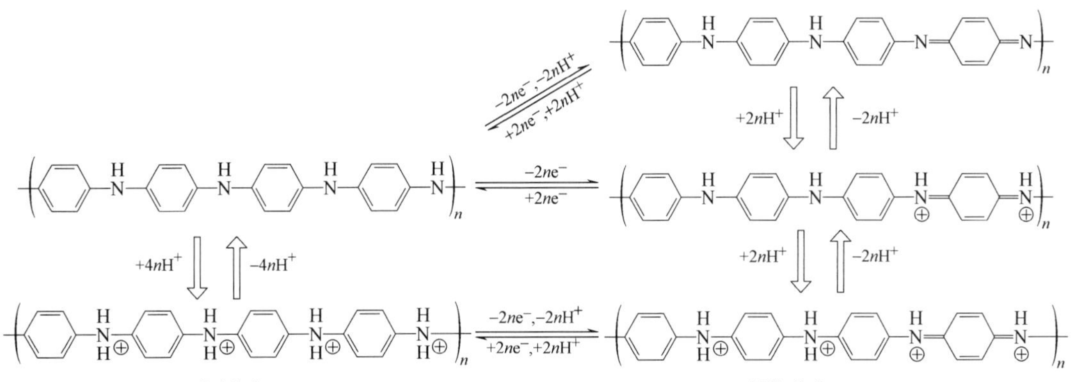

图 7-130 聚苯胺的两组氧化-还原电对

Li-Al/PAN 电池（图 7-131）自放电比聚乙炔低。就 Li-Al/PAN 电池而言（A2016），室温放置 3 个月，自放电低于 15%，预计搁置寿命可达 5 年以上。

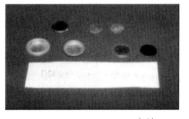

图 7-131 Li-Al/PAN 电池

7.6.5.5 聚吡咯

聚吡咯（polypyrrole，PPy）的制备同聚苯胺一样，有化学氧化法和电化学聚合法。化学氧化法所使用的氧化剂有 $Fe(ClO_4)_3$、过硫酸盐、MnO_4^- 盐等，溶剂采用不与氧化剂发生反应的水、醇、腈、氯仿等。为了增加吡咯的溶解度，在溶剂中加入一定量的酸。由于多孔性结构有利于阴离子的迁移，可采用模板法进行聚合，以提高聚合物的电化学性能。图 7-132 为使用氧化铝模板制备的聚吡咯纳米管。

聚合物正极可以与无机材料组成复合材料，加入的无机物一般为电化学活性较高的氧化物正极材料如 WO_3、TiO_2、MnO_2、V_2O_5。其中，研究较多的聚合物正极材料为聚苯胺和聚吡咯。

聚吡咯与 MnO_2 复合以后，容量大大提高，但是提高的程度与二氧化锰的类型有关，同时也与聚吡咯的含量有关。电化学性能得到明显改进的主要原因在于锰的氧化物表面能吸附一些阴离子，因此可以作为聚吡咯的掺杂剂。在充放电过程中，二者均能得到充分利用。该原理如图 7-133 所示。

V_2O_5 与聚吡咯凝胶复合物的力学强度比较好，可以进行切割而不发生断裂，但 V_2O_5 的纤维较短。当聚吡咯含量达到一定值后，增加聚吡咯的含量反而导致电导率降低。

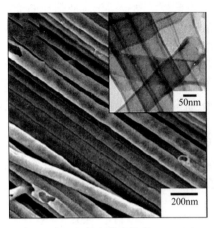

图 7-132 聚吡咯纳米管的 SEM 图
（插图为 TEM 图）

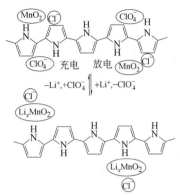

图 7-133 聚吡咯与锰的氧化物复
合后提高电化学性能的原理示意

聚吡咯的开路电压位于 $3 \sim 4V$ 之间，随掺杂程度的不同而不同，其充放电容量、循环性能、充放电速率等受多种因素的影响。充放电容量一般可达 $120mA \cdot h \cdot g^{-1}$，有机溶剂的稳定性越好，容量越高。在 $2 \sim 4V$ 之间进行充放电时，聚合物比较稳定，基本上没有副反应，充放电效率达 100%，循环性能比较优良。例如 $1\mu m$ 厚的 PPy 膜组装成锂二次电池，以 $LiClO_4$-PC 为电解质，容量衰减到 80% 时，深度放电可达 20000 次。如果采用凝胶聚合物电解质，库仑效率达 $90\% \sim 100\%$，循环性能大大提高，在电流密度 $0.1mA \cdot cm^{-2}$ 下充放电时，循环寿命可达 8000 次以上。

7.6.5.6 聚噻吩

聚噻吩（poly thiophene，PTh）的合成可以采用化学聚合法和电化学聚合法。前者一般是在过渡金属配合物如乙酰丙酮镍的存在下，将二卤代噻吩进行脱卤、缩聚反应制备。后者一般是在加有电解质盐如 $LiClO_4$、$(C_4H_9)_4N \cdot ClO_4$ 等的非水电解液如碳酸丙烯酯、CH_2Cl_2、$C_6H_5NO_2$ 等体系中进行。

聚噻吩既可以进行阴离子掺杂，也可以进行阳离子掺杂。阴离子掺杂的开路电压随掺杂量的增加而升高，一般为 $3.8 \sim 4.2V$。掺杂最大量为每个单体单元 $0.24 \sim 0.30$ 个阴离子，容量最大为 $100mA \cdot h \cdot g^{-1}$。

聚噻吩的充电和放电过程分两步进行。第一步为很快的电容过程（capacitive），由紧密的聚合体的表面参与；第二步为慢的电子传递过程（faradaic），包括离子扩散到紧密的聚合体（aggregate）中。在掺杂过程中，能明显分辨出两个步骤中的一个，而在脱掺杂过程中，电势发生分离，可明显观察到两个步骤。聚噻吩的掺杂动力学过程比较快，因此相对而言其自放电也快。

7.6.5.7 聚并苯

聚并苯（PAS）为有机半导体，其平均分子层间距离大于 $4Å(1Å=0.1nm)$，比石墨分子层间距离 $3.35Å$ 大得多，将经过热解的聚并苯作负极材料，容量比石墨高出 3 倍左右。图 7-134 为 PAS 的 SEM 照片。目前用经过热解的聚并苯类聚合物为负极，用 $LiCoO_2$ 为正极的圆柱形（18650 型）电池已开发上市，其容量为 $2300mA \cdot h$，能量密度为 $450W \cdot h \cdot L^{-1}$。

正、负两极为聚并苯的电池（图 7-135）是电容器型的能量储存器。在这类电池中正极由阴离子掺杂和脱掺杂，负极由阳离子掺杂和脱掺杂。一般情况下，阳离子半径较小（如 Li^+ 为 $0.7Å$），而阴离子半径较大（如 BF_4^-、ClO_4^- 分别为 $2.3Å$、$2.4Å$）。阴离子半径较大

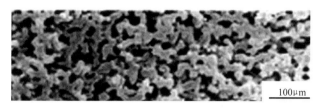

图 7-134　PAS 的 SEM 图

则流向正极的离子量较少，特别是在正、负两极材料都采用 PAS 的电池中。电池的容量大小主要取决于积蓄在正极上的阴离子量的多少。

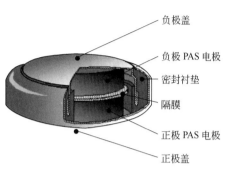

图 7-135　PAS 电池的构造

负极盖
负极 PAS 电极
密封衬垫
隔膜
正极 PAS 电极
正极盖

7.6.5.8　自由基聚合物

自由基聚合物在充放电循环时，通过得失电子，反复发生氧化还原反应，分子链不断裂，不产生单个阴离子或阳离子，因而具有优良的充放电循环稳定性。研究最多的有机自由基化合物是含氮氧自由基的聚合物。由于中性的氮氧自由基化合物处于中间价态，所以氮氧自由基化合物的电化学锂机理可以分为两大类：①中性氮氧自由基被可逆还原为氨氧负离子，被阳离子 Li^+ 中和成盐，这就是所谓的 n 型掺杂机制，涉及这类机理的自由基化合物电极材料的研究比较多；②中性氮氧自由基被氧化为氧铵正离子，被阴离子 X^- 中和成盐，这就是所谓的 p 型掺杂机制。这种机制在锂电材料研究中应用较少。这两种掺杂机制见反应式的左半部分和右半部分：

$$
\underset{\substack{\\ N\\ R\quad R}}{\overset{\substack{O^-\ Li^+\\ |}}{}} \underset{\substack{-e^-,-Li^+\\ +e^-,+Li^+}}{\rightleftharpoons} \underset{\substack{\\ N\\ R\quad R}}{\overset{\substack{\dot{O}\\ |}}{}} \underset{\substack{-e^-,+X^-\\ +e^-,-X^-}}{\rightleftharpoons} \underset{\substack{\\ \overset{+}{N}\\ R\quad R}}{\overset{\substack{O\\ \|}}{}} X^- \tag{7-34}
$$

氮氧自由基化合物的电极反应动力学表明，氮氧自由基聚合物基本属于电子绝缘体，在电化学过程中自由基反应部位不涉及键的断裂和重建，仅局部氮氧键上的电子发生较小的重排，分子骨架没有发生大的变化，邻近的自由基间通过快速的电荷交换相互传递。快速的反应动力学性能是自由基聚合物电极材料最主要优势，通过提高容量、工作电压、稳定性等，有希望和传统锂离子电池电极材料相比。一些有机自由基化合物的分子结构如图 7-136 所示。

含有 2,2,6,6-四甲基氧化吡啶（TEMPO）结构单元的自由基聚合物聚 4-甲基丙烯酸-2,2,6,6-四甲基哌啶-1-氮氧自由基（PTMA）用于正极材料时，电化学过程中只涉及 p 型掺杂反应，仅发生一个电子（$1e^-$）转移反应，在 3.5V 处表现出一个充放电平台，理论比容量为 $111mA \cdot h \cdot g^{-1}$。通过优化 PTMA 电极材料的制备方法，如采用在水或有机溶剂中加工、使用聚丙烯酸盐胶黏剂、控制电极片的厚度和导电剂添加量等，所制备的复合电极接近理论比容量，而且具有优异的倍率性能。PTMA 和 80% 的纳米碳纤维在有机溶剂中进行充分混合所制备的复合电极，在 1C 的放电比容量为 $105mA \cdot h \cdot g^{-1}$，在 50C 下的放电比容量（$98mA \cdot h \cdot g^{-1}$）几乎没有衰减。

自由基化合物一个明显的缺点就是分子量大，往往单位分子量中所含电活性位点（或单元）较少，造成理论比容量低。为提高自由基化合物（大多数是自由基聚合物）理论比容量，可以通过减小聚合链单体的分子量、使用小环五元含氮杂化自由基单元、在单位聚合链

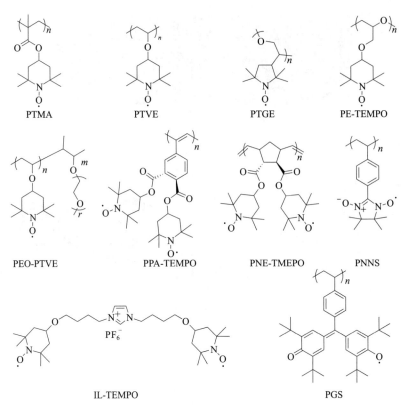

图 7-136   有机自由基化合物的分子结构

上带尽量多的活性单元等设计加以实施。例如，减去 PTMA 聚合物中聚合链上的甲基和羰基氧后，所得聚乙烯醚聚合物 PTVE 理论比容量可达 $135\text{mA} \cdot \text{h} \cdot \text{g}^{-1}$；同时，采用聚醚链和小分子量五元环自由基单元的自由基聚合物 PTGE 的理论比容量达 $147\text{mA} \cdot \text{h} \cdot \text{g}^{-1}$。

  自由基活性点之间的空间结构是影响其电化学性能的因素之一。具有聚苯炔块共轭结构的聚合物 PPA-TEMPO，在 70C 放电倍率下仍能放出理论比容量的 90%，这是由于大的共轭结构增加了聚合物材料本身的导电性。聚醚类结构的 PE-TEMPO，10C 下的放电容量是同条件下 PTMA 容量的两倍。在离子传导性更好的水系电解液中，PE-TEMPO 能在 3s 内放出几乎所有的容量，而 PTMA 只能放出其理论比容量的一半。除了自由基活性点之间的空间结构外，离子在电极材料中的传递速率也对材料的电化学行为有很大影响。采用共聚法把聚乙二醇 PEO 单元直接接枝到醚链中制备的 PEO-PTVE，使电解液的浸润性与兼容性得到了改善，获得了较好的倍率性能。自由基 TEMPO 和离子液体直接相互偶联的 IL-TEMPO，能够均匀地负载在导电碳上，100 次充放电之后，电极材料形貌可以很好地维持，没有观察到团聚现象。

  尽管自由基化合物电极材料因其具有高功率密度和长循环寿命等优点而引起关注，但就目前的比容量来说仍然还是太低。因此，需要设计合理的自由基活性单元，合成出高比容量的自由基化合物。

7.6.6   其他类型聚合物锂离子电池

7.6.6.1   TiS$_2$ 为负极的聚合物锂离子电池

  以焦炭作电极材料，从价格和装配的角度来看是合适的，但这类电池在充放电循环中可能引起电压偏离等问题。浓度位的变化（即锂嵌入量的下降）会导致锂离子化学位的变化。如 LiC_6 就属于这种情况。

$Li_x TiS_2$ 是一种 Li^+ 嵌入-脱嵌循环时能量变化较小的电极材料。当 Li^+ 在 Ti-S-Ti 层间嵌入时，由于吉布斯自由能变化小，$Li_x TiS_2$ 中的 x 从 0 变化到 1，电势的变化只有 0.7V。因此，用 TiS_2 代替焦炭可以限制电压偏离。

将 TiS_2 薄膜压在镍或铝薄膜集流体上作为电池负极，电极厚约 $5\mu m$；电解质是 PAN 或 PMMA 基聚合物膜；正极由锂金属氧化物材料（$LiCoO_2$、$LiNiO_2$ 或 $LiMn_2O_4$）制成类似塑料膜的形式。将锂金属氧化物、PVC 和乙炔黑粉末在四氢呋喃（THF）中以 75:20:5 的质量百分比混合。为了避免聚集和不连续成膜，混合物首先机械搅拌 30min，然后超声波搅拌 10min，再浇注在玻璃板上，直至溶剂完全蒸发，膜很容易从玻璃基体上剥下来。用这种方法可制成厚约 $50\sim100\mu m$ 的电极膜。

将 TiS_2 负极薄膜、电解质膜、锂氧化物正极膜叠压成薄膜的形式（厚约 $300\mu m$，表面积为 $1cm^2$），装配成 TiS_2-LiMO（锂金属氧化物）聚合物锂离子电池。为了防止充放电循环引起的不可逆相变，一般需要负极面积远大于锂金属氧化物正极面积。

以 TiS_2 为负极的 PLIB 电池的电化学表达式为

电池（1）　　　　　$(-)TiS_2 | LiClO_4\text{-}EC\text{-}PC\text{-}PAN | LiCoO_2(+)$

电池在放电状态下装配，室温下的开路电压为 0.3V。充电后，电池电压为 2.1V，电池放电终止电压为 0.5V。

电池反应为：

$$TiS_2 + LiCoO_2 \underset{放电}{\overset{充电}{\rightleftharpoons}} Li_x TiS_2 + Li_{(1-x)}CoO_2 \quad (0<x<1) \qquad (7\text{-}35)$$

其他类型的聚合物锂离子电池有：

电池（2）　　　　　$(-)TiS_2 | LiAsF_6\text{-}EC\text{-}DMC\text{-}PMMA | LiNiO_2(+)$

电池（3）　　　　　$(-)TiS_2 | LiAsF_6\text{-}EC\text{-}DMC\text{-}PMMA | LiMn_2O_4(+)$

相应的充放电反应为

$$TiS_2 + LiNiO_2 \underset{放电}{\overset{充电}{\rightleftharpoons}} Li_x TiS_2 + Li_{(1-x)}NiO_2 \quad (0<x<1) \qquad (7\text{-}36)$$

$$TiS_2 + LiMn_2O_4 \underset{放电}{\overset{充电}{\rightleftharpoons}} Li_x TiS_2 + Li_{(1-x)}Mn_2O_4 \quad (0<x<1) \qquad (7\text{-}37)$$

电池的充放电平台为 $x=0$ 时，1.5V；$x=1$ 时，2.1V。

7.6.6.2　Dion 塑料电池

目前，锂离子电池正极材料都选用 $LiCoO_2$、$LiNiO_2$ 和 $LiMn_2O_4$。其原因是这些金属氧化物具有独特的高电压下释放锂离子的能力，可以在高能量水平进行电化学过程。但是，这些材料具有价格高（$LiCoO_2$），放电速率对温度依赖性强（$LiMn_2O_4$）和合成过程困难（$LiNiO_2$）等缺点。因此，有必要开发性能好、成本低的新正极材料。

杂环聚合物系列（heterocycles），如聚吡咯（polypyrrole，PPy）、聚噻吩（polythiophene，PTh）及其衍生物，都可以用作聚合物锂离子电池的正极材料。这种电池，当在放电态装配时，由碳材料阳极（如石墨阳极）、锂离子传递电解质膜和聚合物膜阴极〔PPy 阴极，$(C_4H_3N)_x$〕组成。电化学表达式为

$$(-)C | LiClO_4\text{-}EC\text{-}PC\text{-}PMMA | (C_4H_3N)_x(+)$$

PPy 膜电极可以用电化学法沉积在金属网（如不锈钢）基体上，以锂为辅助电极，用含有吡咯（pyrrole）单体的电解液〔$LiClO_4\text{-}EC\text{-}DMC$（质量比为 2:1）〕来合成。PPy 电极和石墨电极必须进行电化学清洗，并在装配前与锂电极循环几次。将 PPy 膜、电解质膜和

锂箔或碳电极膜在手套箱中叠压成聚合物锂离子电池。

C-PPy 电池的单电极反应如下：

对石墨负极而言，充放电过程在 $0.05\sim0.7V$ 之间（vs. Li/Li$^+$），发生锂离子的嵌入-脱嵌反应

$$6C + xLi^+ + xe^- \xrightleftharpoons[\text{脱嵌}]{\text{嵌入}} Li_xC_6 \qquad (7-38)$$

对于正极来说，在 $2.5\sim3.5V$（vs. Li/Li$^+$）之间 LiClO$_4$ 与多于 3 个的 PPy 基团进行掺杂和脱掺杂反应

$$x(C_4H_3N)_3 + xClO_4^- \xrightleftharpoons[\text{脱掺杂}]{\text{掺杂}} [(C_4H_3N^+)_3ClO_4^-]_x + xe^- \qquad (7-39)$$

C-PPy 电池在 3V 左右完成以下过程

$$6C + x(C_4H_3N)_3 + xLiClO_4 \xrightleftharpoons[\text{放电}]{\text{充电}} Li_xC_6 + [(C_4H_3N^+)ClO_4^-]_x \qquad (7-40)$$

电池在充电时，Li$^+$ 嵌入石墨结构中，而 ClO$_4^-$ 进入 PPy 结构中；放电时则进行相反的过程。所以，这种电池也称为双离子插入式电池（Dion 电池）。图 7-137 为（−）C｜LiClO$_4$-EC-PC-PMMA｜PPy(+) 电池在电极预先活化、室温条件下的充放电曲线和循环特性曲线。该电池的比能量约为 $350W\cdot h\cdot kg^{-1}$。

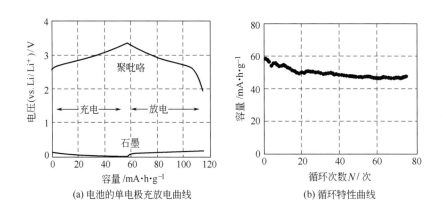

(a) 电池的单电极充放电曲线　　(b) 循环特性曲线

图 7-137　(−)C｜LiClO$_4$-EC-PC-PMMA｜PPy(+)电池的特性曲线

电极材料：PPy 为 0.35mg；石墨为 0.24mg；循环速率为 $22\mu A\cdot cm^{-2}$

锂电池正朝着轻量、高能、超薄的方向发展，采用聚合物（高分子材料）作为电池的电极材料和电解质材料的研究成为重要的发展方向。可以预计，21 世纪将是高分子复合材料作为主要能源载体的时代。

7.7　隔膜及黏结剂

7.7.1　隔膜的性能

隔膜位于正极和负极之间，主要作用是将正负极活性物质分隔开，防止两极因接触而短路；在电化学反应时，应能保持必要的电解液，形成离子移动的通道。隔膜材质是不导电的，电池的种类不同，采用的隔膜也不同。对于锂离子电池，由于电解液为有机溶剂体系，

其隔膜要求具有以下性能。

① 在电池体系内，其化学稳定性要好，所用材料能耐有机溶剂。

② 力学强度大，使用寿命长。

③ 有机电解液的离子电导率比水溶液体系低，为了减小电阻，电极面积必须尽可能大，因此隔膜必须很薄。

④ 当电池体系发生异常时，温度升高，为防止发生危险，在快速产热温度（120～140℃）开始时，热塑性隔膜发生熔融，微孔关闭，变为绝缘体，防止电解质通过，从而达到遮断电流的目的。

⑤ 从电池的角度看，要能被有机电解液充分浸渍，而且在反复充放电过程中能保持高度浸渍。

电池中常用的隔膜材料一般是用纤维素、编织物、合成树脂制得的多微孔膜。锂离子电池一般采用高强度、薄膜化的聚烯烃系多孔膜。常用的隔膜有聚丙烯（PP）和聚乙烯（PE）微孔隔膜，以及丙烯与乙烯的共聚物、聚乙烯均聚物等，其中以 Celgard 公司生产的隔膜为代表（图 7-138）。

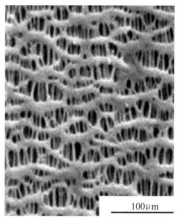

图 7-138 Celgard 隔膜的扫描电镜图 （SEM）

近年来，将聚合物电解质用于锂离子电池已实现了商品化，聚合物电解质在锂离子电池中既是离子迁移的通道，又起着正负极材料间的隔膜作用。聚合物电解质可分为固体聚合物电解质及凝胶聚合物电解质。作为实用的聚合物电解质隔膜必须满足以下几个必要条件：①具有高的离子电导率，以降低电池内阻；②锂离子的传递系数基本不变，以消除浓差极化；③可以忽略的电子导电性，以保证电极间有效的隔离；④电极材料有高的化学和电化学稳定性；⑤低廉的价格，合适的化学组成，保证对环境友好。

由于固体聚合物电解质室温电导率较低，难以商品化。凝胶聚合物电解质通过固定在聚合物网络中的液体电解质分子实现离子传导，既有固体聚合物的稳定性，又有液态电解质的高离子传导率，显示出良好的应用前景。

将聚合物电解质与聚乙烯、聚丙烯膜一起组成聚合物锂离子电池隔膜，聚合物覆盖或填充在微孔膜中，与无隔膜的聚合物电解质锂离子电池相比，具有更优越的性能，如：①内部短路时能提供更好的保护；②可以减小电解质层的厚度；③过度充电时可提供足够的安全性；④有较好的力学性能及热稳定性。可以看出，聚乙烯、聚丙烯膜由于其特殊的结构与性能，在锂离子电池隔膜中占有很重要的地位，除非有真正的不含液体的聚合物电解质出现。

7.7.2 隔膜的性能表征

(1) 孔隙率　大多数锂离子电池隔膜的孔隙率在 $40\%\sim50\%$ 之间。其中，有些商品隔膜（如表面经表面活性剂处理）的孔隙率低于 30%；也有的隔膜孔隙率较高，可达 60% 左右。

高性能的锂离子电池主要依赖于隔膜中所填充液体电解质的离子传导性，锂离子电池的非水液体电解质的离子传导率一般在 $10^{-3}\sim10^{-2}\mathrm{S\cdot cm^{-1}}$ 范围内。尽管隔膜能有效阻止正负极之间短路，降低正负极之间的距离，从而相应地降低电池的阻抗，但它的存在导致电解液中有效离子传导率下降，增加了电池的阻抗。有的隔膜甚至可以导致离子传导率下降 $1\sim2$ 个数量级。

原则上，对于一定的电解质，具有高孔隙率的隔膜可降低电池的阻抗，但是孔隙率并非越高越好；孔隙率越高，它们的抗力学性能及抗开孔性能反而越差。即使孔隙率及厚度相同，由于孔的贯通性不一样，其阻抗也可能不相同。

(2) **孔径大小及分布** 商品膜的孔径一般在 $0.03\sim0.05\mu m$ 或 $0.09\sim0.12\mu m$，大多商品膜的最大孔径与平均孔径分布的差别低于 $0.01\mu m$，孔径分布较窄。亚微米级孔径对于防止锂电池的正负极短路是极其重要的。隔膜越薄，越有利于溶质通过，从而提高能量密度及降低电池的阻抗。但是，为了防止电极上掉下来的活性物质通过隔膜而引起物理短路，其厚度一般为 $25\sim35\mu m$。

孔径的大小及分布与微孔膜的制备方法有关。在熔融挤出/拉伸/热定型方法中，与熔融挤出的温度、应力、冷却及拉伸等工艺条件有很大关系，还与加入成核剂的种类及数量密切相关。而在热致相分离方法中，其孔径的大小及分布与添加的第二组分的数量、挤出温度及拉伸条件有关。

(3) **透气度** 隔膜的透气度，是指在一定条件下（压力、测定面积），一定量气体通过隔膜所需的时间，称为 Gurley 指数。透气度是透气膜的一个重要的物化指标，它是由膜的孔径大小、孔径分布、孔隙率等决定的。由于透气度的测定方法比较简便，经常用来作为评价隔膜对电池性能影响的参数。压降随时间下降越快，表明隔膜的透气度越高，反之则越低。一般而言，孔隙率越低，压降下降越慢，透气度越低。双层或多层膜的透气度一般低于同种材料的单层膜。对于孔隙率相同的同种材料，透气度相近；不同材料即使孔隙率相近，但是由于孔径贯通性的差别，其透气度也有很大差别。

(4) **电性能** 隔膜的绝缘性能可以用绝缘耐压性来评价。如果隔膜的绝缘耐压性高，它的电接触耐压能力也高。注入电解液前在电池上加电压，如果有电流，那就说明有电接触。此评价的结果依赖于隔膜的强度和电池装配条件，尤其依赖于电极的设计。

隔膜在保持电解液时电阻要低，如果此时电阻过高必将影响电池的容量特性及电池性能。电阻根据电解液不同而变化，含有锂盐的 PC/DME 阻抗的数值在 $\Omega\cdot cm^2$ 的数量级。

(5) **热性能** 与大多数电池一样，在一定温度以上电池内的组分将发生放热反应而导致"自热"。另外，由于充电器失灵、安全电流失灵等将会导致过度充电发生，锂离子电池在过度充电时会产生热量，锂电池中隔膜的自关闭性质是锂离子电池限制温度升高及防止短路的有效方法之一。当温度接近聚合物熔点时，传导离子的多孔聚合物膜变成了无孔的绝缘层，微孔闭合而产生自关闭现象。这时，阻抗明显上升，通过电池的电流也受到限制，因而可防止由于过热而引起的爆炸等现象，这种功能称为隔膜的电流切断（shutdown）特性。

大多数聚烯烃隔膜由于其熔化温度低于 $200℃$，如聚乙烯隔膜的自闭温度为 $130\sim140℃$，而聚丙烯隔膜的自闭温度为 $170℃$ 左右。但在某些情况下，即使已经"自闭"，电池的温度仍然可能继续升高。为了提高电池隔膜电流切断熔化温度的范围，保证隔膜能耐足够高的强度，近年来开发了 PP 与 PE 复合膜。由于 PP/PE/PP 复合隔膜提供了较低的自闭温度（如 $80\sim120℃$），同时又保持了其强度，复合隔膜具有二者的优势，其安全性要比只用单层膜要好。

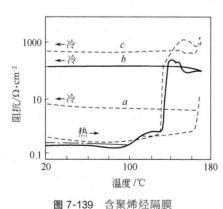

图 7-139 含聚烯烃隔膜电池的阻抗-温度曲线
a—PP；*b*—PE；*c*—PP/PE/PP 复合膜

图 7-139 为含聚烯烃隔膜的锂离子电池升温时阻抗与温度的关系。图中 *a* 为采用单层 PP 隔膜的锂离子电池，在温度为 $165℃$ 时阻抗明显升高约 2 个数量级，但是其阻抗仍然不是很高，此情形下仍有可能继续充电而导致安全问题；*b* 为 PE

隔膜，其自闭温度为 135℃，此时阻抗约升高 3 个数量级，可以看出 PE 具有较低的自闭温度及高的阻抗；c 为 PP/PE/PP 多层隔膜，其自闭温度宽且自闭时阻抗较高，在锂离子电池中使用较安全。因此多层复合隔膜既具有一定的强度又具有较低的自闭温度，较适合作为锂离子电池隔膜。值得指出的是，并不是所有隔膜都具有相同的关闭行为，其关闭能力与聚合物的分子量、结晶度、加工历史等有关。

(6) 力学强度　力学强度有两个参数：一个是隔膜在长度方向以及垂直方向的拉伸强度；另一个是在厚度方向上的穿刺强度。锂离子电池对隔膜的强度要求较高，一般而言孔隙率越高，其阻抗越低，强度下降。由于湿法和干法制得的隔膜都是由拉伸形成微孔，所以在拉伸方向上的强度比较高。采用单轴拉伸时，膜在拉伸方向与垂直拉伸方向的强度不同，典型的锂电池隔膜在垂直拉伸方向上的强度约是拉伸方向的 1/10。采用双轴拉伸制备的隔膜其强度在两个方向上基本一致。实际的电池制造中，要求的是长度方向的拉伸强度。目前市售隔膜的拉伸强度都能满足电池制造的要求。

穿刺强度和电极板表面的粗糙度有关，电极使用的材料不同，要求隔膜的穿刺强度也不同。例如，碳材料颗粒如果细而且没有棱角，要求隔膜的穿刺强度值就比较低；相反，如果颗粒粗而大，并且棱角尖锐，则要求的隔膜穿刺强度就高。

此外，还用离子电导率、电化学稳定窗口、锂离子迁移数等来表征聚合物电解质膜。

多层隔膜既具有一定的强度又具有较低的自关闭温度，较适合作为锂离子电池隔膜。但是 PE 和 PP 膜对电解质的亲和性较差，且 PP/PE/PP 三层隔膜的纤维结构为线条状，一旦发生短路，会使短路面积瞬间迅速扩大，热量急剧上升难以排出，存在潜在的爆炸可能。为了改善聚烯烃隔膜的热稳定性和电解液浸润性，目前主要的解决方法是在聚烯烃隔膜的单面或双面涂覆耐高温涂层，或者寻找可替代聚烯烃的热稳定性好的新隔膜材料。在聚烯烃基膜上涂覆耐高温涂层（如 Al_2O_3、SiO_2、$BaTiO_3$ 等），对聚烯烃隔膜进行改性是比较常见的办法，其对电池的电化学性能和热闭孔性能影响不大，却可以有效降低隔膜的热收缩，进而提高锂离子电池的安全性，市场上现在使用最多的是无机陶瓷涂覆隔膜。但是，由于陶瓷纳米颗粒易发生团聚而很难均匀涂覆在基膜上，还会造成严重的孔洞堵塞，导致离子转移电阻变大，影响锂电池的循环性能。另外，在电池组装过程中，无机陶瓷与基材结合性能差，陶瓷涂层易脱落，而通过加入普通的黏结剂增加结合力后又会使得隔膜透气性能变差，增大电池内阻。

基于陶瓷涂覆膜的这些缺点，使用耐高温聚合物作为涂层材料的研究也越来越多。耐高温聚合物材料包括天然材料和合成材料：天然材料有纤维素及其衍生物；合成材料包括聚对苯二甲酸乙二酯（PET）、聚偏氟乙烯（PVDF）、聚偏氟乙烯-六氟丙烯（PVDF-HFP）、聚酰胺（PA）、聚酰亚胺（PI）、芳纶［间位芳纶（PMIA）、对位芳纶（PPTA）］等。德国 Degussa 公司开发的以 PET 隔膜为基底，陶瓷颗粒涂覆的复合膜，表现出优异的耐热性能，闭孔温度高达 220℃。用静电纺丝法制备的 PI 纳米纤维隔膜降解温度为 500℃，比传统 Celgard 隔膜高 200℃，在 150℃ 高温条件下不会发生老化和热收缩。同时，PI 多孔膜具有较高的孔隙率和大量的极性基团，隔膜的离子电导率高，对电解液的浸润性非常好，使得锂离子电池适合在高倍率下充放电，从而缩短了充电时间，并且延长了锂离子电池的使用寿命。耐高温聚合物在锂离子电池隔膜中的应用有两种方式：一种是在基膜上涂覆，对基膜进行改性制备涂覆隔膜；另一种是通过静电纺丝法、相转换法或模板法制备以耐高温聚合物为基材的隔膜。固体聚合物电解质在锂离子电池中作为电解质的同时还可起到隔膜的作用，是很有前途的锂离子电池隔膜材料。

7.7.3　隔膜的制备方法

锂离子电池隔膜的制备方法主要有熔融拉伸（MSCS，干法）和热致相分离（TIPS，湿法）两大类方法，如图 7-140 所示。

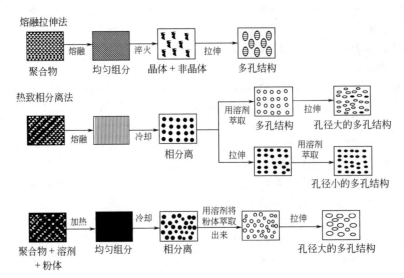

图 7-140 隔膜的制备方法与微孔结构

熔融拉伸（MSCS）法是将熔融聚合物从模具中挤出，以高拉伸比（拉伸速度/挤出速度）进行拉伸，形成具有垂直于挤出方向并平行排列的片晶结构，热处理后得到高度取向的多层结构。再进一步拉伸，高度取向的结晶高聚物在 c 轴方向上延伸，晶体晶面间发生剥离，形成多孔结构，再经过热定型即制得微孔膜。多孔结构与聚合物的结晶性、取向性等有关。由于 MSCS 法不包含任何的相分离过程，其工艺相对简单且生产过程中无污染，是锂离子电池隔膜制备的常用方法，但是该法存在孔径及孔隙率较难控制等缺点。

热致相分离（TIPS）法是利用高聚物与某些高沸点溶剂在较高温度（一般高于聚合物的熔化温度 T_m）时形成均相溶液，降低温度又发生固-液或液-液相分离的特性，在富聚合物相中含有添加物相，而富添加物相中又含有聚合物相，拉伸后除去低分子物即可制成互相贯通的微孔膜材料。挥发前后进行拉伸、热处理等，可以调整膜的厚度、强度和孔的结构及其量的多少。热致相分离法可以较好地控制孔径及孔隙率，缺点是需要加入和脱除溶剂，增加了成本，而且可能产生污染。

高聚物主要是高密度聚乙烯，溶剂可以采用酞酸酯、石蜡、烷烃、乙醇等，溶剂既可单独使用也可与不挥发性有机溶剂混合使用，在较高的温度下溶解聚乙烯。另外，在某些场合需要加入无机粉末作为孔形成促进剂和孔径控制剂或作为晶种。无机粉末以亚微米级粒径均匀分布在聚合物相中，由于拉伸时应力集中，出现相分离而形成微孔膜。添加成核剂后，由于结晶结构变得松散，拉伸时容易成孔，无污染。

聚合物电解质膜的制备方法有以下几种。

① 丝网印刷法。将密织丝网铺在平整、光洁的金属板上，用刮板以一定的压力匀速刮动浆液，形成均匀薄膜，烘干后将膜取下。膜的厚度由浆液黏度、丝网孔径、刮板压力及速度决定。

② 流延法。将装有浆液的加料罐与充满惰性气体的钢瓶相连，通过调节气体压力来控制浆液的流出速度，以恒定运动的基体带动浆料通过刀口与基体的狭缝，形成均匀的薄膜，通过烘道烘干后收卷。

③ 浇注法。以玻璃作膜载体，在玻璃中刻槽，注入浆液，形成厚度均匀的薄膜层，经烘干得聚合物膜。

7.7.4　黏结剂

在一般的充放电电池中，黏结剂至少起着以下几种基本作用。

① 粘接活性物质（特别是粉状）。

② 将活性物质粘接在集流体上。

③ 保持活性物质间以及和集流体间的粘接作用。

④ 保证活性物质制浆时的均匀性和安全性。

⑤ 在生产电池过程中形成浆状，以利于涂布。

作为锂离子电池的黏结剂，应具有以下性能。

① 良好的耐热性。在干燥和除水过程中，加热温度最高可以达到200℃，黏结剂必须能够耐受这样高的温度。

② 耐溶剂性。锂离子电池电解液是极性大（因此溶解能力和溶胀能力高）的碳酸酯类有机溶剂体系。黏结剂必须能够耐受碳酸酯（至少是不溶解），而且对电解液中的 $LiClO_4$、$LiPF_6$ 等以及副产物 $LiOH$、Li_2CO_3 等稳定，不发生溶解。

③ 电化学稳定性。在负极中处于锂的负电势下不被还原，在正极中发生过充电等有氧产生的情况下不发生氧化。伴随充放电过程，锂在活性物质中的嵌入-脱出引起活性物质的膨胀-收缩，要求黏结剂对此能够起到缓冲作用。

④ 不易燃烧，具有良好的加工性能。

图 7-141 是电极活性物质的粘接模型。其中点粘

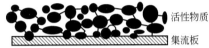
(a) 点之间的粘接

(b) 面之间的粘接

(c) 产生电阻

图 7-141　电极活性物质的黏结模型

接（a）是电极涂层的理想模式，（c）模式会导致涂层与集流体之间的电绝缘，应避免出现（c）模式，实际过程中形成的是（b）模式。

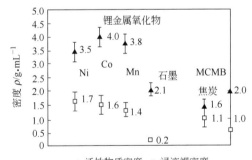

▲ 活性物质密度；□ 浸液视密度

图 7-142　锂离子电池活性物质的密度及其浸液的视密度

由此可见，黏结剂的性能好坏对电池性能影响很大。锂离子电池制备是采用涂布工艺，一般采用刮刀或辊涂布的方式，通过刀口间隙调节活性物质层的厚度。锂离子电池活性物质层的厚度很小，因此涂布刀口的间隙也很小，这就要求在浆料中不能有大的团聚颗粒存在。制作电极需要经过辊压、分切、卷绕等一系列过程才能进入电池壳体中，在这些过程中要求没有活性物质粉末脱落或片的脱落。

锂离子电池正负极材料的密度有很大差别，一般正极材料的密度在 $4g \cdot cm^{-3}$ 左右，负极材料的密度在 $2g \cdot cm^{-3}$ 以下。不同黏结剂必须根据各种活性物质的密度、松装密度进行黏度调整。图 7-142 表示锂离子电池活性物质的密度及其浸液的视密度。当活性物质密度高时，黏结剂的黏度必须增加（增稠），反之则要稀释。这样才能使活性物质与黏结剂混合均匀，并均匀涂布在集流体上。

黏结剂一般都是高分子化合物，电池中常用的黏结剂有 PVA（聚乙烯醇）、PTFE（聚四氟乙烯）、CMC（羧甲基纤维素）、聚烯烃类（PP、PE 以及其他共聚物）、PVDF/NMP 或其他溶剂体系、黏结性能良好的改性 SBR 橡胶、氟化橡胶以及聚氨酯等。目前，用于液

体锂离子电池的胶黏剂主要是有机氟聚合物，其主要成分是聚偏氟乙烯（PVDF），包括偏氟乙烯（VF_2）的均聚物、共聚物及其他改性物。PVDF 的电化学窗口比其他聚烯烃和氟树脂宽，且对许多正负极材料均比较稳定，与锂在 200℃ 以上时才发生反应，远在电池的安全使用稳定范围之外。此外，热塑性的 PVDF 有优良的力学性能和加工性能，因此 PVDF 在锂离子电池中得到了广泛应用。

PVDF 的结构式为 $(CH_2CF_2)_n$，是由 VF_2 单体通过加聚反应合成的聚合体，属于油性黏结剂，一般用悬浮或乳液聚合法制备。PVDF 具有典型的含氟聚合物的稳定性，聚合物链上的交互基团能产生一个独特的极性。该极性影响聚合物的溶解度以及锂离子、活性物质和金属集流体之间的相互作用力。

PVDF 和 VF_2/HFP（六氟丙烯）的共聚物为高度结晶高分子，一般结晶度可达 60%。结晶度的高低对聚合物性能会产生直接的影响，如聚合体的熔点、绝缘性、拉伸强度、弯曲强度、脆性、渗透性等。在共聚物 VF_2/HFP 中，HFP 能阻止聚合体链的有序排列，从而降低体系的结晶度。一般来讲，体系中 HFP 含量增加，结晶度呈线性下降，力学强度和耐溶剂性能下降，同时共聚物的柔软性和吸液性能提高。为了达到良好的综合性能，用于锂离子电池黏结剂的偏氟乙烯共聚物的第二单体（如 HFP 等）的含量应较少。

PVDF 用于电池的黏结剂时，需要选择合适的能溶解 PVDF 的有机溶剂。这些溶剂可分为活性溶剂、中间溶剂、助溶剂。在锂离子电池中 NMP（N-甲基吡咯烷酮）是比较适合于 PVDF 的溶剂，35℃ 时 PVDF 在 NMP 中的溶解度大于 100%。制浆时，用 NMP 溶剂将黏结剂与活性物质混合均匀，调整黏度至一定范围，涂布到集流体上。一般使用低聚合度的黏结剂比高聚合度的黏结剂效果更好。

丁苯橡胶（SBR）和羧甲基纤维素钠（CMC-Na）属于水性黏结剂。SBR 是由 1,3-丁二烯（$CH_2=CH-CH=CH_2$）、苯乙烯（$C_6H_5-CH=CH_2$）合成而得，一般有乳液聚合和溶液聚合两种方法；通过调整二者的比例，可以得到一系列不同交联度以及不同玻璃化转变温度（一个是发生形变的温度，另一个是状态从玻璃态向高弹态的转变温度）的产品。SBR 极易溶于水和极性溶剂中，具有很高的黏结强度以及良好的力学稳定性和可操作性，用在电池行业作为黏结剂，效果良好，质量稳定，是应用最广泛的水性黏结剂。

SBR 乳液本身是一个亲水性和疏水性平衡的产物：一方面通过疏水性与石墨有机结合；另一方面通过亲水性基团和铜箔表面基团发生缩合反应。而 CMC-Na 作为一种稳定剂、悬浮分散剂，对 SBR 具有辅助的黏结作用，同时也可让 SBR 分散得更加均匀；同时，可利用空间电荷的排斥作用保证整个体系的稳定。CMC 和 SBR 在实际锂电池石墨负极中相互互补，缺一不可，是工业界长期实践积累的结果。

随着锂电池技术的不断进步，耐高温、具有良好抗拉强度、兼具导电和黏结性的复合导电剂以及越来越多新型的黏结剂开始进入人们的视野，未来将根据材料表面的形貌、状态、官能团等综合因素入手，进行定制化开发以满足高能量密度电池的需求。

7.8 锂离子电池的制造

7.8.1 锂离子电池的结构

锂离子电池的形状有圆柱形和方形两种（图 7-143 和图 7-144），此外还有扣式锂离子电池。方形锂离子电池是针对电子产品，如手机、笔记本电脑的小型化和薄型化而发展起来的。扣式锂离子电池用于满足计算机、摄像机、笔记本电脑的高比能量、小型化和超薄设计。它除具有一般方形和圆柱形锂离子电池的优良电性能外，还具有外形扁平，正负极输出面积大，容易装卸，循环寿命长（深充深放可达 500 次），自放电小等优点。

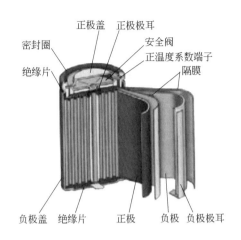

图 7-143　圆柱形锂离子电池的结构

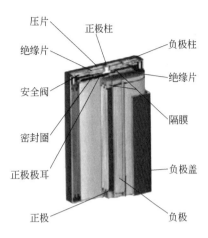

图 7-144　方形锂离子电池结构

无论何种锂离子电池，其基本结构都包括正极片、负极片、正负极集流体、隔膜纸、外壳及密封圈、盖板等，其中外壳、盖板和密封圈等根据电池的外形变化而有所改变。同时还要考虑安全装置，其中安全阀、正温度系数端子和隔膜对锂离子电池的安全性能具有非常重要的作用。下面就安全阀和正温度系数端子加以说明。

(1) 安全阀　图 7-145 为安全压力阀的作用原理。图 7-145（a）为正常情况下安全压力阀的结构。当体系中因大电流、热等原因产生大量气体时，体系的压力增大，将铝片向上挤压，发生弯曲形变，从而与正极引线发生分离，使电流回路发生断路，可抑制

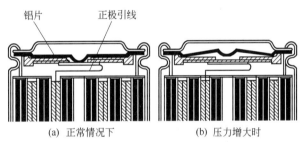

图 7-145　安全压力阀的作用原理

电池体系热量的进一步产生，如图 7-145（b）所示。

但是在通常情况下，如果使用纯 $LiCoO_2$ 为正极，大电流或过充电时，致使电池体系的温度突然增加，产生的气体如 CO_2、CH_4、C_2H_6 和 C_3H_6 等的气体量不足以使安全压力阀发生作用，而此时电池体系已经遭到破坏。为防止危险发生，索尼公司在 $LiCoO_2$ 中加入 Li_2CO_3，由于 Li_2CO_3 的分解电压在 4.8～5.0V 附近，过充电时 Li_2CO_3 发生分解，导致内压明显增加，此时安全压力阀发生作用，使体系断裂，抑制温度的升高。一般而言，温度不会超过 50℃。

(2) 正温度系数端子　因为电流过大，电池体系产生热量增多，内部温度升高，容易对电池产生破坏作用。在一般的蓄电池体系中，均采用正温度系数端子（positive temperature coefficient，PTC）来防止电流过大。对于锂二次电池而言，安全问题非常重要，正温度系数端子更是不可缺少，它可以用于锂离子电池的过流或过热保护。

正常温度下，正温度系数端子的电阻很小，但是当温度达到一定值时（跃变温度，trip-temperature），电阻会急剧升高，导致电流迅速下降。当温度下降以后，PTC 端子的电阻又变小，又可以正常充放电。一般而言，跃变温度为 120℃ 左右。常见元件组分为导电性填料与聚合物的复合。当电流明显变大时，PTC 端子元件因电阻的存在而产生热量，聚合物组

分发生膨胀，导电性填料之间的距离突然变大，电阻明显增加，形成"熔断"现象。当温度降低时，聚合物冷却，又回到低阻值。由于锂离子电池的耐热性温度不能超过130℃，因此对于聚合物而言，一般选择聚乙烯。

7.8.2 液体锂离子电池的生产

锂离子电池的制造工艺技术非常严格，生产流程随电池类型的不同而不同，液体锂离子电池的生产流程如图 7-146 所示。

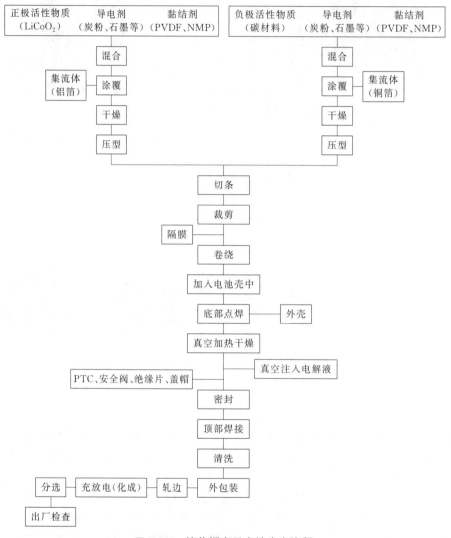

图 7-146 液体锂离子电池生产流程

(1) 极片的制作 目前使用的正极活性物质有 $LiCoO_2$、$LiFePO_4$、$LiMn_2O_4$ 等。将活性物质、导电剂(如石墨、乙炔黑)与溶于 N-甲基吡咯烷酮(NMP)的黏结剂(如 PVDF)溶液混合,经高速搅拌均匀后,制成浆状物质,均匀地涂覆在铝箔的两侧。涂层厚度为 $15\sim20\mu m$,在氮气流下干燥以除去有机物分散剂,然后用辊压机压制成型,再按要求剪切成规定尺寸的正极片。

负极活性物质主要是碳材料,包括 MCMB(中间相炭微球)、天然石墨、石油焦、沥青基碳纤维等。黏结剂有 PVDF、CMC 或 SBR 乳胶,溶剂为 NMP。将碳材料或石墨与约 10% 的黏结剂(如PVDF)混合均匀,制成糊状,均匀涂覆在铜箔两侧,干燥,辊压至 $25\mu m$,按要求剪成规定尺寸的负极片。

由于锂离子电池对正负极材料的比例有严格要求,因此浆料的制备和涂布工艺非常重要,必须严格控制精度和准确性。

电池原材料的预处理及电极浆料搅拌是锂离子电池生产的第一个环节,要求把电池活性材料和辅料在有机溶剂中进行高度分散,形成均匀的高黏度聚合物浆体,用于电极膜的涂布。浆料湿涂层较厚,属非牛顿型高黏度流体,考虑极片涂布的特点,通常实用的涂布方法包括条缝挤压涂布、反辊涂布和刮刀涂布。相对于刮刀涂布,一般倾向于选择条缝挤压和反辊涂布过程,因为它们容易处理不同黏度的正负极浆料并改变涂布速率,而且很容易控制网上涂层的厚度。在涂布过程中应尽量控制浆料的均匀性,尤其是活性粒子粒径的分布情况。

(2)电池的装配 锂离子电池装配需要无水环境,因此都在手套箱或干燥室内进行。

将干燥好的正极和负极一起按电池大小所需的长度进行切割,接着将电极与导线进行焊接。按正极片-隔膜-负极片-隔膜自上而下的顺序放好,经卷绕制成电池芯。把电池芯插入电池壳中,并将负极与壳底焊接,再经注入电解液,将正极导线与遮挡阀一起焊接,然后加盖封口,即完成电池的装配过程,制成成品电池。

方形电池和圆柱形电池的基本生产工艺流程相同,只是两种电池的封口方式不同。方形电池采用激光焊接,实现壳盖一体化,而圆柱形电池是传统的卷边压缩密封。扣式电池装配是将负极材料放在负极盖内,加一定的压力使活性物质与集流体密合,在上面铺放隔膜,再将正极材料与黏结剂混合、加压成型,置于隔膜之上,滴入电解液,扣上钢壳,经封口即成扣式锂离子电池。

7.8.3 聚合物锂离子电池的生产

聚合物锂离子电池所用原材料主要有锂的氧化物、石墨、固态聚合物电解质、金属集流体、导电剂、黏结剂、铝塑膜等。图 7-147 是聚合物锂离子电池的生产流程。一般是将电极活性物

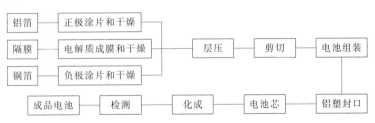

图 7-147 聚合物锂离子电池的生产流程

质与溶剂、导电剂、黏结剂混合,经制膜机制成电极膜,然后将电极膜、固态聚合物电解质膜、金属集流体热压成一体,经冲裁、电池组装、铝塑封口、化成、检测等程序,即得成品电池。

聚合物锂离子电池与液体锂离子电池相比,主要不同处在于隔膜和电解质。因此,电极材料的制备工艺基本上与液体电解质相同,主要区别在于电解质膜和电池的组装工艺。聚合物锂离子电池的制造工序主要包括聚合物正极膜、负极膜、聚合物隔膜等制造过程。

最先公开聚合物锂离子电池生产

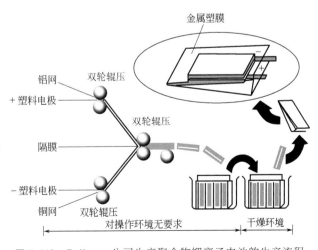

图 7-148 Bellcore 公司生产聚合物锂离子电池的生产流程

流程的为 Bellcore 公司,其生产流程示意于图 7-148。首先是集流体 Al 网、Cu 网和电极材料(膜)的复合,形成正极和负极。通过热压,将增塑的聚合物 PVDF-HFP 进行熔融,夹在电极之间,成为一个电池组。把该电池组放在有机溶剂中,将增塑剂(如邻苯二甲酸二丁酯)萃取出来,再把电池组装入铝塑膜盒中,经减压或升温干燥后,注入电解液,形成凝胶。这种制造方法能使电池内界面接触良好,电池内阻低,容量高,循环寿命长。其中最主要的工艺有电极材料的预处理与电极浆料搅拌工艺、电极制膜及分切工艺、单体电池的组装工艺和电池的化成工艺。环境除湿与包装材料也是重要的质量保证条件。

7.8.4　锂离子电池的化成和分选

同其他蓄电池一样,锂离子电池在出厂前必须进行化成、检测,以及分选分类。

锂离子电池的化成主要有两方面的作用:一是使电池中的活性物质借助于第一次充电转变成具有正常电化学作用的物质;二是使电极主要是负极表面生成有效的钝化膜(SEI 膜),以防止负极自发与电解液发生反应,同时使活性物质与电解质之间有良好的接触。一般而言,每个生产厂家有自己的化成条件,各电池制造商除将材料及制造过程列为机密外,化成条件也被列为各公司制造电池的重要机密。电池化成期间,最初的几次充放电会因为电池的不可逆反应而使得电池的放电容量在初期有所减少,待电化学状态稳定后,电池容量趋于稳定,因此有些化成程序包含多次充放电循环,以达到稳定电池的目的。

对所有锂离子电池来说,控制充电过程非常重要。通常先以恒定电流进行,待电池充电电压达设置值时,再以恒压方式进行充电。当锂离子电池在不适宜的截止电压恒压充电时,极易影响循环寿命,甚至使电解液分解而造成危险,因此不能使用镍镉、镍氢电池所通用的定电流充电法。由于锂离子电池充电通常要使用恒压充电法,因此充电的截止电压必须进行精确控制。

锂离子电池的检测过程主要包括以下阶段:恒流充电阶段、恒压充电阶段、充放电间隔阶段、放电阶段等。在恒流充电阶段,由充电峰值电压限定恒流充电终点,当电池电压达到上限4.1V 或 4.2V 时,恒流充电阶段即告结束,电池进行下一阶段即恒压充电阶段;恒压充电是指在保持电池两端电压不变的情况下对电池充电,在这一阶段,充电电流以逐渐减小直至为零的方式将电池充满;在充放电间隔阶段,电池处于自放电状态;放电阶段是电池检测和分选的关键阶段,电池的容量就是在这一阶段计算出来的,即通过放电电流与放电时间的乘积得到。电池上架化成之前及下架后都需要测量电池阻抗值,待测试后,此数据与电池容量值以供电池分选之用。一般情况下,电池阻抗越低,电池性能越好,整体表现越佳。

电池的化成和分选非常重要,特别是锂离子电池在应用过程中,经常是多节电池的并联、串联或两者结合。化成好的电池按一定规律进行分选,如根据放电容量或根据放电曲线进行分类,将电池性能相近的分成一类组装成电池组,可保证电池能良好地运行。

7.9　锂离子电池的使用和维护

掌握锂离子电池的使用和维护技术,可以延长锂离子电池的使用寿命和保持电池的优越性能。

(1)锂离子电池放电

① 终止放电电压:锂离子电池的额定电压为 3.6V(有的产品为 3.7V),终止放电电压为 2.5~2.75V(电池厂给出工作电压范围或给出终止放电电压,各参数略有不同)。电池的终止放电电压不应小于 2.5V×n(n 是串联的电池数),低于终止放电电压继续放电称为过

放，过放会使电池寿命缩短，严重时会导致电池失效。电池不用时，应将电池充电到保有20%的电容量，再进行防潮包装保存，3～6个月检测电压1次，并进行充电，保证电池电压在安全电压值（3V以上）范围内。

② 放电电流：锂离子电池不适合用于大电流放电，过大电流放电时内部会产生较高的温度而损耗能量，减少放电时间，若电池中无保护元件还会产生过热而损坏电池。因此，电池生产工厂会给出最大放电电流，在使用中不能超过产品特性表中给出的最大放电电流。

③ 放电温度：不同温度下的放电曲线是不同的。在不同温度下，锂离子电池的放电电压及放电时间也不同，电池应在－20℃到＋60℃温度范围内进行放电（工作）。

(2) 锂离子电池充电

① 新电池充电。电池出厂时，已充电到约50%的电容量，新购的电池可直接使用。电池第一次用完后充足电再用，第二次用完后再充足电，这样连续3次后，电池可达到最佳使用状态。

对锂离子电池充电，应使用专用的锂离子电池充电器。锂离子电池充电采用"恒流/恒压"方式，先恒流充电，到接近终止电压时改为恒压充电。如一种800mA·h容量的电池，其终止充电电压为4.2V。电池以800mA（充电率为1C）恒流充电，开始时电池电压以较大的斜率上升。当电池电压接近4.2V时，改成4.2V恒压充电，电流逐渐降低，电压变化不大，到充电电流降为1/10C（约80mA）时，认为接近充满，可以终止充电（有的充电器到1/10C后启动定时器，过一定时间后结束充电）。不能用充镍镉电池的充电器（充三节镍镉电池的）来充锂离子电池（虽然额定电压一样，都是3.6V），由于充电方式不同，容易造成过充。

② 充电电压。充满电时的终止充电电压与电池负极材料有关，焦炭为4.1V，而石墨为4.2V，一般称为4.1V锂离子电池及4.2V锂离子电池。在充电时应注意4.1V的电池不能用4.2V的充电器充电，否则会有过充危险（4.1V与4.2V的充电器所用的充电器IC不同）。锂离子电池对充电的要求是很高的，它要求精密的充电电路以保证充电的安全。终止充电电压精度允差为额定值的±1%（例如，充4.2V的锂离子电池，其允差为±0.042V），过压充电会造成锂离子电池永久性损坏。

③ 充电电流。锂离子电池充电电流应根据电池生产厂的建议，并要求有限流电路以免发生过流（过热）。一般常用的充电率为0.25～1C，推荐的充电电流为0.5C（C是电池的容量，如标称容量1500mA·h的电池，充电电流为0.5×1500＝750mA）。在大电流充电时往往要检测电池温度，以防止因过热而损坏电池或产生爆炸。

④ 充电温度。对电池充电时，其环境温度不能超过产品特性表中所列的温度范围。电池应在0～45℃范围内进行充电，远离高温（高于60℃）和低温（低于－20℃）环境。

锂离子电池在充电或放电过程中若发生过充、过放或过流时，会造成电池的损坏或降低使用寿命。为此，开发出各种保护元件及由保护IC组成的保护电路，它安装在电池或电池组中，使电池获得完善的保护。但是，在使用中应尽可能防止过充电及过放电。例如，手机电池在充电过程中，快充满时应及时与充电器进行分离。放电深度浅时，循环寿命会明显提高。

(3) 锂离子电池的储存和运输　锂离子电池可储存在温度为－5～35℃、相对湿度不大于75%的清洁、干燥、通风的环境中，应避免与腐蚀性物质接触，远离火源及热源，不要置于阳光直射的地方，不能随意拆卸电池。电池若长期储存，电池电量应保持标称容量的30%～50%。推荐储存的电池每6个月充电一次。

电池应包装成箱进行运输，在运输过程中应防止剧烈振动、撞击或挤压，防止日晒雨淋，可使用汽车、火车、轮船、飞机等交通工具进行运输。

由于锂离子电池具有高容量、高电压平台、安全性能好、循环寿命长、绿色无污染等优点，使其在便携式 3C 电子设备、电动汽车、船舶、空间技术、物流、国防和储能等方面得到了广泛应用，成为近 10 年及未来一段时间广为关注的新能源领域研究热点。全球锂离子电池产业主要集中在中、日、韩三国，三者占据了全球 97% 左右的市场份额。随着动力型锂离子电池需求的迅猛增长，锂离子电池产业结构发生了显著变化。按照锂离子电池产品容量计算，由于电动汽车产量迅猛增长，加上电动自行车中锂离子电池渗透率稳步提升，动力型锂离子电池市场需求快速增加，动力型锂离子电池市场占比突破了 50%，并超过消费型锂离子电池；消费型锂离子电池市场占比呈下滑趋势；储能型锂离子电池在光伏分布式应用以及移动通信基站储能电池领域的应用不断扩大。随着锂离子电池在各领域的应用日趋广泛，尤其是在电动汽车、新能源、军事等领域逐步推广，各国以及各大企业纷纷加大研发支持力度。与此同时，石墨烯、纳米材料等先进材料制备技术不断完善，与锂离子电池研发加速融合，锂离子电池在人们生活中扮演的角色将越来越重要。

7.10　锂硫电池

随着电动交通工具和分布式储能的发展，基于插层化学的传统锂离子电池体系（如 $LiCoO_2$|石墨电池）已经不能满足对高能量密度、长循环和低储能成本的需求。在新一代储能技术开发的过程中，基于多电子转化反应的锂硫（Li-S）电池由于其超高的能量密度、低廉的材料价格以及优异的环境友好性，成为当前电化学储能领域十分重要的研究内容及方向。

Na-S 电池可以说是元素 S 作为电极材料的最早应用。虽然高温 Na-S 电池在使用中还存在温度高、电池容量持续下降、安全性差以及腐蚀性等诸多问题，但正是由于 Na-S 电池的使用，使人们注意到元素硫在化学电源中的巨大应用潜力。锂硫电池的内部结构主要是以金属锂为负极，单质硫为正极活性物质。在放电过程中，金属锂失去电子变成锂离子，通过电解液迁移到正极，与单质硫反应，随着放电的进行，产物从多硫化锂逐步转化成硫化锂；在充电过程中，硫化锂发生电化学氧化，从而释放锂离子并转化为单质硫，锂离子迁移回负极沉积成金属锂。由于活性物质具有超高的理论容量（锂：$3860mA \cdot h \cdot g^{-1}$；硫：$1675mA \cdot h \cdot g^{-1}$），组装而成的锂硫电池理论能量密度高达 $2600W \cdot h \cdot kg^{-1}$，被认为是下一代高能量密度锂电池的备选之一。

7.10.1　基本反应原理

锂和硫的整个电化学反应可以表示为 $16Li + S_8 \longrightarrow 8Li_2S$，但硫电极的充电和放电反应过程是非常复杂的，并且存在一定的争议。目前，普遍认为硫发生的多步反应过程，伴随着生成一系列不同链长的多硫化物可逆中间产物，包括 Li_2S_8、Li_2S_6、Li_2S_4 和 Li_2S_2 等。图 7-149 为锂硫电池典型的第一次充放电循环曲线。图中箭头 1 表示放电过程，箭头 2 表示充电过程。基于硫物种的相变化，放电过程表示为四个还原区域。

区域Ⅰ：从元素硫到 Li_2S_8 的固-液两相还原过程，电压平台位于 2.2~2.3V。在这一区域，环状结构的 S_8 变为链状结构的 Li_2S_8，形成的 Li_2S_8 溶解到电解液中成为液态阴极。由于硫反应及 Li_2S_8 溶出，在阴极留有许多空隙。

$$S_8 + 2Li^+ + 2e^- \longrightarrow Li_2S_8$$

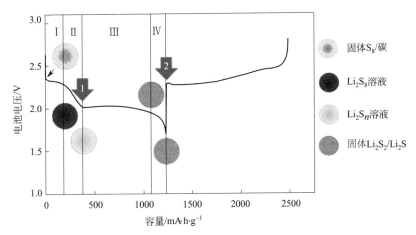

图 7-149　锂硫电池典型的第一次充放电循环曲线

区域Ⅱ：溶解的 Li_2S_8 到低阶多硫化物（polysulfide，PS）的液-液单相还原过程。在这一过程中，随着 S-S 链的长度减少和 PS 阴离子数目（浓度）的增加，电压急剧下降，溶液的黏度逐渐增加。在这一范围的放电末端，溶液黏度达到最大值。

$$Li_2S_8 + 2Li^+ + 2e^- \longrightarrow Li_2S_{8-n} + Li_2S_n$$

区域Ⅲ：从溶解的低阶 PS 到不溶的 Li_2S_2 或 Li_2S 的液-固两相还原过程，形成 Li_2S_2 或 Li_2S 的反应存在竞争，电压平台位于 $1.9 \sim 2.1V$。该平台是锂硫电池的主要放电区域，这一过程贡献了锂硫电池的主要容量。

$$2Li_2S_n + (2n-4)Li^+ + (2n-4)e^- \longrightarrow nLi_2S_2$$
$$Li_2S_n + (2n-2)Li^+ + (2n-2)e^- \longrightarrow nLi_2S \tag{7-41}$$

区域Ⅳ：从不溶的 Li_2S_2 到 Li_2S 的固-固还原过程。由于 Li_2S_2 和 Li_2S 固有的不导电性和不溶性，这一过程动力学缓慢，通常极化较大。

$$Li_2S_2 + 2Li^+ + 2e^- \longrightarrow 2Li_2S$$

当区域Ⅲ中式(7-41)占支配地位时，相应地区域Ⅳ变得非常短甚至消失。

充电过程对应于不溶的 Li_2S_2 和 Li_2S 逐步氧化为 S_8 的转化过程。易溶于电解液的长链多硫化物向单质硫的转化动力学十分缓慢，在首次循环后硫活性物质主要以 S_n^{2-} 大量存在于电解液中，只有少量活性物质被氧化为 S_8。

除电化学还原反应外，在电解液中还存在 PS 阴离子的复杂的化学反应。该反应受溶剂、浓度和 PS 溶液温度的影响。这些反应通常描述为：

$$Li_2S_n + Li_2S \longrightarrow Li_2S_{n-m} + Li_2S_{1+m}$$
$$Li_2S_n \longrightarrow Li_2S_{n-1} + 1/8S_8$$

不同的 PS 阴离子种类及浓度差，造成在硫阴极和锂阳极之间，溶解的 PS 会引起严重的氧化还原穿梭（redox shuttle）现象（穿梭效应）（图 7-150）。

在阴极产生的多硫化物，通过电解液扩散到锂阳极，进一步发生电化学和化学还原，形成链长较短的多硫化物和 Li_2S。

$$(n-1)Li_2S_n + 2Li + 2e^- \longrightarrow nLi_2S_{n-1} \quad （电化学还原）$$
$$(n-1)Li_2S_n + 2Li \longrightarrow nLi_2S_{n-1} \quad （化学还原）$$

还原的硫化物和溶解的其他多硫化物再结合，随后扩散回阴极，再次被氧化。

形成的多硫化物与溶剂的介电常数、供体数量和使用的电流密度有关。

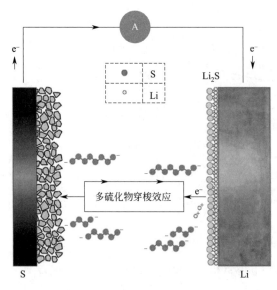

图 7-150　溶解的多硫化物穿梭效应示意图

穿梭效应的存在对锂硫电池有正反两方面的影响：一方面导致库仑效率较低，电池储存时自放电速率较快及锂负极的侵蚀；另一方面却对锂硫电池的过充电起到了保护作用。

锂硫电池放电曲线的形式取决于硫电极中碳的含量、放电倍率和多硫化物中间产物的存在形态。一般锂硫电池具有两个典型的放电平台，如图 7-149 所示。最近基于 TEGDME-LiTFSI 电解液研究硫还原放电过程形成的产物，观察到三个电压平台。而在全固态锂硫电池中，一般仅观察到第二个低电位放电平台，这表明可能和液态电池反应机理不同。由此可见，硫电极的充电和放电反应过程是非常复杂的。

7.10.2　存在的问题

虽然锂硫电池正极活性物质放电比容量高达 $1675\mathrm{mA \cdot h \cdot g^{-1}}$，理论能量密度达 $2600\mathrm{W \cdot h \cdot kg^{-1}}$，但目前可实现的能量密度远低于理论值。电池容量衰减快、循环寿命短等问题减慢了锂硫电池实用化的步伐。

7.10.2.1　硫阴极

活性物质硫及其还原产物是不导电的绝缘体，具有相对较低的质量密度（α-S 和 $\mathrm{Li_2S}$ 的密度分别为 $2.07\mathrm{g \cdot cm^{-3}}$ 和 $1.66\mathrm{g \cdot cm^{-3}}$）。硫的室温电导率仅 $5\times10^{-30}\mathrm{S \cdot cm^{-1}}$，如此低的电导率很难作为正极材料单独使用。因此，需要在电极制备过程中加入大量的导电炭黑或采用一种高电导率的材料与之复合，从而提高复合材料的导电性，但这又导致电极体系的能量密度降低。为确保硫高能量密度的优势，硫在阴极的质量分数至少有 70%，硫合理的负载量相当于 $2\sim3\mathrm{mA \cdot h \cdot cm^{-2}}$ 的比容量。同时，从硫还原到 $\mathrm{Li_2S}$ 导致体积增加 79.2%，因此需要导电的碳材料具有多孔性以缓解增加的体积。高含量的导电碳利于增加比容量和硫的容量保持率，但减小了电池的能量密度。碳表面的官能团有利于增加 PS 阴离子的化学吸附。

由于硫在充放电过程中存在着不同的中间产物多硫离子，而在放电初期和充电末期所产生的长链 $\mathrm{Li_2S}_n$（$4\leqslant n\leqslant8$）在电解液中容易溶解，会恶化其离子导电性，将对锂硫电池性能造成巨大影响。首先，在充放电过程中，由于正极活性物质中间产物多硫离子不断溶解进入电解液，从而造成锂硫电池可逆容量的较大损失，电池的循环性能也因此恶化。更严重的是，在充电末期，溶解于电解液中的多硫离子 S_x^{2-}（$4\leqslant x$）容易扩散到金属锂负极一侧并与之发生还原反应形成低价态 S_y^{2-}（$4\leqslant y\leqslant x$），随后又扩散到正极表面并再次被氧化为 S_x^{2-}（$4\leqslant x$），如此反复地反应于正负极之间，形成"多硫离子穿梭效应"。该效应在电池充放电曲线上体现为第二个充电平台延长。效应越强烈，平台越长，电池过充现象越明显。正是由于这个原因，在绝大多数报道的锂硫电池充放电数据中，充电容量大于放电容量，且循环库仑效率（按照充电比放电）始终大于 100%。由于穿梭效应，溶于电解液的多硫化物也会穿过隔膜直接接触金属锂负极，发生自放电反应。多硫化物与锂负极反应生成的硫化锂等产物导电性差且不溶解，引起电池负极的腐蚀和电池内阻增加，导致电池循环性能变差，容量逐步衰减。

此外，充放电过程中硫电极会发生相应的收缩和膨胀，一定程度上破坏了电极的物理结构。在放电区域Ⅰ的末端，所有硫物种溶解进入液态电解液，在阴极侧留有大量的空位。可是在区域Ⅲ，溶解的 PS 又沉积到阴极上形成 Li_2S_2 和 Li_2S。这需要黏结剂具有在 Li-S 电池循环过程中能够保持阴极高度多孔结构的能力。传统的黏结剂如聚偏氟乙烯［poly（vinylidene fluoride），PVDF］和聚氧乙烯［poly（ethylene oxide），PEO］由于在电解质溶剂中的溶胀和凝胶作用不能满足这一要求。另外，硫还原产物聚硫阴离子自由基（S_n^-）作为中间物种，可以和一些有机聚合物反应。例如，将硫和（聚偏氟乙烯-六氟丙烯）共聚物［poly（vinylidene fluoride-cohexafluoropropene），PVDF-HFP］在乙腈溶液中经过简单球磨，将会产生强的硫醇气味，说明硫和 PVDF-HFP 分子间可能会发生反应。硫和 PS 及包含不饱和 $\diagup$C=C$\diagdown$ 键的聚合物也会发生"硫化反应"。因此，适宜的黏结剂对于 Li-S 电池阴极来说，应该是在液态电解液中不膨胀、对所有类型的硫物种是化学稳定的。

铝箔广泛用作硫阴极的集流体，这将导致在较高温度的安全性差，因为 Al 金属和 S 彼此能激烈反应。碳包覆的 Al 箔能避免 Al 和 S 的直接接触，从而增加 Li-S 电池的安全性。另外，碳包覆层能增强阴极组分和集流体间的黏附力。

7.10.2.2　液态电解质

液态电解质由溶剂、锂盐和（或）添加剂组成。它的性质对锂硫电池的初始放电容量和循环性能具有直接影响。

锂硫电池体系的反应特点决定了电解质溶剂对于多硫化物具有较好的溶解能力。锂硫电池的液态电解质溶剂可简单分为酯类和醚类电解质溶剂，硫基复合材料在不同的液态电解质中的电化学行为表现明显不同，而不同的电解液也对硫基复合材料的硫分散复合方式有不同的要求。研究发现，锂离子电池中大部分常用的酯、碳酸酯和磷酸酯类溶剂不仅难以溶解多硫化物，而且两者之间还存在副反应。PS 阴离子和 PS 阴离子自由基具有非常高的活性，它们能参与碱、亲核、氧化还原和自由基等反应。醚类溶剂具有较高的多硫化物溶解能力，锂硫电池适宜的电解液溶剂仅限于较低黏度特性的直链和环状的醚类，例如二甲醚（dimethyl ether，DME）和 1,3-二氧戊烷（1,3-dioxolane，DOL）。总体来说，直链的 DME 具有较高的 PS 溶解度和更快的 PS 反应动力学；环状的 DOL 能在锂负极表面形成较为稳定的 SEI 膜，但 PS 在 DOL 溶剂中的溶解度很低，PS 反应动力学缓慢，放电时表现出较为明显的电化学极化。因此，单一的有机溶剂已不能满足锂硫二次电池的需要，通过溶剂间的协同效应，将不同溶剂混合优化，在硫的比容量和容量保持率上往往能使电池发挥出更优的性能。

即使这样，溶剂也将随着 Li-S 电池的循环而逐渐消耗殆尽。由于溶剂分子和 PS、Li 金属反应，例如：

$$R—O—R+Li_2S_n \longrightarrow R—OLi+R—S_nLi$$
$$2R—O—R+2Li \longrightarrow 2R—OLi+R—R+\cdots$$

导致电池性能衰减及胀气。由于当前选用的有机溶剂分子与多硫化物和金属锂之间的副反应无法完全抑制，所以随着电解质性能的不断恶化，电池性能的显著衰退终将不可避免。

尽管溶解的 PS 会使体系产生"穿梭效应"，但 PS 在溶剂中的高溶解性和低黏度对 Li-S 电池的循环性能是有促进作用的。没有 PS 的溶解分散，单质硫只能在与导电炭颗粒接触的界面上发生还原反应，这将大大降低电极中活性物质的利用率。因此，理想的液态电解质溶剂应基本满足以下三点：①对锂负极和多硫化物（阴离子和阴离子自由基）性质稳定；②对多硫化物有较高溶解度；③溶解多硫化物后，依然保持较低黏度。

电解液锂盐首先应保证不会与 PS 发生反应。传统的锂盐如 $LiPF_6$、$LiBF_4$、双草酸硼酸锂（lithium bisoxalatoborate，LiBOB）和二氟草酸硼酸锂［lithium difluoro（oxalato）borate，LiFOB，LiBF$_2$C$_2$O$_4$］因为会发生反应而不适合 Li-S 电池体系。例如，LiPF$_6$ 和 LiBF$_4$ 会与多硫化物发生如下反应：

$$LiPF_6 + Li_2S_n \longrightarrow LiPS_nF_4 + 2LiF$$
$$LiBF_4 + Li_2S_n \longrightarrow LiBS_nF_2 + 2LiF$$

而且，这些盐也不能在 Li-S 电池常用的 DOL 溶剂中使用，因为它们的 Lewis 酸性质会引起 DOL 分子开环聚合。

目前报道的较为合适的锂盐是三氟甲基磺酸锂（LiSO$_3$CF$_3$）和双（三氟甲基磺酰）亚胺锂［LiTFSI，LiN(SO$_2$CF$_3$)$_2$］。其中，LiTFSI 能提供更高的电解液离子电导率，对铝集流体的腐蚀作用也较小，但是会导致电解液黏度偏高。但因 LiTFSI 目前合成困难、成本较高而制约了它的应用。

7.10.2.3 金属锂阳极

锂硫电池本质上仍然属于可充金属锂电池，因此，不得不面对与几十年前被市场淘汰的金属锂二次电池一样的技术难题，即如何提高锂阳极在循环过程中的稳定性和安全性。而在锂硫电池中由于多硫离子溶解所带来的副反应对金属锂阳极的影响，使得此问题变得更为复杂。

金属锂在阳极表面不均匀溶解和沉积，使其容易在某个区域或沿某个方向择优生长，从而产生锂枝晶现象（图 7-151）。枝晶的生长依赖于电解液的扩散性质，如锂离子的扩散通量和电场强度等。在多重因素的影响下，

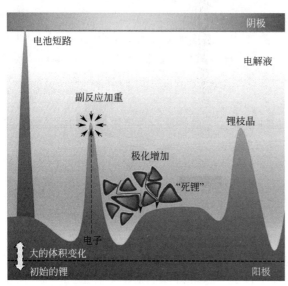

图 7-151　锂枝晶生长对金属锂电池的危害

枝晶呈现针状、苔藓状和树枝状的形貌。枝晶的生长过程也会受到外部因素的影响，如电流密度、锂沉积量、温度和压力等因素。由于锂枝晶具有高的比表面积，溶解的 PS 容易和锂枝晶反应，从而达到化学"消融"，避免枝晶生长，同时锂枝晶发生断裂导致"死锂"的产生。锂阳极最主要的问题是低的库仑效率和锂表面粗糙/松散的形貌。金属锂阳极具有极高活性，且很难与电解液形成稳定的固态电解质界面膜（SEI 膜），因此造成在充放电过程中金属锂阳极循环效率较低，从而影响其在实际电池中的能量密度和使用寿命。表面粗糙/松散的锂有非常大的比表面积，和电解质溶剂反应的活性很高。锂和溶剂反应导致气体和固态产物产生，这是导致 Li-S 电池容量衰减的一个重要原因，并存在巨大的安全隐患。此外，金属锂和溶解的 PS 反应也被看成是在高温条件下 Li-S 电池热失控的一个最重要因素。

球状锂沉积表面光滑，没有尖锐的尖端，可以避免枝状锂沉积带来的安全问题；而且球状锂单位体积的表面积最小，通过新鲜锂与电解质之间反应形成的固体电解质（SEI）较少，具有更高的库仑效率和更长的循环寿命。在相同的锂沉积速率下，随着扩散能力下降，锂离子变得难以通过 SEI（表示为慢 SEI），使其成为扩散控制的反应。因为最初的锂成核位点分布在集流体的凸起位置，其边缘无法在电场下捕获锂离子，锂离子优先倾向于聚集在尖端上，诱导形成枝状锂。当锂离子在 SEI 中的扩散速率增加时（表示为快 SEI），锂离子迁移到阳极表面具有更快的动力学。结果，锂沉积步骤转变为反应控制，SEI 下的锂离子数量以及锂

成核边缘的锂离子数量显著增加，锂离子向锂原子的转化可以在凸起的锂成核位点均匀沉积，导致球形锂沉积（图 7-152）。

调控锂沉积为球状是避免锂枝晶生长的有效策略。通过固定电解液中锂离子浓度（$1mol \cdot L^{-1}$），调控电解液中双三氟甲烷磺酰亚胺根（$TFSI^-$）和硝酸根（NO_3^-）的浓度，发现随着 NO_3^- 含量增加，$TFSI^-$ 含量降低，锂越来越多地倾向于沉积为球状。进一步研究发现，构筑锂离子浓度、调控阴离子浓度的系列电解液将影响锂离子扩散至锂表面的速率。当高 NO_3^- 含量的电解液中构筑的固体电解液界面

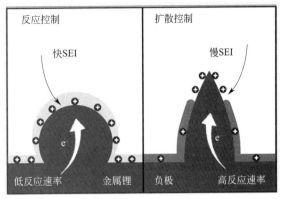

图 7-152　金属锂沉积反应-扩散竞争模型

层（SEI）含有 Li_3N 时，能显著提升 SEI 的锂离子电导率，从而使得反应的决速步由无 NO_3^- 时的扩散控制逐步转变为反应控制，因而锂的沉积形貌从枝晶状变为球状。由此提出了金属锂沉积扩散-反应竞争模型，来阐释锂沉积形貌的差异机理：在电场浓度场的驱动下，锂离子迁移至负极表面，跨过固体电解液界面层（SEI）后，在锂负极表面得到电子沉积为金属锂。在扩散控制时，对于高反应速率（电流密度），低扩散速率时倾向于沉积为枝晶状；在反应控制时，对于低反应速率（电流密度），高扩散速率时倾向于沉积为球状。这一机理为进一步探寻调控锂沉积过程、实现无枝晶生长提供了新的思路。

此外，深刻理解锂电池中的锂键化学也是构建安全、高比能的新型锂电池体系的关键。2015 年，Goodenough 等以锂键的形式解释了多硫化物（LPSs）和聚合物中的给电子官能团之间的相互作用，可阻止 LPSs 在电解液中的溶解，能够缓解锂硫电池中的穿梭效应。清华大学张强团队首次利用密度泛函理论计算和实验手段确定了锂键的几何构型、键级、巴德电荷（Bader Charge）、偶极迁移等特征，表明多硫化物和富电子给体之间的锂键相互作用实际上是一种偶极−偶极相互作用，而且锂键会使 ^7Li 的 NMR 信号向低场移动，可以描述多硫化物和硫载体之间的相互作用。

锂键在电池中首先可用于硫电极上主客体的相互作用，S_8 分子被还原成从 Li_2S_8 到 Li_2S_2 的多种多硫化物。在这些 LPSs 中，一个锂可以与 2 个或者更多的 S 原子配对。在多硫化物的团簇中，S−Li−S 团簇之间的相互作用可以用锂键来解释，LPSs 的稳定性与锂键有很大的关系，可以作为表征多硫化物稳定性的指标。例如，相比于链状的 Li_2S_8，环状的 Li_2S_8 可以形成更多的锂键，因而在真空、THF 溶剂、DMSO 溶剂中都具有更低的能量。此外，由于锂键不受饱和性和方向性的限制，使得多硫化物具有更多的结构多样性。多硫化锂甚至可以和 Li_2S 直接通过锂键相结合形成团簇，进一步调控二者的物理和化学性质。例如，低级的多硫化物在电解液中更倾向于形成大的团簇，导致其差的溶解能力。但是在高级的多硫化物中，LPSs 与溶剂的相互作用增加，Li 与多硫化物阴离子作用减弱，使其表现出更高的溶解度。因此锂键可以调节 LPSs 的结构和团簇行为，以及 S 和电解液的相互作用。

虽然锂键中的锂离子运动得更快一些，但是这一部分锂离子对于溶液离子电导的贡献微不足道。而恰恰是锂键较高的键能使得溶剂化壳层中的分子无法高效地与外部自由溶剂分子交换，从而影响了锂离子的扩散，使得离子电导率下降。此外，锂键的形成可以降低溶剂分子的 LUMO 能级，使醚类和酯类电解液中的 C—O 键变长，使溶剂分子更容易从负极获得电子，从而促进电解液的还原分解。在高浓度电解液中，阴离子参与溶剂化过程，改变了锂

键结构。因此，利用锂键可以调控电解质溶液的离子电导和稳定性。

锂金属负极的沉积和剥离过程与锂键也密切相关。在锂的沉积过程中，电解液中的锂离子与溶剂逐渐脱离并在负极表面得到电子，与负极集流体框架形成锂键（图 7-153）。不同的主体结构能够影响锂键，经过精准设计负极集流体框架，能够诱导不同锂键相互作用，从而调控金属锂的成核。异质原子掺杂的碳材料（如氮掺杂的石墨烯）经常作为锂金属负极的集流体框架，不同异质原子掺杂或不同官能团与锂的相互作用不甚相同，使得锂键多样化，从而可以改变集流体框架对锂的亲和性差异（亲锂型或疏锂型）。

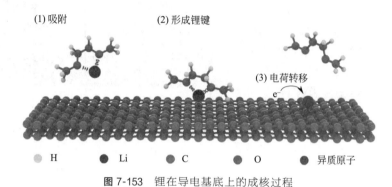

图 7-153　锂在导电基底上的成核过程

7.10.3　改进方法

7.10.3.1　金属锂电极

同锂空气电池一样，锂硫电池也是以金属锂为负极的可充锂电池，主要通过金属锂表面改性等方法抑制锂枝晶的生长，提高金属锂负极循环性能。抑制锂枝晶生长，不仅有利于提高锂硫电池的安全性，在改善电池循环性能、避免容量衰减方面也有着积极的影响。

对于金属锂负极的保护，主要集中于在锂负极表面加入物理或化学保护膜；对锂负极基体结构进行改进（结构化负极），构筑锂负极的三维载体骨架以控制锂的生长；利用电解液添加剂在循环过程中对锂负极进行原位保护；稳定锂-电解液界面；利用高盐浓度电解液和纳米化电解液；采用固态电解质等。

在隔膜负极侧加装物理保护膜是较早提出且较常用的手段，一方面可以提高电极表面的柔韧性，缓解来自枝晶的局部应力；另一方面可以影响锂离子浓度分布，抑制枝晶生长。使用以柔性链段的有机物为主要成分的保护膜，覆盖在锂金属电极表面，如通过硼硅键交联的聚二甲基硅氧烷（PDMS）材料。当电极表面的凸起对保护膜产生应力使表面和链段拉伸时，链段间交联的硼硅键便会收缩，使局部刚度增加，抑制锂枝晶生长。但纯有机聚合物保护膜会阻碍锂离子在界面的运输，增加界面阻抗，不利于提高锂硫电池的性能。为了解决有机保护膜增加界面阻抗的问题，具有亲锂性的 Li_3PO_4、Li_3N 和 LiF 被用于无机保护膜的主要成分。原位制备的 LiF 薄层，不仅减小了电极的界面阻抗，还为其构建了一个均匀的亲锂表面，从而引导锂离子均匀沉积，抑制锂枝晶。但无机保护膜具有较大的刚度，难以适应锂金属电极在循环过程中的体积膨胀，易破碎。保护膜主要通过旋涂、原子层沉积、硬模板等制备工艺来实现，对膜的离子导电性以及力学强度的要求很高。

在有机聚合物中掺杂具有较好离子导通性的无机纳米颗粒，也成为设计表面保护膜的新思路。在具有一定柔性链段的高分子聚合物中加入高度分散的无机纳米颗粒，无机纳米颗粒可为锂离子传输提供通道，从而降低保护膜的界面阻抗。以丁苯橡胶（SBR）作为柔性聚合物基底，制备掺杂 Li_3N 纳米颗粒的表面保护膜。丁苯橡胶使电极表面具有 1GPa 的弹性模量，而 Li_3N 在室温下具有 $10^{-4} \sim 10^{-3} S \cdot cm^{-1}$ 的锂离子传导率，满足界面对离子传导的需求，故可以提高铜锂半电池的库仑效率。具有良好亲锂性质的 LiF 纳米颗粒也可作为有机保护膜的添加成分，在解决离子传导的同时可更好地抑制枝晶生长。聚合物柔性基底可保证保护膜良好的弹性，添加在保护膜内均匀分散的 LiF 纳米颗粒起到了均匀 LiF 保护层的作用，引导锂离子均匀沉积，抑制枝晶生长。

将锂合金 Li_xM（M＝Si、Sn、Al）纳米颗粒、石墨烯片层、嵌段聚合物 SBS 通过简单混合、滚压及干燥等工序，制备出石墨烯包覆锂合金并自组装成薄片状的锂负极。氧化石墨烯作为无机保护层，与 LiF 等无机盐相比具有较好的弹性，在对锂负极包覆保护的同时避免了充放电过程中保护膜的破裂。包覆在石墨烯层内部的合金纳米颗粒可以支撑石墨烯并预留膨胀空间，能够更好地避免锂电池循环过程中因石墨烯层形貌的改变而导致保护层失效。石墨烯层的疏水性、低气体渗透性和抗氧化性，使得该材料具有良好的空气稳定性。实验证明，暴露在空气中 3min，金属锂表面就从金属光泽变为黑色，而锂合金/石墨烯箔材料锂化后可实现在空气气氛下放置 48h 无明显氧化（图 7-154）。另外，无论在干燥还是高湿度空气中，这种锂合金/石墨烯箔的面积比容量都相当稳定。空气稳定性的大幅提高对于在工业生产中提高安全性、简化生产条件和降低成本来说是十分重要的。

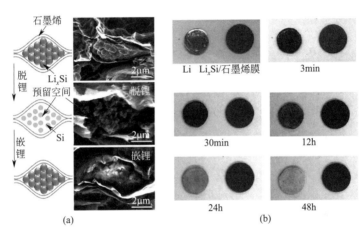

图 7-154　石墨烯包覆纳米锂合金复合电极充放电循环示意图及
SEM 图　(a) 和在空气气氛中的稳定性测试　(b)

Li^+ 在金属锂负极表面不均匀的分布也是造成锂枝晶生长的重要原因，通过增加锂负极与电解液的接触面积，降低电流密度，可使 Li^+ 分布更加均匀。例如，将铜集流体设计成具有亚微米凸起的结构，可以极大地增加金属锂负极的比表面积，Li^+ 在电极表面分布更加均匀，从而避免锂枝晶生长。高比表面积的石墨材料，例如石墨烯和碳纤维，也可以用作集流体。此外，高浸润性的涂层隔膜也有助于减少 Li^+ 分布的不均匀性。

在充放电过程中，锂金属的溶解以及沉积会导致电极体积的剧烈变化。为了尽可能地减小金属锂负极的体积变化，人们寻找能够储存金属锂的载体材料。例如，构造空心纳米碳球封装锂，给锂化和脱锂化过程留有足够的空间；或者通过薄层的氧化锌层表面亲锂化，将熔融锂灌注到基底中形成三维亲锂性基底的复合金属锂负极，锂的电化学溶解/沉积均在三维骨架内部进行，使得在充放电前后负极电极的体积变化十分微弱，有效抑制了锂枝晶的生成。采用多功能自支撑石墨化碳纤维电极（freestanding graphitized carbon fiber，GCF）作为集流体，将金属锂有效地储存其中，在减小体积变化的同时平衡了局部电流密度，抑制了锂枝晶的生长。通过对碳布进行表面羧基化处理，采用电沉积方法将锂灌注其中，羧基化的基团可以诱导锂的沉积，确保锂在碳纤维上进行包覆型的均匀生长，从而保证在充放电过程前后框架结构的完整性。同时，电沉积的手段也可以确保表面有优良的固体电解质膜，抑制锂枝晶的生长。

7.10.3.2 电解液

对于电解液的优化，更多的是从添加剂方面着手。通过添加剂的使用，极大地优化金属锂负极 SEI 膜的均匀性和稳定性，阻止反应进一步发生。电解液添加剂能够在金属锂表面分解、吸附和聚合，从而提升 SEI 膜的均匀性，改善镀锂过程中电极表面的电流分布。电解液的优化不需要大幅度地改变电极和电池制造工艺，在经济上可行性较高。向电解液中添加一定功效的电解液添加剂，可以在负极表面形成一层稳定的固态电解质界面膜（人造 SEI 膜），钝化锂表面。理想的 SEI 膜应和表面保护膜相似，具有良好的力学性能以应对局部应力，还可灵活应对电池循环中的体积变化。

LiF 作为一种具有良好亲锂性能的无机成分，对引导吸附在电极表面的锂离子均匀沉积有着重要的作用，故也可引入 SEI 膜中。如在工业上常用的酯类电解液中添加氟代碳酸乙烯酯（FEC），可提高 SEI 膜中 LiF 的比例。使用含硫聚合物作为电解液添加剂时，在电池循环的过程中其可在锂金属表面分解形成含硫有机链段和 Li_2S、Li_2S_2，兼顾了锂电极表面对有机和无机成分的需求。此外，配合锂硫电解液（醚类电解液）使用的添加剂 $LiNO_3$，因其具有 Li—N 键，也可起到防止球状锂沉积和增强界面稳定性的作用。

在电池活化过程中，并不需要考虑黏度和离子电导率等因素，只需要能够形成稳定致密的固态电解质界面膜即可。但是，添加到电解液中的添加剂会妨碍电池的长周期循环，且实际电池的循环过程需要考虑到倍率等问题，即需要电解液具有高的锂离子传输速度。电池的活化过程与正常电池循环过程对电解液的要求存在很大差异。因此，针对电解液也开展了大量的研究工作，以寻找最佳的电解液组成。

经对比研究发现，在硫含量相近的复合材料中，硫电极在碳酸酯类难溶性溶剂的电解液中表现出稳定的循环性能；而在醚类易溶性溶剂的电解液中具有高容量的优势，但其循环性能较差。除溶剂的影响外，锂盐（如 LiTFSI）浓度的影响也十分显著，高浓度的锂盐可通过协同离子效应和高黏度来抑制多硫化物的溶解，同时抑制锂枝晶的生长及锂负极的形变，提高整体的库仑效率。

锂硫电池的安全性主要产生于不稳定、易生长枝晶的界面和可燃的电解液。优化电解液的成分，如替换掉电解液中易燃的危险成分；通过改变电解液成分对锂金属表面的 SEI 膜的成分进行调控；或增加含磷或卤素等的阻燃添加剂可降低电池着火的风险。常用的阻燃剂有磷酸盐、磷化物、磷腈和氟化醚等。选择阻燃剂需要综合考虑电化学窗口、与电极材料兼容性等因素。

此外，可对隔膜进行改性、通过隔膜修饰以及使用离子液体、聚合物电解质和固态电解质来替换液态电解液，以传导锂离子而抑制硫正极电化学活性物质向金属锂负极扩散迁移，并有效抑制锂金属负极的枝晶生长问题和短路隐患，从而提高锂硫电池的稳定性、安全性和能量密度。不同于液态电解液，固态电解质具有较高的力学强度和适当的锂离子扩散系数，被视为解决穿梭效应、提高 Li-S 电池循环性能和安全性能的有效方案。固态电解质的研究虽取得了令人瞩目的成就，但与其相关的界面安全问题依然是实现全固态锂硫电池的主要障碍。这些界面问题包括固态电解质的化学稳定性、固态电解质与金属锂负极的界面稳定性、固态电解质与硫正极的混合和界面兼容性，以及金属锂负极在界面的结晶生长行为等。

7.10.3.3 硫正极

硫正极主要集中在解决固硫和用硫的问题，即 S 的导电性差以及多硫离子"穿梭效应"

的问题。同时，正极活性物质的固相-液相-固相转化也会造成大约80%（基于硫的体积）的体积变化，可能会导致正极框架的坍塌。正极框架的设计同样有几个要求需要满足：①材料导电性较好；②对多硫化物吸附性较好；③能适应较大体积变化，强度较高。

为了提高硫电极的导电性能，通常采用一种具有良好导电性的材料与其进行复合。碳材料作为电子的良导体在电池工业被广泛使用，是使用最多也是最为有效的一种载体。由于碳材料本身的种类繁多，且性能各异，因此为碳硫复合材料提供了更为丰富的选择。乙炔黑作为一种碳源，是锂离子电池中最为常用的导电添加剂。在锂硫电池正极材料早期研究工作中，多数是以硫为正极活性物质，以乙炔黑为导电添加剂，通过简单的物理混合，作为锂硫电池正极材料。由于只是简单的物理混合，硫粉与乙炔黑接触面积有限，硫电极在循环过程中存在较大的体积形变，使得活性物质硫容易发生团聚或脱落，失去与乙炔黑良好的电接触，导致电池容量迅速衰减。

虽然提高碳的用量可以增加电极的导电性，却是以牺牲电池的能量密度为代价，所以人们将低密度、高比表面积、高孔容积且具有丰富纳米孔道结构的新型碳材料用于锂硫电池正极结构中，采用多孔碳硫复合材料来实现更好的电极材料的接触导电性和提高体积能量密度。例如，通过两步烧结的方法将硫封装进微孔碳球中，在300℃处理2h以除去表面残留的硫，使之扩散进炭球内部。碳硫复合物中硫质量分数为42%，该体系充放电曲线与典型硫嵌脱锂行为明显不同，表现为初始放电过程出现较短的电压平台（2.25V，vs. Li/Li^+），随后几乎消失；在第2次循环出现单一斜坡，平均放电电压约1.8V（图7-155）。这是由于微孔对硫具有强吸附作用，致使填入微孔的硫分子反应活化能提高，极化增加；或可能与硫的反应路径/界面不同有关。此外，在微孔中电解液物质传输相对更加困难，也增加了反应过程中的极化。由该材料组装的电池在碳酸酯基有机电解液体系中经过500次循环后容量保持率超过80%，不同电流密度下表现出很好的循环性能。

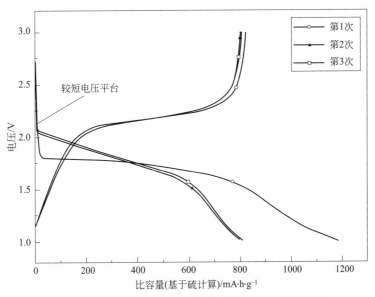

图 7-155　碳硫复合物典型充放电曲线（硫质量分数42%，电流密度400mA·g^{-1}）

环状硫 S_8 分子体积较大（S_8 直径为 0.76～0.84nm），通过低温热处理（155℃）得到了小硫分子与微孔碳的复合物。在热处理过程中硫以小硫分子（S_6 直径为0.69nm，S_2 直径为0.52nm）形式进入微孔，将亚稳态的小硫分子限域在微孔碳基体中。限域的小硫分子 $S_{2\sim4}$ 避免了 S_8 和 S_4^{2-} 充放电期间不利的转变过程（图7-156），在约1.9V表现为典型的单

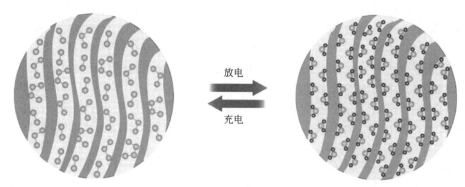

图 7-156 碳硫复合材料小硫分子充放电示意图

一长放电平台。作为锂硫电池正极材料，包含 $S_{2\sim4}$ 分子的碳硫复合材料显示出优异的电化学性能，包括比容量、循环稳定性和高倍率性能。因此，除了极化原因外，硫在微孔碳中截然不同的充放电曲线也可能与小硫分子行为有关。这些小硫分子初始放电容量达 $1670mA \cdot h \cdot g^{-1}$（理论容量为 $1675mA \cdot h \cdot g^{-1}$），循环 200 次后容量保持在 $1149mA \cdot h \cdot g^{-1}$。与此同时，微孔中小硫分子尺寸较小，具有极高的反应活性，因此可以在对多硫离子完全不溶解的碳酸酯基电解液中正常工作，使锂硫电池的库仑效率和循环性能大大提高。

微孔材料总的孔体积较小，无法实现令人满意的载硫量［一般低于 50%（质量分数）］，一定程度上降低了硫的利用率和电化学综合性能。小硫分子电化学放电平台只有 1.8V 左右，因此降低了锂硫电池的实际能量密度。

近年来，随着纳米技术的兴起及多孔碳制备技术的不断发展和完善，硫和碳在纳米级别复合方面有了更多选择。与微米级尺度碳硫混合相比，纳米级尺度碳硫复合优势更为明显。通过硫与碳材料在纳米级甚至是硫分子级别的有效复合，一方面有效提高了复合材料的均一性和复合强度；另一方面大大提高了碳硫材料之间的导电接触面积，从而显著提高了复合材料的导电性。与此同时，随着复合级别的提高，硫颗粒不断减小，因此硫本身的反应活性随之提高，锂离子扩散距离也随之减小，有效改善了反应动力学。通过此方法有效解决了硫电极的导电性问题。相比微孔和大孔材料，介孔碳材料（mesoporous carbon，MPC）一方面由于具有较大孔体积，保证了较高的载硫量；另一方面，纳米孔径使得硫很容易通过熔融液相进入孔道中，从而实现纳米级碳硫复合。

通过纳米浇注法制备了平均孔径为 3～4nm、孔道高度有序排列的介孔碳材料 CMK-3。将 CMK-3 与单质硫采用熔融法复合，制备了一种三维方向有序的 CMK-3/S 纳米结构复合材料。基于 CMK-3 的孔体积（$2.1cm^3 \cdot g^{-1}$）和液态硫的密度（$1.82g \cdot cm^{-3}$），硫在复合物中的质量分数为 70%，低于 79% 的理论极限。该材料以介孔碳作为导电网络骨架，实现了具有纳微复合结构且离子-电子混合导电的新型电极结构。CMK-3/S 复合材料采用聚合物聚乙二醇（PEG）包覆后，电池充放电极化更小，容量和循环性能明显提高，室温下 0.1C 恒电流充放电，首周放电容量可达 $1320mA \cdot h \cdot g^{-1}$（质量按活性物质硫计算），20 次循环后容量仍可保持在 $1100mA \cdot h \cdot g^{-1}$。但 PEG 会在有机溶剂中溶胀，长循环过程中由于体积变化可能会导致包覆层破损。

也有采用分级结构多孔碳材料作为碳硫复合正极的研究。例如，首先通过软模板法制备孔径尺寸为 7.3nm 的介孔碳（MPC），随后采用 KOH 高温活化法在原有介孔碳上刻蚀出孔径小于 2nm 的微孔，最后采用液相二硫化碳灌硫法将硫注入具有介孔-微孔双级孔结构的碳材料中。微孔用于负载单质硫，并为其传导电子提供有效的路径，介孔用于传输 Li^+ 及容纳循环过程中产生的多硫化物，其原理示意图如图 7-157 所示。与单一介孔相比，双级孔结构特有的双级孔径不但使硫在小孔中实现纳米级别均匀分散，而且大孔的存在使多硫离子被有效限域其中，从而减少多硫离子溶解。双级孔结构的MPC/S复合正极电池首次放电比容量为 $1584mA \cdot h \cdot g^{-1}$，50次循环后容量保持在 $805mA \cdot h \cdot g^{-1}$。

石墨烯因其高导电性、高比表面积、易表面改性等特点而受到广泛关注。石墨烯极高的导电性可以很好地弥补硫元素本身的绝缘性，并且其力学强度可以抑制硫的体积膨胀，利用石墨烯或氧化石墨烯为碳源制备碳硫复合材料的研究工作被陆续报道。通过简单的化学沉淀反应将硫负载于氧化石墨烯上，随后通过两步低温热处理

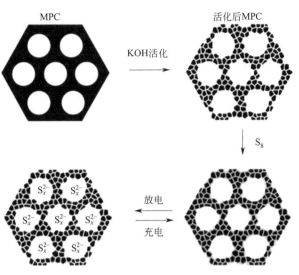

图7-157　双级孔结构碳硫复合正极材料示意图

（155℃，12h；160℃，12h）对硫分布和含量进行有效控制，最终得到载硫量为66%（质量分数）的氧化石墨烯硫（GO-S）复合正极材料。电化学测试结果表明，采用离子液体PYR14TFSI/PEGDME 混合电解液体系，经过低倍活化（0.02C）后在 0.1C（$1C = 1675mA \cdot g^{-1}$）倍率下50周循环后可逆比容量可保持在 $950mA \cdot h \cdot g^{-1}$，库仑效率为96.7%。这是由于氧化石墨烯具有较高的比表面积和良好的导电性，不但提高了硫正极材料的导电性，而且降低了由于循环过程中硫的团聚或与集流体接触性降低所导致的不可逆容量损失。此外，氧化石墨烯表面含有丰富羧基氧或羟基基团，大大提高了硫与氧化石墨烯的结合程度，从而减少了多硫离子的溶解。另外，离子液体有机溶剂混合电解液体系也在一定程度上起到了改善电化学性能的作用。在氧化石墨烯和多硫化钠混合溶剂中加入 5%盐酸原位氧化多硫化钠，制备的氧化石墨烯硫复合正极材料，载硫量高达 87%（质量分数），提高了锂硫电池的实际能量密度。

为了缓冲硫颗粒放电时的体积膨胀、限制可溶的多硫化物和改善硫颗粒的导电性能，将聚乙二醇（PEG）包覆在硫颗粒上，再将用炭黑颗粒修饰的氧化石墨烯（GO）组装在硫颗粒外部，制备成氧化石墨烯/硫复合结构正极材料。结果显示，该材料表现出高稳定容量，在 0.5C 倍率下循环 100 次后，可逆容量保持在约 $600mA \cdot h \cdot g^{-1}$（图7-158）。采用氧化石墨热膨胀法制备 HPG-1000 型石墨烯，再将熔融硫灌入石墨烯孔隙中，得到多孔石墨烯/硫复合材料。HPG-1000 中含有的环氧基和羟基基团能提升 S 和 C—C 键间的结合力，0.5C倍率下具有很高的放电容量（$1068mA \cdot h \cdot g^{-1}$），在室温、10C 倍率下放电容量可达 $543mA \cdot h \cdot g^{-1}$，在 −40℃的超低温、0.1C 倍率下容量仍能达到 $386mA \cdot h \cdot g^{-1}$，操作温度范围优于传统的锂离子电池。

碳纳米管或纳米纤维在锂硫电池中具有广泛的应用前景。由于其特殊的结构性能、良好的导电性、优异的热力学性能等，其既可作为碳硫复合材料的载体，也可作为导电添加剂。采用阳极氧化铝膜（AAO）作为模板，可制备无序碳纳米管（DCNTs），单质硫通过蒸气输运法扩散到 DCNTs 内部结构中，甚至可以到达管壁的石墨层中，而且热处理能使 S_8 分子断裂为 S_6 或 S_2 分子，增强硫-碳的键合能力，使得传统的 Li-S_8 反应和可溶解聚硫中间产物可能发生改变。在 500℃下制备的 DCNTs/S 复合结构正极，0.25C 倍率下 100 次循环后容量保持率可达 72.9%。以 AAO 为模板，将聚苯乙烯高温裂解炭化后沉积在 AAO 壁上制

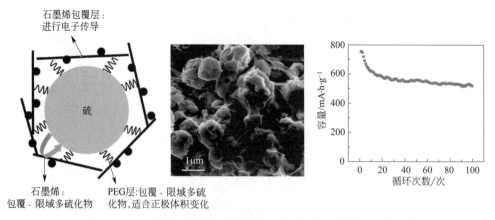

图 7-158 PEG 包覆的氧化石墨烯/硫复合结构原理示意图及循环性能

备碳纳米管，然后将单质硫熔融后渗入 AAO/碳结构中，最后用磷酸将 AAO 模板刻蚀掉，从而得到空心碳纤维包覆的碳硫复合正极材料（图 7-159）。其在 $0.2C$ 倍率下经过 150 周循环后可逆容量达到 $730\text{mA} \cdot \text{h} \cdot \text{g}^{-1}$，$0.5C$ 倍率 150 周循环后可逆容量仍可达到 $630\text{mA} \cdot \text{h} \cdot \text{g}^{-1}$。采用硝酸锂作为添加剂的电解液可以进一步改善电池性能。在有硝酸锂的情况下，其初始放电容量达 $1560\text{mA} \cdot \text{h} \cdot \text{g}^{-1}$，平均库仑效率显著改善，分别从 84%（$0.2C$）和 86%（$0.5C$）增加到 99%。此外，用于碳硫复合的碳源还包括碳纳米纤维、石墨毡等。

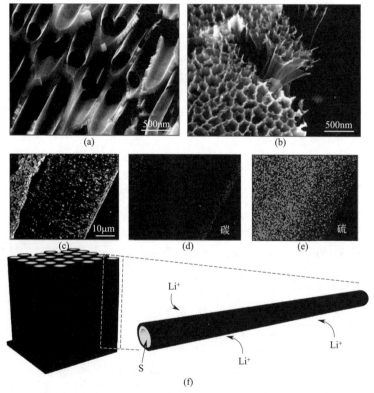

图 7-159 碳包覆 AAO 模板 (a) 和空心碳纤维包覆的碳硫复合正极材料 SEM 图 (b~e) 及高长径比有效捕集多硫化物示意图 (f)

在碳材料中掺杂 N、S、O 等杂原子可以增强电荷的传输能力，使电解液与电极充分接触等。但此类材料的极性位点相对较少，而杂原子掺杂量较大时可能会影响材料的导电性。

有机含氧官能团如酰胺基、羧基和羟基等基团也被证明能够与多硫离子相互作用，但是绝大多数的有机化合物是绝缘体或者导电性不良。无机金属氧/硫化物如 TiO_2、SiO_2、V_2O_5、TiS_2、CoS_2 和 Ti_4O_7 等具有大量的极性位点，可以充分通过极性表面与多硫离子的化学相互作用来吸附聚硫化物，从而有效缓解多硫化物的穿梭效应，还可以保护金属锂负极，提高 Li-S 电池长循环稳定性。

将不同形态的介孔 TiO_2 与孔内含有升华硫的介孔碳材料（孔径大于 10nm）进行复合。由于聚硫负离子与氧化物表面静电力的作用，在充放电过程中溶解的聚硫锂将优先被吸附在 TiO_2 的孔道内。虽然表面结合能较为次要，但在稳定容量方面也起着重要作用。平均粒径为 5nm 的 α-TiO_2 复合正极表现出最优异的电化学性能，首次放电比容量可达 $1201mA \cdot h \cdot g^{-1}$，100 次循环后容量保持率可达 73%，在高倍率下 200 次循环后容量仍可保持 $750mA \cdot h \cdot g^{-1}$。另外，采用表面自生长法，在介孔碳/硫复合材料表面生成均匀的氧化物层 MO_x（M＝Si，V），MO_x 绝缘包覆层可以阻止聚硫锂在正极表面反应生成不溶的阻挡层，并且可以限制聚硫锂的溶解，2.7% SiO_x 包覆 CMK-3/S 复合材料可逆容量可达 $718mA \cdot h \cdot g^{-1}$，60 次循环后容量保持率为 82.5%，几乎是没有无机壳层包覆的材料的两倍。而未包覆 MO_x 的 CMK-3/S 正极材料，其绝缘性导致阻抗增加，可逆放电比容量有所下降。但是，由于其阻挡能力强，对提高电池的循环性能具有积极的作用。通过控制溶胶凝胶前驱体水解及硫代硫酸钠与盐酸的反应，构筑了蛋壳形状的 S-TiO_2 纳米结构，内部空间容纳硫的体积膨胀，外层 TiO_2 壳层减少多硫化物的溶解（图 7-160）；而且 TiO_2 拥有亲水的 Ti—O 基团和表面羟基，有利于促进多硫化物阴离子的结合，进一步限制其溶解。在 0.5C 倍率下，初始放电容量为 $1030mA \cdot h \cdot g^{-1}$，超过 1000 次循环后库仑效率仍能达到 98.4%，容量保持率为 67%，相当于每 100 次循环容量减少 3.3%（图 7-161）。

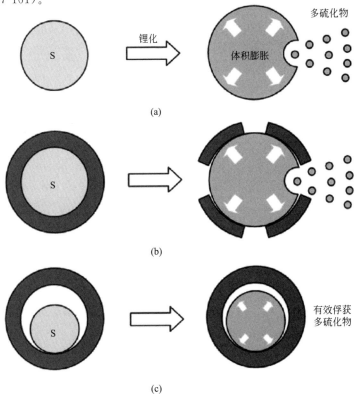

图 7-160　基于硫的不同纳米结构锂化过程示意图

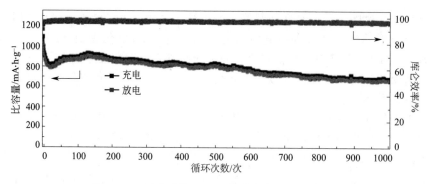

图 7-161 蛋壳形状 S-TiO₂ 纳米结构电化学性能

除了碳材料，有机聚合物材料也在锂硫二次电池中得到了广泛应用：一方面，可以通过导电聚合物来改善硫正极的导电性；另一方面可以利用有机聚合物包覆硫或碳硫复合材料，通过物理阻隔的方法来抑制多硫化物在电解液中的溶解损失。

第一性原理计算表明，由于碳与多硫化锂之间的键较弱，在循环过程中易断裂，多硫离子溶解或硫局部团聚，从而造成容量衰减，影响碳硫复合材料的电化学性能。例如，以石墨烯单元为计算模型得到硫和碳的结合能为 0.79eV，而当硫嵌锂后形成的 LiS 和 Li₂S 与碳的结合能仅为 0.21eV 和 0.29eV（图 7-162）。以此理论为指导，人们提出了在碳纳米管内壁包覆一层聚合聚乙烯吡咯烷酮（PVP）作为碳硫复合之间中间层的实验思路，通过以 NMP 为模型分子来模拟 PVP 中的官能团，计算得出 NMP 与 LiS、Li₂S 的结合能大大提高（1.29eV 和 1.01eV）。通常，含氧官能团与 Li_xS 表现出较高的结合强度，而且 PVP 中的疏水基团能将多硫化物锚定在碳基体中。因此，有利于降低多硫离子在循环过程中的溶解损失，明显改善其循环性能。电化学性能表明，经过聚合物修饰碳表面后，增强了非极性碳和极性 Li_xS 之间的相互作用力，0.5C 倍率充放电容量接近 1180mA·h·g⁻¹，300 周后循环容量保持率＞80%。

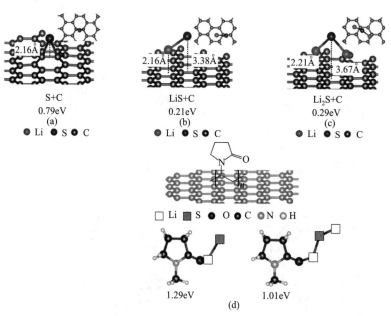

图 7-162 计算得到 S(a)、LiS(b)、Li₂S(c) 与碳表面，以及聚合物官能团与放电产物间相互作用的结合能 (d)

常用的导电聚合物有聚（3,4-亚乙基二氧噻吩）（PEDOT）、聚噻吩、聚丙烯腈、聚吡咯、聚苯胺等。PEDOT 分子链中存在共轭结构，其本征态具有很强的导电性，是一种重要的导电高分子材料。PEDOT 中独特的官能团和链结构可限制硫或聚硫化物的移动，同时其良好的导电性和结构韧性能有效提高活性物质的电化学活性，并缓解其在充放电过程中因体积膨胀而产生的结构应力。将聚吡咯（PPy）均匀包覆在硫颗粒表面，不仅可以提高硫的导电性，PPy 也起到黏结剂的作用，使得颗粒与颗粒之间紧密结合，提高电子在颗粒之间的传导能力。同时，具有电化学活性的 PPy 也有利于提高正极的放电比容量。

采用原位电化学氧化聚合制备聚苯胺（PANI）包覆硫碳核壳结构复合正极材料。当 PANI 包覆层厚度为 5～10nm，硫负载量为 43.7% 时，10C 倍率下最高放电比容量可达 635mA·h·g^{-1}，200 次循环后容量保持率高于 60%。通过聚苯胺纳米管（PANI-NT）对活性物质硫进行束缚，在 280℃ 下与硫进行热处理，部分硫将会与 PANI-NT 发生反应，生成具有稳定 3D 交联结构的硫-聚苯胺聚合物（SPANI-NT）。该结构不仅可以实现硫分子级的封装，而且 SPANI-NT 链中胺和亚胺基对硫及硫化锂具有较强的物理和化学束缚作用，在充放电过程中聚硫锂能够实现原位可逆电化学反应，降低硫的迁移。柔性的框架结构能够减少充放电过程中的应力和结构退化，容纳与电化学反应相关联的体积变化，其结构原理示意于图 7-163。SPANI-NT 正极材料在 0.1C 倍率下 100 次循环后容量仍达 837mA·h·g^{-1}，1C 放电倍率下 500 次循环后容量可保持在 420mA·h·g^{-1}。

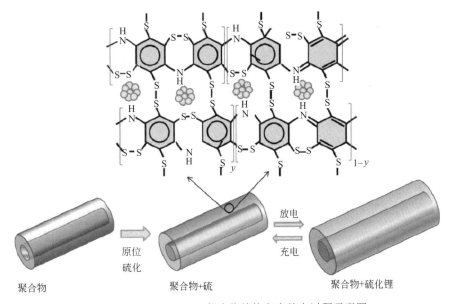

图 7-163　SPANI-NT/S 复合物结构和充放电过程示意图

聚硫化物正极材料经历了从最初的高温钠硫电池到锂硫电池、锂有机硫化物电池和锂聚硫化物电池几个不同发展阶段。最早的有机硫化物正极材料是秋兰姆二硫化物（tetraethyl thiuram disulfide，TETD）及其还原生成的锂盐，它最初是为降低 Na-S 电池的工作温度而使用的正极材料。受这种化合物结构的启发，人们选用含有 N═C—S—结构的二硫化物及其锂盐作为正极，通过 S—S 键的断裂与生成来实现可逆的电化学氧化还原反应。这类材料的能量密度由其自身的分子结构决定，因此具有二巯基或多巯基的硫化物逐渐被人们开发用作锂电池正极材料。在众多的有机硫化物材料中，对 2,5-二巯基-1,3,4-噻二唑（2,5-dimer-capto-1,3,4-thiodiazole，DMcT）和三聚硫氰酸（TTcA）的研究最为广泛，DMcT 的分子结构为

$$\text{HS} \underset{\text{N}-\text{N}}{\overset{\text{S}}{\diagup\!\!\diagdown}} \text{SH}$$

DMcT 和 TTcA 的理论容量分别为 $361\,\text{mA}\cdot\text{h}\cdot\text{g}^{-1}$ 和 $463\,\text{mA}\cdot\text{h}\cdot\text{g}^{-1}$，它们的合成方法简单，经过化学或电化学处理可以得到线型或网状聚合物，作为聚合状态的电极使用。当与金属锂组成电池使用时，材料处于充电状态。当处于放电过程时，聚合状态的聚硫化物中的 S—S 结构断裂并与 Li^+ 结合；当充电过程进行时，—S—Li^+ 将释放 Li^+ 并重新形成聚硫化物。电极反应如下（以线型聚硫化物为例）：

$$-\!\!\left(SRS\right)_{\!n}^{} + 2n\,Li^+ + 2ne^- \underset{\text{充电}}{\overset{\text{放电}}{\rightleftharpoons}} n\,Li^+S^-RS^-Li^+$$

尽管交联型聚硫化物的理论容量比线型更高，但实际研究表明，由于交联型结构限制了 Li^+ 在正极材料中的传输，线型聚硫化物的能量利用效率反而比交联型要高。由于 PDMeT 本身的导电性很差，需要将导电聚合物与导电高分子、纳米碳材料、金属纳米粒子、层状化合物等对其进行复合改性。

由于导电聚合物既可以作为锂二次电池正极材料使用，又能够提供良好的电子导电性，大量的研究工作集中于导电聚合物与有机硫化物形成的复合电极材料，其中以 DMcT-PAN 复合电极材料的研究最为广泛。实验表明，DMcT 的循环伏安（CV）曲线中氧化峰与还原峰的间距非常宽（$>800\,\text{mV}$），可通过导电聚合物 PAN 等对 DMcT 进行改性。当 DMcT 在 PAN 膜电极中时，CV 曲线上的还原峰向正电位方向移动（约 $500\,\text{mV}$），与 PAN 的还原峰位置重合，氧化还原峰的间距缩小到约 $200\,\text{mV}$，并且氧化还原的峰值电流显著增大，这表明 PAN 对 DMcT 的氧化还原反应起到了电化学催化作用。原因之一，PAN 链中的 N 原子与 DMcT 中的硫原子形成了加成化合物，从而改变了 PAN 和 DMcT 的氧化还原特性；原因之二，PAN 本身的电化学氧化还原反应可逆，是电化学催化剂，同时也是活性物质，且在分子水平上具有集流体的作用。反过来，聚苯胺的氧化态在 4V（vs. Li/Li^+）以上的电位时，容易脱氢而失去其电化学活性。但是，当 DMcT 存在时，DMcT 作为一种酸可以提供氢给失去活性的聚苯胺，而使聚苯胺恢复其电化学活性。聚苯胺与 DMcT 之间的电子及氢转移反应的机理如图 7-164 所示。

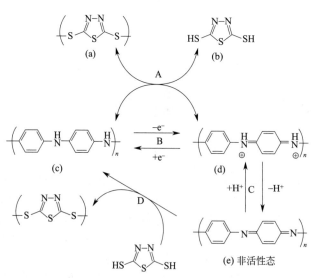

图 7-164 中的（a）与（b）分别为 DMcT 聚合物（氧化态）及 DMcT 单体（还原态）；（c）、（d）与（e）分别是聚苯胺的还原态、氧化态及非电化学活性态。反应过程 A 表示 DMcT 与聚苯胺之间的氧化还原反应；B 表示聚苯胺自身的氧化还原过程；C 表示聚苯胺的氧化态与聚苯胺的非电化学活性态之间的 H^+ 转移反应；D 表示 DMcT 单体作为 H^+ 的供给者使非活性态的聚苯胺恢复活性的过程。

图 7-164　聚苯胺与 DMcT 之间的电子及氢转移反应的机理

这种复合电极的电化学性能与 DMcT 相比有很大提高。室温时，将 PAN 和 DMcT 溶于 N-甲基吡咯烷酮（NMP）中，在碳膜基体表面浇注成很薄的膜（$15\sim25\,\mu\text{m}$），然后蒸发 NMP 溶剂，制备成薄膜电极。采用金属锂箔为负极，凝胶聚合物为电解质制成有机硫化物电池。该电池的平均开路电压达到 3.4V，比容量为 185mA·h·g^{-1}，比能量为 630W·h·kg^{-1}。当 DMcT/PAN 的摩尔比为 2.6 时可得到稳定的充放电特性。若能去除电极中的残余溶剂 NMP，比能量则可以达到 900W·h·kg^{-1}。由于铜离子与 DMcT 能形成配合物，可用铜集流体来代替碳材料，有利于充放电的稳定，可制成薄膜状固体电池。

基于线型多硫聚合物复合导电聚合物的思想，人们开始设想使用兼有导电性与 S—S 结构的聚合物材料。2,2'-二硫代二苯胺聚合物（PDTDA）就是具有这种特殊结构的电极材料，可以通过电化学方法合成，结构如图 7-165 所示：

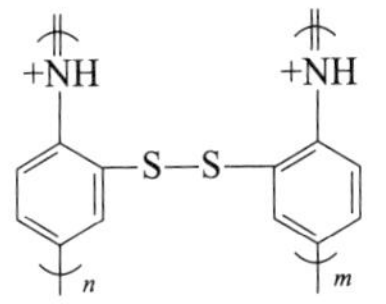

PDTDA 兼有聚苯胺和二硫键的结构，从而使导电聚苯胺对 S—S 的电化学催化发生于分子内部。当 S—S 键断裂后，由于聚苯胺的束缚，还原反应所形成的—S—Li$^+$ 被固定在长分子链中，不会溶入电解液而影响电池性能。实验表明，PDTDA 具有 270mA·h·g^{-1} 的放电容量和 675W·h·kg^{-1} 的能量密度，平均放电电压为 2.5V。主链上并排的苯胺离子对侧链上的 S—S 键有催化作用，且其机理类似于 DMcT-PAN，大大提高了材料氧化还原反应速率。

图 7-165　PDTDA 的结构

根据以上原理，合成了同样具有导电性和氧化还原 S—S 结构的 1,4-亚苯基-1,2,4-二噻唑聚合物（PPDTA），其结构为：

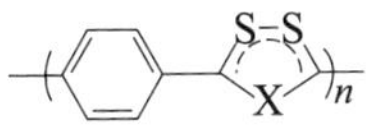

由于 PPDTA 分子中兼有 S—S 键和 7-π 电子不饱和 1,2,4-二噻唑啉环，因此理论容量高达 452mA·h·g^{-1}。由分子轨道理论和实验证实 PPDTA 的特殊结构使 S—S 键的禁带变窄，因而具有比较高的氧化还原反应速率和良好的电子导电性。电化学实验证明，PPDTA 的放电容量达到了 420mA·h·g^{-1}，是常规锂离子电池正极材料的 3~4 倍。

随着上述几种具有特殊结构的聚硫化物的出现，另一类硫化聚合物也得到了快速发展，这就是碳硫聚合物。考虑到某些硫化物曾被用作橡胶的交联试剂，人们尝试合成具有—S—S—、—C≡S、—C—Sm—C—基团的碳硫聚合物，并取得了很好的研究成果。将聚二硫化碳（PCS）电极应用于二次锂电池时，理论容量达到 700mA·h·g^{-1}，实际放电容量达到 600mA·h·g^{-1}，并具有很好的循环性。聚乙炔-并-聚硫电极材料（PAS）具有 729mA·h·g^{-1} 的首次放电容量，经过 100 次循环后仍可保持在 243mA·h·g^{-1}。此外，以聚丁二烯为母体合成的硫化聚丁二烯（SPB）锂电池正极材料，具有 325mA·h·g^{-1} 的放电容量和 2.54V 的平均放电电压，能量密度为 815W·h·kg^{-1}。合成的环戊二烯基聚硫化物（CPPS）在作为二次锂电池正极材料时，首次放电容量超过 1000mA·h·g^{-1}，经过 100 次循环后仍不低于 700mA·h·g^{-1}，成为具有极高应用价值的聚硫化物电极。

由于合成方法主要针对提高材料的能量密度，上述 PCS、PAS、SPB 以及 CPPS 电极材料的分子结构并不唯一。评价聚合物材料结构的指标主要为材料中元素 S 的含量，材料的能量密度随元素 S 含量的增加而提高。

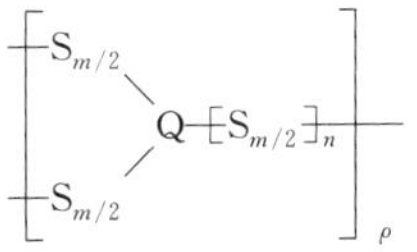

图 7-166　网状交联结构的聚有机多硫化物（Q 代表 3~12 元碳环，m= 3~10，n= 1~12，p > 1)

近年来，有研究人员合成了一类具有多硫键的有机多硫化物，相比二硫化物比容量更高。有机多硫化物主要分为线型和网状两种，其中网状材料由于高度交联可减少小分子硫化物放电产物的生成，利于提高电池的放电性能并改善循环性能。以多卤代反应合成出高交联网状聚有机多硫化物（图 7-166）。将该材料与 Li 负极组成电池，室温下首次放电容量高达 1100mA·h·g^{-1}，前 10 次循环容量均保持在 1000mA·h·g^{-1} 以上，100 次循环后容量

仍在 $700mA \cdot h \cdot g^{-1}$ 以上。但由于放电结束时聚合物终将解聚为单体锂盐，不能满足实用化的循环性能要求。此外，也有将单质硫和常用高分子聚合物按一定比例混合，加热硫化后得到硫化聚合物材料。该材料具有较高的储锂容量和较好的循环性能。

硫醚经过可逆电子得失可以形成稳定的阳离子基团：

$$RSR + X^- \Longrightarrow RS^+ RX^- + e^-$$

X^- 是电解液中的阴离子，用以平衡电荷。这一过程类似于 p 型聚合物如聚苯胺和聚吡咯的掺杂-去掺杂过程，因此将硫醚类称为 p 型有机硫聚合物。该类聚合物容量不受掺杂的限制，可以达到较高的能量密度和较好的容量保持率。其中，聚四氢苯并双噻吩（PTBDT，图 7-167）的最大容量达到 $820mA \cdot h \cdot g^{-1}$，稳定放电容量约为 $560mA \cdot h \cdot g^{-1}$，放电电压约为 2.3V。硫杂环戊烷环和聚苯主链之间可以进行电子转移。

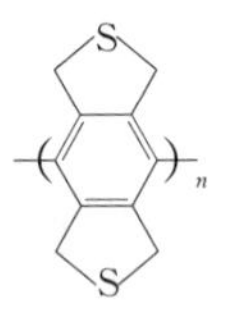

有机硫化物正极材料存在的电化学反应动力学缓慢和有机硫化物的溶解性问题，使循环性能离实际应用仍有差距，难以满足实际应用的需要。

图 7-167　PTBDT 的结构

目前硫复合正极材料（主要是碳硫复合材料）的制备方法种类较多，总体按照初始原料的构成基本上可以分为两大类（表 7-16）。一类是以硫粉和各种碳源为原料的物理制备法，如物理机械混合、高温液相熔融灌硫法及将硫溶解于二硫化碳的浸渍灌硫法；另一类是采用具有氧化性或还原性的其他价态的硫离子如 NaS_x、SO_2、$Na_2S_2O_3$ 等与碳源液相混合，并在酸性条件下在碳孔或碳表面氧化或还原为单质硫，从而得到碳硫复合材料。

表 7-16　碳硫复合材料制备方法

物理制备法	化学制备法	
机械球磨混合法	多硫离子酸性氧化沉淀法	$S_x^{2-} + 2H^+ \longrightarrow (1-x)S + H_2S$
熔融液相法（155℃）	二氧化硫还原硫离子氧化沉淀法	$SO_2 + 2S^{2-} + 4H^+ \longrightarrow 3S + 2H_2O$
化学浸渍法（CS_2、甲苯、DMSO）	硫代硫酸根酸性还原沉淀法	$2S_2O_3^{2-} + 8H^+ \longrightarrow 3S + SO_2 + 4H_2O$

在锂硫电池正极材料方面，通过引入有效的固硫机制和适当的电极结构设计，采用孔道丰富、结构新颖的碳材料、导电聚合物以及纳米金属氧化物添加剂材料，在提高正极导电性能、改善正极结构、抑制多硫化物溶解方面取得了长足进步。然而，无论是碳材料还是导电聚合物、纳米金属氧化物添加剂材料，都是对硫活性物质进行束缚，抑制多硫化物从正极结构中溶出。所有这些材料都是基于物理吸附和弱的化学吸附，吸附力不是很强；而且受碳材料等颗粒中的孔容积所限，电极中的载硫量难以超过 70%（质量分数）。在电池充放电过程中，都很难按照这种理想的正极结构模型来运行，即使多硫化物的溶出得到了一定程度的缓解，仍然不能做到完全抑制，这将影响电池的容量保持率、自放电速率和安全性能。因此，除了优化正极结构，抑制多硫化物溶出以外，还需将电解液、锂负极、黏结剂等因素综合考虑。阻燃性电解液和固态电解质的使用，有望解决锂硫电池的安全问题。

锂硫二次电池是以金属锂作为负极，单质硫或硫基复合材料作为正极的二次电池，其理论能量密度可以达到 $2600W \cdot h \cdot kg^{-1}$，实际能量密度目前能达到 $350 \sim 400W \cdot h \cdot kg^{-1}$，是最具发展潜力的新型高能二次电池体系之一。从实用角度讲，锂硫电池有可能首先在对比能量要求较高的无人机等领域获得应用，并逐步向电动车领域扩展。美国的 Sion Power 公司、Polyplus 公司、韩国的 Samsung 公司和英国的 Oxis 公司都在积极开发此类电池，其中以 Sion Power 公司在这方面最具代表性。2003 年，Sion Power 公司制备的锂硫二次电池比能量达到 $250W \cdot h \cdot kg^{-1}$，能支持 HP TC1000 笔记本电脑连续工作 8h。2010 年，Sion Power 公司将锂硫电池应用在无人机上，白天靠太阳能电池充电，晚上放电提供动力，创造了无人机连续飞行 14 天的纪录。此试验是锂硫电池较为成功的应用实例。Sion Power 公司

研制的比能量为 $350W \cdot h \cdot kg^{-1}$ 的 $2.5A \cdot h$ 电池，100% 放电深度（DOD）循环 50 次，50% DOD 循环 120 次，20% DOD 循环仅为 200 次，可见电池循环性能仍然较差。近年来，国内多家科研院所和高校相继开展了锂硫电池的研究工作，其中军事科学院防化研究院和清华大学分别研制了 $300W \cdot h \cdot kg^{-1}$ 和 $246W \cdot h \cdot kg^{-1}$ 的锂硫软包装电池。目前，锂硫一次电池的比能量已经达到 $900W \cdot h \cdot kg^{-1}$，可以在一些领域获得应用。然而，锂硫二次电池的循环寿命还很短，还不到锂离子电池的 1/10，尚需经历相当长的发展历程。总之，锂硫二次电池的发展空间很大，技术挑战与发展机遇并存。

参考文献

[1] 雷永泉. 新能源材料. 天津: 天津大学出版社, 2000.

[2] 吴宇平, 戴晓兵, 马军旗, 等. 锂离子电池——应用与实践. 北京: 化学工业出版社, 2004.

[3] 陈军, 陶占良. 能源化学. 北京: 化学工业出版社, 2004.

[4] 陈军, 袁华堂. 新能源材料. 北京: 化学工业出版社, 2003.

[5] 吴宇平, 万春荣, 姜长印. 锂离子二次电池. 北京: 化学工业出版社, 2002.

[6] 郭炳焜, 徐徽, 王先友, 等. 锂离子电池. 湖南: 中南大学出版社, 2002.

[7] Shao-Horn Y, Croguennec L, Delmas C, et al. Atomic resolution of lithium ions in $LiCoO_2$. Nature Materials, 2003, 2: 464-467.

[8] Burukhin A, Brylev O, Hany P, et al. Hydrothermal synthesis of $LiCoO_2$ for lithium rechargeable batteries. Solid State Ionics. 2002, 151: 259-263.

[9] Zhang Y, Shin H C, Dong J, et al. Nanostructured $LiMn_2O_4$ prepared by a glycine-nitrate process for lithium-ion batteries. Solid State Ionics, 2004, 171: 25-31.

[10] Won S Y, Kwang B K. Synthesis of $LiCoO_2$ using acrylic acid and its electrochemical properties for Li secondary batteries. J Power Sources, 1999, 81-82: 517-523.

[11] Yonemura M, Kamiyama T, Kawamoto Y, et al. Phase transitions and low-temperature structure of lithium manganese oxide spinel. Materials Transactions, 2004, 45: 2048-2055.

[12] Arai H, Okada S, Sakurai Y, et al. Reversibility of $LiNiO_2$ cathode. Solid State Ionics, 1997, 95: 275-282.

[13] Bianchi V, Caurant D, Baffier N, et al. Synthesis, structural characterization and magnetic properties of quasistoichiometric $LiNiO_2$. Solid State Ionics, 2001, 140: 1-17.

[14] Ohzuku T, Nakura K, Aoki T. Comparative study of solid-state redox reactions of $LiCo_{1/4}Ni_{3/4}O_2$ and $LiAl_{1/4}Ni_{3/4}O_2$ for lithium-ion batteries. Electrochim Acta, 1999, 45: 151-160.

[15] Nishi Y. Electrochem. リチウム二次電池, 2000, 68: 1008-1009.

[16] Mukaibo H, Yoshizawa A, Momma T, et al. Particle size and performance of SnS_2 anodes for rechargeable lithium batteries. J Power Sources, 2003, 119-121: 60-63.

[17] Tabuchi M, Ado K, Kobayashi H, et al. Synthesis of $LiMnO_2$ with α-$NaMnO_2$-type structure by a mixed-alkaline hydrothermal reaction. J Electrochem Soc, 1998, 145: L49-L52.

[18] Reimers J N, Fuller E W, Rossen E, et al. Synthesis and electrochemical studies of $LiMnO_2$ prepared at low temperatures. J Electrochem Soc, 1993, 140: 3396-3401.

[19] Armstrong A R, Bruce P G. Synthesis of layered $LiMnO_2$ as an Electrode for Rechargeable Lithium Batteries. Nature, 1996, 381: 499-500.

[20] Franger S, Bach S, Pereira-Ramos J P, et al. Chemistry and electrochemistry of low-temperature manganese oxides as lithium intercalation compounds. J Electrochemical Soc, 2000, 147: 3226-3230.

[21] Paulsen J M, Larcher D, Dahn J R. O2 structure $Li_{2/3}[Ni_{1/3}Mn_{2/3}]O_2$: a new layered cathode material for rechargeable lithium batteries Ⅲ. Ion exchange. J Electrochemical Soc, 2000, 147: 2862-3867.

[22] Sánchez L, Tirado J L. Synthesis and electrochemical characterization of a new Li-Co-Mn-O spinel phase for rechargeable lithium batteries. J Electrochemical Soc, 1997, 144: 1939-1943.

[23] Amine K, Tukamato H, Yasuda H, et al. A new three-volt spinel $Li_{1+x}Mn_{1.5}Ni_{0.5}O_4$ for secondary lithium batteries. J Electrochemical Soc, 1996, 143: 1607-1613.

[24] Vincent C A. Lithium batteries: a 50-year perspective, 1959-2009. Solid State Ionics, 2000, 134: 159-167.

[25] Kim J, Mantchiram A. Low temperature synthesis and electrode properties of $Li_4Mn_5O_{12}$. J Electrochemical Soc, 1998, 145: L53-L55.

[26] Huang H, Yin S C, Kerr T, et al. Nanostructured composites: a high capacity, fast rate $Li_3V_2(PO_4)_3$/Carbon cathode for rechargeable lithium batteries. Adv Mater, 2002, 14: 1525-1528.

[27] Dominko R, Arcon D, Mrzel A, et al. Dichalcogenide nanotube electrodes for Li-ion batteries. Adv Mater, 2002, 14: 1531-1534.

[28] Peled E. The electrochemical behavior of alkali and alkaline earth metals in nonaqueous battery systems—The solid electrolyte interphase model. J Electrchem Soc, 1979, 126: 2047-2051.

[29] Sato K, Noguchi M, Demachi A, et al. A mechanism of lithium storage in disordered carbons. Science, 1994, 264: 556-558.

[30] Manthiram A, Kim J. Low temperature synthesis of insertion oxides for lithium batteries. Chem Mater, 1998, 10: 2895-2909.

[31] Morcrette M, Leriche J B, Patoux S, et al. In Situ X-ray diffraction during lithium extraction from rhombohedral and monoclinic $Li_3V_2(PO_4)_3$. Electrochem Solid State Lett, 2003, 6: A80.

[32] Mabuchi A, Tokumitsu H, Fujimoto H, et al. Charge-discharge characteristics of the mesocarbon miocrobeads heat-treated at diferent temperatures. J Electrochem Soc, 1995, 142: 1041-1046.

[33] Thackeray M M, Mansuetto M F, Bates J B. Structural stability of $LiMn_2O_4$ electrodes for lithium batteries. J Power Sources, 1997, 68: 153.

[34] Wu Y P, Wan C R, Jiang C Y, et al. Mechanism of lithium storage in low temperature carbon. Carbon, 1999, 37: 1901-1908.

[35] Dahn J R, Zheng T, Liu Y, et al. Mechanisms for lithium insertion in carbonaceous materials. Science, 1995, 270: 590-593.

[36] Peled E, Menachem C, Bar-Tow D, et al. Improved graphite anode for lithium-ion batteries chemically. bonded solid electrolyte interface and nanochannel formation. J Electrochem Soc, 1996, 143: L4-L7.

[37] 吴国良. 锂离子电池负极材料的现状与发展. 电池, 2001, 31: 54-57.

[38] Gao B, Kleinhammes A, Tang X P, et al. Electrochemical intercalation of single-walled carbon nanotubes with lithium. Chemical Physics Letters, 1999, 307: 153-157.

[39] Wang G X, Sun L, Bradhurst D H, et al. Lithium storage properties of nanocrystalline eta-Cu6Sn5 alloys prepared by ball-milling. J Alloys Compd, 2000, 299: 12-15.

[40] Mao O, Dunlap R A, Dahn J R. Mechanically alloyed Sn-Fe(-C)powders as anode materials for Li-ion batteries: Ⅰ. The Sn_2Fe-C system. J Electrochem Soc, 1999, 146: 405-413.

[41] Mao O, Dahn J R. Mechanically alloyed Sn-Fe(-C) powders as anode materials for Li-ion batteries: Ⅱ. The Sn-Fe system. J Electrochem Soc, 1999, 146: 414-422.

[42] Li H, Huang X J, Chen L Q, et al. A high capacity nano-Si composite anode material for lithium rechargeable batteries. Electrochem Solid State Lett, 1999, 2: 547-549.

[43] Rowsell J L C, Pralong V, Nazar L F. Layered lithium iron nitride: a promising anode material for Li-ion batteries. J Am Chem Soc, 2001, 123: 8598-8599.

[44] Takeda Y, Nishijima M, Yamahata M, et al. Lithium secondary batteries using a lithium cobalt nitride, $Li_{2.6}Co_{0.4}N$, as the anode. Solid State Ionics, 2000, 130: 61-69.

[45] Shodai T, Sakurai Y, Suzuki T. Reaction mechanisms of $Li_{2.6}Co_{0.4}N$ anode material. Solid State Ionics, 1999, 122: 85-93.

[46] Wolfenstine J, Sakamoto J, Huang C K. Tin oxide-tin composite anodes for use in Li-ion batteries. J Power Sources, 1998, 75: 181-182.

[47] 黄峰, 周运鸿, 袁正勇, 等. 锂离子电池锡负极材料研究进展. 电池, 2002, 32: 298-300.

[48] Ding F, Fu Z W, Zhou M F, et al. Tin-based composite oxide thin-film electrodes prepared by pulsed laser deposition. J Electrochem Soc, 1999, 146: 3554-3559.

[49] Prosini P P, Lisi M, Scaccia S, et al. Synthesis and characterization of amorphous hydrated $FePO_4$ and its electrode performance in lithium batteries. J Electrochem Soc, 2002, 149: A297-A301.

[50] Courtney L A, Dahn J R. Electrochemical and In Situ X-ray diffraction studies of the reaction of lithium with tin oxide composites. J Electrochem Soc. 1997, 144: 2045-2052.

[51] Kanamura K, Naito H, Yao T, et al. Optimization of preparation conditions of spinel $Li_{4/3}Mn_{5/3}O_4$ as a cathode material for rechargeable lithium battery. Denki Kagaku. 1998, 66: 1182-1187.

[52] Li H, Huang X J, Chen L Q. Electrochemical impedance spectroscopy study of SnO and nano-SnO anodes in lithium rechargeable batteries. J Power Sources, 1999, 81-82: 340-345.

[53] Brousse T, Retoux R, Herterich U, et al. Thin-film crystalline SnO_2-lithium electrodes. J Electrochem Soc, 1998, 145: 1-4.

[54] Courtney I A, Dahn J R. Key factors controlling the reversibility of the reaction of lithium with SnO_2 and Sn_2BPO_6 Glass. J Electrochem Soc, 1997, 144: 2943-2948.

[55] Idota Y, Kubota T, Matsufuji A, et al. Tin-based amorphous oxide: a high-capacity lithium-ion-storage material. Science, 1997, 276: 1395-1397.

[56] He T, Wu H Q. Characterization of a new spinel Li-Cr-Mn-O for secondary lithium batteries. J Electroanal Chem, 1999, 463: 24-28.

[57] Lee H S, Sun X, Yang X Q, et al. Synthesis and study of new cyclic boronate additives for lithium battery elec-

trolytes. J Electrochem Soc, 2002, 149: A1460-A1465.

[58] Tsutomu M. Lithium ion secondary battery: EP0762521, 1997.

[59] Niu J J, Lee J Y. Improvement of usable capacity and cyclability of silicon-based anode materials for lithium batteries by sol-gel graphite matrix. Electrochem Solid State Lett, 2002, 5: A107-A110.

[60] Wang J, Raistick I D, Huggins A. Behavior of some binary lithium alloys as negative electrodes in organic solvent-based electrolytes. J Electrochem Soc, 1986, 133: 457-460.

[61] Morales J, Sanchez L. Improving the electrochemical performance of SnO_2 cathodes in lithium secondary batteries by doping with Mo. J Electrochem Soc, 1999, 146: 1640-1642.

[62] Nam S C, Yoon Y S, Cho W I, et al. Enhancement of thin film tin oxide negative electrodes for lithium batteries. Electrochem Commun, 2001, 3: 6-10.

[63] 小柴信晴. 小型リチウムイオン電池の最近の動向. 日本時計学会誌, 1996, 156: 32-50.

[64] 陈立泉. 锂离子电池最新动态和进展——第九届国际锂电池会议简介. 电池, 1998, 28: 255-257.

[65] 米常焕, 曹高劭, 赵新兵. 锂离子蓄电池负极材料最新研究进展. 电源技术, 2004, 28: 180-183.

[66] Soura D C S, Pralong V, Jacobson A J, et al. A reversible solid-state crystalline transformation in a metal phosphide induced by redox chemistry. Science, 2002, 296: 2012-2015.

[67] Pralong V, Souza D C S, Leung K T, et al. Reversible lithium uptake by CoP_3 at low potential: role of the anion. Electrochem Commun, 2002, 4: 516-520.

[68] Yokoyama K, Sasano T, Hiwara A. Fluorine-substituted cyclic carbonate electrolytic solution and battery containing the same: US 6010806, 2000.

[69] Vaughey J T, Johnson C S, Kropf A J, et al. Structural and mechanistic features of intermetallic materials for lithium batteries. J Power Sources. 2001, 97-98: 194-197.

[70] Aurbach D, Nimberger A, Markovsky B, et al. Nanoparticles of SnO produced by sonochemistry as anode materials for rechargeable lithium batteries. Chem Mater, 2002, 14: 4155-4163.

[71] Pfeiffer H, Tancret F, Bichat M P, et al. Air stable copper phosphide (Cu_3P): a possible negative electrode material for lithium batteries. Electrochem Comm, 2004, 6: 263-267.

[72] Yokoyama K, Hiwara A. Fujita A, et al. Carbonate compounds, non-aqueous electrolytic solutions and batteries comprising non-aqueous electrolytic solutions: US 5847188, 1998.

[73] Kita F, Sakata H, Sinomoto S, et al. Characteristics of the electrolyte with fluoro organic lithium salts. J Power Sources, 2000, 90: 27-32.

[74] Takada K, Inada T, Kajiyama A, et al. Solid-state lithium battery with graphite anod. e Solid State Ionics. 2003, 158: 269-274.

[75] Dey A N, Sullivan B P. The electrochemical decomposition of propylene carbonate on graphite. J Electrochem Soc, 1970, 117: 222-224.

[76] Besenhard J O, Fritz H P. Cathodic reduction of graphite in organic solutions of alkali and NR_4^+ salts. J Electroanal Chem, 1974, 53: 329-333.

[77] Besenhard J O, Winter M, Yang J, et al. Filming mechanism of lithium-carbon anodes in organic and inorganic electrolytes. J Power Sources, 1995, 54: 228-231.

[78] Morita M, Yamada O, Ishikawa M, et al. Effects of electrolyte composition on the charge and discharge performances of $LiNiO_2$ positive electrode for lithium ion batteries. J Appl Electrochem, 1998, 28: 209-213.

[79] Aurbach D, Weissman I, Zaban A, et al. On the role of water contamination in rechargeable Li batteries. Electrochimica Acta, 1999, 45: 1135-1140.

[80] Stux A M, Barker T. Additives for inhibiting decomposition of lithium salts and electrolytes containing said additives: US 5707760, 1998.

[81] Herlem G, Fahys B, Székely M, et al. n-Butylamine as solvent for lithium salt electrolytes. Structure and properties of concentrated solutions. Electrochim Acta, 1996, 41: 2753-2760.

[82] Hernan L, Morales J, Sanchez L, et al. Use of Li-M-Mn-O [M= Co, Cr, Ti] spinels prepared by a sol-gel method as cathodes in high-voltage lithium batteries. Solid State Ionics, 1999, 118: 179-185.

[83] Cha C S, Ai X P, Yang H X. Polypyridine complexes of iron used as redox shuttles for overcharge protection of secondary lithium batteries. J Power Sources, 1995, 54: 255-258.

[84] Hatake S, Kumano J, Miyamori M, et al. New lithium-ion conducting compounds $3Li_3N\text{-}MI$ (M = Li, Na, K, Rb) and their application to solid-state lithium-ion cells. J Power Sources, 1997, 68: 416-420.

[85] Alphen U, Bell M F, Gladden T. Lithium ion conduction in lithium nitride single crystals and sinters. Electrochim Acta, 1979, 24: 741-744.

[86] Aono H, Sugimoto E, Sadaoka Y, et al. Ionic conductivity of the lithium titanium phosphate ($Li_{1+x}M_xTi_{2-x}(PO_4)_3$, M= Al, Sc, Y, and La)systems. J Electrochem Soc, 1989, 136: 590-591.

[87] Aono H, Sugimoto E, Sadaoka Y, et al. Ionic conductivity of solid electrolytes based on lithium titanium phosphate. J Electrochem Soc, 1990, 137: 1023-1027.

[88] Inaguma Y, Chen L Q, Itoh M, et al. Candidate compounds with perovskite structure for high lithium ionic conductivity. Solid State Ionics, 1994, 70-71: 196-202.

[89] 吴显明, 李新海, 许名飞, 等. 锂离子固体电解质的研究回顾. 电源技术, 2003, 27: 255-259.

[90] Cho J, Liu M. Preparation and electrochemical properties of glass-polymer composite electrolytes for lithium batteries. Electrochim Acta, 1996, 42: 1481-1488.

[91] Menetrier M, Levasseur A, Hagenmuller P. Electrochemical properties of B_2S_3-Li_2S-LiI vitreous electrolytes. J Electrochem Soc, 1984, 131: 1971-1973.

[92] Hirai K, Tatsumisago M, Takahashi M, et al. ^{29}Si and ^{31}P MAS-NMR spectra of Li_2S-SiS_2-Li_3PO_4 rapidly quenched glasses. J Am Ceram Soc, 1996, 79: 349-352.

[93] Cheng Y T, Wen T C. Novel waterborne polyurethane based electrolytes for lithium batteries-(II) the effect of adding $LiCF_3SO_3$-PC. Solid State Ionics, 1998, 107: 161-171.

[94] Chan M L. Reliability and performance of primary lithium batteries for ultrasonic gas meters. J Power Sources, 1999, 80: 273-277.

[95] McEwen A B, Ngo H L, LeCompte K, et al. Electrochemical properties of imidazolium salt electrolytes for electrochemical capacitor applications. J Electrochem Soc, 1999, 146: 1687-1695.

[96] Armstrong A R, Gitzendanner R. The intercalation compound $Li(Mn_{0.9}Co_{0.1})O_2$ as a positive electrode for rechargeable lithium batteries. Chem Commun, 1998, 17: 1833-1834.

[97] Garcia B, Lavallee S, Perron G, et al. Room temperature molten salts as lithium battery electrolyte. Electrochim Acta, 2004, 49: 4583-4588.

[98] Wright P V. Electrical conductivity in ionic complexes of poly(ethylene)oxide. Br Polym J, 1975, 7: 319-324.

[99] Armand M B, Chabagno J M, Duclot M. Fast ion transport in solid. Second International Meeting on Solid Electrolytes. Andrews, Scotland, 1978.

[100] Nagaoka K, Naruse H, Watanabe M . J Polymer Sciences. Polym Letter (Ed), 1984, 22: 659.

[101] Yoshizawa M, Mukai T, Ohtake T, et al. Ion-conductive mechanism in liquid crystalline molecules having polyether segment. Solid State Ionics, 2002, 154-155: 779-787.

[102] 丁黎明. 梳状高分子固体电解质的离子导电性研究. 电化学, 1996, 2: 299-304.

[103] Kim S H, Kim J H, Kim H S, et al. Ionic conductivity of polymer electrolytes based on phosphate and polyether copolymers. Solid State Ionics, 1999, 116: 63-71.

[104] Omata T. Lithium ion-conductive polymer electrolyte and lithium ion battery: EP0854527, 1998.

[105] Zhang Z C, Fang S B. Novel network polymer electrolytes based on polysiloxane with internal plasticizer. Electrochimica Acta, 2000, 45: 2131-2138.

[106] Ulrich R, Zwanziger J W, De Paul S M, et al. Solid hybrid polymer electrolyte networks: nano-structurable materials for lithium batteries. Adv Mater, 2002, 14: 1134-1137.

[107] Blonsky P M, Shriver D F, Austin P, et al. Complex formation and ionic conductivity of polyphosphazene solid electrolytes. Solid State Ionics, 1986, 18-19: 258-264.

[108] Arcella V, Sanguineti A, Quartarone E, et al. Vinylidenefluoride-hexafluoropropylene copolymers as hybrid electrolyte components for lithium batteries. J Power Sources, 1999, 81-82: 790-794.

[109] Wen Z Y, Itoh T, Ikeda M, et al. Characterization of composite electrolytes based on a hyperbranched polymer. J Power Sources, 2000, 90: 20-26.

[110] Botte G G, Subramanian V R, White R E. Mathematical modeling of secondary lithium batteries. Electrochim Acta, 2000, 45: 2595-2609.

[111] Shibata M, Kobayash T, Yosomiya R, et al. Polymer electrolytes based on blends of poly(ether urethane) and polysiloxanes. European Polymer Journal, 2000, 36: 485-490.

[112] Walls H J, Zhou J, Yerian J A, et al. Fumed silica-based composite polymer electrolytes: synthesis, rheology, and electrochemistry. J Power Sources, 2000, 89: 156-162.

[113] Magistris A, Quartarone E, Mustarelli P, et al. PVDF-based porous polymer electrolytes for lithium batteries. Solid State Ionics, 2002, 152: 347-354.

[114] Choi Y S, Bae Y C. Ionic conductivities of solid polymer electrolyte/salt systems in lithium battery: the pressure effect. Polymer, 2003, 44: 3753-3759.

[115] Krawiec W, Fellner J P, Fellner J P, et al. Polymer nanocomposites: a new strategy for synthesizing solid electrolytes for rechargeable lithium batteries. J Power Sources, 1995, 54: 310-315.

[116] Sandi G, Carrado K A, Joachin H, et al. Polymer nanocomposites for lithium battery applications. J Power Sources, 2003, 119-121: 492-496.

[117] Cheng C L, Wan C C, Wang Y Y. Preparation of porous, chemically cross-linked, PVdF-based gel polymer electrolytes for rechargeable lithium batteries. J Power Sources, 2004, 134: 202-210.

[118] Xu W, Siow K S, Gao Z, et al. Novel alternating comblike copolymer electrolytes with single lithium ionic conduction. Chem Mater, 1998, 10: 1951-1957.

[119] Sun X, Lee H S, Yang X Q, et al. Using a boron-based anion receptor additive to improve the thermal stability of $LiPF_6$-based electrolyte for lithium batteries. Electrochem Solid State Lett, 2002, 5: A248-A251.

[120] Angell C A, Liu C, Sanchez E. Rubbery solid electrolytes with dominant cationic transport and high ambient conductivity. Nature, 1993, 362: 137-139.

[121] McBreen J, Lee H S, Yang X Q, et al. New approaches to the design of polymer and liquid electrolytes for lithium batteries. J Power Sources, 2000, 89: 163-167.

[122] Mehta M A, Fujinami T. Novel inorganic-organic polymer electrolytes-preparation and properties. Solid State Ionics, 1998, 113-115: 187-192.

[123] Feuillade G, Perche P. Ion-conductive macromolecular gels and membranes for solid lithium cells. J Appl Electrochem, 1975, 5: 63-69.

[124] Reiche A, Tubke J, Sandner R, et al. Cationic transport in gel electrolytes on basis of oligo(ethylene glycol) dimethacrylate. Electrochimica Acta, 1998, 43: 1429-1434.

[125] Nakagawa H, Izuchi S, Kuwana K, et al. Liquid and polymer gel electrolytes for lithium batteries composed of room-temperature molten salt doped by lithium salt. J Electrochem Soc, 2003, 150: A695-A710.

[126] Aihara Y, Kodama M, Nakahara K, et al. Characteristics of a thin film lithium-ion battery using plasticized solid polymer electrolyte. J Power Sources, 1997, 65: 143-147.

[127] Oh B, Kim Y R. Evaluation and characteristics of a blend polymer for a solid polymer electrolyte. Solid State Ionics, 1999, 124: 83-89.

[128] Lee K H, Lee Y G, Park J K, et al. Effect of silica on the electrochemical characteristics of the plasticized polymer electrolytes based on the P(AN-co-MMA) copolymer. Solid State Ionics, 2000, 133: 257-263.

[129] Yang X Q, Lee H S, Hanson L, et al. Development of a new plasticizer for poly(ethylene oxide)-based polymer electrolyte and the investigation of their ion-pair dissociation effect. J Power Sources, 1995, 54: 198-204.

[130] Taniuchi M, Inoue T, Obsawa T, et al. Ionically conductive polymeric gel electrolyte and solid battery containing the same: EP0823744, 1998.

[131] Croce F, Appetecchi G B, Persi L, et al. Nanocomposite polymer electrolytes for lithium batteries. Nature, 1998, 394: 456-458.

[132] Kim C H, Kim H T, Park J K. Novel electrolyte system: Porous polymeric support filled with liquid electrolyte. J Appl Polym Sci, 1996, 60: 1773-1778.

[133] Tarascon J M, Armand M. Issues and challenges facing rechargeable lithium batteries. Nature, 2001, 414: 359-367.

[134] Silva M M, Barros S C, Smith M J, et al. Study of novel lithium salt-based, plasticized polymer electrolytes. J Power Sources, 2002, 111: 52-57.

[135] Sawada H, Ariyoshi Y, Lee K, et al. A new approach to highly conductive polymer electrolytes: synthesis of gelling fluoroalkylated end-capped 2-acrylamido-2-methylpropanesulfonic acid copolymers containing poly (oxyethylene) units. European Polymer Journal, 2000, 36: 2523-2526.

[136] Murata K, Izuchi S, Yoshihisa Y. An overview of the research and development of solid polymer electrolyte batteries. Electrochimica Acta, 2000, 45: 1501-1508.

[137] Gozdz A S, Schmutz C N, Tarascon J M, et al. Polymeric electrolytic cell separator membrane: US 5418091, 1995.

[138] Cheng T T, Wen T C. Novel water-borne polyurethane based electrolytes for lithium batteries—(Ⅰ) tailor-made polymer. J Electroanal Chem, 1998, 459: 99-110.

[139] Michot T, Nishimoto A, Watanabe M. Electrochemical properties of polymer gel electrolytes based on poly(vinylidene fluoride) copolymer and homopolymer. Electrochimica Acta, 2000, 45: 1347-1360.

[140] Duclot M, Souquet J L. Glassy materials for lithium batteries: electrochemical properties and devices performances. J Power Sources, 2001, 97-98: 610-615.

[141] Dasupta S, Jacobs J K. Method for forming an electrode-electrolyte assembly: US 5437692, 1995.

[142] Aharoni S M. Rigid backbone polymers: 6. Ternary phase relationships of polyisocyanates. Polymer, 1980, 21: 21-30.

[143] Kovacic P, Kyriakis A. Polymerization of benzene to p-polyphenyl by aluminum chloride-cupric chloride. J Am Chem Soc, 1963, 85: 454-458.

[144] Dell R M, Moseley P T. Beta-alumina electrolyte for use in sodium/sulphur batteries Part 2. Manufacture and use. J Power Sources, 1985, 16: 179-191.

[145] Gabano J P, Takehara Z, Bro P. Primary and secondary ambient temperature lithium batteries. J Electrochem Soc, 1988.

[146] Martin C R. Template synthesis of electronically conductive polymer nanostructures. Acc Chem Res. 1995, 28: 61-68.

[147] Wei Z, Wan M. Hollow microspheres of polyaniline synthesized with an aniline emulsion template. Adv Mater, 2002, 14: 1314-1317.

[148] Diaz A F, Logan J A. Electroactive polyaniline films. J Electroanal Chem, 1980, 111: 111-114.

[149] Tagushi S, Tanaka T. Fibrous polyaniline as positive active material in lithium secondary batteries. J Power Sources, 1987, 20: 249-252.

[150] Matsunaga T, Aifuku H D, Nakajima T, et al. Polymer for Advanced Technologies. New York: Wiley-Vch, 1990.

[151] Jang J, Oh J H. A facile synthesis of polypyrrolenanotubes using a template-mediated vapor deposition polymerization and the conversion to carbon nanotubes. Chem Commun, 2004, 7: 882-883.

[152] Kuwabata S, Idzu T, Martin C R, et al. Charge-discharge properties of composite films of polyaniline and crystalline V_2O_5 Particles. J Electrochem Soc, 1998, 145: 2707-2710.

[153] Dokko K, Anzue N, Mohamedi M, et al. Raman spectro-electrochemistry of $LiCo_xMn_{2-x}O_4$ thin film electrodes for 5V lithium batteries. Electrochem Commun, 2004, 6: 384-388.

[154] Novak P, Vielstich W. The influence of water on the cycling behavior of the polypyrrole electrode in lithium cells. J Electrochem Soc, 1990, 137: 1036-1042.

[155] Shembel E M, Chervakov O V, Neduzhko L I, et al. Investigation of the stability of chlorinated PVC-based polymer electrolytes for lithium batteries. J Power Sources, 2001, 96: 20-28.

[156] Osaka T, Momma T, Nishimura K, et al. Application of solid polymer electrolyte to lithium/polypyrrole secondary battery system. J Electrochem Soc, 1994, 141: 1994-1998.

[157] Tourillon G, Garnier F. New electrochemically generated organic conducting polymers. J Electroanal Chem, 1982, 135: 173-178.

[158] Tanguy J, Baudoin J L, Chao F, et al. Study of the redox mechanism of poly-3-methylthiophene by impedance spectroscopy. Electrochimica Acta, 1992, 37: 1417-1428.

[159] Chu M Y. Rechargeable positive electrodes: US 5814420, 1998.

[160] Gorkovenko A, Skotheim T A, Xu Z S, et al. Cathodes comprising electroactive sulfur materials and secondary batteries using same: US 6210831, 2001.

[161] Liu M L, Visco S J, Jonghe L C D. Novel solid redox polymerization electrodes: electrochemical properties. J Electrochem Soc, 1991, 138: 1896-1901.

[162] Oyama N, Tatsuma T, Sato T, et al. Dimercaptan-polyaniline composite electrodes for lithium batteries with high energy density. Nature, 1995, 373: 598-600.

[163] 胡策军, 杨积瑾, 王航超, 等. 锂硫电池安全性问题现状及未来发展态势. 储能科学与技术, 2018, 7: 1082-1093.

[164] Oyama N, Tatsuma T, Sotomura T. Organosulfur polymer batteries with high energy density. J Power Sources, 1997, 68: 135-138.

[165] Naoi K, Kawase K I, Mori M, et al. Electrochemistry of poly(2, 2′-dithiodianiline): a new class of high energy conducting polymer interconnected with S-S bonds. J Electrochem Soc, 1997, 144: L173-L175.

[166] Uemachi H, Iwasa Y, Mitani T. Poly(1, 4-phenylene-1, 2, 4-dithiazol-3′, 5′-yl): the new redox system for lithium secondary batteries. Electrochimica Acta, 2001, 46: 2305-2312.

[167] Skotheim T A, Kovalev I P. Method of making electroactive high storage capacity polycarbon-sulfide materials and electrolytic cells containing same: US 5690702, 1997.

[168] Skotheim T A, Trofimov B A. Electroactive high storage capacity polyacetylene-co-polysulfur materials and electrolytic cells containing same: US 6309778, 2001.

[169] Sung H K, Kim H J, Lee K. Sulfurated hydrocarbon materials having high capacity and secondary cells using the same: US 6335118, 2002.

[170] Gorkovenko A, Skotheim T A. Electroactive, energy-storing, highly crosslinked, polysulfide-containing organic polymers and methods for making same: US 6201100, 2001.

[171] Haringer D, Novak P, Haas O, et al. Poly(5-amino-1, 4-naphthoquinone), a novel lithium-inserting electroactive polymer with high specific charge. J Electrochem Soc, 1999, 146: 2393-2396.

[172] Croce F, Passerini S, Scrosati B. Ambient temperature lithium polymer rocking-chair batteries. J Electrochem Soc, 1994, 141: 1405-1408.

[173] Osaka T, Momma T, Ito H, et al. Performances of lithium/gel electrolyte/polypyrrole secondary batteries. J Power Sources, 1997, 68: 392-396.

[174] Spila E, Panero S, Scrosati B. Solid-state dion battery. Electrochim Acta, 1998, 43: 1651-1653.

[175] Pendaiwar S L, Howard J N, Venugopal G, et al. Multilayered gel electrolyte bonded rechargeable electrochemical cell and method of making same: US 5716421, 1998.

[176] Laman F C, Gee M A, Denovan J. Impedance studies for separators in rechargeable lithium batteries. J Electrochem Soc, 1993, 140: L51-L53.

[177] Yu T H. Trilayer battery separator: US 6080507, 2000.

[178] Treptow R S. Lithium batteries: a practical application of chemical principles. J Chemical Edu, 2003, 80: 1015.

[179] Ratnakumar B V, Smart M C, Kindler A, et al. Lithium batteries for aerospace applications: 2003 mars exploration rover. J Power Sources, 2003, 119: 906-910.

[180] Panero S, Scrosati B, Wachtler M, et al. Nanotechnology for the progress of lithium batteries R&D. J Power Sources, 2004, 129: 90-95.

[181] 黄彦瑜. 锂电池发展简史. 物理, 2007, 36: 643-651.

[182] 沈立芳. 锂离子电池正极材料现状及镍钴锰三元材料市场细分. 科技传播, 2014, 3: 67-68.

[183] Noh H J, Youn S, Yoon C S, et al. Comparison of the structural and electrochemical properties of layered $Li[Ni_xCo_yMn_z]O_2(x = 1/3, 0.5, 0.6, 0.7, 0.8$ and $0.85)$ cathode material for lithium-ion batteries. J Power Sources, 2013, 233: 121-130.

[184] Thackeray M M, Kang S H, Johnson C S, et al. Li_2MnO_3-stabilized $LiMO_2(M=Mn, Ni, Co)$ electrodes for lithi-

um-ion batteries. J Mater Chem, 2007, 17: 3112-3125.

[185] Wang J, He X, Paillard E, et al. Lithium-and manganese-rich oxide cathode materials for high-energy lithium ion batteries. Adv Energy Mater, 2016, 6: 1600906.

[186] Rui X, Yan Q, Skyllas-Kazacos M, et al. $Li_3V_2(PO_4)_3$ cathode materials for lithium-ion batteries: A review. J Power Sources, 2014, 258: 19-38.

[187] Muraliganth T, Stroukoff K R, Manthiram A. Microwave-Solvothermal Synthesis of Nanostructured $Li_2MSiO_4/$ C (M = Mn and Fe) Cathodes for Lithium-Ion Batteries. Chem Mater, 2010, 22: 5754-5761.

[188] Lv D, Wen W, Huang X, et al. A novel Li_2FeSiO_4/C composite: Synthesis, characterization and high storage capacity. J Mater Chem, 2011, 21: 9506-9512.

[189] 张秋美, 施志聪, 李益孝, 等. 氟磷酸盐及正硅酸盐锂离子电池正极材料研究进展. 物理化学学报, 2011, 27: 267-274.

[190] 杨勇, 龚正良, 吴晓彪, 等. 锂离子电池若干正极材料体系的研究进展. 科学通报, 2012, 57: 2570-2586.

[191] Recham N, Chotard J N, Dupont L, et al. A 3. 6 V lithium-based fluorosulphate insertion positive electrode for lithium-ion batteries. Nat Mater, 2010, 9: 68-74.

[192] 王诗文, 陶占良, 陈军. 锂离子电池有机共轭羰基化合物电极材料研究进展. 科学通报, 2013, 58: 3132-3139.

[193] Nokami T, Matsuo T, Inatomi Y, et al. Polymer-bound pyrene-4, 5, 9, 10-tetraone for fast-charge and-discharge lithium-ion batteries with high capacity. J Am Chem Soc, 2012, 134: 19694-19700.

[194] Liang Y L, Tao Z L, Chen J. Organic electrodes: organic electrode materials for rechargeable lithium batteries. Adv Energy Mater, 2012, 2: 742-769.

[195] 陶占良, 王洪波, 陈军. 锂离子电池负极硅基材料. 化学进展, 2011, 23: 318-327.

[196] 常鹏, 陆越, 胡先罗. 锂离子电池高性能硅基负极材料研究进展. 西华大学学报(自然科学版), 2018, 37: 32-47.

[197] Zhao B, Ran R, Liu M, et al. A comprehensive review of $Li_4Ti_5O_{12}$-based electrodes for lithium-ion batteries: The latest advancements and future perspectives. Mat Sci Eng R, 2015, 98: 1-71.

[198] 张小颂, 夏永高. 锂离子电池电解液的安全性研究进展. 储能科学与技术, 2018, 7: 1016-1029.

[199] Zeng Z, Murugesan V, Han K S, et al. Non-flammable electrolytes with high salt-to-solvent ratios for Li-ion and Li-metal batteries. Nature Energy, 2018, 3: 674-681.

[200] 陈龙, 池上森, 董源, 等. 全固态锂电池关键材料——固态电解质研究进展. 硅酸盐学报, 2018, 46: 21-34.

[201] Cheng X B, Zhang R, Zhao C Z, et al. Toward safe lithium metal anode in rechargeable batteries: A review. Chem Rev, 2017, 117: 10403-10473.

[202] Zhou L, Zhang K, Hu Z, et al. Recent developments on and prospects for electrode materials with hierarchical structures for lithium-ion batteries. Adv Energy Mater, 2017, 8: 1701415.

[203] Chen X R, Yao Y X, Yan C, et al. A diffusion-reaction competition mechanism to tailor lithium deposition for lithium-metal batteries. Angew Chem Int Ed, 2020, 59: 7743-7747.

[204] Chen X, Bai Y K, Zhao C Z, et al. Lithium bonds in lithium batteries. Angew Chem Int Ed, 2020, 59(28): 11192-11195.

第 **8** 章

燃料电池

　　燃料电池是一种将氢和氧的化学能通过电极反应直接转换成电能的装置。与传统能源相比，燃料电池在反应过程中不涉及燃烧，因而能量转换效率不受卡诺循环的限制，具有高效、洁净的显著特点，被认为是 21 世纪首选的洁净高效发电技术。燃料电池的应用范围广泛，它涉及航天、运输、动力、军事和民用的电子产品等。燃料电池作为一种新型化学电源，受到各国政府的高度重视。

　　燃料电池的最佳燃料为氢。当地球上化石燃料逐渐减少时，人类赖以生存的能量将是核能和太阳能。那时，可用核能、太阳能发电，以电解水的方法来制取氢。将氢作为载体，利用燃料电池技术，通过氢与大气中的氧反应，将化学能转化为各种用途的电能，如汽车动力、家庭用电等，则世界即进入了氢能时代。可以说燃料电池技术是人类步入氢能时代的一个重要里程碑，通过燃料电池将氢燃料提供给更广阔的领域（图 8-1），可构筑一幅基于清洁能源的国民经济蓝图。

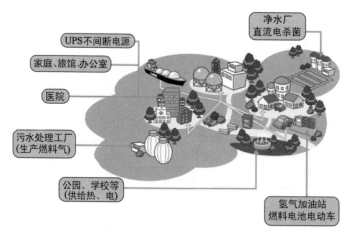

图 8-1　燃料电池的未来

8.1 燃料电池与原电池、蓄电池的区别

　　电池是一种提供能源的装置，它通常包含原电池（一次电池）、蓄电池（二次电池）和

燃料电池。热力学定律说明了能量不可能凭空产生，所以电池本身也需要能量支持，这也正是各种电池之间区别所在。燃料电池（fuel cell）与其他电池（battery）的相似之处都是通过化学反应将化学能转变为电能，不同之处则在于燃料电池是能量转换装置，而其他电池是能量储存装置。

原电池与蓄电池是将化学能储存在电池之中。原电池经过连续放电或间歇放电后，不能用充电的方法将两极的活性物质恢复到初始状态，即反应是不可逆的，因此正、负电极上的活性物质只能利用一次。原电池的特点是小型、携带方便，但放电电流不大，一般用于仪器及各种电子器件。广泛应用的原电池有锌锰、锌汞、锌银电池等。

蓄电池在放电时通过化学反应可以产生电能，而充电（通以反向电流）时则可使体系回复到原来状态，即将电能以化学能形式重新储存起来，从而实现电池两极的可逆充放电反应。蓄电池充电和放电可反复多次，因而可循环使用。常用的蓄电池有铅酸、镉镍电池、铁镍电池、氢镍电池、锂（离子和聚合物）电池等。它们的电极（电池）反应见表 8-1。

表 8-1 相关蓄电池的电极（电池）反应

电 池	电 极 反 应	电势/V
铅酸电池	（+） $PbSO_4 + 2H_2O \Longrightarrow PbO_2 + 4H^+ + SO_4^{2-} + 2e^-$	1.685
	（-） $PbSO_4 + 2e^- \Longrightarrow Pb + SO_4^{2-}$	-0.356
	总反应：$2PbSO_4 + 2H_2O \Longrightarrow Pb + PbO_2 + 4H^+ + 2SO_4^{2-}$	2.041
镉镍电池	（+） $Ni(OH)_2 + OH^- \Longrightarrow NiOOH + H_2O + e^-$	0.49
	（-） $Cd(OH)_2 + 2e^- \Longrightarrow Cd + 2OH^-$	-0.809
	总反应：$2Ni(OH)_2 + Cd(OH)_2 \Longrightarrow 2NiOOH + Cd + 2H_2O$	1.3
氢镍电池	（+） $Ni(OH)_2 + OH^- \Longrightarrow NiOOH + H_2O + e^-$	0.49
	（-） $M + H_2O + e^- \Longrightarrow MH + OH^-$	-0.828
	总反应：$Ni(OH)_2 + M \Longrightarrow NiOOH + MH$	1.318
	（M 为储氢合金）	
锌空气电池	（+） $4OH^- \Longrightarrow 2H_2O + O_2 + 4e^-$	0.401
	（-） $Zn(OH)_2 + 2e^- \Longrightarrow Zn + 2OH^-$	-1.249
	总反应：$2Zn(OH)_2 \Longrightarrow 2Zn + 2H_2O + O_2$	1.649
氢空气电池	（+） $4OH^- \Longrightarrow 2H_2O + O_2 + 4e^-$	0.401
	（-） $M + H_2O + e^- \Longrightarrow MH + OH^-$	-0.828
	总反应：$4M + 2H_2O \Longrightarrow 4MH + O_2$	1.229
	（M 为储氢合金）	
锂离子电池	（+） $LiMO_2 \Longrightarrow Li_{1-x}MO_2 + xLi^+ + xe^-$	4.0
	（-） $C_6 + xLi^+ + xe^- \Longrightarrow Li_xC_6$	0.2
	总反应：$LiMO_2 + C_6 \Longrightarrow Li_{1-x}MO_2 + Li_xC_6$	3.8
	（M 为 Co, Ni 或 Mn 等，电势相对于 Li 电极）	

燃料电池也是一种化学电池，它是将储存在燃料和氧化剂中的化学能，等温地按电化学原理转化为电能。燃料电池与常规电池不同在于，它工作时需要连续不断地向电池内输入燃料和氧化剂，通过电化学反应生成水，并释放出电能；只要保持燃料供应，电池就会不断工作提供电能。

燃料电池的关键部件与其他种类的电池相同，也包括阴极、阳极和电解质（隔膜）等。图 8-2 为典型的（单个）燃料电池的工作原理。其阳极为氢电极，阴极为氧电极。通常，阳极和阴极上都含有一定量的催化剂，用来加速电极上发生的电化学反应。两极之间是离子导

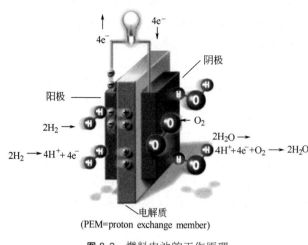

图 8-2　燃料电池的工作原理

(PEM=proton exchange member)

电而非电子导电的电解质。液态电解质分为碱性和酸性电解质溶液，固态电解质有质子交换膜和氧化锆隔膜等。在液态电解质中应用 $0.2\sim0.5mm$ 厚的微孔膜，固态电解质为无孔膜，薄膜厚度约为 $20\mu m$。电解质可分为碱型、磷酸型、固体氧化物型、熔融碳酸盐型和质子交换膜型五大类型。燃料有气态（如氢气、一氧化碳、二氧化碳和烃类）、液态（如液氢、甲醇、肼、烃类和液态金属）、固态（如炭）等。按电化学活性强弱，燃料的活性排列次序为：肼＞氢＞醇＞一氧化碳＞烃＞煤。燃料的化学结构越简单，构造燃料电池时可能出现的问题越少。电池中所用的氧化剂可为纯氧、空气和卤素等。

燃料电池阴极（正极）和阳极（负极）作为电化学反应进行的场所，分别接受和提供电子，起催化转换的作用，而电解质则负责离子在电池内部阴阳极之间的输送。燃料电池工作时，在阳极上连续吹充气态燃料，如氢气，而在阴极上则连续吹充氧气（或由空气提供）。氢在负极分解成 H^+ 和 e^-，氢离子进入电解液中，而电子则沿接有负载的外部电路移向正极；在正极上，空气中的氧接受抵达正极上的电子后，同电解液中的氢离子形成水，这正是水电解反应的逆过程。这样在电极上连续发生电化学反应，并产生电流。由于电极上发生的反应大多为多相界面反应，为提高反应速率，电极一般采用多孔材料。各种燃料电池的材料都有各自的特点，将在后面详细叙述。

与一般电池不同的是，燃料电池更像是一种发电装置。具体而言，燃料电池是利用水电解的逆反应的"发电机"。燃料电池不是封闭体系，它最大的特点是正负极本身不包含活性物质，而活性物质被连续地注入电池，即通过"燃料"的添加，将反应物从外界不断输送到电极上进行反应，从而可持续地提供电能。因此，燃料电池又称为连续电池。当然，在实际应用上，由于受电极材料和电池元件的限制等原因，燃料电池还是有一定的寿命。

总之，原电池是电化学能量生产装置，可一次性将化学能转变成电能；充电电池是电化学能量的储存装置，可将化学能与电能可逆转换；燃料电池是电化学能量发生器，是以化学反应发电。原电池、蓄电池及燃料电池各有其独特的性能。

8.2　燃料电池的特点

燃料电池之所以受世人瞩目，是因为它具有其他能量发生装置不可比拟的优越性，主要表现在效率、安全性、可靠性、清洁度、良好的操作性能、灵活性及未来发展潜力等方面。

(1) 能量转换效率高　燃料电池发电装置的最大优点是在电化学反应过程中，能量转换效率不受"卡诺循环"的限制，不存在机械能做功造成的损失，因而与热机和发电机相比，能量转换效率极高。目前汽轮机或柴油机的效率最大值为 $40\%\sim50\%$，当用热机带动发电机时，其效率仅为 $35\%\sim40\%$；而燃料电池的效率可达 $60\%\sim70\%$，其理论能量转换效率可达 90％，实际使用效率则是普通内燃机的 2～3 倍。其他物理电池，如温差电池效率为 10％，太阳能电池效率为 20％，均无法与燃料电池相比。

(2) 发电环境友好 燃料电池作为大、中型发电装置使用时，一个突出的优点就是可减少化学污染排放。对于氢燃料电池而言，发电后的产物只有水，可实现真正的"零排放"。在航天系统中还可生成水，供宇航员使用，液氧系统又可提供生命保障。

当燃料电池以富氢气体为燃料时，富氢气体是通过矿物燃料来制取的。由于燃料电池具有高的能量转换效率，其 CO_2 的排放量可减少 40％ 以上，这对缓解地球的温室效应起着极为重要的作用。由于燃料电池的燃料气在反应前必须脱除硫及其化合物，而且燃料电池是按电化学原理发电，不经过热机的燃烧过程，因此根本不会产生在传统方式中常见的 SO_2、NO_x、烃类、粉尘等污染物。如果采用太阳能光分解水制氢，则可完全避免温室气体的产生。

另外，由于燃料电池无热机活塞引擎等机械传动部分，故操作环境没有噪声污染且无机械磨损，11MW 大功率磷酸燃料电池发电系统的噪声水平低于 55dB。燃料电池工作安静，适用于潜水艇等军事系统的应用。燃料电池能全自动运行，无需人看管，很适合用于偏僻处、恶劣环境和用作空间电源。

(3) 模块结构、方便耐用 燃料电池发电系统由单个电池堆叠至所需规模的电池组构成，因而单电池是发电系统的单元，电池组的数量决定了发电系统的规模。电站采用模块结构，由工厂生产各种模块，在电站现场简单施工安装即成。因各个模块可以更换，维修方便，可靠性也高。

(4) 响应性好、供电可靠 燃料电池发电系统对负载变动的响应速度快。当燃料电池的负载有变动时，它会很快响应，故无论处于额定功率以上过载运行或低于额定功率运行，它都能承受且效率变化不大。在电力系统供电中，电力需要变动的部分，可由燃料电池承担，如在用电高峰时燃料电池可作为调节的储能电池使用。燃料电池供电功率范围极广，大至大、中型电站，小到应急电源和不间断电源，甚至是携带式电源。

(5) 适用能力强 燃料电池可以使用多种多样的初级燃料，如天然气、煤气、甲醇、乙醇、汽油；也可使用发电厂不宜使用的低质燃料，如褐煤、废木、废纸，甚至城市垃圾，但需经专门装置对其重整制取。另外，燃料电池系统不需要复杂的机械部件，后期的运行维护也较为容易。

虽然燃料电池有上述种种优点，在小范围应用中也取得了良好的效果，但由于技术问题，至今燃料电池均未达到大规模民用商业化程度。其亟待优化的关键技术主要是：①成本太高，致使燃料电池无法普及；②高温时寿命及稳定性不理想；③没有完善的燃料供应体系。

8.3 燃料电池的分类

燃料电池的分类有很多种，最常用的分类方法是根据电解质的性质，将燃料电池划分为五大类：碱性燃料电池（alkaline fuel cell，AFC）、磷酸燃料电池（phosphorous acid fuel cell，PAFC）、熔融碳酸盐燃料电池（molten carbonate fuel cell，MCFC）、固体氧化物燃料电池（solid oxide fuel cell，SOFC）、质子交换膜燃料电池（proton exchange membrane fuel cell，PEMFC）（又称高分子电解质膜燃料电池——polymer electrolyte membrane fuel cell，PEMFC）。表 8-2 列出了燃料电池的类型、应用及性能。

表 8-2　燃料电池的类型、应用及性能

项目	低温燃料电池 (60~120℃)		中温燃料电池 (160~220℃)	高温燃料电池 (600~1000℃)	
类型	碱性燃料电池 (AFC)	质子交换膜燃料电池(PEMFC)	磷酸燃料电池 (PAFC)	熔融碳酸盐燃料电池(MCFC)	固体氧化物燃料电池(SOFC)
应用	太空飞行、国防	汽车、潜水艇、移动电话、笔记本电脑、家庭加热器、热电联产电厂	热电联产电厂	联合循环热电厂、铁路用车	电厂、家庭电源传送
开发状态	在太空飞行中的应用	家庭电源试验项目、小汽车和公共汽车、试验的热电联产电厂	具有 200kW 功率的电池在工业中的应用(大约 160 个电厂)	容量为 280kW 至 2MW 的试验电厂	100kW 的试验电厂
特性	无污染排放,电效率高,少维护,制造费用非常贵,不适合于工业应用	污染排放极低,噪声水平低,固态电解质适合于大规模生产,与常规技术相比很贵	污染排放少,噪声水平低,是热电联产电厂的三倍费用,连续运行的电效率会降低	有效利用能源,噪声水平低,没有外部气体配置,电解液腐蚀性强	有效利用能源,噪声水平低,没有外部气体配置,电解液腐蚀性强,材料要求苛刻
电解质	氢氧化钾溶液	质子可渗透膜	磷酸	锂和碳酸钾	固态陶瓷体
燃料	纯氢	氢、甲醇、天然气	天然气、氢	天然气、煤气、沼气	天然气、煤气、沼气
氧化剂	纯氧	大气中的氧气	大气中的氧气	大气中的氧气	大气中的氧气
系统效率	60%~90%	43%~58%	37%~42%	>50%	50%~65%

根据工作温度又可将燃料电池划分为：低温燃料电池（包括碱性与质子交换膜燃料电池）、中温燃料电池（包括培根型碱性燃料电池和磷酸燃料电池）、高温燃料电池（包括熔融碳酸盐燃料电池和固体氧化物燃料电池）。

(1) 碱性燃料电池（AFC）　采用氢氧化钾水溶液作为电解液。这种电池的工作效率很高，可达 60%~90%，但其对二氧化碳敏感。

(2) 磷酸燃料电池（PAFC）　采用 200℃ 高温下的磷酸作为电解质，很适合用于分散式的热电联产系统。

(3) 熔融碳酸盐燃料电池（MCFC）　工作温度可达 650℃，这种电池的效率很高，但对材料的要求高。

(4) 固体氧化物燃料电池（SOFC）　采用固态电解质（金属氧化物），性能很好。因为电池的工作温度约为 1000℃，需要采用相应的材料和工程处理技术。

(5) 质子交换膜燃料电池（PEMFC）　采用极薄的塑料薄膜作为其电解质，具有高的功率/质量比和低工作温度，适用于固定和移动装置。

8.4 燃料电池的发展简史

燃料电池并不是一个新概念，它的提出可以追溯到 19 世纪，甚至比许多古老的化学电源模式更为久远。1802 年，H.Davy 试验了碳氧电池，以碳和氧为燃料和氧化剂，硝酸为电解质，电池反应为 $C+O_2 \longrightarrow CO_2$，指出了制造燃料电池的可能性。1839 年，英国人格罗夫（W. Grove）通过将水的电解过程逆转而发现了燃料电池的原理（图 8-3）。他研制的单电池用镀制的铂作电极，以氢为燃料，氧为氧化剂，从氢气和氧气中获取电能。他把多只单电池串联起来作电源，点亮了伦敦演讲厅的照明灯，拉开了燃料电池发展的序幕。他还指出，强化在气体、电解液与电极三者之间的相互作用是提高电池性能的关键。由于氢气在自然界不能自由地得到，在随后的几年中，人们一直试图用煤气作为燃料，但均未获得成功。

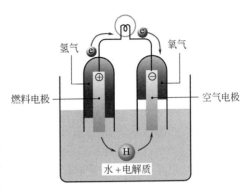

图 8-3　Grove 的燃料电池原理

1889 年英国人蒙德（L. Mond）和朗格尔（C. Langer）首先提出燃料电池（fuel cell）这个名称。他们采用浸有电解质的多孔非传导材料为电池隔膜，以铂黑为电催化剂，以钻孔的铂或金片为电流收集器组装出燃料电池。该电池以氢作为燃料，氧作为氧化剂，当工作电流密度为 $3.5mA \cdot cm^{-2}$ 时，电池的输出电压为 0.73V，他们研制的电池结构已接近现代的燃料电池了。

1894 年，奥斯特瓦尔德（W. Ostwald）从热力学理论上证实，燃料电池的直接发电效率高达 50%～80%；而一般由热能做功发电时，受卡诺循环限制，效率在 50% 以下。燃料的低温电化学氧化优于高温燃烧，电化学电池的能量转换效率高于热机。燃料电池的效率不受卡诺循环的限制，其能量转化效率是传统高温燃烧模式永远也达不到的。

20 世纪初，人们就期望将化石燃料的化学能直接转变为电能。一些杰出的物理化学家，如能斯特（Nernst）、哈伯（Harber）等，对直接炭燃料电池做了许多努力。1920 年以后，由于在低温材料性能研究方面的成功，对气体扩散电极的研究又重新开始。1933 年，鲍尔（Baur）设想了一种在室温下用碱性电解质，以氢为燃料的电化学系统。英国剑桥大学的培根（F. T. Bacon）对氢氧碱性燃料电池进行了长期而卓有成效的研究，主要贡献在 3 个方面：a. 提出新型镍电极，采用双孔结构，改善了气体输运特性；b. 提出新型制备工艺，锂离子嵌入镍板预氧化焙烧，解决电极氧化腐蚀问题；c. 提出新型排水方案，保证了电解液工作质量。20 世纪 50 年代，他成功地开发了多孔镍电极，并成功地制备了 5kW 碱性燃料电池系统，寿命达 1000h，这是第一个实用性燃料电池。培根的成就奠定了现代燃料电池的技术基础，鼓舞着人们努力去实现燃料电池的实用化和商品化。他的研究成果是后来美国阿波罗（Apollo）计划中燃料电池的基础。

20 世纪 60 年代，由于航天和国防的需求，燃料电池得到了真正的实际应用，开发了液氢和液氧的小型燃料电池，并应用于空间飞行和潜水艇。最早的碱性燃料电池的研发成功为当时突飞猛进的航天领域提供了有力保证。燃料电池在航天飞行中大获成功，进一步推动了燃料电池的开发热潮。但由于后期军备竞赛的缓和，导致了碱性燃料电池发展放缓，但其研发一直在进行。所以，碱性燃料电池是迄今为止开发时间最长，也是最为成熟的燃料电池技术。即使其性能不如其他后继品种，但凭借明显的成本优势，它几乎在所有的燃料电池应用领域中均有很强的竞争力。

随后的 30 多年中，燃料电池逐渐过渡到民用领域。20 世纪 70 年代，中东战争后出现了能源危机，燃料电池的优势在电力系统中体现得淋漓尽致，使人们更加看好燃料电池发电技术。美、日等国纷纷确定了发展燃料电池的长期计划。以美国为首的发达国家大力支持民用燃料电池发电站的开发，重视研究以净化重整气为燃料的磷酸燃料电池，建立一批中小型电站运行试验，并进一步开展大中型电站试验。1977 年，美国首先建成了民用兆瓦级磷酸燃料电池试验电站，开始为工业和民用提供电力。同时，美、日等国也重点研究采用净化煤气和天然气作为燃料的高温燃料电池，现在已有上百台酸性燃料电池的发电站在世界各地运行。

自此以后，熔融碳酸盐（MCFC）和固体氧化物（SOFC）燃料电池也都有了较大进展。尤其是在 20 世纪 90 年代，质子交换膜燃料电池（PEMFC）采用立体化电极和薄的质子交换膜之后，电池技术取得了一系列突破性进展，极大地加快了燃料电池的实用化进程。由于信息产业和汽车工业的迫切需求，燃料电池呈现了向小型便携和动力型方面的发展趋势。目前众多电池可用于电动汽车，例如铅酸蓄电池、镉镍电池、氢镍电池、锂离子电池、锂聚合物电池、金属空气电池、钠硫电池等。但从长远看，要开发"无污染绿色环保汽车"，质子交换膜燃料电池被认为是电动汽车的理想电源。近年来，质子交换膜燃料电池的开发成果最为明显，现已出现商品化的样品，包括移动通信产品和燃料电池汽车。小型化和移动性也正是燃料电池相对于传统化学电源的优势所在。预期燃料电池会在国防和民用的电力、汽车、通信等多领域发挥重要作用。

8.5 碱性燃料电池

碱性燃料电池（alkaline fuel cell，AFC），是以 KOH 水溶液为电解质的燃料电池。KOH 水溶液的质量分数一般为 $30\%\sim45\%$，最高可达 85%。在碱性电解质中，氧化还原反应比在酸性电解质中容易。AFC 是 20 世纪 60 年代大力研究开发，并在载人航天飞行中获得成功应用的一种燃料电池，它可以为航天飞机提供动力和饮用水，并且具有高的比功率和比能量。

8.5.1 原理

AFC 是最先研究、开发并得到成功应用的燃料电池。20 世纪 50 年代中期英国工程师培根研制出 5kW 系统，是 AFC 技术发展中的里程碑。AFC 的最初应用是在空间技术领域，其中最著名的是阿波罗登月计划。到了 20 世纪 60 年代以后，AFC 陆续应用于叉车、小型货车、汽车和潜艇等。当时大多以燃料电池-蓄电池混合方式存在，其工作温度和压力已降到周围环境值，温度为 $50\sim80℃$，压力为常压。

由于电解质是循环使用的，AFC 电池堆多为单极结构。图 8-4 为碱性氢氧燃料电池工作原理。碱性燃料电池以氢氧化钾或氢氧化钠为电解质，导电离子为 OH^-。在阳极，氢气与碱中的 OH^- 在电催化剂的作用下，发生氧化反应生成水，并释放电子

$$H_2 + 2OH^- \longrightarrow 2H_2O + 2e^- \qquad \varphi_1 = -0.828V \tag{8-1}$$

电子通过外电路到达阴极，在阴极电催化剂的作用下，参与氧的还原反应

$$\frac{1}{2}O_2 + H_2O + 2e^- \longrightarrow 2OH^- \qquad \varphi_2 = 0.401V \tag{8-2}$$

生成的 OH^- 通过饱浸碱液的多孔石棉膜迁移到氢电极。

电池反应为

$$H_2 + \frac{1}{2}O_2 \longrightarrow H_2O + 电能 + 热量 \qquad E_0 = \varphi_2 - \varphi_1 = 1.229V \tag{8-3}$$

为保持电池连续工作，除需等速地供应电池消耗的氢气、氧气外，还需连续、等速地在阳极（氢极）排出电池反应生成的水，以维持电解液浓度的恒定。另外，还要排出电池反应的废热以维持电池工作温度的恒定。这可由蒸发和 KOH 的循环来实现。

一个 AFC 电池，工作电压仅为 $0.6\sim1.0V$，为满足用户的需要，还需将多节单电池组

合起来，构成一个电池组。以碱性燃料电池组为核心，构建燃料（如氢）和氧化剂（如氧）供给的分系统，水、热管理分系统和输出直流电升压、稳压分系统。如果用户需要交流电，还需加入直流-交流逆变部分构成总的碱性燃料电池系统。因此，一台碱性燃料电池系统（图 8-5）相当于一个小型自动运行的发电厂，它高效、环境友好地将储存在燃料与氧化剂中的化学能转化为电能。

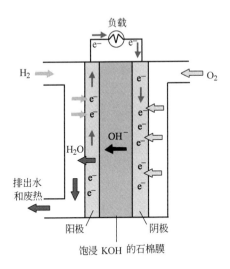

图 8-4　碱性氢氧燃料电池工作原理

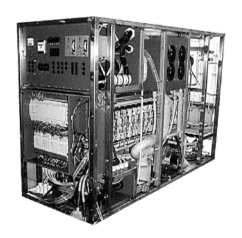

图 8-5　碱性燃料电池系统

8.5.2　结构

8.5.2.1　电催化剂与电极

电极作为电化学反应进行的场所，对反应起到高效催化的作用，是体系的灵魂。阳极和阴极的类型及制作方式与所选择的催化剂相关。催化剂的效能决定了整个体系的性能。对于碱性电池，强碱的阴离子为 OH^-，它既是氧电化学还原反应的产物，又是导电离子。因此在电化学反应过程中，不存在酸性电池中出现的阴离子特殊吸附对电催化剂活性和电极过程动力学的不利影响。碱的腐蚀性比酸低得多，所以 AFC 中的催化剂选择比较灵活，不仅贵金属（铂、铑、金、银等）及其合金适用，其他一些非贵金属（钴、镍、锰等）也适用。

在探索碱性燃料电池在地面或水下的应用时，为降低电池成本，曾对各种过渡金属及其合金（如 Ni-Mn、Ni-Cr、Ni-Co 等）进行了广泛研究，也曾研究过碳化钨（WC）、硼化镍（Ni_2B）、Na_xWO_3、各种尖晶石型（如钙钛矿型）氧化物、过渡金属大环化合物（如 CoTAA、Fe 酞菁、Mn 卟啉）等电催化剂。但由于过渡金属及其合金电催化剂活性与寿命均低于贵金属电催化剂，而采用碳载型贵金属电催化剂的贵金属担载量大幅度降低，从而降低了电催化剂成本，上述电催化剂很少在实用的电池组中应用。

催化剂载体的主要功能是作为活性组分的基体，增大催化剂比表面，分散活性组分。常用方法是将它制成多孔结构。从结构上看可分为两类：一类是高比表面的 Raney（雷尼）金属，通常以 Raney 镍为基体材料作阳极，银基催化剂粉为阴极；另一类是高分散的担载型催化剂，即将铂类电催化剂高分散地担载到高比表面、高导电性的担体（如碳材料）上。铂类电催化剂分散在活性炭颗粒表面，不仅使其活性表面积增大，降低对有毒物质的敏感性，而且活性炭还为反应产物提供传质通道，增大散热面积，提高铂催化剂的热稳定性。此外，活性炭本身也具有良好的催化作用。

催化剂分散于载体基材上，就成为电极。整个电极要工作于气固液三相界面，并且要保证反应高效平稳地运行。对于所有类型电极的一般要求为：

① 良好的导电能力以降低欧姆电阻；

② 较高的力学强度和适当的孔隙率；

③ 在碱性电解质中化学性质稳定；

④ 长期的电化学稳定性，包括催化剂的稳定性及与电极组成一体后的稳定性。

电极材料的另一重要性质是亲水性和疏水性。亲水电极通常是金属电极，由于碳基电极中通常有聚四氟乙烯，电极只是部分润湿，以含聚四氟乙烯催化层的适当构造来维持其足够的疏水性，对于保持疏水电极的寿命是很重要的。此外，还要求电极有合理的结构模式。在碱性燃料电池的发展过程中，先后开发成功了两种不同结构的气体扩散电极：双孔结构电极和黏结型憎水电极。

(1)双孔结构电极　这种结构的电极是由培根发明的，并在阿波罗登月飞行用的燃料电池中得到了应用。电极分为两层：粗孔层与细孔层。粗孔层面向气室，细孔层与电解质接触。图 8-6 为其结构示意。

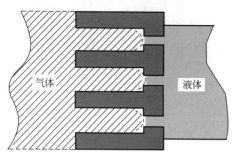

图 8-6　双孔结构电极示意

电极工作时控制适宜的反应气压力，让粗孔层内充满反应气体，细孔层内充满电解液，具有一定的阻气能力并可传导导电离子。细孔层的电解液浸润粗孔层并形成弯月面，该弯月面形状的电解液浸润层薄膜，越靠近气室侧越薄，厚度可达微米级，极大地提高了反应气体的传质速度和极限电流密度。粗孔层中的反应气先溶解到电解液薄膜内，再扩散至反应点并发生电化学反应。电子依靠构成粗孔层和细孔层二者的雷尼合金骨架进行传导。离子与水在电解液薄膜与细孔层内的电解液中进行传递。因此，这种电极结构满足了多孔气体扩散电极的要求，并能使其保持反应界面的稳定。为了确保在粗孔层内获得较大的浸润面积，即电极活性面积（三相界面），除提高电极粗孔层孔隙外，电极还应有一定的厚度，一般为零点几毫米，高活性的电催化剂担载在粗孔层内。

Shell 塑料电极属于薄的催化层双孔结构电极。在这种电极结构中，细孔层用微孔塑料膜，当其充满电解液后，起传导离子和阻气作用。在微孔塑料膜涂催化层的一侧的 $1\mu m$ 的镀金层起集流作用，再在镀金层上利用黏结剂（如聚四氟乙烯，PTFE）和电催化剂（如铂黑/炭，Pt/C）制备出几微米厚的催化剂。这种电极在电催化层与反应气之间没有起集流和支撑作用的扩散层，所以这种电极特别适于用空气和粗氢作反应剂，它消除了在扩散层内由传质引起的浓差极化。但是，采用这种电极，电流从电极周边导出受到限制，用这种电极难以组装出大功率电池组。

(2)掺有聚四氟乙烯等憎水剂的黏结型电极　在水溶性电解质中，各种导电的电催化剂（如 Pt/C）可被电解质所浸润，不但能提供电子通道，而且还可以提供液相（如水）和导电离子的通道，但它不能为气体气相传质提供通道。憎水剂的加入除了能提供反应气体气相扩散的通道外，还具有一定的黏合作用，能将电催化剂黏合到一起构成黏结型多孔气体扩散电极。

这种电极是将亲水并且具有电子传导能力的电催化剂（如铂/炭）与具有憎水作用和一定黏合能力的防水剂（如聚四氟乙烯乳液）按一定比例混合，采用特殊的工艺（如滚压、喷涂等），制成具有一定厚度的电极。它可简单地被视为在微观尺度上是相互交错的两相体系。由防水剂构成的憎水网络为反应气的进入提供了电极内部的扩散通道；由电催化剂构成的能被电解液完全浸润的亲水网络为其提供水与导电离子 OH^- 的通道。同时，由于电催化剂是电的良导体，它也为电子传导提供了通道。由于电催化剂浸润液膜很薄，这种结构的电极应具有较高的极限电流密度。另外，因为电催化剂是一种高分散体系，具有高的比表面，因此这种电极也具有较高的反应区（三相界面）。

8.5.2.2 隔膜

在石棉膜型碱性燃料电池中，饱浸碱液的石棉膜的作用有两个：一是利用其阻气功能，分隔氧化剂（氧气）和还原剂（氢气）；二是允许电解质通过，为 OH^- 的传递提供通道。它是隔膜型碱性燃料电池的关键部件。石棉的主要成分为氧化镁和氧化硅的水合物（$3MgO \cdot 2SiO_2 \cdot 2H_2O$），是电的绝缘体。长期在强碱性（如 KOH）水溶液中，其酸性组分（SiO_2）会与碱反应生成微溶物（K_2SiO_3），影响膜的通透性，而且会最终导致隔膜的解体。为了避免这种情况，可以在制膜之前将石棉预先用浓碱处理，或是在碱溶液中加入少量硅酸盐以抑制平衡向不利方向移动。

因为石棉对人体有害，而且会在浓碱中缓慢腐蚀，为改进碱性隔膜电池的寿命与性能，已成功开发出钛酸钾微孔隔膜，并成功地用于美国航天飞机用碱性燃料电池中。

8.5.2.3 电解质

作为燃料电池的电解质必须满足：①稳定，即在电池工作条件下不发生氧化与还原反应，不降解；②具有较高的电导，以利于减少欧姆极化；③阴离子不在电催化剂上产生强特殊吸附，防止覆盖电催化剂的活性中心，影响氧还原动力学；④对反应试剂（如氧、氢）有大的溶解度；⑤对用 PTFE 等防水剂制备的多孔气体扩散电极，电解质不能浸润 PTFE，以免降低 PTFE 等防水剂的憎水性，阻滞反应气在电极憎水孔的气相扩散传质过程。

KOH 是首选的碱性电解质，它的水溶液已在低温碱性电池中获得广泛应用。之所以选择 KOH，是因为与 NaOH 相比，它的使用寿命长，不易形成溶解度小的杂质，而且溶液蒸气压低，可以在高温下使用。此外，在高温和高浓度下，可以获得高的电流密度。

与体系所用的燃料气一样，电解质溶液也需要纯化，避免其中的杂质引起催化剂中毒。由于在电池反应中有水生成，致使电解质溶液浓度漂移，对燃料电池的一系列指标均造成影响。综合上述两方面的原因，一般都采用电解质循环使用的方式。这也一直是技术改进的一个重点。现在成熟的方案中，不但通过循环过程稳定控制了电解质，而且还合理利用此过程来满足其他方面的要求，比如用来冷却电池组。这些措施起到了一举多得的作用，提高了能源利用率，同时降低了成本。

8.5.2.4 双极板与流场

起集流、分隔氧化剂与还原剂并引导氧化剂和还原剂在电池内电极表面流动的导电隔板通称为双极板（图 8-7）。

对双极板的功能要求如下。

① 双极板用以分隔氧化剂与还原剂，因此双极板应具有阻气功能，不能采用多孔透气材料制备。如果采用多层复合材料，至少有一层必须无孔。

② 双极板具有集流作用，因此双极板材料必须是电的良导体。

③ 双极板必须是热的良导体，以确保电池工作时温度分布均匀并使电池的废热顺利排出。

④ 双极板必须具有抗腐蚀能力。

⑤ 双极板两侧应加入或置入使反应气体均匀分布的通道（流场），确保反应气在整个电

图 8-7 燃料电池的双极板

极均匀分布。

流场的基本功能是引导反应气在燃料电池气室内的流动，确保电极各处均能获得充足的反应气供应。流场均是由各种图案的沟槽与脊构成，脊与电极接触，起集流作用。沟槽引导反应气体的流动，沟槽所占比例大小会影响接触电阻。至今已开发了点状、网状、多孔体、平行沟槽、蛇形等多种流场，它们各具优缺点，需根据电池类型与反应气纯度进行选择。

在碱性电解质中，比较廉价的材料是石墨和镍，它们在碱性燃料电池工作条件下是稳定的，可用无孔石墨板或镍板作碱性燃料电池的双极板材

图 8-8　使用动态排水石棉膜型
AFC 的航天飞机

料。由于石墨板质脆，用作双极板时厚度应大于 3mm，故影响电池的体积比功率。对于中温氢氧燃料电池，可采用镍板作双极板材料。用于航天飞行目的的燃料电池，为大幅度提高电池的质量比功率，可采用镁、铝等密度小的金属作双极板材料。为防止腐蚀，可在加工双极板流场后镀镍、镀金，从而减小接触电阻，有利于减小欧姆极化。美国用于航天飞机（图 8-8）的动态排水石棉膜型碱性燃料电池即采用镁板镀银或镀金作双极板。

8.5.2.5　支持和控制系统

由于使用碱性电解质，酸性气体会造成严重的影响。燃料气中通常会含有 CO_2，在导入电极进行反应前必须予以清除。为了降低成本，一些民用系统中使用空气来代替纯氧，这时就要考虑到空气中约 $300\mu L \cdot L^{-1}$ CO_2 的问题。可以采用多级吸收的方法，以不同的吸收剂分多次将 CO_2 除去。常用的吸收剂有碱石灰、乙醇胺等。乙醇胺类化合物与 CO_2 的反应为

$$2RNH_2 + CO_2 \Longrightarrow RNH-CO-NHR + H_2O \tag{8-4}$$

该反应是一可逆反应，可以通过加热再生。

碱性燃料电池系统会有大量余热产生。如果另加冷却装置，就会增加额外的原始和运行成本，也浪费了能量。现在较为成熟的技术都是利用体系中的流动元素，例如利用空气和电解质溶液来带走大量的余热，并将其加以利用。

在燃料电池的开发前期，控制系统在很长一段时间内被忽略。但当前的各类燃料电池一般均配有相应的控制系统，其作用是可在正常状态下对燃料电池的启动、运行及停机等各项操作进行完全程序化的控制，以获得最高的效率和寿命，而且预防事故的发生。目前，控制系统的智能水平越来越高，这方面的开发已经成为燃料电池研发的一项重要指标。

目前，隔膜型燃料电池已成为燃料电池的主流。绝大多数隔膜型燃料电池均是按压滤机方式组装的。为获得实际应用的电压，需将多个电池组成电池组。电池组包括电极架及其附件框架两个基本部分，框架可以注模制造，也可用压滤技术成型。若是塑料的话，还可以熔焊。电池组的设计及制造必须保证电解质、氢和氧化剂的布置非常紧凑。图 8-9 为 AFC 电池组及其构件排布。

8.5.3　应用

提到碱性燃料电池，就不能不提美国的阿波罗登月计划。有很多人就是从这个项目中，第一次接触到燃料电池这个概念。在 20 世纪 60 年代，航天探索是几个发达国家竞争的焦

图 8-9　AFC 电池组及其构件排布

点。由于将单位质量的物质送入太空的费用高昂，迫切需要研制高比功率、高比能量、高可靠性的电池作为宇宙飞船上的主电源。与一般的民用项目不同的是，在电源的选择上，不需要过多地考虑成本，而是严格地考察性能。通过对各种化学电池、太阳能电池，甚至核能等的全面对比，最终认定燃料电池最适合宇宙飞船使用，而且电池反应生成的水还可供宇航员饮用，而作为燃料的液氧系统同时可与生命保障系统互为补充。于是美国宇航局（NASA）与普拉特-惠特尼（Pratt & Whitney）公司联合开发阿波罗登月计划所需的燃料电池。

该燃料电池以英国培根所研制的燃料电池系统为蓝本加以改进而成。阿波罗系统使用纯氢作燃料，纯氧作氧化剂。阳极为双孔结构的镍电极，阴极为双孔结构的氧化镍，并添加了铂以提高电极催化反应活性。双孔电极的粗孔兼有约束电解质的作用，以消除生成水的影响。普拉特-惠特尼公司对电池的主要改进是采用 85% 的 KOH 作电解质，它在室温下为固体，在工作温度下熔化，封闭在电池中不循环。电池组由 31 个单电池组成，按压滤机方式组装，采用聚四氟乙烯密封，其工作温度为 220～230℃，工作压力为 0.33MPa，电压为 27～31V。排水与导热都是靠气体循环来完成。三个电池组并联组成阿波罗系统，正常输出功率为 1.5kW，最大输出功率为 2.2kW。其外观呈圆柱状，直径 57cm，高 112cm，重约 100kg。图 8-10 为阿波罗飞船用培根型燃料电池的照片。这套系统为阿波罗登月计划提供了全程的电力供应，证明了燃料电池的性能和可靠性，为其以后在其他领域的应用奠定了基础。

图 8-10　阿波罗飞船用
培根型燃料电池

20 世纪 60 年代初美国 Allis-Chalmers 公司进行了碱性石棉膜型氢氧燃料电池的研制与开发。他们采用抗碱腐蚀的石棉膜（厚度为 0.25～0.8mm）作为电解质隔膜，当浸入 35% KOH 电解液后，具有良好的离子导电性与阻气性能。碱性石棉膜型氢氧燃料电池的关键技术之一是排水，有两种方法：一种是采用氢循环排水，称动态排水；另一种是将水在真空或减压下蒸发，称为静态排水。

在美国航天飞机的主电源投标中，碱性石棉膜型氢氧燃料电池因其性能优越而一举中标，并于 1981 年 4 月首次用于航天飞行。航天飞机的机上电源由三组独立的碱性石棉膜型氢氧燃料电池系统提供，使用液氢作燃料，液氧作氧化剂，电池组采用氢循环的动态排水方法，电池反应生成的水经净化供宇航员饮用和飞机返回地球时冷却用。仅一组电池系统提供的动力就可供航天飞机安全返回地球。用于航天飞机碱性石棉膜型氢氧燃料电池的外貌如图 8-11 所示，其单组电池的尺寸为 34cm×37cm×110cm，重约 117kg。美国国际燃料电池（IFC）公司生产的第三代航天飞机仍采用碱性石棉膜型氢氧燃料电池，单组电池系统的正

图 8-11 航天飞机用碱性石棉膜型
氢氧燃料电池

常输出功率已提高到 12kW，峰值功率为 16kW，电池输出电压为 28V，电池效率可达 70%。

20 世纪 70 年代，在航天事业的推动下，我国出现了一个碱性燃料电池研制的高潮。中国科学院大连化学物理研究所从 1969 年开始进行石棉膜型氢氧燃料电池的研制，至 1978 年完成了两种型号（A 型和 B 型）航天用石棉膜型氢氧燃料电池系统（千瓦级 AFC）的研究与试制，并通过了例行的地面航天环境模拟试验。电池组采用静态排水，A 型电池采用液氢为燃料，液氧为氧化剂，用于载人航天飞行，净化水供宇航员饮用；B 型电池用于无人的航天飞行，它采用在线肼分解制取的氢为燃料，液氧为氧化剂。

碱性燃料电池在载人航天飞行中的成功应用，不但证明了碱性燃料电池具有高的质量比功率、体积比功率和高的能量转化效率（50%～70%）；而且显示了其运行的高度可靠性，展示出燃料电池作为一种新型、高效、环境友好的发电装置的优越性。加拿大的 Astris 公司从 1983 年开始研发小型（1～10kW）氢气-空气 AFC 系统，并克服了传统 AFC 对 CO_2 敏感的不足，同时采用碳材料-塑料材质，改进制造工艺，使 AFC 成本大幅降低。他们推出了 1kW AFC 移动电源以及为家庭等提供电、热及热水的 4kW 系统。1kW 移动 AFC 原为军方设计，最低工作温度可达到-40℃，而 4kW 系统尺寸仅为 120cm ×140cm×75cm（图 8-12），既可以发电，放出的余热又可为住宅供暖，燃料利用率接近 100%。

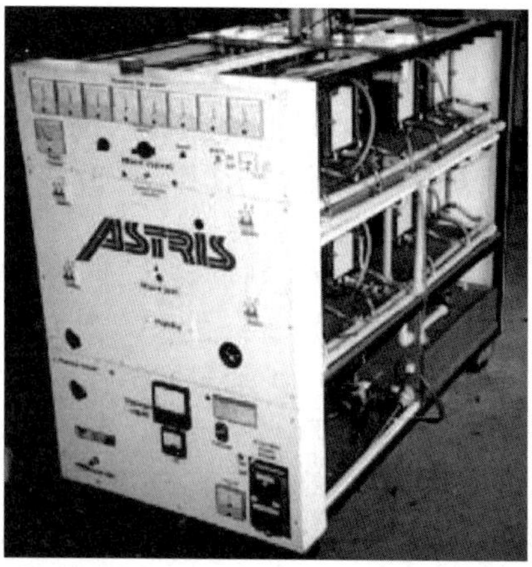

碱性燃料电池在航天方面的成功应用，曾推动了人们探索它在地面和水下应用的可行性。但是，由于它以浓碱为电解液，在地面应用必须脱除空气中的微量 CO_2；而且，它只能以纯氢或 NH_3、N_2H_4 等分解气为燃料。若以各种烃类重整气为燃料，则必须分离出混合气中的 CO_2。

由于碱性燃料电池系统中的电解质对 CO_2 等酸性杂质气体的敏感性，若以天然气重整后的富氢气体代替纯氢，以空气代替纯氧，则必须针对这些廉价的燃料气开发相关的净化系统，从而造成成本的增加。为此，研究者们设想将电解质更换为对 CO_2 不敏感的物质，这就推动了其他燃料电池的发展。

图 8-12 Astris 公司的 4kW AFC 系统

8.6 磷酸燃料电池

8.6.1 概述

磷酸燃料电池（phosphoric acid fuel cell，PAFC）是以磷酸为电解质的燃料电池。图 8-13 为磷酸燃料电池工作原理。阳极和阴极均以负载碳上的铂作电催化剂，阳极通以富氢并含有 CO_2 的重整气，阴极通以空气，氢和氧在各自多孔气体扩散电极的气（反应气体)-液（磷酸)-固（铂催化剂）三相界面上发生电化学反应，分别生成氢离子和水，工作温

度在 200℃左右。电化学反应为

阳极反应 $$H_2 \longrightarrow 2H^+ + 2e^-$$ (8-5)

阴极反应 $$\frac{1}{2}O_2 + 2H^+ + 2e^- \longrightarrow H_2O$$ (8-6)

电池反应 $$H_2 + \frac{1}{2}O_2 \longrightarrow H_2O$$ (8-7)

与碱性燃料电池相比，在酸性电池中，由于酸的阴离子特殊吸附等原因，导致氧的电化学还原速度比碱性电池中慢得多。为减小阴极极化、提高氧的电化学还原速度，不但必须采用贵金属（如铂）作催化剂，而且反应温度需提高，已开发成功的 PAFC，工作温度一般在190~210℃之间。另外，酸的腐蚀性比碱强得多，这在材料的选择上受到了很大限制，乙炔炭黑作电催化剂的担体和石墨化碳材料作双极板材料的研制成功，为酸性燃料电池的研制与开发提供了物质基础。

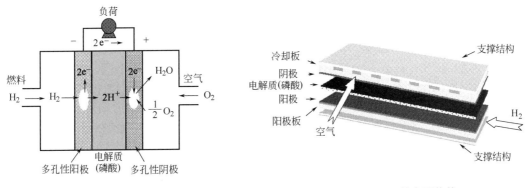

图 8-13　PAFC 工作原理　　　　　　　图 8-14　PAFC 的主要构件

8.6.2　PAFC 的结构

PAFC 的主要构件有电极、电解质基质、双极板、冷却板、管路系统等（图 8-14）。基本的燃料电池结构是将含有磷酸电解质的基质材料置于阴阳极板之间。基质材料的作用一是作为电池结构在主体承载磷酸，二是防止反应气体进入相对的电极中。

8.6.2.1　电极和双极板

由载体和催化剂层构成多孔气体扩散电极。用化学附着法将催化剂沉积在载体表面，电化学反应就发生在催化剂层上。磷酸燃料电池的阴阳极均使用 Pt 为电化学反应催化剂。载体的主要作用是分散催化剂，并为电极提供大量微孔，同时增加催化层的导电性能。现在普遍使用的是碳载体，其优点是导电性好，耐酸腐蚀，比表面积高，密度及成本低。这样可提高 Pt 的分散度和利用率，进而大幅降低电催化剂贵金属 Pt 的用量。对碳载体的处理工艺决定了 Pt 的用量。

电化学反应发生在电极表面的三相界面上，即气相（反应气体 H_2、O_2）-液相（磷酸）-固相（铂催化剂）。为了增大电流密度，必须尽可能提高反应物接触点的数量，增加反应气体分压，缩短扩散路径。同时，催化层也需有较高的导电性，以减小电极的欧姆损失。另外，电极的亲水性必须适当，以获得最大的气体扩散速度，并控制电极的润湿性。

人们在电极结构的改进方面取得了突破性进展，成功地研制出多层结构的电极。现今磷酸燃料电池所采用的多孔气体扩散电极结构如图 8-15 所示，它包括由碳纸组成的气体扩散

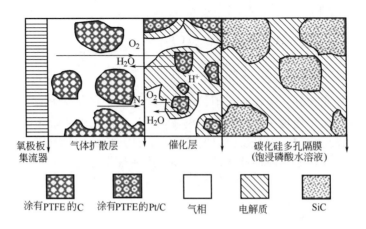

O₂
H₂O
H⁺
N₂
O₂
H₂O

氧极板   气体扩散层   催化层   碳化硅多孔隔膜
集流器   （饱浸磷酸水溶液）

涂有PTFE的C   涂有PTFE的Pt/C   气相   电解质   SiC

图 8-15   多孔气体扩散电极结构示意（一侧）

层和催化剂层。碳纸起着收集、传导电流和支撑催化剂层的作用。气体扩散层也称为支撑层，其厚度为 0.2~0.4mm。为便于构成扩散层及制备催化层，需按照孔径逐渐减小的顺序叠加多层碳纸。通常，第一层碳纸的孔隙率高达 90%，把碳纸浸入聚四氟乙烯（PTFE）乳液进行处理，可将孔隙率降至 60% 左右，平均孔径为 12.5μm，细孔为 3.4nm。在扩散层上覆盖由 Pt/C 电催化剂和 30%~50%（质量分数）聚四氟乙烯乳液构成的催化剂层，厚度为几十微米。电催化剂和 30%~50%（质量分数）聚四氟乙烯乳液构成的催化剂层，厚度为几十微米。这种结构设计能够使气体从大孔径的一侧可控制地在电极板中扩散，从而最大效率地利用催化剂表面对电化学反应进行催化。水在阴极生成，并通过多孔电极自然蒸发，随尾气带出电极。

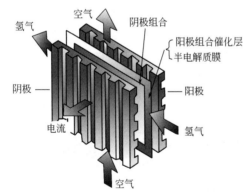

空气
氢气
阴极组合
阳极组合催化层
半电解质膜
阴极
阳极
电流
氢气
空气

图 8-16   UTC 公司 PAFC 电池结构

双极板的作用是分隔氢气和氧气，并传导电流使两极导通。其两面加工的流场将反应气均匀分配至电极各处。与碱性燃料电池不同，由于酸的腐蚀性，不能采用一般的金属材料。20 世纪 80 年代初，采用铸模工艺由石墨粉和酚醛树脂制备带流场的双极板。美国联合技术公司（UTC）1MW PAFC 的双极板（图 8-16）由石墨粉和聚苯硫醚树脂制备。而为了提高抗腐蚀能力和延长电池寿命，4.5MW PAFC 已采用纯石墨双极板。

双极板通常使用玻璃态的碳板，厚度应尽可能薄以减小对电或热的阻力，双极板的表面应平整光滑，以利于同电池的其他部件均匀接触。具有隔离和集流双重功能的复合双极板，中间一层为无孔薄板，两侧加置带气体分配孔道的多孔碳板作流场板。

8.6.2.2   隔膜和电解质

最初，人们沿用碱性燃料电池中的石棉隔膜，但其中的碱性氧化物会缓慢地与磷酸反应，影响电池性能，甚至最终导致隔膜解体。随后人们采用了化学性质极为稳定的 SiC 和聚四氟乙烯（PTFE）制备的微孔结构隔膜，饱浸浓磷酸作电解质。新型的 SiC-PTFE 隔膜有直径极小的微孔，兼顾了分隔效果和电解质传输。隔膜与电极紧贴组装后，电解质就会透过微孔进入氢氧多孔气体扩散电极的催化层形成稳定的三相界面。

磷酸燃料电池的电解质是浓磷酸溶液。磷酸是无色、黏稠、有吸水性的液体，在水溶液中易离解出电池工作的导电离子（氢离子）。因磷酸在常温下的导电性小，在高温下有良好的离子导电性，所以要求工作温度在200℃左右。

磷酸的固化温度与其质量分数有很大关系。质量分数为100%的磷酸（含72.43% P_2O_5，20℃时密度1.863g·cm^{-3}）具有较高的凝固点（42℃），因而被用在PAFC电池堆中。若电池堆在环境温度下使用，电解质会发生固化，体积也随之增加。磷酸质量分数降低时，其固化温度也迅速下降，通常为避免固化，从工厂到电厂之间的运输采用低质量分数的磷酸，在输入电池前将其转化为高质量分数的磷酸。电解质在固化后，会对电极产生不可逆的损伤，导致电池性能降低，所以电池堆一旦启动，就必须保持温度，包括在无负载时。磷酸燃料电池即使不工作，体系也要维持在45℃以上，因此必须对其装备适当的加热设备。

磷酸电解质一般是封装在电池隔膜围成的腔内，由聚四氟乙烯黏合的碳化硅等保持材料吸附。虽然磷酸本身蒸气压低，但在高工作温度和长时间运行时，电解质损耗较大。一种比较灵活的方法就是在多孔极板内储存一定量的磷酸，靠毛细作用可以迁移到隔膜内来补充因蒸发等原因所造成的损耗。

8.6.2.3 冷却系统

磷酸燃料电池由多节单电池按压滤机方式组装以构成电池组，其工作温度一般在200℃左右，能量转化效率约在40%～50%。为保证电池组的工作稳定，必须连续地排出电池所产生的废热。一般而言，每2～5节电池间可加入一片排热板。在排热板内通水、空气或绝缘油以进行电池的冷却。水冷是最常用的冷却方法，尤其对于大型电厂。水冷又分沸水冷却与加压水冷却。采用沸水冷却时，电池的废热利用水的汽化潜热被带出电池。由于水的汽化潜热很大，所以冷却水的用量较低。而采用加压水冷却时，则要求水的流量较大。但在采用水冷时，为防止腐蚀的发生，对水质要求颇高。

8.6.2.4 燃料气

磷酸燃料电池对CO_2有较好的承受力，没有二氧化碳中毒的问题。阳极通常可用天然气等矿物燃料经裂化或重整转化为包含CO_2的富氢气体为燃料，而阴极则以空气为氧化剂，二者均不需要作二氧化碳提纯处理，有利于民用燃料电池的发展。但CO和H_2S等杂质气体对电极活性的抑制作用较大，CO含量不能超过1%，H_2S浓度限于$2×10^{-5}$，否则会毒化铂催化剂，使电池性能恶化。

8.6.3 应用

PAFC适于安装在居民区或用户密集区，高效、紧凑、无污染是其主要特征。由于磷酸易得，反应温和，它是目前最成熟和商业化程度最高的燃料电池。美、日和西欧国家建造了许多试验电厂，功率从数千瓦到数兆瓦。定型产品有功率为200kW的PC25（图8-17），已投放市场，可以向国际燃料电池公司（IFC）订购。这种电站在世界各地运行的多达几百台，试验表明可长期运行（几万小时）。发展PAFC的目的一是建造5～20MW的以天然气重整富氢气体为燃料的分散电站；二是建造50～100kW的电站，为旅馆、公寓和工厂实现热电联供。PAFC的发电效率为40%～50%，热电联供时其燃料利用率可提高到70%～80%。磷酸燃料电池还可用作公共汽车的动力，图8-18为PAFC公共汽车。PAFC公共汽车由国际燃料电池（IFC）公司制造，功率100kW，预期寿命25000h，启动蓄电池为凝胶型铅酸电池，使用185kW交流感应电动机（图8-19）。

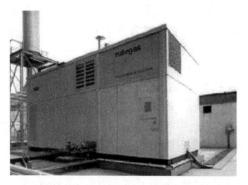

图 8-17　商业化的 200kW PAFC

图 8-18　PAFC 公共汽车

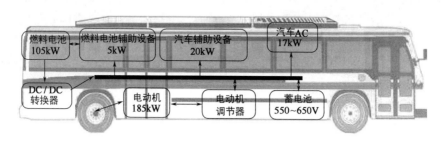

图 8-19　IFC 公司公共汽车混合燃料系统线路图

8.7　熔融碳酸盐燃料电池

8.7.1　概述

熔融碳酸盐燃料电池（molten carbonate fuel cell，MCFC）的概念最早出现于 20 世纪 40 年代。20 世纪 50 年代 Broes 等演示了世界上第一台熔融碳酸盐燃料电池，20 世纪 80 年代，加压工作的 MCFC 开始运行。

与低温燃料电池相比，MCFC 的成本和效率很有竞争力，其优点主要体现在四个方面。首先，在工作温度下，MCFC 可以进行内部重整。燃料的重整，如甲烷的重整反应可以在阳极反应室进行，重整反应所需热量由电池反应的余热提供。这既降低了系统成本，又提高了效率。其次，MCFC 的工作温度为 $600\sim700℃$，能够产生有价值的高温余热，可被用来压缩反应气体以提高电池性能，也可用于供暖或锅炉循环。第三，不存在电催化剂 CO 中毒问题，可使用燃料的范围广。几乎所有燃料重整都产生 CO，它可使低温燃料电池电极催化剂中毒，但却可成为 MCFC 的燃料。第四，电催化剂以镍为主，不使用贵金属。

在内部重整（IR）MCFC 中，可以采用脱硫煤气或天然气为燃料。它的电池隔膜与电极均采用带铸方法制备，工艺成熟，易于大批量生产。若能成功地解决电池关键材料的腐蚀等技术难题，使电池使用寿命从现在的 1 万～2 万小时延长到 4 万小时，熔融碳酸盐燃料电池将很快实现商品化。

以天然气或脱硫煤气为燃料的 MCFC，可用作工业、电力和军事等领域的发电装置。从技术特点和发展趋势看，MCFC 是未来民用电力（分散型电站或中心电站）的理想选择之一。预期它将继第一代 FC——磷酸燃料电池（PAFC）之后进入商业化阶段，所以通常被称为第二代燃料电池。

MCFC 在反应动力学上有明显的优势，但也存在明显的不足之处，主要体现在以下几个方面：在高温工作时，电解质易挥发，腐蚀性强，密封技术苛刻；阴极需不断供应CO_2，为此需要增设CO_2循环系统；与低温燃料电池相比，MCFC启动时间较长，不适合作备用电源。这些方面都阻碍了MCFC的快速发展。

MCFC工作原理如图8-20所示。

熔融碳酸盐燃料电池以碳酸锂（Li_2CO_3）、碳酸钾（K_2CO_3）及碳酸钠（Na_2CO_3）等熔融碳酸盐为电解质，采用镍粉烧结体作电极材料。发电时，向阳极输入燃料气体，向阴极提供空气与CO_2的混合气。在阴极，氧化剂接受外电路电子，并与CO_2反应生成碳酸根离子（CO_3^{2-}），碳酸根离子在电场力作用下经过电解质向阳极迁移。在阳极，氢气与碳酸根离子（CO_3^{2-}）反应生成CO_2和水蒸气（H_2O），同时向外电路释放电子。电化学反应为

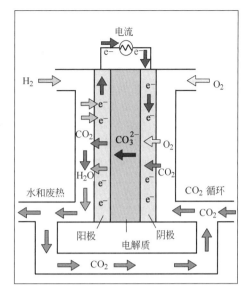

图 8-20　MCFC 工作原理

$$阴极反应 \qquad \frac{1}{2}O_2 + CO_2 + 2e^- \longrightarrow CO_3^{2-} \tag{8-8}$$

$$阳极反应 \qquad H_2 + CO_3^{2-} \longrightarrow H_2O + CO_2 + 2e^- \tag{8-9}$$

$$总反应 \qquad H_2 + \frac{1}{2}O_2 \longrightarrow H_2O \tag{8-10}$$

由电极反应可知，熔融碳酸盐燃料电池的导电离子为CO_3^{2-}，总反应是氢和氧化合生成水。与其他类型燃料电池的区别是：在阴极，CO_2为反应物；在阳极，CO_2为产物，即CO_2从阴极向阳极转移，从而在电池工作中构成了一个循环。为确保电池稳定连续地工作，必须将在阳极产生的CO_2返回到阴极。通常采用的办法是将阳极室所排出的尾气经燃烧消除其中的氢和CO后，进行分离除水，然后再将CO_2送回到阴极。

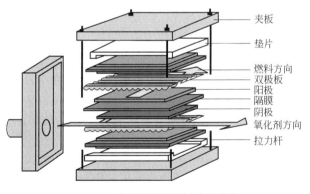

图 8-21　熔融碳酸盐燃料电池结构

8.7.2　MCFC 的结构

MCFC被认为是PAFC的换代产品，它主要针对电力方面的应用，在设计中就有意识地考虑了系统的整合效应。

图8-21为熔融碳酸盐燃料电池的结构。构成MCFC的关键材料与部件为阳极、阴极、隔膜和双极板等。电解质是熔融态碳酸盐。为加速电化学反应的进行，必须有能耐受熔盐腐蚀、电催化性能良好的电催化剂，并由该电催化剂制备成多孔气体扩散电极。为确保电解质在隔膜、阴极和阳极间的良好匹配，电极与隔膜必须具有适宜的孔匹配率，以增大电化学反应面积，减小电池的活化与浓差极化。

8.7.2.1　电极

电极是氢气或一氧化碳氧化及氧气还原的场所。在阴极和阳极上分别进行氧阴极还原反

应和氢（或一氧化碳）阳极氧化反应，由于反应温度为 650℃，反应有电解质（CO_3^{2-}）参与，要求电极材料有很高的耐腐蚀性能和较高的电导。阴极上氧化剂和阳极上燃料气均为混合气，尤其是阴极的空气和 CO_2 混合气体在电极反应中浓差极化较大，因此电极均为多孔气体扩散电极结构。气体扩散电极的多孔结构有利于反应气体、电解质熔盐及电催化剂之间形成气-液-固三相反应界面。

在 MCFC 中，电极反应温度为高温，电极催化活性比较高，所以电极材质采用非贵金属。阴极电催化剂普遍采用 NiO，由多孔镍在电池升温过程中氧化而成，而且被部分锂化。它和 Ni 阳极的物性及几何参数列于表 8-3 中。

表 8-3　NiO 阴极和 Ni 阳极物性及几何参数

电极	材质	电解质-电极接触角/(°)	孔径/μm	孔隙率/%	电解质充满率/%	厚度/mm
阴极	NiO	0	5～10	70～80	15～30	0.4～0.6
阳极	Ni	30	约5	50～70	50～60	0.8～1.0

从表 8-3 中可见，NiO 阴极孔径、孔隙率都比 Ni 阳极大，而电极厚度却比 Ni 阳极薄，所有这些都是为了克服氧阴极电极反应浓差极化而设计的。NiO 阴极具有良好的导电性和高结构强度。但在高温长期运行中，NiO 电极易产生溶解，Ni^{2+} 在电解质基底中被经电池隔膜渗透过来的氢还原为金属镍，形成的枝状晶体沉积于隔膜上，导致电池性能降低、寿命缩短，严重时将会导致电池短路。为此，人们又开发和试验如偏钴酸锂（$LiCoO_2$）、偏锰酸锂（$LiMnO_2$）、氧化铜（CuO）、二氧化铈（CeO_2）等新的阴极电催化剂。

阳极早先采用多孔烧结纯 Ni 板。但在高温和电池组装压力下，金属晶体结构产生微形变，即产生蠕变。蠕变破坏了阳极结构，减少了电解质储存量，导致电极性能衰减。因此，需要对纯 Ni 阳极进行改性，克服蠕变应力。一般在 Ni 中掺杂其他元素（如 Cr、Al 或 Cu 等），在还原气氛中形成 Ni-Cr 或 Ni-Al 合金阳极。

电极用带铸法制备。将一定粒度分布的电催化剂粉料，如羰基镍粉、用高温反应制备的偏钴酸锂（$LiCoO_2$）粉料或用高温还原法制备的镍-铬（Ni-Cr，铬质量分数为 8%）粉料与一定比例的黏结剂、增塑剂和分散剂混合，在正丁醇和乙醇的混合溶剂中经长时间研磨制得浆料。浆料在带铸机上成膜，之后于高温、还原气氛下去除有机物，最终制成多孔气体扩散电极。

8.7.2.2　电解质及隔膜

MCFC 电解质通常采用碳酸锂（Li_2CO_3）和碳酸钾（K_2CO_3）的混合物（简称 Li/K）或者碳酸锂（Li_2CO_3）和碳酸钠（Na_2CO_3）的混合物（简称 Li/Na），其熔点在 500℃ 左右，熔融碳酸盐电解质依靠毛细作用力保持在氧化铝基质的隔膜中。在 Li/K 电解质中 NiO 和氧的溶解度比在 Li/Na 中大一倍。这两个指标对 MCFC 寿命和阴极动力学的影响非常大。目前典型的电解质是含有约 40% 的碳酸锂和 60% 的其他碳酸盐（摩尔分数）。

隔膜是熔融碳酸盐燃料电池的核心部分，它必须具备强度高，耐高温熔盐腐蚀，浸入熔盐电解质后能阻气密封，并且具有良好的离子导电性。目前已普遍采用偏铝酸锂来制备电池隔膜。

偏铝酸锂（$LiAlO_2$）有 α、β 和 γ 三种晶型，分别属于六方、单斜和四方晶系（图 8-22）。它们的密度分别为 $3.400g \cdot cm^{-3}$、$2.610g \cdot cm^{-3}$ 和 $2.615g \cdot cm^{-3}$，其外形分别为球状、针状和片状。在 650℃ 电池工作温度下，偏铝酸锂粉体是不发生烧结的。由于隔膜是由偏铝酸锂粉体堆积而成，要确保隔膜耐受一个大气压（0.1MPa）的压差，隔膜孔径最大不得超过 $3.96\mu m$，偏铝酸锂粉体的粒度就应尽量细小，必须将其粒度严格控制在一定的范围内。为增加电解质隔膜的强度，有时向基体中添加一定量的 Al_2O_3 颗粒或纤维作增强剂，形成颗粒或纤维增强的复合材料。

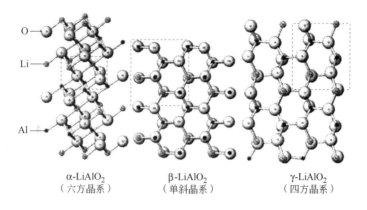

α-LiAlO₂
（六方晶系）

β-LiAlO₂
（单斜晶系）

γ-LiAlO₂
（四方晶系）

图 8-22 LiAlO₂ 的三种晶型

稳定的偏铝酸锂隔膜的研制成功加速了熔融碳酸盐燃料电池试验电站的建设。隔膜材质包含偏铝酸锂和碱金属碳酸盐的混合物，可采用多种方法来制备，如热压、电沉积、带铸等。带铸法制膜的过程是在 $\gamma\text{-LiAlO}_2$ 中掺入 5%～15% 的 $\alpha\text{-LiAlO}_2$，同时加入一定比例的黏结剂、增塑剂和分散剂等。用正丁醇和乙醇的混合物作溶剂，经长时间球磨制备出适于带铸用的浆料。然后，将浆料以带铸机铸膜。在制膜过程中控制其中所含溶剂的挥发度，使膜快速干燥。将制得的数张膜叠合，热压成厚度为 0.5～0.6mm，堆密度为 1.75～1.85g·cm⁻³ 的电池用隔膜。

5μm

(a)   (b)

图 8-23 MCFC 隔膜表面 (a) 与断面 (b) 的电镜照片

图 8-23 为隔膜表面与断面的电镜照片。由电镜照片可知膜的表面与断面均有微孔，其平均孔半径为 0.15～0.20μm。该膜的断面呈蜂窝结构，蜂窝骨架为偏铝酸锂。

8.7.2.3 双极板

双极板分隔氧化剂（如空气）和还原剂（如重整气），并提供气体的流动通道，同时还起着集流导电的作用。双极板的两面都做成波纹状，供反应气体通过，如图 8-24 所示。双极板波纹与电解质接触，施加恒定的压力以减小接触电阻。双极板通常由不锈钢或镍基合金钢制成，为减小双极板的腐蚀速率，抑制因腐蚀层增厚所导致的接触电阻增大以致电池的欧姆极化加剧，可采用表面镀镍加以保护。熔融

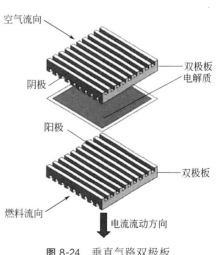

图 8-24 垂直气路双极板

碳酸盐燃料电池靠浸入熔盐的偏铝酸锂隔膜密封，通称为湿密封。为防止在湿密封处造成电池腐蚀，双极板的湿密封处通常采用铝涂层保护。在电池的工作条件下，该铝涂层会生成致密的偏铝酸锂绝缘层。

8.7.2.4 组装

熔融碳酸盐燃料电池组均按压滤机方式进行组装，将阴极和阳极分置于隔膜的两侧，之后放上双极板，然后再循环叠加装配制成。氧化气体（如空气）和燃料气体（如净化煤气）进入电池组各节电池孔道，在电池组与气体孔道的连接处要注意安全密封技术，需要加入由偏铝酸锂和氧化锆制成的密封垫。氧化与还原气体在电池内的相互流动有并流、对流和错流三种方式，在设计制造时，一般采用错流方式。

熔融碳酸盐燃料电池是一种高温电池（600～700℃），它使用的燃料具有多样化，如氢气、煤气、天然气和生物燃料等。当以烃类（如天然气）为 MCFC 燃料时，烃类经重整反应转化为氢与一氧化碳有三种方式。最简单的方式为外重整，即通过 MCFC 电池组外部的重整器把天然气等燃料转化为富氢气体，再将制得的 H_2 与 CO 送入 MCFC，简称 ER-MCFC（图 8-25）。采用此种方式时，重整器与电池组分开设置。因重整反应为吸热反应，只能通过各种形式的热交换或利用 MCFC 尾气燃烧达到 MCFC 余热的综合利用，重整反应与 MCFC 电池耦合很小。

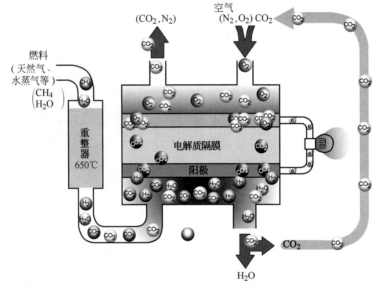

图 8-25　ER-MCFC 示意

内部重整 MCFC 是把燃料重整反应与电化学氧化反应集成在同一装置内，简称 IR-MCFC。IR-MCFC 又分为间接内部重整（IIR-MCFC）和直接内部重整（DIR-MCFC）。间接内部重整（IIR-MCFC）（图 8-26）是将重整反应器置于 MCFC 电池组内，在每节 MCFC 单池阳极侧加置烃类重整反应器，燃料气体先通过与燃料电池换热良好、单独的重整反应室，之后再进入阳极。这种结构可以使重整催化剂不会被电解质污染，做到电池余热与重整反应的紧密耦合，减少了电池的排热负荷，但电池结构复杂。

直接内部重整（DIR-MCFC）（图 8-27）的重整反应在 MCFC 单池阳极室内进行。采用这种方式不仅可做到 MCFC 余热与重整反应的紧密耦合，减少电池的排热负荷，而且因为内重整反应生成的氢与 CO 立即在阳极进行电化学氧化，能提高烃类的单程转化率。但是，由于重整反应催化剂置于阳极室，会受到 MCFC 电解质蒸气的影响，导致催化活性的衰减，

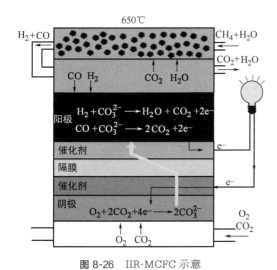

图 8-26　IIR-MCFC 示意

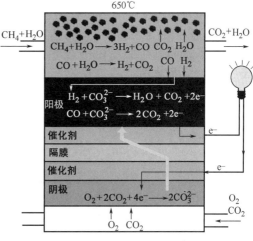

图 8-27　DIR-MCFC 示意

因此必须研制抗碳酸盐盐雾的重整反应催化剂。

8.7.3　应用

MCFC 电极催化剂材料为非贵金属，价格低廉，电池堆易于组装，同时还具有效率高（40%以上）、噪声低、无污染、余热利用价值高等诸多优点。由于良好的商业化前景，MCFC 研发活动备受发达国家关注。

以天然气、煤气和各种烃类（如柴油）为燃料的 MCFC 在建造高效、环境友好的 50～10000kW 的分散电站方面具有显著的优势，非常适用于大规模及高效率的电站应用。它不但可减少 40%以上的二氧化碳排放，而且还可实现热电联供或联合发电，将燃料的有效利用率提高到 70%～80%。对于发电能力在 50kW 左右的小型 MCFC 电站，可用于地面通信、气象台站等；发电能力为 200～500kW 的 MCFC 中型电站，可用于水面舰船、机车、医院、海岛和边防的热电联供；而发电能力在 1000kW 以上的 MCFC 电站，可与热机构成联合循环发电，可作为区域性供电电站，也可与市电并网。

日本从 1981 年开始研究发展 MCFC 技术，在"月光计划"和"新阳光计划"的框架中，都有关于 MCFC 的研究与开发。1987 年 10kW MCFC 开发成功，1993 年 100kW 外部重整型和 30kW 内部重整型 MCFC 也开发成功。1997 年开发出 1MW 先导型 MCFC 发电厂，并投入运行。按"新阳光计划"，其目标是实现采用天然气的 10～50MW 分布式 MCFC 发电机组商业化，并进行 100MW 以上燃用天然气的 MCFC 联合循环发电机组的示范工程。

美国是从事 MCFC 研究最早和技术高度发展的国家之一。开发 MCFC 的公司主要有 M-C 电力公司（MCP）和燃料电池能源（FCE）公司。M-C 电力公司采用外重整器制取的富氢气体为燃料，以带铸法制备偏铝酸锂隔膜和电极，双极板采用内分

图 8-28　250kW MCFC 电站

配管热交换器构型的设计（IMHEX®）。1994 年 12 月，M-C 电力公司建成了 250kW 的 MCFC 电站，1997 年又在圣迭戈建造了由 250 节单池构成的 250kW MCFC 电站（图 8-28）。FCE 公

司已经实现商业化的 MCFC，其主打产品为 DFC300 型 250kW 发电模块，从 2001 年开始进入分布式发电电源市场。图 8-29 为 FCE 公司的 DFC®-300MCFC。此外，FCE 公司也参加了美国 Vision 21 计划中微型涡轮燃气轮机与 250kW MCFC 联合发电项目。

MCFC 是可利用的绿色电站，现正处于千瓦向兆瓦级发展阶段。图 8-30 为 1000kW MCFC 电站的概念图。

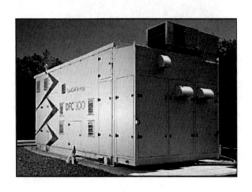

图 8-29　FCE 公司的 DFC®-300MCFC

图 8-30　1000kW MCFC 电站的概念图
1—250kW 电池组；2—燃料处理系统；3—高温鼓风机；
4—叶轮机；5—热交换器；6—控制室

8.8　固体氧化物燃料电池

8.8.1　概述

固体氧化物燃料电池（solid oxide fuel cell，SOFC）是以固体氧化物作为电解质的高温燃料电池，它适用于大型发电厂及工业应用。SOFC 不但具有其他燃料电池高效、环境友好的优点，而且还具有以下突出优点：①SOFC 是全固体结构，由于没有液相存在，不存在三相界面的问题；②氧化物电解质很稳定，没有使用液体电解质所带来的材料腐蚀和电解质流失问题；③电解质组成不受燃料和氧化气体成分的影响，可望实现长寿命运行。

SOFC 可在 800～1000℃的高温工作，燃料能迅速氧化并达到热力学平衡，电催化剂无需采用贵金属。燃料在电池内可重整，适用范围广，包含天然气、煤气和烃类等。由于固体氧化物电解质气体渗透率低，电导率小，开路时 SOFC 电压可达到理论值的 96%。与MCFC 相比，SOFC 的内部电阻损失小，可以在电流密度较高的条件下运行，燃料利用率高，也不需要 CO_2 循环，因而系统更简单。SOFC 还可以承受超载、低载，甚至短路。

由于 SOFC 运行温度高，其耐受硫化物的能力比其他燃料电池至少高两个数量级。SOFC 对杂质的耐受能力使其能使用重燃料（如柴油）。SOFC 排出的余热可与煤气化和燃气、蒸汽轮机等构成联合循环发电系统，建造中心电站或分散电站，使其综合效率可由50%提高到70%以上。这样既能提高能源利用率，又能消除对环境的污染。

SOFC 工作原理如图 8-31 所示。SOFC 采用固体氧化物作电解质，在高温下具有传递 O^{2-} 的能力，在电池中起着传导 O^{2-} 和分隔氧化剂和燃料的作用。在阴极，氧分子得到电子被还原为氧离子

$$O_2 + 4e^- \longrightarrow 2O^{2-} \tag{8-11}$$

氧离子在电解质隔膜两侧电势差与氧浓度差驱动力的作用下，通过电解质隔膜中的氧空

位，定向跃迁到阳极侧，并与燃料（如氢）进行氧化反应如下式：

$$2O^{2-}+2H_2 \longrightarrow 2H_2O+4e^-$$ (8-12)

总反应为

$$2H_2+O_2 \longrightarrow 2H_2O$$ (8-13)

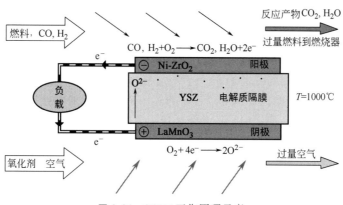

图 8-31 SOFC 工作原理示意

固体氧化物燃料电池技术的难点也源于它的高工作温度。电池的关键部件阳极、隔膜、阴极和连接材料等在电池的工作条件下必须具备化学与热的相容性。即在高温工作条件下，电池构成材料不但不能发生化学反应，而且其热膨胀系数也应相互匹配。

8.8.2　SOFC 的结构

构成 SOFC 的关键部件为阴极、阳极、固体氧化物电解质隔膜（如氧化钇稳定的氧化锆，YSZ）和双极板及连接材料等。SOFC 工作温度高，因而对构成电池的元件及材料要求很高，主要包括在高温氧化还原环境中的化学稳定性、导电性及密封性等。

8.8.2.1　电极

SOFC 阳极的主要作用是为燃料的电化学氧化提供反应场所，所以 SOFC 阳极材料必须在还原气氛中稳定，具有足够高的电子电导率和对燃料氧化反应的催化活性，还必须具有足够高的孔隙率，以确保燃料的供应及反应产物的排出。对于直接甲烷 SOFC，其阳极还必须能够催化甲烷的重整反应或直接氧化反应，并有效地避免积炭的产生。由于 SOFC 在中温、高温下操作，阳极材料还必须与其他电池材料在室温至操作温度，乃至更高的制备温度范围内化学上相容、热膨胀系数相匹配。

在中温、高温 SOFC 中，适合作为阳极催化剂的材料主要有金属、电子导电陶瓷和混合导体氧化物等。常用的阳极催化剂有 Ni、Co 和贵金属材料，其中金属 Ni 由于具有高活性、低价格的特点，应用最为广泛。在 SOFC 中，阳极通常由金属镍及氧化钇稳定的氧化锆（yttria-stibilized zirconia，YSZ）骨架组成。这种复合金属氧化物电极既能防止金属催化剂颗粒的烧结，又能提供稳定的电极孔结构和足够的孔隙率，从而充分扩展电极电化学反应界面，使发生电化学反应的界面向空间扩展，以实现电极的立体化。同时，由于电解质材料的加入，使阳极与电池其他元件的热膨胀系数相一致以实现电极与电池的相互兼容。

制备 Ni-YSZ 金属陶瓷阳极的方法有多种，包括传统的陶瓷成型技术（流延法、轧膜法）、涂膜技术（丝网印刷、浆料涂覆）和沉积技术（化学气相沉积、等离子体溅射）。管式SOFC 通常采用化学气相沉积-浆料涂覆法制备 Ni-YSZ 阳极；电解质自支撑平板型 SOFC 的阳极制备可采用丝网印刷、溅射、喷涂等多种方法；平板型 SOFC 的阳极制备一般采用轧膜、流延等方法。

阴极的作用是为氧化剂的电化学还原提供场所，因此阴极材料必须在氧化气氛下保持稳定，在 SOFC 操作条件下具有足够高的电子电导率和对氧电化学还原反应的催化活性，还必须具有足够的孔隙率，以确保反应活性位上氧气的供应。由于 SOFC 在中温、高温（800～1000℃）下操作，阴极材料与阳极材料一样，也必须与其他电池材料在室温至操作温度，乃至更高的制备温度范围内化学上相容、热膨胀系数相匹配。

SOFC 在较高温度下操作，能够用于 SOFC 阴极的材料除了贵金属外，还有离子电子混合导电的钙钛矿型复合氧化物材料。目前，在高温 SOFC 的研究与开发中使用最广泛的阴极材料是 Sr 掺杂的 LaMnO₃（LSM）。为了增加氧电化学还原反应的活性位——电极材料-电解质材料-反应气体反应界面，调整 LSM 的热膨胀系数，通常在 LSM 中掺入一定量的 YSZ 或其他电解质材料，制成 LSM-电解质复合阴极使用。对中温 SOFC，通常采用 Sr、Fe 掺杂的 LaCoO₃（LSCF）、SrCoFeO₃₋ₓ（SCF）、Sr 掺杂的 SmCoO₃（SSC）等离子-电子混合导电材料作阴极。这些材料在中温下均具有较高的电导率和对氧电化学还原反应的催化活性，但大多存在与电解质及其他电池材料的化学相容性、长期操作电极催化活性、微观结构、形貌尺寸稳定性较差等问题。

LaMnO₃ 具有立方钙钛矿结构，如图 8-32 所示。Mn 和 O 离子构成 MnO₆ 八面体结构，而 8 个 MnO₆ 通过共用 O 离子分布于立方体的 8 个顶点上，La 离子位于立方体的中心。立方结构的 LaMnO₃ 会因产生原子位置的扭曲而转变为正交或菱形结构。

LaMnO₃（LSM）与阳极一样具有微孔结构，使得反应气体与产物气体有很高的传质速度，而且其热膨胀系数可与 YSZ 的热膨胀系数相匹配，是最经

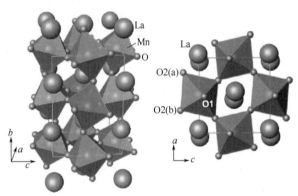

图 8-32　LaMnO₃ 的立方钙钛矿型结构

典的阴极材料。阴极材料可用化学共沉淀、冷冻干燥、溅射热解、甘氨酸/硝酸盐燃烧、溶胶-凝胶和固相反应等方法制备。

8.8.2.2　电解质和连接材料

在 SOFC 中，电解质的主要作用是在阴极和阳极之间传递氧离子和对燃料及氧化剂的有效隔离。为此，要求固体氧化物电解质材料在氧化性气氛和还原性气氛中均具有足够的稳定性，电解质隔膜具有足够的致密性及在操作温度下具有足够高的离子电导率。此外，作为 SOFC 电解质材料的金属氧化物还必须在高温下与其他电池材料化学上相容，热膨胀系数相匹配。

常用固体氧化物电解质材料中，萤石结构电解质材料的电导率存在如下关系：δ-B₂O₃＞CeO₂＞ZrO₂＞ThO₂＞HfO₂。δ-B₂O₃ 具有欠氧萤石型结构，其中 1/4 的阴离子位为空缺，是迄今为止发现的氧离子电导率最高的固体电解质材料。但是，这类材料结构不稳定，在低温下为单斜结构，在高温下则转变为具有离子导电性的立方结构。此外，B₂O₃ 基材料在低氧分压下易被还原，所以不能将其用作 SOFC 的电解质材料。钙钛矿结构新型电解质材料 Sr、Mg 掺杂的 LaGaO₃（LSGM），是一种新型快离子导体。该材料在中温下具有高离子电导率、高离子传递系数及在还原气氛中不易被还原等特点，因而日益受到 SOFC 研究与开发者的重视。以 LSGM 为电解质的 SOFC 燃料利用效率可以和以 YSZ 作电解质的 SOFC 相比拟，

且其产生最高效率的温度低于以 YSZ 作电解质的 SOFC。

目前绝大多数固体氧化物燃料电池均以 6%～10% 三氧化二钇掺杂的氧化锆（YSZ）为固体电解质。当 Y_2O_3 与 ZrO_2 混合后，晶格中一部分 Zr^{4+} 被 Y^{3+} 取代。当 2 个 Zr^{4+} 被 2 个 Y^{3+} 取代时，相应地，3 个 O^{2-} 取代 4 个 O^{2-}，空出一个 O^{2-} 位置，因而晶格中产生一些氧离子空位。在 SOFC 系统中，电解质里移动的离子是 O^{2-}。Y_2O_3 保持结构的稳定性，同时在 ZrO_2 晶格内形成大量的氧离子空位，以保持材料整体的电中性。三氧化二钇（Y_2O_3）稳定的氧化锆（ZrO_2）粉料的合成有多种方法，常用的有共沉淀法、水解法、醇盐水解法、热解法、溶胶-凝胶法、水热法等。不同方法制备的粉体具有不同的特性。目前，高活性、组成均匀、不同细度的 YSZ 粉体在市场上均有销售，图 8-33 为 8% Y_2O_3 掺杂的 YSZ 20nm 和 100nm 的电镜照片。

(a) 20nm   (b) 100nm

图 8-33　8% Y_2O_3 掺杂的 YSZ 20nm （a）和 100nm （b）的电镜照片

在 SOFC 中，YSZ 最重要的用途是制备致密的薄膜，用于传导氧离子和分隔燃料与氧化剂。YSZ 隔膜通常采用带铸法或刮膜法来制备，也可采用其他如电化学气相沉积、喷涂等技术来制成更薄的电解质隔膜。图 8-34 为日本触媒株式会社生产的 YSZ 薄膜。

当 SOFC 在 1000℃ 左右工作时，YSZ 具有很高的氧离子导电性。随着工作温度的降低，其离子导电性逐渐下降。在低于 700℃ 的工作温度下，很难满足 SOFC 的性能要求。只有通过改善制作工艺，将电解质层的厚度降低到微米级或细化 YSZ 晶粒，来减小其欧姆损失。此外，具有较高氧离子导电性的其他电解质材料也受到了极大的关注，如 Sc_2O_3 稳定的 ZrO_2（SSZ）和氧化铈电解质（$Ce_xGd_{1-x}O_y$，GDC）等。SSZ 的氧离子导电性成倍高于 YSZ，但其成本偏高，来源不足，而且高温强度不如 YSZ。GDC 的氧离子导电性高于 YSZ，但在较高温度下，GDC 在阳极气氛中不稳定，容易产生电子导电（尤其在 600℃ 以上），降低了开路电压和输出功率。

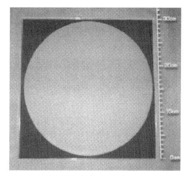

3YSZ-30φcm-200μm

图 8-34　YSZ 薄膜

在 SOFC 电池组中，双极连接材料的主要作用是连接相邻两个单电池的阳极与阴极，实现"电子导通"，分隔相邻单电池的氧化剂与燃料。双极连接材料应具有如下特性：①具有足够高的电子电导率以减小电池的欧姆压降；②在氧化或还原气氛下均保持优良的化学稳定性，并具有足够高的致密度，防止燃料与氧化剂通过连接体互窜；③与电解质和电极等材料化学上相容，并具有相匹配的热膨胀系数。对管式 SOFC，双极连接材料称为连接体；对平板式 SOFC，双极连接材料称为双极板。SOFC 连接材料一般采用掺镧铬酸盐（如

$La_{1-x}Ca_xCrO_3$，LCC），以保证电池在高温工作时的连接、导电、阻气和密封。随着 SOFC 技术的发展，工作温度降低，金属材料逐渐成为连接材料的选择对象。连接材料对金属材料的一般要求是抗氧化性、导电性、高温力学强度、热膨胀系数匹配以及与相接触材料之间的化学相容性等。含 Cr 的铁素体不锈钢和高温合金是最有希望的材料。为了满足连接材料功能的要求，金属连接材料的抗氧化性、氧化物的导电性、氧化物与基体的结合强度、铬化物挥发对阴极的毒化等多方面性能的影响还有待于进一步提高。

8.8.2.3 类型

固体氧化物燃料电池是全固体结构，因而在电池组装时可以制成管式、平板式、套管式、瓦楞式等多种结构。通常采用的结构类型有管式［图 8-35(a)］和平板式［图 8-35(b)］两种。两种电池结构各自具有不同的特点，其应用范围也有所不同。

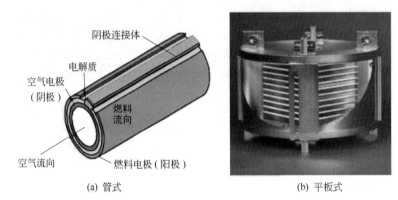

(a) 管式　　　　　　　　　　　　(b) 平板式

图 8-35　SOFC 的结构

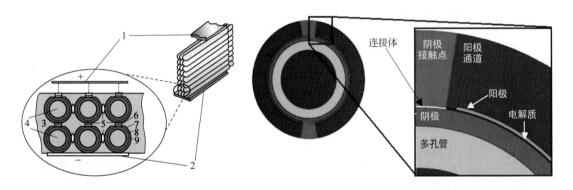

图 8-36　管式 SOFC 电池组的结构
1—阴极母线；2—阳极母线；3—燃料；
4—空气；5—镍毡；6—连接体；
7—阳极；8—电解质；9—阴极

图 8-37　管式 SOFC 单电池结构

管式 SOFC 电池组由一端封闭的管状单电池以串联、并联方式组装而成。每个单电池从内到外由多孔管、空气电极、固体电解质薄膜和金属陶瓷阳极组成。管式 SOFC 电池组及单电池的结构如图 8-36 和图 8-37 所示。多孔管起支撑作用，并允许空气自由通过，到达空气电极。空气电极支撑管、电解质膜和金属陶瓷阳极通常分别采用挤压成型、电化学气相沉积（EVD）、喷涂等方法制备，经高温烧结而成。在管式 SOFC 中，单电池间的连接体设在还原气氛一侧，这样可以使用廉价的金属材料作电流收集体。单电池采用串联、并联方式组合到一起，可以避免当某一单电池损坏时电池束或电池组完全失效。用镍毡将单电池的连接体连接起来，可以减小单电池间的应力。管式 SOFC 电池组相对简单（如不涉及高温密封这一技术难题），容易通过电池单元之间并联和串联组合成大功率的电池组。管式 SOFC 一般在很高的温度（900～1000℃）下进行操作，主要用于固定电站系统，所以高温 SOFC 一般采用管式结构。管式结构的缺点是电流通过的路径较长，限制了 SOFC 的性能。

平板式 SOFC 的空气电极/YSZ 固体电解质/燃料电极烧结成一体，组成"三合一"结构（positive electrolyte negative plate，PEN）。PEN 间用开设导气沟槽的双极板连接，使之相互串联构成电池组，如图 8-38 所示。空气和燃料气体在 PEN 的两侧交叉流过。PEN 与双极板间通常采用高温无机黏合材料密封，以有效地隔离燃料和氧化剂。平板式 SOFC 的优点是 PEN 制备工艺简单，造价低。由于电流收集均匀，流经路径短，使得平板式电池的输出功率密度较管式高。平板式 SOFC 的主要缺点是密封困难、抗热循环性能差及难以组装成大功率电池组。但是，当 SOFC 的操作温度降低到 600～800℃后，可以在很大程度上扩展电池的选择范围，提高电池运行的稳定性和可靠性，降低电池系统的制造和运行成本。近年来研究与开发的中温 SOFC 大都采用平板式结构。

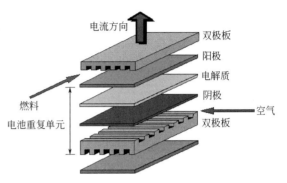

图 8-38　平板式 SOFC 电池组结构

8.8.3　应用

固体氧化物燃料电池采用陶瓷电解质，全固型结构，无需使用贵金属，燃料适应性广，热电联用效率一般可达 80％以上，可应用于分置电站及大型发电厂。作为第三代燃料电池，正在积极研制开发中，管式 SOFC 是目前最接近商业化的 SOFC 发电技术。

1991 年 6 月美国能源部（DOE）和西屋（Westinghouse）公司投资 1.4 亿美元，用于加速固体燃料电池的商业化。1998 年德国西门子（Siemens）公司收购美国的西屋电气公司（Westinghouse），组建了西门子-西屋动力公司（SWPC）。该公司是高温管式 SOFC 技术的先锋，已经制造和运行了多套标称功率至 220kW 的完整电站系统，并形成了单班每年 4MW 的生产能力。该公司于 1998 年 3 月生产了置于南加利福尼亚 Edison 的 25kW 联合循环 SOFC 发电系统，创下运行 13000 多小时的纪录。2001 年在荷兰成功地完成了 100kW 电站的连续 16612h 的运行试验，后来该系统转移到德国的埃森（Essen）继续运行了 3700h，累计时间达到 20000h 以上。这是第一次在完整 SOFC 模块中试验商用 150cm 电池。该发电系统不仅提供 109kW 的输出电力（峰值输出 140kW），还提供相当于 65kW 的供热系统来为当地采暖供应热水。在 SOFC 的发展中，发现加压运行可以提高电压，从而改善发电效率。这一原理被运用于加压型

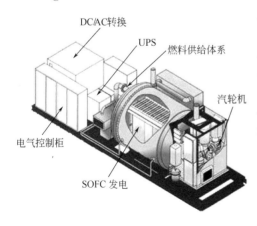

图 8-39　300kW SOFC/汽轮机
混合系统示意

SOFC/汽轮机混合系统（图 8-39）。在这个高度综合的系统中，空气进入电池模块之前，先

在压缩泵加压、换热器加热，通过电池组后排出热的高压气体，驱动汽轮机发电，实现燃料电池和汽轮机联合发电。

图 8-40 为 SWPC 公司在加利福尼亚大学的美国国家燃料电池研究中心运行的 220kW 加压型 SOFC/汽轮机混合系统，其中 200kW 来自燃料电池，20kW 来自汽轮机。与常压型 47% 的发电效率相比，其发电效率达到 53%。但制造出可行、可靠的 SOFC/GT 混合系统仍需进一步研究。

除 SWPC 外，日本的一些公司也开展了管式 SOFC 的研究与开发。Kansai 电力公司的电化学反应活性区长度为 150cm 的管式 SOFC 已经进行了 10529h 的高电流密度放电试验，热循环次数达到 101

图 8-40 SWPC 公司的 220kW 加压型
SOFC/汽轮机混合系统

次。Ontario Hydro 的空气电极支撑（AES）结构管式 SOFC 单电池进行了 1725h 的试验，其中 1475h 在 0.5MPa 下加压运行。除了 SWPC 和日本的几家公司外，国际上 SOFC 的研发主流是中温 SOFC 电池组的研制与新材料的开发。加拿大的 Global 热电公司在中温 SOFC 研发领域具有重要的地位。Global 公司的研发方向为中温平板式 SOFC，主要面向分散供电、家庭热电联供市场。该公司已经形成每年 5MW 的生产能力。

一些公司还打算把 SOFC 和储氢合金结合起来，用于开发汽车用燃料电池。图 8-41 为 ZTEK 公司固体氧化物燃料电池/汽轮机发电示意。天然气经过重整后进入燃料电池堆，空气经过压缩后进入燃料电池堆，发生电化学反应，产生直流电，同时放出热量。电池堆排出的废热和废气经过汽轮机发电，余热经过热交换器循环利用，最后排出清洁的尾气。

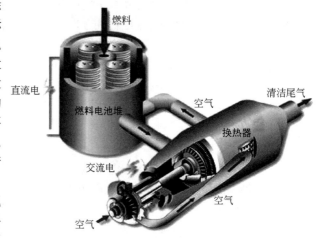

图 8-41 ZTEK 公司固体氧化物
燃料电池/汽轮机发电示意

8.9 质子交换膜燃料电池

8.9.1 概述

质子交换膜燃料电池（proton exchange membrane fuel cell，PEMFC），又称高分子电解质膜燃料电池（polymer electrolyte membrane fuel cell，PEMFC），最早由通用电气（General Electric）公司为美国宇航局开发。20 世纪 60 年代，美国首次将质子交换膜燃料电池用于双子星座（Gemini）航天飞船，并作为船上的主电源。但该电池当时采用的是聚苯乙烯磺酸膜，在电池工作过程中该膜发生了降解。膜的降解不但导致电池寿命的缩短，而且还污染了电池反应生成的水，使宇航员无法饮用。其后，尽管通用电气公司曾采用杜邦（DuPont）公司的全氟磺酸膜，延长了电池寿命，解决了电池生成水被污染的问题，并用小电池在生物卫星上进行了搭载实验，但在航天飞机使用电源的激烈竞争中，美国宇航局选择了石棉膜型碱性氢氧燃料电池（AFC）用于阿波罗计划，造成质子交换膜燃料电池的研究基本处于停滞状态。

1983 年加拿大国防部资助巴拉德（Ballard）动力公司进行质子交换膜燃料电池的研究。在加拿大、美国等国科学家的共同努力下，质子交换膜燃料电池取得了突破性进展。首先，采用电导率高、薄（50～150μm）的 Nafion 和 Dow 全氟磺酸膜，使电池性能提高了数倍。接着又采用铂/碳催化剂代替纯铂黑，并在电极催化层中加入全氟磺酸树脂，实现了电极的立体化。同时，将阴极、阳极与膜热压到一起，组成电极-膜-电极三合一组件（即 membrane-electrode-assembly，EMA）。这种工艺减少了膜与电极的接触电阻，并在电极内建立起质子通道，扩展了电极反应的三相界面，增加了铂的利用率，降低了电极铂的担载量，从而使电池性能大幅度提高。

质子交换膜燃料电池是以全氟磺酸型固态聚合物为电解质，铂/碳或铂-钌/碳为电催化剂，氢或净化重整气为燃料，空气或纯氧为氧化剂，带有气体流动通道的石墨或表面改性的金属板为双极板。图 8-42 为 PEMFC 的工作原理示意，阴极和阳极均为多孔气体扩散电极。该电极具有双层结构，即由扩散层和反应（催化）层组成。

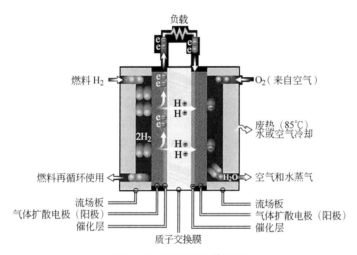

图 8-42 PEMFC 工作原理

电池工作时，分别向阳极气室和阴极气室供给燃料（氢气或重整气）和氧化剂（空气或氧气）。氢气和氧气在各自的电极上发生电化学反应，阳极催化层中的氢气在催化剂作用下发生电极反应，裂解成氢离子（质子）和电子

$$H_2 \longrightarrow 2H^+ + 2e^- \tag{8-14}$$

该电极反应产生的电子经外电路流动到达阴极，提供电力。而 H$^+$ 则通过电解质膜转移到阴极与 O$_2$ 及电子发生反应生成水

$$\frac{1}{2}O_2 + 2H^+ + 2e^- \longrightarrow H_2O \tag{8-15}$$

电池总反应为

$$H_2 + \frac{1}{2}O_2 \longrightarrow H_2O \tag{8-16}$$

生成的水不稀释电解质，而是通过电极随反应尾气排出。

质子交换膜燃料电池不但具有燃料电池的一般特点，如不受卡诺循环的限制，无污染，能量转化效率高等；同时，还具有可室温快速启动，无电解液流失及腐蚀问题，水易排出，寿命长，比功率与比能量高等突出特点。因此，质子交换膜燃料电池不仅可用于建造分散电站，也特别适宜于用作可移动式动力源，是电动车和不依靠空气推进潜艇的理想候选电源之一。质子交换膜燃料电池是军、民通用的一种新型移动电源，也是利用氯碱厂副产物氢气发电的最佳候选电源。在未来的以氢作为主要能量载体的氢能时代，它将是最佳的家庭动力源。

8.9.2 PEMFC 部件

构成质子交换膜燃料电池的关键材料与部件为：电催化剂、电极、质子交换膜、双极板及流场。

8.9.2.1 电催化剂

电催化剂的功能是加速电极与电解质界面上的电化学反应速度，改善电池性能。对 PEMFC 使用的电催化剂，要求活性高、选择性好、耐腐蚀、寿命长、电子导电性良好，而且成本低。

PEMFC 的电催化剂采用以铂为主体的催化组分。到目前为止，铂是 H_2 氧化和 O_2 还原的最好催化剂。为提高铂的利用率和减少铂的用量，铂均以纳米级颗粒的形式高分散地担载到导电、抗腐蚀的担体上，至今所采用的担体均为乙炔炭黑。有时，为增加担体的石墨特性，需经高温处理；为增加担体表面的活性基团和孔结构，也可用各种氧化剂如 $KMnO_4$、HNO_3 处理，或用水蒸气、CO_2 高温处理。

将铂高分散地担载到担体上，主要通过化学还原法、电化学还原法和物理法等。至今广泛使用的铂/碳类电催化剂主要以化学法制备，物理法正处于发展中。采用化学法制备铂/碳电催化剂时，其原料一般采用铂氯酸。制备方法按制备路线可分为两类：其一是先将铂氯酸转化为铂的配合物，再由配合物制备高分散的铂/碳电催化剂；其二是直接从铂氯酸出发，采用特定方法制备高分散的铂/碳电催化剂。

图 8-43 纳米结构碳须支撑体上 Pt 涂层的扫描电镜图

真空溅射法是成熟的物理法。它以要溅射的金属（如铂）为溅射源，作为阴极，被溅射物体（如作为电极扩散层的碳纸）为阳极，在两极间加以高压，可使溅射源上的 Pt 粒子以纳米级粒度溅射到碳纸上。为改善溅射到碳纸上铂粒子的分散度和增加电极的厚度，以适应电极在工作时反应界面的移动，可以采用离子刻蚀的方法，在碳纸上制备一薄层纳米级的碳须（whisker），然后再溅射纳米级的铂。真空溅射法制备的含纳米级铂电催化剂的电极，适于批量生产，极具发展潜力，它可以大幅度降低 PEMFC 的铂用量。如美国 3M 公司采用纳米结构的碳须作支撑体，可在其表面制备 Pt 担载量在 $0.02 \sim 0.2 \mathrm{mg \cdot cm^{-2}}$ 间的超薄催化层。图 8-43 是 3M 公司的这种碳须支撑体与涂 Pt 催化层的扫描电镜图。

在 PEMFC 运行时，阳极的极化损失仅为几十毫伏；但阴极的极化损失，即使在低电流密度时也超过 300mV。因为常温下氧化还原反应在铂上的交换电流密度非常低，约为 $10^{-12} \sim 10^{-10} \mathrm{A \cdot cm^{-2}}$，而氢氧化反应的交换电流密度约为 $10^{-2} \mathrm{A \cdot cm^{-2}}$，二者相差悬殊，极化主要发生在氧电极。为减小氧电极的极化，需提高氧电化学还原电催化剂（如 Pt/C）的活性和改进电极结构。此外，为提高电催化剂的活性与稳定性，有时还需加入一定量的过渡金属，制成合金型（多为共熔体或晶间化合物）电催化剂。若采用 Pt-M/C（M 为 Cr、Co、Ni、V、Mn、Fe 等）合金作电催化剂，氧电化学还原的交换电流密度 i_0 呈数量级提高，不但可减小氧电化学还原的化学极化，提高氧电化学还原的活性，而且可延长电催化剂的寿命。

以各种烃类或醇类的重整气体作为 PEMFC 的燃料时，重整获得的富氢气体中含有一定浓度的 CO。CO 可导致 Pt 电催化剂中毒，增加氢电化学氧化的过电势，尤其是对工作温度不超过 100℃的 PEMFC。为提高在低温工作的质子交换膜电池阳极电催化剂耐受一氧化碳中毒的性能，至今已研究过阳极注入氧化剂、重整气预净化消除 CO 和采用抗 CO 电催化剂三种方法来解决或缓解阳极电催化剂 CO 中毒问题。其中，最好的方法是采用抗 CO 电催化剂，所以抗 CO 电催化剂的研究成为 PEMFC 开发的热点之一。研究工作主要集中在 Pt-M（M 是贵金属或过渡金属）二组分合金或多组分合金电催化剂的抗 CO 性能，比较成功并已获实际应用的是 Pt-Ru/C 贵金属合金电催化剂。

8.9.2.2 电极

质子交换膜燃料电池的电极是典型的气体扩散电极，它一般包含扩散层和催化层，如图 8-44 所示。

图 8-44　电极结构示意

(1) 扩散层　扩散层有支撑催化层、提供气体通道、提供电子通道并收集电流、提供排水通道等作用。扩散层一般由碳纸或碳布制作，其中以碳纸更普遍。碳纤维纸（简称碳纸）是以短的聚丙烯腈（PAN）碳纤维丝和有机树脂为原料，在惰性气氛中烧结而成的外观类似硬纸质的多孔材料。原则上扩散层越薄越有利于传质和减小电阻，但考虑到对催化层的支撑与强度的要求，其厚度一般选在 $100 \sim 300 \mu m$。目前广泛采用的是日本东丽（Toray）公司生产的 TGP 系列碳纸。图 8-45 和图 8-46 分别为用作扩散层的 TGP-H-060 型碳纸和 TGP 碳纸的扫描电镜（SEM）照片。

图 8-45　TGP-H-060 型　(10cm × 10cm,
厚度 190μm) 碳纸

图 8-46　TGP 碳纸的扫描电镜照片

2002 年加拿大巴拉德电力系统公司（Ballard Power Systems Inc.）开发出了一种用作扩散层的碳纸材料 AvCarb Grade-P50T。它也是由碳纤维为主要成分的聚丙烯腈（PAN）制成，特点是能以较低的成本投入批量生产。碳纸每平方厘米的质量为 48g，密度 $0.28g \cdot cm^{-3}$，根据强度不同，厚度在 $108 \sim 172 \mu m$ 之间，碳元素的含量在 99％以上。与 TGP 系列碳纸不同，AvCarb Grade-P50T 是软质的，将以成卷的形式供货（图 8-47）。每卷全长最大 500m，宽度最大为 0.8m。

图 8-47　Ballard 软质 AvCarb Grade-
P50T 碳纸

电极扩散层的制备方法是将碳纸或碳布多次浸入聚四氟乙烯（PTFE）乳液中，对其做疏水处理，用称重法确定 PTFE 的含量。再将浸好 PTFE 的碳纸置于温度为 330～340℃ 烘箱内焙烧，使浸渍在碳纸或碳布中的 PTFE 乳液所含的表面活性剂被除掉，同时使 PTFE 热熔烧结并均匀分散在碳纸或碳布的纤维上，从而达到良好的憎水效果。焙烧后的碳纸中 PTFE 的含量（质量分数）约为 50％。由于碳纸或碳布表面凹凸不平，会影响催化层的制备，因此需要对其进行整平处理。

(2)催化层　催化层是电化学反应发生的场所，也是电极的核心部分。早期的催化层是由纯铂黑与聚四氟乙烯乳液制备的，电极中的铂担载量为 $4mg \cdot cm^{-2}$。后来都使用碳担载铂催化剂，将电催化剂附着在细小的活性炭表面，制成铂/碳电催化剂，再与 PTFE 乳液及质子导体聚合物（如 Nafion 溶液）按一定比例分散在水和乙醇的混合溶剂中，搅拌、超声混合均匀，然后采用丝网印刷、涂布和喷涂等方法，在扩散层上制备 30～50μm 厚的催化层。采用铂/碳电催化剂的 Pt 质量分数在 10％～60％ 之间，通常采用 20％（质量分数）铂/碳电催化剂，氧电极 Pt 担载量控制在 0.3～0.5mg $\cdot cm^{-2}$，氢电极在 0.1～0.3mg $\cdot cm^{-2}$ 之间。PTFE 在催化层中的质量分数一般控制在 10％～50％ 之间。

为了克服厚层憎水催化层离子电导低和催化层与膜间树脂变化梯度大的缺点，美国 Las-Alamos 国家实验室提出一种薄层（厚度小于 5μm）亲水催化层的制备方法。该方法的主要特点是催化层内不加憎水剂 PTFE，而用 Nafion 树脂作黏结剂和 H^+ 导体。具体制备方法是将质量分数为 5％ 的 Nafion 溶液与 Pt/C 电催化剂混合，Pt/C 电催化剂与 Nafion 树脂质量比控制在 3∶1 左右；再加入水和醇，超声振荡混合均匀，然后采用印刷、喷涂或压延技术，将电催化剂涂布在扩散层或者质子交换膜上。在经典的疏水电极催化层中，气体是在聚四氟乙烯的憎水网络所形成的气体通道中传递的。而在薄层亲水电极催化层中，气体是通过在水或 Nafion 类树脂中的溶解扩散进行传递的。薄的催化层可以减少催化层内气体传输和质子扩散产生的电势损失。这种薄层亲水催化层与上述厚层憎水催化层相比，Pt 担载量可大幅度降低，一般在 0.05～0.1mg $\cdot cm^{-2}$ 之间。

采用物理方法（如真空溅射）可制备超薄催化层电极，如将 Pt 溅射到扩散层上或特制的具有纳米结构的碳须扩散层上。Pt 催化层的厚度＜1μm，一般为几十纳米。

8.9.2.3　质子交换膜

质子交换膜是 PEMFC 的关键部件，它直接影响电池性能与寿命。它的功能是传导质子（H^+），同时将阳极的燃料与阴极的氧化剂隔离开。质子交换膜要求具有高的 H^+ 传导能力，一般电导率要达到 0.1S $\cdot cm^{-1}$ 的数量级；不论膜在干态或湿态（饱吸水）均应具有低的反应气体（如氢气、氧气）渗透系数，以保证电池具有高的法拉第（库仑）效率。膜表面的黏弹性质能满足电极与膜间的黏结要求，以利于在制备膜电极"三合一"组件时电催化剂与膜的结合，减小接触电阻。

1962 年美国杜邦（DuPont）公司研制成功全氟磺酸型质子交换膜，1964 年开始用于氯碱工业，1966 年首次用于氢氧燃料电池，从而为研制长寿命、高比功率的质子交换膜燃料电池奠定了坚实的物质基础。至今各国研制 PEMFC 电池组用的质子交换膜仍以 DuPont 公司生产、销售的全氟磺酸型质子交换膜为主，其商品型号为 Nafion。为降低 PEMFC 成本，各国科学家也在研究部分氟化或非氟化质子交换膜、有机-无机复合膜，以及能够在 100℃ 以上使用的所谓高温膜等。

制备 Nafion 膜采用聚四氟乙烯作原料，合成全氟磺酰氟烯醚单体。该单体与四氟乙烯共聚，获得不溶性的全氟磺酰氟树脂。该树脂热塑成膜，再水解并用 H^+ 交换 Na^+，最终获得 Nafion 系列质子交换膜。Nafion 膜的化学结构如下：

$$\xleftarrow{}(CF_2-CF_2)_x(CF-CF_2)_y$$
$$O(CH_2CF)_z-OCF_2CF_2SO_3H$$
$$CF_3$$

式中，$x=6\sim10$，$y=z=1$。Nafion 膜的 EW 值表示含 1mol 磺酸基团的树脂质量（g），一般为 $1100\text{g}\cdot\text{mol}^{-1}$。调整 x、y、z 可改变树脂的 EW 值。一般而言，EW 值越小，树脂的电导越大，但膜的强度越低。

日本旭化成与旭硝子公司也生产与 Nafion 膜类似的长侧链全氟质子交换膜，代号为 Flemin® 和 Aciplex®，用来制膜的树脂的 EW 值在 $900\sim1100\text{g}\cdot\text{mol}^{-1}$ 之间。

Dow Chemical 公司采用四氟乙烯与乙烯醚单体聚合，制备了 Dow 膜，其化学结构为：

$$\xleftarrow{}(CF_2-CF_2)_x(CF-CF_2)_y$$
$$OCF_2CF_2SO_3H$$

式中，$x=3\sim10$，$y=1$。与 Nafion 膜化学结构相比，Dow 膜化学结构的突出特点是 $z=0$，即侧链缩短。这种树脂的 EW 值在 $800\sim850\text{g}\cdot\text{mol}^{-1}$ 之间，电导率为 $0.12\sim0.20\text{S}\cdot\text{cm}^{-1}$。Dow 膜用于 PEMFC 时，电池性能明显优于用 Nafion 膜的电池，但由于 Dow 膜的树脂单体合成比 Nafion 膜的单体复杂，膜的成本远高于 Nafion 膜。

质子交换膜的微观结构颇为复杂，随膜的母体和加工工艺而变化。在描述质子膜结构及其传质关系的各种理论中，普遍接受的是反胶囊离子簇网络（cluster-network）模型，如图 8-48 所示。

该网络结构模型认为：质子交换膜主要由高分子母体即疏水区（hydrophobic region）、离子簇（ionic cluster）和离子簇间形成的网络结构构成。疏水的碳氟主链形成晶相疏水区，磺酸根与

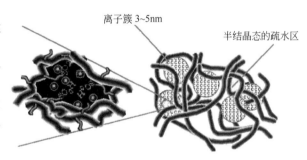

图 8-48 质子交换膜的微观结构示意

吸收的水形成水核反胶囊离子簇，部分碳氟链与醚支链构成中间相。离子簇直径的大小约为 4.0nm，分布在碳氟主链构成的疏水相中，离子簇间距一般在 5nm 左右。在全氟质子交换膜中，各离子簇间形成的网络结构是膜内离子和水分子迁移的唯一通道。由于离子簇的周壁带有负电荷的固定离子，而各离子簇之间的通道短而窄，因而对于带负电且水合半径较大的 OH^- 的迁移阻力远远大于 H^+，这也正是离子膜具有选择透过性的原因。显然，这些网络通道的长短及宽窄，以及离子簇内离子的多少及其状态，都将影响离子膜的性能。

杜邦公司生产的 Nafion 质子交换膜是全氟聚合物，其结构如图 8-49 所示。质子的迁移是通过水合质子从一个固定的磺酸根位置跃迁到另一个固定的磺酸根位置来实现的。质子的迁移速度与可移动的质子数量、固定的磺酸根相互作用（迁移能垒）以及膜的微观结构等因素密切相关。Nafion 膜有非常优越的化学和热稳定性，如在 125℃ 时，在强酸、强碱或强氧化还原环境中性能十分稳定。膜的厚度一般为 $50\sim175\mu m$，电导率一般在 $0.5\sim1.1\text{S}\cdot\text{cm}^{-1}$ 之间，使用方便、安全。

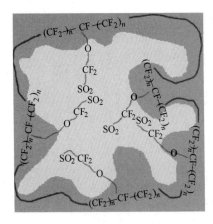

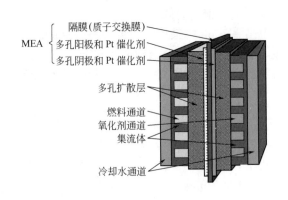

图 8-49　全氟聚合物 Nafion 的结构示意 　　　　图 8-50　电极-膜-电极三合一组件——MEA

对 PEMFC 来说，由于隔膜为高分子聚合物，仅靠电池组的组装力，不但电极与质子交换膜之间的接触不好，而且质子导体也无法进入多孔气体电极的内部。因此，为实现电极的立体化，必须向多孔气体电极内部加入质子导体（如全氟磺酸树脂）。同时，为改善电极与膜的接触，通常采用热压的方法，即在全氟磺酸树脂玻璃化温度下施加一定压力，将已加入全氟磺酸树脂的氢电极（阳极）、隔膜（全氟磺酸型质子交换膜）和已加入全氟磺酸树脂的氧电极（阴极）压合在一起，形成电极-膜-电极三合一组件（图 8-50），或称 MEA（membrane-electrode-assembly）。MEA 是 PEMFC 的核心部件，优化 MEA 的组成与结构将直接改善 PEMFC 的工作性能与使用寿命。

8.9.2.4　双极板与流场

双极板又称集流板，其作用是收集电流，传送气体，并排放热量。如今质子交换膜燃料电池广泛采用的双极板材料是石墨板，另外还有正在开发的经表面改性的金属板和复合型双极板。

一般采用石墨粉、粉碎的焦炭与可石墨化的树脂或沥青混合，在石墨化炉中按严格的升温程序，升温至 2500～2700℃，制备无孔或低孔隙率（≤1%）、仅含纳米级孔的石墨块，再经切割和研磨，制备厚度为 2～5mm 的石墨板，然后在其表面刻绘需要的流场。这种石墨双极板的制备工艺复杂、耗时、费用高，难以批量生产。为降低双极板成本和适于批量生产，可以采用模压成型的方法制备带流场的双极板。这种双极板的电导率一般低于石墨双极板，需要协调它的电导率与力学强度。膨胀石墨是一种导电、抗腐蚀、自密封碳材料，特别适于批量生产廉价的石墨双极板。它的气道加工可以通过模压、切割、冲压以及滚压浮雕等方法，并且当电池组紧压后，每个薄片都是阻气的密封件。目前 Ballard 和 Toshiba 公司均开发出了膨胀石墨双极板。

石墨双极板因石墨的脆性而不能做得很薄，从而限制了进一步减小电池组的质量和体积。采用薄金属板作双极板材料，易于加工，成本低，不仅易于批量生产，而且双极板的厚度可大大降低，从而可大幅度提高电池组的比能量和比功率。金属双极板已成为各国发展的重点。目前的主要问题是金属被腐蚀后释放出的金属离子与质子交换膜中的质子交换，增加了质子传导阻力，影响电池性能。此外，靠近阴极一侧的双极板易氧化导致接触电阻增加。解决金属板在 PEMFC 工作条件下的腐蚀问题，关键技术是金属的表面改性。通过改性可防止轻微腐蚀的产生，而且使接触电阻保持恒定。

考虑到无孔石墨双极板石墨化费工时、成本高，长寿命的金属双极板又必须进行技术难度较大的表面改性等情况，人们又开发出一种新的复合型双极板。图 8-51 为复合型层状双极板结构示意。这种复合双极板采用廉价的多孔石墨板制备流场，薄金属板（如 $0.1\sim0.2$mm 的不锈钢板）作分隔板，采用聚砜、聚碳酸酯等注塑成型的边框，将其与金属板黏合。金属板与碳流场板之间以一层极薄的导电胶进行黏合。由于这层多孔石墨流场板在电池工作时充满水，这既有利于膜的保湿，也可阻止反应气（如氢和氧）与作为分隔板的薄金属板接触，因而减缓了它的腐蚀。

流场的功能是引导反应气体流动方向，确保反应气均匀分散到电极各处，经电极扩散层到达催化层参与电化学反应。气体流场直接关系到 MEA 的运行状况。流场结构决定了反应物与生成物在流场内的流动状态，设计合理的流场可以使电极各处均能获得充足的反应物，并及时把电池生成水排出，保证燃料电池具有较好的性能和稳定性。至今已开发蛇形、平行沟槽、平行蛇形、交指状、螺旋和网格流场等（图 8-52）。

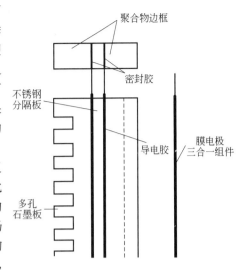

图 8-51　复合型层状双极板结构示意

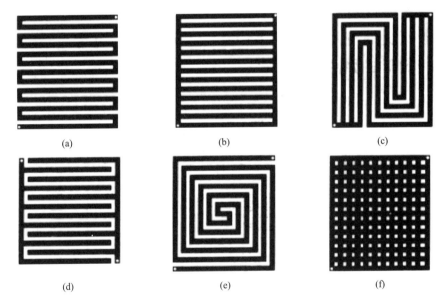

(a)　　　　　　　　(b)　　　　　　　　(c)

(d)　　　　　　　　(e)　　　　　　　　(f)

图 8-52　各种形式的流场示意

（a）蛇形；（b）平行沟槽；（c）平行蛇形；（d）交指状；（e）螺旋；（f）网格流场

PEMFC 广泛采用的流场以平行沟槽流场和蛇形流场为主。对于平行沟槽流场，可通过改变沟与脊的宽度比和平行沟槽的长度来改变流经流场沟槽反应气的线速度，并将液态水排出电池（图 8-53）。对于蛇形流场，可用改变沟与脊的宽度比、通道的多少和蛇形沟槽总长度来调整反应气在流场中流动的线速度，确保将液态水排出电池。

PEMFC 电池组一般按压滤机方式组装，而且大多采用内共用管道形式，如图 8-54 所示。电池组的主体为 MEA、双极板及相应的密封件单元的重复，一端为氧电极板，可兼作电流导出板，为电池组的正极；另一端为氢电极板，也兼作电流导出板，为电池组的负极。与这两块电流导出（导流板）板相邻的是电池组端板，也称夹板，在其上除布有反应气与冷

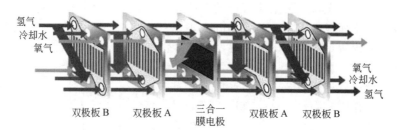

图 8-53　平行沟槽流场双极板

（图下标注，从左到右）双极板 B　双极板 A　三合一膜电极　双极板 A　双极板 B

（图左标注）氢气　冷却水　氧气

（图右标注）氧气　冷却水　氢气

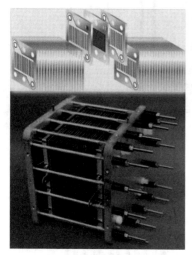

图 8-54　电池组结构示意

却液进出通道外，周边还均布一定数目的圆孔。在组装电池组时，圆孔内穿入螺杆，给电池施加一定的组装力。若两块端板用金属（如不锈钢、钛板、超硬铝等）制作，还需在导流板与端板之间加入由工程塑料制备的绝缘板。

8.9.3　应用

8.9.3.1　电动车用动力源

随着汽车工业的发展，汽车尾气对环境的污染越来越严重。由于汽车主要集中在大城市，汽车尾气对大城市大气污染物中一氧化碳、烃类和氮氧化物的分担率高达 $60\%\sim80\%$，成为大城市中大气污染物的主要来源。为保护环境，减少城市中的大气污染，适应世界各国越来越严格的汽车尾气排放标准，世界各国政府，尤其是大的汽车公司，均在投入巨资发展电动车（electric vehicle，EV）。

燃料电池电动车具有以下优点：一是动力系统（电池）工作时，不排放对环境有害的物质。当以纯氢为燃料时，它能达到真正的"零"排放，而当以车载甲醇重整器制氢为燃料时，车的尾气排放也能达到超低排放标准。二是燃料来源更广泛，可以缓解或消除石油能源短缺、枯竭之忧，减少对石油能源的依赖。燃料来源的多样化有利于能源供应安全和利用现有的交通基础设施（如加油站等）。三是高效率及高性能。由于燃料电池没有活塞或涡轮等机械部件及中间环节，其效率大为提高，约为内燃机的 $2\sim3$ 倍。燃料电池电动车在整体性能上（特别是行程和补充燃料时间上）明显优于其他电池的电动车。

燃料电池电动车的样车实验证明，以 PEMFC 为动力的电动车性能完全可与内燃机汽车相媲美。在 20 世纪末国际上已形成了一个燃料电池的开发热潮，除各国政府投巨资支持这一研究外，世界各大汽车集团和石油公司也投入巨资并进行各种形式的联合来发展这一技术，力争在 21 世纪将以燃料电池为动力的电动车推向市场。至今世界各国已开发和试验了几十种以 PEMFC 为动力的电动车，车型以城市客车和轿车为主（图 8-55）。

巴拉德动力系统公司于 1993 年首次研制出概念车，1997 年该公司的 16 辆燃料电池公共汽车分别在美国的芝加哥和加拿大的温哥华试运行。在此基础上，1997 年 8 月，该公司与戴姆勒-奔驰公司组建合资企业，利用各自的特长开发燃料电池发动机市场。

戴姆勒-克莱斯勒（DC）公司在 Necar1～Necar4 的基础上，开发出以 PEMFC 发动机为动力，车载 CH_3OH 重整制氢为燃料的 Necar5 轿车（图 8-56）。Necar5 采用的 PEMFC 发动机是加拿大 Ballard 公司的 MK900 型燃料电池，功率为 75kW。该汽车最高速度可达 $152\sim160km\cdot h^{-1}$，一般行驶车速为 $112km\cdot h^{-1}$，一次加甲醇（208L）可行驶 640～

720km，在 2001 年 5 月末完成了横穿美国（从旧金山金门大桥出发到华盛顿）、全程 5203km 的行驶。在该公司的新一代燃料电池车 F-Cell 车中，采用了压缩储氢的方案。从 2003 年开始，戴姆勒-克莱斯勒公司向日本、新加坡、德国和美国提供 F-Cell 燃料电池车。

图 8-55　PEMFC 为动力的公共汽车

图 8-56　戴姆勒-克莱斯勒的 Necar5 轿车

2002 年，美国通用公司（GM）开发出采用线传技术的新型燃料电池电动车"Hy-Wire"（图 8-57）。该车是 5 座轿车，采用 3 个压缩氢气罐，燃料电池堆在底盘的后部，功率 94kW，它融合了燃料电池与用电力控制刹车及方向盘操作的"线传（X-by-Wire）"技术。2004 年，通用汽车的燃料电池车 HydroGen 3 改进型完成了近万公里的马拉松测试。

丰田（Toyota）汽车公司于 1997 年推出了全燃料电池（FCEV）汽车，2002 年制造的"Toyota FCHV-4"开始在公路上进行行驶试验。"Toyota FCHV"车以运动型多功能车为基型，只需将氢气填充在车内配置的高压罐内，充满 1 次可行驶大约 300km，最高速度 155km·h^{-1}。该公司推出的燃料电池电动车"FCX"（图 8-58）可乘坐 4 人，最高速度 150km·h^{-1}，一次填充高压氢气后的行驶里程为 355km，"FCX"车已在美国和日本获准销售。2014 年丰田推出了第一代氢燃料电池车 Mirai 车型，至 2019 年 7 月累计全球销量约 10000 辆。在第一代基础上，第二代 Mirai 车型重新设计了燃料电池堆和氢罐，车内装载的一大一小两个 70kPa 的高压储氢罐，最多可容纳 5kg 氢气，新车续航里程较第一代车型增加了 30%，可达 644km。丰田计划到 2025 年，将氢燃料电池车产能提高至 20 万辆。

图 8-57　通用公司推出的"Hy-Wire"电动车

图 8-58　丰田的"FCX"电动车

我国"863"与"973"发展计划中，均将燃料电池及其相关材料与技术作为重大研究开发方向，特别是以 2008 年"绿色奥运"为契机，重点开发零排放的燃料电池大客车。

中国科学院大连化学物理研究所、上海神力公司、武汉理工大学、同济大学、中国科学院电工研究所、武汉东风汽车工程研究院和上海汽车集团等多家高校、企业、科研机构，在大功率燃料电池及能源系统方面进行了开发与应用。中国科学院大连化学物理研究所与中国科学院电工研究所、武汉东风汽车工程研究院合作，成功开发了以 30kW PEMFC 为动力的 19 辆中巴车，最高速度可达 60.3km·h^{-1}，0～40km·h^{-1} 的加速时间为 22.1s。上海神力公司和武汉理工大学的燃料电池新能源发动机系统安装在"超越三号"和"楚天一号"新能源汽车上，在 2006 年北京"国际清洁汽车能源展"上得到了很好的展示。在 2008 年北京奥运会和 2010 年上海世博会期间，上海大众燃料电池轿车和北汽福田/清华燃料电池大客车作为公交车进行了示范运行，充分显示了我国在燃料电池关键技术以及燃料电池新能源技术开发与应用方面取得的重大进展。与日本等国家相比，我国的氢能燃料电池汽车的产业化推进相对滞后，但是近年来呈现出"快速赶超"的态势。根据《中国氢能源及燃料电池产业白皮书》，预计到 2050 年，氢能在中国的能源体系中占比将达 10% 左右，氢气需求量近 6000 万吨，年经济产值超 10 万亿元。未来，氢能将在交通运输、工业等领域实现普及应用。

2004 年 5 月，由清华大学研制的"零"排放氢燃料电池公交车在京亮相，由于得到了"863"计划的支持，他们把这辆车命名为"863 路"（图 8-59）。

图 8-59　清华大学研制的"零"排放氢燃料电池公交车

8.9.3.2　移动电源、家庭电源与分散电站

伴随高能化学电源的日益发展，燃料电池正成为不断增加的移动电器的主要能源。燃料电池作为便携式电源，主要是替代目前常用的普通一次电池和二次电池，以应用于常温下使用的各类仪表和通信设备。微型燃料电池因其具有高的比功率和比能量，使用寿命长，重量轻和充电方便等优点，比常规电池更具优势。

PEMFC 在移动电源方面应用潜力很大，开发的 1kW 至数十千瓦的 PEMFC 可以用作部队、海岛、矿山的移动电源。图 8-60 为沃尔兹（Warstz）公司生产的移动电源。

对于数十瓦至百千瓦级的 PEMFC 移动电源，还可广泛采用储氢材料储氢作为氢源，这可大大推进小型 PEMFC 电源的商品化，图 8-61 为神力公司与苏州机械控股公司合作生产的燃料电池电动自行车。PEMFC 采用 SL3-250 型电池组，额定功率为 250W，最高速度可达 30km·h^{-1}，续驶里程为 80～120km。

美国氢动力（H Power）公司开发了以储氢材料为氢源，以及小型高压钢瓶储氢或氨分解制氢为氢源的 PEMFC 移动电源，其系列产品已进入市场，用于残疾人车（图 8-62）和摄像机（图 8-63）。另外，还有把燃料电池用于电子广告牌和电动自行车的报道，其中以 PowerPEM^{TM}-VSM50 型产品最为引人注目。该产品拟用于高速公路上可变信号的显示，如图 8-64 所示。

以天然气重整制氢为燃料，作为家庭使用的分散电源，还可同时提供家庭用热水，这样可将天然气的能量利用率提高到 70%～80%（图 8-65）。图 8-66 是普拉格动力（Plug Power）公司 7kW 的家用燃料电池发电系统。

图 8-60 沃尔兹公司生产的移动电源

图 8-61 神力公司等合作开发的
燃料电池电动自行车

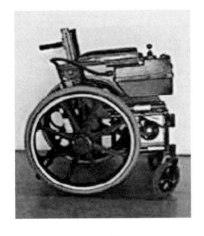

图 8-62 PowerPEM™-200H (200W)
用于残疾人车

图 8-63 PowerPEM™-VC (35W) 用于摄像机

图 8-64 PowerPEM™-VSM50 (50W)
用于可变信号显示

小型分散式配置电站主要是为了确保电力的可靠性，作为大型企业或商业用户的现场动

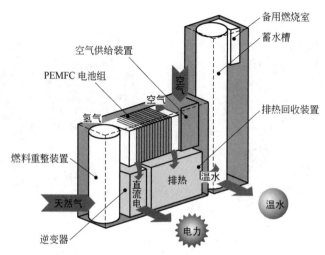

图 8-65 家庭用燃料电池的热电联供系统

图 8-66 普拉格动力公司 7kW
家用燃料电池发电系统

力装置和发电装置，或者作为备用电源来使用。为了利于该技术的应用，可以用天然气销售网作为氢燃料源。燃料电池技术的独立性对于那些国家电网不能覆盖，或国家电网不够稳定而需要备用电力设备的地区而言具有特殊意义。

PEMFC 试验电厂包括如下 6 个分单元：发电（燃料电池组）、燃气制备、空气压缩机、水再生利用、逆变器、测量与控制系统（图 8-67）。

由于燃料电池只能将氢气和氧气转换为电能，采用的天然气原料必须将其先转换为浓度很高的氢气。天然气必须被压缩到所需的系统压力，并被清理脱掉硫和其他化学物质。在蒸汽重整炉中，燃气充以水蒸气，天然气被转换为氢气、一氧化碳和二氧化碳。之后，在转换反应器中利用合适的氧化剂将产生的一氧化碳除去至高分子质子膜能安全工作的浓度。

涡轮增压器将空气压缩到系统压力，然后将气体冷却到 80℃，并加以湿润化之后，输送给负极的电池组。在此过程中所产生的热量可通过热交换器将水加热用于区域供热网络或空调系统。之后，水循环流回燃气重整过程中。而未使用完的氢气则用于加热蒸汽重整炉。

为了获得一定的输出电压与功率，可将许多单个燃料电池串联在一起组装成燃料电池

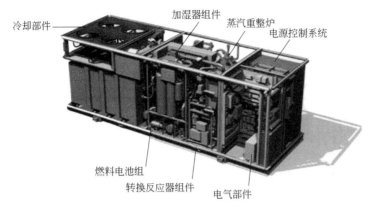

图 8-67 PEMFC 试验电厂模型

组。燃料电池组产生的直流电压再通过逆变器被转换为电力系统所需要的交流电。而开关设备、测量传感器、控制元件及全部控制系统都可集成在燃料电池系统之中。燃料电池可在一秒钟之内迅速提供满负荷动力，并可承受短时过负荷（几秒钟）。其特性很适合作为备用电源或安全保证电源。为实现这些动态特性，在供电侧必须有独立的氢气来源。

加拿大的巴拉德动力公司从 20 世纪 90 年代中期就开始开发 PEMFC 固定电站系统。其 250kW PEMFC 发电系统（图 8-68）采用天然气重整制氢，同时提供 237kW 的热量，系统电效率可达 40%，可供 50~60 户家庭使用。

图 8-68 巴拉德动力公司的 250kW 分散电站

当家庭与公寓等的分散供电系统遇到自然灾害或战争时，一旦天然气供应遭到破坏，则可采用以甲醇部分氧化重整制氢为燃料，用于临时的热水与电力供应。

8.9.3.3 军事应用

军事应用应该是燃料电池最主要，也是最适合的市场。高效、多面性、使用时间长以及安静的特点极适合于军事工作对电力的需要。燃料电池可以多种形态为绝大多数军事装置使用，包括为战场上的移动手提装备及海陆运输等提供动力。

在军事上，微型燃料电池要比普通的固体电池具有更大的优越性，其增长的使用时间就意味着在战场上无需麻烦的备品供应。此外，对于燃料电池而言，添加燃料也是轻而易举的事情。同样，燃料电池的运输能效可以极大地减少活动过程中所需的燃料用量，在进行下一次加油之前，车辆可以行驶得更远，或在遥远的地区活动更长的时间。这样，战地所需的支持车辆、人员和装备的数量便可以显著地减少。

目前各国装备海军潜艇的动力源主要是柴油发电机和铅酸蓄电池为动力的常规潜艇和核动力潜艇。核动力潜艇存在造价高、退役时核动力设备的处理等一系列问题。而常规潜艇以柴油机和铅酸蓄电池为动力，因为经常要为铅酸蓄电池充电而需在通气状态下航行，在反潜技术高度发展的今天，潜艇的隐蔽性与安全性等日益受到威胁。因此，在20世纪末，世界各国均研究不依赖空气、可在水下较长时间航行并能完成任务的非核动力潜艇。

PEMFC由于其工作温度和噪声均很低，能量转化效率高，是不依赖空气推进潜艇的理想动力源。自20世纪80年代以来，美国海军就使用PEMFC为其深海探索的船只和无人潜艇提供动力。

2003年4月7日，世界第一艘燃料电池潜艇U-31（图8-69）在德国基尔港下水并首次试航。从此开创了常规潜艇的一条发展新路，成为世界潜艇发展史上的一个新里程碑。这艘潜艇曾被誉为世界上最先进的常规动力潜艇之一。

图 8-69　PEMFC 驱动的常规潜艇 U-31

燃料电池动力系统向海水辐射的热能很少，因此其红外特征很小；基本不向艇外排放废物，尾流特征也很小。它能超安静运行，其声信号特征比柴-电推进装置低，所以U-31潜艇不易被发现。

传统的柴-电动力潜艇在水下潜航2～3天，就会耗尽常规电池的能量，因而必须浮上水面给蓄电池充电。显然，这增加了潜艇暴露的危险性。而U-31就没有这种烦恼，燃料电池系统由9组PEMFC、14t液氧储存柜和1.7t气态氢储存柜等3部分组成，它的尺寸小，无腐蚀，功率密度大，使用寿命长。它不用空气，而是将氢燃料和氧放到特殊燃烧室内进行电化学反应，直接转换成电能，输出的直流电直接驱动电动机，电动机带动桨轴，推进潜艇航行。每组燃料电池的输出功率为34kW，9组总功率为306kW。用燃料电池提供的动力驱动，U-31可在水下连续潜行3周。因为它在水下就能自行充电，取得了"不依赖空气"的技术突破。

2004年5月21日，美国Aero Vironment公司对一架由燃料电池作为动力的微型飞行器"大黄蜂"（Hornet）（图8-70）进行了试飞，目的是验证用燃料电池作为动力作长时间飞行的可能性。"大黄蜂"重170g（6盎司），翼展38cm（15in）。其机翼的底部是标准结构，机翼的上表面顺序排列着薄的18节燃料电池，电池内储有低压氢，机翼的外层作为空气阴极，与外界空气中的氧结合产生电和水；电池串联在一起，每一节产生0.5～0.6V的电压。

氢来自与水混合的化学氢化物。发电机隐藏在机翼的下面，平均输出功率为10W，直接供给螺旋推进器发动机，不需要任何中介的电池、电容器和其他的储存设备。此外，电源还要供给无线电控制系统和其他系统。

在实验室条件下，"大黄蜂"的燃料电池可以产生 $400W \cdot h \cdot kg^{-1}$ 的能量密度，包括电池本身和相关系统的重量，而"大黄蜂"的可充电式锂离子聚合电池的能量密度只有 $143W \cdot h \cdot kg^{-1}$。但是，锂离子聚合电池可以在实际环境下达到同样的功率，而燃料电池才刚刚接近其潜在功率。在这次试验中共飞行了三次，在每次飞行之间燃料电池都必须先恢复到一定的湿度，这表明燃料电池还需要进一步发展。

图 8-70 由燃料电池作为动力的微型飞行器"大黄蜂"

质子交换膜燃料电池因其高效、清洁、安全、可靠等优点，在固定电站、电动车、军用特种电源、移动电源等方面都有广阔的应用前景，尤其是可作为电动车和潜艇的最佳动力源。质子交换膜燃料电池的研究已经成为诸类燃料电池研究大潮中的主流，有希望最快实现商业化，为提高燃料的利用率、降低全球的污染做出独具特色的贡献。

8.10 直接甲醇燃料电池

8.10.1 工作原理

在 20 世纪 90 年代，PEMFC 在关键材料与电池组方面取得了突破性进展，但在向商业化迈进的过程中，氢源问题异常突出。氢供应设施建设投资巨大，氢的储存与运输技术以及氢的现场制备技术等还远落后于 PEMFC 的发展，氢源问题成为阻碍 PEMFC 广泛应用与商业化的重要原因之一。因此在 20 世纪末，直接以醇类为燃料的燃料电池，尤其是直接甲醇燃料电池成为研究与开发的热点，并取得了长足进展。

直接甲醇燃料电池（direct methanol fuel cell，DMFC）是质子交换膜燃料电池的一个延伸。图 8-71 为 DMFC 的工作原理。它基于质子交换膜技术，直接以气态或液态甲醇为燃料，甲醇在阳极转换成二氧化碳和氢，同标准的质子交换膜燃料电池一样，氢再与氧反应。电极及电池反应如下

$$\text{阳极反应} \quad CH_3OH + H_2O \longrightarrow CO_2 \uparrow + 6H^+ + 6e^- \quad \varphi^{\ominus} = 0.046V \tag{8-17}$$

$$\text{阴极反应} \quad \frac{3}{2}O_2 + 6H^+ + 6e^- \longrightarrow 3H_2O \quad \varphi^{\ominus} = 1.229V \tag{8-18}$$

$$\text{电池反应} \quad CH_3OH + \frac{3}{2}O_2 \longrightarrow CO_2 \uparrow + 2H_2O \quad E^{\ominus} = 1.183V \tag{8-19}$$

总反应相当于甲醇燃烧生成 CO_2 和 H_2O，反应的可逆电动势为 1.183V，与氢氧燃烧反应的可逆电动势（1.23V）相近。

由 CH_3OH 阳极电化学氧化方程可知，每消耗 1mol 的甲醇，同时也需 1mol 的水参与反应。依据甲醇与水的阳极进料方式不同，DMFC 可分为液相（甲醇水溶液）和气相（甲醇蒸气）两种供给方式。

以气态甲醇和水蒸气为燃料时，由于水的汽化温度在常压下为 100℃，所以这种 DMFC 工作温度一定要高于 100℃。至今实用的质子交换膜（如 Nafion 膜）传导 H^+ 均需有液态水存在。所以，在电池工作温度超过 100℃时反应气工作压力要高于大气压，这样不但导致电池系统的复杂化，而且当以空气为氧化剂时，增加空压机的功耗，降低电池系统的能量转化

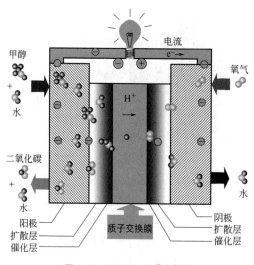

图 8-71 DMFC 工作原理

效率。因此，采用这种以气态 CH_3OH 和水蒸气进料的 DMFC 研究工作相对较少。

采用不同浓度甲醇水溶液为燃料运行的 DMFC，在室温与 100℃ 之间可以采用常压进料系统。但当电池工作温度高于 100℃ 时，为防止水汽化蒸发导致膜失水，也必须采用加压系统。

由甲醇阳极电化学氧化方程可知，甲醇完全氧化成 CO_2 涉及 6 个电子向电极转移的过程，这正是直接甲醇燃料电池相对于其他燃料电池的优越之处。甲醇氧化也是一个复杂的过程，它必须按不同的反应途径经过多个步骤才能完成，图 8-72 给出了甲醇氧化过程可能的反应路径和产物。图中左上端是甲醇，右下端是 CO_2，每一步代表一个电子转移过程，稳定的物种位于斜边上，从左到右发生的是脱氢反应，而垂线方向上 CH_2O、CHO 和 CO 则通过吸附 OH 生成 H_2COOH、HCOOH 和 COOH（$CH_2O \rightarrow H_2COOH$、$CHO \rightarrow HCOOH$ 和 $CO \rightarrow COOH$）。在 CH_3OH 氧化为 CO_2 的反应中，O—H 键的活性比 C—H 和 C—O 键更具有竞争性。$CH_3OH \rightarrow CH_2OH \rightarrow CH_2O \rightarrow H_2COOH \rightarrow HCOOH \rightarrow COOH \rightarrow CO_2$ 的途径可以通过 CH_2O 与 OH 基团直接反应来抑制 CO 的生成。

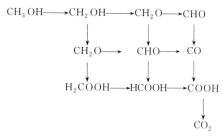

图 8-72 甲醇氧化过程可能的反应路径和产物

甲醇阳极电化学氧化历程中生成类 CO 的中间物，导致 Pt 电催化剂中毒，严重降低了甲醇的电化学氧化速度，增加的阳极极化达百毫伏级。燃料甲醇通过浓差扩散和电迁移由膜的阳极侧迁移至阴极侧（甲醇渗透），在阴极电势与 Pt/C 或 Pt 电催化剂作用下发生电化学氧化，并与氧的电化学还原构成短路电池，在阴极产生混合电势。甲醇经膜的这种渗透，不但导致氧电极产生混合电势，降低 DMFC 的开路电压，而且增加氧阴极极化和降低电池的电流效率。虽然甲醇氧化可逆电势与氢电极的可逆电势仅相差 40mV，但在相近的氧分压和电池温度下，DMFC 的开路电压（OCV）比 PEMFC 低 150～200mV，在 90～130℃ 时，DMFC 的 OCV 在 0.7～0.9V 之间。在低铂催化剂担载量（0.05～0.1mg·cm^{-2}）时，PEMFC 中氢的电氧化反应是快速反应，但甲醇的电氧化反应速率即使在高担载量 Pt-Ru 电催化剂（2mg·cm^{-2}）时仍然比氢的电氧化速率低 3～4 个数量级。DMFC 单位面积的输出功率仅为 PEMFC 的 1/10～1/5。

8.10.2 结构

DMFC 的结构如图 8-71 所示，其中心部位是质子交换膜，两侧是微孔型催化电极。

DMFC 是在 PEMFC 基础上研究与发展的，至今 DMFC 电极的电催化剂仍是 Pt/C、Pt-Ru/C 或 Pt 黑、纯 Pt-Ru 黑，广泛应用的是 Pt-Ru/C 或纯 Pt-Ru 黑。Pt 与 Ru 原子比为 1∶1。Pt 上吸附甲基逐步脱氢，产生 Pt-CO，Pt-CO 在 DMFC 工作电势下不能进一步氧化至 CO_2。由于 Ru^0 比 Pt^0 可在更低的电势下催化吸附水的氧化，Ru 氧化 H_2O 产生 Ru-OH，它进一步氧化 Pt-CO 产生 CO_2，如下述反应式所示

$$Ru+H_2O \longrightarrow Ru\text{-}OH+H^++e^- \tag{8-20}$$

$$Ru\text{-}OH+Pt\text{-}CO \longrightarrow Ru+Pt+CO_2\uparrow+H^++e^- \tag{8-21}$$

甲醇氧化反应取决于阳极表面上适当的 OH 与 CO 类似物种的覆盖度，所以，与 Pt 成键的 CO 类似物种和吸附在 Ru 上的 OH 之间的表面反应成为反应的控制步骤，必须合理配置 Pt 和 Ru 的活性中心才能满足吸附中间物之间的化学反应。在制备 Pt-Ru 或 Pt-Ru/C 电催化剂时应尽量扩大纳米级 Pt 与 RuO_xH_y 的接触界面，而不是实现 Pt-Ru 的合金化，这样才能获得高活性电催化剂。向 Pt 电催化剂中添加 Re、Os、Rh、Mo、Bi 和 Sn 等元素也能够提高甲醇氧化反应的催化活性，原因是可以在低的电势下吸附形成含氧物种，而含氧物种是氧化反应所必经的中间态吸附物质。

DMFC 的阴极电催化剂与 PEMFC 一样，至今仍采用纳米级纯 Pt 黑和 Pt/C 作氧电化学还原的催化剂。Pt-M/C 电催化剂（M 为过渡金属，如 Co、Fe、Cr、Mn 等）可提高氧电化学还原的交换电流密度，增加氧电极的活性。另外，过渡金属的大环化合物（如 Co、Fe 的酞菁和卟啉络合物）对氧电化学还原也具有活性，而且经高温热解后，作为氧电化学还原电催化剂的活性与稳定性均有所提高。这些在降低 Pt 等贵金属的担载量、提高氧电极的活性等方面，是值得进一步研究的方向。

至今，DMFC 采用的质子交换膜，均有一定的甲醇渗透过膜，从阳极到达阴极，在阴极产生电化学氧化并与氧还原构成短路电池，形成阴极混合电势，大幅度降低电池的开路电压。与此同时，甲醇电氧化过程中形成的类 CO 物种毒化 Pt/C 电催化剂，导致氧还原极化增大。因此对于 DMFC，迫切需要开发一类选择催化氧电化学还原，而阻滞甲醇电化学氧化的电催化剂。近年来人们开始研究 Chevrel-Phase 材料（图 8-73）作为这类氧电化学还原电催化剂。这种材料是八面体金属簇化合物，通式为 M_6X_8，M 为高价过渡金属（如 Mo 等），X 代表硫族元素（如 S、Se、Te 等）。在这一金属簇内，由于电子具有很高的离域作用，使其具有高的电子导电能力，对氧还原表现出良好的电催化活性和耐甲醇性。采用其他过渡金属取代中心原子的方法还可优化其电催化性能。

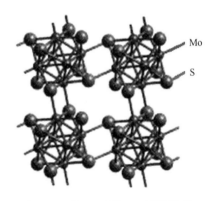

图 8-73　Chevrel-Phase 材料 M_6X_8 (M= Mo, X= S)

DMFC 电极均为多孔气体扩散电极，也是 PEMFC 中广泛采用的厚层憎水电极或薄层亲水电极。DMFC 采用甲醇水溶液作燃料，CH_3OH 是以液体传递方式到达反应区的，依靠亲水通道传递，因此用于 DMFC 的阳极催化层组分中应增加 Nafion 含量，有利于传导 H^+、传递 CH_3OH，并增强电极与膜的结合能力。但也应含有少量的 PTFE，以利于 CO_2 的析出。由于采用甲醇水溶液作燃料，水的电迁移与浓差扩散均是由膜的阳极侧迁移到阴极侧，所以 DMFC 阴极侧的排水量远大于电化学反应生成水。若渗透到阴极的甲醇经短路电流也氧化成水和 CO_2，则阴极排水量更大。DMFC 的这一特点导致在选择 DMFC 操作条件时，

一般氧化剂（如氧或空气）压力要高于甲醇水溶液压力，以减少水由阳极向阴极的迁移。

DMFC 要求电解质具有高的离子导电性和低的甲醇透过性。Nafion 系列的全氟磺酸膜用于 DMFC 的一个主要缺点是，醇类（如甲醇）经电迁移和扩散由膜的阳极侧迁移至阴极侧，导致在阴极产生混合电势，降低 DMFC 开路电压，增加阴极极化和燃料的消耗，降低 DMFC 的能量转化效率。

为克服全氟磺酸膜的上述缺点、提高 DMFC 的性能，已进行了全氟磺酸膜组成的改进，并探索、开发了各种低透醇膜。考虑到 Pd 能透过质子而能有效阻挡甲醇的渗透，因此，Pd-Nafion 复合膜可能在降低甲醇渗透率的同时，保持较好的质子电导率。如在两层 Nafion 膜中间夹一层 Pd膜或将 Pd 颗粒填充到 Nafion 膜微孔中，但多界面产生的附加电势也使电池内阻增大。Nafion 膜改性的另一个思路是在 Nafion 膜的阳极一侧修饰聚合物膜，如采用丝网印刷法在 Nafion 117 膜表面植入一层薄的聚苯并咪唑（PBI）阻挡层，来减少甲醇的透过，同时保持质子电导率不降低。也可以通过低剂量电子束辐射来改变膜的表面结构，形成一层甲醇阻挡层。

与此同时，还研发了可在高于 100℃ 的条件下稳定工作的质子交换膜。普通的 Nafion膜因为在高于 100℃ 的温度下严重失水，电导率大为降低。将 SiO_2、Al_2O_3、ZrO_2 等一些亲水性较好的无机化合物纳米粒子修饰到 Nafion 膜中，由于它们具有较好的吸水性，当DMFC 在较高温度下运行时，还能保持 Nafion 膜的湿润性，以保持高的质子电导率。全氟磺酸树脂中掺杂 SiO_2，虽然不能从根本上解决甲醇渗透问题，但使电池工作温度提高到100℃ 以上。这样，在高的温度下甲醇反应活性提高，甲醇渗透比例随之降低。

聚芳环类化合物具有良好的热稳定和化学稳定性，易被改性（一般为磺化）使其具有良好的质子导电能力，且价格较低，因而被研究开发为 DMFC 质子交换膜，主要有聚苯并咪唑（PBI）膜、聚醚醚酮（PEEK）膜、聚醚砜（PSU）膜和聚芳环酸碱交联复合膜等。PBI是碱性聚合物，具有极好的化学和热稳定性及一定的机械柔韧性。PBI 经硝酸、磷酸、硫酸等酸掺杂、在苯环上接入酸根基团，或者用化学方法在 N 原子上接入甲基苯磺酸基团后，具有质子导电能力。磷酸掺杂的聚苯并咪唑膜具有可在低水蒸气分压下传导质子、耐热温度高（可在 150～200℃ 工作）等突出优点。它的力学强度可通过共混加以改进，但是在电池运行中 H_3PO_4 的流失和 PBI 在电池工作条件下的稳定性等是这种膜进入实际应用的主要技

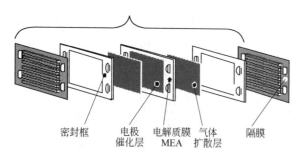

密封框　电极　电解质膜　气体　隔膜
　　　　催化层　MEA　　扩散层

图 8-74　DMFC 单电池结构

术难点。PEEK 是带芳环的醚酮聚合物，具有优良的化学稳定性与力学性能，用硫酸、磺酰氯等进行磺化，在苯环上引入磺酸基团，就得到了磺化聚醚醚酮（SPEEK）膜。由于结构的原因，SPEEK 膜甲醇渗透率低于 Nafion 膜，其质子导电能力随磺化程度的增加而提高，但磺化程度过高（超过 60%）会降低其稳定性，使膜变脆易碎。用磺化程度为 39%～47%的 SPEEK 膜制成的 DMFC 性能优于 Nafion 115 膜的电池性能。

图 8-74 为 DMFC 单电池的结构。一般采用 Pt-Ru/C 或 Pt-Ru 黑作阳极电催化剂，Pt/C或 Pt 黑作阴极电催化剂，与 Nafion 树脂，有时（尤其是对阴极）加入一定量的 PTFE 制备催化层。以 PTFE 处理的碳布或碳纸作扩散层组合成电极，DMFC 的贵金属担载量在 2～5mg·cm^{-2}，比 PEMFC 高约一个数量级，并与 Nafion 类全氟磺酸膜经热压制备 MEA。双极板材料用石墨或金属板制备，流场以蛇形流场或平行沟槽流场为主。

将 DMFC 按压滤机方式组装成电池组（图 8-75）。与 PEMFC 相比，由于排热可由循环

的燃料——甲醇水溶液担任，无需构造排热腔，所以双极板厚度一般仅为 2mm 左右，这样有利于提高电池组的体积比功率。

在设计电池组时，一般取单池平均工作电压为 0.5V，比 PEMFC 低 200mV 左右，工作电流密度取 $100\sim300mA\cdot cm^{-2}$，仅为 PEMFC 的 $1/3\sim1/2$。为减少 CH_3OH 由阳极向阴极的渗透，甲醇水溶液浓度一般约为 $1mol\cdot L^{-1}$。在上述工作条件下，电池组的法拉第效率可达 80%。

上述采用压滤机式结构的 DMFC 电池组必须与氧化剂（如空气、纯氧）和燃料供给等系统组合，形成一个 DMFC 系统，才能为用户提供电力，它适用于中等功率（如几百瓦到千瓦级）和大功率（如几十千瓦）的用户。为适应几瓦至几十瓦用户（如笔记本电脑、单兵电源等）对微型可携带电源的需求，充分发挥甲醇储能高的优势，人们开发了集成式

图 8-75　DMFC 电池组

或携带式 DMFC。这种结构的 DMFC 采用储存在电池内的甲醇水溶液作燃料，由大气供氧，自然散热。

8.10.3　应用

甲醇可由水煤气合成，并已实现产业化。其来源丰富，价格便宜，有完整的生产销售网，水溶液易于携带和储存。因此，直接甲醇燃料电池特别适宜于作为各种用途的移动动力源，其研究与开发越来越受到重视。

理论上，消耗 1mol 的甲醇，得到的电量约为 $195.1W\cdot h$，这可使耗电量为 1W 的手机连续使用将近 200h。采用现行的锂离子二次电池，充电一次可连续通话 160min。如果使用 DMFC 达到同样的通话时间，需要的甲醇量仅为 0.44g。

由于甲醇具有高的能量储存密度，DMFC 作为小功率、便携式电源具有一定优势。所以尽管目前 DMFC 能量转化效率仅 $20\%\sim40\%$，但以液体甲醇水溶液为燃料的微型 DMFC 在储能方面与常规各种蓄电池相比，仍显示出明显优势。一般二次电池充电需几小时，即使近年发展的快速充电也需几十分钟，而更换燃料则仅需几分钟甚至几秒钟即可完成。当前 DMFC 最具竞争力的应用领域是功率从几毫瓦到几十瓦的移动电源。

图 8-76　东芝公司开发的使用 DMFC 的 PDA

图 8-77　东芝公司 DMFC 驱动的笔记本电脑 PORTEGE M100

世界上有许多单位都在进行 DMFC 的研发工作，其目标主要针对小型仪器设备的电源。日本东芝公司于 2002 年展示了便携式 DMFC 驱动的 PDA，如图 8-76 所示。图中左侧的盒状部分嵌入了 DMFC，最大输出功率 8W，平均为 3～5W。采用直接添加甲醇水溶液燃料的加入方式，用电动机驱动的泵来强化甲醇水溶液传输。电池分别配备有甲醇和水的容器，为内部使用。用 10mL 甲醇水溶液（质量分数为 90%）发出的电量相当于 1000mA·h 锂离子电池的 5 倍。

东芝公司进一步将 DMFC 集成到笔记本电脑 PORTEGE M100（图 8-77）中，燃料电池位于笔记本电脑后面。燃料电池用甲醇浓度在 3%～6% 达到最佳的发电效率，100mL 的甲醇大约可支持笔记本电脑正常工作 10h。嵌入的电路可与笔记本电脑中内置的锂离子充电电池配合以控制输出功率的变化，稳定提供约 12W 的输出功率。

日本 NEC 公司与日本科学技术振兴事业团及日本财团法人产业创造研究所共同研发，成功地用碳纳米管开发出小型 DMFC，并应用于笔记本电脑中。研究人员把碳纳米管做成牛角形，这种结构形式的碳纳米管被命名为"纳米角（nanohorn）"。在纳米角的表面涂上铂族催化剂（化学性黏着）（图 8-78），做成 DMFC 的电极。

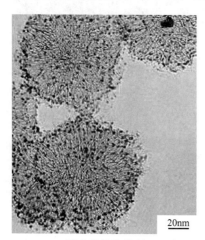

图 8-78 附着铂族催化剂（黑点）
的纳米角集合体

这种电极不仅能够扩大表面面积，而且气体和液体都能够很容易地渗透，因此可以提高电极的效率。在纳米角结构上形成的铂催化剂颗粒尺寸，与采用常规的活性炭作电极支撑所形成的铂催化剂颗粒相比，大约可以缩小一半。由于这种材料性质比现在使用的活性炭优越，采用纳米角以后的聚合物电解质电池的能量密度可以比锂电池提高 10 倍。

NEC 内置燃料电池笔记本电脑（图 8-79），是在普通的笔记本电脑底部配置了燃料电池，电池背面设有注入式的燃料箱。燃料电池外形尺寸为 272mm×274mm×15mm，包括燃料在内的质量约为 900g。燃料箱的容量为 300mL，使用浓度约为 10% 的甲醇燃料时，可以驱动平均耗电量 12W 的笔记本电脑达 5h。DMFC 的标准为：输出功率密度为 40mW·cm^{-2}、平均输出功率为 14W、最大输出功率为 34W、输出电压为 12V。

图 8-79 NEC 内置燃料电池的
笔记本电脑试制机

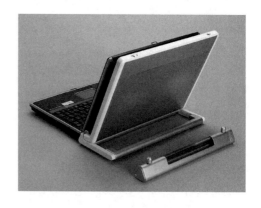

图 8-80 富士通公司开发的
DMFC 驱动的笔记本电脑

图 8-79 中圆筒状容器内装有补充用燃料，这个装置可以轻松地从电池中取下来，以方便补充燃料或更换燃料装置，补充完毕后可以反复使用。

富士通公司 2004 年发表了使用 30％的高浓度甲醇作燃料的笔记本电脑（图 8-80）。该公司采用甲醇透过速度低的芳香烃化合物作固态电解质材料，在其表面涂上纳米级的铂族催化剂形成催化层，使甲醇的渗透减小到 1/10。开发的燃料电池厚度约为 15mm，输出功率为 15W，加入 300mL 浓度为 30％的甲醇水溶液，可以驱动笔记本电脑工作 8～10h。

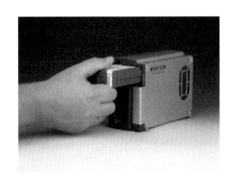

图 8-81　Smart 燃料电池公司开发
的 DMFC 移动电源

图 8-82　Smart 燃料电池公司开发的
"SFC PowerBoy" 的便携式 DMFC

图 8-83　使用 DMFC 作
电源的移动电话

韩国三星尖端技术研究所（SAIT）还试制成功了可支持笔记本正常工作 10h、面向便携式设备的 DMFC 系统，单位面积的输出功率达到 110mW·cm^{-2}（70℃条件下），能量密度约为 200W·h·L^{-1}。固态高分子电解质膜采用的是自主开发的产品。SAIT 称，甲醇的渗透（cross over）与美国杜邦的 Nafion 115 相比，控制在 1/20 之内，在 30～75℃的温度范围内，离子的电导率为 0.07～0.14S·cm^{-1}。燃料使用 100mL 甲醇水溶液，燃料电池的最大输出功率为 20W，一次燃料供给能够支持三星电子的笔记本电脑正常工作 10h。

德国的 Smart 燃料电池公司已经向数百家特定客户出售了平均输出功率为 25W，质量为 1.1kg 的 DMFC，可作为内置于笔记本电脑中的电源连续工作 8～10h。燃料为没有经过水稀释的纯甲醇。DMFC 移动电源（图 8-81）的一个甲醇燃料罐可为一台笔记本电脑供电一整天，而其甲醇燃料罐的更换可在几秒钟内完成。

在 CeBIT 2004 展会上 Smart 燃料电池公司推出并展示了名为 "SFC PowerBoy" 的便携式 DMFC（图 8-82），尺寸大小只有 168mm×81mm×40mm。燃料电池电压为 12V，平均输出功率为 25W，最大输出功率为 50W。电池面向笔记本电脑和 PDA 设计，可以提供两种机型：一种是 100W·h、最长可使用 5.5h 的 "M90"（外形尺寸为 50mm×77mm×27mm，质量为 150g）；另一种是 220W·h、可使用 12h 的 "M180"。

我国 DMFC 的研究始于 20 世纪 90 年代末期，起步较晚，目前仍处于基础研究阶段。主要对催化剂、隔膜、电极/膜集合体及单体电池的结构优化等方面进行了系统研究，并已制备成百瓦级 DMFC 样机。

人们在继续致力于研究甲醇作燃料的同时，也把目光投向其他有机小分子，力图寻求一种比较合适的甲醇替代燃料。目前已研究过的甲醇替代燃料有乙醇、乙二醇、丙醇、2-丙醇、1-甲氧基-2-丙醇、丁醇、2-丁醇、异丁醇、叔丁醇、二甲醚、二甲氧基甲烷、三甲氧基甲烷、甲酸、甲醛、草酸、二甲基草酸等。这些替代燃料的毒性和对 Nafion 膜的渗透率均比甲醇低，但这些燃料易氧化性能大多比甲醇差。从总体情况来看，甲酸和乙醇最有可能成为甲醇的替代燃料。

总之，以 DMFC 为代表的直接醇类燃料电池技术仍处于发展初期，但已成功地显示出可以用于移动电话（图 8-83）和笔记本电脑电源等方面的潜力。DMFC 实用化的环境也正在完善，燃料电池用甲醇燃料盒已经通过国际民用航空组织（ICAO）的审议。自 2007 年 1 月 1 日起，甲醇、甲酸、液化气（丁烷）燃料盒取得了飞机登机许可，最多可携带 2 个 200mL 的燃料盒。相信在不久的将来，DMFC 作为电子产品电源（手机、摄像机、笔记本电脑等）、移动电源（国防通信电源、单兵作战武器电源、车载武器电源等）、MEMS 器件微电源以及传感仪器电源等领域将获得商业化成功。

8.11 其他燃料电池

8.11.1 再生型燃料电池

再生型燃料电池（regenerative fuel cell，RFC）与普通燃料电池的相同之处在于，它也用氢和氧来生成电、热和水。其不同之处是它还进行逆反应，也就是电解。燃料电池中生成的水再送回到以太阳能为动力的电解池中，在此处分解成氢和氧组分，然后这些组分再送回燃料电池中，从而构成了一个封闭的系统，不需要外部生成氢。再生氢氧燃料电池将水电解技术（电能$+2H_2O \longrightarrow 2H_2+O_2$）与氢氧燃料电池技术（$2H_2+O_2 \longrightarrow 2H_2O+$电能）相结合，使氢氧燃料电池的燃料 H_2、氧化剂 O_2 生成的水可通过电解过程得以"再生"，起到蓄能作用，因而可以用作空间站电源（图 8-84）。

卫星在燃料耗尽、轨道下降后，就变得没有价值。美国军方正在开发一种延长其间谍卫星寿命的技术，他们考虑的不是创造一种复杂的化学推进剂，而是以水作为燃料的新型自支持卫星，其工作时间可以更长，并能为军队提供全世界范围内更为灵活的监视。

目前所有卫星的运行主要依靠两种动力。当它日常执行任务时，靠的是太阳能电池储存的能量。白天太阳能电池板吸收阳光，将能量储存到电池中，多余的能量还可供卫星在晚间执行任务。但是，卫星保持运行轨道或者在接到指令后调整轨道时，仅靠太阳能是不够的，它必须依靠自身携带的液体燃料来驱动推进器，进行姿态或轨道位置的调整。

因为液体推进剂会增加卫星的体积和质量，提高发射的成本与难度；而且卫星携带的推进剂毕竟有限，一旦被用完，卫星就失去了机动性，这时地面控制人员不得不使它脱离轨道，成为太空垃圾，直至在大气中烧毁。尽管卫星上面的侦察设备可以工作几十年，但是受推进剂的限制，目前的卫星通常能持续工作 5～10 年，并具有有限的灵活性。

为了解决这个问题，美国国防部高级研究计划局（Darpa）与质子能源系统公司（Proton Energy Systems）合作开展水火箭计划（Water Rocket Program）。该项目的核心是采用封闭循环再生燃料电池能源系统。它首先利用太阳能将水电解产生氢和氧，再使氢和氧发生化合反应生成电和水，电能用来为推进器和其他特殊任务运行提供动力。目前质子能源系统公司已经研制出电池原型，它可以产生 1000W 的电力，足够使卫星保持轨道或进行"短途旅行"。

封闭循环再生燃料电池使间谍卫星的侦察能力大幅提升。首先它的机动性将更强，由于不必再携带大量的液体燃料，卫星的整体质量可减少 20%，因此它将更加机动灵活。由于机动性增强，美军可更加灵活地控制卫星的运行轨道和时间。

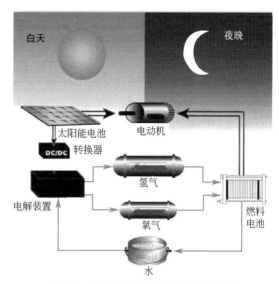

图 8-84　再生型燃料电池能量储存系统

新型卫星的寿命可达 25 年，是目前卫星的 2~3 倍，它可以为美国军方节省巨额资金，还能减少太空垃圾。据报道，目前美国国防部高级研究计划局还准备开发太空加水技术，进一步延长这种卫星的使用寿命。

目前，再生型燃料电池商业化开发已经走了一段路程，但仍有许多问题尚待解决，例如成本、太阳能利用的稳定性等问题。

8.11.2　生物燃料电池

生物燃料电池是一种以生物电化学的方式将生物质的生物和化学能转化为电能的体系或装置。生物燃料电池的结构中至少有一部分是以酶、非酶蛋白质活细胞或微生物为催化剂的。根据生物催化剂来源和生物燃料提供的方式，生物燃料电池可分为微生物型燃料电池、酶型燃料电池和生物催化单元与燃料电池结合的耦合型燃料电池等。通常，生物燃料电池是利用微生物的细胞外酶和分离酶等作为催化剂，无需使用 Pt 之类的贵金属催化剂，酶可以固定在固体电极的表面。

英国植物学家马克·皮特在 1910 年首先发现有几种细菌的培养液能够产生电流。于是他以铂作电极，放进大肠杆菌或普通酵母菌的培养液里，成功地制造出世界上第一个细菌电池。美国 1984 年设计出一种供遨游太空用的细菌电池，原料是宇航员的尿液和活细菌。日本也研制过用特制糖浆作原料的细菌电池。

20 世纪 60 年代末，由于活细胞的效率和使用等方面的限制，又研究了生物燃料电池的无细胞酶系统，初期目标是为植入式人工心脏提供永久能源。

直到 20 世纪 80 年代末，英国化学家彼得·彭托在细菌发电研究方面才获得了重大进展，他让细菌在电池组里分解释放出电子向阳极运动产生电能。在糖液中他还添加了某些诸如染料之类的芳香族化合物作稀释剂，用以提高生物系统中输送电力的能力。在细菌发电期间，还向电池里不断充入空气，用以搅拌细菌培养液和氧化物质的混合物。只要不断给这种细菌电池里添入糖，就可获得电流，且能持续数月之久。此后，各种细菌电池相继问世。

2004 年，酶基微型植入式生物燃料电池问世。这种生物燃料电池是为体内植入装

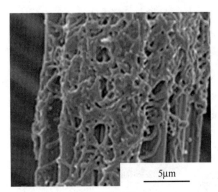

图 8-85 高转化效率的 Rhodoferax
ferrireducens 电镜图

置提供电能的微系统，它利用双碳纤维为阴阳极，利用葡萄糖与氧气的反应产生电能。该研究在生物燃料电池和生物传感器领域应用前景广阔。同年，美国宾夕法尼亚大学科研人员在污水生物燃料电池发电方面获得突破。该电池系统的工作原理是：污水中的细菌以有机物为食，有机污水被细菌酶分解，在此过程中释放出电子和质子；在电子流向正极的同时，质子通过质子交换膜流向负极，并在那里与空气中的氧及电子结合成水。在完成上述分解污水过程的同时，罐内电极之间的电子交换产生电压，使该设备能够给外部电路供电。

用微生物作生物催化剂，可以在常温常压下进行能量转换。理论上，各种微生物都有可能作为生物燃料的催化剂，经常使用的有普通变形菌、枯草芽孢杆菌、大肠埃希氏杆菌、腐败希瓦氏菌、硫还原泥土杆菌（Geobacteraceae sulfurreducens）和 Rhodoferax ferrireducens 等属的细菌。Rhodoferax ferrireducens 是一种氧化铁还原有机物（图 8-85），这种嗜糖微生物可以把葡萄糖液转化为二氧化碳，同时产生电子，而且无需催化剂即可将电子直接转移到电极上。在这种细菌新陈代谢的过程中，可直接实现电子向电极的转移，所以将糖类所含能量转换为电能的效率可高达 80% 以上，这与过去很多嗜糖的微生物燃料电池 10% 的能效形成鲜明对比。这种微生物不仅能靠水果、甜菜和甘蔗里的蔗糖、果糖和葡萄糖来完成工作，还可以依靠木头和稻草里的木糖来完成工作。由于稳定性强，这种细菌可以在 4～30℃ 存活，最佳生长温度为 25℃。由微生物制成的燃料电池不仅比用化学材料制成的电池毒性低，而且操作上也更为简便。理论上，微生物燃料电池将一茶杯糖转化的能量足以将一个 60W 的灯泡点亮 17h，生成的副产品是 CO_2。接下来的问题就是寻求如何获得足够高的电压以及加快糖类转化为能量的速度的方案。

传统的微生物燃料电池以葡萄糖或蔗糖为原料，利用电介质从细胞代谢过程中接受并传递电子，产生电流。近年来，出现了一些形式新颖的微生物燃料电池，其中具有代表性的是利用光合作用和含酸废水产生电能的装置。微生物燃料电池既可以处理污水，又可以生产能量和进行资源的循环利用，实现污水处理的可持续发展。

生物燃料电池作为一种清洁、高效而且性能稳定的电源技术，已经在航空航天等领域得到了应用，目前世界各国都在加速其在民用领域的商业开发。生物燃料电池技术的进步，不仅可以减少环境污染，还可以促进新兴产业的成长和生产力的发展。

参考文献

[1] 衣宝廉.燃料电池——原理、技术、应用.北京：化学工业出版社，2003.

[2] 衣宝廉.燃料电池——高效、环境友好的发电方式.北京：化学工业出版社，2000.

[3] 李瑛，王林山.燃料电池.北京：冶金工业出版社，2000.

[4] 黄倬，屠海令，张翼强，詹锋.质子交换膜燃料电池的研究开发与应用.北京：冶金工业出版社，2000.

[5] 陈军，陶占良.能源化学.北京：化学工业出版社，2004.

[6] 陈军，袁华堂.新能源材料.北京：化学工业出版社，2003.

[7] 韩敏芳，彭苏萍.固体氧化物燃料电池材料及制备.北京：科学出版社，2004.

[8] 隋智通，隋升，罗冬梅.燃料电池及其应用.北京：冶金工业出版社，2004.

[9] 查全性.电极过程动力学导论.3 版.北京：科学出版社，2004.

[10] 衣宝廉. 燃料电池现状与未来. 电源技术, 1998, 22:216-221.

[11] Ishihara T, Matsuda H, Takita Y. Doped LaGaO$_3$ perovskite type oxide as a new oxide ionic conductor. J Am Chem Soc, 1994, 116:3801-3803.

[12] Yokokawa H, Sakai N, Horita T, et al. Recent developments in solid oxide fuel cell materials. Fuel Cell, 2001, 1:117-131.

[13] Steven C, JoAnn M, Patrick D, et al. Fuel cell for transportation Program Contractor's Annual Progress Report, 1998, 38.

[14] Liu J G, Zhou Z H, Zhao X X, et al. Studies on performance degradation of a direct methanol fuel cell (DMFC) in life test. Phys Chem Chem Phys, 2004, 6:134-137.

[15] Wilson M S, Gottesfeld S. High performance catalyzed membranes of ultra - low Pt loadings for polymer electrolyte fuel cells. J Electrochem Soc, 1992, 139:L28-L30.

[16] Wilson M S, Gottesfeld S. Thin-film catalyst layers for polymer electrolyte fuel cell electrodes. J Appl Electrochem, 1992, 22:1-7.

[17] 俞红梅. 博士后出站报告：质子交换膜燃料电池组的电极优化及气体分配研究. 中国科学院大连化学物理研究所燃料电池工程中心, 2001.

[18] Carrette L, Friedrich K A, Stimming U. Fuel cells-fundamentals and applications. Fuel cell, 2001, 1:5-39.

[19] Busick D, Wilson M. New materials for batteries and fuel cell. Mat Res Soc Symp Proc, 2000, 575:247-251.

[20] Murphy O J, Cisar A, Clarke E. Low-cost light weight high power density PEM fuel cell stack. Electrochimica Acta, 1998, 43:3829-3840.

[21] Kunimatsu K, Kita H. Infrared spectroscopic study of methanol and formic acid absorbates on a platinum electrode:Part II. Role of the linear CO(a) derived from methanol and formic acid in the electrocatalytic oxidation of CH$_3$OH and HCOOH. J Electroanal Chem, 1987, 218:155-172.

[22] Ticanelli E, Beery J G, Paffett M T, et al. An electrochemical, ellipsometric, and surface science investigation of the PtRu bulk alloy surface. J Electroanal Chem, 1989, 258:61-77.

[23] Long J W, Stroud R M, Swider-Lyons K E, et al. How to make electrocatalysts more active for direct methanol oxidation-avoid PtRu bimetallic alloys. J Phys Chem, B. 2000, 104:9772-9776.

[24] Li W Z, Zhou W J. Pt$_3$Fe/XCN catalysts for cathode in DMFCs. Abstract of First Sino-German Workshop on Fuel Cells.Dalian, China, 2002, 30.

[25] Faubert G, Lalande G, Cote R, et al. Heat-treated iron and cobalt tetraphenylporphyrins adsorbed on carbon black:Physical characterization and catalytic properties of these materials for the reduction of oxygen in polymer electrolyte fuel cells. Electrochimca Acta, 1996, 41:1689-1701.

[26] Reeve R W, Christensen P A, Hamnett A, et al. Methanol tolerant oxygen reduction catalysts based on transition metal sulfides. J Electrochem Soc, 1998, 145:3463-3471.

[27] Antonucci P L, Arico A S, Creti P, et al. Investigation of a direct methanol fuel cell based on a composite Nafion$^\circledR$-silica electrolyte for high temperature operation. Solid State Ionics, 1999, 125:431-437.

[28] Hong S G, Selman J R. A Stochastic structure model for liquid-electrolyte fuel cell electrodes, with special application to MCFCs I. Electrode structure generation and characterization. J Electrochem Soc, 2004, 151:A739-A747.

[29] Li Q F, Hjuler H A, Bjerrum N J. Phosphoric acid doped polybenzimidazole membranes:Physiochemical characterization and fuel cell applications. J Appl Electrochem, 2001, 31:773-779.

[30] Hobson L J, Nakano Y, Ozu H, et al. Targeting improved DMFC performance. J Power Sources, 2002, 104:79-84.

[31] 吴惟.新型卫星靠水飞行——寿命可达 25 年，是目前卫星的 2～3 倍(新装备).环球时报, 2004-06-14.

[32] Chaudhuri S K, Lovley D R. Electricity generation by direct oxidation of glucose in mediatorless microbial fuel cells. Nature Biotechnology, 2003, 21:1229-1232.

[33] Marshy M, Prokopius P R. The fuel cell in space:yesterday, today and tomorrow. J Power Sources, 1990, 29:193-200.

[34] 衣宝廉，梁炳春，曲天锡，等. 千瓦级水下用氢氧燃料电池. 化工学报, 1992, 43:205-212.

[35] Appleby A J, Foulkes F R. Fuel Cell handbook. 5th ed. West Virginia:EG&Services Parsons Inc, 2000.

[36] Min M K, Cho J, Cho K, et al. Particle size and alloying effects of Pt-based alloy catalysts for fuel cell applications. Electrochimica Acta, 2000, 45:4211-4217.

[37] Toda T, Igarashi H, Watanabe M. Role of electronic property of Pt and Pt alloys on electrocatalytic reduction of oxygen. J Electrochem Soc, 1998, 145:4185-4188.

[38] Eseribana S, Aldebert P, Pineri M. Volumic electrodes of fuel cells with polymer electrolyte membranes:electrochemical performances and structural analysis by thermoporometry. Electrochimca Acta, 1998, 43:2195-2202.

[39] 于景荣，邢丹敏，刘富强，等. 燃料电池用质子交换膜的研究进展. 电化学. 2001, 7:385-395.

[40] Du X Z, Yu J R, Yi B L, et al. Performances of proton exchange membrane fuel cells with alternate membranes. Phys Chem Chem Phys, 2001, 3:3175-3179.

[41] Ren X M, Zelenay P, Thomas S, et al. Recent advances in direct methanol fuel cells at Los Alamos National Laboratory. J Power Sources, 2000, 86:111-116.

[42] Hyun D, Kim J. Study of external humidification method in proton exchange membrane fuel cell. J Power Sources, 2004, 126:98-103.

[43] Finn P A. The effects of different environments on the thermal stability of powdered samples of LiAlO$_2$. J Electrochem Soc, 1980, 127:236-238.

[44] 李乃朝, 衣宝廉, 林化新, 等. 熔融碳酸盐燃料电池隔膜用 LiAlO$_2$ 制备. 无机材料学报, 1997, 12:211-217.

[45] Lacovangelo C D, Pasco W D. Hot-roll-milled electrolyte structures for molten carbonate fuel cells. J Electrochem Soc, 1988, 135:221-224.

[46] 林化新, 衣宝廉, 周利, 等. 熔融碳酸盐燃料电池 LiCoO$_2$ 阴极性能的研究. 电源技术, 2002, 26:351-354.

[47] Micheels R H, Rauh R D. Use of a liquid electrolyte junction for the measurement of diffusion length in silicon ribbon. J Electrochem Soc, 1984, 131:217-219.

[48] Daza L, Rangel C M, Baranda J, et al. Modified nickel oxides as cathode materials for MCFC. J Power Sources, 2000, 86:329-333.

[49] Nakayama T. Current status of the fuel cell R&D programme at NEDO. Fuel Cell Bulletin, 2000, 3:8-12.

[50] 江义, 李文钊, 王世忠. 高温固体氧化物燃料电池(SOFC)进展. 化学进展, 1997, 9:387-396.

[51] Choy K, Bai W, Charojrochkul S, et al. The development of intermediate-temperature solid oxide fuel cells for the next millennium. J Power Sources, 1998, 71:361-369.

[52] Fergus J W. Lanthanum chromite-based materials for solid oxide fuel cell interconnects. Solid State Ionics, 2004, 171:1-15.

[53] Huijsmans J P P, van Berkel F P F, Christie G M. Intermediate temperature SOFC-a promise for the 21st century. J Power Sourecs, 1998, 71:107-110.

[54] Stevenson J W, Armstrong T R, McCready D E, et al. Processing and electrical properties of alkaline earth - doped lanthanum gallate. J Electrochem Soc, 1997, 144:3613-3620.

[55] Friedrich K A, Geyzers K P, Dickinson A J, et al. Fundamental aspects in electrocatalysis:from the reactivity of single-crystals to fuel cell electrocatalysts. J Electroanal Chem, 2002, 524-525:261-272.

[56] Shukla A K, Christensen P A, Dickinson A J, et al. A liquid-feed solid polymer electrolyte direct methanol fuel cell operating at near-ambient conditions. J Power Sources, 1998, 76:54-59.

[57] 刘建国, 衣宝廉, 王素力, 等. Nafion 膜厚度对直接甲醇燃料电池性能的影响. 电源技术, 2002, 1:17-19.

[58] Huang P N, Petric A. Superior oxygen ion conductivity of lanthanum gallate doped with strontium and magnesium. J Electrochem Soc, 1996, 143:1644-1648.

[59] Mogensen M, Sammes N M, Tompsett G A. Physical, chemical and electrochemical properties of pure and doped ceria. Solid State Ionics, 2000, 129:63-94.

[60] Ohara S, Maric R, Zhang X, et al. High performance electrodes for reduced temperature solid oxide fuel cells with doped lanthanum gallate electrolyte: I. Ni-SDC cermet anode, J Power Sources, 2000, 86:455-458.

[61] Kim H, Lu C, Worrell W L, et al. Cu-Ni cermet anodes for direct oxidation of methane in solid-oxide fuel cells. J Electrochem Soc, 2002, 149:A247-A250.

[62] Lu G Q, Wang C Y. Electrochemical and flow characterization of a direct methanol fuel cell. J Power Sources, 2004, 134:33-40.

[63] Park S, Vohs J M, Gorte R J. Direct oxidation of hydrocarbons in a solid-oxide fuel cell. Nature, 2000, 404:265-267.

[64] Murray E P, Tsai T, Barnett S A. A direct-methane fuel cell with a ceria-based anode. Nature, 1999, 400:649-651.

[65] Lahl N, Bahadur D, Singh K, et al. Chemical interactions between aluminosilicate base sealants and the components on the anode side of solid oxide fuel cells. J Electrochem Soc, 2002, 149:A607-A614.

[66] Liu F Q, Y B L i, Xing D M, et al. Nafion/PTFE composite membranes for fuel cell applications. J Membrane Science, 2003, 212:213-223.

[67] Navessin T, Holdcroft S, Wang Q P, et al. The role of membrane ion exchange capacity on membrane|gas diffusion electrode interfaces:a half-fuel cell electrochemical study. J Electroanal Chem, 2004, 567:111-122.

[68] Wegeng R S, Pederson L R, TeGrotenhuis W E, et al. Compact fuel processors for fuel cell powered automobiles based on microchannel technology. Fuel Cells Bulletin, 2001, 3:8-13.

[69] Paddison S J, Paul R, Zawodzinski T A. A statistical mechanical model of proton and water transport in a proton exchange membrane. J Electrochem Soc, 2000, 147:617-626.

[70] Yi J S, Nguyen T V. Multicomponent transport in porous electrodes of proton exchange membrane fuel cells using the interdigitated gas distributors. J Electrochem Soc, 1999, 146:38-45.

[71] Wang Z H, Wang C Y, Chen K S. Two-phase flow and transport in the air cathode of proton exchange membrane fuel cells. J Power Sources, 2001, 94:40-50.

[72] Dannenberg K, Ekudunge P, Lindbergh G. Mathematical model of the PEMFC. J Appl Electrochem, 2000, 30:1377-1387.

[73] Laurencelle F, Chihine R, Hamelin J, et al. Characterization of a Ballard MK5 - E proton exchange membrane fuel cell stack. Fuel Cells, 2001, 1:66-71.

[74] Parsons R, VanderNoot T. The oxidation of small organic molecules:A survey of recent fuel cell related research.

J Electroanal Chem, 1988, 257:9-45.

[75] Yang C, Costanmagna P, Srinivasan S, et al. Approaches and technical challenges to high temperature operation of proton exchange membrane fuel cells. J Power Sources, 2001, 103:1-9.

[76] Arico A S, Creti P, Baglio V, et al. Influence of flow field design on the performance of a direct methanol fuel cell. J Power Sources, 2000, 91:202-209.

[77] Arico A S, Srinivasan S, Antonucci V. DMFCs:from fundamental aspects to technology development. Fuel Cells, 2002, 1:133-161.

[78] Busquet S, Hubert C E, Labble J, et al. A new approach to empirical electrical modelling of a fuel cell, an electrolyser or a regenerative fuel cell. J Power Sources, 2004, 134:41-48.

[79] Service R F. Fuel cell draw power from poison. Science, 2004, 305:1225.

[80] Wangner N, Schulze M. Change of electrochemical impedance spectra during CO poisoning of the Pt and Pt-Ru anodes in a membrane fuel cell (PEFC). Electrochimca Acta, 2003, 48:3899-3907.

第9章

其他电池

9.1 镁电池

9.1.1 概述

镁与锂处于周期表中的对角线上，根据对角线规则，它们有许多相似的性质（表 9-1）。镁的蕴藏量非常大，在地壳中储量占第 7 位，价格低廉；镁及其几乎所有的化合物均无毒或低毒，无污染；Mg 不如 Li 活泼，易操作，加工处理安全；镁电极电势较负，具有很高的能量密度。可见，镁可以成为电池生产中理想的材料。镁电池包括镁原电池和镁二次电池，开发实用镁二次电池的意义重大，镁电池有望取代传统电池，成为电动汽车及其他电动商品的新宠。我国镁资源丰富，储量居世界首位，具有开发镁电池的独特优势。

表 9-1 负极材料镁与锂的性质比较

项目	镁（Mg）	锂（Li）
原子量	24.31	6.94
电极电势（水溶液）/V	-2.37（酸性），-2.69（碱性）	-3.03
离子半径/nm	0.062	0.068
理论比容量/mA·h·g^{-1}	2205	3862

(1) 镁原电池　镁原电池（图 9-1）曾用作军用通信设备的电源，但逐渐被性能优良的新型电源替代。表 9-2 列出了已经生产或可能生产的电池。

镁二氧化锰干电池是一种原电池，它的组成及放电时的化学反应列于表 9-2 中。它的比能量（W·h·kg^{-1}）较锌锰干电池高三倍，并且放电时电压高而平稳，能耐高温储存，在低温下也有很好的工作能量。它的缺点是在接通电路后，要经过较长的时间才能达到预期的工作电压，有电压滞后现象；由于腐蚀作用，镁电极电势显著变正，电流效率降低。这种电池特别适用于大电流脉冲通信装置，而不适用于低负荷的间歇放电设备。

图 9-1　镁原电池

表 9-2　使用镁合金作负极的各种电池的化学组成

电池类型		电池组分		电 池 反 应
		水溶液电解质	正极	
非储备型	Mg-MnO$_2$	Mg(ClO$_4$)$_2$	MnO$_2$	Mg＋H$_2$O＋2MnO$_2$ ⟶ Mn$_2$O$_3$＋Mg(OH)$_2$
	镁-间二硝基苯（Mg-DNB）	Mg(ClO$_4$)$_2$	m-DNB	6Mg＋8H$_2$O＋m-DNB ⟶ m-PDA＋6Mg(OH)$_2$（m-PDA:间苯二胺）
储备型	Mg-AgCl	MgCl$_2$	AgCl	Mg＋2AgCl ⟶ MgCl$_2$＋2Ag
	Mg-CuCl	MgCl$_2$	CuCl	Mg＋2CuCl ⟶ MgCl$_2$＋2Cu

用 2,4-二硝基苯酚（DNP）作正极，镁合金 AZ31 作负极制得了 Mg-DNP 电池。DNP 与 AB（乙炔黑）及 2%（质量分数）的 CMC（羧甲基纤维素）混合，在 300Pa·cm^{-2} 条件下与铜网（集流体）压制在一起制成正极，镁合金极片 AZ31 厚为 1.5mm，大小与正极相同，赛璐酚作隔膜。电解质采用卤化物的水溶液如 MgCl$_2$、MgBr$_2$ 和 Mg(ClO$_4$)$_2$ 等。放电时有机芳香硝基化合物可以发生高达 12 个电子的多电子转移，因而与无机电池的电极材料如 MnO$_2$、HgO、CuO 和 Ag$_2$O 等相比，其能量密度很高（达 2000mA·h·g^{-1}）。其开路电压为 1.4～1.7V，放电平台 1.0～1.1V，并且开路电压范围的顺序为 Mg(ClO$_4$)$_2$＞MgCl$_2$＞MgBr$_2$（图 9-2），AB 为 50% 时放电容量可达 1000mA·h·g^{-1}。

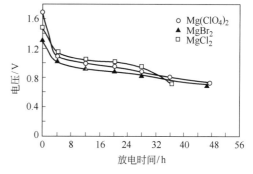

图 9-2　Mg-DNP 电池在不同电解质溶液中的放电曲线
电流密度：1.67mA·cm^{-2}

在不同的电流密度下，不同的电解质溶液中 DNP 的利用率不同。在 2mol·L^{-1} Mg(ClO$_4$)$_2$ 溶液中，低电流密度（1.7mA·cm^{-2}）时 DNP 的阴极效率是 55%，电流密度提高到 6.7mA·cm^{-2} 时 DNP 的阴极效率是 19%。循环伏安研究表明 DNP 的还原是扩散控制的，而且不可逆。DNP 还原为 DMP（2,4-二氨基苯酚）的机理如图 9-3 所示。

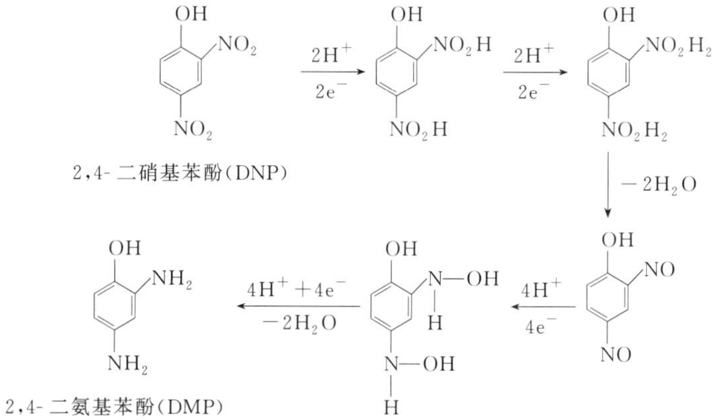

图 9-3　DNP 还原为 DMP 的机理

镁空气电池是用空气中的氧作为正极活性物质，以金属镁的粉末作为负极活性物质，选用合适的溶液作为电解质的电池。这类电池比能量较高，可以连续高速率供电，适用于现代通信设备和电子监视设备等方面。

镁空气电池有多种不同的体系。负极活性物质可采用纯镁或镁合金，制备方法有气体原子化、机械粉碎及机械合金化（MA）。其颗粒尺寸不大于 70μm，与 DMAA（二甲基乙酰胺）混合，并加入 1mol 水中含 0.1mol $Mg(ClO_4)_2$ 的电解液，调制成膏状后注入容器。用一个垫片将其与空气电极隔离，空气经气孔和聚四氟乙烯膜进入电池，组装成的原电池放电至 1.2V。以气体原子化制备的纯 Mg 电极，电池平均放电电压 1.9V。负极利用率（实际容量/理论容量）为 90%。MA 制备的 Mg-Co 合金电池平均放电电压可达 2.2V，负极利用率可达 93%。镁的理论容量是 $2205mA \cdot h \cdot g^{-1}$，因而该电池负极实际容量可达到 $2050mA \cdot h \cdot g^{-1}$。

(2) 镁二次电池　开发中的镁二次电池，其原理基本与锂电池相似。电池充电时，正极中的镁从正极材料的晶格中脱出；而放电时，镁嵌入正极材料的晶格中。电解质溶液作为镁离子迁移的桥梁，提供电池内部迁移需要的镁离子。镁作为可充电池的负极，与铅酸和镍镉电池相比，可以提供很高的能量密度。

但镁二次电池的发展受到两个因素的制约：第一，由于镁的电化学性质，它既不适合质子供体作电解质，也不适合质子受体作电解质，在大多数的电解质溶液中，镁表面会生成钝化膜，不传导 Mg^{2+}，使镁难以溶解或沉积，从而阻止了电化学反应的进行；第二，二价镁离子电荷高，体积小，所以极化作用强，较难插入很多基质中，使正极材料的选择受 Mg^{2+} 嵌入困难的限制。组成镁二次电池的核心是 Mg 负极、电解质溶液及能嵌入 Mg^{2+} 的正极材料。

9.1.2　镁二次电池材料

9.1.2.1　镁负极

镁二次电池以 Mg 为负极，要求 Mg/Mg^{2+} 电化学可逆进行沉积-溶解过程。由于 Mg 较活泼，易与极性质子溶剂、常用的阴离子 [如 ClO_4^-、AsF_6^-、PF_6^-、BF_4^- 和 $N(SO_2CF_3)_2^-$ 等] 以及不可避免存在的空气成分反应，形成钝化膜。其成分是不溶性 Mg 盐，包括 Mg 的卤化物、MgO、$Mg(OH)_2$、$MgCO_3$、$(ROCO_2)_2Mg$（在烷基碳酸酯溶剂中），在乙腈溶液中可能有 $Mg(N=C=CH_2)_2$。这层膜覆盖在金属的表面，阻碍活泼金属与溶液组分之间连续的反应，Mg 电极的电化学行为由钝化膜控制。一般来说，只有既不接受质子，又不含有质子的电解质溶液才会满足镁表面不生成钝化膜的要求。显然水溶液应排除在外，而有机质子溶剂也不适用，故只有在有机非质子极性溶剂中进行该反应。镁不能在大多数的常见有机溶剂中电沉积，但镁在格氏试剂 RMgX（R 为烷基，芳基；X 为 Cl 或 Br）的醚溶液中能进行可逆的沉积与溶解。

通过对 Mg 电沉积的测试与研究表明，镁在格氏试剂中表面并不形成致密的钝化膜，并且镁的沉积过程不是简单的双电子氧化还原反应，而是复杂的反应过程。Mg 负极由复杂的吸附过程控制，被吸附的组分因溶液不同而不同，主要取决于所用电解质。Mg 电极的循环效率由 Mg 的沉积形态决定。在所有的研究溶液中，最初 Mg 沉积是有孔的，随着沉积过程的继续，Mg 沉积变得紧密和晶体化。在 $BuMgCl$ 和 $Mg(AlCl_2BuEt)_2$ 的四氢呋喃溶液中，因无 Mg 的腐蚀，可认为控制 Mg 沉积-溶解可逆性的主要因素是沉积在表面上的 Mg 结晶的黏着性和聚合性。

选择电沉积的溶液时，电导不是充足的条件，溶质与溶剂的化学性质较重要，而不是溶剂的介电常数及溶质的晶体结构。溶质与溶剂间应形成"松散"的离子配合物，用于电沉积的溶质应是氯化物、氢化物、硼氢化物和有机金属化合物。往往单一的溶质不好，采用混合电解质时较好。

在电解格氏试剂的乙醚溶液时，连续加入卤代烃可以溶解海绵状 Mg 而不破坏致密的 Mg 沉积。所用溶液为三烷基铝/KF 配合物、烷基镁的芳香烃溶液，得到了理想的电沉积 Mg 和 Mg-Al 合金，烷基铝还有增加溶液电导的作用。因此，可以考虑镁基合金、多孔镁、纳米镁等作负极材料，来改善可充镁电池体系的电化学性能。

综上所述，由于 Mg 负极易形成不传导 Mg^{2+} 的钝化膜，很难满足适合于镁二次电池的镁负极的条件，至今仍局限于以醚（主要是乙醚和四氢呋喃）为溶剂、格氏试剂盐及其衍生物为电解质的溶液。因为格氏试剂是一种强还原剂，在镁二次电池中不能直接使用，所以把格氏试剂盐 RMgX 中 R 和 X 取代为大的阴离子。

9.1.2.2 正极材料

相对于镁负极，对镁二次电池正极的嵌入材料的研究要多些。因 Mg^{2+} 电荷密度大，往往以溶剂化形式嵌入，所以 Mg^{2+} 比 Li^+ 的嵌入更困难，且 Mg^{2+} 在嵌入材料中的移动也较困难。这就为找到理想的镁电池正极嵌入材料增加了较大难度。目前的研究大多为无机过渡金属化合物，集中为氧化物、硫化物、硼化物和聚阴离子型化合物等。

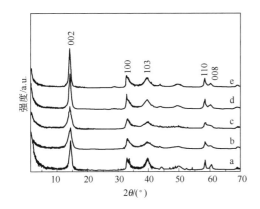

图 9-4 溶液法合成的 MoS_2 的 XRD 图
a—Na_2MoO_4 和 CS_2 反应；b—Na_2MoO_4 和 Na_2S 反应；
c—Na_2MoO_4 和 CH_3CSNH_2 反应；d—Na_2MoO_4
和 CSN_2H_4 反应；e—Na_2MoO_4 和 KSCN 反应

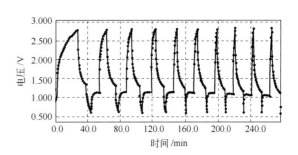

图 9-5　Mg-MoS_2 电池的 10 个
充放电循环后的电压-时间曲线
（MoS_2 样品制备：Na_2MoO_4 和 CH_3CSNH_2 反应，
700℃煅烧 2h。条件：充电电流 0.05mA；放电电流
0.02mA；充电截止电压 2.8V；放电截止电压 0.6V）

(1) 过渡金属硫化物　过渡金属硫化物被认为是一种典型的嵌入/脱嵌基质材料，主要结构有二维的层状硫化物和 Chevrel 相的硫化物等。

二维层状硫化物可表示为 MS_2（M＝Ti，Zr，Hf，Nb，Ta，Mo，W，V），研究较多的是用化学法或电化学法将锂离子嵌入硫化物中，但镁嵌入此类结构基质中的报道还很少。

三元硫化物 A_xMoS_2、A_xTiS_2、A_xNbS_2 和 A_xTaS_2（A 为碱金属或碱土金属，包括 Mg）具有层状结构。这类硫化物是高度各向异性的，S 与过渡金属原子间表现出明显的共价性，而 ⅠA、ⅡA 元素倾向于形成离子键。一定极性的有机和无机分子可以嵌入层间，进行溶剂化反应。高度流动性的溶剂化正离子与周围的电解质溶液在层间可以进行离子交换，过渡金属硫化层不变，以电负性基体存在。这一局部规整反应预示着三元硫化物中可以嵌入 Mg^{2+}。

在溶液相中通过 Na_2MoO_4 和不同的含硫试剂（Na_2S、CH_3CSNH_2、CSN_2H_4、KSCN、CS_2）反应来制备纳米结构的 MoS_2。图 9-4 为制取的 MoS_2 的 XRD 图，产物为六方层状结构的纳米晶。以 Mg 为阳极，制备的 MoS_2 为阴极，使用 THF＋$Mg(AlCl_3Bu)_2$ 作电解液。在电化学充放电过程中，Mg 能够可逆地嵌入/脱出 MoS_2 纳米晶。图 9-5 为 10 个充放电循环之后的电压-时间曲线，表明在多次循环后 MoS_2 电极结构并没有被破坏，但循环效率和容量比较低。

采用溶剂热法合成出类石墨烯结构的 MoS_2（G-MoS_2）（图 9-6），其层间距为 0.65～

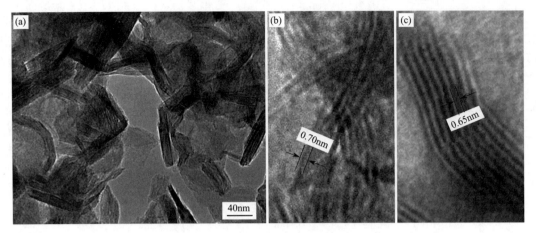

图 9-6 G-MoS$_2$ 的 TEM（a）和 HRTEM（b）、（c）

0.70nm，比微米级的块体二硫化钼（B-MoS$_2$）大，足够多的单层使得 Mg^{2+} 更容易嵌入和移动，从而使其电化学性能得以大大提升。分别以 G-MoS$_2$ 和 B-MoS$_2$ 为正极，超细镁粉（N-Mg）和块体镁（B-Mg）为负极，与聚丙烯/聚乙烯/聚丙烯隔膜以及 Mg(AlCl$_3$Bu)$_2$（0.25mol·L^{-1} THF 溶液）电解液组装成镁离子电池。各电池都在 1.8V 附近出现放电平台，只有完全基于块体材料的 B-MoS$_2$/B-Mg 的电池电压稍低，为 1.64V。当镁电极相同时，基于 G-MoS$_2$ 的电池的放电容量比基于 B-MoS$_2$ 的电池高 1.4 倍（G-MoS$_2$/B-Mg 和 B-MoS$_2$/B-Mg 电池的放电容量分别为 85mA·h·g^{-1} 和 35mA·h·g^{-1}）。如此显著的容量提升得益于镁离子更容易进入扩层后的二硫化钼，以及镁在二硫化钼单层上的双面嵌入。

G-MoS$_2$/N-Mg 电池呈现 170mA·h·g^{-1} 的放电容量，是 B-MoS$_2$/B-Mg 电池的 4.8 倍（图 9-7）。经过 50 次循环后，该电池仍然保有初始容量的 95%，库仑效率接近 99%。对 MoS$_2$ 纳米带进行第一性原理研究发现，相比于在普通 MoS$_2$ 夹层中的扩散（活化能为 2.61eV），Mg^{2+} 在 MoS$_2$ 纳米带表面则更容易扩散（活化能为 0.48eV）。通过改变 MoS$_2$ 的层间距，控制插入晶格中环氧乙烷的量来实现层间的膨胀，将层间距从 0.62nm 增加到 1.45nm，改善了镁离子在 MoS$_2$ 中的扩散行为，使得镁离子的扩散率得到提高。与商业生产的 MoS$_2$ 相比，放电比容量从

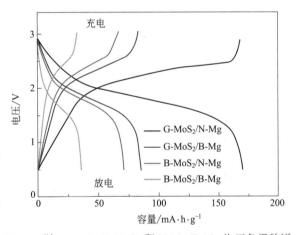

图 9-7 以 G-MoS$_2$/B-MoS$_2$ 和 N-Mg/B-Mg 为正负极的镁二次电池的恒流充放电曲线（电流密度：20mA·g^{-1}）

22mA·h·g^{-1} 增加到 75mA·h·g^{-1}。扩展层间距的方法与之前研究的缩短粒子尺寸等方法相比，能够更有效地改进材料的性能，并且不损害与电解液/阳极的兼容性和体积能量密度。

采用水热法将类石墨烯状 MoS$_2$ 层间负载导电碳合成出三明治状 MoS$_2$/C，结构上 MoS$_2$ 和碳层相间，并且碳层整体上相连。碳包覆提高了电导率，促进了 Mg^{2+} 的转移；同时，类石墨烯结构层间存在着电解液，也促进了 Mg^{2+} 从电解液到材料活性表面的转移，材料的首次放电容量达到 213mA·h·g^{-1}，并表现出较好的循环性能。利用石墨烯也可与

MoS_2 等其他金属硫化物材料合成相间的纳米片结构，用来抑制层状材料的堆积团聚，提升电化学性能。

TiS_2 具有立方和层状结构，用化学法将镁离子嵌入立方体 TiS_2（$c\text{-}TiS_2$）中，制备了 $Mg_x TiS_2$（$0<x<0.25$）。不同于正常的尖晶石情形，Mg 占据的是八面体 $16c$ 位置，而不是四面体 $8a$ 位置，与 Li 在其中占据位置相同。

TiS_2 纳米管因其独特的管状结构，在能量储存和储氢方面显示出潜在的应用价值。通过低温气相反应合成的 TiS_2 纳米管，BET 测试（N_2 吸附/脱附）TiS_2 纳米管和多晶 TiS_2 的比表面积分别为 $28.5m^2 \cdot g^{-1}$ 和 $2.6m^2 \cdot g^{-1}$。将 TiS_2 纳米管和炭黑、聚四氟乙烯（PTFE）以 $85:15:5$（质量比）的比例混合均匀，涂在泡沫镍上压制成工作电极，镁箔作为对电极和参比电极，使用 $1mol \cdot L^{-1}$ $Mg(ClO_4)_2+$乙腈（AN）作电解质溶液进行电化学测试。作为比较，在相同的实验条件下，将平均粒径约为 $20\mu m$ 的多晶 TiS_2 微粒作为工作电极也进行电化学测

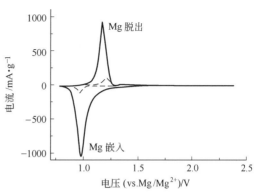

图 9-8 TiS_2 纳米管电极（实线）和 TiS_2 多晶电极（虚线）的循环伏安曲线
（第一个循环，温度 20℃；扫描速度 $0.5mV \cdot s^{-1}$）

试。图 9-8 为 Mg 嵌入/脱出 TiS_2 电极第一个循环的循环伏安曲线，可以看出 TiS_2 电极能可逆地嵌入/脱出 Mg。纳米管电极比多晶电极有更大的 Mg 嵌入/脱出峰电流值，说明在纳米管电极中具有很高的 Mg 嵌入/脱出容量，在纳米管电极中嵌入/脱出过程更有效，循环 5 次以后同样能得到类似的循环伏安曲线。在 $0.5\sim2.0V$ 的电压范围，以 $10mA \cdot g^{-1}$ 的电流放电，纳米管电极的放电容量最大能达到 $236mA \cdot h \cdot g^{-1}$（相应嵌入量为 $Mg_{0.49}TiS_2$），80 次循环后容量降至 $184mA \cdot h \cdot g^{-1}$，而多晶 TiS_2 微粒的放电容量仅为 $96mA \cdot h \cdot g^{-1}$（相应于 $Mg_{0.2}TiS_2$）。纳米管电极由于具有独特的管状结构和较高的比表面积，能可逆地嵌入/脱出大量镁离子，具有较高的容量和较好的高速率放电能力，结果表明作为镁二次电池阴极材料是非常吸引人的。

在大量使用传统的含氯电解液时，电极中以单价 $MgCl^+$ 作为电荷载体，类似于单电子转移。与二价 Mg^{2+} 相比，不需要嵌入前高能量的 Mg—Cl 键断裂（$E_a>3eV$），仅需要低能量去溶剂化（E_a 约为 $0.8eV$），离子扩散能垒很低。由于保留了 Mg—Cl 键，这种电极比传统的镁电极扩散速度快很多。选择化学稳定的 1-丁基-1-甲基吡咯烷离子（PY14$^+$）作为有机"柱"原位将 TiS_2 层间距扩大，使 $MgCl^+$ 能够嵌入。以层间膨胀的 TiS_2（expanded-TiS_2，ex TiS_2）为正极，Mg 为负极和含氯的电解液（$0.25mol \cdot L^{-1}$ $[Mg_2Cl_3]^+$-$[AlPh_2Cl_2]^-$/THF）组装的电池在 25℃和 60℃时，每个 TiS_2 分子分别嵌入 1 个和 1.7 个 $MgCl^+$，相当于 $239mA \cdot h \cdot g^{-1}$ 和 $400mA \cdot h \cdot g^{-1}$ 的质量比容量（基于 TiS_2 的质量）。TiS_2 不同嵌入阶段的结构演变示意如图 9-9 所示。

NbS_3 也是一种可嵌入材料，具有三斜或单斜结构。在 Mg^{2+} 嵌入单斜结构的 NbS_3 中时，电解液采用固体电解液，以 Mg 为对电极，其开路循环电位（OCV）为 1.82V。电池第一次充电，当 $Mg_x NbS_3$ 中 $0<x<0.46$ 时可观察到一个电位平台为 1.48V。另外一个电位平台为 1.2V，相应于 $x=0.46\sim0.58$。在 $x=0.6$ 时，电池电压衰减到 1.0V。在整个过程中，没有观察到结构的变化，不过整个嵌入过程是不可逆的。

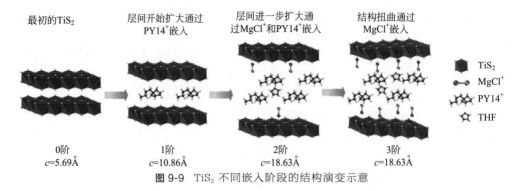

最初的TiS₂　层间开始扩大通过　层间进一步扩大通　结构扭曲通过
　　　　　　 PY14⁺嵌入　　　过MgCl⁺和PY14⁺嵌入　MgCl⁺嵌入

■ TiS₂
●—● MgCl⁺
✳ PY14⁺
☆ THF

0阶　　　　　1阶　　　　　 2阶　　　　　　3阶
c=5.69Å　　 c=10.86Å　　 c=18.63Å　　　c=18.63Å

图 9-9 TiS₂ 不同嵌入阶段的结构演变示意

Chevrel 相硫化物 Mo_6S_8 是非常好的镁离子嵌入/脱嵌基质材料,在一系列非水电解质溶液中镁离子都能可逆地进行嵌入/脱嵌电化学反应。其嵌入/脱嵌反应可以表示为:

$$x Mg + Mo_6S_8 \underset{\text{充电}}{\overset{\text{放电}}{\rightleftharpoons}} Mg_x Mo_6S_8$$

Mo_6S_8 的晶体结构如图 9-10 所示。其中,Mo 原子以八面体簇状物堆积,S 原子以立方堆积。镁原子嵌入 Mo_6S_8 中,原则上有 12 个可能嵌入的位置。但由于空间或静电场作用的影响,仅有几个位置可被同时占据;而且在室温没有电场的条件下,客体镁原子在可嵌入位置间的键合和迁移都很微弱。这就使得 Chevrel 相在较宽的嵌入范围仍保持稳定结构,并且容易进行在 Mo 或 S 间电荷的重新分配,同时还具有很高的离子迁移率,从而使 Mg 可逆地嵌入 $Mg_x Mo_6S_8$ 成为可能。

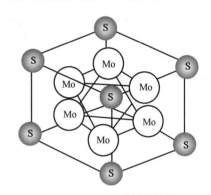

图 9-10 Mo_6S_8 的晶体结构

Mg 能够可逆地嵌入基体材料形成 $Mg_x Mo_6S_8$。Mg 嵌入 Mo_6S_8 中导致新相的形成,相的转变过程可以用电化学行为很好地加以解释。如图 9-11 所示,在电化学曲线上对应于平台(慢速电位计)或波峰(循环伏安曲线)。一个新的嵌入相不同于原有相,因为不同的占据位置对应不同的嵌入能量,与 $Li_x Mo_6S_8$ 类似,第一阶段的嵌入(放电平台在 1.2V)对应于占据的内部位置(位置 A),第二阶段的嵌入(放电平台在 1.0V)对应于外部位置(位置 B);Chevrel 相 Mo_6Se_8 的理论容量为 $122mA \cdot h \cdot g^{-1}$,实际达到 $100mA \cdot h \cdot g^{-1}$ 左右,在 100 次充放电循环后容量保持在 $94mA \cdot h \cdot g^{-1}$。铜的加入会使容量稍降,但循环性能提高。

Mo_6Se_8 的晶格常数比 Mo_6S_8 要大,这极大地增强了 Mg^{2+} 的移动能力,使得 Mg^{2+} 在室温下能够完全可逆嵌入/脱出。Mo_6Se_8 的阴离子骨架的极性高于 Mo_6S_8。这种特性促进了 Mg^{2+} 在固体中的扩散,但是 Mo_6Se_8($88.8mA \cdot h \cdot g^{-1}$)的容量低于 Mo_6S_8($122mA \cdot h \cdot g^{-1}$),且工作电压偏低。通过部分 S 代替 Se,在没有明显降低工作电压的情况下,提高了材料的容量以及动力学性能,还提高了低温下(15℃)的充放电性能。

虽然 $Mg_x Mo_6S_8$ 的制备比较困难,需要在真空或氢气气氛下高温合成,但是其良好的充放电性能,使得 $Mg_x Mo_6S_8$ 成为较为理想的嵌入/脱嵌基质材料。

(2)过渡金属氧化物　在氧化物中的强氧金属键使得过渡金属氧化物具有高的离子性特征,化合物具有高的电位。另外,氧化物比硫化物的化学性质更加稳定。氧化物嵌入材料比硫化物优越得多,因氧化物可在空气中制备,故成本低。最重要的是,氧化物不像硫化物那样易被腐蚀。

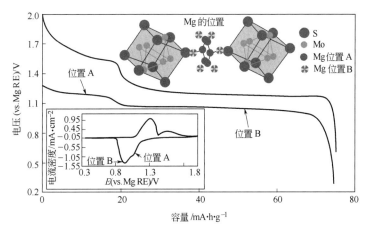

图 9-11 $Mg_xMo_6S_8$ 的典型电化学行为和基本结构

（电流密度 $0.3mA \cdot cm^{-2}$；内图为循环伏安曲线，扫描速度 $0.05mV \cdot s^{-1}$）

钒氧化物中 V_2O_5 的结构为层状结构，其晶体结构如图 9-12 所示。

由于 V_2O_5 具有良好的嵌锂性能，因此引发了对镁离子嵌入的研究。化学法能够使每摩尔化合物嵌入 2mol 的 Mg^{2+}，相应的 V 价态从 +5 价还原到 +3 价。对于 $Mg-V_2O_5$ 干凝胶电池，比能量（基于 V_2O_5 计算）能够达到 $1200W \cdot h \cdot kg^{-1}$，然而电化学实验得出的最好结果为 $360W \cdot h \cdot kg^{-1}$。钒氧化物 V_2O_5 中插入 Mg^{2+}，可形成镁的钒氧化物。嵌入与脱嵌是可逆的，即：

$$x Mg^{2+} + 2x e^- + V_2O_5 \Longrightarrow Mg_x V_2O_5$$

在电流密度为 $0.1mA \cdot cm^{-2}$ 时，最终能形成的嵌入化合物为 $Mg_{0.5}V_2O_5$（$x = 0.5$），且 $Mg_x V_2O_5$ 结构与所用 V_2O_5 相近。但与高温生成的 $Mg_x V_2O_5$ 相差较大，而且上述反应的循环性能不好。

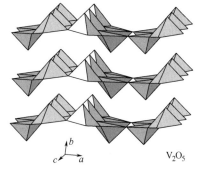

图 9-12 V_2O_5 的晶体结构

在非质子电解质溶液中，Mg^{2+} 电化学嵌入 V_2O_5 中的电容量与可逆性，取决于 H_2O 与 Mg^{2+} 的比值及电解质溶液中 H_2O 的绝对量。H_2O 优先溶剂化 Mg^{2+} 似乎有利于嵌入。在含 $1mol \cdot L^{-1}$ $Mg(ClO_4)_2$ 和 $1mol \cdot L^{-1}$ H_2O 的 AN（乙腈）溶液中，比容量可达 $170A \cdot h \cdot kg^{-1}$，但 V_2O_5 在循环过程中的稳定性尚需改进。

Mg^{2+} 还能够在含镁的电解液中可逆地嵌入 V_6O_{13} 中，在 $1mol \cdot L^{-1}$ $Mg(ClO_4)_2$ 和 $1mol \cdot L^{-1}$ H_2O 的 AN（乙腈）溶液中，比容量达到 $380W \cdot h \cdot kg^{-1}$，不过比容量在循环过程中快速下降。另外，在含水的 $Mg(ClO_4)_2$ 溶液中，H^+ 与 Mg^{2+} 一样会平行地嵌入 V_6O_{13} 中。

钒酸盐（通常被称为钒青铜）$Mg_{1+x}V_3O_8$ 是层状嵌入化合物，镁嵌入在钒氧单体间作为间隔物。间隔物镁在嵌入/脱嵌循环中起稳定结构的作用，并且能够调节钒氧单体间的空间结构。因此，提高可嵌入离子的量，同样也会提高离子的扩散系数，这两方面的提高使得电极能够表现出越优的性能。在含有结晶水的钒青铜 $MV_3O_8(H_2O)_y$（$M = Li$，Na，K，$Ca_{0.5}$ 或 $Mg_{0.5}$）中，LiV_3O_8、NaV_3O_8、KV_3O_8 和 $Ca_{0.5}V_3O_8$ 的电化学很相似，$Mg(V_3O_8)_2$ 较方便实用。Mg^{2+} 能可逆地嵌入/脱嵌于钒青铜，反应为：

$$NaV_3O_8 + x Mg^{2+} + 2x e^- \Longrightarrow Mg_x NaV_3O_8$$

$$Mg(V_3O_8)_2 + x Mg^{2+} + 2x e^- \Longrightarrow Mg_{1+x}(V_3O_8)_2$$

NaV_3O_8 和 $Mg(V_3O_8)_2$ 制备、干燥的温度越高，电化学活性越差，以小于 100℃ 为好。晶格水有利于 Mg^{2+} 的嵌入，H_2O 溶剂化 Mg^{2+} 后才能在晶体结构中稳定。所用电解质为室温熔盐。在以 $MgCl_2$、$AlCl_3$ 和 3-甲基-1-乙基咪唑氯为基的熔融盐中，第一次循环 Mg^{2+} 嵌入的比容量可达 $150A \cdot h \cdot kg^{-1}$，在 60 次深充放电循环后，仍可保持 $80A \cdot h \cdot kg^{-1}$ 以上的容量。其中，H_2O 的存在似乎是必要的，但是随着循环的进行，晶格中的 H_2O 会脱掉。

正交晶系的 MoO_3 是常见的可嵌入材料，如图 9-13 所示，MoO_3 也具有层状结构，在层与层之间是很弱的范德瓦耳斯力。Mg^{2+} 很容易进入层与层之间的空隙，在嵌入/脱嵌的循环过程中能够保持层的状态，表现出优良的可嵌入性能。Mg^{2+} 在 MoO_3 中可逆嵌入/脱嵌的反应可表示为：

$$MoO_3 + xMg^{2+} + 2xe^- \Longrightarrow Mg_xMoO_3$$

在二丁基镁的己烷溶液中，用化学法把镁离子嵌入 MoO_3 中，最高比容量达 $140A \cdot h \cdot kg^{-1}$（相应的组成为 $Mg_{0.5}MoO_3$）。在 3%（质量分数，下同）$MgCl_2$、56% $AlCl_3$ 和 41% 3-甲基-1-乙基咪唑氯为基的熔融盐中，镁能够可逆地嵌入 MoO_3 中。在第一次嵌入反应中，比容量达到 $160A \cdot h \cdot kg^{-1}$。如果在有机电解液中含有痕量的水，镁嵌入 MoO_3 中的性能会有所提高，MoO_3 在循环过程中会从晶态向半无定形转变。在 $1mol \cdot L^{-1} Mg(ClO_4)_2 + 1.5mol \cdot L^{-1} H_2O/AN$（乙腈）中，$Mg^{2+}$ 嵌入 MoO_3 中的比容量达到了 $210A \cdot h \cdot kg^{-1}$，不过上述两种电解液中的循环性能都不好。图 9-14 为 MoO_3 在 $1mol \cdot L^{-1} Mg(ClO_4)_2 + 1.5mol \cdot L^{-1} H_2O/AN$（乙腈）中的循环伏安曲线。通过氟化作用，在层状 α-MoO_3 结构中掺杂一定化学计量数的氟（α-$MoO_{2.8}F_{0.2}$）。在通常情况下，氟化作用可以适当降低 MoO_3 的晶格能，从而减少层与层间的静电排斥，提高主体材料的电导率以及镁离子的扩散率。此外，也有过渡金属硒化物（$TiSe_2$、WSe_2 等）的报道。对以 WSe_2 纳米线为正极、金属镁为负极、Mg-$(AlCl_2EtBu)_2$ 的四氢呋喃溶液为电解质的电池进行电化学性能测试，结果表明镁可以插入 WSe_2 纳米线中，直到 $x_{Mg} = 0.67$。在工作电压为 1.6V 下，放电容量达到 $203mA \cdot h \cdot g^{-1}$，并且在 100 个循环周期后，容量仍然保持稳定。第一性原理计算表明，在镁嵌入的过程中 WSe_2 纳米线可以实现从半导体到金属的转变，从而增加正极材料的导电性。

图 9-13　MoO_3 的晶体结构

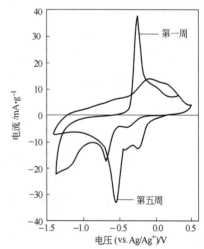

图 9-14　MoO_3 在 $1mol \cdot L^{-1} Mg(ClO_4)_2 +$ $1.5mol \cdot L^{-1} H_2O/AN$(乙腈)中的循环伏安曲线
（扫描速度：$20\mu V \cdot s^{-1}$）

在锐钛矿型 TiO_2 中，通过异价掺杂诱导产生阳离子空穴缺陷，可以获得更多的二价镁离子嵌入位点,提高电极材料的可逆容量。$Ti_{0.78}\square_{0.22}O_{1.12}F_{0.40}(OH)_{0.48}$ 的理论容量为 $166mA\cdot h\cdot g^{-1}$,可逆容量接近 $155mA\cdot h\cdot g^{-1}$,反应过程可以表示为:

$$(Ti_{0.78}^{IV}\square_{0.22})O_{1.12}F_{0.40}(OH)_{0.48}+xMg^{2+}+2xe^- \Longrightarrow$$
$$(Ti_{0.78-2x}^{IV}Ti_{2x}^{III}\square_{0.22-x}Mg_x)O_{1.12}F_{0.40}(OH)_{0.48}$$

由于电荷存储容量取决于钛空位的浓度,可以优化该材料的阳离子空穴缺陷,以达到最大电荷存储容量。通过原子取代合成超薄、多孔、富氧空穴的二维 TiO_{2-x} 纳米片用于储镁正极材料,氧空穴也可以有效提高电导率和镁储存活性位点的数量,在镁电池高充放电容量和长期循环稳定性方面起着重要作用。富氧空穴的 TiO_{2-x} 纳米材料展现出快速的动力学和优异的容量性能。因此,利用缺陷工程有可能实现镁电池电极材料整体电化学性能的提高。

通式为 AM_2O_4 尖晶石型结构的氧化物是应用较为广泛的可嵌入材料。尖晶石结构由 MO_6 八面体和金属离子 A 组成,A 是四面体配位,具有三维结构,含有适合阳离子嵌入的隧道结构。若采用具有三维尖晶石结构的材料,可以避免溶剂分子的共嵌入,在嵌入/脱嵌时结构的膨胀/收缩程度较小。

Mg^{2+} 能可逆地嵌入/脱嵌到阳离子缺陷混合物 $Mn_{2.15}Co_{0.37}O_4$ 中,反应过程可表示为:

$$Mn_{2.15}Co_{0.37}O_4+xMg^{2+}+2xe^- \Longrightarrow Mg_xMn_{2.15}Co_{0.37}O_4$$

X 射线衍射实验证实该氧化物为正方晶系的尖晶石结构,每摩尔氧化物能嵌入 $0.23mol\ Mg^{2+}$。以镁作对电极,锂作参比电极,薄的多孔玻璃作为隔膜,$Mn_{2.15}Co_{0.37}O_4$ 在 $0.1mol\cdot L^{-1}\ Mg(ClO_4)_2/PC$ 中的循环伏安曲线如图 9-15 所示。在最初的几个循环中,镁可逆嵌入/脱嵌过程所对应的阴极峰和阳极峰分别位于 $3.05V$ 和 $3.83V$,稳定的容量为 $30A\cdot h\cdot kg^{-1}$。由于 Mg^{2+} 的强极化能力,随着循环次数的增加,导致结构无序程度越来越明显,造成充放电循环时容量的明显下降。

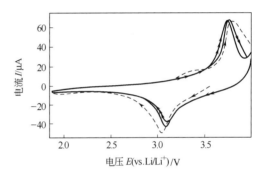

图 9-15 $Mn_{2.15}Co_{0.37}O_4$ 在 $0.1mol\cdot L^{-1}$ $Mg(ClO_4)_2/PC$ 中的循环伏安曲线
(扫描速度:$40\mu V\cdot s^{-1}$)

锰氧化合物一直被研究用来作为电池的催化材料,其具有各种各样的框架结构,分为一维的通道、二维的层间相、三维的尖晶石结构。$Mg_xMnO_2\cdot yH_2O$ 有软锰矿(pyrolusite)(1×1)、碱硬锰矿(hollandite)(2×2)和钡镁锰矿(todorokite)(3×3)三种正方通道,如图 9-16 所示。其中,todorokite 型材料有大的通道 3×3,具有高的电化学活性和镁离子嵌入的稳定结构。与 hollandite 型材料相比,其具有更高的容量,其原因可能是 Mg^{2+} 具有更强的溶剂化作用,要求嵌入的隧道比较大。

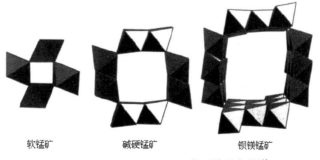

软锰矿　　　　碱硬锰矿　　　　　　钡镁锰矿

图 9-16 $Mg_xMnO_2\cdot yH_2O$ 的三种正方通道

(3) 其他化合物　具有 NASICON 结构（图 9-17）的化合物 $M^I Ti_2(PO_4)_3$ 及 $M^{II} Ti_4(PO_4)_6$ 为含 Ti（IV）的复磷酸盐，基于其三维框架结构的稳定性，具有足够大的层间距来容纳客体离子，还具有低膨胀性、高的离子传导性等特性。用溶胶-凝胶法合成的 $Mg_{0.5} Ti_2(PO_4)_3$ 和 $Mg_{0.5+y}-(Fe_y Ti_{1-y})_2(PO_4)_3$，在 $1 mol \cdot L^{-1}$ $Mg(ClO_4)_2/PC$ 电解液中，可观测到镁的嵌入反应，每摩尔氧化物能嵌入 1mol 的镁离子。NASICON 结构的 $Mg_x V_2(PO_4)_3$ 在 $0.5 mol \cdot L^{-1}$ $Mg(TFSI)_2/AN$ 中的平均放电电压高达 2.9V。

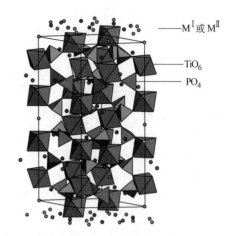

图 9-17　NASICON 结构

聚阴离子型材料硅酸锰镁（$Mg_{1.03} Mn_{0.97} SiO_4$）理论容量为 $314 mA \cdot h \cdot g^{-1}$。在以 $Mg(AlCl_2 EtBu)_2$ 的 THF 溶液为电解液的情况下，采用溶胶-凝胶法制得的材料放电容量达到 $244 mA \cdot h \cdot g^{-1}$，放电平台为 1.6V，并且具有良好的循环稳定性。以 SBA-15、KIT-6 及 MCM-41 型介孔 SiO_2 为模板和硅源制备的介孔硅酸锰镁材料，以介孔结构作为 Mg^{2+} 的传输通道，同时较大的比表面积增大了与电解液的有效接触，提供了更多的电化学反应活性位，从而具有较大的放电容量和较高的放电电压平台。使用聚苯乙烯（PS）胶态晶体混合镁源、钴源和硅源，水热反应后空气中煅烧制备出三维分级多孔的 $MgCoSiO_4$。该材料在 0.25C 倍率下充放电，放电容量为 $250 mA \cdot h \cdot g^{-1}$，在 1C 速率下充放电，循环 20 周后放电容量约为 $80 mA \cdot h \cdot g^{-1}$。

由于二价镁离子与氧化物正极材料中阴阳离子强的相互作用，其在宿主材料中的扩散动力学异常迟缓。近年来研究人员采用扩展层间距、引入小分子溶剂、阴离子屏蔽镁离子电荷等策略来提高镁电池正极材料的动力学。通过苯胺与晶格水分子的置换获得了层间距为 1.42nm 的二维 $VOPO_4$ 纳米层结构，为嵌入离子（$MgCl^+$）提供了足够的扩散空间。电化学性能表明，在 $50 mA \cdot g^{-1}$ 的电流密度下可逆容量为 $310 mA \cdot h \cdot g^{-1}$，在 $2.0 A \cdot g^{-1}$ 下该正极材料依然表现出 $109 mA \cdot h \cdot g^{-1}$ 的可逆性容量，还表现出优异的循环稳定性（在 $0.1 A \cdot g^{-1}$ 电流密度下，经 500 次循环后容量为 $192 mA \cdot h \cdot g^{-1}$）。

有机电极材料也可用作镁二次电池正极材料。导电含硫有机材料通过分子中的巯基（—SH）与 S—S 键之间的可逆转化实现能量的储存与释放。在 $0.25 mol \cdot L^{-1}$ $Mg(AlCl_2 EtBu)_2$ 的 THF 溶液中，聚丙烯腈-硫复合材料的首次放电容量为 $51.2 mA \cdot h \cdot g^{-1}$。掺杂聚苯胺和草酸铜后，容量达到 $117.3 mA \cdot h \cdot g^{-1}$，并在 1.3V 左右有稳定的放电平台。

有机电极材料小分子 DMBQ、高分子 P14AQ 和 P(NDI2OD-T2) 在传统的含氯电解液中都可以获得可观的容量和电压，尤其是 P(NDI2OD-T2) 可以在室温下获得理论容量（图 9-18）。但三种有机材料在含氯的电解液中储存的是 $MgCl^+$ 而非 Mg^{2+}。这种正极储 $MgCl^+$，负极储 Mg^{2+} 的电池设计需要依赖大量储氯的电解液才可以工作，电解液的重量会限制实际电池的比能量，难以实现真正的高能量电池。当用 $Mg(TFSI)_2/$二甘醇二甲醚（diglyme）作电解液时，能量色散 X 射线光谱（EDS）和 X 射线光电子能谱（XPS）显示 P(NDI2OD-T2) 在无氯电解液（diglyme）中存储的是纯 Mg^{2+}，在另一种无氯电解液 $Mg(CB_{11}H_{12})_2/$四乙二醇二甲醚（tetraglyme）中储存的也是 Mg^{2+}。在这种机制下，放电过程 Mg^{2+} 通过电解液从负极进入正极，只需要足以保障离子导通的电解液量即可。

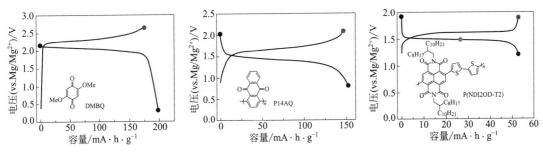

图 9-18　DMBQ、P14AQ 和 P(NDI2OD-T2)在传统的含氯电解液中充放电曲线

P14AQ 和 P(NDI2OD-T2) 两种高分子拥有出色的电化学性能。P(NDI2OD-T2) 展现出优异的快速充放电性能，甚至在 50C 的倍率下能保持 70% 的理论容量。P14AQ 也能在 2C 的倍率下获得 553W·kg^{-1} 的功率。同时，两种高分子材料都有着非常稳定的循环性能，尤其是 P(NDI2OD-T2) 可以在 2500 次充放电后仍保持 87% 的初始容量。有机材料 DMBQ 和 P14AQ 在不考虑电解液的情况下计算得到的比能量都相当可观。可是当 MgCl$^+$ 储存机制和理论上所需要的电解液量被考虑进去后，比能量都大幅度下降，甚至低于嵌入型正极材料。相比较而言，基于储 Mg^{2+} 的高分子镁电池的能量则不会受到电解液的影响（图 9-19）。

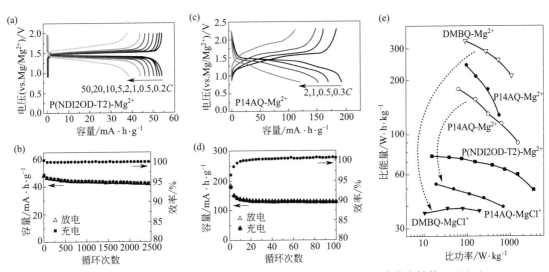

图 9-19　P(NDI2OD-T2)和 P14AQ 在 Mg(TFSI)$_2$/diglyme 电解液中倍率性能（a）（c）和循环性能曲线(b)（d)以及三种有机材料在两种离子储存机制下的能量比较（e）

采用锂镁双盐电解质体系，通过占主导的锂离子（代替镁离子）嵌入正极晶格可实现正极端动力学的激活，同时不牺牲镁金属负极端循环过程的稳定性，可以避开镁离子动力学性能差的缺点，极大地拓展了镁电池正极材料的选择范围。以玫瑰红酸盐 Na$_2$C$_6$O$_6$ 为正极（图 9-20），双盐电解质（1mol·L^{-1} LiCl＋0.25mol·L^{-1} APC/THF）激活的多电子反应的有机镁电池，纳米结构的有机体系以高密度羰基（C＝O）作为氧化还原反应位，可实现高达 350～400mA·h·g^{-1} 的可逆比容量（三电子转移）。通过添加还原氧化石墨烯（rGO）可进一步提高倍率性能，在 2.5A·g^{-1}（5C）和 5A·g^{-1}（10C）电流密度下的容量仍可分别维持在 200mA·h·g^{-1} 和 175mA·h·g^{-1}。这一优异性能受益于锂在 Na$_2$C$_6$O$_6$ 中的高本征扩散系数（10^{-12}～10^{-11}cm^2·s^{-1}）和大于 60% 的赝电容贡献，也受益于大电流和长循环条件下镁负极仍无枝晶形成。更牢固的非锂钉扎效应（通过 Na—O—C

和 Mg—O—C 实现）可抑制晶粒中 C_6O_6 层的剥落，可以实现至少 600 次的充放电循环。$Mg-Na_2C_6O_6$ 有机镁电池体系的能量密度（基于正极活性物质）达到 $525W \cdot h \cdot kg^{-1}$，功率密度为 $4490W \cdot kg^{-1}$。这一性能超过了基于无机结构的高电压嵌入正极材料的水平。

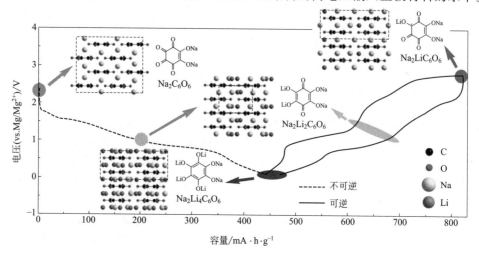

图 9-20　$Na_2C_6O_6$ 氧化还原机理和结构变化示意图

9.1.2.3　电解质溶液

可用于镁二次电池的电解质溶液要求其电导率高、电化学窗口宽、有机分子较小且有极性。考虑到镁同水反应，一般采用非水极性有机溶剂，加入无机盐或有机盐作为电解质构成电解质溶液，因此研究的可充镁电池又称为非水镁二次电池。

一般来说，"嵌入"正极材料制约着可选溶剂。由于电解液在氧化还原过程中的不稳定性，使得 Mg^{2+} 嵌入/脱嵌过程中容量损失，不能进行可逆的电化学反应，造成电解质溶液不能与正极材料相容。以镁为负极时，电解质溶液与 Mg 的电沉积密切相关。由于镁的活泼性，容易与电解质溶液和微量的大气生成钝化膜，使得随后的沉积和溶解反应变得难以进行。

长期的研究表明，在简单的离子化镁盐［如 $MgCl_2$、$Mg(ClO_4)_2$ 和 $Mg(CF_3SO_2)_2$ 等］和活性溶剂（如烷基碳酸酯、乙腈等）中不可能实现镁的可逆沉积。现在对可充镁电池电解液的研究主要集中在有机格氏试剂系列和聚合物电解质系列两大领域。

（1）有机格氏试剂　用微电极研究 Mg^{2+}/Mg 在 THF 和 PC 中的基本电化学反应，发现溶解了格氏试剂的 THF 溶液，如 C_2H_5MgBr（$0.5mol \cdot L^{-1}$）可以以很高的库仑效率在铜上电沉积 Mg 或阳极溶解 Mg。Mg^{2+}/Mg 在该介质中的平衡电极电位（vs. Li/Li^+）为 $+850mV$，并在交换电流密度为 $1mA \cdot cm^{-2}$ 时表现出相当好的可逆性。

在格氏试剂型醚溶液中，醚溶液中镁电极表面不易被钝化，故 Mg 沉积/溶解过程是可逆的。镁格氏试剂 RMgX（X＝Cl，Br）在四氢呋喃溶液中，沉积/溶解机理可以表示为：

$$2RMgX \Longleftrightarrow MgR_2 + MgX_2$$

$$2RMgX \Longleftrightarrow MgR^+ + RMgX_2^-$$

随后通过以下反应实现镁的沉积：

$$2RMg^+ + 2e^- \longrightarrow 2RMg^*(ad)$$

$$2RMg^*(ad) \longrightarrow Mg + MgR_2(sol)$$

$$2MgR_2 + 2e^- \longrightarrow 2RMg^*(ad) + 2R^-$$

$$2RMg^*(ad) \longrightarrow Mg + MgR_2(sol)$$

其中 MgR_2 可以参与上述第一个反应，R^- 则进一步与 RMg^+、MgX_2 或 RMgX 按如下步骤反应：

$$R^- + RMg^+ \longrightarrow MgR_2(sol)$$

$$R^- + MgX_2 \longrightarrow RMgX_2^-(sol)$$

$$R^- + 2RMgX \longrightarrow MgR_2(sol) + RMgX_2^-(sol)$$

镁的溶解反应如下：

$$Mg + MgR_2 \longrightarrow 2RMg^+ + 2e^-$$

$$Mg + 2RMgX_2^- \longrightarrow MgR_2 + 2MgX_2 + 2e^-$$

在格氏试剂盐溶液中，镁的沉积/溶解过程不是简单的两电子氧化还原过程，而是包含了电极表面对格氏试剂盐溶液可逆分解形成组分（如 RMg^+ 或 XMg^+）的吸附-解吸附过程。镁沉积过程如图 9-21 所示。

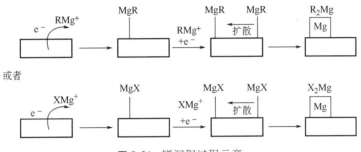

图 9-21　镁沉积过程示意

镁的沉积过程中有电解液组分的参与，所以溶液的组分对镁沉积层的形貌影响很大。沉积物形貌对电池的性能有很大的影响，均匀的晶粒是理想的沉积物，要尽量避免枝晶的生成。通过对电极进行 EQCM（电化学石英晶体微量天平）测试和辅助 STM（扫描隧道电子显微镜）测试，可以认为镁的沉积过程为：最初在电极表面形成多孔的 Mg 层，电液中的物质吸附于其中，随着 Mg 的沉积，Mg 层变得紧密和晶体化，表面更加平滑。这种吸附导致了在格氏试剂溶液中镁电极表面较高的阻抗值，但是这种钝化是不稳定的，在电化学过程中很快就会分解。因此，镁能在格氏试剂溶液中实现可逆的沉积和溶解过程。

传统的有机格氏试剂虽然能实现可逆的镁沉积和溶解，但是由于其固有的强还原性，一般电化学窗口较窄，不能作为电解质用在电池上。因此，需要对格氏试剂加以改进，而电解质溶液成为镁二次电池的开发方向，如 $Mg(AX_{4-n}R_n)_2$ 型物质，其中 A 为 Al、B、As、P、Sb、Ta 和 Fe 等，X 为 Cl、Br 或 F，R 为烷基或芳基。$Mg(AX_{4-n}R_n)_2$ 可以看成是 Lewis 碱 R_2Mg 和 Lewis 酸 $AX_{3-n}R_n$ 的反应产物。

比较不同电解质 [$BuMgCl$、$Mg(BPh_2Bu_2)_2$ 和 $Mg(AlCl_2BuEt)_2$] 在 THF（四氢呋喃）溶液中的电化学行为（图 9-22）。循环伏安曲线表明，Mg 在三种电解质溶液中具有可逆的沉积/溶解过程，$Mg(AlCl_2BuEt)_2$ 明显好于另外两种电解质。具有拉电子效应的卤素与 Al 的结合，有效地拓宽了电解液的电化学窗口，电解液的分解电位被拓宽到 2.4V 左右。用苯取代烷基制备成全苯基镁铝配合物电解液（$MgPhCl$-$AlCl_3$/THF）时，电化学窗口 > 3V，电导率更高，沉积/溶解速率更快。

非腐蚀性的氟化 Mg 烷氧基硼酸盐（MgBOR）电解质电压窗口可以达到 4.5V，对于嵌入型正极材料来说是一种很有前途的电解质。同时，作为合成 MgBOR 的溶剂，二甲氧基乙烷（DME）可以和 Mg^{2+} 紧密结合，形成 $[Mg(DME)_3]^{2+}$ 阳离子。溶剂化的镁离子 $[Mg(DME)_x]^{2+}$ 在层状 MoS_2 材料中可以表现出快速的动力学行为。随着溶剂化离子的嵌入，在 Mg^{2+} 和 2D 层状 MoS_2 间 DME 分子的屏蔽效应削弱了嵌入离子与晶格间的相互作用，导致更高的 Mg^{2+} 迁移率。$[Mg(DME)_x]^{2+}$ 在嵌入 MoS_2@C 多孔纳米棒（MoS_2@C-PNR）时 MoS_2 发生 $2H \rightarrow 1T$ 的结构相

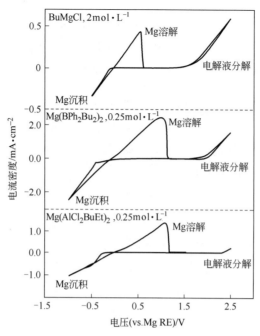

图 9-22　不同电解质溶液循环伏安曲线的比较

（工作电极 Pt 片；参比电极 Mg 线；对电极 Mg 带；扫描速度 $5mV \cdot s^{-1}$）

变，导致在放电状态下形成金属态的 $1T\text{-}MoS_2$ 结构，有助于克服 Mg^{2+} 扩散能垒并实现电子快速转移。以 $0.4mol \cdot L^{-1}$ MgBOR/DME 为电解液，Mg 箔为负极、$MoS_2@C\text{-}PNR$ 为正极的电池放电容量为 $120mA \cdot h \cdot g^{-1}$，在 $0.5A \cdot g^{-1}$ 电流密度下可稳定循环 200 周。

(2) 聚合物电解质　聚合物电解质应用于可充镁电池的研究，主要集中在聚合物的合成、离子导电性及组装电池的性能上。

单纯由聚合物/电解质盐组成的离子导电体系，室温下电导率一般都很低（$< 10^{-5}S \cdot cm^{-1}$），其装配的电池必须在中温（80～140℃）下才能正常工作。所以，在实际应用中是以聚合物为基体，通过共混、增塑及与无机物复合等方法获得新型聚合物电解质。这种新型的聚合物电解质为复合型聚合物电解质（composite polymer electrolyte，CPE）。CPE 的室温电导率可达 $10^{-3}S \cdot cm^{-1}$，具有良好的加工性和形状稳定性。

将 PC、EC、$Mg(CF_3SO_3)_2$ 和 PMMA（聚甲基丙烯酸甲酯）混合制成凝胶聚合物（GPE），20℃时的电导率为 $(4.2\pm0.45)\times10^{-4}S \cdot cm^{-1}$，电导率服从阿伦尼乌斯方程，活化能为 0.038eV。用这种合成的凝胶聚合物组装成电池 Mg/GPE/MnO_2，开路电压约为 2.0V，其循环寿命如图 9-23 所示。其最初的 5 个充放电循环，放电容量约为 $90mA \cdot h \cdot g^{-1}$，随着充放电循环的进行，放电容量减小到 $70mA \cdot h \cdot g^{-1}$，放电容量的减少和 Mg 表面钝化膜的形成限制了 Mg/GPE/MnO_2 的循环寿命。

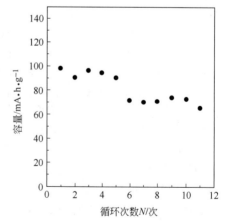

图 9-23　Mg/GPE/MnO_2 电池的循环寿命曲线

以 PEO（聚氧乙烯）修饰的 PMA（聚甲基丙烯酸酯）为基，EC（碳酸乙烯酯）和 DMC（二甲基碳酸酯）的混合溶剂（体积比 1∶1）溶解的镁盐 $Mg[(CF_3SO_2)_2N]_2$ 作电解质溶液，合成了凝胶聚合物电解质。电解质可以表示为 $(PEO\text{-}PMA)\text{-}(EC+DMC)/Mg[(CF_3SO_2)_2N]_2(x-y)$，这里 $(x-y)$ 指膜基体中溶液成分 $(EC+DMC)/Mg[(CF_3SO_2)_2N]_2$ 中的比例。聚合物电解质膜具有很好的柔韧性、自固定性质和特有的力学强度，如图 9-24 所示。在室温下电解质膜的电导率约为 $10^{-3}S\cdot cm^{-1}$，电导率随增塑剂 EC 和 DMC 含量的增加而增加，但膜的力学强度却随增塑剂含量的增加而下降，增塑剂含量在 75%（质量分数）时具有最高的电导率。用掺杂有镁的 V_2O_5 作负极，V_2O_5（或 MnO_2）作正极组装成电池 MgV_2O_5/聚合物电解质膜/V_2O_5（或 MnO_2）。电化学测试表明 Mg^{2+} 能通过聚合物电解质膜，进行可逆的嵌入/脱嵌过程。对于 MgV_2O_5/聚合物电解质膜/V_2O_5，第一次放电容量达 $130mA\cdot h\cdot g^{-1}$（相对于 V_2O_5 正极材料）。在烷基镁铝配合物基础上制备的聚偏氟乙烯/$Mg(AlCl_2BuEt)_2$/四乙醇二甲醚型固态电解质，室温（25℃）电导率为 $3.7mS\cdot cm^{-1}$，电化学窗口为 2.5V。以 AZ 31 Mg 合金（含 3%Al，1%Zn）为负极，Mo_6S_8 为正极组装成电池，室温下的放电比容量达到 $80mA\cdot h\cdot g^{-1}$，可逆性良好，而且放电容量随温度升高而增大，在 80℃ 时可以达到 $110mA\cdot h\cdot g^{-1}$。通过热交联聚丙烯腈、$Mg\text{-}(TFSI)_2$、炭黑等，在金属镁粉表面构筑一层约 100nm 的镁离子传导聚合物层，镁离子和 $CF_3SO_3^-$ 阴离子形成多配位，在整个 Mg^{2+} 导电层中可能形成 $CF_3SO_3^-$ 和 $[Mg(CF_3SO_3)_3]^-$ 聚合物网络，聚合物界面层包含基于吡啶的杂化 PAN 基质和多配位 $Mg(CF_3SO_3^-)$ 单元网络。该界面层容易实现 Mg 的可逆沉积/溶解，聚合物层低的电子电导率可防止电解质的电化学还原，允许使用更耐氧化的碳酸酯（PC）溶剂。在基于 PC 的电解液中，包覆传导聚合物层的 Mg 电极在延长的循环中表现出更好的可逆性，持续 1000h 没有明显的过电势积累；而没有包覆的 Mg 电极在循环中过电势快速增加（>1.0V）且过电势极高（图 9-25），135 个循环后电极失效。在 $0.5mol\cdot L^{-1}$ $Mg(TFSI)_2/PC+3mol\cdot L^{-1}$ H_2O 电解液中，金属镁负极能够可逆循环，$Mg\text{-}V_2O_5$ 全电池在 0.5~2.5V 间表现出优异的循环性能，5 次充放电循环后电池容量增加到 $140mA\cdot h\cdot g^{-1}$，接近于一个电子反应的理论容量（约 $147mA\cdot h\cdot g^{-1}$，$Mg_{0.5}V_2O_5$）。

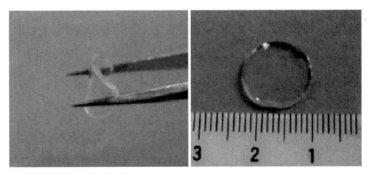

图 9-24　$(PEO\text{-}PMA)\text{-}(EC+DMC)/Mg[(CF_3SO_2)_2N]_2(x-y)$聚合物电解质膜

此外，也有采用熔盐电解质（室温熔盐和高温熔盐）的报道。离子液体是室温下呈液态的熔融盐，具有不易挥发、电化学窗口宽、安全稳定等优点。Mg 在以 $Mg(CF_3SO_3)_2$ 为溶质、1-丁基-3-甲基咪唑四氟硼酸（$BMMBF_4$）为溶剂的电解液中能够实现可逆的电化学沉积/溶解，尽管最初几个循环中存在电位不稳定、过电势高的现象，但经过 5~6 个循环后会达到相对稳定的状态。

对于镁二次电池的发展，无论是液态有机镁铝配合物的醚溶液，还是聚合物电解质或离子液体，都存在各自的缺点，使之无法同时兼备高效率的可逆沉积和良好的电导性能。因此，需要寻找高电导率、宽电化学窗口和高稳定性的电解液体系。

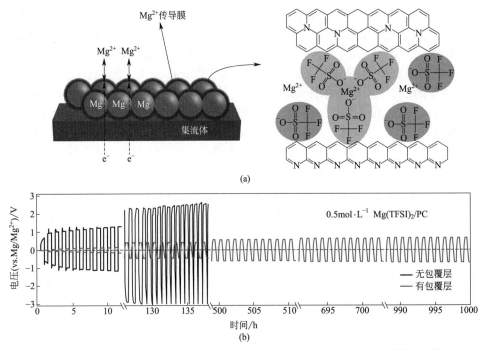

(a)

(b)

图 9-25 包含人造 Mg^{2+} 传导膜的 Mg 颗粒电极示意图（a）和有/无人造传导膜
的对称 Mg 电池在 $0.01mA \cdot cm^{-2}$ 电流密度下的沉积/溶解行为（b）

9.1.3 镁二次电池的开发

通过改进电解质溶液，如用混合溶剂、混合电解质和支持电解质及增大阴离子等，或改进正极（如掺杂），可以改善镁二次电池的性能。

首次组装的完整镁二次电池为 $Mg \mid 0.25mol \cdot L^{-1} Mg[B(Bu_2RPh_2)]_2 THF/DMF \mid Co_3O_4$。该电池充放电的库仑效率可达 99%，但由于镁在该体系中没有足够的稳定性而失败。尽管该电池存在开路电压低、极化大等不足，但毕竟说明了二次镁电池从技术上是可行的。开路电压低可能是由于电解质的氧化稳定性不足，极化大可能与电解质浓度低和低介电常数溶剂中的离子化较差有关，可以通过改变电池设计和电极结构及加入支持电解质来提高性能。

可充 $Mg\text{-}Mg_x Mo_3 S_4$ 电池在 2000 年研制成功。$Mg\text{-}Mg_x Mo_3 S_4$ 体系是基于镁有机卤铝盐作电解质，$Mg_x Mo_3 S_4$ 作正极，在 $Mg_x Mo_3 S_4$ 中 Mg^{2+} 可以相当快的动力学速度嵌入/脱嵌。镁有机卤铝盐如 $Mg(AlCl_3R)_2$ 和 $Mg(AlCl_2RR')_2$，

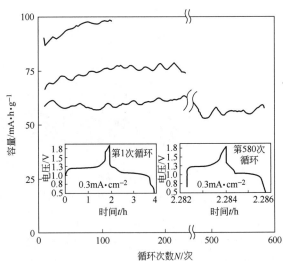

图 9-26 可充 $Mg\text{-}Mg_x Mo_3 S_4$ 扣式电池的充放电循环性能
[内图：恒电流充放电循环时电压性能；恒定电流：$0.3mA \cdot cm^{-2}$；
电解质溶液：$0.25mol \cdot L^{-1} Mg(AlCl_2BuEt)_2 + THF$]

溶剂为 THF（四氢呋喃）或甘醇二甲醚（Glyme）族的聚醚溶液，R 为 C_4H_9— 和 C_2H_5— 较理想。电解质溶液在室温下，盐浓度为 $0.3\sim0.5mol\cdot L^{-1}$ 时，电导为几个毫西门子，可与锂电池用的电解质相当。在该体系中不形成钝化膜，它的沉积/溶解几乎 100% 可逆。另外，溶液在很宽的电压范围（超过 2.5V）内都是稳定的，电压窗口较宽。

这些研究成果奠定了制备可充镁电池的基础，在性能上有了明显提高。$Mg\text{-}Mg_xMo_3S_4$ 标称电压为 $1\sim1.3V$，理论能量密度为 $135W\cdot h\cdot kg^{-1}$。通常，在实用的放电率（$0.1\sim1mA\cdot cm^{-2}$）下，较宽的温度范围（$-20\sim80℃$）内，正极放电深度达 100%，超过 2000 次充放电循环后，正极容量衰减小于 15%。图 9-26 为可充 $Mg\text{-}Mg_xMo_3S_4$ 扣式电池的充放电循环性能。目前该电池的研究还处在最初研究阶段，如何提高其能量密度，提高工作电压是今后必须解决的问题。

9.1.4 展望

Mg 具有自然资源丰富，物理化学性能和力学性能以及安全性能良好的特点，因而是一种很有发展前景的高能量密度的电池负极材料。从对 Mg 电极在不同的电解质溶液中的行为来看，Mg 在醚类如四氢呋喃的格氏试剂溶液中能稳定存在，表面不会形成钝化膜，可以得到可逆的 Mg 的沉积和溶解，组装镁二次电池从理论上和技术上是可行的，具有良好的应用前景。在镁二次电池正极材料方面，一是开发新的材料，借鉴锂离子电池或者其他电池材料，结合理论计算开拓新的镁二次电池正极材料，其中设计并合成有机电极材料是一个重要的方向；二是挖掘已被研究的材料，综合考虑各方面的因素，对其进行适度的修饰和改性，使其实际比容量更接近理论比容量，倍率性能和循环性能得到提升，从而满足现实的需要。

虽然镁充电电池离实用还有一段距离，但相信通过寻找较优越的电解质及合成出更优良的嵌入正极材料（如改良 Mo_6S_8 和氧化物类正极材料），从微观和宏观上研究负极、正极过程，可最终组装出实用的电池。

9.2 钠硫电池

9.2.1 概述

钠硫电池是一种高能二次电池，属于金属熔融盐电解质电池系列。钠硫电池比能量高、充电效率高；电池全密封，维护方便；钠和硫的资源丰富，价格便宜。1965 年美国福特汽车公司开始研究这种电池，随后英国、法国、德国及日本也相继开始研究。

钠硫电池的工作温度在 300℃ 左右，正、负极活性物质都处于液态，因而具有极高的电化学活性，可在极高的电流密度下放电。钠硫电池的开路电压为 2.08V，理论比能量为 $780W\cdot h\cdot kg^{-1}$。这种电池适用作大功率、高比能量的动力二次电源。图 9-27 为使用钠硫电池的电动车样车。

钠硫电池的负极活性物质是熔融金属钠。其熔点为 98℃，标准电极电势 $\varphi^{\ominus}=-2.714V$（vs. SHE），正极活性物质是熔

图 9-27 使用钠硫电池的铃木电动车样车 EE-10

融态的硫，其熔点为119℃，标准电极电势 $\varphi^{\ominus}=-0.48V$（vs. SHE）。由于硫的电阻很大，必须在熔融硫中加入导电材料，通常把硫充满在多孔碳（或石墨毡）中，并以碳作为正极的集流体。此外，在高温下，硫的蒸气压很高，必须对电池密封。电池的电解质为固体电解质，通常用钠离子电导率高的 β-氧化铝，其化学式为 $Na_2O \cdot 11Al_2O_3$。β-氧化铝与熔融的钠硫（多硫化物混合物）接触时能保持惰性，故它在电池中又作为隔膜，可制成管式或板式。此外，有的采用硼玻璃作为陶瓷隔膜。

管式钠硫电池中管内储存金属钠，作为负极；硫正极是用多孔碳或石墨毡吸饱硫黄，置于 β-Al_2O_3 陶瓷隔膜和容器内壁之间，并与集流体相连接。因电池放电时硫转化为 Na_2S_x，使体积增大，因此石墨毡中孔体积的60%充满硫，而留有40%空间作为膨胀体积使用。电池结构要求全密封，最初用法兰式机械密封，但结构较笨重；后来逐渐为圆盘弹簧式密封。这是一种中心为硫电极的结构，并采用玻璃封接，重量轻，密封性可靠。近年来发展起来的结构是热压密封结构，其重量轻，密封性好，组装方便。图 9-28 为热压密封钠硫电池模块及结构示意。

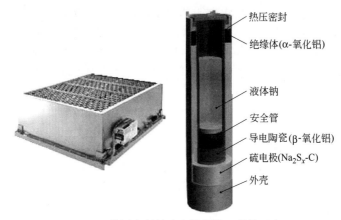

标注：
热压密封
绝缘体(α-氧化铝)
液体钠
安全管
导电陶瓷(β-氧化铝)
硫电极(Na_2S_x-C)
外壳

图 9-28 热压密封钠硫电池模块及结构示意

目前各国都很重视钠硫电池的研究。除对 β-Al_2O_3 电解质结构、制造方法以及电性能进行了大量的基础研究外，还对电池结构、耐腐蚀材料、正极导电物质进行了研究，使电池性能不断提高。

9.2.2 工作原理

钠硫电池的工作原理如图 9-29 所示。在钠硫电池中，负极的反应物质是熔融的钠，正极反应物是带有一定导电物质的硫。电解质为 β-氧化铝矾土的陶瓷管，它既是绝缘体又能自由传导钠离子。当外电路闭合时，负极不断产生钠离子并放出电子。上述反应不断地进行，电路中便获得了电流。

充电态电池的正极活性物质是硫与多硫化物的混合物，其组成一般为 Na_2S_x。负极活性物质是金属钠。硫在119℃熔化，242℃进入液相区，在120～242℃之间为固体 Na_2S_5 与液体 S 的两相平衡区域。反应在300℃左右进行，Na 与 S 可以形成一系列多硫化钠混合物，钠与多硫化钠均为

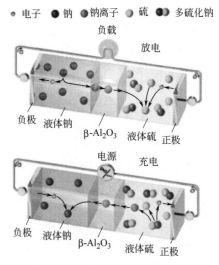

图例：电子 ● 钠 ● 钠离子 ● 硫 ● 多硫化钠

图 9-29 钠硫电池的工作原理示意

液态。

放电初期

负极 $\qquad\qquad\qquad 2Na \longrightarrow 2Na^+ + 2e^-$

正极 $\qquad\qquad 2Na^+ + 5S + 2e^- \longrightarrow Na_2S_5(l)$

总反应 $\qquad\qquad 2Na + 5S \longrightarrow Na_2S_5(l)$

这时开路电压稳定在 2.08V 左右。

放电中期，多硫化钠溶液中的 S 消耗尽后，转为如下反应：

负极 $\qquad\qquad\qquad 2Na \longrightarrow 2Na^+ + 2e^-$

正极 $\qquad\qquad 2Na^+ + 4Na_2S_5 + 2e^- \longrightarrow 5Na_2S_4(l)$

总反应 $\qquad\qquad 2Na + 4Na_2S_5 \longrightarrow 5Na_2S_4(l)$

由于 Na_2S_5 和 Na_2S_4 均在液相中，它们的浓度有变化，故电动势也是变化的。

放电后期，多硫化钠溶液中的 Na_2S_5 消耗尽后，转为如下反应：

负极 $\qquad\qquad\qquad 2Na \longrightarrow 2Na^+ + 2e^-$

正极 $\qquad\qquad 2Na^+ + Na_2S_4 + 2e^- \longrightarrow 2Na_2S_2(l)$

总反应 $\qquad\qquad 2Na + Na_2S_4 \longrightarrow 2Na_2S_2(l)$

Na_2S_2 和 Na_2S_4 也都在液相中，它们的浓度也是变化的，Na_2S_2 的浓度逐渐增加，而 Na_2S_4 的浓度逐渐降低，因此电池电动势由高逐渐降低。当析出 Na_2S_2 固体时，它会堵塞陶瓷隔膜，放电终止。钠硫电池典型的放电状态与电压的关系如图 9-30 所示。由于 Na_2S_x 的腐蚀性随 x 值降低而增大，为了防止电池内部温度和放电深度的不均匀性而造成过放电，一般放电终止电压值低于 100% 理论终止电压值。电池反应表示为：

$$2Na + xS \underset{充电}{\overset{放电}{\rightleftharpoons}} Na_2S_x \ (x = 3 \sim 5)$$

9.2.3 导电陶瓷隔膜

钠硫电池的独特之处是它采用了固体电解质并兼作隔膜的导电陶瓷。导电陶瓷可以由 Na^+ 的迁移进行导电，起着电解质作用，同时隔离熔融金属钠与多硫化钠熔融物，以免钠与多硫化钠反应而自放电，起着隔膜作用。

对导电陶瓷隔膜要求包括：①具有较小的电阻；②阻止熔融金属钠及多硫化钠的透过；③在中等温度（350℃左右）下工作，能耐熔融金属钠及多硫化钠的腐蚀；④电解质应具有高的烧结密度（>3.2g·cm^{-3}）；

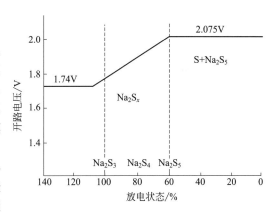

图 9-30 钠硫电池典型的放电状态与电压的关系

⑤具有较高的机械温度，能经受多次充放电循环和温度的升降变化，而不会被破坏。

导电陶瓷是一种离子导电的固体电解质，通常称为 beta-Al_2O_3，这是一类物质的总称。它的分子式为 $A_2O \cdot 11M_2O_3$，其中 A 为碱金属，M 为 Al、Ga 或 Fe。beta-Al_2O_3 有 β-Al_2O_3（$P6_3/mmc$，$a=0.559$nm，$c=2.261$nm）和 β″-Al_2O_3（$R3m$，$a=0.560$nm，$c=3.395$nm）两种晶体结构。在相同温度下，β″-Al_2O_3 的钠离子电导率是 β-Al_2O_3 的 3 倍。在 300℃时，β″-Al_2O_3 中 Na^+ 的传导率为 $0.2 \sim 0.4$S·cm^{-1}，适于作传导 Na^+ 的固态电解质隔膜，是目前钠硫电池电解质普遍采用的材料。图 9-31 为 β″-Al_2O_3 制成的陶瓷管与片。在

钠硫电池中，A 为 Na，M 为 Al，其分子式为 $Na_2O \cdot 11Al_2O_3$。

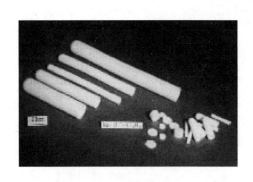

图 9-31　β″-氧化铝陶瓷管与片

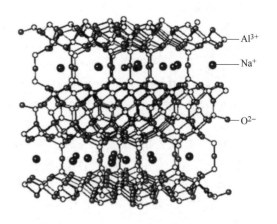

图 9-32　$Na_2O \cdot 11Al_2O_3$ 的晶体结构

$Na_2O \cdot 11Al_2O_3$ 的晶体结构如图 9-32 所示，单位晶胞中含有两个 $NaAl_{11}O$ 分子，这种六方层状结构的晶格常数 $a = 5.59$Å，$c = 22.53$Å（1Å = 0.1nm）。两层之间是氧离子（O^{2-}）和铝离子（Al^{3+}）组成的密堆积基块——俗称"尖晶石基块"（图 9-33），在钠离子所处平面内，上下两个密堆氧离子层互为镜像，相距 4.76Å。该层中的钠离子（Na^+）易被其他离子所替换，形成 Na^+ 的传导。这是因为在一般氧化钠化合物（Na_2O）中 Na^+-O^{2-} 的距离是 2.40Å，而在 $Na_2O \cdot 11Al_2O_3$ 中是 2.87Å，Na^+ 与 O^{2-} 的结合比较松弛。

放电时，负极生成的 Na^+ 经过隔膜扩散到熔融 Na_2S_x 区发生反应，可表示为：

$$2Na^+ + (x-1)Na_2S_x + 2e^- \longrightarrow xNa_2S_{x-1}$$

只有 Na^+ 才能透过隔膜，Na、Na_2S_x 和 Na_2S_{x-1} 都不能透过（Na_2S_x 等熔融盐实际上离解成离子，S_x^{2-} 和 S^{2-} 都不能透过隔膜）。所以，陶瓷隔膜既能导电，又能把熔融的 Na 和 Na_2S_x 熔盐隔开。

$β″-Al_2O_3$ 陶瓷隔膜的制造方法很多，有烧结法、热压法等。烧结法是主要的制备方法，它大致可分为成型与烧结两个工序。将制好的原料粉末用硅橡胶模具进行静水压，压成管状、棒状或片状。压制成型的毛坯在低热容石墨加热炉内烧结，退火，以改善结构的均匀性和电导率。烧结时，样品被埋在 β-CuO 粉料中，防止 Na_2O 挥发，样品和埋护料二者含 Na_2O 量应一致。

过高的烧结温度、过长的烧结时间会导致 $β″-Al_2O_3$ 向 $β-Al_2O_3$ 的相转变，还会

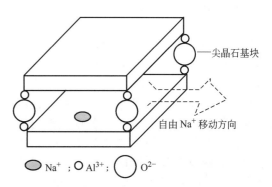

图 9-33　$β-Al_2O_3$ 的 Na^+ 导电示意

由于高温下 Na_2O 很容易挥发，严重影响 $β″-Al_2O_3$ 的钠离子导电性能。为满足电池的使用要求，制备 $β″-Al_2O_3$ 粉体时必须提高其高温稳定性。实验证明，掺杂一定量的 Mg^{2+} 或 Li^+，使其取代 $β-Al_2O_3$ 中的 Al^{3+}，可以稳定 beta-Al_2O_3 的结构，晶体结构也逐渐转化为高钠含量和高传导率的 $β″-Al_2O_3$，其分解温度高于 1700℃。两种理想化学计量比的 $β″-Al_2O_3$ 分子式分别为 $Na_{1.67}Al_{10.33}Mg_{0.67}O_{17}$（$Mg^{2+}$ 掺杂）和 $Na_{1.67}Al_{10.67}Li_{0.33}O_{17}$（$Li^+$ 掺杂）。

以高纯 α-Al_2O_3 或 α-Al_2O_3/YSZ（钇稳定的氧化锆）为原料，采用气相方法也可用于 $β''$-Al_2O_3 的合成。该方法具有以下优势：①α-Al_2O_3 能完全转化为 $β''$-Al_2O_3；②因为转化温度低于传统的煅烧温度，所以不需要封装；③转化的 $β''$-Al_2O_3 粒子尺寸均匀，并且能抵抗潮气的侵蚀。同时，ZrO_2 的加入可以降低 $β''$-Al_2O_3 对水汽的敏感性。但由于 ZrO_2 在电池操作温度下不是 Na^+ 导体，会恶化电子性能，因此实际操作时要注意添加量。

$β''$-Al_2O_3 电解质管的制备过程，一般是将原料与黏结剂混合，经过成型后制成坯体，再将坯体经过高温烧制后形成陶瓷。陶瓷中的 $β''$-Al_2O_3 可以在粉体成型之前产生，也可以在坯体烧制过程中产生。电解质管加工过程中，成型的工艺也很重要，它会影响管的电导率。最常用的成型方法是等静压制法。为了缩短钠离子的传递路径，电解质管壁要尽可能薄，但太薄管容易破损，实际应用中电解质管壁的厚度一般为 1～3mm。在陶瓷管中，钠离子的电导率主要取决于晶粒电导率、晶界电阻和晶粒取向 3 个因素。

9.2.4　发展趋势

钠硫电池是可充电高温电池（300～350℃），电池两极活性物质都在液态下工作，不会形成枝晶，没有自放电及活性物质与电解质的反应。其具有比能量高、能量转化效率高（直流端＞90％，交流端＞75％）、可高功率输出（效率可达 100％，即充电量可全部放出）、负载特性好、充电时间短、使用寿命长（可达 15 年以上）、无污染、原材料丰富等突出优点。因而各国都十分重视这种电池的研制。

对钠硫电池早期的研究主要以电动汽车的应用为目标。Silent Power 公司曾开发出电动轿车用钠硫电池（MK6）。该电池组经过了寿命试验、安全特性、回收利用可行性、价格可竞争性等考核，装备在 Ford Ecostar 轿车上，电池组性能在能量和功率两个方面已大幅度超过美国 USABC 规定的中期目标。表 9-3 列出了 Silent Power 公司两种电池性能的比较，新式 MK6 相对于老式 MK4 有许多改进。

表 9-3　Silent Power 公司生产的 MK4 和 MK6 电池的性能比较

性能	MK4 电池	MK6 电池	性能	MK4 电池	MK6 电池
尺寸/mm×mm×mm	760×600×353	728×635×365	质量/kg	245	247
开路电压/V	149	182	能量密度/W·h·kg⁻¹	88	117
容量/A·h	150	160	能量密度/W·h·L⁻¹	134	171
能量/kW·h	21	28.8	功率密度/W·kg⁻¹	112	240
2/3 OCV 和 80％ DOD 时功率峰值/kW	27.4	59.3	功率密度/W·L⁻¹	170	353

但是，随着一些新型二次电池的出现，如常温工作的锂离子电池、燃料电池等动力电池的飞速发展，钠硫电池因在车用电源方面的应用优势不明显而被逐步放弃。由于钠硫电池高的比功率和比能量、低原材料成本和制造成本、温度稳定性以及无自放电等方面的突出优势，钠硫电池在电力储能方面的应用开始为人们所重视。

日本碍子株式会社（NGK）和东京电力公司合作，使钠硫电池成功应用于城市电网的储能中。从 1992 年第一个示范储能电站运行开始，已有 200 座以上功率大于 500kW 的钠硫电池储能电站在日本等国家投入商业化示范运行，分别用于电网峰谷差平衡、电能质量改善、应急电源、风力发电等可再生能源的稳定输出等，总计超过 300MW、2000MW·h，最大功率的电站达到 34MW。钠硫电池在国外已是发展相对成熟的储能电池，储能系统的效率可达到 80％以上，寿命可达 15 年。储能电站覆盖了商业、工业、电力、水处理等各个行业，运行中的储能电站一半以上用于电力平衡。

日本 NGK 公司解决了钠硫电池产业化生产和实际应用的技术问题，在多项关键技术上获得了巨大突破，成为目前世界上唯一的钠硫电池供应商，且对外进行极其严格的技术保密和封锁，所以钠硫电池的核心专利技术由日本 NGK 独家掌握。

中国科学院上海硅酸盐研究所承担了国家高技术研究发展计划 863 项目，研制成功全新结构的钠硫电池（图 9-34），解决了实用电池冷制备新工艺的重要技术环节，研究了影响电池性能退化的主要因素等。进入 21 世纪，在国家电网、中国科学院、上海市政府支持下，上海硅酸盐研究所与上海市电力公司合作，以储能为目标开发大容量钠硫电池，在关键材料、电池技术、储能系统等方面开展研究，成功制备 650A·h 的单体钠硫电池，并在 2009 年建成了我国第一条产能达 2MW 的储能钠硫电池中试生产线，使我国成为继日本之后世界上第二个掌握大容量钠硫单体电池核心技术的国家。在 2010 年上海世博会期间，100kW/800kW·h 钠硫储能系统作为上海世博园智能电网综合示范工程的主要部分稳定并网运行。芜湖海力实业有限公司与清华大学合作也在开展大功率钠硫电池纯电动大客车项目研究。总体而言，我国在钠硫电池性能的提

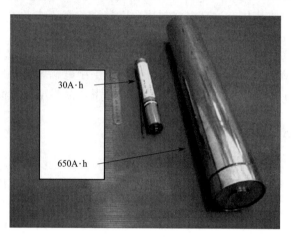

图 9-34　30A·h 和 650A·h 单体钠硫电池

升、产品一致性的提高、成本的降低以及规模化生产工艺和装备技术的研发方面与日本还存在较大差距。

目前，钠硫电池较高的制造成本、运行长期可靠性、规模化成套技术仍然是其大规模应用的主要瓶颈。钠硫电池主要关键技术包括高质量陶瓷管技术、电池组件的密封技术、抗腐蚀电极材料技术和规模化成套技术等。陶瓷隔膜退化是电池失效的主要原因，所以隔膜的制备方法及性能需要进一步研究与改进。希望应用廉价、易制的方法来生产所需性能的 β''-Al_2O_3，使其具有较高的稳定性、重复性、均匀性及工作寿命。陶瓷管制备的另一个困难就是其成型技术。陶瓷管的特殊使用环境，要求其具有高力学强度、高密度、均匀显微结构以及良好的同心度和尺寸公差。这些都对成型技术提出了更高要求。

图 9-35　在日本川崎建造的 290kW 钠硫电池系统

图 9-35 为在日本川崎市建造的 290kW 钠硫电池系统，作为电力的负载调整和备用电源使用。

在高温状态，硫电极的腐蚀作用很强，许多金属、合金以及一些碳化物等易被侵蚀。应研究如何提高硫电极的性能，如充电能力、耐过充电的能力、充放电效率，以及研制价廉的耐硫和多硫化钠溶液腐蚀的集流体。采用不锈钢为集流体，经多次循环后可形成 FeS_2 厚层。碳材料、石墨及某些氧化物在硫电极中稳定，可作为复合集流体的抗蚀层。

β-Al_2O_3/玻璃/α-Al_2O_3 的熔封是电池

的薄弱环节，必须对密封技术进一步改进。研究既经济又适合大量生产的密封方法，可使这种密封能接受多次热冲击，并耐各种活性物质的高温腐蚀。

电池的安全性是一个重要问题。因为若发生事故，高温的熔融钠一旦与多硫化物接触，熔化的硫/多硫化物会直接与液态钠发生剧烈反应，引起着火甚至发生爆炸，未来的研究必须解决这一严重的安全问题。钠硫电池运行温度必须维持在 $300\sim350℃$ 的运行条件，需要附加供热设备来维持这一温度。钠硫电池对制造材料和电池结构强度的要求很高，这也成为阻碍钠硫电池发展的技术障碍。

为了克服高温钠硫电池存在的安全性、腐蚀性等问题，研究人员借鉴锂硫电池的研究思路，开展了室温钠硫电池（RT-Na-S）的研究。室温钠硫电池电化学反应可以表示为：

负极 $\qquad\qquad\qquad 2Na \longrightarrow 2Na^+ + 2e^-$

正极 $\qquad\qquad\qquad 2Na^+ + nS + 2e^- \longrightarrow Na_2S_n\ (4 \leqslant n \leqslant 8)$

总反应 $\qquad\qquad\qquad 2Na + nS \longrightarrow Na_2S_n\ (4 \leqslant n \leqslant 8)$

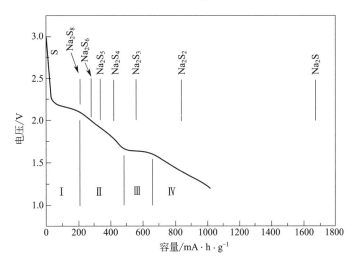

图 9-36 室温钠硫电池典型的放电状态与电压的关系

室温钠硫电池放电过程如图 9-36 所示。在放电过程中，区域 Ⅰ 表现为约 2.2V 的高电压平台，相应于固-液转换，元素硫溶解为长链的多硫化物。

$$S_8 + 2Na^+ + 2e^- \longrightarrow Na_2S_8$$

区域 Ⅱ 的电压范围为 $1.65\sim2.2V$，是一条倾斜的电压曲线，相应于 $Na_2S_8 \longrightarrow Na_2S_4$ 的液-液反应：

$$Na_2S_8 + 2Na^+ + 2e^- \longrightarrow 2Na_2S_4$$

区域 Ⅲ 具有约 1.65V 的低压平台，相应于溶解的 Na_2S_4 向不溶的 Na_2S_3 或 Na_2S_2 的液-固转换：

$$Na_2S_4 + 2/3Na^+ + 2/3e^- \longrightarrow 4/3Na_2S_3$$
$$Na_2S_4 + 2Na^+ + 2e^- \longrightarrow 2Na_2S_2$$

区域 Ⅳ 的电压范围从 1.65V 降到 1.20V，相应于不溶的 $Na_2S_2 \rightarrow Na_2S$ 的固-固反应：

$$Na_2S_2 + 2Na^+ + 2e^- \longrightarrow 2Na_2S$$

区域 Ⅱ 是最复杂的反应区域，并且受到溶液中各种类型的多硫化物物种之间化学平衡的影响。由于 Na_2S_2 和 Na_2S 的绝缘性，区域 Ⅳ 动力学行为很慢并且具有高的极化特性。

室温钠硫电池与锂硫电池类似，基于液态电解质的室温钠硫电池的发展同样受到以下几方面限制：①正极活性物质硫及其放电产物导电性差；②钠与固体硫在液态电解液中的低反应活性；③由于在充/放电期间形成多硫化钠（Na_2S_n），放电中间产物易溶于电解液即"穿梭效应"；④硫电极内结构和形态的变化带来与之相关的不稳定的电化学接触；⑤随着循环的进行，电极钝化导致阻抗增加。

鉴于锂硫电池与室温钠硫电池之间的相似性，一般采用炭黑、多孔碳、N/S 掺杂的多孔碳、碳纳米管、石墨烯等对硫进行限域，将硫混合、嵌入或封装在合适的导电材料（导电碳/聚合物）中，同时进行合理的结构设计，提高电导率，抑制放电中间产物的溶解。通过改进钠负极，抑制枝晶生长；采用不同种类的电解液（醚类、酯类、聚合物/固态电解质、离子液体等）和添加剂（如 $NaNO_3$、铜纳米颗粒等）、隔膜和电池结构设计等，改善室温钠硫电池的电化学性能。

以蔗糖为碳源制备微孔碳模板，将硫限制在微孔碳里面，可以抑制可溶性中间放电产物的损失，在基于乙二醇二甲醚的电解液中，在室温、0.1C 速率下，可逆放电容量超过 $700mA \cdot h \cdot g^{-1}$（基于硫的质量），以 1C 速率充放电，循环 1500 次容量维持在 $300mA \cdot h \cdot g^{-1}$，库仑效率＞98％。通过合成氮和硫高掺杂浓度［约 40％（原子分数）］的分级纳米多孔碳（N，S-HPC/S），利用孔壁与硫和 Na—N 键间的静电相互作用，碳骨架中高浓度的杂原子能够有效地捕获纳米孔中的多硫化钠，几乎完全抑制多硫化物与碳酸酯类电解液（$NaClO_4$ + EC/PC）间的副反应，可以显著提高室温 Na-S 电池的循环稳定性，在 $4.6A \cdot g^{-1}$ 的高电流密度下，8000次循环后容量损失仅为 3％，容量保持在 $128mA \cdot h \cdot g^{-1}$，功率密度达到 $9200W \cdot kg^{-1}$。其循环可以超过 10000 次，容量仍达到 $84mA \cdot h \cdot g^{-1}$，充放电循环次数增加一个数量级。

将小硫分子（$S_{2\sim4}$）正极应用于钠硫电池中，以钠负极和碳酸酯电解液组装成室温下工作的原电池。C-S 复合正极（S/CNT@MPC）具有同轴电缆状结构。由于该链状小硫分子室温下对钠具有非常高的电化学活性，放电过程中可被完全还原为 Na_2S，从而使得其基于硫质量计算的正极首周放电容量高达 $1610mA \cdot h \cdot g^{-1}$，是传统高温钠硫电池中硫正极材料的理论容量的三倍。基于电极材料计算，该室温钠硫电池的首周放电比能量可高达 $955W \cdot h \cdot kg^{-1}$，循环 200 周后仍可稳定在 $750W \cdot h \cdot kg^{-1}$ 左右（图 9-37）。此外，由于没有形成高阶多硫化钠，电池不受穿梭效应的影响，该室温钠硫电池还具有良好的倍率和循环性能。

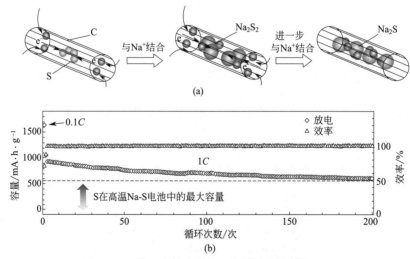

图 9-37　S 和 Na^+ 放电时的电化学反应示意图　(a)
和 S/CNT@ MPC 正极在 1C 下的循环性能　(b)

通过结合纳米铁电效应与原子层沉积技术，成功制备出基于静电纺丝自组装的（C/S/$BaTiO_3$）@TiO_2 复合纤维材料。将其应用于常温钠硫电池正极材料，通过纤维内部的 $BaTiO_3$ 纳米颗粒与纤维表面的 TiO_2 保护层相结合，能够在充放电过程中为 Na^+ 的脱嵌提供稳定的固液界面，同时有效抑制活性材料的体积膨胀，并最大限度地吸附中间产物多硫化物，从而提高材料的倍率性能和循环稳定性。在 $1A \cdot g^{-1}$ 电流密度下，其循环 1400 次的容量为 $524.8 mA \cdot h \cdot g^{-1}$，$2A \cdot g^{-1}$，循环 3000 次的容量为 $382 mA \cdot h \cdot g^{-1}$。

除利用多孔碳材料进行纳米限域以外，另一种方法是将溶解的多硫化钠/硫化钠作为正极使用。通过多壁碳纳米管（MWCNT）、多孔碳等作为高表面积集流体，分散活性硫材料。与单质 S 相比，Na_2S 能够与不含 Na 金属的阳极配对，同时缓解硫的体积膨胀效应。将空心 Na_2S 纳米球嵌入分级海绵状导电碳基质中，形成类似蛙卵-珊瑚状结构。受益于中空结构，Na^+ 扩散路径被缩短，加之碳基质提供的电子快速转移通道，材料的电化学反应活性显著提高。在 $1.4A \cdot g^{-1}$ 和 $2.1A \cdot g^{-1}$ 的电流密度下，可以分别实现 $980 mA \cdot h \cdot g^{-1}$ 和 $790 mA \cdot h \cdot g^{-1}$ 的高初始放电容量，同时缓解了体积膨胀效应和穿梭效应，100 次循环后可逆容量稳定在 $600 mA \cdot h \cdot g^{-1}$ 和 $400 mA \cdot h \cdot g^{-1}$（基于硫的含量计算）。即使在 $2.8A \cdot g^{-1}$ 的高电流密度下，仍可实现 $690 mA \cdot h \cdot g^{-1}$ 的高初始放电容量，100 次循环后具有 $300 mA \cdot h \cdot g^{-1}$ 的可逆容量以及 95% 的库仑效率。作为概念验证，将 Sn@C 阳极与空心纳米 Na_2S 复合阴极配对，实现了不含 Na 金属的室温 Na-S 电池（图 9-38）。

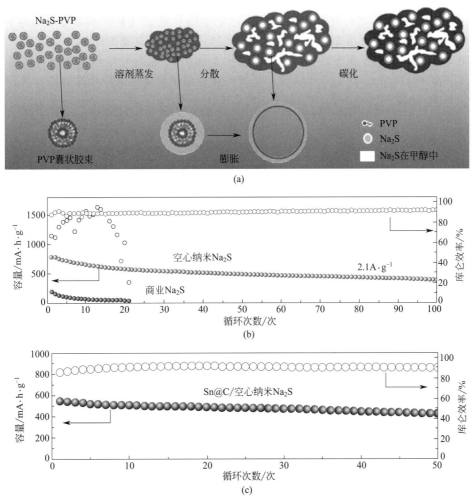

图 9-38　空心 Na_2S 纳米球复合物的合成方法示意图　(a)，空心纳米 Na_2S 和商业 Na_2S 正极的循环性能和库仑效率对比　(b) 和 Sn@C/空心纳米 Na_2S 电池在 $0.7A \cdot g^{-1}$ 的循环性能和库仑效率　(c)

导电聚合物与有机硫化物也被用于室温钠硫电池的研究。通过聚丙烯腈的硫化脱氢得到硫化聚丙烯腈纳米纤维（S-PAN），由硫化聚丙烯腈纳米纤维组成的柔性正极网络结构。不用添加黏合剂、导电添加剂和集流体，显示出良好的电化学性能，在 0.01C 倍率下首次放电容量为 604mA·h·g⁻¹（基于电极质量），基于硫质量的放电容量达到 1473mA·h·g⁻¹，循环 200 周后容量保持在 266mA·h·g⁻¹，并且具有高的柔韧性，卷曲和弯曲到 180°时没有断裂。

利用热解噻吩衍生物制备的含有共价硫基的正极材料有效减少了多硫化钠的形成，进而抑制了多硫化钠在电解液中的溶解问题；可逆容量达到 1000mA·h·g⁻¹。结合共价的硫-硫键的可逆性，电池同时展现出优秀的循环性能，在 80mA·g⁻¹ 电流密度下循环寿命超过 900 周，平均每次循环仅衰减 0.053%，库仑效率接近 100%。

采用有机合成方法，在熔融硫中加入季戊四醇四丙烯酸酯（PETEA）单体制备出聚合物硫材料，进而将其与多孔碳基体复合，制备出聚合物硫@碳正极材料。随后，将 PETEA 单体与异氰脲酸三（2-丙烯酰氧乙基）酯（THEICTA）单体溶于有机电解液中，在紫外线照射引发下于玻璃纤维膜上原位制得柔性凝胶聚合物电解质材料。将开发的高性能聚合物硫@碳正极材料和凝胶聚合物电解质材料用于室温钠硫电池。机理分析发现，在准固态室温钠硫电池（图 9-39）中，聚合物硫电极可以通过化学键有效固硫从而抑制穿梭效应；同时，高电导率（室温电导率可达 3.85×10⁻³S·cm⁻¹）的凝胶聚合物电解质不仅可显著抑制多硫化物扩散，而且有助于在循环中形成稳定的钠金属负极/聚合物电解质界面，抑制了多硫化物沉积和钠枝晶生长。这一双重优化作用使得该室温钠硫电池表现出良好的可逆容量和循环性能，0.1C 下电池 100 次循环后仍可达到 736mA·h·g⁻¹。

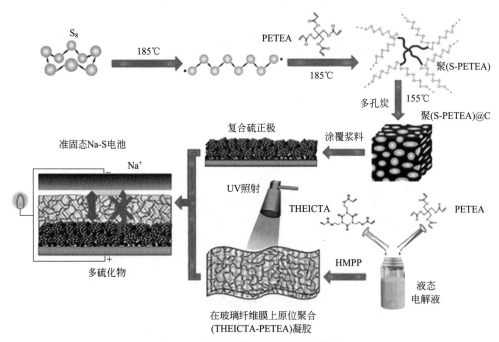

图 9-39 准固态钠硫电池制备示意图

近年来以硫化物为基体的室温钠离子固态电解质得到了长足发展，使得构建室温钠硫全固态电池成为可能。在传统的硫系全固态电池中，活性物质和固态电解质的接触是通过冷压方式形成的，一般为点接触，因此其界面阻抗非常大，而且冷压方式制备的电池极易产生应力集中，之后的充放电期间巨大的体积变化会进一步加剧应力的集中，使得材料易粉碎和聚集。为了减轻这个问题，通常将材料粒径减小到纳米尺度，或在测试时施加较大压力以确保其良好接触。即便如此，室温全固态钠硫电池的循环性能、充放电可逆容量依然远低于液态电池。借鉴成熟的结构材料制备方法，通过高温浇筑-低温退火法原位合成的 $Na_2S/Na_3PS_4/C$ 复合材料，有效地将活性物质和固态电解质的接触转换为面接触，因此大幅降低了其界面阻抗。另外，原位沉积出的 Na_2S 为放电态材料，在之后的循环过程中不会产生因体积膨胀造成的应力。当其用于钠硫全固态电池正极时，在 $60℃$、$50mA·g^{-1}$ 下初始放电容量达到 $869mA·h·g^{-1}$，表现出优异的动力学性能和良好的循环性能。

利用 $β''-Al_2O_3$ 固体电解质高的离子电导率和对多硫化钠的阻隔优势，将高阶的多硫化钠（Na_2S_n，$4≤n≤8$）限制在硫阴极侧，放电电压较高，高阶多硫化钠的形成有利于循环的稳定性；而在低放电电压形成的固态硫化物（Na_2S_m，$1≤m≤3$）则易导致容量衰减。以 $1mol·L^{-1}$ $NaCF_3SO_3$ 的四乙二醇二甲醚（TEGDME）电解液和碳硫复合阴极组成的 Na-S 电池，首次放电容量为 $855mA·h·g^{-1}$（基于硫的质量，图9-40），循环104次后容量约为 $521mA·h·g^{-1}$，显示出良好的循环性能。

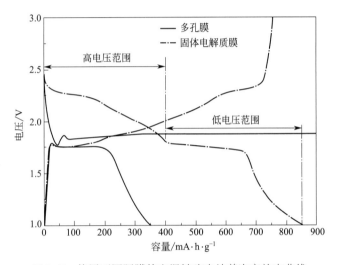

图9-40 使用不同隔膜的室温钠硫电池首次充放电曲线

无孔钠化的 Nafion 膜室温下离子电导率达到 $2.7×10^{-5}S·cm^{-1}$，具有较高的 Na^+ 传导能力。同时，Nafion 膜具有离子选择性，允许钠离子通过。由于其磺酸基团带负电荷，会排斥多硫化物阴离子（S_n^{2-}）。利用 Al_2O_3 具有捕获多硫化钠的能力制备的 Al_2O_3-Nafion 膜，放电时，Na^+ 通过 Al_2O_3-Nafion 膜到达硫电极侧，然后和硫反应生成多硫化钠，多硫化钠被 Al_2O_3 捕获。Al_2O_3-Nafion 膜可以防止多硫化钠从阴极侧迁移到阳极，有利于减少活性材料损失。

将含有 1-甲基-3-丙基咪唑氯酸盐离子液体和 SiO_2 纳米粒子（SiO_2-IL-ClO_4）作为添加剂，用于 $1mol·L^{-1}$ $NaClO_4$ 的碳酸亚乙酯（EC）和碳酸亚丙酯（PC）组成的电解液（EC：PC=1:1）中。电化学性能测试表明，离子液体有利于在钠阳极表面形成坚固且稳定的固体电解质（SEI）膜，防止与电解液发生副反应。同时，SiO_2 颗粒可以锚定 ClO_4^- 阴离子，作为支持电解质，通过束缚阴离子效应以减小电场强度。以金属-有机骨架（MOF）衍生的微孔碳多面体-硫复合物（MCPS）作为阴极，Na-S 在 $0.5C$（$1C=1675mA·g^{-1}$）倍率下容量保持在 $600mA·h·g^{-1}$（基于 S 质量），可以稳定循环 100 次，库仑效率接近 100%。

室温钠硫电池在储能领域具有较好的应用前景。但当前其仍面临着诸多问题，如多硫化物穿梭效应造成的自放电严重、循环寿命短，以及钠金属负极的枝晶生长以及其他与电池加工工艺有关的问题等，要实现其商业化应用还需要较长的一段路要走。

9.3 ZEBRA 电池（Na-NiCl$_2$ 电池）

ZEBRA 电池（Na-NiCl$_2$ 电池）是从 20 世纪 80 年代中期以来研究开发的一种新型高能蓄电池，其名称 ZEBRA 即为 zero emission battery research activity 的缩写，表示其为一种零排放无污染的绿色电源。国外多家有实力的公司和一些大学、实验室都不同程度地参与了这一电池的研制开发工作。图 9-41 为中国科学院上海硅酸盐研究所研制的 Na-NiCl$_2$ 电池。

图 9-41 Na-NiCl$_2$ 电池

1992～1995 年，德国先后将钠硫电池配装了 40 辆电动卡车、20 辆搬运车，进行了各种试验。由于断电事故和无法控制电机的发热现象以及经济效益不显著等原因，开始转向 Na-NiCl$_2$ 电池。德国为此成立了联合投资公司，将 25kW·h 的 Na-NiCl$_2$ 电池在轿车、货车和小型商用车上进行试验，争取能有 5 年的使用寿命。

德国 AEG Anglo 公司成功研制了新型高性能电池——ZEBRA 电池。其设计原理是在常规的钠氯化镍技术基础上加以改进的。该电池的设计提高了电动汽车的可靠性，使电池的工作更为安全。另外，该电池的负极活性物质为液态金属钠（Na），正极活性物质为氯化镍（NiCl$_2$），正极由氯化镍、镍及盐组成。整个反应在镍粉基体上进行，并在上面附有镍集流体，β″-氧化铝作固体电解质，通常被设计成一端封闭的管。其外壁为负极，管内为正极，如图 9-42 所示。该公司已生产了 3 万多个此类电池，大都作为电池组用于电动汽车的试验。结果表明，该电池组无需维修，效率为 100%，即使电池损坏也很安全。

ZEBRA 电池的表达式为：

$$(-)Na(l) \mid \beta''\text{-}Al_2O_3(s), NaAlCl_4(l) \mid Ni(s), NiCl_2(s)(+)$$

ZEBRA 电池的正负极活性物质分别是 Ni、NiCl$_2$ 和 Na，β″-Al$_2$O$_3$ 的固体陶瓷电解质用于隔离正负电极。此外，由于正极材料在工作温度下仍为固态物质，所以还需要 NaAlCl$_4$ 熔盐电解质存在于 β″-Al$_2$O$_3$ 固体电解质和正极活性物质之间，在电池反应中起传输钠离子的作用。β″-Al$_2$O$_3$ 及熔盐电解质均不参与正常的电池反应，仅起钠离子传导作用。

电池的反应式为：

$$2Na + NiCl_2 \rightleftharpoons Ni + 2NaCl$$

电池一般在放电状态下装配，如上式所示，即电池制备的初始原材料为 Ni 和 NaCl（普通食盐），通过首次充电，Ni 和 NaCl 反应在负极产生金属 Na，在正极形成 Ni 和 NiCl$_2$ 混合物，减少了装配时操作液态钠的危险。当电池进行放电时，Na 和 NiCl$_2$ 又重新反应生成 Ni 和 NaCl。ZEBRA 电池的容量设计采取正极过量的方法，正极镍金属的质量一般是理论质量的 3 倍，多余的金属镍起导电作用。

该电池理论比能量为 790W·h·kg^{-1}，实际电池组值为 100W·h·kg^{-1}。尽管电池组在 157℃时开始工作，但使用 β″-氧化铝作为正电极及钠之间的固体电解质隔离物，可获得实际电压的温度范围为 250～350℃。

与钠硫电池对比，ZEBRA 电池最大的优势就是安全性。即使电解质膜被破坏，熔融的 $NaAlCl_4$ 会与液态钠反应生成 NaCl 和金属 Al，氯化钠和金属铝会阻止正负极活性物质直接接触，不像钠硫电池那样剧烈反应；同时，由于金属铝的存在，此时电池仍然是导电的，整个电池模块仍然可以运转，只是电压有些降低。

ZEBRA 电池的性能特点有以下几点。

① ZEBRA 电池具有高能电池的普遍特征：高开路电压（300℃时为 2.58V），高比能量、高比功率、高能量转换效率（无自放电，100%库仑效率）；还可快速充电（充电 30min 可达 50% 的放电容量），具有长的使用寿命（储存寿命＞5 年，充放电循环＞1000 周次），免维护（全密封结构）。

② ZEBRA 电池显示新型电池的特色：电池制备在放电状态，不必装入单质钠，因而操作简便。电池损坏时呈低电阻导通状态，在电池组内无需设立旁路系统，

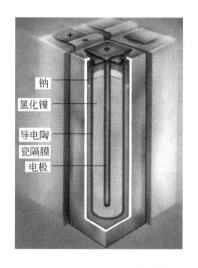

图 9-42　AEG Anglo 公司的
ZEBRA 电池结构

无需更换少量（电池总数的 5%）损坏的电池。电池能承受反复多次的冷热循环考验，无容量和寿命衰退的现象发生；电池可在 $-40～70℃$ 的外部条件下工作，其性能与环境温度状况无关；电池可在任何放电状态下随时进行充电，无一些电池存在的"记忆效应"；电池在寿命终止后能全部被回收利用，无环境污染；电池在 270～350℃ 较宽的温度范围内工作，可提供一定量的热能利用。

③ ZEBRA 电池具备十分重要的安全特性：电池组成材料无低沸点、高蒸气压物质；电池具有过充过放电保护机制；电池采用高标准安全设计。

$NaAlCl_4$ 熔盐电解质在 ZEBRA 电池过充过放电过程中起到了有效的缓冲保护作用，使其具有较好的耐过充/过放性能。电池在充电时，当正极中所有的 NaCl 通过正常充电反应已全部消耗尽后，随后的过充电反应在正极中过剩的 Ni 和 $NaAlCl_4$ 熔盐电解质之间进行；同样，在放电时当正极中所有的 $NiCl_2$ 通过正常放电反应全部消耗尽后，只要负极中的钠还过剩，随后的过放电反应就在钠与 $NaAlCl_4$ 熔盐电解质之间进行。在实际中，单体电池和组合电池模块都可以安全过充电 50% 以上。

图 9-43　以 ZEBRA 电池为动力的电动车

$$Ni + 2NaAlCl_4 \longrightarrow 2Na + 2AlCl_3 + NiCl_2 （过充电）$$

$$3Na + NaAlCl_4 \longrightarrow 4NaCl + Al（过放电）$$

ZEBRA 电池作为电动汽车用电池，满足 US-ABC 的中期目标，包括循环寿命、储存寿命、行驶里程、功率密度、能量密度、比能量、比功率等具体性能指标及其他一些工作参数。目前已开发了多种 $20～120kW \cdot h$ 大小不等的 ZEBRA 电池装备的电动车（图 9-43），如德国 Mercedes Benz 公司的 A-Class 的电动轿车，BMW 公司的 E1 电动轿车，Adam Opel 公司的 Astra Impuls 电动轿车，法国 Renault 公司的 Clio 电动轿车，以及 LARAG、Autodromo、MAN、Cito 等大中型电

动客车和 EVO 混合动力大客车。已累计超过 2000000km 的实际路试里程，其中部分试车已超过 5 年时间，并创造了个别车辆实际试车大于 100000km 而电池组免维护的新纪录。

同时，对 ZEBRA 电池技术在潜艇、水面舰艇和民用船舶上的应用和发展也进行了探索。目前世界上 ZEBRA 电池最主要的研发商是瑞士的 MES-DEA 公司。此外，美国 GE 公司也将 ZEBRA 电池技术用于 UPS 电源市场。

目前，ZEBRA 电池存在以下问题：

第一个问题是充电时，在镍表面会有 $NiCl_2$ 的形成和生长，增加了电阻，达到一定厚度时会阻碍进一步充电，减少镍的使用和电池容量；第二个问题是在较高温度下，$NiCl_2$ 在 $NaAlCl_4$ 中的部分溶解，会引起放电容量的损失；第三个问题是循环过程中镍和/或 NaCl 粒子的生长会导致容量衰减。在熔融电解质和正极材料中添加 NaBr、NaI 和 S 等添加物会显著减少 $NiCl_2$ 在熔融状态下的溶解问题。

钠硫电池和 ZEBRA 电池属于同一系列，以 β''-氧化铝固体电解质构成电池体系的这一特征决定了此类电池工作温度需要保持在 300℃ 左右，也正是因为受这一工作条件的限制，电池冷热循环启动需要一定的时间。另外，电池在不工作时，也需要维持一定的热能损耗。因此，需要进一步开发新材料和新的电池设计等，以降低电池操作温度、改善性能、降低成本、提高安全性。

9.4 固体电解质电池

9.4.1 概述

固体电解质电池的研究，早在 20 世纪 50 年代就开始了，但早期的电池输出电流很小，电流密度只有微安级。到 20 世纪 60 年代，由于发现了离子电导率较高的固体 $RbAg_4I_5$、KAg_4I_5，又采用了新的有机正极材料，有力地促进了固体电解质电池的发展。

固体电解质电池不同于一般化学电源，它的电解质是固体，导电依靠离子在固体中的迁移。这种固体电解质一般都是在远低于其熔点温度下便具有较高离子导电性的结晶型固体，它的电子导电性通常远小于离子导电性。

固体电解质电池具有以下优点。

① 储存寿命长。由于采用固体电解质，电池的电子导电性很低，在电极活性物质与电解质之间没有严重腐蚀反应，不存在自放电现象，是一种很好的储备电池，而且也不需要一般储备电池的激活装置。

② 工作温度范围宽。一般化学电源的工作温度范围受液态电解质的沸点及冰点的限制，而固体电解质电池则不受这种限制，因此其工作温度范围很宽。

③ 固体电解质电池能耐强烈振动、冲击、旋转以及加速度等，并且没有腐蚀液体，不会产生漏液和腐蚀危险。

④ 可满足电池的微型化。现代电子仪器日趋小型化，必然要求电池微型化。液态电解质的体积因素使电池的微型化受到限制。例如，要求 $1cm^3$ 含有 200～1000 只单体电池，只有薄膜固体电解质电池才能满足。

但由于采用固体电解质，电池也存在一些缺点，主要是固体电解质电池内阻较大，特别是接触电阻更大，使得常温下电池的比能量、比功率都较低。

固体电解质电池大致分成三类：常温固体电解质电池；中温固体电解质电池（如使用 β''-Al_2O_3 的钠硫电池，在 300℃ 左右的中温下工作）；高温固体电解质电池（如使用 ZrO_2

系固体电解质的高温燃料电池，在 1000℃ 左右的高温下工作）。钠硫电池和高温燃料电池前面已经提及，这里只讨论常温固体电解质电池。

9.4.2 离子导电机理

固体电解质是固体电解质电池的核心，它是离子导电的固态晶体。固体电解质的离子导电机理与其晶体结构有着密切关系。根据晶体结构，固体电解质大致可以分成三类。

① 有晶格缺陷的晶体结构。目前负离子导电的固体电解质都属于这一类，主要有卤素离子导电体和氧离子导电体。例如 β-PbF_2，当掺入 NaF 时，晶格上缺少 F^-，形成晶格 F^- 空位的缺陷；而添加 LaF_3 时，晶格容纳不下所有的 F^-，一部分 F^- 处于晶格间，产生晶格间离子的缺陷。氧离子导电体需要 1000℃ 左右的高温才有相当的导电性，故也称为高温固体电解质。

② 晶体结构中有离子通道。结构上有层状结构的层间间隙或者某种离子通道，离子易于在其中迁移。因此，其单晶导电有异向性。钠硫电池的 $β''$-Al_2O_3 就属于这一类。

③ "平均结构" 的晶体结构。在晶体结构中，导电离子数目比其可以占据的位置数目少得多。例如 150℃ 以上的 AgI，晶胞中有两个 AgI，这两个 Ag^+ 有 42 个能量上等价的位置可以占据。因此，不同晶胞的 Ag^+ 可以占有不同位置，整个晶格相当于统计上的平均结构。Ag^+ 在这些空位置之间迁移时，所需的活化能很小，所以，其离子导电性比较高。当然，Ag^+ 占据的位置也可连接成某种通道，但这和上述有方向性的离子通道在本质上是不同的。

固态时有较高的离子电导率时，称为 "超离子导电体"。属于上述分类中的第②、③类的正离子导电体，一般有较高的离子电导率。

目前已发现的室温离子导电性高的固体电解质，研究较多的是 Ag^+ 导电体，绝大多数是 AgI 系，主要属于上述分类中的第③类。

固体电解质在远低于其熔点的情况下，就具有相当大的电导率，大多数固体电解质，在固体中有相变化。它的低温相称为 β 相，高温相称为 α 相。β 相一般是低导电性的，而 α 相则具有很高的导电性。当达到 β→α 的相转变温度时，电导率发生突跃变化，电导率突然增加，固体电解质 β→α 相转变是一种特殊的熔融现象。例如 AgI 是固体离子型化合物，在室温下不超过 10^{-5}S·cm^{-1}，而在熔融状态时可达 5S·cm^{-1}（图 9-44）。

固体电解质在 β→α 相转变过程中，不仅导电性能有突跃的变化，而且有比较大的熵变（ΔS）。熵的增加表明其晶格结构混乱程度的增长。随着混乱程度的增长，伴有电导率的剧烈增大，这说明 β→α 相转变是从规则的、较牢固的晶格（β 相）转变到不规则的、较松弛的晶格（α 相）。这种相变化是一种规则晶格与不规则晶格之间的转变。

固体电解质的导电机理由其结构特点决定。它们的结构多半是由较大的负离子（或结合负离子）构成的牢固的晶格，而较小的一价正离子在这个晶格间有许多可占据的空位置，使其易于迁移。晶格空间位置与晶格之间总位置的比例越大，则电导率越高。当然，这不是唯一的因素，负离子的晶格和正离子的晶格之间的相互作用，也是重要因素。

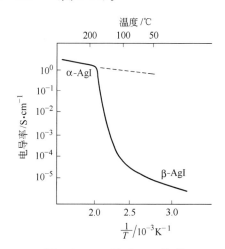

图 9-44　AgI 的 β→α 转变

常温固体电解质，大多是由半径较大的负离子和半径较小的正离子构成的。例如 I^- 的晶体离子半径为 2.18Å（1Å＝0.1nm），所以 I^- 的晶体容易形成开敞的结构，使半径较小的

Ag^+ （1.13Å）容易在其间迁移。

室温下 $RbAg_4I_5$ 的电导率为 $0.26S \cdot cm^{-1}$，可以认为是由较大正离子 Rb^+（半径为 1.46Å）与 I^-（半径为 2.18Å）形成较大的络离子 RbI_5^{4-}（Rb^+-I^- 的距离为 3.62Å）。这些大的负离子可形成各种多边形的通道，而使较小的 Ag^+ 易于在其中迁移。

9.4.3　常温固体电解质电池

早期研制的固体电解质电池有 $Ag|AgBr|CuBr_2$-C、$Ni|SnSO_4|PbO_2$、$Ag|AgI|V_2O_5$-C、$Ag|AgCl|KICl_4$-C 以及二次电池 $Ag|AgI|Pt$。大部分电池采用 Ag 负极，放电时 Ag 形成 Ag^+，Ag^+ 通过固体电解质，从正极获得电子而重新变成 Ag 或 Ag 的卤化物。但电池的放电电流很小，仅是微安级。后来采用了离子电导率高的固体电解质 $RbAg_4I_5$、KAg_4I_5，同时又使用了新的有机正极材料，使电池性能得到很大提高，放电电流密度可达到毫安级。比较成熟的常温固体电解质电池有银碘电池及锂碘电池。

(1) 银碘电池

电池表达式　　　　　　　　$Ag|RbAg_4I_5|RbI_3$-C

电池反应式

负极　　　　　　　　　　$14Ag \longrightarrow 14Ag^+ + 14e^-$

正极　　　　$14Ag^+ + 7RbI_3 + 14e^- \longrightarrow 3RbAg_4I_5 + 2Rb_2AgI_3$

总反应　　　　$14Ag + 7RbI_3 \longrightarrow 3RbAg_4I_5 + 2Rb_2AgI_3$

若温度低于 27℃，固体电解质 $RbAg_4I_5$ 将分解成 Rb_2AgI_3 及 AgI，这时放电反应变为

$$4Ag + 2RbI_3 \longrightarrow 3AgI + Rb_2AgI_3$$

由于电池系统是完全固态的，电化学反应发生在电极与电解质接触的界面上，因而界面上反应物一旦消耗完，反应就会停止。为此，必须在正极与负极中都加入一部分电解质 $RbAg_4I_5$，以增大电极/电解质界面面积，提高活性物质利用率。此外，在活性物质中添加一些电子导电的惰性材料如石墨等，以使整个电池在放电过程中，电池活性物质与集流体保持良好的接触。

$Ag|RbAg_4I_5|RbI_3$-C 电池开路电压为 0.66V，放电电压比较平稳。放电电流密度 $1 \sim 2mA \cdot cm^{-2}$，瞬时放电可达 $100 \sim 200mA \cdot cm^{-2}$。理论比能量为 $48W \cdot h \cdot kg^{-1}$，实际比能量只有 $5.3W \cdot h \cdot kg^{-1}$。

固体电解质电池由于采用了固体电解质，有较长的储存寿命。但银碘电池在长期储存后会失效。例如，在储存期间内阻升高，两年内内阻从十几欧姆升到几千欧姆。容量下降的主要原因是碘经过电解质 $RbAg_4I_5$ 扩散到负极 Ag 上，生成 β-AgI 阻挡层，使负极不能继续放电。一般采取在 $RbAg_4I_5$ 中添加有机黏结剂及 Ag 粉的措施，用以防止 AgI 生成，在 $RbAg_4I_5$ 中添加有机黏结剂还可以防止 I_2 的扩散。如果有 I_2 扩散到电解质中，则储存时 I_2 进入负极区会引起容量下降，从这点出发可以测定不同储存时间 AgI 面在 $RbAg_4I_5$ 中的位置，推测 AgI 面到达 Ag 极的时间，从而预测电池的储存寿命。

在银碘电池中正极活性物质除采用 RbI_3 外，还可以采用其他多碘化合物，而不是直接采用 I_2。因为 I_2 的反应是

$$2Ag + I_2 \Longleftrightarrow 2AgI$$

其电动势为 $0.68 \sim 0.69V$，大于 $RbAg_4I_5$ 的分解电压。所以，正极活性物质不用 I_2 而用氧化性较低的含碘物质。除 RbI_3 以外，目前还采用 $(CH_3)_4NI$、$(CH_3)_2(C_2H_5)_2NI$、$(CH_3)_4NI_9$、$(CH_3)_4NI_5$ 为正极材料。例如电池 $Ag|RbAg_4I_5|(CH_3)_4NI_9$，在 15℃时，储存寿命为 25 个月；而电池 $Ag|RbAg_4I_5|(CH_3)_4NI_5$，在 23℃ 及 15℃ 时，储存寿命可达 5 年。

(2) 锂碘电池　锂碘电池于 20 世纪 60 年代后期开始研制，目前已有三类。

① Li｜LiI-Al$_2$O$_3$｜PbI$_2$＋PbS-Pb 电池。这类电池的负极活性物质为金属锂，正极活性物质为 PbI$_2$、PbS 或 PbI$_2$＋PbS（质量比为 1∶1），集流体为 Pb。电解质为 LiI-Al$_2$O$_3$ 粉末压成的薄片，其常温电导率为 10^{-5} S·cm^{-1}。

电池反应

$$2Li＋PbI_2 \longrightarrow 2LiI＋Pb$$
$$2Li＋PbS \longrightarrow Li_2S＋Pb$$

前者开路电压为 1.9V，后者开路电压为 1.8V。PbI$_2$ 及 PbS 均可作为正极。由于 PbO 及 S 等杂质的存在，初始开路电压可达 2.0V，随后将下降至 1.9V 左右。在低放电率条件下，电池体积比能量可达 490W·h·L^{-1}，电池可在较高温度下储存。

② Li-PC＋LiClO$_4$｜Li-β-Al$_2$O$_3$｜PC＋LiClO$_4$-I$_2$ 电池。电池的电解质为 LiClO$_4$ 所饱和的碳酸丙烯酯（PC），并含有 0.1mol·L^{-1} (C$_4$H$_9$)$_4$NBF$_4$。Li-β-Al$_2$O$_3$ 陶瓷隔膜有管式和片式两种。

电池开路电压为 3.6V，电池内阻比较大。片式电池 22℃ 下工作电流密度为 1μA·cm^{-2} 时，电池工作电压为 2.0V；管式电池工作电流密度为 100μA·cm^{-2} 时，电池工作电压为 3.4V 及 2.2V（前者隔膜中 Na$^+$ 被置换 1.34%，后者 Na$^+$ 被置换 84.7%）。

③ 反应生成 LiI 电解质的锂碘电池。电池负极为金属锂片，正极为聚二乙烯吡啶（P2VP）与碘的配合物。将聚二乙烯吡啶加热到 I$_2$ 结晶温度以上，然后加 I$_2$ 形成黏稠但有流动性的电荷转移配合物。

两电极直接紧密接触，自然产生固体电解质 LiI 层。其厚度约为 1μm，电池开路电压为 2.8V。

电池放电过程中组分总体积无大变化，没有气胀、短路或隔膜破裂等问题。电池内阻主要来自电解质的电阻，而且它随放电过程的延续而增大，工作电压随 LiI 层的厚度增加而下降。电池的自放电是由碘扩散引起的。由于自放电而增加的内阻与搁置时间的平方根成正比，可以推断每 10 年自放电率平均不到 10%。

锂碘电池具有密封性好，可靠性强，长寿命等优点。日本松下电器公司试制的扣式超薄型锂碘电池 JR2210 型，高 1.0mm，采用 1-正

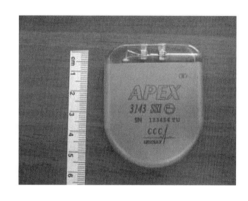

图 9-45　用于心脏起搏器的锂碘电池

丁基吡啶多碘化物代替聚二乙烯吡啶，提高了电流密度和密封性能，微电流放电能获得与锂有机电解质电池一样高的比能量。

由于锂碘电池的寿命可长达 10 年以上，这类电池多用于心脏起搏器中（图 9-45）。起搏器的电极导线材料用铂金制成，化学性能稳定，电阻率低，力学强度大。电极头经特殊的工艺及生化处理，易在心肌局部固定，不易脱位和断裂，可使用 20 年以上不需更换，而且具有优越的感知和起搏功能。

9.5　钠离子电池

9.5.1　概述

自锂离子电池 1991 年商品化以来，因其高能量/功率密度、重量轻、体积小等特点，小

型电池现已广泛用于移动电话、摄像机、笔记本电脑等便携式电子设备。随着锂离子电池逐渐应用于电动汽车及在智能电网和可再生能源大规模储能领域的示范应用，尤其是受益于新能源汽车的发展，锂资源需求量将保持持续快速增长状态。然而，锂在地壳中的储量有限（图 9-46），且分布不均匀。数据显示，全球锂资源探明资源量约为 5300 万吨，主要分布在智利、阿根廷、澳大利亚、中国等国家，其中智利锂储量约占全球 52.0%，中国占比为 22.1%，阿根廷占比为 13.8%，澳大利亚占比为 11.1%，上述四个国家锂探明储量之和占全球总探明储量的 99%，基本上垄断了全球锂资源。

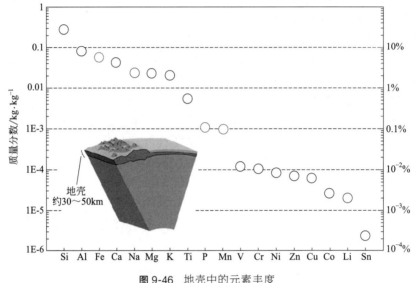

图 9-46　地壳中的元素丰度

锂主要以碳酸锂的形式出售，其次是氢氧化锂，这两种化合物通常用作生产可充电电池和一次电池的电极材料。电池领域是全球锂需求增量的主要来源，根据锂业分会数据，结合 EVTank 和高工锂电等资料，预计 2025 年全球锂需求将达到 50.9 万吨碳酸锂当量（lithium carbonate equivalent，LCE）。2016～2020 年锂消费年化复合增速（compound annual growth rate，CAGR）则达到 16.8%。其中，电池领域锂需求占比约 62.3%，成为锂需求结构中最重要的组成部分。考虑到锂资源消费的复合增长率及可开采锂资源，对于发展应用于智能电网或可再生能源大规模电能储存的长寿命储能电池来说，锂资源将会是一个瓶颈。因此，从能源发展和利用的长远需求来看，利用地球储量丰富的元素发展低成本、高安全和长循环寿命的化学电源体系是一个重要任务。

地球上钠元素资源丰富，为第 6 丰富元素，且分布广泛；同时，钠具有与锂相似的物理化学性质（表 9-4）。钠离子电池并非一种新型的化学电源体系，早在 20 世纪 70～80 年代，钠离子电池和锂离子电池曾同时得到广泛研究。但是，随着锂离子电池的商业化及快速发展，钠离子电池的研究逐渐被忽视。

表 9-4　金属锂和钠物理化学性质、分布及成本比较

项目	Na	Li
离子半径/Å	1.02	0.76
原子量	23	6.9
$E^{\ominus}$ (vs. SHE)/V	−2.71	−3.04
金属电极理论容量/mA·h·g^{-1}	1166	3861
金属电极理论容量/mA·h·cm^{-3}	1131	2062

项目	Na	Li
A-O 配位	八面体或三棱柱	八面体或四面体
熔点/℃	97.7	180.5
储量丰度/mg·kg^{-1}	23.6×10^3	20
分布	广泛	70%位于南美洲
成本(碳酸盐)/元·kg^{-1}	约 2	约 40

钠离子电池与锂离子电池类似，都是通过离子的嵌入和脱出实现其储能过程（图 9-47），但 Na$^+$ 半径大于 Li$^+$，会影响相的稳定性、传输性能和中间相的形成。Na 原子也比 Li 原子重，标准电极电势比锂高约 0.3V。因此，钠离子电池的质量和体积能量密度均难以超过锂离子电池，在对能量密度有较高需求的便携式电源设备和电动汽车领域，钠离子电池可能难以胜任，但在对能量密度和体积要求不高的大规模储能领域，低成本的钠离子电池可能是储能电池中期或远期的发展目标；而且，不同于锂离子电池只能用 Cu 作为负极的集流体（Al 作为负极集流体时会与锂反应），在钠离子电池中 Al 可以代替 Cu 集流体，既可以用在正极，也可以用在负极，从而降低电池的成本和重量。

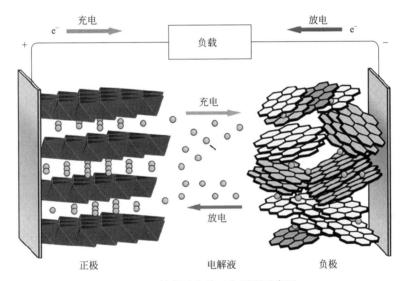

图 9-47　钠离子电池工作原理示意图

目前，国内外各研究组已经提出了多种钠离子电池电极材料，一般均借鉴锂离子电池进行研究，主要包括正极材料、负极材料、电解液和添加剂等。正极材料包括层状和隧道结构的过渡金属氧化物、过渡金属硫化物和氟化物、聚阴离子型、普鲁士蓝类化合物和有机材料等；负极材料包括碳类、氧化物/硫化物、合金类和有机材料等；电解液包括有机和水系电解液等。以下将分别加以介绍。如没有特殊说明，钠离子电池指的是有机电解液电池。

9.5.2　正极材料

正极材料是钠离子电池的关键材料之一，直接影响电池的工作电压和比容量。目前研究较多的钠离子电池正极材料理论容量和电压关系如图 9-48 所示。

9.5.2.1　层状结构过渡金属氧化物正极材料

过渡金属氧化物按其结构主要分为层状结构氧化物和隧道结构氧化物。当钠含量较高时，一般以层状结构为主。层状氧化物是研究较多的正极材料之一，以 Na$_x$MO$_2$（M＝Fe，

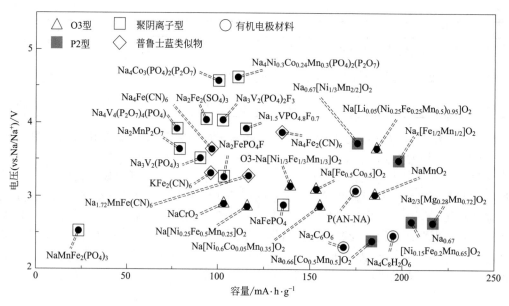

图 9-48　钠离子电池正极材料理论容量和电压关系

Co，Mn，Cr，V 等过渡金属）为主。层状氧化物由共边排列的 MO_6 组成过渡金属层，钠离子位于 MO_6 八面体层间，根据 Na^+ 的配位环境和氧的堆垛方式不同，一般把层状氧化物分为 On 型和 Pn 型（$n=2$、3）（图 9-49），O、P 分别代表 O 与 Na 是八面体（octahedral）和棱柱体（prismatic）配位，n 为过渡金属占据不同位置的数目。O3 型层状氧化物由"三个不同的 MO_2 层"（AB，CA，BC 层）组成，Na 离子位于 MO_2 层间的八面体位点；当 MO_2 层发生滑移时形成新的堆垛形式（AB，AC，AB 层），晶体结构中有 AB 和 AC 两种不同的 MO_2 层，AB 和 AC 间留有八面体位置，形成 O2 型。O2 型和 O3 型都具有氧的密堆积排列。P3 型的排列方式为 ABBCCA 堆积，P2 型结构为 ABBA 堆积。由于在充放电过程中，时常发生晶胞的畸变或扭曲，这时需要在配位多面体类型上面加符号"'"。例如，$O'3$ 和 $P'3$ 表示 O3 和 P3 相的单斜形变。

伴随 Na_xMO_2 中 Na^+ 的脱出，碱金属层会出现 Na^+ 空位，不同于 Li^+ 从 Li_xMO_2 中脱出，Na^+ 和 Na^+ 空位（V_{Na^+}）间容易出现不同的有序排列方式，因而在脱嵌 Na^+ 过程中出现多个单相和两相的电化学反应区域，在充放电曲线上表现为多个斜坡和平台。当 Na_xMO_2 中 x 值较高时（x 接近于 1），O3 型是稳定相，M 的平均氧化态接近于 +3 价。在电化学脱嵌钠过程中，O3 结构会发生 $O3 \longleftrightarrow O'3 \longleftrightarrow P3 \longleftrightarrow P'3$ 的可逆结构变化，这些变化由 MO_2 层的滑移产生而非 M—O 键的断裂。Na^+ 从晶体结构中部分脱出时，在能量上有利于形成棱柱体配位，从而产生 Na^+ 空位。同时，钠的脱出引起 Na 层中氧的强烈排斥，因此层间距扩大。相比于 O3 相，$P'3$ 相层间距更大一些，Na^+ 扩散相对较快。

目前，研究的层状氧化物正极材料主要是 O3 相和 P2 相。与 O3 相正极材料相比，P2 相一般具有较高的比容量和较好的循环性能，这可能与 P2 相和 O3 相的结构有关。一方面，Na^+ 在 P2 相中的棱柱体配位空间大于其在 O3 相中的八面体配位空间，使 P2 相中 Na^+ 扩散相对容易；另一方面，P2 相相变需要伴随 MO_6 八面体 $\pi/3$ 角度的旋转，这在能量上不利，从而使 P2 相在脱嵌钠过程中更易保持结构稳定。在储钠层状氧化物材料的研究中，主要工作集中于材料体相元素的掺杂或取代，以此来减弱相转变，提高材料的结构稳定性。

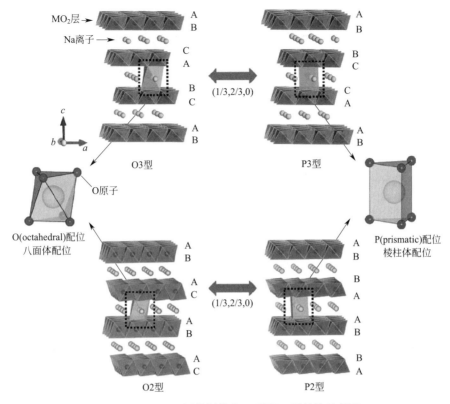

图 9-49 Na-M-O 层状氧化物 O 型和 P 型结构示意图

图中标注：

MO$_2$层 →

Na离子 →

O3型　　P3型

O原子

O(octahedral)配位 八面体配位

P(prismatic)配位 棱柱体配位

O2型　　P2型

（1/3,2/3,0）

O3 型 NaFeO$_2$ 能够发生钠的电化学可逆脱出/嵌入，随着钠离子从晶体中脱出（充电过程），充电容量增加。但当充电电压超过 3.5V 时，可逆容量明显减少。X 射线衍射（XRD）和 X 射线吸收（XAS）研究表明，当充电电压超过 3.5V 时，Fe^{3+} 移动到邻近的四面体位置而变得非常稳定，发生不可逆相转变，导致电化学性能恶化。当截止电压在 3.4V 时，电极材料显示出好的可逆性和小的极化行为，可逆容量达到 80mA·h·g^{-1}，相应于从 NaFeO$_2$ 中可逆脱嵌 0.3mol Na（Na$_{0.7}$FeO$_2$）（图 9-50）。电化学反应可以表示为：

$$NaFeO_2 \xrightleftharpoons[放电]{充电} \square_{0.3}Na_{0.7}FeO_2 + 0.3Na^+ + 0.3e^-$$

Mn 取代部分 Fe 形成的 Na[Fe$_{0.5}$Mn$_{0.5}$]O$_2$ 可逆容量约达到 100mA·h·g^{-1}。Co 取代部分 Fe 的 Na[Fe$_{0.5}$Co$_{0.5}$]O$_2$ 能显著抑制不可逆容量，这是因为占据四面体位置的是 Co 而不是 Fe，而且 Co 的存在能增加电子电导率。该电极材料 30C 倍率下容量仍能达到 102mA·h·g^{-1}。NaFeO$_2$ 和 NaNiO$_2$ 形成的固溶体 NaFe$_{1-x}$Ni$_x$O$_2$（0≤x≤1），通过 Fe^{3+}/Fe^{4+} 和 Ni^{3+}/Ni^{4+} 氧化还原电对，也可增加容量和保持率。不含 Fe 的 Na[Ni$_{0.5}$Mn$_{0.5}$]O$_2$ 中 Ni 和 Mn 的平均氧化态分别为 +2 价和 +4 价，2 电子反应使该材料在 2.5～4.5V 电压范围内放电容量达到 185mA·h·g^{-1}，但电极性能优化后需限制截止电压到 3.8V，20 次循环后容量约为 100mA·h·g^{-1}。三元组分的 Na[Ni$_{1/3}$Fe$_{1/3}$Mn$_{1/3}$]O$_2$ 在 2～4V 电压范围内，放电容量可以达到 120mA·h·g^{-1}。X 射线近边吸收光谱（XANES）分析显示 Na[Ni$_{0.25}$Fe$_{0.5}$Mn$_{0.25}$]O$_2$ 中，Ni、Fe、Mn 的价态分别为 +2 价、+3 价和 +4 价，在 2.1～3.9V 间电化学活性物种为 Ni^{2+}/Ni^{4+} 和 Fe^{3+}/Fe^{4+}，Mn 保持电化学非活性状态，维持晶体结构的稳定性。为了避免 Fe 在充电时发生移动，三元组分电极材料电压一般限制在 3.9V 以内，这也限制了 O3 型层状氧化物的放电容量（140～

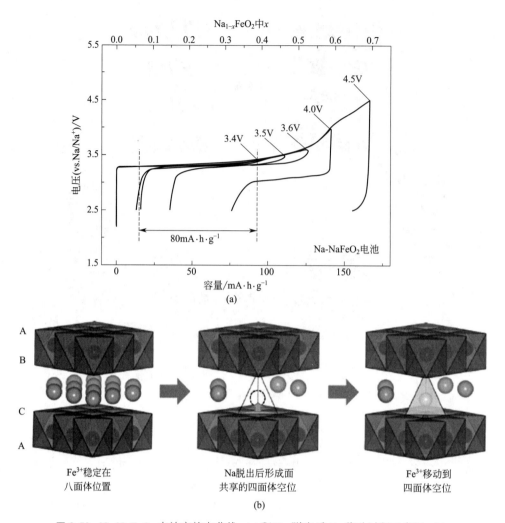

图 9-50 Na-NaFeO$_2$ 电池充放电曲线 (a) 和 Na 脱出后 Fe 移动过程示意图 (b)

180mA·h·g^{-1})。

P2 型 Na$_x$[Fe$_{0.5}$Mn$_{0.5}$]O$_2$ 在充电到 3.8~4.2V 时，可逆容量能够达到 190mA·h·g^{-1}，能量密度约 520W·h·kg^{-1}，与 LiFePO$_4$ 相当。但其密度（4.1g·cm^{-3}）高于 LiFePO$_4$（3.6g·cm^{-1}）。3.8V 时通过 Mn^{3+}/Mn^{4+} 的氧化，P2 相可以保持稳定；在 4.2V 时 P2 相向 OP4 相转变。也有研究指出，脱钠电压到 4.3V 后形成的不是 OP4 相，而是一个新的、没有索引号的"Z"相(Na$_x$[Fe$_{0.5}$Mn$_{0.5}$]O$_2$, 0.25<x<0.35)[图 9-51(a),(b)]。该相的形成是由于 Fe^{3+} 移动到邻近层间四面体位置的结果，尽管会引起电池极化，但这一移动过程是高度可逆的。Ni 取代 Fe 能有效缓解 Fe^{3+} 的移动，从而改善循环性能。P2 型 Na$_{2/3}$-[Ni$^{2+}_{1/3}$Mn$^{4+}_{2/3}$]O$_2$ 材料基于 Ni^{2+}/Ni^{4+} 的氧化还原反应，在 2~4.5V 电压范围内容量约为 160mA·h·g^{-1}，平均工作电压为 3.5V。因为 Ni^{2+} 和 Mn^{3+} 的离子尺寸相似，Ni^{2+} 倾向于占据 Mn^{3+} 的位置，不同于 P2 型 Na$_{2/3}$MnO$_2$ 充放电时发生 Mn^{3+} 的 Jahn-Teller 形变，其充放电表现为 P2-O2 的相转变过程[图 9-51(c)]。通过制备复合相的 P2/P3 型 Na$_{2/3}$-[Co$_{0.5}$Mn$_{0.5}$]O$_2$ 化合物也能改善容量和循环性能，与纯 P2 型 Na$_{2/3}$[Co$_{0.5}$Mn$_{0.5}$]O$_2$ 相比，双相化合物在 1.5~4.3V 电压范围，0.1C 倍率下容量可以达到 180mA·h·g^{-1}，5C 倍率下循环 100 次容量保持在 125mA·h·g^{-1}，容量保持率为 91%。

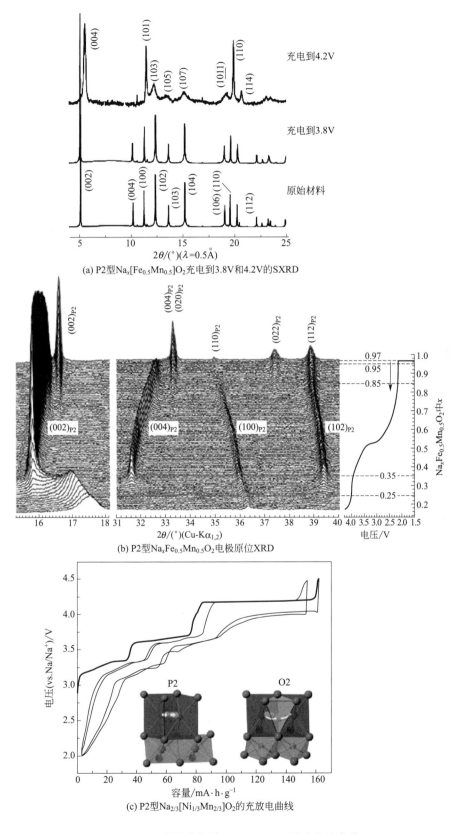

(a) P2型$Na_x[Fe_{0.5}Mn_{0.5}]O_2$充电到3.8V和4.2V的SXRD

(b) P2型$Na_xFe_{0.5}Mn_{0.5}O_2$电极原位XRD

(c) P2型$Na_{2/3}[Ni_{1/3}Mn_{2/3}]O_2$的充放电曲线

图 9-51   P2 型化合物的 SXRD、XRD 和充放电曲线

与 O3 型层状结构相比，P2 型层状化合物脱/嵌钠是简单的相变过程，在循环过程中保持初始结构方面具有明显优势。但 P2 型材料也存在体积变化较大、制备样品时钠缺乏（富钠相是亚稳相）造成第一个循环不可逆容量过大的固有问题，有研究建议添加牺牲性的盐如 NaN_3 作为额外的 Na^+ 源，以补偿 P2 型结构的缺 Na 问题。

中国科学院物理研究所在国际上首次发现含钠层状氧化物中 Cu^{2+}/Cu^{3+} 氧化还原电对高度可逆，并基于这一现象，设计和制备了低成本、环境友好的 $Na_x Cu_i Fe_j Mn_k M_y O_{2+\beta}$ 系列层状氧化物正极材料（M 为对过渡金属位进行掺杂取代的元素）。通过适量 Cu 的引入有效提升了材料的导电性能和电化学性能，具有类似 Ni 或 Co 的功能，而 Cu 的原材料成本远低于 Co 或 Ni。该系列层状氧化物代表性材料有 $O3-Na_{0.9}[Cu_{0.22}Fe_{0.30}Mn_{0.48}]O_2$、$P2-Na_{7/9}[Cu_{2/9}Fe_{1/9}Mn_{2/3}]O_2$、$O3-Na[Cu_{1/9}Ni_{2/9}Fe_{1/3}Mn_{1/3}]O_2$ 等。其中，$O3-Na_{0.9}-[Cu_{0.22}Fe_{0.30}Mn_{0.48}]O_2$ 正极材料可以实现 0.4 个 Na^+ 的可逆脱嵌，可逆容量为 $100mA\cdot h\cdot g^{-1}$，平均工作电压 3.2V，首周效率为 90.4%，倍率性能良好，循环性能优异（100 周后容量保持率在 97%）。另外，该正极材料在空气中相比其他 O3 型层状氧化物材料表现出了良好的循环稳定性。

因层状氧化物的工作电压和结构稳定性受到 O-2p 轨道的制约，与锂离子电池中情形相同，所以 $Na_x MO_2$ 在电化学过程中的结构稳定性较差是在实际应用中需要考虑的问题。目前，针对这类材料主要是采用离子掺杂或取代（如 Li^+、Mg^{2+}、Ca^{2+}、Zn^{2+}、Al^{3+} 和 Ti^{4+} 等）的方式来减弱相变的影响，从而提高层状氧化物的结构稳定性。另外，绝大部分层状含钠氧化物在空气中容易吸水或不稳定，如何提高其稳定性也是这类材料得到应用时所需解决的问题。

9.5.2.2　隧道结构过渡金属氧化物正极材料

隧道结构正极材料通常具有开放结构，允许 Na^+ 可逆嵌入/脱出，尤其是三维结构，Na^+ 可以沿着 x、y、z 方向快速扩散。大部分材料可以在较低温度下合成，具有大的比表面积和小的颗粒尺寸分布，倍率性能优良。

低 Na/Mn 比的 Na-Mn-O 化合物如 $Na_{0.2}MnO_2$、$Na_{0.4}MnO_2$ 或 $Na_{0.44}MnO_2$ 具有三维隧道结构，其中研究较多的是 $Na_{0.44}MnO_2$。$Na_{0.44}MnO_2$ 中全部的 Mn^{4+} 和一半的 Mn^{3+} 占据八面体位置（MnO_6），另一半 Mn^{3+} 占据四方锥形多面体位置（MnO_5），它通过角共享形成两种类型的隧道结构：每个单元中包含带有 4 个 Na 位点的 S 形隧道结构和两个相同的五边形隧道结构，不规则的小通道 Na 位点几乎被全部占满，S 形隧道结构被占据一半，Na^+ 沿 c 轴快速移动，贡献容量（图 9-52）。在 $0.18 \leqslant x \leqslant 0.64$ 范围内，$Na_{0.44}MnO_2$（2～3.8V）可以实现可逆的 Na 存储，表现出至少 6 个不同的两相反应区域。$Na_{0.44}MnO_2$ 可通过多种方法合成，如热解法、固相法、溶胶-凝胶法、水热合成法等。利用聚合物热解方法合成的单晶 $Na_{0.44}MnO_2$ 纳米线，首次放电容量为 $128mA\cdot h\cdot g^{-1}$（$0.1C$，2.0～4.0V），在 $0.5C$ 下循环 1000 次后容量保持 77%，显示出良好的循环稳定性。在全电池中，$Na_{0.44}MnO_2$ 只能实现 0.22Na 的可逆循环（约 $45mA\cdot h\cdot g^{-1}$），容量较低。如何调整该结构和组成以实现更高的储钠容量，需要进一步研究。

通过元素取代可以提高材料的可逆容量，如用 Ti 取代得到的 $Na_{0.54}[Mn_{0.50}Ti_{0.51}]O_2/C$ 正极材料比容量提高至 $137mA\cdot h\cdot g^{-1}$，循环 400 次后容量保持率在 85%。通过 Ti^{4+} 部分取代 Mn^{4+} 得到的 $Na_{0.44}[Mn_{0.61}Ti_{0.39}]O_2$ 可以再嵌入 0.17 个 Na^+，将钠的含量提高到 0.61，得到 $Na_{0.61}[Mn_{0.61}Ti_{0.39}]O_2$，有效提高了可逆容量。同时，钛的取代改变了材料在充放电过程中的电荷补偿机制，打破了材料中 Mn^{3+}/Mn^{4+} 的电荷有序性，得到了较为平滑的充放电曲线。

利用具有高电位的 Fe^{3+}/Fe^{4+} 氧化还原电对替换部分低电位的 Mn^{2+}/Mn^{3+}，设计、制备出空气中稳定的 Fe 基隧道型氧化物正极材料 $Na_{0.61}$-$[Mn_{0.27}Fe_{0.34}Ti_{0.39}]O_2$。通过高分辨球差校正电镜确定了该材料中的各原子占位及其充放电过程中的结构变化。该正极材料在 $2.5\sim4.2V$ 电压范围内首周可逆容量可达 $90mA\cdot h\cdot g^{-1}$，同时表现出较高的放电电压（3.56V）。穆斯堡尔谱证实了充放电过程中 Fe^{3+}/Fe^{4+} 氧化还原电对参与了电化学反应。使用该正极和硬碳负极组装的非水钠离子全电池的能量密度可达 $224W\cdot h\cdot kg^{-1}$（根据正、负极质量之和计算得到），并具有较好的倍率和循环性能。

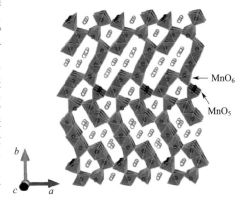

图 9-52 $Na_{0.44}MnO_2$ 晶体结构示意

$\alpha\text{-}MnO_2$ 和 $\beta\text{-}MnO_2$ 因具有 2×2 和 1×1 的隧道结构，作为无钠的锰氧化物也用于正极材料研究。$\alpha\text{-}MnO_2$ 纳米棒首次放电容量约为 $280mA\cdot h\cdot g^{-1}$，但 100 次循环后容量仅剩 $75mA\cdot h\cdot g^{-1}$；而 $\beta\text{-}MnO_2$ 纳米棒首次放电容量约为 $300mA\cdot h\cdot g^{-1}$，100 次循环后容量仍保持在 $145mA\cdot h\cdot g^{-1}$，这主要是由于 $\beta\text{-}MnO_2$ 中存在较多的空隧道以容纳 Na^+。此外，还研究了其他三维隧道结构，如 $\beta\text{-}Na_xV_2O_5$、$VO_2(B)$、金属氟化物 $NaMF_3$（M=Fe，Mn，Ni）等。

9.5.2.3 聚阴离子型正极材料

聚阴离子型正极材料包括橄榄石结构的 $NaMPO_4$、NASICON 结构的 $Na_3V_2(PO_4)_3$、焦磷酸盐 $[Na_2MP_2O_7，Na_4M_3(PO_4)_2P_2O_7]$、氟化磷酸盐 $[NaVPO_4F，Na_2MPO_4F，Na_3(VO_x)_2$-$(PO_4)_2F_{3-2x}]$（M=Fe，Co，Mn）等，具有强共价键连接成的三维网络结构以及 PO_4^{3-} 四面体的诱导效应，相对层状氧化物，具备更高的电压、良好的结构稳定性和热稳定性。同时，相对于氧化物，聚阴离子型材料的电子电导率较低，需要使用导电性好的碳材料等进行表面包覆或改性。

$NaFePO_4$ 热力学稳定的结构并非橄榄石（olivine）结构，而是磷铁钠矿（maricite）结构。沿 b 方向，olivine-$NaFePO_4$ 具有一维的 Na^+ 传输通道，而 maricite-$NaFePO_4$ 缺少 Na^+ 传输通道（图 9-53）。因此，maricite-$NaFePO_4$ 一般表现为非电化学活性。olivine-$NaFePO_4$ 一般难以直接合成，可以通过软化学方法制备。例如，采用 olivine-$LiFePO_4$ 化学或电化学脱 Li 后再通过电化学嵌 Na 的方法获得 olivine-$NaFePO_4$。电化学性能依赖于其晶体结构。无定形 $NaFePO_4$ 显示出高放电容量（约 $150mA\cdot h\cdot g^{-1}$），但电压较低（2.4V）、放电平台倾斜；而 olivine-$NaFePO_4$ 具有高的放电电压和两个明显的电压平台（平均电压为 3V），放电容量超过 $120mA\cdot h\cdot g^{-1}$。但与 $LiFePO_4$ 不同的是，在充电过程中，首先通过固溶体反应生成 $Na_{0.7}FePO_4$ 中间相，再经两相反应得到 $FePO_4$；放电时发生 $FePO_4$、$Na_{0.7}FePO_4$ 和 $NaFePO_4$ 三相共存的反应，导致 $NaFePO_4$ 在充放电过程中的不对称性，使其实际容量受限。与 $LiFePO_4$ 相比，$NaFePO_4$ 的电荷转移电阻高，Na^+ 扩散系数约低两个数量级，因此需要采用纳米结构设计和碳包覆来提高其电化学性能。采用拓扑（topotactic）反应方法制备的 olivine-$NaMn_{0.5}Fe_{0.5}PO_4$，Na^+ 在脱嵌过程中表现为平滑的斜坡行为，允许 $0.6mol$ Na^+ 进入 $Na_xMn_{0.5}Fe_{0.5}PO_4$，并且随 Mn 含量的增加材料动力学性能变差。

焦磷酸盐类 $Na_2MP_2O_7$（M=Fe，Co，Mn 等）具有多种不同的结构构型（图 9-54），包括三斜结构（空间群 $P1$）、单斜结构（空间群 $P2_1/c$）和四方结构（$P4_2/mnm$），$P1$-

$Na_2MP_2O_7$ 由 MO_6 八面体和 PO_4 以交错方式连接。其中，M_2O_{11} 二聚体（MO_6 八面体共顶点连接）与 P_2O_7（两个 PO_4 四面体共顶点连接）分别以共顶点和共棱连接，（011）投影方向为 Na 存储方向。$P2_1/c$-$Na_2MP_2O_7$ 具有层状结构，可以看成每个 MO_6 八面体与 6 个 P_2O_7 共顶点连接，沿（001）方向 MO_6 八面体层与 P_2O_7 层平行交替排列，（110）投影方向为 Na^+ 的通道方向。$P4_2/mnm$-$Na_2MP_2O_7$ 具有较高的结构对称性，与前两者不同，M^{3+} 为四面体配位，每个 MO_4 四面体与 4 个 P_2O_7

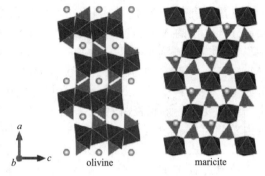

图 9-53　$NaFePO_4$ 的两种结构示意图

连接，（001）方向为 Na^+ 的通道方向。三种不同结构的 $Na_2MP_2O_7$ 均具有 Na^+ 传输的通道方向，因此均可实现可逆的 Na 存储。

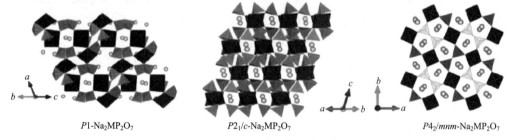

图 9-54　$Na_2MP_2O_7$ 的三种结构示意图

$P1$-$Na_2MP_2O_7$ 具有 3V 左右的平均脱嵌钠电位，容量为 83mA·h·g^{-1}，具有单相和两相两种反应机制。后来，$P1$-$Na_{2-x}Fe_{1+x/2}P_2O_7$、$P1$-$Na_2MnP_2O_7$、$P2_1/c$-$Na_2CoP_2O_7$ 和混合磷酸盐的 $Na_4M_3(PO_4)_2P_2O_7$（M ＝ Mn，Co，Ni）等被相继报道。$Na_4Fe_3(PO_4)_2P_2O_7$ 能获得 105mA·h·g^{-1} 的容量和 3.2V 的电压（图 9-55）；$Na_4Co_3(PO_4)_2P_2O_7$ 工作电压能达到 4.5V，在钠正极体系中几乎是最高的，而且在 25C 倍率（4.25A·g^{-1}）下容量也能达到 80mA·h·g^{-1}；通过 Ni 和 Mn 取代部分 Co$\{Na_4[Co_{2.4}Mn_{0.3}Ni_{0.3}](PO_4)_2P_2O_7\}$ 可以减轻电压平台的数量。

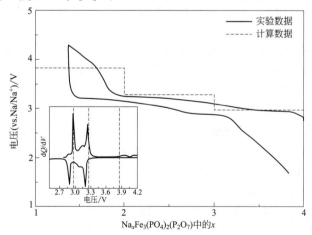

图 9-55　$Na_4Fe_3(PO_4)_2P_2O_7$ 在 $C/40$ 倍率下的充放电曲线(内嵌图为充放电曲线的 dQ/dV 曲线)

其他焦磷酸盐如 $Na_7V_4(P_2O_7)PO_4$（图 9-56），由 $(VP_2O_7)_4PO_4$ 基本单元组成 Na^+ 扩散的三维通道，基于 V^{3+}/V^{4+} 的氧化还原反应，$Na_7V_4(P_2O_7)PO_4$ 在 3.88V 显示出双相反应的电压平台，容量约为 $90mA \cdot h \cdot g^{-1}$。添加还原石墨烯后，循环 1000 次容量保持率可以维持在 78%。焦磷酸盐类正极材料平均电位和容量均较低（< $100mA \cdot h \cdot g^{-1}$），作为实际钠离子电池，正极能量密度较低，导电性及动力学性能较差，应用潜力不大。

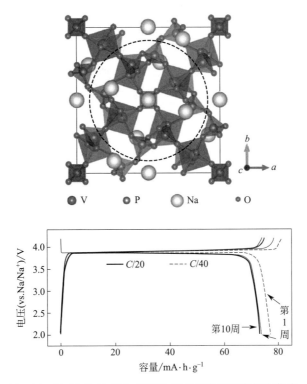

图 9-56 $Na_7V_4(P_2O_7)PO_4$ 的晶体结构示意图及充放电曲线

NASICON（Na super ionic conductor）结构化合物是一种快离子导体材料，一般具有较高的离子扩散速率，具有三维开放离子输运通道。NASICON 结构式可表示为 $A_xM_2(PO_4)_3$（A= Li，Na 等；M = 过渡金属 TM），每个 MO_6 八面体与 6 个 PO_4 四面体通过共顶点连接，构成 NASICON 三维骨架结构。其中，碱金属离子 A^+ 可占据六配位（$A1$，$6b$）和八配位（$A2$，$18e$）两种不同的骨架空隙位置（图 9-57）。

$Na_3V_2(PO_4)_3$ 是一种典型的 NASICON 材料，能够实现两个 Na^+ 的可逆脱嵌（$A2$ 位置），展现出 3.3～3.4V 的充放电平台和 $117mA \cdot h \cdot g^{-1}$ 的理论比容量。原位 XRD 研究表明，材料储钠机制为典型的两相反应[$Na_3V_2(PO_4)_3$ 和 $NaV_2(PO_4)_3$]，其充放电过程中体积形变较小，约为 8.3%，是一种有前途的钠离子储能电池正极材料。通过表面碳包覆、纳米化、阳/阴离子取代、多孔结构设计和电解液优化，可以有效提升 $Na_3V_2(PO_4)_3$ 的电化学性能。利用水热辅助溶胶-凝胶法合成的核壳结构的纳米 $Na_3V_2(PO_4)_3$@C(Nano NVP@ C)在 0.5C 下，放电容量达到 $104mA \cdot h \cdot g^{-1}$；5C 下首次放电容量约 $95mA \cdot h \cdot g^{-1}$，循环 700 次后容量仍可维持在 $92mA \cdot h \cdot g^{-1}$（图 9-58）。通过基于溶液模板方法制备的多孔 $Na_3V_2(PO_4)_3$/C，$40C(4.68A \cdot g^{-1})$ 倍率下放电容量为 $61.5mA \cdot h \cdot g^{-1}$（2.3～3.9V），能稳定循环 30000 次（容量保持率 50%），其作为负极材料（电压约 1.6V）也能稳定循环

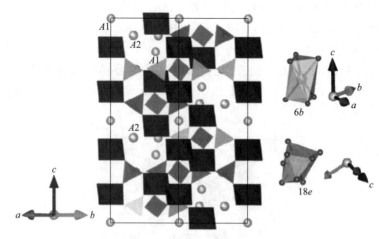

图 9-57　NASICON $A_x M_2(PO_4)_3$ 晶体结构示意图

超过 5000 次，组装的对称全电池输出电压为 1.7V。通过改变 $Na_3 V_2(PO_4)_3$ 凝胶前驱体表面电荷，合成的 $Na_3 V_2(PO_4)_3$@rGO 纳米复合材料在 100C 倍率下容量高达 $73mA \cdot h \cdot g^{-1}$。通过高能球磨预还原合成的 $Na_3 V_2(PO_4)_3$ 材料，再应用 CVD 技术实现原位生长出分级的高导电碳修饰的 $Na_3 V_2(PO_4)_3$/C 材料，$Na_3 V_2(PO_4)_3$ 纳米颗粒表面具有高度石墨化的碳包覆。同时，$Na_3 V_2(PO_4)_3$/C 颗粒之间通过导电碳纤维连接，极大地提高了材料的导电性。该材料在 500C 的电流密度下，可逆比容量仍然可以达到 $38mA \cdot h \cdot g^{-1}$，在 30C 倍率下循环 20000 次，容量保持率为 54%。

　　NASICON 结构的 $Fe_2(MoO_4)_3$ 正极材料也表现出良好的储钠潜力，其工作电压约为 2.6V，理论容量为 $91mA \cdot h \cdot g^{-1}$。采用微乳液法制备的石墨烯包覆 $Fe_2(MoO_4)_3$ 纳米颗粒，在 10C 倍率下循环 100 次后的容量保持率达到 76%。

　　NASICON 结构电极材料具有优良的动力学和循环性能，但钒的大规模使用可能会带来环境和安全问题。因此，设计无毒害、地壳含量丰富的过渡金属 NASICON 结构材料将是一个有意义的研究方向。

　　氟化磷酸盐类具有特殊的结构及较高的过渡金属氧化还原电位，与锂离子电池中相似，其在钠离子电池中的应用也引起了广泛的研究兴趣。多种氟化磷酸盐类被作为钠离子电池正极材料进行研究，如 $Na_2 FePO_4 F$（约 3V，$120mA \cdot h \cdot g^{-1}$）、$Na_2 Fe_{0.5} Mn_{0.5} PO_4 F$（约 3V 和 3.53V，$120mA \cdot h \cdot g^{-1}$）、$NaVPO_4 F$（约 3.5V，$80mA \cdot h \cdot g^{-1}$）、$Na_3 V_2 O_{2x}(PO_4)_2 F_{3-2x}$（约 3.6V 和 4.0V，$100mA \cdot h \cdot g^{-1}$）和 $Na_3 V_2(PO_4)_2 F_3$（约 3.7V 和 4.2V，$120mA \cdot h \cdot g^{-1}$）等。$Na_2 FePO_4 F$ 属于正交晶系，$FeO_4 F_2$ 八面体沿（100）方向以共棱和共顶点方式交替相连，$FeO_4 F_2$ 八面体链之间以 PO_4 四面体共顶点相连构成 $FePO_4 F$ 结构框架，Na 位于 $FePO_4 F$ 层间，二维层状结构为 Na^+ 提供开放式快速传输通道。碳包覆的 $Na_2 FePO_4 F$ 容量（$110mA \cdot h \cdot g^{-1}$）能达到理论容量的 90%，两个电压平台分别位于 3.06V 和 2.91V，而且具有小的极化（图 9-59）。Mn 可以取代部分 Fe 形成 $Na_2 Fe_{1-x} Mn_x PO_4 F$ 固溶体，但随着 Mn 含量的增加，其动力学性能变差，结构也从四角结构退化为单斜结构。

　　除二价过渡金属外，含三价金属的四方结构 $NaVPO_4 F$ 也具有三维网络结构，利于 Na^+ 的扩散，在以硬碳为负极构成的钠离子全电池中，放电平台在 3.7V、循环 30 次后容量保持率为 50%。碳包覆的 $NaVPO_4 F$，0.1C 下放电容量为 $97.8mA \cdot h \cdot g^{-1}$，循环 20 次后

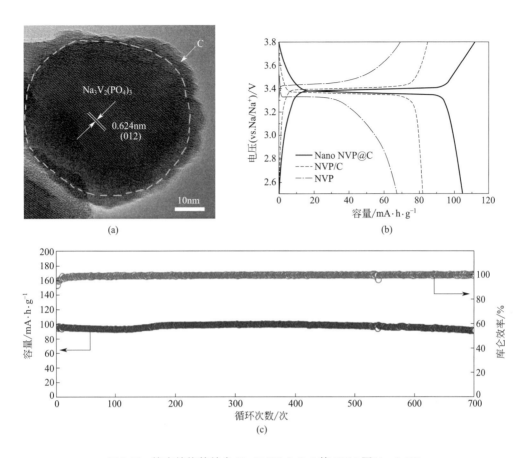

图 9-58 核壳结构的纳米 $Na_3V_2(PO_4)_3$@C 的 TEM 图(a), 0.5C
下不同样品的充放电曲线(b)和 5C 条件下 $Na_3V_2(PO_4)_3$@C 的循环寿命曲线(c)

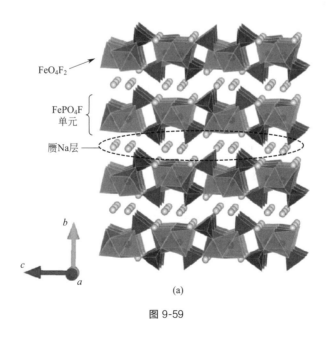

(a)

图 9-59

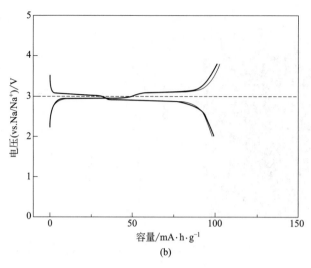

图 9-59 Na_2FePO_4F 的晶体结构示意图 (a) 及充放电曲线 (b)

容量保持率为 89%。采用静电纺丝技术制得的 $NaVPO_4F@C$ 复合纳米纤维，尺寸约为 6nm 的 $NaVPO_4F$ 颗粒包覆在一维碳纳米纤维内部。这种独特的结构有利于增强材料的导电性及结构稳定性，$1C$ 电流密度下可逆容量约为 $120mA \cdot h \cdot g^{-1}$，$2C$ 下循环 1000 次后的容量保持率高达 96.5%。Al 和 Cr 对 V 位的部分取代可以改善电池的容量保持性能。$Na_3V_2(PO_4)_2F_3$ 具有四方晶系，能够可逆脱嵌 2 个 Na^+，具有 3.6V 和 4.1V 两个电压平台，平均约为 3.9V，理论容量为 $128mA \cdot h \cdot g^{-1}$。该材料具备优异的电极动力学和结构特性（体积变化率仅为 2.56%）。$Na_3V_2(PO_4)_2O_2F$ 与 $Na_3V_2(PO_4)_2F_3$ 结构相同，处于二者间的 $Na_3V_2(PO_4)_2O_{1.6}F_{1.4}$ 固溶体相可逆容量约为 $130mA \cdot h \cdot g^{-1}$，甚至在 60℃ 也能表现出极好的容量保持率，这主要源于其小的体积变化率（小于 3%）。

SO_4^{2-} 比 PO_4^{3-} 具有更强的离子性，SO_4^{2-} 取代 PO_4^{3-} 会带来较高的工作电压，相比于 $LiFePO_4F$，$LiFeSO_4F$ 电压提高了 0.6～0.8V。类似于 $LiFeSO_4F$，$NaMSO_4F$（M＝Fe，Co，Mn）也用于钠离子正极。这些化合物具有单斜结构，离子电导率约为 $10^{-7}S \cdot cm^{-1}$。$Na_2Fe_2(SO_4)_3$ 晶体结构类似于 $NaMSO_4F$，不同于通常 $A_xM_2(XO_4)_3$ 型化合物的 NASI-CON 结构，$Na_2Fe_2(SO_4)_3$ 不包含 $[M_2(XO_4)_3]$ 单元，而是具有钠磷锰矿型（alluaudite）网络结构（图 9-60）。FeO_6 八面体通过边共享形成 Fe_2O_{10} 二聚单元，Fe_2O_{10} 二聚体和 SO_4 单元共角连接，沿 c 轴形成 Na^+ 传输的隧道结构。基于 Fe^{2+}/Fe^{3+} 氧化还原反应，$Na_2Fe_2(SO_4)_3$ 的工作电压为 3.8V，是基于 Fe^{2+}/Fe^{3+} 反应的材料中最高的。在 $C/20$ 电流密度下，其容量能达到理论容量（$120mA \cdot h \cdot g^{-1}$）的 85%。该结构不仅限于 Fe，还可以扩展到 Ni、Co、V、Mn 等过渡金属元素。

碳酸磷酸盐类 $Na_3MPO_4CO_3$（M＝Mg，Mn，Fe，Co，Ni，Cu 等）作为一类新的嵌入型正极材料，PO_4^{3-} 和 CO_3^{2-} 通过金属 M 连接形成 $Na_3MPO_4CO_3$ 化合物。其循环过程中经历固溶体反应，能实现 Mn^{2+}/Mn^{3+} 和 Mn^{3+}/Mn^{4+} 两电子反应，放电容量为 $125mA \cdot h \cdot g^{-1}$，达到理论容量（$191mA \cdot h \cdot g^{-1}$）的 66%。

9.5.2.4 普鲁士蓝类正极材料

普鲁士蓝及其衍生物的化学通式为 $A_x[M_AM_B(CN)_6] \cdot zH_2O$（A 代表碱金属离子 Na、Li、K 等，$M_A$ 和 M_B 为 Fe、Ni、Cu、Co 等过渡金属离子）。普鲁士蓝 $KFeFe(CN)_6$

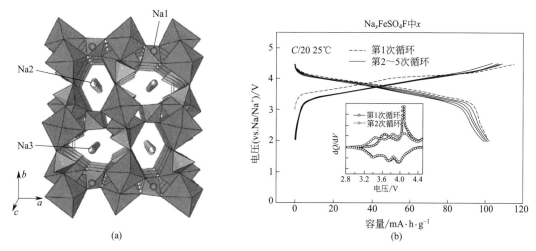

(a)   (b)

图 9-60 $Na_2Fe_2(SO_4)_3$ 沿 c 轴的晶体结构示意图 (a) 和 $Na_{2-x}Fe_2(SO_4)_3$ 充放电性能 (b) (2.0 ~ 4.5V, C/20)

属于立方晶系，Fe^{2+} 和 Fe^{3+} 依次交替占据立方体心，高价的 Fe^{3+} 只与 C 相连，低价的 Fe^{2+} 只与 N 相连，以 Fe^{3+} 和 Fe^{2+} 为中心的八面体分别与 $(C\equiv N)^-$ 阴离子桥连。每个立方单元面上的 $C\equiv N$ 键，为位于立方体心的 K^+（半占据）在不同的立方单元之间的自由传输提供跃迁平面（图 9-61）。

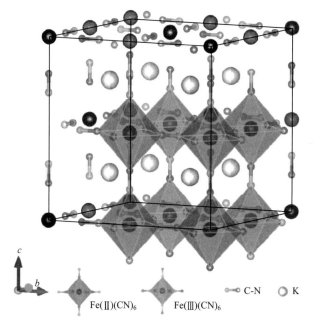

图 9-61 $KFeFe(CN)_6$ 晶体结构示意图

普鲁士蓝及其衍生物具有三维开放式框架结构，立方体空隙的尺寸较大，有利于碱金属离子的快速传输和存储，因此是一种有前途的钠离子电池正极材料，其在钠离子电池中的研究可分为水系和有机体系两大类。早先报道的 $KMFe(CN)_6$（M＝Fe,Mn,Ni,Cu,Co,Zn）在有机电解液中具有储能行为，但由于这些框架被大量的 K^+ 占据不含有 Na^+，所以表现出较低的可逆容量（30~80mA·h·g^{-1}）。随后开发的富钠态正极材料如 $Na_2MFe(CN)_6$（M＝Fe,Co,Ni）化合物，其储能能力得到明显提升（可逆容量约为 110~150mA·h·g^{-1}）。如

$Na_{1.72}MnFe(CN)_6$ 可逆容量达到 $130mA \cdot h \cdot g^{-1}$，平均工作电压为 3.2V，倍率性能良好。在充放电过程中，随着材料中钠离子含量的增加，材料的晶型从立方晶系转变为菱方晶系，而且晶型转换可逆。$Na_{1.32}Mn[Fe(CN)_6]_{0.83}$ 薄膜电极在嵌钠-脱钠的过程中晶格结构非常稳定，几乎没有相变的发生，电极最高放电比容量达 $109mA \cdot h \cdot g^{-1}$，平均放电平台为 3.4V，循环性能良好，充放电库仑效率在 95% 以上。大尺寸介孔的 $NaNiFe(CN)_6$ 作为钠离子电池正极材料时，其在低电流下的可逆比容量为 $65mA \cdot h \cdot g^{-1}$，在 $100mA \cdot g^{-1}$ 电流密度下充放电 180 周后几乎没有容量衰减。$K_xCuFe(CN)_6$ 和 $Na_4Fe(CN)_6$（电压平台 3.4V，约 $90mA \cdot h \cdot g^{-1}$）作为钠离子电池正极也表现出良好的电化学循环和倍率性能，这与其开放的三维结构密不可分，而且普鲁士蓝类材料在钠电池中极化很小。通过原位 XRD 技术和相应的电化学检测方法证实 $K_{0.09}Ni[Fe(CN)_6]_{0.71}$ 在充放电过程中以及充放电 200 周后，材料的晶格参数变化范围在 1% 以内，说明该材料具有非常优异的长期循环稳定性。Na^+ 嵌入普鲁士蓝及其衍生物中的电荷转移活化能高度依赖于使用的电解液，基于水溶液的电解液活化能仅为 $5kJ \cdot mol^{-1}$。

以 $Na_{1.76}Ni_{0.12}Mn_{0.88}[Fe(CN)_6]_{0.98}$ 材料作为正极，硬碳作为负极，组成钠离子原型软包电池。在充放电过程中，Mn 金属位点可以发生 Mn^{2+}/Mn^{3+} 氧化还原反应，而镍离子在充放电过程中是惰性的，晶格中少量镍掺杂既可以稳定材料的晶格结构，又不明显影响材料的充放电比容量，电池能量密度和功率密度分别达到 $81.7W \cdot h \cdot kg^{-1}$ 和 $90W \cdot kg^{-1}$，$100mA \cdot g^{-1}$ 电流密度下充放电循环 200 周后容量保持率为 79%，性能超过铅酸电池。目前，普鲁士蓝及其衍生物正极材料大多数处于基础研究阶段，离实际工业化应用尚有一定距离。

9.5.2.5 有机正极材料

有机电极材料具有来源丰富、价格低廉、可回收、结构设计性强等优势。更重要的是，一些有机电极材料可以直接从绿色植物中提取，或者经过有机合成方法进行绿色加工而得，使得有机电极材料的整个循环过程可实现绿色可持续性发展。按照氧化还原机理，有机正极材料可以分为两类：一类是阳离子嵌入型，如玫棕酸二钠盐（$Na_2C_6O_6$），二羟基对苯二甲酸四钠盐（$Na_4C_8H_2O_6$）；另一类是阴离子嵌入型，如聚对亚苯基，苯胺-硝基苯胺共聚物。羰基化合物的氧化还原反应机理为羰基（C＝O）的烯醇化反应，每一个 C＝O 单元对应于一个电子的得失，并与 Na^+ 等金属阳离子结合。根据官能团差异，羰基化合物电极材料主要分为醌类、酰亚胺类和共轭羧酸盐类三类（图 9-62）。醌类化合物结构中的羰基一般位于共轭芳香环的邻位或对位，理论比容量高。酰亚胺类化合物一般具有较大的芳香共轭平面，结构中有 4 个羰基，且均具有电化学活性。然而，如果酰亚胺材料结构中的 4 个 C＝O 双键均发生还原反应，会引起电荷的排斥作用，造成结构的不可逆破坏。因此，通常情况下，将酰亚胺类材料的氧化还原电位限制在一个较高的范围（1.0～2.5V），从而只发生 2 个 C＝O 的烯醇化反应，保证材料在充放电过程中的结构稳定性。共轭羧酸盐类化合物结构中位于羧基中的 C＝O 可以进行可逆的氧化还原反应。由于具有供电子基团—OM（M＝Na、K），共轭羧酸盐类材料的充放电电压一般低于 1V，因此多作为二次电池的负极材料使用。

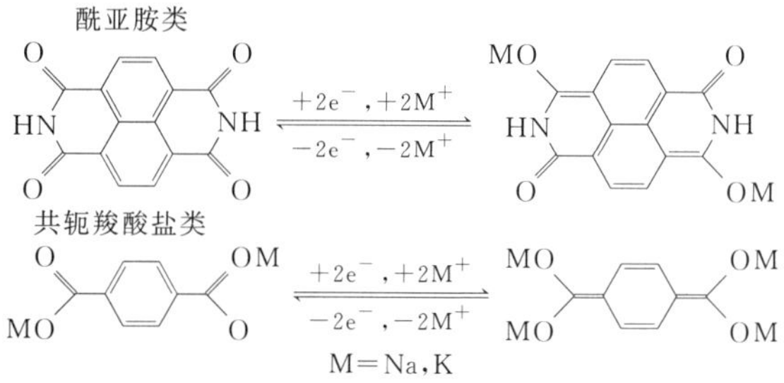

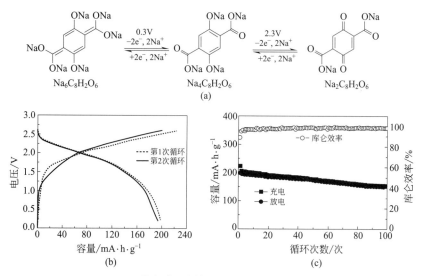

图 9-62 三类羰基化合物的典型结构和储钠机理

然而，由于有机电极材料导电性差且易溶解在有机电解液中，导致了较差的电化学性能。在电极材料中添加导电碳，将有机化合物聚合、成盐、纳米化以及优化电解液等是提高材料导电性、克服溶解的常用方法。在现阶段，研究者们普遍采用将有机电极材料（羰基化合物）与导电碳材料复合的方法，以提高活性材料的电子电导率。使用较多的导电碳材料为有序介孔碳（CMK-3）、还原氧化石墨烯（rGO）和碳纳米管（CNTs）等。

制备小分子羰基化合物的金属盐以形成"无机-有机"杂化材料，可增加羰基化合物的极性以抑制材料在有机电解液中的溶解。有机四钠盐 $Na_4C_8H_2O_6$（Na_4DHTPA）作为正极材料的可逆容量为 $180mA \cdot h \cdot g^{-1}$，工作电压为 $2.3V$。通过调节电压窗口，其既可以作为钠离子电池正极材料（$1.6 \sim 2.8V$，利用 $Na_2C_8H_2O_6/Na_4C_8H_2O_6$ 电对）。也可为作为负极材料（$0.1 \sim 1.8V$，利用 $Na_4C_8H_2O_6/Na_6C_8H_2O_6$ 电对）。组装成的全有机钠离子电池展现出 $1.8V$ 的工作电压和 $65W \cdot h \cdot kg^{-1}$ 的能量密度，可以稳定循环 100 次，库仑效率能够稳定在 99%，显示了良好的应用前景（图 9-63）。

图 9-63 $Na_4C_8H_2O_6$ 的氧化还原机理 (a) 和由 $Na_4C_8H_2O_6$ 构建的对称
电池在 $19mA \cdot g^{-1}$ 电流密度下充放电曲线 (b) 及循环性能 (c)

有机聚合物具有很长的链段结构，难溶于有机电解液，具有更好的稳定性。例如，苯胺-硝基苯胺共聚物材料具有 $3.2V$ 的放电电压，首周可逆容量可以达到 $180mA \cdot h \cdot g^{-1}$，循环 50 次仍有 $173mA \cdot h \cdot g^{-1}$ 的容量，证明聚合物确实具有有效的储钠性能。通过向电活性的聚合物中掺入不溶氧化还原活性的铁氰根阴离子，直接改变了导电聚合物的反应机制，从传统的 p 掺杂/脱杂转为阳离子的嵌入/脱出，$Fe(CN)_6^{3-}/Fe(CN)_6^{4-}$ 的氧化还原和阴离子掺杂的协同进行，使得聚合物的电化学活性得到极大提高，也增加了材料的循环稳定性。

菲四酰亚胺分子由于具有大的共轭菲环结构而难溶于电解液。该材料具有 2V 左右的电压平台和 $140mA \cdot h \cdot g^{-1}$ 的可逆比容量，在 300 次循环后的容量保持率为 90%。3,4,9,10-菲四甲酸二酐（PTCDA）基聚酰亚胺材料在钠离子电池中保持 $137.6mA \cdot h \cdot g^{-1}$ 的稳定容量，循环 400 次后库仑效率为 100%；在 $200mA \cdot g^{-1}$ 的电流密度下进行充放电循环测试 5000 次后，容量保持率为 87.5%，具有优异的循环稳定性。密度泛函理论（DFT）研究表明，随着芳香共轭平面的增大，材料的最低未占据轨道（LUMO）能级降低，最高占据轨道（HOMO）能级增加，LUMO 和 HOMO 能级差（E_g）变小，电子导电性增强。

9.5.3　负极材料

与钠离子电池正极材料相比，目前可行的负极材料较少。因此，探索合适的负极材料成为紧迫的任务。在负极材料方面，主要包括碳材料、钛基化合物材料、合金类材料、磷酸盐负极材料转化型材料和有机材料等（图 9-64），根据脱嵌钠过程的反应机理，负极材料可分为嵌入反应、转化型反应和合金型反应三类。

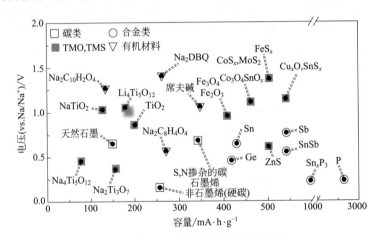

图 9-64　钠离子电池负极材料研究分类

9.5.3.1　碳基负极材料

碳基材料可以大致分为石墨、软碳和硬碳、石墨烯、杂原子掺杂的碳材料等类别。石墨是常用的锂离子电池的负极材料，其可逆容量约为 $350mA \cdot h \cdot g^{-1}$，储锂电位约为 0.1V（vs. Li/Li^+）。但用作钠离子电池负极时，因为钠离子半径比锂离子大，使得钠离子在石墨层间脱嵌困难，可能由于热力学原因，钠在石墨层可逆存储性能较差。第一性原理计算表明形成 Na-GICs 的能量不稳定（NaC_6 和 NaC_8 是热力学不稳定的），钠几乎不能嵌入石墨。采用改变溶剂的方法，研究发现基于醚类的电解液能够抑制电解液的分解，在石墨表面形成可以忽略的 SEI 膜，使溶剂化的 Na^+ 进入石墨晶格。通过溶剂化钠离子的共嵌效应 [$C_n + e^- + A^+ + ysolu \leftrightarrow A^+(solu)_y C_n^-$]，可以形成三阶层间化合物（GICs），实现石墨对钠的可逆存储。在含有 $NaPF_6$ 盐的醚类（DEGDME）电解液中，在限制条件下天然石墨能提供 $150mA \cdot h \cdot g^{-1}$ 的容量，可实现 2500 次循环，在 $10A \cdot g^{-1}$ 电流密度下容量也能达到 $75mA \cdot h \cdot g^{-1}$。将石墨的层间距膨胀，在 $20mA \cdot g^{-1}$ 电流密度下容量能达到 $284mA \cdot h \cdot g^{-1}$，而且好的容量保持能超过 2000 周。相比于石墨作为常用的锂离子电池负极材料，受溶剂和容量（通常低于 $100mA \cdot h \cdot g^{-1}$）限制，石墨难以在钠离子电池中得到实际应用。

软碳和硬碳与石墨结构不同，具有较多的缺陷态，可能会对 Na 的可逆存储有利。研究表明，通过石油焦高温分解制备的无序软碳具有储钠性能。硬碳在钠/锂离子电池中有类似的充放电行为，通过葡萄糖裂解制备的硬碳可逆容量约 $300mA \cdot h \cdot g^{-1}$，工作电压接近 $0V$（vs. Na^+/Na）。但其首周效率较低，充放电曲线包括平台和斜坡两个区域。由此认为硬碳的储钠机理是"纸牌屋"（house of cards）机理，它由无序硬碳结构中的两个区域组成，没有石墨中阶的转变。首先 Na^+ 嵌入硬碳平行层或接近平行层间（对应于电压斜坡部分），然后 Na^+ 在无序堆积的纳米微孔中存储（低电位平台部分）（图 9-65）。这一推测得到了 ^{23}Na NMR 结果的验证。此外，还有人根据计算和实验认为，硬碳"纸牌屋"储钠机理包含三个过程：①在电压倾斜范围对应于 Na^+ 在缺陷位的吸附；②在电压倾斜范围对应于 Na^+ 嵌入硬碳晶格内；③在电压倾斜范围对应于 Na^+ 吸附在微孔表面。对于 Na^+ 在硬碳中的嵌入机理还存在争议，需通过理论和实验进一步证实。

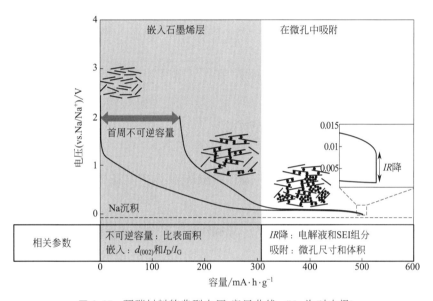

图 9-65　硬碳材料的典型电压-容量曲线　（Na 为对电极）

通过电解液优化可提高硬碳的电化学性能，首周效率最高可达 90%，放电容量约为 $240mA \cdot h \cdot g^{-1}$（$25mA \cdot g^{-1}$，$0 \sim 2V$），循环 100 次后容量仍能稳定在 $200mA \cdot h \cdot g^{-1}$。高度无序的硬碳材料由于具有高的比容量和长循环寿命等优良的综合性能，而被认为是最有应用前景的一种负极材料。可是，硬碳材料的发展也面临着一些挑战：硬碳具有较低的储钠电位［一半的容量来自接近 $0V$（vs. Na^+/Na）平台的贡献］和倍率性能，全电池在过充或快速充电过程中容易造成金属钠在负极表面沉积（实际钠的沉积电位只有 $-0.03V$），从而带来安全隐患；硬碳的可逆性取决于碳前驱体、碳化温度、粒度和制造过程，适当低的孔体积和表面积能提供较高的可逆容量，并且可逆存储 Na^+，合适的添加剂和电解液是非常需要的；硬碳的成本相对较高。若廉价的软碳或焦炭等材料可以实现可逆的 Na 存储，可能会更具吸引力。

中国科学院物理研究所采用成本更加低廉的无烟煤作为前驱体，通过简单的粉碎和一步碳化得到了一种具有优异储钠性能的软碳材料。该材料不同于来自沥青的软碳材料，在 $1600\,^\circ\!C$ 以下仍具有较高的无序度，产碳率高达 90%，储钠容量达到 $220mA \cdot h \cdot g^{-1}$，循环稳定性优异。以其作为负极，Cu 基层状氧化物作为正极制作的 $2A \cdot h$ 软包电池，能量密度达到 $100W \cdot h \cdot kg^{-1}$，在 1C 充放电倍率下容量保持率为 80%，$-20\,^\circ\!C$ 下放电容量为室温的 86%，循环稳定，并通过了一系列适于锂离子电池的安全试验。裂解无烟煤得到的软碳材料在所有碳基负极材料中具有非常高的性价比，在钠离子电池碳基负极材料的应用前景方面取得了突破。

石墨烯作为一种新型碳材料，比表面积大，具有超强的电子导电性和化学稳定性。这些优势带来更多的离子嵌入通道，利于离子快速扩散。还原氧化石墨烯（rGO）负极在 40mA·g^{-1} 电流密度下容量为 141mA·h·g^{-1}，能稳定循环超过 1000 次。

杂原子（N，B，S，P）掺杂到硬碳或石墨烯类碳结构中，能产生缺陷位以吸附 Na^+，通过碳表面官能化可以改善电极/电解液间的相互作用。通常，N 掺杂可以促进更多的电子进入碳的 π 共轭体系，提高碳材料的导电性，而且吡啶氮和吡咯氮可以制造一些缺陷位点，为 Na^+ 提供更多的扩散通道和活性位点，有利离子传输和电荷转移。由氮掺杂的多孔碳纳米纤维（N-CNF）组成的 3D 柔性自支撑柔性膜在 5A·g^{-1} 下容量达到 212mA·h·g^{-1}，循环 7000 次容量保持率稳定在 99%（图 9-66）。硫掺杂（约 26.9%）的碳材料具有类珊瑚虫结构，可逆容量为 516mA·h·g^{-1}，倍率性能优良且能稳定循环 1000 周。

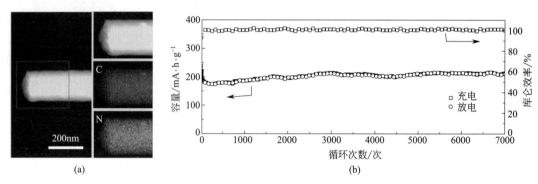

图 9-66　N-CNF 的元素扫描分布图　(a) 和在 5A·g^{-1} 电流密度下的循环性能　(b)

9.5.3.2　钛基化合物负极材料

Ti^{4+}/Ti^{3+} 电对在锂离子电池中具有良好的可逆性，已经得到了广泛研究和应用，如 $Li_4Ti_5O_{12}$（LTO）。在钠离子电池领域，代表性的钛基化合物主要包括 TiO_2、$Na_2Ti_3O_7$、$Na_2Ti_6O_{13}$、$Na_4Ti_5O_{12}$、$Li_4Ti_5O_{12}$ 和 P2-$Na_{0.66}$ $[Li_{0.22}Ti_{0.78}]$ O_2 等。

TiO_2 包括锐钛矿型、金红石型、板钛矿型和青铜矿型（B）等多晶型，其中锐钛矿型 TiO_2 研究较多，因为 Na^+ 进入锐钛矿型 TiO_2 晶格内的能垒与锂相当。由于 Na^+ 尺寸较大，Na^+ 在 TiO_2 中脱嵌动力学较差，需进行纳米化结构设计和碳包覆以改善性能。纳米尺寸的锐钛矿型 TiO_2 在 0～2.0V 间充放电，可逆容量超过 150mA·h·g^{-1}（相当于嵌入 0.5mol Na），但不可避免造成首周低的库仑效率（42%）。适量的 Nb 掺杂[0.06%（摩尔分数）]到金红石型 TiO_2 材料中能显著改善电子导电性，$Ti_{0.94}Nb_{0.06}O_2$ 电极在循环 50 周后容量保持在 160mA·h·g^{-1}。掺杂降低 Ti 的平均氧化态是提升 TiO_2 可逆储钠性能的另一策略。氟掺杂的锐钛矿纳米颗粒（$TiO_{2-\delta}F_\delta$）植入碳纳米管中，由于形成了电子传导的三价 Ti^{3+}，导致 Na^+ 容易嵌入 TiO_2 结构中，而且碳纳米管也提高了电子电导率。其他元素如 B、S 也有相同的效果，S 掺杂到 TiO_2 纳米管中可以减小带隙（S-TiO_2：2.6eV；TiO_2：3.0eV），以提高导电性。该材料在 33.5mA·g^{-1} 下容量达到 320mA·h·g^{-1}，在 3.35A·g^{-1} 高电流密度下循环超过 4400 次，容量保持率为 91%。利用凝胶衍生法合成出了由锐钛矿/青铜矿 TiO_2 纳米晶壁组成的 1D 非封闭纳米管结构（TiO_2 SNT），锐钛矿/青铜矿 TiO_2 纳米晶壁提高了电子/离子扩散和存储位点，而高纵横比和开放管状结构保证了高的比表面积、电子/离子传输和反应动力学性能。将 TiO_2 SNT 应用于钠离子电池负极，在 16C 下循环 4000 次后仍具有 107mA·h·g^{-1} 的容量，在 32C 时容量为 94mA·h·g^{-1}，表现出优良的倍率性能和长循环性能。

  $Na_2Ti_3O_7$ 和 $Na_2Ti_6O_{13}$ 可以表示为 $Na_2O \cdot nTiO_2$（$n = 3$ 和 6）。层状氧化物 $Na_2Ti_3O_7$ 具有"Z"字形通道，$1mol$ $Na_2Ti_3O_7$ 可嵌入 $2mol$ Na，对应容量为 $177mA \cdot h \cdot g^{-1}$，平均储钠电位约为 $0.3V$（vs. Na^+/Na）。在脱嵌钠过程中，出现了 $Na_{3-x}Ti_3O_7$ 中间相。基于 XRD 结果分析，两个放电平台分别对应于 $Na_2Ti_3O_7 \rightarrow Na_{3-x}Ti_3O_7$ 和 $Na_{3-x}Ti_3O_7 \rightarrow Na_4Ti_3O_7$。通过控制截止电压到 $0.155 \sim 2.5V$，使 $Na_{3-x}Ti_3O_7 \rightarrow Na_4Ti_3O_7$ 的低电压平台不出现，$Na_2Ti_3O_7 \rightarrow Na_{3-x}Ti_3O_7$ 的电压平台为 $0.2V$（vs. Na^+/Na），具有 $89mA \cdot h \cdot g^{-1}$ 的容量，这种情况下具有极好的倍率性能，$80C$ 倍率下能够循环 1500 次。$Na_2Ti_3O_7$ 材料具有尺寸效应，也有观察到纳米尺寸的 $Na_2Ti_3O_7$ 没有中间相生成，$Na_4Ti_3O_7$ 脱钠过程中直接转变为 $Na_2Ti_3O_7$。但这种材料总体导电性比较差，需添加较多的导电添加剂（约 30%）来提高电子电导率。如何提高材料自身的电子电导率是实用化比较难的一步，而且循环性能不稳定。在 $Na_2Ti_3O_7$ 中，$(Ti_3O_7)^{2-}$ 链是孤立的，由此形成层状结构，而 $Na_2Ti_6O_{13}$ 中 $(Ti_3O_7)^{2-}$ 单元通过 TiO_6 八面体的角共享，形成隧道结构（图 9-67）。$Na_2Ti_6O_{13}$ 单元能提供 $0.85mol$ Na 的存储，放电容量超过 $65mA \cdot h \cdot g^{-1}$，平台电压约 $0.8V$。添加碳材料的 $Na_2Ti_6O_{13}$ 复合电极在 $20C$ 倍率下能循环超过 5000 次，但能量密度偏低。

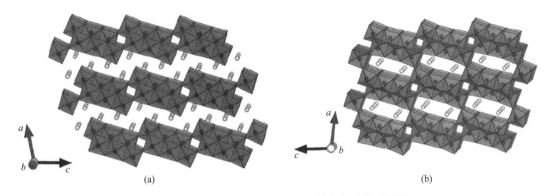

图 9-67 $Na_2Ti_3O_7$(a)和 $Na_2Ti_6O_{13}$(b)的晶体结构示意图

  尖晶石结构的 $Li_4Ti_5O_{12}$ 不仅可以可逆脱嵌锂，还可以实现可逆脱嵌钠，并保持尖晶石结构稳定，平均储钠电位为 $0.93V$，可逆比容量约为 $150mA \cdot h \cdot g^{-1}$。利用先进的球差校正透射电镜亮场成像技术（annular bright field scanning transmission electron microscopy，ABF-STEM）探究了脱嵌钠的反应机理。该过程为新型的三相反应机制：

$$2Li_4Ti_5O_{12} + 6Na^+ + 6e^- \rightleftharpoons Li_7Ti_5O_{12} + Na_6LiTi_5O_{12}$$

  Na 嵌入尖晶石 $Li_4Ti_5O_{12}$ 的 $16c$ 位置（由于 Na 离子半径较大，只能占据 $16c$ 位置），形成岩盐结构的 $Na_6LiTi_5O_{12}$ [图 9-68（h）～（j）]。与此同时，由于库仑排斥作用，$8a$ 位置的 Li 迁移到邻近 $Li_4Ti_5O_{12}$ 中的 $16c$ 位置，形成 $Li_7Ti_5O_{12}$ [图 9-68（e）～（g）]。在三相共存区域，$Li_7Ti_5O_{12}$ 与 $Li_4Ti_5O_{12}$ 由于晶格失配小（约 0.1%），两者之间形成完全共格的界面，而 $Li_7Ti_5O_{12}$ 与 $Na_6LiTi_5O_{12}$ 尽管存在约为 12.5% 的晶格失配，但仍能保持界面完全共格[图 9-68（k）]，表明含钠的相能容纳大的点阵应变。密度泛函理论计算也表明，$Li_4Ti_5O_{12}$ 的三相嵌钠反应在热力学上是有利的。

  一般而言，传统的过渡金属层状化合物 A_xMO_2 多作为正极材料研究，其工作电压与过渡金属 $M^{(n+1)+}/M^{n+}$ 的氧化还原电位有关。Li、Ti 共同占据过渡金属层、Na 占据碱金属层的 $2b$ 和 $2d$ 位置的层状氧化物 P2-$Na_{0.66}[Li_{0.22}Ti_{0.78}]O_2$，作为钠离子电池负极材料可实

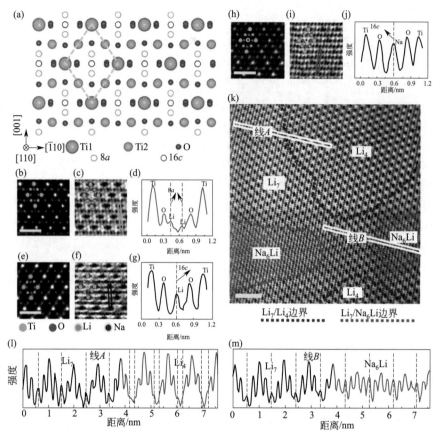

图 9-68 部分嵌钠的 $Li_4Ti_5O_{12}$ 三相共存 STEM 像

（a）尖晶石 $Li_4Ti_5O_{12}$ 沿 [110] 方向的晶体结构；（b）～（d）$Li_4Ti_5O_{12}$（Li_4）的 STEM 像；
（e）～（g）$Li_7Ti_5O_{12}$（Li_7）的 STEM 像；（h）～（j）$Na_6LiTi_5O_{12}$（Na_6Li）的 STEM 像；
（k）三相共存的 ABF 像；（l）（m）相边界对应的强度曲线

现 0.34 个 Na 可逆存储。锂的引入有助于钠离子的传输（Na^+ 表观扩散系数约为 $1 \times 10^{-10} cm^2 \cdot s^{-1}$）。该材料嵌 Na 后会出现多个相，但这些相仍然保持 P2 层状结构，只是 Na 含量以及在层间的占位（2b 和 2d）不同，嵌 Na 机制表现为准单相反应行为，平均储钠电位为 0.75V（vs. Na^+/Na），可逆比容量为 $116mA \cdot h \cdot g^{-1}$，在 2C 倍率下循环 1200 次后容量保持率为 75%。该材料嵌钠前后体积形变率仅有 0.77%，近似一种零应变负极材料，这对电极长期循环稳定性有重要意义。选择离子半径和 Ti^{4+} 相似的 Cr^{3+} 取代，制备的 P2-$Na_{0.6}[Cr_{0.6}Ti_{0.4}]O_2$ 层状材料作为负极材料，平均储钠电位为 0.8V，可逆比容量约为 $108mA \cdot h \cdot g^{-1}$，对应 0.4 个 Na^+ 可逆脱嵌，且具有较好的倍率性能。该材料既可以作负极又可以作正极，组装成的钠离子对称电池平均工作电压为 2.5V，显示出优异的倍率性能（12C 倍率下，电池容量是 1C 倍率下的 75%）。

钛基负极材料具有结构稳定、循环性好、安全性高等优点。由于自身晶体结构中 Na 储存位点有限，作为钠离子电池负极时这类材料面临着储钠容量低（普遍低于 $200mA \cdot h \cdot g^{-1}$）以及电导率较低的问题。

9.5.3.3 磷酸盐负极材料

磷酸盐作为钠离子电池的负极主要分为两大类：一类为 NASICON 结构，如

$NaTi_2(PO_4)_3$；另一类为层状结构，如 $Na_3Fe_3(PO_4)_4$。

$NaTi_2(PO_4)_3$ 可以实现 2 个 Na^+ 可逆脱嵌，平均储钠电压平台为 2.1V，对应的理论容量为 $133mA \cdot h \cdot g^{-1}$。但该材料导电性能比较差，材料颗粒尺寸比较大时极化比较大，制约其高倍率循环性能。为了同时实现高倍率性能和稳定的循环性能，一个有效的策略就是将纳米级的 $NaTi_2(PO_4)_3$ 粒子嵌入高导电性的碳框架中。例如，利用蔗糖裂解包覆碳或者利用 CVD 对 $NaTi_2(PO_4)_3$ 包覆碳大大降低了电化学极化，通过简便的喷雾干燥方法制备的 $NaTi_2(PO_4)_3$@还原氧化石墨烯（NTP@rGO）微球，即用三维石墨烯包裹的 $NaTi_2(PO_4)_3$ 纳米立方体，具有优异的电化学性能和较高的可逆容量（在 0.1C 倍率下容量达到 $130mA \cdot h \cdot g^{-1}$）、长循环寿命（20C 下循环 1000 次容量保持率为 77%）以及高倍率性能（200C 下容量为 $38mA \cdot h \cdot g^{-1}$）。此外，全 NASICON 型全电池 NTP@rGO//$Na_3V_2(PO_4)_3$@C 的放电容量为 $128mA \cdot h \cdot g^{-1}$，充放电电压平台 1.2V，功率密度为 $7.6W \cdot kg^{-1}$（0.1C）时全电池的能量密度达到 $73W \cdot h \cdot kg^{-1}$（基于正负极活性物质质量），在功率密度为 $3167W \cdot kg^{-1}$（50C）下能量密度能保持在 $38.6W \cdot h \cdot kg^{-1}$，具有高功率性能（50C 下容量为 $88mA \cdot h \cdot g^{-1}$）以及长周期循环寿命（10C 下循环 1000 次容量保持率为 80%）（图 9-69）。

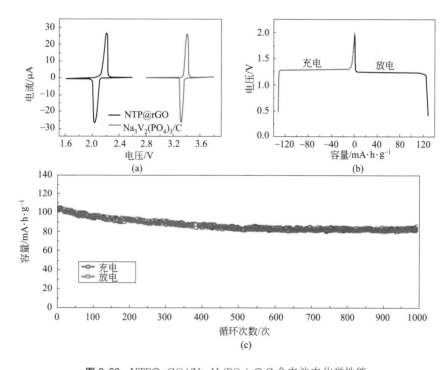

图 9-69 NTP@rGO//$Na_3V_2(PO_4)_3$@C 全电池电化学性能

NTP@rGO 和 $Na_3V_2(PO_4)_3$@C 电极在 $0.1mV \cdot s^{-1}$ 扫速下的 CV 曲线（a），0.1C 倍率下 NTP@rGO//$Na_3V_2(PO_4)_3$@C 全电池充放电曲线（b）和 0.4~2V 间、10C 下全电池的循环性能（c）

金红石相（rutile）是 TiO_2 中最稳定的晶型。利用金红石相 TiO_2 和碳层协同包覆 $NaTi_2(PO_4)_3$ 纳米立方体（NTP-RT nanocubes），具有规则形貌的 $NaTi_2(PO_4)_3$ 立方体结构表面特殊的原子排布对材料的电化学性能起到了积极作用：材料表面厚度约为 2nm 的 TiO_2 层降低了材料在电解液中的溶解，对生成的 SEI 膜可起到稳定作用，提高材料的循环稳定性，最外面的碳层提供了电子导电网络结构，可提高钠离子的迁移速率，有助于提升材料的倍率性能。$NaTi_2(PO_4)_3$ 电极材料在 0.5C 的充放电电流下比容量达到 $110mA \cdot h \cdot$

g^{-1}，100 次充放电循环后材料的比容量基本没有衰减（图 9-70）。在 10C 倍率下，循环 10000 次后仍能保持其初始容量的 89.3%，金红石相 TiO_2 和碳层两者的协同作用显著提高了材料的循环寿命和倍率性能。

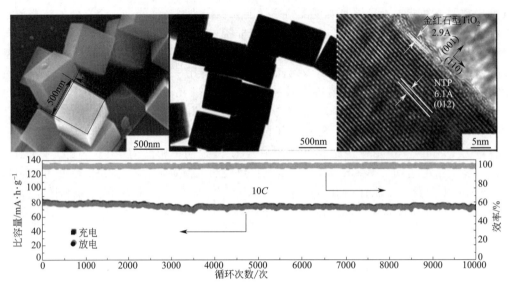

图 9-70　NTP-RT nanocubes 的形貌及 NTP-RT/C 电极在 10C 下的循环性能

NASICON 结构的 $Na_2TiFe(PO_4)_3$ 平均储钠电位为 2.4V，在 1.6～3.0V 电压范围内，对应两个钠离子的可逆脱嵌。$Na_2TiCr(PO_4)_3$ 的储钠电位比 $NaTi_2(PO_4)_3$ 低 0.2V，对应一个钠离子的可逆脱嵌。

对于非水系钠离子电池来说，NASICON 结构的 $NaTi_2(PO_4)_3$ 储钠电位比较高。但是，将其作为在中性溶液中的水系钠离子电池负极电位比较合适，所以该材料经常作为水系钠离子电池负极材料进行研究。

层状结构 $Na_3Fe_3(PO_4)_4$ 空间群为 $C2/c$，由 P-O 四面体和 Fe-O 八面体共顶点连接形成层状结构，区别于 O3 和 P2 层状材料，该材料属于单斜晶系。$Na_3Fe_3(PO_4)_4$ 平均储钠电位为 2.25V，对应 1.8 个钠离子可逆脱嵌。但是，该材料在水溶液中不稳定。

NASICON 结构的 $Na_3V_2(PO_4)_3$ 除了对应两个钠可以脱出外，还可以对应一个钠的嵌入，对应 V^{3+}/V^{2+} 氧化还原电位；在 1.0～3V 电压之间，对应 $60mA \cdot h \cdot g^{-1}$ 左右的可逆比容量，平台电位为 1.6V。该反应机制为两相反应，对 $Na_3V_2(PO_4)_3$ 进行碳包覆，可改善材料的导电性能，提高材料的循环性能。

9.5.3.4　转化型负极材料

转化型负极材料主要包括过渡金属氧化物（TMO）、过渡金属硫/硒化物（TMS）和过渡金属磷化物（TMP）。转化反应涉及一种或多种化学转化，过渡金属不同，伴随的转化反应可能发生嵌入/脱出或合金/去合金化过程。转化型负极材料具有成本低、理论容量高的优势，在钠离子电池领域得到广泛研究。但是，该类材料自身导电性较差，在循环过程中会产生较大的体积膨胀/收缩，会破坏电极材料的完整性和电子接触，导致较差的循环稳定性和倍率性能。为解决这些问题，可以通过设计一些新型的微纳结构材料，采用纳米技术和/或碳包覆等手段，提升转化型负极材料的性能。

（1）过渡金属氧化物　过渡金属氧化物（TMO）主要包括铁氧化物（Fe_3O_4，Fe_2O_3）、钴氧化物（Co_3O_4）、锡氧化物（SnO，SnO_2）、铜氧化物（CuO）、钼氧化物（MoO_2，

MoO_3）、镍氧化物（NiO）、锰氧化物（Mn_3O_4）和二元氧化物等。转化类金属氧化物储钠机理可分为两类。

① M 为电化学非活性元素（如 Fe，Co，Ni 和 Cu），在电化学反应中，这些氧化物经历转化反应：

$$M_xO_y + 2yNa^+ + 2ye^- \Longrightarrow yNa_2O + xM$$

② M 为电化学活性元素（如 Sn 和 Sb），这类物质先经过转化反应，然后再进行合金化反应：

$$M_xO_y + 2yNa^+ + 2ye^- \Longrightarrow yNa_2O + xM$$
$$M + zNa^+ + ze^- \Longrightarrow Na_zM$$

最初报道的 Fe_3O_4 应用于钠离子电池是基于在 $1.2\sim4.0V$ 间的嵌入反应。当放电电压达到 $0.04V$ 时，和 Na^+ 可发生转化反应：

$$Fe_3O_4 + 8Na^+ + 8e^- \Longrightarrow 4Na_2O + 3Fe$$

通过转化反应，初始的放电达到 $643mA \cdot h \cdot g^{-1}$，库仑效率为 57%。将 Fe_3O_4 量子点植入杂化的碳纳米层上，在 $100mA \cdot g^{-1}$ 电流密度下容量为 $416mA \cdot h \cdot g^{-1}$，$1.0A \cdot g^{-1}$ 下循环 1000 次后容量保持率为 70%。Fe_2O_3 由于其化学稳定性、高容量、低成本和无毒等特性，也是一种有希望的负极材料。采用喷雾热解法将 $5nm$ 左右的 γ-Fe_2O_3 均匀分散在多孔碳球中，该复合材料在 $200mA \cdot g^{-1}$ 下循环 200 次后可逆容量为 $740mA \cdot h \cdot g^{-1}$，$2.0A \cdot g^{-1}$ 电流密度下循环 1400 次后可逆容量约为 $358mA \cdot h \cdot g^{-1}$，显示出优良的循环稳定性和倍率性能。$Co_3O_4$ 也有相同的电化学反应行为。多孔的 CuO 纳米棒阵列在 $20mA \cdot g^{-1}$ 下放电容量达 $640mA \cdot h \cdot g^{-1}$，可逆循环超过 400 次。原位透射电镜（In-situ TEM）观察到的 CuO 纳米线（CuO NW）在钠化过程中形貌和相的变化过程如图 9-71 所示，推测 CuO 发生转化反应的机理为：

$$2CuO + 2Na^+ + 2e^- \longrightarrow Na_2O + Cu_2O$$
$$Na_2O + Cu_2O \longrightarrow 2NaCuO$$
$$7NaCuO + Na^+ + e^- \longrightarrow Na_2O + Na_6Cu_2O_6 + 5Cu$$

采用原位透射电镜观察，SnO_2 纳米线在嵌钠过程中，首先发生置换反应，然后形成的无定形 Na_xSn 纳米颗粒分散在 Na_2O 基体中，Na_xSn 进一步钠化形成晶态的 $Na_{15}Sn_4$（$x = 3.75$）。在这一过程中，纳米线直径从 $67nm$ 增长到 $145nm$，发生了巨大的体积膨胀。脱钠过程中 Na_xSn 转化为 Sn 纳米颗粒，被限域在多孔的 Na_2O 基体中。这些孔隙大大增加电阻抗，导致 SnO_2 循环性能变差。SnO 和 SnO_2 储钠包含转化和合金化两个过程：

$$SnO + 2Na^+ + 2e^- \Longrightarrow Na_2O + Sn$$
$$Na_2O + Sn + xNa^+ + xe^- \Longrightarrow Na_xSn + Na_2O$$
$$SnO_2 + 4Na^+ + 4e^- \Longrightarrow 2Na_2O + Sn$$
$$Sn + xNa^+ + xe^- \Longrightarrow 2Na_xSn$$

低氧含量的 SnO 显示出较好的电化学性能。为了减小体积膨胀和利用其高理论容量，多采用多孔碳、碳纳米管和石墨烯等进行包覆修饰。中空纳米结构的 $C@SnO_2@C$ 以及 Sb_2O_3/Sb@石墨烯复合物等都显示出良好的电化学性能。

(2) 过渡金属硫/硒化物 与过渡金属氧化物相比，过渡金属硫/硒化物（TMS）在钠化/脱钠过程中有较大优势，M—S 键比相应的 M—O 键弱，这对于和 Na^+ 的转化反应是有利的。在钠化/脱钠过程中，Na_2S 的可逆性比 Na_2O 好，其体积变化相对较小，初始库仑效率较高，过渡金属硫/硒化物改善了力学性能稳定性。因此，众多的硫/硒化物如钴硫化物

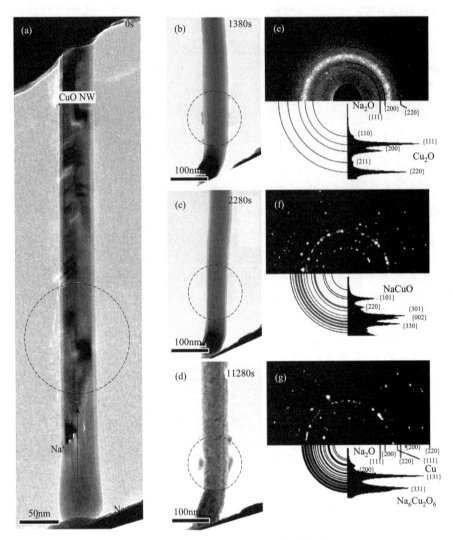

图 9-71　CuO 纳米线钠化过程的原位观察

(a)初始 CuO NW 的 TEM；(b)～(d)为(a)中圆圈部分 CuO NW
钠化的 TEM；(e)～(g)为(b)～(d)的电子衍射图

（CoS，CoS$_2$）、钼硫化物（Mo$_2$S，MoS$_2$）、铁硫化物（FeS，FeS$_2$）、锡硫化物（SnS，SnS$_2$）、铜硫化物（CuS）、钛硫化物（TiS$_2$）、钨硫化物（WS$_2$）、锌硫化物（ZnS）及多元硫/硒化物等已被研究。

利用碳纳米管（MWCNTs）提供的 3D 电子导电网络和高的比表面积，CoS$_2$-MWCNTs 电极在基于醚的电解液中（1mol·L^{-1} NaCF$_3$SO$_3$-DGM），初始放电容量达到 826mA·h·g^{-1}，库仑效率高达 93%，可以稳定循环 100 次。将 CoS 锚定在还原石墨烯上，该复合材料在 1A·g^{-1} 下容量为 540mA·h·g^{-1}，循环 1000 次后容量保持率为 88%。

MoS$_2$ 为层状结构，层与层之间通过范德瓦耳斯力连接，因此很容易使大的 Na$^+$ 嵌入。依赖于工作电压窗口，MoS$_2$ 可通过嵌入和/或转化反应储钠，电化学反应过程可表示为：

$$MoS_2 + xNa^+ + xe^- \rightleftharpoons Na_xMoS_2 \quad （在 0.4V 以上）$$

$$Na_xMoS_2 + (4-x)Na^+ + (4-x)e^- \rightleftharpoons 2Na_2S + Mo （在 0.4V 以下）$$

层状 MoS$_2$ 的储钠容量为 500～800mA·h·g^{-1}，作为负极材料具有较高比容量。

块体 MoS_2（$B\text{-}MoS_2$）的层间距为 0.62nm，通过水热法可以合成出类石墨烯的 MoS_2 纳米花（$FG\text{-}MoS_2$），高温退火后 $FG\text{-}MoS_2$ 转化成晶态的 MoS_2（$CG\text{-}MoS_2$）。$FG\text{-}MoS_2$ 和 $CG\text{-}MoS_2$ 具有扩展的（002）晶面层间距（分别为 0.67nm 和 0.64nm），如图 9-72 所示。通过控制截止电压在 $0.4\sim3.0V$，MoS_2 纳米花表现出稳定的电化学性能，$50mA\cdot g^{-1}$ 下容量达到 $350mA\cdot h\cdot g^{-1}$。此外，随着充放电的进行，MoS_2 的层间距逐渐增大，产生了更多的储能位点，促进了反应动力学。在 $10A\cdot g^{-1}$ 条件下，循环 1500 次后，其可逆容量维持在 $195mA\cdot h\cdot g^{-1}$。

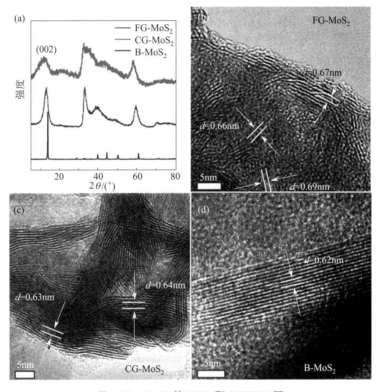

图 9-72　MoS_2 的 XRD 和 HRTEM 图

为克服 0.4V 以下 MoS_2 发生转化带来较大的体积变化问题，可添加导电性的碳或采用纳米分级结构设计，使 MoS_2 与碳材料及部分金属纳米颗粒复合或耦合，形成片-片、片-纳米管及片-颗粒等结构。2D MoS_2/rGO 异质界面结构材料在 $0.01\sim3.0V$ 间充放电，在 $640mA\cdot g^{-1}$ 高电流密度下容量能达到 $352mA\cdot h\cdot g^{-1}$。利用喷雾热解法将超薄 MoS_2 纳米片分散在介孔碳微球中，MoS_2 具有约 0.64nm 的层间距，在 $0.05\sim3.0V$ 间充放电，$1.0A\cdot g^{-1}$ 下循环 2500 次后仍具有 $390mA\cdot h\cdot g^{-1}$ 的可逆容量。以油溶法制备具有单层结构的 MoS_2 量子点，并将其负载在石墨烯上，超小的单层结构使钠离子在脱嵌过程中的活性位点增加，传输路径减小，很大程度上缓解了充放电过程中由于体积膨胀造成的材料粉化问题；石墨烯基底在提高导电性的同时，MoS_2 在石墨烯基底上的均匀镶嵌使得整体电极在长时间循环过程中受力均匀，也缓解了粉化问题。量子点尺寸在 2.2nm 的 MoS_2-石墨烯复合材料在 $20A\cdot g^{-1}$ 的电流下可稳定循环 10000 周，放电比容量达到 $220mA\cdot h\cdot g^{-1}$。当电流进一步增大至 $40A\cdot g^{-1}$ 时，复合材料的放电比容量仍保有 $110mA\cdot h\cdot g^{-1}$。

TiS_2 同 MoS_2 类似，也为三明治结构的层状材料。采用剪切-混合方法制备的超薄 TiS_2

纳米片层具有纳米尺寸的宽度和较大的表面积, 为钠离子提供了进入 TiS_2 内部空间的通道。以 $1mol \cdot L^{-1}$ $NaClO_4$/TEGDME 为电解液, 这种薄的 TiS_2 纳米片能够快速可逆地嵌入和脱嵌 Na^+, 且在 $200mA \cdot g^{-1}$ 电流密度下循环 200 次, 容量保持在 $386mA \cdot h \cdot g^{-1}$, 表现出稳定的循环性能。通过高温固相烧结法合成 TiS_2, 在 $NaPF_6$/DME 电解液中, $0.3 \sim 3.0V$ (vs. Na/Na^+) 电压区间内 TiS_2 具有最优的储钠性能: 在 $0.2A \cdot g^{-1}$ 电流密度下可逆容量为 $1040mA \cdot h \cdot g^{-1}$; 在 $20A \cdot g^{-1}$ 电流密度下循环 9000 周后容量无明显衰减; 当电流密度提高到 $40A \cdot g^{-1}$ 时, 可逆容量仍然达到 $621.1mA \cdot h \cdot g^{-1}$。非原位 XRD、TEM 和 XPS 测试表明, 在嵌钠过程中, TiS_2 首先发生多步嵌入反应生成 $Na_x TiS_2$, 之后进一步发生转化反应生成 $Ti_{0.77}S$ 和 Na_2S。DFT 计算表明, 相对于 TiS_2, Ti 的低价态中间产物具有更高的电子电导率, 随着反应的进行, 电极材料活化程度加深, $Ti_{0.77}S$ 进一步还原生成 Ti 和 Na_2S, 容量利用率进一步提高。同时, Ti 基化合物的高导电性以及 $NaPF_6$/DME 的高离子导电性使 TiS_2 具有优异的倍率性能。TiS_2 多硫离子的吸附性能测试表明, TiS_2 材料对中间产物多硫离子具有较强的吸附作用, 避免了活性物质组分在醚类电解液中的溶解流失, 保证了材料的长期循环稳定性。TiS_2 作为转化型负极应用于钠离子电池, 实现了转化型反应负极材料的高可逆容量以及长期稳定循环。

FeS_2 的理论容量为 $894mA \cdot h \cdot g^{-1}$。在基于醚的电解液中, 将截止电压设置为 0.8V, FeS_2 微米球将仅发生嵌入反应:

$$FeS_2 + xNa^+ + xe^- \longrightarrow Na_x FeS_2 \quad (x < 2)$$

在 $0.8 \sim 3.0V$ 间充放电, $20A \cdot g^{-1}$ 下容量高达 $170mA \cdot h \cdot g^{-1}$, 稳定循环超过 20000 次 (容量保持率约 90%)。

FeS_2 纳米晶在 $0.02 \sim 2.5V$ 电压范围内, 可以发生嵌入和转化反应:

$$FeS_2 + 2Na^+ + 2e^- \longrightarrow Na_2 FeS_2$$
$$Na_2 FeS_2 + 2Na^+ + 2e^- \longrightarrow 2Na_2 S + Fe$$

在 0.8V 以下, 形成 Na_2S 无定形相。这种无定形状态可以有效地减少循环过程中膨胀/收缩时的机械应力。在 $1A \cdot g^{-1}$ 电流密度下能循环 400 次, 容量保持在 $500mA \cdot h \cdot g^{-1}$ 以上。通过刻蚀-硫化方法合成的卵黄状结构的 FeS_2@C 复合材料, 也表现出良好的循环稳定性。

锡基硫化物 (SnS, SnS_2) 可以发生转化和合金化反应, 提供更高的理论比容量。SnS-C 复合材料显示出高储钠能力 ($20mA \cdot g^{-1}$ 电流密度下容量为 $568mA \cdot h \cdot g^{-1}$) 和循环稳定性 (80 次循环容量保持 97.8%)。SnS_2 为 CdI_2 层状六方结构, 硫原子紧密堆积形成两层, 锡原子夹在中间形成八面体结构, 层内为共价键结合, 层与层之间存在弱的范德瓦耳斯力, 较大的层间距 (5.90Å) 有利于钠离子的嵌入。此外, 无定形的 Na_2S 中间产物也可抑制 Na-Sn 合金化反应中的粉化/团聚。SnS_2 能通过以下三个过程储钠:

$$SnS_2 + xNa^+ + xe^- \longrightarrow Na_x SnS_2 (嵌入反应)$$
$$Na_x SnS_2 + (4-x)Na^+ + (4-x)e^- \longrightarrow 2Na_2 S + Sn (转化反应)$$
$$Sn + 3.75Na^+ + 3.75e^- \longrightarrow Na_{3.75} Sn (合金化反应)$$

SnS_2-石墨烯纳米片结构复合材料容量可以达 $650mA \cdot h \cdot g^{-1}$ ($200mA \cdot g^{-1}$), 循环 300 次容量稳定在 $610mA \cdot h \cdot g^{-1}$, 没有明显的容量衰减。

(3) 过渡金属磷化物 过渡金属磷化物 (TMP) 主要包括 MP (M=Ni, Fe, Co, Cu 和 Sn)。在充放电过程中, 形成的 $Na_x M$ 或 $Na_x P$ ($x \geq 0$) 可部分缓解粉碎问题。转化反应对合金化过程有一定的自愈作用, 因此转化和合金化反应的联合也是克服巨大的体积膨胀的有效方法。通过机械球磨合成 Sn_4P_3，可逆容量可以达到 $718mA \cdot h \cdot g^{-1}$，循环 100 次容量几乎不衰减。均匀的蛋黄结构的 $Sn_4P_3@C$ 结构，壳和纳米颗粒之间的空隙允许 Sn_4P_3 膨胀而不会使碳壳变形或破坏外表面上的 SEI 膜。机械球磨法制备的 Sn_4P_3-P@石墨烯（SPPG）材料，作为钠离子电池的负极材料在高电流密度下也获得了超高的稳定性。在 $0.4A \cdot g^{-1}$ 电流密度下，首次放电比容量为 $108mA \cdot h \cdot g^{-1}$，循环 100 次后容量上升到 $855mA \cdot h \cdot g^{-1}$，循环 200 次后保持在 $800mA \cdot h \cdot g^{-1}$；在 $1A \cdot g^{-1}$ 的电流密度下，首次放电比容量为 $652mA \cdot h \cdot g^{-1}$（库仑效率为 73.0%），循环 20 次后容量稳定在 $610mA \cdot h \cdot g^{-1}$（库仑效率大于 99.5%），循环 800 次后容量保持在 $607mA \cdot h \cdot g^{-1}$，循环 1000 次后容量仍旧大于 $550mA \cdot h \cdot g^{-1}$。

9.5.3.5 合金类负极材料

合金类负极材料具有较高的理论容量（质量比容量和体积比容量）和良好的导电性，如 Sn（$Na_{15}Sn_4$，$847mA \cdot h \cdot g^{-1}$）、Ge（NaGe，$369mA \cdot h \cdot g^{-1}$）、Sb（$Na_3Sb$，$660mA \cdot h \cdot g^{-1}$）、Bi（$Na_3Bi$，$385mA \cdot h \cdot g^{-1}$）、P（$Na_3P$，$2596mA \cdot h \cdot g^{-1}$）等，是一类高比能的钠离子电池负极材料。但这类材料在发生合金化反应时体积膨胀严重，电极材料易粉化脱落，从而影响电化学性能。目前主要采用纳米化、碳复合以及开发高效的黏结剂或电解液添加剂等方式来缓解这一问题。

不像 Si 用于锂离子电池负极材料（$Li_{4.4}Si$，$4140mA \cdot h \cdot g^{-1}$），Si 基材料一般被认为不具备电化学储钠活性。但理论计算预测，Na 可以与 Si 合金化形成 NaSi，提供约 $960mA \cdot h \cdot g^{-1}$ 的比容量。实验表明，Si 在钠离子电池中的电化学行为与颗粒尺寸和晶态紧密相关。晶体硅（c-Si）在微米尺寸不发生钠的嵌入/脱出行为，而纳米尺寸的晶体硅在 $50mA \cdot g^{-1}$ 下首次放电和充电容量分别为 $869.6mA \cdot h \cdot g^{-1}$ 和 $170.8mA \cdot h \cdot g^{-1}$（相应于 $Na_{0.91}Si$），原位拉曼分析显示首次钠化（放电）过程中会发生从晶态硅（c-Si）到无定形硅（a-Si）的不可逆结构转变。首先，Na 离子沿离子通道扩散并积聚在（111）平面之间的四面体位置，因为这个位置是 Na 离子嵌入最稳定的位置；第二阶段，随着 Na^+ 浓度增加，Si—Si 键断裂，Na 原子与 Si 原子在稳定位置形成新键；第三阶段，进一步钠化导致大部分 Si—Si 键断裂，晶体 Si 转变成无定形 Na-Si 合金；第四阶段，在脱钠过程中，保持无定形结构，导致形成 a-Si[图 9-73(a)～(d)]。单纯纳米尺寸的硅循环性能非常差。为了克服 Si 的不良导电性和差的结构稳定性，以聚丙烯腈为碳源通过电纺丝技术制备了竹节状的 Si/C 纳米纤维，在 $50mA \cdot g^{-1}$ 下首次放电和充电容量分别为 $813.7mA \cdot h \cdot g^{-1}$ 和 $438mA \cdot h \cdot g^{-1}$，初始库仑效率达到 54%，循环 200 次后容量稳定在 $454.5mA \cdot h \cdot g^{-1}$，在 $5000mA \cdot g^{-1}$ 的高电流密度（超过 10C，$1C=432mA \cdot g^{-1}$）下可循环超过 2000 次，显示出长循环稳定性能[图 9-73(e)]。

Ge 与 Si 类似，最大能结合一个 Na 原子，理论容量为 $369mA \cdot h \cdot g^{-1}$，脱嵌钠电压平坦。为了克服 Na^+ 在 Ge 中缓慢的动力学，一般设计成纳米结构如薄膜电极和纳米线电极等。Ge 纳米线在 1C 倍率下可逆容量为 $355mA \cdot h \cdot g^{-1}$，接近理论容量，并且具有好的倍率性能。

Sn 的理论容量为 $847mA \cdot h \cdot g^{-1}$，在合金类负极材料中研究最为广泛。Na-Sn 相图显示 Sn 钠化过程中经过一系列步骤：$Sn \rightarrow NaSn_5 \rightarrow NaSn \rightarrow Na_9Sn_4 \rightarrow Na_{15}Sn_4$。基于 DFT 计算和原位 XRD 结果，认为 Na 和 Sn 的电化学反应过程为：

$$Na + 3Sn \longrightarrow NaSn_3^* \qquad\qquad (平台 1)$$

$$2Na + NaSn_3^* \longrightarrow 3(a\text{-}NaSn) \qquad\qquad (平台 2)$$

$$5Na + 4(a\text{-}NaSn) \longrightarrow Na_9Sn_4^* \qquad\qquad (平台 3)$$

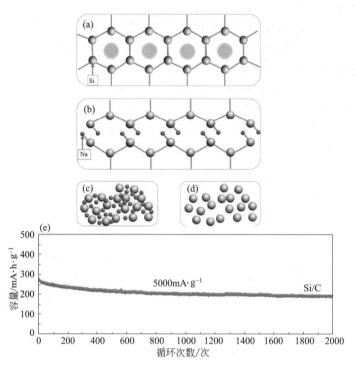

图 9-73 纳米尺寸的 c-Si 结构变化过程 (a) ~ (d) 及 Si/C 电极的循环性能 (e)

$$6Na + Na_9Sn_4^* \longrightarrow Na_{15}Sn_4 \qquad\qquad （平台 4）$$

式中，"a"表示非晶相的形成；"*"表示通过库仑法测定的具有近似化学计量的新结晶相。

通过原位透射电镜技术观察 Sn 纳米颗粒在电化学钠化过程中，伴随 Sn 体积膨胀微观结构演变和相变情况；可认为 Sn 首先经历两步钠化过程形成无定形 $NaSn_2$（56％膨胀），随后形成无定形 Na_9Sn_4（252％膨胀）、Na_3Sn（336％膨胀）和结晶相 $Na_{15}Sn_4$（420％膨胀），如图 9-74 所示。

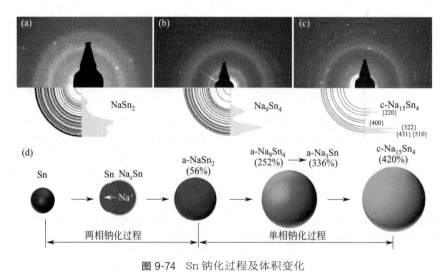

图 9-74 Sn 钠化过程及体积变化

此外，通过原位同步 X 射线辐射成像技术（硬 X 射线透射）发现 Sn 电极在多次电化学循环（钠化/脱钠）中具有两个重要的关键尺寸：$0.5\mu m$ 以下低复杂度；$1.6\mu m$ 以上高复杂度（图 9-75）。这为 Sn 电极在 SIB 中的失效机理和材料粉化提供了新的解释。

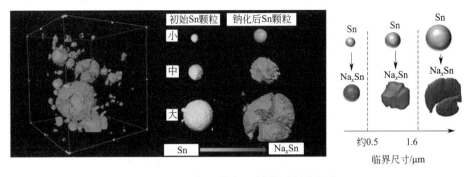

图 9-75 颗粒尺寸对 Sn 钠化过程的影响

可以看出，人们尝试使用多种测试手段以阐明 Sn 的电化学反应机理。但是，在计算结果和实验结果之间仍然存在较大差异。

将 Sn 设计成纳米结构及引入碳基质都能有效缓解体积变化。采用喷雾热解法将超小 Sn 纳米颗粒（约 8nm）均匀嵌入微米级多孔碳球中，这种独特的微纳结构大大缓解了 Sn 在脱嵌钠过程中的体积膨胀。在 $200mA \cdot g^{-1}$ 条件下，首次可逆容量为 $493.6mA \cdot h \cdot g^{-1}$，在 $1000mA \cdot g^{-1}$ 条件下，循环 500 次后容量稳定在 $415mA \cdot h \cdot g^{-1}$，提升了材料的循环稳定性，而且能承受 $4A \cdot g^{-1}$ 的大电流密度。利用静电纺丝技术制备出多孔 N 掺杂的 Sn@C 纳米纤维，具有较好的柔韧性，无需集流体和黏结剂，可直接作为钠离子电池负极使用。在 $200mA \cdot g^{-1}$ 电流密度下，可逆容量达 $633mA \cdot h \cdot g^{-1}$、在 $2A \cdot g^{-1}$ 电流密度下循环 1300 次后容量仅衰减 10%。

Sb 的合金化/去合金化过程，有研究认为其机理为：

$$Sb + Na^+ + e^- \rightleftharpoons NaSb$$
$$NaSb + 2Na^+ + 2e^- \rightleftharpoons Na_3Sb$$

而原位 XRD 观察到 Sb 和 Na 的电化学反应过程中有无定形的 Na_xSb（$a\text{-}Na_xSb$）中间相产生，Sb 放电过程中首先转化为无定形的 Na_xSb。当 Sb 几乎完全反应后，Na_xSb 开始转化为立方-六方 Na_3Sb 混合相（$Na_3Sb_{hex/cub}$），最后转变为稳定的六方 Na_3Sb 相。脱钠时，晶态的 Na_3Sb 转化为无定形的 Sb（$a\text{-}Sb$）。其钠化过程为：$Sb \rightarrow a\text{-}Na_xSb \rightarrow Na_3Sb_{hex/cub} \rightarrow Na_3Sb_{hex}$；脱钠过程为：$Na_3Sb_{hex} \rightarrow a\text{-}Sb$。无定形中间相可以缓冲合金化产生的应力，改善 Sb-Na 合金化反应的循环性能。

利用电化学置换法合成的空心卵黄壳结构的 Sb@C 纳米球，中空结构的设计能够极大地缓冲材料的体积变化，因此表现出良好的 Li^+/Na^+ 存储性能。为了改善传统碳复合材料结构不稳定的缺点，采用化学键合的方法制备 Sb-多层石墨烯复合材料，多层石墨烯通过化学键偶合 Sb 纳米颗粒，不仅增加了导电性，同时多层石墨烯也作为导电基质来维持 Sb 大的体积膨胀时的导电接触，并稳定 SEI 层。该材料的初始充电容量为 $452mA \cdot h \cdot g^{-1}$，循环 200 次后容量保持 90%，并表现出优异的倍率性能，$5A \cdot g^{-1}$ 电流密度下容量为 $210mA \cdot h \cdot g^{-1}$。

Bi 具有独特的层状结构及大的层间距，Bi 和 Na 经过两步反应（$Bi + Na^+ + e^- \rightleftharpoons NaBi$，$NaBi + 2Na^+ + 2e^- \rightleftharpoons Na_3Bi$）形成 Na_3Bi，理论容量为 $385mA \cdot h \cdot g^{-1}$。利用 K、Bi 共插层石墨形成 G-K-Bi-K-G 的石墨三元插层物（KBi-GICs），然后将 K 从插层中去除，制备出一种 Bi 金属颗粒嵌入石墨层间的 Bi@Graphite 材料（图 9-76）。该材料不同于石墨烯

包覆或负载金属纳米颗粒，制备过程中 Bi 纳米颗粒嵌入石墨层间，具有和原料石墨类似的形貌，并未明显将石墨剥离或破坏，仍存在石墨结构，石墨的缺陷也无明显增加。Bi@Graphite 用作 SIBs 负极时，具有 0.5V（vs. Na/Na$^+$）左右的工作电压，首次放电和充电容量分别为 220mA·h·g^{-1} 和 164mA·h·g^{-1}，库仑效率约为 75%。在 300C 的电流密度（12s 内完全充/放电）下，其容量保持率也能达到 1C 容量的 70%。Bi@Graphite 良好的倍率性能与其独特的结构密切相关：一方面，石墨共嵌入相关的过程基本可认为是电容型容量，速度很快；另一方面，Bi 嵌钠过程为扩散控制，纳米颗粒尺寸减少了扩散所需时间，二者结合形成了材料的高倍率性能。同时，Bi@Graphite 具有优异的循环稳定性，在初始 0.5C 循环后，库仑效率大于 99.9%，在 20C 循环 10000 次后，容量保持率依然大于 90%；而且 Bi@Graphite 可以在宽温度范围（-20~60℃）内工作。但是，由于酯基电解液会在石墨表面形成一层比较致密的 SEI，溶剂化的 Na 离子无法共嵌入石墨中，因此与石墨类似，Bi@Graphite 只能应用于醚基电解液中。

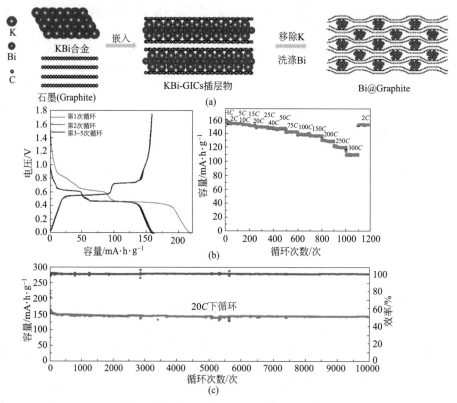

图 9-76 Bi 纳米颗粒嵌入石墨的合成示意图 (a)，
Bi@Graphite 复合材料的充放电曲线和不同充放电倍率下的容量
(b) 和 0.5C 循环 20 周后，在 20C 电流密度下的循环性能 (c)

P 与 Na 发生电化学反应生成 Na$_3$P，理论容量为 2596mA·h·g^{-1}，高于其他负极材料。P 有白磷、红磷和黑磷三种主要的同素异形体，其中白磷易挥发、不稳定；黑磷在 550℃ 以下是热力学稳定态，高温转化为红磷，因此红磷和黑磷常用于钠离子电池负极材料研究。然而，红磷和黑磷在嵌脱钠过程中会发生巨大的体积膨胀（490%），而且红磷的导电性很差（$1×10^{-14}$S·cm^{-1} 以下），制约其电化学性能。与纯红磷和黑磷相比，无定形红磷-碳复合材料（a-P/C）改善了 P 的电化学活性。纯红磷初始放电（钠化）容量可以达到

897mA・h・g^{-1}，但充电（脱钠）容量几乎可以不计，仅为 15mA・h・g^{-1}。而 a-P/C 的初始放电和充电容量分别为 2015mA・h・g^{-1} 和 1764mA・h・g^{-1}，库仑效率达 87％。磷的无定形结构可有效缓冲循环过程中剧烈的体积膨胀。采用剪切乳化和静电纺丝法制备多孔 N 掺杂的 P/C 纳米纤维，循环 1000 次后容量保持率仍为 81％。另外，黑磷具有类似石墨的层状结构且层间距（3.08Å）更大，意味着钠离子（1.04Å）能存储在磷烯层间，导电性也强于红磷，因此可能更具有吸引力。由黑磷剥离制备的磷烯（phosphorene）与石墨烯（graphene）复合，形成 phosphorene-graphene 三明治结构（图 9-77）。该结构中石墨烯层提供弹性缓冲层以适应在钠化过程中的各向异性体积膨胀。同时，石墨烯层也起着传输电子的作用，而磷烯层和增加的层间距为钠离子提供短的扩散路径，在 0～1.5V 的电压范围，在 50mA・g^{-1} 电流密度下循环 100 次容量保持在 2440mA・h・g^{-1}，容量保持率达到 83％。

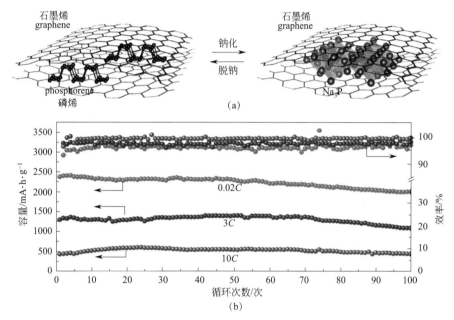

图 9-77 三明治结构 phosphorene-graphene 复合材料
钠化过程示意图 (a) 及不同电流密度下的循环性能 (b)

将纳米结构的各种无定形磷和具有高导电性的 2D 或 3D 碳基质（如石墨烯、碳纳米管、多孔碳等）结合，导电性能良好的碳材料可以提高电极材料的整体稳定性；而纳米结构可以减小离子/电子传输路径并保护磷基材料在充放电过程中的微观形貌，可达到进一步提高容量和改善循环寿命的目的。

通过对比发现，二元合金体系具有一些新的物理化学性质，特别是 Sn-M 和 Sb-M。其中，第二种元素 M 主要分为两类：一类是非活性元素，包括 Ni，Cu，Fe，Zn 和 Mo 等；另一类是能和 Na 反应的活性元素，如 Sn，Sb，Bi 等。在这些二元化合物体系中，次要元素 M 的主要作用是改善循环性能，同时不同中间相可以作为机械缓冲区以适应体积变化，在循环期间提供更稳定的结构和更高效的电子传导。例如，Ni$_3$Sn$_2$ 微米笼结构在首次钠化后，在多孔基底中原位形成零维的 Na-Sn 电活性颗粒和三维导电的 Ni。空心笼结构和在空微孔中存在的 Ni 可以有效抑制充放电过程中 Sn 的机械应变，而且 Ni 有利于电子的传输。该材料在 1C 倍率下可逆容量为 348mA・h・g^{-1}，循环 300 次后容量保持率约 91％。包含活性合金元素的 Sn-Sb、Sn-P、SnSb/C、BiSb/C 等材料也用于提高合金类负极电化学性能的研究。纳米多孔结构的 Bi$_2$Sb$_6$ 表现出较高的比容量（200mA・g^{-1} 电流密度下达到

562.1mA·h·g^{-1}）和超长的循环稳定性（在 1A·g^{-1} 的高电流密度下，经过 10000 周循环后，每周比容量损失仅为 0.0072%）。这种优异的性能可归因于纳米多孔结构和基于合理 Bi/Sb 比的合金化策略。原位 XRD 研究表明，其钠化/脱钠过程并非传统的各个元素独立的反应，而是两元素同步进行的合金化反应机理过程，即：$(Bi,Sb) \longleftrightarrow Na(Bi,Sb) \longleftrightarrow Na_3(Bi,Sb)$。

此外，使用羧甲基纤维素（CMC）、聚丙烯酸（PAA）和聚丙烯酸钠（PANa）作为黏结剂，以及在电解液中添加 FEC，均可以缓解材料体积膨胀造成的不利影响。

9.5.3.6 有机负极材料

有机电极材料羰基化合物的氧化还原反应受碱金属离子尺寸的影响较小，主要的有机羰基化合物包括共轭羧酸盐类、酰亚胺类、醌类和席夫碱类等，被广泛用于钠离子负极材料研究。由于有机材料低的电子导电性、在有机溶剂中的化学不稳定性以及 Na^+ 嵌入/脱出引起的体积变化，导致有机负极材料的反应动力学缓慢，循环过程中容量衰减快、寿命低。同有机正极材料类似，改善有机负极材料电化学性能的手段主要有碳材料等导电剂包覆、分子结构设计、聚合和成盐化等。

共轭羧酸盐化合物表现出低的氧化还原电位（$0.2 \sim 0.5$V，vs. Na^+/Na）和稳定的充放电行为。由对二苯甲酸二钠（$Na_2C_8H_4O_4$）（理论容量 255mA·h·g^{-1}）和科琴黑（ketjen black，KB）组成的钠离子电池负极材料 $Na_2C_8H_4O_4$/KB，可逆储钠容量约 250mA·h·g^{-1}，相应于两个电子的转移，平均脱嵌钠电位为 0.43V 且循环稳定。由于该材料导电性较差，使用时需要混合大量的导电添加剂，且储钠电位低于 0.8V，易生成 SEI 膜，导致其首周库仑效率较低（图 9-78）。利用原子层沉积技术（ALD），对其电极表面进行几个纳米的 Al_2O_3 包覆，部分抑制了 SEI 膜的生长，提高了其首周库仑效率、倍率性能和循环性能。$C_8H_5NaO_4$（NaHBDC）作为钠离子电池的负极材料，在 $0.1 \sim 1.7$V 电压之间有两个电子转移，对应可逆比容量约为 270mA·h·g^{-1}，平均储钠电位约为 0.6V。

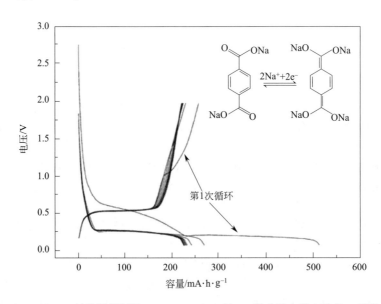

图 9-78 $Na_2C_8H_4O_4$ 的储钠机制及 $Na_2C_8H_4O_4$/KB 前 10 周典型充放电曲线（倍率 0.1C）

一些对二苯甲酸二钠盐的衍生物如 NO_2-Na_2TP、NH_2-Na_2TP 和 Br-Na_2TP 也用于

负极材料研究，苯环上的取代基（NH$_2$—、Br—和 NO$_2$—官能团）和二羧酸盐的异构化形式（间位和对位）可影响对二苯甲酸二钠的热力学和动力学性质。NO$_2$-Na$_2$TP 和 Br-Na$_2$TP 电极容量可达到 300mA・h・g^{-1}，而 NH$_2$-Na$_2$TP 的容量仅有 200mA・h・g^{-1}。Na$_4$C$_8$H$_2$O$_6$ 具有两类可逆的氧化还原反应，作为正极发生 Na$_2$C$_8$H$_2$O$_6$/Na$_4$C$_8$H$_2$O$_6$ 反应，电压为 2.3V；作为负极发生 Na$_4$C$_8$H$_2$O$_6$/Na$_6$C$_8$H$_2$O$_6$ 反应，电压为 0.3V，由此组装成的全有机钠离子电池工作电压为 1.8V，可逆容量为 180mA・h・g^{-1}。为了提高 Na$^+$ 在高电流密度下的快速脱嵌能力，使用 4,4′-二苯乙烯-二羧酸钠（SSDC）来扩展 π 共轭体系，可提高材料的固有电子导电性，改善电荷传输和充电/放电态的稳定性，分子间 π-π 相互作用的增强形成了堆积的层状结构。这两者均可促进 Na$^+$ 的嵌入/脱出（图 9-79），显著提升高倍率性能和可逆容量（2A・g^{-1} 下 105mA・h・g^{-1}，10A・g^{-1} 下 72mA・h・g^{-1}）。

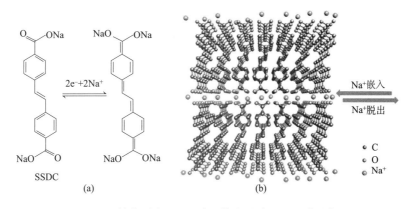

图 9-79　SSDC 钠化反应　(a) 及分子堆积形成 Na$^+$ 通道示意图　(b)

把小分子羰基化合物单体聚合为大分子聚合物，是改善羰基化合物在电解液中的溶解性问题的一种有效策略。其中，聚硫化醌类和聚酰亚胺类在钠离子电池中的研究最为广泛。聚硫化醌类材料可通过菲利普斯方法（缩聚反应）制备。在钠离子电池中，聚硫化蒽醌（PAQS）在 1600mA・g^{-1} 的大电流密度下，可逆比容量达 190mA・h・g^{-1}，相应的材料活性约 85%，且经过 200 周充放电循环测试容量几乎保持不变。由 1,4,5,8-萘四甲酸二酐（NTCDA）衍生的聚酰亚胺类材料 PNTCDA，由于其固有的稳定性和在电解液中的不溶性，具有优异的循环稳定性和高的初始库仑效率（97.6%）。将 1,2,4,5-均苯四甲酸二酐（PMDA）、1,4,5,8-萘四甲酸二酐（NTCDA）和三聚氰胺聚合，得到了三维网状聚酰亚胺材料（PI），可进一步提高该类电极材料的结构稳定性。PI-1 在 5A・g^{-1} 的大电流密度下经 1000 周充放电循环测试后，储钠容量为 88.8mA・h・g^{-1}。值得注意的是，部分聚酰亚胺类有机电极材料的工作电压在 1.0～2.5V（vs. Na$^+$/Na）左右，可作为水系钠离子电池电极材料使用。

从核桃果皮中提取的一种具有电化学活性的小分子羰基化合物胡桃醌（juglone），通过简单的自组装方法制备出了无需黏结剂的胡桃醌/rGO 复合电极材料。rGO 上的 π-π 共轭结构对胡桃醌具有非共价固定作用，不仅提高了复合电极的导电性，同时抑制了活性物质在电解质中的溶解，有效提高了活性物质的利用率。该复合电极材料的可逆比容量高达 305mA・h・g^{-1}，在 200mA・g^{-1} 的电流密度下循环 100 周后，容量保持在 280mA・h・g^{-1}；在 400mA・g^{-1} 的电流密度下，可逆容量为 210mA・h・g^{-1}。胡桃醌/rGO 复合电极与 Na$_3$V$_2$(PO$_4$)$_3$/C 正极组成钠离子全电池，在 0.1A・g^{-1} 电流密度下循环 100 次后容量可稳

定保持在 $80mA \cdot h \cdot g^{-1}$。

聚合的席夫碱具有（N=CH—Ar—HC=N）重复单元，可以作为储钠的氧化还原中心。其在 $0.005 \sim 1.6V$ 间包含两个不同的还原过程（0.59V 和 1.04V，vs. Na^+/Na），与碳材料复合后容量可以达到 $350mA \cdot h \cdot g^{-1}$。

传统的有机电极材料的反应机理主要包括 C=O 反应、C=N 反应和掺杂反应。不同于这些反应机理，基于偶氮基团的有机负极材料与钠离子反应时，氮-氮双键会发生向氮-氮单键的可逆转化（图 9-80）。

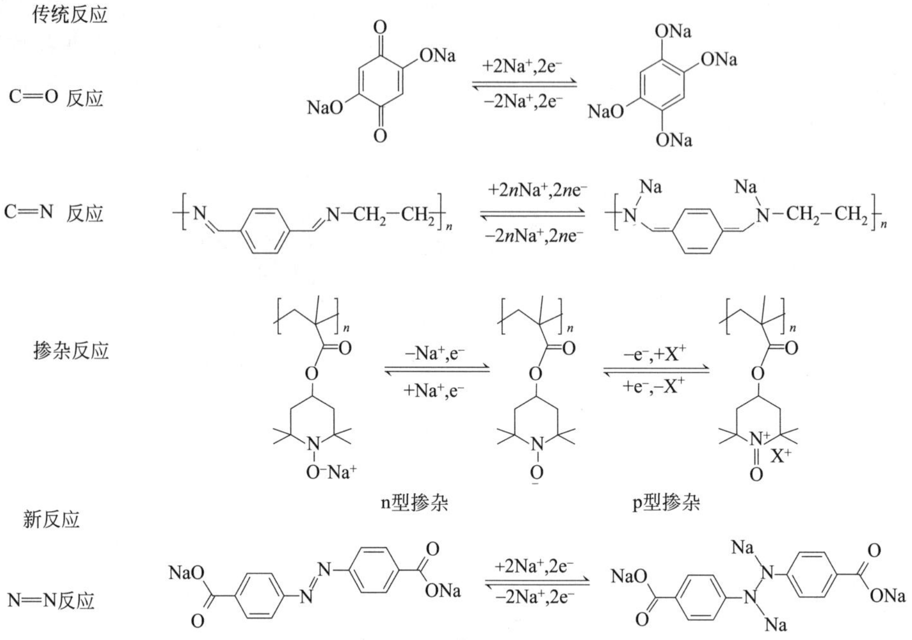

图 9-80 有机电极材料的反应机理

偶氮苯-4,4'-二羧酸钠盐（ADASS）在小电流密度（0.2C）的条件下，在钠离子电池中的可逆容量为 $170mA \cdot h \cdot g^{-1}$，放电过程包含 1.2V 和 1.26V 两个平台，充电平台为 1.37V 和 1.43V。这与循环伏安曲线中宽的阴极峰（1.2V）和尖的阳极峰（1.37V 和 1.43V）是一致的。当电流密度增加到 100 倍时（20C），该化合物还能保持 58% 的可逆容量，而且在大电流密度的条件下，该化合物能实现高达 2000 次的稳定电化学循环，可逆容量保持在 $98mA \cdot h \cdot g^{-1}$，每次循环容量仅衰减 0.0067%，电化学性能已经超越了大多数无机负极材料（图 9-81）。与传统的无机材料相比，该偶氮化合物中不含有任何过渡金属元素，并且可以通过简单修饰功能基团来实现调节电化学性能的目的。

9.5.4 电解液、黏结剂和添加剂

钠离子电池关键材料除正、负极材料外，还包括隔膜材料、电解质材料和黏结剂等（图 9-82），电解质溶液作为电池的关键材料，在电池中起着传导电荷、输送电流的作用。基于有机液体电解质的钠离子电池是主要研究类型。

(1)电解液　钠离子电池电解液由钠盐、有机溶剂和功能添加剂组成。可用的钠盐主要有高氯酸钠（$NaClO_4$）、六氟磷酸钠（$NaPF_6$）、三氟甲基磺酸钠（$NaCF_3SO_3$）和双三氟甲基磺酰亚胺钠[$NaN(SO_2CF_3)_2$，NaTFSI]等；常见的有机溶剂包括酯类小分子化合物如碳酸乙烯酯（EC）、碳酸丙烯酯（PC）、碳酸二甲酯（DMC）、碳酸甲乙酯（EMC）、碳酸

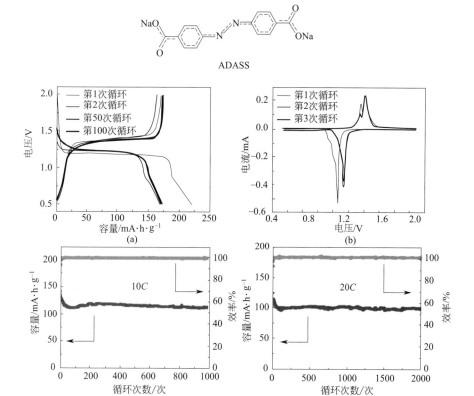

图 9-81　ADASS 的电化学性能

(a) 0.2C 倍率下的充放电性能；(b) 0.1mV·s^{-1} 下的 C-V 曲线；(c) 10C 下的循环性能；(d) 20C 下的循环性能

二乙酯（DEC）和甲基磺酸乙酯（EMS）等，醚类小分子化合物如四甘醇二甲醚（TEG-DME）、二甘醇二甲醚（DEGDME）和乙二醇二甲醚（DME）等；功能添加剂主要有氟代碳酸乙烯酯（FEC）等。酯类和醚类电解液是最常用的两种有机电解液，作为与电极材料同样重要的电池组成部分，将直接影响电极材料电化学性能的有效发挥和电池的稳定、安全运转。

① 酯类电解液。酯类电解液具有种类多、热稳定性好、离子电导率高（约 10^{-2} mS·cm^{-1}）、电化学窗口宽（0.2~5.0V，vs. Na$^+$/Na）等特点，广泛应用于钠离子电池研究。对于碳酸酯类电解液，溶剂组分对其离子导电性和电化学稳定性有重要影响，优化溶剂组分是改善电解液性能最重要的手段之一。不同溶剂如 EC、PC，EC＋DMC（50：50，体积比），EC＋EMC（50：50，体积比），EC＋DEC（50：50，体积比）和 PC＋VC（98：2，体积比）对硬碳负极储钠性能研究表明，1mol·L^{-1} NaClO$_4$ 在 PC 和 EC＋DEC 中较其他溶剂具有好的电化学性能（图 9-83）。有趣的是，VC 通常作为添加剂通过在电极成膜用以改善界面性能。但是，在 PC 溶剂中加入 VC 后没有发现在硬碳电极中发挥相同的作用。在低温下，以 PC 作为溶剂的电解质更适用于钠离子电池。另外，磺酸酯类电解液 [如 NaClO$_4$/EMS（ethyl methanesulfonate，甲基磺酸乙酯）] 由于起始氧化电位高（5.6V，vs. Na$^+$/Na）和高的离子传导率（6.0×10^{-3} S·cm^{-1}），在正极材料研究中也逐渐得到使用。

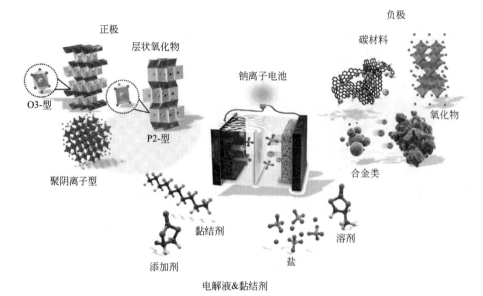

图9-82　钠离子电池组成

相对来说，钠盐类型对电解液性能的影响较小。通过比较 $NaClO_4$ 在 PC 中、$NaClO_4$ 在 EC＋PC 中、$NaClO_4$ 在 EC＋DEC 中以及 $NaPF_6$ 在 EC＋PC 中的热稳定性发现，$NaPF_6$ 在 EC＋PC 电解液中具有较高的热稳定性（首个放热峰出现在 $156.2℃$）和低的产热性能（$717.2J \cdot g^{-1}$），循环后在硬碳表面形成的 SEI 膜热稳定性更好。不同钠盐 $NaPF_6$、$NaClO_4$、$NaCF_3SO_3$ 在有机溶剂 EC＋DMC（$30:70$，质量比）中的电导率与钠盐的种类和浓度有关。以 $NaPF_6$ 作为电解质盐的电解液表现出更高的离子电导率，$NaClO_4$ 次之，$NaCF_3SO_3$ 最低。$NaPF_6/[（EC＋DMC）（30:70$，质量比）] 在 $-20～40℃$ 温度下都有较好的电导率，更适用于实际应用。通常，基于 $NaPF_6$ 电解液的电池具有更高的比容量和更好的循环稳定性，而基于 $NaClO_4$ 电解液的电池具有更

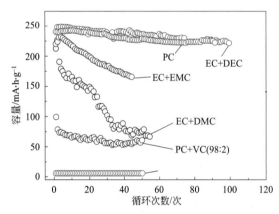

图9-83　硬碳电极在不同的电解液中的电化学性能
（$1mol \cdot L^{-1}NaClO_4$ 溶解在不同的溶剂中）

高的库仑效率。

② 醚类电解液。醚类电解液的电化学窗口比较窄，起始氧化电位比较低，在高电位正极材料和高电压钠离子电池中应用很少。但是，它对改善有机正极材料、硫族化合物以及石墨负极材料的电化学性能有明显效果。在醚类电解液中，钠离子和醚类溶剂分子可以高度可逆地在石墨中发生共插层反应，形成稳定的石墨插层化合物；能有效地在其他负极材料表面构建稳定的电极/电解液界面（SEI 膜），降低如硫化物等中间产物的溶解度，减小电化学极化等。

研究表明，石墨类电极材料在碳酸酯电解液中难以有效地构建稳定的电极/电解液界面，几乎没有储钠活性，但是在醚类电解液中却能表现出 $100～120mA \cdot h \cdot g^{-1}$ 的储钠容量，并且可以稳定循环 1000 周以上。在含有 $NaPF_6$ 盐的二甘醇二甲醚（DEGDME）电解液中，$0.5C$ 倍率下石墨具有很好的循环稳定性，首周放电容量为 $125mA \cdot h \cdot g^{-1}$，循环 2500 周

之后放电容量仍能达到首周放电容量的 80%。通过研究蒽醌化合物在醚类电解液中的可逆电化学行为，发现优化电解液浓度、醚类分子类型和添加剂可以显著提高有机电极材料的可逆容量、循环稳定性和倍率性能。另外，硫化物和硒化物也能在醚类电解液中展现出稳定的储钠性能。

尽管酯类电解液和醚类电解液在优化材料储钠性能方面取得了一定进展，但是缺乏系统研究，还有很多科学和技术问题需要突破，包括醚类溶剂分解形成 SEI 的机制及表征，进一步提升醚类电解液高电压稳定性以及添加剂的系统研究。通过电解液的优化，可提升钠离子电池性能。

③ 添加剂。值得注意的是，电解液容易在高电位正极发生氧化分解反应，在低电位负极发生还原分解反应。分解产物覆盖在电极材料表面会增加电池的电化学阻抗，降低电池寿命。使用带有添加剂的功能电解液，可以在电极表面构建一薄层能传导离子和绝缘电子且性质稳定的固态电解质膜 (SEI)，有效抑制电解液副反应的发生，提高电池安全性，降低可燃性和防止过度充电过程等，增强电池的电化学稳定性。氟代碳酸乙烯酯 (FEC) 是目前钠离子电池研究中最常见的添加剂，使用量一般为 2%～5%（质量分数）。比较 $1mol \cdot L^{-1} NaClO_4$ 在 PC+2%FEC 和甲基乙基砜 (EMS)+2%FEC 中电解质的电导率和电化学稳定性发现，$1mol \cdot L^{-1} NaClO_4/EMS+2\%FEC$ 具有更高的电导率和更宽的电化学窗口，负极氧化电位达到 5.6V。将此电解质与正极材料 $Na(Ni_{0.25}Fe_{0.5}Mn_{0.25})O_2$ 和碳包覆的 Fe_3O_4 负极匹配，首周放电容量达到 $130mA \cdot h \cdot g^{-1}$，150 周后容量保持率达到 76.1%，库仑效率接近 100%。

（2）**黏结剂**　改善电极性能的另一个重要关键因素是用于粉状活性物质的黏结剂的选择。通常，大多数电极使用聚偏氟乙烯 (PVDF) 作为黏结剂，将 PVDF 溶解在挥发性的有机溶剂（N-甲基吡咯烷酮，NMP）中可以形成浆料。最近，水溶性的黏结剂如羧甲基纤维素钠 (Na-CMC)、聚丙烯酸钠 (PAANa) 和海藻酸钠 (Na-Alg) 也用于钠离子电池。由于这些黏结剂交联的三维互连结构，能够承受合金类材料钠化/脱钠过程中大的体积变化，提升循环性能。在电化学反应过程中，Na-CMC 能改善 SEI 钝化层的性能，减少不可逆容量。Na-Alg 是一种高模量的天然多糖，比 Na-CMC 极性更强，从而确保黏结剂与颗粒间更好的界面相互作用，以及电极与铜基体间较强的黏附力。PAANa 为弹性黏结剂，涂覆在电极表面可形成稳定能变形的 SEI 层。该聚合物弹性基质可防止体积变化时 SEI 的开裂；而且，由于形成稳定的 SEI 层，与 PVDF 黏结剂相比电解液的分解反应也相应减少。以硬碳 (HC) 为电极材料，$1mol \cdot L^{-1} NaPF_6+PC$ 为电解液，通过比较 PVDF、Na-CMC 和 PAANa 黏结剂对电化学性能的影响可以看出，使用 PAANa 和 Na-CMC 黏结剂可以使电极的电化学性能更加稳定，如图 9-84 所示。钠离子电池中合金和转化型负极材料的电化学性能因黏结剂不同而显著改变，在 P-C 复合电极中使用 PAANa 作为黏结剂可达到极好的循环性能。在钠化/脱钠过程中，与 PVDF 黏结剂相比，PAANa 有效抑制了磷电极大的体积变化。

（3）**离子液体电解质**　离子液体电解质相对于碳酸酯类有机溶剂电解质具有电化学窗口宽、不易燃、不易挥发等优点，用于钠离子电池中可有效解决有机溶剂的稳定性和安全性问题。咪唑类离子液体相对于其他的离子液体具有黏度小、电导率高等优点。以二（三氟甲基磺酰）1-乙基-3-甲基咪唑 EMImTFSI 和二（三氟甲基磺酰）1-丁基-3-甲基咪唑 BMImTFSI 混合离子液体作为电解质溶剂，NaTFSI 作为电解质盐，研究了该电解质的电导率和热稳定窗口。在室温下，这种电解质的电导率为 $5.5mS \cdot cm^{-1}$，在 $-86～150℃$ 温度范围内热力学稳定。通过拉曼光谱和密度泛函理论计算得到电荷转移的载体是 $[Na(TFSI)_3]^{2-}$。

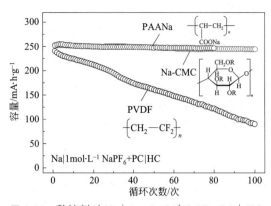

图9-84　黏结剂对Na | 1mol·L⁻¹NaPF₆+PC | HC
电池电化学性能的影响

此外，研究较多的离子液体电解质还有二（三氟甲基磺酰）1-丁基-1-甲基吡咯BMPTFSI。将BMPTFSI离子液体与四氟硼酸钠（$NaBF_4$）、$NaClO_4$、$NaPF_6$和二氰胺钠［$NaN(CN)_2$］组成不同钠盐的电解液，与$NaFePO_4$正极材料匹配，比较其电导率、热力学性能及电化学性能，发现$1mol·L^{-1}NaBF_4/BMPTFSI$黏度最低，室温下离子电导率最高，达到$1.9mS·cm^{-1}$。不论何种钠盐，所有的电解质都不具有可燃性，且温度超过350℃时电解质才开始发生分解，是理想的安全性电解质材料。高温下$1mol·L^{-1}NaBF_4/BMPTFSI$与$NaFePO_4$正极材料匹配时，电化学性能强于以碳酸酯类作溶剂时电池的电化学性能。在75℃、0.05C条件下，容量达到$152mA·h·g^{-1}$，接近于理论容量$154mA·h·g^{-1}$，1C时放电容量仍能达到$92mA·h·g^{-1}$。$0.5mol·L^{-1}NaTFSI/BMPTFSI$电解液的热稳定性也很好，超过400℃才发生分解，没有可燃性。在50℃、0.05C时，与$NaFePO_4$正极材料匹配，容量达到$125mA·h·g^{-1}$，1C时容量还可以达到其65%，高于以碳酸酯类作溶剂时的放电容量。同时，还表现出很好的循环稳定性，100周循环后，只有13%的容量损失，低于同等情况下以碳酸酯类有机溶剂时38%的容量损失。当采用$1mol·L^{-1}NaClO_4/BMPTFSI$离子液体电解液与$Na_{0.44}MnO_2$正极材料匹配时，由于电解质在Na电极和$Na_{0.44}MnO_2$电极的固液界面阻力和电荷转移阻力很低，所以表现出较好的充放电性能。在75℃、0.05C时，放电容量达到$115mA·h·g^{-1}$，接近于理论容量（$121mA·h·g^{-1}$），1C时容量仍能达到其85%。

吡咯类离子液体N-甲基-N-丙基吡咯二（三氟甲基磺酰）亚胺（PYR14TFSI）与NaTFSI组成的电解液室温下电导率达到$1mS·cm^{-1}$，具有低可燃性和低挥发性，其凝固点达到-30℃，有可能实现低温下的应用。但是，由于离子液体在室温下的高黏性和高的生产成本，制约了其在钠离子电池中的大规模应用。

9.5.5　水系钠离子电池

钠离子电池的定位主要是用于大规模储能电池，水系钠离子电池具有安全性较好、环境友好、制造集成简便、价格低廉及腐蚀性较小等特点，理论上具有广泛的应用前景。可以说水系钠离子电池是为大规模静态储能的实用化而量身定制的，具有极大的实用性以及大规模应用的优势。

水系钠离子电池采用含有钠离子的水溶液作为电解质，正极由不同离子嵌入化合物组成。充电时，钠离子从正极脱出并通过电解液扩散至负极，在负极发生吸附或嵌入反应，电子则由正极转移至负极；放电过程与充电过程相反，如图9-85所示。Na_2SO_4水溶液是研究较为广泛的电解液。Na_2SO_4属强电解质，可以在溶液中起到提供Na^+的作用。其作用机理与水系锂离子电池相似，可利用两极间离子嵌入反应构建"摇椅式"水溶液二次电池。

在水系电解液中，钠离子电池的反应热力学性质受到水分解反应的严重影响，存在着水分解引起的负极析氢和正极析氧的副反应问题。另外，许多钠盐化合物在水中的溶解度很大，或遇水容易分解，进一步限制了储能材料的选择范围。基于此，电池材料应当满足以下条件。

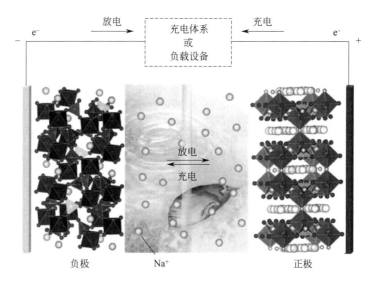

图 9-85　水系钠离子电池的工作原理

① 氧化还原电对位于析氢析氧电位之间（图 9-86）。

② 较高的电位下，溶液中的 O_2 可以与电极材料发生副反应：

$$Na-(intercalated)+1/2H_2O+1/4O_2 \longrightarrow Na^+ + OH^-$$

因此，要求电极材料在操作 pH 条件下具有一定的化学稳定性，不发生电极材料的溶解，并且不与氧发生反应。

③ 正极材料中应含有 Na^+，或者负极材料预嵌钠。

④ 可逆性好。

⑤ 安全。

不同的电极材料已经被研究并应用于水系钠离子电池。正极材料主要包括过渡金属氧化物、聚阴离子材料以及普鲁士蓝类化合物等；负极材料主要包括金属氧化物、NASICON 型化合物、普鲁士蓝类化合物以及有机化合物等。

9.5.5.1　正极材料

（1）过渡金属氧化物正极材料　受水溶液嵌锂正极的启示，许多富钠过渡金属氧化物曾用于水溶液中的正极材料。早期研究表明，MnO_2、RuO_2、V_2O_5 等在 Na_2SO_4 水溶液中均能表现出可逆的电荷储存性质。这类材料的反应主要涉及表面法拉第过程，因此多作为超级电容器的正极。随后，在一些具有较大隧道结构的钠锰氧化物中，发现这些材料可获得 $150\sim300$ $F \cdot g^{-1}$ 的超高比电容。电化学与结构进一步分析表明，这类正极反应的储能机制为 Na^+ 在主体晶格中的嵌入/脱嵌，而非传统的界面电容效应，证实了水溶液体系中实现钠离子嵌入反应的可行性。

通过控制合成路线可得到不同隧道结构的 MnO_2，主要包括 α、β、γ、δ 和 λ 五种晶型结构。根据隧道结构的不同可将 MnO_2 分成 3 类：α、β、γ 为一维隧道结构；δ-MnO_2 为二维层状结构；λ-MnO_2 为三维尖晶石结构。通过非原位 XRD 分析表明，δ-MnO_2 在 NaCl 和 Na_2SO_4 水溶液电解液中钠离子能可逆嵌入和脱嵌，$100mA \cdot g^{-1}$ 下，比电容为 $142F \cdot g^{-1}$，$4000mA \cdot g^{-1}$ 高电流密度下也可保持其容量的 80%，并可稳定循环 850 周。使用 $7mol \cdot L^{-1}$ NaOH 水溶液为电解液，γ-MnO_2 作为正极材料，在 $8mA \cdot g^{-1}$ 电流密度下，

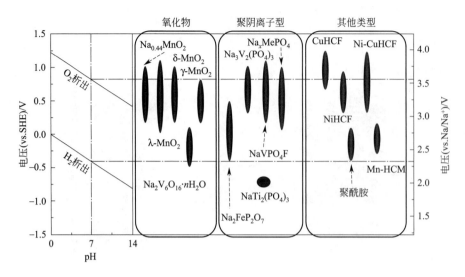

图 9-86　水系钠离子电池电极材料在水溶液中电位

比容量可达到 $225mA \cdot h \cdot g^{-1}$，但是容量衰减很快。$\lambda\text{-}MnO_2$ 在中性 Na_2SO_4 溶液中显示出非常好的储能性质，放电容量达到约 $80mA \cdot h \cdot g^{-1}$，超过 $Na_{0.44}MnO_2$ 材料。使用 $\lambda\text{-}MnO_2$ 正极和活性炭（AC）负极的薄型扣式电池能够达到理论容量的 70%，循环 5000 次容量不衰减。

　　Mn_5O_8 纳米颗粒在 $0.1mol \cdot L^{-1}Na_2SO_4$ 电解液中显示出宽的电压窗口，对于氢析出反应（HER）和氧析出反应（OER）的电压分别达到 $-1.7V$ 和 $0.8V$ ［vs. Hg/Hg_2SO_4（MSE），过电位均达到 $0.64V$ 左右］，而且 HER 和 OER 反应缓慢，水系钠离子半电池电压窗口达到 2.5V。Mn_5O_8 纳米颗粒表现为赝电容材料，对于电荷储存主要是电容的贡献，独特的层状结构也利于 Na^+ 传输。在 $5A \cdot g^{-1}$ 下的容量约 $116mA \cdot h \cdot g^{-1}$，$50A \cdot g^{-1}$ 下的容量能保持在 $20mA \cdot h \cdot g^{-1}$。在 $20A \cdot g^{-1}$ 下，组装的 Mn_5O_8 对称电池在 $1mol \cdot L^{-1}Na_2SO_4$ 电解液中，循环 25000 次后，电极容量保持在 $61mA \cdot h \cdot g^{-1}$，显示出极好的循环稳定性、库仑效率（≈100%）和能量效率（≈85%）（图 9-87）。值得注意的是，该体系表现出 2 电子电荷转移（Mn^{2+}/Mn^{4+}）和离子通过 Mn_5O_8 层内/层间缺陷传输的特征。Mn_5O_8 对称电池质量比能量和质量比功率高达 $40W \cdot h \cdot kg^{-1}$ 和 $17400W \cdot kg^{-1}$，更重要的是，体积比能量和质量比功率能达到约 $13W \cdot h \cdot L^{-1}$ 和 $6000W \cdot L^{-1}$。此外，人们还研究了其他过渡金属氧化物（如 V_2O_5 等）作为水溶液嵌钠正极的性能。

　　P3 型结构的 $Na_{0.44}MnO_2$ 具有三维互通的钠离子 S 形隧道结构，使钠离子能够快速扩散，以此种材料制作的正极具有 $45mA \cdot h \cdot g^{-1}$ 的可逆容量，而且经 1000 周循环后容量基本保持不变，有希望作为水系钠离子电池正极材料。通过 EIS 阻抗谱测得 $Na_{0.44}MnO_2$ 的离子扩散速率为 $1.08 \times 10^{-13} \sim 9.15 \times 10^{-12} cm^2 \cdot s^{-1}$，远高于非水溶剂中的值（$5.75 \times 10^{-16} \sim 2.14 \times 10^{-14} cm^2 \cdot s^{-1}$），因此在水系电解液中可实现大倍率充放电。此后，进一步采用多种合成方法如固相法、水热法、溶胶-凝胶法等可以提高其性能。通过溶胶-凝胶法合成的棒状 $Na_{0.44}MnO_2$ 容量为 $55mA \cdot h \cdot g^{-1}$（$200F \cdot g^{-1}$），$500mA \cdot g^{-1}$（18C）下循环 4000 周后，容量保持率为 84%。通过聚乙烯吡咯烷酮燃烧法制备的 $Na_{0.44}MnO_2$ 具有高钠离子扩散速率和循环稳定性，$C/5$ 下，容量达 $122.9mA \cdot h \cdot g^{-1}$，在 20C 下容量也可保持 $99mA \cdot h \cdot g^{-1}$，10C 下循环 700 周后容量保持率为 82.9%。其他钠锰氧化物如 $Na_{0.66}\text{-}$

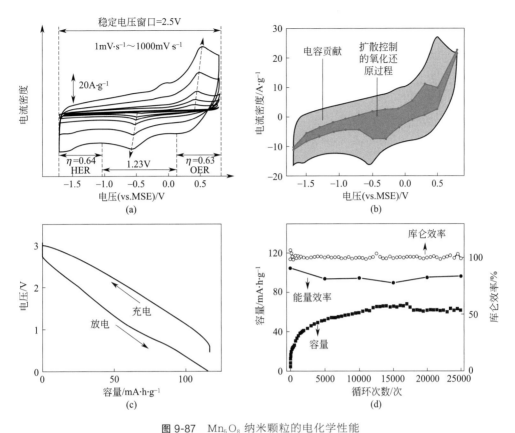

图 9-87 Mn_5O_8 纳米颗粒的电化学性能

（a）CV 曲线和对于 HER、OER 的过电位（η）；（b）电容和氧化还原过程对电荷储存的贡献比例
（$500mV \cdot s^{-1}$）；（c）$5A \cdot g^{-1}$ 电流密度下充放电电极的容量；（d）$20A \cdot g^{-1}$ 电流密度下的循环性能

$[Mn_{0.66}Ti_{0.34}]O_2$、$NaMnO_2$、$Na_{0.95}MnO_2$、$Na_{0.35}MnO_2$、$Na_{0.21}MnO_2$ 等也表现出不错的电化学性能。$AC//NaMnO_2$ 超级电容器在 $0.5mol \cdot L^{-1}Na_2SO_4$ 溶液中、$0\sim1.9V$ 间循环，表现出极好的循环稳定性，循环 10000 次容量损失小于 3%。

与嵌锂反应相比，过渡金属氧化物作为储钠正极时大多容量利用率不高，循环稳定性较差。产生这一差别的原因可能是钠离子的体积较大，一旦嵌入氧化物晶格中后易形成稳定结构，能够参与可逆嵌入/脱嵌的钠离子数量有限，且嵌脱反应容易引起结构的变化。

（2）聚阴离子正极材料　聚阴离子型化合物具有结构稳定、放电电位平台可调的特点。NASICON 类材料 $Na_3V_2(PO_4)_3$ 可在 3.4V（vs. Na/Na^+）电压下发生两个钠离子的脱嵌，产生 $117mA \cdot h \cdot g^{-1}$ 的比容量。研究在不同水溶液电解液如 $1mol \cdot L^{-1}$ 的 Li_2SO_4、Na_2SO_4 和 K_2SO_4 中的电化学行为，发现在 Na_2SO_4 电解液中，$8.5C$ 下比电容为 $209F \cdot g^{-1}$（约 $50mA \cdot h \cdot g^{-1}$），$42.7C$ 下比电容为 $136F \cdot g^{-1}$（约 $35mA \cdot h \cdot g^{-1}$），$Na_3V_2$-$(PO_4)_3$ 电极在水溶液中的嵌/脱钠速率由扩散控制。通过原子取代（Mn^{2+}，Ti^{4+} 等）的方式可以稳定钠钒磷酸盐，保持其开放的 3D 框架结构，抑制 V 的溶解。例如 Ti^{4+} 取代 V^{3+} 形成的 $Na_3VTi(PO_4)_3$，可以利用其 V^{4+}/V^{3+} 和 Ti^{4+}/Ti^{3+} 氧化还原电对作为正极和负极材料使用。基于 $Na_3VTi(PO_4)_3$ 组装的对称全电池电压平台约 1.2V，在 1C 倍率下充电容量为 $62mA \cdot h \cdot g^{-1}$，10C 下循环 1000 次后容量保持率达到 70%，如图 9-88 所示。利用 F 的高电负性，氟代的 $Na_3V_2O_2(PO_4)_2F$ 电极材料可以给出更高的工作电压，$Na_3V_2O_2$-

$(PO_4)_2F$-MWCNTs 正极和 $NaTi_2(PO_4)_3$-MWCNTs 负极组成的全电池工作电压可以达到 1.5V。NASICON 结构电极材料具有良好的动力学和循环稳定性，但钒源中五价钒毒性较大，在一定程度上限制了其大规模使用。

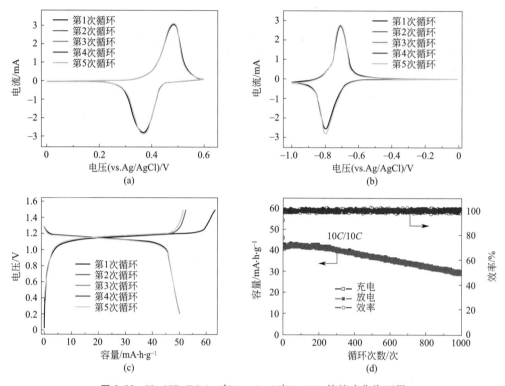

图 9-88　$Na_3VTi(PO_4)_3$ 在 $1mol·L^{-1}Na_2SO_4$ 溶液中作为正极
（a）和负极（b）的 CV 曲线（扫描速度 $0.5mV·s^{-1}$），（c）在 1C
倍率下 $0.2 \sim 1.5V$ 间水系全电池的充放电曲线和（d）　10C 倍率下的循环性能

橄榄石型 $LiFePO_4$ 能够在 $NaNO_3$ 水溶液电解液中完全转变为 $NaFePO_4$。与有机电解液相比，$NaFePO_4$ 在室温下与 55℃ 条件下均表现出较小的极化以及更好的倍率性能。磷铁钠矿型 $NaCo_{1/3}Ni_{1/3}Mn_{1/3}PO_4$ 在有机体系中没有电化学活性，但是在水溶液中却可以实现钠离子的可逆嵌入/脱嵌。$Na_7V_4(P_2O_7)_4(PO_4)$/C 材料在水系电解液中具有较高的氧化还原电位(0.961V，0.944V，vs. SCE)。与非水电解质相比，由于水溶液电解质中的动力学更快，以 $Na_2FeP_2O_7$ 为正极的电池倍率和循环性能得以提高。在 $-0.654 \sim +0.576V$ (vs. SCE) 以及 $2.0 \sim 3.8V$ (vs. Na^+/Na) 的电压范围内，1C 倍率下在水溶液电解质和非水电解质中均可得到近似的理论容量。在 5C 下，与水溶液电解质中的 1C 相比，没有观察到显著的容量降低，并可循环 300 周；然而，在非水电解质中倍率增大到 5C 后，容量大幅度降低，说明该材料在水溶液电解质中使用更具有优势。

（3）普鲁士蓝类正极材料　普鲁士蓝类化合物是非氧化物晶格作为储钠主体结构的典型代表。在普鲁士蓝类的立方晶型中，过渡金属原子与 C≡N 键六配位形成三维隧道结构，其中存在着大量空隙点位，可与水溶液中碱金属离子进行快速交换，为可逆储钠反应提供了良好的条件。

采用液相沉淀法合成的六氰合铁酸镍（NiHCF）和六氰合铁酸铜（CuHCF）均能实现

1 个 Na^+ 的可逆脱嵌，NiHCF 在 $C/6$ 下可逆容量约为 $60mA \cdot h \cdot g^{-1}$，在 $8.3C$ 下经 5000 次循环后容量基本保持不变。配位金属种类不同，普鲁士蓝类化合物的氧化还原电势也有显著不同，这样就可以通过调整配位金属来改变正极的工作电压。例如，NiHCF 的放电电压为 $0.59V$，CuHCF 的电压平台则高达 $0.9V$ （vs. SHE），$Cu_xNi_{1-x}HCF$ 固溶体的氧化还原电位可在 $1mol \cdot L^{-1} NaNO_3$ 水溶液电解液中从 $0.6V$ 调至 $1.0V$。得益于钠离子较大的自由度，这类化合物表现出快速的钠离子嵌脱反应动力学。但是，NiHCF 和 CuHCF 均为贫钠态，不能直接与同为贫钠态的负极配对使用，在用作正极材料时需要先还原至富钠的还原态。富钠态的普鲁士蓝衍生物 $Na_2MFe(CN)_6$（M＝Fe、Co、Ni、Cu 等）也具有良好的电化学储钠性能。这类材料可以发生两个 Na^+ 的脱嵌反应，可逆容量达到 $100mA \cdot h \cdot g^{-1}$ 以上。$Na_2NiFe(CN)_6$ 可逆储钠容量为 $65mA \cdot h \cdot g^{-1}$，平均放电电压为 $+0.45V$ （vs. Ag/AgCl），且以 $5C$ 倍率循环 500 次，容量保持率仍高达 90%，显示出大倍率应用前景。$Na_2CuFe(CN)_6$ 电极充放电平台约 $0.61V$（vs. Ag/AgCl），明显高于 $Na_2NiFe(CN)_6$。

（4）有机正极材料　为了克服刚性无机晶格对钠离子的束缚，人们也尝试制备了有机正极材料。合成的聚 2,2,6,6-四甲基哌啶氧-4-乙烯基醚（PTVE）在 $0.1mol \cdot L^{-1} NaCl$ 溶液中表现出良好的电化学性能，在 $0.73V$ （vs. Ag/AgCl）处呈现出稳定的电压平台，在 $60C$ 高倍率时的可逆容量达 $130mA \cdot h \cdot g^{-1}$，循环 1000 次仍能具有

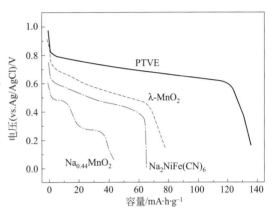

图 9-89　几种典型水溶液嵌钠正极材料的电压曲线

75% 的容量保持率。显然，聚合物储钠材料不仅可以克服无机刚性晶体的束缚，还大大拓展了材料的选择空间。图 9-89 给出了上述几种典型水溶液嵌钠正极材料的电压曲线。

9.5.5.2　负极材料

硬碳是有机系钠离子电池广泛使用的负极材料。但是，由于这些碳材料的钠离子嵌入/脱嵌电位很低，远低于水溶液的析氢电位，因此无法作为水系钠离子电池负极使用。选用活性碳材料作负极，可以制作非对称的混合型水系钠离子电容电池。例如，正极采用 λ-MnO_2、负极采用活性炭、电解质为 Na_2SO_4 水溶液的混合电容器电池，连续充放电循环 5000 次以上仍能保持容量几乎不变。

由于较低电势下结构稳定性的要求，使得水溶液储钠负极材料的选择较为困难，满足要求的材料十分有限，迄今只有 $NaTi_2(PO_4)_3$ 被认为可以应用于水系电解质中。$NaTi_2(PO_4)_3$ 具有典型的 NASICON 结构，其隧道尺寸允许钠离子自由迁移，理论容量可达 $133mA \cdot h \cdot g^{-1}$。在 $1mol \cdot L^{-1} Na_2SO_4$ 溶液中，$NaTi_2(PO_4)_3$ 在 $-0.82V$ （vs. Ag/AgCl）处呈现平稳的充放电平台，对应于钠离子的可逆嵌脱反应，平台长而平坦。在 $2mA \cdot cm^{-2}$ 的电流密度下，其可逆容量约为 $123mA \cdot h \cdot g^{-1}$，接近理论上两个 Na^+ 的脱嵌容量，在非水电解液中放电电压平台达到 $2.1V$ （vs. Na/Na^+）（图 9-90）。值得注意的是，$NaTi_2$-$(PO_4)_3$ 在水系电解液中充放电极化要明显小于非水电解液，这可以归因于水系电解液的较低阻抗和低黏度。$NaTi_2(PO_4)_3$ 在水系电解液的反应电势区非常接近但略高于水的析氢电位，可以确保正常的嵌钠反应过程中没有析氢副反应的干扰，有利于提高电池的工作电压，

以获得较大的电压输出。但是，该材料电子电导率较低，并且在水溶液会中会受 pH 值和温度的影响，因此需要通过碳包覆等方法进行改进。经过碳包覆，不仅改善了材料的电子电导率，还明显提高了活性物质利用率，同时避免了表面与电解液直接接触，防止副反应发生，从而大大提高了循环稳定性和倍率性能。研究的其他无机负极材料包括 $Na_3MgTi(PO_4)_3$、MoO_3、基于钒的材料 $[Na_2V_6O_{16} \cdot nH_2O、NaV_3(PO_4)_3、Na_2VTi(PO_4)_3]$ 等。

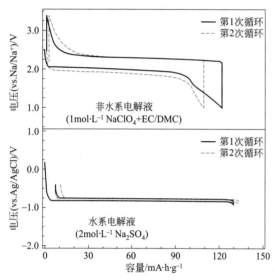

图 9-90　$NaTi_2(PO_4)_3$ 在非水系电解液 $[NaTi_2(PO_4)_3//Na]$ 和水系电解液 $[NaTi_2(PO_4)_3//Zn]$ 中的充放电曲线

在有机负极材料方面，含有电活性蒽醌结构的聚合物 [poly（2-vinylanthraqui-none），PVAQ] 在蒽醌基团两电子还原过程中，通过两个钠离子嵌入聚合物链段以维持电荷平衡。这种聚合物在 pH 值为 14 时的 NaCl 水溶液中出现平稳的电压平台，以 5 $A \cdot g^{-1}$ 电流密度充放电，可逆容量高达 217$mA \cdot h \cdot g^{-1}$，循环 300 次后容量保持率为 91%。用萘二甲酸二钠作为负极，在 $1mol \cdot L^{-1}Na_2SO_4$（pH 值为 7）水溶液中，平均氧化还原电位在 $-0.04V$（vs. SHE）、6C 下可逆容量为 62$mA \cdot h \cdot g^{-1}$，循环 500 次后，容量保持率为 74%，24C 时可逆容量仍有 40$mA \cdot h \cdot g^{-1}$。由于醌类的电位可调节、化学稳定性好、反应速度快、对离子选择广泛，能在大的酸碱度范围、多种载流离子、大温度范围、多种气氛下稳定工作，可与成熟的正极材料搭配，组成稳定的醌基水系电池（图 9-91）。与使用现有负极的水系电池相比，醌基电池的能量和功率指标毫不逊色，甚至在成本、低温性能、过充性能等方面更胜一筹，堪称水系电池发展的一大突破。

聚酰亚胺材料（polyimides，PI）是一类优异的有机电活性聚合物，其结构中共轭羰基基团可以发生可逆的氧化还原反应，从而实现电荷储存。1,4,5,8-萘四羧酸二酐（NTCDA）衍生物——聚酰亚胺材料在 $5mol \cdot L^{-1}NaNO_3$ 电解液中的平均充电、放电电位分别为 $-0.50V$、$-0.39V$（vs. SCE），50$mA \cdot g^{-1}$ 下充放电容量分别为 184$mA \cdot h \cdot g^{-1}$ 和 165$mA \cdot h \cdot g^{-1}$。聚（萘-4-甲酰基乙二胺）（PNFE）是一种不溶于水的聚酰亚胺，Na^+ 嵌入过程中在 $-0.55V$ 和 $-0.9V$ 处出现两个还原峰，对应聚合物链中可逆的 2 电子氧化还原反应。PNFE 在 0.1$A \cdot g^{-1}$ 电流密度下容量达到 140$mA \cdot h \cdot g^{-1}$，10C 倍率下在 $-1.0V$ 和 0V 间充放电，循环 1000 次无明显容量衰减。

9.5.5.3　全电池体系

在发展储钠材料的同时，人们积极开展了水系钠离子电池的技术研究，目前所报道的全电池体系大致包括以下几类。

（1）"电容负极/嵌入正极"型非对称型电容电池　在此类电池中，采用高比表面的活性炭作为负极，嵌钠化合物作为正极，反应原理为钠离子在负极（活性炭）表面发生吸附/脱附反应；正极反应为钠离子的嵌入/脱出。因此，该类电池又称为混合型水系钠离子电容电池。此类电池的优点在于结构简单，规避了选择合适储钠负极材料的难题，易于制造；缺点则是能量密度较低，但仍是产业化的一种选择方案。

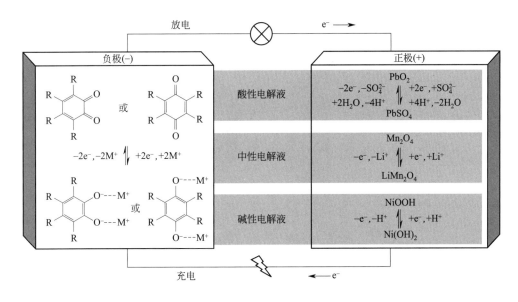

图 9-91　基于醌类负极材料的水系可充电池示意图和相应的反应机理

例如，以 $NaMnO_2$ 为正极，活性炭为负极，Na_2SO_4 水溶液为电解质的不对称电容器体系，平均工作电压为 1V，理论比能量为 $19.5W \cdot h \cdot kg^{-1}$。即使以 $1300W \cdot kg^{-1}$ 的大功率工作，其能量密度仍超过 $10W \cdot h \cdot kg^{-1}$，远远超过传统的全碳超级电容器。10000 次充放电循环后，容量保持率仍为 97%。正极采用 λ-MnO_2，负极采用活性炭，电解质为 Na_2SO_4 水溶液的混合电容器电池，在 $0.8 \sim 1.8V$ 之间充放电，平均放电电压为 1.4V，放电平台比 $Na_{0.44}MnO_2$ 高出 0.4V，可逆容量达到 $80mA \cdot h \cdot g^{-1}$；以活性物质计算的体积能量密度达 $40W \cdot h \cdot L^{-1}$，并可连续充放电循环 5000 次以上而保持容量几乎不变。

由于这类电池体系的反应原理简单，原料丰富且价格低廉，非常适合诸如电网调峰、分布式储电等应用。美国 Aquion Energy 公司已将这种电池进行产业化开发。

（2）嵌入负极/嵌入正极钠离子电池　此类电池与有机系锂/钠离子电池相似，即也为"摇椅式"水系钠离子电池。正负极均采用嵌钠化合物，反应机理为钠离子的嵌入/脱出反应，只是正极材料的嵌钠反应电位要比负极材料高。与第（1）类相比，此类电池具有较高的能量密度和电池电压，然而，由于存在水电解的副反应，电池的循环稳定性是一个挑战。

例如，$NaTi_2(PO_4)_3$-C/1mol $\cdot$ L^{-1} Na_2SO_4/$Na_{0.44}MnO_2$ 型水系钠离子电池，平均工作电压为 1.1V，理论质量比能量为 $33W \cdot h \cdot kg^{-1}$，体积比能量为 $127W \cdot h \cdot L^{-1}$，在高倍率下 700 周循环后容量保持率仍达 60%，倍率性能（$3C \sim 270C$）优异；可以稳定循环 1500 周以上，以整个电池质量计算，体积比能量达到 $65W \cdot h \cdot L^{-1}$。但是，这种电池在低倍率下的充放电效率较低，且容量衰减非常严重，其原因可能是水分解反应产生的氢和氧与电极材料发生化学副反应所致。

以 $NaTi_2(PO_4)_3$ 为负极，$Na_2NiFe(CN)_6$ 为正极，Na_2SO_4 水溶液为电解质构建的水系钠离子电池，平均工作电压达到 1.27V，能量密度为 $42.5W \cdot h \cdot kg^{-1}$。以 5C 倍率循环 250 次容量保持率为 88%，在 10C 倍率下该电池仍能实现 90% 的可逆容量，表现出很好的循环性能和倍率性能。若采用 $Na_2CuFe(CN)_6$ 为正极，电池的工作电压可提高至 1.4V。以具有开放式框架的普鲁士蓝类化合物六氰合铁酸铜（CuHCF）和六氰合铁酸锰（MnHCF）

作为正负极的水系钠离子电池（图9-92），在$10mol \cdot L^{-1} NaClO_4$电解液中，可得到0.95V的开路电压，10C下循环1000周后几乎没有容量衰减。

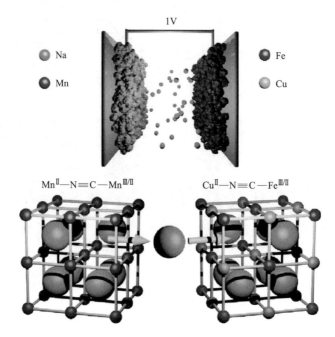

图 9-92　CuHCF 和 MnHCF 组成的水系钠离子电池示意图和其相应的开放框架结构

（3）有机/无机杂化型　通过 NTCDA 制备的聚酰亚胺（PNTCDA）负极与 I^-/I_3^- 正极构成一种新型的水系钠离子电池体系，电解质采用 $NaNO_3$ 或 Na_2SO_4 的水溶液，聚合物离子交换膜作为隔膜将液态正极和固态负极隔开。该电池工作原理是：正极反应基于溶液中 I^-/I_3^- 电对的氧化还原，负极反应基于聚酰亚胺上羰基的可逆烯醇化反应，电荷通过碘离子、钠离子在正负极之间的迁移来传递。该体系将电池的高能量密度和电容器的长循环寿命与高功率密度有效地结合起来，从而使电池表现出类似电容器的高功率性能。该电池在 $0\sim$ 1.6V 的电压窗口间充放电，$1A \cdot g^{-1}$（5.5C）下放电容量为 $140mA \cdot h \cdot g^{-1}$。当电流密度加大到 $40A \cdot g^{-1}$（220C）时，容量仍可达 $59mA \cdot h \cdot g^{-1}$，并且循环 50000 次后，容量保持率仍有 70%，如图 9-93 所示。使用醌基芘-4,5,9,10-四酮（PPTO）作负极，在中性 $NaNO_3$ 电解液中与 $Na_3V_2(PO_4)_3$ 正极构成钠离子全电池，1C 时容量为 $201mA \cdot h \cdot g^{-1}$，能量密度达 $30W \cdot h \cdot kg^{-1}$，循环 80 周后，容量保持率在 79%。

目前对于水系钠离子电池的研究还处在起步阶段，还存在很多难题有待攻克，其主要问题有以下几点。

① 水是最常见的液体，同时也是常见液体中极性最强的。在水溶液中循环使用的电池，必须克服电极材料在水溶液中的溶解以及盐溶液对电极的长期（10～20 年）持续不断的缓慢腐蚀。解决这一问题的途径，可以是开发新型的耐腐材料；可以是集流体的防腐蚀处理和电解质改性以抑制水电解的发生；也可以是从电池设计的角度考虑，加强电极成型后的强度以抵抗水溶液的侵蚀。

② 由于水的理论电解电压只有 1.23V，水溶液的电化学窗口较窄，因此极大限制了水系钠离子电池的质量比能量。目前，这类产品质量比能量一般不超过 $25W \cdot h \cdot kg^{-1}$，比铅酸蓄电池还低。例如，在正极材料中，$Na_{0.44}MnO_2$ 由于其高的化学稳定性和低成本而被广泛研究，在不进行包覆的情况下可以稳定循环 4000 次。然而，对于锰基氧化物来说，由于

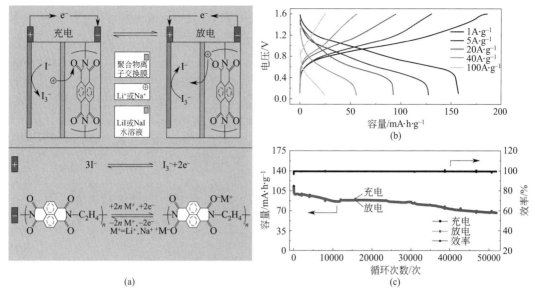

图 9-93 PNTCDA 与 I^-/I_3^- 构成水系钠离子电池的工作原理
示意图（a），倍率性能（b）和循环性能（c）曲线

可利用的钠离子数量有限，总体能量密度偏低。考虑到析氢反应等问题，作为负极材料的嵌入电位较高，导致水系钠离子电池工作电压和能量密度比较低。在电解液的分解电压不变的前提下，只能通过寻找或创造出更高比容量的正负极材料，才能提升整个电池的质量比能量。另外，还可以发展其他稳定的电解质体系〔如高浓度盐：饱和 $NaClO_4$ 电解液电化学窗口宽达 3.2V；盐包水（water-in-salt，WiS）方法等〕，并与不同的正负极材料匹配，获得更优异的电化学性能。

③ 水系钠离子电池是一种全新的电池体系，其电极的成型、集流体的选择、电解液功能添加剂的开发等一系列的工艺技术难题还需要不断地被攻克，电池性能仍有很大的提升空间。

9.5.6 钠离子电池固态电解质

电解质是电池的重要组成部分，影响电池的安全性能和电化学性能。电解质是制备高性能、长循环寿命、安全性良好的钠离子电池的关键材料之一。用固态电解质取代液态电解液，有望进一步提高电池的安全性能与循环寿命。目前已报道的固态电解质材料主要分为无机固态电解质、聚合物固态电解质和复合固态电解质。

（1）无机固态电解质　无机固态电解质具有较高的离子电导率和较强的热稳定性，其中NASICON 结构的化合物 $A_n M_2 (XO_4)_3$（A＝碱金属；M＝Zr，Y，Ti，Sn，V，Nb，Ta 等；X＝Si，P，S 等）以其开放的三维 Na^+ 传输通道被广为关注。$Na_{1+x} Zr_2 Si_x P_{3-x} O_{12}$（$0 \leqslant x \leqslant 3$）作为钠离子电池固态电解质被广泛研究，未经掺杂的 $Na_3 Zr_2 Si_2 PO_{12}$ 的室温离子电导率约为 $6.7 \times 10^{-4} S \cdot cm^{-1}$。为提高这类材料的电导率，通常采用元素掺杂或替代的方式进行改性，例如 Zr^{4+} 位可被二价、三价、四价或五价的元素取代，Si/P 位可用 Ge 或 As 替代等。电解质的电导率不仅受掺杂元素的影响，而且还与样品的致密度和晶界性质有关。例如，La^{3+} 掺杂的 $Na_{3.3} Zr_{1.7} La_{0.3} Si_2 PO_{12}$ 固态电解质，由于 La^{3+} 与主相 $Na_3 Zr_2 Si_2 PO_{12}$ 材料中骨架结构阳离子 Zr^{4+} 的半径相差较大（1.06Åvs.0.79Å），因此不能占据主体相的晶格位，而是形成了一个第二相

$Na_3La(PO_4)_2$。形成的新相改变了主相中 Na 的含量，调节了晶界组成，提高了晶粒的离子电导率和陶瓷致密度，降低了晶界电阻。$Na_{3.3}Zr_{1.7}La_{0.3}Si_2PO_{12}$ 固态电解质的室温离子电导率可达 $3.4×10^{-3}S\cdot cm^{-1}$，是 $Na_3Zr_2Si_2PO_{12}$ 的 5 倍，其晶界电导率比 $Na_3Zr_2Si_2PO_{12}$ 提高了一个数量级。在 80℃时，离子电导率可达 $1.4×10^{-2}S\cdot cm^{-1}$。与金属 Na 和 $Na_3V_2(PO_4)_3$ 组装成全电池时，为了提高电极/电解质的界面动力学，在 $Na_3V_2(PO_4)_3$ 正极和该电解质（SE）间滴加离子液体（IL）用作润湿剂，$Na_3V_2(PO_4)_3$/IL/SE/Na 固态电池 10C 下循环 10000 次后几乎无容量损失，表现出优异的循环稳定性，有望在固态钠电池中得到应用。

虽然 NASICON 型固态电解质具有较高的电导率，但是 NASICON 电解质的合成需要高温煅烧和烧结，外部条件苛刻。为了解决这一问题，有人提出使用磷酸铌 $[xNa_2O-(70-x)Nb_2O_5-30P_2O_5]$ 和 NASICON 混合制备玻璃-陶瓷电解质（$Na_3Zr_2Si_2PO_{12}$-$60Na_2O$-$10Nb_2O_5$-$30P_2O_5$），混合后发现 90% $Na_3Zr_2Si_2PO_{12}$-10% $60Na_2O$-$10Nb_2O_5$-$30P_2O_5$（质量分数）仅需在 900℃时高温煅烧 10min，室温下电导率就达到了 $0.12mS\cdot cm^{-1}$。说明 $60Na_2O$-$10Nb_2O_5$-$30P_2O_5$ 是一种很好的钠离子电池固态电解质的填充物。

其他无机固态电解质，如 $Na-\beta-Al_2O_3$ 作为超离子导体也广泛应用于固态钠离子及钠硫电池中，室温电导率能达到 $2×10^{-3}S\cdot cm^{-1}$，但这类材料的合成温度较高。硫化物固态电解质合成温度低、晶界阻抗小，且具有较高的离子电导率，如 $Na_{10}SnP_2S_{12}$、Na_3SbS_4 的室温离子电导率分别为 $4×10^{-4}S\cdot cm^{-1}$ 和 $3×10^{-3}S\cdot cm^{-1}$。硼氢化物是近年来新兴的一类钠离子电池固态电解质材料，具有形变性高、密度小等优点，将 $Na_2B_{10}H_{10}$ 和 $Na_2B_{12}H_{12}$ 两种材料按质量比 1:1 混合后合成的 $Na_2(B_{10}H_{10})_{0.5}(B_{12}H_{12})_{0.5}$ 电解质在 20℃下电导率可达 $9×10^{-4}S\cdot cm^{-1}$。

（2）聚合物固态电解质　聚合物固态电解质（SPE）通常由有机聚合物和金属盐络合而成，具有高的安全性、柔韧性和成膜性等特点。常见的聚合物基体有聚氧乙烯（PEO）、聚乙烯吡咯烷酮（PVP）、聚丙烯腈（PAN）、聚乙烯醇（PVA）和聚甲基丙烯酸甲酯（PM-MA）等。PEO 基是研究最早的固态聚合物电解质，其离子传导机理主要是通过阳离子和 PEO 链上醚氧基的氧原子不断发生络合与解离，随着 PEO 链段的运动实现离子迁移。但是，PEO 在室温下高的结晶性导致其低的离子电导率（仅 $10^{-7}S\cdot cm^{-1}$ 数量级）。提高 PEO 非结晶区的比例是改善电导率的有效措施之一，主要通过交联或共聚、添加无机填料（如纳米 SiO_2、Al_2O_3、TiO_2）等方法对其进行改性处理。无机填料的添加一方面可以打乱 PEO 链的排列秩序，降低结晶度；另一方面填料表面还能提供更多的离子传输通道，从而提高聚合物的电导率。

通过阻抗分析法测定了聚氧乙烯（PEO）基离子导电膜 SPE（PEO：$NaClO_4$）在 30～90℃间的电导率，发现当 PEO 中的氧与 Na^+ 的配对比例 EO/Na^+ 为 20 时，电导率达到最高，即 $1.35×10^{-4}S\cdot cm^{-1}$；60℃下添加 5%（质量分数）纳米 TiO_2 的纳米复合电解质（nCPE）能够将电导率提高到 $2.62×10^{-4}S\cdot cm^{-1}$。将 nCPE 与 $Na_{2/3}Co_{2/3}Mn_{1/3}O_2$ 正极材料匹配，具有跟液态电解质相似的 CV 曲线，并且具有较好的可逆性和循环稳定性。NaFSI/PEO（$EO/Na^+=20$）共混电解质表现出较低的玻璃化转变温度（−37.9℃）及较高的离子电导率（80℃下约为 $4.1×10^{-4}S\cdot cm^{-1}$），以 $Na_{0.67}Ni_{0.33}Mn_{0.67}O_2$ 组装的电池具有较好的循环稳定性。采用溶液浇铸法将 PEO 与 $Na[(FSO_2)(n\text{-}C_4F_9SO_2)N]$（NaFN-FSI）复合制备的固体电解质 NaFNFSI/PEO（$EO/Na^+=15$），不仅表现出较高的离子电导率（80℃下为 $3.36×10^{-4}S\cdot cm^{-1}$），而且具备高的热稳定性（>300℃）及电化学稳定性（约 4.87V，vs. Na^+/Na），以 $NaCu_{1/9}Ni_{2/9}Fe_{1/3}Mn_{1/3}O_2$ 为正极组装的固态电池在 80℃、1C 电流密度下循环 150 次后的容量保持率为 70%。

除 PEO 基体系外，PVA、PAN 等也是重要的聚合物电解质基体。以聚乙烯醇（PVA）为主体聚合物，NaBr、NaI、NaF 为钠盐复合成固态聚合物电解质，随着 NaBr 浓度的增加，PVA：NaBr 电解质的结晶度变差，离子电导率变高，PVA：NaBr 为 70：30（质量比）时，30℃时电导率最高达到 $1.12\mu S \cdot cm^{-1}$。通过对离子迁移数的分析表明，这种固态电解质由离子进行传导。随着 NaI 浓度的增加，PVA＋NaI 电解质的电导率增加的原因是结晶度变差。当 PVA：NaI 为 70：30（质量比）时，30℃时其电导率最高达到 $10.2\mu S \cdot cm^{-1}$；而当 30℃、PVA：NaF 为 80：20（质量比）时，其电导率最高达到 $399\mu S \cdot cm^{-1}$。将以 $NaCF_3SO_3$、$LiCF_3SO_3$ 作盐，聚丙烯腈（PAN）作主体聚合物复合成的固态聚合物电解质进行比较，由于无机盐离子的路易斯酸度不同，Li^+ 与 PAN 中氮原子相互作用力强于 Na^+，室温下 PAN＋24％$NaCF_3SO_3$ 膜（质量分数）电导率是 $0.713mS \cdot cm^{-1}$，PAN＋26％$LiCF_3SO_3$ 膜（质量分数）电导率为 $0.304mS \cdot cm^{-1}$，活化能分别是 $22.3kJ \cdot mol^{-1}$ 和 $27kJ \cdot mol^{-1}$，PAN＋24％$NaCF_3SO_3$（质量分数）具有更高的电导率和更低的活化能。

（3）复合固态电解质　有机-无机复合固态电解质能够兼顾两者优点，具有较高的离子电导率、热稳定性以及足够的力学强度，也是固态电解质的主要研究方向。在以 NASICON（$Na_3Zr_2Si_2PO_{12}$）为基体的复合固体电解质 HSE（NASICON：PVDF-HFP：TEGDME）中，25℃时离子电导率能达到 $3.6 \times 10^{-4}S \cdot cm^{-1}$，这是液体电解质的添加增强了 HSE 的界面润湿性的缘故。使用该复合固态电解质膜制备的硬碳/HSE/$NaFePO_4$ 软包全电池具有约 2.6V 的电压平台，在室温、0.2C 倍率下的首次放电容量约 $120mA \cdot h \cdot g^{-1}$。将无机陶瓷（$Na_3Zr_2Si_2PO_{12}$、$Na_{3.4}Zr_{1.8}Mg_{0.2}Si_2PO_{12}$）和有机聚合物 PEO_{12}-NaFSI 混合制备的陶瓷/聚合物复合固体电解质 CPE，当添加 40％（质量分数）的陶瓷粉时，$Na_{3.4}Zr_{1.8}Mg_{0.2}Si_2PO_{12}$-$PEO_{12}$-NaFSI 电解质的电导率最高，80℃时为 $2.4 \times 10^{-3}S \cdot cm^{-1}$。采用该电解质组装的 $Na_3V_2(PO_4)_3$/CPE/Na 固态电池具有良好的循环稳定性，80℃下循环 120 次后的容量几乎无衰减。

凝胶态聚合物电解质（GPE）可以看成是固态聚合物电解质和液态电解液的中间态，它具有较高的电导率；同时，可以有效避免液态电解质易泄漏、不安全的问题，在钠离子电池中也是一种很有潜力的电解质。

将主体聚合物聚偏二氟乙烯-co-六氟丙烯（PVDF-HFP）浸润在 $1mol \cdot L^{-1}NaClO_4$/（EC：DEC：DMC=1：1：1，质量比）中制备出凝胶态聚合物电解质，室温下离子电导率达到 $0.6mS \cdot cm^{-1}$，高于商用的 Celgard 2730 隔膜（$0.16mS \cdot cm^{-1}$），而且这种 GPE 的钠离子迁移数（$t_{Na^+}=0.3$）也高于 Celgard 2730（$t_{Na^+}=0.17$），表现出高安全性和良好的力学性能。通过玻璃纤维纸对 PVDF-HFP 固化和通过聚多巴胺对其包覆修饰来改善 PVDF-HFP 的力学和表面性能，浸润 $1mol \cdot L^{-1}NaClO_4$/PC 后，电解质具有理想的电化学窗口和离子电导率，与 $Na_2MnFe(CN)_6$ 正极材料匹配，可以改善电池的倍率性能、循环稳定性以及库仑效率。将钠三氟甲磺酸（$NaCF_3SO_3$）与离子液体 1-乙基-3-甲基咪唑-三氟甲烷磺酸（EMITf）混合，再用主体聚合物 PVDF-HFP 固定，制得电化学稳定的凝胶态聚合物电解质 EMITf：PVDF-HFP（4：1，质量比），其在室温下具有 $5.74mS \cdot cm^{-1}$ 的电导率，钠离子迁移数达到 0.23。在 $-2.5\sim2.5V$ 范围内能够保持电化学稳定，同时还表现出良好的热稳定性。

钠离子电池凝胶态聚合物电解质存在的主要问题是室温电导率较有机电解质偏低，力学强度还不够高。通过一些改性方法，如交联、共聚、添加填料等，有望改善凝胶态聚合物电解质存在的上述问题。例如，在聚甲基丙烯酸甲酯（PMMA）基质中添加分散的 SiO_2 纳米颗粒，制备出的凝胶态聚合物复合电解质，在一定范围内，钠离子迁移数随着填料的增加而增大，同时也避免了多孔结构的漏液问题。

因为固态电解质中离子的扩散相对比较困难，导致电导率比较低，限制了其在钠离子电池中的应用。因此，提高离子电导率、减小界面接触电阻、提高与电极材料良好的界面兼容性以及优良的稳定性是发展固态电解质材料和固态钠电池的关键。

9.5.7 钠离子电池器件

当前，钠离子电池的研究主要集中在钠离子半电池上（使用 Na 金属），开发实用的钠离子全电池（不含 Na 金属）还存在诸多挑战。为了实现钠离子电池的实用化，许多研究小组致力于开发合理的全电池设计。硬碳材料因其较低的储钠电位、较高的储钠容量、优异的导电性和循环稳定性而被认为是综合性能最好、近期最有可能产业化的负极材料，与之匹配的正极材料包括 $NaVPO_4F$、$Na_3V_2(PO_4)_2F_3$ 和 $Na_4Co_3(PO_4)_2P_2O_7$（电压达 4V）、$O3\text{-}NaNi_{1/2}Mn_{1/2}O_2$、$O3\text{-}NaFe_{1/3}Ni_{1/3}Mn_{1/3}O_2$、$O3\text{-}NaFe_{1/2}Co_{1/2}O_2$、$O3\text{-}NaNi_{0.60}Co_{0.05}Mn_{0.35}O_2$ 等。毫无疑问，从实际应用的角度考虑，O3 型正极和硬碳负极匹配是目前钠离子全电池的成功配置。

日本住友电气工业公司（Sumitomo Electric Industries Ltd.）曾开发出一种钠离子蓄电池。该电池正极材料采用亚铬酸钠（$NaCrO_2$），负极材料采用钠合金，电解液为混有双（氟磺酰）亚胺钠（NaFSA）和双（氟磺酰）亚胺钾（KFSA）的无机熔融盐，电解液的熔点只有 57℃。试制单元的容量为 250W·h，能量密度为 167W·h·kg^{-1}（290W·h·L^{-1}）。电池单元可在 2.5～3.5V 范围内进行充放电，放电电压平均为 3.0V，循环特性与锂离子电池基本相同。由于该电池全部使用不可燃材料，耐高温和抗冲击性能更强，不会产生锂离子充电电池中存在的、因过充电和电池温度升高而引起的热失控问题。在构成电池模块时，无需散热空间以及防火防爆装置，能够以高密度配置电池单元，其容积只有锂离子充电电池的 1/2 左右、NAS 电池的 1/4 左右，价格仅为日本产电动车锂电池的 1/10，且易于小型化。不久之后，住友电工又推出了以 $NaFe_{0.4}Mn_{0.3}Ni_{0.3}O_2$（NFMN）为正极、硬碳（HC）为负极、1mol·$L^{-1}NaPF_6$/PC 为电解液的软包原型钠离子电池。夏普实验室（Sharp Laboratory）也在发展以 O3 型或普鲁士蓝类化合物为正极、硬碳为负极和常规碳酸盐为电解质的钠离子电池，以提高其能量密度。

法国科创企业 Tiamat 公司研发出基于全球首个符合工业标准的原型 18650 钠离子电池（图 9-94）。该电池能量密度可达 90W·h·kg^{-1}，相当于早期的锂电池，可实现 2000 次以上循环充放电，工作寿命高于锂电池，可以安装在电动车上运行，未来还将继续提升性能，以更好地满足电动汽车电池对充电速度和续航能力的要求。

中国科学院物理研究所以 Na-Cu-Fe-Mn-O 正极材料和无烟煤基软碳负极材料为基础，研制出 1～2A·h 钠离子软包电池，其能量密度达到 100W·h·kg^{-1}，是铅酸电池（约 40W·h·kg^{-1}）的两倍多，平均工作电压为 3.1V，循环 500 周后容量保持率为 86% 以上，1C 充放电倍率下的容量是 0.1C 的 80%，能量转换效率高达 90%（图 9-95）。该钠离子电池低温性能很好，$-20℃$ 下放电容量是室温放电容量的 86%，$-30℃$ 下放电容量是室温放电容量的 80%，自放电率很低，满电态电池室温搁置 1 个月，荷电保持率 96.6%，荷电恢复率 99.6%；满电态电池 55℃ 搁置 6d，荷电保持率为 90%，荷电恢复率为 99.8%。该钠离子电池通过了一系列针刺、挤压、短路、过充、过放等适于锂离子电池的安全实验。

同时，中国科学院物理研究所以钠离子电池技术相关专利出资，成立了中科海钠科技有限责任公司，专注于钠离子电池的开发与制造，从电极材料的基础研发到放大制备和生产、从材料到电芯、从单体电池到电池模块、从电池组件到低速电动车，以加速推进钠离子电池商业化进程，目前产品已经在低速率、两轮车和 5G 基站领域率先开启应用。该所研制出的 72V、80A·h（5.76kW·h）的钠离子电池组在低速电动车上进行示范运行，充一次电可

图 9-94 Tiamat 公司研发的 18650 钠离子电池及其应用

以行驶 60km。2019 年，中科海钠推出全球首个 100kW·h 钠离子电池储能电站，首次实现了钠离子电池在大规模储能上的示范应用。中科海钠将完成的亿元级融资用于搭建年产能 2000t 的钠离子电池正、负极材料生产线；在得到市场验证基础上，进一步扩大钠离子电池材料生产规模并降低成本，延伸钠离子电池产业链，打造钠离子电池领域领军企业。

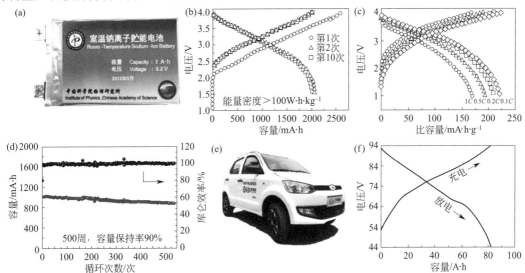

图 9-95 （a）～（d）钠离子软包电池及其电化学性能；
（e）钠离子电池组用于低速电动车；（f）72V，80A·h 电池组的充放电曲线

水系钠离子电池研发和产业化时间还很短，美国 Aquion Energy 公司是全球第一家批量生产水系钠离子电池的公司。其生产的电池负极使用活性炭或磷酸钛钠，正极使用钠锰氧化物，Na_2SO_4 水溶液为电解液。与有机溶剂型电解质相比，水性电解质更容易使用，也更便宜（不到锂离子电池使用成本的三分之一）。测试表明，该电池可以持续充放电循环 5000 次

以上，而且效率超过 85%。该公司的钠离子电池已被应用于美国的军工设备，其中包括飞机、激光武器等多个方面，制作的 35W·h 模块化组件（图 9-96）已应用于离网型太阳能电力公司。在示范应用方面，Aquion Energy 公司的水系钠离子电池储能系统用于美国夏威夷 1MW·h 的离网太阳能微电网系统，可以替代 3 台大型、昂贵的发电机，能独立供给 3 天电能；用于美国加州 90kW·h 离线居民区的太阳能储能系统，能持续提供电力，成功替代了铅酸电池系统，显示出该电池体系强大的应用潜力。

图 9-96 Aquion Energy 公司生产的水系钠离子电池模块

2015 年 5 月，中国恩力能源科技有限公司的第一条水系钠离子电池生产线在江苏南通投入试生产，其技术和产品拥有自主知识产权，具有安全、低成本、长寿命、环保等特性（表 9-5）。第一代 20MW·h 生产线生产出的水系钠离子电池组成储能系统，相比锂电池系统和铅酸电池系统更具有优势，并且低于发达国家电网峰谷电价差额，在电网用电端使用时具有经济性（谷电价段存电储能，峰电价段用电）。生产的水系离子电池在南通 10kW·h 恩力能源光伏＋储能自发自备系统和 0.72kW·h 恩力厂区太阳能独立路灯系统（图 9-97）进行示范应用，这种电池循环寿命已经达到 3000 次以上，可以接近 100% 深度放电。

表 9-5　储能用水系钠离子电池与锂离子电池、铅酸电池的比较

电池种类	锂离子电池	铅酸电池	水系钠离子电池
正极体系	过渡金属氧化物锂盐	二氧化铅	锰氧化物
负极体系	石墨类	铅(可能含有活性炭)	磷酸钛钠
隔膜体系	PP/PE	玻璃纤维	PP 无纺布
电解液体系	$LiPF_6$/有机碳酸酯类等	$4\sim7mol·L^{-1}$ 硫酸溶液	$2mol·L^{-1}$ 硫酸钠
标称电压/V	$3.2\sim3.8$	2	1.5
体积比能量/W·h·L^{-1}	$250\sim400$	$65\sim80$	25
质量比能量/W·h·kg^{-1}	$150\sim200$	$25\sim35$	20
工作原理	离子迁移、氧化还原	氧化还原	离子迁移、氧化还原
充放电方法	恒流恒压充电	恒压限流	恒流恒压充电
安全性	有隐患	安全,但有漏酸的潜在风险	安全
环保性	生产环节使用有机溶剂	铅等重金属污染	环保
最佳工作温度/℃	$0\sim45$	$5\sim35$	$-5\sim45$
使用寿命(100%DOD)/次	$300\sim2000$	$150\sim350$	>2000
使用寿命(70%DOD)/次	$500\sim4000$	$250\sim1500$	>3500
价格(W·h^{-1})/元	$1.5\sim3.5$	$0.5\sim0.7$	$1.0\sim3.0$

图 9-97　恩力厂区太阳能独立路灯系统

近年来，钠离子电池关键材料的研究发展迅猛。对钠离子电池材料的研究可以借鉴锂离子电池，但却无法完全移植，寻找适合钠离子电池的电极和电解质材料，以及开发电池工艺技术是其走向实用化的关键。钠离子电池以其丰富的资源和较低的成本优势，开发成功后将有望在低速电动车、电动船、通信基站、家庭储能、电网储能等领域获得应用，这将对建立清洁能源体系产生重大意义。

9.6　其他离子电池

9.6.1　钾离子电池

锂、钠、钾同属第一主族元素，作为后锂时代新的二次电池技术，在锂/钠离子电池基础上，人们也自然地将研究转向钾离子电池（potassium ion batteries，PIBs）。钾离子电池与锂/钠离子电池的构造及工作原理相似，钾离子通过在正负极之间可逆的脱嵌引起电极电势的变化，实现电池的充放电，电池正负极分别由两种能够可逆嵌脱钾离子的材料构成（图9-98）。充电时，钾离子从正极脱出，进入电解质中，且通过外电场力的作用迁移到负极；同时，电子通过导通的外电路由正极流向负极，从而保证正负极的电荷平衡。放电过程则与之相反。

钾的氧化还原电位和锂更接近（Li：-3.04V；Na：-2.71V；K：-2.93V，相对于氢标准电极电位），因

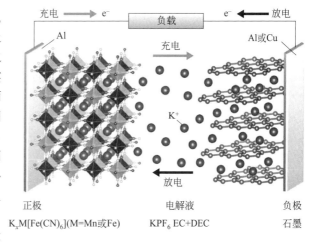

图 9-98　钾离子电池工作原理

此有望与锂离子电池一样，在高电压方面具有优势，使钾离子电池具有相对较高的能量密度。与钠相比，钾金属的价格相对较高，但钾在地壳中储量丰富，钾盐［即制造电极的原料（K_2CO_3）］的价格与 Na_2CO_3 的价格相似，与 Li_2CO_3 相比便宜得多。虽然与锂（0.76Å）和钠（1.02Å）相比，钾具有最大的 Shannon 离子半径（1.38Å），但在碳酸丙烯酯（PC）电解液中，与溶剂化的 Li^+（4.8Å）和 Na^+（4.6Å）相比，K^+ 具有最小的溶剂化离子半径（斯托克斯半径，Stokes' radius），即 3.6Å，如图 9-99 所示。因此，钾离子具有最高的离子迁移率和离子电导率。分子动力学模拟研究表明，K^+ 的扩散系数大约是 Li^+ 的 3 倍。此外，铝箔也可用作钾离子电池中的集流体，从而替代锂离子电池中的铜箔，这不仅可以降低钾离子电池的价格，还可以减轻集流体的重量，并解决过放电问题。基于上述优点，在不牺牲比容量的情况下，用 K^+ 代替 Li^+ 有可能提高倍率性能。

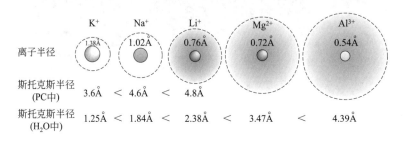

图 9-99 Li、Na、K 等离子半径比较

同钠离子电池的研究思路，钾离子电池正极材料包括普鲁士蓝类、层状过渡金属氧化物类、聚阴离子型、有机化合物、MOFs 等；负极材料包括嵌入类（碳基和钛基）、合金类（Sn、Sb、P）、转化类（过渡金属氧化物/硫化物/硒化物）、有机化合物、MOFs 以及 MXenes 体系等（图 9-100）。对于非水系钾离子电池，其电解液主要是以无机钾盐为溶质，有机碳酸酯类或醚类为溶剂的溶液。常用的电解质盐有高氯酸钾（$KClO_4$）、双三氟甲烷磺酰亚胺钾（KTFSI）、六氟磷酸钾（KPF_6）和双氟磺酰亚胺钾（KFSA）等。溶剂基本采用碳酸乙烯酯（EC）、碳酸丙烯酯（PC）、碳酸二甲酯（DMC）、碳酸二乙酯（DEC）和乙二醇二甲醚（DME）等。实际应用中为了满足高离子电导率、宽电化学窗口、高机械强度以及电化学和热稳定性等要求，一般采用二元组合，例如 EC+PC 和 EC+DEC 等。有机电解液很容易腐蚀钾金属电极，影响电池的电化学性能，因此通常在其中加入成膜添加剂氟代碳酸乙烯酯（FEC）。

虽然钾具有较低的路易斯酸性和较小的溶剂化离子半径，使其在电解液中具有较高的离子电导率。但与钠离子电池类似，钾离子较大的半径和更高的原子量，使其在固体中嵌脱动力学过程较慢，电极材料在反复嵌脱过程中体积膨胀/收缩需承受较大的结构应力，电解液消耗和严重的副反应等导致钾离子电池能量密度/功率密度、循环性能和倍率性能不尽人意，这给电极材料和与之匹配的电解质（液）材料的开发提出了挑战。目前，应用于钾离子电池设计和改进的策略主要包括以下内容。

（1）用于改善 K^+ 反应动力学的纳米结构设计和工程　考虑到钾离子电池中大的 K^+ 尺寸，电极材料的纳米结构设计可以缓解嵌钾造成的体积膨胀问题，缩短钾离子扩散长度，从而提升其倍率性能和循环性能，这是一种改善钾离子的扩散/反应动力学的有效方法。此外，纳米结构可提高材料的比表面积，使电极和电解液充分接触，提高电极材料的利用效率。

石墨是锂离子电池工业上发展成熟的主要负极材料，它理所应当地被照搬到钠离子和钾离子电池负极。但试验结果却发现，钠离子在常规的酯类电解液中无法嵌入石墨层状结构

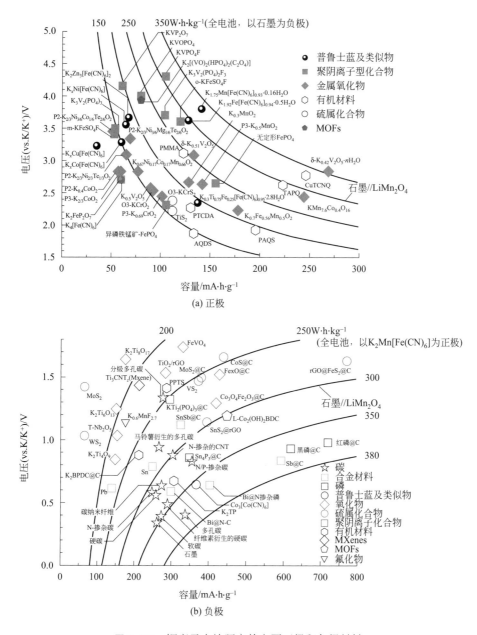

图 9-100　钾离子电池研究的主要正极和负极材料

中，而出人意料的是半径更大的钾离子却可以嵌入石墨，并提供大约 273mA·h·g^{-1} 的可逆容量，非常接近理论容量（279mA·h·g^{-1}），这方面锂和钾更为相似。通过对石墨负极充放电曲线中的不同电位进行非原位 XRD 测试，揭示了石墨嵌/脱钾过程：石墨在 0.2～0.3V 的电压范围内形成三阶的石墨层间化合物 KC_{36}；随后在 0.1～0.2V 的电压范围内形成二阶产物 KC_{24}；进一步在约 0.01V 的电压处形成一阶产物 KC_8。最终产物 KC_8 的平台电压高于钾金属的沉积电压，能够抑制金属枝晶的生长，从而提高电池体系的安全性。脱钾过程的相变与此相反，但产物石墨的强度减小，表明在 K^+ 嵌入后石墨结构受损（K^+ 嵌入石墨后体积膨胀达 61%）。膨胀石墨具有扩大的石墨层间距，能够有效减小循环过程中材料的体积变化。一些纳米结构的石墨，包括纳米晶、纳米笼等用于储钾性能的研究，其中高度石墨化的碳纳米笼结构具有天然的高电导率，并能够提供足够的离子传输通道，其三维（3D）互通网络结构能提供快速的电子传输能力，各向异性的笼状结构确保 K^+ 嵌入/脱出时的结构完整性，因此实现了在 35C 下 79% 的高容量保持率。

此外，用其他碳基材料如软碳、硬碳、氮掺杂碳、碳纳米管、碳纳米球、碳纳米纤维和石墨烯等代替石墨，大多数材料表现出极高的容量，甚至有些材料的容量超过了石墨的理论容量，电极的循环稳定性显著增强。如合成的多孔碳纳米纤维电极具有出色的倍率性能（在 $20A \cdot g^{-1}$ 时容量为 $101mA \cdot h \cdot g^{-1}$）和长的循环稳定性（4000 次循环）。

除碳材料外，纳米结构的 SnS_2、MoS_2、Sb_2S_3、CoS、VS_2、VSe_2 等硫/硒化物，以及 Sb、Bi、P 等合金/转化类负极材料，能有效缓解体积变化，改善反应动力学，被认为是用于开发具有高质量能量密度和高体积能量密度电极的替代物。

由于钾离子半径（1.38Å）大于锂离子（0.76Å）和钠离子（1.02Å），与锂/钠离子电池相比，寻找合适的用于钾离子电池的正极材料更具有挑战性。在正极主要发生的是插层反应，因此正极材料结构中具备钾离子扩散通道是实现钾离子存储的关键因素。正极材料的主要设计策略是将过渡金属与—O—、—P(S) —O(F) —和—CN—等化学键相连构成大层间距、大隧道结构、大框架结构的化合物，以此实现钾离子的嵌入。正极材料纳米化设计也可以在一定程度上促进结构的完整性和稳定性，确保可逆的嵌入/脱嵌 K^+，并提高循环性能。普鲁士蓝及其类似物因其开放的框架和独特的三维隧道结构，可以实现离子的快速迁移。纳米多孔纤维、纳米颗粒和纳米立方体结构被广泛用作钾离子电池正极。$K_{0.220}Fe[Fe(CN)_6]_{0.805} \cdot 4.01H_2O$ 纳米颗粒作为钾离子正极材料呈现出高的放电平台（3.1~3.4V），$50mA \cdot g^{-1}$ 的充放电速率下可逆比容量稳定在 $73.2mA \cdot h \cdot g^{-1}$，容量退化速率每周仅约 0.09%。结合已经商业应用的 Super P 作为负极材料匹配的钾离子全电池在 $100mA \cdot g^{-1}$ 的充放电速率下，可逆比容量达 $68.5mA \cdot h \cdot g^{-1}$，在 50 周充放电循环后仍保有 93.4% 的比容量。

（2）通过使用碳基质来缓冲体积变化并增强导电性 基于合金（Sn、Sb、P 等）和硫/硒化物的负极材料，由于大的 K^+ 尺寸，相比于锂/钠离子电池，在电化学循环过程中体积变化更为严重。为解决这一问题，有效而直接的方法是使用柔软的导电基质来缓冲 K^+ 嵌入/脱出带来的体积变化。石墨、软碳、硬碳、掺杂碳、CNTs 和石墨烯等众多种类的碳材料可用作缓冲体积变化的碳基质，其中还原氧化石墨烯（rGO）因其良好的导电性和柔性二维（2D）结构而被广泛用作碳基质。

采用静电纺丝技术，结合氢气下热还原法制备的碳球导电网络（CSN）包覆 Sb 纳米颗粒的 Sb@CSN 复合负极材料，可以有效缓解充放电过程中的体积膨胀，并为合金/去合金化循环过程中电子传输提供快速、高导电性的通道。在高浓盐储钾电解液（$4mol \cdot L^{-1}$ KTFSI/EC＋DEC）体系中，在 $200mA \cdot g^{-1}$ 的电流密度下，电池经过 220 周循环依然可以维持 $504mA \cdot h \cdot g^{-1}$ 的高可逆容量，Sb@CSN 微纳结构负极表现出优异的储钾性能。

（3）通过调节电子结构和杂原子掺杂增加缺陷和空位以提升动力学 在热处理有机物和聚合物前驱体时，高温碳化过程中会留有 N、S、P 或 F 等杂原子，杂原子掺杂和增加的表面空位/缺陷，能够有效减小 K^+ 嵌入带来的结构破坏，提高电化学容量、电导率和热稳定性。

计算表明，对于 N 的掺杂，吡啶氮（PN）掺杂会增加 PN 掺杂位点周围的 K—C 键，而石墨化氮（GN）掺杂会降低碳环中 K—C 键的数量，说明 GN 掺杂吸附 K 的能力比 PN 掺杂弱。态密度显示 GN 掺杂位点略富电子，与未掺杂位点相比费米能级升高，从而导致更高的电子电导率。随着氮掺杂水平的提高，可逆容量和循环稳定性得到进一步改善。硼的原子尺寸与碳相似，被认为是碳的潜在掺杂元素。DFT 计算表明，与钠离子电池相比，硼掺杂的石墨烯在钾离子电池中具有大的容量（$564mA \cdot h \cdot g^{-1}$）、较小的扩散能垒和结构形变。

将海绵状氧化石墨烯进行硫化和还原，制备出硫掺杂的还原氧化石墨烯（S-rGO）海绵，S-rGO 负极材料在 50mA·g^{-1} 的电流密度下循环 150 周后可提供 361mA·h·g^{-1} 的储钾容量。拉曼光谱分析表明，S 位点可提供更多的空间，减少充放电过程中的体积膨胀并降低 K$^+$ 吸附能。掺杂硫后 S-rGO 海绵的含氧官能团减少，降低了 SEI 形成过程中不可逆的 K$^+$ 消耗，提升了库仑效率、比容量和长循环稳定性。

由于元素 F 的高电负性（$\chi=3.98$），F 掺杂进碳源是可行的。F 原子周围为钾的存储提供了有利的键合位置，F 掺杂可以促进离子的快速迁移。形成的 C—F 共价键将碳的杂化状态从 sp^2 变为 sp^3，提高了电导率和热力学稳定性。K$_{0.6}$MnF$_{2.7}$ 空心纳米立方体中存在 K 和 F 空位。这种特殊的结构可以适应可逆充放电过程中插入钾离子而导致的体积膨胀。作为零应变负极材料，储钾时体积膨胀仅 1.4%，晶格参数变化可忽略不计（小于 1%），在 400mA·g^{-1} 电流密度下，循环超过 10000 次容量仍能保持 110mA·h·g^{-1}。赝电容特性使 K$_{0.6}$MnF$_{2.7}$ 电极具有高容量和好的倍率性能。

在聚阴离子型框架结构中引入强电负性的 F 和 O，制备出具有 4V 工作电压平台的 KVPO$_4$F 和 KVOPO$_4$ 正极材料。在 2.0～5.0V 的电压窗口内，KVPO$_4$F 由于结构中的 V^{III}O$_4$F$_2$ 八面体而存在 V^{3+}/V^{4+} 氧化还原电对，在 4.13V 的工作电压平台下可以提供 92mA·h·g^{-1} 放电容量；KVOPO$_4$ 的 V^{IV}O$_6$ 八面体表现出中心离子 V^{4+}/V^{5+} 的氧化还原反应，在 4.0V 的工作电压平台下放电容量可达 84mA·h·g^{-1}。在结构中引入强吸电子基团，提高了材料的工作电压平台，从而使材料的能量密度得以提升。

KFeC$_2$O$_4$F 结构类似于普鲁士蓝类似物，具有开放的 3D 结构和刚性框架，作为钾离子正极材料在 0.2A·g^{-1} 电流密度下循环时放电容量稳定在 112mA·h·g^{-1}，2000 次循环后容量保持率为 94%，相当于每周循环容量损失 0.003%。KFeC$_2$O$_4$F 正极与软碳负极组装的钾离子全电池具有约 85mA·h·g^{-1} 的可逆容量（基于正极质量），能量密度约为 235W·h·kg^{-1}，200 次循环内容量几乎没有衰减。

（4）调控盐化学和电解质添加剂，最大限度地减少副反应和 K 枝晶生长　电极或钾金属上的 SEI 膜的稳定性被认为是钾离子电池实现长循环寿命的关键因素之一。SEI 膜除具有优良的离子传导性和电子阻挡能力外，在组成、形态和离子电导率方面也必须稳定，SEI 膜将直接影响电极的循环稳定性。

例如，Bi/rGO 电极在 KPF$_6$ 电解质溶液中会形成更多不均匀且较厚的 SEI 层，随着循环的进行，导致电解液连续消耗。与 KPF$_6$ 电解质相比，Bi/rGO 电极在双氟磺酰亚胺钾（KFSI）电解质溶液中具有更高的表面电势，电导率更高。Bi/rGO 电极在 KFSI/EC+DEC 电解液中循环超过 50 次后容量保持在 290mA·h·g^{-1}，而在 KPF$_6$/EC+DEC 电解液中循环 10 次后几乎没有容量。

溶剂的选择也会影响电解液的润湿性和电池的性能。以二甲氧基乙烷（DME）作为溶剂的电解液可以在对苯二甲酸钾（K$_2$TP）有机负极材料表面形成稳定的 SEI 膜，且电压平台为 0.6V，避免了钾枝晶的生成。而在碳酸酯类电解液中，形成的 SEI 膜比 DME 基电解液中的 SEI 膜更厚，从而导致高的电荷转移电阻和低的库仑效率。醚类溶剂（二甘醇二甲醚、二甲氧基乙烷、二甲亚砜）在促进稳定的 SEI 形成、保持高的库仑效率、促进强化学吸附、增强电荷转移动力学方面比酯类溶剂（EC、DEC、PC）具有优势。在高浓度电解液中（电解液浓度大于 3mol·L^{-1}），含有 KFSI 的电解液会优先形成 FSI$^-$ 阴离子稳定的 SEI 膜。KFSI-DME 电解液作为有效的介质，可钝化 K 表面，使 K 能够可逆地沉积/剥离，并形成均匀稳定的 SEI 层。此类电解液的电化学稳定窗口高至 5V，且具备极佳的循环稳定性。

与传统的液态电解质相比，聚合物电解质具有良好的力学性能和易加工性，可以抑制枝晶生长和避免过量的副反应，大大提高了钾离子电池的安全性和电化学稳定性。例如，为抑制钾枝晶的生成，研究人员以交联型聚甲基丙烯酸甲酯（PMMA）为基础制成聚合物凝胶电解质。该电解质可以耐受 4.9V 的高压，离子电导率达到 $4.3 \times 10^{-3} \mathrm{S} \cdot \mathrm{cm}^{-1}$，活化能仅为 0.27eV。此外，该凝胶聚合物电解质对称电池测试可连续正常工作 172.3h，而普通电解液仅能维持 2.2h，对枝晶的抑制效果明显。将聚苯胺正极材料与聚合物凝胶电解质结合，构建了高能量密度的钾离子电池体系。与传统的钾离子电池用过渡金属氧化物正极材料中 K^+ 嵌入/脱出原理不同，聚苯胺正极材料依靠的是阴离子的嵌入/脱出机制。以采用 KPF_6 的钾盐电解液为例，充电时，电子从正极材料进入外电路，为保证电荷守恒，电解液中的 PF_6^- 嵌入正极与聚苯胺大分子链结合，同时电子迁入负极，电解液中的 K^+ 沉积在负极保持电荷守恒；放电时相反（图 9-101）。低黏度和高离子电导率的离子液体可有效抑制枝晶生长，增强循环稳定性，也被用作钾离子电池电解质。

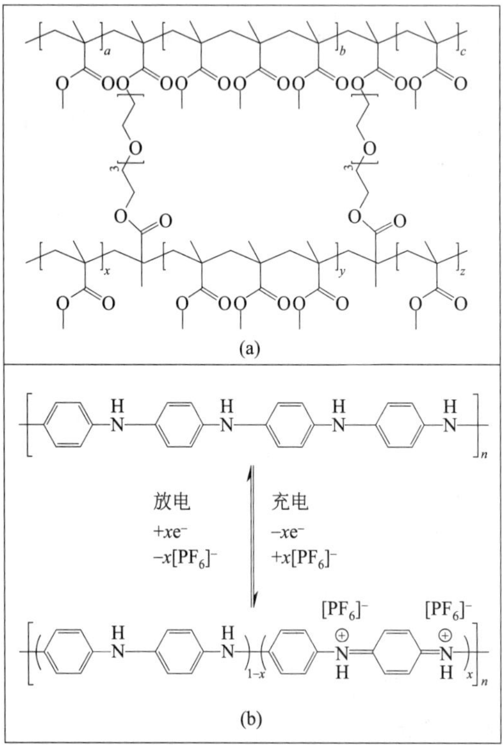

图 9-101 交联型 PMMA 化学结构图（a）和钾离子电池中聚苯胺正极材料的工作原理（b）

在锂/钠离子电池中，氟碳酸亚乙酯（FEC）作为电解质添加剂的代表，已被证明有助于在循环期间形成稳定的 SEI 层，改善电化学性能。但在钾离子电池中，不同的电极材料/电解液，FEC 添加剂却表现出不同的电化学行为。Bi 负极在 $KPF_6/EC + PC$ 电解液（3%FEC，体积分数）中和 Sn_4P_3 负极在 $EC + DEC$ 电解液（5%FEC，质量分数）中均显示出大的极化和快速的容量衰减。同时，钾箔电极在含有 FEC 添加剂的电解质中比不含 FEC 的电解质（±200mV）存在更高的电压滞后（±500mV）现象。而在 $EC + DEC$ 电解液中，$K_{1.92}Fe[Fe(CN)_6]_{0.94}$ 正极在 2.0~4.3V 电压范围内循环，添加 2%FEC 就可以将库仑效率从不添加 FEC 添加剂的 60% 提高至 90%。基于 FEC 的电解质在高电压电极材料方面更具吸引力。

使用 $LiNO_3$ 和 $AlCl_3$ 可提高 Li 界面的稳定性，抑制枝晶生长。借助于 Li 金属阳极研究的成功经验研究形成均匀 SEI 层的策略，也可为探索钾离子电池添加剂提供新的思路。

（5）通过电极设计提高能量密度　设计良好的电极，可以降低制造成本，增加活性物质的利用率，从而提高电池的能量密度。先进的柔性电极（通常不含集流体）不仅可以减少电极质量，提高电极能量密度，而且可促进柔性电子产品（如可穿戴设备）的开发。如通过铅笔在滤纸上描涂制备的柔性负极容量比传统电极提高了 200%，将 MXene 和 rGO 纳米片制成三明治结构，可直接用作钾离子电池负极。将基于蓝晒法生长在柔性基底——宣纸上的普鲁士蓝纳米立方块柔性电极，与预嵌钾的石墨负极组装成柔性钾离子电池，实现了 $80 \mathrm{mA} \cdot \mathrm{h} \cdot \mathrm{g}^{-1}$ 的放电容量，能量密度高达 $232 \mathrm{W} \cdot \mathrm{h} \cdot \mathrm{kg}^{-1}$，高于铅酸电池和镍氢电池的能量密度。在循环过程中，弯曲和折叠的状态并没有对电池的性能造成不良影响，容量几乎保持不变，能够在柔性器件的应用中发挥稳定的电化学性能，如图 9-102 所示。

（6）设计高能量/功率密度和安全的新型电池系统　直接使用 K 作负极，如 K-S、$K-O_2$、K-Se 和 $K-I_2$ 等体系可以确保电池高的能量密度。早期研究的室温 K-S 电池是基于转换型反

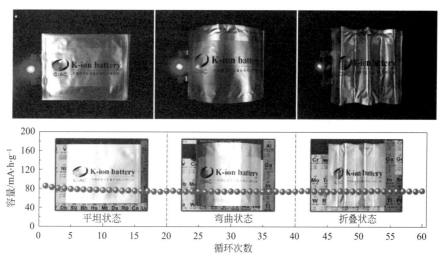

图 9-102 柔性锂离子电池在平坦、弯曲和折叠状态下点亮 LED 灯的照片
及在不同状态下的循环性能（电流密度：$50mA \cdot g^{-1}$）

应机理，随后提出了不同类型的 K-S 电池。如以溶液相多硫化钾（K_2S_x）为阴极（正极）电解液，以硬碳为阳极（负极）的电池，可以有效解决钾金属阳极的高反应活性和固体硫的慢反应动力学等问题。由于 K^+ 和 S_x^{2-} 之间的弱溶剂化能和强的阳离子-阴离子静电相互作用，造成其放电/充电行为的不对称性。通过在 Celgard 膜上涂覆单壁碳纳米管可以改善 S 的利用率，提升 K-S 电池的循环寿命。

$K-O_2$ 电池的反应机理是利用 K^+ 捕获 O_2^- 形成电化学和化学稳定的 KO_2 反应产物。$K-O_2$ 电池在 KPF_6 的醚类电解液中，具有高度可逆的单电子转移过程，但是电压较低。

与有机电解液体系相比，水系电池具有不可燃特性和高倍率性能，几乎没有安全隐患，在大规模电网应用方面显示出巨大潜力。在 $1mol \cdot L^{-1} KNO_3$ 电解液中，六氰合铁镍电极具有出色的倍率性能和库仑效率。由于是基于与 C 配位的 $Fe^{III/II}$ 的单电子反应，容量低于 $70mA \cdot h \cdot g^{-1}$。在普鲁士蓝类似物的基础上，富钾的六氰合铁酸铁（II）电极每分子能提供两个电子，容量高达 $120mA \cdot h \cdot g^{-1}$，可逆循环超过 500 次，比能量和比功率分别达到约 $65W \cdot h \cdot kg^{-1}$ 和 $1250W \cdot kg^{-1}$。为了克服水系电池工作电压窗口窄的问题，采用基于乙酸钾的盐包水（water-in-salt）电解液，$KTi_2(PO_4)_3$ 电极表现出可逆的氧化还原行为，并可提供 3.2V 的电压窗口，为探索高能量密度的水系钾离子电池提供了另一种途径。

基于钾的双离子电池（dual-ion batteries，DIBs）可以实现在电极中阳离子（K^+）和阴离子（PF_6^-、FSA^- 或 FSI^-）的嵌入/脱出，用于制造低成本、高能量密度的环保电池。已经报道的基于钾的双离子电池包括基于钾的电池-超级电容器混合装置，以金属钾箔为阳极、膨胀石墨为阴极的电池，$K_2NiFe^{II}(CN)_6$ 对称电池，石墨对称电池等。在传统的石墨中，阴离子需要在高电压下才能嵌入/脱出，这将导致传统电解液的严重分解。采用一些昂贵的离子液体电解质或使用工作电压相对较低的有机电极材料，DIBs 显示出相对较高的质量能量密度和极好的循环稳定性，这可能会满足一些高工作电压和高功率密度设备的需求。

（7）采用理论 DFT 计算深入了解电化学机理，预测理想的电极材料　深入了解 K 离子的化学/电化学行为，解决上述关键问题并揭示/解释实验结果，理论 DFT 计算在 PIBs 研究中起着重要作用。此外，第一性原理计算也有助于深入了解电极材料的物理化学性质以及循环过程中的相变、电化学、离子扩散动力学和溶剂化结构等。例如，通过计算 K 离子扩散能垒，发现一维扩散路径可为 K 离子提供低的扩散能垒，于是提出 $KVOPO_4$ 是一种有希望的 PIBs 高倍率正极材料。结合原位 X 射线衍射（XRD），使用 DFT 计算可以揭示 Bi 阳极在钾化过程中的相变（$Bi \rightarrow KBi_2 \rightarrow K_3Bi_2 \rightarrow K_3Bi$）。采用第一性原理计算和电化学表征技术，证实了 Sb 合金/去合金过程中形成的 KSb_2、KSb、K_5Sb_4 和 K_3Sb 的可逆顺序相变（图 9-103）。对于电解质，可以应用第一性原理动力学模拟（MDS）揭示其溶剂化结构和动力学性质。

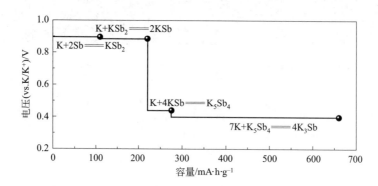

图 9-103 DFT 计算的 Sb 钾化（合金化）过程的平衡电压

目前，钾离子电池已经引起研究者的广泛兴趣，通过进一步开发电化学性能优异的电极材料、优化电解液、提高电池安全性、构建和研究全电池系统，争取使钾离子电池早日实现实际应用和商业化。

9.6.2 铝离子电池

铝在地壳中的含量位列金属之首，其每年的全球开采量是锂的 1000 多倍，以铝作为二次电池的电荷载体，能够大幅降低电池的生产成本。铝离子电池是一类可充电电池，其充放电机理与锂离子电池类似，但由于组成和结构不同，电能输出水平有所不同。

从 20 世纪 80 年代开始，许多单位投入了铝离子电池的开发。美国新泽西州 Allied-Signal Incorporated 公司在 1988 年就报道过可充放电的铝离子电池，但由于其阴极材料容易分解，在当时并没有引起足够的关注。2011 年，美国康奈尔大学 Archer 教授研究组也报道了可充放电的铝离子电池，但其放电电压较低。研究的正极材料包括石墨、氟化石墨、金属氧化物、导电高分子等，但皆未得到理想的放电电压（<1.7V）与足够的充放电循环（<100次）。因此，大部分与铝相关的化学电池更多的是把铝作为一次性金属燃料使用，无法实现有效的充放电循环。

2015 年，美国斯坦福大学戴宏杰团队使用金属铝为负极、三维泡沫石墨烯为正极，含有四氯化铝阴离子（$AlCl_4^-$）的离子液体（无水氯化铝/1-乙基-3-甲基咪唑盐酸盐，$AlCl_3$/［EMIm］Cl）为电解液，成功开发出首个放电电压在 2V，且在室温下能充放电数千次的铝离子电池，并提出了电池的反应机理（图 9-104）。该电池中的电荷载体是 $AlCl_4^-$，而石墨烯材料的层状结构能够像容纳 Li^+ 和其他阳离子一样可逆地容纳 $AlCl_4^-$，这是该铝离子电池能够高效运行的材料结构基础。在放电过程中，$AlCl_4^-$ 从石墨烯正极中脱出，同时在金属铝负极反应生成 $Al_2Cl_7^-$；在充电过程中，上述反应发生逆转，从而实现充放电循环。

利用三维泡沫石墨烯优良的导电性能和巨大的表面积，能够大大缩短电池的充放时间，并提高其循环性能，在 $4000mA \cdot g^{-1}$ 的电流下循环 7500 次后，电池的容量几乎没有衰减。7500 次循环意味着如果每天充放电一次，20 年后电池依然完好，这远远超过了人们对锂离子电池 1000 次左右的预期循环寿命。安全性能差一直是锂离子电池被诟病的致命缺陷之一，和锂离子电池不同的是，该铝离子电池采用离子液体电解液，不存在易燃易爆等安全问题。将电钻钻入正在使用的铝离子电池中，电池不燃烧，仍能继续工作。但该电池正极容量偏低，基于石墨正极质量，容量低于 $70mA \cdot h \cdot g^{-1}$。

针对石墨电极容量不足、电解液成本高等问题，该团队又报道了一种利用天然石墨薄片作为正极的铝离子电池，在 $99mA \cdot g^{-1}$（0.9C）电流密度下电池容量约为 $110mA \cdot h \cdot g^{-1}$，库仑效率约为 98%。在 6C 倍率下，电池容量为 $60mA \cdot h \cdot g^{-1}$，超过 6000 次充放电循环后库仑效率约为 98%，电池能量密度约 $68.7W \cdot h \cdot kg^{-1}$（基于电极活性物质和电解液的质量）。同时，还开发了以尿素为主的低成本离子液体电解液。氯化铝与尿素电解液的成本低廉，搭配天然石墨材料作为阴极（正极），铝箔作为阳极（负极），在 1.4C

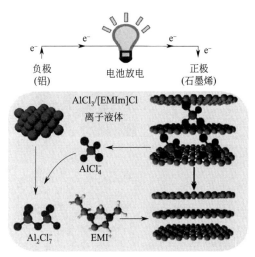

$$Al + 7AlCl_4^- \longrightarrow 4Al_2Cl_7^- + 3e^- \qquad C_n[AlCl_4] + e^- \longrightarrow C_n + AlCl_4^-$$

图 9-104　铝离子电池放电工作示意图

（$100mA \cdot g^{-1}$）倍率下正极容量为 $73mA \cdot h \cdot g^{-1}$，铝离子电池的库仑效率能达到 99.7%，平均放电电压 1.73V，可稳定充放电 200 次以上。

北京科技大学焦树强课题组使用碳纸作为正极、高纯铝箔作为负极、$AlCl_3/[EMIm]Cl$ 离子液体作为电解液，组装了 Ah 级软包电池（图 9-105）。在 $10mA \cdot g^{-1}$ 电流密度下，原型电池容量达 $1.3A \cdot h$，电池质量能量密度为 $36W \cdot h \cdot kg^{-1}$、体积能量密度为 $49W \cdot h \cdot L^{-1}$，可以进行 100 多次的充放电循环。电池能使 LED 灯工作 14h，可以稳定地驱动超级迷你卡丁车。另外，使用后的可充铝离子电池石墨正极通过简单的电解处理便可制成石墨烯产品回收，有利于促进铝离子电池的应用和可持续发展。

浙江大学高超团队利用电化学原位拉曼，研究了铝离子在石墨烯正极材料中的嵌入/脱出行为，发现缺陷无法作为电极反应的活性位点且降低材料电导率，从而降低正极的容量和倍率性能。由此，提出正极石墨烯材料的"无缺陷"设计原理，大幅提高了石墨烯正极的电化学性能，石墨烯气凝胶比容量达到 $100mA \cdot h \cdot g^{-1}$，稳定循环 25000 圈可以保持 97% 的容量，倍率性能最高达 $100A \cdot g^{-1}$。在 $100A \cdot g^{-1}$ 的电流下仍能保持 $75mA \cdot h \cdot g^{-1}$ 的比容量。同时，根据高质量、高取向、高孔道率和连续导电网络、连续离子传输通道、连续离子嵌层通道的"三高三连续"石墨烯材料设计原则，制备了石墨烯膜正极材料（图 9-106）。这种石墨烯膜在微观结构上具有"三高"特征，宏观整体上具有"三连续"特性，使其在力学强度、电导率及柔性等方面表现突出，组装的铝-石墨烯电池具有超快倍率和超长循环性能。

石墨烯正极的比容量达到 $120mA \cdot h \cdot g^{-1}$，在 250000 次循环后仍能保持 91% 的容量；其倍率性能优异，在最高 $400A \cdot g^{-1}$ 的电流密度下（3333C，1.1s 内充满电）仍具有 $111mA \cdot h \cdot g^{-1}$ 的可逆比容量。该铝-石墨烯电池可以在 $-40 \sim 120℃$ 下工作，并在 $-30℃$ 和 100℃ 下分别实现了 1000 周和 45000 周的稳定循环，这一宽温度使用范围为将来铝离子电池在极端温度条件下的使用奠定了基础。同时，它还具有较好的柔性和安全性，在 10000 次弯折后容量完全保持，展现出其在可穿戴柔性电子器件中的应用潜力，并且电芯暴露于火焰中也不会起火或爆炸。

石墨电极在铝离子电池中往往不能获得足够高的容量，研究人员也在尝试其他的正极材

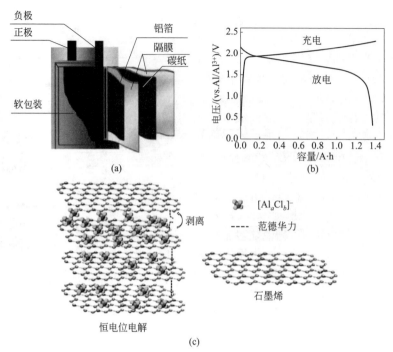

图9-105 Ah级软包电池示意（a），10mA·g^{-1}电流密度下的充放电容量（b）和电解剥离制备石墨烯示意图（c）

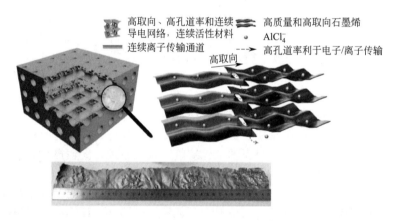

图9-106 "三高三连续"石墨烯膜正极材料的设计与展示

料，包括氧化物（V_2O_5、TiO_2）、硫化物（FeS_2、CuS、NiS、VS_2、TiS_2、MoS_2、Mo_6S_8、Co_9S_8）和硒化物（$MoSe_2$）等。例如，非石墨类自支撑、无黏结剂的硫化钴包覆碳纳米管（Co_9S_8@CNT-CNF）正极材料，具有柔性和丰富的多孔结构，加上碳纳米管的支持，有利于电解液渗透和电子传输，并暴露更多的活性位点，极大地加快了电极动力学过程。此外，无黏结剂的设计大大降低了活性材料分解和副反应对整体电池性能的影响，显著提高了其电化学稳定性。在100mA·g^{-1}电流密度下，其初始放电容量达315mA·h·g^{-1}，循环200周后依旧保持297mA·h·g^{-1}的容量，1A·g^{-1}的电流密度下循环6000周后，容量保持在87mA·h·g^{-1}。

利用磁控溅射法和低温等离子体辅助硒化法，可以在聚酰亚胺基板上合成螺旋状生长的$MoSe_2$阵列。这种独特的3D螺旋状结构可以提高材料的导电性和比表面积，更好地吸收电解质中的离子，有助于提高材料的比容量，并且结构稳定性好，可以在循环中保持自身形貌。由于本身的自支撑结构，无需添加黏结剂，避免了黏结剂和电解液之间的副反应。电极在 $0.3A \cdot g^{-1}$ 的电流密度下可提供 $753mA \cdot h \cdot g^{-1}$ 的超高比容量，并在 $1A \cdot g^{-1}$ 的电流密度下循环 1000 次比容量依旧保有 $330mA \cdot h \cdot g^{-1}$，在 $5A \cdot g^{-1}$ 的电流密度下可稳定循环 10000 次，容量保持率为 83%。非原位拉曼、XPS 和 TEM 表明，充放电时可发生 Al-Se 合金化反应和 $AlCl_4^-$ 的插层反应。

目前，大多数铝离子都是通过存储 $AlCl_4^-$ 进行工作，消耗电解液较多。针对上述问题，韩国首尔大学的 Jang Wook Choi 和美国西北大学的诺贝尔化学奖得主 J. Fraser Stoddart 联合报道了一种基于菲醌（PQ）的具有氧化还原活性的三角形大环化合物 PQ-Δ。PQ-Δ 形成层状超结构，用作可充电铝电池正极能实现 $AlCl_2^+$ 可逆嵌入与脱出，消耗的电解液和 $AlCl_4^-$ 相比少了一半。这种结构具有优异的电化学性能，可逆容量可达 $110mA \cdot h \cdot g^{-1}$，循环寿命高达 5000 次。将 PQ-Δ 和石墨片混合可以制备成 PQ-Δ-HY 杂化材料（图 9-107），这种材料用作电极使 $AlCl_2^+$ 和 $AlCl_4^-$ 双重嵌入成为可能，提高了电池的比容量和电导率。PQ-Δ-HY 电极的比容量能达到 $130mA \cdot h \cdot g^{-1}$，比 PQ-Δ 和石墨片分别作为电极要高。使用具有氧化还原活性的大环有机化合物作为活性材料，为寻找和设计可充铝离子电池电极材料提供了一种新方法。

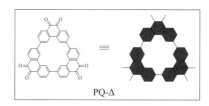

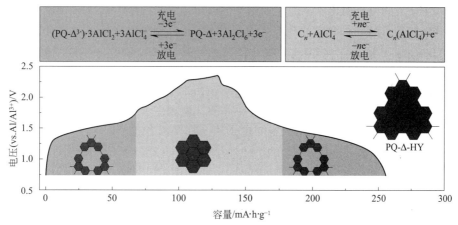

图 9-107　PQ-Δ 的分子结构及 PQ-Δ-HY 电极的充放电机理

为了解决液态铝离子电池体系中存在不稳定的内部界面、产气和隔膜不兼容等问题，研究人员提出使用凝胶聚合物电解质来构建稳定坚固的电极-电解质界面的柔性固态铝离子电池。这种聚合物电解质能够保证铝离子电池在 $600mA \cdot g^{-1}$ 的超高倍率下（10s）快速充电。同时，在 $60mA \cdot g^{-1}$ 的电流密度下，其可逆放电比容量高达 $120mA \cdot h \cdot g^{-1}$，接近石墨负极的理论极限。

除了以离子液体为电解液的铝离子电池外，水系铝离子电池也受到人们关注；研究的电极材料包括 TiO_2、普鲁士蓝类化合物（CuHCF）、钒氧化物（V_2O_5 凝胶）、石墨烯、NA-SICON 型化合物 $[Na_3V_2(PO_4)_3]$、聚吡咯包覆的三氧化钼纳米管、MXenes 材料等。

目前，铝离子电池还只是一个雏形，正极比容量、输出电压及负载量还有较大的提升空间，能量密度不足以与锂离子电池相匹敌，还需设计和发展具有更高工作电压和更大存储容量的新型正极材料，以提高铝离子电池整体的工作电压、能量和功率密度；铝离子电池技术使用离子液体作为电解液，其黏度大、成本高等一系列问题极大地加大了电池成本，寻找更廉价的电解液也是铝离子电池发展一个迫切需要考虑的问题。

9.6.3　氢离子（质子）电池

在水系电池中，电池的阳离子主要是带正电荷的金属离子，包括碱金属离子（Li^+、Na^+、K^+）、碱土金属离子（Mg^{2+}、Ca^{2+}）、锌离子（Zn^{2+}）或铝离子（Al^{3+}）等，通过正负极材料之间的电化学嵌脱反应，实现电能的可逆储存与释放；但是，非金属离子如 H_3O^+ 和 NH_4^+ 作为载流子，却鲜为人关注。实际上，利用 H_3O^+、NH_4^+ 等作为载流子，也可以构建新型的水系二次电池；而且，相比于传统的金属离子，这些非金属离子有可能在离子传输、固相扩散等方面具有独特和有趣的化学性质。

H 元素是自然界中最轻，也是全宇宙中最为普遍的元素（不考虑 H 的同位素）。H 元素的原子核中仅有一个质子，当 H 原子失去电子后就成为一个带有一个正电荷的裸露质子，容易传输和脱嵌，其质量仅为 Li^+ 的 1/7，比容量较高，可以说是一种完美的化学电池的载流子。但是，由于形成水合氢离子（hydronium ions，H_3O^+），且 H_3O^+ 的高脱水能（11.66eV）阻止了脱溶剂过程，通常是 H_3O^+ 用作电荷载体，而不是裸露的 H^+。与金属离子相比，水合氢离子电荷载体显示出低成本和可持续性优势，但 H_3O^+ 的大小 [（100±10）pm，大于裸 Li^+ 且接近裸 Na^+]限制了主体材料的选择。

目前以 H^+ 为载流子的化学电池主要是氢燃料电池，H 元素以 H_2 形式或者与储氢合金形成金属氢化物的形式储存在电池外部。使用时 H_2 输入燃料电池内部的多孔阳极，失去电子转化为 H^+，空气中的 O_2 在多孔阴极获得电子，然后与电解液中的 H^+ 结合生成水。皇家墨尔本理工大学研究小组将金属氢化物与燃料电池结合，提出了"质子流电池"这一全新概念。质子流电池（proton flow battery）是一种结合了燃料电池和储能电池优点的混合型储能电池。充电时，电池分解水产生氧气和质子（氢离子），然后氢离子通过质子交换膜（Nafion）到达储氢合金电极，在电极上与电子和金属颗粒相结合，质子以固态金属氢化物的形式被存储，从而避免 H_2 的产生。放电时，储存的 H 会失去电子生成 H^+，进入溶液之中，质子与空气中的氧气结合生成水，并产生电能（图 9-108）。早期的"质子流电池"效率很低，后来发现经过活化的活性炭具有电化学储氢能力（可达 1.8%，质量分数），为解决"质子流电池"储氢问题提供了一个崭新的思路。采用多孔碳电极代替储氢合金，并在全氟磺酸固态电解质的基础上增加强酸溶液作为质子导体，显著提高了"质子电池"的性能，表现出很高的储氢能力和可逆性，电池本身不会产生碳排放，可以储存来自零排放的可再生能源电力。

氢离子储存在 MoO_3 中表现出高的库仑效率和稳定性，在 100C 的超高倍率下 MoO_3 容量达 $88mA \cdot h \cdot g^{-1}$，具有超快的氢离子存储性能。研究表明，在首次氢离子插入过程中，MoO_3 电极转化为 $H_{0.88}MoO_3$。在随后的循环中，氢离子在 $H_{0.88}MoO_3$ 和 $H_{0.12}MoO_3$ 之间可逆地嵌入/脱出（图 9-109）。其反应机理表示为

第一步：$MoO_3 + 0.88H^+ + 0.88e^- \longrightarrow H_{0.88}MoO_3$

第二步：$\qquad\qquad H_{0.88}MoO_3 \rightleftharpoons H_{0.12}MoO_3 + 0.76H^+ + 0.76e^-$

基于铝负极和正交晶系的钒氧化物（V_2O_5）正极的氢离子电池，在 $2mol \cdot L^{-1}$

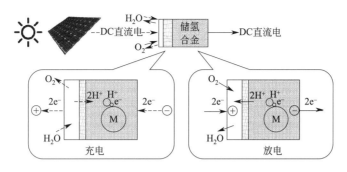

图 9-108 质子流电池工作原理示意

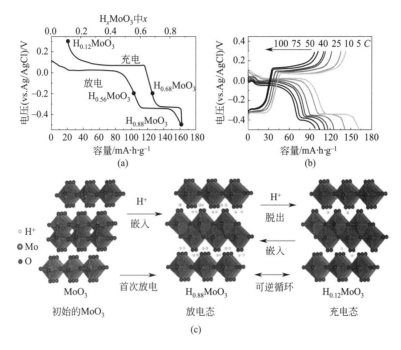

图 9-109 MoO_3 充放电嵌入质子数（a）、倍率性能（b）和充放电机理示意图（c）

$Al(CF_3SO_3)_3$ 水系电解液支持下，既可以实现铝的可逆沉积/溶解（$Al-3e^- \longrightarrow Al^{3+}$），又可以在 V_2O_5 中实现质子的可逆嵌入/脱出（$V_2O_5 + 1.43H^+ + 1.43e^- \longrightarrow H_{1.43}V_2O_5$）。研究表明，电池反应的决速步骤为 H^+ 的扩散。

不同于嵌入型材料，转换型反应具有高电压、高容量和快速动力学的优点。美国斯坦福大学崔屹研究小组开发了一种可充 Mn-H 电池原型。该电池正极基于锰离子和二氧化锰（Mn^{2+}/MnO_2）的可逆转换反应，负极发生氢离子/氢气（H^+/H_2）的转换反应，通过催化反应在 H_2 和 H_2O 之间循环。

正极：$Mn^{2+} + 2H_2O \Longrightarrow MnO_2 + 4H^+ + 2e^-$

负极：$2H^+ + 2e^- \Longrightarrow H_2$

电池反应 $Mn^{2+} + 2H_2O \Longrightarrow MnO_2 + 2H^+ + H_2$

Mn-H 电池放电电压约为 1.3V，在 $100mA \cdot cm^{-2}$（放电时间为 36s）放电倍率下，寿命超过 10000 次循环而不衰减。在 $4mol \cdot L^{-1} MnSO_4$ 电解液中，实现了 $139W \cdot h \cdot kg^{-1}$

的质量能量密度（理论值约 174W·h·kg^{-1}）和 210W·h·L^{-1}（理论值约 263W·h·L^{-1}）的体积能量密度，电池具有高电压、高容量和长循环的优异性能。

由蒽氢醌负极、四氯苯醌正极和 0.5mol·L^{-1}H$_2$SO$_4$ 溶液组成的能量存储装置，在充放电时负极和正极分别在蒽氢醌/蒽醌（AQ）和四氯苯醌/四氯氢醌（TCHQ）之间转换，质子在两个电极之间来回穿梭，可视为质子摇椅电池（图 9-110），电解液中的质子起着载流子的作用。由于有机电极材料浸渍在纳米多孔碳中，提高了有机化合物的负载量和利用率，在 0～1V 电压范围内，显示出高功率密度（＞20W·h·kg^{-1}）和长的循环寿命（达数千次循环）。由于有机电极材料导电性较差，需加入大量碳材料以提高导电性，电极材料中纳米多孔碳占 63%（质量分数），聚四氟乙烯（PTFE）占 10%（质量分数），有机化合物仅占 27%（质量分数）。研究人员对分子结构加以设计，将活性单元接到导电聚合物［如聚（3,4-亚乙基二氧噻吩），PEDOT］上，以提升材料的导电性。

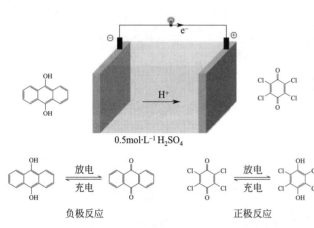

图 9-110　AQ/TCHQ 质子电池反应原理示意

俄勒冈州立大学的科学家以 3,4,9,10-苝四羧酸二酐（PTCDA）为电极材料，开发了仅使用水合氢离子作为电荷载体的电池（图 9-111），水合氢离子能可逆存储在 PTCDA 中。PTCDA 是一种结晶的有机电极材料，分子间有很多内部空间，为大容量存储 H$_3$O$^+$ 提供了可能；而酸性电解液的高电导率，也为实现高功率提供了可能。在以 PTCDA 为负极，活性炭为正极，1mol·L^{-1}H$_2$SO$_4$ 为电解液组成的电极体系中，1A·g^{-1} 电流密度下 PTCDA 电极容量达到 85mA·h·g^{-1}，相

当于每个 PTCDA 分子结合 1.3 个 H$_3$O$^+$。

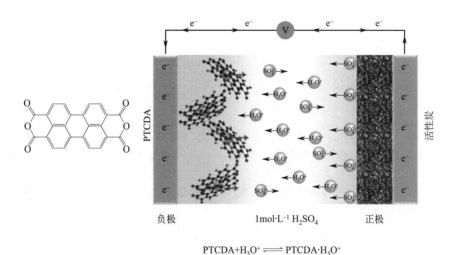

PTCDA+H$_3$O$^+$ ⇌ PTCDA·H$_3$O$^+$

图 9-111　PTCDA 分子结构及水合氢离子电池工作原理示意

以 PTCDA 和活性炭组成的电池，活性炭正极发生 SO_4^{2-} 的吸附/脱附反应。而复旦大学王永刚课题组则提出了以芘-4,5,9,10-四酮（PTO）有机电极材料为负极，MnO_2@石墨毡（GF）为正极的基于酸性电解液（$2mol \cdot L^{-1} MnSO_4 + 2mol \cdot L^{-1} H_2SO_4$）的水合氢离子电池。该电池在负极上进行醌/氢醌氧化还原反应，在正极上进行 MnO_2/Mn^{2+} 转化反应，同时在两个电极之间进行 H_3O^+ 的转移（图 9-112）。充电过程中，在电解液中 Mn^{2+} 氧化为 MnO_2 沉淀在 GF 电极上，同时产生 H_3O^+ 通过形成氢醌（HQ）的形式储存在 PTO 中，电子通过外部电路从阴极转移到阳极。放电过程与充电过程相反，其充放电运行机制如下。

正极： $$Mn^{2+} + 6H_2O \Longleftrightarrow MnO_2 + 4H_3O^+ + 2e^-$$

负极： $$PTO + 2e^- + 2H_3O^+ \Longleftrightarrow HQ + 2H_2O$$

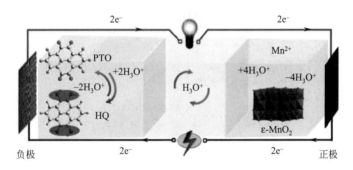

图 9-112 PTO//MnO_2@GF 水合氢离子电池工作原理示意图

在 $0.16mA \cdot cm^{-2}$（0.2C）的低电流密度下，PTO 放电容量可以达到 $210mA \cdot h \cdot g^{-1}$，即使在 $400mA \cdot cm^{-2}$（500C）的极高电流密度下，也可达到 $66mA \cdot h \cdot g^{-1}$ 的可观容量，可以进行超快的氧化还原反应。独特的运行机制为这种水合氢离子电池提供了高达 $132.6W \cdot h \cdot kg^{-1}$ 的能量密度，具有能与超级电容器相比的功率密度（$30.8kW \cdot kg^{-1}$），以及超过 5000 次循环的长周期寿命。即使在 $-40℃$ 下电解液冷冻，这种水合氢离子电池也能很好地工作，在 $4mA \cdot cm^{-2}$（5C）的高电流密度下容量仍保持在 $118mA \cdot h \cdot g^{-1}$，并且在 $-70℃$ 下仍具有出色的倍率性能和循环稳定性。

水合氢离子电池的开发，为储能提供了一种新的可能的解决方案。目前氢离子电池的电解液基本上为 H_2SO_4 水溶液，酸性和腐蚀性较强，容易发生析氢副反应；报道的有机和无机材料氢离子脱嵌的比容量和放电电压较低，仍需要进一步发展新型电池结构和电极材料。

9.7 液流电池

9.7.1 概述

液流电池（redox flow battery，RFB）通过活性物质发生氧化还原反应，来实现电能和化学能的相互转化，是一种适合于大规模蓄电的电化学储能装置，其蓄电基础是由正/负极活性物质——氧化还原电对组成的电化学体系。充电时，正极发生氧化反应，活性物质价态升高；负极发生还原反应，活性物质价态降低。放电时则正好相反，正极发生还原反应，活性物质价态降低；负极发生氧化反应，活性物质价态升高。与传统二次电池直接采用活性物质作电极不同，液流储能电池的电极均为惰性电极，其只为电极反应提供反应场所。活性物质（不同的氧化还原电对）通常以离子状态用电解液罐储存在单体电池的外部，在惰性电极上发生氧化还原反应，从原理上看液流电池更像燃料电池。

图 9-113 为液流储能电池流程示意。液流储能电池系统由电堆、电解质溶液以及电解质溶液储供体系、系统控制体系、充放电体系等部分组成。正极和负极电解液分别装在两个储罐中，电池中正、负极电解液用离子交换膜分隔开，利用送液泵实现电解液在电池/管路系统中的循环，在离子交换膜两侧的电极上发生氧化-还原反应，电池外接负载和电源。

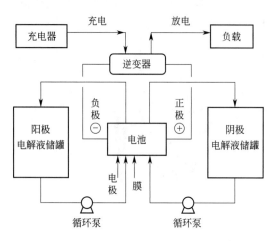

图 9-113　液流储能电池流程示意

根据氧化还原电对的种类（受氢气、氧气析出限制）不同，液流电池可分为全钒液流电池（all vanadium redox flow batteries，VRBs）、多硫化物-溴液流电池（polysulphide-bromine flow batteries，PSBs）、Fe-Cr 液流电池（iron-chromium flow batteries，ICB）、Zn-Br 液流电池（zinc-bromine flow batteries，ZBB）、V-Ce 液流电池（vanadium-cerium flow batteries，VCB）和新型铅酸液流电池等。图 9-114 给出了一些氧化还原液流电池的电荷传输示意，并给出了电池的开路电压。

虽然各自的电化学体系不同，但都具备以下特点。

① 功率和容量相互独立，储能容量由储存槽中的电解液浓度和体积决定，而输出功率取决于电池的反应面积、电池模块的大小和数量，功率与容量可以独立设计，系统设计的灵活性大，受设置场地限制小。

② 能量转化效率高，启动速度快。

③ 具有很强的过载能力和深度放电能力。

④ 部件多为廉价的碳材料、工程塑料，材料来源丰富，易于回收。

根据液流电池发生氧化还原反应的电极的不同，液流电池主要分为液-液型液流电池和沉积型液流电池两大类。在运行过程中，液-液型液流电池氧化还原反应表现为离子价态的变化，沉积型液流电池则表现为金属的沉积与溶出。对于液-液型液流电池来说，正负极活性物质在充放电过程中均处于溶液状态，并完全保存在电解液储罐当中，这样电池的功率和容量可以实现相互独立，从而便于设计、管理和应用。对于沉积型液流电池，电池的部分活性物质需要在正极或负极表面进行沉积，此类液流电池的容量受电极表面空间的限制。

9.7.2　全钒液流电池

全钒液流电池（all vanadium redox flow batteries，VRBs）以溶解于一定浓度硫酸溶液中的不同价态的钒离子为电池充放电时正负极电极反应的活性物质，在阳极和阴极电解液中只含有一种活性元素（V）。其负极电对通常情况下为 V^{2+}/V^{3+}，正极电对为 VO^{2+}/VO_2^+。化学能/电能之间转换时，电极和电池反应为：

$$负极　V^{2+}-e^- \xrightleftharpoons[\text{充电}]{\text{放电}} V^{3+}$$

$$正极\ VO_2^+ + 2H^+ + e^- \xrightleftharpoons[\text{充电}]{\text{放电}} VO^{2+} + H_2O$$

$$电池反应\ VO_2^+ + V^{2+} + 2H^+ \xrightleftharpoons[\text{充电}]{\text{放电}} VO^{2+} + V^{3+} + H_2O$$

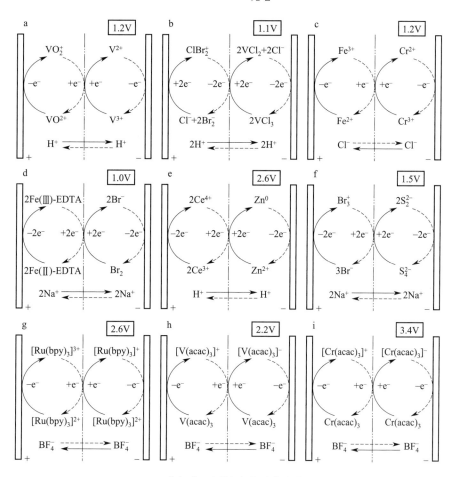

图 9-114 一些氧化还原液流电池的电荷传输示意

a—全钒；b—V-Br；c—Fe-Cr；d—Fe-EDTA-Br；e—Zn-Ce；f—Br-S$_x$；

g—非水钌-联吡啶；h—非水钒-乙酰丙酮化合物；i—非水铬-乙酰丙酮化合物

充电时，正极的 VO^{2+} 失去电子形成 VO_2^+，负极的 V^{3+} 得到电子形成 V^{2+}，电子通过外电路从正极到达负极形成电流，H^+ 则通过离子交换膜从正极传递电荷到负极形成闭合回路。放电过程与之相反。在 25℃和单位浓度（标准状态）下，正极反应的标准电极电势为 1.004V，负极反应的标准电极电势为 $-0.255V$，故全钒液流电池的标准开路电压为 1.259V。当给定温度、pH 值和钒离子浓度条件时，电池电压可以根据能斯特方程计算：

$$E = 1.26 - \frac{RT}{F} \ln \frac{[VO^{2+}][V^{3+}]}{[VO_2^+][H^+]^2[V^{2+}]}$$

由于运行过程中钒离子浓度、酸浓度以及充电状态（正极五价钒可以形成 HVO_3、$H_2VO_4^-$ 等其他结构）等因素均会对其电极电势造成一些影响。因此，在实际使用中，电池的开路电压一般为 $1.4 \sim 1.6V$。全钒液流电池工作原理如图 9-115 所示。

一般认为，钒离子在碳毡上发生电化学反应时经历如下反应历程（以充电过程为例，放电时发生相反过程）。

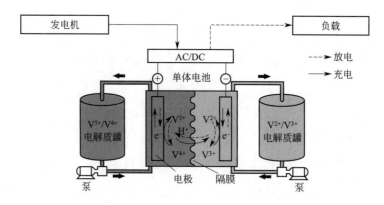

图 9-115　全钒液流电池工作原理示意

① 在正极侧，VO^{2+} 从溶液扩散到电极表面以及电极表面的酚基/羟基交换 H^+，在电极表面发生键合：

$$\text{—OH} \quad \text{—OH} \quad + \ VO^{2+} \quad \longrightarrow \quad \begin{array}{c} \text{O} \\ \text{O} \end{array} V{=}O \ + \ 2H^+$$

H_2O 中的 O 与 V 结合，生成 VO_2，电子沿 V—O—C 键转移至电极：

$$\begin{array}{c} \text{O} \\ \text{O} \end{array} V{=}O \ + \ H_2O \quad \longrightarrow \quad \text{O—V}{=}\text{O} \ \overset{\|}{\underset{O}{}} \ + \ 2H^+ + 2e^-$$

VO_2 和溶液中的 H^+ 发生交换，扩散回到溶液中：

$$\text{O—V}{=}\text{O} \ \overset{\|}{\underset{O}{}} \ + \ H^+ \quad \longrightarrow \quad \text{O—H} \ + \ VO_2^+$$

V—O—C 键的形成促进了电子和氧的传输过程，因此减少了 V(Ⅳ)/V(Ⅴ) 氧化还原过程的活化超电势。

② 在负极侧，V^{3+} 从溶液扩散到电极表面以及电极表面的酚基/羟基交换 H^+：

$$\text{—OH} \ + \ V^{3+} \quad \longrightarrow \quad \text{—O—V}^{2+} \ + \ H^+$$

然后，电子沿着 V—O—C 键从电极转移至 V^{2+}，以形成 V^+：

$$\text{—O—V}^{2+} \ + \ e^- \quad \longrightarrow \quad \text{—O—V}^+$$

最后，V^+ 再与溶液中的 H^+ 交换，扩散回溶液，形成 V^{2+}：

$$\text{—O—V}^+ \ + \ H^+ \quad \longrightarrow \quad \text{—O—H} \ + \ V^{2+}$$

同样，V—O—C 键的形成促进了电子的传输过程，因此减少了 V^{2+}/V^{3+} 氧化还原过程的活化超电势。

可以看出，电极表面的含氧官能团为钒离子的反应提供了场所，酚基/羟基含量越高，越有利于反应的进行。

电池关键材料包括电极、离子交换膜和活性电解液等。

① 电极。液流电池电极的活性物质以电解质溶液的形式储存在电池外部的储罐中，电池工作时，电极并不直接参与电化学反应，只是为电化学反应的发生与进行提供场所。电极材料的性能好坏直接影响着活性物质扩散快慢以及电化学反应的本征速率，进而影响着电极的极化程度以及电池的内阻，并最终影响电池的能量转换效率。电极材料的稳定性也会影响电池的使用寿命。

VRBs 发生的电化学行为依赖于电极。电极通常由活性材料、双极板和集流体组成，活性材料主要对电池正负极电化学反应起电催化作用；集流体起收集、传导与分配电流作用。为使性能最优化，电极需要有高的比表面积、适当的孔隙、低电阻和钒反应物种高的电化学活性位。在强酸环境中，电极材料的选择非常有限。

早期研究的 VRBs 电极为 Au、Sn、Ti、Pt/Ti 及 IrO/Ti 等金属类电极，此类电极的显著特点是电导率高，力学性能好。由于电极制作成本非常高，限制了其在 VRBs 中的大规模应用。后来，研究者着眼于价格相对低廉且导电性较好的碳材料类电极。该类电极种类繁多，制备方法多样，是目前常用的电极，主要包括碳毡、碳纸、碳布等碳纤维织品以及石墨、活性炭、碳纳米管、有序多孔碳、石墨烯等碳粉体材料。

碳毡是由含碳纤维的针织毛毡经空气介质预氧化、惰性气氛炭化甚至高温石墨化、表面处理等工序形成的碳纤维织品，具有较好的三维网状结构，较大的比表面积，较小的流体流动阻力，较高的电导率及化学、电化学稳定性，加之原料来源丰富、价格适中等优点，是 VRBs 电极活性材料的首选。碳毡主要分为聚丙烯腈基碳毡、沥青基碳毡和黏胶基碳毡。聚丙烯腈基碳毡导电性好，孔结构更有利于提高钒电池电极的催化活性，电化学性能优于其他两类碳毡，被广泛用于液流电池电极材料。未处理的碳毡需要进行改性处理，包括碳毡纤维氧化处理（增加碳纤维表面羰基、羧基、酚基等含氧官能团的浓度）和碳毡表面修饰活性基团（如 Pt^{4+}、Pd^{2+}、Mn^{2+}、In^{3+}、Ir^{3+} 等金属离子的注入）等，以改善材料的亲水性，增加表面活性基团，并提高材料的耐久性，可获得电化学活性高、副反应少、循环性能稳定的电极材料。

碳纸跟碳毡一样都是碳纤维织品，厚度如纸张。它具有均匀的多孔质结构，电阻率较低；具有一定的力学强度，适当的刚性与柔性，化学稳定性良好；制造成本较低，具有较高的性价比。碳纸制备的常规方法是由纤维分散黏结制备多孔的纤维增强体（碳纸坯体），通过浸渍炭化工艺在纤维表面形成碳基体，制备碳/碳复合碳纸。其中以浸渍树脂后模压炭化工艺历史最久，工艺最为成熟。国际上生产碳纸的公司主要有日本 Toray 公司，加拿大 Ballard 公司，德国 SGL 公司，印度 NRDC（National Research Development Corporation）等。国内常用的碳纸多为日本 Toray 的 TCPH-060 系列和加拿大 Ballard 的 AvCard P75 系列。

液流储能电池组一般按照压滤机的方式进行组装，双极板起到了导通电子、收集两侧电极反应所产生的电流的作用。VRBs 双极板材料主要有金属板、石墨板以及碳材料板，目前常使用的是后两种材料。由纯石墨形成的无孔硬石墨板能有效阻止钒电解液的渗透，在钒电池充电电位不致过高的情况下具有抗氧化腐蚀能力，但硬石墨板的制备工艺相当复杂，难以实现批量生产，因而限制了石墨板的大规模应用。碳材料类双极板生产工艺简单，成本低廉，同时具有较好的力学强度和韧性，是目前工程上应用最为广泛的双极板材料。它一般采用高分子树脂（聚乙烯、聚氯乙烯等）与导电填料（石墨粉、炭黑、碳纤维等）的混合料，通过注塑或模压的方法来制备。

双极板经过一定的修饰处理后，其活性可得到进一步改善。修饰方法主要有热处理、化学处理、电化学氧化、掺杂其他金属或碳纤维等，以提高 VRBs 的能量效率。在活化处理方式的选择上，从实用、方便及适合批量化生产的角度看，应优先选用化学、电化学或热处理方法。

在 VRBs 中，电极与双极板是相对独立的，电极通常为多孔碳材料，只用来为电化学反应提供场所以产生反应电流，而双极板除起到分隔相邻电池间电解液避免互渗作用外，还有收集由电极产生的反应电流作用。在电池组装时，电极与双极板直接接触，两者间会存在一定的接触电阻，其大小与电极和双极板的材料类型及两者间的接触状态有关。为了减小接触电阻，进一步提高电池的能量转换效率，也有将电极-双极板进行一体化设计的报道。

② 离子交换膜。隔膜是 VRBs 系统的关键组成部分，它不仅起隔离正负极电解液的作用，而且在电池充放电时形成离子通道，允许电荷载体（H^+、HSO_4^- 等）迁移，使电极反应得以完成并保持电中性。为减小电阻和功率损失，膜需要有高的离子传导性、低膜电阻、高选择性和足够的化学稳定性。隔膜具有快的离子传输能力，而且必须是高选择性的：通过的钒离子（渗透率）应最小，以减少容量和能量损失；水的渗透率也必须是有限的，以保持阴阳极电解液的平衡，减少维护。因此，需要选用离子选择性隔膜。在强酸性和 V^{5+} 强氧化性环境中，离子选择性膜必须具有化学稳定性、力学稳定性和结构稳定性。

离子选择性隔膜按照树脂的氟化程度（烃类树脂中 C—H 键被 C—F 键取代的程度），可以分为全氟膜、部分氟化膜、非氟化膜；按照树脂离子交换基团的类型可以分为阳离子交换膜、阴离子交换膜及不含离子交换基团的多孔膜；按照膜的组成可以分为复合膜、均质膜；按照膜的形态可以分为致密膜、多孔膜等。

一般来讲，树脂的氟化程度越高，其耐受电化学氧化的性能越好，因为 C—F（485kJ·mol^{-1}）键能大于 C—H（86kJ·mol^{-1}）。全氟化膜的 C—H 键已经全部被 C—F 键取代，所以这类膜具有优异的电化学稳定性。在全氟化膜中，有美国杜邦公司研发的 Nafion 系列全氟磺酸膜、日本旭化成和旭硝子公司研发的 Flemin 和 Aciplex 系列全氟质子交换膜、美国陶氏公司生产的 Dow 膜、中国东岳集团生产的全氟磺酸膜离子交换膜。其中，最具代表性的是 Nafion 系列全氟磺酸阳离子交换膜，简称 Nafion 膜，常见的有 Nafion 112、Nafion 115、Nafion 117 等规格。Nafion 树脂的分子结构由聚四氟乙烯主链和磺酸基团封端的全氟侧链组成：一方面，憎水的全氟骨架赋予 Nafion 膜优异的力学和化学稳定性；另一方面，亲水性的磺酸侧链相互聚集，形成 Nafion 膜的离子传输通道。

通常情况下，Nafion 膜具有高的质子传导性和强酸、氧化条件下的化学稳定性。可是在 VRBs 中，不同氧化态的钒离子有从一侧迁移到另一侧的趋势。由于反应物的交叉混合，钒离子之间直接反应，导致系统的容量和能量损失。钒离子的迁移速率主要与钒离子和硫酸的浓度、电解质的充电状态、膜的性质（如厚度、孔径等）和温度有关。为了改善离子选择性膜的性能，可以采用多种方法对膜进行修饰。一种方法是基于 Nafion 的杂化膜，包括 Nafion/吡咯膜、Nafion/硫代聚醚醚酮（SPEEK）膜、Nafion/聚乙烯亚胺（PEI）膜、Nafion-聚二烯丙基二甲基氯化铵-聚苯乙烯磺酸钠（PDDA-PSS）$_n$ 多层膜等。杂化膜减少了钒离子的渗透，提高了 VRBs 系统的库仑效率和能量效率。另一种方法是 Nafion 膜的无机物掺杂，如 SiO_2、硅酸盐、SiO_2 改良的 TiO_2、ZrP 等。

为了降低生产成本及减少钒离子互混，人们研制出一系列非氟离子交换树脂。其中，包括磺酸型的强酸性阳离子交换膜和季铵型的强碱性阴离子交换膜，以及各种羧酸型、磷酸型、咪唑型及吡啶型等弱酸或弱碱性离子交换膜。最早的非氟离子交换树脂是以磺化聚苯乙烯或磺化苯乙烯的共聚物为主体的，磺酸基团直接接在苯环上。后来，研究人员又以聚醚醚酮、聚砜、聚醚砜、聚酰亚胺等高分子材料为主体进行了广泛研究。这类材料以化学稳定性和耐热性著称，通过调控磺化度/氨化度、分子构型、嵌段单元、交联度等参数可以获得物理化学特性不同、优点各异的膜材料，极大地扩展了电池隔膜的选材范围。

理论上讲，由于阳离子交换膜的离子交换基团为阴离子，对 VRBs 溶液中的钒离子具有吸引力。虽然通过对膜的改性处理，可在一定程度上降低钒离子的渗透率，但不能从根本上阻止钒离子的渗透。相比较而言，阴离子交换膜的离子交换基团为阳离子，其对钒离子有库仑排斥作用，钒离子的渗透将受到制约，同时可改善水的传输，因而选择性相对较高。

日本 Kashima-Kita 公司开发的聚砜阴离子交换膜在 VRBs 电堆中得到了应用，在 $80mA \cdot cm^{-2}$ 电流密度下，1000 次循环电堆的平均能量效率为 80%，表明聚砜膜具有优异的综合性能。将经丙酮清洗过的乙烯-四氟乙烯（ETFE）膜浸入二甲基氨基异丁烯酸酯（DMAEMA）溶液中，在 γ 射线辐射下将 DMAEMA 嫁接到 ETFE 上，然后在盐酸溶液中进行季铵盐化处理后得到阴离子交换膜（AEM）。所制得的阴离子交换膜的钒离子渗透率仅为 Nafion117 的 1/40～1/20。通过将聚醚砜酮（PPESK）进行氯甲基化改性，将氯甲基化聚醚砜酮（CMPPESK）制备成膜，然后进行季铵盐化处理后得到季铵化聚醚砜酮（QAPPESK）阴离子交换膜。在相同测试条件下，QAPPESK 膜的性能好于 Nafion 膜，显示出较好的综合性能及应用前景。

③ 活性电解液。电解质（液）是 VRBs 电化学反应的活性物质，是电能的载体。它不仅决定了全钒液流电池系统的储能容量，而且直接影响系统的性能及稳定性。VRBs 的能量密度取决于钒电解质的浓度，较高的浓度可以带来高能量密度，但钒电解质的浓度太高会生成钒氧化物沉淀。由于全钒液流电池电解质溶液一直在系统中循环，一旦出现析出、沉积或气化等相变，就会造成液体流动管道和电池组内部管道的堵塞，影响系统运行，因此必须保证在运行过程中不会出现相变过程。此外，由于钒离子在硫酸中的溶解度有限，一定程度上限制了系统能量密度的提高。在 H_2SO_4 支持的电解液中，当浓度超过 $2mol \cdot L^{-1}$ 时，在 40℃ 以上含有 V(V) 的电解液会生成 V_2O_5，在 10℃ 以下含有 V(Ⅱ) 或 V(Ⅲ) 的溶液会生成 VO，沉淀的程度和速率依赖于温度、钒电解质的浓度、硫酸的浓度和电解质的充电状态［V(V)/V(Ⅳ) 的比例］。因此，优化操作条件以改善正极和负极溶液的稳定性是非常重要的。对于负极 V^{2+} 溶液容易氧化的问题，目前采用的普通做法是在负极罐中通入氮气、氩气等惰性气体来保护 V^{2+} 溶液，也有采取在负极罐中电解质溶液表面覆盖薄层难溶于电解质溶液的矿物油等液体的方法，从而有效降低 V^{2+} 的氧化。对于电解质溶液析出的问题，普遍的思路是在电解质溶液中添加有机或无机材料作为稳定剂（如硫酸钾、硫酸锂、尿素等），以改善钒电解质在硫酸溶液中的稳定性，使其在较高浓度下能够稳定存在。通过添加不超过 2% 的添加剂，可以显著提高电解质溶液的稳定性，保证其在高温时不析出五价钒。同时，加入添加剂后，电解质溶液的电导率和电化学活性不受影响。Cl^- 也能有效稳定 V^{5+}、V^{4+} 和 V^{2+}，在含有 SO_4^{2-} 和 Cl^- 混合电解质的溶液中，高浓度（$>2.5mol \cdot L^{-1}$）的 V^{2+}、V^{3+}、V^{4+} 和 V^{5+} 阳离子能得到稳定，并拓宽了操作温度窗口（-5～60℃）。使用盐酸-硫酸混合电解质，可提高活性材料的溶解度，能量密度提高 66%。

钒电解质的浓度和总 SO_4^{2-} 浓度通常分别控制在 $2mol \cdot L^{-1}$ 和 $5mol \cdot L^{-1}$ 以下，理论上 V(Ⅳ) 离子电解液可通过 $VOSO_4$ 溶解在 H_2SO_4 中直接配制，但此法成本较高。实际可行的制备方法是基于 V_2O_5 的还原溶解，包括化学法和电解法。化学法是指将钒的化合物或氧化物（主要是 V_2O_5）与一定浓度的硫酸混合，通过加热或加入还原剂的方法使其还原，制备成含一定硫酸浓度的钒溶液。此法的优点是不涉及电化学反应，工艺和设备均比较简单；但缺点是反应较慢，需要硫酸浓度很高时才可以反应，而且产率低，所加入的添加剂完全去除较困难。电解法是利用电解槽，在阴极加入含有 V_2O_5 或 NH_4VO_3 的硫酸溶液，阳极加入硫酸钠或硫酸溶液，在两极之间加上直流电，V_2O_5 或 NH_4VO_3 在阴极表面被还原。根据槽压不同，生成的产物有四价钒（VO^{2+}）、三价钒（V^{3+}）和二价钒（V^{2+}）溶液，生成的低价钒又加速了 V_2O_5 或 NH_4VO_3 的溶解。电解法的优势是可以根据需要生产不同价态的电解质溶液，但设备较复杂。随着 VRBs 技术的发展，电解法已逐渐成为 VRBs 电解液制备的主要方法。

在大多数实际运行的 VRBs 系统中，钒电解质的浓度限制在 $2mol \cdot L^{-1}$ 以下，温度在 $10 \sim 40℃$ 范围内。

液流电池系统的核心是电堆，由数十节乃至数百节进行氧化-还原反应，实现充、放电过程的单电池按特定要求串、并联而成。通过双极板可以将多个单电池串联起来，实现单池之间的连接。分液框、双极板和离子交换膜构成的两个封闭空间就是电池的正负极室。将多孔隙率的碳毡压在双极板上，作为集流体分别放置在阳极侧和阴极侧，支持多孔电极和电解液的流动，具有低的体相电阻和接触电阻，电解液在碳毡的孔隙内流动并发生电化学反应。图 9-116 为典型的钒电池结构。VRBs 输出功率由电极的尺寸和电池组的数目决定，储能容量由电解质溶液的浓度和体积大小决定。根据应用范围，能量和功率密度从几小时到几天很容易调整并可分别进行设计，在可再生能源综合利用方面具有很大优势。

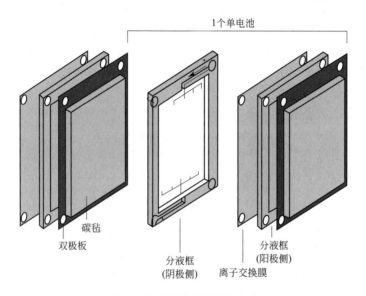

图 9-116 全钒液流电池结构示意图

9.7.3 其他液-液型液流电池

变价同元素全钒体系推进了液流储能电池实用化进程，但正负极活性离子的相互渗透难以完全避免，而且水转移严重，因此电化学体系的改进和新体系的探索具有重要意义。其他液流电池如 Fe-Cr 液流电池（ICB）是以酸性氯化物为电解质溶液，Fe^{2+}/Fe^{3+} 和 Cr^{2+}/Cr^{3+} 为正、负极氧化还原电对的液流电池体系。电池电极反应如下。

$$正极 \ Fe^{2+} - e^- \underset{放电}{\overset{充电}{\rightleftharpoons}} Fe^{3+}$$

$$负极 \ Cr^{3+} + e^- \underset{放电}{\overset{充电}{\rightleftharpoons}} Cr^{2+}$$

$$电池反应 \ Fe^{2+} + Cr^{3+} \underset{放电}{\overset{充电}{\rightleftharpoons}} Cr^{2+} + Fe^{3+}$$

Fe-Cr 液流电池通常采用碳纤维、炭极板或石墨作为电极材料。其正极电对为 Fe^{3+}/Fe^{2+}，$E^{\ominus}=0.771V$（vs. NHE）；负极电对为 Cr^{3+}/Cr^{2+}，$E^{\ominus}=-0.441V$（vs. NHE），电池标准电动势为 1.212V。Fe^{3+}/Fe^{2+} 电对在碳电极材料上显示出非常高的可逆性、快的离子传导和高的交换电流密度，原料价格低廉，在酸性溶液中稳定且溶解度较高，但电极电位不甚适宜。因此，需要对 Fe^{3+}/Fe^{2+} 电对进行化学修饰，使电极电位正移。而 Cr^{3+}/Cr^{2+} 电对离子传导和交换电流密度则相对较低，因此需要采用催化剂以提高电极反应动力学。同时，由于氢气在催化剂上析出时具有较高的过电势，可以减轻在 Cr^{3+} 还原为 Cr^{2+} 过程中氢气的析出。催化剂包括 Au、Pb、Tl、Bi 及它们的氧化物，Pb 或 Bi 沉积在电极表面不仅提升了 Cr^{3+}/Cr^{2+} 反应的速率，也增加了氢的过电势。

多硫化物-溴液流电池（PSBs）以溴化钠（NaBr）和多硫化钠（Na_2S_x）的水溶液为电池正、负极电解质溶液及电池电化学反应活性物质，Br_2 主要以 Br_3^- 形式存在于正极电解质溶液中，单质硫与硫离子结合形成多硫离子存在于负极电解质溶液中。电池正负极之间用离子交换膜隔开。电池充放电时，由 Na^+ 通过离子交换膜在正、负极电解质溶液间的电迁移来形成通路。其电极反应如下。

$$负极 \quad (x+1)Na_2S_x \xrightarrow[\text{充电}]{\text{放电}} 2Na^+ + xNa_2S_{x+1} + 2e^- \quad x=2\sim4$$

$$正极 \quad 2Na^+ + Br_2 + 2e^- \xrightarrow[\text{充电}]{\text{放电}} 2NaBr$$

$$电池反应 \quad (x+1)Na_2S_x + Br_2 \xrightarrow[\text{充电}]{\text{放电}} 2NaBr + xNa_2S_{x+1} \quad x=2\sim4$$

正、负极标准电极电势分别为 1.087V 和 -0.428V，PSBs 电池的标准电动势为 1.515V。在实际应用中，由于受电解质溶液浓度、温度及充放电状态等因素影响，电池的开路电压大多在 1.5～1.6V 之间。

PSBs 的结构与钒电池类似，也是由单电池叠加成堆进行容量放大。但是，其电极材料却有很大差别。全钒电池的正、负极一般都采用比表面积大及导电性好的碳毡，而 PSBs 的负极发生的是硫单质和硫离子之间的氧化还原反应，不添加催化剂时，电对的可逆性较差，过电势大，因此负极一般采用负载有催化剂的碳纤维材料。催化剂一般是经过特殊处理的镍、钴单质或者镍、钴、铜和钼的硫化物。PSBs 的正极发生的是溴离子和溴单质的氧化还原反应，活性较高，一般采用碳毡、碳布等碳纤维产品作为电极。PSBs 的离子交换膜大多采用商业化的阳离子交换膜，如杜邦公司的 Nafion 系列全氟磺酸膜，并经过处理以提高对阴离子的阻隔性能。除此以外的一些电堆部件，如分液框、极板框等的选材和全钒电池基本类似。

由于 V^{3+}/V^{2+} 在 HBr 中溶解度高，人们提出了钒/多卤化物新体系，其电解质溶液浓度达 $4mol \cdot L^{-1}$，能量密度可达 $50W \cdot h \cdot kg^{-1}$。其正极采用 $Br^-/ClBr_2^-$ 电对，负极采用 VCl_2/VCl_3 电对。电极反应如下。

$$负极 \quad 2VCl_3 + 2e^- \xrightarrow[\text{放电}]{\text{充电}} 2VCl_2 + 2Cl^-$$

$$正极 \quad 2Br^- + Cl^- \xrightarrow[\text{放电}]{\text{充电}} ClBr_2^- + 2e^-$$

$$电池反应 \quad 2VCl_3 + 2Br^- \xrightarrow[\text{放电}]{\text{充电}} 2VCl_2 + ClBr_2^- + Cl^-$$

虽然此体系能够大幅提高电池的能量密度，但是正、负极电解质溶液交叉污染较为严重，电池效率较低。

9.7.4 Zn-Br 液流电池

Zn-Br 液流电池（ZBB）属于半沉积型液流电池。与无沉积型液流电池不同，沉积型液流电池在充放电过程中，负极（或者正极）电对的充放电产物不溶于电解液而沉积在电极上。Zn-Br 液流电池以 Zn/Zn^{2+} 为负极电对，Br_2/Br^- 为正极电对，正负极电解液均为 $ZnBr_2$ 水溶液。在动力泵的作用下，电解液在储液罐和电池构成的闭合回路中进行循环流动。正负极充放电反应如下。

$$\text{负极 } Zn \underset{\text{充电}}{\overset{\text{放电}}{\rightleftharpoons}} Zn^{2+} + 2e^-$$

$$\text{正极 } Br_2 + 2e^- \underset{\text{充电}}{\overset{\text{放电}}{\rightleftharpoons}} 2Br^-$$

$$\text{电池反应 } Br_2 + Zn \underset{\text{充电}}{\overset{\text{放电}}{\rightleftharpoons}} ZnBr_2$$

充电时，负极溶液中的 Zn^{2+} 在电极表面沉积为锌单质，包覆在电极表面。负极溶液中的 Br^- 被氧化为油状的溴单质，溴单质的密度比电解液密度大，沉在电解液底部。放电时，锌单质被氧化溶解，变为 Zn^{2+}，进入流动的电解液；溴单质则被还原为 Br^-，也随着电解液循环流动。由于析氢反应（HER）动力学上被抑制并且产生很高的氢过电势，Zn^{2+} 在水系条件下能够以很低的负极标准电极电位（$\varphi_A^\ominus = -0.76V$）发生沉积反应，基于锌的液流电池的开路电压一般会很高。

锌溴液流电池理论开路电压为 1.82V，总效率为 75%，理论能量密度为 430W·h·kg^{-1}，电池可以 100% 深度放电几千次。与铅酸电池相比，其具有较高的能量密度和功率密度以及优越的循环充放电性能。锌溴电池在近常温下工作，不需要复杂的热控制系统。其大部分构件由聚乙烯塑料制成，便宜的原材料和较低的制造费用使其在成本上具有竞争力。锌溴液流电池的这些特点，使它成为大规模储能电池的选择之一。

不同于一般的液流电池，由于电极反应为异相反应，锌单质沉积占据电极表面，而不是随电解液流入储罐中。当电极表面被锌全部占据时，电池就不能继续充电了，所以电池的容量取决于沉积在负极上的锌的总量。锌的担载量一般在 60～150mA·h·cm^{-2} 范围内。异相反应的特点决定了 ZBB 电池容量只能根据电池大小来放大，而不能根据储罐大小来放大，这和一般定义的液流电池有所区别。

ZBB 电池正负极使用同一种电解液（$ZnBr_2$ 水溶液），不需采用离子交换膜，解决了液相储能液流电池的隔膜问题。电极间放置微孔隔膜，电解液中加入季铵盐类配体来阻止溴单质扩散至负极。在电池充电过程中，当使用了溴络合剂（季铵盐类配体）后，正极产生的溴和溴络合剂结合，生成了溴配合物（$Q·Br_3^-$）。此溴配合物为固状，这样正极产生的溴就被"固定"住了，研究认为一些季铵盐（表 9-6）能有效络合溴。$ZnBr_2$ 电解液的浓度越高，电池的质量比能量越大，但是电解液的电导率越低，同时充电产物溴单质浓度越高，电池自放电也越严重。考虑到自放电，电解液的合适浓度一般为 2～5mol·L^{-1}。

表 9-6 溴络合剂的种类

化学名	缩写	化学名	缩写
N-甲基-*N*-乙基吡咯啉溴化物	MEP	*N*,*N*,*N*-三乙基-*N*-溴化丙铵	TEPA
N-乙基-*N*-溴化丙基吡咯啉	EPP	*N*-丙基-*N*-溴化丁基吡咯啉	PBP
N-甲基-*N*-溴化丁基吡咯啉	MBP	*N*-乙基-*N*-溴化（氯乙基）吡咯啉	ECP
N-甲基-*N*-溴化己基吡咯啉	MHP	*N*-乙基-*N*-溴化丁基吡咯啉	EBP
三乙烯-双(*N*-甲基吡咯啉)二溴化物	TBMP	*N*-甲基-*N*-溴化丙基吡咯啉	MPP
N-甲基-*N*-溴化丁基吗啉	MBM		

在锌-溴液流电池体系中，电极结构采用双极性，通常由集电体和黏附在两侧表面及具有相关电化学反应活性的正负极层组成。采用碳毡和活性炭作为正负极材料，具有较大的优越性。由于溴的强腐蚀性，电极一般采用添加高比表面积碳层的碳塑复合材料。为了使锌镀层均匀，降低锌的腐蚀速率，需严格控制溶液的 pH 值。此外，还需通过电池设计或电极保护的方法来减小漏电电流。

人们研究了许多氧化还原电对，用来替换 ZBB 液流电池中的溴阴极。例如，在 CH_3SO_3H 电解液中使用 $Zn_3(CH_3SO_3)_2$ 和 $Ce_3(CH_3SO_3)_3$ 的 Zn-Ce 电池，开路电压（OCV）达到 2.4V。这种高电压需要适当的电极材料和电解液添加剂来抑制氧和氢析出的副反应。利用高溶解性的 ZnI_2 作为电解质的 Zn-I_2 液流电池体系，ZnI_2 的浓度可以达到 $7.0mol \cdot L^{-1}$，比能量为 $167W \cdot h \cdot L^{-1}$，大大超过一般的液流电池。该体系使用 ZnI_2 溶液作为正负极电解液，正极为 I^- 和 I_3^- 之间的转换，负极为锌的溶解和沉积，体系的开路电压为 1.3V。电解液通过添加乙醇，可以有效抑制锌枝晶的产生。该体系的缺点是电解质 ZnI_2 的成本较高，电解液黏度较大；与传统的锌溴液流电池相似，充电时电流密度过大则容易使锌沉积不均匀，循环寿命大幅度降低，因此电池的电流密度只有 $10mA \cdot cm^{-2}$，造成电池的功率密度较低。如果电极面积增加，Zn 沉积形貌将会更加难以控制。另外，该电池循环稳定性差、寿命短。针对 Zn-I_2 液流电池体系中负极活性物质锌的面容量受限问题，也有人提出了硫碘液流电池概念。该体系使用 KI 和 K_2S_2 作为正负极活性物质，正极为 I^- 和 I_3^- 之间的反应，负极为 S_2^- 和 S_2^{2-} 之间的反应，电池的开路电压为 1.05V，避免了沉积型负极的使用。另外，由于 KI 和 K_2S_2 的溶解度很高，电池的比能量可达 $86W \cdot h \cdot L^{-1}$。但是，该电池体系的电流密度较低，电池的循环寿命也有待提高。

在甲磺酸水溶液 CH_3SO_3H（MSA）中运行的 Zn-Ce 液流电池，在相同的阴极和阳极电液、相同的 pH 值情况下，具有所有水系液流电池中最高的开路电压（$E_{cell}=2.4V$）。由 $2.5mol \cdot L^{-1}Zn^{2+}$ 溶解在 $1.5mol \cdot L^{-1}$ MSA（负极侧）、$0.59mol \cdot L^{-1}Ce^{4+}/0.8mol \cdot L^{-1}Ce^{3+}$ 溶解在 $3.5mol \cdot L^{-1}$ MSA（正极侧）组成电解质，在 45～55℃ 条件下能达到的高库仑效率（约90%）和高放电倍率（电荷持续时间从 10min 至 4h）。

9.7.5 全沉积型铅酸液流电池

基于传统的铅酸蓄电池概念，人们发展了全沉积型铅酸液流电池体系（图 9-117）。全沉积型铅酸液流电池不需要电池隔膜，并且只有一个外部电解液储罐。其主要结构包括：外部储罐、端板、集流板、正极、负极、管路及密封垫片等。

全沉积型铅酸液流电池采用酸性甲磺酸铅（Ⅱ）作为电解质溶液。充电时，溶液中的 Pb（Ⅱ）在负极上还原形成沉积金属 Pb，正极氧化形成 PbO_2 沉积。其电极和电池反应可表示如下。

$$负极 \quad Pb \underset{充电}{\overset{放电}{\rightleftharpoons}} Pb^{2+} + 2e^-$$

$$正极 \quad PbO_2 + 4H^+ + 2e^- \underset{充电}{\overset{放电}{\rightleftharpoons}} Pb^{2+} + 2H_2O$$

$$电池反应 \quad Pb + PbO_2 + 4H^+ \underset{充电}{\overset{放电}{\rightleftharpoons}} 2Pb^{2+} + 2H_2O$$

$1.5mol \cdot L^{-1}Pb^{2+}$ 溶解在 $0.9mol \cdot L^{-1}CH_3SO_3H$ 中的全沉积型铅酸液流电池，在 $60mA \cdot cm^{-2}$ 电流密度下库仑效率可以达到 85%。用不锈钢代替石墨作为负极，TaC 作为正极，在 $10mA \cdot cm^{-2}$ 的电流密度下，可以使平均库仑效率大于 96%，能量效率达到

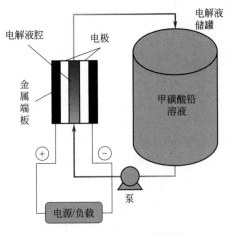

图 9-117　全沉积型铅酸液流
电池工作原理示意图

80.2%，在 $20mA \cdot cm^{-2}$ 的电流密度下的能量效率大于 70%。

全沉积型铅酸液流电池不同于传统的铅酸蓄电池。铅酸蓄电池充电时二价铅来源于不溶性的硫酸铅，因此正负电极反应都涉及从一种固相到另一种固相的转换，这会使电极反应复杂，降低了电池的活性；而全沉积型铅酸液流电池中的二价铅在甲基磺酸中是高度可溶的。与传统的液流电池相比，全沉积型铅酸液流电池以二价铅在甲基磺酸中的电极反应为基础。由于正负极电解液相同，因此不需要隔膜，只需要使正负极不接触，保持一定的距离即可。这样电池的结构更简单，而且节省了与隔膜有关的费用，成本更低。对于正负极反应，采用碳材料作为电极材料都是合适的，因为它能够较好地把铅和二氧化铅粘接到电极上。

研究表明，通常情况下正极二氧化铅沉积层比较光滑、均匀，但在某些情况下，负极上金属铅的沉积层并不十分光滑、均匀，甚至可能朝正极方向沉积。因此，应寻找具有整平作用的添加剂。已研究的整平剂有木质素磺酸钠（sodium ligninsulfonate）和聚乙二醇（poly-ethylene glycol）等。实验发现，电解液中添加木质素磺酸钠可使金属铅均匀沉积，不形成枝晶，但会导致电池的电流效率和能量效率降低，缩短循环寿命。PbO_2 沉积在正极表面的形貌和晶型（α-PbO_2、β-PbO_2）对于循环稳定性也起着关键作用。同时，充放电过程中，与负极 Pb^{2+}/Pb 电对的过电势以及溶液 IR 降相比，Pb^{2+}/PbO_2 氧化还原电对的过电势较大，正极 Pb^{2+}/PbO_2 电对的过电势是导致充放电过程中能量损失的主要因素。因此，寻求对 Pb^{2+}/PbO_2 电对电极反应具有催化作用的添加剂也是一个主要的研究课题。已报道的无机添加剂有 Bi（Ⅲ）、Fe（Ⅲ）、Ni（Ⅱ）等，但实验结果并不令人满意。对电解液、电解液添加剂以及支持电解质的研究，都是今后需要进一步探索的课题。

9.7.6　基于有机电极材料的水系液流电池

有机化合物具有来源丰富、结构多样、电压和溶解度可调、环境友好等优势。为了探索成本低廉、能量密度较高的电对，人们还研究了基于有机电极材料的水系液流电池体系。

大部分有机活性物质主官能团都是疏水性的，在水中的溶解度非常低，甚至不溶。因此，需要引入羟基（—OH）、磺酸基（—SO_3H）、季铵基 $[-N^+(CH_3)_3]$ 等亲水性基团来增加有机活性物质在水中的溶解度。这些官能团同时还具有改变活性物质半波电位 $E_{1/2}$ 的作用。通过分子官能团的设计，可以提高电池电压，进一步提高电池的能量密度。

例如，醌类（quinone）具有可逆和快速的质子耦合电子转移过程，且醌类物质存在于植物中，原材料来源广泛，价格低廉，因此在氧化还原液流电池中很有吸引力。正负极活性物质分别为溴和 9,10-蒽醌-2,7-二磺酸（AQDS）的醌-溴液流电池体系，正极使用氢溴酸，负极使用 H_2SO_4 作为支持电解质。醌-溴液流电池的工作原理如图 9-118 所示。AQDS 在水溶液中具有高的溶解度（超过 $1.0mol \cdot L^{-1}$），其双电子双质子还原/氧化过程理论上可以使容量加倍。电池反应如下。

$$负极\ AQDSH_2 \underset{充电}{\overset{放电}{\rightleftharpoons}} AQDS + 2H^+ + 2e^- \quad (0.23V,\ vs.\ SHE)$$

$$正极 \quad Br_2 + 2e^- \underset{充电}{\overset{放电}{\rightleftharpoons}} 2Br^- \quad (1.09V，vs. SHE)$$

$$电池反应 \quad AQDSH_2 + Br_2 \underset{充电}{\overset{放电}{\rightleftharpoons}} AQDS + 2HBr$$

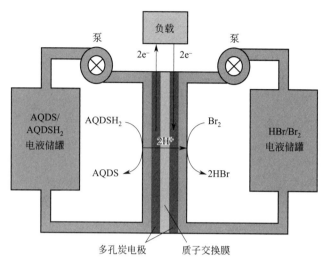

图 9-118　醌-溴液流电池工作原理示意图

醌-溴液流电池理论电压为 0.86V，体积比能量和质量比能量可以达到约 $50W \cdot h \cdot L^{-1}$ 和 $50W \cdot h \cdot kg^{-1}$。该电池可以获得很高的功率密度，工作电流密度可以达到 $500mA \cdot cm^{-2}$，放电容量保持率超过 99%。通过在 AQDS 中添加羟基得到衍生物（DHAQDS），动力学还原速率常数 k_0 高达 $1.56 \times 10^{-2} cm \cdot s^{-1}$，说明蒽醌衍生物在水体系下的氧化还原速度非常快。另外，相对于 AQDS，DHAQDS 的还原电势 E_0 降低了 95mV，这将会增加 11% 的电池开路电压。通过对隔膜进行优化，如用 Nafion 115 代替 Nafion 212，用 SGL 10AA 碳纸（厚度为 $400\mu m$）代替 Toray 060 碳纸（厚度为 $200\mu m$），对 Nafion 212 膜进行预处理等，可进一步提高 $AQDS-Br_2$ 液流电池的性能。但是，在醌-溴体系中，溴具有强氧化性和强腐蚀性，并且体系的开路电压很低（只有 0.7V），电池的循环稳定寿命短。

为了减少溴带来的环境问题，人们尝试使用其他材料代替溴电极。在阴极电解液中使用 1,2-苯醌-3,5-二磺酸（BQDS），阳极电解液中使用 AQDS 或蒽醌-2-磺酸（AQS）组成的醌类液流电池，电压达到约 1.00V。电极反应如下。

正极：

$E^{\ominus} = 0.85V$

BQDS

负极：

$E^{\ominus} = 0.09V$

AQS

AQS 和 BQDS 的浓度均为 $0.2mol \cdot L^{-1}$，溶于 $1mol \cdot L^{-1}H_2SO_4$ 中，工作温度设置为 23℃。200mA 电流（电极面积为 $25cm^2$）下循环超过 12 次，未发现明显容量衰减迹象。虽然 AQS-BQDS 液流电池的容量和电学性能比较差，但证明了全有机水系液流电池是可行的。

相较于酸性条件，醌类负极活性物质在碱性条件中的还原电位更低，因此可以提高电池电压。以 $K_4Fe(CN)_6$ 为正极活性物质，2,6-二羟基蒽醌（2,6-DHAQ）为负极活性物质，$1mol \cdot L^{-1}KOH$ 为支持电解质的醌铁液流电池，因为碱性电解质溶液的使用，羟基会被去质子化，使得活性物质的供电子能力增强，将依赖于质子反应的醌类材料 2,6-DHAQ 的热力学电位负移；而 $Fe(CN)_6^{4-}/Fe(CN)_6^{3-}$ 的氧化还原电位不依赖 pH 值。循环伏安测试表明，电池的开路电压为 1.20V（50%SOC）。电池室温下功率密度大于 $0.45W \cdot cm^{-2}$，45℃下达到 $0.7W \cdot cm^{-2}$。在 $100mA \cdot cm^{-2}$ 下可以稳定循环 100 周以上，电流效率超过 99%，能量效率可以保持在 84%，电池单周容量衰减约 0.1%（图 9-119）。初步研究表明，通过不同羟基取代，合成出的蒽醌［如 2,3,6,7-四羟基-蒽醌（THAQ）和 1,5-二甲基-2,6-DHAQ（15-DMAQ）］有可能进一步提高电池的开路电压。但该体系需要使用 Nafion 膜，其体系的碱性环境会造成膜的不稳定，并且电解质的浓度较低（正极浓度 $0.4mol \cdot L^{-1}$，负极浓度 $0.5mol \cdot L^{-1}$），电池的能量密度不高。

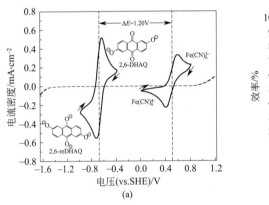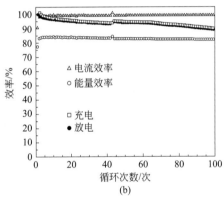

图 9-119　2,6-DHAQ-Fe$(CN)_6^{4-}$ 液流电池的 CV 曲线（a）和电池的循环-效率图（b）

通过以羧基为端基的烷基链修饰 2,6-DHAQ，得到化学稳定性好的带负电的电解质分子 2,6-DBEAQ。其在 pH 值为 12 时的溶解度是 2,6-DHAQ 的约 6 倍。基于该分子和铁氰化钾设计的有机液流电池，开路电压超过 1V，容量衰减率为 <3%/年。

负极活性物质为 2,5-二羟基-1,4 苯醌（DHBQ），正极活性材料为 $K_4Fe(CN)_6$ 的碱性苯醌液流电池，电池电压为 1.21V。DHBQ 在 $1mol \cdot L^{-1}KOH$ 溶液中溶解度高达 4.31 $mol \cdot L^{-1}$，同其他醌类活性物质一样，能提供 2 个参与反应的电子，因此 DHBQ 的容量高达 $231A \cdot h \cdot L^{-1}$。DHBQ 的扩散系数 D_0 和电子转移速率常数 k_0 分别为 3.66×10^{-6} $cm^2 \cdot s^{-1}$ 和 $2.12 \times 10^{-3}cm \cdot s^{-1}$。选择 Nafion 212 膜可以得到更高的最大输出功率（$300mW \cdot cm^{-2}$），性能优化后的电池在 $10mA \cdot cm^{-2}$ 电流密度下循环 400 次，每次循环容量保持率为 99.96%。

通过邻苯二胺衍生物和四氧嘧啶反应，合成 7,8-羧基咯嗪（Re-ACA）。Re-ACA 在 pH 值为 14 时 KOH 溶液中的溶解度超过 $2mol \cdot L^{-1}$（$108A \cdot h \cdot L^{-1}$）。Re-ACA 还原电位 $E^{\ominus}$ 为 -0.62V（vs. SHE），而 $[Fe(CN)_6]^{4-}$ 氧化电位 $E^{\ominus}$ 为 0.51V（vs. SHE），电池开路电压为

1.13V。通过 Butler-Volmer 方程计算得到 Re-ACA 还原速率常数 k_0 为 $(1.2\pm0.2)\times10^{-5}$ cm·s^{-1}。对全电池进行性能测试，正极活性物质是 0.4mol·L^{-1}K$_4$Fe(CN)$_6$ 和 40mmol·L^{-1}K$_3$Fe(CN)$_6$；负极活性物质的浓度为 0.5mol·L^{-1}，支持电解液均为 pH 值为 14 的 KOH 溶液，Nafion 212 膜则作为离子交换膜。当电流密度为 580mA·cm^{-2} 时，电池达到最大输出功率 350mW·cm^{-2}。电池在 100mA·cm^{-2} 循环超过 400 次，电流效率超过 99.7%，平均能量效率约为 63%，电池容量保持率非常高。理论模拟计算表明，通过在哒嗪上接入不同官能团，哒嗪衍生物的还原电位 $E^{\ominus}$ 还有降低的空间。

此外，还有涉及自由基的阳极电解质和阴极电解质，如 2,5-二叔丁基-1,4-双（2-甲氧基乙氧基）苯［2,5-di-tert-butyl-1,4-bis（2-methoxyethoxy）benzene，DBBB］、2,3,6-三甲基喹喔啉（2,3,6-trimethylquinoxaline，TMeQ）、3,7-双（三氟甲基）-N-乙基吩噻嗪［3,7-bis（trifluoromethyl）-N-ethylphenothiazine，BCF3EPT］、9-芴酮、2,5-二叔丁基-1-甲氧基-4-［2′-甲氧基乙氧基］苯（DBMMB）和 2,2,6,6-四甲基-1-哌啶-氧化物（2,2,6,6-tetramethyl-1-piperidinyloxy，TEMPO）等。TEMPO 是一种稳定的杂环氮氧化物自由基，具有准可逆的氧化/还原电化学性质。TEMPO 基团因自由基中心上的共振结构和中心周围 4 个邻位甲基带来的位阻，避免了二聚物的形成，使其能够存在足够长的时间。过去 TEMPO 和基于 TEMPO 的多自由基材料曾用于可充电池正极活性材料，以及 Li-O$_2$ 电池和 Mg-O$_2$ 电池的催化剂研究。

利用 TEMPO 和 4,4′-联吡啶衍生物（紫精/紫罗碱）作为正、负极活性物质，廉价的透析膜作为电解质膜，氯化钠水溶液作为电解质，组装成液流电池（图 9-120）。为避免正负两端活性物质交叉污染，将正、负极活性物质均设计为聚合物。选择纤维素基透析膜来替代成本高昂的 Nafion115 膜，可以保留住高摩尔质量的大分子，允许小分子通过；同时，溶液中添加部分季铵阳离子基团，增强了两种聚合物的水溶性。充电时，TEMPO 自由基被氧化，形成 TEMPO$^+$ 阳离子，而二价紫精阳离子 Viol^{2+} 被还原成一价自由基阳离子 Viol$^{+\cdot}$。该电池能提供大约 1.1V 的开路电压，在 0.80~1.35V 的电压窗口范围内安全充放电。由于充电过程伴随着从橙色到黄色（P1）和赭色到蓝色（P2）的强烈颜色变化，可以将溶液颜色作为电池充电状态的简单指示。电池能量密度充电时达到 10.8W·h·L^{-1}，放电时达到 8.0W·h·L^{-1}，电流密度可以达到 100mA·cm^{-2}，并且具有稳定的长期循环能力。静态电池可以在 20mA·cm^{-2} 下稳定运行 10000 周以上，容量仍保持 80% 的初始容量，库仑效率保持在 99%。在动态流动情况下，液流电池可以在 40mA·cm^{-2} 下循环 100 周，效率没有明显的衰减（图 9-121）。对 10000 次静态循环后的正、负极活性物质进行循环伏安测试，结果表明负极电解液中没有发现正极活性物质；而在正极电解液里发现负极活性物质的痕迹（检测出污染的活性物质最大浓度约为 2mg·mL^{-1}），说明渗透膜可以有效阻止交叉污染。但该体系的成本较高，尤其是负极活性物质紫罗碱的成本较高、毒性很大，对环境污染严重。另外，聚合物的溶解度较低，所以 TEMPO-紫精聚合物体系的能量密度较低。值得注意的是，这些基于自由基反应的氧化还原物质，电解质的选择对于自由基离子的稳定性是至关重要的。

选用甲基紫精（MV）作为负极活性物质，FcNCl、FcN$_2$Br$_2$ 为正极活性物质，NaCl 为电解液的 FcNCl-MV 和 FcN$_2$Br$_2$-MV 电池的理论能量密度分别为 45.5W·h·L^{-1} 和 35.8W·h·L^{-1}。FcNCl-MV 体系电池在 60mA·cm^{-2} 电流密度下，经过 700 次循环后，容量仍保持在初始的 91%，平均每次循环的库仑效率高达 99.99%（图 9-122）。由于季铵根吸电子基团的作用，FcNCl 和 FcN$_2$Br$_2$ 的 $E_{1/2}$ 均为 0.61V（vs. SHE），高于 FcN 的 $E_{1/2}$（0.40V），这将有利于提高电池电压。值得注意的是，NaCl 体系下析氧反应（OER）和析

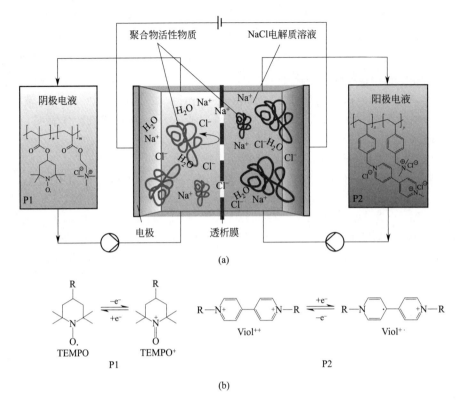

图9-120 TEMPO-紫精聚合物液流电池的示意图（a）及相应的电极反应（b）

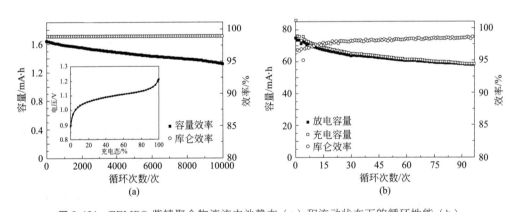

图9-121 TEMPO-紫精聚合物液流电池静态（a）和流动状态下的循环性能（b）

（a）P1容量为2A·h·L^{-1}，P2容量为4A·h·L^{-1}，2mol·L^{-1}NaCl电解液，25℃、20mA·cm^{-2}条件下测试；
（b）P1和P2容量为10A·h·L^{-1}，2mol·L^{-1}NaCl电解液，25℃、40mA·cm^{-2}条件下测试

氢反应（HER）起始电位分别为1.5V和-1.0V，高达2.5V的水解窗口为未来有机分子设计预留了很大空间。

虽然紫精类化合物有两个单电子氧化还原行为［如甲基紫精（methyl viologen，MV^{2+}）分别在-0.45V和-0.76V（vs. NHE）］，但是双电子还原后化合物呈电中性（MV^0），在水溶液中不可溶，所以在水相液流电池中只能作为单电子储能材料使用。如果能够将紫精类化合物的第二个氧化还原过程应用到水相电池中，电池的电压将会相应提高，而且在相同电解质浓度下，电池的容量将会加倍。可将平面π共轭的5,4-d-并噻唑单元

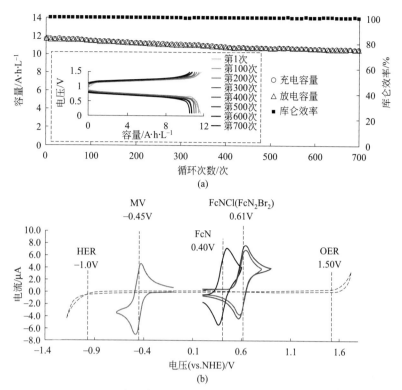

图 9-122　FcNCl-MV 水系有机液流电池 $60mA \cdot cm^{-2}$ 下 700 次充放电循环
（a）和 MV、 FcNCl 和 FcN_2Br_2 循环伏安图（b）

(thiazolo [5,4-d] thiazole，TTz) 插入紫精的两个吡啶之间，以减小两个单电子氧化还原过程的电位差，并稳定还原态化合物。同时，吸电子性的 TTz 基团可将整个化合物的还原电位往正向移动，以避免在电池充电过程中的还原析氢（HER）等副反应。另外，通过在吡啶氮原子上修饰具有高度亲水性的有机铵离子，来提高化合物的水溶性。由此，得到的扩展紫精类化合物 $[(NPr)_2TTz]Cl_4$ 在纯水中溶解度可达到 $1.3mol \cdot L^{-1}$，在 $2mol \cdot L^{-1}$ 的 NaCl 溶液中溶解度可达 $1.1mol \cdot L^{-1}$。两个单电子还原分别发生在 $-0.38V$ 和 $-0.5V$ (vs. NHE)，相对于紫精化合物 $[(NPr)_2V]Cl_4$（$-0.39V$ 和 $-0.78V$）减小了 $0.27V$。电化学动力学研究显示，其在 $0.5mol \cdot L^{-1}NaCl$ 水溶液中具有很高的扩散系数（D）和电子转移速率常数（k_0）（$3.15 \times 10^{-6} cm^2 \cdot s^{-1}$ 和 $0.28cm \cdot s^{-1}$）。将 $[(NPr)_2TTz]Cl_4$ 与 N^{Me}-TEMPO 组装成液流电池（图 9-123），可得到 1.44V 的电池电压和 $53.7W \cdot h \cdot L^{-1}$ 的理论能量密度。在不同的充放电电流密度下，电池均表现出接近 100% 的库仑效率；电流密度为 $40mA \cdot cm^{-2}$ 时，能量效率达 70%。该电池也表现出较好的稳定性，经过 300 个充放电循环后，电池容量减少不到 10%，约合每个充放电循环电池容量损失 0.03%。

利用共价连接阳极活性材料和阴极活性材料的方法，可以构筑在水溶液体系中工作的对称液流电池体系。将 TEMPO 和二苯并吡嗪作为两种氧化还原活性基团，利用可以增加水溶性的三甘醇基团作为连接。为了保证对称，将每个二苯并吡嗪单元和两个 TEMPO 基团相连。电极反应如图 9-124 所示。该电池体系的理论电压可以达到 1.2V，实际测定中使用 $10mmol \cdot L^{-1}$ 活性材料，$0.5mol \cdot L^{-1}NaCl$ 作为支持电解质，加入体积分数为 10% 的二甘醇添加剂使体系成为均相。在 $4mA \cdot cm^{-2}$ 下，该电池可以在连续 1800 次循环中保持 98.3% 的库仑效率。在随后的多极性反转中显示出其作为双极氧化还原活性材料的性能而没有容量损失。但是，充放电间的电压降限制了其能量效率（仅为 50%）。

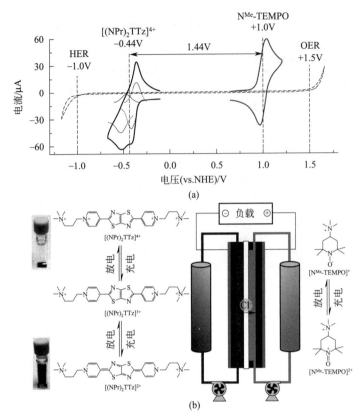

图 9-123 [(NPr)₂TTz] Cl₄ 和 N^Me-TEMPO 循环伏安图（a）和 [(NPr)₂TTz] Cl₄/N^Me-TEMPO 水系有机液流电池及其阳、阴极半电池反应（b）

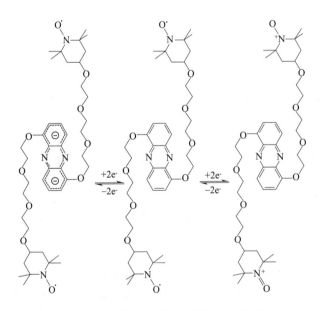

图 9-124 对称液流电池的分子结构及其电极反应

9.7.7 非水系液流电池

水系液流电池使用水作为支持电解质，非水系使用有机物作为支持电解质。对于水系液流电池的研究，旨在降低储能活性物质的成本，提高电池的能量密度，降低电池的成本；而对于非水系液流电池的研究，主要是追求更高的电位。

早期非水系液流电池的活性物质主要是基于无机金属（Fe，Co，Ce，V 和 Ru 等）的有机配合物。通过选择适当的配体，可以调整配合物的氧化还原电位的正负方向，以满足阴极电液和阳极电液的要求。此外，配体还可以改善溶解度、动力学速率和稳定性等特性。在这些金属有机配合物中，乙酰丙酮钒 $V(acac)_3$ 由于其在各种溶剂中良好的可逆性和 $2.20 \sim 2.60V$ 电压，引起最多的关注。$V(acac)_3$ 显示两个不同的伏安峰，对应的反应如下。

阴极 $V(acac)_3 - e^- \rightleftharpoons [V(acac)_3]^+$ 0.45V(vs. Ag/Ag$^+$)

阳极 $V(acac)_3 + e^- \rightleftharpoons [V(acac)_3]^-$ -1.76V(vs. Ag/Ag$^+$)

但是，该类电池的主要问题是活性物质的浓度不高，如充放电测试时 $V(acac)_3$ 浓度仅为 $0.05mol \cdot L^{-1}$，电池的工作电流密度太低。

与大部分氧化还原物种相比，锂具有更低的电位（$-0.34V$，vs. SHE），能提高电池的开路电压，从而改善液流电池的能量密度。2011 年报道了锂为负极、$0.1mol \cdot L^{-1} K_3Fe(CN)_6$ 为正极电液的锂杂化液流电池，电池电压为 3.40V，高于传统的水系液流电池。锂杂化液流电池中固态电解质膜是关键之一。除了高的 Li$^+$ 电导率之外，电解质膜还需要阻止锂枝晶的生长和氧化还原物种的交叉。此外，膜必须在电池中具有好的力学和化学稳定性。目前，固态电解质膜的发展还很不成熟，市售的电解质膜有 LATP［如 Li$_{1.4}$Al$_{0.4}$Ti$_{1.6}$(PO$_4$)$_3$］和 LAGP［如 Li$_{1.5}$Al$_{0.5}$Ge$_{1.5}$(PO$_4$)$_3$］，但通常都很昂贵。

随后，人们提出了使用 2,2,6,6-四甲基哌啶-1-氧基（TEMPO）作正极、锂片作负极，溶剂为 EC＋PC＋EMC（质量比为 4:1:5），支持电解质为 LiPF$_6$ 的 Li-TEMPO 液流体系。正极反应为 TEMPO 的自由基型反应，负极为锂的沉积与溶解。电池的开路电压可以达到 3.5V，同时正极的活性物质浓度可达 5mol$\cdot$L^{-1}，能量密度可以达到 126W$\cdot$h$\cdot$L^{-1}。然而，由于有机体系电导率较低，Li-TEMPO 体系的工作电流密度很小，只有 5mA$\cdot$cm^{-2}。由于高浓度电解液的黏度很大，甚至在 2.0mol$\cdot$L^{-1} 的电解质浓度下，电流密度仅为 1mA$\cdot$cm^{-2}，电池的功率密度非常低。同时，可采用锂-石墨毡复合电极和氟代碳酸亚乙酯（FEC）添加剂来协同保护 Li 金属电极。自由基体系在使用水或非水溶剂时很难达到高于 2.0mol$\cdot$L^{-1}，而离子液体有望突破这些限制以达到更高的理论能量密度。但基于离子液体的液流电池体系，在黏度和导电性方面都需要进一步改善。

茂金属是具有两个环戊二烯的夹心结构的金属配合物，具有良好的电化学活性。比起 TEMPO 的自由基型反应，二茂铁的电化学活性是通过铁的价态变化实现的，避免了高活性自由基与溶剂发生的副反应，电化学稳定性更好。在不同的有机溶剂中，二茂铁的氧化还原电位为 $3.20 \sim 3.60V$（vs. Li/Li$^+$），所以二茂铁是氧化还原液流电池中阴极电液的良好选择。正极使用二茂铁盐溶液，负极为锂片的 Li-二茂铁体系电池的开路电压大约是 3.4V。电化学测试证明，二茂铁及二茂铁盐具有很高的电化学活性及电化学稳定性，整个电池不使用隔膜，通过对负极锂片进行硝酸锂钝化处理来避免电池的自放电。电池显示出小的极化和容量损失，5C 时容量达 137mA$\cdot$h$\cdot$g^{-1}（约为理论容量的 94%），在 30C 时略微降低至 132mA$\cdot$h$\cdot$g^{-1}（约为理论容量的 91%）。在较宽的电流倍率范围内（5～60C），电池表现出稳定的容量保持率和高库仑效率（保持在 95%～100% 之间）。同时，30C 电流倍率下，循环 500 周后容量还能保持初始容量的 81%。在正极电解质 0.6mol$\cdot$L^{-1} 条件下，电池的

功率密度可达 $1.4kW \cdot L^{-1}$，能量密度可达 $40W \cdot h \cdot L^{-1}$。

但是，Li-二茂铁电池正极电解质溶解度低。为了解决这一问题，通常采用分子工程设计策略，在二茂铁中引入季铵基团（TFSI⁻）等进行改性。将二茂铁在碳酸酯类电液（EC+PC+EMC）中的溶解度增大了 20 倍，从 $0.04mol \cdot L^{-1}$ 提高到 $0.85mol \cdot L^{-1}$。同时，由于吸电子基团的引入，电池的开路电压提高了 0.23V。由于溶解度和氧化还原电位的提高，电池体积能量密度达到约 $50W \cdot h \cdot L^{-1}$。Li-改性二茂铁体系的问题是工作电流密度低，电解质浓度为 $0.1mol \cdot L^{-1}$ 时，工作电流密度只有 $3.5mA \cdot cm^{-2}$。提高电解质浓度到 $0.8mol \cdot L^{-1}$ 时，电池的工作电流密度只有 $1.5mA \cdot cm^{-2}$。但高浓度条件下，溶液的黏度较高，会导致阴极电液提供较低的电压效率和电池库仑效率，自放电现象也会增加，容量衰减较快。

Li-溴液流电池是以 Br_2 和 Br^- 间的转换为正极，锂的沉积-溶解为负极的反应体系。在该体系中，将 LiBr 溶解在 1,2-二甲氧基乙烷（DME）和 1,3-二氧环戊烷（DOL）（体积比为 1:1）的溶剂混合物中，双（三氟甲磺酸）亚胺锂（LiTFSI）作为支持电解质，电液组成为 $3.0mol \cdot L^{-1}$ LiBr 溶在 $1.3mol \cdot L^{-1}$ LiTFSI/DOL-DME 电解质中。电池的开路电压为 3.1V，使用高溶解度的溴作为正极活性物质，可以获得大约 $232.6W \cdot h \cdot kg^{-1}$ 的能量密度，并且倍率性能良好，在 $1mA \cdot cm^{-2}$ 电流密度下 1000 次循环以上能量效率仍然保持在 80% 以上。该电池的缺点是电池的工作电流密度很低，只有 $1mA \cdot cm^{-2}$；同时，溴的挥发性较强，并伴有很强的毒性和腐蚀性，环境污染严重。

上述以锂为负极的液流电池体系，充电时，锂负极表面容易形成枝晶，存在安全隐患。为了避免锂负极的使用，人们又提出了 FL-DBMMB 体系。该体系使用 2,5-二叔丁基-1-甲氧基-4-[2′-甲氧基乙氧基]苯（DBMMB）和 9-芴酮（FL）作为正负极活性物质，四乙基铵-双（三氟甲磺酰）亚胺（TEA-TFSI）作为支持电解质，乙腈（MeCN）作为溶剂。电极反应如下。

负极：

正极：

电池的开路电压为 2.37V。在 $15mA \cdot cm^{-2}$ 电流密度下，电池的库仑效率为 86%，电压效率为 83%，能量效率为 71%。由于 FL-DBMMB 体系正负极均为自由基型的反应，存在着稳定性差、活性物质的浓度低（$0.5mol \cdot L^{-1}$ FL/$0.5mol \cdot L^{-1}$ DBMMB/$1.0mol \cdot L^{-1}$ TEA-TFSI/MeCN）、能量密度低 [只有 $15W \cdot h \cdot L^{-1}$（充电态）]、电池的容量衰减快、循环稳定性差等问题。

苯并噻二唑（BzNSN）在乙腈（MeCN）溶液中溶解度高达 $5.7mol \cdot L^{-1}$，在 $2.1mol \cdot$

L^{-1} 双三氟甲烷磺酰亚胺锂（LiTFSI）存在下溶解度也有 $2.1 mol \cdot L^{-1}$。电化学研究表明，BzNSN 的氧化还原电位为 $-1.58V$（vs. Ag/Ag^+），DBMMB 的氧化还原电位为 $0.78V$（vs. Ag/Ag^+）。BzNSN-DBMMB 电池体系的电压为 $2.36V$，在 $10 mA \cdot cm^{-2}$ 下循环 50 次，所得 CE、VE、EE 分别为 94%、77% 和 72%，电池放电能量密度为 $6 \sim 8 W \cdot h \cdot L^{-1}$。BzNSN 具有溶解度高、电位低、电化学速度快等优点，适合用作非水系液流电池的负极活性物质，可提高电池的能量密度。

利用 PTIO 作为非水系液流电池的正负极活性物质，PTIO 可以发生电化学可逆的歧化反应，从循环伏安曲线可以发现两个明显的氧化还原峰，半波电位 $E_{1/2}$ 分别为 $-1.27V$ 和 $0.46V$（vs. Ag/Ag^+），因此电池电压为 $1.73V$（图 9-125）。对 PTIO 电池循环测试表明，$0.5 mol \cdot L^{-1}$ PTIO 电池充电时的最初能量密度为 $9 W \cdot h \cdot L^{-1}$，放电时能量密度为 $5 W \cdot h \cdot L^{-1}$。循环 15 次后平均库仑效率（CE）、电压效率（VE）和能量效率（EE）分别为 90%、67% 和 60%。

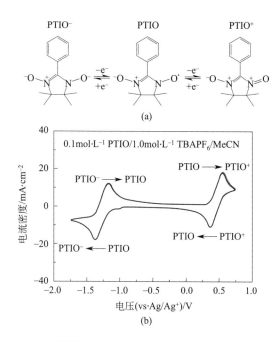

图 9-125　PTIO 对称液流电池电化学反应（a）及循环伏安曲线（b）

由于活性物质浓度增大时，电解液的黏度就会变大，使得电导率下降和传输损失变大，造成电池面电阻（ASR）增大和 VE 降低。双极分子的合成具有一定挑战性，不仅需要两个氧化还原电位尽量隔开，还需要考虑双极性分子的化学稳定性、溶解度等问题。

此外，也有基于氧化还原靶向的氧化还原液流锂电池（redox flow lithium battery，RFLB）的报道。该体系将固体材料静置在罐体中，氧化还原穿梭（靶向）分子在流动系统内循环，通过靶向分子在固体材料和集流体间的循环实现电子转移（图 9-126）。充电时，穿梭分子 S 在集流体被氧化为 S^+，通过体相扩散将电荷传递给 $LiFePO_4$ 颗粒。由于 S^+ 的标准氧化还原电位与 $LiFePO_4$ 的费米能级密切匹配，S^+ 在 $LiFePO_4$ 颗粒中通过空穴注入还原为 S，Fe^{2+}（Ⅱ）氧化成 Fe^{3+}（Ⅲ），并释放出锂离子：

$$S^+ + LiFePO_4 \longrightarrow S + Li^+ + FePO_4$$

以二茂铁（Fc）和二溴二茂铁（FcBr_2）为氧化还原穿梭分子，$LiFePO_4$ 的电位为

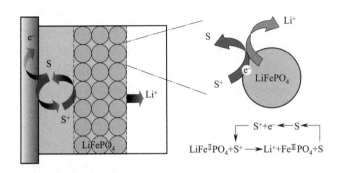

图 9-126　氧化还原靶向原理示意图（S—氧化还原靶向分子）

3.45V（vs. Li/Li$^+$）；而 Fc 为 3.25V（vs. Li/Li$^+$），FcBr$_2$ 为 3.65V（vs. Li/Li$^+$）。因此，可以通过 LiFePO$_4$ 和穿梭分子间的氧化还原靶向反应来实现电池的充放电过程。

充电过程 $\qquad$ $FcBr_2 \longrightarrow FcBr_2^+ + e^-$ $\quad$（电极上）

$\qquad$ $FcBr_2^+ + LiFePO_4 \longrightarrow FcBr_2 + FePO_4 + Li^+$ $\quad$（罐内）

放电过程 $\qquad$ $Fc^+ + e^- \longrightarrow Fc$ $\quad$（电极上）

$\qquad$ $Fc + FePO_4 + Li^+ \longrightarrow Fc^+ + LiFePO_4$

除了正极侧，也有以锐钛矿 TiO$_2$（1.80V，vs. Li/Li$^+$）、二茂钴（CoCp$_2$，1.95V，vs. Li/Li$^+$）和双（五甲基环戊二烯）钴（1.36V，vs. Li/Li$^+$）作为固体材料和穿梭分子，用于 RFLB 负极侧的研究。

9.7.8　液流电池的应用

液流电池具有能量效率较高、蓄电容量大、系统设计灵活、活性物质寿命长、可超深度放电而不引起电池的不可逆损伤等特点。液流电池的输出功率在 10kW～10MW 之间，储能容量在 10kW·h～10MW·h 之间。因此，液流电池可以满足备用电源（UPS）、电网调频、负载跟踪，以及输配电网络支撑等应用领域的要求。液流电池成为大规模储能的候选技术之一，在可再生能源发电技术和智能电网建设的市场需求拉动下，液流电池受到越来越多的关注，逐渐进入蓬勃发展时期。较成熟的液流电池有全钒、多硫化钠-溴和锌-溴体系。

全钒液流储能电池开始步入商业化示范运行，配备于可再生能源发电系统。全钒液流储能电池研究的先驱为澳大利亚新南威尔士大学（UNSW），于 1991 年开发出 1kW VRB 电池组，从此引起世界各地的研究和发展。国外从事全钒液流电池储能技术研究开发和产业化的单位主要包括日本住友电工（SEI）、德国 Fraunhofer 研究所、美国西北太平洋国家实验室（PNNL）、美洲钒业（American Vanadium）公司、美国 UET 公司、英国 REDT 公司、澳大利亚 GLEX 等。加拿大 VRB Power Systems 公司在全钒液流储能电池系统的商业化开发方面也做了大量卓有成效的工作，为澳大利亚 King 岛 Hydro Tasmania 建造了与风能及柴油机混合发电系统配套的钒电池储能系统（VRB-ESS）。该系统容量为 800kW·h，输出功率为 200kW。VRB-ESS 的使用优化了 King 岛上的混合发电系统性能，并使风力发电系统稳定供电，减少了对柴油机发电量的需求、燃料费用及向环境中排放的废气量。德国 Gildmester 于 2008 年开发出了 10kW·（100kW·h）$^{-1}$ 的电池系统，并积极拓展液流电池在偏远地区供电、通信、备用电源等领域的应用，该公司现被澳大利亚 GLEX 收购。日本三菱化学公司和鹿岛电力公司采用 UNSW 的钒电池技术组建了大规模储能系统，用于负载均衡和太阳能电站储电。自 1999 年起，日本住友电工设立了多个用于风场储能的 VRB 系统，在位于日本北海道 30MW 风力发电场安装了 4MW/6MW·h VRB 储能电池系统示范项目。该系统用于风电储能以及风电场的调频和调峰，平滑风力发电输出功率，运行超过 27 万次充放电循环，能量效率保持在 80% 以上。

　　我国钒电池的研究始于 20 世纪 90 年代，中国工程物理研究院电子工程研究所、中国科学院大连化学物理研究所、大连融科储能技术发展有限公司（融科储能）、中国科学院金属研究所、中南大学和清华大学等先后开展了钒电池研究。中国科学院大连化学物理研究所在国内首先成功研制出了 10kW 电池模块和 100kW 级的全钒液流储能电池系统，并与大连博融产业投资有限公司合作成立了大连融科储能技术发展有限公司，专门从事液流储能电池工程化和产业化开发。目前在全钒液流储能电池关键材料、系统集成、测试方法及应用示范等方面取得了一系列进展，已掌握了百千瓦级自主知识产权的全钒液流储能电池系统设计、集成技术，建成了年产能 300MW·h 的全钒液流储能电池电解液生产线和产能 100MW 的双极板生产线，开发出输出功率为 20kW 的电池模块，集成出输出功率为 260kW、储能容量为 1MW 的电池系统（图 9-127），产品已向美国和德国出口。2009 年 1 月，北京普能公司实现对加拿大 VRB Power Systems 公司的资产收购，我国首个签约在建的 MW 级液流电池示范项目，是普能公司在河北省张北县设立的 2MW/4MW·h VRB 系统。2010 年 12 月，该公司在张北国家风电检测中心建成 500kW 液流电池系统，为国家金太阳重点项目——国家风光储输示范工程提供储能系统，提高新能源接入电网的能力。2012 年，融科储能实施了 5MW/10MW·h 全钒液流电池储能系统，已完成近 30 项应用示范工程，应用领域涉及分布式发电、智能微网、离网供电及可再生能源发电等。2016 年，国家能源局批复同意大连市组织开展国家化学储能调峰电站示范项目建设，项目建设规模为 200MW/800MW·h，将全部采用全钒液流电池。该项目为推进大规模储能技术在电力调峰及可再生能源并网中的应用，实现低碳经济提供技术和装备支撑。

(a) (b)

图 9-127　大连化学物理研究所与融科储能技术有限公司开发
的 20kW 钒电池模块（a）和 260kW 子系统（b）

　　其他类型液流电池在可再生能源发电和电动车领域也有应用示范。20 世纪 90 年代初，英国 Innogy 公司开始规模化开发 PSB 储能技术，并将 PSB 电池技术注册为商标 Regenesys™，已经成功开发出 5kW、20kW 和 100kW 3 个系列的电堆。2000 年 8 月，Regenesys 公司在 Little Barford 建造了商业规模的多硫化钠-溴电池储能调峰电厂，它与一座 680MW 燃气轮机发电厂配套。该储能系统储能容量为 120MW·h，最大输出功率为 15MW，可满足 1 万户家庭一整天的用电需求。2001 年，Regenesys 公司与美国田纳西河流域管理局签订合同，为哥伦比亚空军基地建造一座储能容量为 120MW·h、最大输出功率为 12MW 的 PSB 储能电池系统。但由于该体系存在难以解决的硫沉积和溴腐蚀等隐患，上述相关研究被迫暂停。目前 PSB 技术基本被英国 Innogy 公司所垄断。

锌-溴液流电池目前还处于规模应用前期，世界上只有少数几家公司从事锌-溴液流电池的商业化开发，如美国的 ZBB Energy Corporation 和澳大利亚的 Redflow Energy Pty Ltd. 等。这些公司已经成功开发出容量为 10kW·h 到 400kW·h 不等的锌-溴液流电池示范系统。美国 ZBB 能源公司已经成功开发出 50kW·h 电池组并设计了 500kW·h 电池系统，其中 1 个 400kW·h 电池系统安置在美国密歇根州用于负荷的管理。Premium Power 公司是美国另一家能够生产锌-溴液流电池产品的公司，在加州、纽约等地微网系统中设立了 5 套 500kW/3MW·h 储能电池系统，用于满足用电高峰需求，同时保证电力的可靠性。Redflow Energy Pty Ltd. 公司设计的锌-溴液流电池产品主要针对太阳能、风能等新能源独立小电网的并网应用。

目前国外的一些公司已经着手从事液流储能电池的产业化，标志着即将进入实用化阶段，但液流储能电池的大规模商业化应用也受到一定的限制，主要包括电极材料（稳定性好、力学性能好、电化学活性高以及成本低）、隔膜（高选择性、高导电性、长寿命）、电解液（高浓度和高稳定性）和电池组结构优化等。对于液流电池体系，无论是水系或是非水系，有机活性物质充放电状态下的化学稳定性都非常重要，直接影响到电池容量衰减程度。大部分有机活性物质溶解度较低（一般不超过 3mol·L^{-1}），需要选择合适的官能团进一步提高活性物质的溶解度。同时，可通过选择合适的溶剂和支持电解质，来提高电池循环寿命和性能稳定性。受材料成本高、工作电流密度过低、稳定性差等因素影响，液流储能电池产业化技术还没有十分成熟。

9.8 电化学电容器

电化学电容器（electrochemical capacitor，EC），也称为超级电容器（supercapacitor），是一种介于传统电容器和电池之间的新型储能器件，具有比传统电容器高得多的能量密度和比电池大得多的功率密度，充放电速度快，循环寿命长。电化学电容器比能量相比电池低很多，因而电化学电容器的应用限定在高功率应用的特殊场合。

根据储能机理的不同，电化学电容器可以分为双电层电容器（electrical double layer capacitor，EDLC）和赝电容电容器（pseudocapacitor）以及由二者组成的混合电容器（图 9-128）。双电层电容器利用电极和电解质界面的双电层来存储电荷；而赝电容则是电化学活性物质在电极的二维或准二维空间发生吸附-脱附或者电化学氧化还原反应引起的电容，它可以分为吸附赝电容和氧化还原赝电容。

9.8.1 电容器原理

传统静电电容器是一个能够在静电场储能而非化学形式储能的无源元件，它由电介质分开（介电常数为 ε）的两个平行电极组成。电容器是在两极之间施加一个电势差来进行充电，这个电势差能够使正负电荷向相反极性的电极表面进行迁移。其存储的电能来源于电荷 Q 在两极板上的聚集，电容器的电容 C（单位为 F）是每个电极上带的电荷 Q 与两极之间的电势差 V 之比，即：

$$C = \frac{Q}{V}$$

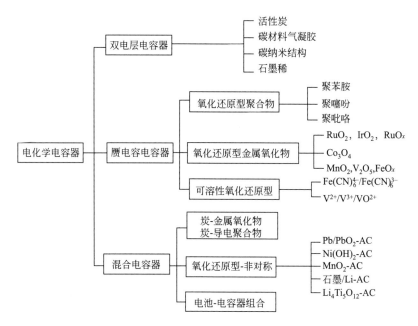

图 9-128 常见电化学电容器分类

对于典型的平板电容器，C 正比于每个电极的面积 A 和电介质的介电常数 ε，与两个电极之间的距离 D 呈反比，即：

$$C = \frac{\varepsilon_0 \varepsilon_r A}{D}$$

式中，ε_0 是真空的介电常数；ε_r 是两块极板之间的介电常数（相对值）。因此，决定电容器电容的三个因素如下：

① 极板面积（两极共有的面积）；

② 两电极之间的距离；

③ 所用电介质的性质。

电容器的两个主要属性是能量密度和功率密度，用单位质量或者单位体积的能量（比能量）和功率（比功率）来表示。储存在电容器中的能量 E 与每个界面电荷 Q 以及电势差 V 有关。因此，其能量直接与电容器的电容成比例，即

$$E = 1/2 \times CV^2$$

对理想电容器，C 是一个常数，电容器所存储的能量随外加电压的升高而连续升高，直到电介质被击穿。当电压达到最大值时，能量也达到最大，其通常受电介质的击穿强度所限。

通常，功率 P 是单位时间内能量传输的速率。确定一个特定电容器的功率大小时，需要考虑电容器的内部组件（如集流体、电极材料、电介质/电解质和隔膜）的电阻。这些组件的电阻值通常合并起来测试，将它们统称为等效串联电阻（equivalent series resistance，ESR，经常简化为整个电解质的阻抗 R_s），这会产生一个电压降。ESR 决定了电容器在放电过程中的最大电压，进而限制了电容器的最大能量和功率。电容器的功率测试一般是在匹配阻抗下进行测试（如负载的电阻值假定等于电容器的 ESR），其相应的最大功率 P_{max} 表示如下：

$$P_{max} = \frac{V^2}{4ESR}$$

虽然好的电容器的阻抗通常比其所连接的负载的阻抗要低得多，实际释放的峰值功率尽管很大，但通常仍然比最大功率 P_{max} 要小。

电化学电容器是基于多孔碳材料和一些金属氧化物的高比表面材料的电极-电解液界面上进行充放电的一类特殊电容器。它们遵循与传统电容器一样的基本原理，而且非常适合快速储存与释放能量。由于电极具有更大的有效比表面积（SA）和更薄的电介质（取决于双电层的厚度），其电容和能量要比常规电容器高 10000 多倍；同时，其具有低的 ESR，使其能够在高的比功率（$kW \cdot kg^{-1}$）下工作。该值大大高于大多数电池。

电容器和电池之间一个重要的不同在于电容器电极上存储电荷（Q/A）的增加（或减少），导致充电过程中总是存在电压上升（放电过程中电压下降）。而对于电池来说，在充电或放电过程中，除了接近 100% 充电状态（充电顶峰，TOC）和接近 0% 的状态（放电截止，EOD）以外，一般都具有恒定的电压（图 9-129）。因此，对于需要以恒定电压输出的应用而言，电容器需要直流-直流（DC-DC）变换器来调节和稳定它的输出电压。电化学电容器与蓄电池的特性比较见表 9-7。

表 9-7　电化学电容器与蓄电池的特性对比

特性	电化学电容器(双电层型)	蓄电池(锂电池)
能量转换	电能	化学能 ←→ 电能
内部反应	极化电解质的物理反应	氧化还原反应
过程可逆性	充放电过程可逆	充放电过程可逆,能量转换有损耗
使用损耗	使用不当造成电解液泄漏	化学介质活性的降低 负极材料钝化使得容量衰减 充放电能量转换损耗正极材料
内部阻抗	低阻抗,根据耐压要求可调	充电时内阻下降,放电时内阻上升
单体标称电压	1.2~1.5V 左右(水系)	锂电池 3.0~3.7V
受温度影响	不大,很小的活性极化温度关系 工作范围−40~+70℃	较大,明显的活性极化温度关系 工作范围−25~+45℃
充放电速度	充电电流越大速度越快 10s 内即能达到额定容量的 95%	一般充放电为 1~5C 倍率 最大放电可达 10C 倍率
充放电时间	单体数秒	一次充满电约 5~6h
比功率密度/W·kg⁻¹	高,低阻抗带来高的功率输出 1000~2000	低 50~200
比能量密度/W·h·kg⁻¹	低,为蓄电池的 1/10 3~20	高 20~200
充放电效率	>95%	>95%
循环寿命	>10 万次	平均约为 5000~10000 次 大倍率充放电对寿命影响较大
荷电保持能力	几乎不存在自放电	存在低自放电
环保	几乎不存在化学污染	即使采用无害化学材料, 仍然具有潜在污染
工程使用	单体的大规模并联, 采用均压措施后可以串联使用	单体的大规模并联
使用维护	彻底免维护	电池密,封免维护

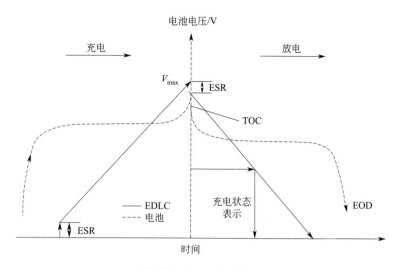

图 9-129 理想的电容器和电池充放电行为对比

尽管有许多潜在的材料和器件构造用于电化学电容器，但双电层电容器是目前电化学电容器中发展最快的，并且已经占领了市场。不同形式的碳材料是商业化的双电层电容器中研究和应用最广泛的电极材料。

9.8.2 双电层电容器

如前所述，双电层电容器储能方式与传统电容器大致相同，即通过电荷分离的方式，在固体电极和电极微孔中的电解质界面形成的双电层中实现电荷分离储能，能量储存于双电层中。双电层电容器的两个电极浸入电解液中，中间用离子渗透膜隔开以阻止电接触。在充电状态下，电解液中阴离子和阳离子分别移向正极和负极，在电极-电解液界面形成双电层，离子的分离导致整个单元组件中产生一个电位差（图 9-130）。双电层电容器电极可简化为单一的 R-C 串联等效电路，其中 C_{dl}（F）可简写为：

$$C_{dl} = \varepsilon_0 \varepsilon_r \frac{S}{d}$$

式中，S 为电极表面积；d 为外 Helmholtz 层的电荷分布厚度；ε_0 和 ε_r 分别为介电物质的真空介电常数和相对介电常数。多孔碳材料的比表面积很大，通常高达 $1000 \sim 3000 \mathrm{m}^2 \cdot \mathrm{g}^{-1}$，而且双电层有效厚度 d 在纳米级别。因此，双电层电容器的电容值相当高，比传统物理电容器高 $3 \sim 4$ 个数量级，这也是"超级"的原因所在。

因为每个电极-电解液界面代表一个电容器，所以整个组件可以认为是两个电容器的串联。

由于经典 Helmholtz 双电层模型没有考虑离子扩散、溶剂分子的偶极运动等因素，人们又发展了 Gouy-Chapman（简称 GC）扩散双电层模型（图 9-131）。在该模型中，电极表面至电解液本体之间存在一个电势逐渐降低的离子扩散层，但是 GC 双电层模型不能很好地应用于高浓度电解液。后期 Stern 结合两种双电层理论提出了第三种模型，即紧密层（Stern 层）和扩散层串联模型，且双电层电容 C_{dl} 与紧密层电容 C_H、扩散层电容 C_d 之间满足 $\frac{1}{C_{dl}} = \frac{1}{C_H} + \frac{1}{C_d}$。在实际应用中，由于电解液浓度较高，扩散双电层很薄，往往这部分电容会被直接忽略，于是 $C_{dl} \approx C_H$。对于多孔碳材料电极来说，双电层储能过程远非这么简单。

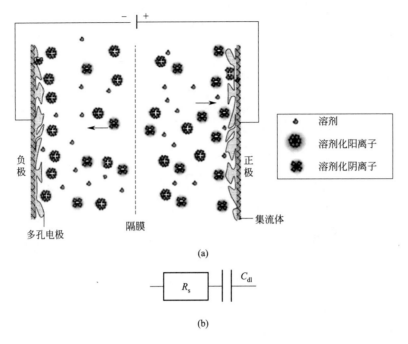

(a)

(b)

图 9-130 双电层电容器示意图（充电态）（a）和双电层电容器的等效电路模型（b）

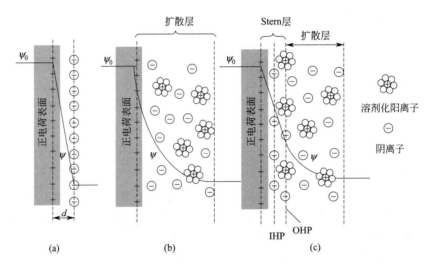

图 9-131 Helmholtz 双电层模型 （a），Gouy-Chapman 双电层模型（b）和 Stern 双电层模型（c）

IHP—紧密层到电极距离；OHP—不确定吸附离子到电极距离，

OHP 也是扩散层开始的地方；d—Helmholtz 模型的双电层距离；ψ_0—电极表面电势

　　原则上，活性材料的表面积越大，对应器件的比容量就越高，但实际上这种关系并不是很明确。研究表明，电容值与表面积不一定呈线性关系，尤其是对具有孔径多变且孔非常细微的碳材料而言尤为显著。从气体吸附数据得到的关于表面积和电容的关系是一个有用的指导，但并不总是电容的可靠指标。随着先进表征技术和模拟计算的应用，近年来的研究证实，多孔碳材料的孔隙结构是影响其电容的主要因素。真实情况下多孔碳材料的孔隙结构很大程度上决定了材料电容性能以及电解液离子储能机理。孔结构对电容性能的影响分为以下几种情况。

（1）**离子筛选效应**　当活性炭的孔隙平均尺寸与电解液中离子大小相适应时，电解液离子才有可能被活性炭吸附，将这种基于尺寸效应的选择性吸附定义为离子筛选效应。除孔径尺寸外，离子的空间几何效应也是产生离子筛选效应的原因之一。

（2）**离子去溶剂化效应**　由于存在离子筛选效应，多孔碳不可能吸附超过其平均孔径的溶剂化离子，但有研究表明电解液中的离子能够去溶剂化后储存于微孔或超微孔中。

（3）**介孔结构的影响**　微孔结构有利于多孔碳材料储能已被证实，但是当微孔孔容增大时，离子向多孔碳孔道内传导阻力会增大，导致大电流密度充放电时比电容降低。研究表明材料内介孔是多孔碳材料内部形成三维离子传输通道的重要桥梁。适当的介孔比例可以保证离子在材料本体中快速传输，从而提高多孔碳材料微孔储能和倍率性能。介孔对离子传输过程的影响如图 9-132 所示，当存在一定比例的介孔时，可使多个微孔通过介孔连通，有效提高离子传递效率，加快电解液离子由电极表面向材料本体传输的速度，从而更大限度地发挥微孔储能的能力。由此可见，设计新型双电层电容器的电极材料时，要综合考虑微孔和介孔相互作用的影响，不能单纯提高多孔碳材料中微孔孔容。

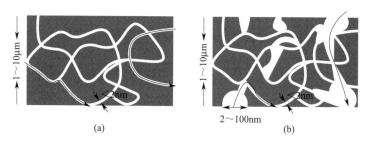

图 9-132　没有介孔结构（a）和有介孔结构（b）时的活性炭内部离子传输通道示意图

（4）**饱和效应**　多孔碳材料离子储能存在饱和效应，即当充电电压超过某一值后，就不能继续储存电荷。饱和效应与微孔粒径分布密切相关。当电压达到一定值时，孔结构处于饱和状态，导致电压继续增大时电容电流急剧下降。

（5）**离子变形、离子嵌入/脱出**　当微孔尺寸进一步缩小，平均孔径在 0.58nm 时，多孔碳材料仍有储能能力，而理论上去溶剂化阳离子直径大于微孔孔径，该材料不具有储能能力。为此，人们提出了离子变形、离子嵌入/脱出的解释。在电场作用下，去溶剂化阳离子产生变形，进而被吸附。也有研究者证实了充放电过程中可能存在离子的嵌入/脱出过程，同时也认为离子嵌入/脱出造成的体积变化是影响碳材料电极循环寿命的主要因素。

按照经典的双电层理论模型，双电层电容器的理论比电容与电极比表面积成正比。但事实并非如此，对于多孔碳材料电极来说，其孔结构与比电容有密切联系。因此，对于描述真实多孔碳材料电容器的双电层结构，上述三种双电层模型就不适用了。在假设多孔碳材料孔为圆柱形的前提下，人们又提出了考虑孔径、曲率因素

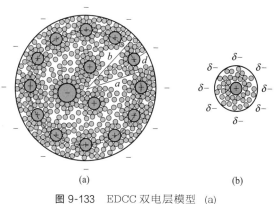

图 9-133　EDCC 双电层模型（a）和 EWCC 双电层模型（b）

的两种双电层模型 EDCC（electric double-cylinder capacitors）和 EWCC（electric wirein-cylinder capacitor），如图 9-133 所示。EDCC 用于描述介孔结构的双电层，电解液与介孔作用时反离子进入孔中，沿着内壁排列。EWCC 用于描述微孔结构的双电层，溶剂化或者去溶剂化的反离子沿着圆孔中轴线排列。对于大孔结构，因为其孔隙的曲率已经很小了，所以可以用平行板电容器模型进行描述，接近传统的 Stern 模型。由于多孔结构圆柱形假设的前提以及忽略电解液因素的影响，该模型仍然存在一定局限性。

随着对多孔材料碳储能机理研究的深入，不少研究发现在没有外加电压条件下，多孔碳材料与电解液接触时，多孔碳材料的孔隙内也会吸附正负离子。在这种情况下，充电过程将会存在三种离子作用过程：异性离子吸附、同性离子脱附和离子互换（图 9-134），即当孔隙内存在同性离子时，充电过程中多孔碳材料比电容会被抵消。因此，若要设计具有高比电容的多孔碳材料，应该让孔隙中不存在或尽可能少存在同性离子。

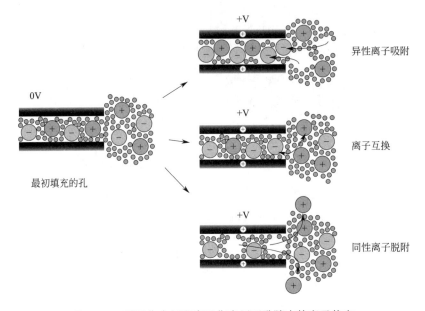

图 9-134　无工作电压和有工作电压下孔隙中的离子状态

对于一个对称型电容器（两电极相同）而言，整个电容器的电容将为：

$$\frac{1}{C_{cell}} = \frac{1}{C_+} + \frac{1}{C_-}$$

式中，C_+ 和 C_- 分别是电容器正极和负极的电容。假设在对称器件中，正极的电容（C_+）等于负极的电容（C_-），则整个单元组件的电容为单个电极电容的一半，即

$$C_{cell} = \frac{C_e}{2}$$

式中，$C_e = C_+ = C_-$。

文献中经常引用的比容量的值是单个碳电极的电容，这些值来源于电极与参比电极、对电极所组成的三电极测试系统。三电极的值比实际的电容值要高，实际的电容值用双电极测试方法得到。电极的比电容 C_e（$F \cdot g^{-1}$）计算如下：

$$C_e = \frac{2 \times C_{cell}}{m_e}$$

式中，m_e 是单个电极活性物质的质量，g。如果将 C_e 除以 4，就能够得到整个单元组

件（基于两个电极的活性物质）的质量比容量。比容量也以标准比容量（单位面积的比容量）来表示，其定义为：

$$C = \frac{C_e}{SA} \times 100$$

式中，SA 为活性电极材料的表面积，$m^2 \cdot g^{-1}$；C_e 为电极的比容量，$F \cdot g^{-1}$；C 为标准比容量，$\mu F \cdot cm^{-2}$。通常，碳的比容量为 $10 \sim 30 \mu F \cdot cm^{-2}$。

许多电容器的应用受限于体积而非质量，有时在描述数据时采用体积比容量（$F \cdot cm^{-3}$）显得更加适合。质量比容量除以活性物质的密度就可以得到体积比容量。虽然电极材料的体积比容量和质量比容量对活性物质的质量评估是一个有用手段，但对于包装好的组件来说，电容器的其他组成部分，如黏结剂、添加剂、集流体、电解液、隔膜、连接器等的质量也应被考虑进去。

双电层电容器的整体性能主要受两个因素影响：一个是活性电极材料的选择，它将决定器件电容的大小；另一个就是电解液的选择，其将决定工作电压。而影响器件内部电阻 ESR 的因素包括：①电极材料本身的电子电阻；②电极活性材料和集流体间的界面电阻；③离子进入小孔的离子（扩散）阻抗；④离子通过隔膜的离子迁移电阻；⑤离子在电解液中的迁移阻抗。

用于双电层电容器的电解液可以分为三大类：水系、盐溶于有机溶液体系和离子液体，三类电解液的对比见表 9-8。水系电解液如酸（H_2SO_4）和碱（NaOH）具有较高的离子电导率（高达 $1S \cdot cm^{-1}$）、廉价和应用范围广泛的优势。由于水系电解液具有较高的介电常数，水合离子较小，有更高的接触面积，水系电解液中碳的比电容（$F \cdot g^{-1}$）要比其在非水体系中高很多。当把高功率或器件廉价作为目标时，水系电解液是一个很好的选择。但受水的电化学分解电压限制，使其电压相对较低（约 1.2V），适用范围有局限性。此外，还需要选择合适的集流体，以降低在酸性或碱性电解液中的腐蚀。工作电压低严重限制了水系超级电容器获得高能量。最近，一些研究报道称在中性水溶液中电解质可以具有约 $1.6 \sim 1.9V$ 的宽电位窗口，超过了水分解的理论电压极限 1.23V。如 AC/AC 对称型电容器在 $0.5mol \cdot L^{-1} Na_2SO_4$ 电解液中充放电电压达到 1.6V，在 $2mol \cdot L^{-1} Li_2SO_4$ 中充放电电压达到 1.9V，这与吸氢反应的高过电势有关。

表 9-8 典型电解液性质对比

电解液	ESPW/V	σ/mS·cm^{-1}	η/mPa·s	成本	组装环境	毒性	优势	劣势
水系	$\leqslant 1.2$	H	L	L	空气	L	高电导率，大容量	低 ESPW
有机系	$2.5 \sim 2.8$	L	M/H	M/H	惰性气体	M/H	高 ESPW，几乎无腐蚀性	大电解液离子，低电导率，对外部环境要求高
离子液体	$3 \sim 6$	VL	H	VH	惰性气体	L	几乎无蒸气压，高的热稳定性和化学稳定性，宽的 ESPW	高黏度，对外部环境要求高

注：ESPW—电化学稳定电位窗口；σ—离子电导率（20℃）；η—黏度（20℃）；L—低；H—高；M—中；VL—非常低；VH—非常高。

由于超级电容器的比能量与工作电压的平方成比例，电容器的电压是电化学电容器比能量和比功率大小的一个重要决定因素，而它们最终的工作电压取决于电解液的稳定性。为了获得更高的工作电压和进一步获得更大的比能量，有机电解液体系和离子液体体系成为一种发展趋势。含有不同溶剂、溶解了烷基季铵盐电解液的高电压非水电解液器件，通常在商业化超级电容器中得到应用。双电层电容器最常见的非水电解液是烷基铵盐［四氟硼酸四乙基铵盐（TEA-BF$_4$）、四氟硼酸三乙基甲基铵盐（TEMA-BF$_4$）、四氟硼酸双吡咯烷螺环季铵盐（SBP-BF$_4$）等］溶解在适当的质子化溶剂中形成的。传统的有机电解液为含 $N(C_2H_5)_4^+BF_4^-$ 盐的乙腈（CH_3CN，AN）或碳酸丙烯酯（PC）溶剂的电解液。此外，N,N-二甲基甲酰胺（DMF）、四氢呋喃（THF）、环丁砜（SL）、γ-丁内酯（GBL）、碳酸乙烯酯（EC）也作有机溶剂使用。非水电解液的电阻至少比水系电解液高一个数量级，导致相应的电容器通常具有较高的 ESR。

离子液体在相对较低的温度下（<100℃）呈液态，其中一些可以用作无溶剂的双电层电容器的电解液，避免了基于有机溶剂电解液出现的易燃性和挥发性的缺点。含有咪唑类或吡咯类阳离子和类似氟硼酸根（BF_4^-）、二氰胺［$N(CN)_2$］$^-$、（氟甲磺酰）亚胺（TSI^-）和二（三氟甲磺酰）亚胺（$TFSI^-$）等小的阴离子的室温离子液体，因其电化学稳定性、导电性和黏度方面的优势，作为双电层电解液被广泛研究。电化学稳定窗口的值由组成离子液体的离子决定。阳离子主要影响负电位限制，而阴离子则影响正电位限制，一些离子液体电化学稳定窗口高于5V。但是，目前室温离子液体（RTIL）的离子电导率比常规的商用双电层电容器的有机电解液低得多，前景较好且黏度低的离子液体的常温电导率范围一般在 $0.1\sim15mS\cdot cm^{-1}$。当温度低于室温时，它们的黏度会快速增大，其离子迁移率和离子电导率急剧下降。低温下，离子迁移率的降低导致器件的 ESR 迅速增加，进而降低了电容。降低离子液体黏度的方法包括添加溶剂（如碳酸丁烯酯、碳酸二乙酯、乙腈、丁内酯等）和添加盐（如 $LiBF_4$、LiTf 等）等，但这会降低混合体系的电化学稳定窗口。

此外，基于固态电解质膜的电容器也受到关注。用于超级电容器的聚合物基固态电解质主要包括干聚合物电解质、凝胶聚合物电解质和聚电解质三种类型。其中，凝胶聚合物电解质使用水作为增塑剂，拥有三维聚合网络，具有很高的离子导电性，也称为水凝胶聚合物电解质。

多孔电极材料吸附电解液时，需要重点考虑电解质离子的大小，因为它们需要润湿电极的孔洞。一般来说，多孔电极材料的孔径越小，离子可润湿的表面积就越大，在保证孔径为中孔（$2\sim50nm$）的前提下可有效提高材料的比表面积，因此中孔在双电层电容器中更有用。离子在电解液中因溶剂化作用而变得稳定，水系电解液中离子半径比非水电解液会更小，通常会提供更高的比能量。

碳材料由于具有大的比表面积，良好的电子导电性和高的化学稳定性等优点，被广泛应用到超级电容器中。碳基超级电容器的性能与碳材料的物理化学性质紧密相关。许多类型的碳材料，包括从传统的活性炭到活性碳纤维、碳气凝胶、碳纳米管、石墨烯等，都可以用作双电层电容器的电极材料（表 9-9）。

表 9-9　双电层电容器炭电极材料的性质

电极材料	比表面积/$m^2\cdot g^{-1}$	质量比电容/($F\cdot g^{-1}$)		
		水系	有机系	离子液体
活性炭	1000~3000	200~400	100~150	100~150
模板碳	500~2500	120~350	120~135	150
碳纳米管	120~500	20~180	20~80	20~45
碳化物衍生碳	1000~1600	—	100~140	100~150
炭黑	250~2000	<300	—	—
气凝胶	400~1000	40~200	<160	—

活性炭是目前商业应用的双电层电容器中应用最为广泛的活性材料，可以从多种多样的碳前驱体中获得（例如椰子壳、木质纤维材料、沥青、煤和其他材料），并且可通过化学活化、物理活化或两种结合的方式扩大其表面积。物理活化是使用 CO_2 或水蒸气对碳前驱体部分可控气化的过程；化学活化（KOH、$ZnCl_2$ 和 H_3PO_4）是一个复杂的过程，涉及多个碳的氧化还原反应。活化过程能使活性炭的比表面积达到 $3000m^2 \cdot g^{-1}$。活性炭的高比表面积来源于复杂的相互交联的孔网络结构，包括微孔（$<2nm$）、中孔（$2\sim50nm$）以及大孔（$>50nm$），通常具有宽的孔径范围。活性炭的性质取决于前驱体和特定的活化工艺，所制备活性炭的孔隙、比表面积、表面活性官能团等因素都会影响材料的电化学性能，其中高比表面积和发达的孔径结构，是产生具有高比容量和快速电荷传递双电层结构的关键。通过前驱体的选择和活化手段，可以将大部分孔设定在特定的孔径范围内。由于小孔具有高的表面积/孔容比，微孔碳（$<2nm$）具有高的比表面积，在双电层电容器中应用较普遍，尽管某些中孔在保证良好的孔浸润上占有优势。活性炭能够提供不同的电容值，这取决于其表面积、孔径、化学组成和电导率，而这些又都受前驱体和活化处理方法的影响。通常在水系电解液中，报道的比电容多在 $100\sim400F \cdot g^{-1}$ 范围内，而在有机或离子液体电解液中比电容在 $120\sim150F \cdot g^{-1}$ 之间。

活性炭固有的缺点也制约了活性炭基 EDLC 性能的进一步提高。活性炭微观结构呈不规则的多孔状，内部会形成岛状的电荷区域，使储存的电荷难以完全放出，造成电容器比能量降低。活性炭表面残存的一些活性基团和悬挂键使其同电解液之间的反应活性增加，造成 EDLC 额定电压较低（有机系活性炭基的 EDLC 额定电压一般为 2.3V）。另外，活性炭的晶化程度只有约 $5\%\sim10\%$，电导率较低，电子和离子导电的通路都是曲折、不规则的，导致等效串联电阻（ESR）较高，EDLC 比功率较低，高倍率放电时产生较大的电压降，造成材料比容量较大的降低。

通过碳前驱体渗透进入模板孔隙中（通常为多孔氧化铝、二氧化硅或分子筛），然后去除模板，所制备的模板碳具有非常均匀的孔径和形貌。相对于传统的活性炭具有较宽的孔径分布而言，这种制备工艺制备的碳材料具有非常窄的孔径分布。模板碳相互连通的孔结构，有利于离子迁移和功率特性的改善。但是，受模板材料的数量限制，制备一种最优孔径的碳材料是有难度的。

碳化物衍生碳也是一种具有可控微孔结构的多孔碳材料，通过在高温下去除碳化物中的重金属而制得。在甲乙基咪唑二（三氟甲磺酰）亚胺类电解液中测试的碳化物衍生碳可释放 $150F \cdot g^{-1}$ 的比电容，而在 $TEABF_4$ 溶解在乙腈（AN）的 $1.5mol \cdot L^{-1}$ 电解液中，能提供约 $120\sim135F \cdot g^{-1}$ 的比电容。

通过溶胶-凝胶法制备的气凝胶和干凝胶，也被广泛应用于双电层电容器中，一般它们具有完全可控、有序和均匀的介孔结构。然而，由于只能得到适中的表面积（$400\sim1000m^2 \cdot g^{-1}$），这类材料通常只有适中的比容量。

活性炭纤维布或碳纳米纤维纸可以从高分子纤维中得到，如人造丝和聚丙烯腈。一经活化，活性炭纤维的比表面积跟活性炭差不多，在 $1000\sim2000m^2 \cdot g^{-1}$ 范围内。活性炭纤维布或碳纳米纤维纸不需要黏结剂，可以直接作为活性材料的膜使用。然而活性炭纤维价格较高，从而限制它只能在双电层电容器中的特定领域得到应用。

碳纳米管具有独特的管状结构和良好的电化学性能，也被用来作为双电层电容器的电极材料，但释放的比电容仅处于 $20\sim80F \cdot g^{-1}$ 之间，且存在充放电效率低、自放电现象较严重以及易团聚等现象，不能较好地满足实际需要。为了改善碳纳米管的性能，采用额外的活化过程或者表面添加官能团，增加其亲水性，能够使得比电容提高到 $80\sim130F \cdot g^{-1}$。和其他碳纤维一样，碳纳米管具有较低的体积密度，通过制备近乎定向生长的碳纳米管，可以提高其体积比容量。

石墨烯的比表面积是单壁碳纳米管的 2 倍，明显高于大多数炭黑和活性炭，同时具有导电导热性能优异和电子迁移率高等优点。石墨烯表面可以形成双电层，有利于电解液扩散，具有良好的电容性能。将石墨烯组装成超级电容器比电容可达 $205F \cdot g^{-1}$，能量密度和功率密度分别为 $28.5W \cdot h \cdot kg^{-1}$ 和 $10kW \cdot kg^{-1}$，循环 1200 次比容量变为原来的 90%，说明石墨烯作为电极材料具有较高的比电容、良好的功率性能和循环稳定性能。

9.8.3　赝电容电化学电容器

赝电容电化学电容器电极材料利用表面快速、可逆的氧化还原反应，在电化学电荷迁移过程中，在一定程度上受限于有限的活性材料的数量和有效表面积。采用低扫描速率的 CV 测量可以区分赝电容和电池材料的电荷存储机制，根据电流响应对扫描速率的依赖性如下。

$$i = av^b$$

式中，i 为电流；v 为扫描速率；a、b 为可调参数。对于严格的电池型法拉第反应，离子嵌入受固态离子扩散过程的限制，$b = 1/2$。如果 $b = 1$，则表现为电容行为。

一般 b 值仅接近且略小于 1，这样可以把电流 i 进一步表示为电容贡献和嵌入贡献之和，引入系数 k_1 和 k_2，则电流表示为：

$$i = k_1 v + k_2 v^{1/2}$$

其中，$k_1 v$ 代表着电容的贡献；$k_2 v^{1/2}$ 则代表嵌入电流的贡献。

现在研究的赝电容材料主要包括过渡金属氧化物（如钌基材料、镍基材料、钴基材料、锰基材料等）、导电聚合物（如聚苯胺、聚吡咯和聚噻吩的衍生物）、富含杂原子（氧、氮、硫等）的碳材料和带有电吸附氢的纳米多孔碳。

9.8.3.1　导电聚合物

导电聚合物（ECP）通过聚合物链共轭 π 键的氧化还原反应储存和释放电荷，将电荷储存遍及整个聚合物。它们不仅在表面上，还在整个聚合物内发生氧化还原反应，以此来提供赝电容。因此，导电聚合物储存的能量通常要比双电层型的材料要高很多。由于导电聚合物材料储存的电荷是基于掺杂/去掺杂反应（法拉第反应）而不是吸附/脱附（非法拉第反应），因此导电聚合物自放电速率相应较低。

在氧化过程中，导电聚合物被阴离子 p 型掺杂；在还原过程中，导电聚合物被阳离子 n 型掺杂（图 9-135）。通常 p 型掺杂比 n 型掺杂的聚合物更加稳定。单独用导电聚合物制备的电容器可以分成四种类型：Ⅰ 型（对称结构），电容器中两个电极为相同的 p 型掺杂导电聚合物材料；Ⅱ 型（非对称结构），两个电极为不同的 p 型掺杂的导电聚合物材料；Ⅲ 型（对称结构）电容器两个电极用相同的导电聚合物，正极可进行 p 型掺杂而负极可进行 n 型掺杂；Ⅳ 型（非对称结构），利用不同 p 型掺杂和 n 型掺杂的导电聚合物作为电极。

$$P^- X^+ \underset{n\text{型掺杂还原}}{\overset{\text{去掺杂}}{\rightleftharpoons}} P \underset{\text{去掺杂}}{\overset{\text{氧化 p 型掺杂}}{\rightleftharpoons}} P^+ A^-$$

图 9-135　导电聚合物中离子的掺杂/去掺杂

P—聚合物；A^-—阴离子；X^+—阳离子

当对 Ⅰ 型电容器充电时，正极完全氧化而负极保持中性，显示出 0.5～0.75V 的电势差（电容器电压）。当完全放电时，两个电极都处于半氧化状态，因此整个聚合物的 p 型掺杂容量只有其中 50％可以利用。在Ⅱ型电容器中，具有更高的氧化电位的聚合物作为正极，而具有较低氧化电位的聚合物作为负极。充电时正极被完全氧化，负极处于完全中性状态，电容器的电压可以达到 1.0～1.25V；完全放电时，正极氧化程度小于 50％而负极大于 50％。因此，p 型聚合物掺杂容量的 75％可以被利用（取决于应用的导电聚合物的组合）。由于Ⅰ型和Ⅱ型电容器具有相对较低的电压，因此它们通常使用水系电解液。

当Ⅲ型和Ⅳ型导电聚合物电容器完全充电时，正极完全氧化（p 型掺杂）而负极则被完全还原（n 型掺杂），电池的工作电压处于 1.3～3.5V 范围内。在完全放电状态下，两个电极都处于中性。也就是说，聚合物 p 型掺杂和 n 型掺杂的容量 100％都能被利用。这四种类型的电容器储存容量大小顺序通常为Ⅰ型＜Ⅱ型＜Ⅲ型＜Ⅳ型。

导电聚合物主要类型为聚苯胺（PANI）、聚吡咯（PPy）、聚噻吩（PTh）和聚噻吩衍生物，其中聚苯胺（PANI）和聚吡咯（PPy）的还原（n 型掺杂）电位比一般的有机溶剂（如 AN 和 PC）的分解电压更负。因此，这类聚合物只用于Ⅰ型和Ⅱ型电容器中。聚噻吩类材料具有可被 n 型掺杂的能力，可以用于Ⅲ型和Ⅳ型电容器中。

聚苯胺是一种被广泛研究的Ⅰ型电容器导电聚合物，通过电化学方法制备的聚苯胺（1500F·g^{-1} 左右）通常比化学方法制备的聚苯胺（200F·g^{-1} 左右）具有更高的比电容。比电容的不同与聚合物的形貌、电极的厚度和黏结剂的使用有关。聚苯胺在水系酸性电解液中具有高容量是因为其充电（掺杂或离子交换）和放电过程中需要质子的参与。因此，其在质子溶剂或质子离子液体中显示了更好的电活性。利用电化学方法制备的聚苯胺在质子型电解液中显示了良好的循环性能，但数据显示循环次数几乎不超过 10000 次，原因可能是充放电过程中，聚合物电极掺杂/去掺杂所伴随的反复体积变化，会引起聚合物在循环过程中的机械破坏。同时，聚苯胺易受到氧化降解，即使其稍微过充，也将导致性能不佳。通过表面修饰形成聚甲基苯胺，稳定氧化过程中氮上面产生的正电荷，进而改变聚合物的稳定性以防止电化学降解，可以使其具有更强的抗氧化能力。

聚吡咯在非质子、水系和非水系电解液中都具有良好的电活性，可以用于Ⅰ型和Ⅱ型电容器，但其比电容却比聚苯胺要低得多（100～500F·g^{-1}）。PPy 容量减少的主要原因是因为聚吡咯的形貌相对致密，限制了电解液进入聚合物的内部，这对厚电极涂覆的影响尤为显著。性能最好的聚吡咯电极通常以薄膜电极的形式存在，且电极厚度（载荷和密度）的增加将会导致性能恶化。当聚吡咯作为Ⅱ型电容器的负极、聚苯胺作为正极时，可得到 14～25F·g^{-1} 范围的比电容、4W·h·kg^{-1} 左右的能量密度和 150～1200W·kg^{-1} 的功率密度，然而其循环性能有限。

聚噻吩既可被 p 型掺杂又可被 n 型掺杂（Ⅲ型），然而聚噻吩的 n 型掺杂过程发生在非常低的电位，接近常规电解液中溶剂的分解电位，在 n 型掺杂形式下具有较 p 型掺杂更低的比容量，电容器表现出差的循环寿命。在噻吩环 3 位上用苯基、乙基、烷氧基或其他吸电子基团取代，得到的聚噻吩衍生物的稳定性得以显著改善，如聚 3-甲基噻吩（PMT）、聚 4-氟苯基-3-噻吩（PFPT）和聚 3,4-乙烯二氧噻吩（PEDOT）。PEDOT 是一种比较受欢迎的聚噻吩衍生物，因为它在 p 型掺杂状态时具有较高的电导率（300～500S·cm^{-1}）、较宽的电压窗口（1.2～1.5V）、高容量、较高的电荷移动性（良好的电化学动力学），并具有良好的热稳定性、化学稳定性以及循环性能。当电容器正极采用 PEDOT、负极采用聚 3,4-亚丙二氧基噻吩（Ⅰ型电容器）时，在离子液体中，50000 次以后容量损失仅 2％，显示了良好的循环性能。然而，由于单体分子量大以及低的掺杂能力（约 0.33），PEDOT 的比电容仅有约 100F·g^{-1}。

为了改善电化学电容器中导电聚合物电极的性能，导电聚合物经常与碳材料、碳纳米管、石墨烯、金属氧化物等形成导电聚合物（ECP）复合材料。使用一定量的碳材料如炭黑、碳纤维、碳纳米管和石墨烯作为弹性体和表面增强的组分，可以提高电极力学性能；同时，复合材料中碳的存在使得电极更易于导电，尤其是当聚合物处于导电性较差的中性状态（未掺杂状态）时，与碳形成的复合材料在改善电极的比容量和功率、容量方面尤为有效。碳纳米管或者其他导电性碳添加剂在 ECP 中可增加电导率、改善电解液渗进活性材料体相的性能、增加导电聚合物的利用率和增强力学强度，将大大改善导电聚合物的性能，而且其中的碳也能提供额外的双电层电容。纳米管状阵列作为赝电容材料的支撑材料的作用如图 9-136 所示。纳米管在导电路径方面发挥着重要作用，而且这种阵列中规则的介孔有利于离子的扩散。石墨烯材料已经单独或与碳纳米管形成杂化材料应用于电容器，并且取得了优异的电荷传输效果。

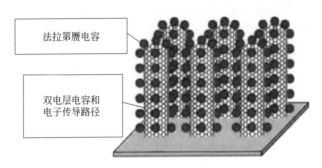

图 9-136 包覆赝电容材料的纳米管阵列的微观结构和电容特性示意图

导电聚合物也可与适当的金属氧化物材料复合。聚吡咯（PPy）与氧化铁（Fe_2O_3）复合可以得到 $400F \cdot g^{-1}$ 的比电容。在聚苯胺/Nafion 复合材料基体上电化学沉积氧化钌水合物（$RuO_2 \cdot xH_2O$），形成的复合电极比电容达到 $325F \cdot g^{-1}$，在 $-0.2 \sim 0.6V$ 之间以 $500mV \cdot s^{-1}$ 的扫描速度下经过 10000 次循环后，可以保持 80% 的容量。制备的 CNT/PPy/MnO_2 三元复合电极材料具有 $281F \cdot g^{-1}$ 的比电容，且经过 10000 次循环以后能够保持首次容量的 88%。

ECP 基非对称型电化学电容器是利用 p 型掺杂的导电聚合物为正极，活性炭为负极的一种电容器。对于Ⅲ型超级电容器来说，这种结构可以消除寻找稳定的 n 型掺杂的导电聚合物的难度。许多导电聚合物包括 PMT、PFPT、PEDOT 和 PANI 成功运用于非水电解液的导电聚合物/活性炭非对称混合电容器中，工作电压达到 3V。平衡正极和负极材料的比例（通过容量而非质量）对于非对称电容器发挥出最佳容量非常重要，因为正负极的比容量和电压波动（potential swing）范围明显不同。当活性炭电极的容量受限时，整个非对称电容器会显示出近乎线性的充放电曲线，与典型的双电层电容器类似，因为大多数电压波动发生在活性炭电极上。相反，当活性炭电极容量增大时，可观察到类似电池的充放电曲线，显示出导电聚合物氧化还原行为。许多 p 型掺杂的导电聚合物的比容量要比碳基双电层电容器高很多，但它们的循环寿命有限。通过控制正极电压在一个窄的电压窗口工作时，这种非对称电容器的循环寿命将会得到改善。

9.8.3.2 过渡金属氧化物

一些金属氧化物，尤其是 RuO_2、MnO_2、PbO_2、TiO_2、T-Nb_2O_5、NiO_x 和 Fe_3O_4 等，其表面经过快速可逆的氧化还原反应，显示出很强的赝电容行为，其容量通常远远超过碳材料在双电层电容器所具有的容量。由于它们的电荷储存机制是基于氧化还原过程，与电池类似，这些材料也具有长时间稳定性差和循环寿命差的缺点。改善这些电容器长时间循环性能的策略，经常通过合成金属氧化物复合材料或非对称电容器设计得以实现。

氧化钌（RuO_2）已被广泛作为电化学电容器电极材料研究，这归因于其理想的电容行为，如理论比电容高（$>1300F \cdot g^{-1}$）、电化学可逆性好和循环性能好等。在水系电解液中，电压窗口约 1.2V，RuO_2 的电荷储存机制是通过电化学质子化作用进行的，其反应如下：

$$RuO_2 + \delta H^+ + \delta e^- \Longleftrightarrow RuO_{2-\delta}(OH)_\delta \qquad (0 \leqslant \delta \leqslant 1)$$

在酸性电解液中，水合物形式的 RuO_2（$RuO_2 \cdot xH_2O$）具有较高的离子电导率和电子电导率，更加有利于 RuO_2 电化学氧化还原反应的发生，其比电容（约 $720F \cdot g^{-1}$）比对应晶型的 RuO_2 的比电容（约 $350F \cdot g^{-1}$）要高。根据合成方法的不同，RuO_2 的性能存在较大差异。

金属钌（Ru）价格高限制了 RuO_2 的商业化应用，人们通过与其他金属氧化物合成混合金属氧化物（$Ru_{1-x}M_xO_2$），或与导电聚合物、高比表面积炭、碳纳米管、石墨烯等制备成复合材料来降低价格。在酸性电解液中，通过 RuO_2 沉积在 PEDOT 中而制备的对称型赝电容器能释放出 $420F \cdot g^{-1}$ 的比电容（基于 RuO_2/PEDOT 复合材料的质量）。基于单独的 RuO_2 活性物质计算，比电容约为 $930F \cdot g^{-1}$，相当于在 $0 \sim 1V$ 的电压范围内释放出 $27.5W \cdot h \cdot kg^{-1}$ 的能量密度。

非对称 PbO_2-AC 电容器是以 PbO_2 为正极、活性炭为负极，在充放电过程中，正极发生基于铅酸电池的双硫酸盐理论的半反应。

$$正极 \quad PbO_2 + 4H^+ + SO_4^{2-} + 2e^- \underset{充电}{\overset{放电}{\Longleftrightarrow}} PbSO_4 + 2H_2O$$

然而，使用高比表面积（$1500m^2 \cdot g^{-1}$）的活性炭电极，替代具有能与硫酸盐反应生成硫酸铅的对电极铅，可起到吸收和释放溶液中质子（H^+）的作用：

$$C_6^{x-}(H^+)_x \underset{充电}{\overset{放电}{\Longleftrightarrow}} C_6^{(x-2)-}(H^+)_{x-2} + 2H^+ + 2e^-$$

得到的电容器的能量密度与铅酸电池接近，且具有更长的循环寿命和更高的功率。作为超级电池（铅碳电池）的一种，Axion Power 公司制造的 PbC 超级电容器，能够获得 $20.5W \cdot h \cdot kg^{-1}$ 的比能量且能够深度放电 1600 周（放电深度到 90%），而大多数铅酸电池在深度放电条件下仅能循环 $300 \sim 500$ 次。PbC 超级电容器快速充放电能力和高功率输出满足混合动力汽车的应用要求，可以认为能够弥补电容器在能量、功率、成本方面与先进电池技术之间的差距。

多孔氧化镍（NiO）除一些双电层以外，还存在额外的 NiO 赝电容，其来源于表面的 Ni^{2+} 和 Ni^{3+} 之间的法拉第氧化还原反应：

$$2NiO + zOH^- \Longleftrightarrow zNiOOH + (1-z)NiO + ze^-$$

式中，z 表示参加法拉第氧化还原反应中 Ni 活性位点数。通过 $Ni(OH)_2$ 薄膜制备的 NiO 比电容在 $200 \sim 278F \cdot g^{-1}$ 之间。以烧结 $Ni(OH)_2$ 作正极，活性炭纤维或活性炭粉末作负极，碱性 KOH 溶液作为电解液的 $Ni(OH)_2$-AC 非对称超级电容器，电压范围为 $0 \sim 1V$，等效串联电阻在 $1 \sim 3\Omega$ 之间，在 $330W \cdot kg^{-1}$ 的比功率下比能量为 $35W \cdot h \cdot kg^{-1}$。以 $Ni(OH)_2$/CNT 复合材料为正极、AC 为负极的混合电容器，在 $1500W \cdot kg^{-1}$ 的比功率下比能量为 $32W \cdot h \cdot kg^{-1}$（基于整个活性电极材料质量），具有好的循环性能，在循环 2000 次后能保持初始容量的 90%。近年来研究趋势也集中在 $NiCo_2S_4$、$NiCo_2O_4$、$NiMoO_4$ 等复合氧化物材料。

MnO_2 也是一种在赝电容电化学电容器中有希望替代氧化钌的电极材料，其储存电荷的机制主要通过质子的嵌入及脱嵌实现：

$$MnO_2 + H^+ + e^- \Longrightarrow MnOOH$$

MnO_2 也可通过表面吸附电解液中的正离子（Li^+、Na^+、K^+ 等）展现出赝电容行为，这取决于使用的电解液的种类，即：

$$MnO_2 + X^+ + e^- \Longrightarrow MnOOX$$

因为质子或阳离子在 MnO_2 体相中迁移的难度，MnO_2 的赝电容电荷储存机制受表层限制，导致只有部分活性物质能被利用，而且电导率差（$10^{-6} \sim 10^{-5} S \cdot cm^{-1}$）也限制其高比容量、倍率性能及循环寿命。为了提高 MnO_2 的比容量，可以将 MnO_2 直接沉积在导电集流体上，对 MnO_2 进行表面改性、制备含锰二元氧化物、纳米结构 MnO_2 复合物以及基于两种赝电容材料的三元复合材料等。三元复合物材料 PEDOT/CNT/MnO_2 比电容超过 $400 F \cdot g^{-1}$，而且具有良好的充放电倍率、很好的电荷保持能力和循环稳定性。MnO_2 的性质高度依赖于晶体结构（α、β、γ、ε、δ 等）、颗粒尺寸、形貌和比表面积。以 α-$MnO_2 \cdot nH_2O$ 为正极材料，活性炭为负极材料，电解液为中性的 KCl 溶液构建的非对称电容器，能量密度为 $28.8 W \cdot h \cdot kg^{-1}$，功率密度为 $0.5 kW \cdot kg^{-1}$，在 100 次充放电循环后只有 7% 的容量损失。在非对称结构中，MnO_2 基电容器可以在中性的水系介质中（如 KCl 和 K_2SO_4）在 $1.8 \sim 2.0 V$ 的宽电压窗口下工作，从而获得更高的能量密度。在不同的中性水系电解液中，水合 K^+ 具有最小的离子半径（$3.31 Å$）和最高的离子电导率。以 MnO_2 作正极材料，活性炭作负极材料，$0.5 mol \cdot L^{-1} K_2SO_4$ 为电解液的不对称超级电容器，在 23000 个循环后容量衰减小于 6%，表现出非常好的循环稳定性，这可归因于在无定形 MnO_2 表面快速的吸附/脱附反应和活性炭的高可逆性。MnO_2 作正极，导电聚合物如 PEDOT 作负极的非对称赝电容器显示出良好的性能，比能量达 $13.5 W \cdot h \cdot kg^{-1}$，具有优良的功率密度。一般认为，对称型和非对称型的 MnO_2 基超级电容器循环后容量逐渐衰减，可能是 MnO_2 电极材料溶解的缘故。

9.8.3.3 锂离子电容器

锂离子非对称电容器储存电荷机制是通过和锂离子在两电极间迁移有关的法拉第和非法拉第反应，以获得比 EDLC 高的能量密度和比锂离子电池高的功率密度。

$Li_4Ti_5O_{12}$（LTO）因其零应变特性被认为是一种优良的锂离子电池的嵌锂尖晶石负极材料。由高比表面积活性炭为正极、LTO 为负极，$1 mol \cdot L^{-1} LiPF_6/EC + DMC$（体积比 2:1）电解液组成的非水系 LTO-AC 电容器，全电池工作电压 2.5V，非封装下的能量密度为 $25 W \cdot h \cdot kg^{-1}$，封装后的能量密度为 $10.4 W \cdot h \cdot kg^{-1}$，经过 5000 次循环后可保持首次容量的 90%。更大的 LTO-AC 电容器原型在不同工作电压下的电化学性能也可通过阻抗谱来评估。500F 级的 LTO-AC 非对称电容器在经过 10000 次循环后也具有良好的性能。为了解决 LTO 输出功率特性差的问题，可以把 LTO 颗粒纳米化（从 $10 \mu m$ 粉碎到 10nm 以下），也可以结合导电材料制备复合材料。LTO-AC 电容器的电压窗口较窄（$2.7 \sim 3.0 V$），乙腈（AN）、离子液体和线性碳酸酯［碳酸二甲酯（DMC）或 DEC］都可作为溶剂使用，电解液选择空间较大。电解液的选择对获得更好的功率性能是非常重要的，AN 型比传统的 EDLC 功率密度要高出 9 倍以上。

用 $LiMn_2O_4$ 作为正极，活性炭作为负极，$1 mol \cdot L^{-1} Li_2SO_4$ 水溶液为电解液的 $LiMn_2O_4$-AC 非对称电容器在 $100 W \cdot kg^{-1}$ 的功率密度下释放的比容量为 $35 W \cdot h \cdot kg^{-1}$，20000 次循环后仅损失首次容量的 5%。该非对称电容器表现出在低放电倍率下的"类电池"和高放电倍率下的"类电容"行为。然而，$LiMn_2O_4$-AC 电容器的自放电比较大，尤其在高温下，发现活性炭电极是自放电的主要贡献者。在聚合物凝胶电解质中，自放电速度要低

于 $1mol \cdot L^{-1}Li_2SO_4$ 溶液。这是因为聚合物具有高黏度，阻碍了离子在凝胶电解质中的传输。由 Ni 掺杂的 $LiMn_2O_4$（$LiNi_xMn_{2-x}O_4$）为正极、活性炭为负极，$1mol \cdot L^{-1}LiPF_6$/EC＋DMC（体积比1:2）电解液组成的非水系 $LiNi_xMn_{2-x}O_4$-AC 电容器的循环性能测试显示，在 $0\sim2.8V$ 间以 10C 倍率循环 1000 次以后，容量损失 20%，该电容器可获得 $55W \cdot h \cdot kg^{-1}$ 的比能量（基于活性物质质量）。在有机电解液中添加二氟草酸硼酸锂（LiDFOB）能有效降低混合超级电容器中的电荷转移电阻，延缓 $LiMn_2O_4$ 在反复充放电过程中的相变。

双碳锂离子电容器（LIC）用高比表面积的活性炭作为正极，锂离子嵌入型碳材料（如石墨或焦炭）作为负极，正极电压范围为 $1.5\sim5V$（vs. Li/Li^+）（图9-137），在有机电解液中可拓宽到 AC 的整个稳定电压窗口；而负极电位在 $0.1V$（vs. Li/Li^+）附近几乎保持恒定，混合电容器的质量能量密度和体积能量密度分别为 $103.8W \cdot h \cdot kg^{-1}$ 和 $111.8W \cdot h \cdot L^{-1}$，能够储存大约为传统双电层电容器（EDLC）5 倍的能量，且能够保持良好的功率和具有长循环寿命的性能。在充放电过程中，在负极体相中发生了锂离子的嵌入/脱出，而在活性炭正极表面发生了离子的吸附/脱附。由于在正极活性炭上发生的是非法拉第过程，且比负极发生的锂离子交换过程要快，这也使得 LIC 的功率能力由负极的倍率性能所决定或限制。

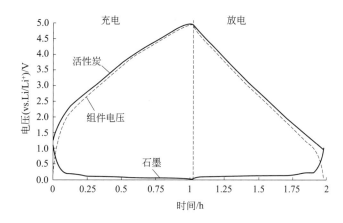

图 9-137　活性炭正极、石墨负极的非对称电化学电容器充放电曲线

晶态石墨具有一个相当平坦的电压平台（约 $0.1V$，vs. Li/Li^+）和较高的理论比容量（$372mA \cdot h \cdot g^{-1}$，以 LiC_6 计）。准晶态石墨的一个缺陷是其锂离子的嵌入/脱出过程发生在一个很宽的电压范围（类似于双电层电容器充放电引起的电压变化），这将导致电容器的电压（放电过程）逐渐降低，进而降低相应的能量密度。石墨储量丰富且廉价，但其嵌锂动力学缓慢，当其在 LIC 中应用时，可能会限制整个器件的充放电倍率。其他非石墨化碳，如模板法制备的介孔碳、无序碳作为 LIC 负极时性能也非常良好。利用热处理活性炭和沥青制备的复合电极作为电容器的负极，具有与石墨类似的锂离子嵌入/脱出电压范围，但却改良了电极的动力学条件。电容器在 $2.0\sim2.4V$ 之间工作，其功率密度（$2.2kW \cdot L^{-1}$）和能量密度（$20W \cdot h \cdot L^{-1}$）比传统的双电层电容器高两到三倍。该器件也显示出良好的循环寿命，在保持与石墨一样容量的同时至少能够循环 100000 次。通过在内部添加牺牲性的金属锂电极获得了锂离子预掺杂的石墨作为负极的 LIC，锂离子在石墨电极的嵌入/脱出发生的是浅的充电状态（SOC 小于 50%）。在完全包装好的电容器中，预掺杂石墨的 LIC 能同样在 $2.0\sim4.0V$ 之间的电压窗口工作，具有更高的能量密度（$10W \cdot h \cdot kg^{-1}$）和功率密

度（10kW·kg^{-1}）。该器件即使在相对较高的倍率下循环 3×10^5 次也具有稳定的放电容量，利用预掺杂石墨电极的 LIC 显示出市场化的应用前景。此外，石墨也是一种适用于高容量电化学电容器的正极材料，也可以将石墨作为正极材料使用。其中以石墨电极为正极，AC 仅用作负极，在有机电解液中可以确保工作电压在 3.5V 以上。石墨正极的电压可以达到约 4.78V（vs. Li/Li$^+$），估计石墨正极的电荷存储机理应该涉及石墨层间阴离子的嵌入。

考虑到锂源的资源丰度及价格，参照锂离子电容器，研究人员也把注意力集中在钠离子电容器上。石墨可以作为锂离子电容器的负极。但是，由于石墨晶格结构与溶剂化的 Na 离子尺寸不匹配，钠几乎不能嵌入石墨中，阻碍了其在钠离子系统负极的应用。因此，钠离子电容器负极设计必须考虑与 Na 离子嵌入的相容性，例如使用无序碳，或具有大隧道结构的材料（如层状氧化物 V_2O_5、MoO_3、T-Nb_2O_5）等。

9.8.4 混合型电化学电容器

混合型电化学电容器，即非对称电化学电容器，因含有两个不同的电极而被认为是一种混合超级电容器（hybrid supercapacitor）。这类电容器最常用的设计是由一个电池型电极（法拉第或嵌入式金属氧化物）和一个双电层电容器型电极（高比表面积碳）组成（图 9-138）。这类器件中电荷的储存机制结合了碳电极上静电吸附/脱附作用的非法拉第过程和在氧化还原电极表面上快速、可逆的法拉第反应过程（赝电容反应），利用双电层和赝电容可以产生高容量。氧化还原电极的循环稳定性可以通过限制充电状态和电压范围得以改善。由于充放电过程中电压波动主要发生在碳材料上，电池型电极需经过一个相对浅的深度放电过程，以提高循环寿命。

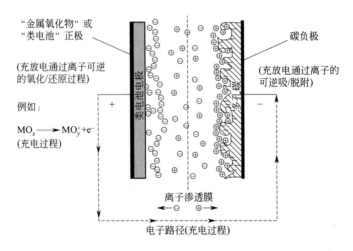

图 9-138　非对称电化学电容器充电态示意图（如 PbO_2-AC）

当混合型活性炭基电化学电容器使用水系电解液（如 KOH 或 H_2SO_4）时，由于气体生成和碳材料氧化，其表现出有限的器件工作电压，最大工作电压仅为 1.23V，实际电压很难超过 1V。同时，每种碳电极不得不在一个有限的电化学窗口中工作（约 0.5V），这意味着碳基对称器件最终比电容（F·g^{-1}）仅是所测单碳电极比电容的 1/4。添加法拉第正极时，由于法拉第正极上高的析氧过电势，电容器将在一个互补的电化学窗口内工作，电容器的电压将增加到 1V 以上（图 9-139）。在这种情况下，碳电极能够在整个电化学窗口对应的电压范围内工作，与电容型的电极相比，法拉第电极将拥有几乎无限大的电容，这使得其整个电容要远高于活性炭基对称电化学电容器的电容。

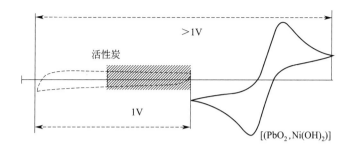

图 9-139 水系电解液（KOH、H_2SO_4 等）的混合型电化学电容器中电极的循环伏安示意图
（混合器件中负极为活性炭电极，正极为法拉第电极 ［$Ni(OH)_2$、PbO_2］，电容器的工作电压得到增大）

在对称器件中，正极的比容量接近于负极的比容量（即 $C_+ \approx C_- \approx C_e$）。因此，整个电容器的电容为单个电极比容量的一半，即 $C_{cell} = C_e/2$。然而，在非对称器件中，正极（赝电容）的比容量（C_+）通常远高于碳负极（非法拉第电极）的比容量（C_-）。因此，非对称电容器的整个电容为 $C_{cell} = C_-$（$C_+ \gg C_-$）。非对称电容器的整个电容几乎是相同碳电极的对称型双电层电容器容量的两倍，从而增加了整个电容器的能量密度。大部分 AC-MnO_2 混合型水系非对称器件工作电压约为 2.0V，甚至更高（2.2V）（表 9-10）。由于工作电压的升高，AC（−）-MnO_2（＋）组合可以提供高达 28.8$W \cdot h \cdot kg^{-1}$（基于所有活性物质质量）的能量密度，比对称型 MnO_2 器件高了近 1 个数量级，与传统的使用非水系电解液的对称型 C-C 电化学电容器相当。

表 9-10　电压在 1.2～2.2V 范围内，不同的水系非对称电化学电容器器件的性能

负极	正极	集流体	电解质	电容器电压/V	比电容 /F·g^{-1}	ESR /Ω·cm^2	能量密度 /W·h·kg^{-1}	功率密度 /kW·kg^{-1}	循环次数
AC	MnO_2	钛	KCl	2.0	52	—	28.8	8	100
MnO_2	MnO_2	不锈钢	K_2SO_4	1.0	36	—	3.3	3.08	—
Fe_3O_4	MnO_2	不锈钢	K_2SO_4	1.8	21.5	—	8.1	10.2	5000
AC	MnO_2	不锈钢	K_2SO_4	2.2	31	—	17.3	19	10000
AC	MnO_2	钛	K_2SO_4	1.5	—	—	7.0	10	2300
MnO_2	MnO_2	金	KNO_3	0.6	160	1.56	1.9	3.8	—
AC	MnO_2	金	KNO_3	2.0	140	0.54	21	123	1000
PANI	MnO_2	金	KNO_3	1.2	—	0.57	5.86	42.1	500
PPy	MnO_2	金	H_2SO_4	1.4	—	0.52	7.37	62.8	500
PEDOT	MnO_2	金	KNO_3	1.8	—	0.48	13.5	120.1	500
AC	MnO_2	泡沫镍	LiOH	1.5	62.4	—	19.5	—	1500
AC	$LiMn_2O_4$	镍网	Li_2SO_4	1.8	56	3.3	10.0	2	20000
AC	MnO_2	不锈钢	K_2SO_4	2.0	21	1.3	11.7	—	195000
AC	MnO_2	金	Na_2SO_4	2.0	25	—	13.9	—	10000
AC	$K_{0.27}MnO_2$	镍	K_2SO_4	1.8	57.7	—	17.6	2.0	10000
AC	$NaMnO_2$	镍	Na_2SO_4	1.9	21	—	13.2	1.0	10000
石墨烯	MnO_2	ITO	$Ca(NO_3)_2$-SiO_2 胶体	2.0	175	—	97.2	—	10000

注：AC—活性炭；PANI—聚苯胺；PPy—聚吡咯；PEDOT—聚（3，4-乙烯二氧噻吩）；ITO—导电玻璃；ESR—等效串联电阻。

对非对称电化学电容器设计的一些关键要求包括：

① 应选择具有大充放电倍率性能的法拉第和非法拉第电极；

② 选择法拉第和非法拉第电极时应当让它们的电位要么接近工作电压窗口的最低电压，要么接近最高电压，使整个非对称电容器的工作电压和能量密度最大化；

③ 因为法拉第电极显示出比非法拉第电极高的比容量，这种不匹配现象将通过平衡两电极活性物质的质量来弥补，通常是使用厚的或致密的非法拉第电极；

④ 非法拉第电极应当具有尽可能高的电导率、表面积和孔隙率；

⑤ 充放电倍率必须与法拉第电极相适应，这也是混合型电化学电容器功率性能的一个限制因素。

9.8.5 电化学电容器的应用

电化学电容器，尤其是双电层电容器，被认为是一种能大量应用的有前景的储能器件。它们是提供能量快速释放的理想之选，且能够按电容器外形/大小的不同进行配置，以及装配成组以达到许多特定应用对功率、能量和电压的需求。大部分小型电化学电容器商品通常是由2~3个单体串联而成的模块，电压为4~8V，电容小于10F，时间常数为1~10ms。水溶液体系和有机体系均可，模块制成纽扣式、方形薄片式。小型电化学电容器与电池联用，应用于手机、计算机等的功率辅助或电池备份。商业化的大型电容器容量在1000~5000F，碳/碳电容器因为具有高功率和长循环寿命特性而适合车用。大部分电容器的可用质量比能量在3.5~4.5W·h·kg^{-1}范围，效率为95%，比功率在800~1200W·kg^{-1}范围。采用乙腈电解液的碳/碳电容器质量比能量显著提高，单体电压提高到2.7V。世界各地的超级电容器公司已经开发和提供各种类型的超级电容器用于各种不同的应用。国内主要生产厂家则在C-C、C-Ni(OH)$_2$等类型的电容器方面具有较强的设计产能，在存储器后备电源、微电机、公交车、升降机械、太阳能系统等领域应用广泛。

目前，超级电容器典型应用如下。

① 作为能量储存装置。在车辆制动过程中吸收能量，在车辆处于加速牵引过程中释放能量，其效率和可靠性都比传统的蓄电池高。还可以和蓄电池进行组合并联使用作为启动电源，启动加速时，若蓄电池限定电流不够，则由超级电容器弥补差额电流，提高总输出功率；制动时，发电电流超过蓄电池限定电流，则由超级电容器吸收，达到节能的目的。快速充电的电动公交车是城市公共交通系统的一个重要方向。电容器则成为更合适的装置，因为它可以在几秒钟内完成充电。上海奥威科技有限公司已成功将Ni(OH)$_2$//AC混合型超级电容器应用在无轨电车上（图9-140），在90s内可以完全充满电，一次能行驶7.9km，平均和最高速度分别为22km·h^{-1}和44.8km·h^{-1}。基于AC//AC的双电层电容器（容量9500F）也被中国南车股份有限公司广泛应用于电车上。

② 作为稳压平衡电源，提高电网的可靠性。其可应用于风力发电系统以及UPS电源/动态电压补充系统。超级电容器保持在高容量的状态，当供电系统的电压低于规定值时才开始放电。此外，在军事上，还可以作为脉冲能量使用，用于军用弹射系统。

目前，电化学电容器的研究多在通过增加电容（C）或提高工作电压（V）来提高其比能量（$E = 1/2CV^2$）。各种形式的碳用于双电层电容器，而研究重点集于获得高表面积、低电阻率和可接受的碳材料，以及制备多孔碳和氧化还原活性材料（导电聚合物和过渡金属氧化物等）的纳米复合材料，这些复合材料能够把碳的双电层电容和氧化还原活性材料的氧化还原（赝电容）电容在同一个器件中发挥出来。同时，发展新的电极材料用于电化学电容器，提升器件电化学性能，例如一些新的二维材料（如MXenes）、金属氮化物、金属有机骨架（MOFs）、共价有机骨架（COFs）、黑磷和过渡金属硫化物等。在电解液方面，通过拓宽电化学工作窗口进而提高能量密度；研究制备低黏度、高离子电导率电解液以降低等效

图 9-140 基于 $Ni(OH)_2$//AC 超级电容器的奥威科技无轨电车

串联电阻，提高功率密度；研究制备新型电解质盐，降低溶剂化阴阳离子半径的大小，充分利用材料比表面。同时，为了提高电容器的性能，除了单从电极材料和电解液两方面考虑以外，还应该注重改善电极材料和电解液之间的匹配性，发展多功能电容器装置（尤其是快速发展的可穿戴柔性器件）；从电极材料孔结构、表面化学与电解液离子尺寸、盐及溶剂的化学反应性的相关性出发寻找最优的组合方式和组装工艺，将电化学超级电容器与太阳能电池、热电装置等能量获取器件及电子器件集成，实现柔性可穿戴器件的自供电和多功能化等特性。

9.9 储备电池

储备电池是一种在储备期间，活性物质不与电解质直接接触或电解质不导电，使用时注入溶剂、电解液或熔化电解质，从而使其具有活性的原电池。储存期间，活性物质组分间几乎不发生化学反应，电池可以长时间储存而仅有很小的衰降。溶剂、电解液或熔化电解质可以储存在电池之外的容器中，也可以放在正负极间。但储存时，它不与电极接触或是惰性的，使用时才与电极接触或变成活性的，这种操作称为激活。根据激活方式分为气体激活、液体激活和热激活。以海水为电解质溶液的电池为海水储备电池，或简称为海水电池。海水取自环境，不必装在电池内。

9.9.1 概述

储备电池具有以下优点：

① 一次电池的寿命受自放电的限制，而把溶剂或电解质溶液和电极分开，可以长期储存；

② 只使用一次，故可以使用活性高、比能量大的活性物质和腐蚀性强的电解质溶液，

能适应重负荷、大功率用途；

③ 腐蚀反应放出大量的热，可以在低温下使用。

储备电池的缺点：

① 激活只用一次，一般事先不能直接检验，所以要有很好的可靠性；

② 激活后达到电压稳定值，有一段滞后时间；

③ 除去海水电池及特殊激活方式外，需要额外的溶剂或电解质溶液容器，使体积及质量增加，比能量下降。

储备电池适用于长期储存或低温大功率等用途。例如，高空测候、测风、水上水下的声呐浮标、引信标、探矿等用途的电池，炮弹、炸弹的引信电池，火箭、鱼雷的电源等。

激活是储备电池的特点。可以采用人工激活，例如使用时手摁按钮，推动刀刃，刺破电解质溶液容器，但更多是用自动激活。自动激活时的引发可以是环境的直接因素，如海水的侵入、炮弹发射时的惯性力或惯性离心力、船舶临近时的磁性吸引（使水雷撞击船舶，致使电解质溶液容器破裂），也可以通过一个输入信号来触发。

海水激活只要有进水孔和排气孔即可。利用可胀式壳体，使激活后的电池浮在海面或下沉到水下一定深度。使壳体膨胀的气体，可由装在电池内的柠檬酸及 $NaHCO_3$ 混合物遇海水发生中和反应来制取（CO_2）；也可由负极 Mg 与海水反应产生（H_2）。此外，也可以用电子控制线路，使电池停在所需深度。

火药激活是在很短的时间内激活的有效方法。通过输入信号来触发充电的电容器或小电池的放电等，点燃火药。火药爆炸产生的膨胀气体压在电解质溶液容器上，使容器的脆性壁触及刀刃而破裂，气体还将电解质溶液压入电池。也可让火药爆炸来推动刀刃，刺破容器。对大型储备电池，单靠火药爆炸产生的气体来充液，速度还不够快，可以利用火药爆炸来打开一个高压气桶的阀门，让高压气体来充液。

上述两种方法都是用液体进行激活。储备电池常常是多个单电池串联成的电池组，用液体激活时，液体为多孔隔板吸收或进入无隔板的电极时，溶液容易留在外边，形成漏电或局部短路，产生"噪声"，而且还易使各个单电池充液不均。采用蒸气激活，可以克服这个缺点。例如，氨激活电池是将氨在加压下以液态储存，激活时刺破容器，压力突然下降，氨迅速蒸发成蒸气，流入电池，与固态的无机盐相遇。由于溶液的蒸气压比纯液体小得多，氨蒸气凝结形成电解质溶液。其缺点是蒸发时吸热而凝结时又放热，热量不易控制，同时也容易使各单电池浓度不均。

对炮弹的引信电池，可以利用发射的惯性力及炮弹旋转时的惯性离心力来激活。发射前，储液安瓿由弹簧和弹性橡胶支持住。发射时，惯性力使安瓿后移，触及刀刃，溶液由于炮弹的旋转而抛向器壁，进入电池组。$Pb\text{-}PbO_2$ 储备电池是最常用的引信电池。通常采用叠层式，即将双极片与隔板叠合成电池组。叠合成电池组的当中空间容纳储液安瓿。激活时安瓿破裂，溶液受惯性离心力外甩，通过中心孔进入电解质空间。

9.9.2 典型储备电池

（1）$Pb\text{-}PbO_2$ 储备电池　铅酸蓄电池的放电产物对正负极都是不溶性的 $PbSO_4$。因此，采用硫酸溶液作 $Pb\text{-}PbO_2$ 储备电池的电解质溶液，不利于大电流密度及低温放电。一般采用 $48\%HBF_4$ 溶液，也可用 $30\%H_2SiF_6$ 或 $60\%HClO_4$ 溶液，HBF_4 及 H_2SiF_6 的电压略低于 $HClO_4$。$HClO_4$：HBF_4：H_2SiF_6 的容量比约为 $100:75:65$，$HClO_4$ 最高。但高温下，$HClO_4$ 与许多有机物及活泼金属反应而爆炸，有危险性。$48\%HBF_4$ 溶液的冰点是 $-78℃$，室温和 $-60℃$ 的电导率分别是 $0.61S\cdot cm^{-1}$ 及 $0.06S\cdot cm^{-1}$，所以性能较好。

一般 HBF_4 溶液还含 2.5% H_3BO_3。电池反应如下。

正极 $$Pb^{4+}+2e^- \longrightarrow Pb^{2+}$$
负极 $$Pb \longrightarrow Pb^{2+}+2e^-$$
电池反应 $$Pb^{4+}+Pb \longrightarrow 2Pb^{2+}$$

标准电动势 $E^\ominus = 1.69V-(-0.13V)=1.82V$，$Pb/HBF_4/PbO_2$ 电池的开路电压约为 1.86V。

一般采用双极片的结构，双极片的制备有电镀法和黏合法两种方法。

电镀法制备双极片采取四步法。第一步在钢片的两面都镀上一层镍。第二步在其一面的镍上镀一层铅，镀 Pb 的量要和 PbO_2 在摩尔比上大致相当，或稍微过量。第三步是在另一面镍上阳极电沉积一层结构致密的黑色 β-PbO_2。电镀液是 35% 的 $Pb(NO_3)_2$ 水溶液，可添加 $NaNO_3$，以改善导电性。电沉积反应如下。

$$2Pb(NO_3)_2+2H_2O \longrightarrow Pb(阴极)+β\text{-}PbO_2(阳极)+4HNO_3$$

溶液中可添加 $Cu(NO_3)_2$，使阴极上析出 Cu 而不析出易形成枝晶的铅。溶液的 pH 值要维持在 1～4，故随时加入 PbO 以中和生成的 HNO_3，并补充铅离子。电沉积时双极片已镀铅的一面要隐蔽。第四步再在 β-PbO_2 上电沉积一层 α-PbO_2。早期使用乙酸铅溶液，近几年提出仍用 $Pb(NO_3)_2$ 溶液，因而省去更换溶液的操作。电沉积时究竟析出 β-PbO_2 还是 α-PbO_2，取决于温度及电流密度。之所以把 α-PbO_2 电沉积在 β-PbO_2 上面，是因为 α-PbO_2 与基层金属结合不如 β-PbO_2 牢靠，而 α-PbO_2 层有更大的表面积，易于较快激活。

黏合法制备双极片是在钢片上先形成一个导电层，然后在上边涂上 β-PbO_2 黏合层。导电层的作用是降低接触电阻，并防止后来涂上的 PbO_2 层把钢片氧化而增加电阻。导电层以银与金最好，也可用炭。金与炭耐 PbO_2 的氧化，银氧化成 AgO 时仍有良好的导电性。可用涂覆法及电镀法制备导电层。黏结剂采用环氧树脂及聚酰胺，前者提供牢靠的黏结性，后者使黏结剂柔顺。和电镀法相比，黏结法具有不易裂开或脱落、增加容量、激活后的湿储存时间较长的优点。

$Pb/HBF_4/PbO_2$ 储备电池的性能已超过指标要求，常常作为炮弹和直升机 40mm 枪榴弹用的引信电池。

（2）Li-$SOCl_2$ 储备电池 Li-$SOCl_2$ 电化学体系是一种采用锂负极的自旋液体电解质电池，用在要求比容量更高或工作寿命更长（相对热电池）的场合。电池基本结构由锂负极、无纺玻璃纤维隔膜和 Teflon 粘接的碳电极组成。碳电极仅作为反应的场所，$SOCl_2$ 既作为溶剂溶解高氯铝酸锂（$LiAlCl_4$），又是负极活性物质。该体系的电池反应如下。

$$4Li+2SOCl_2 \longrightarrow 4LiCl+S+SO_2$$

放电过程中生成的绝大部分 SO_2 溶解在电解液中，基本没有气压。该体系的电压特性表现为一个稳定且唯一的电压平台。根据不同的放电倍率和温度，Li-$SOCl_2$ 电池体系一般工作电压范围在 3.0～3.6V 之间。

目前 Li-$SOCl_2$ 电池主要采用两种系统：一种是大型储液器式；另一种配有玻璃安瓿。第一种系统是通过多活塞激活将储液器内的电解液压入电池间，其技术成本高，工艺复杂，储存寿命不可预测。玻璃安瓿技术用于数据存储和其他预发射电子装置。这种电化学体系环境适应性强，成本低，可靠性高。

电极对可以用两种方法装配：一种适合高电压输出；另一种适合大电流输出。前者一般采用双极性电极，即在同一片导电金属骨架的两边分别是正、负极材料。这种双极性电极串联起来构成一个电堆，整个电堆的输出电压就是所有单体电压的总和。在大电流结构中，采用导电骨架两边都覆有负极材料的极板与导电骨架片两边覆有正极材料的极板交替堆放，所有负极板通过连接片并联在一起，所有正极板连接在一起。正、负极板的极耳分别连接形成电池的极柱。这种并联的电堆实际上就是大电极面积的电化学单体电池。

由于自旋液体电解质储备电池的单体电池通常是圆形，并且要承受离心力，所以电池周围必须密封以防止电解质泄漏。

（3）海水电池　海水电池（图9-141）是用海水作电解质溶液的电池，属一次性激活电池。通常其负极使用金属镁或镁合金，正极使用氯化银或氧化银等，海水取自环境，海水浸入电池即可产生电流。与普通的一次电池相比，海水电池的性能特点为：具有良好的耐压性；电池储存寿命长，可达5年；比能量高，可达$88W \cdot h \cdot kg^{-1}$；放电电压平稳，安全可靠；激活速度快，激活时间仅为2s（银锌电池为10s）；结构复杂，造价昂贵，且电池性能易受海水温度、盐度的影响。

图 9-141　汤浅公司生产的海水储备电池

图 9-142　海水电池救生衣灯

常用的海水电池有镁氯化银电池、镁氯化亚铜电池和镁氯化铅电池，主要作为在深海中电源交换困难的海中测定仪器用电源、海洋观测器用电源、海上使用机器启动用电源、海上救生设备的电源（图9-142）及军用电源。

海水电池首先作为军用电源是在第二次世界大战期间由美国贝尔实验室设计，由通用电气公司进行工程开发而制成的鱼雷电池组，属于镁氯化银系列电池。这种电池理论能量可比银锌电池高一倍。世界上以海水电池作动力的鱼雷型号中，具有代表性的是美国MK44/MK45F鱼雷、英国"甫鱼"鱼雷、意大利A244鱼雷等。MK44鱼雷（图9-143）属于短鱼雷系列，由美国Honeywell公司制造，口径为324mm，长度为2573mm，以海水电池作动力。

图 9-143　使用海水电池作动力的 MK44 鱼雷

镁氯化亚铜电池作为注液式储备电池，具有体积小、重量轻、比能量大、耐储存、工作电压平稳、耐低温性能好等特点。在我国气象探空事业中，可用作新一代半导体晶体管探空仪及各种型号发讯机的配套电源。

9.10 热电池

9.10.1 概述

热电池（图 9-144）也是化学电源家族中的一员。与人们熟知的一般水溶液电解质化学电源不同的是，热电池中的电解质是两元或多元熔融盐共熔体，在常态下不导电，电池处于非工作状态。只有当电池处在特定工作条件下，如电解质熔融时，电池才进入工作状态，输出电能。因此，人们将热电池定义为：用电池本身的加热系统把不导电的固体状态盐类电解质加热熔融呈离子型导体而进入工作状态的一种热激活储备电池。从学科角度来讲，热电池是熔融盐电化学体系电源的总称。

热电池最早是由德国人 Erb 博士在第二次世界大战末期发明的。1948 年 Wurlitzer 公司生产出第一枚热电池，1955 年美国 SAND 实验室研制成功工作寿命为 5min 左右的热电池，并用于核武器。20 世纪 50 年代中期，美国海军武器实验室（NOL）和 Eurelca-Williams 公司首次研制成功片型 $Mg-V_2O_5$ 热电池，1966 年片型 $Ca-CaCrO_4$ 热电池在美国投产。20 世纪 70 年代中期，SAND 实验室成功研制

图 9-144　热电池

出片型的小型 LiM_x-FeS_2 热电池，其性能大大超过以往任何一种熔融盐电化学体系电池。如果说，片型 $Mg-V_2O_5$ 热电池的问世是热电池发展史上第一个里程碑，开始了热电池制造工艺从陈旧的杯式向新颖的片式工艺过渡，那么，LiM_x-FeS_2 热电池的研制成功是热电池发展史上又一次重大的历史性突破，它给热电池的应用带来了新的生机，使热电池步入全盛发展时期。

由于热电池具有其他电池没有的特性和优点，使它成为军用武器装备的最理想配套电源之一，并已应用于各种制导武器、核武器、引信、救生等军用装备系统。随着热电池整体技术的发展，其应用逐步扩展到现代电子对抗、战斗机应急电源以及水下兵器动力电源等领域。此外，随着热电池整体技术的快速发展和应用领域的迅速扩大，国际上对热电池产品需求的品种和数量每年递增，仅 SAFT 公司每年就有 30 个以上的新品种热电池产品问世，年生产各种热电池产品超过 20 万只。但是作为军用武器装备用关键部件的热电池，掌握其研制和生产技术的国家占世界比例极小，主要集中在美国、俄罗斯、法国、英国等少数军事强国。

我国早期典型热电池产品大多为短寿命、小功率引信电源，20 世纪 70 年代研制成功单兵肩射超低空导弹、便携式反坦克导弹等弹用主电源热电池产品，其后，我国热电池研制方向的重点转向各类导弹配套电源。热电池技术在 20 世纪 80 年代末至 90 年代初得到较大发展，产品综合性能水平接近国际水平，但热电池生产制造能力和水平较国际先进水平还有较大的差距。目前国内热电池市场呈上升趋势，我国必须立足于国内热电池产业，使热电池成为现代军用装备发展的首选配套电源。

9.10.2 特点及分类

热电池具有以下优点：

① 由于熔盐电解质的电导率约比水溶液电解质大 10 倍，因此热电池能大功率放电，脉冲电流密度达每平方厘米几十安培，稳态工作电流密度也能达到 $A \cdot cm^{-2}$ 级放电；

② 热电池的负极为原子量很小、化学活性高、电极电势很负的碱金属或碱土金属材料，因而具有很高的理论比功率和比能量；

③ 使用环境温度宽（$-50 \sim +70℃$），与其他水溶液电池相比显示出极为优良的低温性能，在低温环境下不需要外加加热设备；

④ 良好的力学性能，适用于苛刻的力学环境，使用可靠性高；

⑤ 激活迅速，储存寿命长（>15 年），无自放电现象发生，一般在武器装备储存过程中，电池不需更换和维护。

热电池自身的特点也决定了它的不足之处：

① 由于负极材料遇水发生强烈的放热反应，电解质材料极易吸潮等原因，电池制造环境要求高，相对湿度<5%，电池产品必须采用全密封结构；

② 工作时间短，一般工作时间可在几十秒钟到几分钟，大多在 1min 之内。热电池工作寿命不仅取决于电化学反应活性物的质量，还取决于电池的有效热寿命，尤其放电时间在几十分钟的电池，后者显得更为突出；

③ 工作时表面温度高；

④ 使用单一，不具备通用性，对于某一特定装备就需要特定型号的热电池产品。

热电池根据其负极材料分为钙阳极系列、镁阳极系列和锂或锂合金阳极系列三大类。现在生产用的主要有：$Ca\text{-}PbSO_4$、$Ca\text{-}CaCrO_4$、$Mg\text{-}V_2O_5$、$Li\text{-}Al\text{-}FeS_2$、$Li\text{-}Si\text{-}FeS_2$ 等热电池体系；其次还有 $Ca\text{-}K_2CrO_7$，该体系仅适用于脉冲型热电池。正在开发中的有金属骨架浸吸锂阳极和锂硼合金阳极以及新型阴极等热电池体系。

根据热电池使用功能特征又可分为：快速激活型热电池，如激活时间在 0.2s 以内的救生电池；短工作寿命功率型热电池，如常规战术短程导弹用热电池；中长工作寿命高比特性型热电池，如水下动力电源；高电压型（>200V）；高过载型，如炮弹或炮弹导弹用热电池等。随着现代军用武器装备的发展，对电源功能特征的要求越加综合化。

9.10.3　组成与结构

热电池的结构如图 9-145 所示。它由引燃系统、加热系统、电堆、绝缘保温系统、不锈钢外壳、金属/玻璃绝缘子、盖体组件等构成，为圆柱形全密封结构。在实际使用中，往往也会见到各式各样的异形热电池，但这大多是根据使用要求而设计的，其内部结构仍由单个或多个圆柱形热电池组合而成。热电池采用圆柱形结构主要是可以增加抗压强度，同时有利于热量均匀分布以及电极的制备和装配。

引燃系统的作用是将电池内部的加热系统迅速点燃，它由发火元（部）件和高速引燃条（片）组成。根据激活方式的不同，热电池分为电激活和机械激活。前者的发火元部件为内置电点火头，点火可靠性可达到 99.99%（置信度为 0.99）；后者为撞击式火帽，除必要时，一般不采用。

加热系统的作用是在极短的时间内提供足够的热量使电解质熔融，电池进入工作状态。它所提供的热量还应满足电池有效工作时间内所需的热量。加热系统由均匀分布在电堆内的加热片和位于电堆轴向的加热围子组成。现在采用的加热片为锆/铬酸钡和铁/高氯酸钾两种化学体系。前者点火灵敏度高，燃速快（$200mm \cdot s^{-1}$），热值高（$1.67kJ \cdot g^{-1}$），电池激活时产生的热冲击性较强，同时放出大量气体，多被用于快速激活、工作寿命短的热电池。其制备为典型的造纸法工艺。后者采用机械法将 $Fe/KClO_4$ 混合粉末压制而成，燃烧时不变形，产生的气体少，能更好地保持电堆的刚性，允许使用轻型壳体。由于其本身是良好的电子导体，可直接作为层型电堆结构中单体电池之间的集流体。在现代热电池设计中，更多的是将两种加热片联合使用，以获得更好的电池特性，尤其对于快激活、长工作寿命、高比特性的热电池设计，锆粉体系可作为引燃条和加热围子，铁粉体系作为电堆内主加热源。

电堆（图 9-146）是热电池的核心，它由单体电池、金属集流片及加热片组成的基本单元平行重叠装配构成，基本单元的厚度是变化的，主要根据具体使用要求来设计。采用外装配工艺，增强了电堆装配过程的可检性；电堆在一定压力下用紧固架或内壳固定，以保证在苛刻工作环境条件下电池的正常放电性能。

绝热保温系统最大限度地阻止了电池内部热量的向外流失，以保证电池的有效工作。用作保温系统的最通常材料是石棉。20 世纪 80 年代后，新型的轻质高效热电池保温材料陆续问世，并得以应用，为改善热电池综合性能发挥了作用。如用正硅酸乙酯制备二氧化硅气凝胶，在二

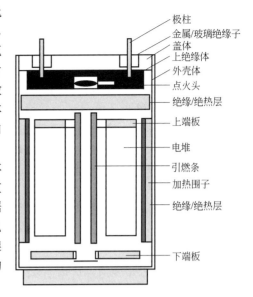

图 9-145　热电池的结构

氧化硅气凝胶中添加无机黏结剂及二氧化钛，使气凝胶的力学强度由未添加时的 $1.8 \times 10^4\,Pa$ 提高到 $1.2 \times 10^5\,Pa$，成功制备出了完整、无裂纹的改性二氧化硅气凝胶保温套筒（图 9-147），并首次用于我国某陆基机动远程导弹引控系统热电池，取得很好效果。该套筒能使热电池的有效保温时间从原来的约 15min 延长到约 1h。也可以采用轻质纳米结构的二氧化硅为骨架，加入不同的添加剂，在一定的温度和压力下固

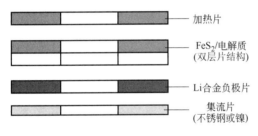

图 9-146　电堆结构

加热片

FeS_2/电解质（双层片结构）

Li合金负极片

集流片（不锈钢或镍）

化，通过超临界工艺制备出所需的保温筒和端头。这种保温材料是一种新型的轻质纳米多孔性非晶固态材料，其孔洞率高达 $80\% \sim 99.8\%$，孔洞的典型尺寸为 $1 \sim 100nm$，比表面高达 $1000m^2 \cdot g^{-1}$，在高温下具有比较低的热导率。

热电池的结构大致分为杯型和片型两种，杯型电池又可分为封闭杯型和开敞杯型。

封闭杯型结构是把正极活性物质、电解质片和负极片均装入镍制的杯中，这个金属镍杯同时也是正极端。电解质片是饱吸熔盐 LiCl＋KCl 的玻璃纤维布，杯底外面加入一个加热片，即构成一个单体热电池。将若干单电池叠合，用连接片将单电池焊接，即构成电池组。外缘装上一条加热点火带，上接点火头及引火线，外面再装绝缘套筒及钢壳，即构成封闭杯型热电池。

开敞杯型结构是将电池中的正极片与负极片用连接条焊接在一起，成为双极片，在其中间插入一个加热

图 9-147　用于我国陆基机动远程导弹引控系统热电池的保温套筒

片，构成三层双极片。将三层双极片与两层电解质片依次叠合，即构成开敞杯型电池组。电池中电解质片除有氯化锂、氯化钾外，还有重铬酸钾。加热片由锆/铬酸钡、硅酸铝和玻璃纤维等构成。

片型电池结构由加热片、DEB 片和负极片三层加压而成。DEB 片即为去极剂 D（depolarizer）、电解质 E（electrolyte）、黏结剂 B（binder）的总称，它由电解质、去极剂及硅土型黏结剂按一定比例混合压制而成。加热片由 $Fe/KClO_4$ 材料构成。

热电池的生产装配，无论是杯型结构还是片型结构，其操作均需在干燥室内进行。应控制水分在 $300mg \cdot L^{-1}$ 以下，电池零部件装配前还应在 $100℃$ 真空干燥箱中进行干燥。

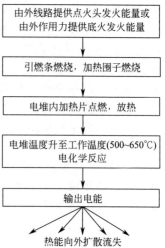

图 9-148　热电池基本工作原理

流程图内容：
由外线路提供点火头发火能量或由外作用力提供底火发火能量 → 引燃条燃烧，加热围子燃烧 → 电堆内加热片点燃，放热 → 电堆温度升至工作温度(500~650℃)电化学反应 → 输出电能 → 热能向外扩散流失

9.10.4　工作原理

热电池的基本工作原理可用图 9-148 描述。

从给出热电池激活信号到电能正常输出的时间间隔是很短的，一般为 $0.2 \sim 2s$，这主要取决于特定用途条件下具体热电池产品的设计。影响热电池工作寿命的因素是复杂的，主要受电池放电反应寿命和电池热寿命的双重控制。在确定的热寿命条件下，放电反应寿命主要与电化学体系及放电条件有关。热寿命是指电池内部电堆有效工作温度的维持时间，主要取决于电池的热设计，即加热片释放热量的计算和电池的保温设计以及合理的电池尺寸比例。

9.10.5　不同熔融盐电化学体系

9.10.5.1　钙镁阳极系列热电池

（1）钙-铬酸钙热电池　钙-铬酸钙热电池以金属钙为负极，铬酸钙为正极，氯化钾-氯化锂二元低共熔盐为电解质。电池表达式为

$$(-)Ca \mid KCl\text{-}LiCl \mid CaCrO_4(+)$$

钙/铬酸钙热电池总反应为

$$3Ca + 2CaCrO_4 + 6LiCl \longrightarrow 3CaCl_2 + Cr_2O_3 \cdot 2CaO + 3Li_2O$$

电解质 KCl-LiCl 二元低共熔盐是一种通用型的、当前使用最为广泛的热电池电解质，其最低共熔点为 $352℃$，组成比例为 $42:58$（质量分数比）。在 $400 \sim 600℃$ 的工作温度区内，该种电解质几乎完全电离。在 $500℃$ 下，其电导率为 $1.85S \cdot cm^{-1}$，黏度为 $1.9 \times 10^{-3}Pa \cdot s$；在 $600℃$ 下，其电导率为 $2.38S \cdot cm^{-1}$，黏度为 $1.5 \times 10^{-3}Pa \cdot s$。

钙-铬酸钙热电池的单体电池为片型，它由固定在金属集流体上的钙负极和由阴极去极剂 $CaCrO_4$（D）、电解质 LiCl-KCl（E）和黏结剂（B）组成的 DEB 片构成。不同放电制的热电池，DEB 片的组分比例不同，典型的 DEB 组分比例为 $38:55:7$。黏结剂通常采用高岭土或 SiO_2，作用是保持电池在放电过程中 DEB 片的物理形状。DEB 粉料加工过程（如熔融时间、温度、造粒和操作程序）对于 DEB 片的成型性和电池放电性能均会产生影响。

钙-铬酸钙热电池有如下特点。

① 工作电压高，$150mA \cdot cm^{-2}$ 下放电，单体电池峰值电压大于 $2.45V$。

② 稳态工作电流密度小于 $200mA \cdot cm^{-2}$，低放电率下（$<15mA \cdot cm^{-2}$）可获得长的工作寿命（$>45min$）。但随工作电流密度的增加，电池工作寿命明显衰减，电池具有较强的脉冲负载能力。

③ 有较宽的工作环境温度（−50～70℃）和优良的力学性能（能耐 300r・min^{-1} 自旋及 20000g 冲击过载）。

④ 在电池工作温度下形成液态的钙锂合金，除非工作电流密度很高，否则多余的合金可能流出单体造成电池局部短路，产生电噪声，甚至会导致电池早期失效。

⑤ 由于放电反应中生成的不溶性反应产物在钙负极表面形成沉积层，使电池内阻增加，从而限制了电池的放电效率和工作寿命，在高放电率下更为明显。

⑥ 钙与铬酸钙往往发生难以预测的放热反应。当电池的工作温度升到 600℃ 以上时，这种化学放热反应将起主导作用而引起电池热失控。

（2）钙-硫酸铅热电池　钙-硫酸铅热电池以金属钙为负极，硫酸铅-氯化钾-氯化锂三元低共熔盐为正极，氯化钾-氯化锂二元低共熔盐为电解质。其电池表达式为：

$$（-）Ca \mid KCl\text{-}LiCl\text{-}PbSO_4 \mid KCl\text{-}LiCl（+）$$

钙-硫酸铅热电池总反应为：

$$Ca + PbSO_4 + 2LiCl \longrightarrow CaCl_2 + Li_2SO_4 + Pb$$

钙-硫酸铅热电池的单体电池为杯式结构（图 9-149），杯体同时作为正极集流体。加热片为锆-铬酸钡化学体系；电堆中单体电池间的串、并联是通过单体电池正、负极引流条实现的，单体电池间用加热片和石棉隔开。

钙-硫酸铅热电池的特点如下。

① 单体电池开路电压约为 2.5V，稳态工作电流密度为 100～200mA・cm^{-2}，电池工作前期具有高的脉冲负载特性，工作寿命小于 60s。

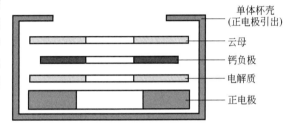

图 9-149　钙-硫酸铅热电池的单体电池结构

② 随工作时间的增加，电池内阻明显增加。

③ 工作温度下单体电池正极呈熔融态，因而电池组显示出更强的热灵敏性，工作环境温度范围小于 100℃（−40～50℃）。

④ 较差的机械特性，一般更多地用作地面控制系统电源。

⑤ 电池制造整体工艺成熟，产品可靠性高。

（3）镁-五氧化二钒热电池　镁-五氧化二钒热电池以金属镁为负极，五氧化二钒为正极，氯化钾-氯化锂二元低共熔盐为电解质。电池表达式为：

$$（-）Mg \mid KCl\text{-}LiCl \mid V_2O_5（+）$$

镁-五氧化二钒电池总反应为：

$$Mg + V_2O_5 + 2LiCl \longrightarrow V_2O_4 \cdot Li_2O + MgCl_2$$

镁-五氧化二钒热电池的单体电池为三元片型结构，即负极、电解质、正极三层粉料一次压制成型。正极粉料中加入适量的电解质，以增加正极电导，改善电池激活特性；采用锆-铬酸钡加热片，电堆单体间用金属（Ni）双电极作为集流体串联起来。电堆采用内装配工艺，结构简单，但其装配过程的可检性差。V_2O_5 在 LiCl-KCl 熔盐中溶解度较高，并与电解质发生反应，生成氯和不溶性钒化合物覆盖在正极上，干扰电池反应的进行，使电池过早地终止工作。

镁-五氧化二钒热电池的特点如下。

① 镁-五氧化二钒热电池的单体电池开路电压为 2.7V，工作电流密度小于 200mA・cm^{-2}，峰值工作电压约 2.5V。

② 工作寿命短，一般小于 30s，即使在低放电率下也仅为 40s 左右。

③ 与其他电化学系列比较，镁-五氧化二钒热电池的激活时间较长，一般在1s左右，在极低的放电率下，能达到0.5s。

④ 电池内阻大，电噪声小。

⑤ 具有较强的环境适应性，适用于高过载弹载功率型电源。

9.10.5.2　锂合金系列热电池

从目前热电池的发展来看，采用锂负极日益增多。锂负极可避免钙负极的一些缺点，但锂的熔点较低（186℃），在热电池工作温度下是液态，易从多孔集流器中流失。为使锂电极不为液态，一般用锂合金作负极。

锂合金系列热电池是指锂合金作负极的热电池，FeS_2 和 CoS_2 常和含锂的负极配对使用。目前已得到广泛应用的有锂铝合金-二硫化铁和锂硅合金-二硫化铁两种体系，电解质通常也为氯化钾-氯化锂二元低共熔盐。其电化学式可以写为：

$$(-)LiM_x \mid KCl\text{-}LiCl \mid FeS_2(+)$$

其中 M＝Al，Si，B。

热电池总反应为：

$$4Li + FeS_2 \longrightarrow 2Li_2S + Fe$$

图 9-150 为 300V Li-Al-FeS_2 热电池的外观。

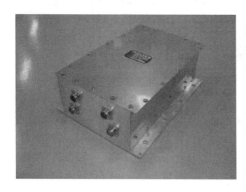

图 9-150　300V Li-Al-FeS_2 热电池外观

LiM_x-FeS_2 热电池组（图 9-151）中的单体电池为片型结构。正极粉料中加入适量的电解质，以改善正极的成型。隔膜目前大多采用氮化硼（BN）毡、三氧化二钇（Y_2O_3）石棉纸和氧化钇毡。由于高温下锂与硅发生反应，电解质的黏结剂多采用氧化镁。锂合金遇明火会燃烧，所以锂合金负极的外延必须用阻燃材料保护，根据不同工作性能要求采用不同类型的加热片。电堆中单体间采用不锈钢集流体。其电池结构设计及装配工艺与片型钙阳极热电池是类似的。

FeS_2 作为中、短寿命热电池的正极材料，在性能、价格和来源等方面均较理想。FeS_2 是一种电子半导体，在二元和三元电解质中不溶；在电池工作温度下，它与锂发生剧烈的反应。高温下，FeS_2 发生热分解生成 FeS 和 S，单质硫与锂发生对电池有害的副反应。因此，锂合金-二硫化铁热电池的热设计显得很重要，工作温度上限应不超过550℃。

但是 FeS_2 作为长寿命热电池的正极材料，性能并不理想。原因主要有两种：一种是二硫化铁在热电池的工作温度 450～550℃ 范围内，存在热分解；另一种是其组成的单体电池比较厚，在热电池的工作温度内，阴极层出现形变现象，容易形成单体电池之间的短路，从而使所组装的电池组性能达不到理想的效果。现在，可以采用一种新型的复合阴极材料，它具有比较高的电压，抗热分解性比较好，还具有成型好、放电电压平台多等特点。

与传统的二元氯盐共熔电解质（最低共熔点为352℃）相比，三元全锂电解质在电池工作期间组分比例保持稳定，不引起电解质熔点的变化，使正极利用率和电池放电速率均得到显著改善。采用 LiCl-LiBr-KBr（最低共熔点为321℃）三元电解质的单体电池，低温性能好、放电时间长、容量大，承受电流密度的能力也要强些。

LiM_x-FeS_2 热电池具有如下特点。

① 与其他电化学系列热电池相比，LiM_x-FeS_2 热电池显示出更佳的性能特点。其放电

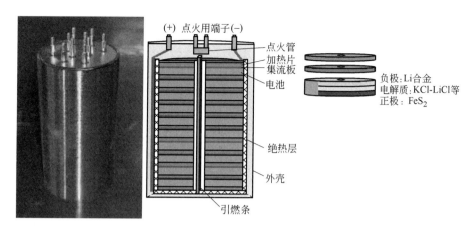

图 9-151　锂合金热电池外观及结构

电压平稳，没有电噪声，内阻低且在电池工作期间保持不变，电极利用率高，高放电率下具有长的工作寿命，比容量、比能量、比功率大，比能量为同样尺寸 $Ca-CaCrO_4$ 系列热电池的 6 倍。

② 单体电池工作电压为 1.7~1.9V，稳态工作电流密度大于 $400mA \cdot cm^{-2}$，脉冲负载可达 $10A \cdot cm^{-2}$；电压-时间曲线出现两个台阶，并且第二台阶显示出相当长的容量。表 9-11 给出了三种锂合金负极的性能比较。

表 9-11　三种锂合金负极性能比较

电极名称	锂含量(质量分数)/%	理论容量/A·h·g^{-1}	最高熔点/℃	对锂电势/V	对 FeS$_2$ 开路电压/V
锂铝合金	19.3	0.56	约700	0.3	2.05
锂硅合金	44	1.46	约730	0.27	2.20
锂硼合金	70	1.84		0.1	>2.2

③ 锂合金阳极热电池在电解质最低共熔点的条件下仍然保持工作，而锂阳极在电解质共熔点温度以下仍保持活性。另外，在工作温度下二硫化铁不溶于电解质，因此它能适应更宽的工作环境温度范围（-55~85℃），并有更好的力学性能，可以作为各种不同用途的军用装备配套电源。

④ 电池组放电初期出现明显的电压脉冲，影响了电池的实际使用。通常采用在阴极中加入添加剂的方法，使电压脉冲得以有效的控制。

LiM_x-FeS_2 体系热电池，无论是电性能，还是环境适应性，均显示出较其他电化学系列更优良的特性。因此，该系列是热电池的首选电化学体系。自 20 世纪 70 年代 LiM_x-FeS_2 热电池问世以来，世界上几个军事大国对该种热电池的兴趣倍增，20 世纪 80 年代得到非常迅速的发展。目前，$Li-Al-FeS_2$、$Li-Si-FeS_2$ 等热电池已研制成功，并在导弹、核武器、火炮等军用装备上得到应用，还研制出了比能量大于 $60W \cdot h \cdot kg^{-1}$ 的水下兵器动力电源实验样机以及接近应用型的战斗机用应急电源。可以预见，未来的 LiM_x-FeS_2 热电池将逐步替代目前还在应用的几个比较落后的热电池系列，如钙镁阳极系列热电池。随着 LiM_x-FeS_2 电性能的不断提高，将在宇航、鱼雷、潜艇以及民用装备上得到实际应用，其应用范围还将不断扩大。在热电池领域，研究和发展的基本目标还是如何提高实用热电池的体积比能量和质量比能量，接近这一目标的可行方法包括：减小电池的总体积和总质量；提高单位体积和单位质量单体电池的电压或电流负载能力等。

9.10.6 热电池的使用和维护

热电池产品往往是根据某一具体型号军用装备系统的特定技术要求而设计的，因此，产品的通用性较差。在使用热电池产品时，应注意以下几点。

（1）工作电压及其工作范围 任何一种体系的热电池的电压公差范围一般为公称电压的±10%～±15%（如28V±2.8V），在大的脉冲负载条件下，可以适当放宽。

（2）工作负载 一般可用工作电流和工作负载电阻两种不同方式表示。用户应根据系统用电的真实情况，恰当地确定电池工作负载指标。

（3）激活时间和工作时间 电池的激活时间、工作时间、工作负载、工作电压各指标之间均有联系和影响，设计中应综合考虑优化方案。

（4）电池比特性 不同功率类型的热电池，其结构比例是不同的。对于短工作寿命（<1min）电池的结构比例要大于中（<10min）、长（>10min）寿命的电池。一般地，前者质量比能量仅为每千克几到十几瓦·时，而中、长寿命的热电池可达到每千克几十瓦·时。

（5）环境适应性 主要指工作极限环境温度和力学性能。热电池有效工作环境温度一般为100～130℃，温度区域越宽，对设计要求越高，所采用的技术措施越复杂。

热电池在未激活状态下，电解质呈固态，有很强的抗外界力学作用的能力。在激活状态下，各电化学系列均可显示出抗轴向过载能力。但在径向以及离心过载条件下，不同电化学系列热电池的差异是明显的。

（6）电化学系列的选择 LiM_x-FeS_2体系电池，无论是电性能，还是环境适应性，均显示出较其他电化学系列更优良的特性，因此，该系列是热电池的首选电化学体系。但由于LiM_x-FeS_2体系热电池的单体电池工作电压较低，不能很好地满足那些体积要求严格且工作寿命短的中、低功率型电源的要求。就目前而言，其他电化学系列电池还不能完全被LiM_x-FeS_2体系所替代。

（7）可靠性 热电池是一次使用不可预检产品，其可靠性来自产品的设计和生产过程中严格的工艺保障。就一般弹用热电池而言，从原材料、产品设计到工艺，现已基本形成模式化，因此关键在于产品设计的水平和生产保障条件及工艺实施过程。

现代热电池，无论采用哪种电化学体系（除钙-硫酸铅体系外），其通用的结构设计及绝缘、隔热和防腐材料均是类似的。除传统的天然云母、石棉等材料继续使用外，新型的稳定性好、轻型高效、易成型加工的绝缘、隔热、防腐材料也得到成功的开发和应用。由于热电池负极为化学性质非常活泼的碱或碱土金属材料，电解质为易吸潮的氯化物，在潮湿气氛下将发生活性反应，因此热电池生产必须在相对湿度<5%的手套箱或干燥间内进行，所有部件一定要经过严格干燥。为保证热电池的储存寿命（至少大于10年），电池密封性应能达到$0.3Pa \cdot cm^3 \cdot s^{-1}$以下的漏率（氦质谱检测），以确保电池储存寿命。

热电池产品储存期间一般不需要维护，但在运输、安装过程中应防止极柱输出端直接与其他硬物碰撞而损伤绝缘子。储存期间应将点火头极柱间短接，以免外界电、磁场影响使电池误激活。放电结束后，电池表面温度很高，不要用手直接触摸。

参考文献

[1] Gopukumar S, Natarajan S, Thirunakaran R, et al. Performance of 2,4-dinitrophenol as a positive electrode in magnesium reserve batteries. J Power Sources, 2000, 89: 106-111.

[2] 彭成红，朱敏. 镁电池研究进展. 电池，2003, 33: 121-123.

[3]   Lu Z, Schechter A, Moshkovich M, et al. On the electrochemical behavior of magnesium electrodes in polar aprotic electrolyte solutions. J Electroanal Chem, 1999, 466: 203-217.

[4]   Gaddum L W, French H E. The electrolysis of grignard solutions. J Am Chem Soc, 1927, 49: 1295-1299.

[5]   Aurbach D, Schechter A, Moshkovich M, et al. On the mechanisms of reversible magnesium deposition processes. J Electochem Soc, 2001, 148: A1004-A1014.

[6]   Brenner A. Electrodeposition of metals from organic solutions: Ⅰ. General survey. J Electrochem Soc, 1956, 103: 652-656.

[7]   Mayer A. Electrodeposition of aluminum, aluminum/magnesium alloys, and magnesium from organometallic electrolytes. J Electrochem Soc, 1990, 137: 2806-2809.

[8]   Lightfoot P, Krok F, Nowinski J L, et al. Structure of the cubic intercalate Mg_xTiS_2. J Mater Chem, 1992, 2: 139-140.

[9]   Bruce P G, Krok F, Lightfoot P, et al. Multivalent cation intercalation. Solid State Ionics, 1992, 53-56: 351-355.

[10]   Tao Z L, Xu L N, Gou X L, et al. TiS_2 nanotubes as the cathode materials of Mg-ion batteries. Chem Commun, 2004, 18: 2080-2081.

[11]   Li X L, Li Y D. MoS_2 nanostructures: synthesis and electrochemical Mg^{2+} intercalation. J Phys Chem B, 2004, 108: 13893-13900.

[12]   Lerf A, Schollhorn R. Solvation reactions of layered ternary sulfides A_xTiS_2, A_xNbS_2, and A_xTaS_2. Inorg Chem, 1977, 16: 2950-2956.

[13]   Yuan W, Günter J R. Insertion of bivalent cations into monoclinic NbS_3 prepared under high pressure and their secondary batteries. Solid State Ionics, 1995, 76: 253-258.

[14]   Aurbach D, Lu Z, Schechter A, et al. Prototype systems for rechargeable magnesium batteries. Nature, 2000, 407: 724-727.

[15]   Godshall N A, Raistrick I D, Huggins R A. Thermodynamic investigations of ternary lithium-transition metal-oxygen cathode materials. Mat Res Bull, 1980, 15: 561-570.

[16]   袁华堂, 吴锋, 武绪丽, 等. 可充镁电池的研究和发展趋势. 电池, 2002, S1: 14-17.

[17]   袁华堂, 刘秀生, 曹建胜, 等. 可充镁电池有机电解液的研究进展. 电池, 2004, 34: 138-140.

[18]   Le D B, Passerini S, Coustier F, et al. Intercalation of polyvalent cations into V_2O_5 aerogels. Chem Mater. 1998, 10: 682-684.

[19]   Pereira-Ramos J P, Messina R, Perichon J. Electrochemical formation of a magnesium vanadium bronze $Mg_xV_2O_5$ in sulfone-based electrolytes at 150℃. J Electroanal Chem, 1987, 218: 241-249.

[20]   Novák P, Desilvestro J. Electrochemical insertion of magnesium in metal oxides and sulfides from aprotic electrolytes. J Electrochem Soc, 1993, 140: 140-144.

[21]   Spahr M E, Novak P, Haas O, et al. Electrochemical insertion of lithium, sodium, and magnesium in molybdenum(Ⅵ) oxide. J Power Sources, 1995, 54: 346-351.

[22]   Gregory T D, Hoffman R J, Winterton R C. Nonaqueous electrochemistry of magnesium: applications to energy storage. J Electrochem Soc, 1990, 137: 775-780.

[23]   Sánchez L, Pereira-Ramos J P. Electrochemical insertion of magnesium in a mixed manganese-cobalt oxide. J Mater Chem, 1997, 7: 471-473.

[24]   Feng Q, Kanoh H, Ooi K. Manganese oxide porous crystals. J Mater Chem, 1999, 9: 319-333.

[25]   Kumagai N, Komaba S, Sakai H, et al. Preparation of todorokite-type manganese-based oxide and its application as lithium and magnesium rechargeable battery cathode. J Power Sources, 2001, 97-98: 515-517.

[26]   Makino K, Katayama Y, Miura T, et al. Magnesium insertion into $Mg_{0.5+y}(Fe_yTi_{1-y})_2(PO_4)_3$. J Power Sources, 2001, 97-98: 512-514.

[27]   Makino K, Katayama Y, Miura T, et al. Electrochemical insertion of magnesium to $Mg_{0.5}Ti_2(PO_4)_3$. J Power Sources, 2001, 99: 66-69.

[28]   Genders J D, Pletcher D. Studies using microelectrodes of the Mg(Ⅱ)/Mg couple in tetrahydrofuran and propylene carbonate. J Electroanal Chem, 1986, 199: 93-100.

[29]   Aurbach D, Moshkovich M, Schechter A, et al. Magnesium deposition and dissolution processes in ethereal grignard salt solutions using simultaneous EQCM-EIS and In Situ FTIR spectroscopy. Electrochem Solid State Lett, 2000, 3: 31-34.

[30]   Aurbach D, Gizbar H, Schechter A, et al. Electrolyte solutions for rechargeable magnesium batteries based on organomagnesium chloroaluminate complexes. J Electrochem Soc, 2002, 149: A115-A121.

[31]   Kumar G G, Munichandraiah N. Poly(methylmethacrylate)-magnesium triflate gel polymer electrolyte for solid state magnesium battery application. Electrochimca Acta, 2002, 47: 1013-1022.

[32]   Yoshimoto N, Yakushiji S, Ishikawa M, et al. Rechargeable magnesium batteries with polymeric gel electrolytes containing magnesium salts. Electrochimca Acta, 2003, 48: 2317-2322.

[33]   Blomgren G E. Making a potential difference. Nature, 2000, 407: 681-682.

[34]   Aurbach D, Gofer Y, Lu Z, et al. A short review on the comparison between Li battery systems and rechargeable magnesium battery technology. J Power Sources, 2001, 97-98: 28-32.

[35] 吕鸣祥. 化学电源. 天津: 天津大学出版社, 1992.

[36] Moseley P T, Bones R J, Teagle D A, et al. Stability of beta alumina electrolyte in sodium/FeCl$_2$(Zebra) cells. J Electrochem Soc, 1989, 136: 1361-1368.

[37] Henriksen G L, Vissers D R, Chilenskas A A. Safety characteristics of lithium alloy/metal sulfide batteries. J Power Sources, 1995, 54: 134-137.

[38] Coetzer J. A new high energy density battery system. J Power Sources, 1986, 18: 377-380.

[39] Sudworth J L. The sodium/nickel chloride (ZEBRA) battery. J Power Soures, 2001, 100: 149-163.

[40] Esaka T, Greenblatt M. Lithium ion conduction in substituted Li$_5$MO$_4$, M= Al, Fe. J Solid State Chem, 1987, 71: 164-171.

[41] Yamaki J, Ohtsuka H, Shodai T. Rechargeable lithium thin film cells with inorganic electrolytes. Solid State ionics, 1996, 86-88: 1279-1284.

[42] Aono H, Sugimoto E, Sadaoka Y, et al. Electrical properties and crystal structure of solid electrolyte based on lithium hafnium phosphate LiHf$_2$(PO$_4$)$_3$. Solid State Ionics, 1993, 62: 309-316.

[43] Kawai H, Kuwano J. Lithium ion conductivity of A-site deficient perovskite solid solution La$_{0.67-x}$Li3$_x$TiO$_3$. J Electrochem Soc, 1994, 141: L78-L79.

[44] Neudecker B J, Weppner W. Li$_9$SiAlO$_8$: A lithium ion electrolyte for voltages above 5. 4V. J Electrochem Soc, 1996, 143: 2198-2203.

[45] Aono H, Sugimoto E, Sadaoka Y, et al. Ionic conductivity of solid electrolytes based on lithium titanium phosphate. J Electrochem Soc, 1990, 137: 1023-1027.

[46] Bohnke O, Bohnke C, Fourquet J L. Mechanism of ionic conduction and electrochemical intercalation of lithium into the perovskite lanthanum lithium titanate. Solid State Ionics, 1996, 91: 21-31.

[47] Singh K, Bhoga S S. Influence of aliovalent cation on the conductivity of monoclinic Li$_2$SO$_4$ and the sulphate-carbonate eutectic. Solid State Ionics, 1990, 39: 205-215.

[48] Sato M, Kono Y, Ueda H, et al. Bulk and grain boundary ionic conduction in lithium rare earth-silicates "LiLn-SiO$_4$" (Ln= La, Nd, Sm, Eu, Gd, Dy). Solid State Ionics, 1996, 83: 249-256.

[49] Guidotti R A, Reinhardt F W, Dai J, et al. Performance of thermal cells and batteries made with plasma-sprayed cathodes and anodes. J Power Sources, 2006, 160: 1456-1464.

[50] Robertson, Martin S G, Coats A, et al. Phase diagrams and crystal chemistry in the Li$^+$ ion conducting perovskites, Li$_{0.5-3x}$RE$_{0.5+x}$TiO$_3$: RE= La, Nd. J Mater Chem, 1995, 5: 1405-1412.

[51] Nazri G A, Julien C, Mavi H S. Structure of Li$_3$X (X= N, P, As) superionic conductors: X-ray diffraction and FT-IR studies. Solid State Ionics, 1994, 70-71: 137-143.

[52] Au M. Nanostructured thermal batteries with high power density. J Power Sources, 2003, 115: 360-366.

[53] Miles M H. Exploration of molten hydroxide electrochemistry for thermal battery applications. J Appl Electrochem, 2003, 33: 1011-1016.

[54] 王珏, 沈军, 吴广明, 等. 新型纳米复合隔热材料与宽带光学增透膜. 国家自然科学基金资助纳米科技研究成果展(项目批准号: 59802007、69978017). 同济大学.

[55] 陈景贵. 化学与物理电源——信息装备的动力之源. 北京: 国防工业出版社, 1999.

[56] 刘志坚, 曲选辉, 李志友. 锂硼合金反应合成机制研究. 中国科学 E 辑: 技术科学, 2003, 33: 597-603.

[57] 杨东乔. 国外电动汽车电池展望. 厦门科技, 1998, 4: 10-11.

[58] 曹佳弟. ZEBRA(钠-氯化镍)电池的研究新进展. 电源技术, 1999, 23: 194-197.

[59] 潘慧霖, 胡勇胜, 李泓, 等. 室温钠离子储能电池电极材料结构研究进展. 中国科学: 化学, 2014, 44: 1269-1279.

[60] 张宁, 刘永畅, 陈程成, 等. 钠离子电池电极材料研究进展. 无机化学学报, 2015, 31: 1739-1750.

[61] Hwang J Y, Myung S T, Sun Y K. Sodium-ion batteries: present and future. Chem Soc Rev, 2017, 46: 3529-3614.

[62] Yabuuchi N, Kubota K, Dahbi M, et al. Research development on sodium-ion batteries. Chem Rev, 2014, 114: 11636-11682.

[63] Chen B, Meng Y, Xie F, et al. 1D sub-nanotubes with anatase/bronze TiO$_2$ nanocrystal wall for high-rate and long-life sodium-ion batteries. Adv Mater, 2018, 30: 1804116.

[64] Fang Y, Xiao L, Qian J, et al. Sodium ion batteries: 3D graphene decorated NaTi$_2$(PO$_4$)$_3$ microspheres as a superior high-rate and ultracycle-stable anode material for sodium ion batteries. Adv Energy Mater, 2016, 6: 1502197.

[65] Yang J, Wang H, Hu P, et al. A high-rate and ultralong-life sodium-ion battery based on NaTi$_2$(PO$_4$)$_3$ nanocubes with synergistic coating of carbon and rutile TiO$_2$. Small, 2015, 11: 3744-3749.

[66] Hu Z, Wang L, Zhang K, et al. MoS$_2$ nanoflowers with expanded interlayers as high-performance anodes for sodium-ion batteries. Angew Chem Int Ed, 2014, 53: 12794-12798.

[67] Lu Y, Zhao Q, Zhang N, et al. Facile spraying synthesis and high-performance sodium storage of mesoporous MoS$_2$/C microspheres. Adv Funct Mater, 2016, 26: 911-918.

[68] Sun W, Li P, Liu X, et al. Size-controlled MoS$_2$ nanodots supported on reduced graphene oxide for hydrogen evolution reaction and sodium-ion batteries. Nano Res, 2017, 10: 2210-2222.

[69] Hu Z, Tai Z, Liu Q, et al. Ultrathin 2D TiS$_2$ nanosheets for high capacity and long-life sodium ion batteries. Adv Energy Mater, 2019, 9: 1803210.

[70] Tao H, Zhou M, Wang R, et al. TiS$_2$ as an advanced conversion electrode for sodium-ion batteries with ultra-high capacity and long-cycle life. Adv Sci, 2018, 11: 1801021.

[71] Liu Z, Lu T, Song T, et al. Structure-designed synthesis of FeS$_2$@C yolk-shell nanoboxes as a high-performance anode for sodium-ion batteries. Energy Environ Sci, 2017, 10: 1576-1580.

[72] Xu Y, Peng B, Mulder F M. Adv Energy Mater, 2017, 7: 1701847.

[73] Zhang L, Hu X, Chen C, et al. In operando mechanism analysis on nanocrystalline silicon anode material for reversible and ultrafast sodium storage. Adv Mater, 2017, 29: 1604708.

[74] Chen J, Fan X, Ji X, et al. Intercalation of Bi nanoparticles into graphite results in an ultra-fast and ultra-stable anode material for sodium-ion batteries. Energy Environ Sci, 2018, 11: 1218-1225.

[75] Luo C, Xu G, Ji X, et al. Reversible redox chemistry of azo compounds for sodium-ion batteries. Angew Chem Int Ed, 2018, 57: 2879-2883.

[76] 朱娜, 吴峰, 吴川, 等. 钠离子电池的电解质. 储能科学与技术, 2016, 5: 285-291.

[77] 方永进, 陈重学, 艾新平, 等. 钠离子电池正极材料研究进展. 物理化学学报, 2017, 33: 211-241.

[78] 杨汉西, 钱江锋. 水溶液钠离子电池及其关键材料的研究进展. 无机材料学报, 2013, 28: 1165-1171.

[79] 曹翔, 王永刚, 王青, 等. 水系钠离子电池的现状及展望. 储能科学与技术, 2016, 5: 317-323.

[80] 刘双, 邵涟漪, 张雪静, 等. 水系钠离子电池电极材料研究进展. 物理化学学报, 2018, 34: 581-597.

[81] Kim H, Hong J, Park K Y, et al. Aqueous rechargeable Li and Na ion batteries. Chem Rev, 2014, 114: 11788-11827.

[82] 陆雅翔, 赵成龙, 容晓晖, 等. 室温钠离子电池材料及器件研究进展. 物理学报, 2018, 67: 39-49.

[83] Bin D, Wang F, Tamirat A G, et al. Progress in aqueous rechargeable sodium-ion batteries. Adv Energy Mater, 2018, 8: 1703008.

[84] 沈健, 彭博, 陶占良, 等. 镁二次电池正极材料和电解液研究. 化学进展, 2010, 22: 515-521.

[85] Tian J, Cao D, Zhou X, et al. High-capacity Mg-organic batteries based on nanostructured rhodizonate salts activated by Mg-Li dual-salt electrolyte. ACS Nano, 2018, 12: 3424-3435.

[86] Koketsu T, Ma J, Morgan B J, et al. Reversible magnesium and aluminium ions insertion in cation-deficient anatase TiO$_2$. Nature Mater, 2017, 16: 1142-1148.

[87] Li Z, Mu X, Zhao-Karger Z, et al. Fast kinetics of multivalent intercalation chemistry enabled by solvated magnesium-ions into self-established metallic layered materials. Nature Commun, 2018, 9: 5115.

[88] Yoo H D, Liang Y, Dong H, et al. Fast kinetics of magnesium monochloride cations in interlayer-expanded titanium disulfide for magnesium rechargeable batteries. Nature Commun, 2017, 8: 339.

[89] Zhou L, Liu Q, Zhang Z, et al. Interlayer-spacing-regulated VOPO$_4$ nanosheets with fast kinetics for high-capacity and durable rechargeable magnesium batteries. Adv Mater, 2018, 30: 1801984.

[90] Dong H, Liang Y, Tutusaus O, et al. Directing Mg-storage chemistry in organic polymers toward high-energy Mg batteries. Joule, 2019, 3: 782-793.

[91] Ma D, Li Y, Yang J, et al. New strategy for polysulfide protection based on atomic layer deposition of TiO$_2$ onto ferroelectric-encapsulated cathode: toward ultrastable free-standing room temperature sodium-sulfur batteries. Adv Funct Mater, 2018, 28: 1705537.

[92] Zhou D, Chen Y, Li B, et al. A stable quasi-solid-state sodium-sulfur battery. Angew Chem Int Ed, 2018, 57: 10168-10172.

[93] Yue J, Han F, Fan X, et al. High-performance all-inorganic solid-state sodium-sulfur battery. ACS Nano, 2017, 11: 4885-4891.

[94] Wang C, Wang H, Hu X, et al. Frogspawn-coral-like hollow sodium sulfide nanostructured cathode for high-rate performance sodium-sulfur batteries. Adv Energy Mater, 2018, 9: 1803251.

[95] Wei S, Xu S, Agrawral A, et al. A stable room-temperature sodium-sulfur battery. Nature Commun, 2016, 7: 11722.

[96] Wang Y X, Zhang B, Lai W, et al. Room-temperature sodium-sulfur batteries: a comprehensive review on research progress and cell chemistry. Adv Energy Mater, 2017, 7: 1602829.

[97] Huskinson B, Marshak M P, Suh C, et al. A metal-free organic-inorganic aqueous flow battery. Nature, 2014, 505: 195-198.

[98] Lin K, Chen Q, Gerhardt M R, et al. Alkaline quinone flow battery. Science, 2015, 349: 1529-1532.

[99] Janoschka T, Martin N, Martin U, et al. An aqueous, polymer-based redox-flow battery using non-corrosive, safe, and low-cost materials. Nature, 2015, 527: 78-81.

[100] Kwabi D, Lin K, Ji Y, et al. Alkaline quinone flow battery with long lifetime at pH 12. Joule, 2018, 2: 1894-1906.

[101] Luo J, Hu B, DeBruler C, et al. A π-conjugation extended viologen as a two-electron storage anolyte for total organic aqueous redox flow batteries. Angew Chem Int Ed, 2018, 57: 231-235.

[102] 谢聪鑫, 郑琼, 李先锋, 等. 液流电池技术的最新进展. 储能科学与技术, 2017, 6: 1050-1057.

[103] Ding Y, Zhao Y, Yu G. A membrane-free ferrocene-based high-rate semiliquid battery. Nano Lett, 2015, 15: 4108-4113.

[104] Winsberg J, Stolze C, Muench S, et al. TEMPO/Phenazine combi-molecule: a redox-active material for symmetric aqueous redox-flow batteries. ACS Energy Lett, 2016, 1: 976-980.

[105] Wang Q, Zakeeruddin S M, Wang D, et al. Redox targeting of insulating electrode materials: a new approach to high-energy-density batteries. Angew Chem Int Ed, 2006, 45: 8197-8200.

[106] Hu B, DeBruler C, Rhodes Z, et al. Long-cycling aqueous organic redox flow battery (AORFB) toward sustainable and safe energy storage. J Am Chem Soc, 2017, 139: 1207-1214.

[107] 夏力行, 刘昊, 刘琳, 等. 有机氧化还原液流电池的研究进展. 电化学, 2018, 24: 466-487.

[108] 张华民, 张宇, 刘宗浩, 等. 液流储能电池技术研究进展. 化学进展, 2009, 21: 2333-2340.

[109] Soloveichik G L. Flow batteries: current status and trends. Chem Rev, 2015, 115: 11533-11558.

[110] 向宇, 曹高萍. 双电层电容器储能机理研究概述. 储能科学与技术, 2016, 5: 816-827.

[111] Wang Y, Song Y, Xia Y. Electrochemical capacitors: mechanism, materials, systems, characterization and applications. Chem Soc Rev, 2016, 45: 5925-5950.

[112] Shao Y, El-Kady M F, Sun J, et al. Design and mechanisms of asymmetric supercapacitors. Chem Rev, 2018, 118: 9233-9280.

[113] Hosaka T, Kubota K, Hameed A S, Komaba S. Research development on K-ion batteries. Chem Rev, 2020, 120 (4): 6358-6466.

[114] Zhang W, Liu Y, Guo Z. Approaching high-performance potassium-ion batteries via advanced design strategies and engineering. Sci Adv, 2019, 5(5): 1-13.

[115] Zhang C, Xu Y, Zhou M, et al. Potassium prussian blue nanoparticles: a low-cost cathode material for potassium-ion batteries. Adv Funct Mater, 2017, 27: 1604307.

[116] Liu Z, Li P, Suo G, et al. Zero-strain $K_{0.6}Mn_1F_{2.7}$ hollow nanocubes for ultrastable potassium ion storage. Energy Environ Sci, 2018, 11: 3033-3042.

[117] Ji B, Yao W, Zheng Y, et al. A fluoroxalate cathode material for potassium-ion batteries with ultra-long cyclability. Nature Commun, 2020, 11: 1225.

[118] Gao H, Xue L, Xin S, Goodenough J B. A high-energy-density potassium battery with a polymer-gel electrolyte and a polyaniline cathode. Angew Chem Int Ed, 2018, 57: 5449-5453.

[119] Zhu Y H, Yang X, Bao D, et al. High-energy-density flexible potassium-ion battery based on patterned electrodes. Joule, 2018, 2: 736-746.

[120] Jing Zheng, Yong Yang, Xiulin Fan, et al. Extremely stable antimony-carbon composite anodes for potassium-ion batteries. Energy Environ Sci, 2019, 12: 615-623.

[121] 刘玉平, 李彦光. 二次化学电池家族的新成员——铝离子电池. 科学通报, 2015, 60: 1723-1724.

[122] Elia G A, Marquardt K, Hoeppner K, et al. An overview and future perspectives of aluminum batteries. Adv Mater, 2016, 28: 7564-7579.

[123] Verma V, Kumar S, Manalastas W, et al. Progress in rechargeable aqueous zinc-and aluminum-ion battery electrodes: challenges and outlook. Adv Sustainable Syst, 2019, 3: 1800111.

[124] Lin M C, Gong M, Lu B A, et al. An ultrafast rechargeable aluminium-ion battery. Nature, 2015, 520: 325-328.

[125] Wang D Y, Wei C Y, Lin M C, et al. Advanced rechargeable aluminium ion battery with a high-quality natural graphite cathode. Nature Commun, 2017, 8: 14283.

[126] Angell M, Pan C J, Rong Y, et al. High coulombic efficiency aluminum-ion battery using an $AlCl_3$-urea ionic liquid analog electrolyte. P Natl Acad Sci USA, 2017, 114: 834-839.

[127] Jiao S, Lei H, Tu J, et al. An industrialized prototype of the rechargeable Al/$AlCl_3$-[EMIm]Cl/graphite battery and recycling of the graphitic cathode into graphene. Carbon, 2016, 109: 276-281.

[128] Chen H, Guo F, Liu Y, et al. A defect-free principle for advanced graphene cathode of aluminum-ion battery. Adv Mater, 2017, 29: 1605958.

[129] Chen H, Xu H, Wang S, et al. Ultrafast all-climate aluminum-graphene battery with quarter-million cycle life. Science Adv, 2017, 3: eaao7233.

[130] Hu Y, Ye D, Luo B, et al. A binder-free and free-standing cobalt sulfide@ carbon nanotube cathode material for aluminum-ion batteries. Adv Mater, 2017, 30: 1703824.

[131] Ai Y, Wu S C, Wang K, et al. Three-dimensional molybdenum diselenide helical nanorod arrays for high-performance aluminum-ion batteries. ACS Nano, 2020, 14: 8539-8550.

[132] Kim D J, Yoo D J, Otley M T, et al. Rechargeable aluminium organic batteries. Nature Energy, 2019, 4: 51-59.

[133] Yu Z, Jiao S, Li S, et al. Flexible stable solid-state Al-ion batteries. Adv Funct Mater, 2019, 29: 1806799.

[134] Andrews J, Mohammadi S S. Towards a 'proton flow battery': Investigation of a reversible PEM fuel cell with integrated metalhydride hydrogen storage. Int J Hydrogen Energy, 2014, 39: 1740-1751.

[135] Heidari S, Mohammadi S S, Oberoi A S, Andrews J. Technical feasibility of a proton battery with an activated carbon electrode. Int J Hydrogen Energy, 2018, 43: 6197-6209.

[136] Wang X, Xie Y, Tang K, et al. Redox chemistry of molybdenum trioxide for ultrafast hydrogen-ion storage. Angew Chem Int Ed, 2018, 57: 11569-11573.

[137] Zhao Q, Liu L, Yin J, et al. Proton intercalation/de-intercalation dynamics in vanadium oxides for aqueous alu-

minum electrochemical cells. Angew Chem Int Ed, 2020, 59: 3048-3052.

[138] Chen W, Li G, Pei A, et al. A manganese-hydrogen battery with potential for grid-scale energy storage. Nature Energy, 2018, 3: 428-435.

[139] Tomai T, Mitani S, Komatsu D, et al. Metal-free aqueous redox capacitor via proton rocking-chair system in an organic-based couple. Sci Rep, 2014, 4: 3591.

[140] Emanuelsson R, Sterby M, Strømme M, Sjödin M. An all-organic proton battery. J Am Chem Soc, 2017, 139: 4828-4834.

[141] Wang X, Bommier C, Jian Z, et al. Hydronium-ion batteries with perylenetetracarboxylic dianhydride crystals as an electrode. Angew Chem Int Ed, 2017, 56: 2909-2913.

[142] Guo Z, Huang J, Dong X, et al. An organic/inorganic electrode-based hydronium-ion battery. Nature Commun, 2020, 11: 959.